AutoCAD 2024、3ds Max 2024 与 Photoshop 2024 建筑设计实例教程

主　编　徐　星
副主编　何　渝　王　华
参　编　胡仁喜　刘昌丽　康士廷

机械工业出版社
CHINA MACHINE PRESS

本书围绕一栋两层别墅，介绍了从施工图到效果图的整个建筑设计流程。全书按软件结构分为 AutoCAD 平面设计篇、3ds Max 建模篇、V-Ray 渲染篇和 Photoshop 后期处理篇 4 个部分。其中，AutoCAD 平面设计篇介绍了利用 AutoCAD 2024 绘制别墅建筑平面图、立面图、剖面图及别墅室内结构图的方法，3ds Max 建模篇介绍了利用 3ds Max 2024 建立别墅模型及别墅室内结构立体模型的方法，V-Ray 渲染篇介绍了利用 V-Ray 对三维模型进行渲染的方法，Photoshop 后期处理篇介绍了利用 Photoshop 2024 进行后期图像合成和色彩处理的效果图设计过程。全书结构紧凑，内容丰富，完整地展现了建筑设计从施工图到效果图的全过程。

另外，随书配赠的电子资料包中配备了极为丰富的学习资源。

本书可以作为广大建筑设计从业人员和爱好者的学习指导书和参考教材，也可以作为建筑相关专业和艺术设计相关专业的教学参考书。

图书在版编目（CIP）数据

AutoCAD 2024、3ds Max 2024 与 Photoshop 2024 建筑设计实例教程 / 徐星主编 . —北京：机械工业出版社，2024.9

ISBN 978-7-111-75932-4

Ⅰ . ① A⋯ Ⅱ . ①徐⋯ Ⅲ . ①建筑设计 – 计算机辅助设计 – AutoCAD 软件 – 教材 ②建筑设计 – 计算机辅助设计 – 三维动画软件 – 教材 ③建筑设计 – 计算机辅助设计 – 图像处理软件 – 教材 Ⅳ . ① TU201.4

中国国家版本馆 CIP 数据核字（2024）第 107898 号

机械工业出版社（北京市百万庄大街 22 号 邮政编码 100037）

策划编辑：黄丽梅　　　　责任编辑：黄丽梅　王　珑

责任校对：孙明慧　马荣华　景　飞　　责任印制：任维东

北京中兴印刷有限公司印刷

2024 年 9 月第 1 版第 1 次印刷

184mm × 260mm · 31.75 印张 · 767 千字

标准书号：ISBN 978-7-111-75932-4

定价：119.00 元

电话服务　　　　网络服务

客服电话：010-88361066　机　工　官　网：www.cmpbook.com

010-88379833　机　工　官　博：weibo.com/cmp1952

010-68326294　金　　书　　网：www.golden-book.com

　机工教育服务网：www.cmpedu.com

前　言

Preface

建筑设计是指建筑物在建造之前，设计者按照建设任务，把施工过程和使用过程中所存在的或可能发生的问题，事先做好通盘的设想，拟定好解决这些问题的办法、方案，用图样和文件表达出来。

建筑设计图样包括建筑施工图和建筑效果图两部分，二者各有侧重，又相辅相成。

目前应用于建筑设计的软件很多，并各有优势，而 AutoCAD、3ds Max 和 Photoshop 作为建筑设计中常用的软件，已经得到建筑设计从业人员的广泛认同，成为非常流行的建筑设计软件组合。在这 3 大软件中，AutoCAD 主要应用于建筑施工图的设计，3ds Max 和 Photoshop 则联合用于效果图的设计。其中，3ds Max 主要用于建立三维模型，同时，为了更加突出模型效果，在 3ds Max 软件平台下面可以插入 V-Ray 软件，用于高逼真度的渲染处理，Photoshop 主要用于后期图像合成和色彩处理。各个软件之间可以进行数据交换，能够保证施工图与效果图的准确和统一。

一、编写目的

建筑设计涉及技术、艺术、环境、生活实践等多个方面。编者试图开发一种全方位介绍建筑设计的书籍，但因为建筑设计涉及的面实在太广而难以实现。因此，本书将着重在技术和实践层面上论述建筑设计的完整过程，帮助读者重点掌握 AutoCAD、3ds Max 和 Photoshop 在建筑设计中的具体应用和使用技巧。

二、本书特点

☑ 专业性强

本书的编者都是高校多年从事计算机图形教学研究的一线人员，具有丰富的教学实践经验和教材编写经验，能够准确地把握学生的学习心理和实际需求。本书就是编者总结多年的设计经验以及教学心得体会，经过精心准备，力求全面细致地展现出 AutoCAD、3ds Max 和 Photoshop 这 3 大软件在建筑设计应用领域的各种功能和使用方法的图书。

☑ 实例经典

本书围绕别墅设计这一目前非常热门的建筑设计案例展开讲解，经过编者精心提炼和选材，不仅能够保证读者学好知识点，更重要的是还能帮助读者掌握实际的操作技能。

☑ 内容全面

本书通过循序渐进地演示使用 AutoCAD、3ds Max 和 Photoshop 设计建筑施工图和效果图的全流程，使读者既能学到使用 AutoCAD 进行二维绘图的技巧，又能掌握将 3ds Max 和 Photoshop 相结合进行建模、灯光设置、材质设定、光能计算、渲染输出和后期处理等技巧，从而具有独立进行建筑设计的能力。同时，本书也是建筑装潢专业设计人员的好帮手，能帮助设计人员进一步提高专业设计水平和艺术表现能力。

Note

☑ 提升技能

建筑设计一般包括施工图设计和效果图设计两个方面。本书从全面提升读者建筑设计能力的角度出发，结合现实建筑工程的案例来讲解如何利用AutoCAD、3ds Max和Photoshop这3大软件进行综合性建筑设计，能够让读者真正懂得计算机辅助设计并能够独立完成各种建筑施工图和效果图的设计。

三、本书的配套资源

本书以经典的别墅设计为建筑设计案例，以广泛应用的AutoCAD 2024、3ds Max 2024和Photoshop 2024为演示平台，全面介绍了这3大软件在建筑施工图和效果图设计中的应用，结合随书配赠的电子资料包中提供的极为丰富的学习配套资源，可帮助读者全面掌握建筑设计的相关知识。

1. 配套教学视频

电子资料包中包含了针对本书实例专门制作的46集配套教学视频。读者先观看视频，然后对照书中实例加以实践和练习，可以大大提高学习效率。

2. AutoCAD、3ds Max、Photoshop超值赠送

1）AutoCAD应用技巧大全。其中汇集了AutoCAD绘图的各类技巧，对提高作图效率有很大帮助。

2）AutoCAD疑难问题汇总。疑难解答非常有用，可以帮助读者扫除学习障碍，少走弯路。

3）AutoCAD快捷键命令速查手册。其中汇集了AutoCAD常用快捷命令，熟记可以提高作图效率。

4）快捷键速查手册。其中汇集了AutoCAD、3ds Max和Photoshop常用快捷键。绘图高手通常直接使用快捷键来制作施工图和效果图。

5）常用图块、模型和贴图。电子资料包中包含了AutoCAD常用图块148个，3ds Max常用模型137个，渲染常用贴图270个。在实际工作中，积累大量可以直接拿来就用或略做改动就可以用的图块，对提高作图效率极为重要。

6）效果图制作实用参数表。在绘制建筑图时，绘制出的各种图形不仅要美观，而且必须要符合实际。电子资料包中包含了一些常用图形的参数以及常用材质、液体、晶体的折射率，利用这些实用参数表，可以使渲染出的图形更加逼真。

7）Photoshop库文件。其中包括Photoshop笔刷、动作、图案等6大类库文件。

8）色彩设计搭配手册。冷暖、明暗的色彩以及邻近色、对比色的搭配都会给人以不同的感受，因此在制作建筑设计效果图时，色彩搭配很重要。读者在色彩设计时可参考电子资料包中提供的色彩设计搭配手册。

3. 别墅设计实例的源文件和素材

别墅设计是经典的建筑设计案例，电子资料包中包含了该实例设计过程中的源文件和素材，读者可以在按照书中实例操作时直接调用。

四、关于本书的服务

1. 安装软件的获取

按照本书上的实例进行操作练习，以及使用AutoCAD、3ds Max和Photoshop进行绘

图、建模、渲染图像和对图像进行后期处理，需要事先在计算机上安装相应的软件。相应软件可从网络上下载，或者从当地电脑城、软件经销商处购买。

2. 关于本书的技术问题或有关本书信息的发布

读者如果有关于本书的技术问题，可以联系 714491436@qq.com 或 QQ 群（597056765），我们将及时回复。

3. 电子资料包下载地址

电子资料包可以登录网盘 https://pan.baidu.com/s/1y9FYHhKWpnb_mBCV55dTIw 下载，提取码 swsw。也可以扫描下面二维码下载：

五、关于作者

本书由重庆城市科技学院建筑与土木工程学院的徐星主编，重庆城市科技学院建筑与土木工程学院的何渝和深圳奥意建筑工程设计有限公司的王华任副主编。其中，徐星编写了第 1 ~ 6 章，何渝编写了第 7 ~ 9 章，王华编写了第 10 ~ 12 章。此外，Autodesk 中国认证考试中心首席专家胡仁喜博士、石家庄三维书屋文化传播有限公司的刘昌丽和康士廷老师参与了部分章节的编写和审校工作。

六、致谢

在本书的编写过程中，曲彩云女士给予了很大的帮助和支持，提出了很多中肯的建议，在此表示感谢。同时，还要感谢机械工业出版社的所有编审人员为本书的出版所付出的辛勤劳动。本书的出版是大家共同努力的结果，衷心感谢所有为本书的出版给予支持和帮助的人们。

编　者

目　录
Contents

Note

Note

第 2 篇　3ds Max 建模篇

Note

第 3 篇 V-Ray 渲染篇

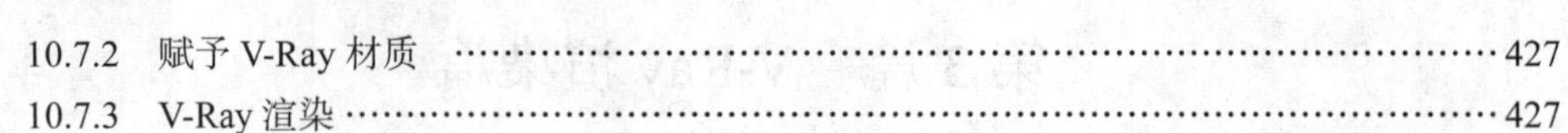
Note

第4篇 Photoshop后期处理篇

▶▶第1篇

AutoCAD 平面设计篇

本篇主要介绍了建筑设计和相关 CAD 软件的一些基础知识，包括建筑理论基础，AutoCAD 基础，别墅建筑平面图、立面图、剖面图的绘制以及别墅建筑室内设计图的绘制。

第1章

建筑理论基础

本章将简要论述建筑设计的一些基本知识，包括室内外建筑设计特点、建筑设计流程、建筑设计作用以及建筑设计中不同的绘图方法。

☑ 概述

☑ 室内建筑设计基本知识

☑ 建筑制图基本知识

任务驱动 & 项目案例

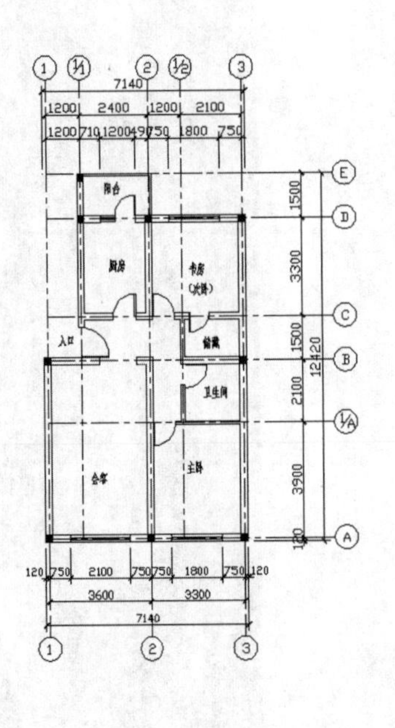

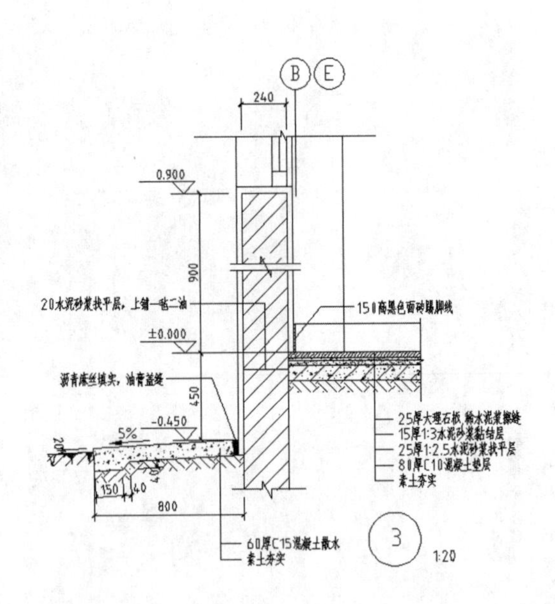

1.1 概　　述

本节概述性介绍了建筑设计的基本概念和特点、设计过程中各阶段的特点和主要任务，并对CAD软件在建筑设计中的应用和功能进行了简要说明。

1.1.1 建筑设计概述

建筑设计是指建筑物在建造之前，设计者按照建设任务，把施工过程和使用过程中所存在的或可能发生的问题事先做好通盘的设想，拟定好解决这些问题的办法和方案，用图纸和文件表达出来。建筑设计是为人类建立生活环境的综合艺术和科学，是一门涵盖极广的专业。建筑设计从总体说一般由3大阶段构成，即方案设计、初步设计和施工图设计。方案设计主要是构思建筑的总体布局，包括各个功能空间的设计、高度、层高、外观造型等内容；初步设计是对方案设计的进一步细化，确定建筑的具体尺度和大小，包括建筑平面图、建筑剖面图和建筑立面图等；施工图设计则是将建筑构思变成图样的重要阶段，是建造建筑的主要依据，除包括建筑平面图、建筑剖面图和建筑立面图外，还包括各个建筑大样图、建筑构造节点图以及其他专业设计图样，如结构施工图、电气设备施工图、暖通空调设备施工图等。总的来说，对建筑施工图的要求是越详细越好，并且准确无误。

建筑设计作为为人们工作、生活与休闲提供环境空间的综合艺术和科学，它与人们日常生活息息相关，从住宅到商场大楼，从写字楼到酒店，从教学楼到体育馆等，无处不与建筑设计关系密切。

1.1.2 建筑设计特点

建筑设计是根据建筑物的使用性质、所处环境和相应标准，运用物质技术手段和建筑美学原理，创造功能合理、舒适优美、满足人们物质和精神生活需要的室内外空间环境。设计构思时，需要运用物质技术手段，即各类装饰材料和设施设备等，还需要遵循建筑美学原理，综合考虑使用功能、结构施工、材料设备、造价标准等多种因素。

从设计者的角度来分析建筑设计的方法，主要有以下几点：

（1）总体与细部深入推敲　总体推敲，即建筑设计应考虑的几个基本观点，应有一个设计的全局观念。细处着手是指具体进行设计时，必须根据建筑的使用性质，深入调查，收集信息，掌握必要的资料和数据，从最基本的人体尺度、人流动线、活动范围和特点、家具与设备等的尺寸和使用它们必需的空间等着手。

（2）里外、局部与整体协调统一　建筑室内环境需要与建筑整体的性质、标准、风格以及室外环境相协调统一，它们之间有着相互依存的密切关系，设计时需要从里到外、从外到里多次反复协调，务必使其更趋完善合理。

（3）立意与表达　设计的构思、立意至关重要。可以说，一项设计，没有立意就等于没有“灵魂”，设计的难度也往往在于要有一个好的构思。一个较为成熟的构思往往需要足够的信息量，有商讨和思考的时间。

建筑设计根据设计的进程，通常可以分为以下4个阶段：

（1）设计准备阶段　设计准备阶段的工作主要是接受委托任务书，签订合同，或者根

Note

据标书要求参加投标；明确设计任务和要求，如建筑设计任务的使用性质、功能特点、设计规模、等级标准、总造价，以及根据任务的使用性质所需创造的建筑室内外空间环境氛围、文化内涵或艺术风格等。

（2）方案设计阶段　方案设计阶段的工作是在设计准备阶段的基础上，进一步收集、分析、运用与设计任务有关的资料与信息，构思立意，进行初步方案设计，然后进行方案的分析与比较，确定设计方案，提供设计文件，如平面图、立面图、透视效果图等。如图 1-1 所示为某个项目建筑设计方案效果图。

（3）施工图设计阶段　施工图设计阶段的工作是提供有关平面、立面、构造节点大样以及设备管线图等施工图，满足施工的需要。如图 1-2 所示为某个项目建筑平面施工图。

图 1-1　建筑设计方案效果图

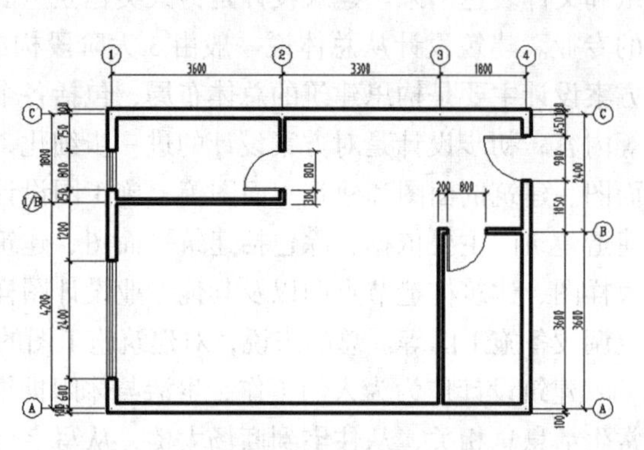

图 1-2　建筑平面施工图（局部）

（4）设计实施阶段　设计实施阶段即工程的施工阶段。建筑工程在施工前，设计人员应向施工单位进行设计意图说明及图样的技术交底；工程施工期间，需按图样要求核对施工实况，有时还需根据现场实况提出对图样的局部修改或补充；施工结束时，会同质检部门和建设单位进行工程验收。

> 📖 **说明：** 为了取得预期的设计效果，建筑设计人员必须处理好设计各个阶段，充分重视设计、施工、材料、设备等各个方面，协调好与建设单位和施工单位之间的相互关系，在设计意图和构思方面取得沟通与共识。

一套工业与民用建筑的建筑施工图通常包括如下几大类：

（1）建筑平面图（简称平面图）　建筑平面图是按一定比例绘制的建筑的水平剖切图。通俗地讲，建筑平面图就是将一幢建筑窗台以上部分切掉，再将切面以下部分用直线和各种图例、符号直接绘制在图纸上，以直观地表示建筑在设计和使用上的基本要求和特点。建筑平面图一般比较详细，通常采用较大的比例，如 1:200、1:100 和 1:50，并标出实际的详细尺寸。图 1-3 所示为某建筑平面图。

（2）建筑立面图（简称立面图）　建筑立面图主要用来表达建筑物各个立面的形状和外墙面的装修等，即按照一定比例绘制建筑物的正面、背面和侧面的形状图。它表示的是建筑物的外部形式，说明建筑物长、宽、高的尺寸，表现楼地面标高、屋顶的形式、阳台位置和形式、门窗洞口的位置和形式、外墙装饰的设计形式、材料及施工方法等。图 1-4 所示为某建筑立面图。

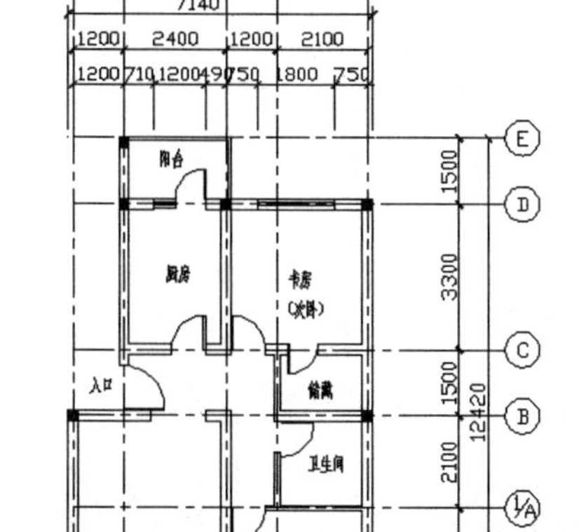

图 1-3　建筑平面图

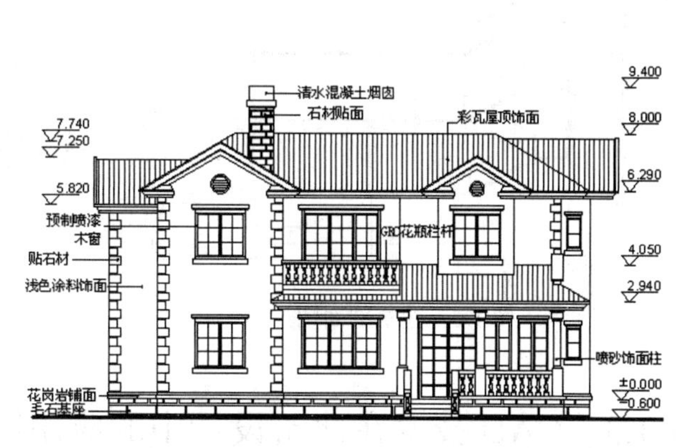

图 1-4　建筑立面图

（3）建筑剖面图（简称剖面图）　建筑剖面图是按一定比例绘制的建筑竖直方向剖切前视图。它表示建筑内部的空间高度、室内立面布置、结构和构造等情况。在绘制剖面图时，应绘制各层楼面的标高、窗台、窗上口、室内净尺寸等，剖切楼梯应表明楼梯分段与分级数量；注明建筑主要承重构件的相互关系，画出房屋从屋面到地面的内部构造特征，如楼板构造、隔墙构造、内门高度、各层梁和板位置、屋顶的结构型式与用料等；注明装修方法，对建筑、地面做法和所用材料加以说明，标明屋面做法及构造；绘制各层的层高与标高，标明各部位高度尺寸等。图 1-5 所示为某建筑剖面图。

（4）建筑大样图（简称详图）　建筑大样图主要用以表达建筑物的细部构造、节点连接形式以及构件、配件的形状大小、材料、做法等，要用较大比例（如 1:20、1:5 等）绘制，尺寸标注要准确齐全，文字说明要详细。图 1-6 所示为某建筑大样图。

（5）建筑透视图　除上述图形外，在实际工程实践中还经常会用到建筑透视图，尽管其不是施工图所要求的，但由于建筑透视图表示建筑物内部空间或外部形体与实际所能看到的建筑本身相类似的主体图像，它具有强烈的三度空间透视感，可以非常直观地表现建筑的造型、空间布置、色彩和外部环境等多方面内容，因此常在建筑设计和销售时作为辅助使用。从高处俯视的透视图又叫作“鸟瞰图”或“俯视图”。建筑透视图一般要严格地按比例绘制，对有些建筑透视图还可进行绘制上的艺术加工，这种图通常被称为建筑表现图或建筑效果图。一幅绘制精美的建筑表现图就是一件艺术作品，具有很强的艺术感染力。

Note

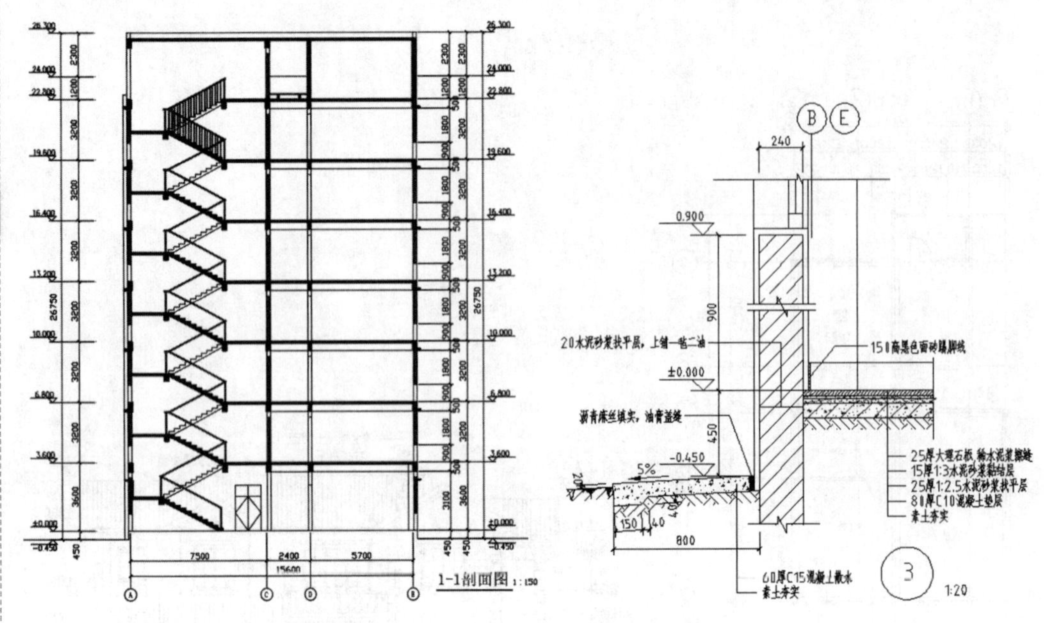

图 1-5　建筑剖面图　　　　图 1-6　建筑大样图

1.1.3　CAD 技术在建筑设计中的应用简介

AutoCAD 是我国建筑设计领域最早采用的 CAD 软件，主要用于绘制二维建筑图形。此外，AutoCAD 为客户提供了良好的二次开发平台，便于用户自行定制适于本专业的绘图格式和附加功能。目前，国内专门研制开发基于 AutoCAD 的建筑设计软件的公司就有几家。

建筑设计应用到的 CAD 软件较多，主要包括：

1）用于二维矢量图形绘制（包括总图、平立剖面图、大样图、节点详图等）的软件。AutoCAD 因其具有优越的矢量绘图功能，被广泛用于方案设计、初步设计和施工图设计全过程的二维图形绘制。在方案阶段，它可以生成扩展名为 dwg 的矢量图形文件，可以导入 3ds Max、3DS VIZ 等软件协助建模，还可以输出为位图文件，导入 Photoshop 等图像处理软件进一步制作平面表现图。

2）方案设计推敲软件。AutoCAD、3ds Max、3DS VIZ 的三维功能可以用来协助体块分析和空间组合分析。此外，一些能够较为方便快捷地建立三维模型，便于在方案推敲时快速处理平面、立面、剖面及空间之间关系的 CAD 软件正逐渐为设计者了解和接受，如 SketchUp 和 ArchiCAD 等，它们兼具二维、三维和渲染功能。

3）建模及渲染软件。这里所说的建模指为制作效果图准备的精确模型。常见的建模软件有 AutoCAD、3ds Max、3DS VIZ 等。应用 AutoCAD 可以进行准确建模，但是它的渲染效果较差，一般需要导入 3ds Max、3DS VIZ 等软件中附上材质，设置灯光后渲染，而且需要处理好导入前后的接口问题。3ds Max 和 3DS VIZ 都是功能强大的三维建模软件，二者的界面基本相同，不同的是，3ds Max 面向普遍的三维动画制作，而 3DS VIZ 是 AutoDesk 公司专门为建筑、机械等行业定制的三维建模及渲染软件，取消了与建筑、机械

行业不相关的功能，增加了门窗、楼梯、栏杆、树木等造型模块和环境生成器，3DS VIZ 4.2 以上的版本还集成了 V-Ray Adv 1.50.sp4a 的灯光技术，弥补了 3ds Max 灯光技术的欠缺。3ds Max、3DS VIZ 具有良好的渲染功能，是建筑效果图制作的首选软件。

目前，在建筑设计中应用广泛的渲染软件是 V-Ray Adv 1.50.sp4a。V-Ray Adv 1.50.sp4a 是 Discreet 公司开发的渲染插件。Discreet 公司是 Autodesk 公司的子公司，专门开发和生产影视后期数字非线性编辑、特技效果制作系统，它提供了一整套全范围的影视后期数字制作工具，囊括了从后期数字制作开始到制作完成的整个过程。V-Ray Adv 具有以下鲜明特点：

☑ 表现真实，可以达到照片级别、电影级别的渲染质量，如《指环王》中的某些场景就是利用它渲染的。

☑ 应用广泛，支持像 3ds Max、Maya、SketchUp、Rhino 等许多的三维软件，深受广大设计师的喜爱，也因此应用到了室内、室外、产品、景观设计表现及影视动画、建筑环游等诸多领域。

☑ 适应性强。V-Ray Adv 自身有很多的参数可供使用者进行调节，可根据实际情况，控制渲染的时间（渲染的速度），从而得出不同效果与质量的图片。

4）后期制作软件。

☑ 效果图后期处理软件。模型渲染以后图像一般都不十分完美，需要进行后期处理，包括修改、调色、配景、添加文字等。在此环节上，Adobe 公司开发的 Photoshop 是一个首选的图像后期处理软件。此外，方案阶段用 AutoCAD 绘制的总图、平面图、立面图、剖面图及各种分析图也常在 Photoshop 中做套色处理。

☑ 方案文档排版软件。设计者为了满足设计深度要求以及满足建设方或标书的要求，同时也希望突出自己方案的特点，使自己的方案能够脱颖而出，经常需要做一些方案文档排版工作，包括封面、目录、设计说明以及方案设计图所在各页的制作。在此环节上可以用 Adobe InDesign，也可以直接用 Photoshop 或其他平面设计软件。

☑ 演示文稿制作软件。若需将设计方案做成演示文稿进行汇报，比较常用的软件是 PowerPoint，也可以使用 Flash、Authorware 等软件。

5）其他软件。在建筑设计过程中还可能用到其他软件，如文字处理软件 Microsoft Word、数据统计分析软件 Excel 等。至于一些计算程序，如节能计算、日照分析等，则根据具体需要灵活采用。

1.2　建筑制图基本知识

建筑设计图纸是交流设计思想、传达设计意图的技术文件。尽管各种 CAD 软件功能强大，但它们毕竟不是专门为建筑设计定制的软件，一方面需要在用户的正确操作下才能实现其绘图功能，另一方面需要用户遵循统一制图规范，在正确的制图理论及方法的指导下来操作，才能生成合格的图纸，因此即使在当今大量采用计算机绘图的形势下，仍然有必要掌握基本绘图知识。本节将对必备的制图知识做简单介绍。

Note

1.2.1 建筑制图的要求及规范

1. 图幅、标题栏及会签栏

图幅即图面的大小，分为横式和立式两种。国家标准规定，按图面的长和宽确定图幅的等级。建筑常用的图幅有 A0（也称 0 号图幅，其余类推）、A1、A2、A3 及 A4，每种图幅的长宽尺寸见表 1-1，表中的尺寸代号含义如图 1-7 和图 1-8 所示。

表 1-1 图幅标准 （单位：mm）

尺寸代号	图幅代号				
	A0	A1	A2	A3	A4
$b \times l$	841 × 1189	594 × 841	420 × 594	297 × 420	210 × 297
c	10			5	
a	25				

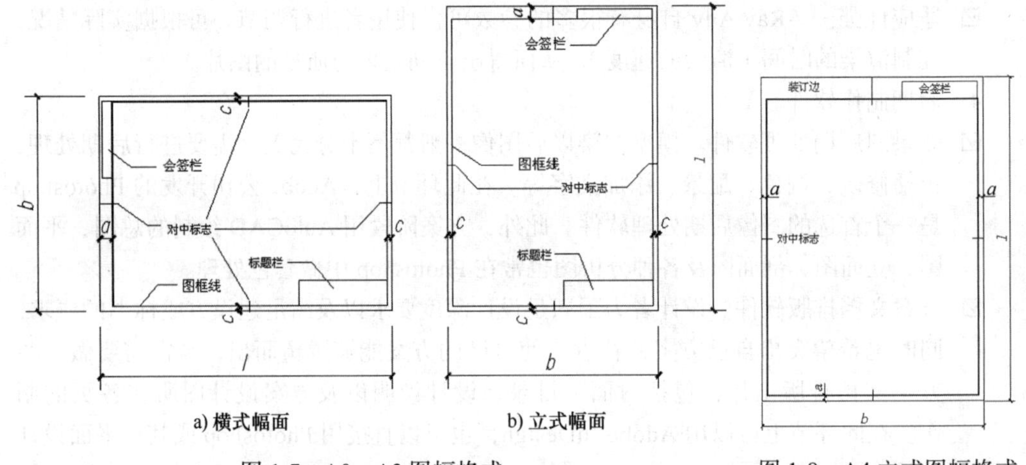

图 1-7 A0～A3 图幅格式

图 1-8 A4 立式图幅格式

A0～A3 图纸可以在长边加长，但短边一般不应加长，加长尺寸见表 1-2。如果有特殊需要，可采用 $b \times l$=841 × 891 或 1189 × 1261 的幅面。

表 1-2 图纸长边加长尺寸 （单位：mm）

图幅代号	长边尺寸	长边加长后尺寸
A0	1189	1486 1635 1783 1932 2080 2230 2378
A1	841	1051 1261 1471 1682 1892 2102
A2	594	743 891 1041 1189 1338 1486 1635 1783 1932 2080
A3	420	630 841 1051 1261 1471 1682 1892

标题栏包括设计单位名称、工程名称区、签字区、图名区及图号区等内容。一般标题栏格式如图 1-9 所示。现在不少设计单位采用自己个性化的标题栏格式，但是仍必须包括这几项内容。

会签栏是为各工种负责人审核后签名用的表格，包括专业、签名、日期等内容，其格式如图 1-10 所示。对于不需要会签的图，可以不设此栏。

Note

图 1-9 标题栏格式

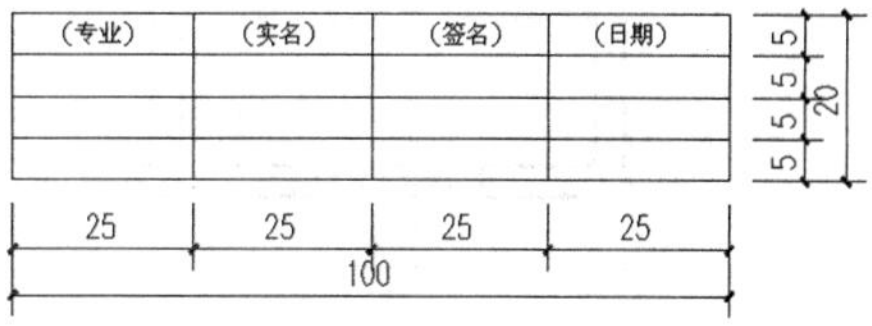

图 1-10 会签栏格式

此外，需要微缩复制的图，其一个边上应附有一段准确米制尺度，4个边上均附有对中标志。米制尺度的总长应为100mm，分格应为10mm。对中标志应画在图纸各边长的中点处，线宽应为0.35mm，伸入框内应为5mm。

2. 线型要求

建筑图样主要由各种线条构成，不同的线型表示不同的对象和不同的部位，代表着不同的含义。为了图面能够清晰、准确、美观地表达设计思想，工程实践中采用了一套常用的线型，并规定了它们的适用范围，见表1-3。

表 1-3 常用线型统计表

名称	线型		线宽	适用范围
实线	粗		b	建筑平面图、剖面图、构造详图的被剖切主要构件截面轮廓线，建筑立面图外轮廓线，图框线，剖切线；总图中的新建建筑物轮廓
	中		$0.5b$	建筑平面图、剖面图中被剖切的次要构件的轮廓线，建筑平面图、立面图、剖面图中构配件的轮廓线，详图中的一般轮廓线
	细		$0.25b$	尺寸线、图例线、索引符号、材料线及其他细部刻画用线等
虚线	中		$0.5b$	主要用于构造详图中不可见的实物轮廓，平面图中的起重机轮廓，拟扩建的建筑物轮廓
	细		$0.25b$	其他不可见的次要实物轮廓线
点画线	细		$0.25b$	轴线、构配件的中心线、对称线等
折断线	细		$0.25b$	省略画图样时的断开界限
波浪线	细		$0.25b$	构造层次的断开界限，有时也表示省略画出时的断开界限

图线宽度 b 宜从下列线宽（单位为mm）中选取：2.0、1.4、1.0、0.7、0.5、0.35。不同的 b 值，产生不同的线宽组。在同一张图纸内，各不同线宽组中的细线可以统一采用较细的线宽组中的细线。对于需要微缩的图，线宽不宜≤0.18mm。

3. 尺寸标注

尺寸标注的一般原则是：

1）尺寸标注应力求准确、清晰、美观大方。同一张图纸中，标注风格应保持一致。

2）尺寸线应尽量标注在图样轮廓线以外，从内到外依次标注从小到大的尺寸，不能将大尺寸标在内，小尺寸标在外，如图1-11所示。

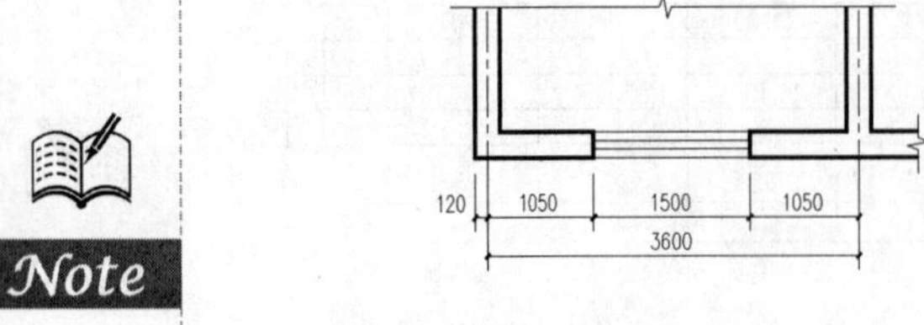

a) 正确

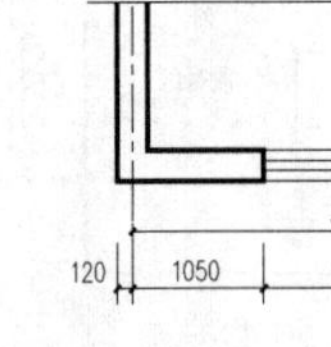

b) 错误

图 1-11　尺寸标注正误对比

3）最内一道尺寸线与图样轮廓线之间的距离不应小于 10mm，两道尺寸线之间的距离一般为 7 ~ 10mm。

4）尺寸界线朝向图样的端头距图样轮廓的距离应≥ 2mm，不宜直接与之相连。

5）在图线拥挤的地方，尺寸线的位置应合理安排，不宜与图线、文字及符号相交。可以考虑将轮廓线用作尺寸界线，但不能作为尺寸线。

6）室内设计图中连续重复的构配件等，当不易标明定位尺寸时，可在总尺寸的控制下，定位尺寸不用数值而用“均分”或“EQ”字样表示，如图 1-12 所示。

4. 文字说明

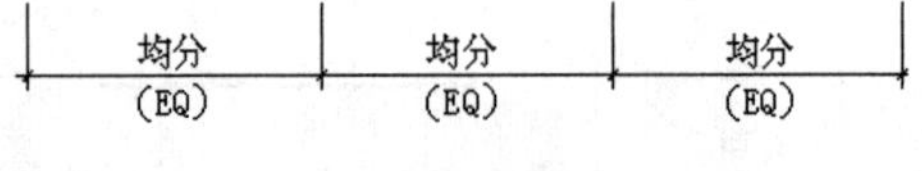

图 1-12　均分尺寸

在一幅完整的图样中，用图线方式表现得不充分和无法用图线表示的地方可以采用文字说明，如设计说明、材料名称、构配件名称、构造做法、统计表及图名等。文字说明是图样内容的重要组成部分，制图规范对文字标注中的字体、字的大小、字体字号搭配等方面做了一些具体规定。

1）一般原则：字体端正，排列整齐，清晰准确，美观大方，避免用过于个性化的文字标注。

2）字体：一般标注推荐采用仿宋字，大标题、图册封面、地形图等的汉字也可书写成其他字体，但应易于辨认。

字型示例如下：

仿宋：建筑（小四）建筑（四号）建筑（二号）

黑体：**建筑（四号）建筑（小二）**

楷体：建筑 建筑（二号）

字母、数字及符号：0123456789abcdefghijk%@ 或

0123456789abcdefghijk%@

3）字的大小：标注的文字高度要适中。同一类型的文字采用同一大小的字。较大的字用于概括性的说明内容，较小的字用于较细致的说明内容。文字的字高（单位为 mm）应从如下系列中选用：3.5、5、7、10、14、20。如果需书写更大的字，其高度应按 $\sqrt{2}$ 的

比值递增。注意字体及大小搭配的层次感。

5. 常用图示标志

（1）详图索引符号及详图符号　平面图、立面图和剖面图中，可在需要另设详图表示的部位标注一个索引符号，以表明该详图的位置，这个索引符号即详图索引符号。详图索引符号采用细实线绘制，圆圈直径为 10mm，如图 1-13 所示。其中，图 1-13d ~ g 用于索引剖面详图，当详图就在本张图样中时采用如图 1-13a 所示的形式，当详图不在本张图样中时采用如图 1-13b ~ g 所示的形式。

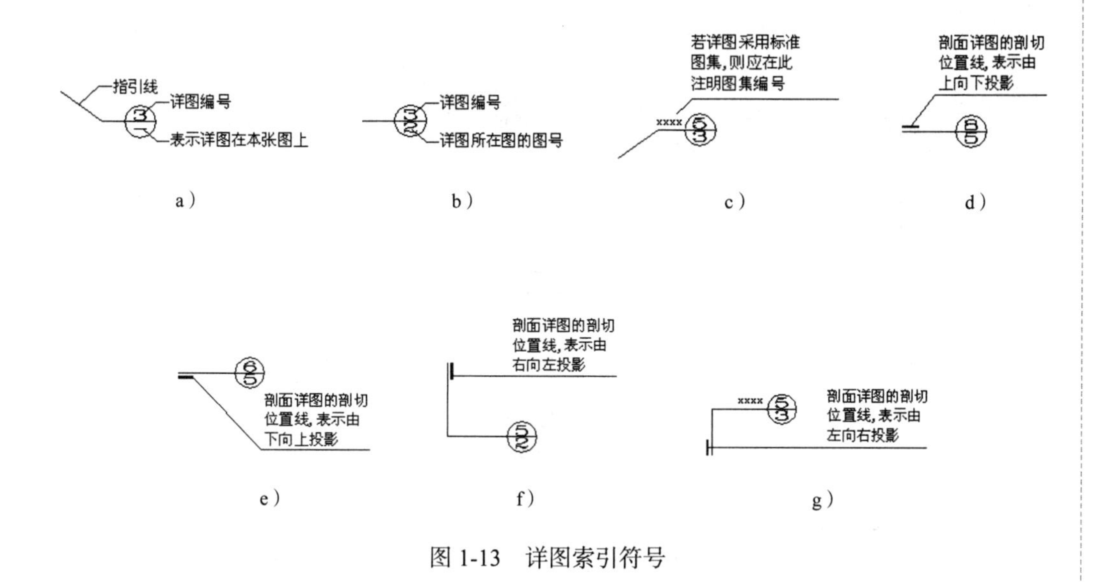

图 1-13　详图索引符号

详图符号即详图的编号用粗实线绘制，圆圈直径为 14mm，如图 1-14 所示。

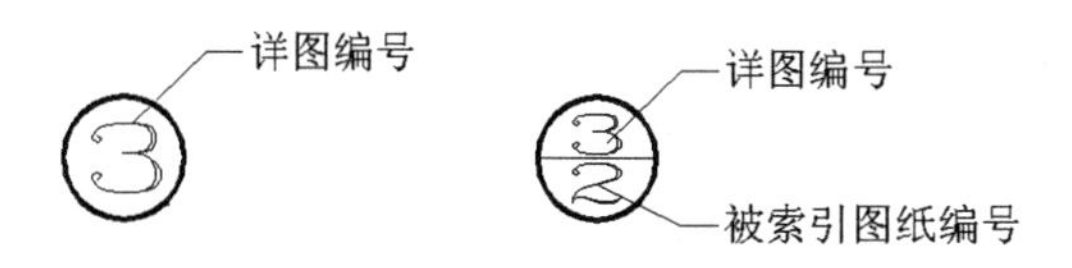

图 1-14　详图符号

（2）引出线　由图样引出的一条或多条指向文字说明的线段就是引出线。引出线与水平方向的夹角一般采用 0°、30°、45°、60°、90°，常见的引出线形式如图 1-15 所示。其中，图 1-15a ~ d 所示为普通引出线，图 1-15e ~ h 所示为多层构造引出线。使用多层构造引出线时，构造分层的顺序应与文字说明的分层顺序一致。文字说明可以放在引出线的端头，如图 1-15a ~ h 所示，也可放在引出线水平段之上，如图 1-15i 所示。

（3）内视符号　内视符号标注在平面图中，用于表示室内立面图的位置及编号，建立平面图和室内立面图之间的联系。内视符号的形式如图 1-16 所示。图中立面图编号可用英文字母或阿拉伯数字表示，黑色的箭头指向表示立面方向，如图 1-16a 所示为单向内视符号，图 1-16b 所示为双向内视符号，图 1-16c 所示为四向内视符号（A、B、C、D 顺时针标注）。

Note

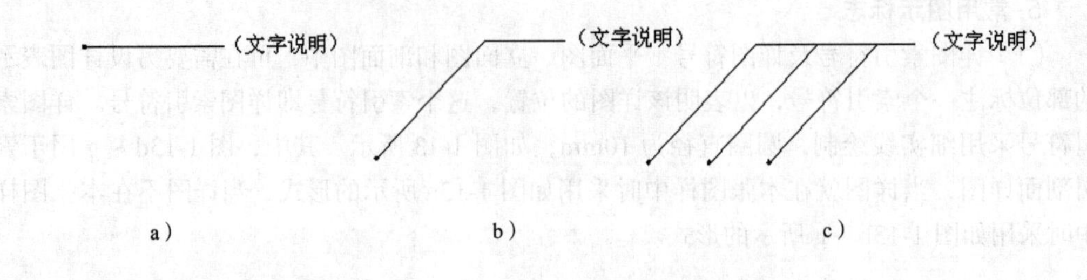

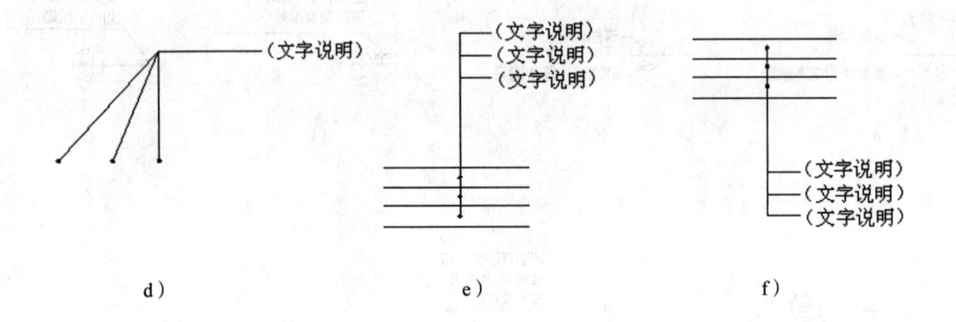

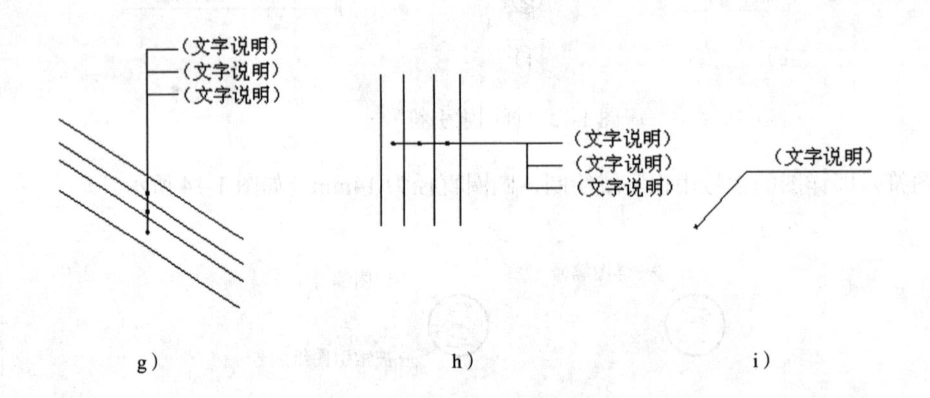

图 1-15　常见的引出线形式

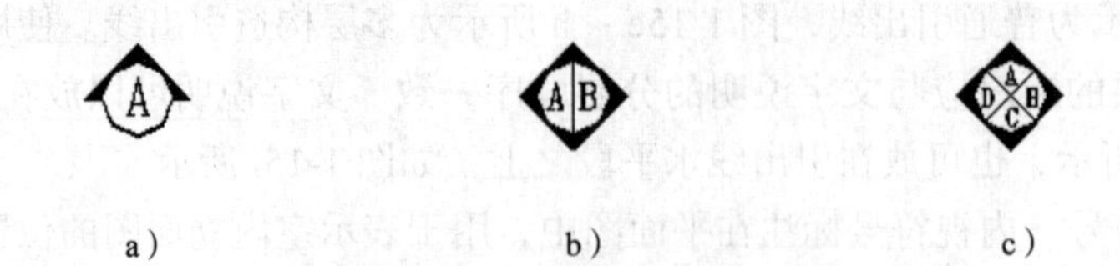

图 1-16　内视符号

其他符号图例见表 1-4 和表 1-5。

表 1-4 建筑常用符号图例

符 号	说 明	符 号	说 明
3.600 3.600	标高符号，线上数字为标高值，单位为 m 下面的符号在标注位置比较拥挤时采用	i=5%	表示坡度
1 A	轴线号	1/1 1/A	附加轴线号
1 1	标注剖切位置的符号，标数字的方向为投影方向，1 与剖面图的编号 1—1 对应	2 2	标注绘制断面图的位置，标数字的方向为投影方向，2 与断面图的编号 2—2 对应
	对称符号。在对称图形的中轴位置画此符号，可以省略不画另一半图形		指北针
	方形坑槽		圆形坑槽
	方形孔洞		圆形孔洞
@	表示重复出现的固定间隔，如“双向木格栅 @500”	ϕ	表示直径，如 ϕ30
平面图 1:100	图名及比例	1 1:5	索引详图名及比例
宽×高或ϕ 底(顶或中心)标高	墙体预留洞	宽×高或ϕ 底(顶或中心)标高	墙体预留槽
	烟道		通风道

Note

表 1-5 总图常用图例

符 号	说 明	符 号	说 明
X	新建建筑物。粗线绘制 需要时，表示出入口位置▲及层数 X 轮廓线以 ±0.00 处外墙定位轴线或外墙皮线为准 需要时，地上建筑用中实线绘制，地下建筑用细虚线绘制		原有建筑。细线绘制
	拟扩建的预留地或建筑物。中虚线绘制		新建地下建筑或构筑物。粗虚线绘制
	拆除的建筑物。用细实线表示		建筑物下面的通道
	广场铺地		台阶，箭头指向表示向上
	烟囱。实线为下部直径，虚线为基础 必要时，可注写烟囱高度和上下口直径		实体性围墙
	通透性围墙		挡土墙。被挡土在“突出”的一侧
	填挖边坡。边坡较长时，可在一端或两端局部表示		护坡。边坡较长时，可在一端或两端局部表示
X323.38 Y586.32	测量坐标	A123.21 B789.32	建筑坐标
32.36(±0.00)	室内标高	32.36	室外标高

6. 常用材料符号

建筑图中经常采用材料图例来表示材料，在无法用图例表示的地方也采用文字说明。常用的材料图例见表 1-6。

表 1-6　常用材料图例

材料图例	说　明	材料图例	说　明
	自然土壤		夯实土壤
	毛石砌体		普通砖
	石材		砂、灰土
	空心砖		松散材料
	混凝土		钢筋混凝土
	多孔材料		金属
	矿渣、炉渣		玻璃
	纤维材料		防水材料 上下两种图例根据绘图比例大小选用
	木材		液体，须注明液体名称

7. 常用绘图比例

1）总图：1:500，1:1000，1:2000。

2）平面图：1:50，1:100，1:150，1:200，1:300。

3）立面图：1:50，1:100，1:150，1:200，1:300。

4）剖面图：1:50，1:100，1:150，1:200，1:300。

5）局部放大图：1:10，1:20，1:25，1:30，1:50。

6）配件及构造详图：1:1，1:2，1:5，1:10，1:15，1:20，1:25，1:30，1:50。

Note

1.2.2 建筑制图的内容及编排顺序

1. 建筑制图内容

建筑制图的内容包括总图、平面图、立面图、剖面图、构造详图、透视图、设计说明、图样封面和图样目录等。

2. 图样编排顺序

图样编排顺序一般应为图样目录、总图、建筑图、结构图、给水排水图、暖通空调图和电气图等。对于建筑专业，一般顺序为目录、施工图设计说明、附表（装修做法表、门窗表等）、平面图、立面图、剖面图和详图等。

1.3 室内建筑设计基本知识

室内设计属于建筑设计的一个分支，一般建筑设计同时包含室内设计，本书中讲解的别墅设计实例中就包括别墅室内设计。下面介绍室内设计的基本知识。

1.3.1 室内建筑设计中的几个要素

1. 设计前的准备工作

1）明确设计任务及要求，包括功能要求、工程规模、装修等级标准、总造价、设计期限及进度、室内风格特征及室内氛围趋向、文化内涵等。

2）现场踏勘收集实际第一手资料，收集必要的相关工程图，查阅同类工程的设计资料或现场参观学习同类工程，获取设计素材。

3）熟悉相关标准、规范和法规的要求，熟悉定额标准，熟悉市场的设计取费惯例。

4）与业主签订设计合同，明确双方责任、权利及义务。

5）考虑与各工种协调配合的问题。

2. 两个出发点和一个目标

室内设计应力图满足使用者物质上和精神上的各种需求。在进行室内设计时，应注意两个出发点：一个出发点是室内环境的使用者；另一个出发点是既有的建筑条件，包括建筑空间情况、配套的设备条件（水、暖、电、通信等）及建筑周边环境特征。

第一个出发点是基于以人为本的设计理念提出的。对于装修工程，小到个人、家庭，大到一个集团的全体成员，都是设计师服务的对象。设计师不能只注重表现个人艺术风格而忽略了这一点。从使用者的角度考虑，应注意以下几个方面：

1）人体尺度。考察人体尺度，可以获得人在室内空间里完成各种活动时所需的动作范围，作为确定构成室内空间的各部分尺度的依据。在很多设计手册里都有各种人体尺度的参数，设计师在需要时可以查阅。然而，仅仅满足人体活动的空间是不够的，确定空间尺度时还需考虑人的心理需求空间，它的范围比活动空间大。此外，在特意塑造某种空间意象时（如高大、空旷、肃穆等），空间尺度还要做相应的调整。

2）室内功能要求、装修等级标准、室内风格特征及室内氛围趋向、文化内涵要求等。设计师可以直接从业主那里获得这些信息，也可以就这些问题给业主提出建议，或者和业

主协商解决。

3）造价控制及设计进度。室内设计要考虑客户的经济承受能力，否则无法实施。现在生活工作的节奏比较快，把握设计期限和进度，有利于按时完成设计任务，保证设计质量。

第二个出发点的目的在于仔细把握现有的建筑客观条件，充分利用它的有利因素，局部纠正或规避不利因素。

一个目标是创造良好的室内环境。

此外，要想创作出好的室内作品，在进行室内设计过程中还需要考虑空间布局、室内色彩、装饰材料、室内物理环境、室内家具陈设、室内绿化因素、设计方法和表现技能等。

3. 空间布局

人们在室内空间里进行生活、学习、工作等各种活动时，每一种相对独立的活动都需要一个相对独立的空间，如办公室和卧室等；一个相对独立的活动过渡到另一个相对独立的活动，这中间就需要一个交通空间，如过道。人的室内行为模式和规范影响着空间的布置，反过来，空间的布置又可以引导和规范人的行为模式。此外，人在室内活动时，对空间除了物质上的需求，还有精神上的需求。物质需求包括空间大小及形状、家具陈设、人流交通、消防安全、声光热物理环境等；精神需求是指空间形式和特征要能够满足人的情趣和美的享受，能对人的心理情绪进行良性的诱导。

在进行空间布局时，一般要注意动静分区、洁污分区、公私分区等问题。动静分区就是指相对安静的空间和相对嘈杂的空间应有一定程度的分离，以免互相干扰，如住宅里的餐厅、厨房、客厅与卧室要相互分离，宾馆里的客房部与餐饮部要相互分离等。洁污分区也叫干湿分区，指的是卫生间、厨房这种潮湿环境应该和其他清洁、干燥的空间分离。公私分区是指空间布局要体现私密、半私密、公开的层次特征。另外，还有主要空间和辅助空间之分。主要空间应该尽量布置在具有多个有利因素的位置上，辅助空间布置在次要位置上。这些是对空间布置的普遍看法，在实际操作中则应具体问题具体分析，做到有理有据、灵活处理。

室内设计师直接参与建筑空间的布局和划分的机会较小，多数情况下，室内设计师面对的是已经布局好了的空间，如在一套住宅里，起居室、卧室、厨房等空间和它们之间的连接方式基本上已经确定；又如在写字楼里，办公区、卫生间、电梯间等空间及相对位置也都已确定。因此，室内设计师的工作是在把握建筑空间布局特征的基础上，对更微观的空间布局进行设计。例如，住宅里应如何布置沙发、茶几、家庭影视设备，如何处理地面、墙面、顶棚等构成要素以完善室内空间；又如将一个建筑空间布置成快餐店，应考虑哪个区域布置就餐区，哪个区域布置服务台，哪个区域布置厨房，流线如何引导等。

4. 室内色彩和材料

视觉感受到的颜色来源于可见光。可见光的波长范围为380～780nm，按照波长由大到小呈现出赤、橙、黄、绿、青、蓝、紫等颜色及中间颜色。当可见光照射到物体上时，一部分波长的光线被吸收，而另一部分波长的光线被反射，反射光线在人的视网膜上呈现的颜色被认为是物体的颜色。颜色具有3个要素，即色相、明度和彩度。色相指一种颜色与其他颜色相区别的特征，如红与绿相区别，它由光的波长决定。明度指颜色的明暗程度，它取决于光波的振幅。彩度指某一纯色在颜色中所占的比例，有的也称为纯度或饱和

Note

度。进行室内色彩设计时，应注意以下几个方面：

1）室内环境的色彩主要反映为空间各部件的表面颜色以及各种颜色相互影响后的视觉感受，它们还受光源（天然光、人工光）的照度、光色和显色性等因素的影响。

2）仔细结合材质、光线研究色彩的选用和搭配，使之协调统一，有情趣，有特色，能突出主题。

3）考虑室内环境使用者的心理需求、文化倾向和要求等因素。

4）材料的选择须注意材料的质地、性能、色彩、经济性和健康环保等问题。

5. 室内物理环境

室内物理环境是室内光环境、声环境、热工环境的总称。这 3 个方面直接影响着人的学习、工作效率、生活质量、身心健康等方面，是提高室内环境质量不可忽视的因素。

（1）室内光环境　室内的光线来源于两个方面，一方面是天然光，另一方面是人工光。天然光由直射太阳光和阳光穿过地球大气层时扩散而成的天空光组成。人工光主要是指各种电光源发出的光线。应尽量利用自然光满足室内的照度要求，在不能满足照度要求的地方辅助人工照明。我国处在北半球，一般情况下，一定量的直射阳光照射到室内，有利于室内杀菌和人的身体健康，特别是在冬天；但是在夏天，炙热的阳光射到室内会使室内迅速升温，长时间阳光照射还会使室内陈设物品褪色、变质等，所以应注意遮阳、隔热问题。

现代用的照明电光源类型可分为白炽灯、气体放电灯和 LED 灯。白炽灯是靠灯丝通电加热到高温而放出热辐射光，如普通白炽灯和卤钨灯等；气体放电灯是靠气体激发而发光，属冷光源，如荧光灯、高压钠灯、低压钠灯和高压汞灯等；LED 灯即发光二极管，是一种能将电能转化为可见光的固态半导体器件。

照明设计应注意以下几个因素：①合适的照度；②适当的亮度对比；③宜人的光色；④良好的显色性；⑤避免眩光；⑥正确的投光方向。除此之外，在选择灯具时，还应注意其发光效率、寿命及是否便于安装等因素。目前国家颁布的照明设计标准中规定有各种室内空间的平均照度标准值，许多设计手册中也提供了各种灯具的性能参数，在照明设计时可以参阅。

（2）室内声环境　室内声环境的处理主要包括两个方面：一方面是室内音质的设计，如音乐厅、电影院和录音室等，目的是提高室内音质，满足应有的听觉效果；另一方面是隔声与降噪，旨在隔绝和降低各种噪声对室内环境的干扰。

（3）室内热工环境　室内热工环境受室内热辐射、室内温度、湿度、空气流速等因素综合影响。为了满足人们舒适、健康的要求，在进行室内设计时，应结合空间布局、材料构造、家具陈设、色彩、绿化等方面综合考虑。

6. 室内家具陈设

家具是室内环境的重要组成部分，也是室内设计需要处理的重点之一。就目前我国的实际情况来看，室内家具多半是到市场、工厂购买或定做，也有少部分家具由室内设计师直接进行设计。在选购和设计家具时，应该注意以下几个方面：

1）家具的功能、尺度、材料及做工等。

2）家具的形式宜与室内风格、主题协调。

3）业主的经济承受能力。

4）充分利用室内空间。

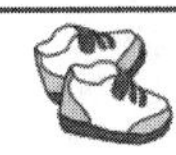

室内陈设一般包括各种家用电器、器皿、书籍、化妆品、艺术品及其他个人收藏品等。处理这些陈设物品宜适度、得体，避免庸俗化。

此外，室内各种织物的功能、色彩、材质的选择和搭配也是不容忽视的。

7. 室内绿化

绿色植物是生机盎然的象征，用绿化改善室内环境的方法自古以来就被人们采用。常见的室内绿化有盆栽、盆景、插花等形式，一些公共室内空间和一些居住空间也综合运用花木、山石、水景等园林手法来达到绿化的目的，如宾馆的中庭设计等。

绿化能够改善和美化室内环境，可以在一定程度上改善空气质量，改善人的心情，也可以利用它来分隔空间，引导空间，突出或遮掩局部位置。

进行室内绿化时，应该注意以下因素：

1）植物是否对人体有害，如植物散发的气味是否会损害人体健康，或者使用者对植物的气味是否过敏。

2）植物的生长习性，如植物喜阴还是喜阳，喜潮湿还是喜干燥，常绿还是落叶等，以及土壤需求、花期、生长速度等。

3）植物的形状、大小和叶子的形状、大小、颜色等。注意选择合适的植物和合适的搭配。

4）与环境协调，突出主题。

5）精心设计，精心施工。

8. 室内设计制图

不管多么优秀的设计思想都要通过图样来表达。准确、清晰、美观的制图是室内设计不可缺少的部分，对赢得中标和指导施工起着重要的作用。

1.3.2 室内建筑设计制图概述

1. 室内设计制图的概念

室内设计制图是室内设计人员用来表达设计思想、传达设计意图的技术文件，是室内装饰施工的依据。室内设计制图就是根据制图理论及方法，按照室内制图规范，将室内空间6个面上的设计情况在二维图面上表现出来的图样，它包括室内平面图、室内顶棚平面图、室内立面图和室内细部节点详图等。国家标准《房屋建筑制图统一标准》（GB/T 50001—2017）和《建筑制图标准》（GB/T 50104—2010）是室内设计手工制图和计算机制图的依据。

2. 室内设计制图的方式

室内设计制图有手工制图和计算机制图两种方式。手工制图又分为徒手绘制和工具绘制两种。

徒手绘画往往能体现出设计师的职业素养，因此手工制图是设计师必须掌握的技能，也是学习 AutoCAD 2024 软件或其他计算机绘图软件的基础。采用手工绘图的方式可以绘制全部的图样文件，但是需要花费大量的精力和时间。计算机制图是指利用绘图软件在计算机上画出所需图形，并形成相应的图形文件，然后通过绘图仪或打印机将图形文件输出，形成具体的图样。一般情况下，手绘方式多用于设计的方案构思、设计阶段，计算机制图多用于施工图设计阶段。这两种方式同等重要，不可偏废。本书将重点讲解应用

Note

AutoCAD 2024 绘制室内设计图，对于手绘不做具体介绍，读者若需要加强这项技能，可以参阅其他相关书籍。

3. 室内设计制图程序

室内设计制图程序是和室内设计相关的程序。室内设计一般分为方案设计阶段和施工图设计阶段。方案设计阶段形成方案图（有的书籍将该阶段细分为构思分析阶段和方案图阶段），施工图设计阶段形成施工图。方案图包括平面图、顶棚图、立面图、剖面图及透视图等，一般要进行色彩表现，它主要用于向业主或招标单位进行方案展示和汇报，所以其重点在于形象地表现设计构思。施工图包括平面图、顶棚图、立面图、剖面图、节点构造详图及透视图，它是施工的主要依据，因此它需要详细、准确地表示出室内布置、各部分形状、大小、材料、构造做法及相互关系等各项内容。

1.3.3 室内建筑设计制图的内容

如前面所述，一套完整的室内设计图一般包括平面图、顶棚图、立面图、构造详图和透视图。下面简述各种图样的概念及内容。

1. 室内平面图

室内平面图是以平行于地面的切面在距地面 1.5mm 左右的位置将上部切去而形成的正投影图。室内平面图中应表达的内容有：

1）墙体、隔断、门窗、各空间大小及布局、家具陈设、人流交通路线、室内绿化等。若不单独绘制地面材料平面图，则应该在平面图中表示地面材料。

2）标注各房间尺寸、家具陈设尺寸及布局尺寸，对于复杂的公共建筑应标注轴线编号。

3）注明地面材料名称及规格。

4）注明房间名称和家具名称。

5）注明室内地坪标高。

6）注明详图索引符号、图例及立面内视符号。

7）注明图名和比例。

8）若需要辅助文字说明，还要注明文字说明和统计表格等。

2. 室内顶棚图

室内顶棚图是根据顶棚在其下方假想的水平镜面上的正投影绘制而成的镜像投影图。顶棚图中应表达的内容有：

1）顶棚的造型及材料说明。

2）顶棚灯具和电器的图例、名称规格等说明。

3）顶棚造型尺寸标注及灯具、电器的安装位置标注。

4）顶棚标高标注。

5）顶棚细部做法的说明。

6）详图索引符号、图名和比例等。

3. 室内立面图

以平行于室内墙面的切面将前面部分切去后，剩余部分的正投影图即室内立面图。立面图的主要内容有：

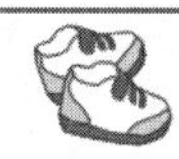

1）墙面造型、材质及家具陈设在立面上的正投影图。

2）门窗立面及其他装饰元素立面。

3）立面各组成部分尺寸、地坪吊顶标高。

4）材料名称及细部做法说明。

5）详图索引符号、图名和比例等。

4. 构造详图

在反映个别设计内容和细部做法时，多以剖面图的方式表达局部剖开后的情况，这就是构造详图。其表达的内容有：

1）以剖面图的绘制方法绘制出各材料断面、构配件断面及其相互关系。

2）用细线表示出剖视方向上看到的部位轮廓及相互关系。

3）标出材料断面图例。

4）用指引线标出构造层次的材料名称及做法。

5）标出其他构造做法。

6）标注各部分尺寸。

7）标注详图编号和比例。

5. 透视图

透视图是根据透视原理在平面上绘制的能够反映三维空间效果的图形。它与人的视觉空间感受相似。室内设计常用的绘制方法有一点透视、两点透视（成角透视）和鸟瞰图3种。透视图可以通过人工绘制，也可以采用计算机绘制，由于它能直观表达设计思想和效果，故也称作效果图或表现图。透视图是一个完整的设计方案不可缺少的部分。鉴于本书重点是介绍应用AutoCAD 2024绘制二维图形，因此本书中不包含透视图内容。

第2章 AutoCAD 基础

本章介绍了 AutoCAD 的基础知识，包括绘图环境设置、基本输入操作和绘图辅助工具等内容，最后通过一个制作 A3 图纸样板图的实例，讲解了一般图形的绘制过程。

- ☑ 绘图环境设置
- ☑ 基本输入操作
- ☑ 绘图辅助工具
- ☑ 基本绘图和编辑命令
- ☑ 图层设置
- ☑ 文字、表格样式与标注样式
- ☑ 图块及其属性
- ☑ 设计中心与工具选项板
- ☑ 对象查询

任务驱动 & 项目案例

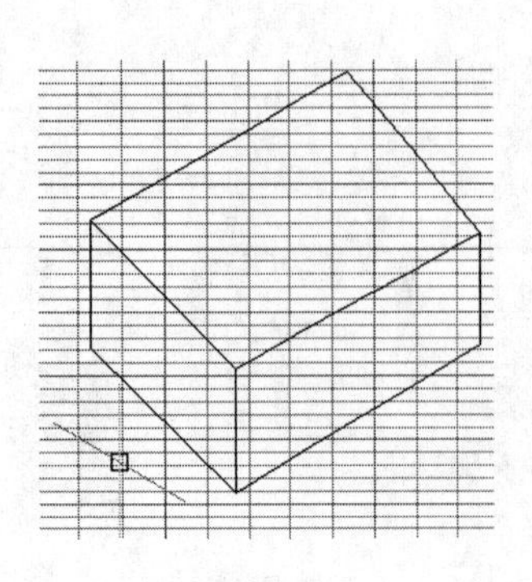

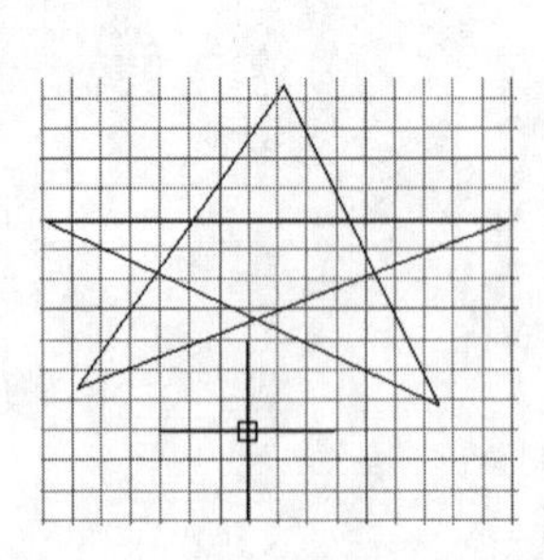

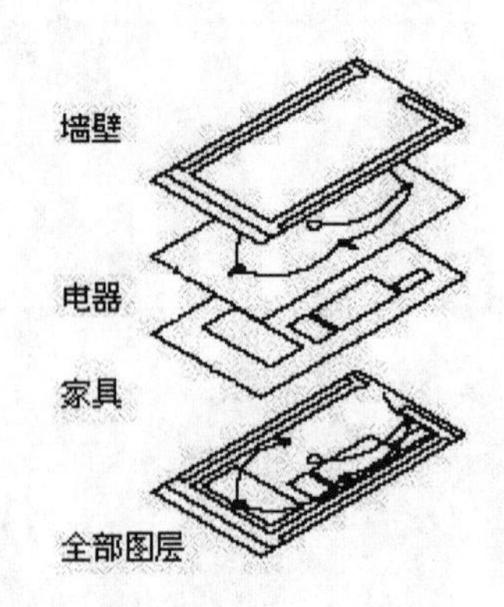

2.1　绘图环境设置

本节将简要介绍 AutoCAD 2024 的绘图环境设置，内容包括操作界面系统参数设置及绘图参数的设置。

2.1.1　操作界面

AutoCAD 2024 启动后的默认界面是 AutoCAD 2009 以后出现的新界面，为了便于使用过 AutoCAD 2009 及以前版本的读者学习本书，这里采用如图 2-1 所示的 AutoCAD 2024 中文版操作界面进行介绍，其中包括标题栏、菜单栏、功能区、“开始”选项卡、Drawing1（图形文件）选项卡、绘图区、十字光标、导航栏、坐标系图标、命令行窗口、状态栏、布局标签和快速访问工具栏等。

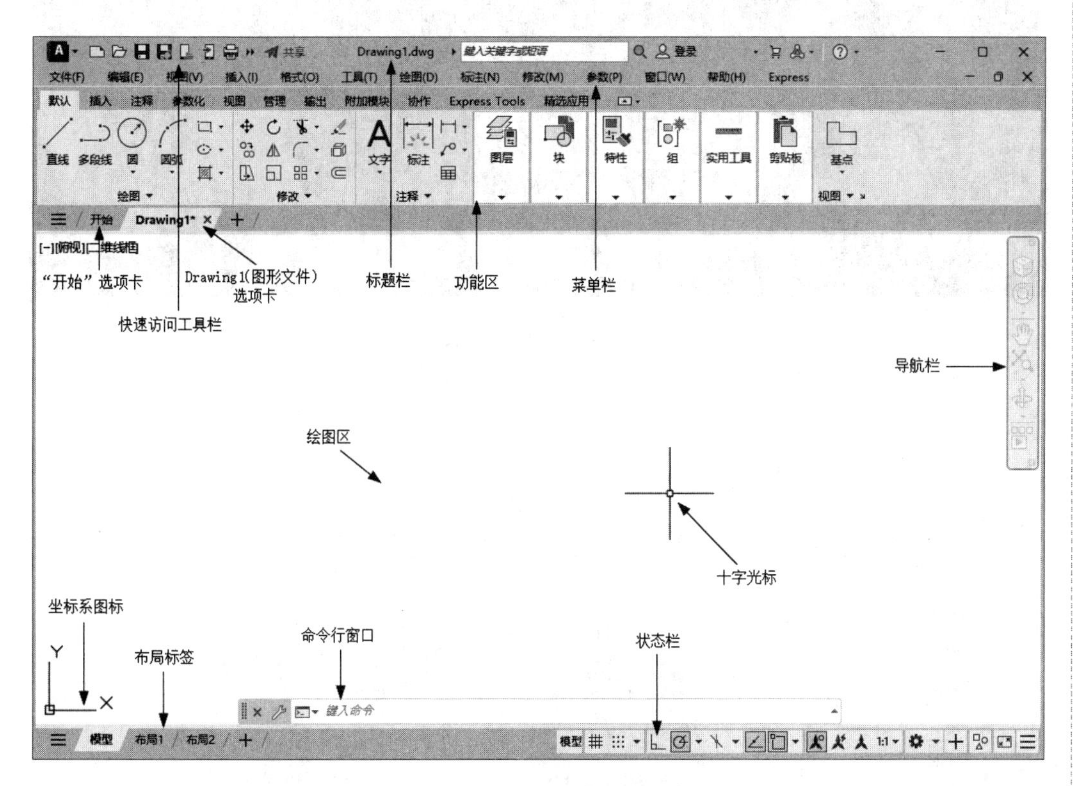

图 2-1　AutoCAD 2024 中文版操作界面

> **注意：** 安装 AutoCAD 2024 后，默认的界面如图 2-2 所示。在绘图区中右击，打开快捷菜单（见图 2-3），选择“选项”命令，打开“选项”对话框，选择“显示”选项卡，将“窗口元素”选项组中的“颜色主题”设置为“明”（见图 2-4），单击“确定”按钮，退出对话框。设置为“明”后的操作界面如图 2-5 所示。

Note

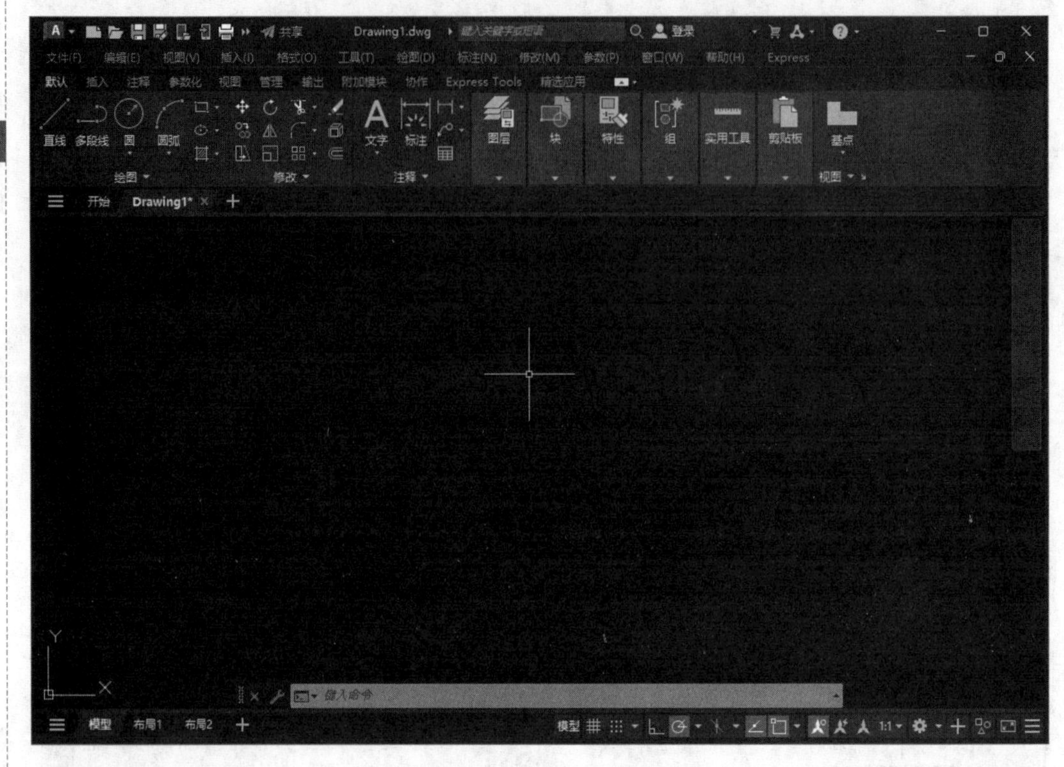

图 2-2　AutoCAD 2024 默认界面

图 2-3　快捷菜单

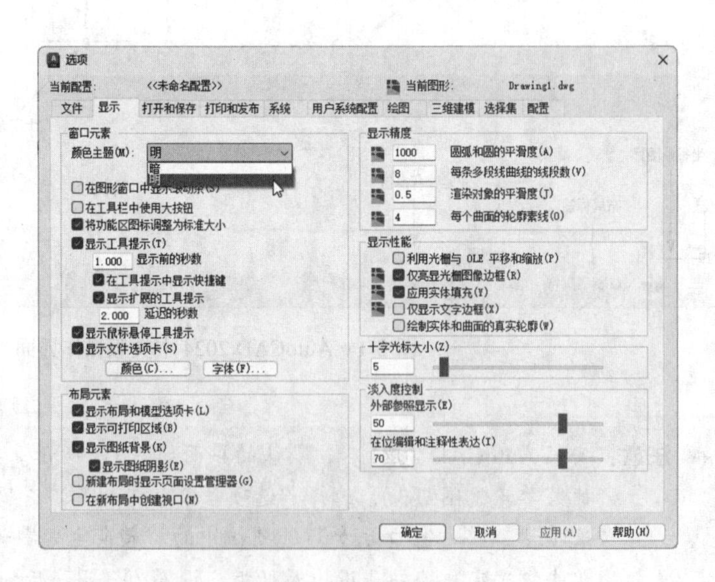

图 2-4　“选项”对话框

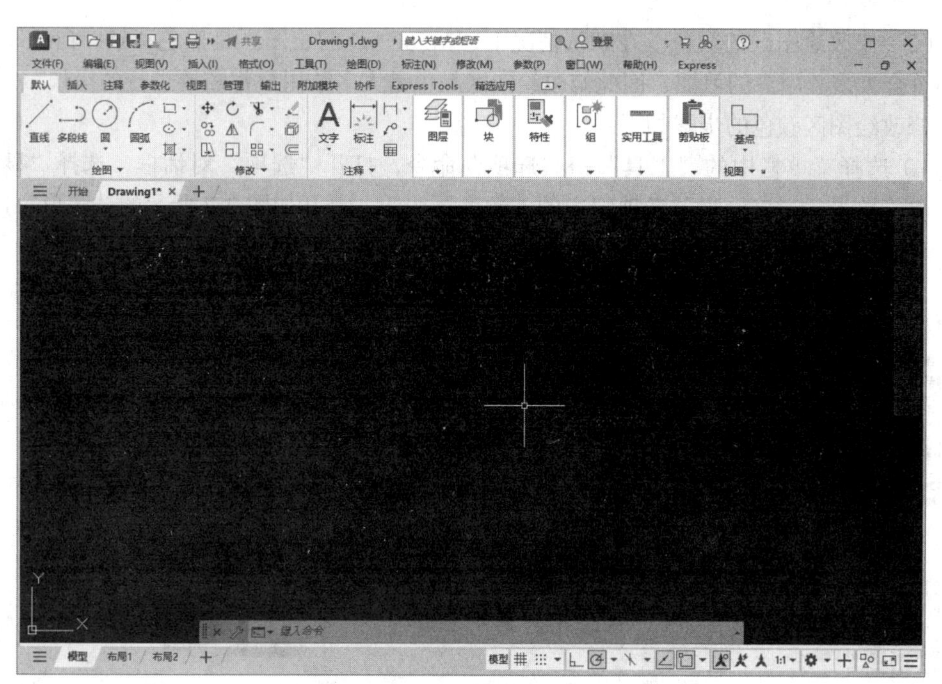

图 2-5　设置为“明”后的操作界面

1. 标题栏

在 AutoCAD 2024 中文版操作界面的最上端是标题栏。在标题栏中显示了系统当前正在运行的应用程序（AutoCAD 2024）和用户正在使用的图形文件。第一次启动 AutoCAD 时，在 AutoCAD 2024 操作界面的标题栏中将显示 AutoCAD 2024 在启动时创建并打开的图形文件的名称“Drawing1.dwg”，如图 2-1 所示。

2. 绘图区

绘图区是指标题栏下方的大片空白区域，是用户绘制图形的区域，用户设计图形的主要工作都是在绘图区中完成的。

在绘图区中还有一个称为十字光标的十字线，其交点反映了光标在当前坐标系中的位置，AutoCAD 通过光标显示当前点的位置。十字线的方向与当前用户坐标系的 X 轴、Y 轴方向平行，十字线的长度系统预设为屏幕大小的 5%。

（1）修改绘图区中十字光标的大小　光标的十字线长度系统预设为屏幕大小的 5%，用户可以根据绘图的实际需要更改其大小。改变光标大小的方法如下：在绘图区中右击，在弹出的快捷菜单中选择“选项”命令，弹出关于系统配置的“选项”对话框，选择“显示”选项卡，在“十字光标大小”选项组的文本框中直接输入数值，或者拖动文本框后的滑块，即可对十字光标的大小进行调整，如图 2-6 所示。

此外，还可以通过设置系统变量 CURSORSIZE 的值，实现对其大小的更改，方法是在命令行窗口中操作如下：

```
命令 : CURSORSIZE ↙
输入 CURSORSIZE 的新值 <5>:
```

在提示下输入新值即可。

（2）修改绘图区的颜色　在默认情况下，AutoCAD 的绘图区是黑色背景、白色线条，这不符合大多数用户的习惯，因此修改绘图区颜色是大多数用户都需要进行的操作。

修改绘图区颜色的步骤如下：

1）选择菜单栏中的“工具”→“选项”命令，打开“选项”对话框，选择“显示”选项卡，单击“窗口元素”选项组中的“颜色”按钮，打开如图 2-7 所示的“图形窗口颜色”对话框。

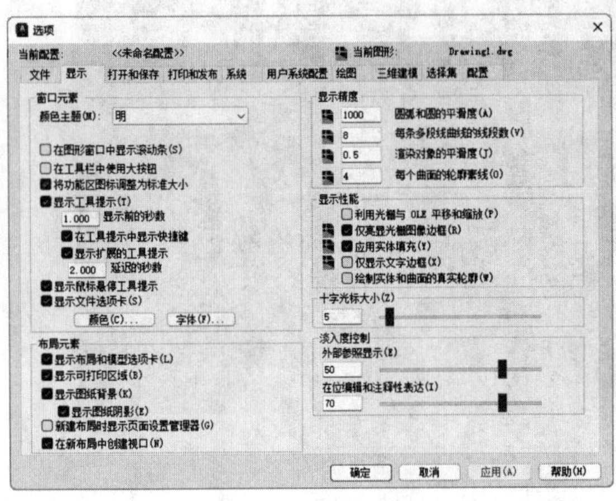

图 2-6 “选项”对话框中的“显示”选项卡

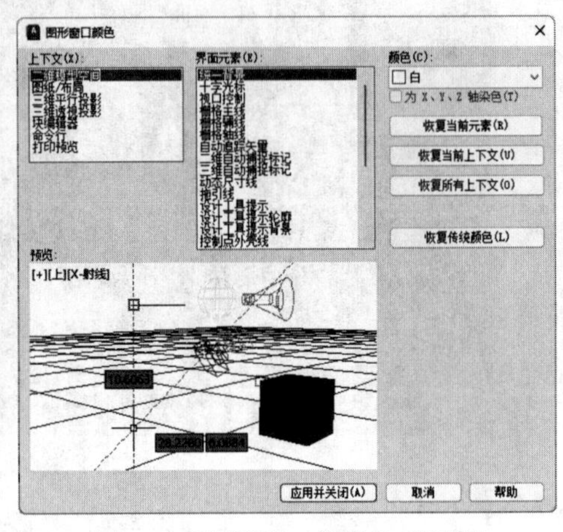

图 2-7 “图形窗口颜色”对话框

2）在“图形窗口颜色”对话框的“颜色”下拉列表中选择需要的颜色，然后单击“应用并关闭”按钮，即可将 AutoCAD 的绘图区颜色变成选择的背景色。通常按视觉习惯选择白色为绘图区颜色。

3. 坐标系图标

在绘图区的左下角有一个指向图标，称为坐标系图标，表示用户绘图时正使用的坐标系形式，如图 2-1 所示。坐标系图标的作用是为点的坐标确定一个参照系。根据工作需要，用户可以选择将其关闭，方法是选择菜单栏中的“视图”→“显示”→“UCS 图标”→“开”命令，如图 2-8 所示。

4. 菜单栏

单击 AutoCAD 快速访问工具栏右侧的下拉按钮，在弹出的下拉菜单中选择“显示菜单栏”命令（见图 2-9），可显示菜单栏，如图 2-10 所示。同其他 Windows 软件一样，AutoCAD 的菜单也是下拉式的，并在菜单中包含子菜单。AutoCAD 的菜单栏中包含 13 个菜单，分别是“文件”“编辑”“视图”“插入”“格式”“工具”“绘图”“标注”“修改”“参数”“窗口”“帮助”和“Express”，这些菜单几乎包含了 AutoCAD 的所有绘图命令（具体内容在此从略）。一般来讲，AutoCAD 下拉菜单中的命令有以下 3 种：

1）带有子菜单的菜单命令。这种类型的命令后面带有小三角形。例如，选择菜单栏中的“绘图”菜单，再选择其下拉菜单中的“圆”命令，会进一步显示出“圆”子菜单中所包含的命令，如图 2-11 所示。

2）打开对话框的菜单命令。这种类型的命令后面带有省略号。例如，选择菜单栏中的“格式”菜单，再选择其下拉菜单中的“文字样式”命令（见图 2-12），会打开对应的“文字样式”对话框，如图 2-13 所示。

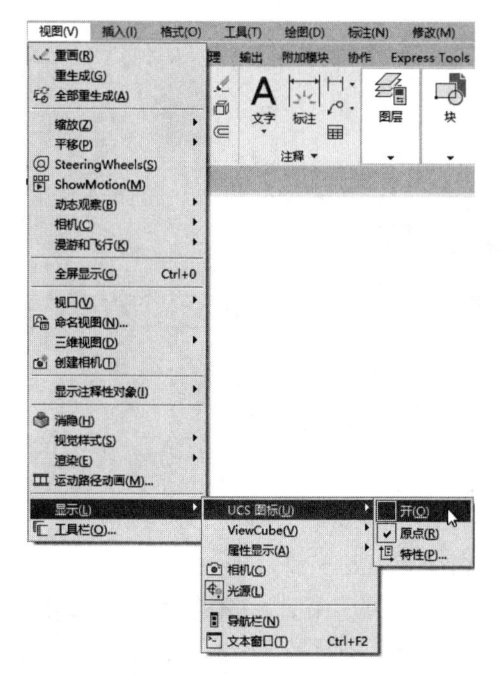

图 2-8　选择“开”命令

图 2-9　选择“显示菜单栏”命令

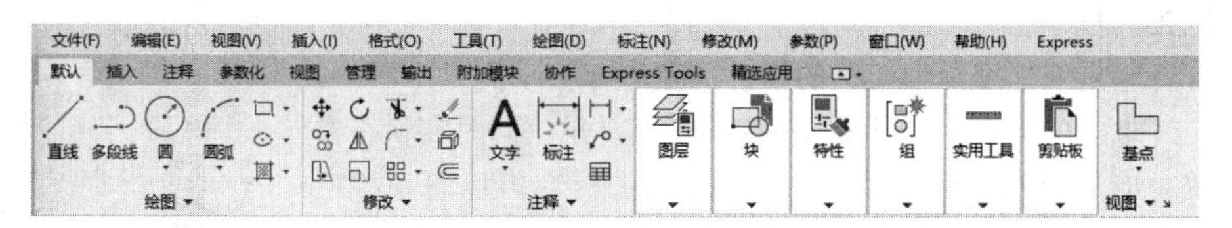

图 2-10　显示菜单栏

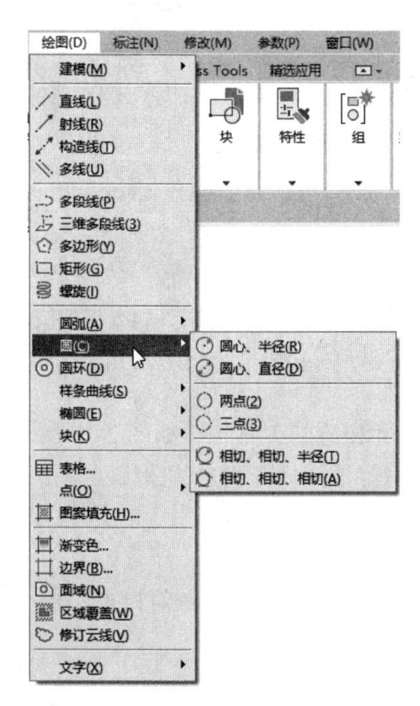

图 2-11　带有子菜单的菜单命令

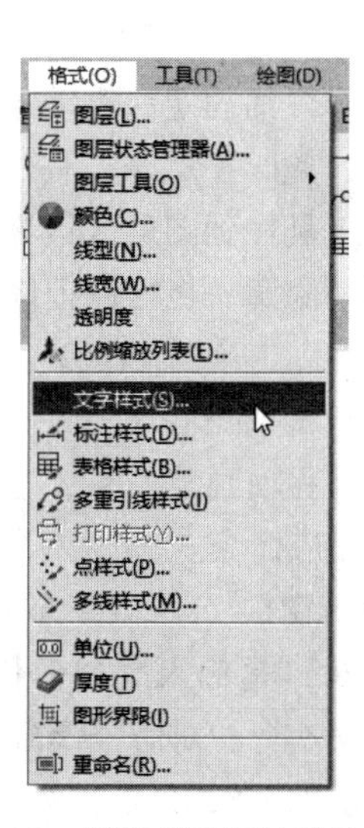

图 2-12　打开对话框的菜单命令

Note

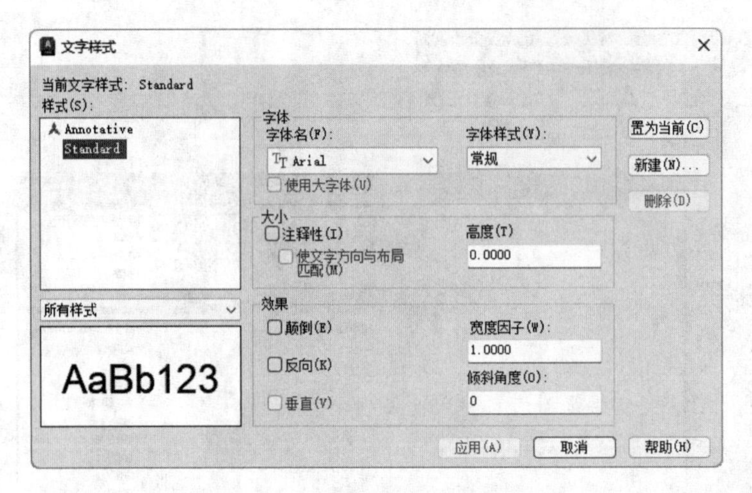

图 2-13 “文字样式”对话框

3）直接执行操作的菜单命令。这种类型的命令后面既不带小三角形，也不带省略号，选择该命令将直接进行相应的操作。例如，选择菜单栏中的“视图”→“重画”命令，系统将刷新显示所有视图，如图 2-14 所示。

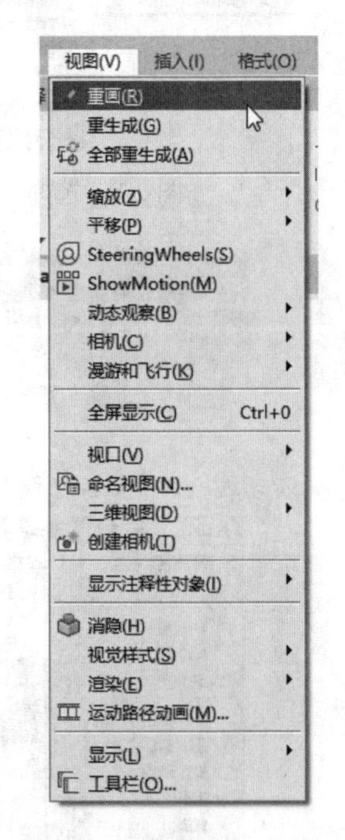

图 2-14 直接执行操作的菜单命令

5. 工具栏

工具栏是一组图标型工具的集合，把光标移动到某个图标，稍停片刻即可在该图标一侧显示相应的工具提示，同时在状态栏中显示对应的说明和命令名。此时，单击图标也可以启动相应命令。

（1）设置工具栏 AutoCAD 2024 的标准菜单里提供有几十种工具栏，选择菜单栏中的“工具”→“工具栏”→“AutoCAD”命令，可显示所需要的工具栏，如图 2-15 所示。单击某一个未在界面显示的工具栏名，系统将自动在界面上打开该工具栏。反之，关闭工具栏。

（2）工具栏的固定、浮动与打开 工具栏可以在绘图区浮动（见图 2-16），此时显示该工具栏标题，并可关闭该工具栏。用鼠标拖动浮动工具栏到图形区边界，可使它变为固定工具栏，此时该工具栏标题隐藏。也可以把固定工具栏拖出，使它成为浮动工具栏。

有些图标的右下角带有一个小三角，单击会打开相应的工具栏，如图 2-17 所示。按住鼠标左键并移动到某一图标上，然后释放鼠标，可将该图标变为当前图标。单击当前图标，可执行相应命令。

6. 命令行窗口

命令行窗口是输入命令名和显示命令提示的区域，默认的命令行窗口位于绘图区下方，是若干文本行。对命令行窗口有以下几点需要说明：

1）移动拆分条，可以扩大或缩小命令行窗口。

图 2-15 显示工具栏

图 2-16 “浮动”工具栏

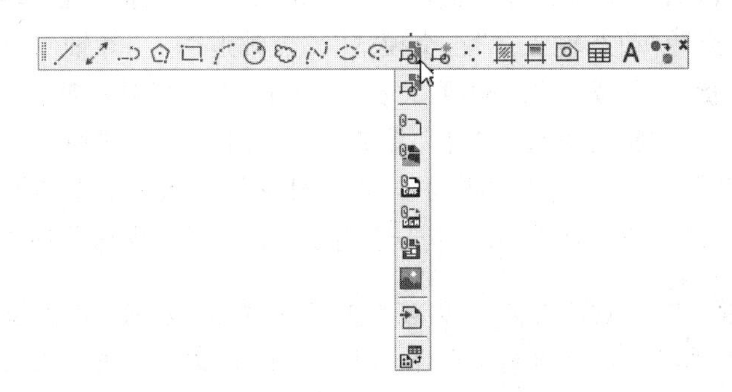

图 2-17 打开工具栏

2）可以拖动命令行窗口，将其放置在屏幕上的其他位置。

3）对当前命令行窗口中输入的内容，可以按 F2 键用文本编辑的方法进行编辑。AutoCAD 文本窗口（见图 2-18）和命令行窗口相似，它可以显示当前 AutoCAD 进程中命令的输入和执行过程，在执行 AutoCAD 某些命令时，它会自动切换到文本窗口，列出有关信息。

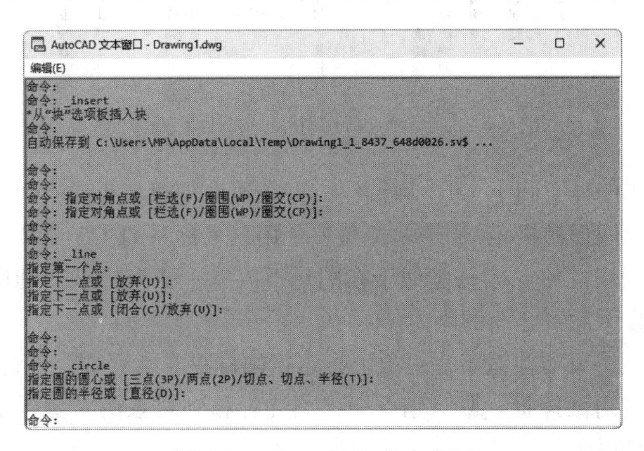

图 2-18 AutoCAD 文本窗口

Note

4）AutoCAD 通过命令行窗口反馈各种信息，包括出错信息。因此，用户要时刻关注在命令行窗口中出现的信息。

7. 布局标签

AutoCAD 系统默认设定一个“模型”空间布局标签和“布局 1”“布局 2”两个图样空间布局标签。在这里有两个概念需要解释一下。

（1）布局　布局是系统为绘图设置的一种环境，包括图样大小、尺寸单位、角度设定和数值精确度等，在系统预设的 3 个标签中，这些环境变量都按默认设置。用户可以根据实际需要改变这些变量的值，也可以根据需要设置符合自己要求的新标签。

（2）空间　AutoCAD 的空间分为模型空间和图样空间。模型空间是用户通常绘图的环境，而在图样空间中，用户可以创建叫作“浮动视口”的区域，以不同视图显示所绘图形。用户可以在图样空间中调整浮动视口并决定所包含视图的缩放比例。如果选择图样空间，则可打印多个视图，还可以打印任意布局的视图。AutoCAD 系统默认打开模型空间，用户可以通过单击选择需要的布局。

8. 状态栏

状态栏在 AutoCAD 2024 操作界面的底部，依次有“坐标”“模型空间”“栅格”“捕捉模式”“推断约束”“动态输入”“正交模式”“极轴追踪”“等轴测草图”“对象捕捉追踪”“二维对象捕捉”“线宽”“透明度”“选择循环”“三维对象捕捉”“动态 UCS”“选择过滤”“小控件”“注释可见性”“自动缩放”“注释比例”“切换工作空间”“注释监视器”“单位”“快捷特性”“锁定用户界面”“隔离对象”“图形性能”“全屏显示”和“自定义”30 个功能按钮，如图 2-19 所示。单击这些按钮，可以实现这些功能的开关。

> **注意：** 默认情况下，AutoCAD 2024 不会显示所有工具，可以通过状态栏上最右侧的按钮，选择要在“自定义”菜单上显示的工具。状态栏上显示的工具可能会发生变化，具体取决于当前的工作空间以及当前显示的是“模型”选项卡还是“布局”选项卡。下面对部分状态栏上的按钮做简单介绍。

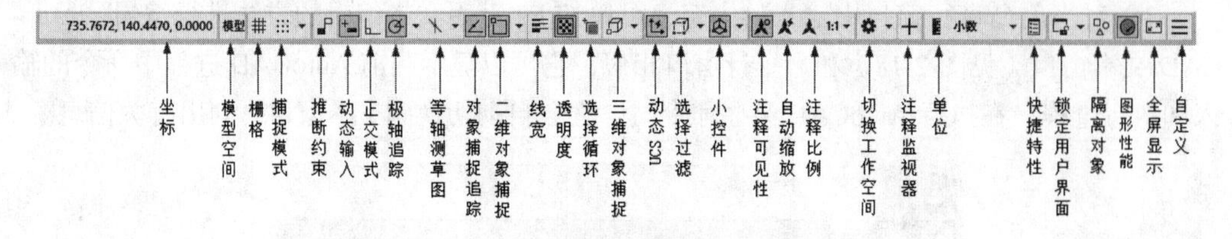

图 2-19　状态栏

☑ 模型空间（图样空间）：单击该按钮，可在模型空间与布局空间之间进行转换。

☑ 栅格（显示图形栅格）：栅格是覆盖整个用户坐标系 (UCS) XY 平面的直线或点组成的矩形图案。使用栅格类似于在图形下放置一张坐标纸。利用栅格可以对齐对象并直观显示对象之间的距离。

☑ 捕捉模式：对象捕捉对于在对象上指定精确位置非常重要。不论何时提示输入点，都可以指定对象捕捉。默认情况下，当光标移到对象的对象捕捉位置时，将显示标记和工具提示。

☑ 正交模式（正交限制光标）：将光标限制在水平或垂直方向上移动，以便于精确地创建或修改对象。当创建或修改对象时，可以使用“正交模式”将光标限制在相对于用户坐标系 (UCS) 的水平或垂直方向上。

☑ 极轴追踪（按指定角度限制光标）：使用极轴追踪，光标将按指定角度进行移动。创建或修改对象时，可以使用“极轴追踪”来显示由指定的极轴角度所定义的临时对齐路径。

☑ 等轴测草图：通过设定“等轴测捕捉 / 栅格”，可以很容易地沿三个等轴测平面之一对齐对象。尽管等轴测图形看似三维图形，但它实际上由二维图形表示，因此不能期望提取三维距离和面积，从不同视点显示对象或自动消除隐藏线。

☑ 对象捕捉追踪（显示捕捉参照线）：使用对象捕捉追踪，可以沿着基于对象捕捉点的对齐路径进行追踪。已获取的点将显示一个小加号 (+)，一次最多可以获取 7 个追踪点。获取点之后，在绘图路径上移动光标，将显示相对于获取点的水平、垂直或极轴对齐路径。例如，可以基于对象端点、中点或者对象的交点，沿着某个路径选择一点。

☑ 二维对象捕捉（捕捉二维参照点）：使用执行对象捕捉设置（也称为对象捕捉），可以在对象上的精确位置指定捕捉点。选择多个选项后，将应用选定的捕捉模式，以返回距离靶框中心最近的点。按 Tab 键可以在这些选项之间循环。

☑ 注释可见性（显示注释对象）：当图标亮显时表示显示所有比例的注释性对象，当图标变暗时表示仅显示当前比例的注释性对象。

☑ 自动缩放（在注释比例发生变化时，将比例添加到注释对象）：注释比例更改时，自动将比例添加到注释对象。

☑ 注释比例（当前视图的注释比例）：单击注释比例右侧小三角符号，弹出注释比例列表，如图 2-20 所示。可以根据需要选择适当的注释比例。

☑ 切换工作空间：单击该按钮，可进行工作空间转换。

☑ 注释监视器：单击该按钮，可打开仅用于所有事件或模型文档事件的注释监视器。

☑ 图形性能（硬件加速）：设定图形卡的驱动程序以及设置硬件加速的选项。

☑ 隔离对象：当选择隔离对象时，在当前视图中显示选定对象，所有其他对象都暂时隐藏；当选择隐藏对象时，在当前视图中暂时隐藏选定对象，所有其他对象都可见。

☑ 全屏显示：该选项可以清除 Windows 窗口中的标题栏、功能区和选项板等界面元素，使 AutoCAD 的绘图区全屏显示，如图 2-21 所示。

☑ 自定义：状态栏可以提供重要信息，而无须中断工作流。使用 MODEMACRO 系统变量可将应用程序所能识别的大多数数据显示在状态栏中。使用该系统变量的计算、判断和编辑功能可以完全按照用户的要求构造状态栏。

9. 快速访问工具栏和交互信息工具栏

（1）快速访问工具栏　该工具栏包括“新建”“打开”“保存”“另存为”“从 Web 和 Mobile 中打开”“保存到 Web 和 Mobile”“打印”“放弃”“重做”和“工作空间”等几个最常用的工具。用户也可以单击该工具栏后面的下拉按钮设置需要常用的工具。

（2）交互信息工具栏　该工具栏包括“搜索”、Autodesk Account、Autodesk Exchange 应用程序、“保持连接”和“单击此处访问帮助”等几个常用的数据交互访问工具。

Note

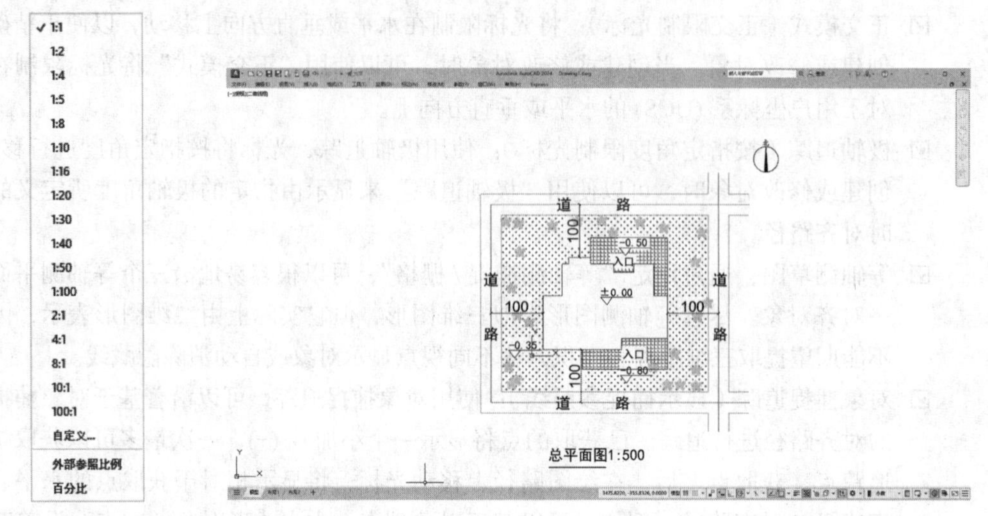

图 2-20　注释比例列表　　　　图 2-21　全屏显示

10. 功能区

在默认情况下，功能区包括“默认”选项卡、“插入”选项卡、“注释”选项卡、“参数化”选项卡、“视图”选项卡、“管理”选项卡、“输出”选项卡、“附加模块”选项卡、“协作”选项卡、“Express Tools”选项卡及“精选应用”选项卡，如图 2-22 所示（显示所有选项卡的功能区如图 2-23 所示）。每个选项卡中都集成了相关的操作工具，非常方便用户的使用。用户可以单击功能区选项后面的按钮控制功能的展开与收缩。

图 2-22　默认情况下显示的选项卡

图 2-23　显示所有选项卡的功能区

（1）设置选项卡　将鼠标指针放在面板中任意位置，右击，打开如图 2-24 所示的快捷菜单，单击某一个未在功能区显示的选项卡名，系统将自动在功能区打开该选项卡。反之，关闭选项卡（调出面板的方法与调出选项板的方法类似，这里不再赘述）。

（2）选项卡中面板的“固定”与“浮动”　面板可以在绘图区“浮动”，如图 2-25 所示。将鼠标指针放到浮动面板的右上角，将显示“将面板返回到功能区”，如图 2-26 所示。在此处单击，可使“浮动”面板变为“固定”面板。也可以把“固定”面板拖出，使它成为“浮动”面板。

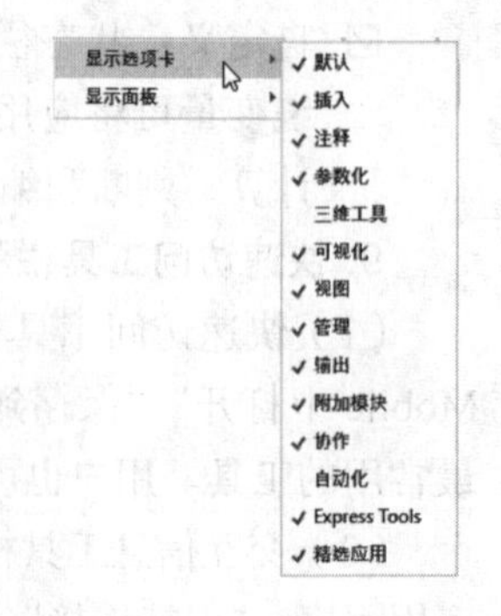

图 2-24　快捷菜单

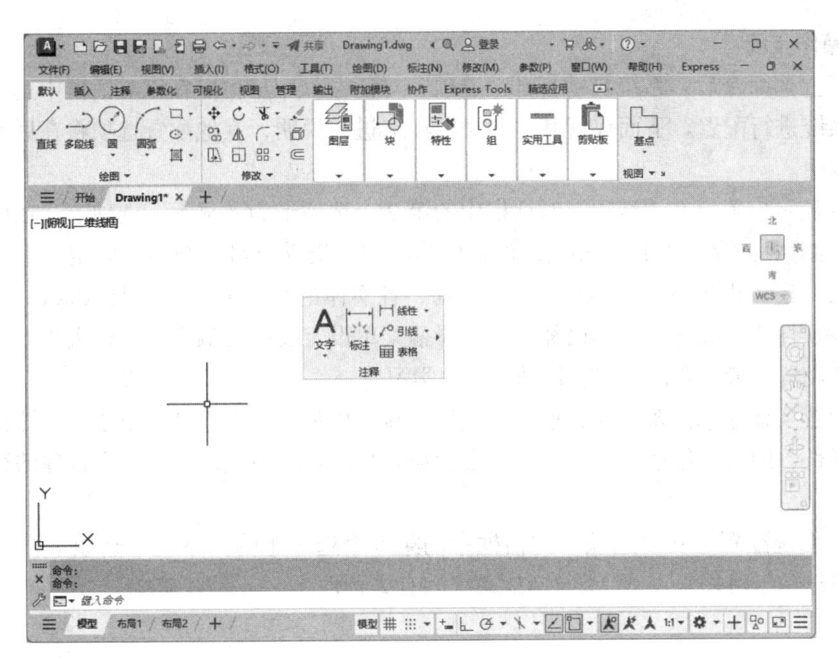

图 2-25 “浮动”面板

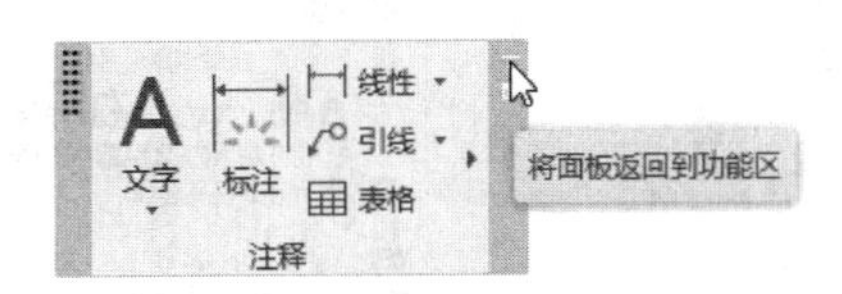

图 2-26 显示“将面板返回到功能区”

打开或关闭功能区的操作方式如下：

命令行：Preferences
菜单栏：工具→选项板→功能区

2.1.2 系统参数配置

由于每台计算机所使用的显示器、输入设备和输出设备的类型不同，用户喜好的风格及计算机的设置也不同，所以每台计算机都是独特的。一般来讲，使用 AutoCAD 2024 的默认配置就可以绘图，但为了使用用户的定点设备或打印机，以及提高绘图的效率，AutoCAD 2024 推荐用户在开始作图前先进行必要的配置。

1. 执行方式

☑ 命令行：PREFERENCES
☑ 菜单：工具→选项
☑ 右键快捷菜单：右击→选项（在绘图区中右击，在弹出的快捷菜单中选择“选项”命令，右键快捷菜单如图 2-27 所示）

图 2-27 右键快捷菜单

Note

2. 操作步骤

执行上述命令后，系统自动打开“选项”对话框。用户可以在该对话框中选择有关选项，对系统进行配置。下面仅就其中几个选项卡进行说明，其他配置选项将在后面用到时再具体说明。

（1）显示配置　在“选项”对话框中的第 2 个选项卡为“显示”选项卡，在该选项卡中可以控制 AutoCAD 窗口的外观，设定屏幕菜单、滚动条显示与否、固定命令行窗口中文字行数，还可设置 AutoCAD 2024 的布局、各实体的显示分辨率以及 AutoCAD 运行时的其他各项性能参数等。前面已经讲述了屏幕菜单设定及屏幕颜色、光标大小等设置，其他选项的设置读者可自己参照“帮助”文件学习。

在设置实体显示分辨率时，请务必记住，显示质量越高，即分辨率越高，计算机计算的时间越长，因此一般情况下不必将其设置得太高。显示质量设定在一个合理的程度上是很重要的。

（2）系统配置　在“选项”对话框中的第 5 个选项卡为“系统”选项卡，如图 2-28 所示。该选项卡可用来设置 AutoCAD 系统的有关特性。

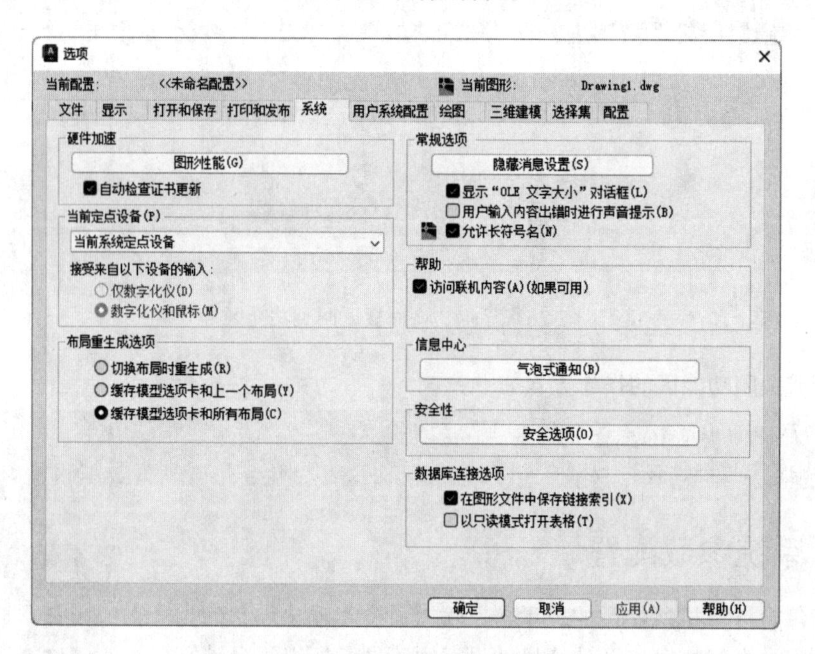

图 2-28　“系统”选项卡

2.1.3　设置绘图参数

1. 绘图单位设置

（1）执行方式

☑ 命令行：DDUNITS（或 UNITS）

☑ 菜单栏：格式→单位

（2）操作步骤　执行上述命令后，系统打开“图形单位”对话框，如图 2-29 所示。在该对话框中可定义单位和角度格式。

1）“长度”选项组：指定测量的当前单位及当前单位的精度。

2）“角度”选项组：指定当前角度格式和当前角度显示的精度。

3）“插入时的缩放单位”下拉列表框：其中选项可控制插入当前图形中的块和图形的测量单位。如果块或图形创建时使用的单位与该选项指定的单位不同，则在插入这些块或图形时将对其按比例缩放。插入比例是源块或图形使用的单位与目标图形使用的单位之比。如果插入块时不按指定单位缩放，可选择“无单位”。

4）“输出样例”选项组：显示用当前单位和角度设置的例子。

5）“光源”下拉列表框：其中选项可指定当前图形中光源强度的单位。

6）“方向”按钮：单击该按钮，将弹出“方向控制”对话框，如图 2-30 所示。在该对话框中可进行方向控制设置。

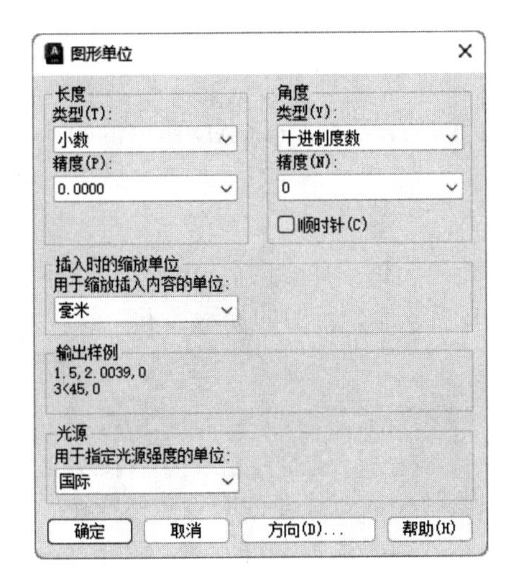

图 2-29　“图形单位”对话框

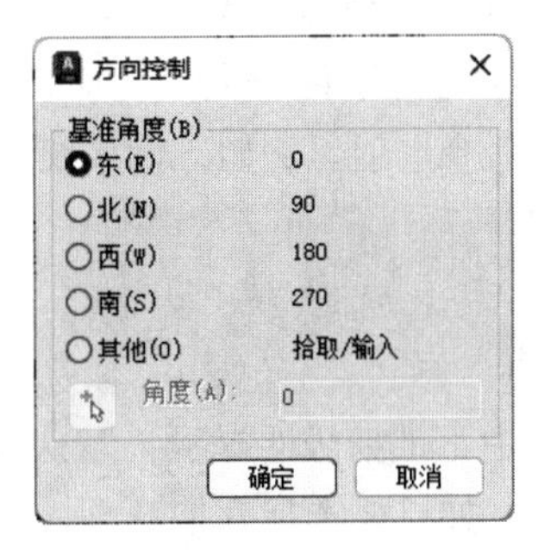

图 2-30　“方向控制”对话框

2. 图形边界设置

（1）执行方式

☑ 命令行：LIMITS

☑ 菜单栏：格式→图形界限

（2）操作步骤　执行上述命令后，系统提示如下：

> 重新设置模型空间界限：
>
> 指定左下角点或 [开 (ON)/ 关 (OFF)] <0.0000,0.0000>:（输入图形边界左下角的坐标后按 Enter 键）
>
> 指定右上角点 <12.0000,9.0000>:（输入图形边界右上角的坐标后按 Enter 键）

在此提示下输入坐标值以指定图形左下角的 X、Y 坐标，或在图形中选择一个点，或按 Enter 键接受默认的坐标值 (0,0)，AutoCAD 将继续提示指定图形右上角的坐标。可输入坐标值以指定图形右上角的 X、Y 坐标，或在图形中选择一个点确定图形的右上角坐标。例如，要设置图形尺寸为 841mm × 594mm，应输入右上角坐标 (841,594)。

注意：输入的左下角和右上角的坐标仅设置了图形界限，仍然可以在绘图区内任

Note

意位置绘图。若想配置AutoCAD，使它能阻止将图形绘制到图形界限以外，再次调用LIMITS命令，然后输入“ON”，按Enter键即可。此时用户不能在图形界限之外绘制图形对象，也不能使用“移动”或“复制”命令将图形移到图形界限之外。

2.2 基本输入操作

在AutoCAD中有一些基本的操作方法，这些基本方法是进行AutoCAD绘图的基础，也是深入学习AutoCAD功能的前提。

2.2.1 命令输入方式

AutoCAD交互绘图必须输入必要的指令和参数。有多种AutoCAD命令的输入方式（以画直线为例）。

1. 在命令行窗口输入命令名

命令字符可不区分大小写。例如，命令：LINE ↙。执行命令时，在命令行提示中经常会出现命令选项。例如，输入绘制直线命令LINE后，命令行中的提示如下：

命令：LINE ↙
指定第一个点：（在屏幕上指定一点或输入一个点的坐标）
指定下一点或 [放弃 (U)]:

选项中不带括号的提示为默认选项，因此可以直接输入直线段的起点坐标或在屏幕上指定一点。如果要选择其他选项，则应该首先输入该选项的标识字符，如“放弃”选项的标识字符U，然后按系统提示输入数据即可。在有的命令选项的后面还带有尖括号，尖括号内的数值为默认数值。

2. 在命令行窗口输入命令缩写字

如L（LINE）、C（CIRCLE）、A（ARC）、Z（ZOOM）、R（REDRAW）、M（MORE）、CO（COPY）、PL（PLINE）、E（ERASE）等。

3. 选取绘图菜单直线选项

选取该选项后，在状态栏中可以看到对应的命令说明及命令名。

4. 选取工具栏中的对应图标

选取该图标后，在状态栏中也可以看到对应的命令说明及命令名。

5. 在绘图区右击打开快捷菜单

如果在前面刚使用过要输入的命令，可以在绘图区打开如图2-31所示的右键快捷菜单，在“最近的输入”子菜单中选择需要的命令。“最近的输入”子菜单中存储了最近使用过的命令，如果经常重复使用某个6次操作以内的命令，采用这种方法比较快捷。

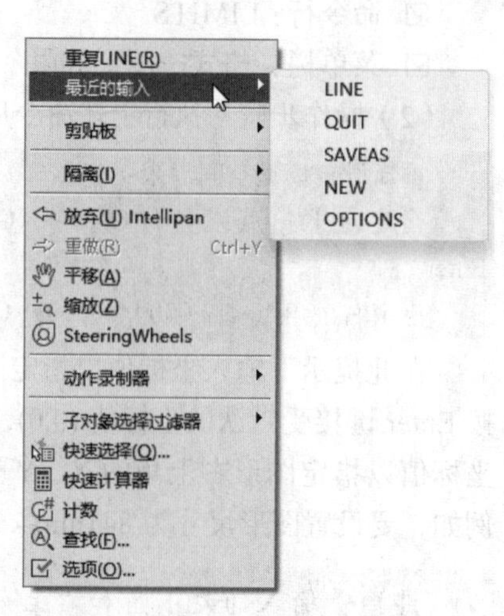

图2-31 右键快捷菜单

6. 在命令行按 Enter 键

如果用户要重复使用上次使用的命令，可以直接在命令行按 Enter 键，此时系统会立即重复执行上次使用的命令。这种方法适用于重复执行某个命令。

2.2.2 命令的重复、撤销、重做

1. 命令的重复

在命令行窗口中按 Enter 键可重复调用上一个命令，不管上一个命令是已完成还是被取消。

2. 命令的撤销

在命令执行的任何时刻都可以取消和终止命令的执行。

执行方式：

☑ 命令行：UNDO

☑ 菜单栏：编辑→放弃

☑ 工具栏：标准→放弃

☑ 快捷键：Esc

3. 命令的重做

已撤销的命令还可以恢复重做，但只能恢复撤销的最后一个命令。

执行方式：

☑ 命令行：REDO

☑ 菜单栏：编辑→重做

☑ 工具栏：标准→重做

该命令可以一次执行多重放弃和重做操作。单击 UNDO 或 REDO 下拉列表箭头，可以选择要放弃或重做的操作，如图 2-32 所示。

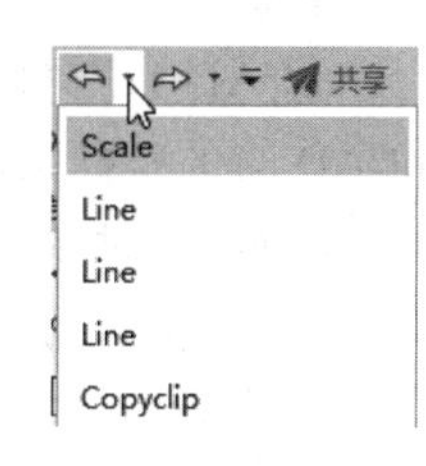

图 2-32 选择放弃或重做

2.2.3 透明命令

在 AutoCAD 中有些命令不仅可以直接在命令行中使用，而且可以在其他命令的执行过程中插入并执行，待该命令执行完毕后，系统继续执行原命令，这种命令称为透明命令。透明命令一般多为修改图形设置或打开辅助绘图工具的命令。

2.2.2 节中的 3 种命令的执行方式同样适用于透明命令的执行。

```
命令：ARC ↙
指定圆弧的起点或 [ 圆心 (C)]: 'ZOOM ↙（透明使用显示缩放命令 ZOOM）
>>（执行 ZOOM 命令）
正在恢复执行 ARC 命令
指定圆弧的起点或 [ 圆心 (C)]:（继续执行原命令）
```

2.2.4 按键定义

在 AutoCAD 中，除了可以通过在命令行窗口输入命令、单击工具栏按钮或选择菜单

Note

项，还可以使用键盘上的一组功能键或快捷键来完成操作。通过这些功能键或快捷键，可以快速实现指定功能，如按F1键，系统会打开AutoCAD帮助对话框。

系统使用AutoCAD传统标准（Windows之前）或Microsoft Windows标准解释快捷键。有些功能键或快捷键在AutoCAD的菜单中已经表明，如“粘贴”的快捷键为Ctrl+V，这些只要在使用的过程中多留意就会熟练掌握。

2.2.5 命令执行方式

有的命令有两种执行方式，可以通过对话框或命令行输入命令。如果指定使用命令行方式，可以在命令名前加短画线来表示，如-LAYER表示用命令行方式执行“图层”命令。而如果在命令行输入LAYER，系统则会自动打开“图层特性管理器”选项板。

另外，有些命令同时存在命令行、菜单栏、工具栏和功能区4种执行方式，这时如果选择菜单栏或工具栏方式，命令行会显示该命令，并在前面加一下划线，如通过菜单栏或工具栏方式执行“直线”命令时，命令行会显示“_line”，命令的执行过程和结果与命令行方式相同。

2.2.6 坐标系与数据的输入方法

1. 坐标系

AutoCAD采用两种坐标系：世界坐标系（WCS）与用户坐标系（UCS）。用户刚进入AutoCAD时的坐标系就是世界坐标系，它是固定的坐标系。世界坐标系也是坐标系中的基准，绘制图形时多数情况下都是在这个坐标系下进行的。

（1）执行方式

☑ 命令行：UCS

☑ 菜单栏：工具→UCS

☑ 工具栏：标准→坐标系

（2）操作步骤　AutoCAD有两种视图显示方式：模型空间和图样空间。模型空间是指单一视图显示法，用户通常使用的都是这种显示方式；图样空间是指在绘图区创建图形的多视图，用户可以对其中每一个视图进行单独操作。在默认情况下，当前UCS与WCS重合。图2-33a所示为模型空间下的UCS图标，通常放在绘图区左下角处；也可以指定它放在当前UCS的实际坐标原点位置，如图2-33b所示。图2-33c所示为布局空间下的坐标系图标。

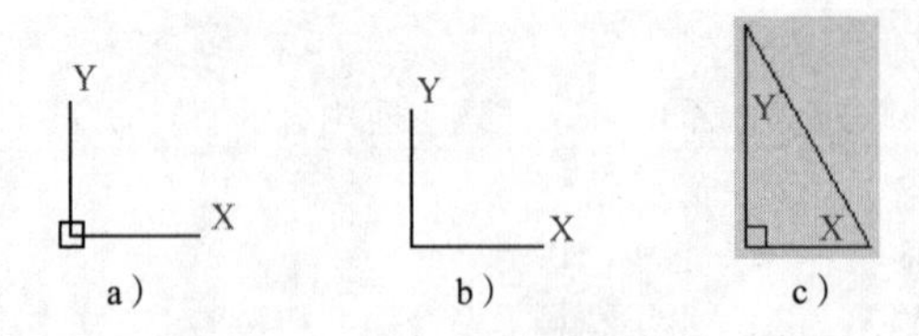

图2-33　坐标系图标

2. 数据输入方法

在AutoCAD中，点的坐标可以用直角坐标、极坐标、球面坐标和柱面坐标表示，每

一种坐标又分别具有两种坐标输入方式，即绝对坐标和相对坐标。其中直角坐标和极坐标最为常用，下面主要介绍它们的输入方法。

（1）直角坐标法　用点的 X、Y 坐标值表示坐标的方法。

例如，在命令行中输入点的坐标提示下，输入“15，18”，则表示输入了一个 X、Y 的坐标值分别为 15、18 的点，此为绝对坐标输入方式，表示该点的坐标是相对于当前坐标原点的坐标值，如图 2-34a 所示。如果输入“@10，20”，则为相对坐标输入方式，表示该点的坐标是相对于前一点的坐标值，如图 2-34c 所示。

（2）极坐标法　用长度和角度表示坐标的方法，只能用来表示二维点的坐标。

在绝对坐标输入方式下，表示为“长度 < 角度”，如“25<50”，其中长度为该点到坐标原点的距离，角度为该点至原点的连线与 X 轴正向的夹角，如图 2-34b 所示。

在相对坐标输入方式下，表示为“@ 长度 < 角度”，如“@25<45”，其中长度为该点到前一点的距离，角度为该点至前一点的连线与 X 轴正向的夹角，如图 2-34d 所示。

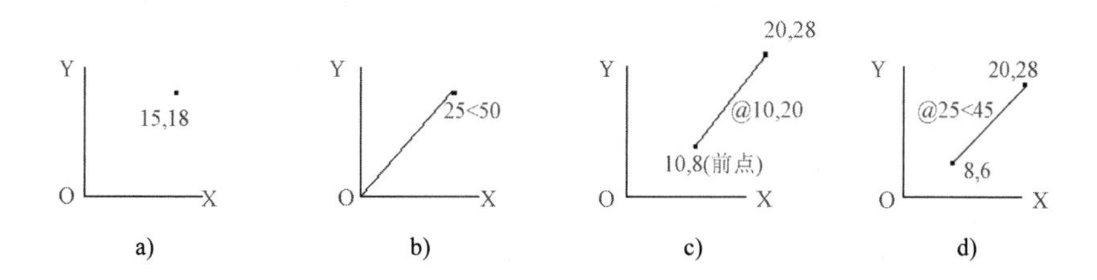

图 2-34　数据输入方法

3. 动态数据输入

单击状态栏上的“动态输入”按钮，系统打开动态输入功能，可以在屏幕上动态输入某些参数数据。例如，绘制直线时，在光标附近会动态地显示“指定第一个点：”以及后面的文本框，显示当前光标所在的位置（可以输入数据，输入数据时两个数据之间以逗号隔开），如图 2-35 所示。指定第一点后，系统动态地显示直线的角度，同时要求输入线段长度值（见图 2-36），其输入效果与“@ 长度 < 角度”方式相同。

图 2-35　动态输入坐标值　　　　图 2-36　动态输入长度值

下面分别讲述点与距离值的输入方法。

（1）点的输入　绘图过程中常需要输入点的位置，AutoCAD 提供了如下几种输入点的方法：

1）用键盘直接在命令行窗口中输入点的坐标。直角坐标有两种输入方式：X，Y（点

Note

的绝对坐标值，如 200，50 和 @ X，Y（相对于上一点的相对坐标值，如 @50，−30）。坐标值均相对于当前的用户坐标系。

2）极坐标的输入方法为：长度 < 角度（其中，长度为点到坐标原点的距离，角度为原点至该点连线与 X 轴的正向夹角，如 20<45）或 @ 长度 < 角度（相对于上一点的相对极坐标，如 @50<−30）。

3）用鼠标等定标设备移动光标，单击在屏幕上直接取点。

4）用目标捕捉方式捕捉屏幕上已有图形的特殊点（如端点、中点、中心点、插入点、交点、切点、垂足点等）。

5）直接距离输入，即先用鼠标拖拽出橡筋线确定方向，然后用键盘输入距离。这样有利于准确控制对象的长度等参数。例如，要绘制一条 20mm 长的线段，方法如下：

```
命令 : LINE ↙
指定第一个点 : ↙（在屏幕上指定一点）
指定下一点或 [ 放弃 (U)]: ↙
```

这时在屏幕上移动鼠标指针指明线段的方向（见图 2-37），但不要单击确认，然后在命令行中输入 20，即可在指定方向上准确地绘制出长度为 20mm 的线段。

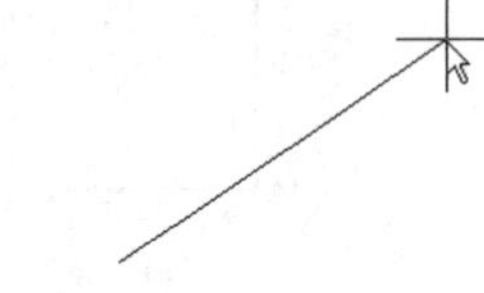
图 2-37　指明线段方向

（2）距离值的输入　在 AutoCAD 命令中，有时需要提供高度、宽度、半径和长度等距离值。AutoCAD 提供了两种输入距离值的方法：一种是用键盘在命令行窗口中直接输入数值；另一种是在屏幕上拾取两点，以两点的距离值定出所需数值。

2.3　绘图辅助工具

要快速顺利地完成图形绘制工作，有时要借助一些辅助工具，如用于准确确定绘制位置的精确定位工具和调整图形显示范围与方式的显示工具。下面简要介绍这两种非常重要的绘图辅助工具。

2.3.1　精确定位工具

在绘制图形时，可以使用直角坐标和极坐标精确定位点，但是有些点（如端点、中心点等）的坐标是不知道的，要想精确地指定这些点很难，有时甚至是不可能的。AutoCAD 2024 提供了辅助定位工具，使用这类工具可以很容易地在屏幕中捕捉到这些点，使绘图更精确。

1. 栅格

AutoCAD 的栅格由有规则的点的矩阵组成，延伸到指定为图形界限的整个区域。使用栅格绘图与在坐标纸上绘图十分相似，利用栅格可以对齐对象并直观显示对象之间的距离。如果放大或缩小图形，可能需要调整栅格间距，使其适合新的比例。虽然栅格在屏幕上是可见的，但它并不是图形对象，因此它不会作为图形中的一部分被打印，也不会影响在何处绘图。可以单击状态栏上的“栅格”按钮或按 F7 键打开或关闭栅格。

（1）执行方式

☑ 命令行：DSETTINGS（或 DS、SE 或 DDRMODES）

☑ 菜单栏：工具→绘图设置

☑ 状态栏：显示图形栅格（仅限于打开与关闭）

☑ 快捷键：F7（仅限于打开与关闭）

（2）操作步骤　执行上述命令后，系统打开“草图设置”对话框，如图 2-38 所示。

如果需要显示栅格，可在“捕捉和栅格”选项卡中选中“启用栅格”复选框，在“栅格 X 轴间距”文本框中输入栅格点之间的水平距离（单位为 mm）。如果使用相同的间距设置垂直和水平分布的栅格点，则按 Tab 键。否则，在“栅格 Y 轴间距”文本框中输入栅格点之间的垂直距离。

捕捉可以使用户直接使用鼠标准确地定位目标点。AutoCAD 提供了两种捕捉栅格的方式，即“栅格捕捉”和“PolarSnap”（极轴捕捉）。

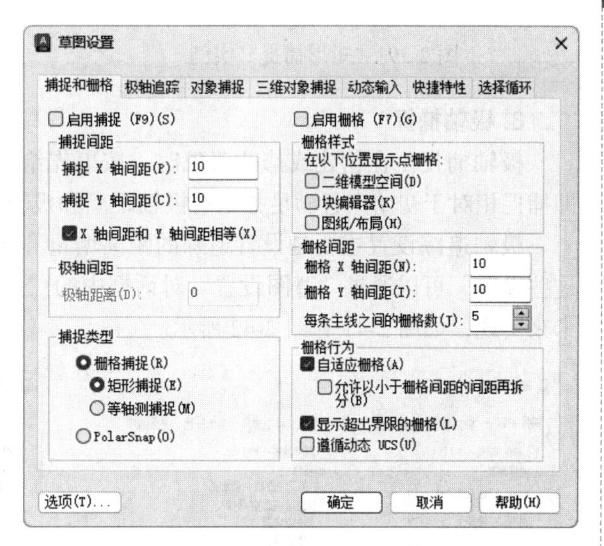

图 2-38　“草图设置”对话框

另外，可以使用 GRID 命令通过命令行方式设置栅格，方法与“草图设置”对话框类似，此处不再赘述。

> **注意：** 如果栅格的间距设置得太小，当进行“打开栅格”操作时，AutoCAD 将在文本窗口中显示“栅格太密，无法显示”的信息，而不在屏幕上显示栅格点。如果在使用“缩放”命令时将图形缩放很小，也会出现同样提示，不显示栅格。

2. 捕捉

捕捉是指 AutoCAD 可以生成一个隐含分布于屏幕上的栅格，这种栅格能够捕捉光标，使得光标只能落到其中的一个栅格点上。栅格捕捉可分为“矩形捕捉”和“等轴测捕捉”两种模式。默认设置为“矩形捕捉”，即捕捉点的阵列类似于栅格（见图 2-39），用户可以指定捕捉模式在 X 轴方向和 Y 轴方向上的间距，也可改变捕捉模式与图形界限的相对位置，它与栅格的不同之处在于：捕捉间距的值必须为正实数，另外捕捉模式不受图形界限的约束。“等轴测捕捉”表示捕捉模式为等轴测模式，此模式是绘制正等轴测图时的工作环境，如图 2-40 所示。在“等轴测捕捉”模式下，栅格和光标十字线成绘制等轴测图时的特定角度。

在绘制图 2-39 和图 2-40 所示的图形时，输入参数点时光标只能落在栅格点上。“矩形捕捉”和“等轴测捕捉”两种模式的切换方法是：打开“草图设置”对话框中的“捕捉和栅格”选项卡，在“捕捉类型”选项组中通过选择单选按钮可以切换“矩形捕捉”模式与“等轴测捕捉”模式。

Note

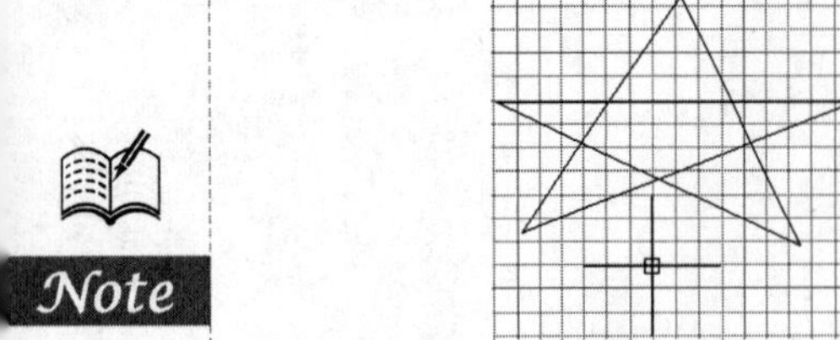
图 2-39 “矩形捕捉”实例

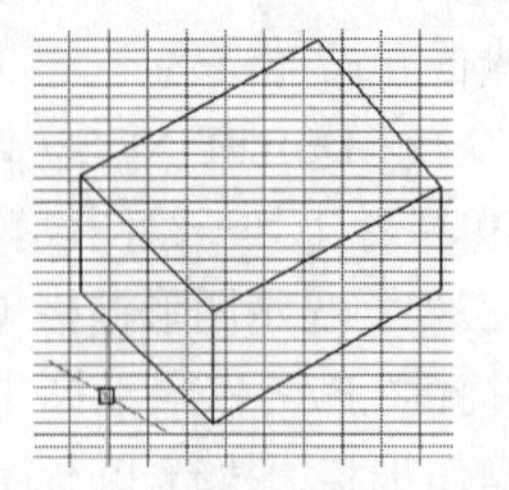
图 2-40 “等轴测捕捉”实例

3. 极轴捕捉

极轴捕捉是在创建或修改对象时，按事先给定的角度增量和距离增量来追踪特征点，即捕捉相对于初始点且满足指定的极轴距离和极轴角的目标点。

极轴追踪设置主要是设置追踪的距离增量和角度增量，以及与之相关联的捕捉模式。这些设置 可以通过“草图设置”对话框中的“捕捉和栅格”选项卡与“极轴追踪”选项卡来实现，如图 2-41 和图 2-42 所示。

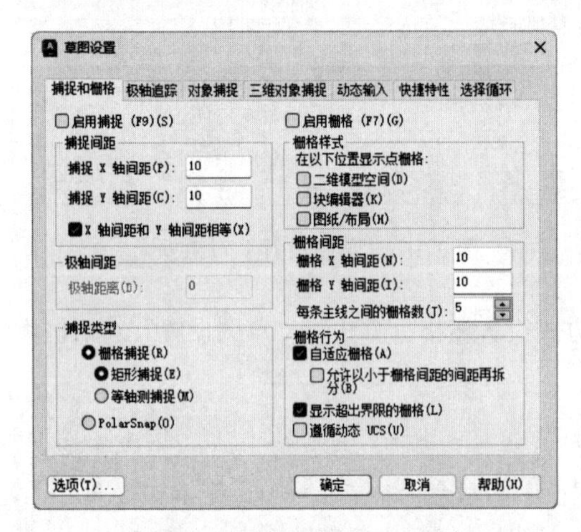

图 2-41 “捕捉和栅格”选项卡

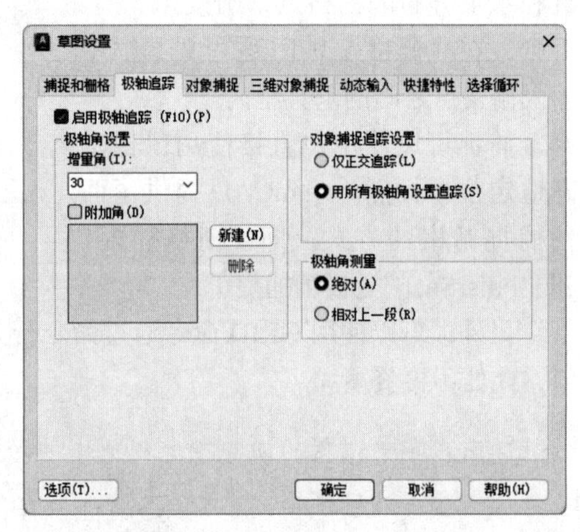

图 2-42 “极轴追踪”选项卡

（1）极轴距离 如图 2-41 所示，在“草图设置”对话框的“捕捉和栅格”选项卡中可以设置“极轴距离”（单位为 mm）。绘图时，光标将按指定的极轴距离增量进行移动。

（2）极轴角设置 如图 2-42 所示，在“草图设置”对话框的“极轴追踪”选项卡中可以设置极轴角增量角度。设置时，可以使用“增量角”下拉列表中预设的角度，也可以直接输入其他任意角度。光标移动时，如果接近极轴角，将显示对齐路径和工具栏提示。例如，当极轴角增量设置为 30°、光标移动 90° 时显示的对齐路径如图 2-43 所示。

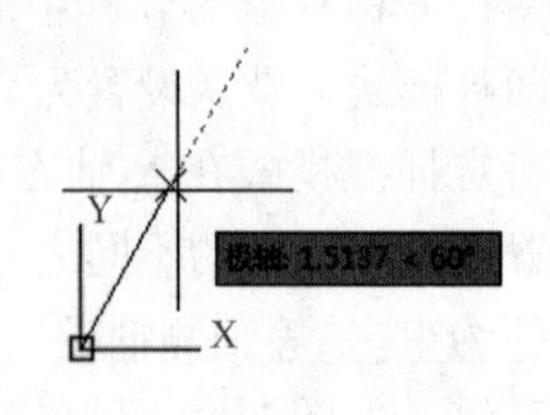

图 2-43 显示的对齐路径

（3）对象捕捉追踪设置 用于设置对象捕捉追踪的模式。如果在“极轴追踪”选项卡中选中“仅正交追踪”单选按钮，则当采用追踪功能时，系统仅在水平和垂直方向上显示追踪数据；如果选中“用所有极轴角设置追踪”单选按钮，则当采用追踪功能时，系统不仅可以在水平和垂直方向上显示追踪数据，还可以在设置的极轴追踪角度与附加角度所确定的一系列方向上显示追踪数据。

Note

（4）极轴角测量　用于设置测量极轴角的角度所采用的参考基准。在“极轴追踪”选项卡中选中“绝对”单选按钮是相对水平方向逆时针测量，选中“相对上一段”单选按钮则是以上一段对象为基准进行测量。

（5）附加角　附加角是对极轴追踪使用列表中的任何一种附加角度。“附加角”复选框受 POLARMODE 系统变量控制，“附加角”列表受 POLARADDANG 系统变量控制。

4. 对象捕捉

AutoCAD 给所有的图形对象都定义了特征点，对象捕捉是指在绘图过程中，通过捕捉这些特征点，迅速、准确地将新的图形对象定位在现有对象的确切位置上，如圆的圆心、线段中点或两个对象的交点等。在 AutoCAD 2024 中，可以通过单击状态栏中的“二维对象捕捉”按钮，或在“草图设置”对话框的“对象捕捉”选项卡中选中“启用对象捕捉”复选框，来启用对象捕捉功能。

对象捕捉工具栏如图 2-44 所示。在绘图过程中，当系统提示需要指定点的位置时，可以单击对象捕捉工具栏中相应的特征点按钮，再把光标移动到要捕捉的对象的特征点附近，AutoCAD 会自动提示并捕捉到这些特征点。例如，用直线连接一系列圆的圆心，可以将圆心设置为执行对象捕捉的选项。如果在选择区域中有两个捕捉点，AutoCAD 将捕捉离光标中心最近的符合条件的点。如果在指定点时需要检查哪一个捕捉对象有效，如在指定位置有多个捕捉对象符合条件，在指定点之前，可以按 Tab 键遍历所有可能的点。

图 2-44　对象捕捉工具栏

（1）使用对象捕捉快捷菜单　在需要指定点的位置时，可以按住 Ctrl 键或 Shift 键右击，打开对象捕捉快捷菜单，如图 2-45 所示。在该菜单上可以选择某一命令执行对象捕捉。

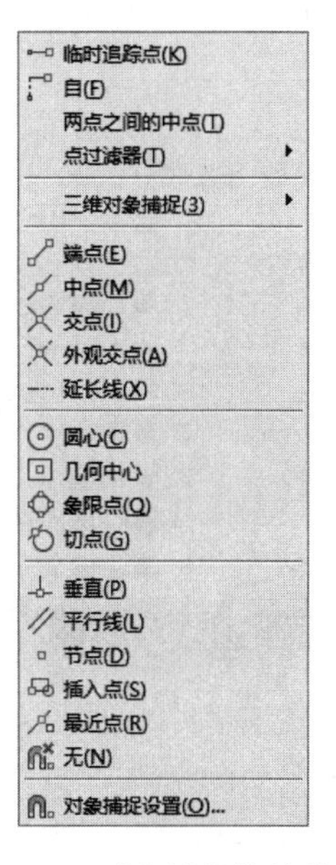

图 2-45　对象捕捉快捷菜单

Note

（2）使用命令行　当需要指定点的位置时，在命令行中输入相应特征点的关键词，然后把光标移动到要捕捉的对象上的特征点附近，即可捕捉到这些特征点。对象捕捉模式及其关键字见表 2-1。

表 2-1　对象捕捉模式及其关键字

模　式	关 键 字	模　式	关 键 字	模　式	关 键 字
临时追踪点	TT	捕捉自	FROM	端点	END
中点	MID	交点	INT	外观交点	APP
延长线	EXT	圆心	CEN	象限点	QUA
切点	TAN	垂足	PER	平行线	PAR
节点	NOD	最近点	NEA	无捕捉	NON

注意： 对象捕捉不可单独使用，必须配合其他绘图命令一起使用。仅当 AutoCAD 提示输入点时，对象捕捉才生效。如果试图在命令行提示下使用对象捕捉，AutoCAD 将显示出错信息。

对象捕捉只影响屏幕上可见的对象，包括锁定图层、布局视口边界和多段线上的对象。不能捕捉不可见的对象，如未显示的对象、关闭或冻结图层上的对象或虚线的空白部分。

5. 自动对象捕捉

在绘制图形的过程中，使用对象捕捉的频率非常高，但如果每次在捕捉对象时都要先选择捕捉模式，则会使工作效率大大降低。为此，AutoCAD 提供了自动对象捕捉模式。在如图 2-46 所示的“草图设置”对话框的“对象捕捉”选项卡中选中“启用对象捕捉追踪”复选框，可以调用自动捕捉。如果启用自动捕捉功能，当光标距指定的捕捉点较近时，系统会自动捕捉这些特征点，并显示出相应的标记以及捕捉提示。

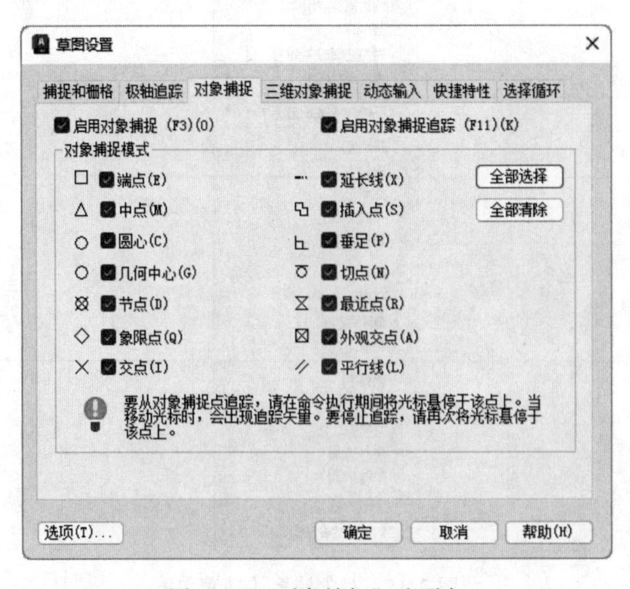

图 2-46　“对象捕捉”选项卡

> 注意：用户可以设置经常要用的捕捉方式。一旦设置了捕捉方式，在每次运行时，所设定的目标捕捉方式就会被激活，而不是仅对一次选择有效。当同时使用多种方式时，系统将捕捉距光标最近、同时又满足多种目标捕捉方式之一的点。当光标距要获取的点非常近时，按 Shift 键将暂时不获取该点。

6. 正交绘图

正交绘图模式即在命令的执行过程中，光标只能沿 X 轴或者 Y 轴移动。所有绘制的线段和构造线都将平行于 X 轴或 Y 轴，因此它们相互成 90° 相交，即正交。正交绘图对于绘制水平和垂直线非常有用，特别是在绘制构造线时经常使用，而且当捕捉模式为等轴测模式时，它还迫使直线平行于 3 个坐标轴中的一个。

设置正交绘图可以直接单击状态栏中的“正交模式”按钮，或按 F8 键，相应地会在文本窗口中显示开 / 关提示信息。也可以在命令行中输入 ORTHO 命令来开启或关闭正交绘图。

> 注意：“正交模式”将光标限制在水平或垂直（正交）轴上。因为不能同时打开“正交模式”和“极轴追踪”，因此“正交模式”打开时，AutoCAD 会关闭“极轴追踪”。如果再次打开“极轴追踪”，AutoCAD 将关闭“正交模式”。

2.3.2　图形显示工具

如果一个图形较为复杂，则在观察整幅图形时往往无法对其局部细节进行查看和操作，而在显示一个细部时又看不到其他部分。为解决这类问题，AutoCAD 提供了缩放、平移、视图、鸟瞰视图和视口命令等一系列图形显示控制命令，可以用来任意放大、缩小或移动屏幕上显示的图形，或者同时从不同的角度、不同的部位来显示图形。AutoCAD 还提供了重画和重新生成命令来刷新屏幕或重新生成图形。

1. 图形缩放

图形缩放命令的功能类似于照相机的镜头，可以放大或缩小屏幕所显示的范围。但其只改变视图的比例，对象的实际尺寸并不发生变化。当放大图形一部分的显示尺寸时，可以更清楚地查看这个区域的细节；相反，如果缩小图形的显示尺寸，则可以查看更大的区域。

图形缩放功能在绘制大幅面机械图样，尤其是装配图时非常有用，是使用频率最高的命令之一。这个命令可以透明地使用，也就是说，该命令可以在其他命令执行时运行。在完成用户调用透明命令后，AutoCAD 会自动返回到用户调用透明命令前正在运行的命令。

（1）执行方式

☑ 命令行：ZOOM

☑ 菜单栏：视图→缩放

☑ 工具栏：标准→缩放

☑ 功能区：视图→导航→缩放（见图 2-47）

（2）操作步骤　执行上述命令后，系统提示如下：

图 2-47 “导航”面板

指定窗口的角点，输入比例因子 (nX 或 nXP)，或者 [全部 (A)/ 中心 (C)/ 动态 (D)/ 范围 (E)/ 上一个 (P)/ 比例 (S)/ 窗口 (W)/ 对象 (O)]< 实时 >:

1）全部（A）：在提示文字后输入“A”，即可执行“全部（A）”缩放操作。不论图形有多大，该操作都将显示图形的边界或范围，即使对象不包括在边界以内也将被显示。因此，使用“全部（A）”缩放选项可查看当前视口中的整个图形。

2）中心（C）：该选项可以通过确定一个中心点，定义一个新的显示窗口。操作过程中需要指定中心点以及输入比例或高度。默认的新的中心点就是视图的中心点，默认的输入高度就是当前视图的高度，直接按 Enter 键后，图形将不会被放大。输入比例的数值越大，图形放大倍数也将越大。也可以在数值后面紧跟一个 X，如 3X，表示在放大时不是按照绝对值变化，而是按相对于当前视图的相对值缩放。

3）动态（D）：通过操作一个表示视口的视图框，可以确定所需显示的区域。选择该选项，在绘图区中会出现一个小的视图框，按住鼠标左键左右移动可以改变该视图框的大小，定形后放开左键。再按下鼠标左键移动视图框，确定图形中的放大位置，系统将清除当前视口并显示一个特定的视图选择屏幕，这个特定屏幕由指定的显示范围和放大倍数确定。

4）范围（E）：该选项可以使图形缩放至整个显示范围。图形的范围由图形所在的区域构成，剩余的空白区域将被忽略。应用这个选项，图形中所有的对象都会尽可能地被放大。

5）上一个（P）：在绘制一幅复杂的图形时，有时需要放大图形的一部分以进行细节的编辑，在编辑完成后，再返回到前一个视图。这种操作可以使用“上一个（P）”选项来实现。当前视口由“缩放”命令的各种选项或移动视图、视图恢复、平行投影或透视命令引起的任何变化，系统都将保存。每一个视口最多可以保存 10 个视图。连续使用“上一个（P）”选项可以恢复前 10 个视图。

6）比例（S）：该选项有 3 种使用方法。在提示信息下，直接输入比例系数，AutoCAD 将按照此比例放大或缩小图形的尺寸。如果在比例系数后面加一“X”，则表示相对于当前视图计算的比例因子。使用比例因子的第三种方法就是相对于图形空间。例如，可以在图样空间阵列布排或打印出模型的不同视图。为了使每一张视图都与图样空间单位成比例，可以使用“比例（S）”选项，此时每一个视图可以有单独的比例。

Note

7）窗口（W）：该选项是常使用的选项，它通过确定一个矩形窗口的两个对角来指定所需缩放的区域。对角点可以由鼠标指定，也可以输入坐标确定。指定窗口的中心点将成为新的显示屏幕的中心点。窗口中的区域将被放大或者缩小。调用 ZOOM 命令时，可以在没有选择任何选项的情况下，利用鼠标在绘图区中直接指定缩放窗口的两个对角点。

8）对象（O）：通过缩放尽可能大地显示一个或多个选定的对象并使其位于视图的中心。可以在调用 ZOOM 命令前后选择对象。

9）实时：该选项用于交互缩放时更改视图的比例。光标将变为带有加号（+）和减号（−）的放大镜。在窗口的中点按住鼠标左键并垂直移动到窗口顶部则放大 100%。反之，在窗口的中点按住鼠标左键并垂直向下移动到窗口底部则缩小一半。达到放大极限时，光标上的加号将消失，表示将无法继续放大。达到缩小极限时，光标上的减号将消失，表示将无法继续缩小。松开鼠标左键时缩放终止。可以在松开鼠标左键后将光标移动到图形的另一个位置，然后再按住鼠标左键即可从该位置继续缩放显示。

注意： 这里提到的放大、缩小或移动的操作仅是对图形在屏幕上的显示进行控制，图形本身并没有发生任何改变。

2. 图形平移

当图形幅面大于当前视口时（如使用了图形缩放命令将图形放大），如果需要在当前视口之外观察或绘制一个特定区域，可以使用图形平移命令来实现。平移命令能将在当前视口以外的图形的一部分移动进来查看或编辑，但不会改变图形的缩放比例。

执行方式：

☑ 命令行：PAN

☑ 菜单栏：视图→平移

☑ 工具栏：标准→平移

☑ 快捷菜单：在绘图区中右击，选择“平移”选项

☑ 功能区：视图→导航→平移

激活平移命令之后，光标变成一只小手，表示当前正处于平移模式。单击并按住鼠标左键，将光标锁定在当前位置，即小手已经抓住图形，然后拖动图形即可使其移动到所需位置。松开鼠标左键将停止平移图形。反复单击鼠标左键、拖动、松开，可将图形平移到任意位置。

平移命令预先定义了一些不同的菜单选项与按钮，它们可用于在特定方向上平移图形。在激活平移命令后，这些选项可以从菜单“视图”→“平移”→“*”中调用。

（1）实时　平移命令中最常用的选项，也是默认选项，前面提到的平移操作都是实时平移，即通过鼠标的拖动来实现任意方向上的平移。

（2）点　这个选项要求确定位移量，即需要确定图形移动的方向和距离。可以通过输

入点的坐标或用鼠标指定点的坐标来确定位移。

（3）左　通过该选项移动图形后，可使屏幕左部的图形进入当前绘图区。

（4）右　通过该选项移动图形后，可使屏幕右部的图形进入当前绘图区。

（5）上　通过该选项向底部平移图形后，可使屏幕顶部的图形进入当前绘图区。

（6）下　通过该选项向顶部平移图形后，可使屏幕底部的图形进入当前绘图区。

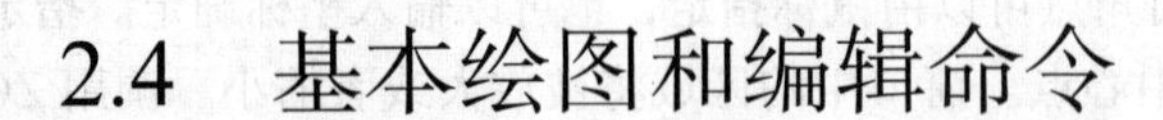

2.4 基本绘图和编辑命令

AutoCAD 中主要通过一些基本的绘图命令和编辑命令完成图形的绘制，现简要介绍如下。

2.4.1 基本绘图命令的使用

在 AutoCAD 中，命令通常有 4 种：命令行命令、菜单命令、工具栏命令和功能区命令。二维绘图的菜单命令主要集中在“绘图”菜单中，如图 2-48 所示；其工具栏命令主要集中在“绘图”工具栏中，如图 2-49 所示；其功能区命令主要集中在“默认”选项卡中的“绘图”面板中，如图 2-50 所示。

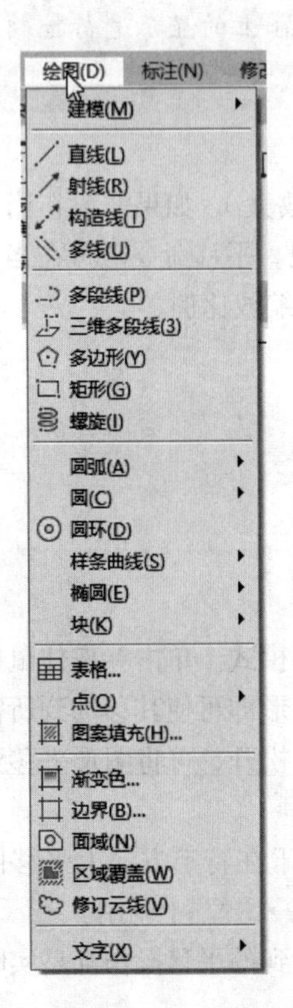

图 2-48 “绘图”菜单

图 2-49 “绘图”工具栏

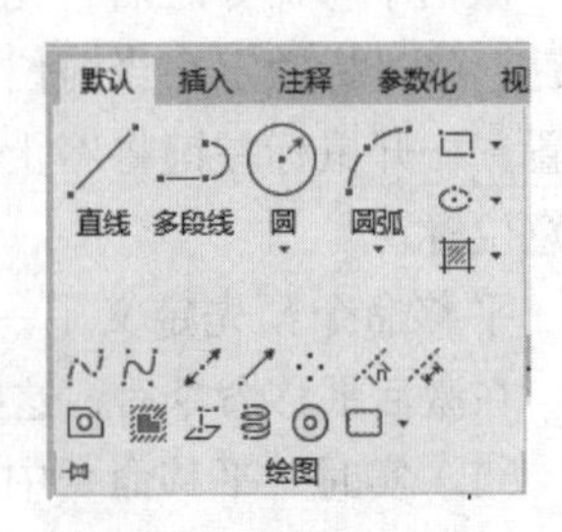

图 2-50 “绘图”面板

2.4.2 基本编辑命令的使用

二维编辑的菜单命令主要集中在“修改”菜单中，如图 2-51 所示；其工具栏命令主要集中在“修改”工具栏中，如图 2-52 所示；其功能区命令主要集中在“默认”选项卡中的“修改”面板中，如图 2-53 所示。在 AutoCAD 中，可以很方便地在“修改”工具栏、“修改”下拉菜单或功能区中调用大部分绘图修改命令。

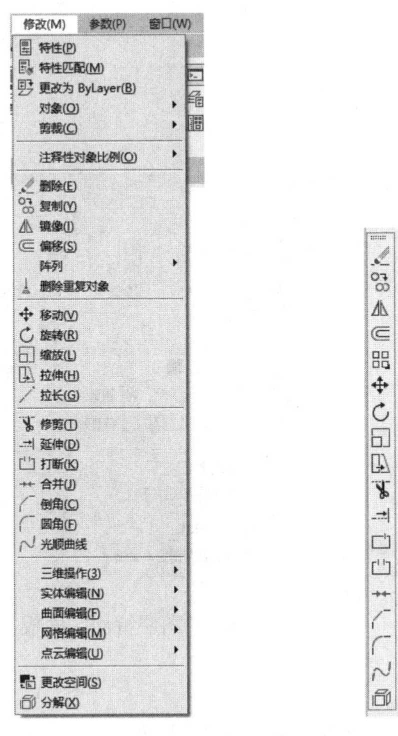

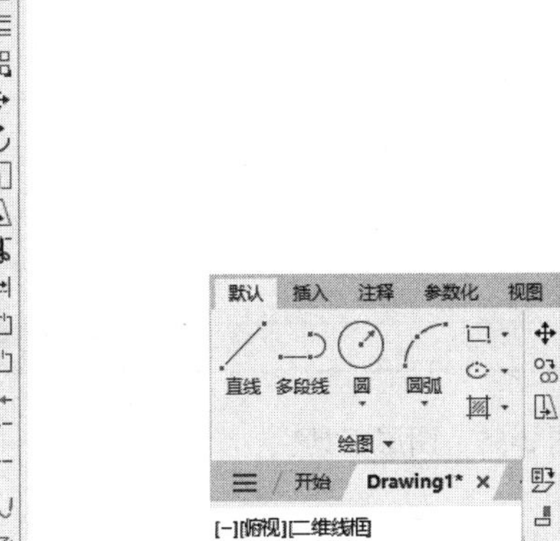

图 2-51 “修改”菜单　图 2-52 “修改”工具栏　图 2-53 “修改”面板

2.5 图层设置

AutoCAD 中的图层就如同在手工绘图中使用的重叠透明图纸，如图 2-54 所示。在 AutoCAD 中，图形的每个对象都位于一个图层上，所有图形对象都具有图层、颜色、线型和线宽 4 个基本属性。在绘制时，图形对象将创建在当前的图层上。每个 CAD 文档中图层的数量是不受限制的，每个图层都有自己的名称。

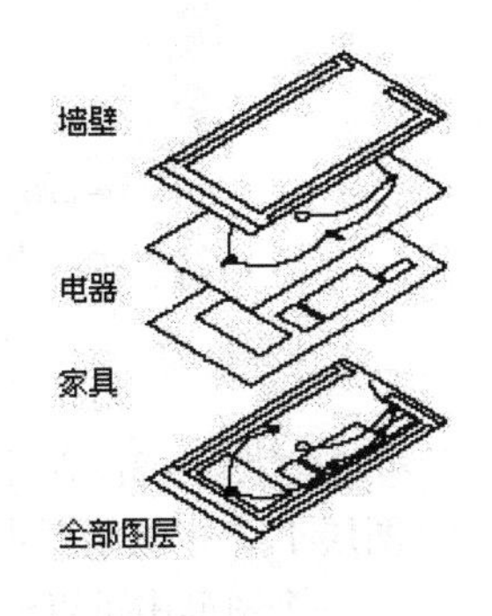

图 2-54 图层示意图

2.5.1 建立新图层

新建的 CAD 文档中只能自动创建一个名为 0 的特殊图层。

默认情况下，图层 0 将被指定使用 7 号颜色、CONTINUOUS 线型、默认线宽以及 NORMAL 打印样式。不能删除或重命名图层 0。通过创建新的图层，可以将类型相似的对象指定给同一个图层，使其相关联。例如，将构造线、文字、标注和标题栏置于不同的图层上，并为这些图层指定通用特性。通过将对象分类放到各自的图层中，可以快速有效地控制对象的显示以及对其进行更改。

1. 执行方式

☑ 命令行：LAYER

☑ 菜单栏：格式→图层

☑ 工具栏：图层→图层特性管理器（见图 2-55）

☑ 快捷键：LA

☑ 功能区：默认→图层→图层特性管理器（见图 2-56）

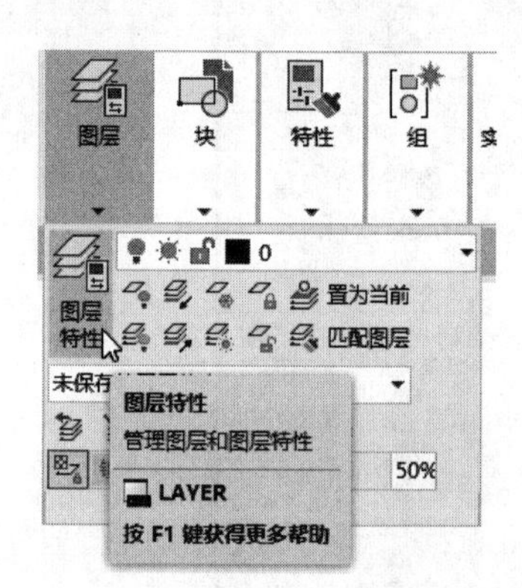

图 2-55　图层工具栏

图 2-56　“图层特性”面板

2. 操作步骤

执行上述命令后，系统打开“图层特性管理器”选项板，如图 2-57 所示。

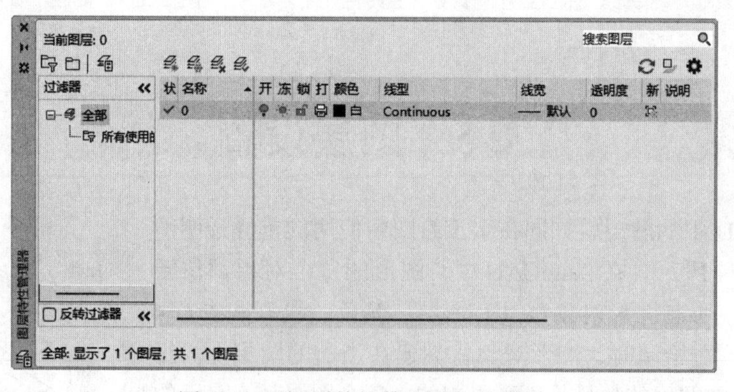

图 2-57　“图层特性管理器”选项板

单击“图层特性管理器”选项板中的“新建”按钮，可建立新图层，默认的图层名为“图层 1”。根据绘图需要，可更改图层名，如改为实体层、中心线层或标准层等。

在一个图形中可以创建的图层数以及在每个图层中创建的对象数实际上是无限的。图层最多可使用255个字符的字母、数字命名。图层特性管理器按名称的字母顺序排列图层。

Note

注意：如果要建立多个图层，无须重复单击“新建”按钮，可以采用更有效的方法：在建立一个新的图层“图层 1”后，改变图层名，在其后输入一个逗号“,”，这样就会自动建立一个新图层“图层 1”，再改变图层名，输入一个逗号，又会建立一个新的图层，重复上述操作即可依次建立多个图层。也可以按两次 Enter 键，建立一个新的图层。图层的名称也可以更改，方法是直接双击图层名称，输入新的名称。

每个图层属性设置中包括图层名称、关闭 / 打开图层、冻结 / 解冻图层、锁定 / 解锁图层、图层线条颜色、图层线条线型、图层线条宽度、图层打印样式以及图层是否打印共 9 个参数。下面将分别讲述如何设置这些图层参数。

（1）设置图层线条颜色　在工程制图中，整个图形包含了多种不同功能的图形对象，如实体、剖面线与尺寸标注等。为了便于区分它们，就需要针对不同的图形对象使用不同的颜色，如实体层使用白色，剖面线层使用青色等。

要改变图层的颜色，可单击图层所对应的颜色图标，打开“选择颜色”对话框，如图 2-58 所示。它是一个标准的颜色设置对话框，可以使用“索引颜色”“真彩色”和“配色系统”3 个选项卡来选择颜色。系统显示的是 RGB 配比，即 Red（红）、Green（绿）和 Blue（蓝）3 种颜色。

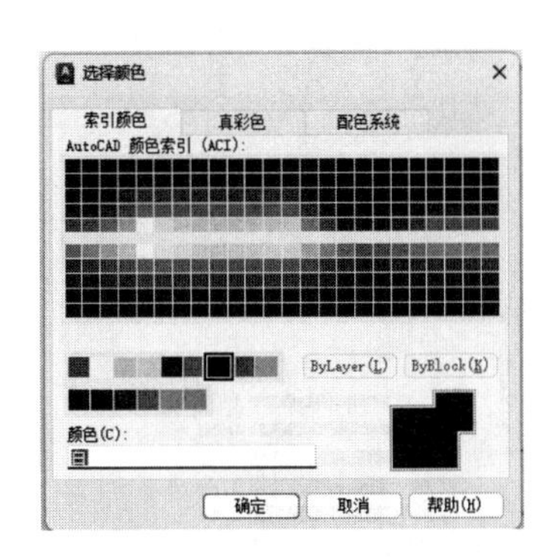

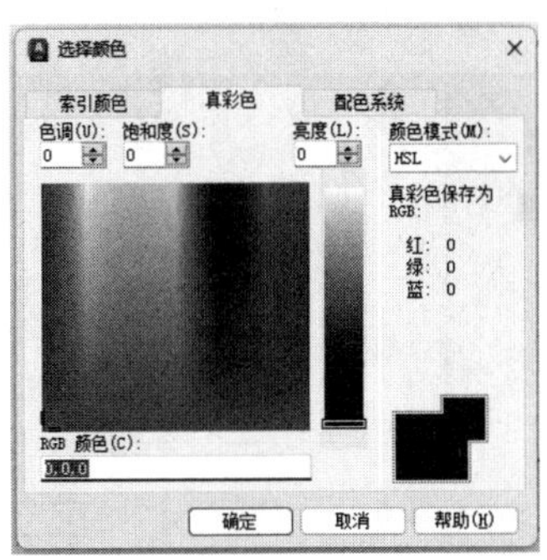

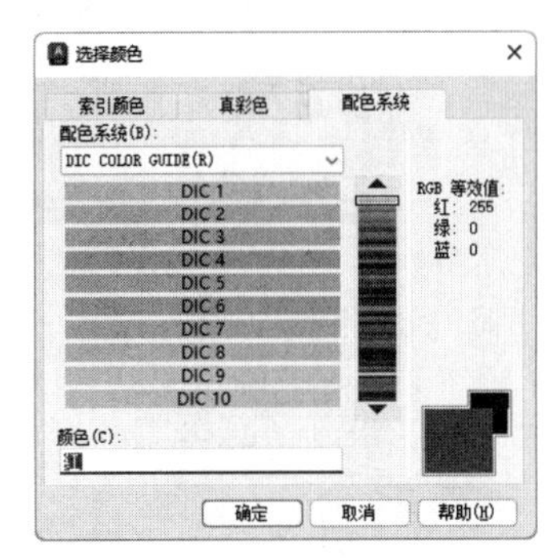

图 2-58 “选择颜色”对话框

（2）设置图层线型　线型是指作为图形基本元素的线条的组成和显示方式，如实线和点画线等。在绘图工作中，常常以线型划分图层，即为每一个图层设置适当的线型。在绘图时，只需将设置了某线型的图层设置为当前图层，即可绘制出符合该线型要求的图形对象，从而提高绘图的效率。

单击图层所对应的线型图标，打开“选择线型”对话框，如图 2-59 所示。在“已加载的线型”列表框中，系统只添加了 Continuous 线型。单击“加载”按钮，打开如图 2-60 所示的“加载或重载线型”对话框，可以看到 AutoCAD 还提供了许多其他的线型。用鼠标选择所需线型，单击“确定”按钮，即可把该线型加载到“已加载的线型”列表框中，按住 Ctrl 键可选择几种线型同时加载。

（3）设置图层线宽　线宽设置就是设置线条的宽度。用不同宽度的线条表现图形对象的类型，也可以提高图形的表达能力和可读性，如绘制外螺纹时螺纹大径使用粗实线，螺纹小径使用细实线。

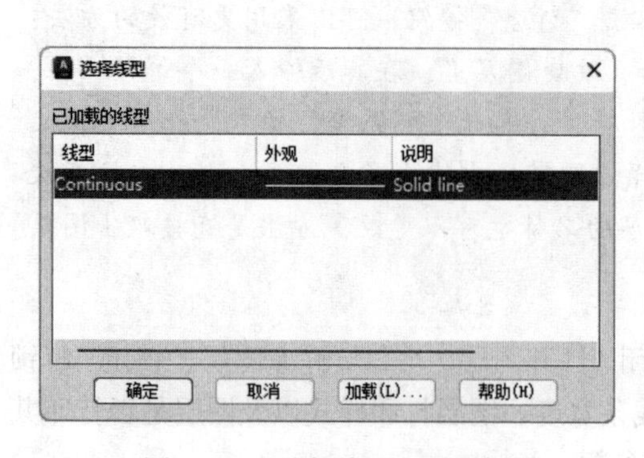

图 2-59 “选择线型”对话框

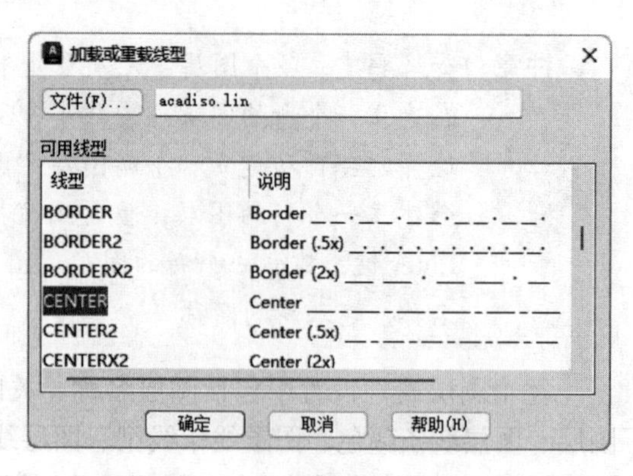

图 2-60 “加载或重载线型”对话框

单击图层所对应的线宽图标，打开如图 2-61 所示的“线宽”对话框，选择一个线宽，单击“确定”按钮即可完成对图层线宽的设置。

图层线宽的默认值为 0.25mm。在状态栏为“模型空间”状态时，显示的线宽与计算机的像素有关。线宽为 0 时，显示为一个像素的线宽。单击状态栏中的“线宽”按钮，可在屏幕上显示出图形的线宽，显示的线宽与实际线宽成比例，线宽显示效果图如图 2-62 所示。但线宽不随着图形的放大和缩小而变化。线宽功能关闭时，不显示图形的线宽，图形的线宽均以默认的宽度值显示。

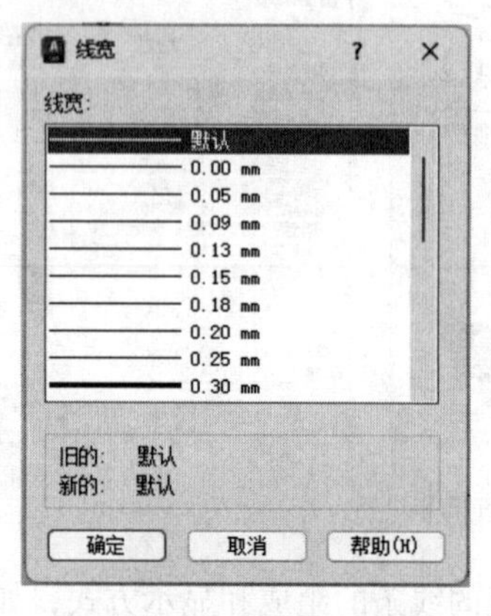

图 2-61 “线宽”对话框

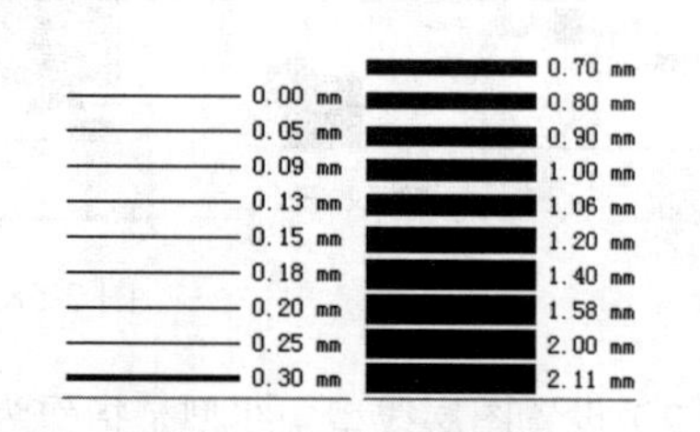

图 2-62 线宽显示效果图

2.5.2 设置图层

除了上面讲述的通过图层特性管理器设置图层的方法外，还有几种其他的简便方法可以设置图层的颜色、线宽和线型等参数。

1. 直接设置图层

可以直接通过命令行或菜单设置图层的颜色、线型和线宽。

(1) 设置颜色

1) 执行方式：

☑ 命令行：COLOR

☑ 菜单栏：格式→颜色

☑ 功能区：默认→特性→更多颜色

2）操作步骤：执行上述命令后，系统打开“选择颜色”对话框，如图 2-58 所示。

（2）设置线型

1）执行方式：

☑ 命令行：LINETYPE

☑ 菜单栏：格式→线型

☑ 功能区：默认→特性→其他

2）操作步骤：执行上述命令后，系统打开“线型管理器”对话框，如图 2-63 所示。该对话框的使用方法与图 2-59 所示的“选择线型”对话框类似。

（3）设置线宽

1）执行方式：

☑ 命令行：LINEWEIGHT 或 LWEIGHT

☑ 菜单栏：格式→线宽

☑ 功能区：默认→特性→线宽设置

2）操作步骤：执行上述命令后，系统打开“线宽设置”对话框，如图 2-64 所示。该对话框的使用方法与图 2-61 所示的“线宽”对话框类似。

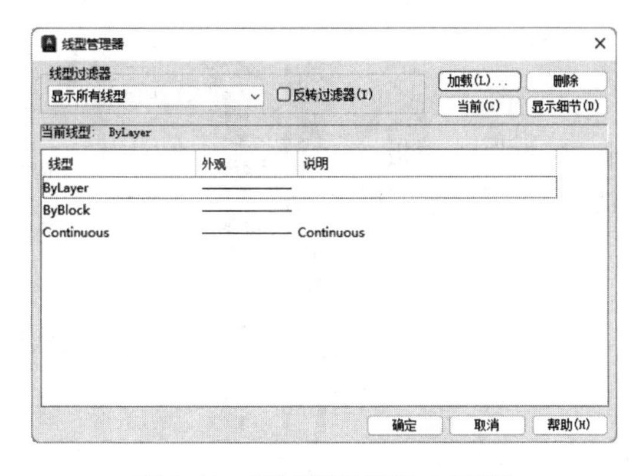

图 2-63 “线型管理器”对话框

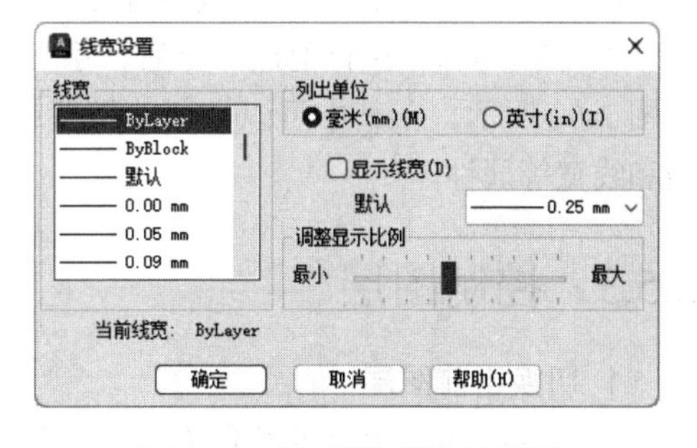

图 2-64 “线宽设置”对话框

2. 利用“特性”面板设置图层

AutoCAD 提供的“特性”面板如图 2-65 所示。用户通过“特性”面板可快速地查看和改变所选对象的图层、颜色、线型和线宽等特性。对“特性”面板上的图层颜色、线型、线宽和打印样式的控制增强了查看和编辑对象属性的命令。在绘图区中选择的任何对象都将在面板上自动显示它所在的图层、颜色和线型等属性。

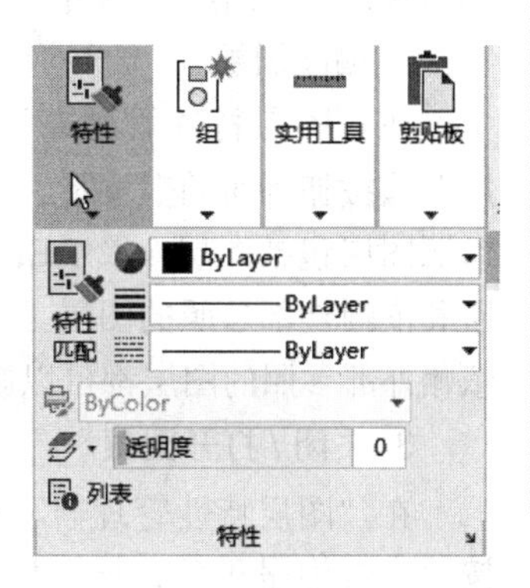

图 2-65 “特性”面板

也可以在“特性”面板上的“颜色”“线型”“线宽”和“打印样式”下拉列表中选择需要的参数值。例如，在“颜色”下拉列表中选择“更多颜色”选项，如图 2-66 所示，系统打开“选择颜色”对话框，如图 2-58 所示。同样，在“线

型”下拉列表中选择“其他”选项，如图 2-67 所示，系统打开“线型管理器”对话框，如图 2-63 所示。

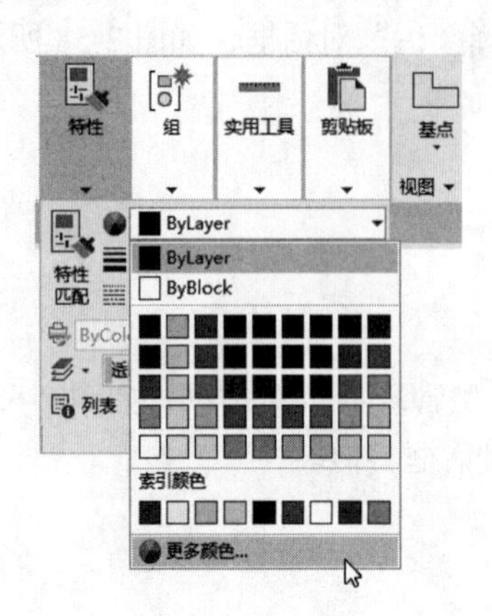

图 2-66 “更多颜色”选项

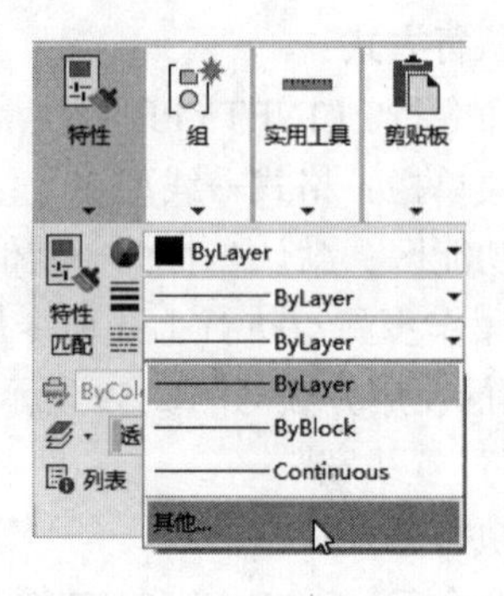

图 2-67 “其他”选项

3. 利用“特性”选项板设置图层

1）执行方式：

☑ 命令行：DDMODIFY 或 PROPERTIES

☑ 菜单栏：修改→特性

☑ 工具栏：标准→特性

☑ 功能区：视图→选项板→特性

2）操作步骤：执行上述命令后，系统打开“特性”选项板，如图 2-68 所示。在其中可以方便地设置或修改图层、颜色、线型和线宽等属性。

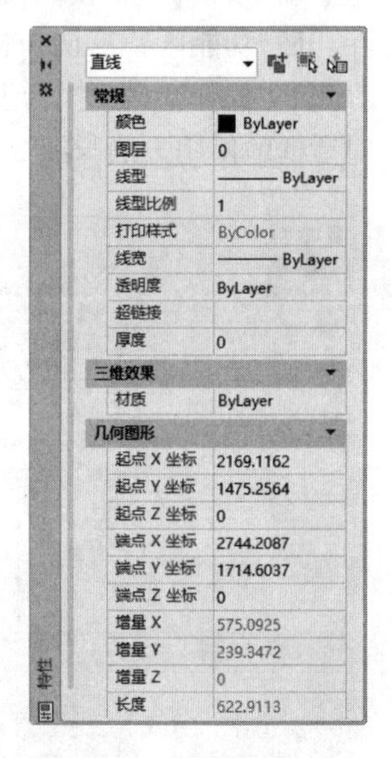

图 2-68 “特性”选项板

2.5.3 控制图层

1. 切换当前图层

不同的图形对象需要绘制在不同的图层中，因此在绘制前需要将当前图层设置为所需的图层。打开“图层特性管理器”选项板，选择图层，单击“置为当前”按钮即可完成设置。

2. 删除图层

在“图层特性管理器”选项板的图层列表框中选择要删除的图层，单击“删除图层”按钮即可将其删除。从图形文件定义中删除选定的图层，只能删除未参照的图层。参照图层包括图层 0 及 DEFPOINTS、包含对象（包括块定义中的对象）的图层、当前图层和依赖外部参照的图层。不包含对象（包括块定义中的对象）的图层、非当前图层和不依赖外部参照的图层都可以删除。

3. 关闭 / 打开图层

在“图层特性管理器”选项板中单击按钮，可以控制图层的可见性。图层打开时，按钮小灯泡呈黄色，该图层上的图形可以显示在屏幕上或绘制在绘图仪上。当单击该按钮，小灯泡呈蓝色时，该图层上的图形不显示在屏幕上，而且不能被打印输出，但仍然作

为图形的一部分保留在文件中。

4. 冻结 / 解冻图层

在“图层特性管理器”选项板中单击按钮，可以冻结图层或将图层解冻。按钮呈雪花蓝色表示该图层是冻结状态，按钮呈太阳黄色表示该图层是解冻状态。冻结图层上的对象不能显示，也不能打印，同时也不能编辑修改该图层上的图形对象。图层在冻结后，该图层上的对象不影响其他图层上对象的显示和打印。

5. 锁定 / 解锁图层

在“图层特性管理器”选项板中单击按钮，可以锁定图层或将图层解锁。锁定图层后，该图层上的图形依然显示在屏幕上并可打印输出，也可对锁定图层上的图形进行查询和对象捕捉，还可以在该图层上绘制新的图形对象，但用户不能对该图层上的图形进行编辑修改操作。可以对当前图层进行锁定。锁定图层可以防止对图形的意外修改。

6. 打印样式

在 AutoCAD 2024 中，可以使用一个称为“打印样式”的新的对象特性。打印样式可控制对象的打印特性，包括颜色、抖动、灰度、笔号、虚拟笔、淡显、线型、线宽、线条端点样式、线条连接样式和填充样式。使用打印样式给用户提供了很大的灵活性，因为用户可以设置打印样式来替代其他对象特性，也可以关闭这些替代设置。

7. 打印 / 不打印

在“图层特性管理器”选项板中单击按钮，可以设定图层是否打印。还可在保证图形显示可见且不变的条件下，控制图形的打印特征。打印功能只对可见的图层起作用，对于已经被冻结或关闭的图层不起作用。

8. 视口冻结

视口冻结可冻结所有视口中选定的图层，包括“模型”选项卡。可以通过冻结图层来提高 ZOOM、PAN 和其他操作的运行速度，提高对象选择性能并减少复杂图形的重生成时间。

2.6　文字、表格样式与标注样式

文字和标注是 AutoCAD 图形中非常重要的内容。在进行设计时，不但要绘制图形，而且还需要标注一些文字，如技术要求、注释说明、尺寸、表面粗糙度及几何公差等。AutoCAD 提供了多种文字样式与标注样式，以满足用户的多种需要。

2.6.1　设置文字样式

设置文字样式主要包括设置文字字体、字号、角度、方向和其他文字特征。AutoCAD 图形中的所有文字都具有与之相关联的文字样式。在图形中输入文字时，AutoCAD 使用当前的文字样式。如果要使用其他文字样式来创建文字，可以将其他文字样式置于当前。AutoCAD 默认的是标准文字样式。

1. 执行方式

☑ 命令行：STYLE

Note

☑ 菜单栏：格式→文字样式

☑ 工具栏：文字→文字样式

☑ 功能区：默认→注释→文字样式或注释→文字→文字样式→管理文字样式或注释→文字→对话框启动器

2. 操作步骤

执行上述命令后，AutoCAD 打开“文字样式”对话框，如图 2-69 所示。

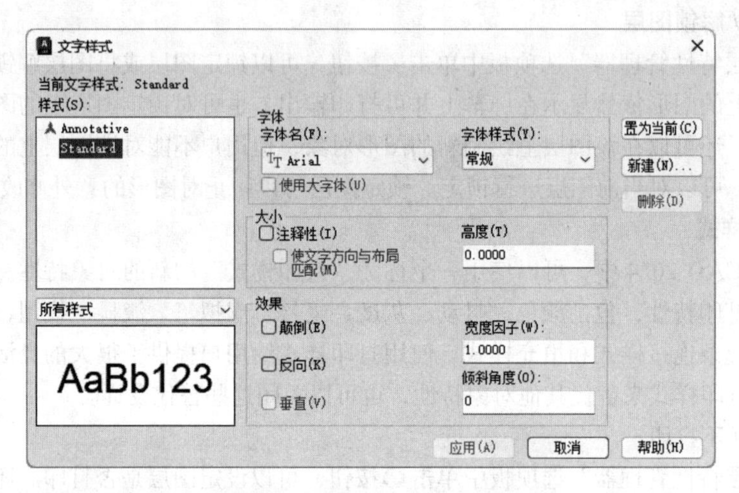

图 2-69 “文字样式”对话框

2.6.2 设置标注样式

在建筑制图中，尺寸标注是重点，也是难点。可以说，如果没有正确的尺寸标注，绘制的任何图形都是没有意义的。图形主要是用来表达物体的形状，而物体的形状和各部分之间的确切位置则需要通过尺寸标注来表达。AutoCAD 提供了强大的尺寸标注功能，几乎能够满足所有用户的标注要求。

设置标注样式包括创建新标注样式、设置当前标注样式、修改标注样式、设置当前标注样式的替代以及比较标注样式。

标注样式的设置主要包括设置标注文字的高度、箭头的大小和样式以及标注文字的位置等。

1. 执行方式

☑ 命令行：DIMSTYLE

☑ 菜单栏：格式→标注样式

☑ 工具栏：标注→标注样式

☑ 功能区：默认→注释→标注样式或注释→标注→标注样式→管理标注样式或注释→标注→对话框启动器

2. 操作步骤

执行上述命令后，AutoCAD 打开“标注样式管理器”对话框，如图 2-70 所示。用户可以在该对话框中根据绘图需要设置相应的标注样式。

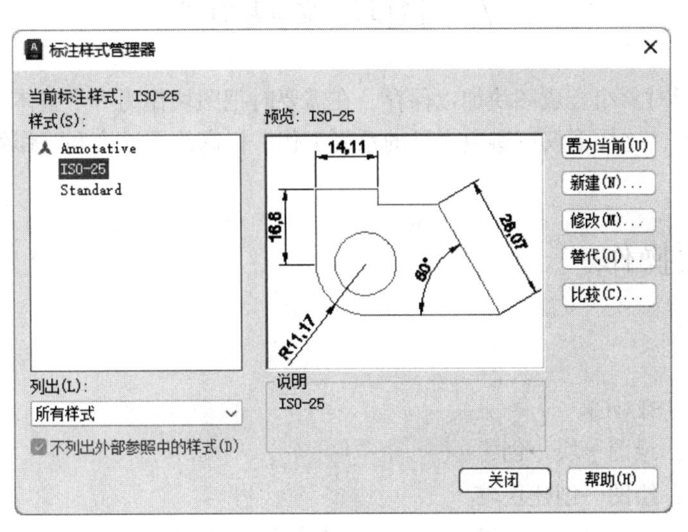

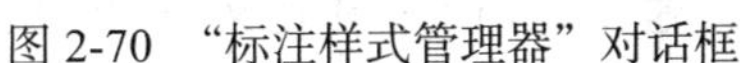
图 2-70 “标注样式管理器”对话框

2.6.3 设置表格样式

在 AutoCAD 中绘制表格时通常需要先设置表格样式，然后再进行表格的绘制。设置表格样式的方法如下：

☑ 命令行：TABLESTYLE

☑ 菜单栏：格式→表格样式

☑ 工具栏：样式→表格样式

☑ 功能区：默认→注释→表格样式或注释→表格→表格样式→管理表格样式或注释→表格→对话框启动器

执行上述命令后，系统打开“表格样式”对话框，如图 2-71 所示。

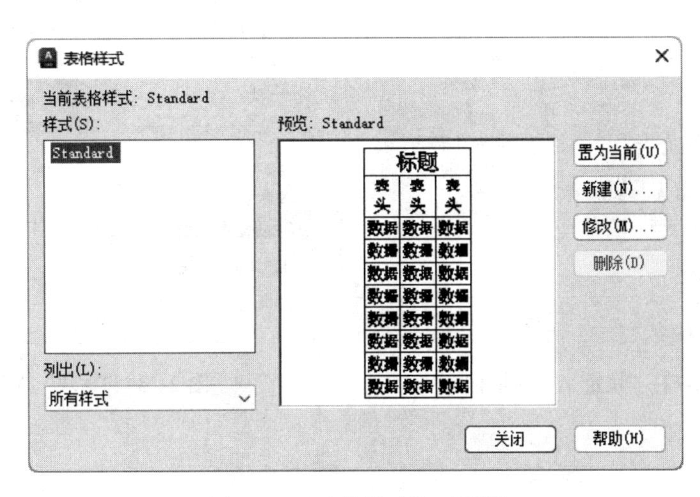

图 2-71 “表格样式”对话框

Note

2.7 图块及其属性

把一组图形对象组合成图块加以保存，在需要时把图块作为一个整体以任意比例和旋转角度插入图中，这样不仅可避免大量的重复工作，提高绘图速度和工作效率，而且可大大节省磁盘空间。

2.7.1 图块操作

1. 图块定义

执行方式：

☑ 命令行：BLOCK

☑ 菜单栏：绘图→块→创建

☑ 工具栏：绘图→创建块

☑ 功能区：默认→块→创建或插入→块定义→创建块

执行上述命令后，系统弹出如图 2-72 所示的“块定义”对话框，在该对话框中可设置对象、基点及其他参数，可定义图块并命名。

2. 图块保存

执行方式：

☑ 命令行：WBLOCK

☑ 功能区：插入→块定义→写块

执行上述命令后，系统弹出如图 2-73 所示的“写块”对话框，利用此对话框可以把图形对象保存为图块或把图块转换成图形文件。

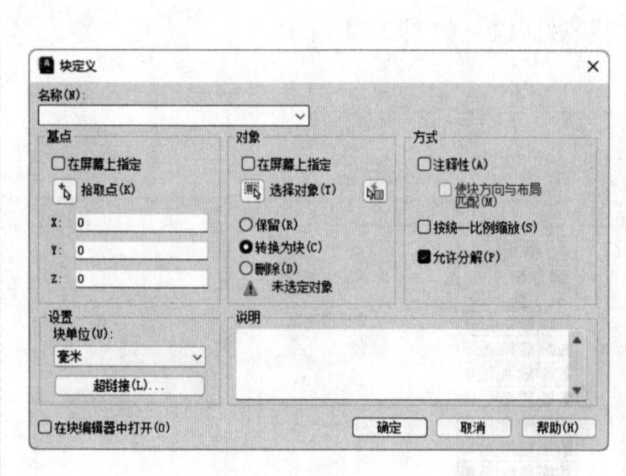

图 2-72 “块定义”对话框

图 2-73 “写块”对话框

3. 图块插入

执行方式：

☑ 命令行：INSERT

☑ 菜单栏：插入→块

☑ 工具栏：插入→插入块或绘图→插入块

☑ 功能区：默认→块→插入或插入→块→插入

执行上述命令后，系统弹出“块”选项板，如图 2-74 所示。在此选项板中可设置插入点位置、插入比例及旋转角度，可以指定要插入的图块及插入位置。

2.7.2　图块的属性

1. 属性定义

（1）执行方式

☑ 命令行：ATTDEF（快捷命令：ATT）

☑ 菜单栏：绘图→块→定义属性

执行上述命令后，系统弹出“属性定义”对话框，如图 2-75 所示。

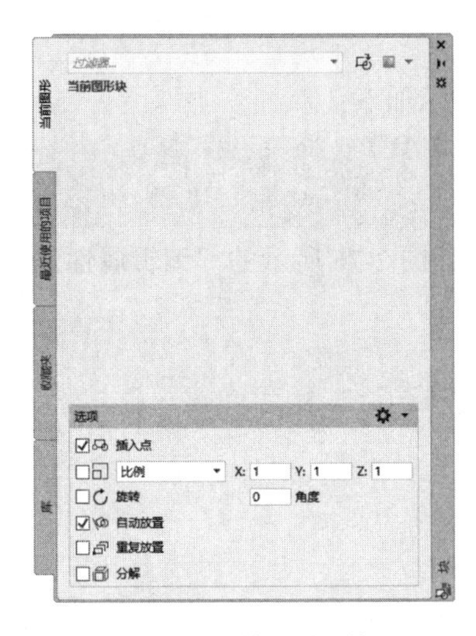

图 2-74　“块”选项板

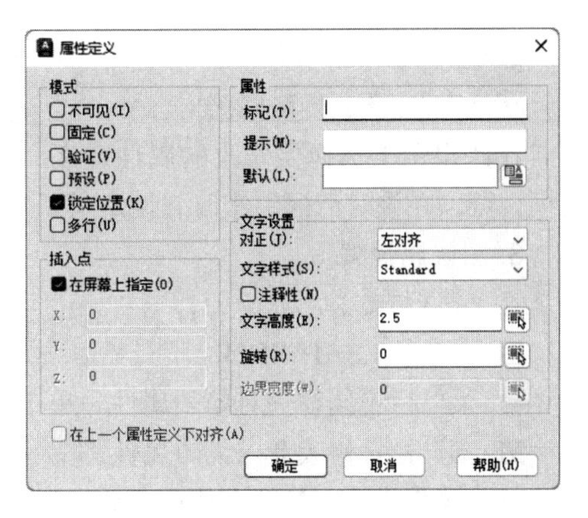

图 2-75　“属性定义”对话框

（2）选项说明

1）“模式”选项组：

☑ “不可见”复选框：选中该复选框后，属性为不可见显示方式，即插入图块并输入属性值后，属性值在图中并不显示出来。

☑ “固定”复选框：选中该复选框后，属性值为常量，即属性值在属性定义时给定，在插入图块时不再提示输入属性值。

☑ “验证”复选框：选中该复选框后，当插入图块时，AutoCAD 重新显示属性值，让用户验证该值是否正确。

☑ “预设”复选框：选中该复选框后，当插入图块时，AutoCAD 自动把事先设置好的默认值赋予属性，而不再提示输入属性值。

☑ “锁定位置”复选框：选中该复选框后，当插入图块时，AutoCAD 锁定块参照中属性的位置。解锁后，属性可以相对于使用夹点编辑的块的其他部分移动，并且可以调整多行属性的大小。

Note

☑ “多行”复选框：选中该复选框后，指定属性值可以包含多行文字。

2）“属性”选项组：

☑ “标记”文本框：输入属性标签。属性标签可由除空格和感叹号以外的所有字符组成，AutoCAD 自动把小写字母改为大写字母。

☑ “提示”文本框：输入属性提示。属性提示是插入图块时 AutoCAD 要求输入属性值的提示。如果不在此文本框内输入文本，则以属性标签作为提示。如果在“模式”选项组中选中“固定”复选框，即设置属性为常量，则不需设置属性提示。

☑ “默认”文本框：设置默认的属性值。可把使用次数较多的属性值作为默认值，也可不设默认值。

其他选项组中的选项比较简单，在此不再赘述。

2. 修改属性定义

（1）执行方式

☑ 命令行：DDEDIT

☑ 菜单栏：修改→对象→文字→编辑

（2）操作步骤　执行上述命令后，命令行中的提示如下：

```
命令：DDEDIT ↙
选择注释对象或 [ 放弃 (U)]:
```

在此提示下选择要修改的属性定义，系统弹出如图 2-76 所示的“编辑属性定义”对话框，可以在该对话框中修改属性定义。

3. 图块属性编辑

（1）执行方式

☑ 命令行：EATTEDIT

☑ 菜单栏：修改→对象→属性→单个

☑ 工具栏：修改Ⅱ→编辑属性 。

（2）操作步骤　执行上述命令后，命令行中的提示如下：

```
命令：EATTEDIT ↙
选择块：
```

选择块后，系统弹出“增强属性编辑器”对话框，如图 2-77 所示。在该对话框中不仅可以编辑属性值，还可以编辑属性的文字选项和图层、线型、颜色等特性值。

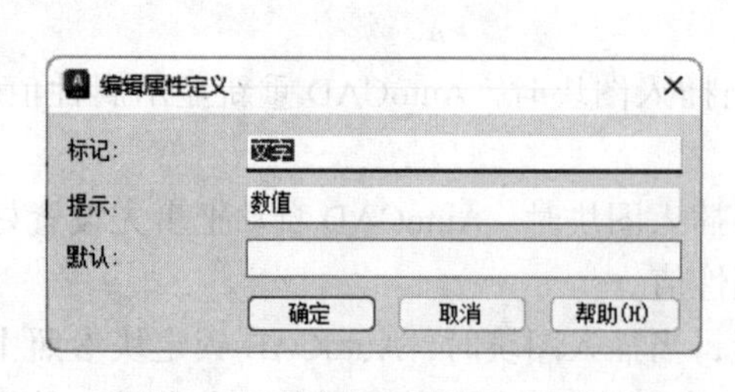

图 2-76　“编辑属性定义”对话框

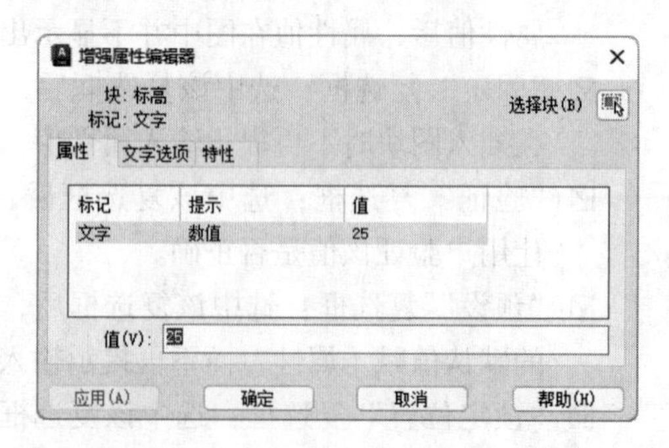

图 2-77　“增强属性编辑器”对话框

2.8 设计中心与工具选项板

使用 AutoCAD 设计中心可以很容易地组织设计内容，并把它们拖动到当前图形中。工具选项板是选项卡形式的区域，可用于组织、共享和放置块及填充图案。工具选项板还可以包含由第三方开发人员提供的自定义工具。设计中心与工具选项板的使用大大方便了绘图，提高了绘图效率。

2.8.1 设计中心

1. 启动设计中心

（1）执行方式

☑ 命令行：ADCENTER（快捷命令：ADC）

☑ 菜单栏：工具→设计中心

☑ 工具栏：标准→设计中心

☑ 快捷键：Ctrl+2

☑ 功能区：视图→选项板→设计中心

（2）操作步骤　执行上述命令后，系统弹出设计中心。第一次启动设计中心时，默认打开的选项卡为“文件夹”。其中，右边为采用大图标显示的内容显示区，左边为显示系统结构的资源管理器，在浏览资源时，在内容显示区同时显示所浏览资源的有关细目或内容，如图 2-78 所示。

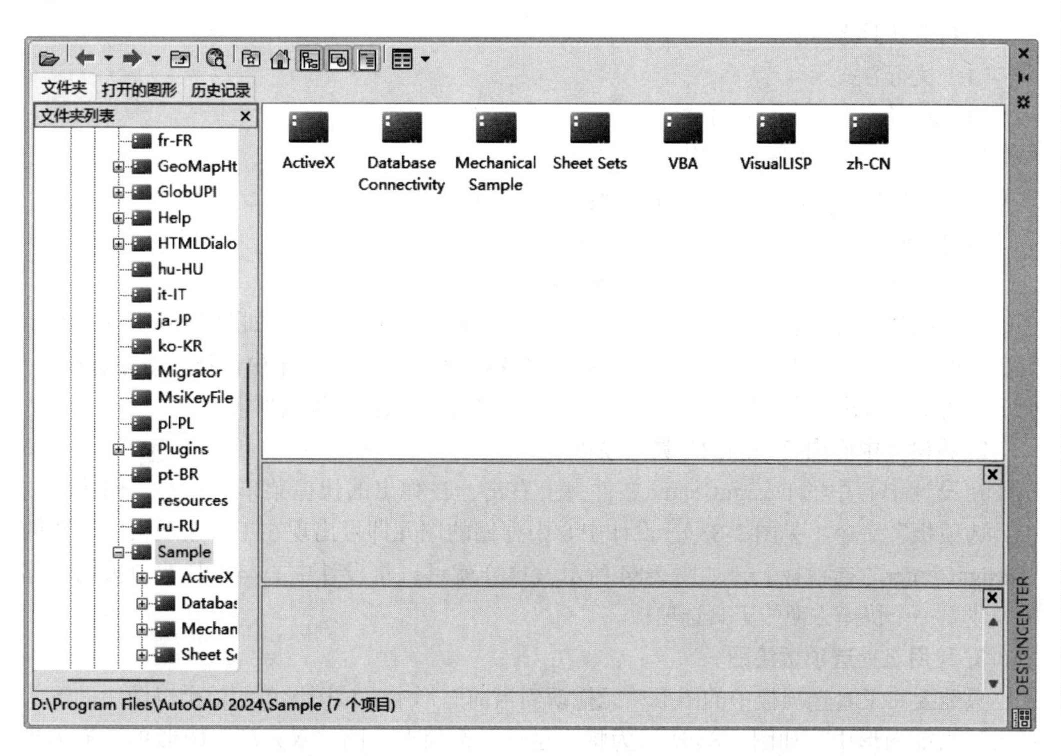

图 2-78　AutoCAD 2024 设计中心的资源管理器和内容显示区

Note

2. 利用设计中心插入图形

设计中心一个最大的优点是可以将系统文件夹中的 .dwg 图形当成图块插入到当前图形中。

从设计中心右侧的“查找结果”列表框中选择要插入的对象，双击对象，弹出“插入”对话框，如图 2-79 所示。在对话框中输入插入点、比例和旋转角度等数值，即可将选择的对象根据指定的参数插入到图形中。

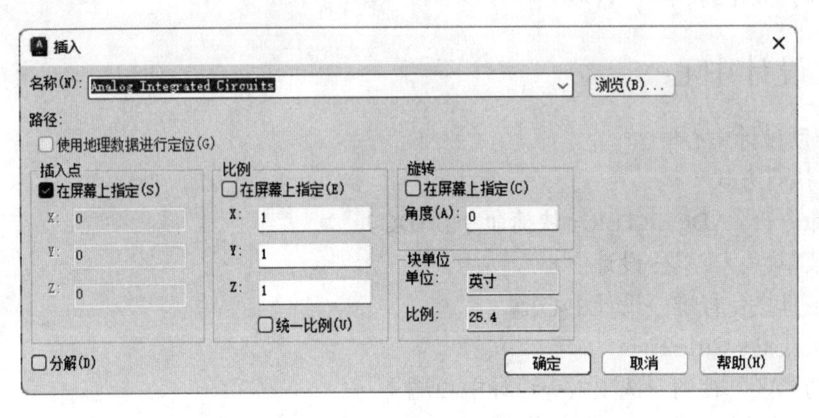

图 2-79 “插入”对话框

2.8.2 工具选项板

1. 打开工具选项板

（1）执行方式

☑ 命令行：TOOLPALETTES

☑ 菜单栏：工具→选项板→工具选项板

☑ 工具栏：标准→工具选项板窗口

☑ 快捷键：Ctrl+3

☑ 功能区：视图→选项板→工具选项板

（2）操作步骤 执行上述命令后，系统自动弹出工具选项板，如图 2-80 所示。在工具选项板的任意选项卡上右击，在弹出的如图 2-81 所示的快捷菜单中选择“新建选项板”命令，系统将新建一个如图 2-82 所示的空白选项板，可以命名该选项板。

2. 将设计中心内容添加到工具选项板

在设计中心中的 DesignCenter 文件夹上右击，在弹出的快捷菜单中选择“创建块的工具选项板”命令（见图 2-83），设计中心中存储的图元即可出现在工具选项板中新建的“DesignCenter”选项板上，如图 2-84 所示。这样就可以将设计中心与工具选项板结合起来，建立一个快捷方便的工具选项板。

3. 利用工具选项板绘图

只需要将工具选项板中的图形单元拖动到当前图形中，该图形单元就会以图块的形式插入到当前图形中，如图 2-85 所示为将“建筑”选项卡中的“双人床”图形单元拖到当前图形中的效果。

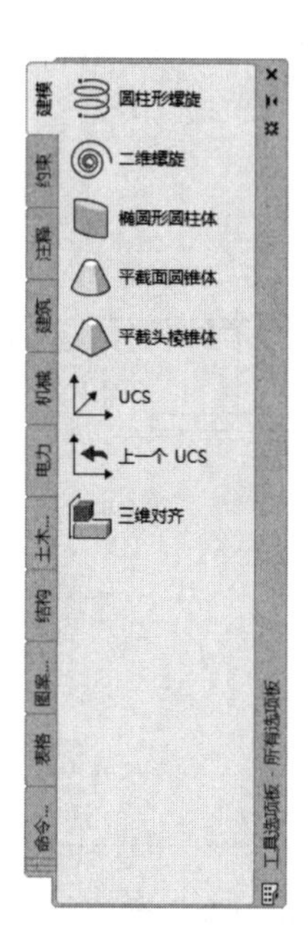

图 2-80　工具选项板

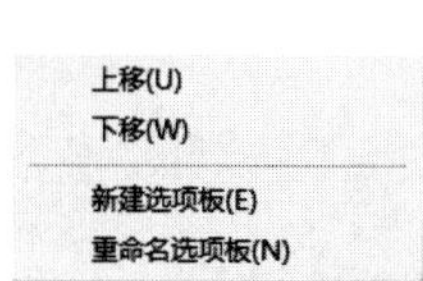

图 2-81　快捷菜单

图 2-82　新建选项板

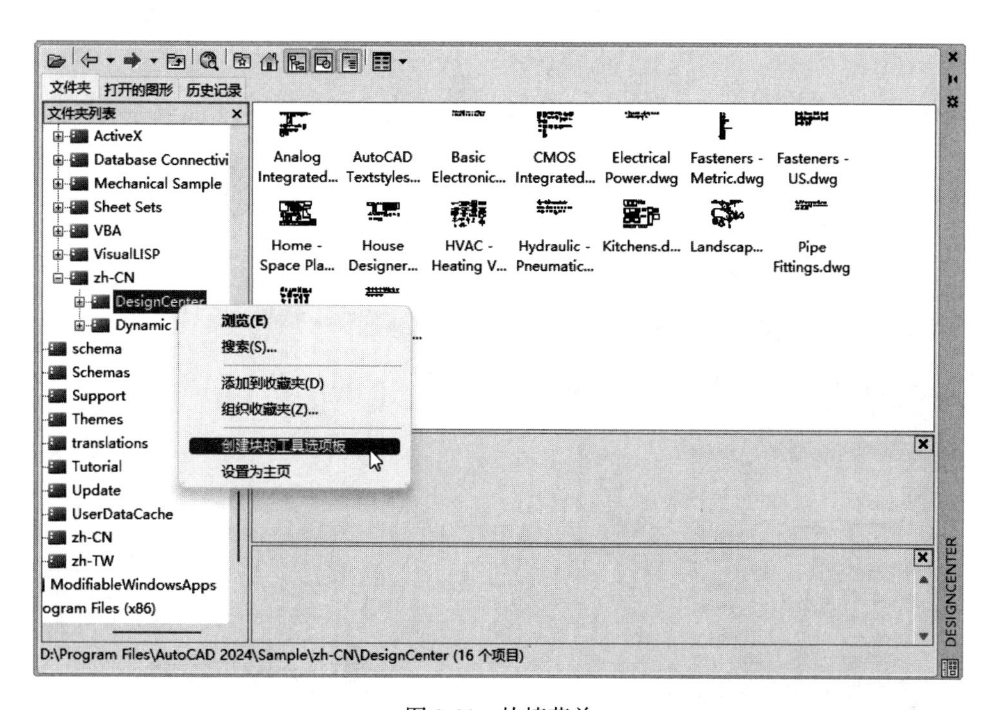

图 2-83　快捷菜单

Note

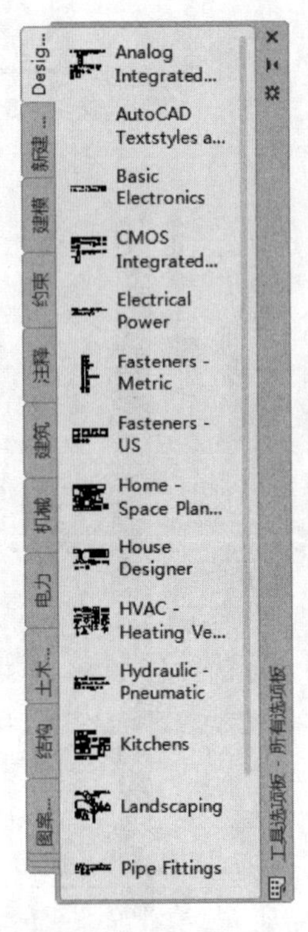

图 2-84　新建“DesignCenter”选项板

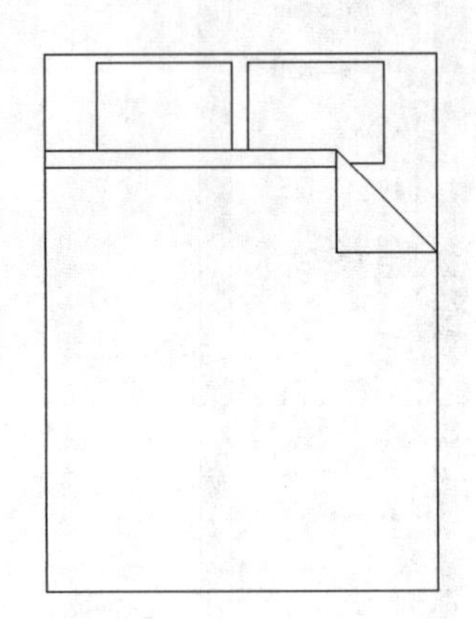

图 2-85　双人床

2.9　对象查询

对象查询的菜单命令集中在“工具”→“查询”菜单中，如图 2-86 所示。而其工具栏命令则主要集中在“查询”工具栏中，如图 2-87 所示。

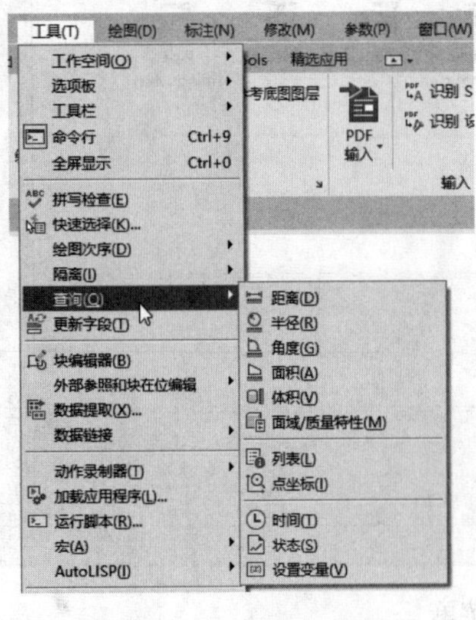

图 2-86　“查询”菜单

图 2-87　“查询”工具栏

Note

2.9.1　查询距离

1. 执行方式

☑ 命令行：DIST

☑ 菜单栏：工具→查询→距离

☑ 工具栏：查询→距离

2. 操作步骤

```
命令：DIST ↙
指定第一点：（指定第一点）
指定第二点或 [ 多个点 (M)]：（指定第二点）
距离 =5.2699，XY 平面中的倾角 =0，　与 XY 平面的夹角 = 0
X 增量 =5.2699，　Y 增量 =0.0000，　Z 增量 =0.0000
```

面积、面域 / 质量特性的查询与距离查询类似，这里不再赘述。

2.9.2　查询面积

1. 执行方式

☑ 命令行：AREA

☑ 菜单栏：工具→查询→面积

☑ 工具栏：查询→面积

2. 操作步骤

```
命令：AREA ↙
指定第一个角点或 [ 对象 (O)/ 增加面积 (A)/ 减少面积 (S)/ 退出 (X)] < 对象 (O)>:（指定一点）
指定下一个点或 [ 圆弧 (A)/ 长度 (L)/ 放弃 (U)]:
```

3. 选项说明

（1）指定第一个角点　选择此选项，用户只需要指定要查询的对象的各个角点，就可以查询出对象的面积。

（2）对象（O）　此选项适用于查询那些封闭的对象的面积，如矩形、圆和面域等。如果选择开放的多段线，将假设从最后一点到第一点绘制了一条直线，然后计算所围区域中的面积。计算周长时，将忽略该直线的长度，如图 2-88 所示。

（3）增加面积（A）/ 减少面积（S）　在现有的面积基础上增加或减少指定的区域的面积。

（4）圆弧（A）　选择此选项，系统按给定参数的圆弧计算区域的边界。

（5）长度（L）　选择此选项，系统按给定长度及鼠标指定的方向确定区域的边界。

a）选择开放的多段线

b）查询的面积

图 2-88　开放区域面积查询

2.10 综合实例——绘制 A3 图纸样板图

本实例将介绍如何绘制带有图标栏和会签栏的 A3 图纸样板图。

1. 设置单位和图形边界

1）打开 AutoCAD 程序，则系统自动建立新图形文件。

2）设置单位。在“格式”下拉菜单中选择“单位”命令，AutoCAD 打开“图形单位”对话框，如图 2-89 所示。设置“长度”的“类型”为“小数”、“精度”为 0，“角度”的“类型”为“十进制度数”、“精度”为 0。系统默认逆时针方向为正。

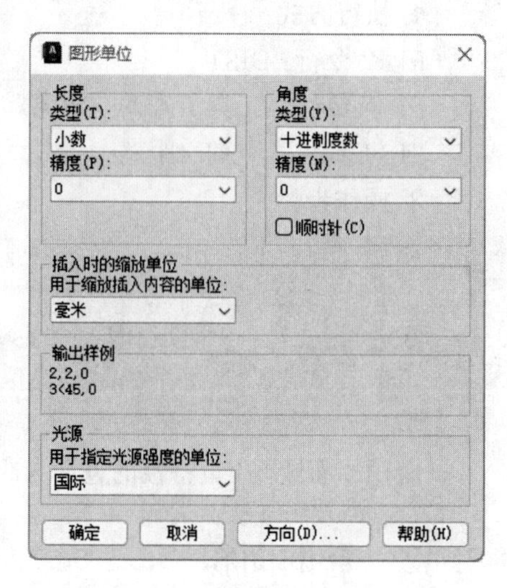

图 2-89 “图形单位”对话框

3）设置图形边界。国家标准中规定 A3 图纸的幅面为 420mm×297mm，这里按 A3 图纸幅面设置图形边界。命令行提示与操作如下：

```
命令：LIMITS ↙
重新设置模型空间界限：
指定左下角点或 [ 开 (ON)/ 关 (OFF)] <0.0000,0.0000>：↙
指定右上角点 <14.0000,9.0000>：420,297 ↙
```

2. 设置图层

1）建立图层。单击“默认”选项卡“图层”面板中的“图层特性”按钮，系统打开“图层特性管理器”选项板，如图 2-90 所示。在该选项板中单击“新建”按钮，建立不同名称的新图层，用来分别存放不同的图线或图形的不同部分。

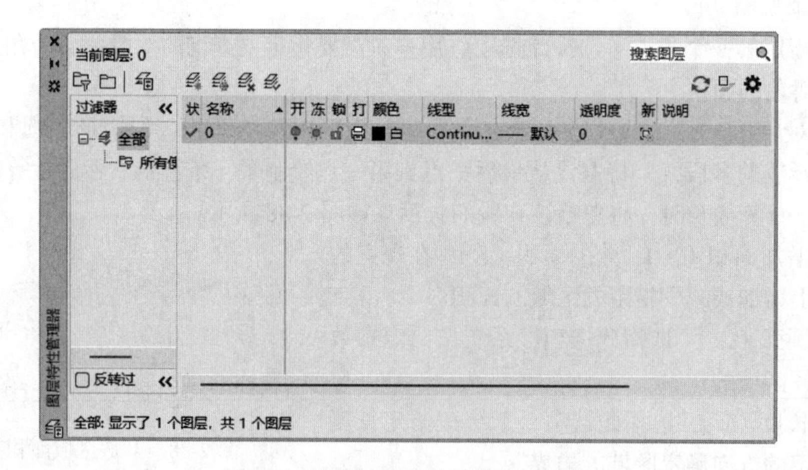

图 2-90 “图层特性管理器”选项板

2）设置图层颜色。为了区分不同图层上的图线，以区别图形的不同部分，可以在“图层特性管理器”选项板中单击相应图层“颜色”标签下的颜色色块，打开如图 2-91 所示的“选择颜色”对话框，在该对话框中选择需要的颜色。

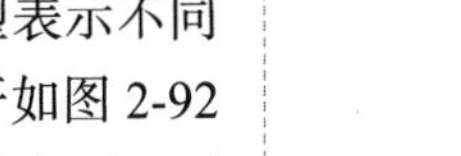

3）设置线型。在工程图样中通常要用到不同的线型，这是因为不同的线型表示不同的含义。在“图层特性管理器”选项板中单击“线型”标签下的线型选项，打开如图 2-92 所示的“选择线型”对话框，在该对话框中选择对应的线型。如果在“已加载的线型”列表框中没有需要的线型，可以单击“加载”按钮，打开“加载或重载线型”对话框加载线型，如图 2-93 所示。

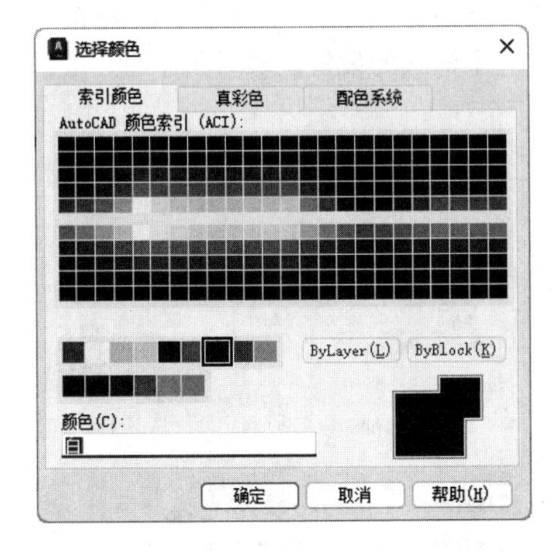

图 2-91 “选择颜色”对话框

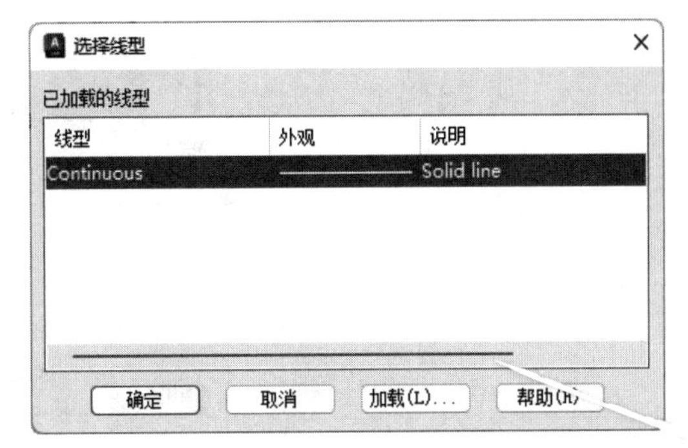

图 2-92 “选择线型”对话框

4）设置线宽。在工程图样中，不同的线宽表示不同的含义，因此需要对不同的图层的线宽进行设置。单击“图层特性管理器”选项板中“线宽”标签下的选项，打开如图 2-94 所示的“线宽”对话框，在该对话框中选择适当的线宽。需要注意的是，应尽量保持细线与粗线之间的比例大约为 1:2。

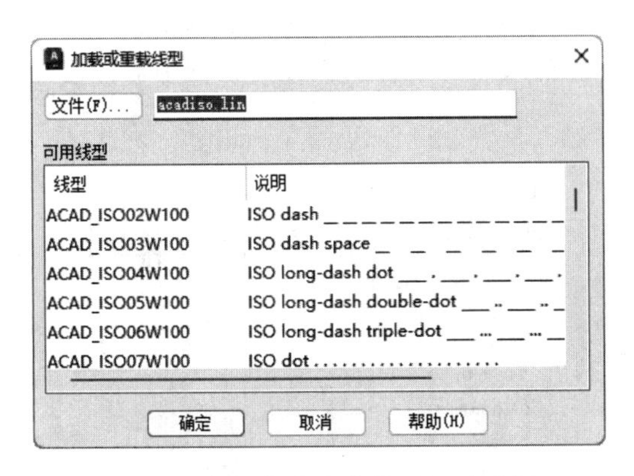

图 2-93 “加载或重载线型”对话框

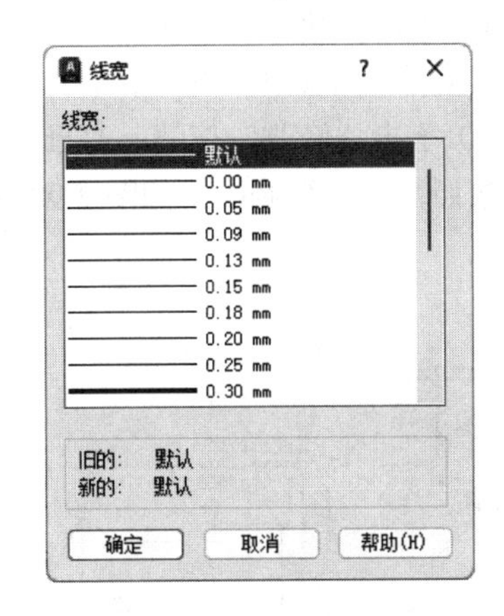

图 2-94 “线宽”对话框

3. 设置文字样式

本例中的文字样式采用以下设置：一般注释文字高度 7mm，零件名称文字高度 10mm，图标栏和会签栏中其他文字高度 5mm，尺寸文字高度 5mm，图纸空间线型比例 1，数字小数点后 0 位，角度小数点后 0 位。

可以生成 4 种文字样式，分别用于一般注释、标题栏中零件名、标题块注释及尺寸

标注。

1）单击“默认”选项卡“注释”面板中的“文字样式”按钮，打开“文字样式”对话框，单击“新建”按钮，系统打开“新建文字样式”对话框，如图2-95所示。采用默认的“样式1”文字样式名，单击“确定”按钮退出对话框。

2）系统返回到“文字样式”对话框。在“字体名”下拉列表中选择“宋体”选项，在“宽度因子”文本框中输入0.7，将文字“高度”设置为5，如图2-96所示。单击“应用”按钮，再单击“关闭”按钮，完成“样式1”文字样式的设置。采用同样的方法，设置其他的文字样式。

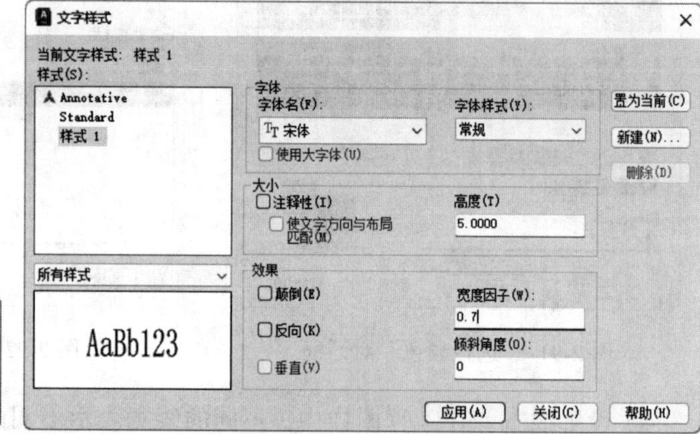

图2-95 “新建文字样式”对话框　　图2-96 “文字样式”对话框

4. 设置尺寸标注样式

1）单击“默认”选项卡“注释”面板中的“标注样式”按钮，打开“标注样式管理器”对话框，如图2-97所示。在“预览”显示框中显示出标注样式的预览图形。

2）单击“修改”按钮，打开“修改标注样式”对话框，在该对话框中对标注样式的选项按照需要进行修改，如图2-98所示。

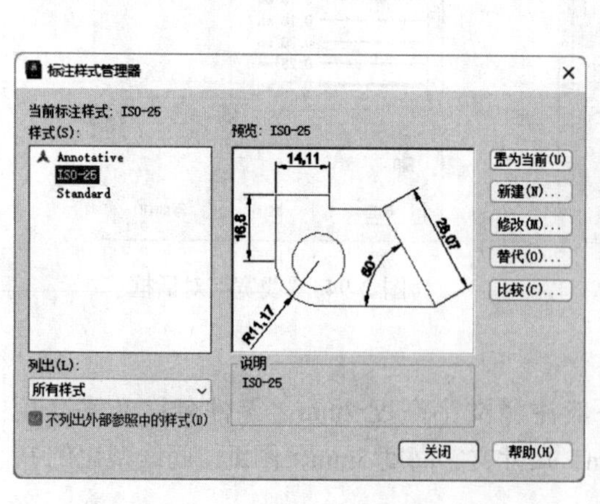

图2-97 “标注样式管理器”对话框

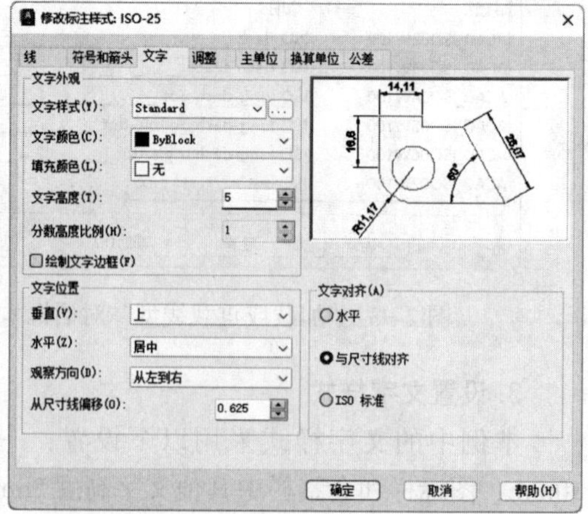

图2-98 “修改标注样式”对话框

3）在“线”选项卡中，设置“颜色”和“线宽”为“ByBlock”，“基线间距”为6，其他采用默认设置。在“符号和箭头”选项卡中，设置“箭头大小”为1，其他采用默认设置。在“文字”选项卡中，设置“文字颜色”为“ByBlock”，“文字高度”为5，其他采用默认设置。在“主单位”选项卡中，设置“精度”为0，其他采用默认设置。其他选项卡中的选项采用默认设置。

Note

5. 绘制图框线

单击“默认”选项卡“绘图”面板中的“矩形”按钮 ▭，绘制矩形。命令行提示与操作如下：

```
命令：RECTANG ↙
指定第一个角点或 [ 倒角 (C)/ 标高 (E)/ 圆角 (F)/ 厚度 (T)/ 宽度 (W)]: 25,10 ↙
指定另一个角点或 [ 面积 (A)/ 尺寸 (D)/ 旋转 (R)]: 410,287 ↙
```

结果如图2-99所示。

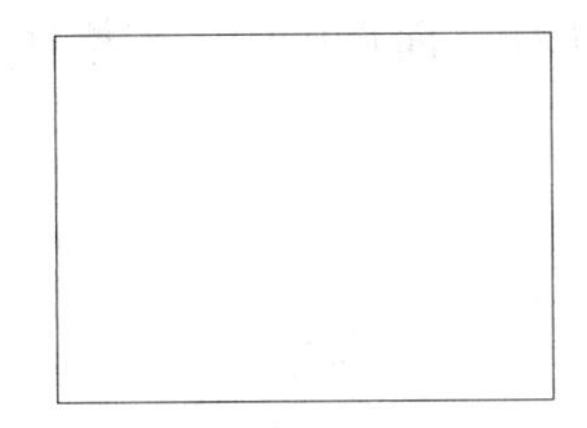

图2-99　绘制矩形

注意： 国家标准规定A3图纸的幅面大小是420mm×297mm，这里留出了带装订边的图框到图纸边界的距离。

6. 绘制标题栏

标题栏示意图如图2-100所示。这里采用最普通的图线绘制方法来绘制标题栏。

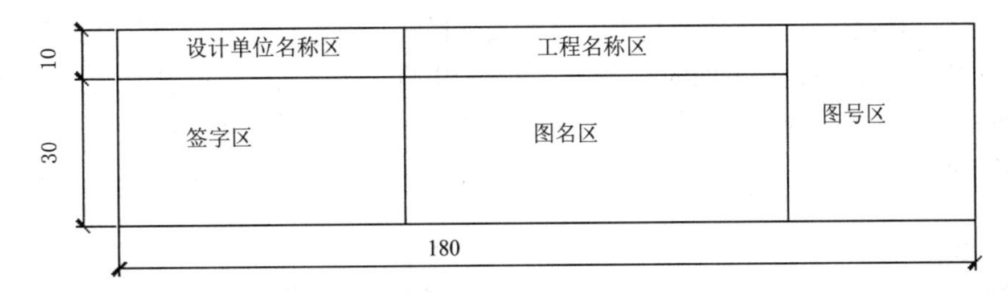

图2-100　标题栏示意图

1）单击“默认”选项卡“绘图”面板中的“直线”按钮 ╱，绘制标题栏。命令行提示与操作如下：

```
命令：LINE ↙
指定第一个点：230,10 ↙
指定下一点或 [ 放弃 (U)]: 230,50 ↙
指定下一点或 [ 放弃 (U)]: 410,50 ↙
指定下一点或 [ 闭合 (C)/ 放弃 (U)]: ↙
```

Note

2）采用同样方法，绘制其他 3 条线段，坐标分别为 {(280,10), (280,50)}、{(360,10), (360,50)} 和 {(230,40), (360,40)}，结果如图 2-101 所示。

7. 绘制会签栏

会签栏示意图如图 2-102 所示。这里采用表格的方法来绘制会签栏。

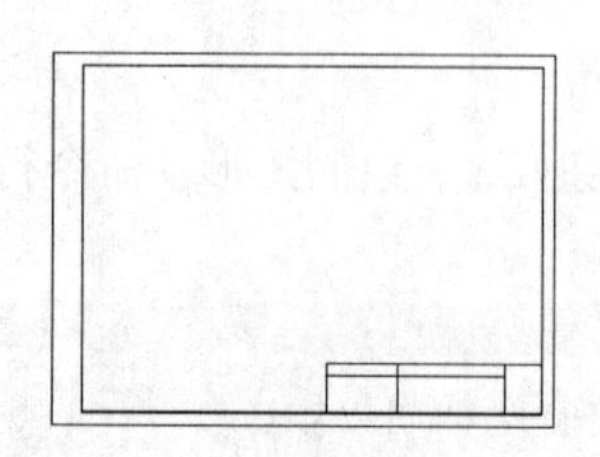

图 2-101　绘制标题栏

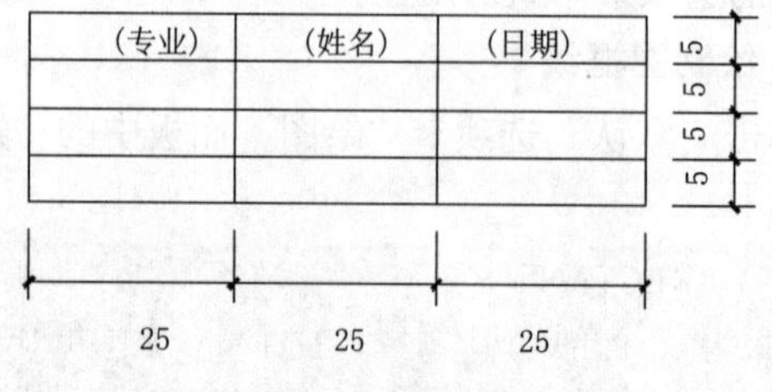

图 2-102　会签栏示意图

1）单击“默认”选项卡“注释”面板中的“表格样式”按钮，打开“表格样式”对话框，如图 2-103 所示。

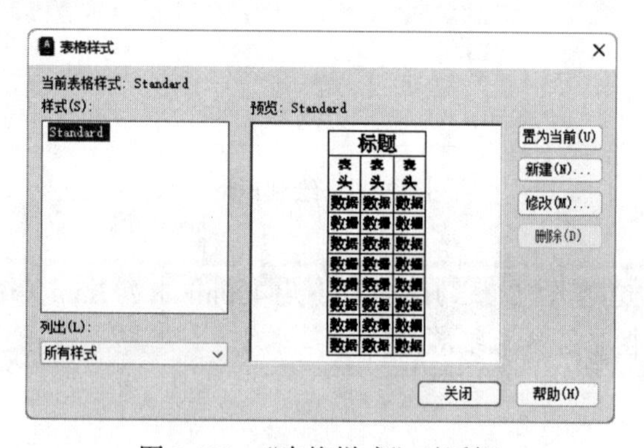

图 2-103　“表格样式”对话框

2）单击“修改”按钮，系统打开“修改表格样式”对话框，在“单元样式”下拉列表中选择“数据”选项，在下面的“文字”选项卡中将“文字高度”设置为 3，如图 2-104 所示。再打开“常规”选项卡，将“页边距”选项组中的“水平”和“垂直”都设置为 1，如图 2-105 所示。

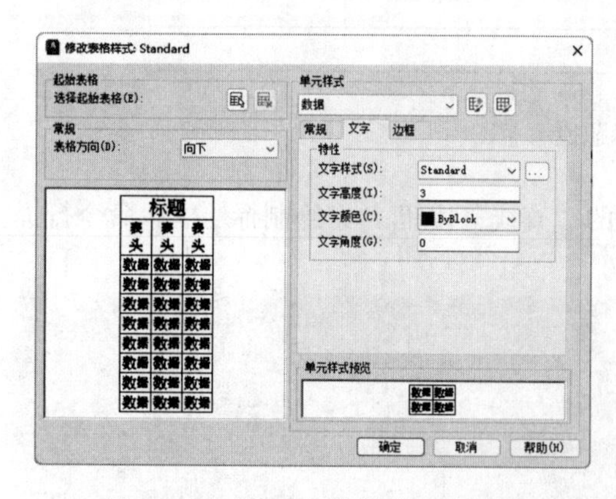

图 2-104　“修改表格样式”对话框

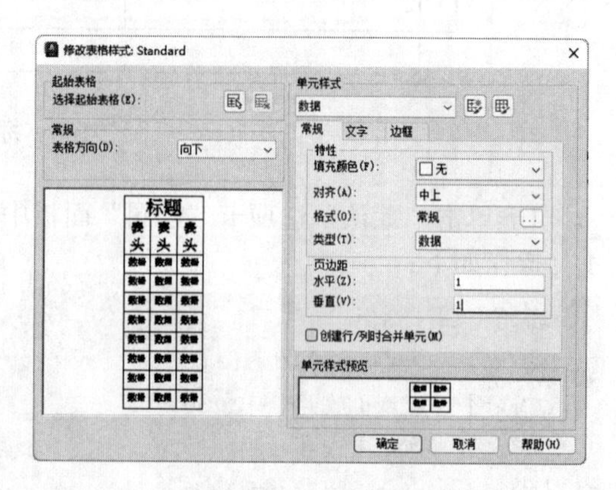

图 2-105　设置“常规”选项卡

📖 **说明：** 表格的行高 = 文字高度 +2× 垂直页边距，此处设置为 3+2×1=5（mm）。

3）返回到“表格样式”对话框，单击“关闭”按钮退出。

4）单击“默认”选项卡“注释”面板中的“表格”按钮▦，系统打开“插入表格”对话框，在“列和行设置”选项组中将“列数”设置为3，“列宽”设置为25，“数据行数”设置为 2（加上标题行和表头行共 4 行），“行高”设置为 1 行（即为 5）；在“设置单元样式”选项组中将“第一行单元样式”“第二行单元样式”和“所有其他行单元样式”都设置为“数据”，如图 2-106 所示。

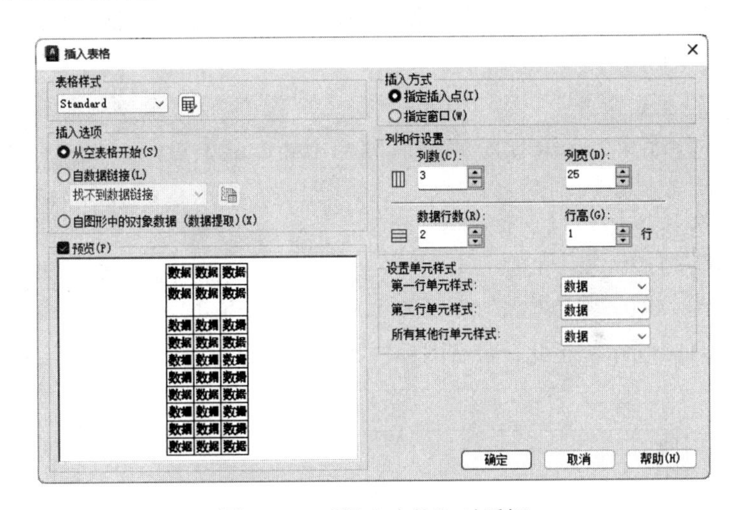

图 2-106　“插入表格”对话框

5）在图框线左上角指定表格位置，系统生成表格，同时打开多行文字编辑器，如图 2-107 所示。在各单元格中依次输入文字，如图 2-108 所示。然后按 Enter 键或单击多行文字编辑器上的“确定”按钮，完成会签栏的创建，如图 2-109 所示。

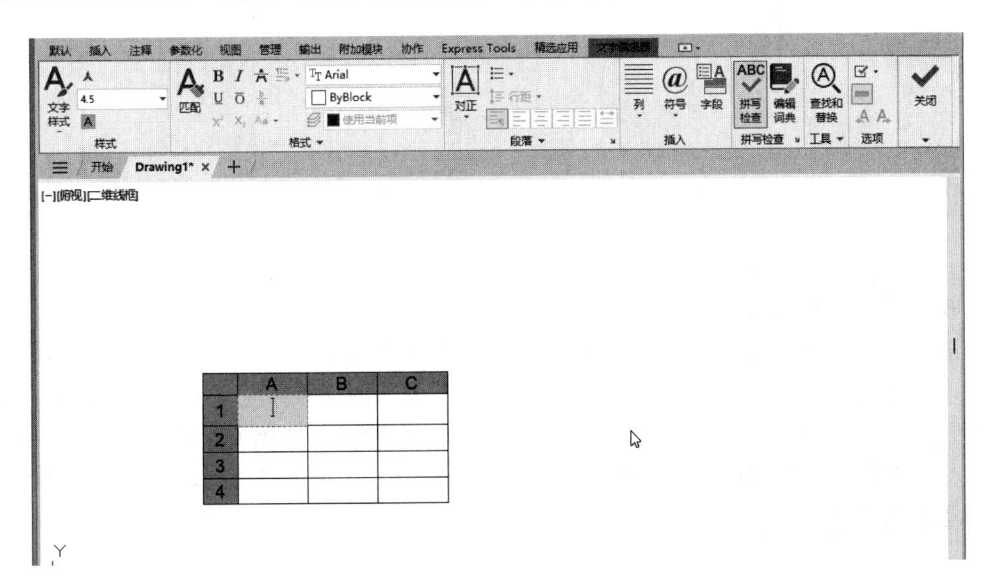

图 2-107　生成表格

Note

	A	B	C
1	专业	姓名	日期
2			
3			
4			

图 2-108　输入文字

专业	姓名	日期

图 2-109　完成会签栏的创建

6）单击“默认”选项卡“修改”面板中的“旋转”按钮 ↻，把会签栏旋转 −90°。命令行提示与操作如下：

```
命令：_rotate ↙
UCS 当前的正角方向： ANGDIR= 逆时针　ANGBASE=0.00
选择对象：（选择刚绘制的表格）
选择对象：↙
指定基点：（指定图框左上角）
指定旋转角度，或 [ 复制 (C)/ 参照 (R)] <0.00>:−90 ↙
```

结果如图 2-110 所示。至此，带有图标栏和会签栏的 A3 图纸样板图绘制完成。

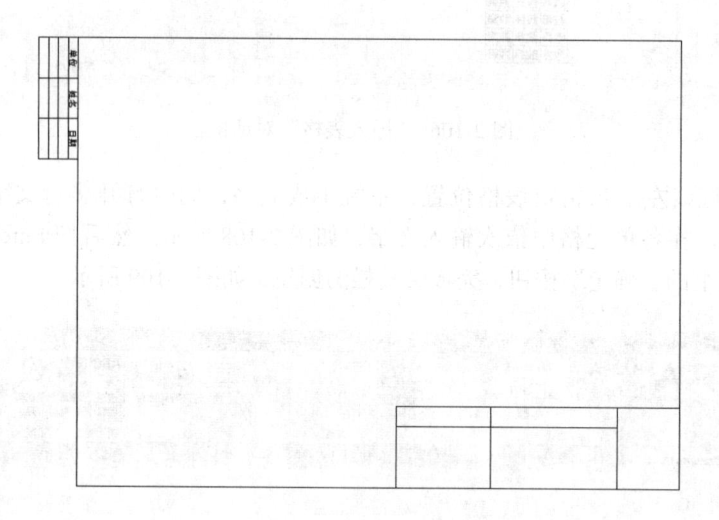

图 2-110　旋转会签栏

8. 保存成样板图文件

样板图及其环境设置完成后，可以将其保存成样板图文件。选择菜单栏中的“文件”→“保存”或“另存为”命令，打开“保存”或“图形另存为”对话框，如图 2-111 所示。在“文件类型”下拉列表中选择“AutoCAD 图形样板（*.dwt）”选项，输入“文件名”为“A3”，单击“保存”按钮保存文件。下次绘图时，打开该样板图文件，即可在此基础上开始绘图。

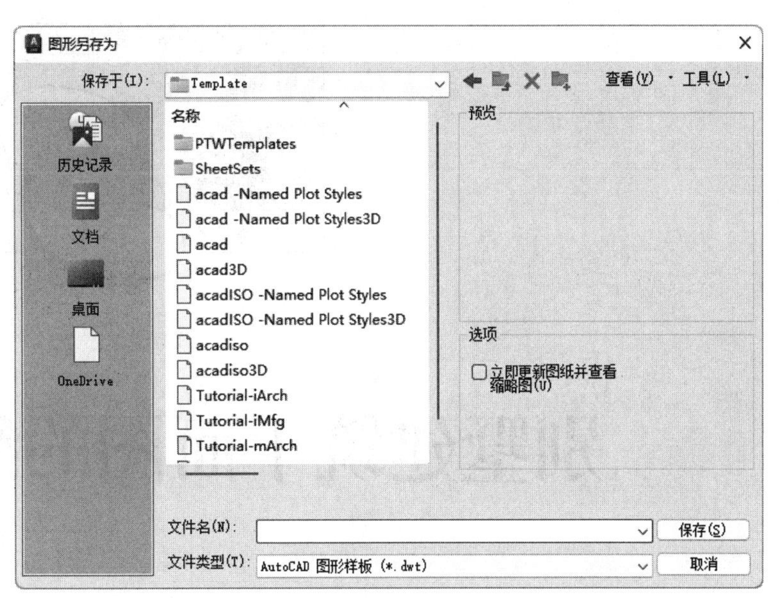

图 2-111 “图形另存为”对话框

注意： 也可以将图标栏和会签栏保存成图块，然后以图块的方式插入到样板图中，具体方法是在命令行中输入 WBLOCK 命令，打开如图 2-112 所示的“写块”对话框，选择绘制的图形为写块对象，任选一点为定义基点，将其保存为图块。

图 2-112 “写块”对话框

别墅建筑平面图的绘制

本章将结合一栋二层别墅建筑实例，详细介绍建筑平面图的绘制方法。该别墅总建筑面积约为250m²，内部设有客厅、卧室、卫生间、车库和厨房等各种不同功能的房间。别墅首层主要设置客厅、餐厅、厨房、工人房、车库和书房等房间，大部分属于公共空间，用来满足主人会客和聚会等方面的需求；二层主要设置主卧室和客房等房间，属于较私密的空间，用来为主人提供一个安静而又温馨的居住环境。

☑ 别墅首层平面图的绘制

☑ 别墅二层平面图的绘制

☑ 屋顶平面图的绘制

任务驱动＆项目案例

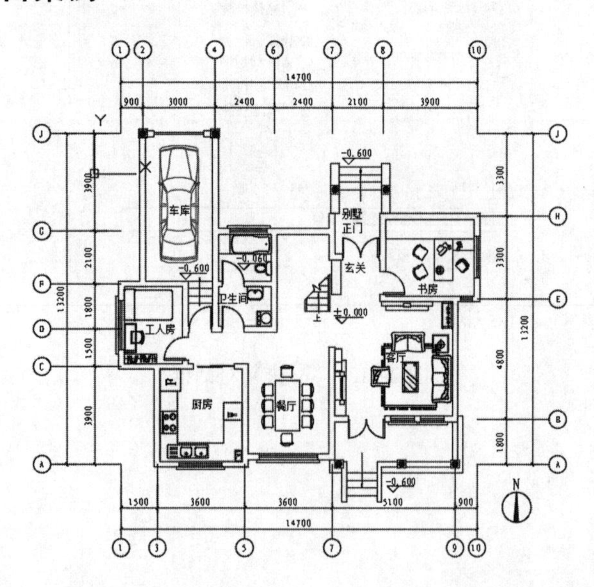

Note

建筑平面图（屋顶平面图除外）是指用假想的水平剖切面，在建筑各层窗台上方将整幢房屋剖开所得到的水平剖面图。建筑平面图是表达建筑物的基本图样之一，它主要反映建筑物的平面布局情况。通常情况下，建筑平面图应该表达以下内容：

☑ 墙（或柱）的位置和尺度。

☑ 门、窗的类型、位置和尺度。

☑ 其他细部的配置和位置情况，如楼梯、家具和各种卫生设备等。

☑ 室外台阶、花池等建筑小品的大小和位置。

☑ 建筑物及其各部分的平面尺寸标注。

☑ 各层地面的标高。通常情况下，首层平面的室内地坪标高定为 ±0.000。

3.1　别墅首层平面图的绘制

别墅首层平面图的主要绘制思路为：首先绘制别墅的定位轴线，接着在已有轴线的基础上绘出别墅的墙线，然后借助已有图库或图形模块绘制别墅的门窗和室内的家具、洁具，最后进行尺寸和文字标注。绘制完成的别墅首层平面图如图 3-1 所示。

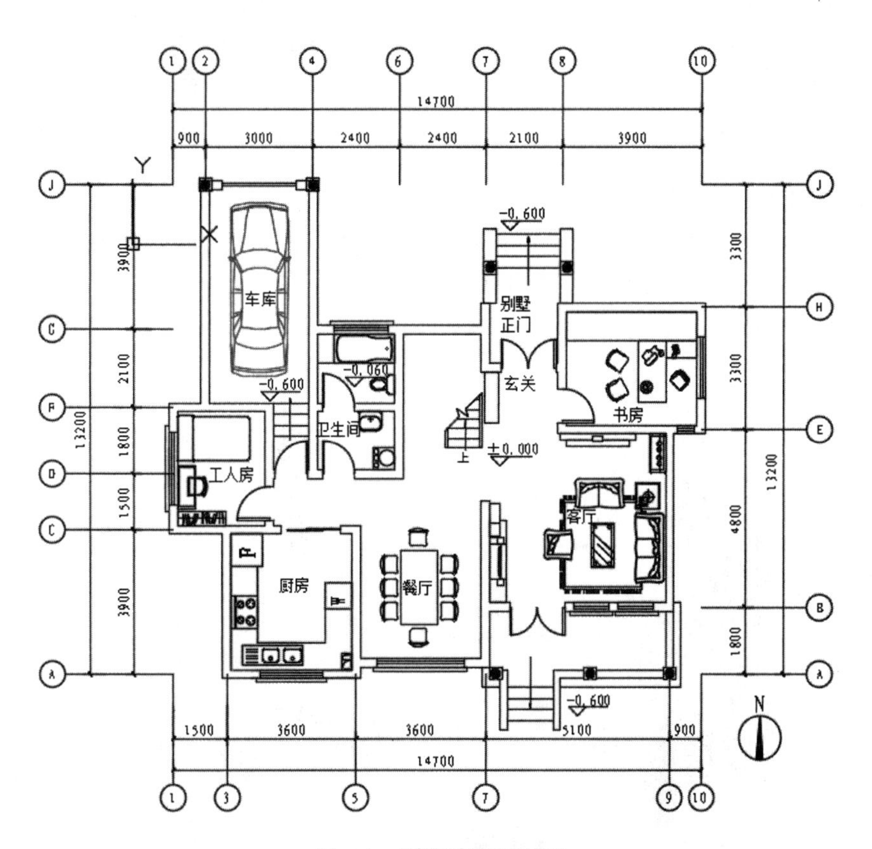

图 3-1　别墅首层平面图

（电子资料包：动画演示 \ 第 3 章 \ 别墅首层平面图的绘制 .MP4）

Note

3.1.1 设置绘图环境

1. 创建图形文件

启动 AutoCAD 2024 中文版软件，选择菜单栏中的“格式”→“单位”命令，在弹出的“图形单位”对话框中设置角度“类型”为“十进制度数”、角度“精度”为 0，如图 3-2 所示。单击“方向”按钮，系统弹出“方向控制”对话框。将“基准角度”设置为“东”，如图 3-3 所示。

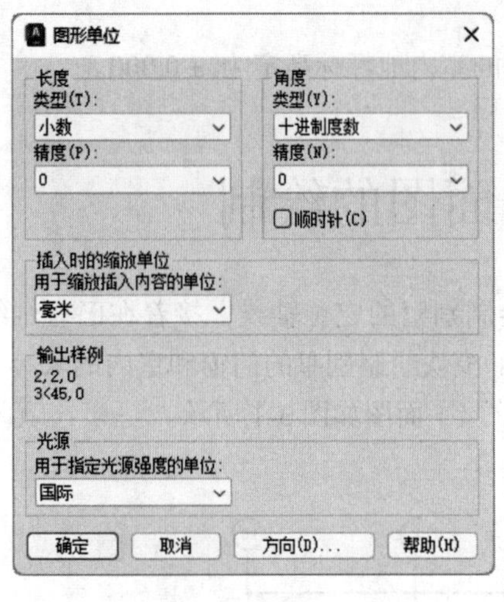

图 3-2 “图形单位”对话框

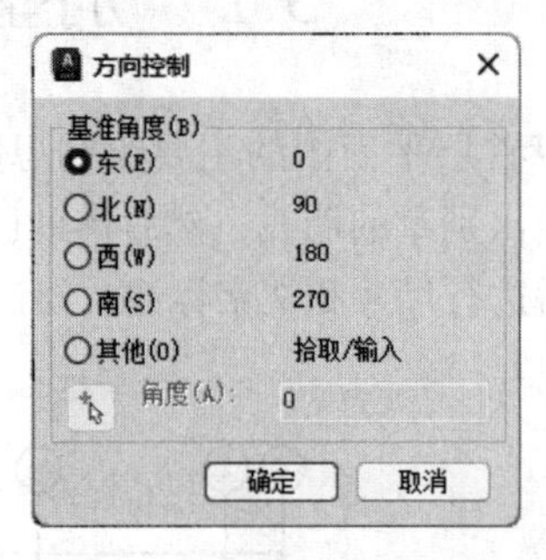

图 3-3 “方向控制”对话框

2. 命名图形

单击“快速访问”工具栏中的“保存”按钮，弹出“图形另存为”对话框。在“文件名”文本框中输入图形名称“别墅首层平面图”，在“文件类型”下拉列表中选择“AutoCAD 2024 图形（*.dwg）”，如图 3-4 所示。单击“保存”按钮，完成对新建图形文件的保存。

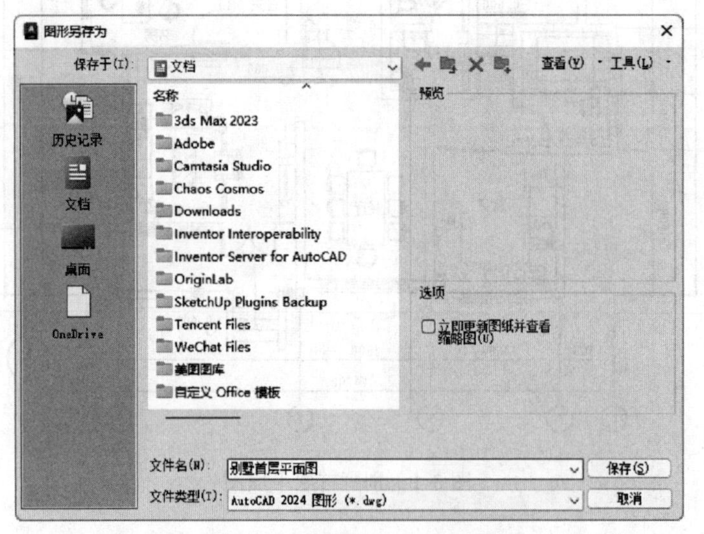

图 3-4 “图形另存为”对话框

3. 设置图层

单击“默认”选项卡“图层”面板中的“图层特性”按钮，打开“图层特性管理器”选项板，依次创建平面图中的基本图层，如轴线、墙体、门窗、楼梯、家具、文字和标注等，如图 3-5 所示。

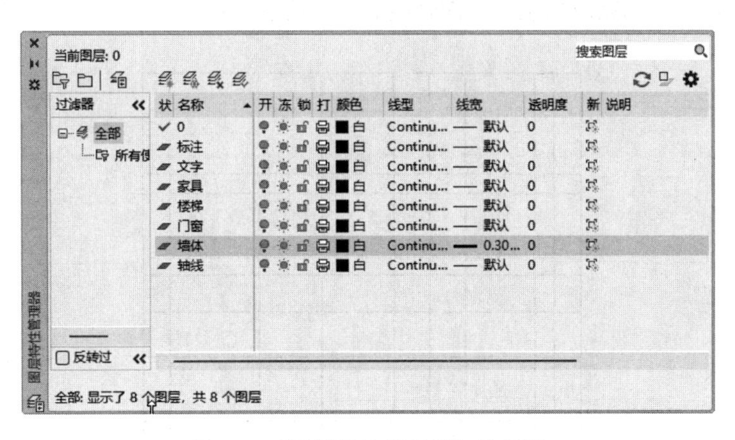

图 3-5　“图层特性管理器”选项板

> **注意：** 在使用 AutoCAD 2024 绘图过程中，应经常保存已绘制的图形文件，以避免因软件系统不稳定导致软件瞬间关闭而无法及时保存文件，丢失大量已绘制的信息。AutoCAD 2024 软件有自动保存图形文件的功能，使用者只需在绘图时将该功能激活即可。具体设置步骤如下：选择菜单栏中的“工具”→“选项”命令，弹出如图 3-6 所示的“选项”对话框，选择“打开和保存”选项卡，在“文件安全措施”选项组中选中“自动保存”复选框，根据个人需要在“保存间隔分钟数”文本框中输入具体数字，然后单击“确定”按钮即可。

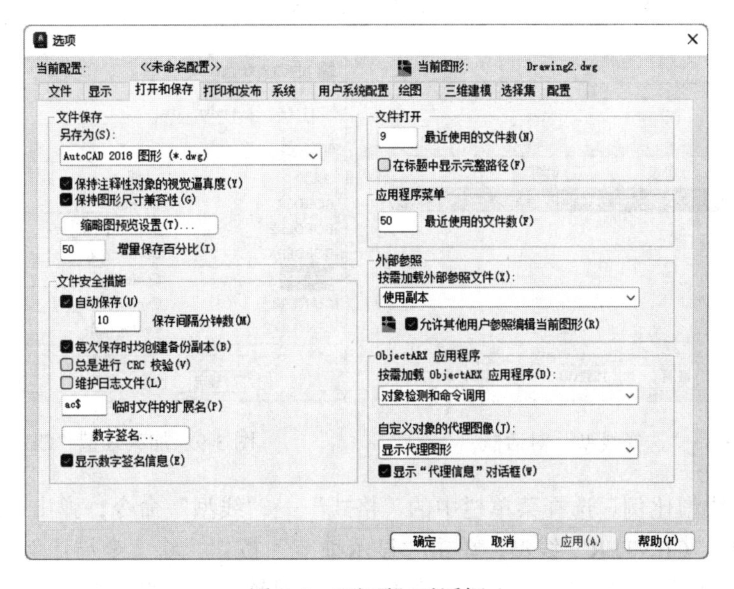

图 3-6　“选项”对话框

3.1.2 绘制建筑轴线

Note

建筑轴线是在绘制建筑平面图时布置墙体和门窗的依据，也是建筑施工定位的重要依据。在轴线的绘制过程中，主要使用的绘图命令是“直线”命令 和“偏移” 命令。图 3-7 所示为绘制完成的别墅平面轴线。具体绘制方法如下。

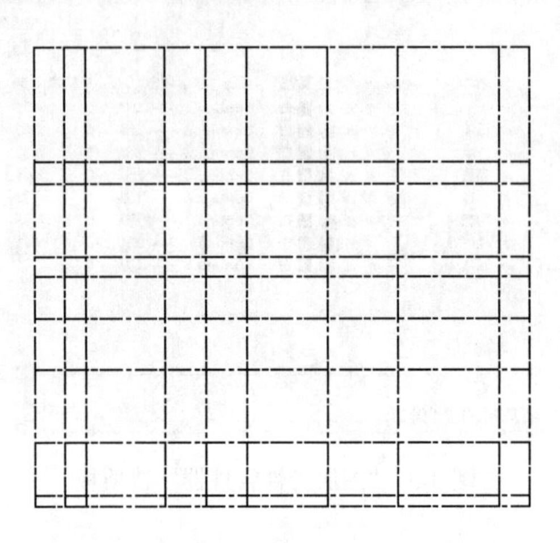

图 3-7 别墅平面轴线

1. 设置“轴线”特性

1）选择图层，加载线型。在“图层”下拉列表中选择“轴线”图层，将其设置为当前图层。单击“默认”选项卡“图层”面板中的“图层特性”按钮，打开“图层特性管理器”选项板，单击“轴线”图层栏中的“线型”名称，弹出如图 3-8 所示的“选择线型”对话框，单击“加载”按钮，弹出“加载或重载线型”对话框，在“可用线型”列表框中选择线型“CENTER”进行加载，如图 3-9 所示。然后单击“确定”按钮，返回“选择线型”对话框，将“CENTER”线型设置为当前使用线型。

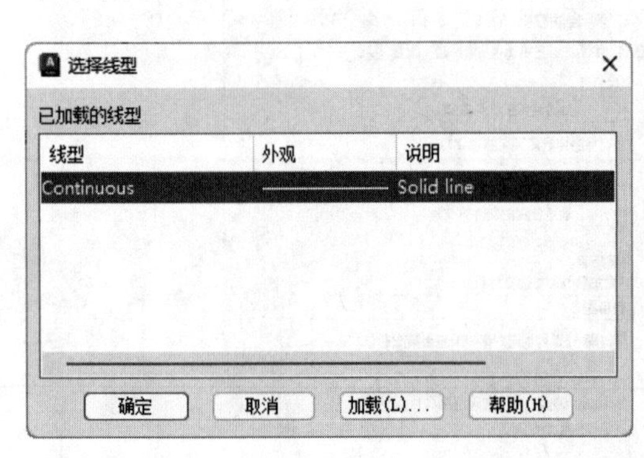

图 3-8 “选择线型”对话框

图 3-9 加载线型“CENTER”

2）设置线型比例。选择菜单栏中的“格式”→“线型”命令，弹出“线型管理器”对话框，选择“CENTER”线型，单击“显示细节”按钮，将“全局比例因子”设置为 20，如图 3-10 所示。然后单击“确定”按钮，完成对轴线线型的设置。

图 3-10　设置线型比例

2. 绘制横向轴线

1）绘制横向基准轴线。单击“默认”选项卡“绘图”面板中的“直线”按钮╱，绘制一条长度为 14700mm 的横向基准轴线，如图 3-11 所示。命令行提示与操作如下。

```
命令：_line
指定第一个点：(适当指定一点)
指定下一点或 [ 放弃 (U)]: @14700,0 ↙
指定下一点或 [ 放弃 (U)]: ↙
```

2）绘制其余横向轴线。单击“默认”选项卡“修改”面板中的“偏移”按钮⊆，将横向基准轴线依次向下偏移 3300mm、3900mm、6000mm、6600mm、7800mm、9300mm、11400mm、13200mm，完成横向轴线的绘制，结果如图 3-12 所示。

图 3-11　绘制横向基准轴线

图 3-12　绘制横向轴线

3. 绘制纵向轴线

1）绘制纵向基准轴线。单击“默认”选项卡“绘图”面板中的“直线”按钮╱，以前面绘制的横向基准轴线的左端点为起点，垂直向下绘制一条长度为 13200mm 的纵向基准轴线，如图 3-13 所示。命令行提示与操作如下：

```
命令：_line
指定第一个点：(适当指定一点)
指定下一点或 [ 放弃 (U)]: @0，-13200 ↙
指定下一点或 [ 放弃 (U)]: ↙
```

Note

2）绘制其余纵向轴线。单击“默认”选项卡“修改”面板中的“偏移”按钮⊆，将纵向基准轴线依次向右偏移900mm、1500mm、2700mm、3900mm、5100mm、6300mm、8700mm、10800mm、13800mm、14700mm，并单击“默认”选项卡“修改”面板中的“修剪”按钮，对轴线进行修剪，完成纵向轴线的绘制，结果如图3-14所示。

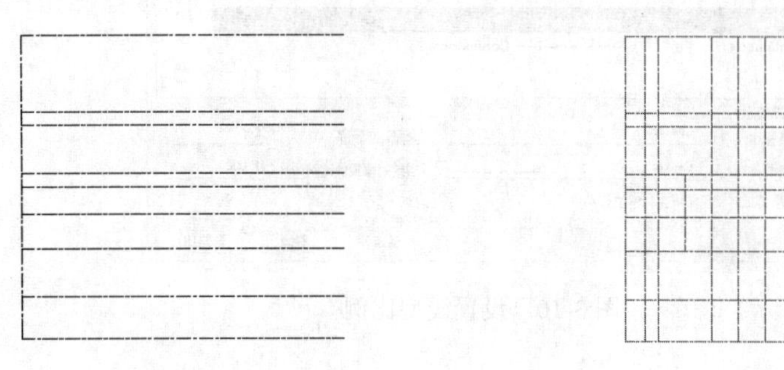

图3-13　绘制纵向基准轴线　　图3-14　绘制纵向轴线

注意： 在绘制建筑轴线时，一般选择建筑横向、纵向的最大长度为轴线长度，但当建筑物形体过于复杂时，太长的轴线往往会影响图形效果，因此也可以仅在一些需要轴线定位的建筑局部绘制轴线。

3.1.3　绘制墙体

在建筑平面图中，墙体用双线表示，一般采用轴线定位的方式，以轴线为中心，具有很强的对称关系。绘制墙线通常有以下3种方法：

1）单击“默认”选项卡“修改”面板中的“偏移”按钮⊆，直接偏移轴线，将轴线向两侧偏移一定距离，得到双线，然后将所得双线转移至墙线图层。

2）选择菜单栏中的“绘图”→“多线”命令，直接绘制墙线。

3）当墙体要求填充成实体颜色时，也可以单击“默认”选项卡“绘图”面板中的“多段线”按钮，直接绘制，将线宽设置为墙厚即可。

这里选用第二种方法，即利用“多线”命令绘制墙线。绘制完成的别墅首层墙体如图3-15所示。具体绘制方法如下。

1. 定义多线样式

在使用“多线”命令绘制墙线前，应首先对多线样式进行设置。

1）选择菜单栏中的“格式”→“多线样式”命令，弹出“多线样式”对话框，如图3-16所示。

2）单击“新建”按钮，在弹出的对话框中输入新样式名“240墙”，如图3-17所示。

3）单击“继续”按钮，弹出“新建多线样式：240墙”对话框，如图3-18所示。在该对话框中设置图元偏移量的首行为120，第二行为−120。

4）单击“确定”按钮，返回“多线样式”对话框，在“样式”列表框中选择“240墙”多线样式，并将其置为当前，如图3-19所示。

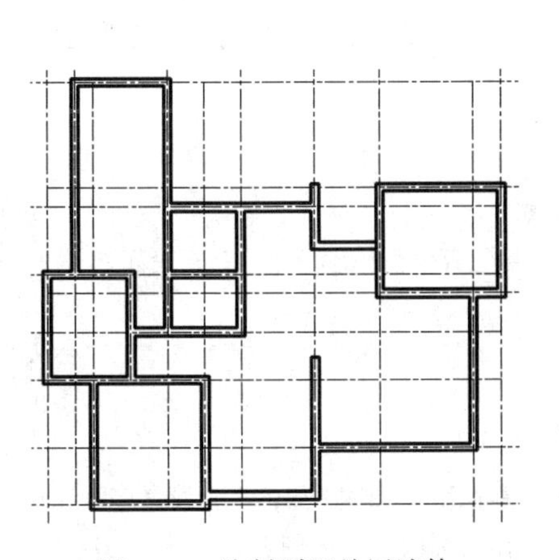

图 3-15　绘制别墅首层墙体

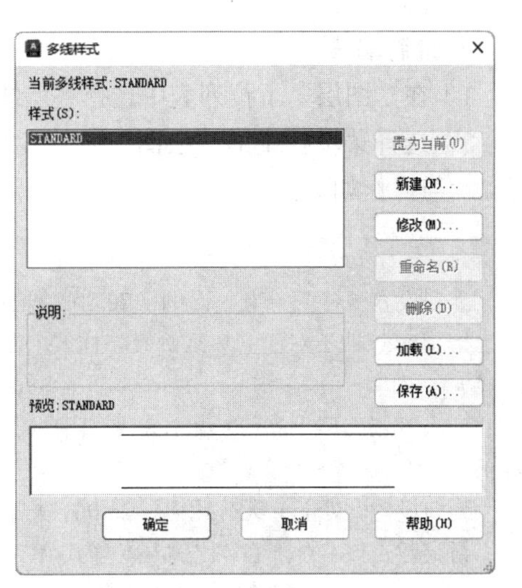

图 3-16　“多线样式”对话框

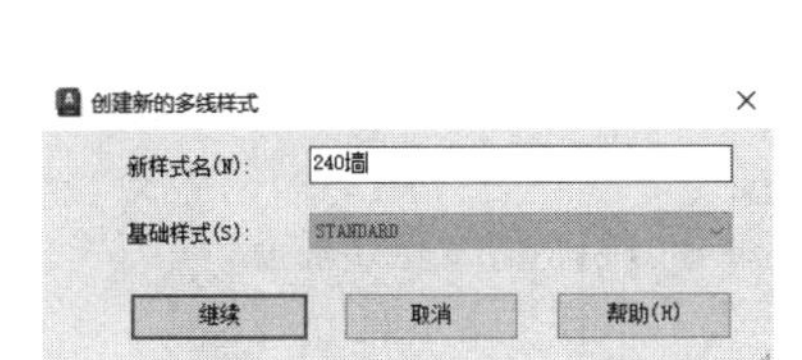

图 3-17　输入新样式名

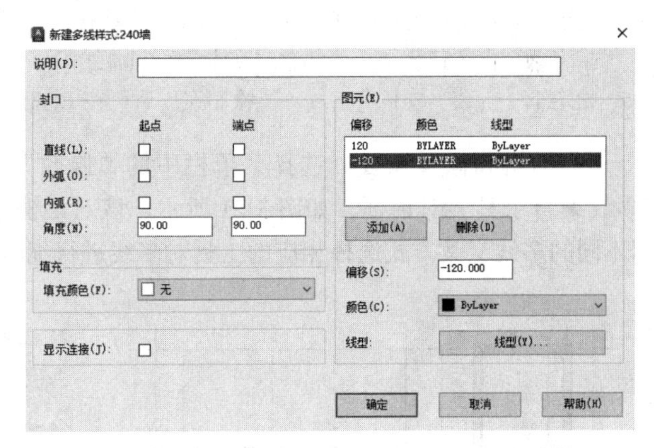

图 3-18　“新建多线样式：240 墙”对话框

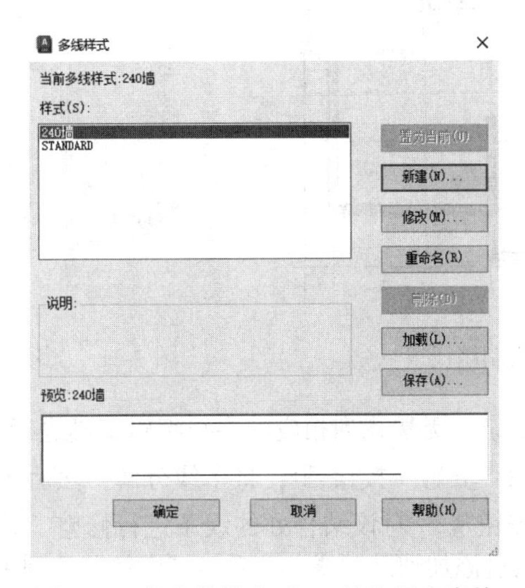

图 3-19　将多线样式“240 墙”置为当前

Note

2. 绘制墙线

1）在“图层”下拉列表中选择“墙线”图层，将其设置为当前图层。

2）选择菜单栏中的“绘图”→“多线”命令，绘制墙线，结果如图 3-20 所示。命令行提示与操作如下：

命令：_mline

当前设置：对正 = 上，比例 = 20.00，样式 = 240 墙

指定起点或 [对正 (J)/ 比例 (S)/ 样式 (ST)]： J ↙（在命令行中输入 J，重新设置多线的对正方式）

输入对正类型 [上 (T)/ 无 (Z)/ 下 (B)] < 上 >： Z ↙（在命令行中输入 Z，选择“无”作为当前对正方式）

当前设置：对正 = 无，比例 = 20.00，样式 = 240 墙

指定起点或 [对正 (J)/ 比例 (S)/ 样式 (ST)]： S ↙（在命令行中输入 S，重新设置多线比例）

输入多线比例 <20.00>： 1 ↙（在命令行中输入 1，作为当前多线比例）

当前设置：对正 = 无，比例 = 1.00，样式 = 240 墙

指定起点或 [对正 (J)/ 比例 (S)/ 样式 (ST)]：（捕捉左上部墙体轴线交点作为起点）

指定下一点（依次捕捉墙体轴线交点，绘制墙线）

指定下一点或 [放弃 (U)]： ↙ （绘制完成后，按 Enter 键结束命令）

3）编辑和修整墙线。选择菜单栏中的“修改”→“对象”→“多线”命令，弹出“多线编辑工具”对话框，如图 3-21 所示。该对话框中提供了 12 种多线编辑工具，可根据不同的多线交叉方式选择相应的工具对多线进行编辑。

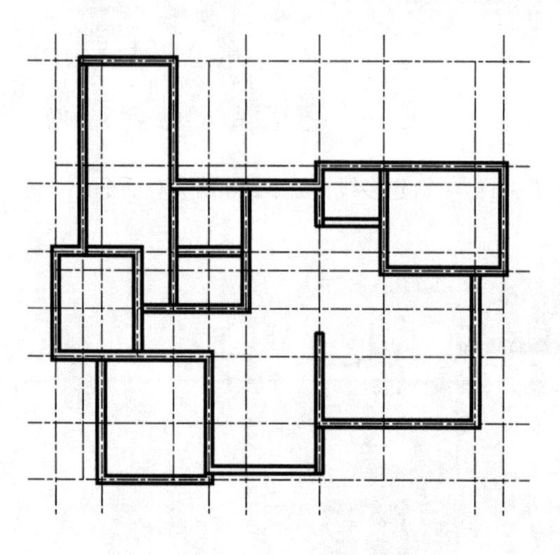

图 3-20 绘制墙线

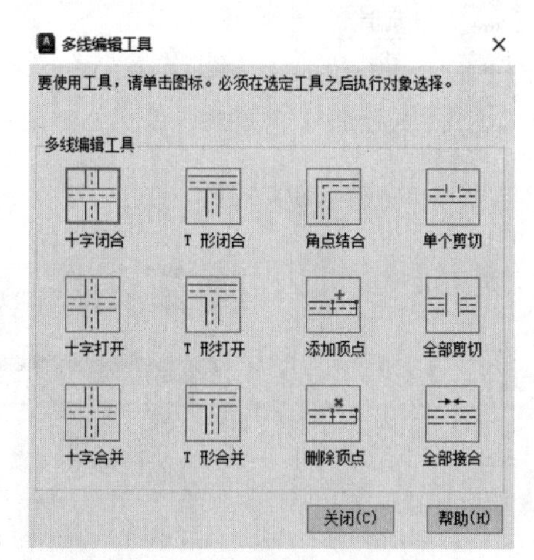

图 3-21 “多线编辑工具”对话框

如果墙线结合处较复杂，无法找到相应的多线编辑工具进行编辑，可以单击“默认”选项卡“修改”面板中的“分解”按钮，将多线分解，然后单击“默认”选项卡“修改”面板中的“修剪”按钮，对该结合处的线条进行修整。另外，对那些不在主要轴线上的内部墙体，可以通过添加辅助轴线，并单击“默认”选项卡“修改”面板中的“修剪”按钮或“延伸”按钮来进行绘制和修整。

3.1.4　绘制门窗

建筑平面图中门窗的绘制过程基本如下：首先在墙体相应位置绘制门窗洞口；接着使用直线、矩形和圆弧等工具绘制门窗基本图形，并根据所绘制的门窗基本图形创建门窗图块；然后在门窗洞口处插入相应的门窗图块，并根据需要进行适当调整，完成平面图中所有门和窗的绘制。

1. 绘制门、窗洞口

在平面图中，门洞口与窗洞口的基本形状相同，因此可以将它们一并绘制。

1）在“图层”下拉列表框中选择“墙线”图层，将其设置为当前图层。

2）绘制门窗洞口基本图形。单击“默认”选项卡“绘图”面板中的“直线”按钮╱，绘制一条长度为 240mm 的竖直方向的线段，然后单击“默认”选项卡“修改”面板中的“偏移”按钮⊆，将刚绘制的线段向右偏移 1000mm，完成门窗洞口基本图形的绘制，如图 3-22 所示。命令行提示与操作如下：

```
命令：_line
指定第一个点：(适当指定一点）↙
指定下一点或 [ 放弃 (U)]: @0，240 ↙
指定下一点或 [ 放弃 (U)]: ↙
命令：_offset
当前设置 : 删除源 = 否　图层 = 源　OFFSETGAPTYPE=0 ↙
指定偏移距离或 [ 通过 (T)/ 删除 (E)/ 图层 (L)] <240>:　1000 ↙
选择要偏移的对象，或 [ 退出 (E)/ 放弃 (U)] < 退出 >:（选择竖直线）↙
指定要偏移的那一侧上的点，或 [ 退出 (E)/ 多个 (M)/ 放弃 (U)] < 退出 >: ↙
选择要偏移的对象，或 [ 退出 (E)/ 放弃 (U)] < 退出 >: ↙
```

3）绘制门洞。下面以正门门洞（1500mm × 240mm）为例，介绍平面图中门洞的绘制方法。

❶ 单击“插入”选项卡“块定义”面板中的“创建块”按钮，弹出“块定义”对话框，如图 3-23 所示。在“名称”文本框中输入“门洞”；单击“选择对象”按钮，选中如图 3-22 所示的图形；单击“拾取点”按钮，选择左侧门洞线上端的端点为插入点；单击“确定”按钮，完成图块“门洞”的创建。

图 3-22　绘制门窗洞口基本图形

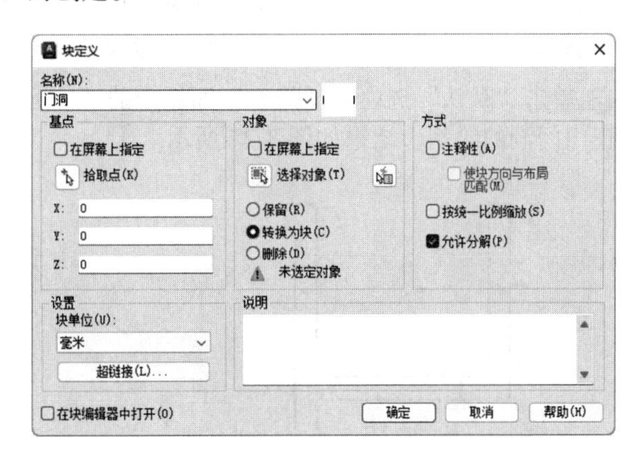

图 3-23　“块定义”对话框

Note

❷ 单击“插入”选项卡“块”面板中“插入”下拉列表中的“最近使用的块”选项，系统弹出“块”选项板，打开“当前图形”选项卡，勾选“插入点”复选框并将 X 方向的比例设置为 1.5，在“预览列表”中选择“门洞”，如图 3-24 所示。

❸ 单击“门洞”图块，在图中点选正门入口处左侧墙线交点作为基点，插入“门洞”图块，如图 3-25 所示。

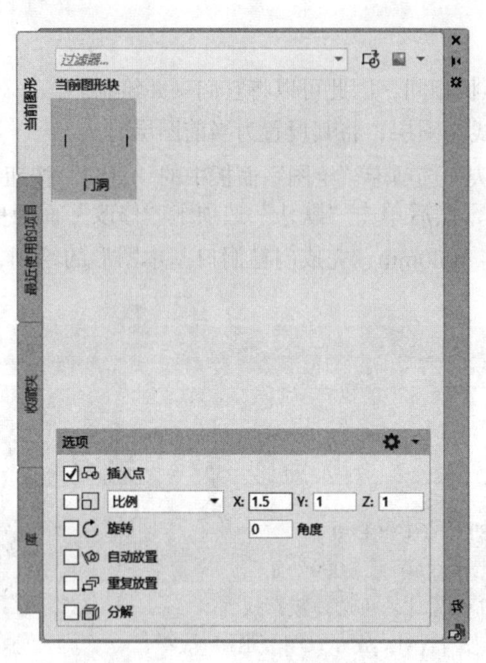

图 3-24 “块”选项板

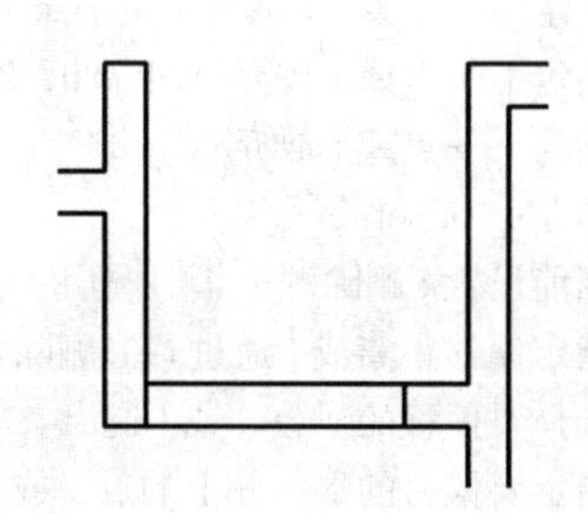

图 3-25 插入正门门洞图块

❹ 单击“默认”选项卡“修改”面板中的“移动”按钮✥，在图中选择已插入的正门门洞图块，将其水平向右移动 300mm，如图 3-26 所示。命令行提示与操作如下：

```
命令：_move
选择对象：找到 1 个（在图中选择正门门洞图块）↙
选择对象：↙
指定基点或 [ 位移 (D)] < 位移 >:（捕捉图块插入点作为移动基点）↙
指定第二个点或 < 使用第一个点作为位移 >: @300,0 ↙（在命令行中输入第二点相对位置坐标）↙
```

❺ 单击“默认”选项卡“修改”面板中的“修剪”按钮，修剪洞口处多余的墙线，完成正门门洞的绘制，结果如图 3-27 所示。

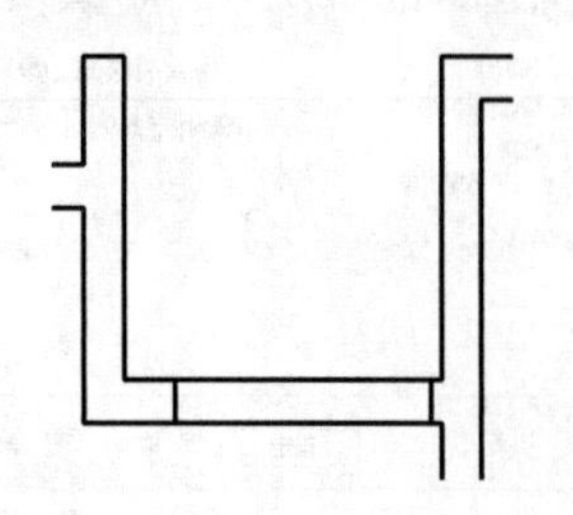

图 3-26 移动正门门洞图块

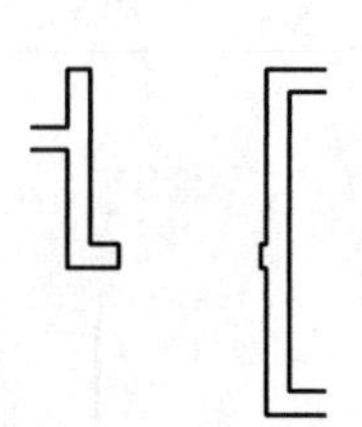

图 3-27 修剪多余墙线

4）绘制窗洞。这里以卫生间窗洞（1500mm×240mm）为例，介绍如何绘制窗洞。

❶ 单击“默认”选项卡“块”面板中“插入”下拉列表中的“最近使用的块”选项，系统弹出“块”选项板，打开“当前图形”选项卡，勾选“插入点”复选框并将X方向的比例设置为1.5，如图3-28所示。由于门窗洞口基本形状一致，因此没有必要创建新的窗洞图块，可以直接利用已有门洞图块进行绘制。

❷ 单击“门洞”图块，在图中选择左侧墙线交点作为基点，插入“门洞”图块（在此处实为窗洞）。继续单击“默认”选项卡“修改”面板中的“移动”按钮✥，在图中选择已插入的窗洞图块，将其向右移动330mm，如图3-29所示。

❸ 单击“默认”选项卡“修改”面板中的“修剪”按钮✂，修剪窗洞口处多余的墙线，完成卫生间窗洞的绘制，结果如图3-30所示。

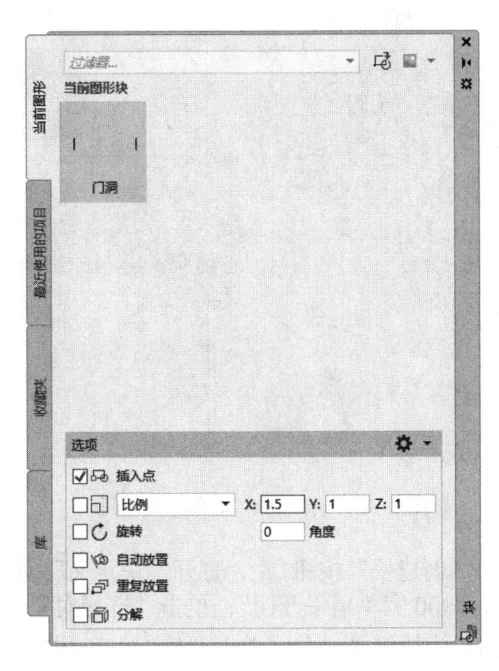

图3-28 “块”选项板

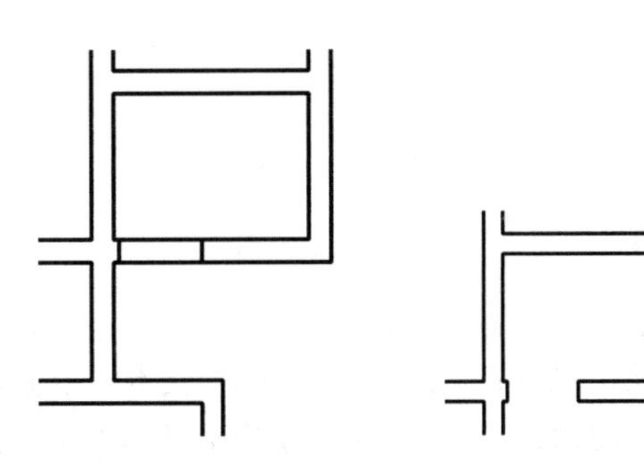

图3-29 插入窗洞图块　图3-30 修剪多余墙线

2. 绘制平面门

从开启方式上看，门的常见形式主要有平开门、弹簧门、推拉门、折叠门、旋转门、升降门和卷帘门等。门的尺寸需要满足人流通行、交通疏散、家具搬运的要求，而且应符合建筑模数的有关规定。在平面图中，单扇门的宽度一般为800～1000mm，双扇门则为1200～1800mm。

门的绘制步骤为：先画出门的基本图形，然后将其创建成图块，最后将门图块插入到已绘制好的相应的门洞口。在插入门图块时，可能需要调整图块的比例大小和旋转角度以适应平面图中不同宽度和角度的门洞口。

下面通过两个有代表性的实例来介绍别墅平面图中不同种类的门的绘制。

1）单扇平开门。单扇平开门主要应用于卧室、书房和卫生间等这一类私密性较强、来往人流较少的房间。

Note

下面以别墅首层书房的单扇门（宽900mm）为例，介绍单扇平开门的绘制方法。

❶ 在“图层”下拉列表中选择“门窗”图层，将其设置为当前图层。

❷ 单击“默认”选项卡“绘图”面板中的“矩形”按钮 ▭，绘制一个尺寸为40mm × 900mm的矩形门扇，如图3-31所示。命令行提示与操作如下：

```
命令：_rectang
指定第一个角点或 [倒角(C)/标高(E)/圆角(F)/厚度(T)/宽度(W)]:（在绘图区的空白区域内任取一点）↙
指定另一个角点或 [面积(A)/尺寸(D)/旋转(R)]: @40，900 ↙
```

❸ 单击“默认”选项卡“绘图”面板中的“圆弧”按钮 ⌒，以矩形门扇右上角顶点为起点，右下角顶点为圆心，绘制一条圆心角为90°、半径为900mm的圆弧，完成如图3-32所示的单扇平开门图形的绘制。命令行提示与操作如下：

```
命令：_arc
指定圆弧的起点或 [圆心(C)]:（选取矩形门扇右上角顶点为圆弧起点）↙
指定圆弧的第二个点或 [圆心(C)/端点(E)]: C ↙
指定圆弧的圆心：（选取矩形门扇右下角顶点为圆心）↙
指定圆弧的端点或 [角度(A)/弦长(L)]:A ↙
指定包含角：90 ↙
```

图3-31　绘制矩形门扇

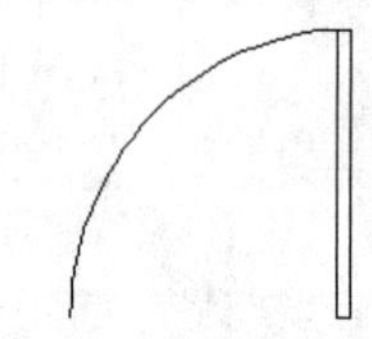

图3-32　绘制900宽单扇平开门

❹ 单击“插入”选项卡“块定义”面板中的“创建块”按钮，打开“块定义”对话框，如图3-33所示。在“名称”文本框中输入“900宽单扇平开门”；单击“选择对象”按钮，选取如图3-32所示的单扇平开门的基本图形为块定义对象；单击“拾取点”按钮，选择矩形门扇右下角顶点为基点；然后单击“确定”按钮，完成“单扇平开门”图块的创建。

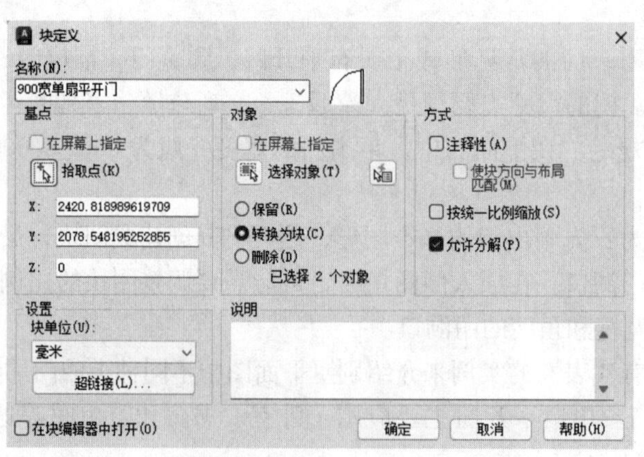

图3-33　“块定义”对话框

Note

❺ 单击“默认”选项卡“块”面板中“插入”下拉列表中的“最近使用的块”选项，系统弹出“块”选项板，打开“最近使用的项目”选项卡，勾选“插入点”复选框并将“旋转”角度设置为 −90°，在“最近使用的块”列表中选择“900 宽单扇平开门”，如图 3-34 所示。在平面图中点选书房门洞右侧墙线的中点作为插入点，插入门图块，完成书房门的绘制，结果如图 3-35 所示。

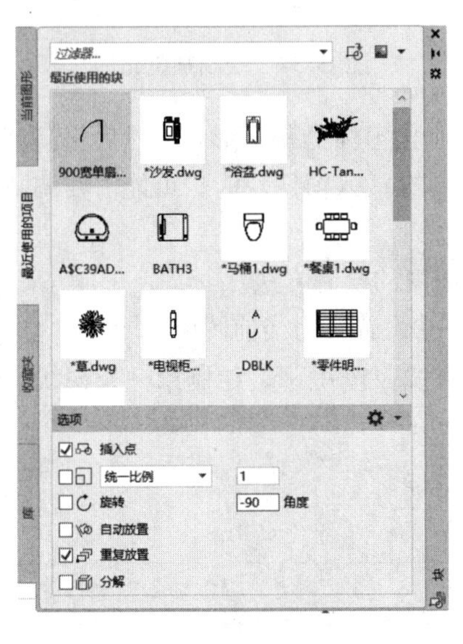

图 3-34 “块”选项板

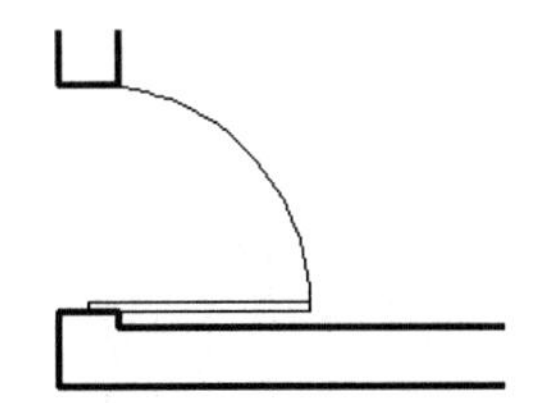

图 3-35 绘制书房门

2）双扇平开门。在别墅平面图中，别墅正门以及客厅的阳台门均设计为双扇平开门。下面以别墅正门（宽 1500mm）为例，介绍双扇平开门的绘制方法。

❶ 在“图层”下拉列表中选择“门窗”图层，将其设置为当前图层。

❷ 参照上面单扇平开门的画法，绘制“750 宽单扇平开门”。

❸ 单击“默认”选项卡“修改”面板中的“镜像”按钮⚠，将已绘制完成的“750 宽单扇平开门”进行水平方向的镜像操作，生成 1500 宽双扇平开门，结果如图 3-36 所示。

❹ 单击“插入”选项卡“块定义”面板中的“创建块”按钮，打开“块定义”对话框。在“名称”文本框中输入“1500 宽双扇平开门”；单击“选择对象”按钮，选取双扇平开门的基本图形为块定义对象；单击“拾取点”按钮，选择右侧矩形门扇右下角顶点为基点；然后单击“确定”按钮，完成“1500 宽双扇平开门”图块的创建。

❺ 单击“默认”选项卡“块”面板中“插入”下拉列表中的“最近使用的块”选项，系统弹出“块”选项板，打开“当前图形”选项卡，选择“1500 宽双扇平开门”，在平面图中选择正门门洞右侧墙线的中点作为插入点，插入门图块，完成别墅正门的绘制，结果如图 3-37 所示。

3. 绘制平面窗

从开启方式上看，常见窗的形式主要有固定窗、平开窗、横式旋窗、立式转窗和推拉窗等。窗洞口的宽度和高度尺寸均为 300mm 的扩大模数。在平面图中，一般平开窗的窗扇宽度为 400～600mm，固定窗和推拉窗的尺寸可更大一些。

Note

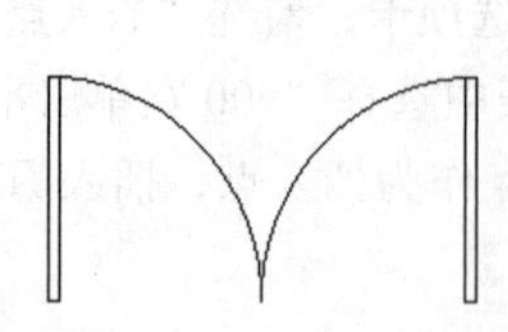
图 3-36　镜像生成 1500 宽双扇平开门

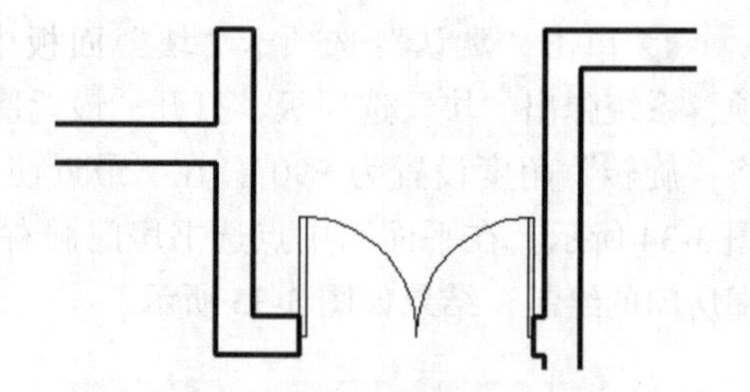
图 3-37　绘制别墅正门

窗的绘制步骤与门的绘制步骤基本相同，即先画出窗体的基本形状，然后将其创建成图块，最后将图块插入到已绘制好的相应窗洞位置。在插入窗图块时，可能需要调整图块的比例大小和旋转角度以适应不同宽度和角度的窗洞口。

下面以餐厅外窗（宽 2400mm）为例，介绍平面窗的绘制方法。

1）在“图层”下拉列表中选择“门窗”图层，并设置其为当前图层。

2）单击“默认”选项卡“绘图”面板中的“直线”按钮╱，绘制第一条窗线，长度为 1000mm，如图 3-38 所示。命令行提示与操作如下：

```
命令：_line
指定第一个点：(适当指定一点)
指定下一点或 [ 放弃 (U)]: @1000，0 ↙
指定下一点或 [ 放弃 (U)]: ↙
```

3）单击“默认”选项卡“修改”面板中的“矩形阵列”按钮，选择“矩形阵列”，选择刚绘制的窗线，然后右击，设置行数为 4、列数为 1、行间距为 80、列间距为 1。命令行提示与操作如下：

```
命令：_arrayrect
选择对象：选择绘制的直线
类型 = 矩形　关联 = 否
选择夹点以编辑阵列或 [ 关联 (AS)/ 基点 (B)/ 计数 (COU)/ 间距 (S)/ 列数 (COL)/ 行数 (R)/ 层数 (L)/ 退出 (X)] < 退出 >: COU ↙
输入列数数或 [ 表达式 (E)] <4>: 1 ↙
输入行数数或 [ 表达式 (E)] <3>: 4 ↙
选择夹点以编辑阵列或 [ 关联 (AS)/ 基点 (B)/ 计数 (COU)/ 间距 (S)/ 列数 (COL)/ 行数 (R)/ 层数 (L)/ 退出 (X)] < 退出 >: S ↙
指定列之间的距离或 [ 单位单元 (U)] <346.3272>: 1 ↙
指定行之间的距离 <1>:80 ↙
选择夹点以编辑阵列或 [ 关联 (AS)/ 基点 (B)/ 计数 (COU)/ 间距 (S)/ 列数 (COL)/ 行数 (R)/ 层数 (L)/ 退出 (X)] < 退出 >: ↙
```

然后按 Enter 键，完成窗的基本图形的绘制，结果如图 3-39 所示。

4）单击“插入”选项卡“块定义”面板中的“创建块”按钮，打开“块定义”对话框，在“名称”文本框中输入“窗”；单击“选择对象”按钮，选取如图 3-39 所示的窗的基本图形为“块定义对象”；单击“拾取点”按钮，选择第一条窗线左端点为基点；然后单击“确定”按钮，完成“窗”图块的创建。

图 3-38 绘制第一条窗线　　　图 3-39 窗的基本图形

5）单击“默认”选项卡“块”面板中“插入”下拉列表中的“最近使用的块”选项，系统弹出“块”选项板，打开“当前图形”选项卡，勾选“插入点”复选框并将X方向的比例设置为2.4，单击“窗”图块，在平面图中点选餐厅窗洞左侧墙线的上端点作为插入点，插入窗图块，完成餐厅外窗的绘制，结果如图3-40所示。

6）绘制窗台。首先单击“默认”选项卡“绘图”面板中的“矩形”按钮▭，绘制一个尺寸为1000mm×100mm的矩形；接着单击“插入”选项卡“块定义”面板中的“创建块”按钮，将所绘矩形定义为“窗台”图块，将矩形上侧长边的中点设置为图块基点；然后单击“默认”选项卡“块”面板中“插入”下拉列表中的“最近使用的块”选项，系统弹出“块”选项板，打开“当前图形”选项卡，勾选“插入点”复选框并将X方向的比例设置为2.6。选择“窗台”图块，选择餐厅外窗最外侧窗线中点作为插入点，插入“窗台”图块，完成窗台的绘制，结果如图3-41所示。

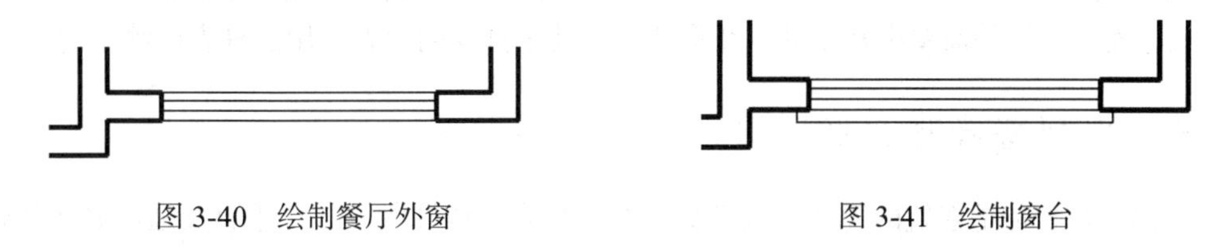

图 3-40 绘制餐厅外窗　　　图 3-41 绘制窗台

4. 绘制其余门和窗

按照以上介绍的平面门窗绘制方法，利用已经创建的门窗图块，完成别墅首层平面图中所有门和窗的绘制，结果如图3-42所示。

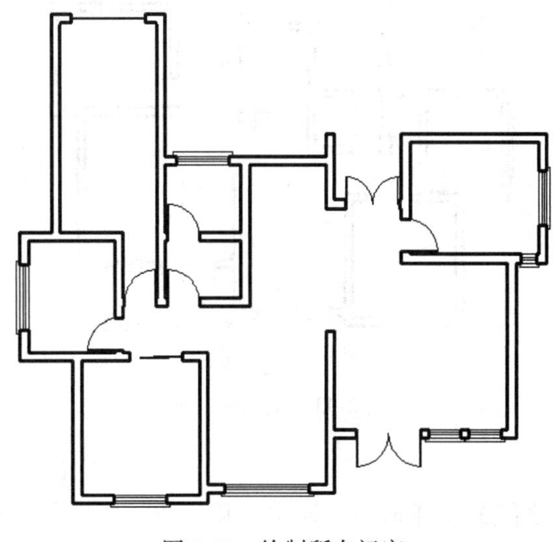

图 3-42 绘制所有门窗

以上所介绍的是 AutoCAD 中最基本的门窗绘制方法，下面介绍另外两种绘制门窗的方法。

Note

1）在建筑设计中，门和窗的样式、尺寸会因房间功能和开间的不同而不同，而逐个绘制每一扇门和每一扇窗既费时又费力，因此绘图者常常借助图库来绘制门窗。在图库中一般会有多种不同样式和大小的门、窗可供选择和调用，这给设计者和绘图者提供了很大的方便。在别墅的首层平面图中共有九扇门，其中五扇为 900 宽的单扇平开门，两扇为 1500mm 宽的双扇平开门，一扇为推拉门，还有一扇为车库升降门，在图库中很容易找到这几种样式的门的图形模块（参见电子资料包）。

AutoCAD 图库的使用方法很简单，主要步骤如下：

❶ 打开图库文件，在图库中选择所需的图形模块并进行复制。

❷ 将复制的图形模块粘贴到所要绘制的图样中。

❸ 根据需要，单击“默认”选项卡“修改”面板中的“旋转”按钮 、“镜像”按钮 或“缩放”按钮 等工具对图形模块进行适当的修改和调整。

2）在 AutoCAD 2024 中，还可以借助“视图”选项卡“选项板”面板中的“工具选项板”中的“建筑”选项卡提供的“公制样例”来绘制门窗。利用这种方法添加门窗时，可以根据需要直接对门窗的尺寸和角度进行设置和调整，使用起来比较方便。需要注意的是，“工具选项板”中仅提供普通平开门的绘制，而且利用其所绘制的平面窗中玻璃为单线形式，而非建筑平面图中常用的双线形式，因此不推荐初学者使用这种方法绘制门窗。

3.1.5 绘制楼梯和台阶

楼梯和台阶都是建筑的重要组成部分，是人们在室内和室外进行垂直交通的必要建筑构件。在本例别墅的首层平面图中共有 1 处楼梯和 3 处台阶，如图 3-43 所示。

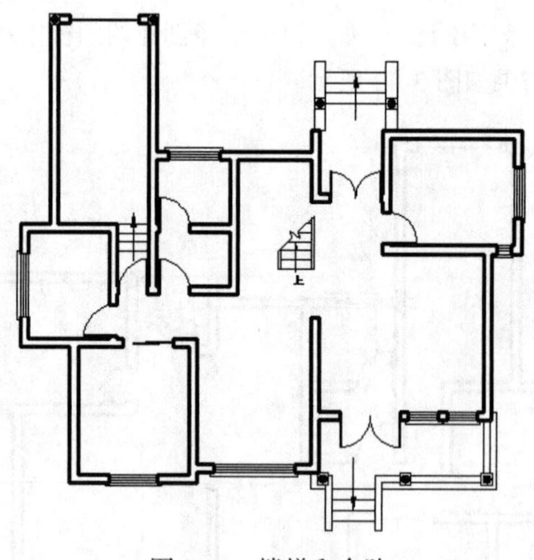

图 3-43 楼梯和台阶

1. 绘制楼梯

楼梯是上下楼层之间的交通通道，通常由楼梯段、休息平台和栏杆（或栏板）组成。在本例别墅中，楼梯为常见的双跑式，楼梯宽度为 900mm，踏步宽为 260mm，高为

175mm，楼梯平台净宽为960mm。本节只介绍首层楼梯平面图画法，二层楼梯画法将在后面的章节中进行介绍。

Note

首层楼梯平面图的绘制过程分为3个阶段：首先绘制楼梯踏步线，然后在踏步线两侧（或一侧）绘制楼梯栏杆线，最后绘制楼梯剖断线以及用来标识方向的带箭头引线和文字。图3-44所示为首层楼梯平面图。绘制方法如下：

1）在“图层”下拉列表中选择“楼梯”图层，将其设置为当前图层。

2）绘制楼梯踏步线。单击“默认”选项卡“绘图”面板中的“直线”按钮╱，以平面图上的相应位置（通过计算得到的第一级踏步的位置）作为起点，绘制长度为1020mm的第一条踏步线。然后单击“默认”选项卡“修改”面板中的“矩形阵列”按钮，选择已绘制的第一条踏步线为阵列对象，输入行数为6、列数为1、行间距为260、列间距为0，阵列完成楼梯踏步线的绘制，结果如图3-45所示。

3）绘制楼梯栏杆线。单击“默认”选项卡“绘图”面板中的“直线”按钮╱，以楼梯第一条踏步线两侧端点作为起点，分别向上绘制垂直线段，长度为1500mm。然后单击“默认”选项卡“修改”面板中的“偏移”按钮⋐，将所绘两线段向梯段中央偏移，偏移量为60mm（即扶手宽度）。绘制完成的楼梯栏杆线如图3-46所示。

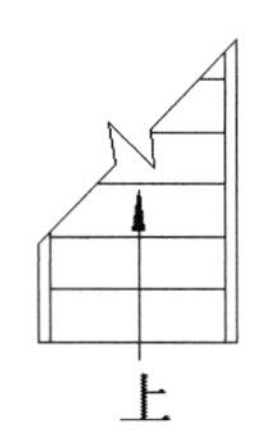

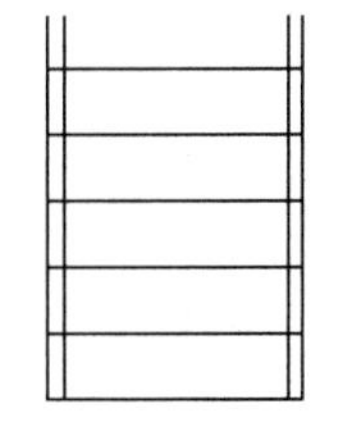

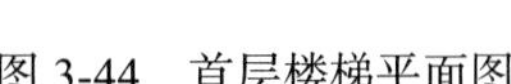

图3-44　首层楼梯平面图　　图3-45　绘制楼梯踏步线　　图3-46　绘制楼梯栏杆线

4）绘制剖断线。单击“默认”选项卡“绘图”面板中的“构造线”按钮，设置角度为45°，绘制剖断线并使其通过楼梯右侧栏杆线的上端点。命令行提示与操作如下：

```
命令：_xline
指定点或[水平(H)/垂直(V)/角度(A)/二等分(B)/偏移(O)]: A ↙
输入构造线的角度(0)或[参照(R)]:  45 ↙
指定通过点：(选取右侧栏杆线的上端点为通过点)
指定通过点：↙
```

5）单击“默认”选项卡“绘图”面板中的“直线”按钮╱，绘制Z字形折断线；然后单击“默认”选项卡“修改”面板中的“修剪”按钮，修剪楼梯踏步线和栏杆线。绘制完成的楼梯剖断线如图3-47所示。

6）绘制带箭头引线。首先在命令行中输入Qleader命令，在命令行中输入S，设置引线样式，在弹出的“引线设置”对话框中进行如下设置：在“引线和箭头”选项卡中，选择“引线”为“直线”、“箭头”为“实心闭合”，如图3-48所示；在“注释”选项卡中，选择“注释类型”为“无”，如图3-49所示。然后以第一条楼梯踏步线中点为起点，垂直向上绘制长度为750mm的带箭头引线；单击“默认”选项卡“修改”面板中的“旋转”按钮，将带箭头引线旋转180°；单击“默认”选项卡“修改”面板中的“移动”按钮，将引线垂直向下移动60mm。

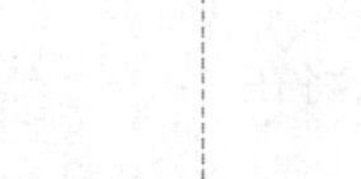

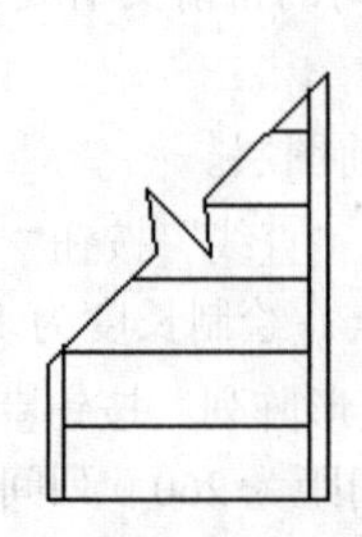

图 3-47　绘制楼梯剖断线

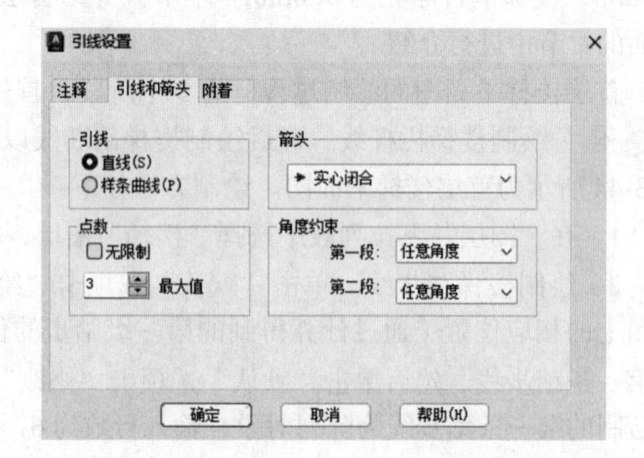

图 3-48　“引线设置”对话框中的“引线和箭头”选项卡

7）标注文字。单击“默认”选项卡“注释”面板中的“多行文字”按钮A，设置文字高度为 300，在引线下端输入文字“上”。添加箭头和文字后的图形如图 3-50 所示。

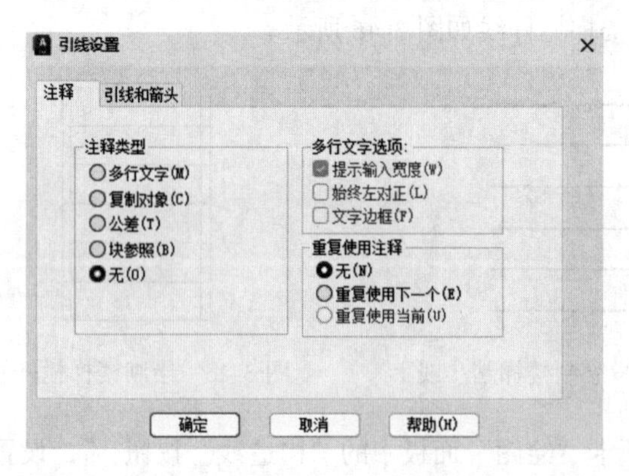

图 3-49　“引线设置”对话框中的“注释”选项卡

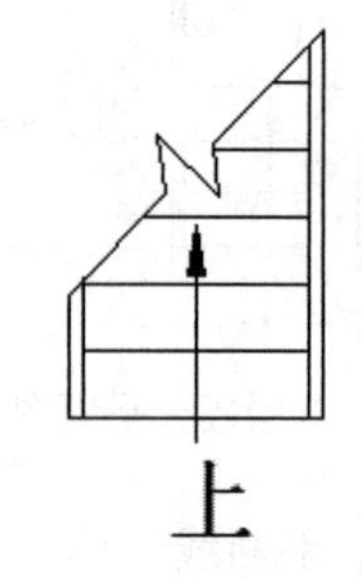

图 3-50　添加箭头和文字

说明： 楼梯平面图是距地面 1m 以上位置，用一个假想的剖切平面沿水平方向剖开（尽量剖到楼梯间的门窗），然后向下做投影得到的投影图。楼梯平面一般是分层绘制的，在绘制时，按照特点可分为底层平面、标准层平面和顶层平面。在楼梯平面图中，对各层被剖切到的楼梯，国家标准规定，均在平面图中以一条 45° 的折断线表示。在每一梯段处画有一个长箭头，并注写“上”或“下”字标明方向。

在楼梯的底层平面图中，只有一个被剖切的梯段及栏板和一个注有“上”字的长箭头。

2. 绘制台阶

本例中有三处台阶，其中室内台阶一处，室外台阶两处。下面以如图 3-51 所示的正门处台阶为例，介绍台阶的绘制方法。

台阶的绘制方法与前面介绍的楼梯平面绘制方法基本相似，因此可以参考楼梯画法进行绘制。具体绘制方法如下：

1）单击“默认”选项卡“图层”面板中的“图层特性”按钮，打开“图层特性管理器”选项板，创建新图层，将新图层命名为“台阶”，并将其设置为当前图层。

2）单击“默认”选项卡“绘图”面板中的“直线”按钮，以别墅正门中点为起点，垂直向上绘制一条长度为3600mm的辅助线段；然后以辅助线段的上端点为中点，绘制一条长度为1770mm的水平线段。此线段则为台阶第1条踏步线。

3）单击“默认”选项卡“修改”面板中的“矩形阵列”按钮，选择第1条踏步线为阵列对象，输入行数为4、列数为1、行间距为-300，列间距为0，完成第2、3、4条踏步线的绘制，结果如图3-52所示。

4）单击“默认”选项卡“绘图”面板中的“矩形”按钮，在踏步线的左右两侧分别绘制两个尺寸为340mm×1980mm的矩形，这两个矩形为台阶两侧的平面。

5）绘制方向箭头。单击“默认”选项卡“注释”面板中的“多重引线”按钮，在台阶踏步的中间位置绘制带箭头的引线，标识踏步方向，结果如图3-53所示。

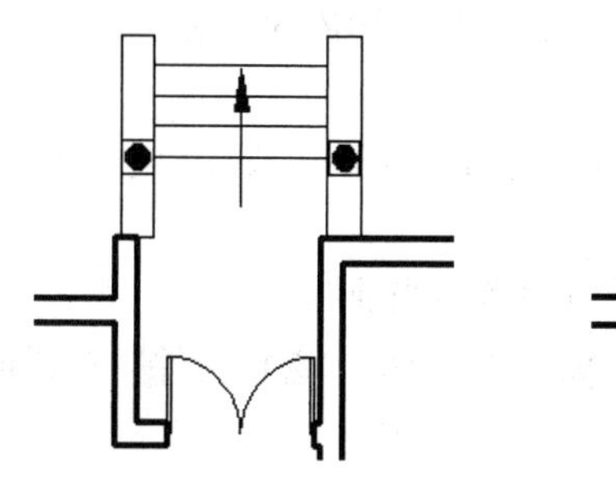

图3-51　正门处台阶

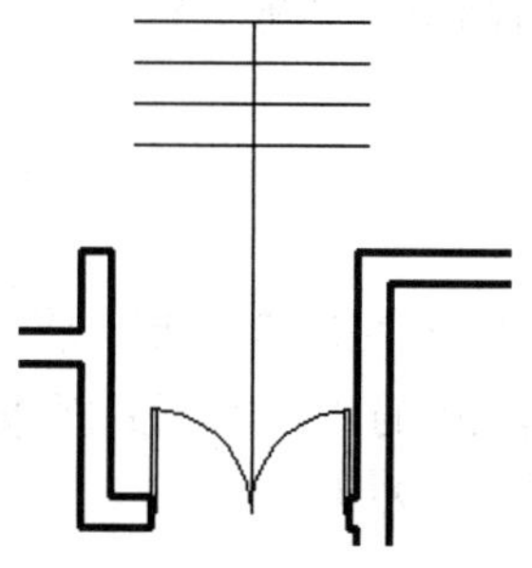

图3-52　绘制台阶踏步线

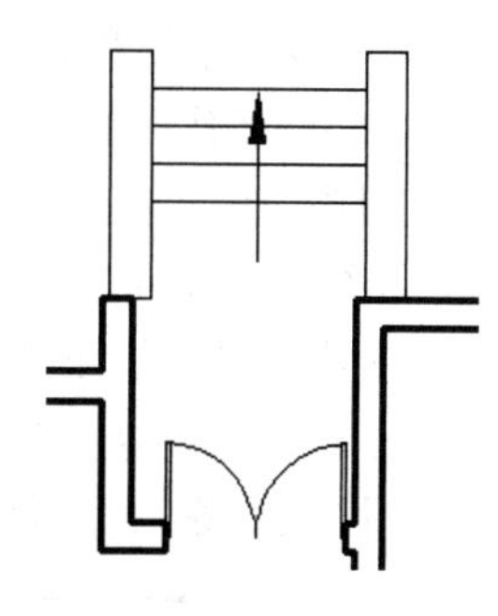

图3-53　绘制方向箭头

6）绘制立柱。在本例中，两个室外台阶处均有立柱，其平面形状为圆形，内部填充为实心，下面为方形基座。由于立柱的形状、大小基本相同，故可以将其做成图块，再把图块插入各相应位置。具体绘制方法如下：

❶ 单击“默认”选项卡“图层”面板中的“图层特性”按钮，打开“图层特性管理器”选项板，创建新图层，将新图层命名为“立柱”，并将其设置为当前图层。单击“默认”选项卡“绘图”面板中的“矩形”按钮，绘制边长为340mm的正方形基座；单击“默认”选项卡“绘图”面板中的“圆”按钮，绘制直径为240mm的圆形柱身；单击“默认”选项卡“绘图”面板中的“图案填充”按钮，打开如图3-54所示的“图案填充创建”选项卡，选择填充图案为“SOLID”，单击“拾取点”按钮，在绘图区选择已绘制的圆形柱身为填充对象。绘制完成的立柱如图3-55所示。

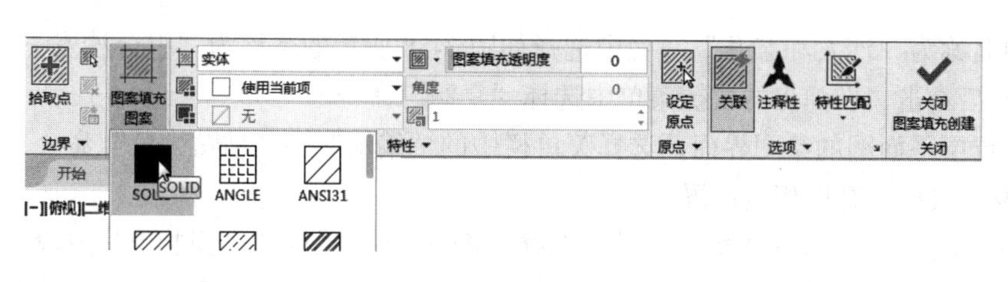

图3-54　图案填充设置

图3-55　绘制立柱

❷ 单击“插入”选项卡“块定义”面板中的“创建块”按钮，将图形定义为“立柱”图块；然后单击“默认”选项卡“块”面板中“插入”下拉列表中的“最近使用的块”选项，将定义好的“立柱”图块插入平面图中相应的位置，完成正门处台阶的绘制。

3.1.6 绘制家具

在建筑平面图中，通常要绘制室内家具，以增强平面方案的视觉效果。在本例别墅的首层平面图中共有 7 种不同功能的房间，分别是客厅、工人房、厨房、餐厅、书房、卫生间和车库。房间的功能不同，其中所布置的家具也有所不同。对于这些种类和尺寸都不尽相同的室内家具，如果利用直线、偏移等简单的二维线条绘制和编辑工具一一绘制，不仅绘制过程烦琐容易出错，而且要花费大量的时间和精力，因此这里推荐借助 AutoCAD 图库来完成室内家具的绘制。

AutoCAD 图库的使用方法在前面介绍门窗画法时曾有所提及，下面将结合别墅首层平面图中客厅家具和卫生间洁具的绘制实例，详细讲述 AutoCAD 图库的用法。

1. 绘制客厅家具

客厅是主人会客和休闲的空间，因此在客厅里通常会布置沙发、茶几和电视柜等家具，如图 3-56 所示。

1）在“图层”下拉列表中选择“家具”图层，将其设置为当前图层。

2）单击“快速访问”工具栏中的“打开”按钮，在弹出的“选择文件”对话框中打开“网盘资源\源文件\图库\CAD 图库”文件，如图 3-57 所示。

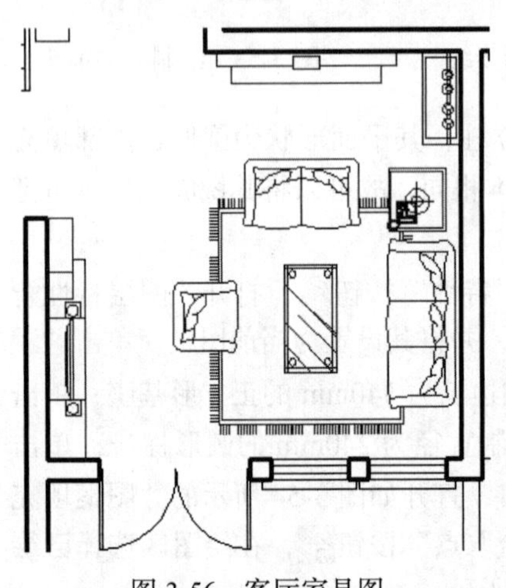

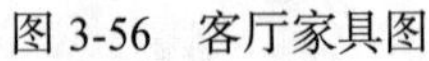

图 3-56 客厅家具图

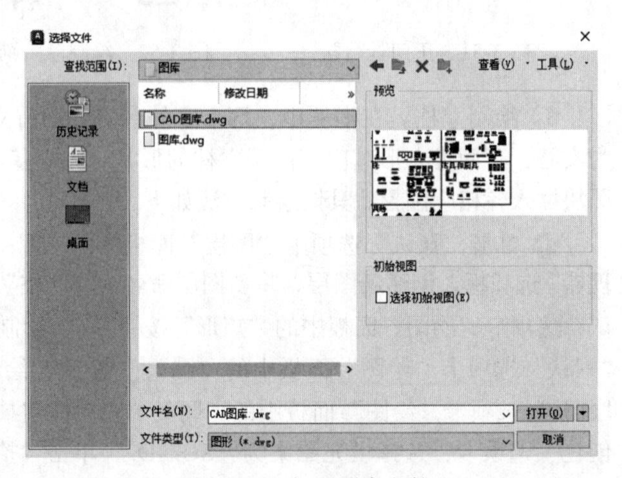

图 3-57 打开图库文件

3）在图库中名称为“沙发和茶几”一栏中选择如图 3-58 所示的名称为“组合沙发—002P”的图块，然后右击，在弹出的快捷菜单中选择“复制”命令。

4）返回别墅首层平面图的绘图界面，选择菜单栏中的“编辑”→“粘贴为块”命令，将复制的组合沙发图块插入客厅相应位置。

5）在图库中名称为“灯具和电器”一栏中选择如图 3-59 所示的“电视柜 P”图块，将其复制并粘贴到别墅首层平面图中；然后单击“默认”选项卡“修改”面板中的“旋转”按钮，使该图块以自身中心点为基点旋转 90°，将其插入客厅相应位置。

Note

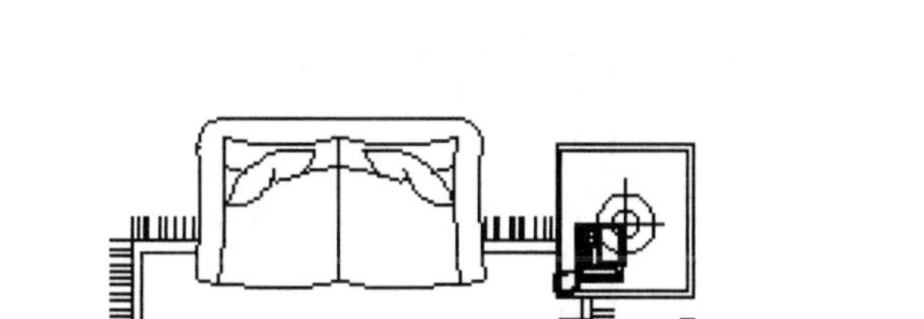

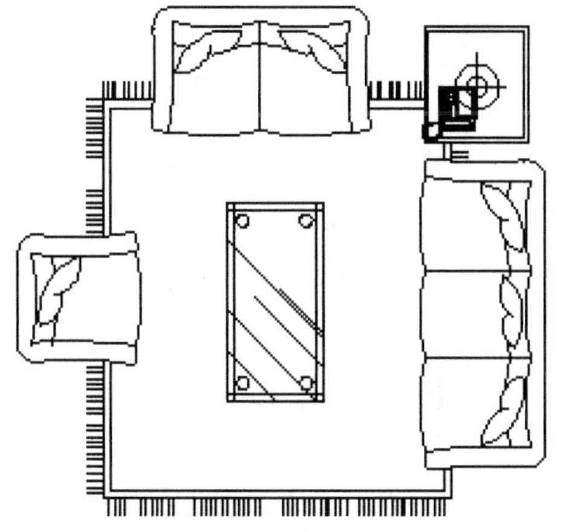

图 3-58 “组合沙发—002P”图块

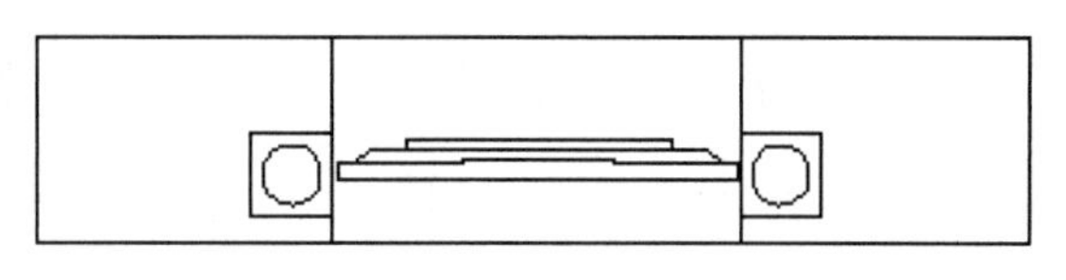

图 3-59 “电视柜 P”图块

6）按照同样方法，在图库中选择并复制“电视墙 P”“文化墙 P”“柜子—01P”和“射灯组 P”图块，然后将这些家具图块依次插入在客厅相应位置，绘制结果如图 3-56 所示。

技巧： 在使用图库插入家具图块时，经常会遇到家具尺寸太大或太小、角度与实际要求不一致或在家具组合图块中部分家具需要更改等情况，此时可以利用“修改”面板中的“缩放”按钮和“旋转”按钮等绘图工具来调整家具的比例和角度。在有必要时，还可以将家具图块先进行分解，再对家具的样式或组合进行修改。

2. 绘制卫生间洁具

卫生间主要是供主人盥洗和沐浴的房间，因此卫生间内应设置浴盆、坐便器、洗手池和洗衣机等设施。如图 3-60 所示的卫生间由两部分组成，外间设置洗手盆和洗衣机，内间则设置浴盆和坐便器。下面介绍卫生间洁具的绘制方法。

1）在“图层”下拉列表中选择“家具”图层，将其设置为当前图层。

2）打开“网盘资源\源文件\图库\CAD 图库”，在“洁具和厨具”栏中选择并复制适当的洁具图块，然后依次粘贴到平面图中的相应位置，绘制结果如图 3-61 所示。

说明： 在图库中，图块的名称除汉字外还经常包含英文字母或数字，通常来说，这些名称都是用来表明该图块的特性或尺寸的，一般很简要。例如，前面使用过的图块“组合沙发—004P”，其名称中“组合沙发”表示家具的性质，004 表示该家具图块是同类型家具中的第四个，字母 P 则表示这是该家具的平面图形。又如，一个床图块名称为“单人床 9×20”，表示该单人床宽度为 900mm、长度为 2000mm。有了这些简单又明了的名称，用户就可以依据自己的实际需要快捷地选择有用的图块，而无须费神地辨认、测量了。

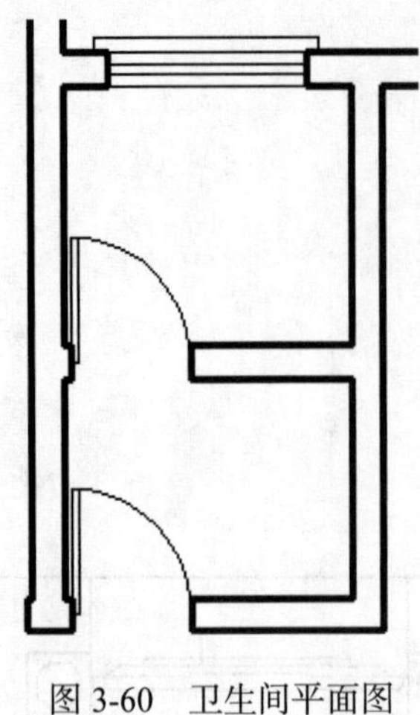

图 3-60　卫生间平面图

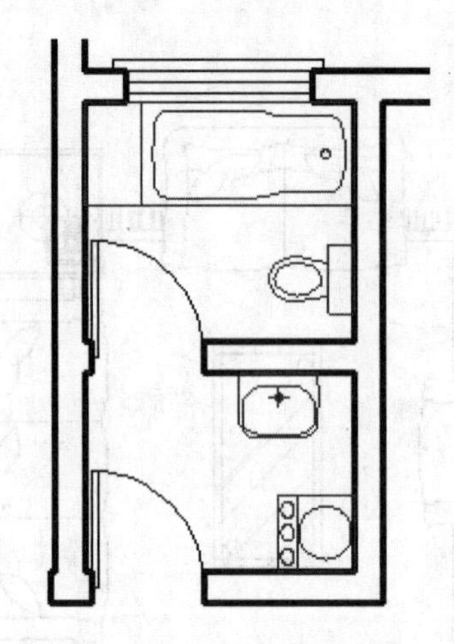

图 3-61　绘制卫生间洁具

3.1.7　平面标注

在别墅的首层平面图中，主要有 4 部分需要标注，即轴线编号、平面标高、尺寸和文字标注。完成标注后的首层平面图如图 3-62 所示。

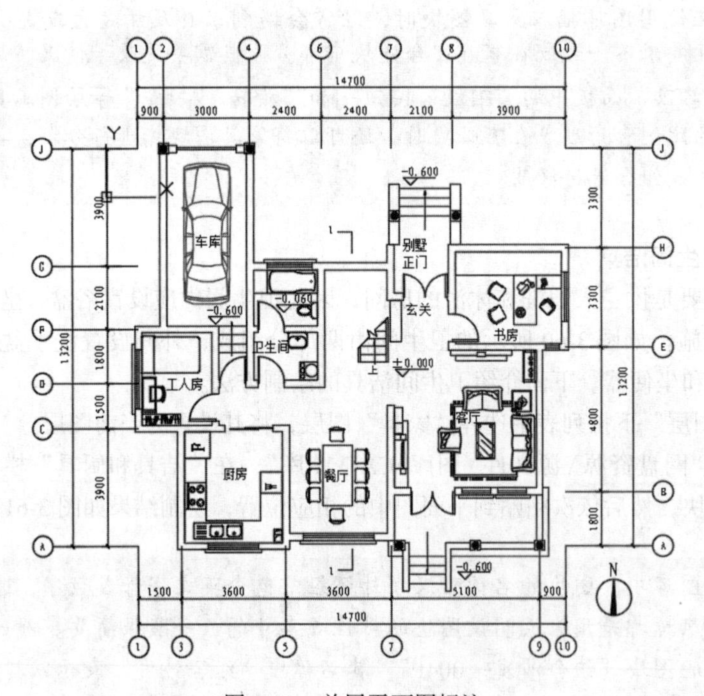

图 3-62　首层平面图标注

1. 轴线编号标注

在平面形状较简单或对称的房屋中，平面图的轴线编号一般标注在图形的下方及左侧；对于较复杂或不对称的房屋，图形上方和右侧也可以标注。在本例中，由于平面形状不对称，因此需要在上、下、左、右这 4 个方向均标注轴线编号。轴线编号绘制方法如下：

1）单击“默认”选项卡“图层”面板中的“图层特性”按钮，打开“图层特性管理器”选项板，打开“轴线”图层，使其保持可见。创建新图层，将新图层命名为“轴线编号”，其属性采用默认设置，并将其设置为当前图层。

2）单击平面图上左侧第一根纵轴线，将十字光标移动至轴线下端点处单击，将夹持点激活（此时夹持点成红色），然后向下移动鼠标，在命令行中输入“3000”，按 Enter 键，完成第一条轴线延长线的绘制。

3）单击“默认”选项卡“绘图”面板中的“圆”按钮，以轴线延长线端点作为圆心，绘制半径为 350mm 的圆。然后，单击“默认”选项卡“修改”面板中的“移动”按钮，向下移动圆，移动距离为 350mm，结果如图 3-63 所示。

4）重复上述步骤，完成其他轴线延长线及编号圆的绘制。

5）单击“默认”选项卡“注释”面板中的“多行文字”按钮**A**，设置文字样式为“宋体”、文字高度为 300，在每个轴线端点处的圆内输入相应的轴线编号，结果如图 3-64 所示。

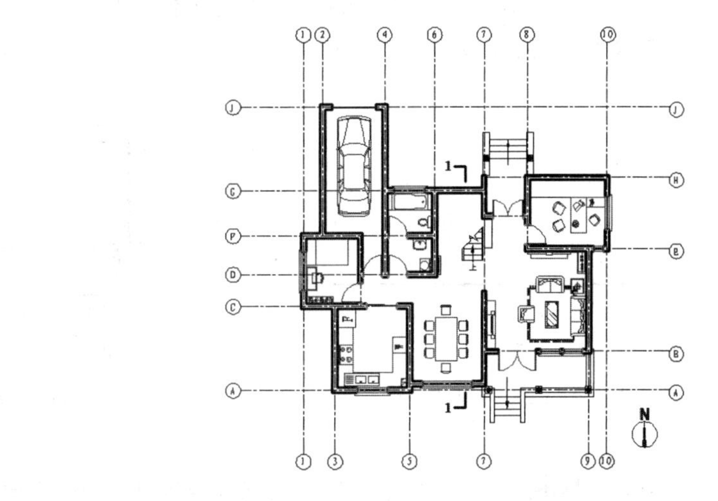

图 3-63　绘制第一条轴线的延长线及编号圆　　　　图 3-64　添加轴线编号

> **注意：** 平面图上水平方向的轴线编号用阿拉伯数字从左向右依次编写，垂直方向的轴线编号用大写英文字母自下而上依次编写。I、O 及 Z 三个字母不得作为轴线编号，以免与数字 1、0 及 2 混淆。
>
> 如果因两条相邻轴线间距较小而导致它们的编号有重叠，可以通过“移动”命令将这两条轴线的编号分别向两侧移动少许距离。

2. 平面标高标注

建筑物中的某一部分与所确定的标准基点的高度差称为该部位的标高，在图样中通常用标高符号结合数字来表示。建筑制图标准规定，标高符号应以直角等腰三角形表示，如图 3-65 所示。

平面标高的绘制方法如下：

1）在“图层”下拉列表中选择“标注”图层，将其设置为当前图层。

Note

2）单击“默认”选项卡“绘图”面板中的“多边形”按钮⬠，绘制边长为350mm的正方形。

3）单击“默认”选项卡“修改”面板中的“旋转”按钮↻，将正方形旋转45°；然后单击“默认”选项卡“绘图”面板中的“直线”按钮╱，连接正方形左右两个端点，绘制水平对角线。

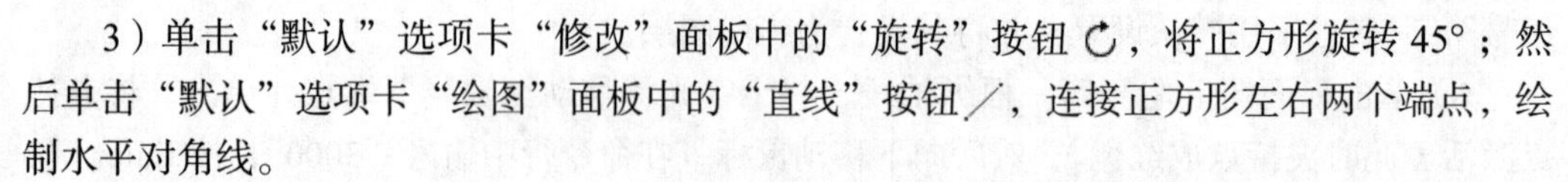

4）单击水平对角线，将十字光标移动至其右端点处单击，将夹持点激活（此时夹持点成红色），向右移动光标，在命令行中输入“600”，按Enter键，完成对角线延长线的绘制。然后单击“默认”选项卡“修改”面板中的“修剪”按钮✂，对多余线段进行修剪。

5）单击“插入”选项卡“块定义”面板中的“创建块”按钮，将标高符号定义为图块。

6）单击“默认”选项卡“块”面板中“插入”下拉列表中“最近使用的块”选项，将已创建的图块插入到平面图中需要标注标高的位置。

7）单击“默认”选项卡“注释”面板中的“多行文字”按钮A，设置字体为“宋体”、文字高度为300，在标高符号的长直线上方添加具体的标注数值。

图3-66所示为台阶处室外地面标高。

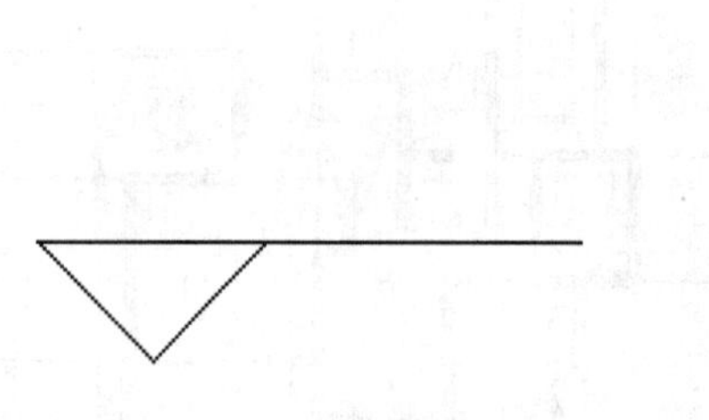

图3-65　标高符号

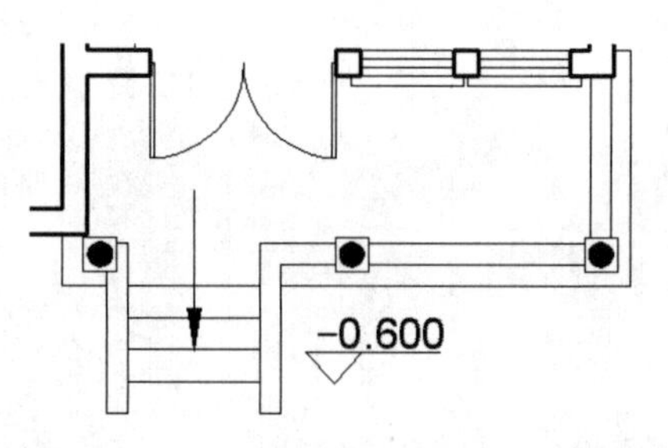

图3-66　台阶处室外地面标高

📖 **说明：** 一般来说，在平面图上绘制的标高反映的是相对标高，而不是绝对标高。绝对标高指的是以我国青岛市附近的黄海海平面作为零点面测定的高度尺寸。通常情况下，室内标高要高于室外标高，主要使用房间标高要高于卫生间、阳台标高。在绘图中，常见的是将建筑首层室内地面的高度设为零点，标作±0.000；低于此高度的建筑部位标高值为负值，在标高数字前加“-”号；高于此高度的部位标高值为正值，标高数字前不加任何符号。

3. 尺寸标注

本例中采用的尺寸标注分两种，一种为各轴线之间的距离，另一种为平面总长度或总宽度。

尺寸标注的绘制方法如下：

1）在“图层”下拉列表中选择“标注”图层，将其设置为当前图层。

2）设置标注样式。单击“默认”选项卡“注释”面板中的“标注样式”按钮，打开“标注样式管理器”对话框，如图3-67所示；单击“新建”按钮，打开“创建新标注样式”对话框，在“新样式名”文本框中输入“平面标注”，如图3-68所示。

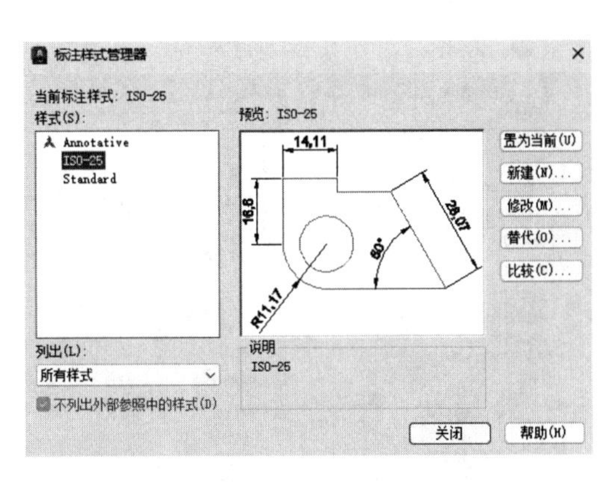

图3-67　“标注样式管理器”对话框

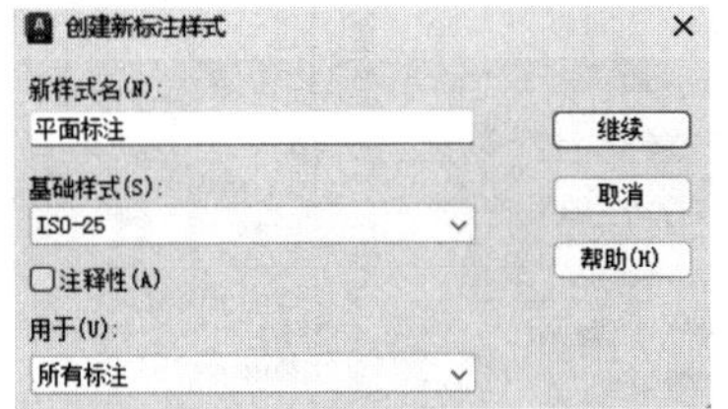

图3-68　“创建新标注样式”对话框

3）单击“继续”按钮，打开“新建标注样式：平面标注”对话框，进行以下设置：

❶ 选择“线”选项卡，在“基线间距”文本框中输入200，在“超出尺寸线”文本框中输入200，在“起点偏移量”文本框中输入300，如图3-69所示。

❷ 选择“符号和箭头”选项卡，在“箭头”选项组的“第一个”和“第二个”下拉列表中均选择“建筑标记”，在“引线”下拉列表中选择“实心闭合”，在“箭头大小”文本框中输入250，如图3-70所示。

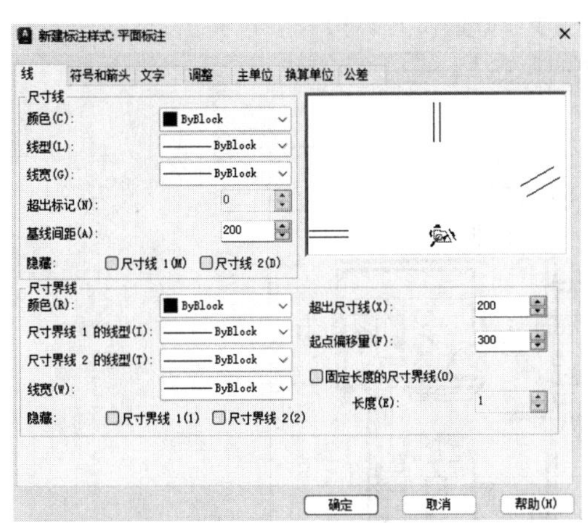
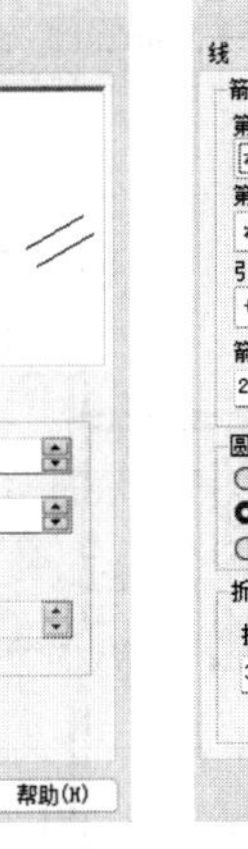

图3-69　“线”选项卡

图3-70　“符号和箭头”选项卡

❸ 选择“文字”选项卡，在“文字外观”选项组的“文字高度”文本框中输入300，如图3-71所示。

❹ 选择“主单位”选项卡，在“精度”下拉列表中选择0，其他选项采用默认设置，如图3-72所示。

❺ 单击“确定”按钮，回到“标注样式管理器”对话框。在“样式”列表中激活“平面标注”标注样式，单击“置为当前”按钮，然后单击“关闭”按钮，完成标注样式的设置。

4）单击“注释”选项卡“标注”面板中的“线性”按钮⊢⊣和“连续”按钮⊢⊢⊣，标注相邻两轴线之间的距离。

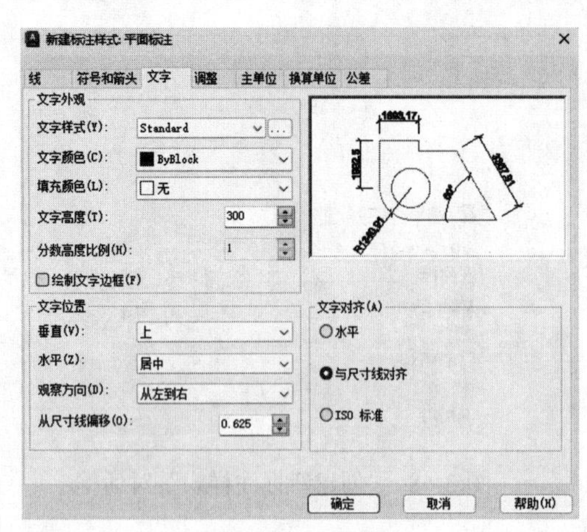

图 3-71 “文字”选项卡

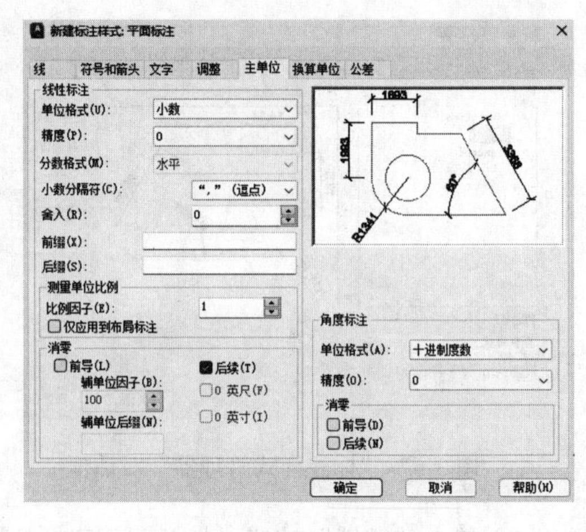

图 3-72 “主单位”选项卡

5）单击“默认”选项卡“注释”面板中的“线性”按钮，在已绘制的尺寸标注的外侧对建筑平面横向和纵向的总长度进行尺寸标注，结果如图 3-73 所示。

6）完成尺寸标注后，单击“默认”选项卡“图层”面板中的“图层特性”按钮，打开“图层特性管理器”选项板，关闭“轴线”图层。

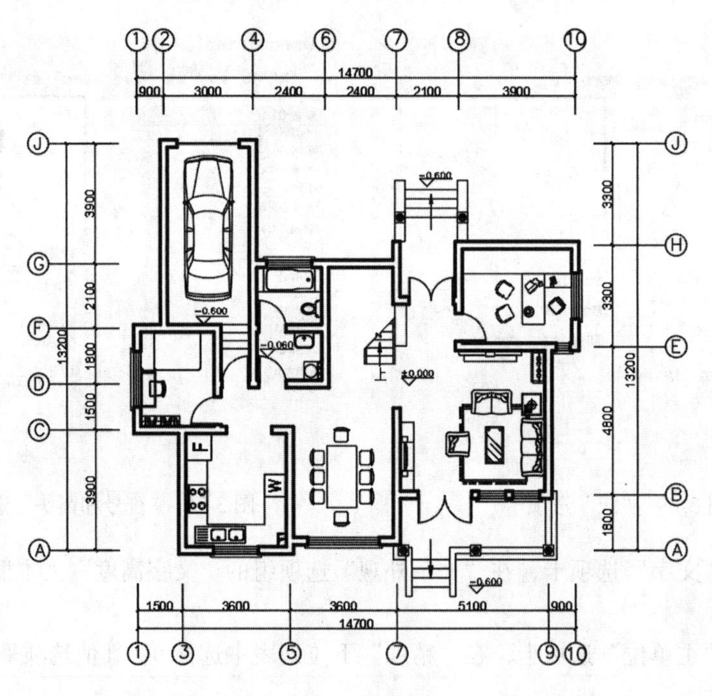

图 3-73 标注尺寸

4. 文字标注

在平面图中，各房间的功能用途可以用文字进行标识。下面以首层平面图中的厨房为例，介绍文字标注的具体方法。

1）在“图层”下拉列表中选择“文字”图层，将其设置为当前图层。

2）单击“默认”选项卡“注释”面板中的“多行文字”按钮**A**，在平面图中指定文字插入位置后，打开“文字编辑器”选项卡和“多行文字编辑器”，如图3-74所示。在对话框中设置文字样式为“Standard”、字体为“宋体”、文字高度为300。

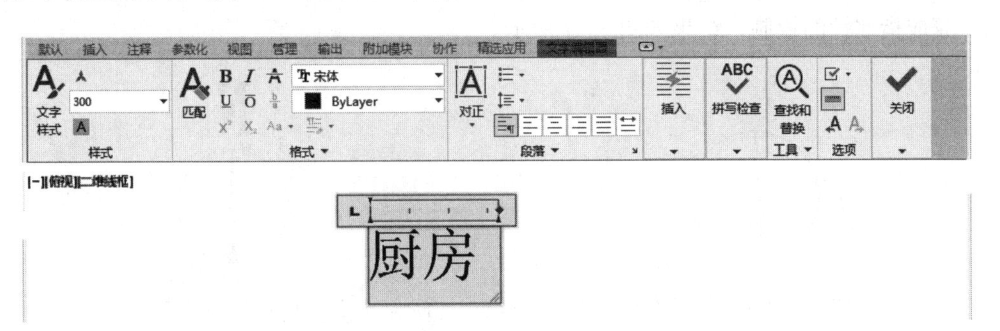

图3-74 “文字编辑器”选项卡和“多行文字编辑器”

3）在“多行文字编辑器”文本框中输入文字“厨房”，并拖动“宽度控制”滑块来调整文本框的宽度，然后单击“关闭文字编辑器”按钮✔，完成该处的文字标注。

文字标注结果如图3-75所示。

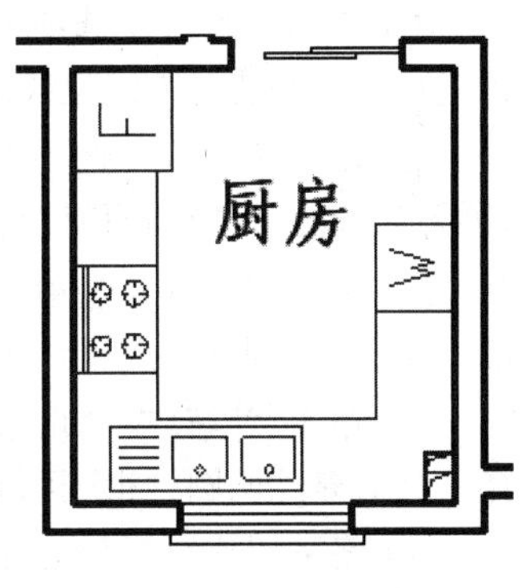

图3-75 标注文字

3.1.8 绘制指北针和剖切符号

在建筑首层平面图中应绘制指北针以标明建筑方位。如果需要绘制建筑的剖面图，则还应在首层平面图中画出剖切符号以标明剖面的剖切位置。下面将分别介绍平面图中指北针和剖切符号的绘制方法。

1. 绘制指北针

1）单击“默认”选项卡“图层”面板中的“图层特性”按钮，打开“图层特性管理器”选项板，创建新图层，将新图层命名为“指北针与剖切符号”，并将其设置为当前图层。

2）单击“默认”选项卡“绘图”面板中的“圆”按钮，绘制直径为1200mm的圆。

3）单击“默认”选项卡“绘图”面板中的“直线”按钮╱，绘制圆的垂直方向直径作为辅助线。

4）单击“默认”选项卡“修改”面板中的“偏移”按钮⊆，将辅助线分别向左右两侧偏移，偏移量均为75mm。

5）单击“默认”选项卡“绘图”面板中的“直线”按钮╱，将两条偏移线与圆的下方交点同辅助线上端点连接起来；然后单击“默认”选项卡“修改”面板中的“删除”按钮，删除3条辅助线（原有辅助线及两条偏移线），生成一个等腰三角形，如图3-76所示。

6）单击“默认”选项卡“绘图”面板中的“图案填充”按钮，弹出“图案填充创建”选项卡，设置填充图案为“SOLID”，对所绘的等腰三角形进行填充。

7）单击“默认”选项卡“图层”面板中的“图层特性”按钮，打开“图层特性管

理器”选项板，打开“文字”图层，使其保持可见。

8）单击“默认”选项卡“注释”面板中的“多行文字”按钮A，设置文字高度为500mm，在等腰三角形上端顶点的正上方输入大写的英文字母“N”，表示平面图的正北方向，完成指北针的绘制，结果如图3-77所示。

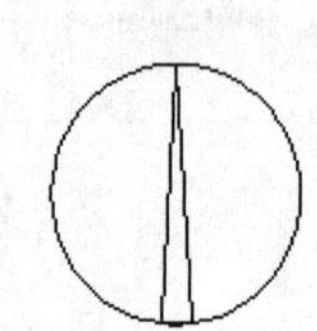

图3-76　绘制圆与三角形

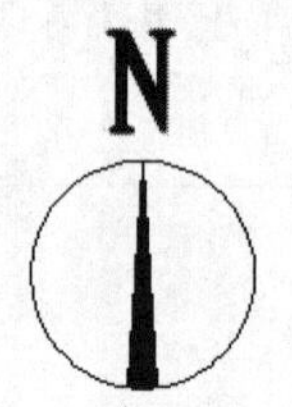

图3-77　指北针

2. 绘制剖切符号

1）单击“默认”选项卡“绘图”面板中的“直线”按钮╱，在平面图中绘制剖切面的定位线，并使得该定位线两端伸出被剖切外墙面的距离均为1000mm，如图3-78所示。

2）单击“默认”选项卡“绘图”面板中的“直线”按钮╱，分别以剖切面定位线的两端点为起点，向剖面图投影方向绘制剖视方向线，长度为500mm。

3）单击“默认”选项卡“绘图”面板中的“圆”按钮，分别以定位线两端点为圆心，绘制两个半径为700mm的圆。

4）单击“默认”选项卡“修改”面板中的“修剪”按钮，修剪两圆之间的投影线条；然后删除两圆，得到两条剖切位置线。

5）将剖切位置线和剖视方向线的线宽都设置为0.30mm。

6）单击“默认”选项卡“注释”面板中的“多行文字”按钮A，设置文字高度为300mm，在平面图两侧剖视方向线的端部输入剖面剖切符号的编号为“1”，完成首层平面图中剖切符号的绘制，结果如图3-79所示。

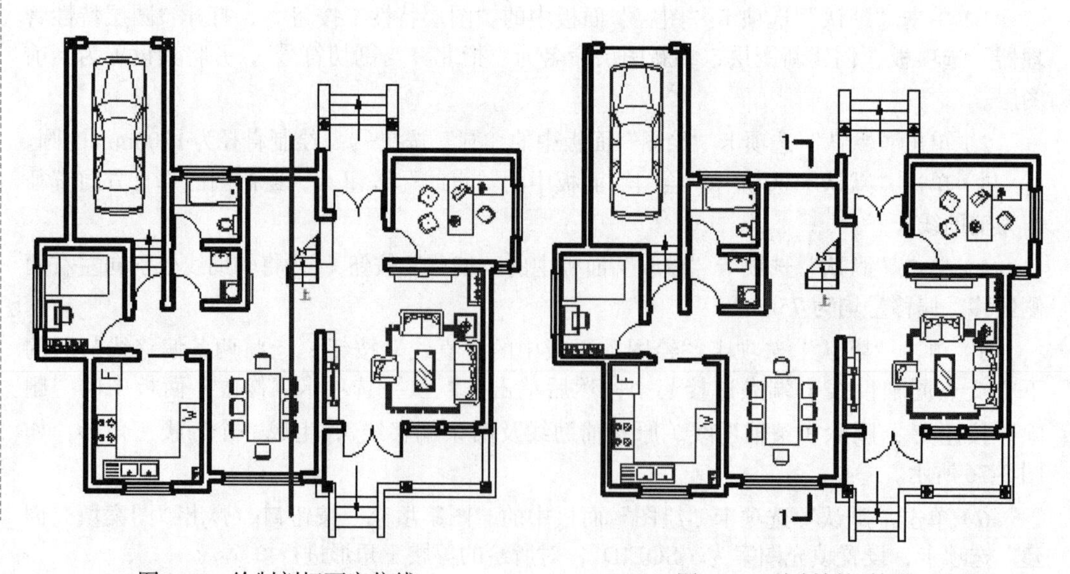

图3-78　绘制剖切面定位线

图3-79　绘制剖切符号

Note

📖 **说明：** 剖面的剖切符号应由剖切位置线及剖视方向线组成，均应以粗实线绘制。剖视方向线应垂直于剖切位置线，长度应短于剖切位置线。绘图时，剖面的剖切符号不宜与图上的图线相接触。

剖面剖切符号的编号宜采用阿拉伯数字，按顺序由左至右、由下至上连续编排，并应注写在剖视方向线的端部。

3.2　别墅二层平面图的绘制

在本例中，别墅二层平面图与首层平面图在设计中有很多相同之处，如两层平面图的基本轴线关系是一致的，只有部分墙体形状和内部房间的设置存在着一些差别。因此，可以通过在首层平面图的基础上对已有图形元素进行修改和添加来完成别墅二层平面图的绘制。

别墅二层平面图的绘制是在首层平面图的基础上进行的，首先在首层平面图中对已有墙线根据二层实际情况进行修改，然后在图库中选择适当的门窗和家具图块插入二层平面图中相应位置，最后进行尺寸标注和文字说明。下面就按照这个思路绘制别墅的二层平面图（见图 3-80）。

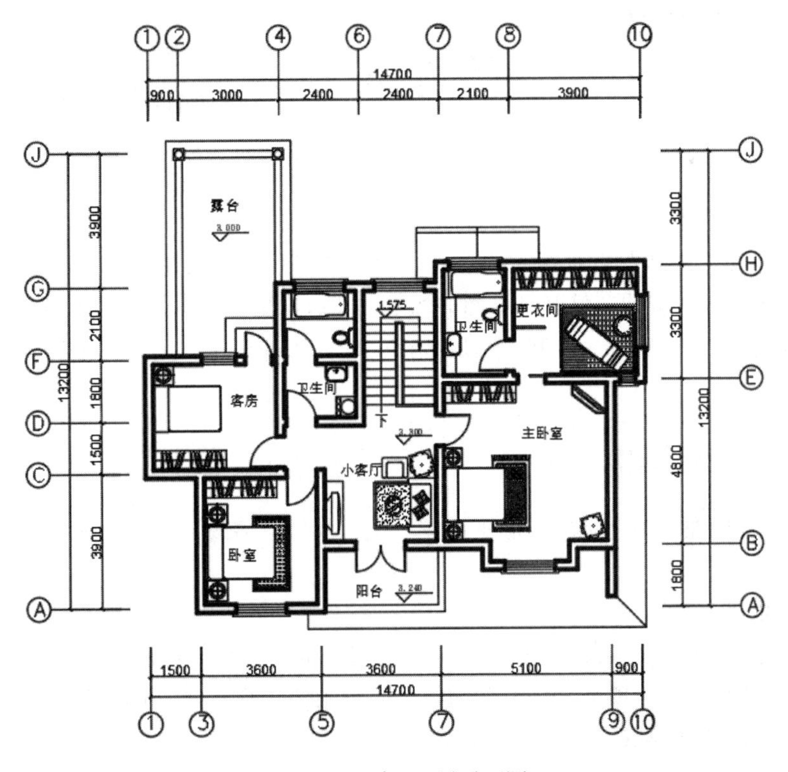

图 3-80　别墅二层平面图

（电子资料包：动画演示 \ 第 3 章 \ 别墅二层平面图的绘制 .MP4）

Note

3.2.1 设置绘图环境

二层平面图是在首层平面图的基础上绘制的，参数已经设置好，在这里只需打开“首层平面图”，将其另存为“别墅二层平面图”，然后将不需要的图形删除即可。

1. 建立图形文件

打开已绘制的“别墅首层平面图.dwg”文件，在“文件”菜单中选择“另存为”命令，打开“图形另存为”对话框，如图 3-81 所示。在对话框中设置新的图形文件名称为“别墅二层平面图”，然后单击“保存”按钮，建立图形文件。

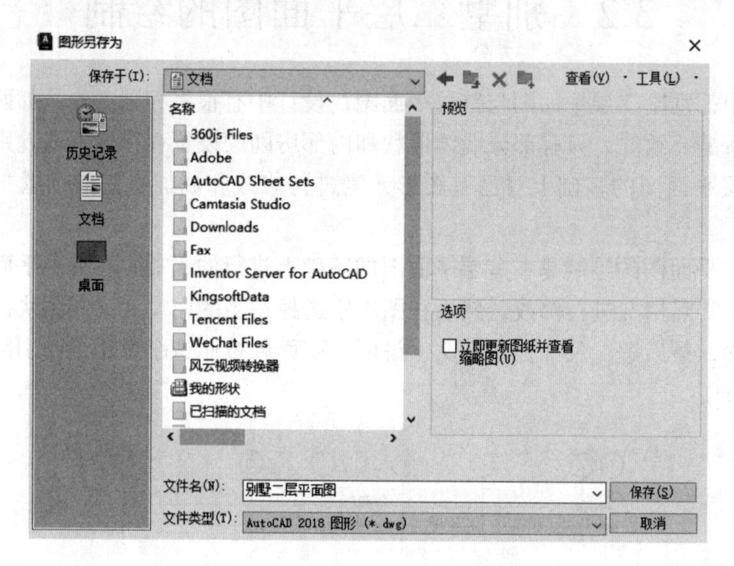

图 3-81 “图形另存为”对话框

2. 清理图形元素

首先，单击“默认”选项卡“修改”面板中的“删除”按钮，删除首层平面图中所有文字、室内外台阶和部分家具等图形元素；然后，单击“默认”选项卡“图层”面板中的“图层特性”按钮，打开“图层特性管理器”选项板，关闭“轴线”“家具”“轴线编号”和“标注”图层。

3.2.2 修整墙体和门窗

在 3.2.1 节整理后的“别墅二层平面图”上，利用“多线”和“插入块”命令绘制墙体和门窗。

1. 绘制墙体

1）在“图层”下拉列表中选择“墙体”图层，将其设置为当前图层。

2）单击“默认”选项卡“修改”面板中的“删除”按钮，删除多余的墙体和门窗（与首层平面图中位置和大小相同的门窗可保留）。

3）选择“多线”命令，参照 3.1.3 节中介绍的首层墙体画法，补充绘制二层墙体，结果如图 3-82 所示。

Note

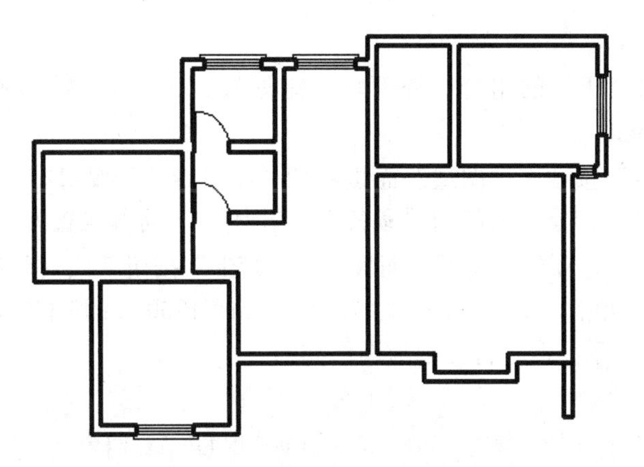

图 3-82　绘制二层墙体

2. 绘制门窗

二层平面图中门窗的绘制主要借助已有的门窗图块来完成。单击“插入”选项卡“块”面板中“插入”下拉列表中的“最近使用的块”选项，选择在首层平面图绘制过程中创建的门窗图块并进行适当的比例和角度调整，插入二层平面图中，绘制结果如图 3-83 所示。

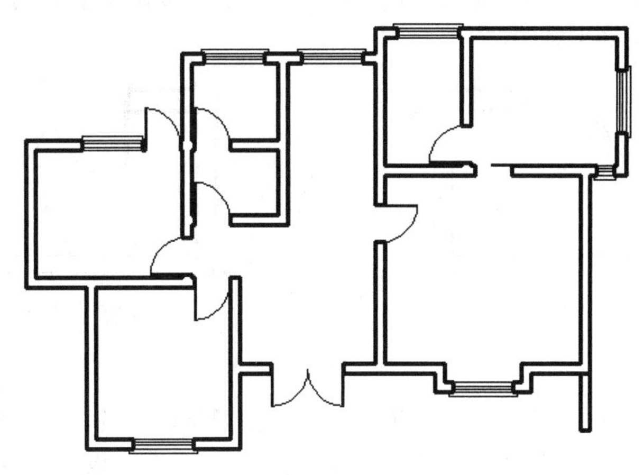

图 3-83　绘制二层门窗

具体绘制方法如下：

1）单击“插入”选项卡“块”面板中“插入”下拉列表中的“最近使用的块”选项，在二层平面图中相应的门窗位置插入门窗洞图块，并修剪洞口处多余墙线。

2）单击“插入”选项卡“块”面板中“插入”下拉列表中的“最近使用的块”选项，根据需要在新绘制的门窗洞口位置插入门窗图块，并对该图块做适当的比例或角度调整。

3）在新插入的窗外侧绘制窗台（具体做法可参考前面章节）。

3.2.3　绘制阳台和露台

在二层平面图中有一处阳台和一处露台，两者的绘制方法相似，主要利用“绘图”面板中的“矩形”按钮 ▭ 和“修改”面板中的“修剪”按钮 ✂ 进行绘制。

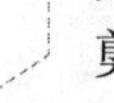

Note

1. 绘制阳台

阳台平面为两个矩形的组合，外部较大矩形长 3600mm、宽 1800mm，较小矩形长 3400mm、宽 1600mm。

1）单击“默认”选项卡“图层”面板中的“图层特性”按钮，打开“图层特性管理器”选项板，创建新图层，将新图层命名为“阳台”，并将其设置为当前图层。

2）单击“默认”选项卡“绘图”面板中的“矩形”按钮，指定阳台左侧纵墙与横向外墙的交点为第一角点，分别绘制尺寸为 3600mm × 1800mm 和 3400mm × 1600mm 的两个矩形，如图 3-84 所示。命令行提示与操作如下：

命令：_rectang

指定第一个角点或 [倒角 (C)/ 标高 (E)/ 圆角 (F)/ 厚度 (T)/ 宽度 (W)]:（选取阳台左侧纵墙与横向外墙的交点为第一角点）

指定另一个角点或 [面积 (A)/ 尺寸 (D)/ 旋转 (R)]: @3600，−1800 ↙

命令：_rectang

指定第一个角点或 [倒角 (C)/ 标高 (E)/ 圆角 (F)/ 厚度 (T)/ 宽度 (W)]:（选取阳台左侧纵墙与横向外墙的交点为第一角点）

指定另一个角点或 [面积 (A)/ 尺寸 (D)/ 旋转 (R)]: @3400，−1600 ↙

3）单击“默认”选项卡“修改”面板中的“修剪”按钮，修剪多余线条，完成阳台的绘制，结果如图 3-85 所示。

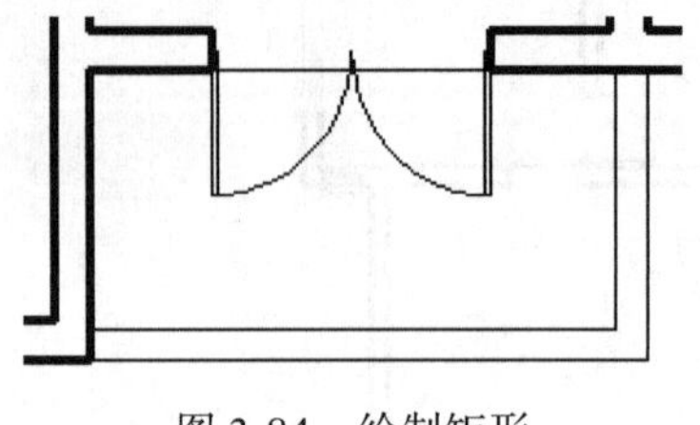

图 3-84　绘制矩形

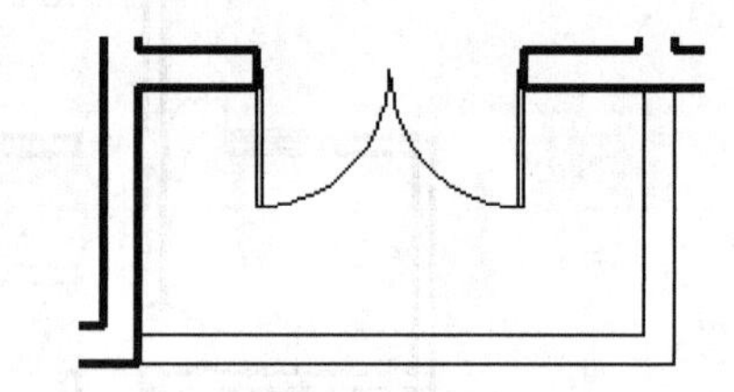

图 3-85　完成绘制阳台

2. 绘制露台

1）单击“默认”选项卡“图层”面板中的“图层特性”按钮，打开“图层特性管理器”选项板，创建新图层，将新图层命名为“露台”，并将其设置为当前图层。

2）单击“默认”选项卡“绘图”面板中的“矩形”按钮，绘制露台矩形外轮廓线，矩形尺寸为 3720mm × 6240mm；然后单击“默认”选项卡“修改”面板中的“修剪”按钮，修剪多余线条。

3）选择菜单栏中的“绘图”→“多线”命令，设置多线间距为 200mm，绘制露台周围与立柱结合处的花式栏杆扶手。

4）绘制露台门口处台阶。该处台阶由两个矩形踏步组成，上层踏步尺寸为 1500mm × 1100mm，下层踏步尺寸为 1200mm × 800mm。首先，单击“默认”选项卡“绘图”面板中的“矩形”按钮，以门洞右侧的墙线交点为第一角点，分别绘制两个矩形踏步，如图 3-86 所示。然后单击“默认”选项卡“修改”面板中的“修剪”按钮，修剪多余线条，完成台阶的绘制。

露台绘制结果如图 3-87 所示。

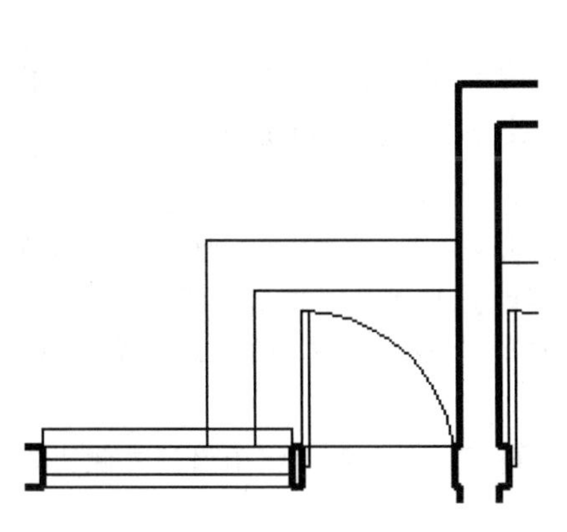

图 3-86　绘制露台门口处台阶踏步

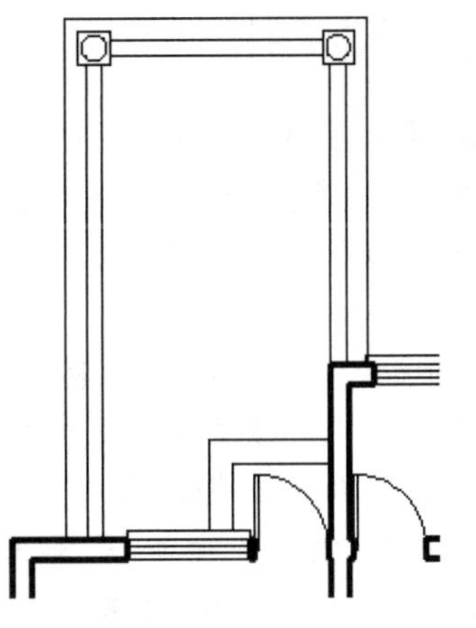

图 3-87　绘制露台

3.2.4　绘制楼梯

别墅中的楼梯共有两跑梯段，首跑 9 个踏步，次跑 10 个踏步，中间楼梯井宽 240mm（楼梯井较通常情况宽一些，做室内装饰用）。二层为别墅的顶层，因此本层楼梯应根据顶层楼梯的特点进行绘制，绘制结果如图 3-88 所示。

具体绘制方法如下：

1）在“图层”下拉列表中选择“楼梯”图层，将其设置为当前图层。

2）单击“默认”选项卡“修改”面板中的“偏移”按钮⊆，补全楼梯踏步和扶手线条，结果如图 3-89 所示。

3）在命令行内输入“QLEADER”命令，在梯段的中央位置绘制带箭头引线并标注方向文字，结果如图 3-90 所示。

4）在楼梯平台处添加平面标高。

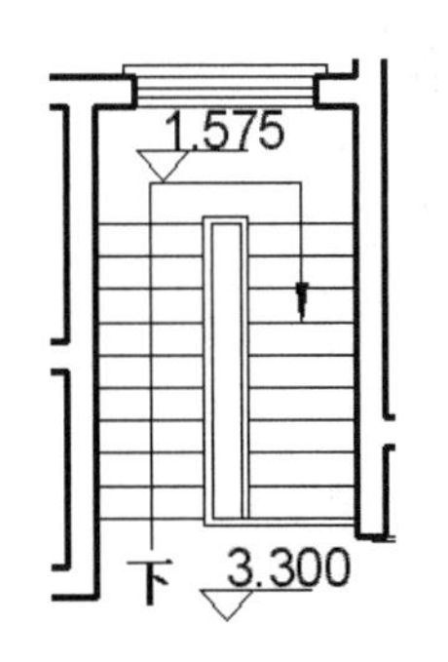

图 3-88　绘制二层楼梯

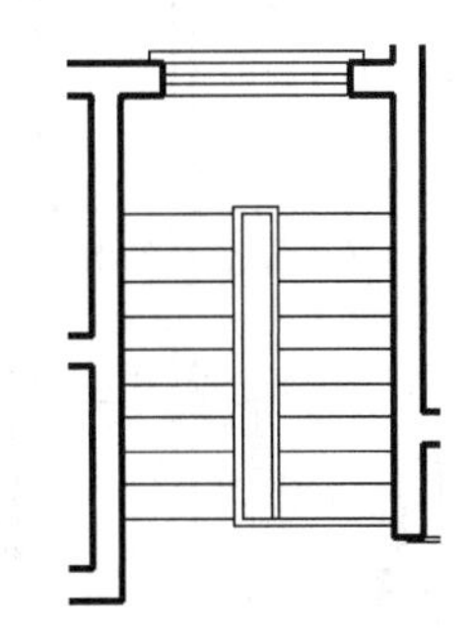

图 3-89　补全楼梯踏步和扶手线条

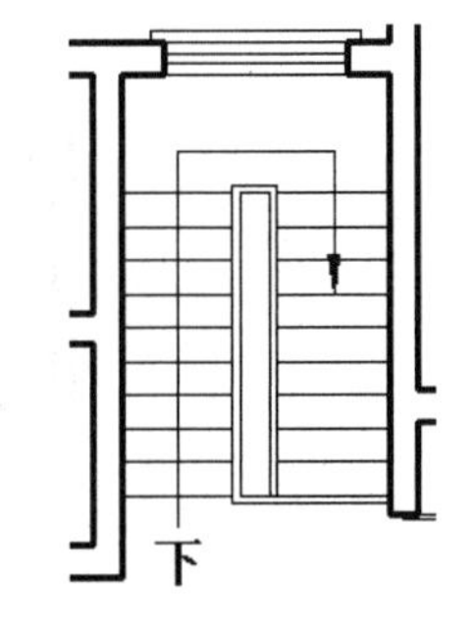

图 3-90　绘制带箭头引线并标注方向文字

📖 **说明：** 在二层平面图中，由于剖切平面在安全栏板之上，故该层楼梯的平面图中应包括两段完整的梯段、楼梯平台以及安全栏板。

在顶层楼梯口处有一个注有“下”字的长箭头，表示方向。

3.2.5 绘制雨篷

在本例中有两处雨篷，一处位于别墅北面的正门上方，另一处则位于别墅南面和东面的转角位置。其中正门处雨篷宽度为 3660mm，其出挑长度为 1500mm。下面以正门上方雨篷为例介绍雨篷的绘制方法。

1）单击“默认”选项卡“图层”面板中的“图层特性”按钮，打开“图层特性管理器”选项板，创建新图层，将新图层命名为“雨篷”，并将其设置为当前图层。

2）单击“默认”选项卡“绘图”面板中的“矩形”按钮，绘制尺寸为 3660mm × 1500mm 的矩形雨篷。

3）单击“默认”选项卡“修改”面板中的“偏移”按钮，将雨篷最外侧边向内偏移 150mm，生成雨篷外侧线脚。

4）单击“默认”选项卡“修改”面板中的“修剪”按钮，修剪被遮挡的部分矩形线条，完成雨篷的绘制，结果如图 3-91 所示。

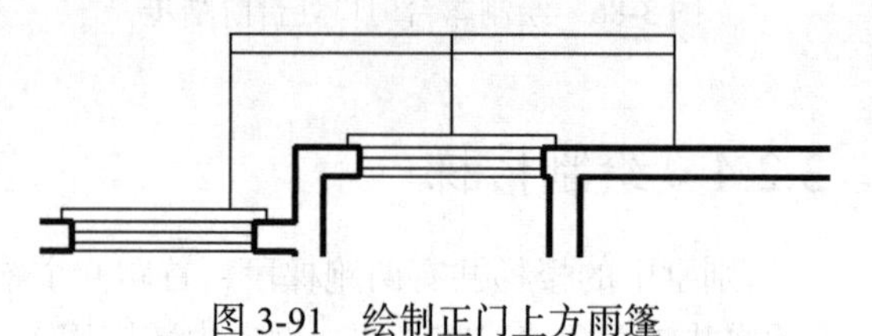

图 3-91 绘制正门上方雨篷

3.2.6 绘制家具

同首层平面图一样，二层平面图中家具的绘制也借助图库来进行，绘制结果如图 3-92 所示。

1）在“图层”下拉列表中选择“家具”图层，将其设置为当前图层。

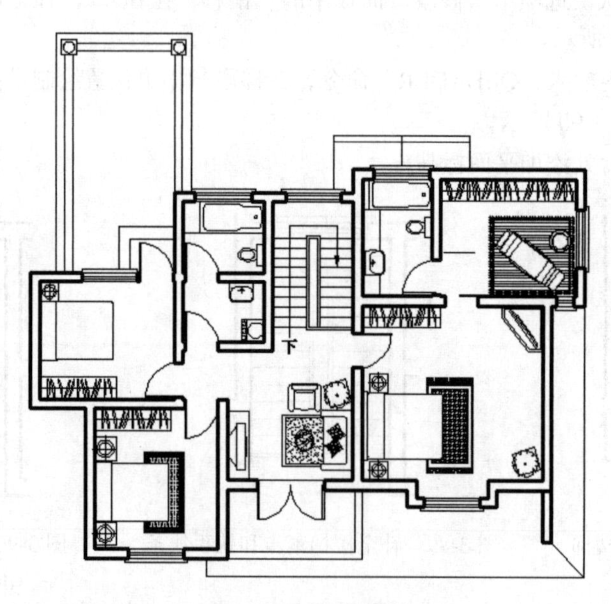

图 3-92 绘制家具

2）单击“快速访问”工具栏中的“打开”按钮，在弹出的“选择文件”对话框中选择“网盘资源\源文件\图库”，将图库打开。

3）在图库中选择所需家具图块进行复制，并依次粘贴到二层平面图中的相应位置。

3.2.7　平面标注

别墅二层平面图中的标注也是主要包括4部分，即轴线编号、平面标高、尺寸和文字标注。

1. 轴线编号和尺寸标注

二层平面图中的轴线编号和尺寸标注与首层平面图基本一致，无须改动，直接使用首层平面图中的轴线编号和尺寸标注结果即可。具体做法如下：

单击“默认”选项卡“图层”面板中的“图层特性”按钮，打开“图层特性管理器”选项板，选择“轴线”“轴线编号”和“标注”图层，使它们均保持可见状态。

2. 平面标高

1）在“图层”下拉列表中选择“标注”图层，将其设置为当前图层。

2）单击“插入”选项卡“块”面板中“插入”下拉列表中的“最近使用的块”选项，将已创建的标高符号图块插入到二层平面图中需要标高的位置。

3）单击“默认”选项卡“注释”面板中的“多行文字”按钮A，设置字体为“宋体”、文字高度为300，在标高符号的长直线上方添加具体的标注数值。

3. 文字标注

1）在“图层”下拉列表中选择“文字”图层，将其设置为当前图层。

2）单击“默认”选项卡“注释”面板中的“多行文字”按钮A，设置字体为“宋体”、文字高度为300，标注二层平面图中各房间的名称。

3.3　屋顶平面图的绘制

屋顶平面图是建筑平面图的一种类型，如图3-93所示。绘制建筑屋顶平面图，不仅能表现屋顶的形状、尺寸和特征，还可以从另一个角度更好地帮助人们设计和理解建筑。

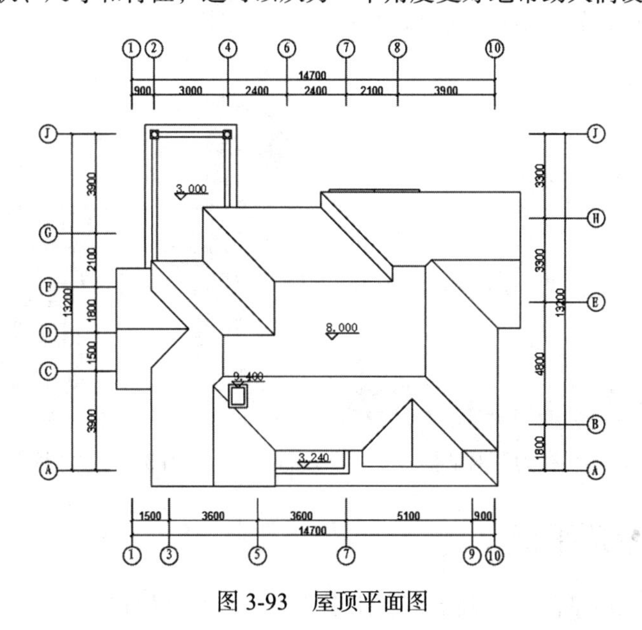

图3-93　屋顶平面图

在本例中，别墅的屋顶设计为复合式坡顶，由几个不同大小、不同朝向的坡屋顶组合而成，因此在绘制过程中应该认真分析它们之间的结合关系，并将这种结合关系准确地表现出来。

别墅屋顶平面图的主要绘制思路为：首先根据已有平面图绘制出外墙轮廓线，接着偏移外墙轮廓线生成屋顶檐线，并对屋顶的组成关系进行分析，确定屋脊线条；然后绘制烟囱和其他可见部分的平面投影；最后对屋顶平面图进行尺寸和文字标注。下面就按照这个思路绘制别墅的屋顶平面图。

（电子资料包：动画演示 \ 第 3 章 \ 屋顶平面图的绘制 .mp4）

3.3.1 设置绘图环境

可以通过在前面已经绘制的二层平面图的基础上做相应的修改，来设置屋顶平面图的绘图环境。

1. 创建图形文件

由于屋顶平面图是以二层平面图为基础，因此不必新建图形文件，可借助已经绘制的二层平面图来创建。打开已绘制的“别墅二层平面图 .dwg”图形文件，在“文件”菜单中选择“另存为”命令，打开如图 3-94 所示的“图形另存为”对话框，在其中设置新的图形名称为“别墅屋顶平面图”，然后单击“保存”按钮，建立图形文件。

2. 清理图形元素

1）单击“默认”选项卡“修改”面板中的“删除”按钮，删除二层平面图中“家具”“楼梯”和“门窗”图层中的所有图形元素。

2）选择菜单栏中的“文件”→“图形实用工具”→“清理”命令，弹出“清理”对话框，如图 3-95 所示。在该对话框中选择无用的项目，然后单击“清除选中的项目”按钮，删除“家具”“楼梯”和“门窗”图层。

3）单击“默认”选项卡“图层”面板中的“图层特性”按钮，打开“图层特性管理器”选项板，关闭除“墙线”图层以外的所有可见图层。

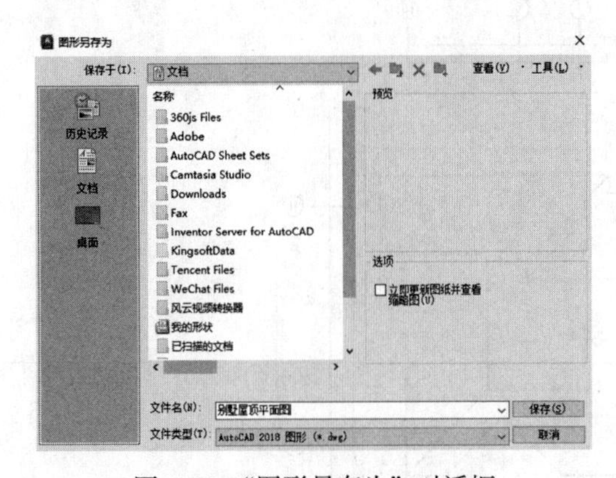

图 3-94 “图形另存为”对话框

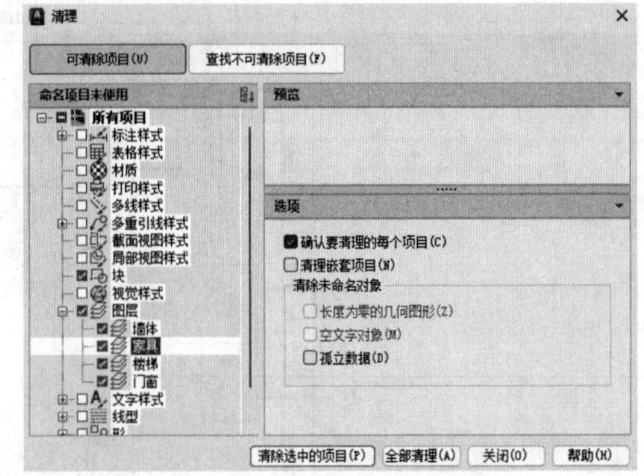

图 3-95 “清理”对话框

3.3.2 绘制屋顶平面

在修改后的二层平面图基础上，利用多段线、直线、偏移和修剪等命令绘制屋顶平

面图。

1. 绘制外墙轮廓线

屋顶平面轮廓由建筑的平面轮廓决定，因此首先要根据二层平面图中的墙体线条生成外墙轮廓线。

1）单击“默认”选项卡“图层”面板中的“图层特性”按钮，打开“图层特性管理器”选项板，创建新图层，将新图层命名为“外墙轮廓线”，并将其设置为当前图层。

2）单击“默认”选项卡“绘图”面板中的“多段线”按钮，在二层平面图中捕捉外墙端点，绘制闭合的外墙轮廓线，结果如图3-96所示。

2. 分析屋顶组成

本例别墅的屋顶是由几个坡屋顶组合而成的，在绘制过程中，可以先将屋顶分解成几部分，将每部分单独绘制后再重新组合。这里将该屋顶划分为5部分，如图3-97所示。

3. 绘制檐线

坡屋顶出檐宽度一般根据平面的尺寸和屋面坡度确定。在本例别墅中，双坡顶出檐500mm或600mm，四坡顶出檐900mm，坡屋顶结合处的出檐尺度视结合方式而定。下面以“分屋顶4”为例，介绍屋顶檐线的绘制方法。

1）单击“默认”选项卡“图层”面板中的“图层特性”按钮，打开“图层特性管理器”选项板，创建新图层，将新图层命名为“檐线”，并将其设置为当前图层。

2）单击“默认”选项卡“修改”面板中的“偏移”按钮，将“分屋顶4”的两侧短边分别向外偏移600mm，前侧长边向外偏移500mm。

3）单击“默认”选项卡“修改”面板中的“延伸”按钮，将偏移后的3条线段延伸，使其相交，生成一组檐线，如图3-98所示。

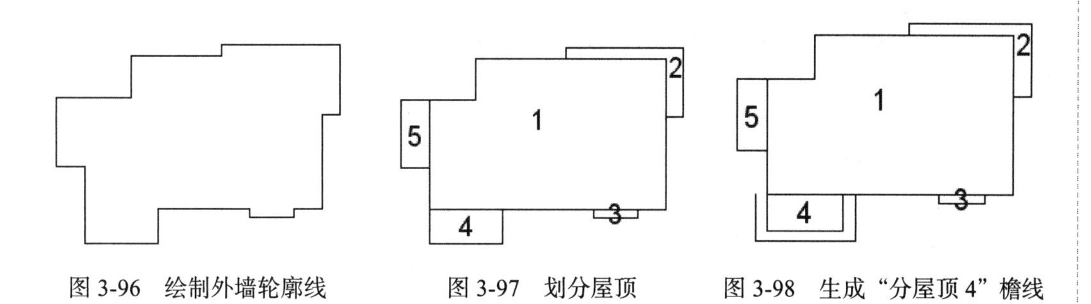

图3-96　绘制外墙轮廓线　　图3-97　划分屋顶　　图3-98　生成“分屋顶4”檐线

4）按照上述方法依次生成其他分屋顶的檐线；然后单击“默认”选项卡“修改”面板中的“修剪”按钮，对檐线结合处进行修整，结果如图3-99所示。

4. 绘制屋脊

1）单击“默认”选项卡“图层”面板中的“图层特性”按钮，打开“图层特性管理器”选项板，创建新图层，将新图层命名为“屋脊”，并将其设置为当前图层。

2）单击“默认”选项卡“绘图”面板中的“直线”按钮，在每个檐线交点处绘制倾斜角度为45°（或315°）的直线，作为屋顶垂脊定位线，如图3-100所示。

3）单击“默认”选项卡“绘图”面板中的“直线”按钮，绘制屋顶平脊，结果如图3-101所示。

Note

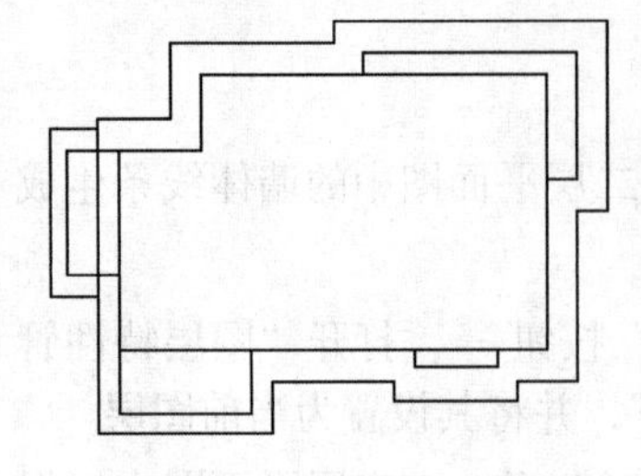

图 3-99　绘制屋顶檐线

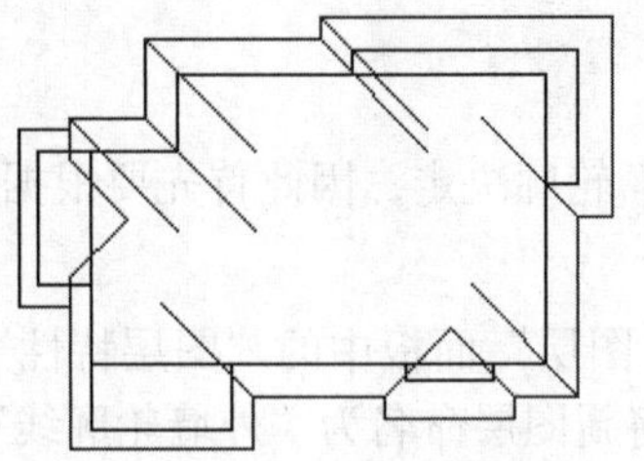

图 3-100　绘制屋顶垂脊定位线

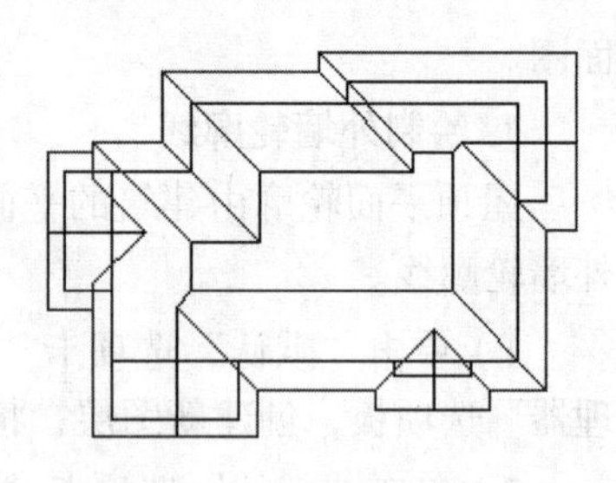

图 3-101　绘制屋顶平脊

4）单击“默认”选项卡“修改”面板中的“删除”按钮，删除外墙轮廓线和其他辅助线，完成屋顶平面轮廓的绘制，结果如图 3-102 所示。

5. 绘制烟囱

1）单击“默认”选项卡“图层”面板中的“图层特性”按钮，打开“图层特性管理器”选项板，创建新图层，将新图层命名为“烟囱”，并将其设置为当前图层。

2）单击“默认”选项卡“绘图”面板中的“矩形”按钮，绘制矩形，尺寸为 750mm × 900mm。

3）单击“默认”选项卡“修改”面板中的“偏移”按钮，将矩形向内偏移，偏移量为 120mm（120mm 为烟囱材料厚度），完成烟囱平面的绘制。

4）将绘制的烟囱平面插入屋顶平面图中的相应位置，并修剪多余线条，结果如图 3-103 所示。

6. 绘制其他可见部分

1）单击“默认”选项卡“图层”面板中的“图层特性”按钮，打开“图层特性管理器”选项板，打开“阳台”“露台”“立柱”和“雨篷”图层。

2）单击“默认”选项卡“修改”面板中的“删除”按钮，删除平面图中被屋顶遮住的部分。绘制完成的屋顶平面如图 3-104 所示。

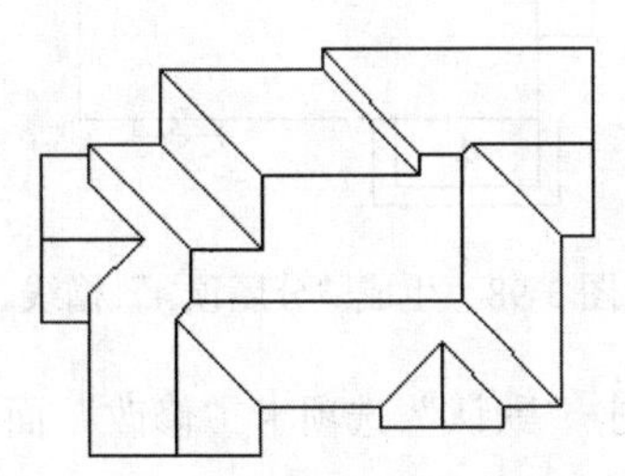

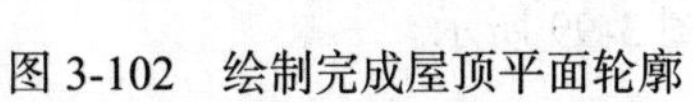

图 3-102　绘制完成屋顶平面轮廓

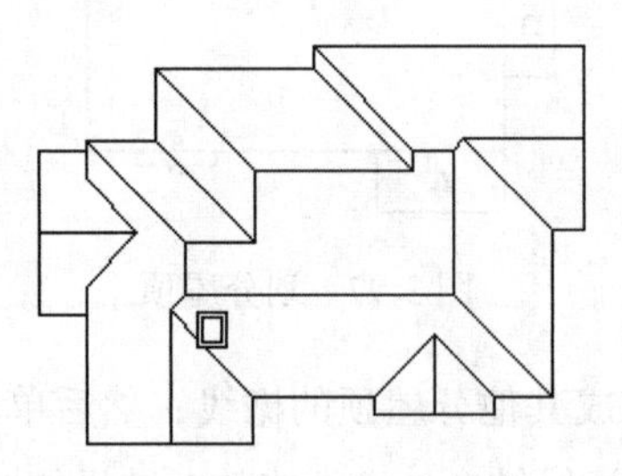

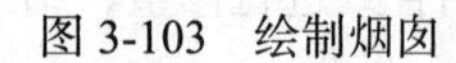

图 3-103　绘制烟囱

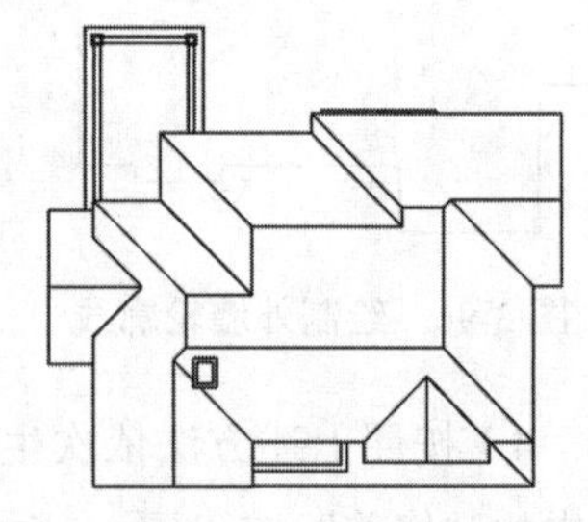

图 3-104　绘制完成的屋顶平面

3.3.3　尺寸标注与标高

用“线性”“多行文字”以及“插入块”命令，对屋顶平面图进行平面标注。

1. 尺寸标注

1）在“图层”下拉列表中选择“标注”图层，将其设置为当前图层。

2）单击“默认”选项卡“注释”面板中的“线性”按钮，在屋顶平面图中添加尺

寸标注。

2. 屋顶平面标高

1）单击“插入”选项卡“块”面板中“插入”下拉列表中的“最近使用的块”选项，在坡屋顶和烟囱处添加标高符号。

2）单击“默认”选项卡“注释”面板中的“多行文字”按钮**A**，在标高符号上方添加相应的标高数值，结果如图 3-105 所示。

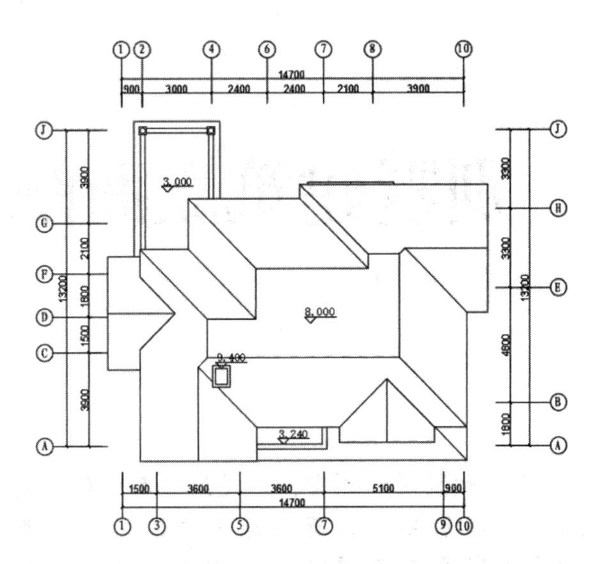

图 3-105　添加尺寸标注与标高

3. 绘制轴线编号

由于屋顶平面图中的定位轴线及其编号都与二层平面图相同，因此可以继续使用原有轴线编号图形。具体操作如下：

单击“默认”选项卡“图层”面板中的“图层特性”按钮，打开“图层特性管理器”选项板，打开“轴线编号”图层，使其保持可见状态，对图层中的内容无须做任何改动。

别墅建筑立面图的绘制

本章将结合第3章中所引用的别墅，对建筑立面图的绘制方法进行介绍。

该别墅的台基为毛石基座，上面设花岗岩铺面；外墙面采用浅色涂料饰面；屋顶采用常见的彩瓦饰面屋顶；在阳台、露台和外廊处皆设有花瓶栏杆。各种颜色的材料与建筑主体相结合，构成了优美的景象。

☑ 别墅南立面图的绘制　　☑ 别墅西立面图的绘制

任务驱动 & 项目案例

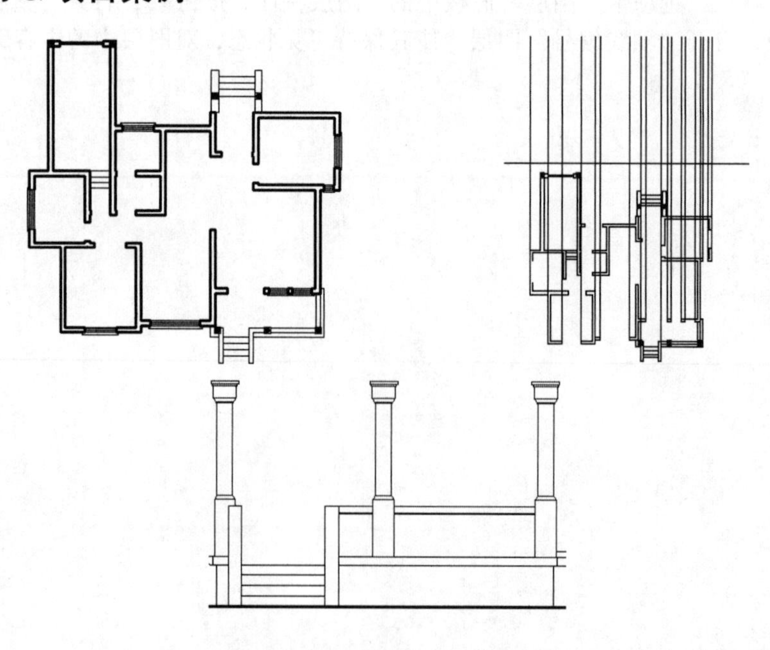

建筑立面图是指用正投影法对建筑各个外墙面进行投影所得到的正投影图。同建筑平面图一样，建筑立面图也是表达建筑物的基本图样之一，它主要反映建筑物的立面形式和外观情况。

通常情况下，建筑立面图中应表达以下内容：

☑ 建筑物的外部造型。
☑ 室外地坪层位置。
☑ 屋顶的形式和尺寸。
☑ 建筑立面中门窗的位置、外形以及开启方向。
☑ 室外台阶、阳台和立柱等构件的位置和立面形状。
☑ 利用标高和竖向标注尺寸表示建筑物的总高以及各部位的高度。
☑ 建筑物外表面装修做法。

4.1 别墅南立面图的绘制

别墅南立面图的主要绘制思路为：首先根据已有平面图中提供的信息绘制该立面图中各主要构件的定位辅助线，确定各主要构件的位置关系；接着在已有辅助线的基础上，结合具体的标高数值绘制别墅的外墙及屋顶轮廓线；然后依次绘制台基、门窗、阳台等建筑构件的立面轮廓以及其他建筑细部；最后添加立面标注，并对建筑表面的装饰材料和装修做法进行必要的文字说明。下面就按照这个思路绘制如图4-1所示的别墅南立面图。

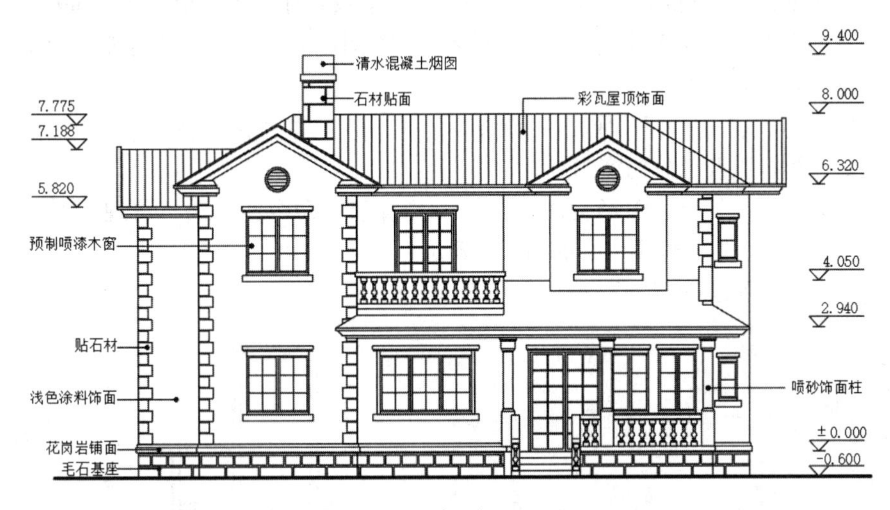

图4-1 别墅南立面图

（电子资料包：动画演示\第4章\别墅南立面图的绘制.mp4）

4.1.1 设置绘图环境

设置绘图环境是绘制任何建筑图形都要做的预备工作，这里主要是指创建图形文件、清理图形元素和创建图层。有些具体设置可以在绘制过程中根据需要进行设置。

Note

1. 创建图形文件

由于建筑立面图是以已有的建筑平面图为基础，因此这里不必新建图形文件，可直接借助已有的建筑平面图进行创建。具体做法如下：

打开已绘制的“别墅首层平面图 .dwg”文件，单击“快速访问”工具栏中的“另存为”按钮，打开如图 4-2 所示的“图形另存为”对话框，在其中设置新的图形文件名称为“别墅南立面图 .dwg”，然后单击“保存”按钮，建立图形文件。

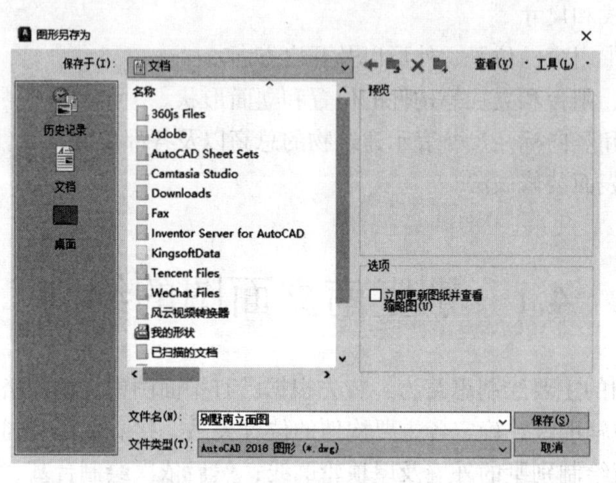

图 4-2 “图形另存为”对话框

2. 清理图形元素

在建筑平面图中，可用于建筑立面图的图形元素只有外墙、台阶、立柱和外墙上的门窗等，而其他图形元素对于建筑立面图的绘制帮助很小，因此有必要对建筑平面图进行选择性的清理。具体做法如下：

1）单击“默认”选项卡“修改”面板中的“删除”按钮，删除建筑平面图中的所有室内家具、楼梯以及部分门窗图形。

2）选择“文件”→“图形实用工具”→“清理”命令，弹出“清理”对话框，如图 4-3 所示。清理图形文件中多余的图形元素。

经过清理后的平面图形如图 4-4 所示。

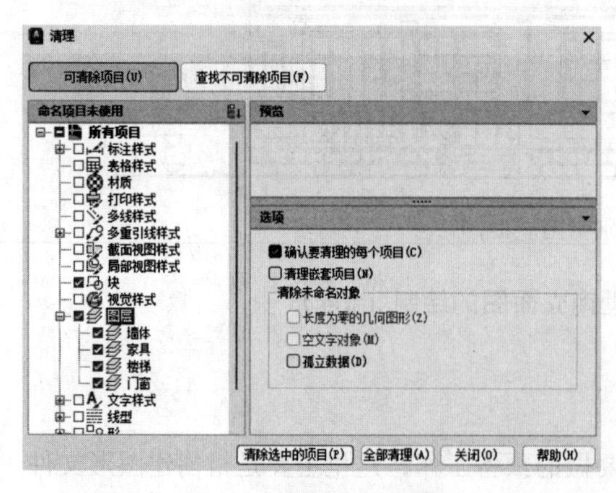

图 4-3 “清理”对话框

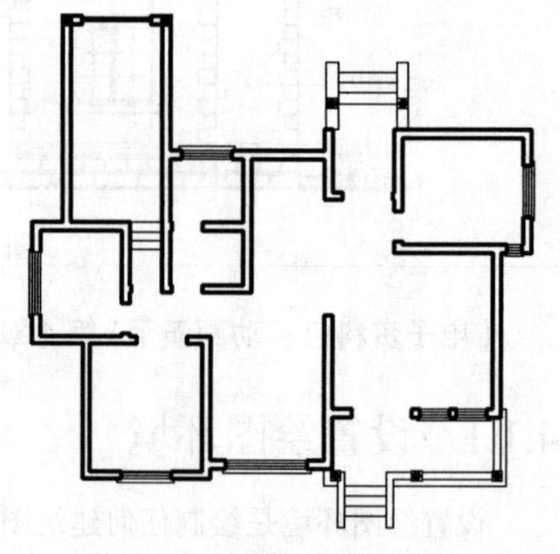

图 4-4 清理后的平面图形

3. 添加新图层

在建筑立面图中，有一些基本图层是建筑平面图中所没有的，因此需要在绘图前对这些图层进行创建和设置。具体做法如下：

1）单击“默认”选项卡“图层”面板中的“图层特性”按钮，打开“图层特性管理器”选项板，创建图层名称分别为“辅助线”“地坪”“屋顶轮廓线”“外墙轮廓线”“烟囱”的 5 个新图层，然后分别对每个新图层的属性进行设置，如图 4-5 所示。

2）将清理后的平面图形转移到“辅助线”图层。

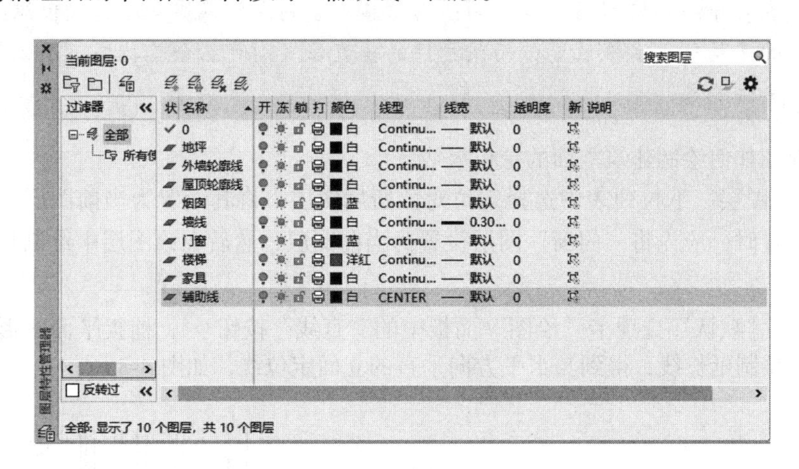

图 4-5　“图层特性管理器”选项板

4.1.2　绘制室外地坪线与外墙定位线

绘制建筑立面图必须要绘制室外地坪线和外墙定位线。室外地坪线和外墙定位线的绘制主要利用“直线”命令来完成。

1. 绘制室外地坪线

1）绘制建筑的立面图时，首先要绘制一条室外地坪线。

2）在“图层”下拉列表中选择“地坪”图层，将其设置为当前图层。

3）单击“默认”选项卡“绘图”面板中的“直线”按钮╱，在如图 4-4 所示的平面图形上方绘制一条长度为 20000mm 的水平线段，作为别墅的室外地坪线，并设置其线宽为 0.30mm，如图 4-6 所示。命令行提示与操作如下：

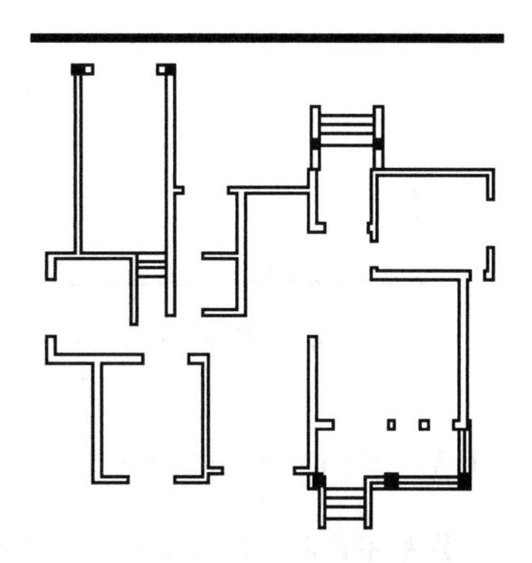

图 4-6　绘制室外地坪线

```
命令：_line
指定第一个点：(适当指定一点)
指定下一点或 [ 放弃 (U)]: @20000,0 ↙
指定下一点或 [ 放弃 (U)]: ↙
```

2. 绘制外墙定位线

1）在“图层”下拉列表中选择“外墙轮廓线”图层，将其设置为当前图层。

2）单击“默认”选项卡“绘图”面板中的“直线”按钮╱，捕捉平面图形中的各外墙交点，垂直向上绘制墙线的延长线，得到立面的外墙定位线，如图 4-7 所示。

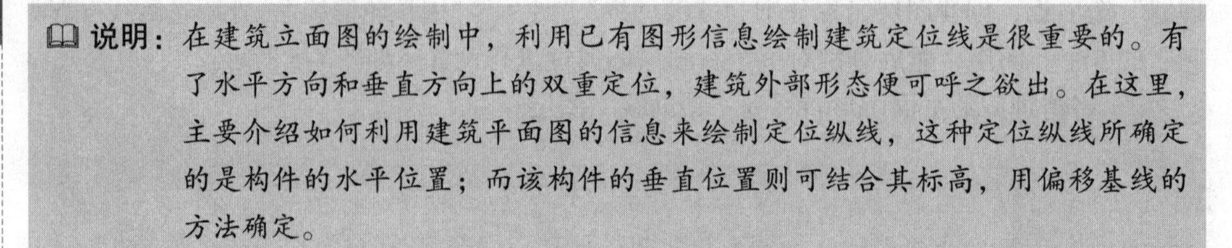

说明：在建筑立面图的绘制中，利用已有图形信息绘制建筑定位线是很重要的。有了水平方向和垂直方向上的双重定位，建筑外部形态便可呼之欲出。在这里，主要介绍如何利用建筑平面图的信息来绘制定位纵线，这种定位纵线所确定的是构件的水平位置；而该构件的垂直位置则可结合其标高，用偏移基线的方法确定。

下面介绍如何绘制建筑立面的定位纵线。

1）在“图层”下拉列表中选择定位对象所属图层，将其设置为当前图层。例如，在定位门窗位置时，应先将“门窗”图层设置为当前图层，然后在该图层中绘制具体的门窗定位线。

2）单击“默认”选项卡“绘图”面板中的“直线”按钮╱，捕捉平面图形中的各定位点，向上绘制延长线，得到与水平方向垂直的立面定位线，如图 4-8 所示。

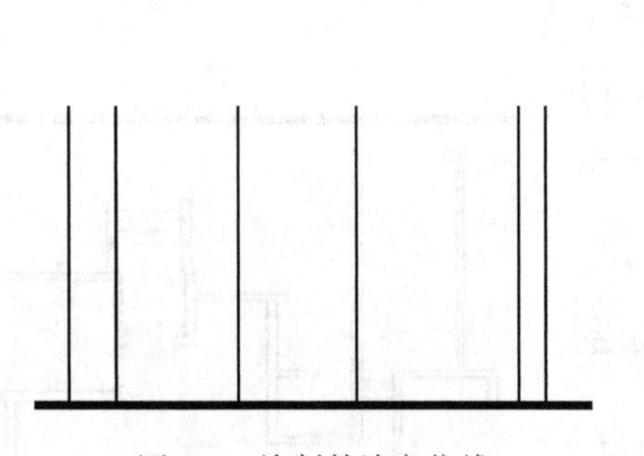

图 4-7　绘制外墙定位线

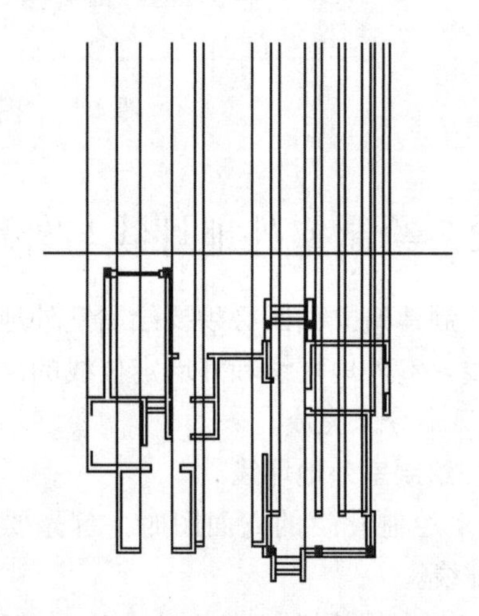

图 4-8　由平面图形生成立面定位线

4.1.3　绘制屋顶立面

别墅屋顶形式较为复杂，是由多个坡屋顶组合而成的复合式屋顶。在绘制屋顶立面时，要引入屋顶平面图，作为分析和定位的基准。

1. 引入屋顶平面图

1）单击“快速访问”工具栏中的“打开”按钮，在弹出的“选择文件”对话框中选择已经绘制的“别墅屋顶平面图 .dwg”文件并将其打开。

2）在打开的图形文件中选取屋顶平面图形并将其复制，然后返回立面图绘制区域，将已复制的屋顶平面图形粘贴到首层平面图的对应位置。

3）在“图层”下拉列表中选择“辅助线”图层，将其关闭。此时引入的屋顶平面图如图 4-9 所示。

2. 绘制屋顶轮廓线

1）在“图层”下拉列表中选择“屋顶轮廓线”图层，将其设置为当前图层；然后将屋顶平面图形转移到当前图层。

2）单击“默认”选项卡“修改”面板中的“偏移”按钮⊆，将室外地坪线向上偏移 8600mm，得到屋顶最高处平脊定位线，如图 4-10 所示。

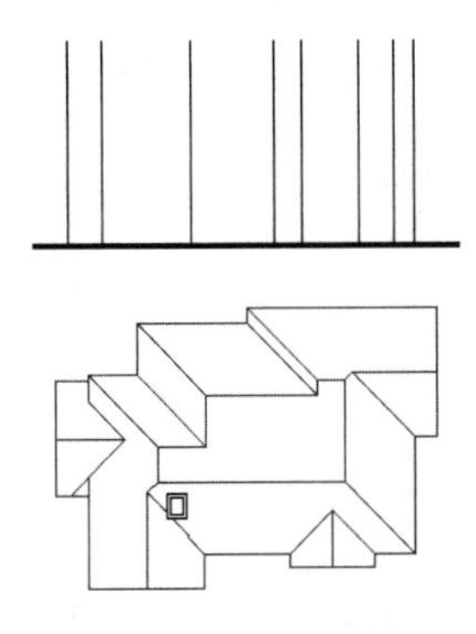

图 4-9　引入屋顶平面图

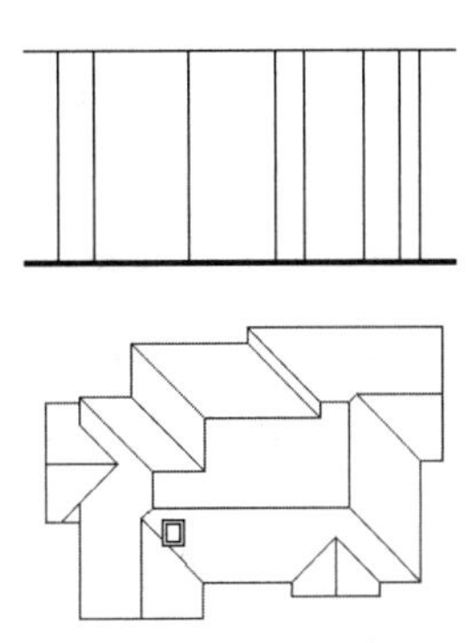

图 4-10　绘制屋顶最高处平脊定位线

3）单击“默认”选项卡“绘图”面板中的“直线”按钮╱，由屋顶平面图形向立面图中引屋顶定位辅助线。然后单击“默认”选项卡“修改”面板中的“修剪”按钮✂，结合定位辅助线修剪屋顶平脊定位线，得到屋顶平脊线条。

4）单击“默认”选项卡“绘图”面板中的“直线”按钮╱，以屋顶最高处平脊定位线的两侧端点为起点，分别向两侧斜下方绘制垂脊，使每条垂脊与水平方向的夹角均为 30°。

5）分析屋顶线条之间的关系，并结合得到的屋脊交点确定屋顶立面轮廓，结果如图 4-11 所示。

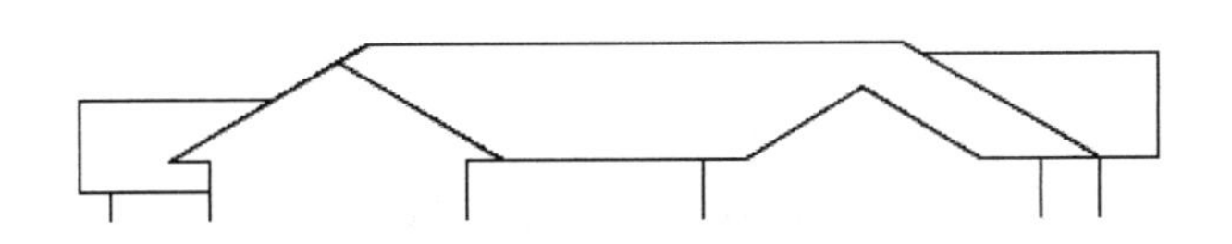

图 4-11　绘制屋顶立面轮廓

3. 绘制屋顶细部

1）当双坡屋顶的平脊与立面垂直时，双坡屋顶细部的绘制方法如下（以左边数第二个屋顶为例）：

❶ 单击“默认”选项卡“修改”面板中的“偏移”按钮⊆，以坡屋顶左侧垂脊为基准线，将其连续向右偏移，偏移量依次为 35mm、165mm、25mm 和 125mm。

❷ 绘制檐口线脚。首先单击“默认”选项卡“绘图”面板中的“矩形”按钮□，自上而下依次绘制矩形 1、矩形 2、矩形 3 和矩形 4，4 个矩形的尺寸分别 810mm × 120mm、1050mm × 60mm、930mm × 120mm 和 810mm × 60mm。接着单击“默认”选项卡“修改”

面板中的“移动”按钮✥，调整 4 个矩形的位置关系，如图 4-12 所示。然后选择矩形 1，单击其右上角点，将该点激活（此时该点呈红色），再将鼠标水平向左移动，在命令行中输入 80mm 后，按 Enter 键，完成矩形拉伸操作；按照同样方法，将矩形 3 的左上角点激活，并将其水平向左拉伸 120mm，结果如图 4-13 所示。

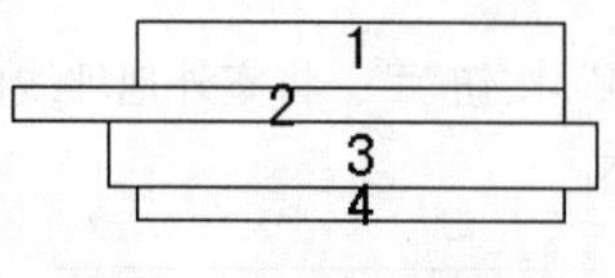

图 4-12　绘制 4 个矩形

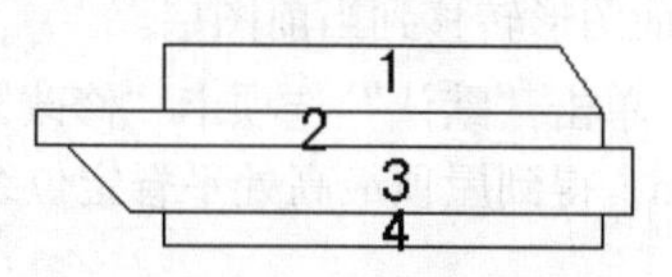

图 4-13　拉伸矩形

❸ 单击“默认”选项卡“修改”面板中的“移动”按钮✥，以矩形 2 左上角点为基点，将拉伸后所得图形移动到屋顶左侧垂脊下端。

❹ 单击“默认”选项卡“修改”面板中的“修剪”按钮，修剪多余线条，完成檐口线脚的绘制，结果如图 4-14 所示。

❺ 单击“默认”选项卡“绘图”面板中的“直线”按钮╱，以该双坡屋顶的最高点为起点，绘制一条垂直辅助线。

❻ 单击“默认”选项卡“修改”面板中的“镜像”按钮⚠，将绘制的屋顶左半部分选中，作为镜像对象，以绘制的垂直辅助线为对称轴，通过镜像操作（不删除源对象）绘制屋顶的右半部分。

❼ 单击“默认”选项卡“修改”面板中的“修剪”按钮，修剪多余线条，得到坡屋顶立面 A 图形，如图 4-15 所示。

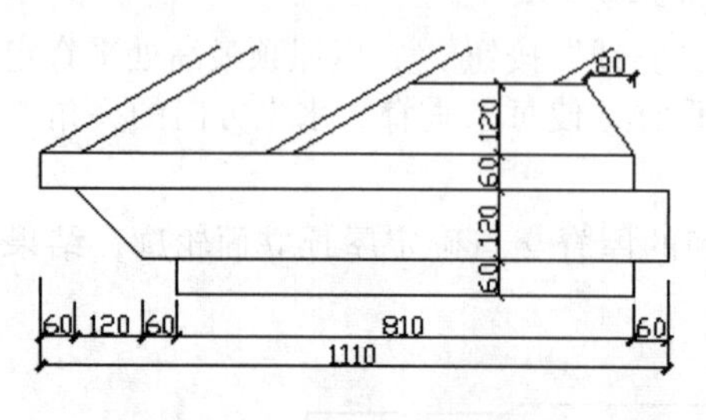

图 4-14　绘制檐口线脚

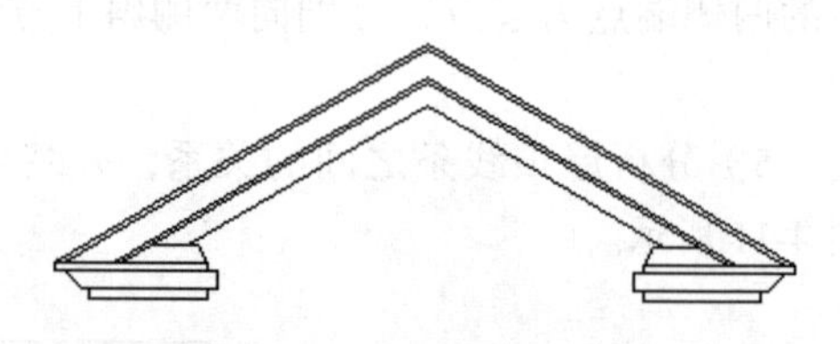

图 4-15　绘制坡屋顶立面 A

2）当双坡屋顶的平脊与立面平行时，坡屋顶细部的绘制方法如下（以左边第一个屋顶为例）：

❶ 单击“默认”选项卡“修改”面板中的“偏移”按钮⊆，将坡屋顶最左侧垂脊线向右偏移 100mm，再向上偏移该坡屋顶平脊线 60mm。

❷ 单击“默认”选项卡“修改”面板中的“偏移”按钮⊆，以坡屋顶檐线为基准线，将其向下方连续偏移，偏移距离依次为 60mm、120mm 和 60mm。

❸ 单击“默认”选项卡“修改”面板中的“偏移”按钮⊆，以坡屋顶最左侧垂脊线为基准线，将其向右连续偏移，每次偏移距离均为 80mm。

❹ 单击“默认”选项卡“修改”面板中的“延伸”按钮→|和“修剪”按钮，对已有线条进行修剪，得到坡屋顶立面 B 图形，结果如图 4-16 所示。

按照上面介绍的两种坡屋顶立面的画法，绘制其余的屋顶立面，结果如图 4-17 所示。

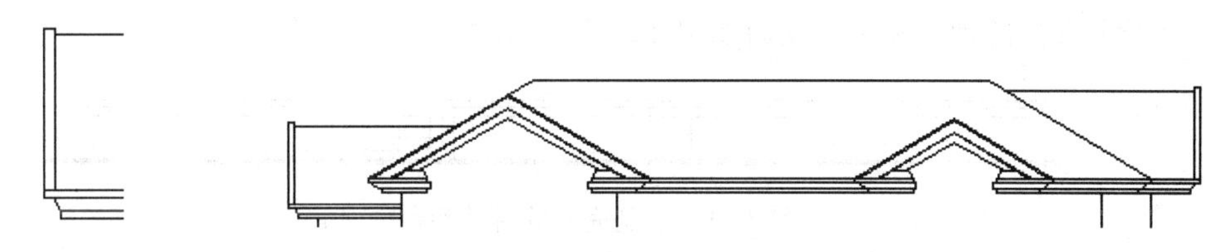

图 4-16　绘制坡屋顶立面 B　　　　图 4-17　绘制屋顶立面

4.1.4　绘制台基与台阶

台基和台阶的绘制都是通过偏移基线来完成的。下面分别介绍这两种构件的绘制方法。

1. 绘制台基与勒脚

1）新建“屋顶辅助线”图层，将别墅屋顶平面图移动到该图层中，并在“图层”下拉列表中将“屋顶辅助线”图层暂时关闭，将“辅助线”图层重新打开，然后选择“台阶”图层，将其设置为当前图层。

2）单击“默认”选项卡“修改”面板中的“偏移”按钮⊆，将室外地坪线向上偏移600mm，得到台基线；然后将台基线继续向上偏移120mm，得到“勒脚线1”。

3）单击“默认”选项卡“修改”面板中的“偏移”按钮⊆，将前面所绘的各条外墙定位线分别向墙体外侧偏移60mm；然后单击“默认”选项卡“修改”面板中的“修剪”按钮，修剪过长的墙线和台基线，结果如图4-18所示。

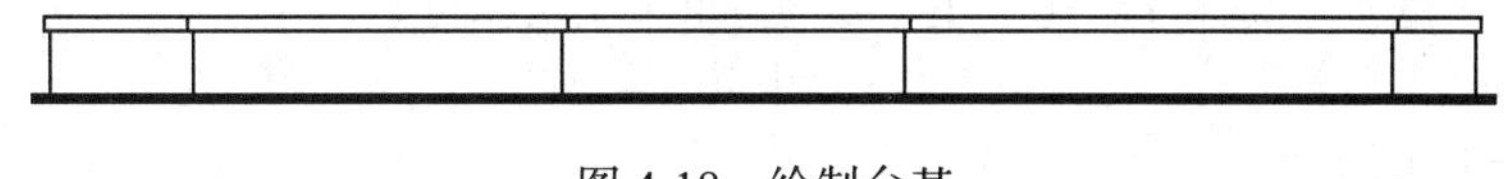

图 4-18　绘制台基

4）按上述方法，绘制台基上方的“勒脚线2”，勒脚高度为80mm，与外墙面之间的距离为30mm，结果如图4-19所示。

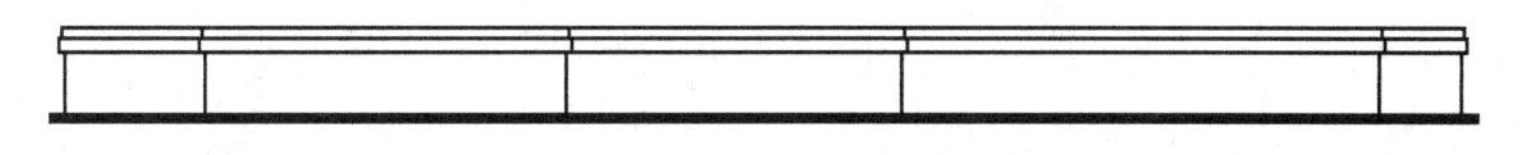

图 4-19　绘制勒脚

2. 绘制台阶

1）单击“默认”选项卡“修改”面板中的“矩形阵列”按钮，输入行数为5、列数为1、行间距为150mm、列间距为0mm，选择室外地坪线为阵列对象，阵列室外地坪线。

2）单击“默认”选项卡“修改”面板中的“修剪”按钮，结合台阶两侧的定位辅助线，对台阶线条进行修剪，得到台阶图形，结果如图4-20所示。

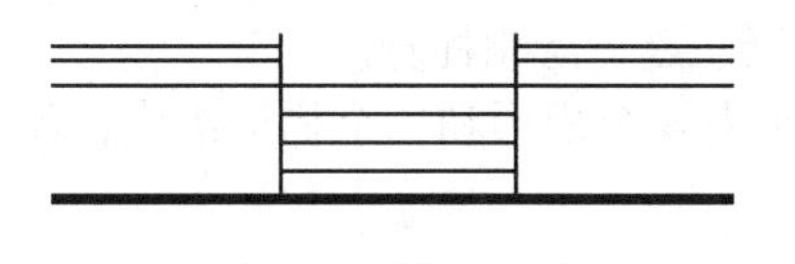

图 4-20　绘制台阶

绘制完成的台基和台阶立面如图 4-21 所示。

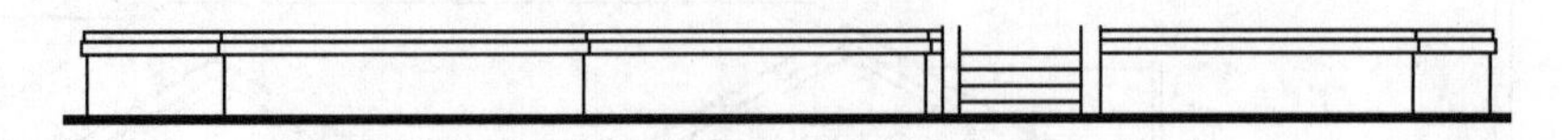

图 4-21　绘制完成的台基和台阶立面

4.1.5　绘制立柱与栏杆

1. 绘制立柱

在本例别墅中有 3 处设有立柱，即别墅的两个入口和车库大门处。其中，两个入口处的立柱样式和尺寸都是完全相同的，而车库大门处的立柱尺寸较大，在外观样式上也略有不同。这里主要介绍别墅南面入口处立柱的画法。具体绘制方法如下：

1）在“图层”下拉列表中选择“立柱”图层，将其设置为当前图层。

2）绘制柱基。立柱的柱基由一个矩形和一个梯形组成，如图 4-22 所示。其中，矩形宽 320mm、高 840mm，梯形上端宽 240mm、下端宽 320mm、高 60mm。命令行提示与操作如下：

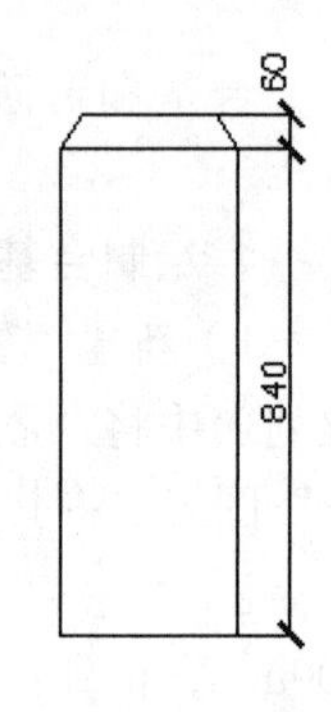

图 4-22　柱基

命令：_RECTANG
指定第一个角点或 [倒角 (C)/ 标高 (E)/ 圆角 (F)/ 厚度 (T)/ 宽度 (W)]：(适当指定一点)
指定另一个角点或 [面积 (A)/ 尺寸 (D)/ 旋转 (R)]: @320，840 ↙
命令：_line 指定第一个点：(选取矩形上边中点为第一点)
指定下一点或 [放弃 (U)]: @0，60 ↙
指定下一点或 [放弃 (U)]: ↙
命令：_line 指定第一个点：(选取上一步绘制的线段上端点作为第一点)
指定下一点或 [放弃 (U)]: @120，0 ↙
指定下一点或 [放弃 (U)]: ↙
命令：_line 指定第一个点：(选取上一步绘制的线段右端点作为第一点)
指定下一点或 [放弃 (U)]: @40，−60 ↙
指定下一点或 [放弃 (U)]: ↙（即连接矩形右上角顶点，得到梯形右侧斜边）
命令 :MIRROR
选择对象：找到 1 个，总计 2 个
选择对象：(选择已经绘制的梯形右半部)
指定镜像线的第一点：指定镜像线的第二点：(选取梯形中线作为镜像对称轴)
要删除源对象吗？ [是 (Y)/ 否 (N)] <N>: ↙（按 Enter 键，即不删除源对象）

3）绘制柱身。立柱柱身立面为矩形，宽 240mm，高 1350mm。单击“默认”选项卡“绘图”面板中的“矩形”按钮▭，绘制柱身。

4）绘制柱头。立柱柱头由 4 个矩形和一个梯形组成，如图 4-23 所示。其绘制方法可参考柱基画法。

将柱基、柱身和柱头组合，得到完整的立柱立面，结果如图 4-24 所示。

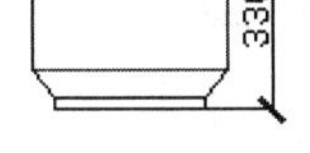

图 4-23　柱头　　　　图 4-24　立柱立面

5）单击“插入”选项卡“块定义”面板中的“创建块”按钮，将所绘立柱图形定义为图块，命名为“立柱立面 1”，并选择立柱基底中点作为插入点。单击“插入”选项卡“块”面板中“插入”下拉列表中的“最近使用的块”选项，结合立柱定位辅助线，将立柱图块插入立面图中相应位置，然后单击“默认”选项卡“修改”面板中的“修剪”按钮，修剪多余线条，结果如图 4-25 所示。

2. 绘制栏杆

1）单击“默认”选项卡“图层”面板中的“图层特性”按钮，打开“图层特性管理器”选项板，创建新图层，将新图层命名为“栏杆”，并将其设置为当前图层。

2）绘制水平扶手。扶手高度为 100mm，其上表面与室外地坪线的高度差为 1470mm。

3）单击“默认”选项卡“修改”面板中的“偏移”按钮，向上连续偏移室外地坪线 3 次，偏移量依次为 1350mm、20mm 和 100mm，得到水平扶手定位线。然后单击“默认”选项卡“修改”面板中的“修剪”按钮，修剪水平扶手线条。

4）按上述方法和数据，结合栏杆定位纵线，绘制台阶两侧栏杆扶手，结果如图 4-26 所示。

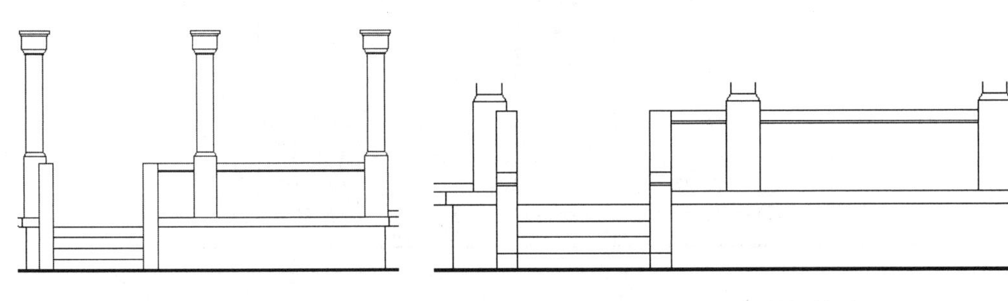

图 4-25　插入立柱图块　　　　图 4-26　绘制栏杆扶手

5）单击“快速访问”工具栏中的“打开”按钮，在弹出的“选择文件”对话框中选择“网盘资源 \ 源文件 \ 图库 \CAD 图库”文件并将其打开。

6）在“装饰”栏中选择如图 4-27 所示的“花瓶栏杆”图块，右击，在弹出的快捷菜单中选择“带基点复制”命令，返回立面图绘图区。

7）右击，在弹出的快捷菜单中选择“粘贴为块”命令，在水平扶手右端的下方插入第一根花瓶栏杆图形。

Note

8）单击“默认”选项卡“修改”面板中的“矩形阵列”按钮，选取已插入的第一根花瓶栏杆作为阵列对象，并设置行数为1、列数为8、行间距为0mm、列间距为−250mm，阵列花瓶栏杆。

9）单击“插入”选项卡“块”面板中“插入”下拉列表中的“最近使用的块”选项，绘制其他位置的花瓶栏杆，结果如图4-28所示。

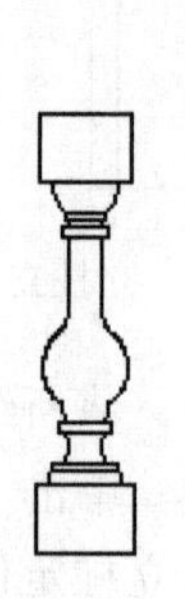

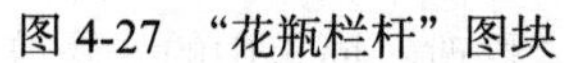

图4-27 “花瓶栏杆”图块

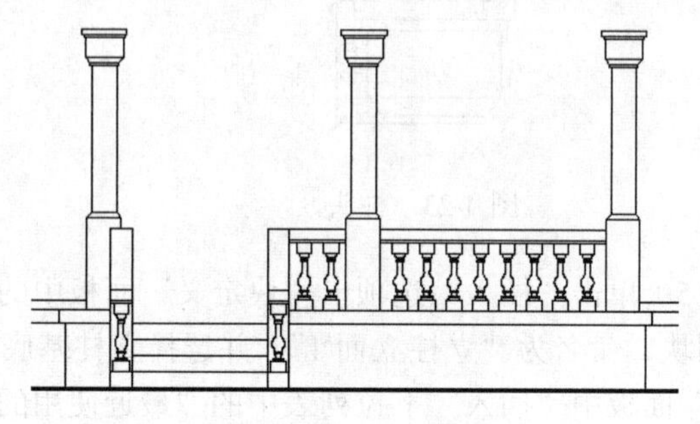

图4-28 绘制花瓶栏杆

4.1.6 绘制立面门窗

门和窗是建筑立面中的重要构件，在设计建筑立面时，选用适当的门窗样式，可以使建筑的外观形象更加生动、更富于表现力。

在本例别墅中，门窗大多为平开式，还有少量百叶窗，主要起透气通风的作用，如图4-29所示。

图4-29 立面门窗

1. 绘制门窗洞口

1）在“图层”下拉列表中选择“门窗”图层，将其设置为当前图层。

2）单击“默认”选项卡“绘图”面板中的“直线”按钮╱，绘制立面门窗洞口的定位辅助线，如图4-30所示。

3）根据门窗洞口的标高，确定洞口垂直位置和高度。单击“默认”选项卡“修改”面板中的“偏移”按钮⊆，将室外地坪线向上偏移，偏移量依次为1500mm、3000mm、4800mm和6300mm。

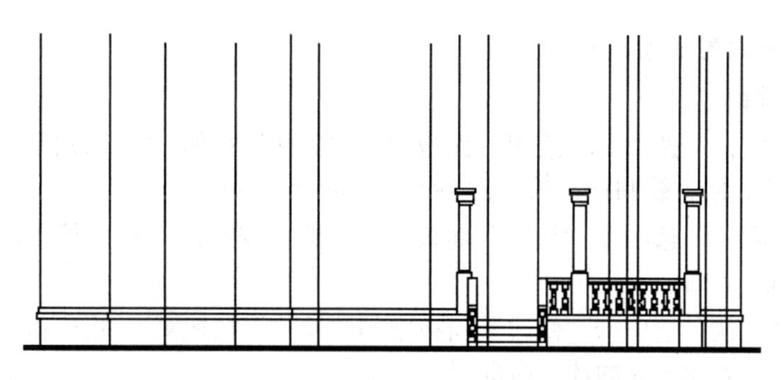

图 4-30　绘制门窗洞口定位辅助线

4）单击“默认”选项卡“修改”面板中的“修剪”按钮，修剪图中多余的辅助线条，完成立面门窗洞口的绘制，结果如图 4-31 所示。

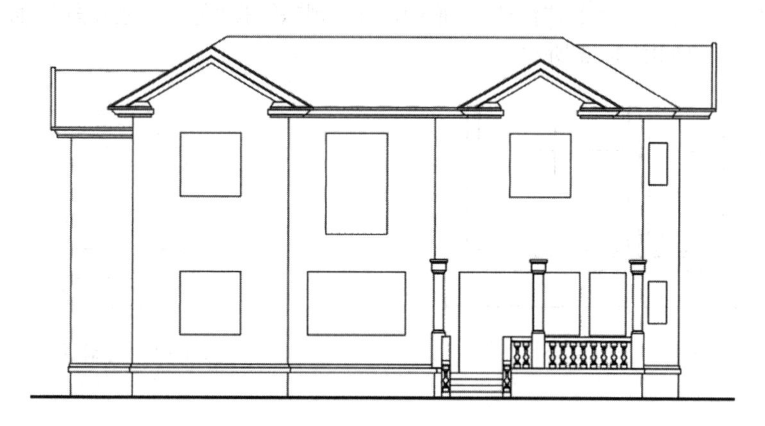

图 4-31　绘制立面门窗洞口

2. 绘制门窗

在“网盘资源\源文件\图库\CAD 图库”中有许多类型的立面门窗图块，这可以为设计者提供更多的选择，也可以大量地节省绘图的时间。设计者可以在图库中根据自己的需要找到适当的门窗图块，然后运用“复制”“粘贴”等命令，将其添加到立面图中相应的门窗洞口位置，并调整缩放比例。具体绘制步骤可参考前面章节中介绍的图库使用方法。

3. 绘制窗台

在本例别墅立面中，外窗下方设有 150mm 高的窗台。因此，外窗立面的绘制完成后，还要在窗下添加窗台立面。具体绘制方法如下：

1）单击“默认”选项卡“绘图”面板中的“矩形”按钮，绘制尺寸为 1000mm × 150mm 的矩形。

2）单击“插入”选项卡“块定义”面板中的“创建块”按钮，将该矩形定义为“窗台立面”图块，将矩形上侧长边中点设置为基点。

3）单击“插入”选项卡“块”面板中“插入”下拉列表中的“最近使用的块”选项，系统弹出“块”选项板，在预览列表中选择“窗台立面”，根据实际需要设置 X 方向的比例数值，然后单击“窗台立面”图块，选择窗洞下端中点作为插入点，插入窗台图块。

Note

绘制的窗台如图 4-32 所示。

4. 绘制百叶窗

1）单击“默认”选项卡“绘图”面板中的“直线”按钮╱，以别墅二层外窗的窗台下端中点为起点，向上绘制一条长度为 2410mm 的垂直线段。

2）单击“默认”选项卡“绘图”面板中的“圆”按钮⊙，以线段上端点为圆心，绘制半径为 240mm 的圆。

3）单击“默认”选项卡“修改”面板中的“偏移”按钮⊆，将所得的圆形向外偏移 50mm，得到宽度为 50mm 的环形窗框。

4）单击“默认”选项卡“绘图”面板中的“图案填充”按钮▦，弹出“图案填充创建”选项卡，选择“LINE”作为填充图案，输入填充比例为 25，选择内部较小的圆为填充对象，完成图案填充操作。

5）单击“默认”选项卡“修改”面板中的“删除”按钮，删除垂直辅助线。

绘制的百叶窗如图 4-33 所示。

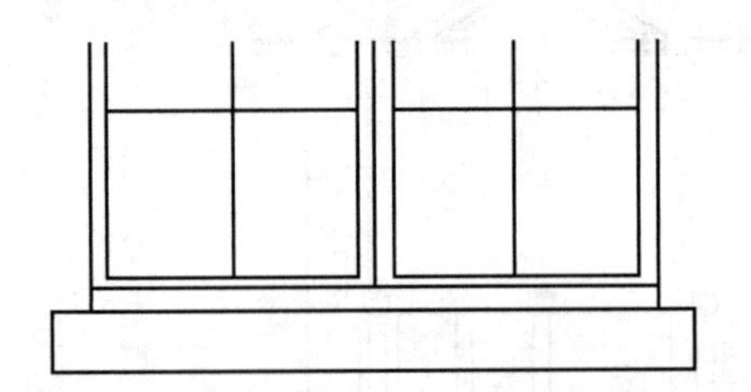

图 4-32　绘制窗台

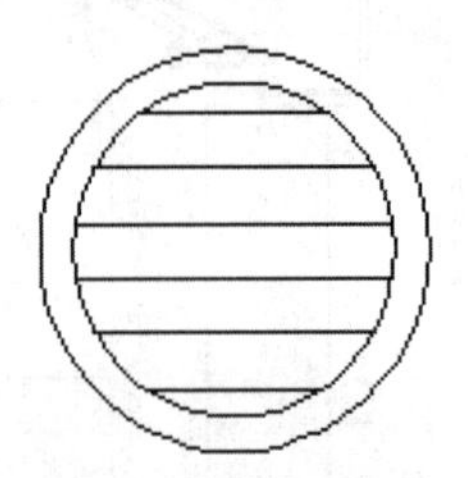

图 4-33　绘制百叶窗

4.1.7　绘制其他建筑构件

1. 绘制阳台

1）在“图层”下拉列表中选择“阳台”图层，将其设置为当前图层。

2）单击“默认”选项卡“绘图”面板中的“直线”按钮╱，由阳台平面向立面图引定位纵线。

3）阳台底面标高为 3240mm。单击“默认”选项卡“修改”面板中的“偏移”按钮⊆，将室外地坪线向上偏移，偏移量为 3840mm；然后单击“默认”选项卡“修改”面板中的“修剪”按钮，参照定位纵线修剪偏移线，得到阳台底面基线。

4）在“图层”下拉列表中选择“栏杆”图层，将其设置为当前图层。

5）单击“默认”选项卡“修改”面板中的“偏移”按钮⊆，将阳台底面基线向上连续偏移两次，偏移量分别为 150mm 和 120mm，得到栏杆基座。

6）单击“插入”选项卡“块”面板中“插入”下拉列表中的“最近使用的块”选项，在栏杆基座上方插入第一根栏杆图形，并使栏杆中轴线与阳台右侧边线的水平距离为 180mm。

7）单击“默认”选项卡“修改”面板中的“矩形阵列”按钮▦，设置相邻栏杆中心间距为 250mm，生成一组栏杆，具体做法可参考 4.1.5 节中栏杆的画法。

8）在栏杆上添加扶手。扶手高度为 100mm，扶手与栏杆之间垫层为 20mm 厚，具体

做法可参考 4.1.5 节中栏杆扶手的画法。

绘制的阳台立面如图 4-34 所示。

2. 绘制烟囱

烟囱的立面形状很简单，它是由 4 个大小不同但垂直中轴线都在同一直线上的矩形组成的。

1）在“图层”下拉列表中选择“屋顶辅助线”图层，将其打开，使其保持为可见状态；然后选择“烟囱”图层，将其设置为当前图层。

2）单击“默认”选项卡“绘图”面板中的“矩形”按钮，由上至下依次绘制 4 个矩形，矩形尺寸分别为 750mm × 450mm、860mm × 150mm、780mm × 40mm 和 750mm × 1965mm。

3）将绘制的 4 个矩形组合在一起，并将组合后的图形插入到立面图中相应的位置（该位置可由定位纵线结合烟囱的标高确定）。

4）单击“默认”选项卡“修改”面板中的“修剪”按钮，修剪多余的线条。绘制的烟囱立面如图 4-35 所示。

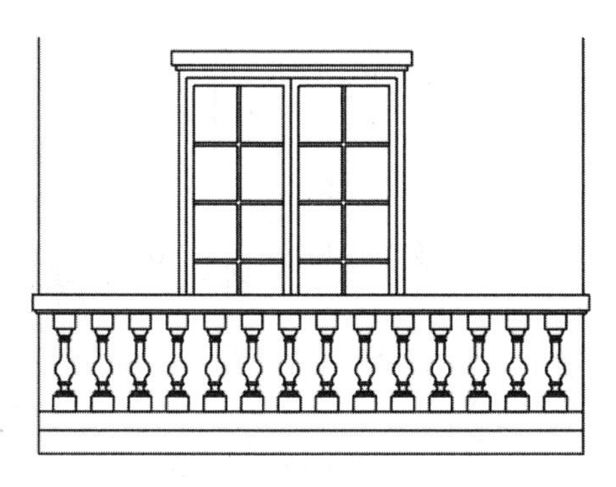

图 4-34　绘制阳台立面

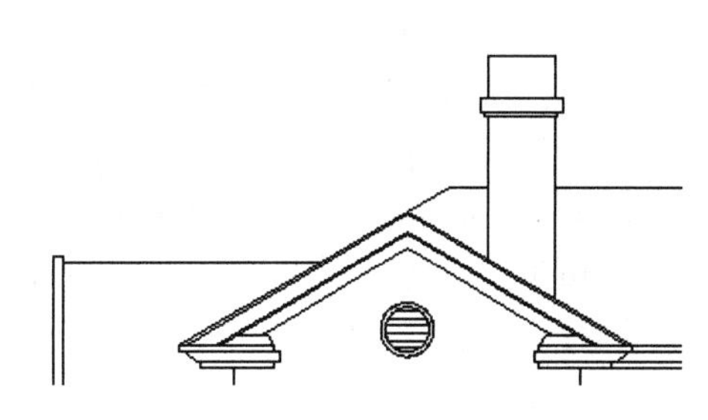

图 4-35　绘制烟囱立面

3. 绘制雨篷

1）将“雨篷”图层设置为当前图层。

2）单击“默认”选项卡“绘图”面板中的“直线”按钮，以阳台底面基线的左端点为起点，向左下方绘制一条与水平方向夹角为 30° 的直线。

3）结合标高，绘出雨篷檐口定位线以及雨篷与外墙水平交线。

4）参考四坡屋顶檐口样式绘制雨篷檐口线脚。

5）单击“默认”选项卡“修改”面板中的“镜像”按钮，生成雨篷右侧垂脊与檐口（参见坡屋顶画法）。

6）雨篷上部有一段短纵墙，其立面形状由两个矩形组成，上面的矩形尺寸为 340mm × 810mm，下面的矩形尺寸为 240mm × 100mm。单击“默认”选项卡“绘图”面板中的“矩形”按钮，依次绘制这两个矩形。

绘制的雨篷立面如图 4-36 所示。

4. 绘制外墙面贴石

别墅外墙转角处均贴有石材装饰，由两种大小不同的矩形石上下交替排列。具体绘制方法如下：

图 4-36　绘制的雨篷立面

1）单击“默认”选项卡“图层”面板中的“图层特性”按钮，打开“图层特性管理器”选项板，创建新图层，将新图层命名为“墙贴石”，并将其设置为当前图层。

2）单击“默认”选项卡“绘图”面板中的“矩形”按钮，绘制两个矩形，尺寸分别为 250mm × 250mm 和 350mm × 250mm。然后单击“默认”选项卡“修改”面板中的“移动”按钮，使两个矩形的左侧边保持上下对齐，两个矩形之间的垂直距离为 20mm，如图 4-37 所示。

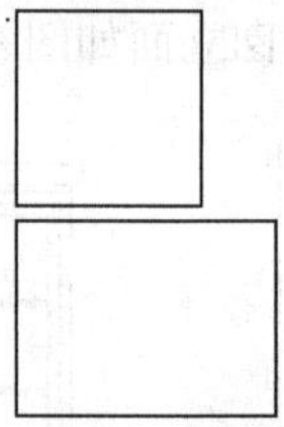

图 4-37　绘制贴石

3）单击“默认”选项卡“修改”面板中的“矩形阵列”按钮，选择图 4-37 所示的图形为阵列对象，输入行数为 10、列数为 1、行间距为 −540mm、列间距为 0mm，阵列贴石。

4）单击“默认”选项卡“修改”面板中的“移动”按钮，将阵列后得到的一组贴石图形移动到图形适当位置。

5）单击“默认”选项卡“修改”面板中的“复制”按钮，在立面图中每个外墙转角处插入贴石图形，结果如图 4-38 所示。

图 4-38　绘制外墙面贴石

4.1.8　立面标注

在绘制别墅的立面图时，通常要将建筑外表面基本构件的材料和做法用图形填充的方

式表示出来并配以文字说明，在建筑立面图的一些重要位置应绘制立面标高。

1. 立面材料做法标注

这里以台基为例，介绍如何在建筑立面图中表示建筑构件的材料和装修做法。

1）在“图层”下拉列表中选择“台基”图层，将其设置为当前图层。

2）单击“默认”选项卡“绘图”面板中的“图案填充”按钮，打开“图案填充创建”选项卡，如图4-39所示。在其中选择“AR-BRELM”作为填充图案，设置填充“角度”为0、“比例”为4。拾取填充区域内一点，按Enter键确定，完成图案的填充，结果如图4-40所示。

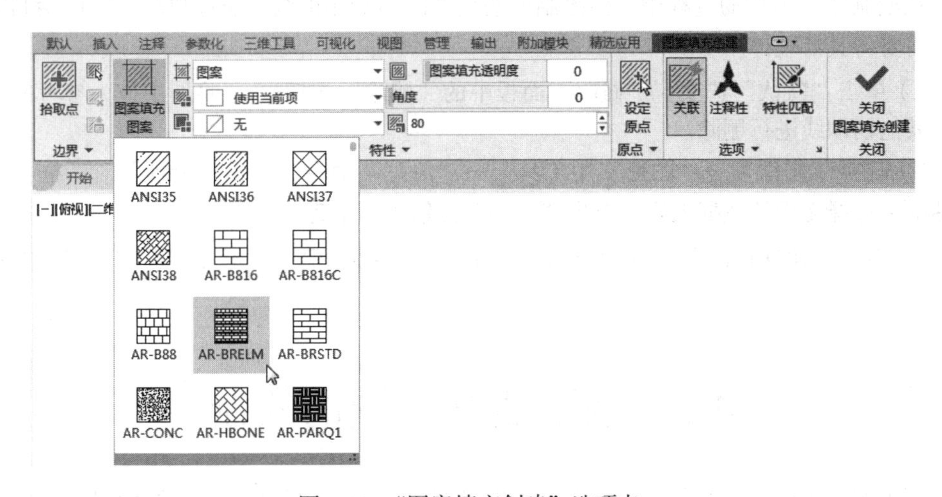

图4-39　“图案填充创建”选项卡

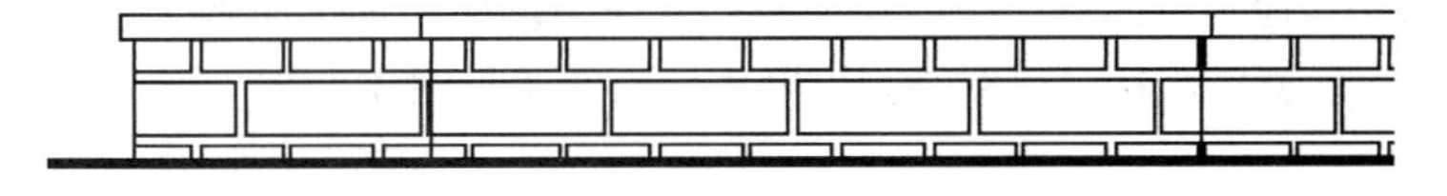

图4-40　填充台基表面材料

3）在“图层”下拉列表框中选择“文字”图层，将其设置为当前图层。

4）在命令行内输入“QLEADER”命令，设置引线箭头大小为100、箭头形式为“点”，绘制引线。单击“默认”选项卡“注释”面板中的“多行文字”按钮A，设置文字高度为250，在引线左端添加文字，文字内容为“毛石基座”，如图4-41所示。

毛石基座

图4-41　添加引线和文字

2. 立面标高

1）在“图层”下拉列表中选择“标注”图层，将其设置为当前图层。

2）单击“插入”选项卡“块”面板中“插入”下拉列表中的“最近使用的块”选项，在立面图中的相应位置插入标高符号。

3）单击“默认”选项卡“注释”面板中的“多行文字”按钮A，在标高符号上方添加相应的标高数值。

别墅室内外地坪面标高如图4-42所示。

Note

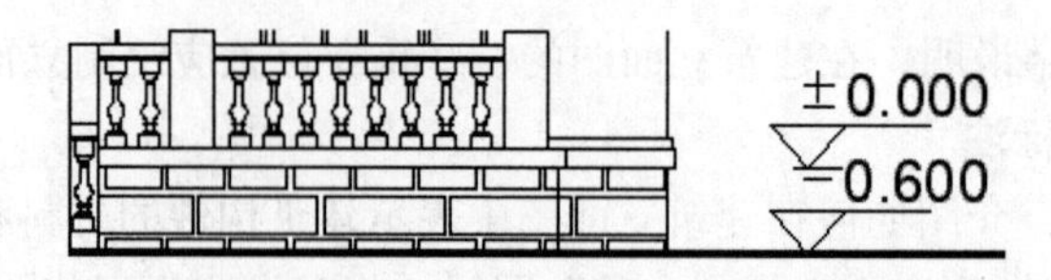

图 4-42　别墅室内外地坪面标高

4.1.9　清理多余图形元素

在绘制整个图形的过程中，会绘制一些辅助图形和辅助线以及图块等，图形绘制完成后，需要将其清理掉。

1）单击“默认”选项卡“修改”面板中的“删除”按钮，将图中作为参考的平面图和其他辅助线进行删除。

2）选择“文件”→“图形实用工具”→“清理”命令，弹出“清理”对话框。在该对话框中选择无用的数据内容，单击“清理”按钮进行清理。

3）单击“快速访问”工具栏中的“保存”按钮，保存图形文件，完成别墅南立面图的绘制。

4.2　别墅西立面图的绘制

别墅西立面图的绘制思路为：首先根据已有的别墅平面图和南立面图画出别墅西立面图中各主要构件的水平和垂直定位辅助线，然后通过定位辅助线绘出外墙和屋顶轮廓，接着绘制门窗以及其他建筑细部，最后在绘制的立面图形中添加标注和文字说明并清理多余的图形线条。下面就按照这个思路绘制别墅西立面图（见图 4-43）。

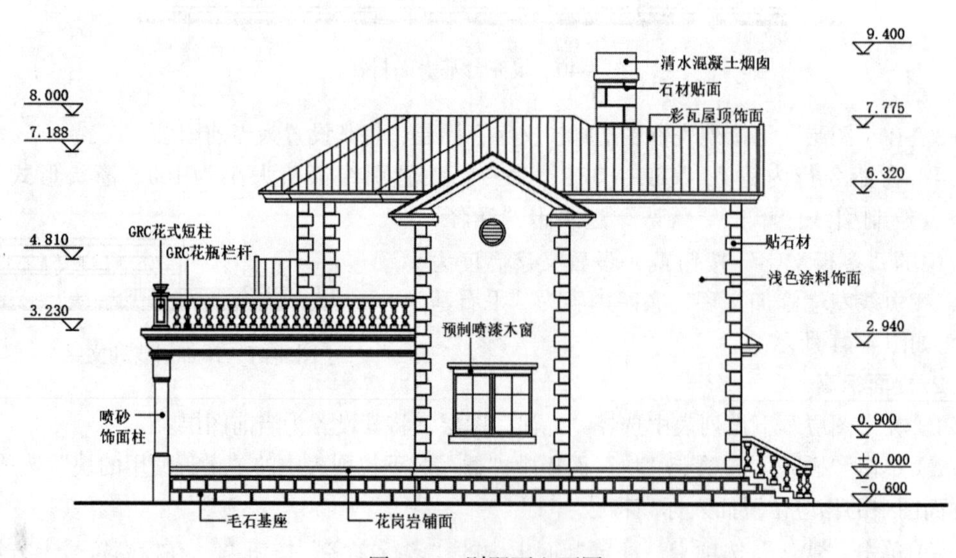

图 4-43　别墅西立面图

（电子资料包：动画演示 \ 第 4 章 \ 别墅西立面图的绘制 .mp4）

4.2.1　设置绘图环境

绘图环境的设置是绘制建筑图之前必不可缺少的准备工作，这里包括创建图形文件、引入已知图形信息和清理图形元素。

1. 创建图形文件

打开已绘制的“别墅南立面图 .dwg”文件，在“文件”菜单中选择“另存为”命令，打开“图形另存为”对话框，在其中设置新的图形文件名称为“别墅西立面图 .dwg”，如图 4-44 所示。单击“保存”按钮，建立图形文件。

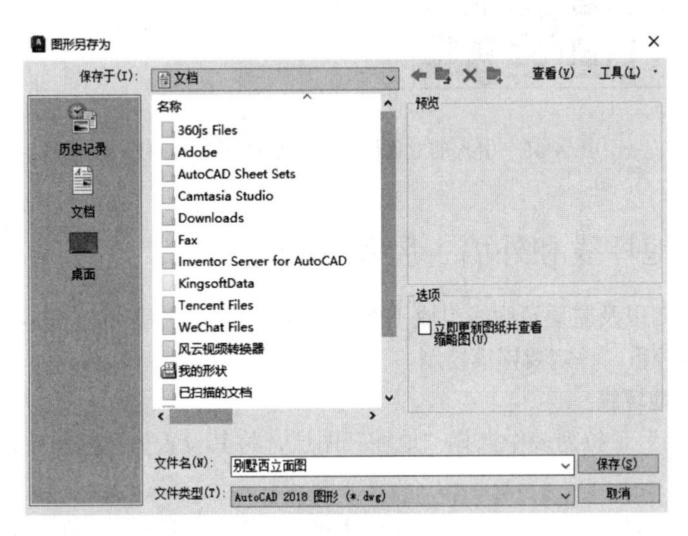

图 4-44　“图形另存为”对话框

2. 引入已知图形信息

1）单击“快速访问”工具栏中的“打开”按钮，打开已绘制的“别墅首层平面图 .dwg”文件。单击“默认”选项卡“图层”面板中的“图层特性”按钮，打开“图层特性管理器”选项板，关闭除“墙体”“门窗”“台阶”和“立柱”以外的其他图层，然后选择现有可见的平面图形并进行复制。

2）返回“别墅西立面图 .dwg”的绘图界面，将复制的平面图形粘贴到已有的立面图形右上方。

3）单击“默认”选项卡“修改”面板中的“旋转”按钮，将平面图形旋转 90°。

引入的立面图形和平面图形的相对位置如图 4-45 所示，虚线矩形框内为别墅西立面图的基本绘制区域。

3. 清理图形元素

1）选择“文件”→“图形实用工具”→“清理”命令，在弹出的“清理”对话框中清理图形文件中多余的图形元素。

2）单击“默认”选项卡“图层”面板中的“图层特性”按钮，打开“图层特性管理器”选项板，创建两个新图层，分别命名为“辅助线 1”和“辅助线 2”。

3）在绘图区中，选择立面图形并将其移动到“辅助线 1”图层，选择平面图形并将其移动到“辅助线 2”图层。

Note

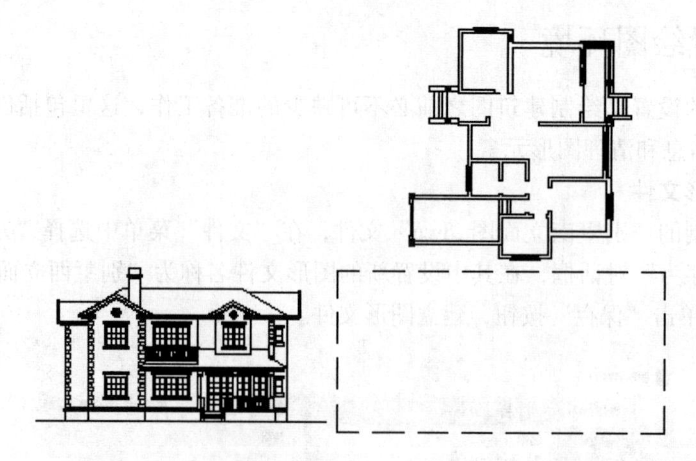

图 4-45　引入的立面图形和平面图形的相对位置

4.2.2　绘制地坪线和外墙、屋顶轮廓线

地坪线、外墙以及屋顶轮廓线组成了立面图的基本外轮廓形状。基本轮廓对后面细节绘制的影响举足轻重，一定要谨慎绘制。

1. 绘制室外地坪线

1）在“图层”下拉列表中选择“地坪”图层，将其设置为当前图层，并设置该图层线宽为 0.30mm。

2）单击“默认”选项卡“绘图”面板中的“直线”按钮，在南立面图中的室外地坪线的右侧延长线上绘制一条长度为 20000mm 的线段，作为别墅西立面图中的室外地坪线。

2. 绘制外墙定位线

1）在“图层”下拉列表中选择“外墙轮廓线”图层，将其设置为当前图层。

2）单击“默认”选项卡“绘图”面板中的“直线”按钮，捕捉平面图形中的各外墙交点，向下绘制垂直延长线，得到外墙定位线。

绘制完成的室外地坪线和外墙定位线如图 4-46 所示。

3. 绘制屋顶轮廓线

1）在平面图形的相应位置引入别墅的屋顶平面图（具体做法可参考前面介绍的引入平面图方法）。

2）单击“默认”选项卡“图层”面板中的“图层特性”按钮，打开“图层特性管理器”选项板，创建新图层，将其命名为“辅助线 3”；然后将屋顶平面图转移到“辅助线 3”图层。关闭“辅助线 2”图层，并将“屋顶轮廓线”图层设置为当前图层。

3）单击“默认”选项卡“绘图”面板中的“直线”按钮，由屋顶平面图和南立面图分别向西立面图引垂直和水平方向的屋顶定位辅助线，结合这两个方向的辅助线确定西立面屋顶轮廓。

4）绘制屋顶檐口及细部（可参考 3.3.2 节中屋顶的画法）。

5）单击“默认”选项卡“修改”面板中的“修剪”按钮，根据屋顶轮廓线对外墙

线进行修剪。

绘制完成的屋顶及外墙轮廓线如图 4-47 所示。

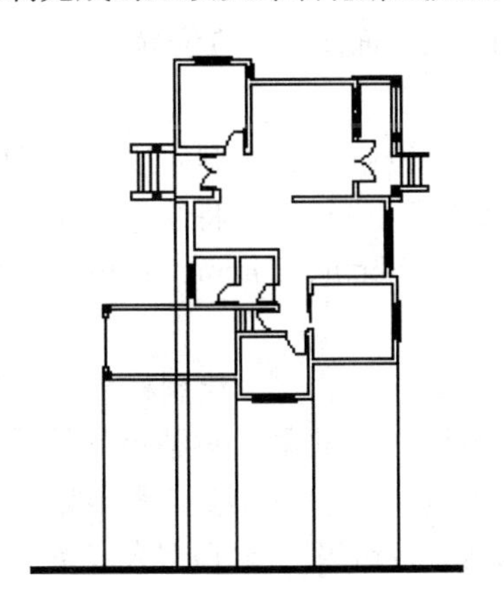

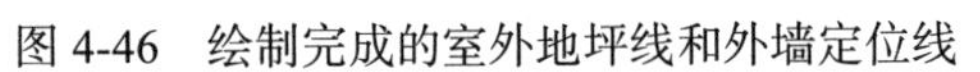

图 4-46　绘制完成的室外地坪线和外墙定位线

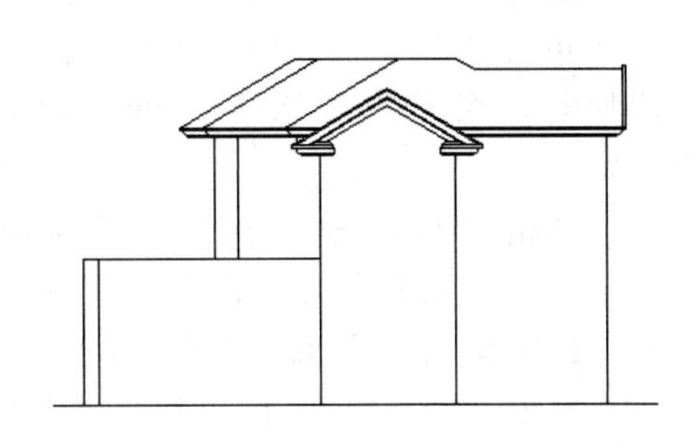

图 4-47　绘制完成的屋顶及外墙轮廓线

4.2.3　绘制台基和立柱

西立面图中台基和立柱的绘制方法和南立面图中的绘制方法大致相同。

1. 绘制台基

台基的绘制可以采用以下两种方法：

第一种，利用偏移室外地坪线的方法绘制水平台基线（参考 4.1.4 节中的台基画法）。

第二种，根据已有的平面和立面图形，利用定位辅助线确定台基轮廓。

绘制完成的台基如图 4-48 所示。

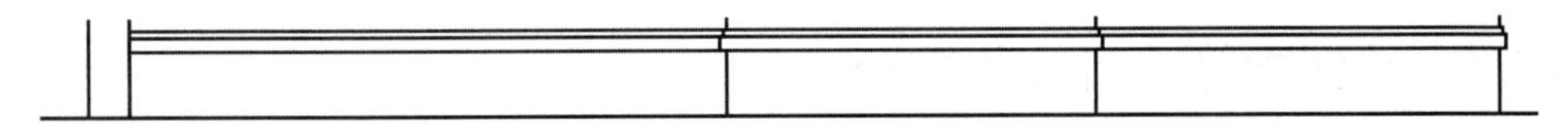

图 4-48　绘制完成的台基

2. 绘制立柱

在西立面图中有 3 处立柱，其中两入口处的立柱尺寸较小，车库立柱尺寸较大。此处仅介绍车库立柱的绘制方法。

1）在“图层”下拉列表中选择“立柱”图层，将其设置为当前图层。

2）柱基由一个矩形和一个梯形组成，其中矩形宽 400mm、高 1050mm，梯形上端宽 320mm、下端宽 400mm、高为 50mm。单击“默认”选项卡“绘图”面板中的“矩形”按钮和“修改”面板中的“拉伸”按钮，绘制柱基立面。

3）柱身立面为矩形，宽 320mm、高 1600mm。单击“默认”选项卡“绘图”面板中的“矩形”按钮，绘制柱身立面。

4）立柱柱头由 4 个矩形和一个梯形组成。单击“默认”选项卡“绘图”面板中的“矩形”按钮和“修改”面板中的“拉伸”按钮，绘制柱头立面。

5）将柱基、柱身和柱头组合，得到完整的车库立柱立面，结果如图 4-49 所示。

Note

6）单击“插入”选项卡“块定义”面板中的“创建块”按钮，将所绘立柱立面定义为图块，命名为“车库立柱”，选择柱基下端中点为图块插入点。

7）结合绘制的立柱定位辅助线，将立柱图块插入西立面图中相应位置。

3. 绘制柱顶檐部

1）单击“默认”选项卡“绘图”面板中的“直线”按钮╱，绘制柱顶水平延长线。

2）单击“默认”选项卡“修改”面板中的“偏移”按钮⊆，将绘得的延长线向上连续偏移，偏移量依次为50mm、40mm、20mm、220mm、30mm、40mm、50mm和100mm。

3）单击“默认”选项卡“绘图”面板中的“直线”按钮╱，绘制柱头左侧边线的延长线。单击“默认”选项卡“修改”面板中的“偏移”按钮⊆，偏移该延长线。单击“默认”选项卡“绘图”面板中的“样条曲线拟合”按钮，进一步绘制檐口线脚。

4）单击“默认”选项卡“修改”面板中的“修剪”按钮，修剪多余线条。

绘制完成的柱顶檐部如图4-50所示。

图4-49　绘制完成的车库立柱立面　　图4-50　绘制完成的柱顶檐部

4.2.4　绘制雨篷、台阶与露台

下面介绍西立面图中雨篷、台阶和露台的绘制方法。

1. 绘制入口雨篷

在西立面图中，可以看见南立面的雨篷一角和北立面主入口雨篷的一部分，因此需要将它们绘制出来。对于这两处雨篷，可以按照前面介绍过的雨篷画法进行绘制，也可以直接从南立面图已绘制的雨篷中截取形状相似的部分，经适当调整后插入西立面图中的相应位置。下面以南侧的雨篷为例，介绍西立面图中雨篷可见部分的绘制方法。

1）在“图层”下拉列表中选择“雨篷”图层，将其设置为当前图层。

2）结合平面图和雨篷标高确立雨篷位置，即雨篷檐口距地坪线垂直距离为3300mm，且雨篷可见伸出长度为220mm。

3）从左侧南立面图中选择雨篷右檐部分进行复制，并选择其最右侧端点为复制的基点，将其粘贴到西立面图中已确定的雨篷位置。

4）单击“默认”选项卡“修改”面板中的“修剪”按钮，对多余线条进行修剪，完成南侧雨篷的绘制，结果如图4-51所示。

按照同样方法绘制北侧雨篷，结果如图4-52所示。

2. 绘制台阶侧立面

此处台阶指的是别墅南面入口处的台阶（其正立面参见图 4-29）。台阶共 4 级踏步，两侧有花瓶栏杆。在西立面图中，该台阶侧立面和栏杆可见，如图 4-53 所示。因此，需要绘制出台阶侧立面和栏杆。

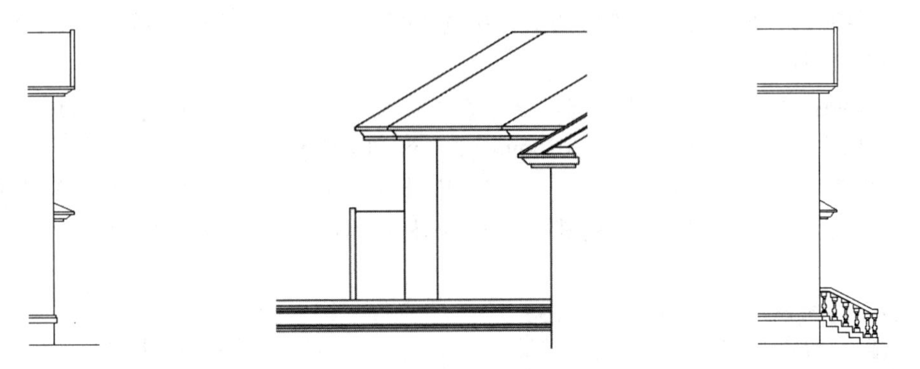

图 4-51　绘制南侧雨篷　　图 4-52　绘制北侧雨篷　　图 4-53　台阶侧立面和栏杆

1）在“图层”下拉列表中选择“台阶”图层，将其设置为当前图层。

2）单击“默认”选项卡“绘图”面板中的“直线”按钮╱和“修改”面板中的“偏移”按钮⋐，结合由平面图引入的定位辅助线，绘制台阶踏步侧面，结果如图 4-54 所示。

3）单击“默认”选项卡“绘图”面板中的“直线”按钮╱，在每级踏步上方绘制宽 300m、高 150mm 的栏杆基座，然后修剪基座线条，结果如图 4-55 所示。

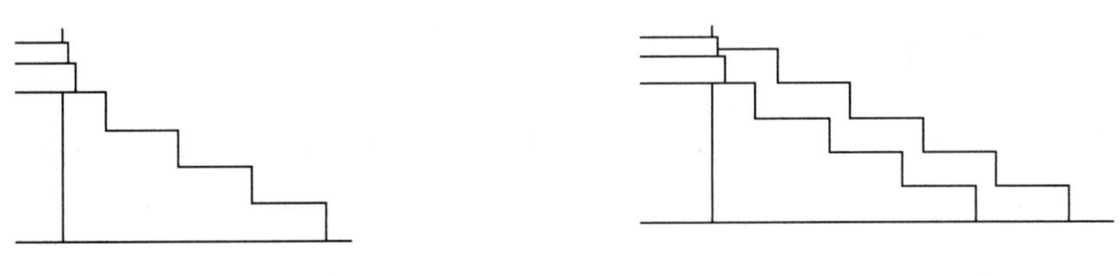

图 4-54　绘制台阶踏步侧面　　图 4-55　绘制栏杆基座

4）单击“默认”选项卡“块”面板中“插入”下拉列表中的“最近使用的块”选项，在预览列表中选择“花瓶栏杆”，在栏杆基座上插入花瓶栏杆。

5）单击“默认”选项卡“绘图”面板中的“直线”按钮╱，连接每根栏杆右上角端点，得到扶手基线。

6）单击“默认”选项卡“修改”面板中的“偏移”按钮⋐，将扶手基线连续向上偏移两次，偏移量分别为 20mm 和 100mm。

7）单击“默认”选项卡“修改”面板中的“修剪”按钮✂，对多余的线条进行修剪，完成台阶侧立面和栏杆的绘制，如图 4-53 所示。

3. 绘制露台

车库上方为开放式露台，露台的周围设有花瓶栏杆，角上设有花式短柱，如图 4-56 所示。露台立面的绘制方法如下：

1）在“图层”下拉列表中选择“露台”图层，将其设置为当前图层。

2）绘制栏杆底座。单击“默认”选项卡“修改”面板中的“偏移”按钮⋐，将车库檐部顶面水平线向上偏移 30mm，作为栏杆底座。

3）绘制栏杆。单击“插入”选项卡“块”面板中“插入”下拉列表中的“最近使用的块”选项，在预览列表中选择“花瓶栏杆”，在露台最右侧距离别墅外墙 150mm 处插入第一根花瓶栏杆。单击“默认”选项卡“修改”面板中的“矩形阵列”按钮，设置行数为 1、列数为 22、列间距为 −250，并在图中选取刚插入的花瓶栏杆作为阵列对象，阵列生成一组花瓶栏杆。

4）绘制扶手。单击“默认”选项卡“修改”面板中的“偏移”按钮，将柱檐顶部水平直线向上偏移，偏移量分别为 630mm、20mm 和 100mm，完成扶手的绘制。

5）绘制短柱。打开 CAD 图库，在图库中选择“花式短柱”图块，如图 4-57 所示。对该图块进行适当尺寸调整后，将其插入露台栏杆左侧位置，完成露台立面的绘制。

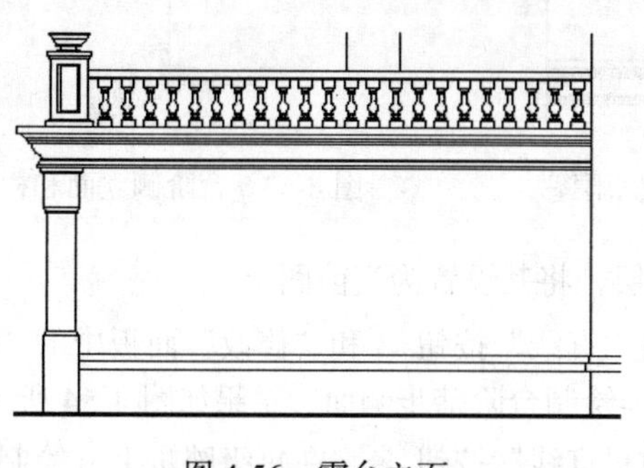

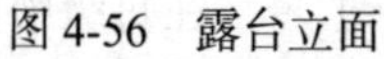

图 4-56　露台立面

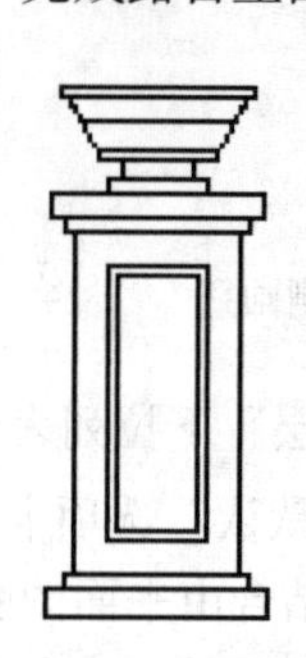

图 4-57　“花式短柱”图块

4.2.5　绘制门窗

在别墅西立面图中，需要绘制的门窗有两处：一处为 1800mm × 1800mm 的矩形木质旋窗，如图 4-58 所示；另一处为直径 800mm 的百叶窗，如图 4-59 所示。

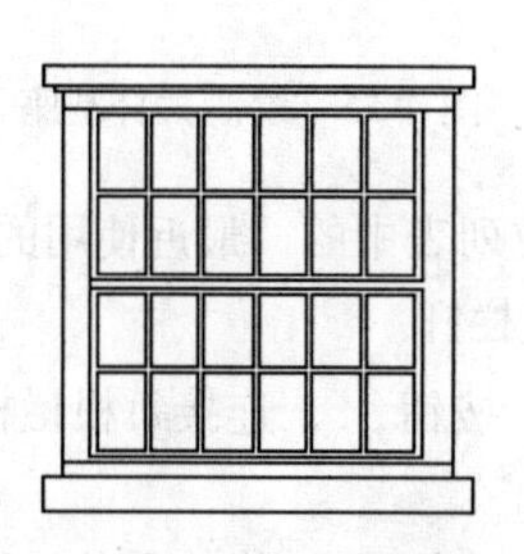

图 4-58　1800mm × 1800mm 的矩形木质旋窗

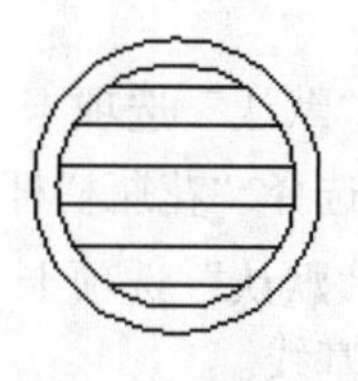

图 4-59　直径 800mm 的百叶窗

绘制立面门窗的方法在 4.1.6 节中已经有详尽的介绍，因此在这里不再详细叙述每一个绘制细节，只介绍立面门窗绘制的一般步骤。

1）通过已有平面图形绘制门窗洞口定位辅助线，确定门窗洞口位置。

2）打开“网盘资源\源文件\图库”，选择适当的门窗图块进行复制，将其粘贴到立面图中相应的门窗洞口位置。

3）删除门窗洞口定位辅助线。

4）在外窗下方绘制矩形窗台，完成门窗绘制。

绘制完成的别墅西立面门窗如图 4-60 所示。

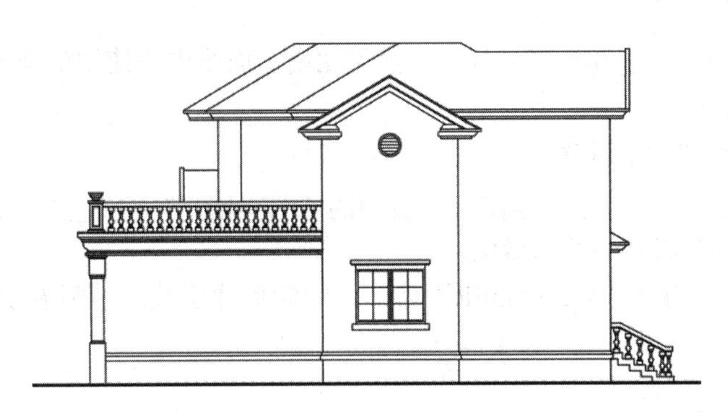

图 4-60　绘制完成的西立面门窗

4.2.6　绘制其他建筑细部

1. 绘制烟囱

在别墅西立面图中，烟囱的立面外形也是由 4 个大小不一但垂直中轴线都在同一直线上的矩形组成的，但由于观察方向的变化，烟囱的宽度与南立面图中有所不同。具体绘制方法如下：

1）在“图层”下拉列表中选择“烟囱”图层，将其设置为当前图层。

2）单击“默认”选项卡“绘图”面板中的“矩形”按钮，绘制 4 个矩形，矩形尺寸由上至下依次为 900mm × 450mm、1010mm × 150mm、930mm × 40mm 和 900mm × 1020mm。

3）将 4 个矩形连续组合起来，使它们的垂直中轴线都在同一条直线上。

4）绘制定位线确定烟囱位置，然后将所绘烟囱图形插入西立面图中，结果如图 4-61 所示。

2. 绘制外墙面贴石

1）在“图层”下拉列表中选择“墙贴石”图层，将其设置为当前图层。

2）单击“插入”选项卡“块”面板中“插入”下拉列表中的“最近使用的块”选项，在西立面图中每个外墙转角处插入“贴石组”图块，结果如图 4-62 所示。

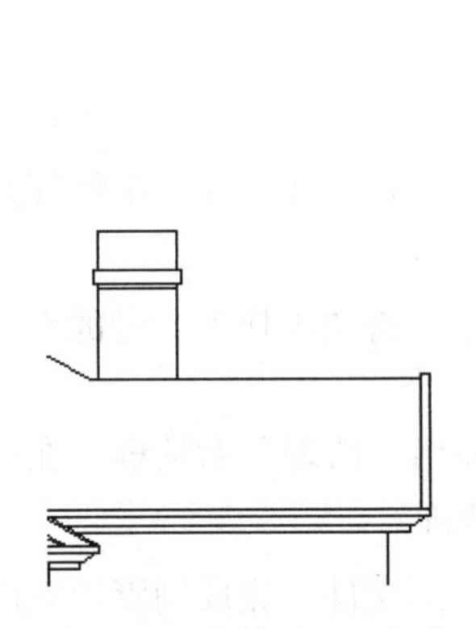

图 4-61　绘制西立面烟囱

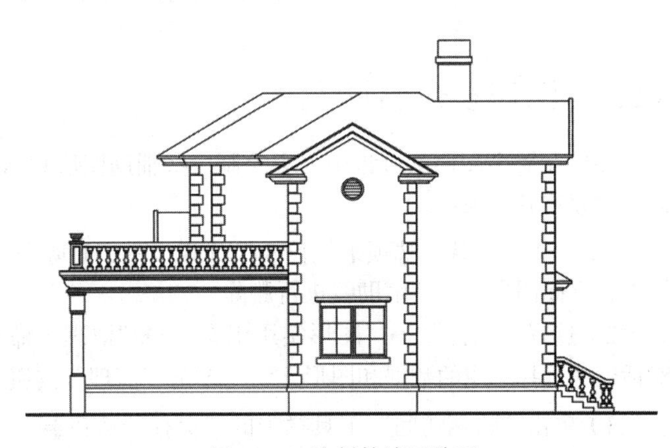

图 4-62　绘制外墙面贴石

Note

4.2.7 立面标注

在西立面图中，文字和标高的样式依然沿用南立面图中所使用的样式，标注方法也与前面介绍的基本相同。

1. 立面材料装修做法标注

1）单击“默认”选项卡“绘图”面板中的“图案填充”按钮，用不同填充图案表示西立面中的各部分材料和装修做法。

2）在命令行中输入“QLEADER”命令，绘制标注引线，然后在引线一端添加文字说明。

2. 立面标高

1）在“图层”下拉列表中选择“标注”图层，将其设置为当前图层。

2）单击“插入”选项卡“块”面板中“插入”下拉列表中的“最近使用的块”选项，在西立面图中的相应位置插入标高符号。

3）单击“默认”选项卡“注释”面板中的“多行文字”按钮A，在标高符号上方添加相应标高数值，结果如图 4-63 所示。

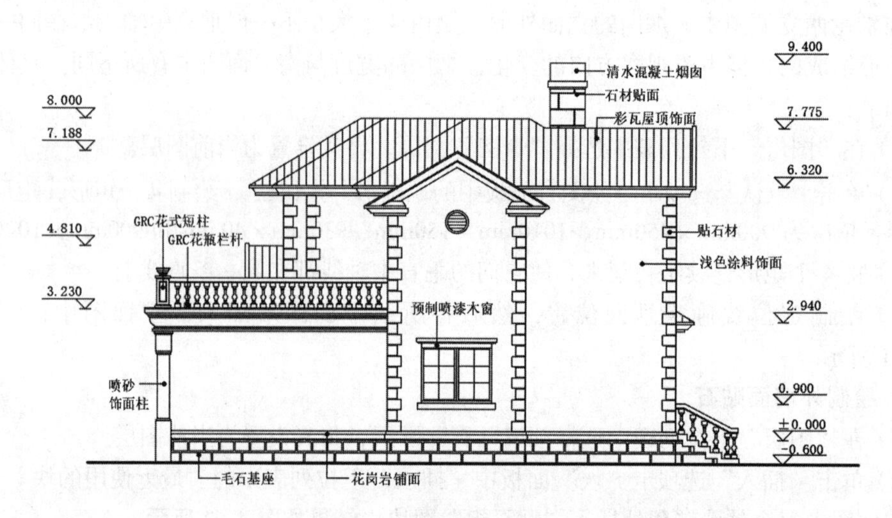

图 4-63　添加西立面标注

4.2.8 清理多余图形元素

在绘制整个图形的过程中，会绘制一些辅助图形和辅助线以及图块等，图形绘制完成后，需要将其清理掉。

1）单击“默认”选项卡“修改”面板中的“删除”按钮，将图中作为参考的平面图形、立面图形和其他辅助线进行删除。

2）选择“文件”→“图形实用工具”→“清理”命令，弹出“清理”对话框。在该对话框中选择无用的数据和图形元素，单击“清理”按钮进行清理。

3）单击“快速访问”工具栏中的“保存”按钮，保存图形文件，完成别墅西立面图的绘制。

别墅建筑剖面图的绘制

本章将以别墅剖面图为例，介绍建筑剖面图的绘制方法。该剖面图是一个剖切面通过楼梯间和阳台，剖切后向左进行投影所得的横剖面图。

- ☑ 设置绘图环境
- ☑ 绘制楼板与墙体
- ☑ 绘制屋顶和阳台
- ☑ 绘制楼梯
- ☑ 绘制门窗
- ☑ 绘制室外地坪层
- ☑ 填充被剖切的梁、板和墙体
- ☑ 绘制剖面图中可见部分
- ☑ 剖面标注

任务驱动 & 项目案例

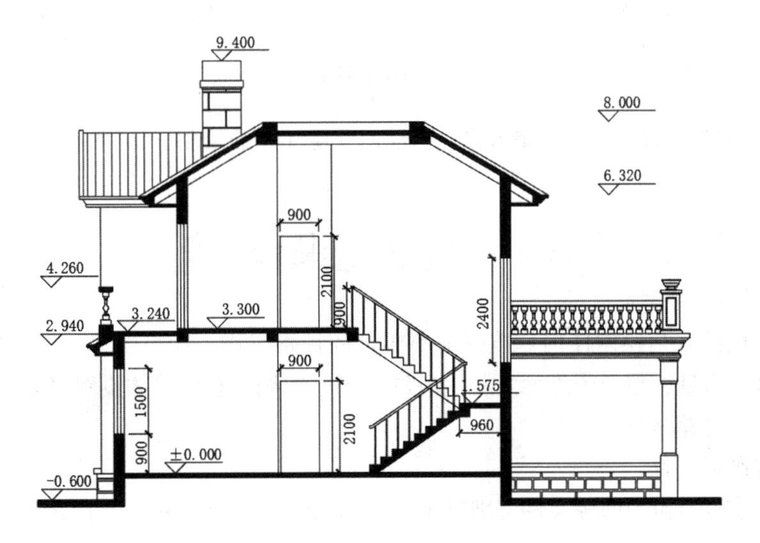

Note

建筑剖面图是指用一个假想的剖切面将房屋垂直剖开所得到的投影图。建筑剖面图是与平面图、立面图相互配合表达建筑物的图样，它主要反映建筑物的结构型式、垂直空间利用、各层构造做法和门窗洞口高度等情况。

一般来说，建筑剖面图中应表达以下内容：

☑ 建筑内部主要结构型式。

☑ 建筑物的分层情况。

☑ 建筑物主要承重构件的位置和相互关系，如各层梁、板、柱及墙体的连接关系等。

☑ 建筑物的内部总高度、各层层高、楼地面标高、室内外地坪标高及门窗等各部位高度。

☑ 被剖切到的墙体、楼板、楼梯和门窗。

☑ 建筑物未被剖切到的可见部分。

别墅剖面图的主要绘制思路为：首先根据已有的建筑立面图生成建筑剖面外轮廓线，接着绘制建筑物的各层楼板、墙体、屋顶和楼梯等被剖切的主要构件，然后绘制剖面门窗和建筑中未被剖切的可见部分，最后在所绘的剖面图中添加尺寸标注和文字说明。下面就按照这个思路绘制如图 5-1 所示的别墅剖面图 1-1。

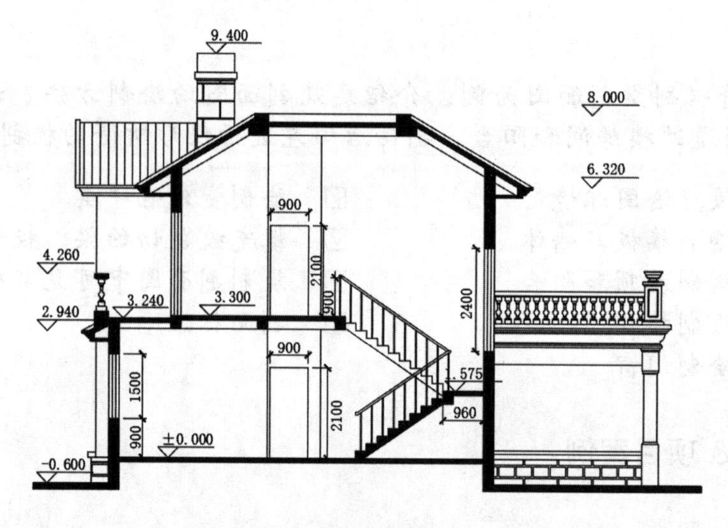

图 5-1　别墅剖面图 1-1

（电子资料包：动画演示 \ 第 5 章 \ 别墅剖面图 1-1 的绘制 .mp4）

5.1　设置绘图环境

绘图环境设置是绘制任何建筑图形都要做的预备工作，这里主要是指创建图形文件、引入已知图形信息、整理图形元素及生成剖面图轮廓线。有些具体设置可以在绘制过程中根据需要进行设置。

1. 创建图形文件

打开电子资料包中的源文件“别墅东立面图 .dwg”文件，单击“快速访问”工具栏中

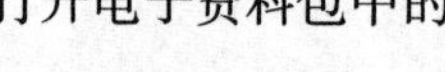

的“另存为”按钮，打开如图 5-2 所示的“图形另存为”对话框，在其中设置新的图形文件名称为“别墅剖面图 1-1.dwg”。单击“保存”按钮，建立图形文件。

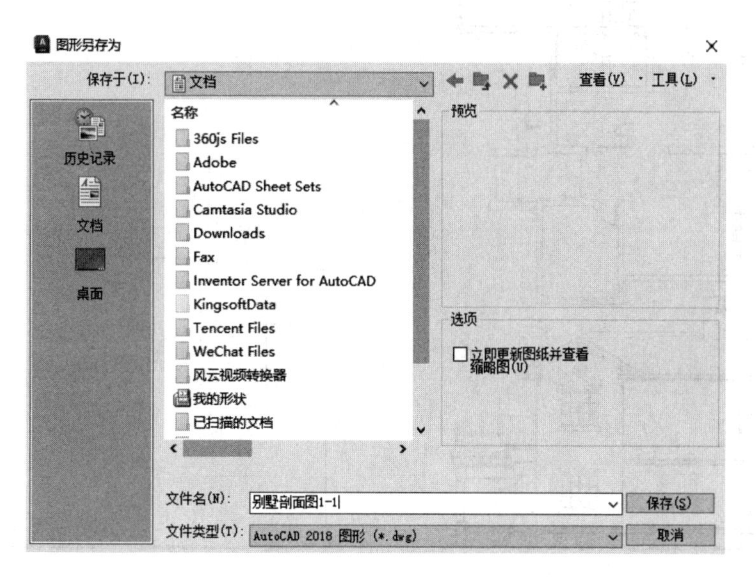

图 5-2　“图形另存为”对话框

2. 引入已知图形信息

1）单击“快速访问”工具栏中的“打开”按钮，打开已绘制的“别墅首层平面图 .dwg”文件，单击“默认”选项卡“图层”面板中的“图层特性”按钮，打开“图层特性管理器”选项板，关闭除“墙体”“门窗”“台阶”和“立柱”以外的其他图层，然后选择现有可见的平面图形进行复制。

2）返回“别墅剖面图 1-1.dwg”的绘图界面，将复制的平面图形粘贴到已有图形正上方对应位置。

3）单击“默认”选项卡“修改”面板中的“旋转”按钮，将平面图形旋转 270°。

3. 清理图形元素

1）选择“文件”→“图形实用工具”→“清理”命令，在弹出的“清理”对话框中清理图形文件中多余的图形元素。

2）单击“默认”选项卡“图层”面板中的“图层特性”按钮，打开“图层特性管理器”选项板，创建两个新图层，将新图层分别命名为“辅助线 1”和“辅助线 2”。

3）将清理后的平面图形和立面图形分别转移到“辅助线 1”和“辅助线 2”图层。

清理图形元素后的立面图形和平面图形及其相对位置如图 5-3 所示。

4. 生成剖面图轮廓线

1）单击“默认”选项卡“修改”面板中的“删除”按钮，保留立面图的外轮廓线及可见的立面轮廓，删除其他多余图形元素，得到剖面图的轮廓线，结果如图 5-4 所示。

2）单击“默认”选项卡“图层”面板中的“图层特性”按钮，打开“图层特性管理器”选项板，创建新图层，将新图层命名为“剖面轮廓线”，并将其设置为当前图层。

3）将所生成的剖面图轮廓线转移到“剖面轮廓线”图层。

Note

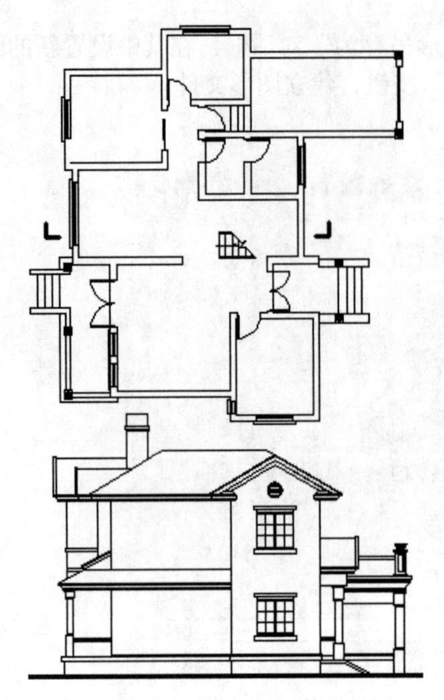

图 5-3　清理图形元素后的立面图形和平面图形

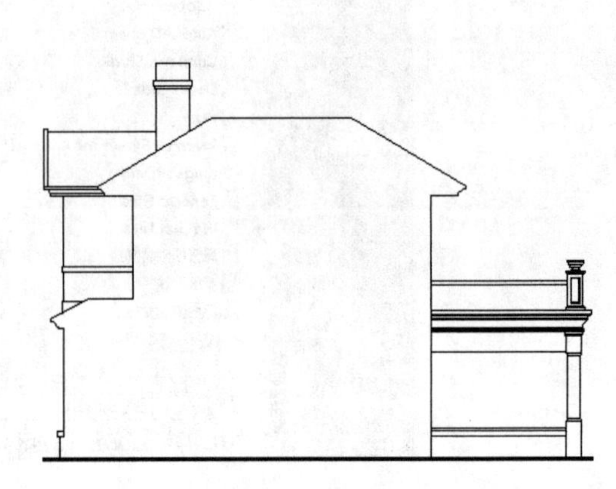

图 5-4　由立面图生成剖面图的轮廓线

5.2　绘制楼板与墙体

楼板与墙体主要是在定位线的基础上修剪生成的。

1. 绘制楼板定位线

1）单击“默认”选项卡“图层”面板中的“图层特性”按钮，打开“图层特性管理器”选项板，创建新图层，将新图层命名为“楼板”，并将其设置为当前图层。

2）单击“默认”选项卡“修改”面板中的“偏移”按钮，将室外地坪线向上连续偏移两次，偏移量依次为 500mm 和 100mm。

3）单击“默认”选项卡“修改”面板中的“修剪”按钮，结合已有剖面轮廓线对所绘偏移线进行修剪，得到首层楼板位置。

4）单击“默认”选项卡“修改”面板中的“偏移”按钮，再次将室外地坪线向上连续偏移两次，偏移量依次为 3800mm 和 100mm。

5）单击“默认”选项卡“修改”面板中的“修剪”按钮，结合已有剖面轮廓线对所绘偏移线进行修剪，得到二层楼板位置，结果如图 5-5 所示。

2. 绘制墙体定位线

1）在“图层”下拉列表中选择“墙体”图层，将其设置为当前图层。

2）单击“默认”选项卡“绘图”面板中的“直线”按钮，由已知平面图形向剖面方向引墙体定位线。

3）单击“默认”选项卡“修改”面板中的“修剪”按钮，结合已有剖面轮廓线修剪墙体定位线，结果如图 5-6 所示。

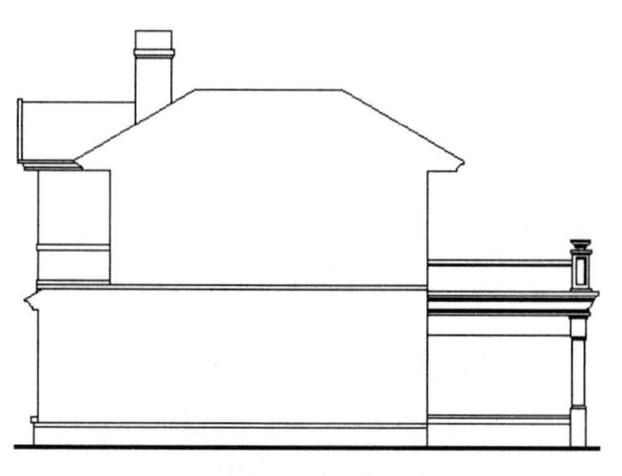

图 5-5　绘制二层楼板

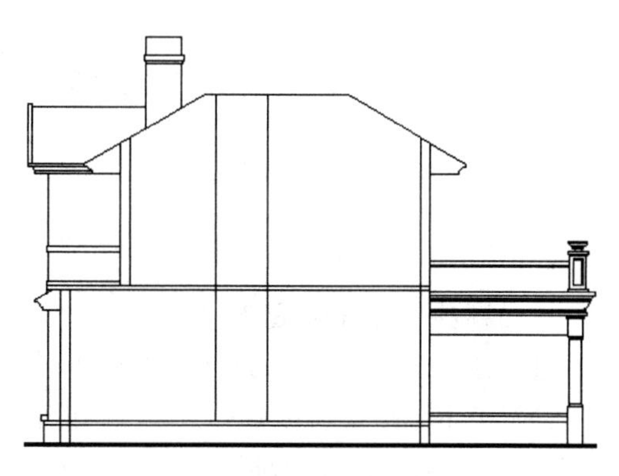

图 5-6　绘制墙体定位线

Note

3. 绘制梁剖面

该别墅主要采用框架剪力墙结构，将楼板搁置于梁和剪力墙上。

梁的剖面宽度为 240mm；首层楼板下方梁高为 300mm，二层楼板下方梁高为 200mm；梁的剖面形状为矩形。具体绘制方法如下：

1）在“图层”下拉列表中选择“楼板”图层，将其设置为当前图层。

2）单击“默认”选项卡“绘图”面板中的“矩形”按钮，绘制尺寸为 240mm × 100mm 的矩形。

3）单击“插入”选项卡“块定义”面板中的“创建块”按钮，将绘制的矩形定义为图块，设置图块名称为“梁剖面”。

4）单击“插入”选项卡“块”面板中“插入”下拉列表中的“最近使用的块”选项，在每层楼板下相应位置插入“梁剖面”图块，并根据梁的实际高度调整图块 Y 方向比例数值（当该梁位于首层楼板下方时，设置 Y 方向比例为 3；当梁位于二层楼板下方时，设置 Y 方向比例为 2），结果如图 5-7 所示。

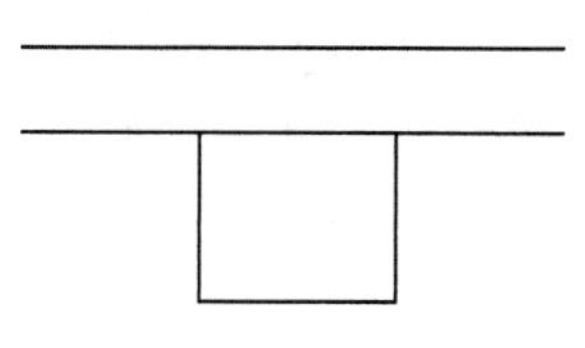

图 5-7　绘制梁剖面

5.3　绘制屋顶和阳台

屋顶和阳台都是被剖到的部位，需要在剖面图中将其绘制出来，但不用详细绘制。

1. 绘制屋顶剖面

1）在“图层”下拉列表中选择“屋顶轮廓线”图层，将其设置为当前图层。

2）单击“默认”选项卡“修改”面板中的“偏移”按钮⊆，将图中坡屋面两侧轮廓线向内连续偏移 3 次，偏移量分别为 80mm、100mm 和 180mm。

3）单击“默认”选项卡“修改”面板中的“偏移”按钮⊆，将图中坡屋面顶部水平轮廓线向下连续偏移 3 次，偏移量分别为 200mm、100mm 和 200mm。

4）单击“默认”选项卡“绘图”面板中的“直线”按钮╱，根据偏移所得的屋顶定位线绘制屋顶剖面，结果如图 5-8 所示。

Note

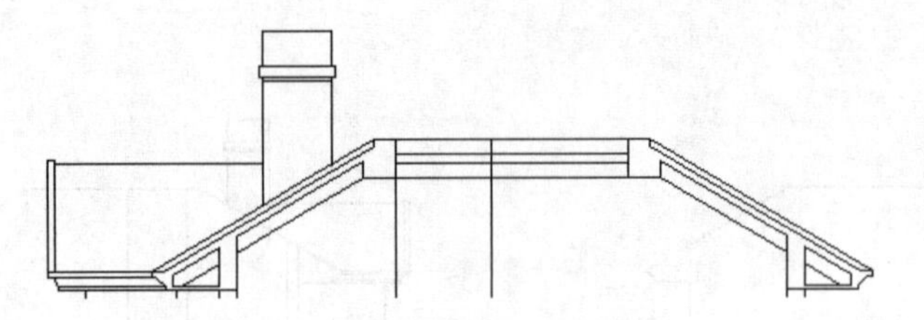

图 5-8　绘制屋顶剖面

2. 绘制阳台板和雨篷剖面

1）在“图层”下拉列表中选择“阳台”图层，将其设置为当前图层。

2）单击“默认”选项卡“修改”面板中的“偏移”按钮 ⊆，将二层楼板的定位线向下偏移 60mm，得到阳台板位置。然后单击“默认”选项卡“修改”面板中的“修剪”按钮 ，对多余楼板和墙体线条进行修剪，得到阳台板剖面。

3）在“图层”下拉列表中选择“雨篷”图层，将其设置为当前图层。

4）按照前面介绍的屋顶剖面画法，绘制阳台下方雨篷剖面，结果如图 5-9 所示。

3. 绘制栏杆剖面

1）在“图层”下拉列表中选择“栏杆”图层，将其设置为当前图层。

2）单击“默认”选项卡“修改”面板中的“偏移”按钮 ⊆，将栏杆基座外侧垂直轮廓线向右偏移，偏移量为 320mm；然后单击“默认”选项卡“修改”面板中的“修剪”按钮 ，结合基座水平定位线修剪多余线条，得到宽度为 320mm 的基座剖面轮廓。

3）按照同样的方法，绘制宽度为 240mm 的下栏板、宽度为 320mm 的栏杆扶手和宽度为 240mm 的扶手垫层剖面。

4）单击“插入”选项卡“块”面板中“插入”下拉列表中的“最近使用的块”选项，在扶手与下栏板之间插入一根花瓶栏杆，使其底面中点与栏杆基座的上表面中点重合，结果如图 5-10 所示。

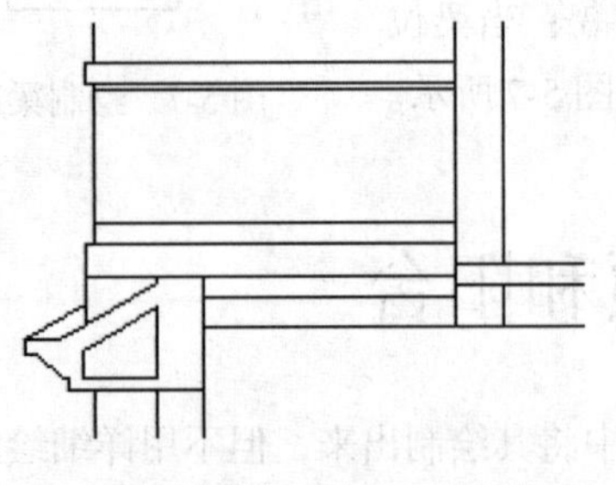

图 5-9　绘制阳台板和雨篷剖面

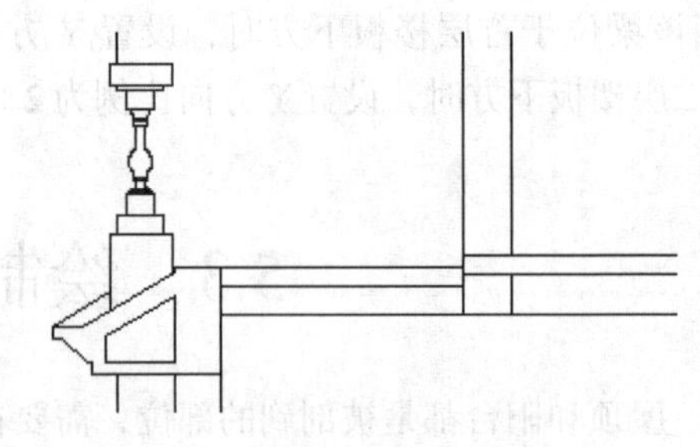

图 5-10　绘制栏杆剖面

5.4 绘制楼梯

该别墅中仅有一处楼梯，为常见的双跑形式。其中，第一跑梯段有 9 级踏步，第二跑有 10 级踏步，楼梯平台宽度为 960mm，平台面标高为 1.575m。下面介绍楼梯剖面的绘制方法。

1. 绘制楼梯平台

1）在“图层”下拉列表中选择“楼梯”图层，将其设置为当前图层。

2）单击“默认”选项卡“修改”面板中的“偏移”按钮⊆，将室内地坪线向上偏移 1575mm，将楼梯间外墙的内侧墙线向左偏移 960mm，然后对多余线条进行修剪，得到楼梯平台的地坪线。

3）单击“默认”选项卡“修改”面板中的“偏移”按钮⊆，将得到的楼梯地坪线向下偏移 100mm，得到厚度为 100mm 的楼梯平台楼板。

2. 绘制楼梯梁

单击“插入”选项卡“块”面板中“插入”下拉列表中的“最近使用的块”选项，在楼梯平台楼板两端的下方插入“梁剖面”图块，并设置 Y 方向缩放比例为 2，结果如图 5-11 所示。

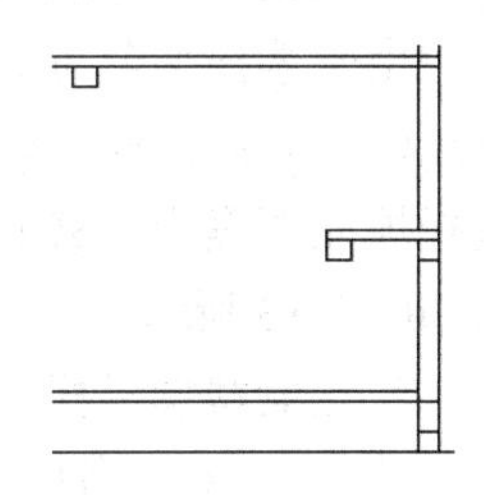

图 5-11　绘制楼梯梁

3. 绘制楼梯梯段

1）单击“默认”选项卡“绘图”面板中的“多段线”按钮 ，以楼梯平台面左侧端点为起点，由上至下绘制第一跑楼梯踏步线。命令行提示与操作如下：

```
命令 : _pline
指定起点 :（选取楼梯平台左侧上角点作为多段线起点）
当前线宽为 0 ↙
指定下一点或 [ 圆弧 (A) 宽度 (W)]: 175 ↙（向下移动鼠标，在命令行中输入 175 后，按 Enter 键确认）
指定下一点或 [ 圆弧 (A) 宽度 (W)]: 260 ↙（向左移动鼠标，在命令行中输入 260 后，按 Enter 键确认）
指定下一点或 [ 圆弧 (A) 宽度 (W)]: 175 ↙（向下移动鼠标，在命令行中输入 175 后，按 Enter 键确认）
指定下一点或 [ 圆弧 (A) 宽度 (W)]: 260 ↙（向左移动鼠标，在命令行中输入 260 后，按 Enter 键确认）
……（多次重复上述操作，绘制楼梯踏步线）
指定下一点或 [ 圆弧 (A) ……宽度 (W)]: 175 ↙（向下移动鼠标，在命令行中输入 175 后，按 Enter 键，多段线端点落在室内地坪线上，结束第一跑梯段的绘制）
```

2）绘制第一跑梯段的底面线。首先单击“默认”选项卡“绘图”面板中的“直线”按钮╱，分别以楼梯第一、二级踏步线下端点为起点，绘制两条垂直定位辅助线，确定梯段底面位置。命令行提示与操作如下：

```
命令 : L
LINE 指定第一个点 :（选取第一级踏步左下角点为起点）↙
指定下一点或 [ 放弃 (U)]: 120 ↙（向下移动鼠标，在命令行中输入 120，按 Enter 键）
指定下一点或 [ 放弃 (U)]: ↙（按 Enter 键，完成操作）
命令 : L
LINE 指定第一个点 :（选取第二级踏步左下角点为起点）
指定下一点或 [ 放弃 (U)]: 120 ↙（向下移动鼠标，在命令行中输入 120，按 Enter 键）
指定下一点或 [ 放弃 (U)]: ↙（按 Enter 键，完成操作）
```

Note

单击“默认”选项卡“绘图”面板中的“直线”按钮╱，连接两条垂直线段的下端点，绘制楼梯底面线条。接着单击“默认”选项卡“修改”面板中的“延伸”按钮→|，延伸楼梯底面线条，使其与楼梯平台和室内地坪面相交。然后修剪并删除其他辅助线条，完成第一跑梯段的绘制，结果如图 5-12 所示。

3）采用同样的方法，绘制楼梯第二跑梯段。需要注意的是，此梯段最上面一级踏步高 150mm，不同于其他踏步高度（175mm）。

4）修剪多余的辅助线与楼板线。

4. 填充楼梯被剖切部分

由于楼梯平台与第一跑梯段均为被剖切部分，因此需要对这两处进行图案填充。单击“默认”选项卡“绘图”面板中的“图案填充”按钮，打开“图案填充创建”选项卡，选择填充图案为“SOLID”，然后在绘图区中选取需填充的楼梯及平台剖面进行填充，结果如图 5-13 所示。

5. 绘制楼梯栏杆

楼梯栏杆的高度为 900mm，相邻两根栏杆的间距为 230mm，栏杆的截面直径为 20mm。具体绘制方法如下：

1）在“图层”下拉列表中选择“栏杆”图层，将其设置为当前图层。

2）选择菜单栏中的“格式”→“多线样式”命令，创建新的多线样式，将其命名为“20mm 栏杆”，在弹出的“新建多线样式”对话框中进行以下设置：直线起点和端点均不封口；元素偏移量首行设为 10mm，第二行设为 −10mm。单击“确定”按钮，完成对新多线样式的设置。

3）选择菜单栏中的“绘图”→“多线”命令（或者在命令行中输入“ml”，执行多线命令），在命令行中选择多线对正方式为“无”，比例为 1，样式为“20mm 栏杆”；然后以楼梯每一级踏步线中点为起点，向上绘制长度为 900mm 的多线。

4）绘制扶手。单击“默认”选项卡“修改”面板中的“复制”按钮，将楼梯梯段底面线复制并粘贴到栏杆线上方端点处，得到扶手底面线条；接着单击“默认”选项卡“修改”面板中的“偏移”按钮⊆，将扶手底面线条向上偏移 50mm，得到扶手上表面线条；然后单击“默认”选项卡“绘图”面板中的“直线”按钮╱，绘制扶手端部线条。

5）单击“默认”选项卡“绘图”面板中的“图案填充”按钮，将楼梯上端护栏剖面填充为实体颜色。

绘制完成的楼梯剖面如图 5-14 所示。

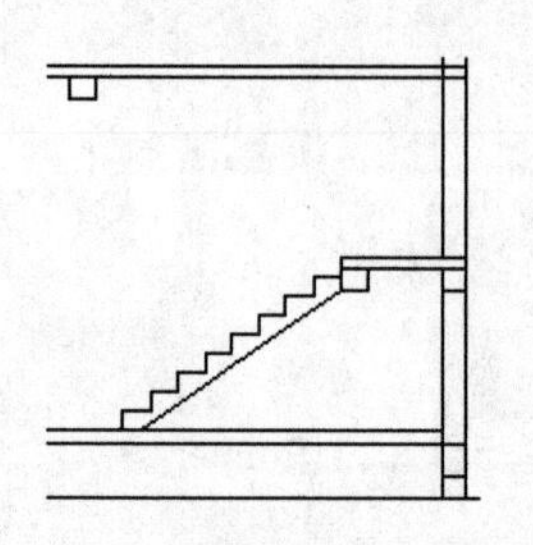
图 5-12　绘制第一跑梯段

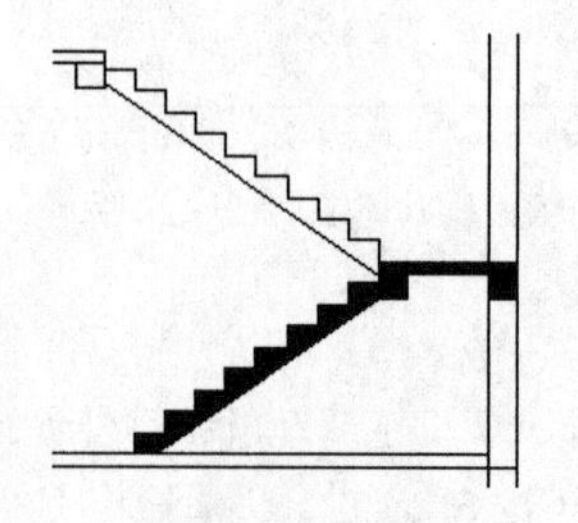
图 5-13　填充梯段及平台剖面

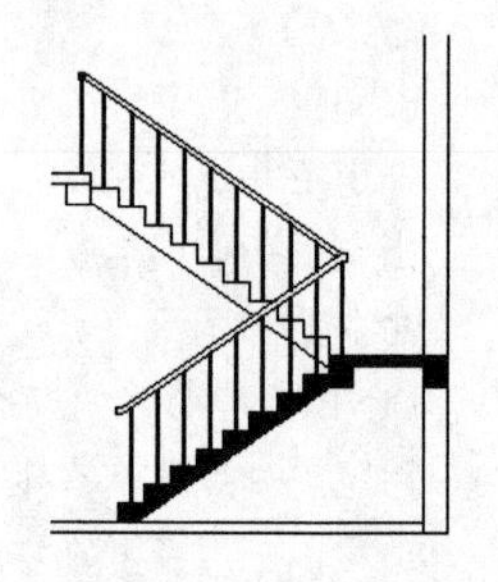
图 5-14　楼梯剖面

5.5　绘制门窗

按照门窗与剖切面的相对位置关系，可以将剖面图中的门窗分为以下两种类型：

第一种为被剖切的门窗。这种门窗的绘制方法近似于平面图中的门窗画法，只是在方向、尺寸及其他一些细节上略有不同。

第二种为未被剖切但仍可见的门窗。此种门窗的绘制方法与立面图中的门窗画法基本相同。

下面分别通过剖面图中的门窗介绍这两种门窗的绘制方法。

1. 被剖切的门窗

在楼梯间的外墙上有一处窗体被剖切，该窗高度为 2400mm，窗底标高为 2500m。下面以该窗体为例介绍被剖切门窗的绘制方法。

1）在“图层”下拉列表中选择“门窗”图层，将其设置为当前图层。

2）单击“默认”选项卡“修改”面板中的“偏移”按钮⊆，将室内地坪线向上连续偏移两次，偏移量依次为 2500mm 和 2400mm。

3）单击“默认”选项卡“修改”面板中的“延伸”按钮→|，使两条偏移线均与外墙线正交。然后单击“默认”选项卡“修改”面板中的“修剪”按钮✂，修剪墙体外部多余的线条，得到该窗体的上、下边线。

4）单击“默认”选项卡“修改”面板中的“偏移”按钮⊆，将两侧墙线分别向内偏移，偏移量均为 80mm。然后单击“默认”选项卡“修改”面板中的“修剪”按钮✂，修剪窗线，完成窗体剖面绘制，结果如图 5-15 所示。

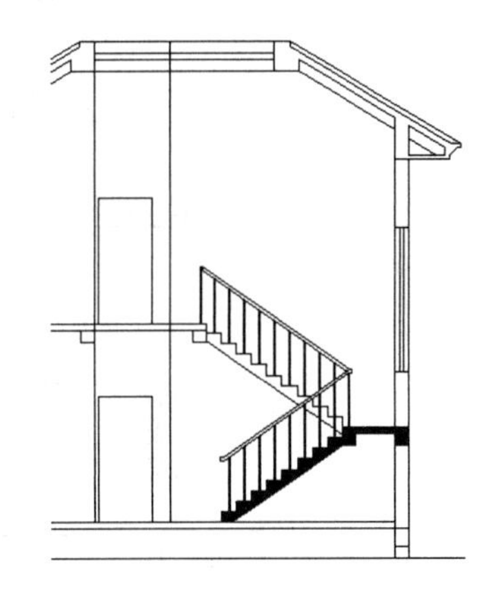

图 5-15　绘制窗体剖面

2. 未被剖切但仍可见的门窗

在剖面图中有两处门可见，即首层工人房和二层客房的房间门。这两扇门的尺寸均为 900mm × 2100mm。下面介绍未被剖切但仍可见的门窗的绘制方法。

1）在“图层”下拉列表中选择“门窗”图层，将其设置为当前图层。

2）单击“默认”选项卡“修改”面板中的“偏移”按钮⊆，将首层和二层地坪线分别向上偏移，偏移量均为 2100mm。

3）单击“默认”选项卡“绘图”面板中的“直线”按钮╱，由平面图确定这两处门的水平位置，绘制门洞定位线。

4）单击“默认”选项卡“绘图”面板中的“矩形”按钮□，绘制尺寸为 900mm × 2100mm 的矩形门立面，并将其定义为图块，设置图块名称为“900 × 2100 立面门”。

5）单击“插入”选项卡“块”面板中“插入”下拉列表中的“最近使用的块”选项，在已确定的门洞的位置插入“900 × 2100 立面门”图块，并删除定位辅助线，完成门的绘制，结果如图 5-15 所示。

✍ **技巧：** 在绘制建筑剖面图中的门窗或楼梯时，除了利用前面介绍的方法直接绘制外，也可借助图库中的图块进行绘制，如绘制一些未被剖切的可见门窗或者一组楼梯栏杆等。在常见的室内图库中，有很多不同种类和尺寸的门窗和栏杆立面可供选择，设计者只需找到适当的图块进行复制，然后粘贴到自己的图中即可。如果图库中提供的图块与实际需要的图形之间存在尺寸或角度上的差异，可先将图块分解，然后利用“旋转”或“缩放”命令进行修改，将其调整到满意的结果后，插入图中相应位置。

5.6 绘制室外地坪层

在建筑剖面图中，绘制室外地坪层的方法与立面图中的绘制方法是相同的。

1）在“图层”下拉列表中选择“地坪”图层，将其设置为当前图层。

2）单击“默认”选项卡“修改”面板中的“偏移”按钮，将室外地坪线向下偏移150mm，得到室外地坪层底面位置。

3）单击“默认”选项卡“修改”面板中的“修剪”按钮，结合被剖切的外墙，修剪地坪层线条，完成室外地坪层的绘制，结果如图 5-16 所示。

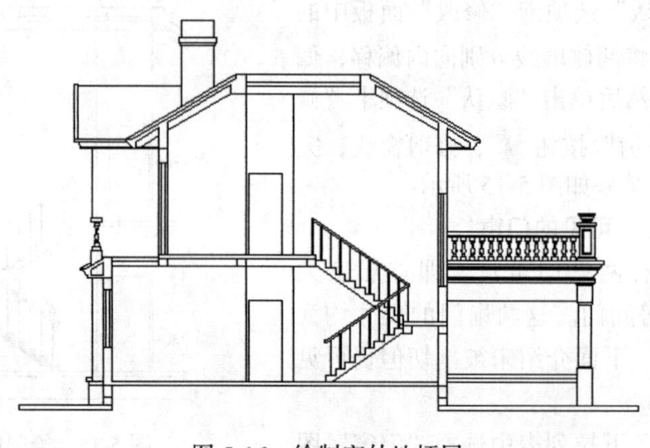

图 5-16　绘制室外地坪层

5.7 填充被剖切的梁、板和墙体

在建筑剖面图中，被剖切的构件断面一般用实体填充表示。因此，需要使用“图案填充”命令，将所有被剖切的楼板、地坪、墙体、屋面、楼梯以及梁架等建筑构件的剖断面进行实体填充。具体绘制方法如下：

1）单击“默认”选项卡“图层”面板中的“图层特性”按钮，打开“图层特性管理器”对话框，创建新图层，将新图层命名为“剖面填充”，并将其设置为当前图层。

2）单击“默认”选项卡“绘图”面板中的“图案填充”按钮，打开“图案填充创

建”选项卡，选择填充图案为“SOLID”，然后在绘图界面中选取需填充的构件剖断面进行填充，结果如图 5-17 所示。

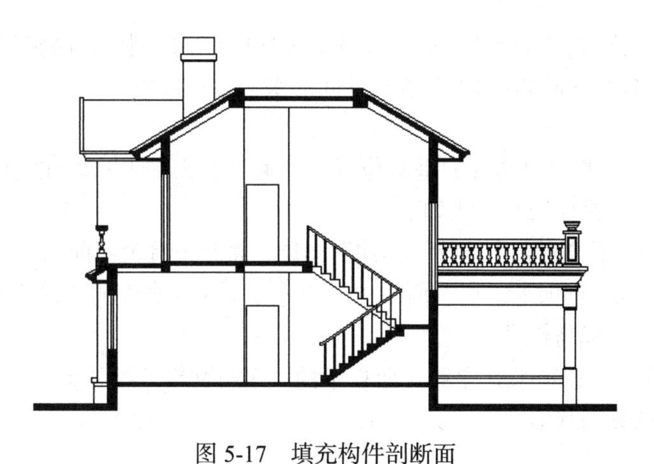

图 5-17　填充构件剖断面

5.8　绘制剖面图中可见部分

在剖面图中，除以上绘制的被剖切的主体部分外，在被剖切外墙的外侧还有一些是未被剖切到但却可见的部分。在绘制剖面图的过程中，这些可见部分同样不可忽略。这些可见部分是建筑剖面图的一部分，同样也是建筑立面图的一部分，因此其绘制方法可参考前面章节介绍的建筑立面图画法。

在本例中，由于剖面图是在已有立面图基础上绘制的，因此在剖面图绘制的开始阶段就选择性地保留了已有立面图的相关部分，这为这些可见部分的绘制提供了很大的方便。然而，保留部分并不完全准确，许多细节和变化都没有表现出来，所以还需要使用绘制立面图的方法，对已有立面的可见部分进行修改和完善。

在剖面图中需要修改和完善的可见部分包括车库上方露台、局部坡屋顶、烟囱和别墅室外台基等。绘制结果如图 5-18 所示。

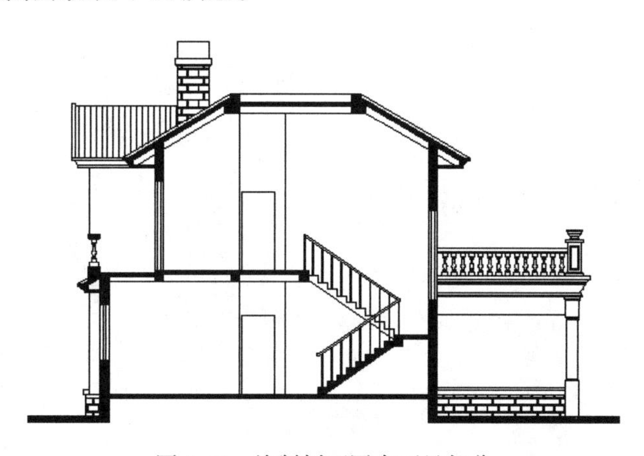

图 5-18　绘制剖面图中可见部分

5.9 剖面标注

Note

一般情况下，在方案初步设计阶段，剖面图中的标注以剖面标高和门窗等构件尺寸为主，用来表明建筑内、外部空间以及各构件间的水平和垂直关系。

1. 剖面标高

在剖面图中，一些主要构件的垂直位置需要通过标高来表示，如室内外地坪、楼板、屋面和楼梯平台等。具体绘制方法如下：

1）在“图层”下拉列表中选择“标注”图层，将其设置为当前图层。

2）单击“插入”选项卡“块”面板中“插入”下拉列表中的“最近使用的块”选项，在相应标注位置插入标高符号。

3）单击“默认”选项卡“注释”面板中的“多行文字”按钮A，在标高符号的长直线上方添加相应的标高数值。

2. 尺寸标注

在剖面图中，需要对门、窗和楼梯等构件进行尺寸标注。具体绘制方法如下：

1）在“图层”下拉列表中选择“标注”图层，将其设置为当前图层。

2）单击“默认”选项卡“注释”面板中的“标注样式”按钮，将“平面标注”设置为当前标注样式。

3）单击“默认”选项卡“注释”面板中的“线性”按钮，对各构件尺寸进行标注。

别墅建筑室内设计图的绘制

一般来说，建筑室内设计图是指一整套与室内设计相关的图纸的集合，包括室内平面图、室内立面图、室内地坪图、顶棚图、电气系统图和节点大样图等。这些图纸可分别表达室内设计的某个方面，只有将它们组合起来，才能完整地表达室内设计情况。本章将继续以前面章节中引用的别墅作为实例，介绍几种常用的室内设计图的绘制方法。

- ☑ 客厅平面图的绘制
- ☑ 客厅立面图 A 的绘制
- ☑ 客厅立面图 B 的绘制
- ☑ 别墅首层地坪图的绘制
- ☑ 别墅首层顶棚平面图的绘制

任务驱动 & 项目案例

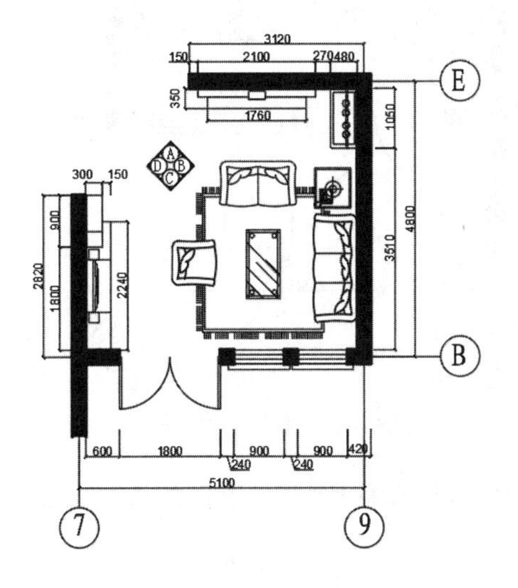

室内设计图是反映建筑物内部空间装饰和装修情况的图样。室内设计是指根据空间的使用性质和所处环境，运用物质技术及艺术手段，创造出功能合理、舒适美观、符合人的生理和心理要求，使使用者心情愉快，便于生活、学习的理想场所的内部空间环境设计。它包括4个组成部分，即空间形象的设计、室内装修设计、室内物理环境设计和室内陈设艺术设计。

Note

通常情况下，建筑室内设计图中应表达以下内容：

☑ 室内平面功能分析和布局。
☑ 室内墙面装饰材料和构造做法。
☑ 家具、洁具以及其他室内陈设的位置和尺寸。
☑ 室内地面和顶棚的材料以及装修做法。
☑ 室内各主要部位的标高。
☑ 各房间灯具的类型和位置。

6.1　客厅平面图的绘制

客厅平面图的主要绘制思路为：首先利用已绘制的首层平面图生成客厅平面图轮廓，然后在客厅平面图中添加各种家具图形，最后对所绘制的客厅平面图进行尺寸标注。如有必要，还要添加室内方向索引符号进行方向标识。下面按照这个思路绘制如图6-1所示的别墅客厅平面图。

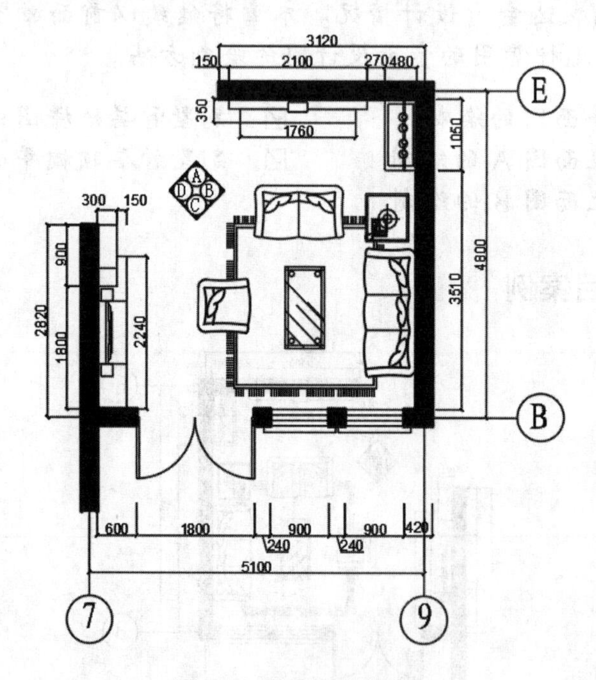

图6-1　别墅客厅平面图

（电子资料包：动画演示\第6章\客厅平面图的绘制.mp4）

6.1.1　设置绘图环境

1. 创建图形文件

由于这里所绘的客厅平面图是首层平面图中的一部分，因此不必使用 AutoCAD 软件中的“新建”命令来创建新的图形文件，可以利用已经绘制好的首层平面图直接进行创建。具体做法如下：

打开已绘制的“别墅首层平面图 .dwg”文件，单击“快速访问”工具栏中的“另存为”按钮，打开如图 6-2 所示的“图形另存为”对话框，在其中设置新的图形文件名称为“客厅平面图 .dwg”，单击“保存”按钮，建立图形文件。

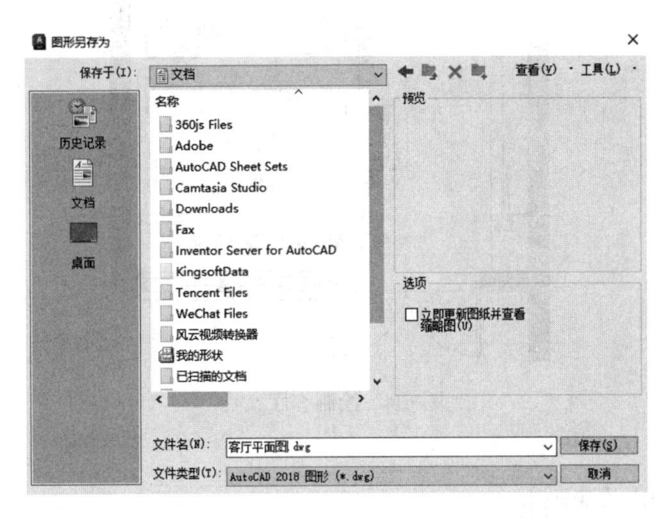

图 6-2　“图形另存为”对话框

2. 清理图形元素

1）单击“默认”选项卡“修改”面板中的“删除”按钮，删除平面图中多余的图形元素，仅保留客厅四周的墙线及门窗。

2）单击“默认”选项卡“绘图”面板中的“图案填充”按钮，在弹出的“图案填充创建”选项卡中选择填充图案为“SOLID”，填充客厅墙体，结果如图 6-3 所示。

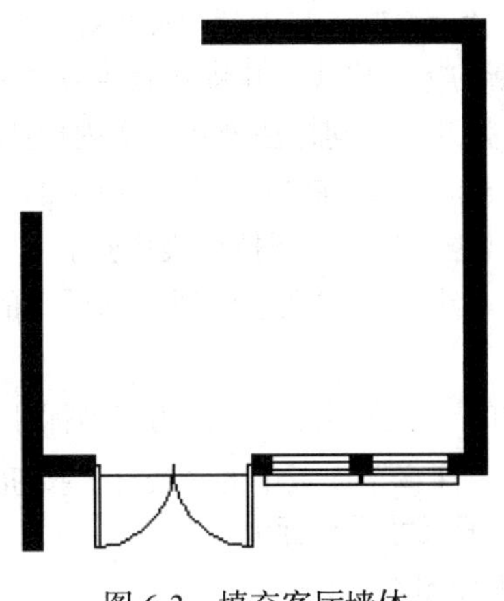

图 6-3　填充客厅墙体

Note

6.1.2　绘制家具

客厅是主人会客和休闲娱乐的场所。在客厅中，应布置的家具有沙发、茶几和电视柜等，具体绘制方法可参考 3.1.6 节中的内容。除此之外，还可以设计和摆放一些可以体现主人个人品位和兴趣爱好的室内装饰物品，如图 6-4 所示。

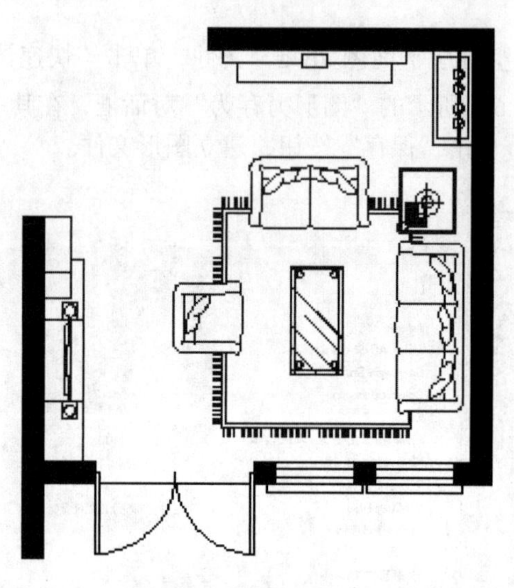

图 6-4　绘制客厅家具

6.1.3　室内平面标注

1. 轴线标注

单击“默认”选项卡“图层”面板中的“图层特性”按钮，打开”图层特性管理器”选项板，选择“轴线”和“轴线编号”图层并将它们打开，除保留客厅相关轴线与轴号外，删除其他所有的轴线和轴号。

2. 尺寸标注

1）在“图层”下拉列表中选择“标注”图层，将其设置为当前图层。

2）单击“默认”选项卡“注释”面板中的“标注样式”按钮，打开“标注样式管理器”对话框，在其中创建新的标注样式，并将其命名为“室内标注”。

3）单击“继续”按钮，打开“新建标注样式：室内标注”对话框。

4）选择“符号和箭头”选项卡，在“箭头”选项组的“第一个”和“第二个”下拉列表中均选择“建筑标记”，在“引线”下拉列表中选择“点”，在“箭头大小”微调框中输入 50；选择“文字”选项卡，在“文字外观”选项组的“文字高度”微调框中输入 150。

5）完成设置后，将新建的“室内标注”设置为当前标注样式。

6）单击“默认”选项卡“注释”面板中的“线性”按钮，对客厅平面中的墙体尺寸、门窗位置和主要家具的平面尺寸进行标注。

标注轴线和尺寸后的结果如图 6-5 所示。

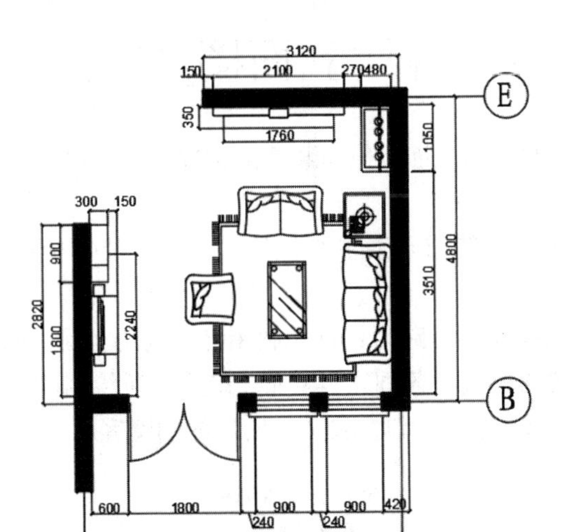

图 6-5　标注轴线和尺寸

3. 绘制方向索引符号

在绘制一组室内设计图时，为了统一室内方向标识，通常要在平面图中添加方向索引符号。具体绘制方法如下：

1）在“图层”下拉列表中选择“标注”图层，将其设置为当前图层。

2）单击“默认”选项卡“绘图”面板中的“矩形”按钮，绘制一个边长为 300mm 的正方形；接着单击“默认”选项卡“绘图”面板中的“直线”按钮，绘制正方形对角线；然后单击“默认”选项卡“修改”面板中的“旋转”按钮，将所绘制的正方形旋转 45°。

3）单击“默认”选项卡“绘图”面板中的“圆”按钮，以正方形对角线交点为圆心，绘制半径为 150mm 的正方形内切圆。

4）单击“默认”选项卡“修改”面板中的“分解”按钮，将正方形进行分解，并删除正方形下半部的两条边和垂直方向的对角线（剩余图形为等腰直角三角形与圆）；然后单击“默认”选项卡“修改”面板中的“修剪”按钮，结合已知圆，修剪正方形水平对角线。

5）单击“默认”选项卡“绘图”面板中的“图案填充”按钮，在弹出的“图案填充创建”选项卡中选择填充图案为“SOLID”，对等腰三角形中未与圆重叠的部分进行填充，完成方向索引符号的绘制，结果如图 6-6 所示。

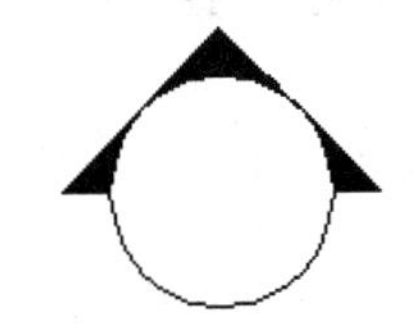

图 6-6　绘制方向索引符号

6）单击“默认”选项卡“块”面板中的“创建”按钮，将所绘方向索引符号定义为图块，命名为“室内索引符号”。

7）单击“默认”选项卡“块”面板中“插入”下拉列表中的“最近使用的块”选项，在平面图中插入方向索引符号，并根据需要调整符号角度。

8）单击“默认”选项卡“注释”面板中的“多行文字”按钮，在方向索引符号的圆内添加字母或数字进行标识。

6.2 客厅立面图 A 的绘制

Note

室内立面图主要反映室内墙面装修与装饰的情况。本节将介绍别墅客厅中 A 立面的绘制过程。

在别墅客厅中，A 立面装饰元素主要包括文化墙、装饰柜以及柜子上方的装饰画和射灯。

客厅立面图 A 的主要绘制思路为：首先利用已绘制的客厅平面图生成墙体和楼板剖立面，然后利用图库中的图块绘制各种家具立面，最后对所绘制的客厅平面图进行尺寸标注和文字说明。下面按照这个思路绘制如图 6-7 所示的别墅客厅立面图 A。

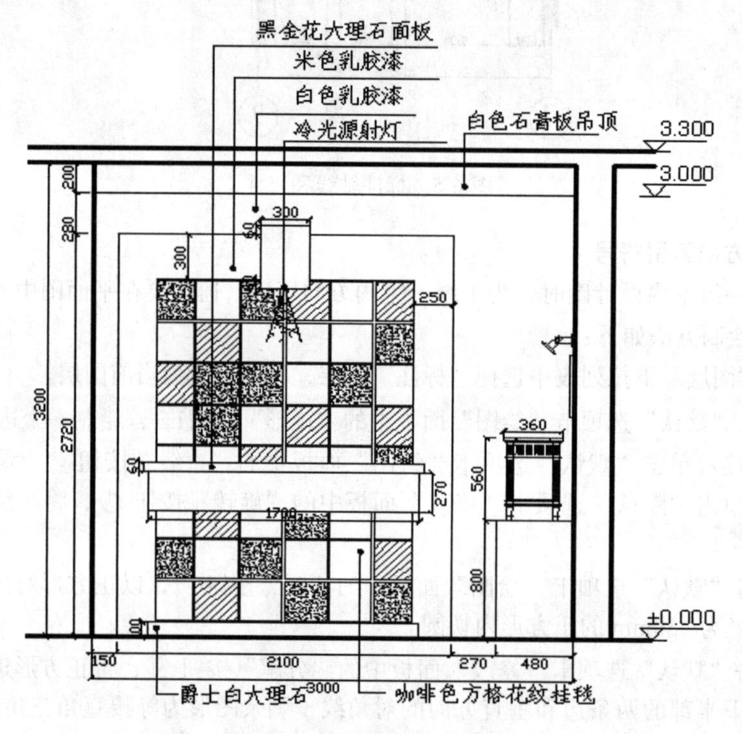

图 6-7 别墅客厅立面图 A

（电子资料包：动画演示 \ 第 6 章 \ 客厅立面图 A 的绘制 .mp4）

6.2.1 设置绘图环境

1. 创建图形文件

打开已绘制的“客厅平面图 .dwg”文件，单击“快速访问”工具栏中的“另存为”按钮，打开“图形另存为”对话框，在其中设置新的图形文件名称为“客厅立面图 A.dwg”，单击“保存”按钮，建立图形文件。

2. 清理图形元素

1）单击“默认”选项卡“图层”面板中的“图层特性”按钮，打开“图层特性管理器”选项板，关闭与绘制客厅立面图 A 无关的图层，如“轴线”“轴线编号”图层等。

2）单击“默认”选项卡“修改”面板中的“删除”按钮和“修剪”按钮，清理平面图中多余的家具和墙体线条。清理后的平面图形如图 6-8 所示。

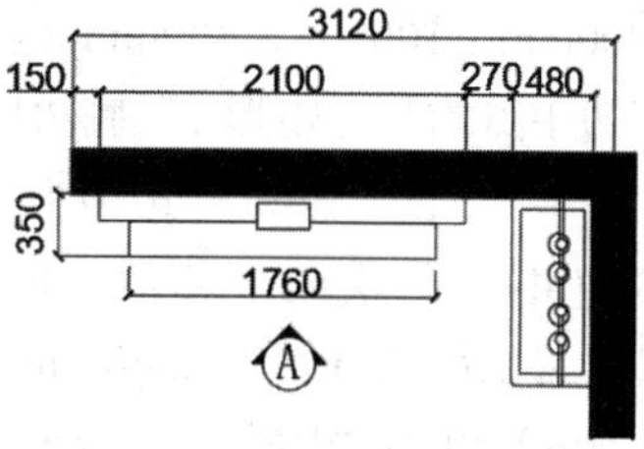

图 6-8　清理后的平面图形

6.2.2　绘制地面、楼板与墙体

在室内立面图中，被剖切的墙线和楼板线都用粗实线表示。

1. 绘制室内地坪

1）单击“默认”选项卡“图层”面板中的“图层特性”按钮，打开“图层特性管理器”选项板，创建新图层，将新图层命名为“粗实线”，设置该图层线宽为“0.30mm”，并将其设置为当前图层。

2）单击“默认”选项卡“绘图”面板中的“直线”按钮，在平面图上方绘制长度为 4000mm 的室内地坪线，其标高为 ±0.000。

2. 绘制楼板线和梁线

1）单击“默认”选项卡“修改”面板中的“偏移”按钮，将室内地坪线连续向上偏移两次，偏移量依次为 3200mm 和 100mm，得到楼板定位线。

2）单击“默认”选项卡“图层”面板中的“图层特性”按钮，打开“图层特性管理器”选项板，创建新图层，将新图层命名为“细实线”，并将其设置为当前图层。

3）单击“默认”选项卡“修改”面板中的“偏移”按钮，将室内地坪线向上偏移 3000mm，得到梁底定位线。

4）将所绘梁底定位线转移到“细实线”图层。

3. 绘制墙体

1）单击“默认”选项卡“绘图”面板中的“直线”按钮，由平面图中的墙体位置生成立面图中的墙体定位线。

2）单击“默认”选项卡“修改”面板中的“修剪”按钮，对墙线、楼板线和梁底定位线进行修剪，结果如图 6-9 所示。

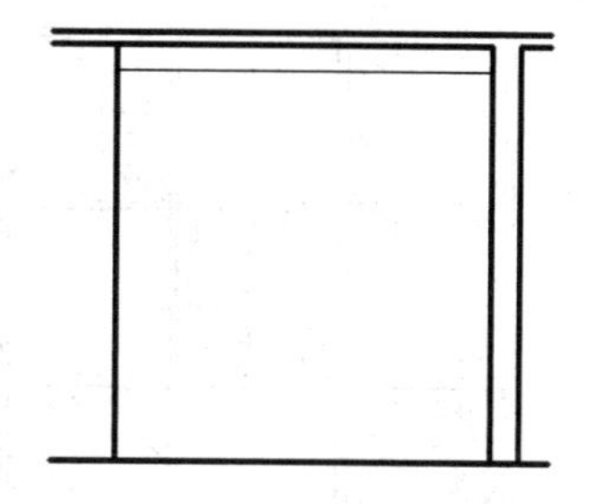

图 6-9　绘制地面、楼板与墙体

6.2.3　绘制文化墙

1. 绘制墙体

1）单击“默认”选项卡“图层”面板中的“图层特性”按钮，打开“图层特性管理器”选项板，创建新图层，将新图层命名为“文化墙”，并将其设置为当前图层。

2）单击“默认”选项卡“修改”面板中的“偏移”按钮，将左侧墙线向右偏移 150mm，得到文化墙左侧定位线。

3）单击“默认”选项卡“绘图”面板中的“矩形”按钮，以定位线与室内地坪线交点为左下角点绘制“矩形 1”，尺寸为 2100mm × 2720mm；然后单击“默认”选项卡“修改”面板中的“删除”按钮，删除定位线。

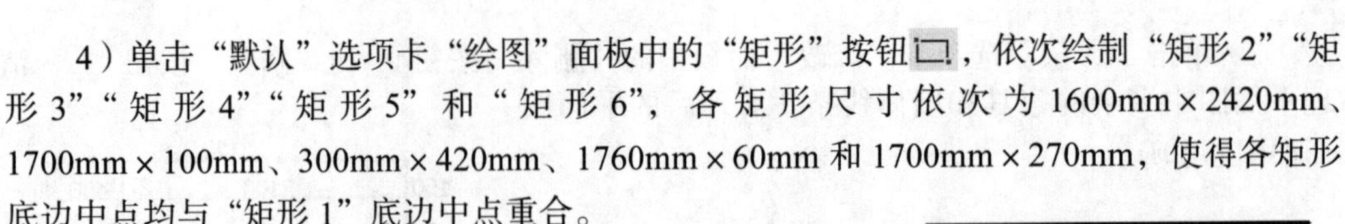

Note

4）单击“默认”选项卡“绘图”面板中的“矩形”按钮，依次绘制“矩形2”“矩形3”“矩形4”“矩形5”和“矩形6”，各矩形尺寸依次为1600mm×2420mm、1700mm×100mm、300mm×420mm、1760mm×60mm和1700mm×270mm，使得各矩形底边中点均与“矩形1”底边中点重合。

5）单击“默认”选项卡“修改”面板中的“移动”按钮，依次向上移动“矩形4”“矩形5”和“矩形6”，移动距离分别为2360mm、1120mm和850mm。

6）单击“默认”选项卡“修改”面板中的“修剪”按钮，修剪多余线条。绘制完成的文化墙墙体如图6-10所示。

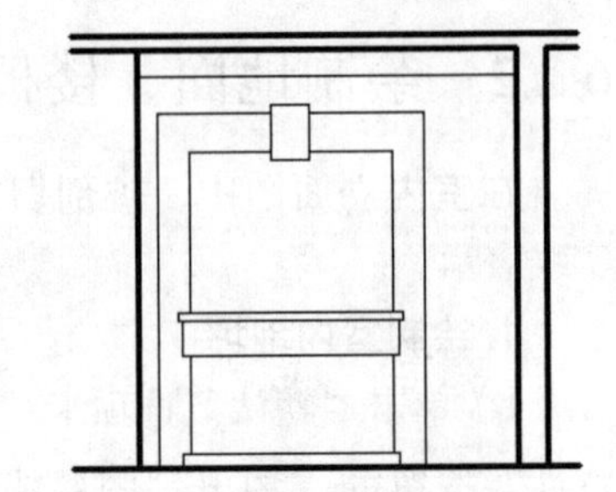

图6-10　绘制文化墙墙体

2. 绘制装饰挂毯

1）单击“快速访问”工具栏中的“打开”按钮，在弹出的“选择文件”对话框中选择“网盘资源\源文件\图库”，打开图库。

2）在“装饰”栏中选择如图6-11所示的“挂毯”图块进行复制。

3）返回“客厅立面图”的绘图界面，将复制的图块粘贴到立面图右侧空白区域。

4）由于“挂毯”图块尺寸为1134mm×854mm，小于铺放挂毯的矩形区域（1600mm×2320mm），因此需要对“挂毯”图块进行编辑。首先单击“默认”选项卡“修改”面板中的“分解”按钮，将“挂毯”图块进行分解，然后单击“默认”选项卡“修改”面板中的“复制”按钮，以挂毯中的方格图形为单元，复制并拼贴成新的挂毯图形，接着将编辑后的挂毯图形填充到文化墙中央矩形区域，结果如图6-12所示。

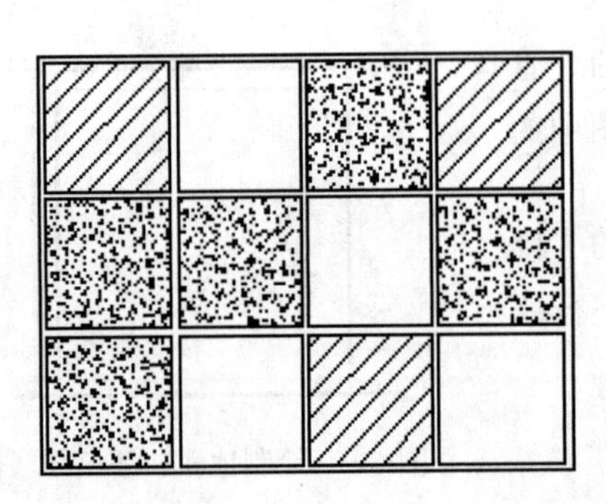

图6-11　“挂毯”图块

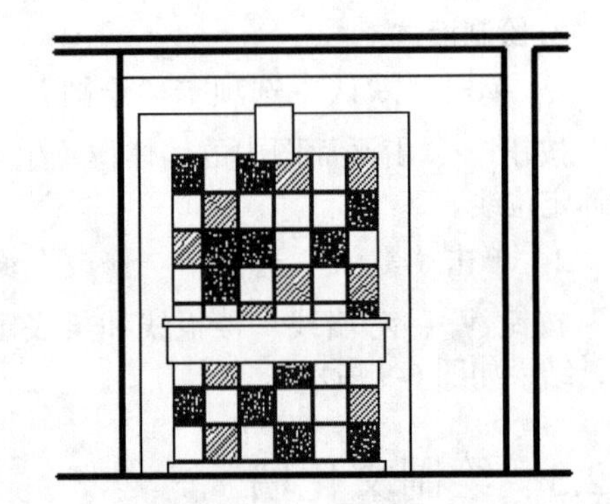

图6-12　绘制装饰挂毯

3. 绘制筒灯

1）单击“快速访问”工具栏中的“打开”按钮，在弹出的“选择文件”对话框中选择“网盘资源\源文件\图库”，将图库打开。

2）在“灯具和电器”栏中选择如图6-13所示的“筒灯L”图块，然后单击菜单栏中的“编辑”→“带基点复制”命令，选取筒灯图形上端顶点作为基点。

3）返回“客厅立面图”的绘图界面，将复制的“筒灯L”图块粘贴到文化墙中“矩形4”的下方，结果如图6-14所示。

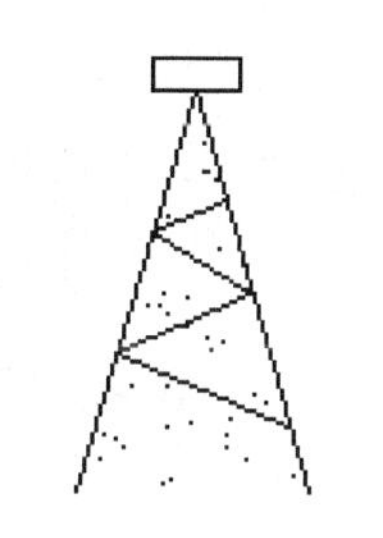

图 6-13 “筒灯 L”图块

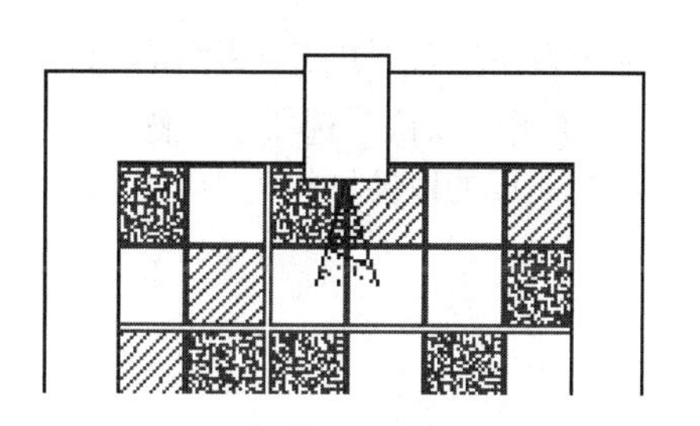

图 6-14 绘制筒灯

6.2.4 绘制家具

1. 绘制柜子底座

1）在“图层”下拉列表中选择“家具”图层，将其设置为当前图层。

2）单击“默认”选项卡“绘图”面板中的“矩形”按钮，以右侧墙体的底部端点为矩形右下角点，绘制尺寸为 480mm × 800mm 的矩形。

2. 绘制装饰柜

1）单击“快速访问”工具栏中的“打开”按钮，在弹出的“选择文件”对话框中选择“网盘资源 \ 源文件 \ 图库 \CAD 图库”文件并将其打开。

2）在“柜子”栏中选择如图 6-15 所示的“柜子—01CL”图块，然后将其复制。

3）返回“客厅立面图 A”的绘图界面，将复制的图形粘贴到已绘制的柜子底座上方。

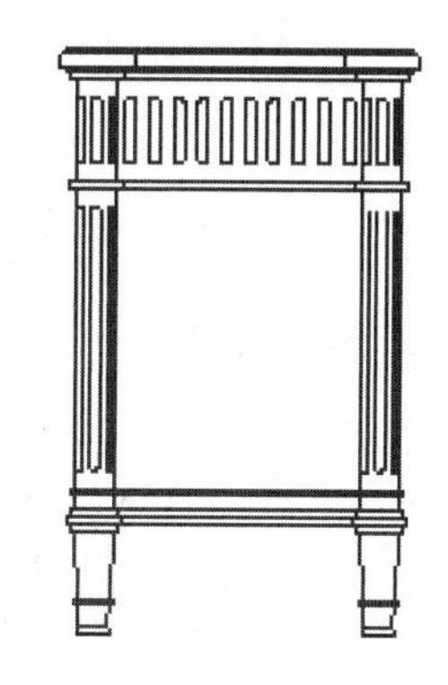

图 6-15 “柜子—01CL”图块

3. 绘制射灯组

1）单击“默认”选项卡“修改”面板中的“偏移”按钮，将室内地坪线向上偏移 2000mm，得到射灯组定位线。

2）单击“快速访问”工具栏中的“打开”按钮，在弹出的“选择文件”对话框中选择“网盘资源 \ 源文件 \ 图库”，将图库打开。

3）在“灯具”栏中选择如图 6-16 所示的“射灯组 CL”图块，然后右击，在弹出的快捷菜单中选择“带基点复制”命令。

4）返回“客厅立面图 A”的绘图界面，将复制的“射灯组 CL”图块粘贴到已绘制的射灯组定位线处。

5）单击“默认”选项卡“修改”面板中的“删除”按钮，删除定位线。

4. 绘制装饰画

在装饰柜与射灯组之间的墙面上挂有裱框装饰画，从客厅立面图 A 中只能看到画框侧面，其立面可用矩形表示。具体绘制方法如下：

1）单击“默认”选项卡“修改”面板中的“偏移”按钮，将室内地坪线向上偏移 1500mm，得到画框底边定位线。

2）单击“默认”选项卡“绘图”面板中的“矩形”按钮，以画框底边定位线与墙

Note

线交点作为矩形右下角点，绘制尺寸为 30mm × 420mm 的画框侧面矩形。

3）单击“默认”选项卡“修改”面板中的“删除”按钮，删除画框底边定位线。绘制完成的以装饰柜为中心的家具组合如图 6-17 所示。

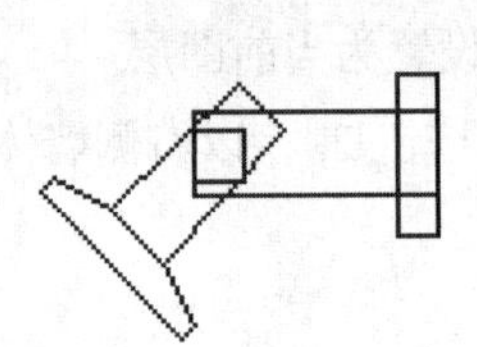

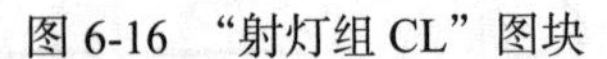

图 6-16 “射灯组 CL”图块

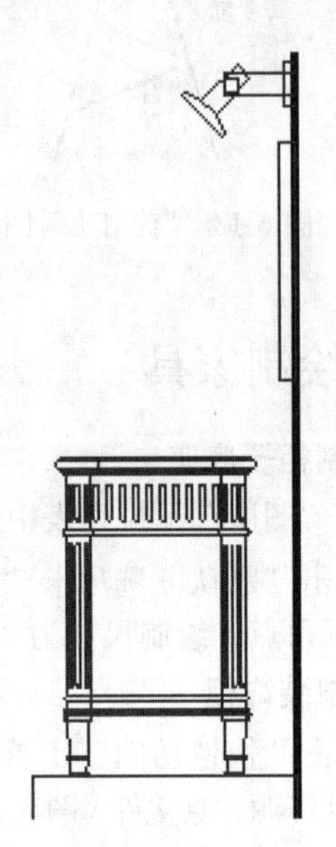

图 6-17 以装饰柜为中心的家具组合

6.2.5 室内立面标注

1. 室内立面标高

1）在“图层”下拉列表中选择“标注”图层，将其设置为当前图层。

2）单击“默认”选项卡“块”面板中“插入”下拉列表中的“最近使用的块”选项，在立面图中地坪、楼板和梁的位置插入标高符号。

3）单击“默认”选项卡“注释”面板中的“多行文字”按钮A，在标高符号的长直线上方添加标高数值。

2. 尺寸标注

在室内立面图中，对家具的尺寸和空间位置关系都要使用“线性标注”命令进行标注。

1）单击“默认”选项卡“注释”面板中的“标注样式”按钮，打开“标注样式管理器”对话框，选择“室内标注”作为当前标注样式。

2）单击“默认”选项卡“注释”面板中的“线性”按钮，对家具的尺寸和空间位置关系进行标注。

3. 文字说明

在室内立面图中，通常用文字说明来表达各部位表面的装饰材料和装修做法。

1）在“图层”下拉列表中选择“文字”图层，将其设置为当前图层。

2）在命令行中输入“QLEADER”命令。设置字体为“仿宋 GB2312”、文字高度为 100，在引线一端添加文字说明。室内立面标注的结果如图 6-18 所示。

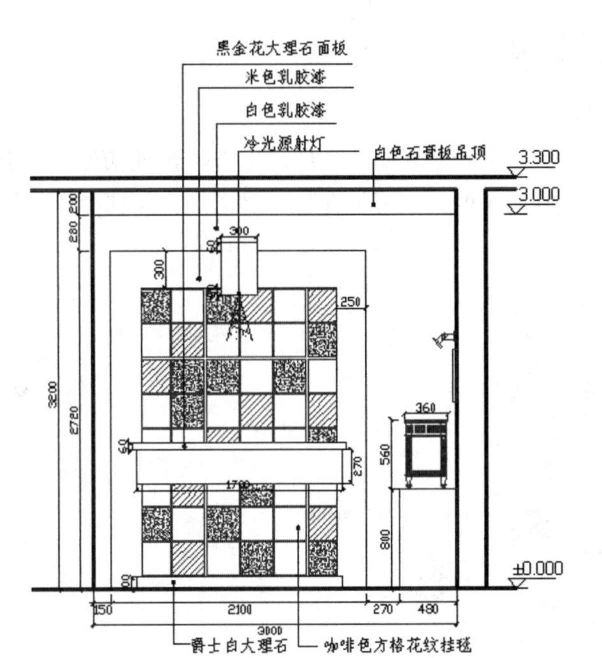

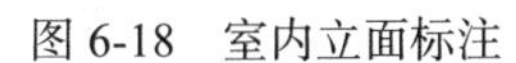
图 6-18　室内立面标注

6.3　客厅立面图 B 的绘制

本节将介绍别墅客厅立面图 B 的绘制方法。客厅立面图 B 中的室内设计以沙发、茶几和墙面装饰为主，在绘制方法上，可以利用图库中的图块进行绘制。

客厅立面图 B 的主要绘制思路为：首先利用已绘制的客厅平面图生成墙体和楼板，然后利用图库中的图块绘制各种家具和墙面装饰，最后对所绘制的客厅立面图 B 进行尺寸标注和文字说明。下面按照这个思路绘制如图 6-19 所示的别墅客厅立面图 B。

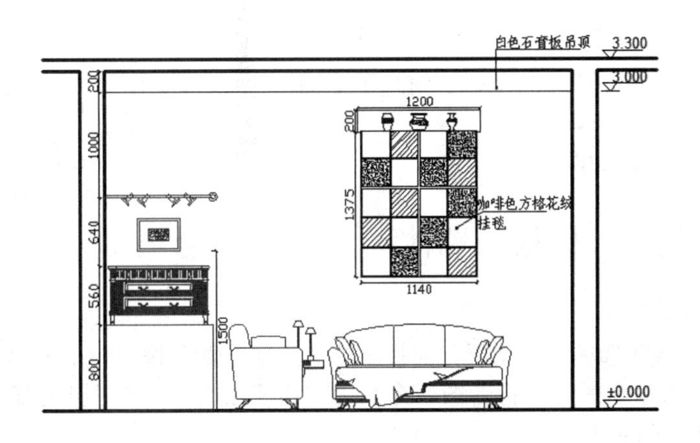

图 6-19　客厅立面图 B

（电子资料包：动画演示 \ 第 6 章 \ 客厅立面图 B 的绘制 .mp4）

6.3.1　设置绘图环境

1. 创建图形文件

打开已绘制的“客厅平面图.dwg”文件，单击“快速访问”工具栏中的“另存为”按钮，打开如图 6-20 所示的“图形另存为”对话框，在其中设置新的图形文件名称为“客厅立面图 B.dwg”，单击“保存”按钮，建立图形文件。

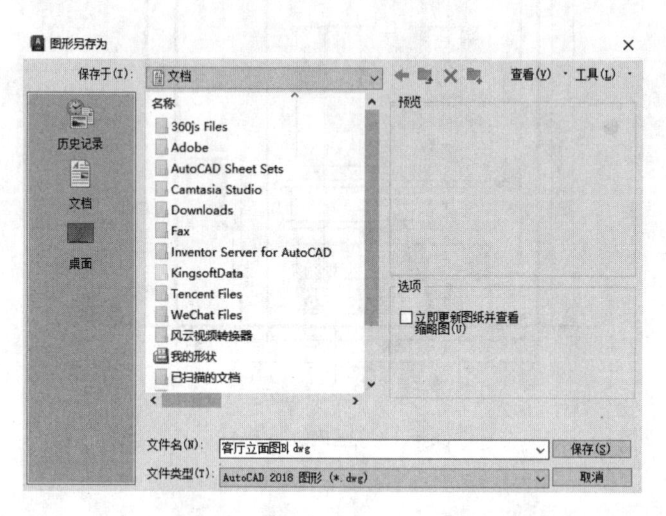

图 6-20　“图形另存为”对话框

2. 清理图形元素

1）单击“默认”选项卡“图层”面板中的“图层特性”按钮，打开“图层特性管理器”选项板，关闭与绘制客厅立面图 B 无关的图层，如“轴线”“轴线编号”图层等。

2）单击“默认”选项卡“修改”面板中的“旋转”按钮，将平面图进行旋转，旋转角度为 90°。

3）单击“默认”选项卡“修改”面板中的“删除”按钮和“修剪”按钮，清理平面图中多余的家具和墙体线条。

清理后的平面图形如图 6-21 所示。

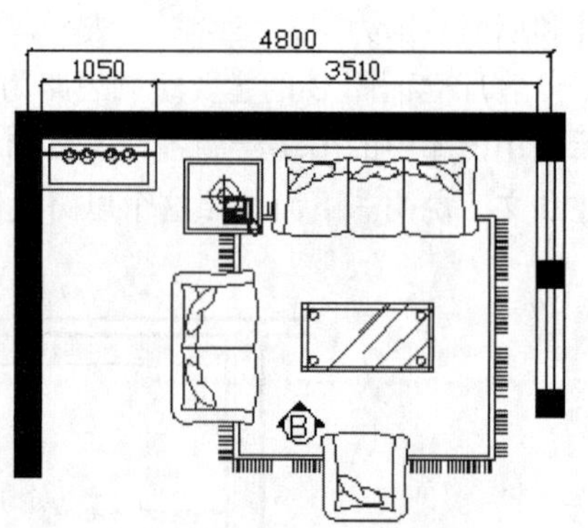

图 6-21　清理后的平面图形

6.3.2　绘制地坪、楼板与墙体

1. 绘制室内地坪

1）单击“默认”选项卡“图层”面板中的“图层特性”按钮，打开“图层特性管理器”选项板，创建新图层，将新图层命名为“粗实线”，设置图层线宽为“0.30mm”；然后将其设置为当前图层。

2）单击“默认”选项卡“绘图”面板中的“直线”按钮，在平面图上方绘制长度为 6000mm 的客厅室内地坪线，标高为 ±0.000。

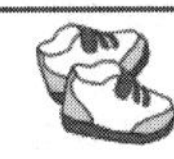

Note

2. 绘制楼板

1）单击“默认”选项卡“修改”面板中的“偏移”按钮⊆，将室内地坪线连续向上偏移两次，偏移量依次为 3200mm 和 100mm，得到楼板定位线。

2）单击“默认”选项卡“图层”面板中的“图层特性”按钮，打开“图层特性管理器”选项板，创建新图层，将新图层命名为“细实线”，并将其设置为当前图层。

3）单击“默认”选项卡“修改”面板中的“偏移”按钮⊆，将室内地坪线向上偏移 3000mm，得到梁底定位线。

4）将偏移得到的梁底定位线转移到“细实线”图层。

3. 绘制墙体

1）单击“默认”选项卡“绘图”面板中的“直线”按钮╱，由平面图中的墙体生成立面墙体定位线。

2）单击“默认”选项卡“修改”面板中的“修剪”按钮，对墙线和楼板线进行修剪。绘制完成的地坪、楼板和墙体如图 6-22 所示。

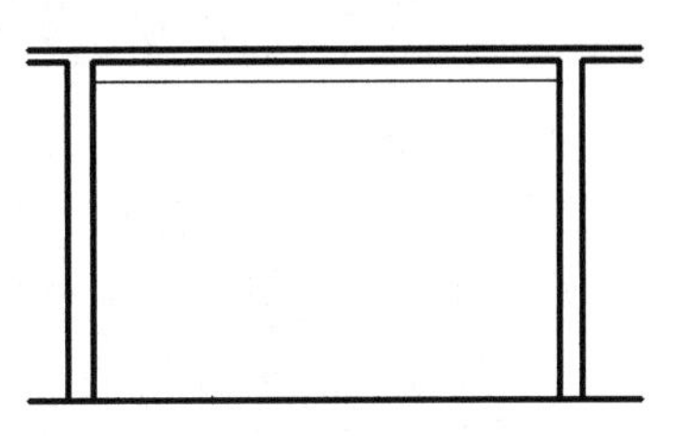

图 6-22　绘制地坪、楼板和墙体

6.3.3　绘制家具

在客厅立面图 B 中，需要着重绘制的是两个家具装饰组合：一个是以沙发为中心的家具组合，包括三人沙发、双人沙发、长茶几和位于沙发侧面用来摆放电话和台灯的小茶几；另外一个是位于左侧的以装饰柜为中心的家具组合，包括装饰柜及其底座、裱框装饰画和射灯组。

下面分别介绍这些家具及组合的绘制方法。

1. 绘制沙发与茶几

1）在“图层”下拉列表中选择“家具”图层，将其设置为当前图层。

2）单击“快速访问”工具栏中的“打开”按钮，在弹出的“选择文件”对话框中选择“网盘资源\源文件\图库”，将图库打开。

3）在“沙发和茶几”栏中选择“沙发—002B”“沙发—002C”“茶几—03L”和“小茶几与台灯”4 个图块，分别对它们进行复制。

4）返回“客厅立面图 B”的绘图界面，按照平面图中提供的各家具之间的位置关系，将复制的沙发和茶几图块依次粘贴到立面图中的相应位置，如图 6-23 所示。

5）由于家具在此方向上的立面投影有交叉重合现象，因此需要对这些家具进行重新组合。具体方法如下：首先将图中的沙发和茶几图块分别进行分解；然后根据平面图中反映的各家具间的位置关系，删去家具图块中被遮挡的线条，仅保留立面投影中可见的部分；最后将编辑后的图形组合定义为块。

绘制完成的以沙发为中心的家具组合如图 6-24 所示。

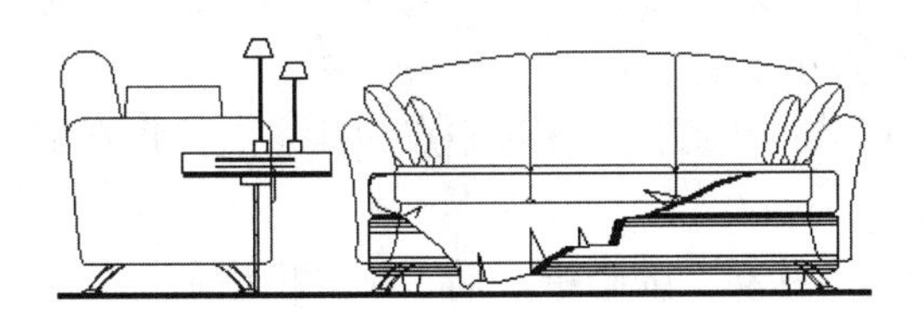

图 6-23　粘贴沙发和茶几图块

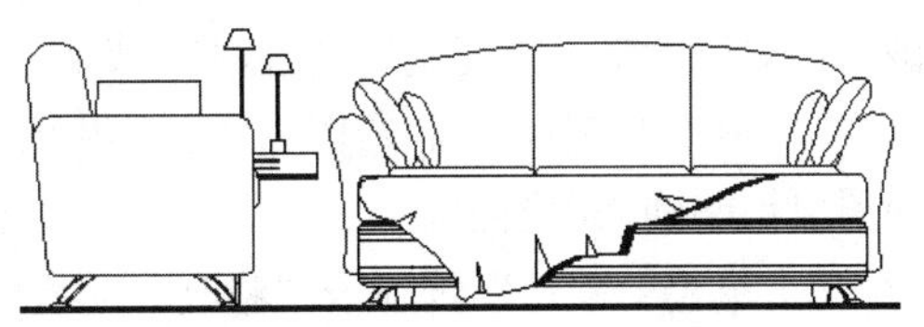

图 6-24　以沙发为中心的家具组合

Note

✍ 技巧：在图库中，很多家具图块都是以个体为单元进行绘制的，因此当多个家具图块被选取并插入到同一室内立面图中时，由于投影位置的重叠，不同家具图块间可能会出现互相重叠和相交的情况，线条也会变得繁多且杂乱。对于这种情况，可以采用重新编辑图块的方法进行绘制，具体步骤如下：首先单击“默认”选项卡“修改”面板中的“分解”按钮，将相交或重叠的家具图块分别进行分解；然后单击“默认”选项卡“修改”面板中的“修剪”按钮和“删除”按钮，根据家具立面图投影的前后次序，清除图形中被遮挡的线条，仅保留家具立面投影的可见部分；最后将编辑后的图形定义为块。这样可避免因图块分解后的线条过于繁杂而影响图形的绘制。

2. 绘制装饰柜

1）单击“默认”选项卡“绘图”面板中的“矩形”按钮，以左侧墙体的底部端点为矩形左下角点，绘制尺寸为1050mm×800mm的矩形柜子底座。

2）单击“快速访问”工具栏中的“打开”按钮，在弹出的“选择文件”对话框中选择“网盘资源\源文件\图库”，找到“CAD图库.dwg”文件并将其打开。

3）在“装饰”栏中选择如图6-25所示的装饰柜“柜子—01ZL”图块并进行复制。

4）返回“客厅立面图B”的绘图界面，将复制的图块粘贴到已绘制的柜子底座上方。

3. 绘制射灯组与装饰画

1）单击“默认”选项卡“修改”面板中的“偏移”按钮，将室内地坪线向上偏移2000mm，得到射灯组定位线。

2）单击“快速访问”工具栏中的“打开”按钮，在弹出的“选择文件”对话框中选择“网盘资源\源文件\图库”，将图库打开。

3）在“灯具和电器”栏中选择如图6-26所示的“射灯组ZL”图块并进行复制。返回“客厅立面图B”的绘图界面，将复制的图块粘贴到已绘制的射灯组定位线处。然后单击“默认”选项卡“修改”面板中的“删除”按钮，删除射灯组定位线。

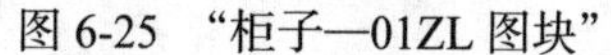

图6-25 “柜子—01ZL图块”

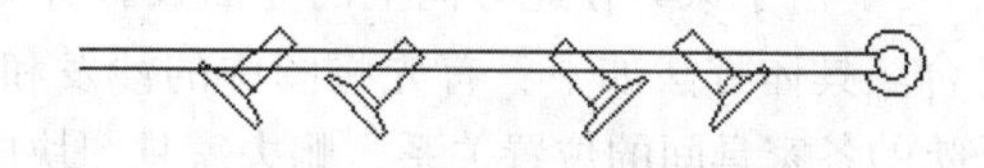

图6-26 “射灯组ZL”图块

4）打开图库文件，在“装饰”栏中选择如图6-27所示的“装饰画01”图块，然后对该图块进行“带基点复制”，复制基点为画框底边中点。

5）返回“客厅立面图B”的绘图界面，以装饰柜底座的底边中点为插入点，将复制的图块粘贴到立面图中。

6）单击“默认”选项卡“修改”面板中的“移动”按钮，将装饰画模块垂直向上移动，移动距离为1500mm。

绘制完成的以装饰柜为中心的家具组合如图 6-28 所示。

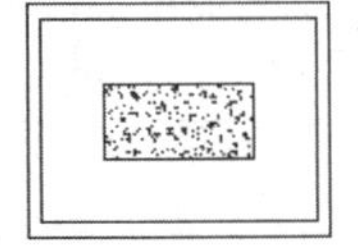

图 6-27 “装饰画 01”图块

图 6-28 以装饰柜为中心的家具组合

6.3.4 绘制墙面装饰

1. 绘制矩形壁龛

1）单击“默认”选项卡“图层”面板中的“图层特性”按钮，打开“图层特性管理器”选项板，创建新图层，将新图层命名为“墙面装饰”，并将其设置为当前图层。

2）单击“默认”选项卡“修改”面板中的“偏移”按钮，将梁底面投影线向下偏移 180mm，得到“辅助线 1”；单击“默认”选项卡“修改”面板中的“偏移”按钮，将右侧墙线向左偏移 900mm，得到“辅助线 2”。

3）单击“默认”选项卡“绘图”面板中的“矩形”按钮，以“辅助线 1”与“辅助线 2”的交点为矩形右上角点，绘制尺寸为 1200mm × 200mm 的矩形壁龛。

4）单击“默认”选项卡“修改”面板中的“删除”按钮，删除两条辅助线。

2. 绘制挂毯

壁龛下方垂挂了一条咖啡色挂毯作为墙面装饰。此处挂毯与客厅立面图 A 中文化墙内的挂毯均为同一花纹样式，不同的是此处挂毯面积较小，因此可以利用前面章节中介绍过的挂毯图块进行绘制。具体绘制方法如下：

1）重新编辑挂毯图块。将挂毯图块进行分解，然后以挂毯表面花纹方格为单元，重新编辑图块，得到规格为 4 × 5 的方格花纹挂毯图块（4、5 分别为方格的列数与行数），如图 6-29 所示。

2）绘制垂挂的挂毯。挂毯的垂挂方式是将挂毯上端伸入壁龛，用壁龛内侧的细木条将挂毯上端压实固定，并使其下端垂挂在壁龛下方墙面上。

绘制步骤如下：首先单击“默认”选项卡“修改”面板中的“移动”按钮，将编辑后的新挂毯图块移动到矩形壁龛下方，使其上侧边线中点与壁龛下侧边线中点重合；再次单击“默认”选项卡“修改”面板中的“移动”按钮，将挂毯图块垂直向上移动 40mm；然后单击“默认”选项卡“修改”面板中的“偏移”按钮，将壁龛下侧边线向上偏移，偏移量为 10mm；最后单击“默认”选项卡“修改”面板中的“分解”按钮，

Note

将新挂毯图块进行分解，并单击“默认”选项卡“修改”面板中的“修剪”按钮和“删除”按钮，以偏移线为边界，修剪并删除挂毯上端多余的部分。

绘制完成的垂挂的挂毯如图 6-30 所示。

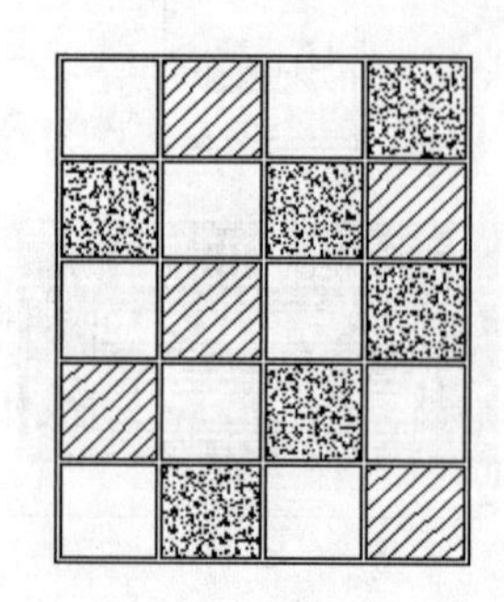

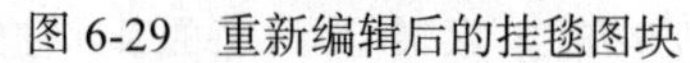
图 6-29　重新编辑后的挂毯图块

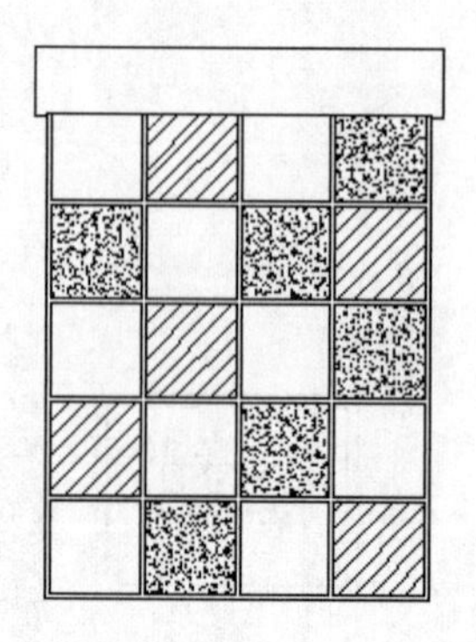
图 6-30　绘制垂挂的挂毯

3. 绘制瓷器

1）在“图层”下拉列表中选择“墙面装饰”图层，将其设置为当前图层。

2）单击“快速访问”工具栏中的“打开”按钮，在弹出的“选择文件”对话框中选择“网盘资源 \ 源文件 \ 图库”，将图库打开。

3）在“装饰”栏中选择瓷器“陈列品 6”“陈列品 7”和“陈列品 8”图块，然后对选中的图块进行复制，并将其粘贴到客厅立面图 B 中。

4）根据壁龛的高度，分别对每个瓷器图块的尺寸和比例进行调整，然后将它们依次插入壁龛中，结果如图 6-31 所示。

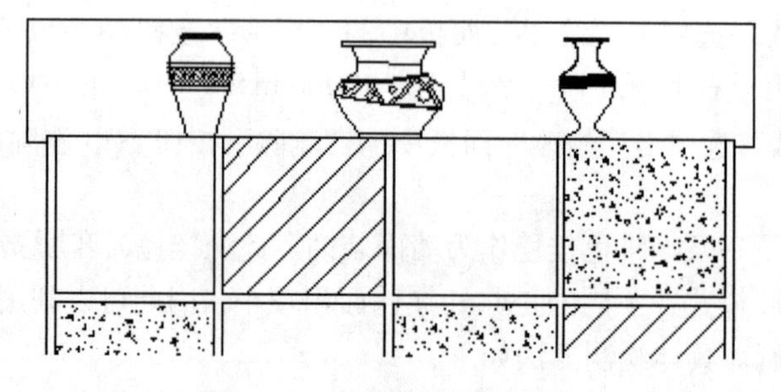
图 6-31　绘制壁龛中的瓷器

6.3.5　立面标注

1. 室内立面标高

1）在“图层”下拉列表中选择“标注”图层，将其设置为当前图层。

2）单击“默认”选项卡“块”面板中“插入”下拉列表中的“最近使用的块”选项，在客厅立面图 B 中地坪、楼板和梁的位置插入标高符号。

3）单击“默认”选项卡“注释”面板中的“多行文字”按钮A，在标高符号的长直线上方添加标高数值。

2. 尺寸标注

在室内立面图中，对家具的尺寸和空间位置关系都要使用“线性标注”命令来进行标注。

1）在“图层”下拉列表中选择“标注”图层，将其设置为当前图层。

2）单击“默认”选项卡“注释”面板中的“标注样式”按钮，打开“标注样式管理器”对话框，选择“室内标注”作为当前标注样式。

3）单击“默认”选项卡“注释”面板中的“线性”按钮，对家具的尺寸和空间位置关系进行标注。

3. 文字说明

在室内立面图中，通常用文字说明来表达各部位表面的装饰材料和装修做法。

1）在“图层”下拉列表中选择“文字”图层，将其设置为当前图层。

2）在命令行中输入“QLEADER”命令，绘制标注引线。

3）设置字体为“宋体”、文字高度为 100，在标注引线一端添加文字说明。

添加立面标注的结果如图 6-32 所示。

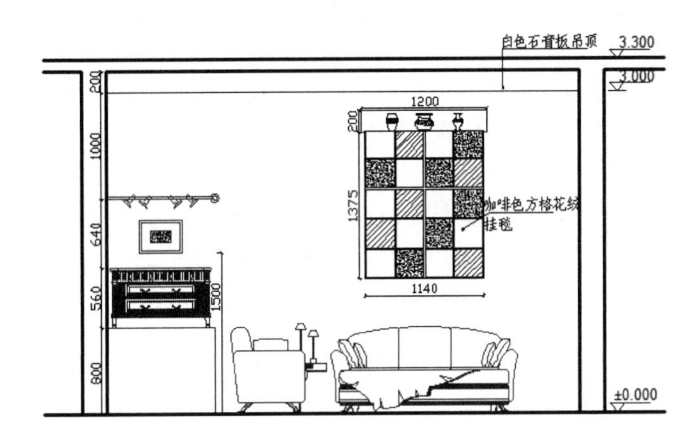

图 6-32　添加立面标注

图 6-33 和图 6-34 所示分别为别墅客厅立面图 C 和别墅客厅立面图 D。读者可参考前面介绍的室内立面图画法，绘制这两个方向的室内立面图。

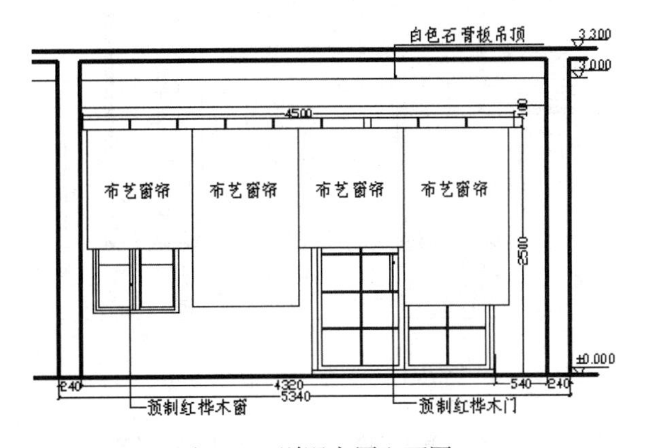

图 6-33　别墅客厅立面图 C

Note

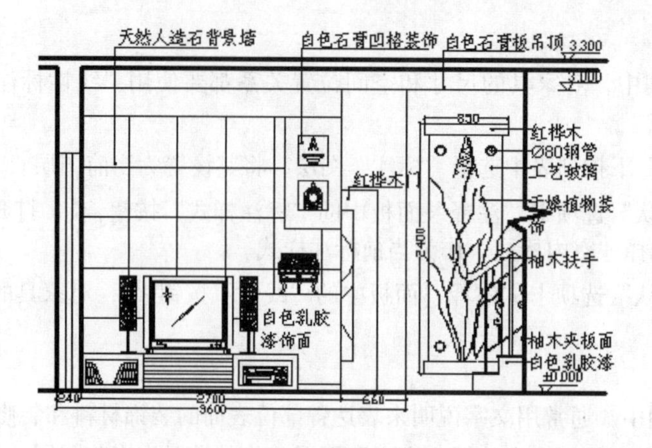

图 6-34　别墅客厅立面图 D

6.4　别墅首层地坪图的绘制

室内地坪图是表达建筑物内部各房间地面材料铺装情况的图样。由于各房间地面用材因房间功能的差异而有所不同，因此在室内地坪图中通常采用不同的填充图案结合文字来表达。本节主要介绍了如何用填充图案绘制地坪材料以及如何绘制引线、添加文字标注。

别墅首层地坪图的绘制思路为：首先由已知的首层平面图生成平面墙体轮廓；接着在各门窗洞口绘制投影线；然后根据各房间地面材料类型，选取适当的填充图案进行填充；最后添加尺寸和文字标注。下面就按照这个思路绘制如图 6-35 所示的别墅首层地坪图。

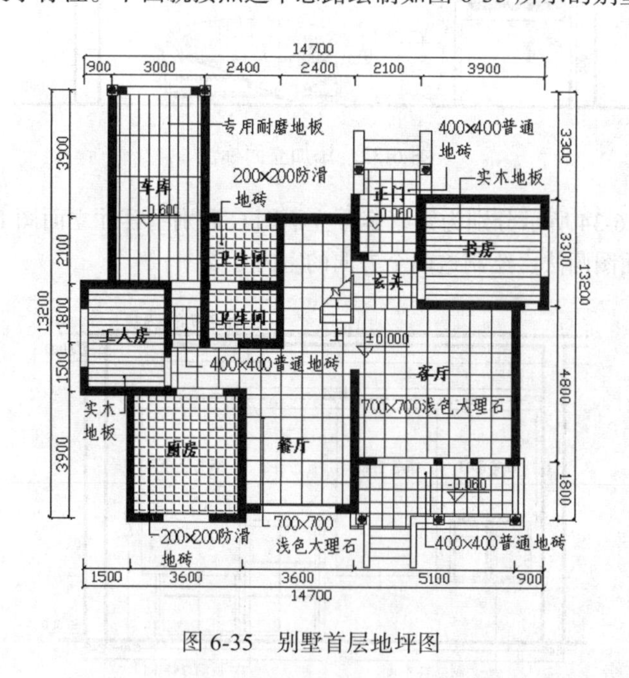

图 6-35　别墅首层地坪图

（电子资料包：动画演示 \ 第 6 章 \ 别墅首层地坪图的绘制 .mp4）

6.4.1　设置绘图环境

1. 创建图形文件

打开已绘制的“别墅首层平面图 .dwg”文件，单击“快速访问”工具栏中的“另存为”按钮，打开如图 6-36 所示的“图形另存为”对话框，在其中设置新的图形名称为“别墅首层地坪图 .dwg”，单击“保存”按钮，建立图形文件。

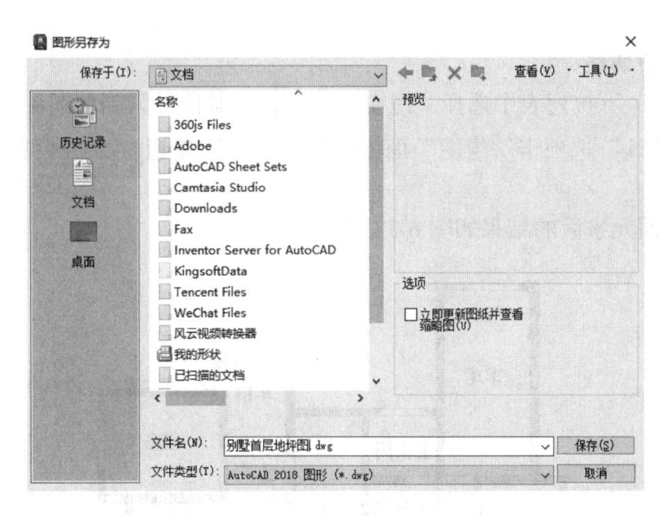

图 6-36　“图形另存为”对话框

2. 清理图形元素

1）单击“默认”选项卡“图层”面板中的“图层特性”按钮，打开“图层特性管理器”选项板，关闭“轴线”“轴线编号”和“标注”图层。

2）单击“默认”选项卡“修改”面板中的“删除”按钮，删除首层平面图中所有的家具和门窗图形。

3）选择“文件”→“图形实用工具”→“清理”命令，清理无用的图形元素。

清理后的平面图形如图 6-37 所示。

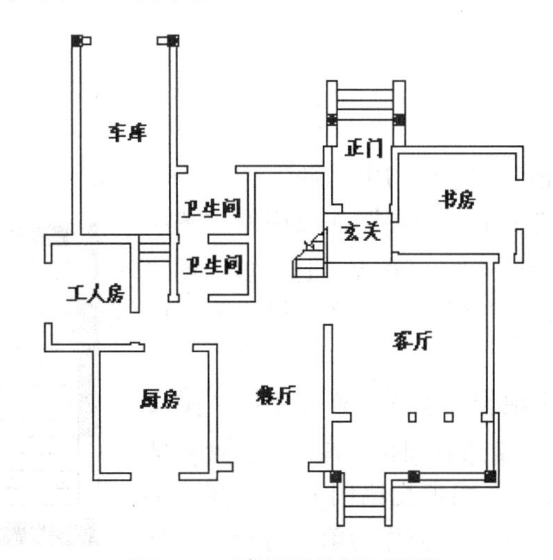

图 6-37　清理后的平面图形

Note

6.4.2　补充平面元素

1. 填充平面墙体

1）在“图层”下拉列表中选择“墙体”图层，将其设置为当前图层。

2）单击“默认”选项卡“绘图”面板中的“图案填充”按钮，弹出“图案填充创建”选项卡，选择填充图案为“SOLID”，在绘图区域中拾取墙体内部点，选择墙体作为填充对象进行填充。

2. 绘制门窗投影线

1）在“图层”下拉列表中选择“门窗”图层，将其设置为当前图层。

2）单击“默认”选项卡“绘图”面板中的“直线”按钮╱，在门窗洞口处绘制洞口平面投影线。

完成补充平面元素后的结果如图 6-38 所示。

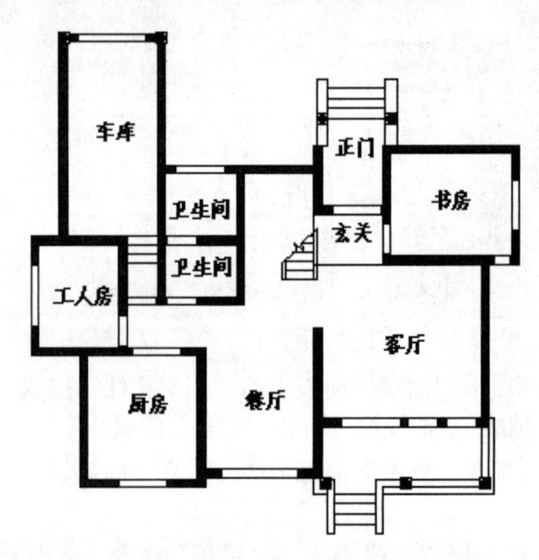

图 6-38　补充平面元素

6.4.3　绘制地板

1. 绘制木地板

在首层平面图中，铺装木地板的房间包括工人房和书房。

1）单击“默认”选项卡“图层”面板中的“图层特性”按钮，打开“图层特性管理器”选项板，创建新图层，将新图层命名为“地坪”，并将其设置为当前图层。

2）单击“默认”选项卡“绘图”面板中的“图案填充”按钮，弹出“图案填充创建”选项卡，选择填充图案为“LINE”并设置图案填充比例为 60。在绘图区域中依次选择工人房和书房平面作为填充对象，进行地板图案填充。图 6-39 所示为书房木地板绘制效果。

图 6-39　绘制书房木地板

2. 绘制地砖

在本例中使用的地砖主要有两种，即卫生间、厨房地面使用的防滑地砖和入口、外廊等处地面使用的普通地砖。

1）绘制防滑地砖。在卫生间和厨房中，地面的铺装材料为 200×200 的防滑地砖。

❶ 单击“默认”选项卡“绘图”面板中的“图案填充”按钮▨，弹出“图案填充创建”选项卡，选择填充图案为“ANGEL”并设置图案填充比例为 30。

❷ 在绘图区中依次选择卫生间和厨房地面作为填充对象，进行防滑地砖图案的填充。图 6-40 所示为卫生间防滑地砖绘制效果。

2）绘制普通地砖。在别墅的入口和外廊处，地面铺装材料为 400×400 的普通地砖。单击“默认”选项卡“绘图”面板中的“图案填充”按钮▨，弹出“图案填充创建”选项卡，选择填充图案为“NET”并设置图案填充比例为 120。在绘图区中依次选择入口和外廊地面作为填充对象，进行普通地砖图案的填充。图 6-41 所示为正门入口处普通地砖绘制效果。

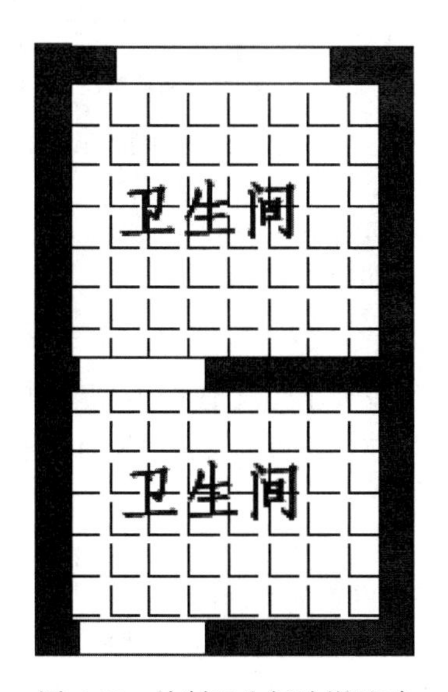

图 6-40 绘制卫生间防滑地砖

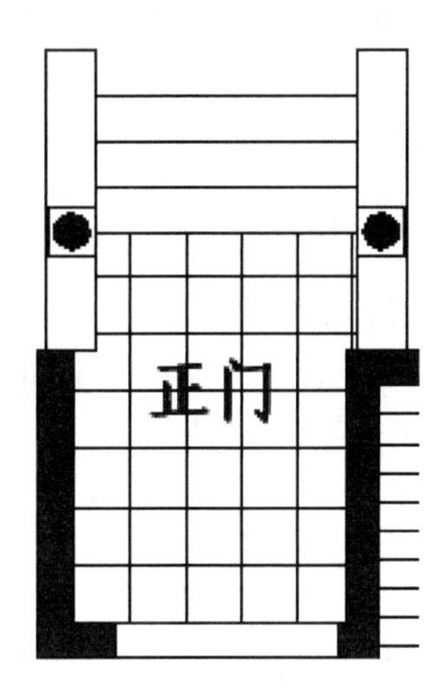

图 6-41 绘制正门入口处普通地砖

3. 绘制大理石地面

通常客厅和餐厅的地面材料可以有很多种选择，如普通地砖和耐磨木地板等。在本例中，在客厅、餐厅和走廊地面采用了铺装光亮、易清洁且耐磨损的浅色大理石材料。

1）单击“默认”选项卡“绘图”面板中的“图案填充”按钮▨，弹出“图案填充创建”选项卡，选择填充图案为“NET”，并设置图案填充比例为 210。

2）在绘图区中依次选择客厅、餐厅和走廊平面作为填充对象，进行大理石地面图案的填充。

图 6-42 所示为客厅大理石地板绘制效果。

4. 绘制车库地板

本例中车库地板材料采用的是车库专用耐磨地板。

1）单击“默认”选项卡“绘图”面板中的“图案填充”按钮▨，弹出“图案填充创

Note

建”选项卡，选择填充图案为“GRATE”，并设置图案填充角度为90°、比例为400。

2）在绘图区中选择车库平面作为填充对象，进行车库地板图案的填充，结果如图6-43所示。

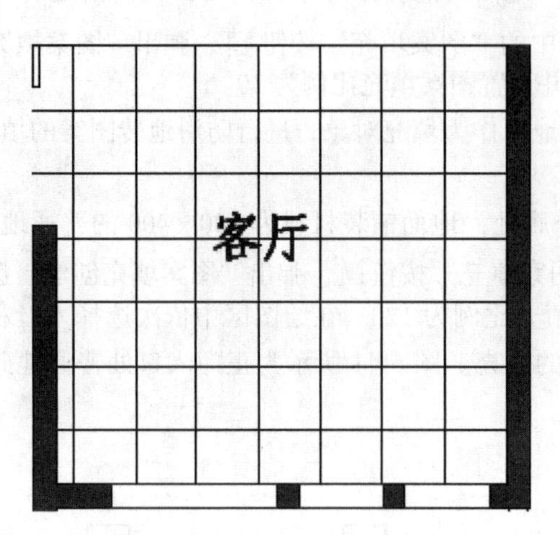

图6-42　绘制客厅大理石地板

图6-43　绘制车库地板

6.4.4　尺寸标注与文字说明

1. 尺寸标注与标高

在别墅首层平面图中，尺寸标注和平面标高的内容及要求与其他平面图基本相同。由于该图是基于在首层平面图基础上绘制生成的，因此尺寸标注可以直接沿用首层平面图的标注结果。

2. 文字说明

1）在“图层”下拉列表中选择“文字”图层，将其设置为当前图层。

2）在命令行中输入“QLEADER”命令，设置字体为“仿宋GB2312”、文字高度为300，在引线一端添加文字说明，标明该房间地面的铺装材料和做法。

6.5　别墅首层顶棚平面图的绘制

建筑室内顶棚平面图主要表达的是建筑室内各房间顶棚的材料和装修做法，以及灯具的布置情况。由于各房间的使用功能不同，故各顶棚的材料和做法有各自不同的特点，常需要使用图案填充结合文字加以说明。因此，如何使用引线和多行文字命令添加文字标注是绘制过程中的工作重点。

别墅首层顶棚平面图的主要绘制思路为：首先清理首层平面图，留下墙体轮廓，并在各门窗洞口位置绘制投影线；然后绘制吊顶并根据各房间选用的照明方式绘制灯具；最后进行文字说明和尺寸标注。下面按照这个思路绘制如图6-44所示的别墅首层顶棚平面图。

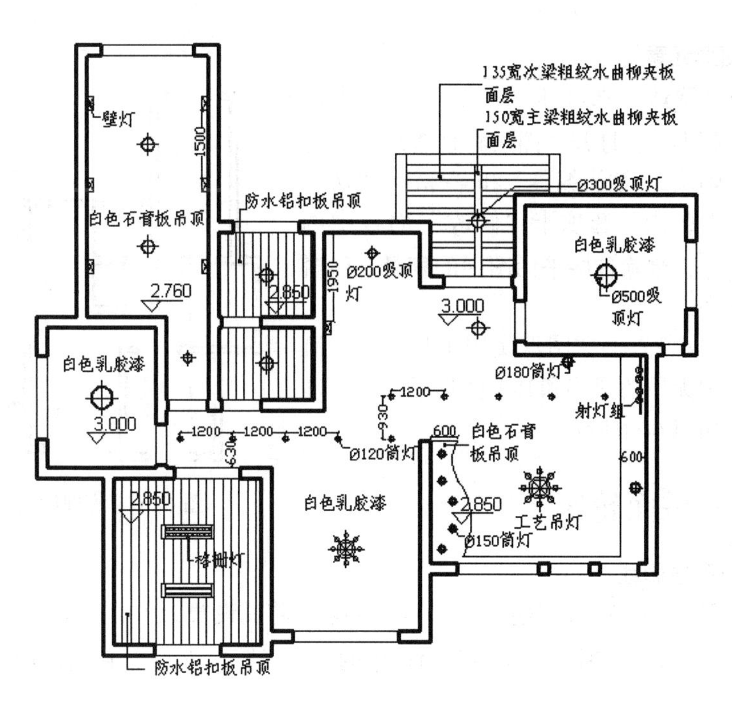

图 6-44　别墅首层顶棚平面图

（电子资料包：动画演示 \ 第 6 章 \ 别墅首层顶棚平面图的绘制 .mp4）

6.5.1　设置绘图环境

1. 创建图形文件

打开已绘制的“别墅首层平面图 .dwg”文件，单击“快速访问”工具栏中的“另存为”按钮，打开如图 6-45 所示的“图形另存为”对话框，在其中设置新的图形文件名称为“别墅首层顶棚平面图 .dwg”，单击“保存”按钮，建立图形文件。

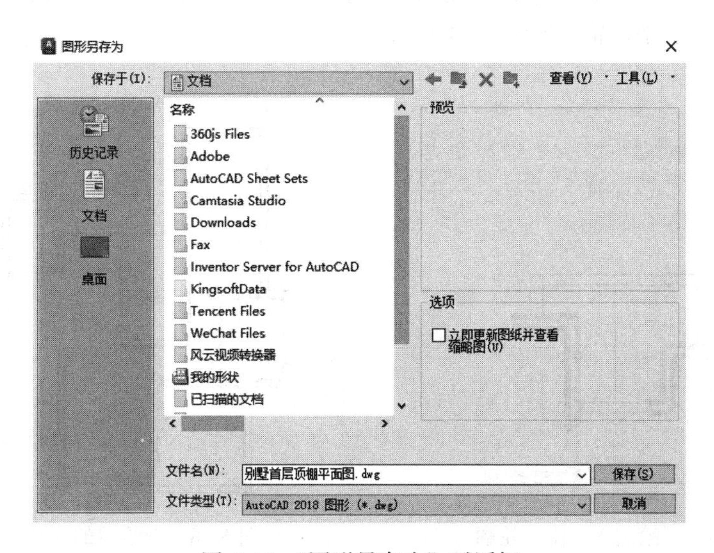

图 6-45　“图形另存为”对话框

Note

2. 清理图形元素

1）单击“默认”选项卡“图层”面板中的“图层特性”按钮，打开“图层特性管理器”选项板，关闭“轴线”“轴线编号”和“标注”图层。

2）单击“默认”选项卡“修改”面板中的“删除”按钮，删除首层平面图中的家具、门窗图形和所有文字。

3）选择“文件”→“图形实用工具”→“清理”命令，清理无用的图层和其他图形元素。清理后的平面图形如图6-46所示。

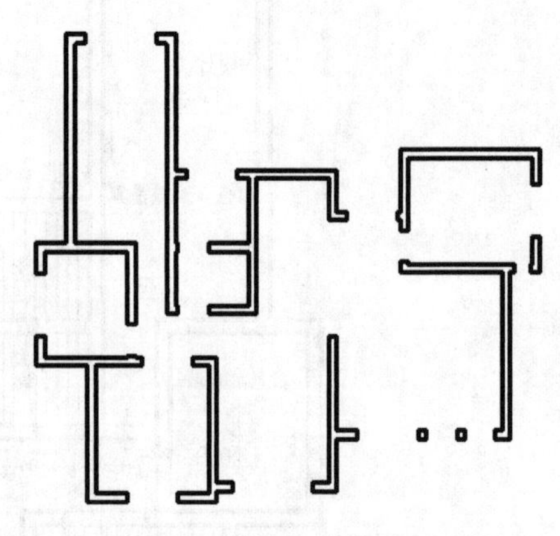

图6-46　清理后的平面图形

6.5.2　补绘平面轮廓

1. 绘制门窗投影线

1）在“图层”下拉列表中选择“门窗”图层，将其设置为当前图层。

2）单击“默认”选项卡“绘图”面板中的“直线”按钮，在门窗洞口处绘制洞口投影线。

2. 绘制入口雨篷轮廓

1）单击“默认”选项卡“图层”面板中的“图层特性”按钮，打开“图层特性管理器”选项板，创建新图层，将新图层命名为“雨篷”，并将其设置为当前图层。

2）单击“默认”选项卡“绘图”面板中的“直线”按钮，以正门外侧投影线中点为起点，向上绘制长度为2700mm的雨篷中心线；然后以中心线的上侧端点为中点，绘制长度为3660mm的水平边线。

3）单击“默认”选项卡“修改”面板中的“偏移”按钮，将屋顶中心线分别向两侧偏移1830mm，得到屋顶两侧边线。再次单击“默认”选项卡“修改”面板中的“偏移”按钮，将所有边线均向内偏移240mm，得到入口雨篷轮廓，如图6-47所示。

补绘后的顶棚平面轮廓如图6-48所示。

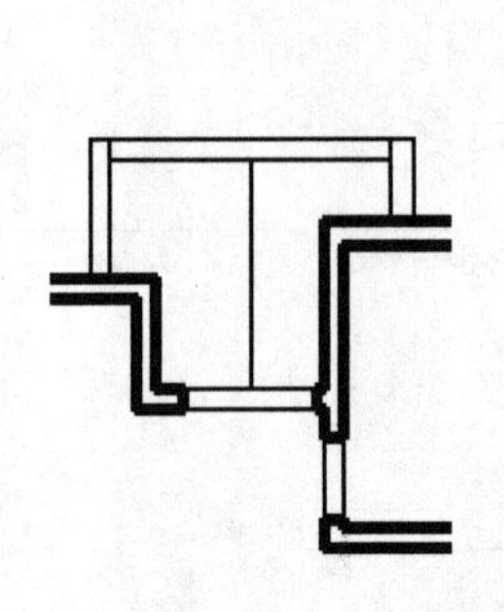

图6-47　绘制入口雨篷轮廓

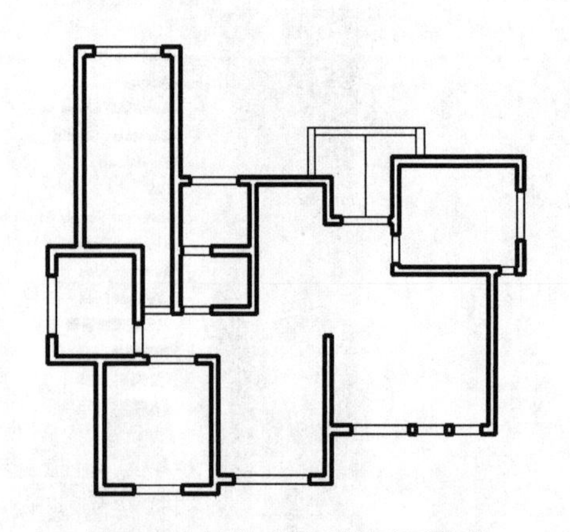

图6-48　补绘后的顶棚平面轮廓

6.5.3　绘制吊顶

在别墅首层顶棚平面中，有3处需要做吊顶设计，即卫生间、厨房和客厅。其中，卫生间和厨房是出于防水或防油烟的需要，安装的是铝扣板吊顶；在客厅上方局部安装的是石膏板吊顶，既美观大方又为各种装饰性灯具的设置和安装提供了方便。下面分别介绍这3处吊顶的绘制方法。

1. 绘制卫生间吊顶

基于卫生间在使用过程中防水的要求，在卫生间顶部安装了铝扣板吊顶。

1）单击“默认”选项卡“图层”面板中的“图层特性”按钮，打开“图层特性管理器”选项板，创建新图层，将新图层命名为“吊顶”，并将其设置为当前图层。

2）单击“默认”选项卡“绘图”面板中的“图案填充”按钮，弹出“图案填充创建”选项卡，选择填充图案为“LINE”，并设置图案填充角度为90°、比例为60。

在绘图区中选择卫生间顶棚平面作为填充对象，进行图案填充，完成卫生间吊顶的绘制，结果如图6-49所示。

2. 绘制厨房吊顶

基于厨房在使用过程中防水和防油的要求，在厨房顶部安装了铝扣板吊顶。

1）在“图层”下拉列表中选择“吊顶”图层，将其设置为当前图层。

2）单击“默认”选项卡“绘图”面板中的“图案填充”按钮，弹出“图案填充创建”选项卡，选择填充图案为“LINE”，并设置图案填充角度为90°、比例为60。

在绘图区中选择厨房顶棚平面作为填充对象，进行图案填充，完成厨房吊顶的绘制，结果如图6-50所示。

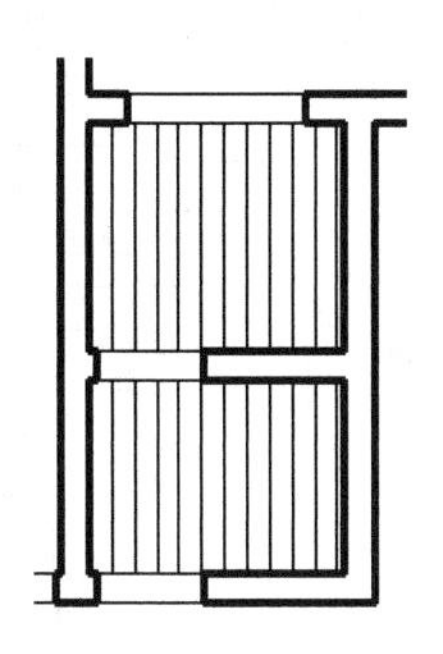

图6-49　绘制卫生间吊顶

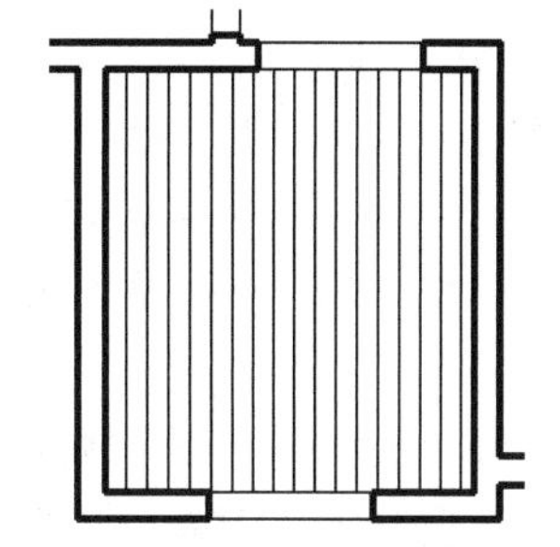

图6-50　绘制厨房吊顶

3. 绘制客厅吊顶

客厅吊顶的方式为周边式，不同于前面卫生间和厨房所采用的完全式吊顶。客厅吊顶的重点部位在西面电视墙的上方。

1）单击“默认”选项卡“修改”面板中的“偏移”按钮，将客厅顶棚东、南两个方向轮廓线向内偏移，偏移量分别为600mm和100mm，得到“轮廓线1”和“轮廓线2”。

2）单击“默认”选项卡“绘图”面板中的“样条曲线拟合”按钮，以客厅西侧墙线为基准线，绘制样条曲线，结果如图6-51所示。

3）单击“默认”选项卡“修改”面板中的“移动”按钮，将样条曲线水平向右移动，移动距离为600mm。

Note

4）单击“默认”选项卡“绘图”面板中的“直线”按钮╱，连接样条曲线与墙线的端点。

5）单击“默认”选项卡“修改”面板中的“修剪”按钮，修剪吊顶轮廓线条，完成客厅吊顶的绘制，结果如图6-52所示。

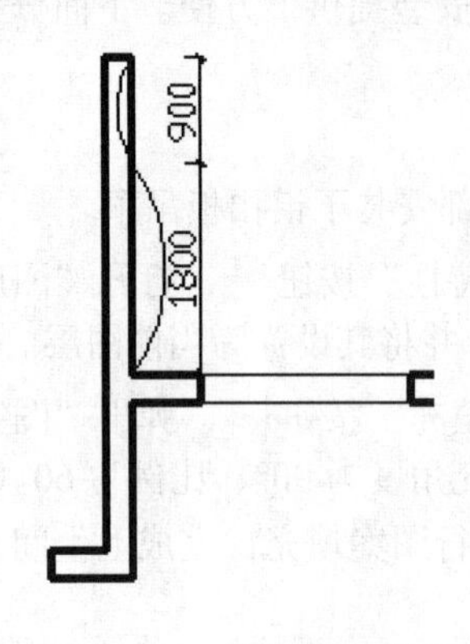

图6-51　绘制样条曲线

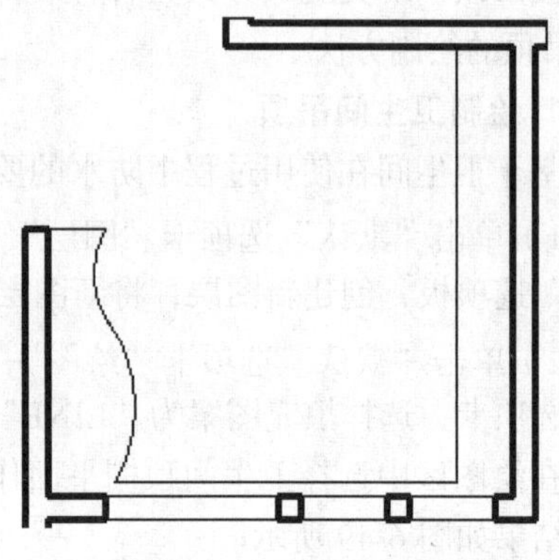

图6-52　绘制客厅吊顶

6.5.4　绘制入口雨篷顶棚

别墅正门入口雨篷的顶棚由一条水平的主梁和两侧数条对称布置的次梁组成。

1）在“图层”下拉列表中选择“顶棚”图层，将其设置为当前图层。

2）绘制主梁。单击“默认”选项卡“修改”面板中的“偏移”按钮⊆，将雨篷中心线分别向左右两侧偏移75mm；然后单击“默认”选项卡“修改”面板中的“删除”按钮，将原有中心线删除。

3）绘制次梁。单击“默认”选项卡“绘图”面板中的“图案填充”按钮，弹出“图案填充创建”选项卡，选择填充图案为“STEEL”，并设置图案填充角度为135°、比例为135。

在绘图区中选择中心线两侧矩形区域作为填充对象，进行图案填充，完成入口雨篷顶棚的绘制，结果如图6-53所示。

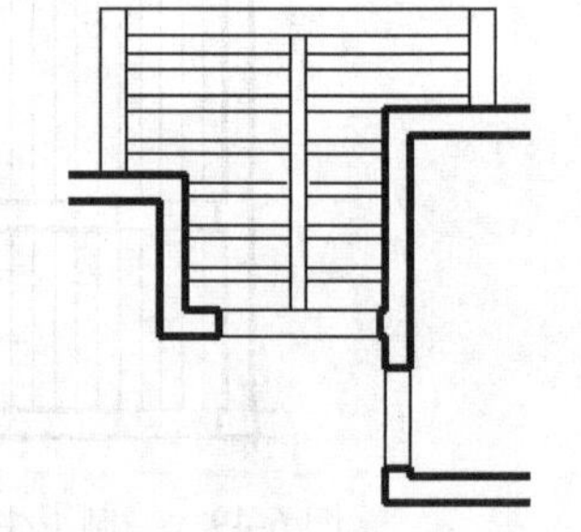

图6-53　绘制入口雨篷顶棚

6.5.5　绘制灯具

不同种类的灯具由于材料和形状各异，其平面图形也不相同。在本别墅实例中，灯具种类主要包括工艺吊灯、吸顶灯、筒灯、射灯和壁灯等。一般情况下，在AutoCAD图样中并不需要详细描绘出各种灯具的具体样式，每种灯具采用灯具图例来表示即可。下面分别介绍几种灯具图例的绘制方法。

1. 绘制工艺吊灯

工艺吊灯仅在客厅和餐厅使用，与其他灯具相比，形状比较复杂。

1）单击“默认”选项卡“图层”面板中的“图层特性”按钮，打开“图层特性管理器”选项板，创建新图层，将新图层命名为“灯具”，并将其设置为当前图层。

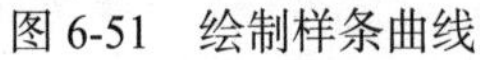

2）单击“默认”选项卡“绘图”面板中的“圆”按钮⊙，绘制两个半径分别为150mm 和 200mm 的同心圆。

3）单击“默认”选项卡“绘图”面板中的“直线”按钮╱，以圆心为端点，向右绘制一条长度为 400mm 的水平线段。

4）单击“默认”选项卡“绘图”面板中的“圆”按钮⊙，以线段右端点为圆心，绘制一个较小的圆，其半径为 50mm。单击“默认”选项卡“修改”面板中的“移动”按钮✥，水平向左移动小圆 100mm，如图 6-54 所示。

5）单击“默认”选项卡“修改”面板中的“环形阵列”按钮，设置项目总数为 8、项目间角度为 360，选择同心圆圆心为阵列中心点，选择图 6-54 中的水平线段和右侧小圆为阵列对象，生成工艺吊灯图例，结果如图 6-55 所示。

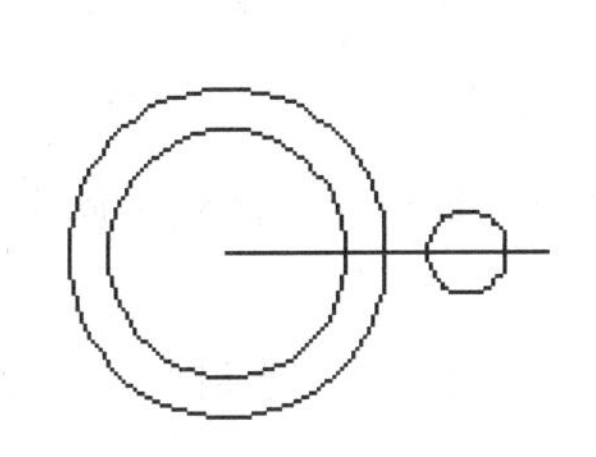

图 6-54　绘制并移动小圆

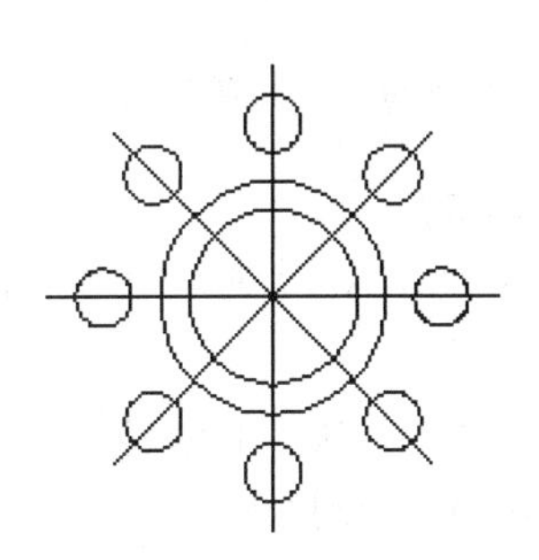

图 6-55　工艺吊灯图例

2. 绘制吸顶灯

在别墅首层平面中，使用最广泛的灯具就是吸顶灯，如别墅入口、卫生间和卧室的房间都使用吸顶灯来进行照明。常用的吸顶灯图例有圆形和矩形两种。这里主要介绍圆形吸顶灯图例的绘制方法。

1）单击“默认”选项卡“绘图”面板中的“圆”按钮⊙，绘制两个半径分别为90mm 和 120mm 的同心圆。

2）单击“默认”选项卡“绘图”面板中的“直线”按钮╱，绘制两条互相垂直的直径；然后激活已绘直径的两端点，将直径向两侧分别拉伸 40mm，生成一个正交十字。

3）单击“默认”选项卡“绘图”面板中的“图案填充”按钮▨，在弹出的“图案填充创建”选项卡中选择填充图案为“SOLID”，对同心圆中的圆环部分进行填充。

绘制完成的圆形吸顶灯图例如图 6-56 所示。

3. 绘制格栅灯

在本例别墅中，格栅灯是专用于厨房的照明灯具。

1）单击“默认”选项卡“绘图”面板中的“矩形”按钮▭，绘制尺寸为1200mm × 300mm 的矩形格栅灯轮廓。

2）单击“默认”选项卡“修改”面板中的“分解”按钮，将矩形分解；然后单击“默认”选项卡“修改”面板中的“偏移”按钮⊆，将矩形两条短边分别向内偏移，偏移量均为 80mm。

3）单击“默认”选项卡“绘图”面板中的“矩形”按钮▭，绘制两个尺寸为1040mm × 45mm 的矩形灯管，两个灯管平行间距为 70mm。

Note

4）单击“默认”选项卡“绘图”面板中的“图案填充”按钮，弹出“图案填充创建”选项卡，选择填充图案为“ANSI32”，并设置填充比例为 10，对两矩形灯管区域进行填充。

绘制完成的格栅灯图例如图 6-57 所示。

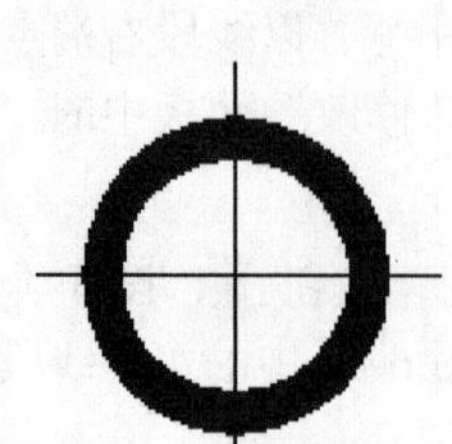

图 6-56　圆形吸顶灯图例

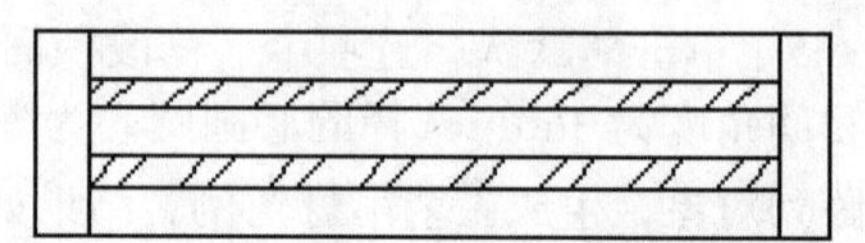

图 6-57　格栅灯图例

4. 绘制筒灯

筒灯体积较小，主要应用于室内装饰照明和走廊照明。常见筒灯图例由两个同心圆和一个十字组成。

1）单击“默认”选项卡“绘图”面板中的“圆”按钮，绘制两个半径分别为 45mm 和 60mm 的同心圆。

2）单击“默认”选项卡“绘图”面板中的“直线”按钮，绘制两条互相垂直的直径。

3）激活已绘两条直径的所有端点，将两条直径分别向其两端方向拉伸，每个方向拉伸量均为 20mm，生成正交的十字。

绘制完成的筒灯图例如图 6-58 所示。

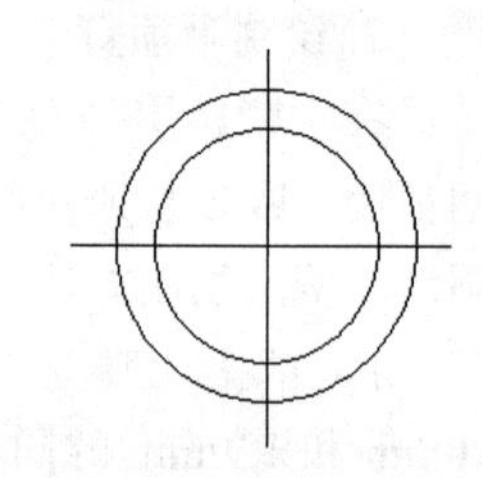

图 6-58　筒灯图例

5. 绘制壁灯

在本例别墅中，车库和楼梯侧墙面都是通过壁灯来辅助照明。在别墅首层平面图中使用的壁灯图例由矩形及其两条对角线组成。

1）单击“默认”选项卡“绘图”面板中的“矩形”按钮，绘制尺寸为 300mm×150mm 的矩形。

2）单击“默认”选项卡“绘图”面板中的“直线”按钮，绘制矩形的两条对角线。

绘制完成的壁灯图例如图 6-59 所示。

6. 绘制射灯组

射灯组图例在绘制客厅平面图时已有介绍，具体绘制方法可参考前面章节中的内容。

7. 在顶棚图中插入灯具图例

1）单击“默认”选项卡“块”面板中的“创建”按钮，将所绘制的各种灯具图例分别定义为图块。

2）单击“默认”选项卡“块”面板中“插入”下拉列表中的“最近使用的块”选项，根据各房间或空间的功能，选择适当的灯具图例并根据需要设置图块比例，然后将其插入别墅首层顶棚平面中相应位置。

图 6-60 所示为客厅顶棚灯具布置效果。

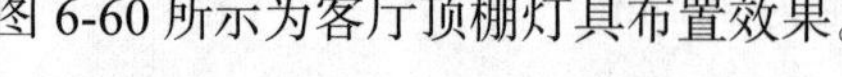

Note

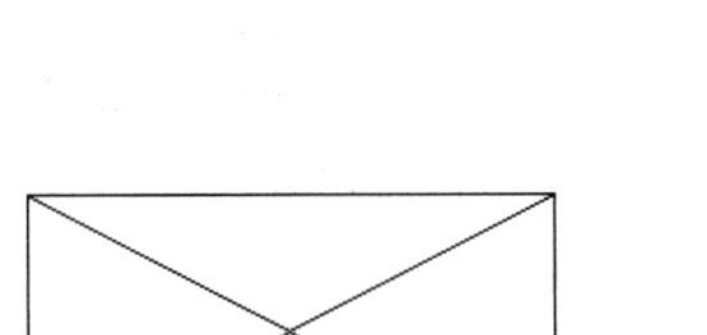

图 6-59　壁灯图例

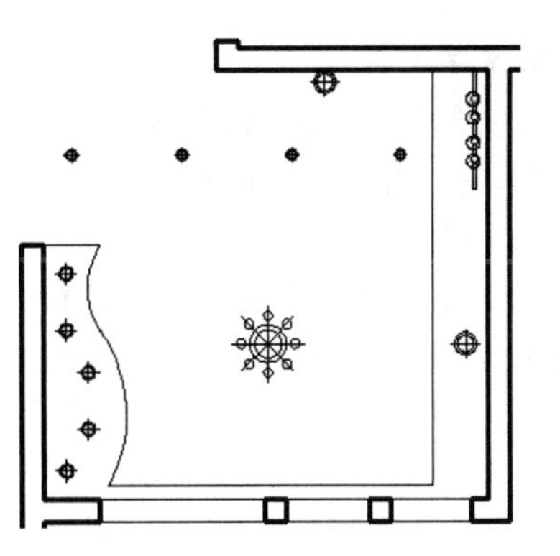

图 6-60　客厅顶棚灯具布置效果

6.5.6　尺寸标注与文字说明

1. 尺寸标注

在顶棚图中，尺寸标注的内容主要包括灯具和吊顶的尺寸以及它们的水平位置。这里的尺寸标注同前面一样，可通过“线性”标注命令来完成。

1）在“图层”下拉列表中选择“标注”图层，将其设置为当前图层。

2）单击“默认”选项卡“注释”面板中的“标注样式”按钮，将“室内标注”设置为当前标注样式。

3）单击“默认”选项卡“注释”面板中的“线性”按钮，对顶棚图进行尺寸标注。

2. 标高标注

在顶棚图中，各房间顶棚的高度需要通过标高来表示。

1）单击“默认”选项卡“块”面板中“插入”下拉列表中的“最近使用的块”选项，将标高符号插入到各房间顶棚位置。

2）单击“默认”选项卡“注释”面板中的“多行文字”按钮，在标高符号的长直线上方添加相应的标高数值。

标注结果如图 6-61 所示。

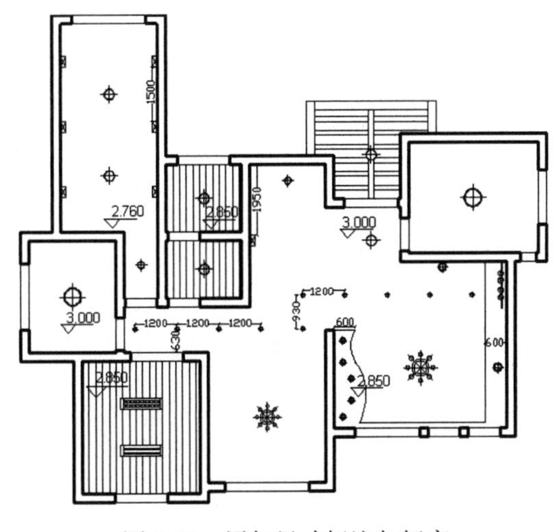

图 6-61　添加尺寸标注与标高

Note

3. 文字说明

在顶棚图中，各房间的顶棚材料做法和灯具的类型都要通过文字说明来表达。

1）在“图层”下拉列表中选择“文字”图层，将其设置为当前图层。

2）选择菜单栏中的“标注”→“多重引线”命令，并设置引线箭头大小为60。

3）单击“默认”选项卡“注释”面板中的“多行文字”按钮A，设置字体为“仿宋GB2312”、文字高度为300，在引线的一端添加文字说明。

▶▶第 2 篇

3ds Max 建模篇

本篇对 3ds Max 2024 软件进行了简要介绍，并在第 1 篇绘制的别墅施工图的基础上，介绍了该别墅立体模型，主要包括别墅模型、客厅立体模型、书房立体模型、餐厅立体模型、厨房立体模型、主卧立体模型、更衣室立体模型和卫生间立体模型的创建方法。

3ds Max 2024 简介

3ds Max 一直以来都是装饰装潢设计师制作效果图的首选三维软件之一。3ds Max 2024 是该软件升级后的新版本，添加了很多新功能，在建模、材质、动画和渲染 4 个方面都有不同程度的改进。

- ☑ 3ds Max 2024 界面介绍
- ☑ 3ds Max 2024 建模
- ☑ 3ds Max 2024 灯光
- ☑ 3ds Max 2024 材质编辑器
- ☑ 贴图技术

任务驱动 & 项目案例

7.1　3ds Max 2024 界面介绍

3ds Max 2024 是运行在 Windows 系统下的三维动画制作软件，具有一般窗口式的软件特征，即窗口式的操作接口。3ds Max 2024 的操作界面如图 7-1 所示。

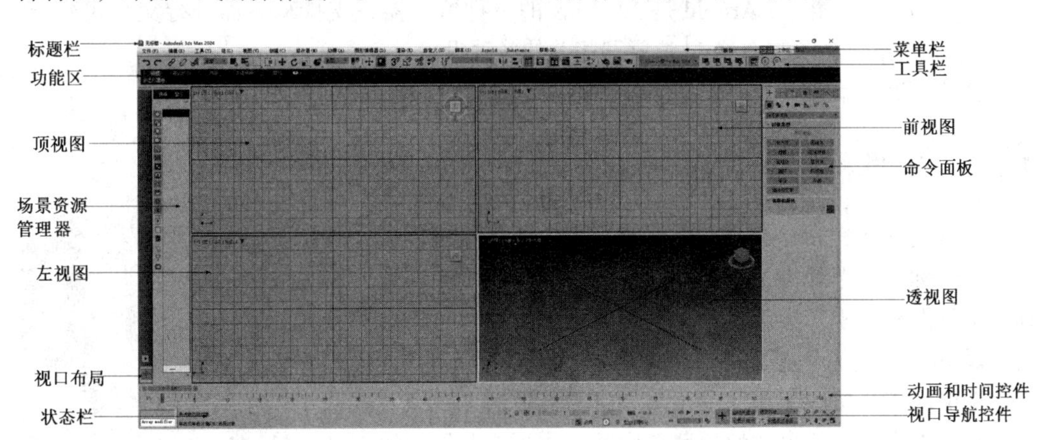

图 7-1　3ds Max 2024 的操作界面

7.1.1　菜单栏

3ds Max 2024 采用了标准的下拉菜单，具体介绍如下。

☑ “文件”菜单：该菜单包含了用于管理文件的命令。

☑ “编辑”菜单：用于选择和编辑对象，主要包括对操作步骤的撤销、临时保存、删除、复制、全选和反选等命令。

☑ “工具”菜单：提供了较为高级的对象变换和管理工具，如镜像和对齐等。

☑ “组”菜单：用于对象成组，包括成组、分离和加入等命令。

☑ “视图”菜单：包含了对视图工作区的操作命令。

☑ “创建”菜单：用于创建二维图形、标准几何体、扩展几何体和灯光等。

☑ “修改器”菜单：用于修改造型或接口元素等设置。按照选择编辑、曲线编辑和网格编辑等类别，提供全部内置的修改器。

☑ “动画”菜单：用于设置动画，包含了各种动画控制器、IK 设置、创建预览和观看预览等命令。

☑ “图形编辑器”菜单：包含了 3ds Max 2024 中以图形的方式形象地展示与操作场景中各元素相关的各种编辑器。

☑ “渲染”菜单：包含了与渲染相关的工具和控制器。

☑ “自定义”菜单：可以自定义改变用户界面，包含了与其有关的所有命令。

☑ “脚本（S）”菜单：MAXScript 是 3ds Max 2024 内置的脚本语言。该菜单可以进行各种与 Max 对象相关的编程工作，提高工作效率。

☑ “Civil View”菜单：要使用 Civil View，必须将其初始化，然后重新启动 3ds Max。

Note

☑ “Substance”菜单：Substance 是 3ds Max 中的插件。此菜单提供了一键式解决方案，可构建明暗器网络以用于常用渲染器，并允许直接在 Slate 材质编辑器中导入 Substance 材质。可以使用动画编辑器创建、管理和使用内嵌预设以及关键帧 Substance 参数。

☑ “Arnold”菜单：Arnold 是 3ds Max 的一种渲染器，支持从界面进行交互式渲染。该菜单包含了与 Arnold 渲染器相关的各种设置。

☑ “帮助”菜单：为用户提供各种相关的帮助。

7.1.2 工具栏

默认情况下，3ds Max 2024 中只显示主要工具栏。主工具栏工具图标包括选择类工具图标、选择与操作类图标、选择及锁定工具图标、坐标类工具图标、着色类工具图标、连接关系类工具图标和其他一些如帮助、对齐、数组复制等工具图标。当前选中的工具按钮呈蓝底显示。要打开其他的工具栏可以在工具栏上右击，在弹出的快捷菜单中选择或配置要显示的工具项和标签工具条，如图 7-2 所示。

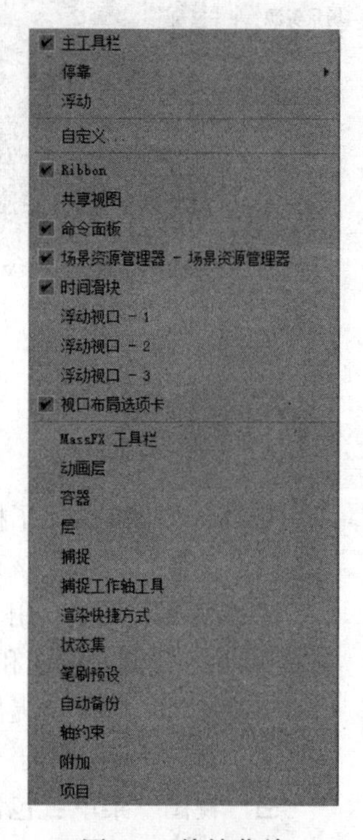

图 7-2 快捷菜单

1. 选择类按钮

（1）“选择对象”按钮 单击该按钮时呈现亮蓝色，在任意一个视图内，鼠标指针变成一白色十字游标。单击要选择的物体即可选中它。

（2）“按名称选择”按钮 该按钮的功能允许用户按照场景中对象的名称选择物体。

（3）“矩形选择区域”按钮 单击该按钮时按住鼠标左键不动，会弹出 5 个选取方式，矩形选择区域是其一，下面还有 4 个。

☑ “圆形选择区域”按钮：单击该按钮，在视图中拉出的选择区域为一个圆。

☑ “围栏选择区域”按钮：在视图中，用鼠标左键选定第一点，移动鼠标指针拉出直线，再选定第二点，如此拉出不规则的区域作为选择的区域。

☑ “套索选择区域”按钮：在视图中，用鼠标指针滑过视图会产生一个轨迹，以这条轨迹为选择区域的选择方法就是套索区域选择。

☑ “绘制选择区域”按钮：在视图中，按住鼠标左键进行拖放时，鼠标指针周围将会出现一个以笔刷大小为半径的圆圈，圆圈划过的对象都将被选中。

2. “选择过滤器”按钮

用来设置过滤器种类。

3. 选择与操作类按钮

（1）“选择并移动”按钮 用它选择了对象后，能对所选对象进行移动操作。

（2）“选择并旋转”按钮 用它选择了对象后，能对所选对象进行旋转操作。

（3）“选择并均匀缩放”按钮 用它选择了对象后，能对所选对象进行缩放操作。

它下面还有两个缩放工具，一个是“选择并非均匀缩放”，一个是“选择并挤压”，按住缩放工具按钮就可以看到这两个图标。

（4）“选择并放置”按钮 使用“选择并放置”工具可将对象准确地定位到另一个对象的曲面上。此方法大致相当于“自动栅格”选项，但随时可以使用，而不仅限于在创建对象时。“选择并放置”按钮与“选择并旋转”按钮的使用方法类似，这里不再赘述。

（5）“使用轴点中心”按钮 可以围绕其各自的轴点旋转或缩放一个或多个对象。自动关键点处于活动状态时，“使用轴点中心”按钮将自动关闭，并且其他选项均处于不可用状态。

☑ “使用选择中心”按钮：可以围绕其共同的几何中心旋转或缩放一个或多个对象。如果变换多个对象，3ds Max Design 会计算所有对象的平均几何中心，并将此几何中心用作变换中心。

☑ “使用变换坐标中心”按钮：可以围绕当前坐标系的中心旋转或缩放一个或多个对象。当使用“拾取”功能将一个物体的坐标系用作另一个物体的参考坐标系时，坐标中心是该对象轴的位置。

4. 连接关系类按钮

（1）“选择并链接”按钮 将两个物体连接成父子关系，第一个被选择的物体是第二个物体的子体。这种连接关系是 3ds Max 中的动画基础。

（2）“取消链接选择”按钮 单击此按钮，将取消两个物体间的父子关系。

（3）“绑定到空间扭曲”按钮 将空间扭曲结合到指定对象上，使物体产生空间扭曲和空间扭曲动画。

5. 复制、视图工具按钮

（1）“镜像”按钮 用于对当前选择的物体进行镜像操作。

（2）“对齐”按钮 可以将当前选择与目标选择进行对齐。

☑ “快速对齐”按钮：可将当前选择的位置与目标对象的位置立即对齐。

☑ “法线对齐”按钮：基于每个对象上面或选择的法线方向将两个对象对齐。

☑ “放置高光”按钮：可将灯光或对象对齐到另一对象，以便可以精确定位其高光或反射。

☑ “对齐摄影机”按钮：可以将摄影机与选定的面法线对齐。

☑ “对齐到视图”按钮：单击“对齐”下拉列表中的“对齐到视图”按钮，可打开“对齐到视图”对话框，在其中可以将对象或子对象选择的局部轴与当前视口对齐。

（3）“切换场景资源管理器”按钮 单击此按钮，可打开“场景资源管理器”对话框。“场景资源管理器”对话框可用于查看、排序、过滤和选择对象，其中包含用于建模、对象绘制和向场景添加人员的工具，可用于重命名、删除、隐藏和冻结对象，创建和修改对象层次，以及编辑对象属性。

（4）“切换层资源管理器”按钮 单击此按钮，可打开“层资源管理器”对话框。“层资源管理器”是一种显示层及其关联对象和属性的场景资源管理器模式，用户可以使用它来创建、删除和嵌套层，以及在层之间移动对象，还可以查看和编辑场景中所有层的设置及与其相关联的对象。

Note

（5）“显示功能区”按钮 用于切换显示功能区。

（6）“曲线编辑器”按钮 用于打开轨迹窗口。

（7）“图解视图”按钮 单击该按钮，可打开图解视图。图解视图是基于节点的场景图，通过它可以访问对象属性、材质、控制器、修改器、层次和不可见场景关系，如连线参数和实例。

（8）“材质编辑器”按钮 用于打开“材质编辑器”对话框。快捷键为 M。

6. 捕捉类工具按钮

（1）“捕捉开关”按钮 单击该按钮，打开 / 关闭三维捕捉模式开关。

（2）“角度捕捉切换”按钮 单击该按钮，打开 / 关闭角度捕捉模式开关。

（3）“百分比捕捉切换”按钮 单击该按钮，打开 / 关闭百分比捕捉模式开关。

（4）“微调器捕捉切换”按钮 切换捕捉以在所有微调器控件上设置增量。

7. 其他工具图标

（1）“渲染设置”按钮 单击该按钮，将打开“渲染设置”对话框，在其中可以设置渲染参数。

（2）“渲染帧窗口”按钮 单击该按钮，在“渲染帧窗口”中会显示渲染输出。

（3）“渲染产品”按钮 单击该按钮，可使用当前产品级渲染设置渲染场景，而无须打开“渲染设置”对话框。

☑ “渲染迭代”按钮：单击该按钮，可在迭代模式下渲染场景。渲染迭代会忽略文件输出、网络渲染、多帧渲染和电子邮件通知。在图像（通常对各部分迭代）上执行快速迭代时可使用该功能，如处理反射或者场景的特定对象或区域。同时，在迭代模式下进行渲染时，渲染选定对象或区域会使渲染帧窗口的其余部分保持完好。

☑ “ActiveShade”按钮：单击该按钮，将打开 ActiveShade。ActiveShade 可以提供交互式渲染会话，使用户能够在工作时看到接近最终渲染质量的场景。每次调整灯光、几何体、摄影机或材质时，ActiveShade 都会交互式地更新渲染。可以直接在视口中使用 ActiveShade，也可以在一个单独的浮动窗口中使用。

☑ “A360 在线渲染”按钮：A360 在线渲染是 Autodesk 公司提供的一项云渲染服务，它允许用户通过网络将 3ds Max 项目的渲染工作发送到云端服务器进行计算。这种方式可以节省本地计算机资源，加快渲染速度，特别适合计算资源密集型的渲染任务。使用 A360 在线渲染时，用户通常需要有一个 Autodesk A360 账户，并且可能需要支付一定的服务费用。

7.1.3　命令面板

在 3ds Max 2024 操作界面的右侧设置有 3ds Max 2024 的命令面板，包括“创建”命令面板、“修改”命令面板、“层次”命令面板、“运动”命令面板、“显示”命令面板和“实用程序”命令面板，可在不同的命令面板中进行切换。

命令面板是一种可以卷起或展开的板状结构，上面布满当前操作各种相关参数的设定。单击某个控制按钮，便可弹出相应的命令面板，上面有一些标有功能名称的横条状卷页框，左侧带有“▸”或“▾”符号。“▸”符号表示此卷页框控制的命令已经关闭，

而“▾”符号则表示此卷页框控制的命令是展开的。图 7-3 ~ 图 7-8 所示为各命令面板的截图。

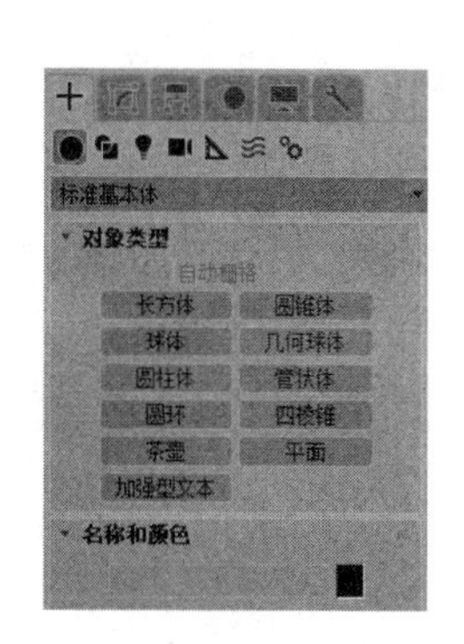

图 7-3 “创建”命令面板

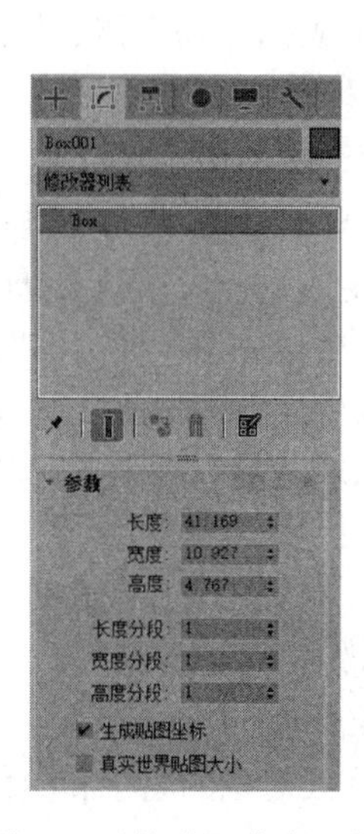

图 7-4 “修改”命令面板

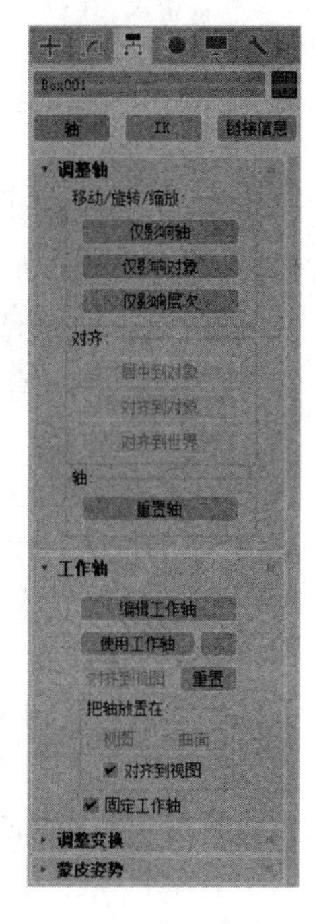

图 7-5 “层次”命令面板

图 7-6 “运动”命令面板

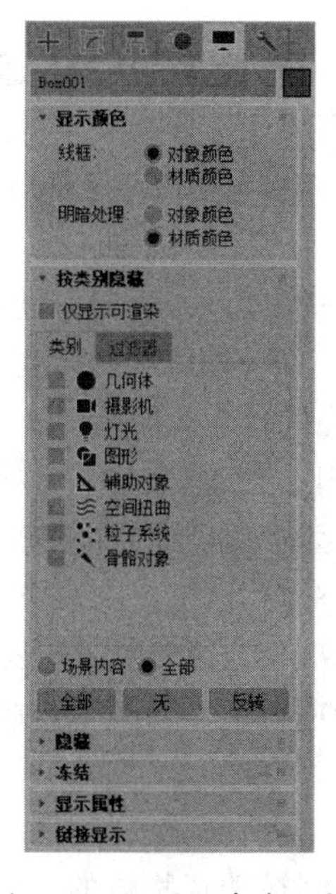

图 7-7 “显示”命令面板

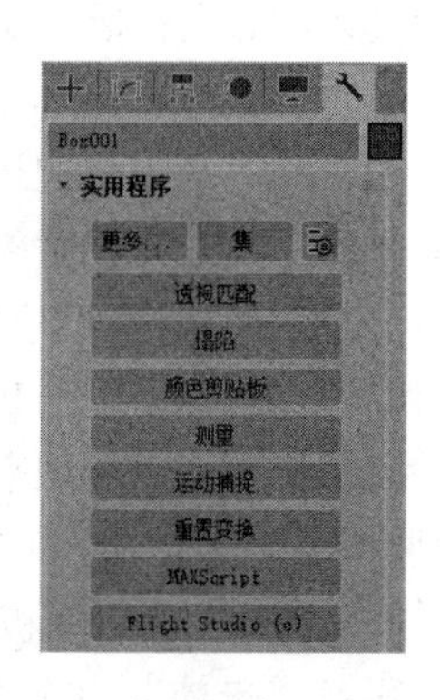

图 7-8 “实用程序”命令面板

✍ 技巧：鼠标指针在命令面板的某些区域中呈现手形图标，此时可以按住鼠标左键上下移动命令面板到相应的位置，以选择相应的命令按钮、编辑参数及各种设定等。

Note

1.“创建”命令面板

“创建”命令面板如图7-3所示。

（1）“几何体”按钮 可以生成标准基本体、扩展基本体、复合对象、粒子系统、面片栅格、NURBS曲面和动力学对象等。

（2）“图形”按钮 可以生成二维图形，并沿某个路径放样生成三维造型。

（3）“灯光”按钮 包括泛光灯和聚光灯等，可模拟现实生活中的各种灯光造型。

（4）“摄像机”按钮 可以生成目标摄像机或自由摄像机。

（5）“辅助对象”按钮 可以生成一系列起到辅助制作功能的特殊对象。

（6）“空间扭曲”按钮 可以生成空间扭曲以模拟风、引力等特殊效果。

（7）“系统”按钮 具有特殊功能的组合工具，可生成日光、骨骼等系统。

2.“修改”命令面板

如果要修改对象的参数，就需要打开“修改”命令面板来进行。在该面板中可以对物体应用各种修改器，每次应用的修改器都会记录下来，保存在修改器堆栈中。“修改”命令面板一般由4部分组成，如图7-4所示。

（1）名字和颜色区　用来显示修改对象的名字和颜色。

（2）修改命令区　可以选择相应的修改器。单击“配置修改器集”按钮，通过它可配置有个性的修改器面板。

（3）堆栈区　这里记录了对物体每次进行的修改，以便随时对以前的修改做出更正。

（4）参数区　显示了当前堆栈区中被选对象的参数，随物体和修改器的不同而不同。

3.“层次”命令面板

“层次”命令面板提供了对物体链接控制的功能。通过它可以生成IK链，可以创建物体间的父子关系，多个物体的链接可以形成非常复杂的层次树。它提供了正向运动和反向运动双向控制的功能。“层次”命令面板包括以下3部分（见图7-5）：

（1）轴　3d Max中的所有物体都只有一个轴心点，轴心点的作用主要是作为变动修改中心的默认位置。当为物体施加一个变动修改时，进入它的“中心”次物体级，在默认的情况下轴心点将成为变动的中心，作为缩放和旋转变换的中心点。作为父物体与其子物体链接的中心，子物体将针对此中心进行变换操作，作为反向链接运动的链接坐标中心。

（2）IK　根据反向运动学的原理，对复合链接的物体进行运动控制。我们知道，当移动父对象时，它的子对象也会随之运动。而当移动子对象时，如果父对象不跟着运动，则称为正向运动，否则称为反向起动。简单地说，IK反向运动就是当移动子对象时，父对象也跟着一起运动。使用IK可以快速准确地完成复杂的复合动画。

（3）链接信息　用来控制物体在移动、旋转、缩放时，在3个坐标轴上的锁定和继承情况。

4.“运动”命令面板

通过“运动”命令面板可以控制被选择物体的运动轨迹，还可以为它指定各种动画控制器，同时对各关键点的信息进行编辑操作。“运动”命令面板包括以下两个部分（见

Note

图 7-6）：

（1）参数　在参数面板内可以为物体指定各种动画控制器，还可以建立或删除动画的关键点。

（2）运动路径　代表过渡帧的位置点，白色方框点代表关键点。可以通过变换工具对关键点进行移动、缩放、旋转以改变物体运动轨迹的形态，还可以将其他的曲线替换为运动轨迹。

5.“显示”命令面板和“实用程序”命令面板

“显示”命令面板和“实用程序”命令面板分别如图 7-7 和图 7-8 所示。

7.1.4　视图

在 3ds Max 2024 中的 4 个视图是三维空间内同一物体不同视角的一种反映。3ds Max 2024 系统本身默认视图设置为 4 个。

（1）顶视图　即从物体上方往下观察的空间，默认布置在视图区的左上角。在这个视图中没有深度的概念，只能编辑对象的上表面。在顶视图中移动物体，只能在 XY 平面内移动，不能在 Z 方向移动。

（2）前视图　即从物体正前方看过去的空间，默认布置在视图区的右上角。在这个视图中没有长的概念，物体只能在 XZ 平面内移动。

（3）左视图　从物体左面看过去的空间，默认布置在视图区左下角。在这个视图中没有宽的概念，物体只能在 YZ 平面内移动。

（4）透视图　在三维空间中，操作一个三维物体比操作一个二维物体要复杂得多，于是人们设计出了三视图。在三视图的任何一个视图中，对对象的操作都像是在二维空间中一样。透视图体现出了 3D 软件的精妙。

注意： 观察一栋楼房，观察者总是感到离得远的地方要比离得近的地方矮一些，而实际上是一样高，这就是透视效果。

透视是一个视力正常的人看到的空间物体的比例关系。因为有了透视效果，才会有空间上的深度和广度感觉。透视图加上前面的 3 个视图，就构成了计算机模拟三维空间的基本内容。默认的 4 个视图不是固定不变的，可以通过快捷键进行切换。快捷键与视图对应关系如下：T = 顶视图；B = 底视图；L = 左视图；R = 右视图；F = 前视图；K = 后视图；C = 摄像机视图；U = 用户视图；P = 透视图。

7.1.5　视图控制区

视图控制区中的各按钮用于控制视图中显示图像的大小状态。熟练地运用这些按钮，可以大大提高工作效率。

（1）“缩放”按钮　单击该按钮，在任意视图中按住鼠标左键不放，上下拖动鼠标，可以拉近或推远场景。

（2）“缩放所有视图”按钮　与“缩放”用法相同，只是它影响的是所有可见视图。

（3）“最大化显示选定对象”按钮：单击该按钮，可使当前视图以最大方式显示。

（4）“所有视图最大化显示选定对象”按钮：单击该按钮，在所有视图中被选择的物体均以最大方式显示。

（5）“缩放区域”按钮：单击该按钮，用鼠标在想放大的区域拉出一个矩形框，可使矩形框内的所有物体组成的整体以最大方式在本视图中显示，不影响其他视图。

（6）“平移视图”按钮：单击该按钮，在任意视图拖动鼠标指针，可以移动视图观察窗。

（7）“环绕子对象”按钮：单击该按钮，将在视图中出现一个黄圈，可以在圈内、圈外或圈上的 4 个顶点上拖动鼠标指针以改变物体在视图中的角度。在透视图以外的视图应用此命令，视图自动切换为用户视图。如果想恢复原来的视图，可以用上述快捷键来实现。

（8）“最大化视口切换”按钮：单击该按钮，可使当前视图全屏显示。再次单击，可恢复为原来状态。

7.2　3ds Max 2024 建模

二维尤其是三维建模功能是3ds Max最基本也是最重要的功能，本节将进行简要介绍。

7.2.1　二维图形绘制与编辑

1. 二维图形的绘制

3ds Max 2024 提供了 12 种常见的图形，分别为线、矩形、圆、椭圆、弧、圆环、多边形、星形、文本、螺旋线、卵形和截面。各种图形的效果如图 7-9 所示。

单击“创建”按钮，然后单击“图形”按钮，展开“对象类型”卷展栏，面板上即出现 13 种图形按钮，如图 7-10 所示。单击某个图形按钮，即可在视图中创建相应的图形。

图 7-9　各种图形的效果

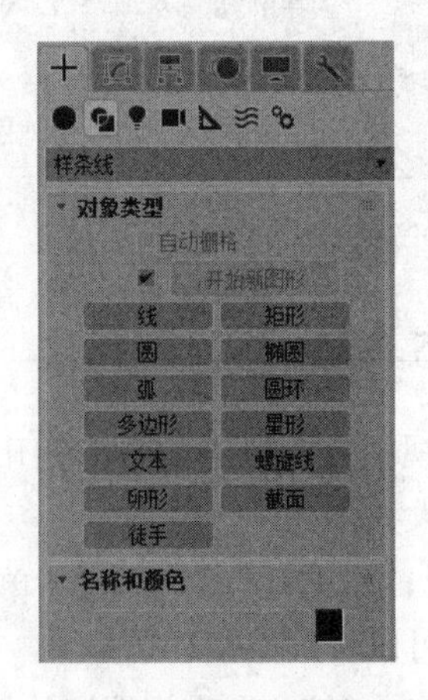

图 7-10　二维图形创建面板

Note

二维图形的常用创建方法有以下两种：

1）通过命令面板。

2）通过菜单命令。

在“创建”菜单栏的“图形”子菜单中选择某个图形命令，即可在视图中创建相应的图形。

2. 二维图形的编辑

一般来讲，创建图形后，还需要在“修改”命令面板中对其进行编辑。对于线来讲，可以直接进入点、线段、样条线子物体编辑层次。对于其他图形而言，可以选中图形并在其上右击，在弹出的快捷菜单中选择“转换为”→“转换为可编辑样条线”命令，将其转换成样条线，然后即可进入子物体编辑层次进行编辑。

7.2.2 由二维图形生成三维造型

3ds Max 2024 可以将二维图形通过修改器下拉列表中相应的修改器命令生成三维造型，具体方法如下：

1）“车削”修改器通过绕轴旋转一个图形或 NURBS 曲线来创建 3D 对象，效果如图 7-11 所示。

2）“挤出”修改器将深度添加到图形中，并使其成为一个参数对象，效果如图 7-12 所示。

3）“倒角”修改器将图形挤出为 3D 对象并在边缘应用倒角。此修改器的一个常规用法是创建 3D 文本和徽标，而且可以应用于任意图形，效果如图 7-13 所示。

图 7-11 车削效果

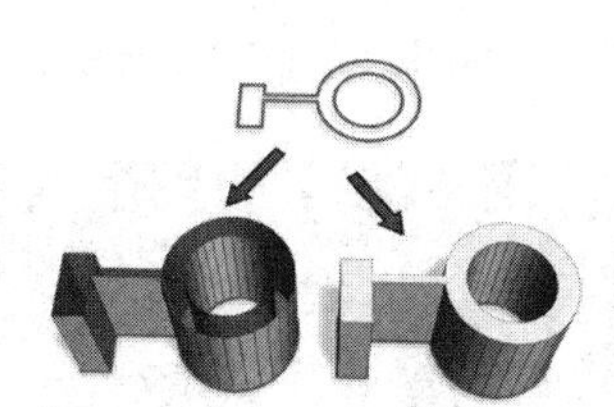

图 7-12 挤出效果

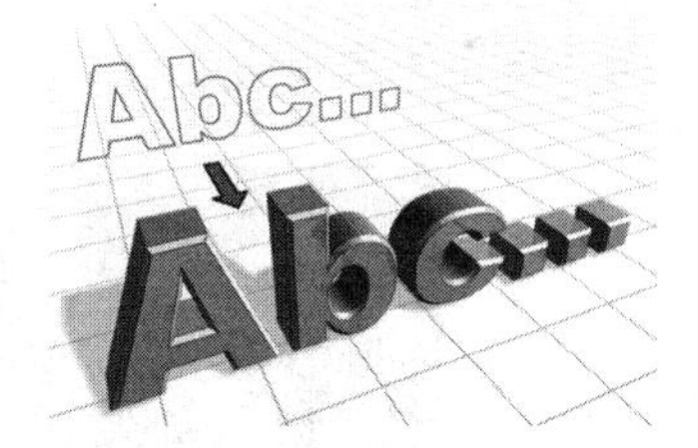

图 7-13 倒角效果

7.2.3 由二维图形生成三维造型实例——古鼎

古鼎可以分解为支架、支架连接环、鼎座和鼎身 4 部分，如图 7-14 所示。下面将以古鼎为例，讲解由二维图形生成三维造型的建模方法。

图 7-14 古鼎

（电子资料包：动画演示 \ 第 7 章 \ 由二维图形生成三维造型实例——古鼎 .mp4）

1）选择“文件”→“重置”命令，重置设定系统。

2）激活“前”视图，单击“创建”命令面板中的“图形”按钮，展开“对象类型”卷展栏，单击“线”

按钮，在前视图中绘制一条曲线。

3）展开“修改”命令面板，单击“选择”卷展栏中的“样条线”按钮，展开样条线子物体编辑层次。单击“几何体”卷展栏中的“轮廓”按钮，然后将光标移动到曲线上，单击并拖动鼠标指针，为曲线添加轮廓，结果如图 7-15 所示。

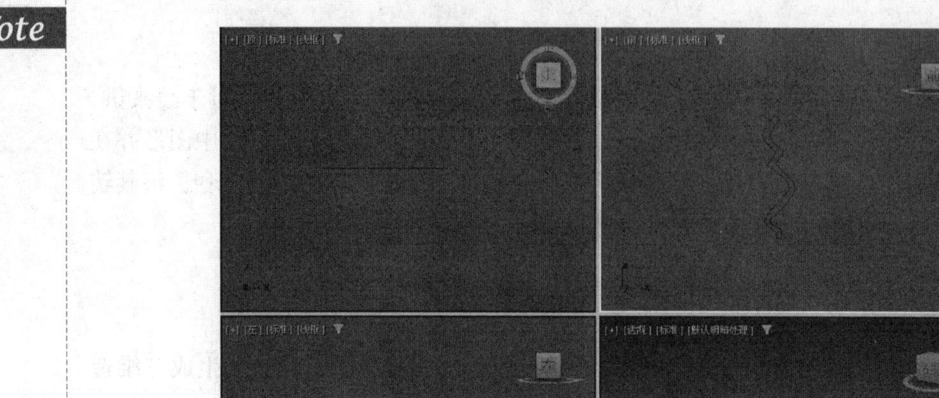

图 7-15　添加轮廓

4）单击“选择”卷展栏中的“顶点”按钮，展开点子物体编辑层次。删除或者移动轮廓线上不规则的点并做适当调整，结果如图 7-16 所示。

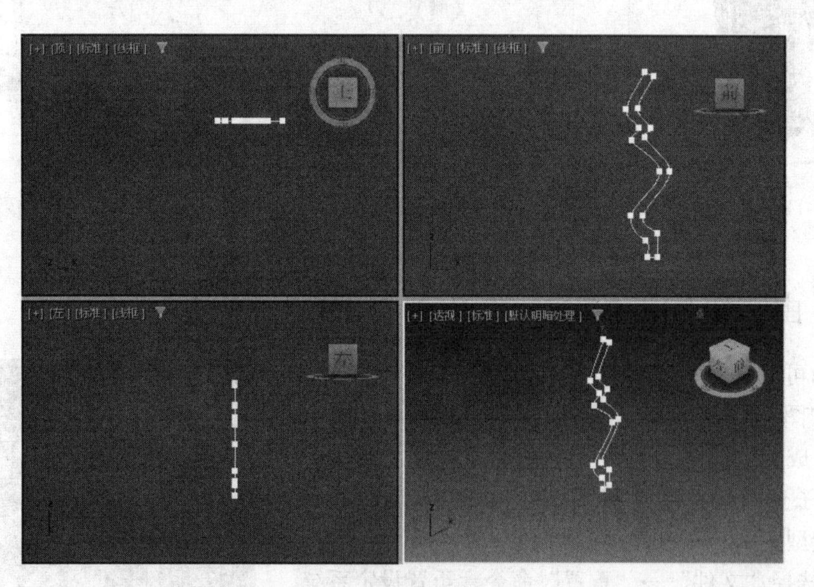

图 7-16　调整轮廓线上的点

5）在“修改器列表”中选择“倒角”修改器，设置“倒角值”卷展栏中的参数如

图 7-17 所示，倒角生成支架，结果如图 7-18 所示。

6）单击“层次”按钮，展开“层次”命令面板。单击“调整轴”卷展栏中的“仅影响轴”按钮，利用移动工具，在顶视图中移动轴心点到如图 7-19 所示的位置。

7）单击“仅影响轴”按钮，退出轴心点调整。确保支架被选中并且顶视图处于激活状态，选择“工具”→“阵列”命令，打开“阵列”对话框，设置参数如图 7-20 所示。阵列并调整支架，结果如图 7-21 所示。

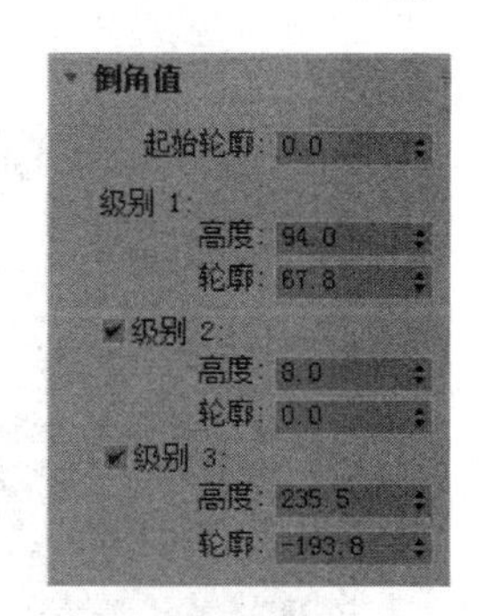

图 7-17　设置“倒角值”参数

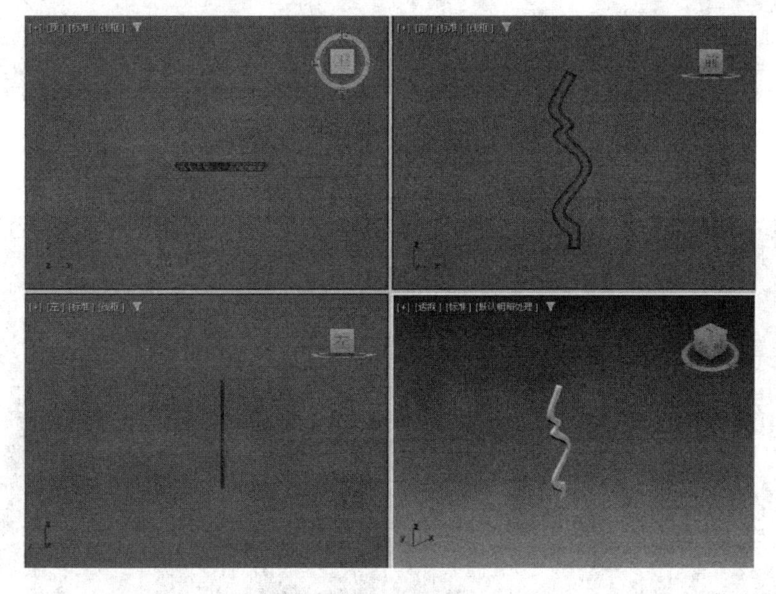

图 7-18　倒角生成支架

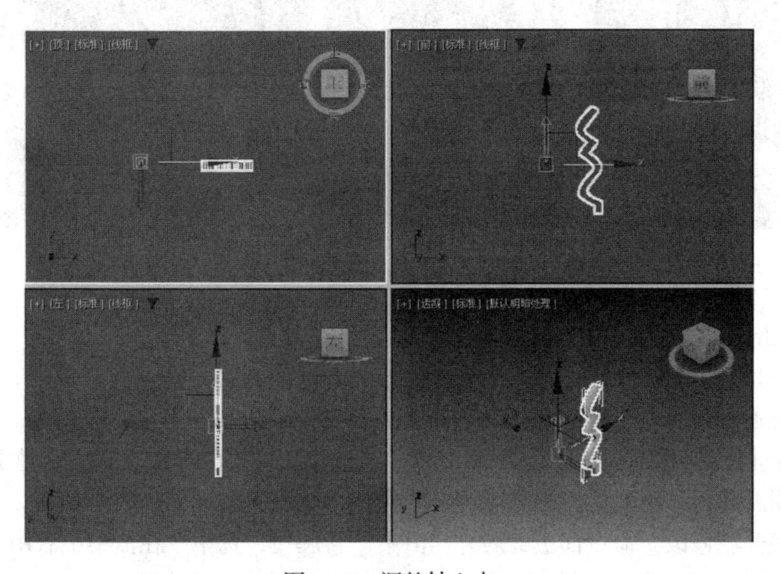

图 7-19　调整轴心点

Note

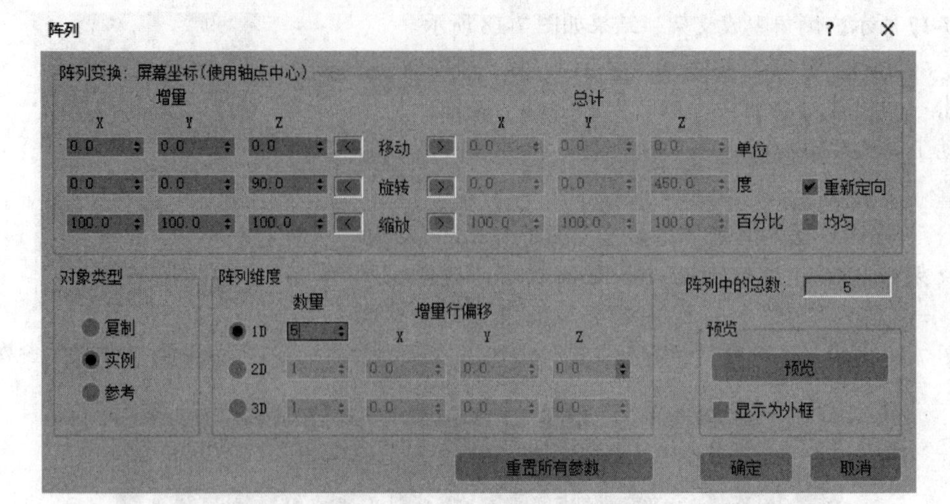

图 7-20　设置“阵列”参数

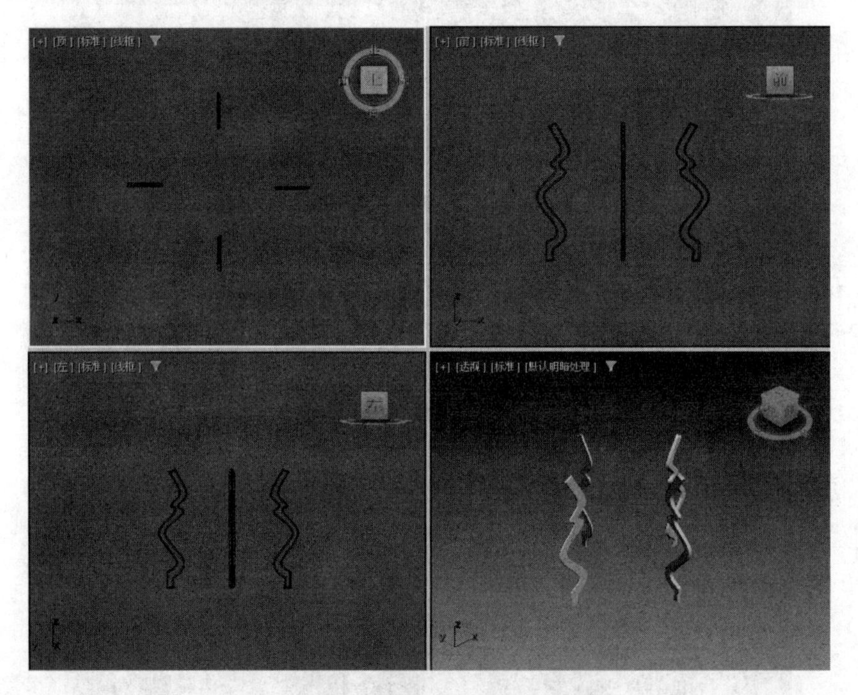

图 7-21　阵列并调整后的支架

8）单击“圆”按钮，在顶视图中创建一个圆，如图 7-22 所示。

9）展开“修改”命令面板，在“修改器列表”中选择“挤出”修改器，在“参数”卷展栏中设置参数值，适当调整挤出鼎座位置，结果如图 7-23 所示。

10）单击“创建”按钮+，展开“创建”命令面板。单击“圆”按钮，在顶视图中再创建一个圆。利用移动工具，在前视图中将其沿 Y 轴向下移动到如图 7-24 所示的位置。

11）展开“修改”命令面板，展开“渲染”卷展栏，选中“在渲染中启用”和“在视口中启用”复选框，并设置参数如图 7-25 所示。渲染后的支架连接环如图 7-26 所示。

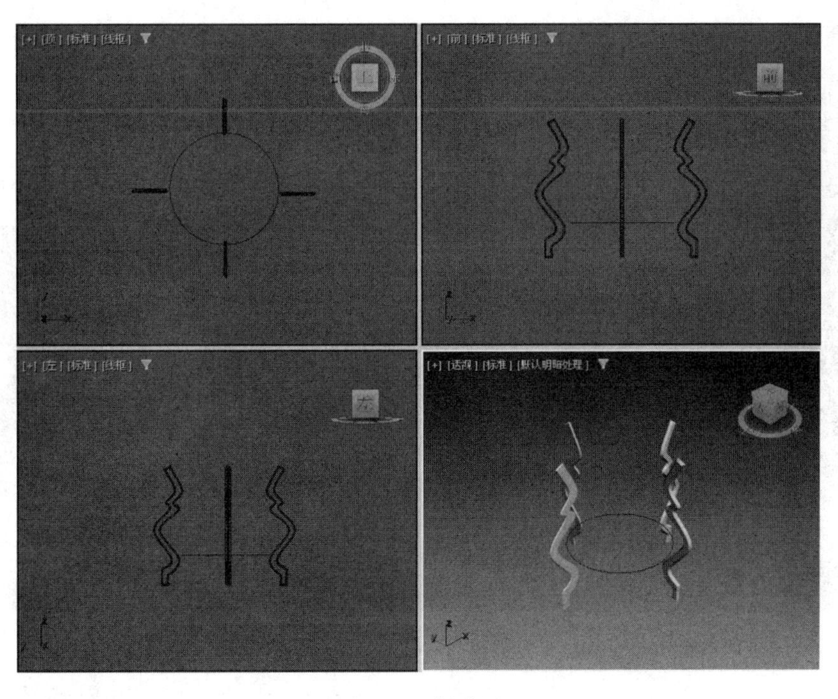

图 7-22　创建圆

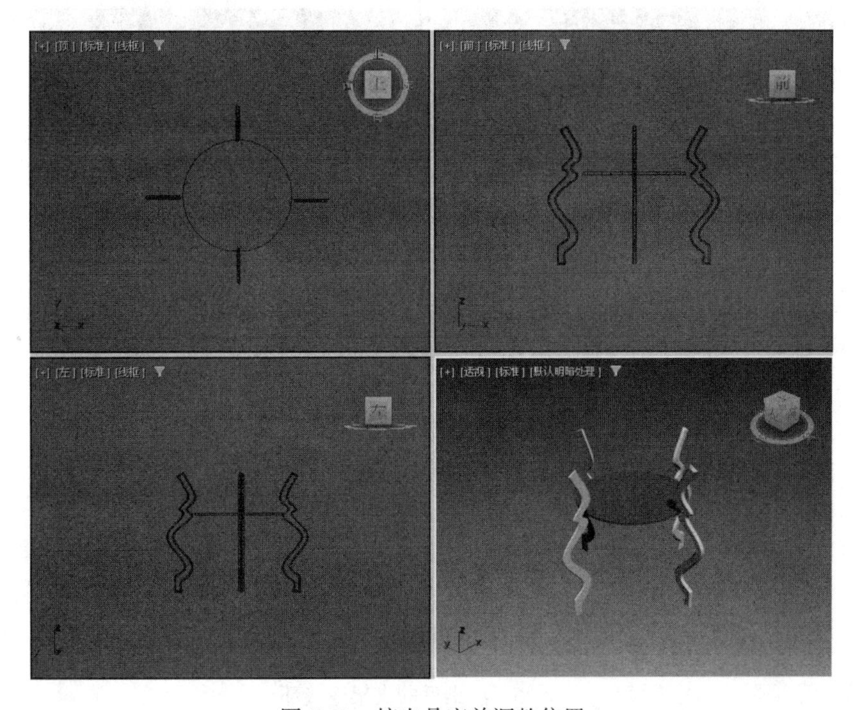

图 7-23　挤出鼎座并调整位置

Note

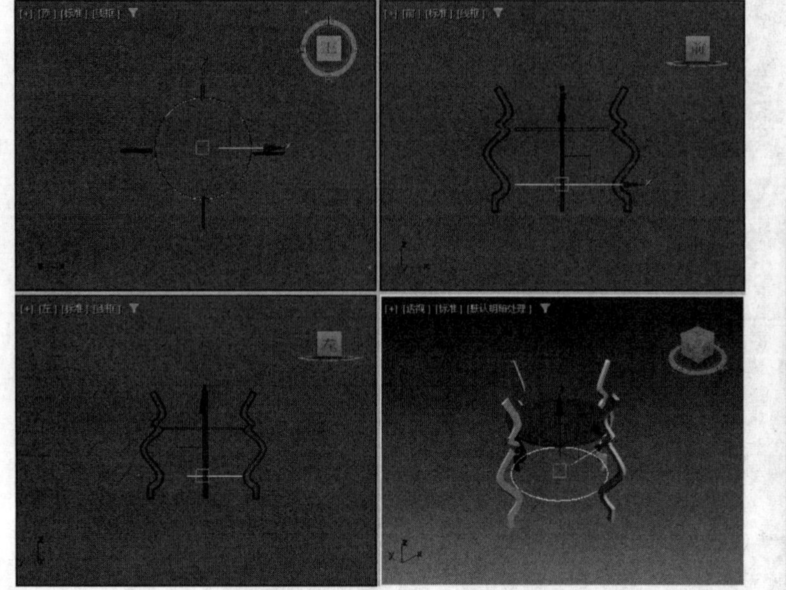

图 7-24　创建圆并调整位置

渲染
在渲染中启用
在视口中启用
使用视口设置
生成贴图坐标
真实世界贴图大小
视口　渲染
径向
厚度: 300.0
边: 12
角度: 0.0
矩形
长度: 6.0
宽度: 2.0
角度: 0.0
纵横比: 3.0

图 7-25　设置“渲染”参数

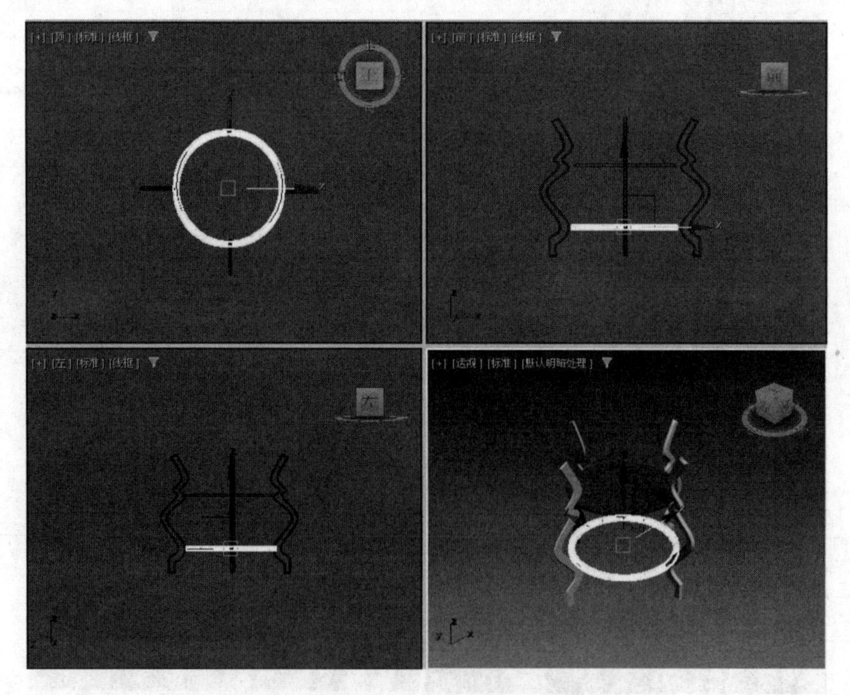

图 7-26　渲染后的支架连接环

12）单击“创建”按钮，展开“创建”命令面板。单击“线”按钮，在前视图中绘制一条曲线，结果如图 7-27 所示。

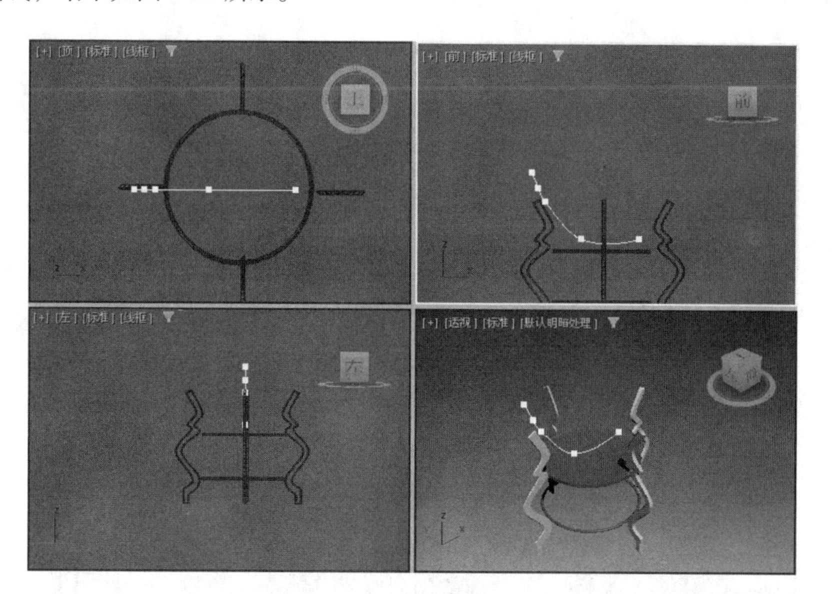

图 7-27　绘制曲线

13）展开“修改”命令面板，单击“选择”卷展栏中的“样条线”按钮，展开样条线子物体编辑层次。单击“几何体”卷展栏中的“轮廓”按钮，然后将光标移动到曲线上，单击并拖动鼠标指针，为曲线添加轮廓，结果如图 7-28 所示。

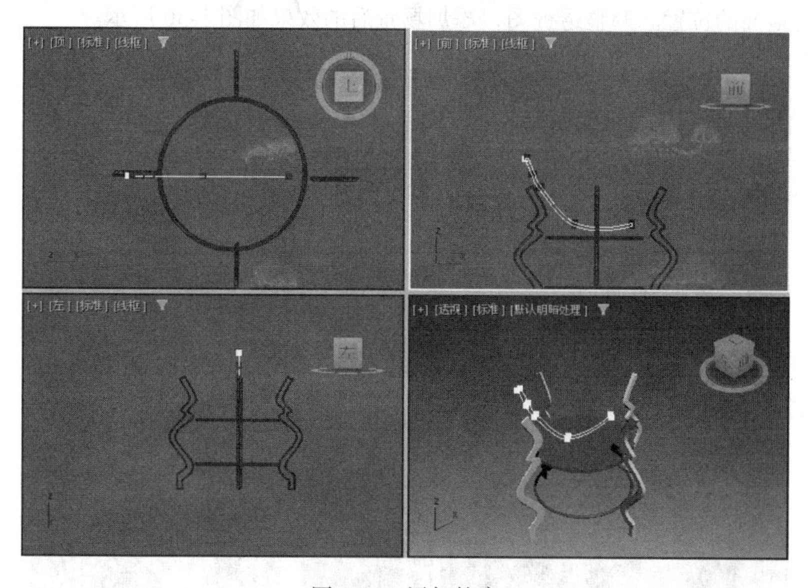

图 7-28　添加轮廓

14）单击“选择”卷展栏中的“顶点”按钮，展开点子物体编辑层次。选中曲线顶端的两个点，并在其上右击，在弹出的快捷菜单中选择“平滑”类型。

15）在“修改器列表”中选择“车削”修改器，单击“参数”卷展栏下“对齐”选项

Note

组中的“最小”按钮，并适当设置车削参数，车削生成鼎身，结果如图 7-29 所示。至此，古鼎创建完毕。

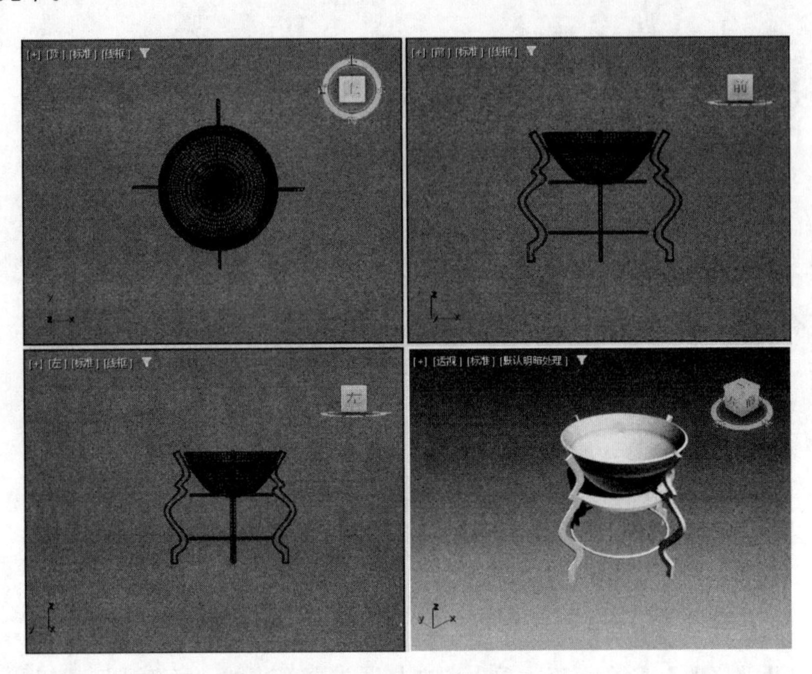

图 7-29　车削生成鼎身

16）展开标准基本体创建面板，在顶视图中创建一个平面作为地面，适当调整古鼎的比例及其与地面的位置。调整透视图，添加场景后的效果如图 7-30 所示。

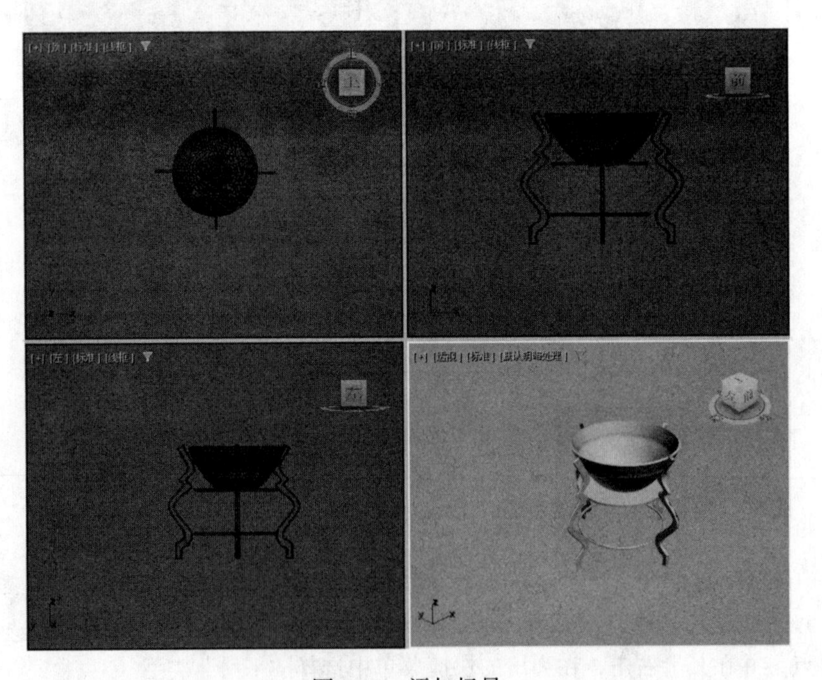

图 7-30　添加场景

17）打开“材质编辑器”对话框，激活一个空白样本球。展开“贴图”卷展栏，为“漫反射颜色”贴图通道指定电子资料包中的“源文件\贴图\BENEDETI.JPG”文件，适当设置“坐标”卷展栏下 U、V 方向平铺的数值，然后将制作好的材质赋给地面。

18）激活一个空白材质球。展开“Blinn 基本参数”卷展栏，设置基本参数如图 7-31 所示。

19）展开“贴图”卷展栏，为“漫反射颜色”贴图通道指定电子资料包中的“源文件\贴图\OLDMETAL.JPG”文件，适当设置“坐标”卷展栏下 U、V 方向平铺的数值，然后将制作好的材质赋给古鼎。快速渲染透视图，观察为模型和场景赋予材质后的效果，如图 7-32 所示。

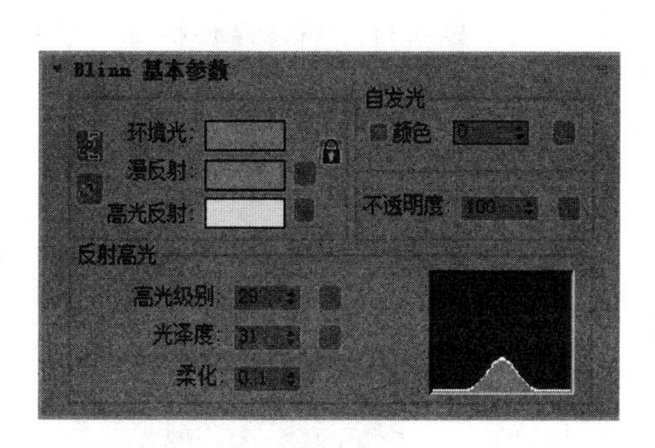

图 7-31 设置 Blinn 基本参数

图 7-32 为模型和场景赋予材质后的效果

20）展开“灯光”创建面板，创建一盏目标聚光灯作为主光源并开启阴影选项，再创建两盏泛光灯，调小其“倍增”值作为辅光源。快速渲染透视图，最终的古鼎效果图如图 7-14 所示。

7.2.4 标准几何体

场景中实体 3D 对象和用于创建它们的对象称为几何体。通常，几何体组成场景的主题和渲染的对象。可以说，熟悉几何体的创建和参数设置是 3D 建模最基本的要求。基本几何体包括标准基本体、扩展基本体、门、窗、楼梯以及栅栏、植物等各种建筑扩展对象。

1. 标准基本体

标准基本体包括圆柱体、管状体、长方体、圆锥体、球体和几何球体、环状体、四棱锥、茶壶、平面等，如图 7-33 所示。单击“创建”按钮，再单击“几何体”按钮，展开“标准基本体”创建面板。“对象类型”卷展栏中列出了可以创建的各种标准基本体按钮，如图 7-34 所示。

2. 扩展基本体

扩展基本体是 3ds Max 2024 中复杂几何体的集合，可用来创建更多复杂的 3D 对象，如胶囊、油罐、纺锤、异面体、环形结和棱柱等。3ds Max 2024 提供的扩展基本体如图 7-35 所示。单击“创建”按钮，再单击“几何体”按钮，然后打开“标准基本体”下拉列表，选择“扩展基本体”选项，展开“扩展基本体”创建面板。“对象类型”卷展栏中列出了可以创建的各种扩展基本体按钮，如图 7-36 所示。

Note

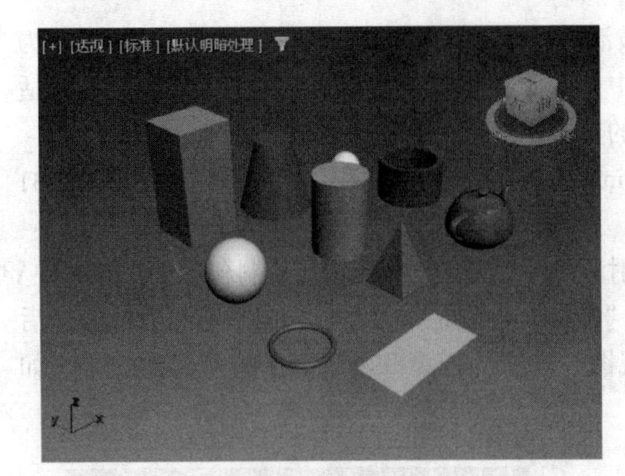

图 7-33　基本几何体

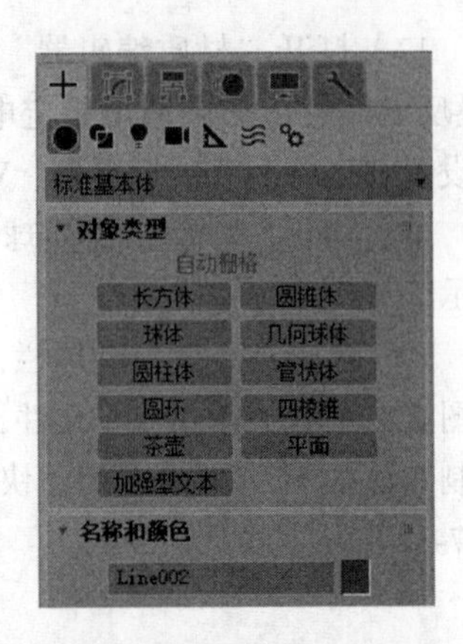

图 7-34　“标准基本体”创建面板

图 7-35　扩展基本体

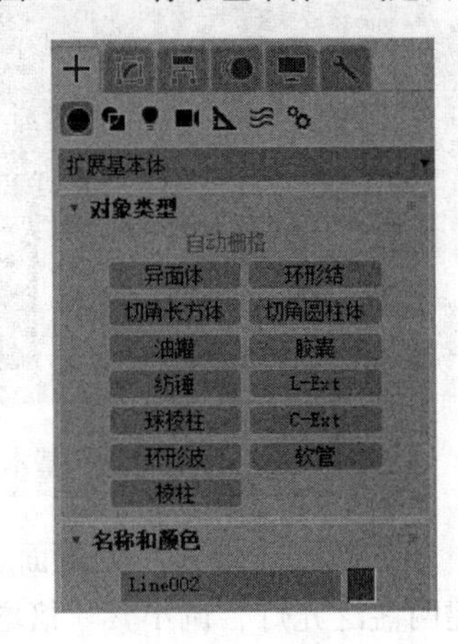

图 7-36　“扩展基本体”创建面板

3. 门

使用门模型可以控制门外观的细节，还可以将门设置为打开、部分打开或关闭，以及设置门打开的动画。3ds Max 2024 提供了 3 种类型的门：枢轴门是仅在一侧装有铰链的门；折叠门的铰链装在中间以及侧端，就像许多壁橱的门那样（也可以将这些类型的门创建成一组双门）；推拉门有一半固定，另一半可以推拉。图 7-37 所示为利用 3ds Max 2024 提供的门创建的门模型。单击“创建”按钮 ，再单击“几何体”按钮 ，然后打开“标准基本体”下拉列表，选择“门”，进入“门”创建面板。“对象类型”卷展栏中列出了可以创建的各种门按钮，如图 7-38 所示。

图 7-37　门模型

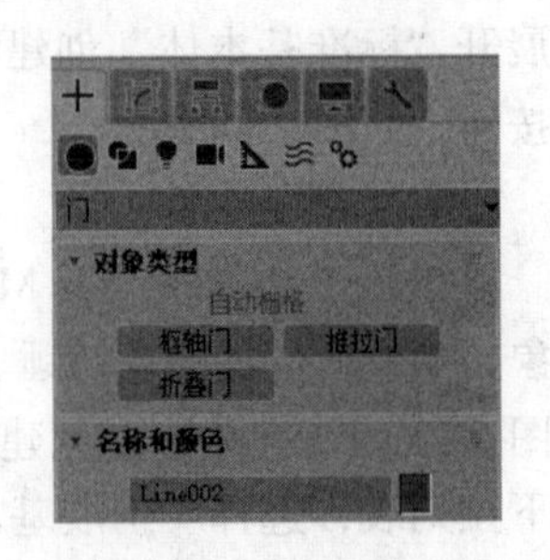

图 7-38　“门”创建面板

4. 窗

使用窗模型可以控制窗户外观的细节，还可以将窗户设置为打开、部分打开或关闭，以及设置窗随时打开的动画。3ds Max 2024 提供了 6 种类型的窗户。图 7-39 所示为利用 3ds Max 2024 提供的窗创建的窗模型。单击“创建”按钮，再单击“几何体”按钮，打开“标准基本体”下拉列表，选择“窗”，进入“窗”创建面板。“对象类型”卷展栏中列出了可以创建的各种窗户按钮，如图 7-40 所示。

图 7-39　窗模型

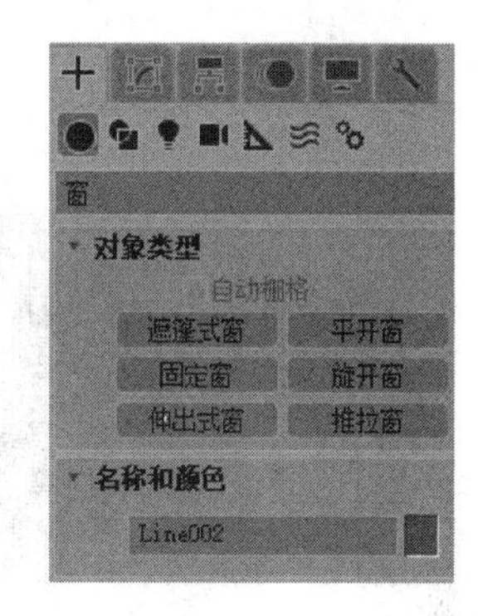

图 7-40　“窗”创建面板

5. 楼梯

在 3ds Max 2024 中可以创建 4 种类型的楼梯：螺旋楼梯、直线楼梯、L 型楼梯、U 型楼梯。图 7-41 所示为利用 3ds Max 2024 提供的楼梯创建的楼梯模型。单击“创建”按钮，再单击“几何体”按钮，然后打开“标准基本体”下拉列表，选择“楼梯”，进入“楼梯”创建面板。“对象类型”卷展栏中列出了可以创建的各种楼梯按钮，如图 7-42 所示。

图 7-41　楼梯模型

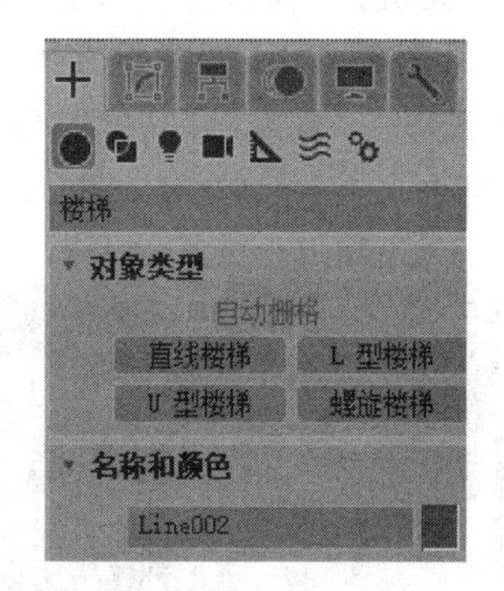

图 7-42　“楼梯”创建面板

6. AEC 扩展

“AEC 扩展”是专为在建筑、工程和构造领域中使用而设计的。可以使用“植物”来创建各种植物，如图 7-43 所示；使用“栏杆”来创建栏杆和栅栏，如图 7-44 所示；使用“墙”来创建墙，如图 7-45 所示。单击“创建”按钮，再单击“几何体”按钮，然后打开“标准基本体”下拉列表，选择“AEC 扩展”，进入“AEC 扩展”创建面板。“对象类型”卷展栏中列出了可以创建的各种扩展对象按钮，如图 7-46 所示。

图 7-43　植物示例

图 7-44　栏杆示例

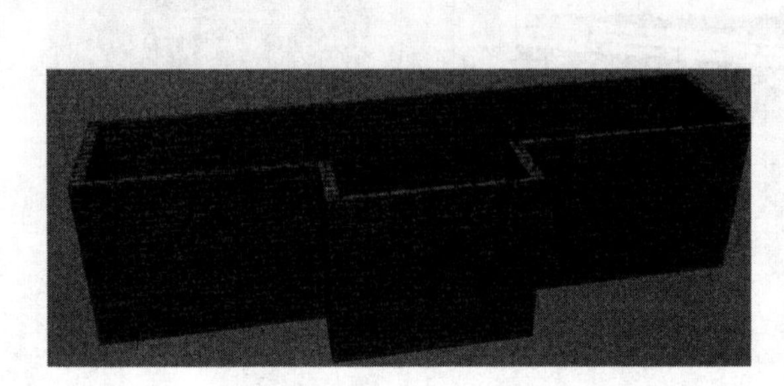

图 7-45　墙示例

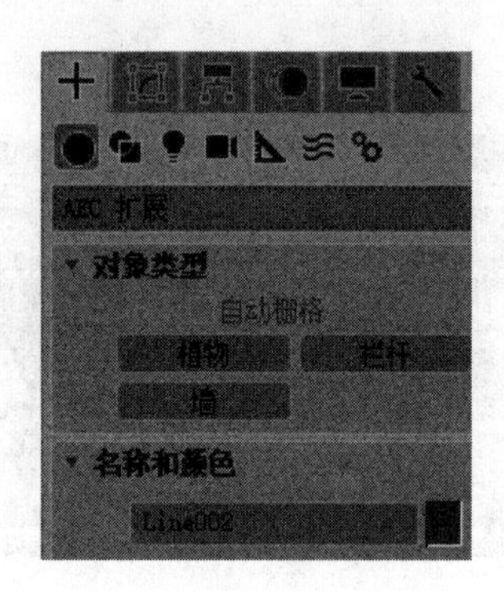

图 7-46　“AEC 扩展”创建面板

7.2.5　标准几何体实例——低柜

低柜造型如图 7-47 所示。下面将以低柜造型为例，讲解标准几何体的建模方法。

（电子资料包：动画演示 \ 第 7 章 \ 标准几何体实例—低柜 .mp4）

1）进入 3ds Max 2024 操作界面，在顶视图中单击“创建”按钮＋，进入“创建”命令面板，然后单击“几何体”按钮●，在其“对象类型”卷展栏中单击“长方体”按钮（见图 7-48），创建长方体；进入“修改”命令面板，在“参数”卷展栏中设置长方体的“长度”“宽度”“高度”分别为 26.0mm、104.0mm、3.0mm，其他选项采用默认设置（见图 7-49）。透视图中绘制的长方体如图 7-50 所示。

图 7-47　低柜造型

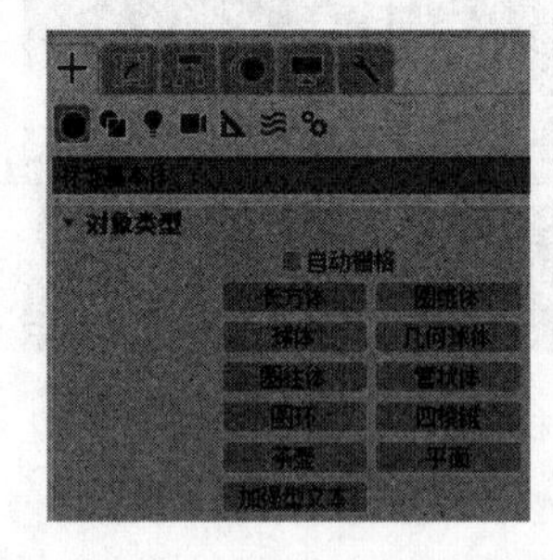

图 7-48　单击“长方体”按钮

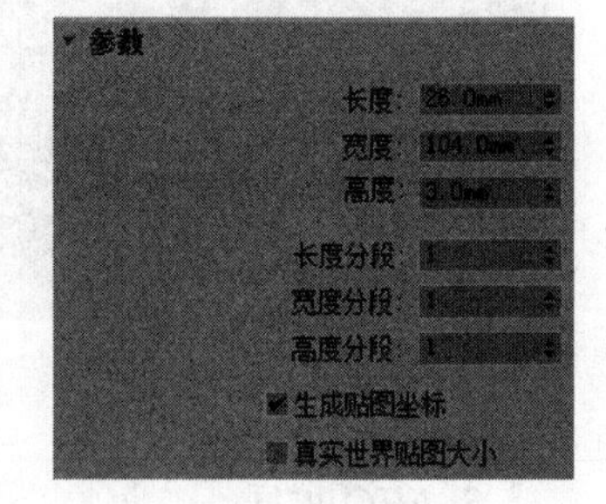

图 7-49　设置参数

2）同步骤 1）一样，在顶视图中单击“创建”按钮＋，进入“创建”命令面板，然后单击“几何体”按钮●，在其“对象类型”卷展栏中单击“长方体”按钮，创建长方体；进入“修改”命令面板，在“参数”卷展栏中设置长方体的“长度”“宽度”“高度”分别为 26.0mm、2.0mm、13.236mm。绘制的长方体如图 7-51 所示。

Note

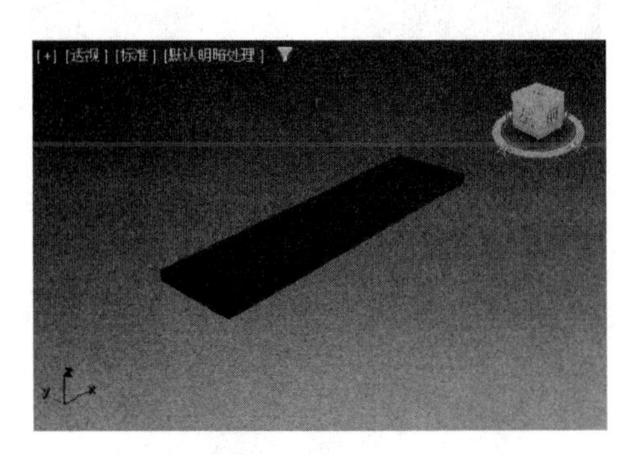

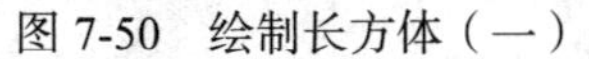

图 7-50　绘制长方体（一）

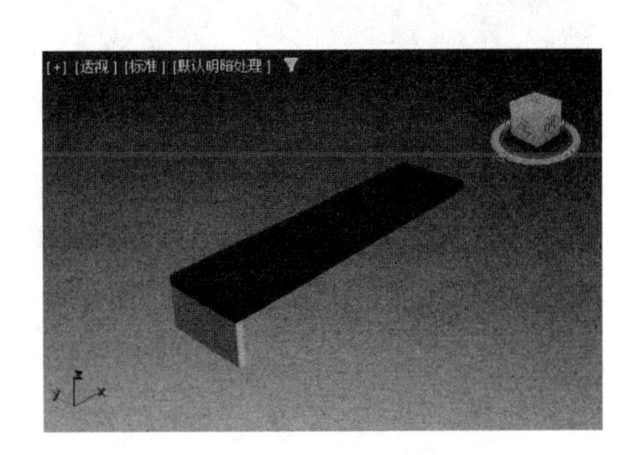

图 7-51　绘制长方体（二）

3）单击主工具栏中的“选择并移动”按钮，同时按住 Shift 键，选择步骤 2）创建的长方体模型并将其向右移动。释放鼠标，弹出“克隆选项”对话框，如图 7-52 所示。在该对话框中选中“复制”单选按钮，然后单击“确定”按钮退出对话框，复制出另一个长方体模型。

4）在前视图中依次选择刚创建的 3 个长方体，单击 - 工具栏上的“选择并移动”按钮，移动它们的位置，结果如图 7-53 所示。

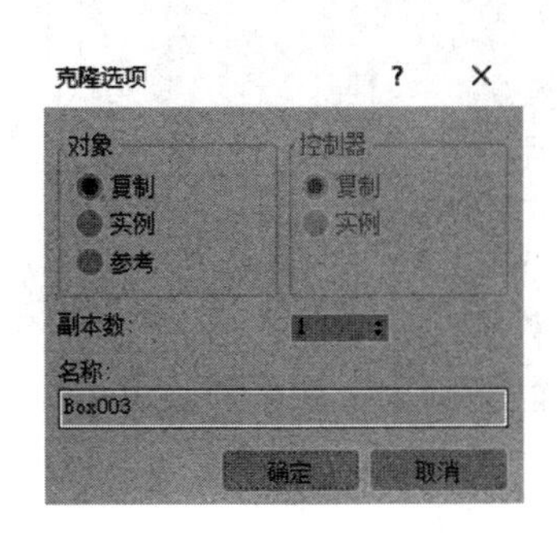

图 7-52　“克隆选项”对话框

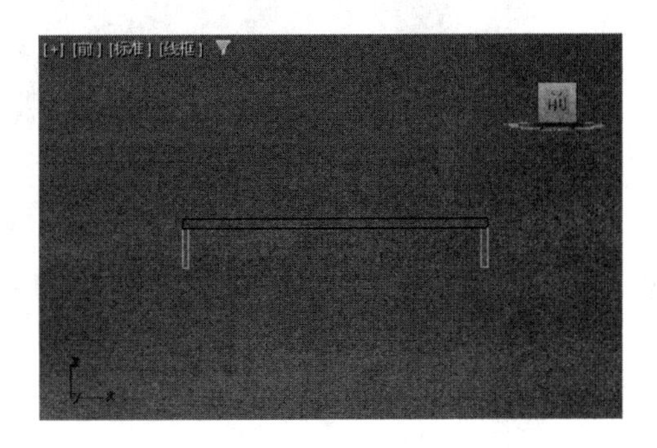

图 7-53　在前视图中调整长方体位置

注意： 在“克隆选项”对话框中，“复制”表示复制，“实例”表示替换，“参考”表示关联。

5）单击“创建”按钮，进入“创建”命令面板，然后单击“几何体”按钮，在其“对象类型”卷展栏中单击“长方体”按钮，在左视图中创建一个“长度”“宽度”“高度”分别为 9mm、26mm、20mm 的长方体（作为柜子的抽屉）。透视图中绘制的长方体如图 7-54 所示。

然后按住 Shift 键，拖动刚创建的长方体，复制出一个同样的长方体，放置在柜子的右侧，结果如图 7-55 所示。

6）单击“创建”按钮，进入“创建”命令面板，然后单击“几何体”按钮，在其“对象类型”卷展栏中单击“长方体”按钮，在顶视图中创建一个“长度”“宽度”“高度”分别为 26mm、62.202mm、1.0mm 的长方体。此时，柜子模型如图 7-56 所示。

Note

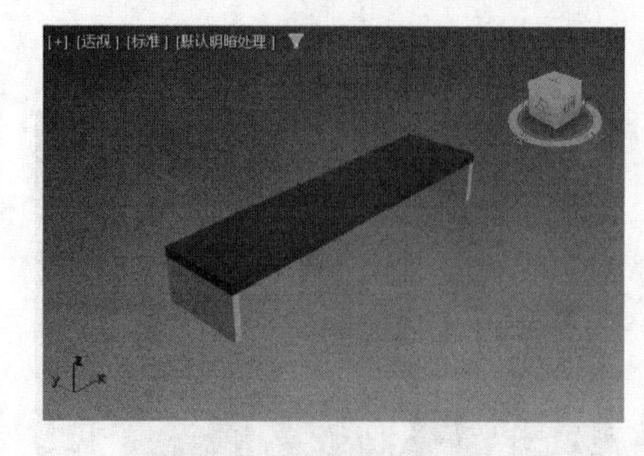

图 7-54 绘制长方体（三）

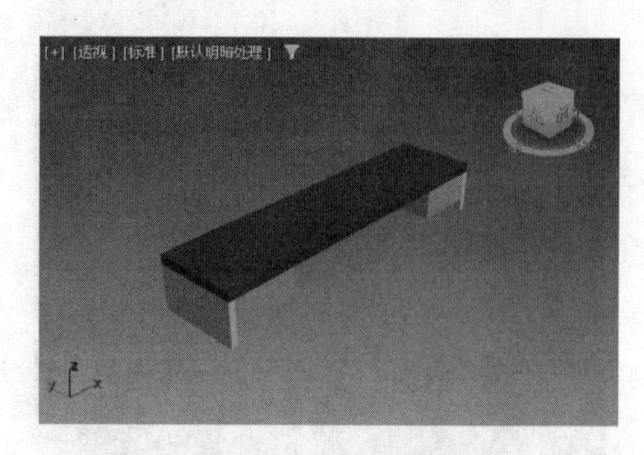

图 7-55 复制长方体

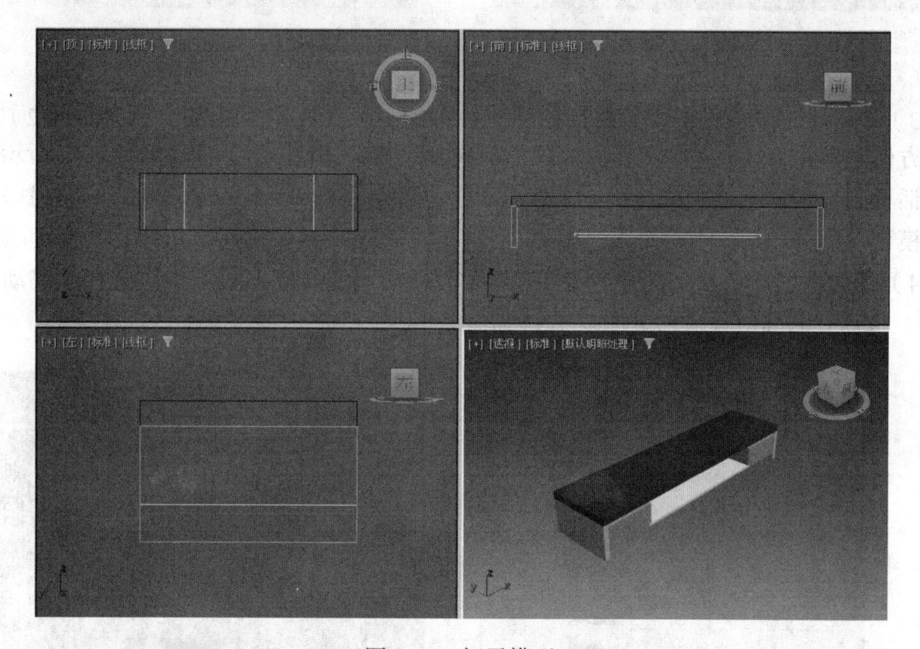

图 7-56 柜子模型

7）单击“创建”按钮，进入“创建”命令面板，然后单击“几何体”按钮，在其“对象类型”卷展栏中单击“长方体”按钮，在左视图中创建一个“长度”“宽度”“高度”分别为 3.248mm、26.0mm、1mm 的长方体，并复制一个同样的长方体作为柜脚，放置在如图 7-57 所示的位置。

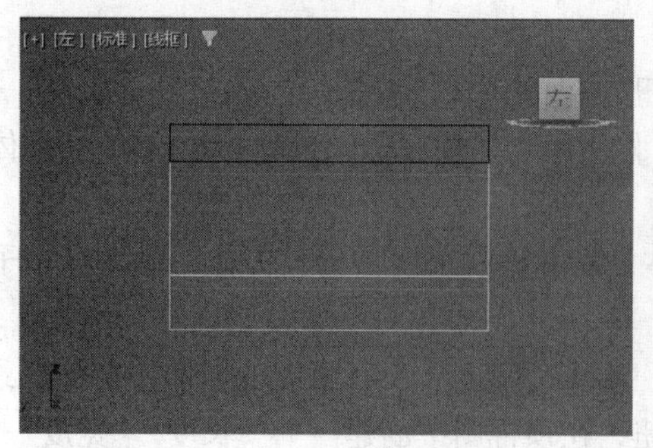

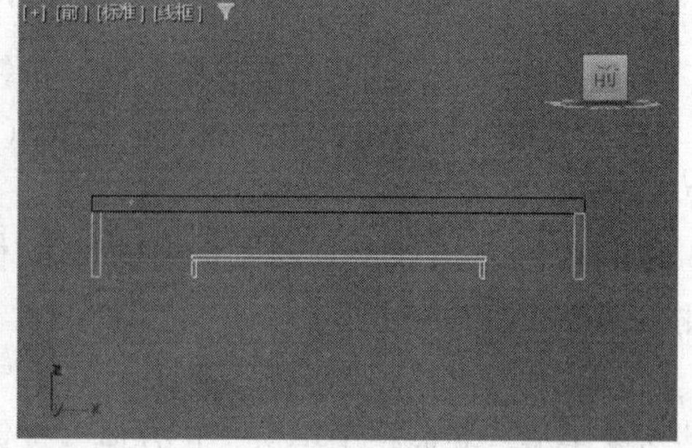

图 7-57 绘制柜脚

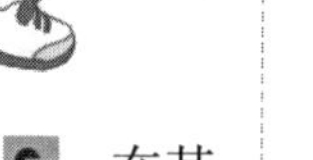

8）单击“创建”按钮，进入“创建”命令面板，然后单击“图形”按钮，在其“对象类型”卷展栏中单击“线”按钮（见图 7-58），绘制一条拉手的曲线。单击“修改”按钮，进入“修改”命令面板，在“Line”中选择“顶点”选项，或者在“选择”卷展栏中单击“顶点”按钮，如图 7-59 所示。

9）进入顶点模式后，可以拖动曲线上的点来编辑曲线。曲线有 3 种模式，分别为 Bezier、平滑、角点（一般都默认为平滑模式）。在编辑曲线时，可以选中曲线上的点，右击，在弹出的快捷菜单中切换它们的模式，如图 7-60 所示。编辑后的曲线效果如图 7-61 所示。

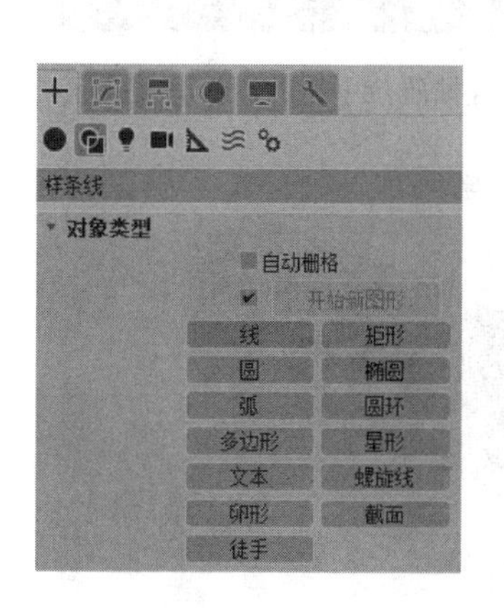

图 7-58　单击“线”按钮

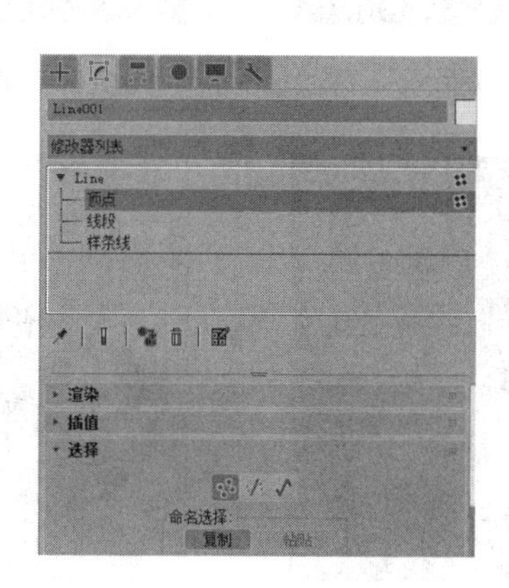

图 7-59　选择点编辑模式

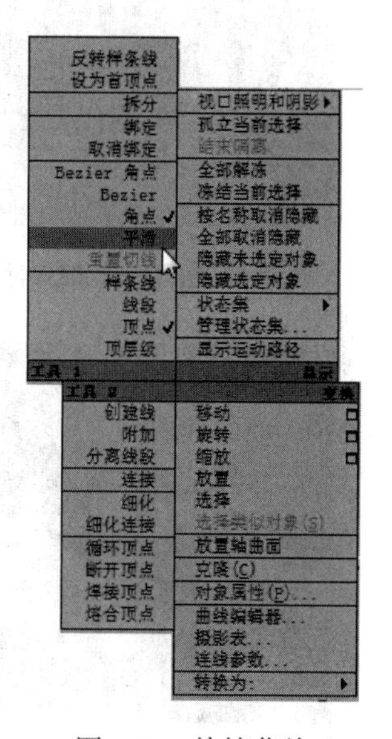

图 7-60　快捷菜单

10）编辑好曲线后，单击“修改”按钮，进入“修改”命令面板，在“修改器列表”下拉列表中选择“车削”选项，在“参数”卷展栏中单击 X 按钮，旋转成为三维物体。

11）选择“车削”中的“轴”选项，如图 7-62 所示。

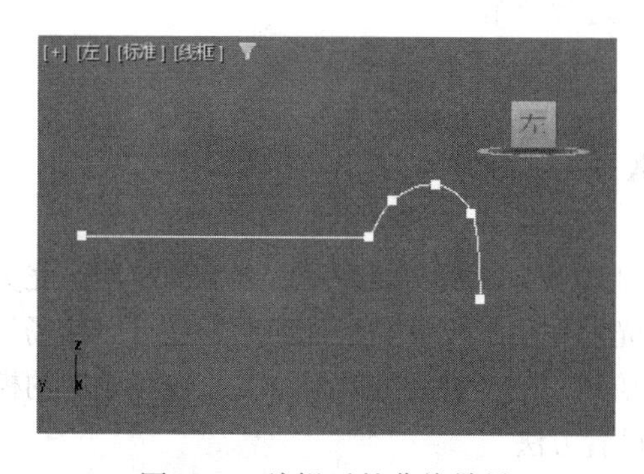

图 7-61　编辑后的曲线效果

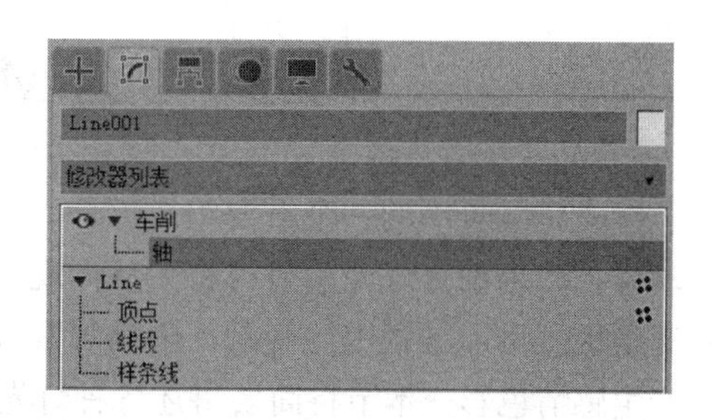

图 7-62　选择“轴”选项

12）单击“选择并移动”按钮，在视图中上下拖动刚创建的三维物体，调整它的形状，完成抽屉拉手的创建，结果如图 7-63 所示。

13）把刚创建的抽屉拉手放置在抽屉前适当的位置，透视图中的效果如图 7-64 所示。

14）利用前面讲述的方法复制出另一个抽屉拉手，结果如图 7-65 所示。

15）添加地板并赋予材质，设置灯光后柜子的渲染效果如图 7-66 所示（有关知识将在后面具体介绍）。

Note

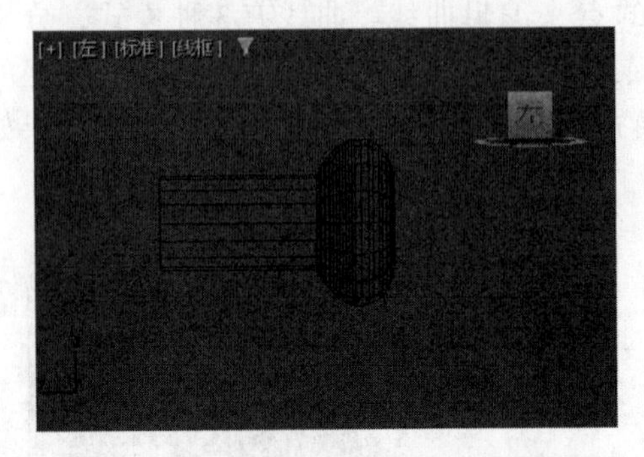

图 7-63　创建抽屉拉手

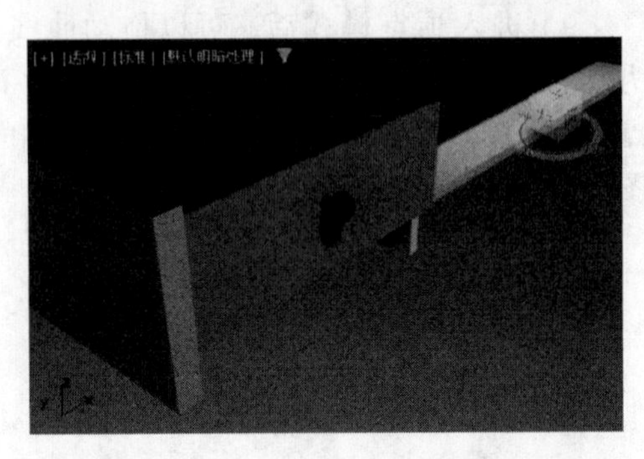

图 7-64　放置抽屉拉手后的透视图效果

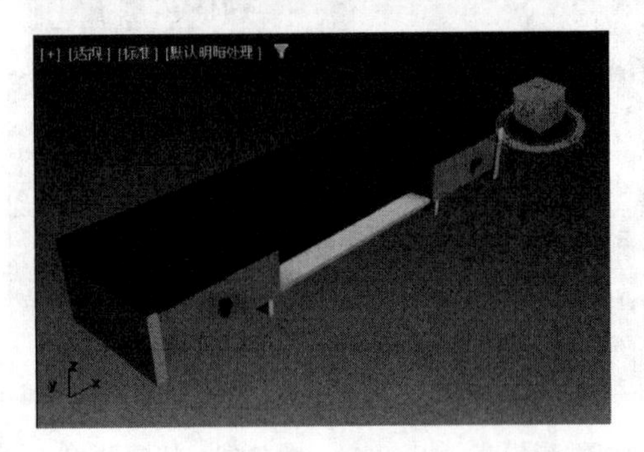

图 7-65　复制抽屉拉手

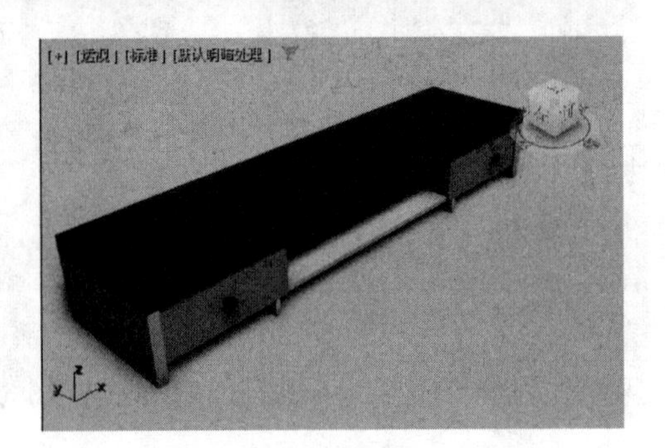

图 7-66　添加地板

7.2.6　其他建模工具

3ds Max 2024 还有其他建模工具，包括复合建模、多边形建模、NURBS 建模和编辑修改器等，这些将在后面的实例中具体应用时再进行介绍。

7.3　3ds Max 2024 灯光

灯光是场景中的一个重要组成部分。在三维场景中，精美的模型、真实的材质、完美的动画，如果没有灯光照射都将无从体现。灯光的作用不仅仅是添加照明，还可以使场景充满生机，增加场景中的气氛，影响观察者的情绪，改变材质的效果，甚至使场景中的模型产生感情色彩。本节将简要讲述各种灯光的设置方法。

7.3.1　灯光简介

3ds Max 2024 中主要包括两种类型的灯光，分别为标准灯光和光度学灯光。

Note

1. 标准灯光的类型

（1）目标聚光灯　一种投射灯光，通常用于室外场景的照明。它能产生锥形的照光，照射的范围可以自由调整，对被照射对象起作用，在照射范围之外的对象不受灯光的影响。

（2）自由聚光灯　一种没有照射目标的聚光灯，通常用于运动路径上，在场景中可以用来模拟晃动的手电筒和舞台上的射灯等动画灯光。

（3）目标平行光　一种与自由聚光灯相似的平行灯光，照明范围为柱形，通常用于动画。

（4）自由平行光　一种与自由聚光灯相似的平行灯光，通常用来模拟日光和探照灯光等效果。

（5）泛光　室内最常见的灯光。泛光灯是一种可以向四周均匀照射的点光源，通常运用于室内空间的照明。它的照射范围可以任意调整，光线可以达到无限远的地方，产生均匀的照射效果。泛光灯的照射强度与对象的距离无关，与对象的夹角有关。但在一个场景中使用泛光灯过多，容易使场景的明暗层次平淡，缺少对比，重点不突出。泛光灯也能投射阴影、图像、设置衰减范围等，但它塑造阴影的效果不如聚光灯突出。泛光灯可以用来模仿灯泡和太阳等发光对象。

（6）天光　天光灯光可用来模拟日光。它通常与光跟踪器一起使用。可以设置天空的颜色或将其指定为贴图。

2. 光度学灯光

光度学灯光包括目标灯光、自由灯光和太阳定位器 3 个灯光类型。光度学灯光是一种使用光能量数值的灯对象，始终使用平方倒数衰减方式，可以精确地模拟真实世界灯的行为，提供更精确的光能传递的效果。光度学灯光都是用物体计算的算法，和标准灯光一样，也分为点光、线光、聚光等，还有专门用天光计算的阳光。

3. 光源的基本组成

所有模拟光源的基本组成部分包括位置、颜色、强度、衰减和阴影等。此外，聚光灯由它的方向和圆锥角定义。

（1）位置和方向　一个光源的位置和方向可以用 3ds Max 提供的视图导航栏工具或者几何变换工具控制。在线框显示模式中，光源通常用各种图形符号表示，如灯泡表示点光源，圆锥表示聚光源，带箭头的圆柱表示平行光源等。

（2）颜色和强度　在 3ds Max 中光源可以有任何颜色。3ds Max 提供的调光器控制光源的强度或者亮度，光的强度和亮度互相影响，光颜色的任何变化几乎都影响它的强度。

（3）衰退和衰减　光的衰退值控制着光离开光源后能传播多远。在现实世界中，光的衰退总是和光源强度联系在一起。但在 3ds Max 中，衰减参数独立于强度参数。衰减参数定义光离开光源的强度变化。但点光源产生的光在所有的方向上衰退是一致的，由聚光灯产生的光不仅随着光离开光源而衰减，而且随着离光束圆锥中心向边缘移动而衰减。

（4）锥角或光束角度　光的锥角特征是聚光灯特有的。聚光灯的锥角定义了光束覆盖的表面区域，该参数模拟实际聚光灯的挡光板，控制光束的传播。

（5）阴影　现实世界中所有的光源都会产生阴影。但阴影投射的这个光源特征在 3ds Max 中可以打开或关闭。它主要由阴影的颜色、半阴影的颜色和阴影边缘的模糊程度这些

Note

参数决定。

4. 场景的照明原则

为了更好地在 3ds Max 场景中设置灯光，需要了解布置灯光的一般性原则。在进行灯光布置时，有 4 种基本类型的光源可以使用：

（1）主光源　提供场景的主要照明以及阴影效果，有明显的光源方向，一般位于视平面 30°～45°，与摄像机的夹角为 30°～45°。投向主对象时，一般光照强度较大，并且投射阴影，能充分地把主要对象从背景中凸显出来。主光源的位置并不是一成不变的，用户可以根据需要将主光源放置在场景的任何位置。另外，主光源并非只是一个光源，因为只有一个主光源的场景往往是单调的。为了丰富场景，活跃场景气氛，用户可以多设置几个主光源。

（2）补光源　用来平衡主光源造成的过大的明暗对比，同时也可以勾画出场景中对象的轮廓，为场景提供景深和逼真度。补光源一般相对于主光源位于摄像机的另一侧，高度和主光源相近。补光源一般光照强度较主光源小，但光照范围较大，因此能覆盖主光源无法照射到的区域。

（3）背光源　主要作用是使诸对象同背景分离。背光源通常放置在与主光源或摄像机相对的位置上。其照射强度一般很小，多用大的衰减。

（4）背景光源　在制作三维效果图时，往往需要设置背景光源，以便照亮界面。一般情况下用 Omni 照射，其光照强度较小，可补充设置照射的范围，不排除对象。

上面所述只是一般的照明原则，需要灵活理解和应用。如果用户所设计的场景非常大，那么可使用区域照明方法为场景照明。所谓区域照明就是将场景划分为不同的区域，然后再分别为不同的区域建立照明灯光。使用区域照明时，应灵活应用灯光的“排除”或者“包含”功能，以便排除或者包括所选对象是否在照明区域。

5. 3ds Max 2024 高级灯光

按 F10 键，或者选择菜单栏中的“渲染”→“渲染设置”命令，弹出“渲染设置”对话框。在其中的“选择高级照明”卷展栏中有以下两个选项：

（1）光跟踪器　一种全局光照系统，它使用一种光线追踪技术在场景中取样点并计算光的反射，可实现更加真实的光照。尽管光跟踪器在物理上不是很准确，但其结果和真实情况非常相近，只需很少的设置和调节就能达到令人满意的结果。光跟踪器一般适合结合标准灯光或者天光来使用。

（2）光能传递　也是一种全局光照系统，它能在一个场景中重现从物体表面反弹的自然光线，实现真实、精确的物理光线照明渲染。光能传递一般在使用光度学灯光时结合使用。

6. 环境中的体积光

体积光是 3ds Max 2024 环境项中自带的一种特殊的光体。利用体积光效制作文字动画是片头特技中常用的手法，对灯光指定体积光也可以制作带有光芒放射效果的光斑。

7.3.2　基本灯光应用实例

下面通过几种最基本的灯光（包括目标聚光灯、泛光灯）应用，来演示灯光的各个参数设置和运用。

（电子资料包：动画演示 \ 第 7 章 \ 基本灯光应用实例 .mp4）

Note

1）选择菜单栏中的“文件”→“打开”命令，打开电子资料包中的“源文件\第 7 章\基本灯光\Light1.Max”场景文件，如图 7-67 所示。

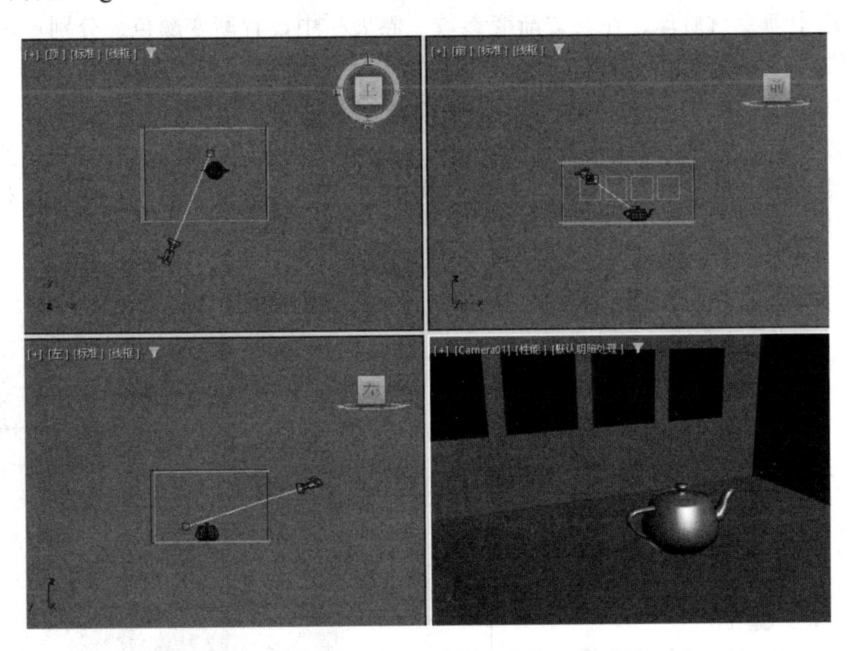

图 7-67　打开场景文件

2）激活摄像机视图，单击主工具栏上的“渲染产品”按钮，渲染场景，效果如图 7-68 所示。

可以看出，缺乏灯光的效果使整个渲染画面看起来非常黯淡。现在给场景加上模拟的背景效果。选择菜单栏中的“渲染”→“环境”命令，打开如图 7-69 所示的“环境和效果”对话框，展开“公用参数”卷展栏，单击“无”按钮，弹出“材质/贴图浏览器”对话框，选择“渐变”贴图类。

图 7-68　渲染场景后的效果

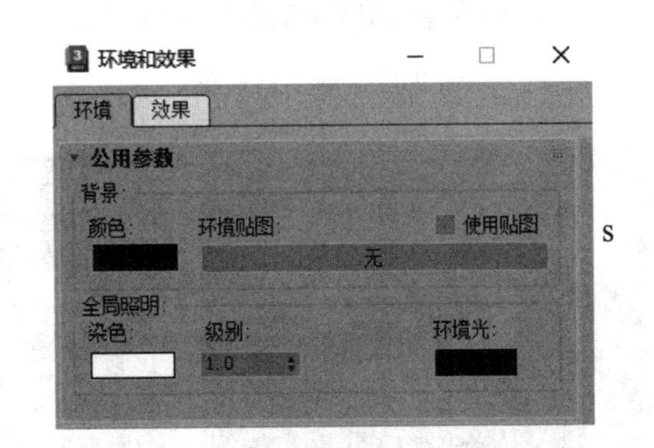

图 7-69　“环境和效果”对话框

3）加载“渐变贴图”后，单击主工具栏上的“材质编辑器”按钮，打开“材质编辑器”对话框，然后将“环境”面板上设置的“渐变”贴图按钮拖拽到“材质编辑器”对话框中的一个材质球上。

4）打开“实例（副本）贴图”对话框，“方法”选择“实例”（表示环境贴图和当前

Note

这个材质球是关联的，即其中一个发生变化时另一个也会发生同样的变化），如图 7-70 所示。“材质编辑器”对话框中的渐变材质球如图 7-71 所示。

5）选中渐变材质球，在其“渐变参数”卷展栏中设置渐变颜色，分别单击“颜色 #1”~“颜色 #3”后的颜色框，在打开的拾色框中选择颜色。渐变的效果在“材质编辑器”对话框中如图 7-72 所示。激活摄像机视图，快速渲染后的效果如图 7-73 所示。

6）现在给场景加载灯光。单击“创建”按钮，进入“创建”命令面板，然后单击“灯光”按钮，在其“对象类型”卷展栏中单击“泛光”按钮，在左视图中加载一个泛光灯，如图 7-74 所示。

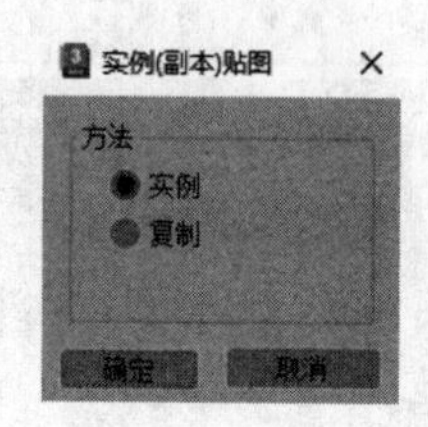

图 7-70 “实例（副本）贴图”对话框

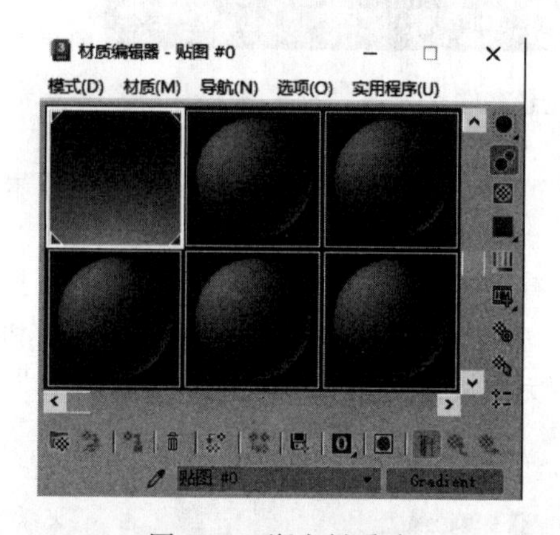

图 7-71 渐变材质球

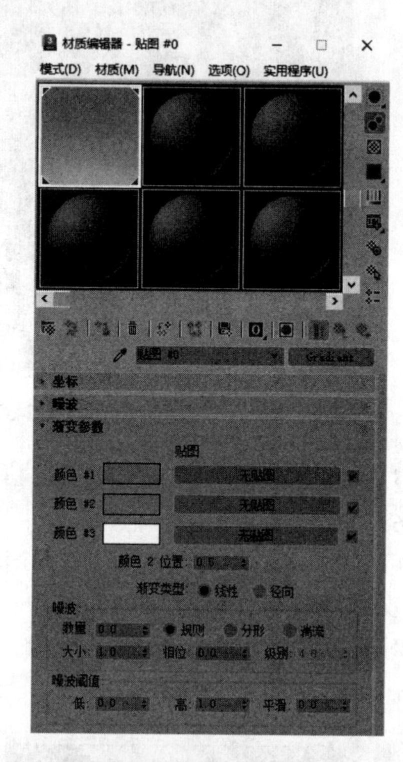

图 7-72 渐变颜色设置及效果

图 7-73 快速渲染后的效果

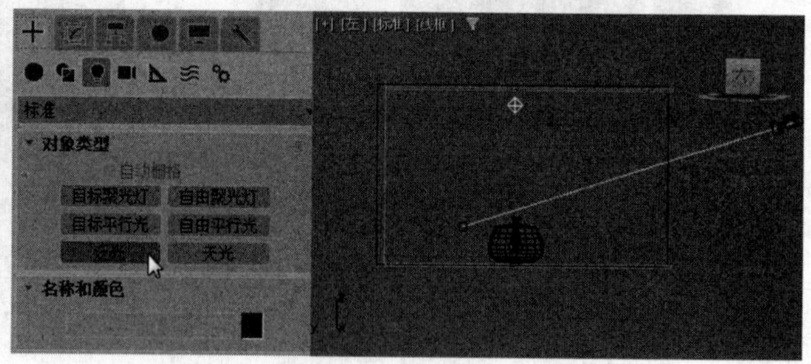

图 7-74 加载泛光灯

7）选中刚加载的泛光灯，单击“修改”按钮，进入“修改”命令面板。

❶ 设置阴影。在“常规参数”卷展栏中选中“启用”复选框（表示产生阴影效果），

在阴影类型的下拉列表中采用默认的“阴影贴图”类型。“阴影贴图”为阴影类型中渲染时速度最快的类型，它实际上是一种贴图形式，为模拟的贴图视觉效果。

❷ 展开“阴影参数”卷展栏，“阴影颜色”采用默认颜色。为了减弱阴影的密度，在“密度”文本框中把默认值 1.0 改为 0.8。

❸ 展开“阴影贴图参数”卷展栏，阴影偏移值采用默认的 1.0，阴影贴图大小也采用默认的 512（贴图值越高，表示阴影边缘越清晰，抗锯齿越强）。将“采样范围”文本框内的数值 4.0 修改为 10.0，使阴影的边缘变得模糊，过渡柔和一些，不那么锐利。

❹ 调节灯光的强度、颜色、衰减的属性。展开“强度 / 颜色 / 衰减”卷展栏，在“倍增”后面的颜色选择器选框中选择亮黄色为灯光颜色。灯光设置如图 7-75 所示。

8）完成灯光设置后，激活摄像机视图，进行快速渲染，效果如图 7-76 所示。

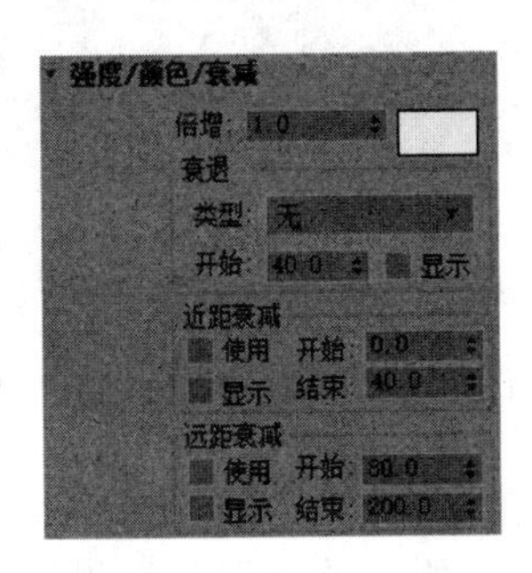

图 7-75　灯光设置

图 7-76　快速渲染后的效果

9）现在感觉室内照明还是偏暗，再给场景加载一盏聚光灯。单击“创建”按钮，进入“创建”命令面板，然后单击“灯光”按钮，在其“对象类型”卷展栏中单击“目标聚光灯”按钮，按照图 7-77 所示的位置给场景加上聚光灯效果。

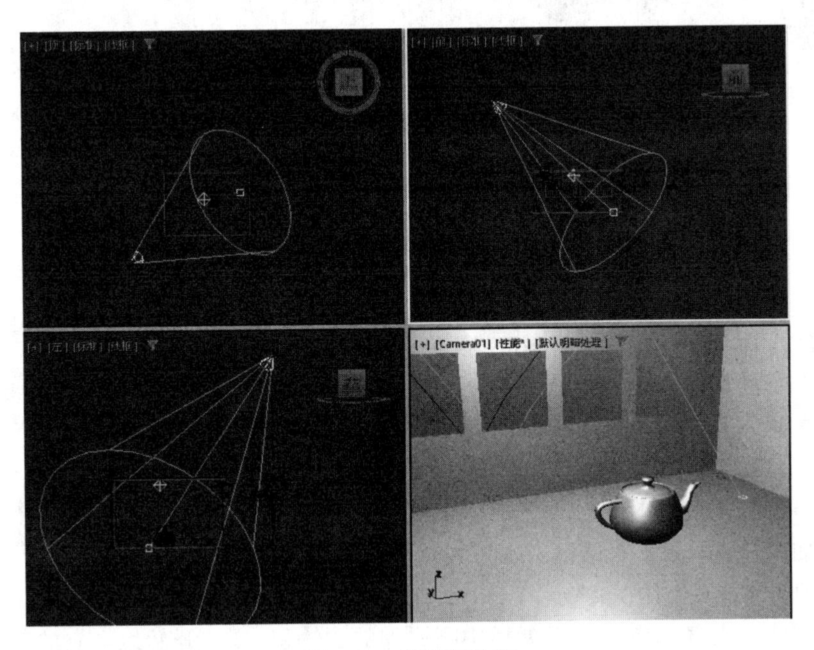

图 7-77　聚光灯位置

10）选择聚光灯，单击“修改”按钮，进入“修改”命令面板。展开“常规参数”卷展栏，在阴影栏中取消选择“启用”复选框（表示不产生阴影效果，以免看起来画面太乱）。

11）展开“强度/颜色/衰减”卷展栏，在“倍增”后面的文本框中输入数值0.8，减弱它的灯光强度。如果想调节聚光灯范围和衰减程度，可以打开“聚光灯参数”卷展栏，分别设置“聚光区/光束”和“衰减区/区域”的数值，如图7-78所示。

12）设置完灯光参数后，激活摄像机视图，进行快速渲染，效果如图7-79所示。

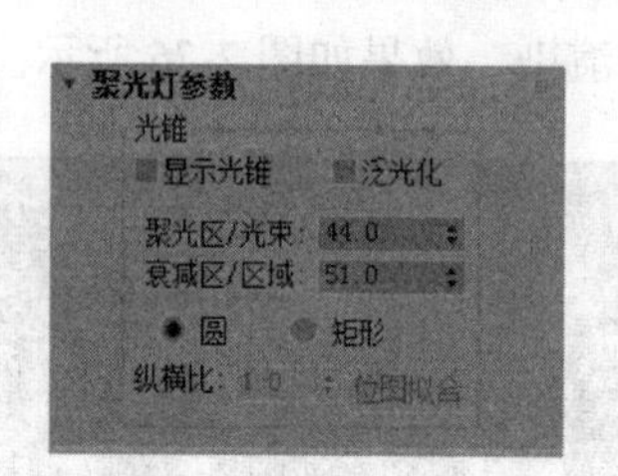

图7-78 “聚光灯参数”卷展栏

图7-79 快速渲染后的效果

13）场景的灯光不太集中，再加载一盏聚光灯。单击“灯光”按钮，在其“对象类型”卷展栏中单击“目标聚光灯”按钮，按照图7-80所示的位置给场景加上聚光灯效果。

图7-80 聚光灯位置

14）选中刚创建的目标聚光灯，单击“修改”按钮，进入“修改”命令面板，展开“强度/颜色/衰减”卷展栏，在“倍增”后的文本框中输入数值0.47。然后展开“聚光灯参数”卷展栏，分别在“聚光区/光束”和“衰减区/区域”文本框中输入数值19.0和42.0，如图7-81所示。

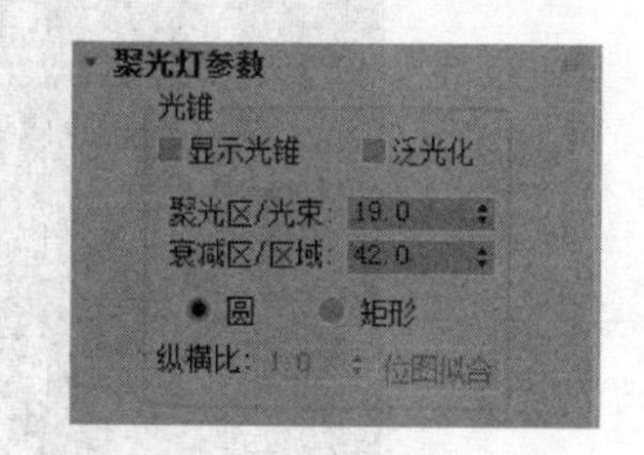

图7-81 设置聚光灯参数

15）展开“大气和效果”卷展栏，单击“添加”按钮，弹出“添加大气或效果”对话框，如图7-82所示。双击“体积光”选项，添加一个体积光效。

16）选中“大气和效果”卷展栏中刚添加的“体积光”，开始编辑它的属性。单击“设置”按钮，打开“体积光参数”卷展栏，如图7-83所示。

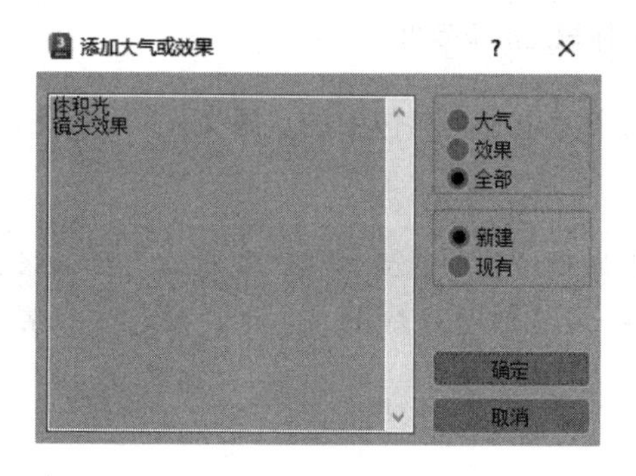

图 7-82　“添加大气或效果”对话框

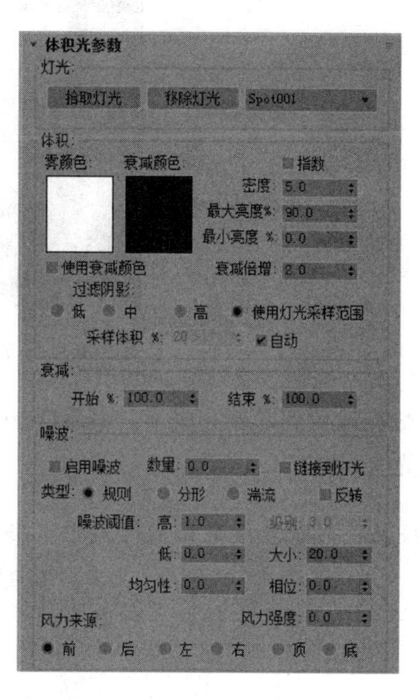

图 7-83　“体积光参数”卷展栏

17）观察添加体积光后的效果。激活透视图，对场景进行快速渲染，效果如图 7-84 所示。可以看出，有光线从窗户进入的明显光效。

18）在“体积光参数”卷展栏中选中“启用噪波”复选框，为体积光增加噪波，产生不规则的分散效果。

19）为了和室内的偏黄灯光相区别，把“体积”中的“雾颜色”设置成天光色浅蓝，其他设置如图 7-85 所示。

图 7-84　添加体积光后的效果

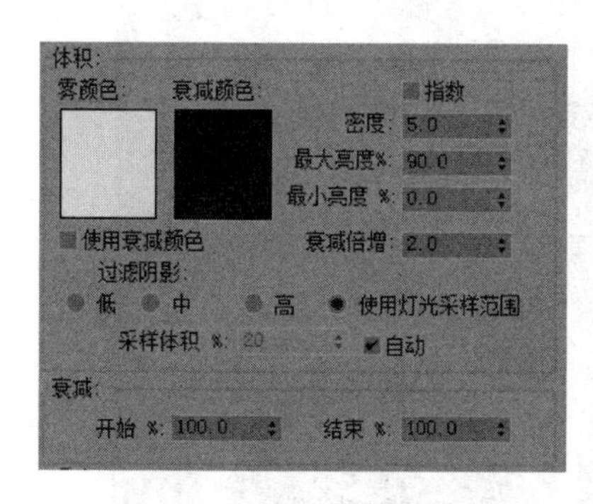

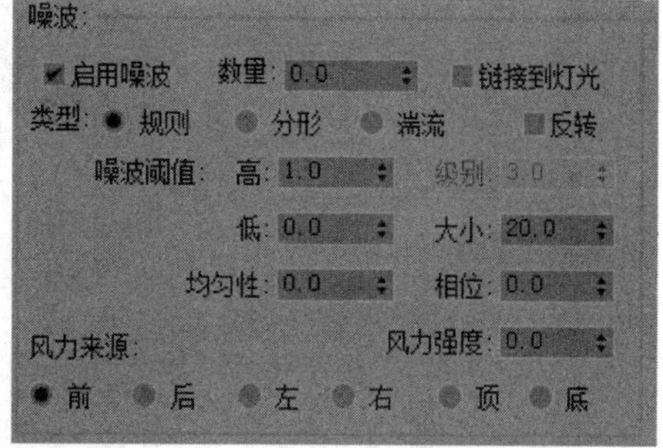

图 7-85　体积光参数设置

20）完成设置后，按 F9 键，重新渲染摄像机视图，观察添加噪波后的体积光，效果如图 7-86 所示。

Note

图 7-86　添加噪波后的体积光渲染效果

灯光设置到此就完成了，最后的场景文件可参考电子资料包中的“源文件\第7章\基本灯光\Light2.Max”文件。

注意： 光线是营造场景气氛的重要手段。要体现场景中的立体感，获得真实的效果，在建立好模型、设置材质的同时，必须要调整好灯光的类型、颜色、位置、照射方向和光线强度等。

7.3.3　光线跟踪实例

使用光线追踪能实现仿真的高级渲染。下面通过天光、标准灯光和光跟踪器结合制作出高级灯效。

（电子资料包：动画演示\第7章\光线跟踪实例.mp4）

1）选择菜单栏中的“文件”→“打开”命令，打开电子资料包中的“源文件\第7章\光线追踪\Light1.Max”场景文件，如图 7-87 所示。

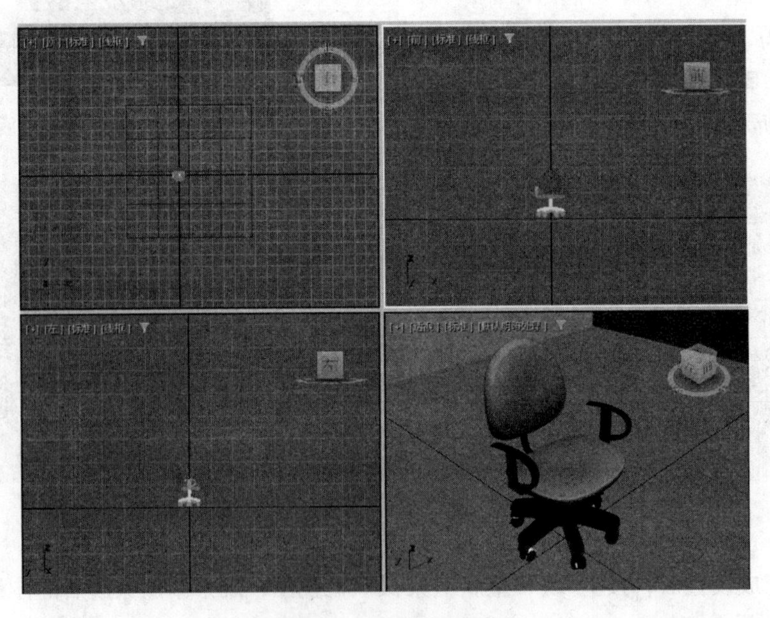

图 7-87　打开场景文件

2）给场景加载天光。单击“创建”按钮，进入“创建”命令面板，单击“灯光”按钮，在其“对象类型”卷展栏中单击“天光”按钮，在前视图中单击，创建一个天光。然后右击，退出创建天光。天光只对阴影色进行照明，它的大小、比例、角度和位置都没有设置选项。

3）仅在场景中创建一个天光，在实际渲染中是不会起作用的。这时，需要按 F10 键，或是选择菜单栏中的“渲染”→“渲染设置”命令，在打开的“渲染设置”对话框中展开“选择高级照明”卷展栏，在其下拉列表中选择“光跟踪器”，激活光线追踪选项。

4）在“光跟踪器”设置面板中采用系统的默认设置，如图 7-88 所示。然后激活摄像机视图进行快速渲染，效果如图 7-89 所示。

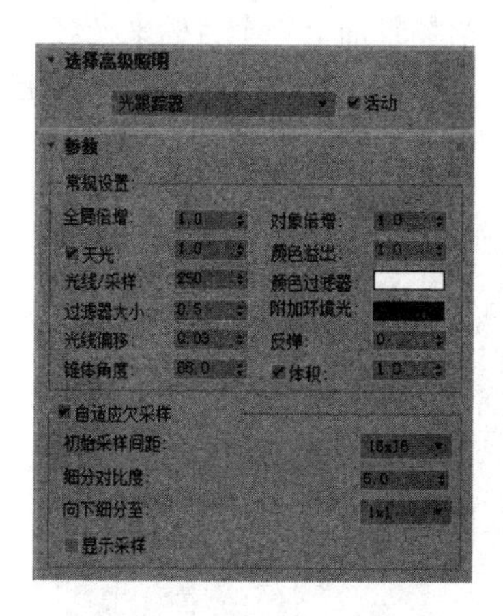

图 7-88　采用系统默认设置

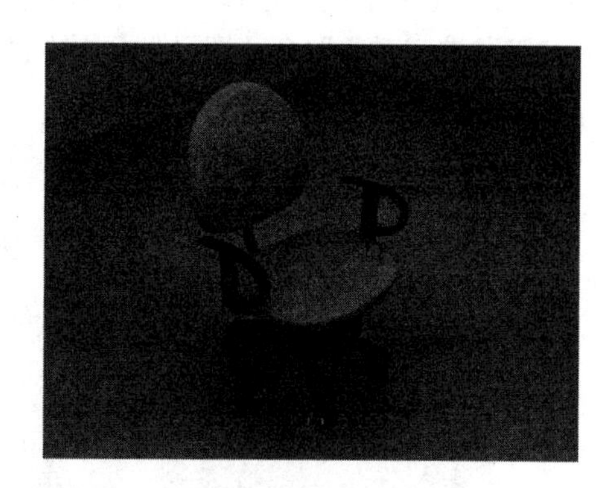

图 7-89　天光渲染效果

5）单击主工具栏上的“材质编辑器”按钮，打开“材质编辑器”对话框，选中座椅的材质球。展开“Blinn 基本参数”卷展栏，单击“环境光”和“漫反射”前面的“锁定”按钮，解除禁用，并给“环境光”选择一个浅蓝颜色，如图 7-90 所示。

6）在场景中激活摄像机视图进行快速渲染，环境光的效果如图 7-91 所示。

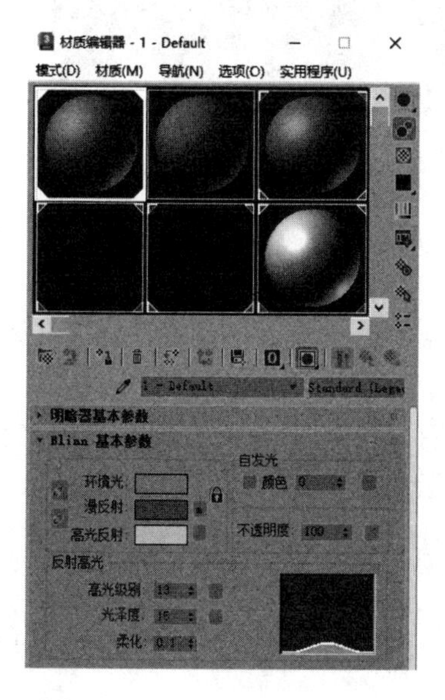

图 7-90　设置 Blinn 基本参数

图 7-91　环境光效果

Note

注意："环境光"的颜色和"漫反射"的颜色在默认状态下都是锁定的。"环境光"和"漫反射"在默认状态下虽然起不到太大作用，但在特定的照明条件下（天光和光影跟踪）却能起到重要作用。

7）选择天光（天光的参数非常少，只有调节光线强度、颜色及贴图的选项），单击"修改"按钮，进入"修改"命令面板，展开"天光参数"卷展栏，暂时关掉天光，取消选择"启用"复选框。

8）单击"创建"按钮，进入"创建"命令面板，然后单击"灯光"按钮，在其"对象类型"卷展栏中单击"目标聚光灯"按钮，给场景加上一个目标聚光灯，位置如图 7-92 所示（为了便于选择，场景中已隐藏摄像机。右击摄像机，在弹出的快捷菜单中选择"隐藏选定对象"命令即可隐藏摄像机）。

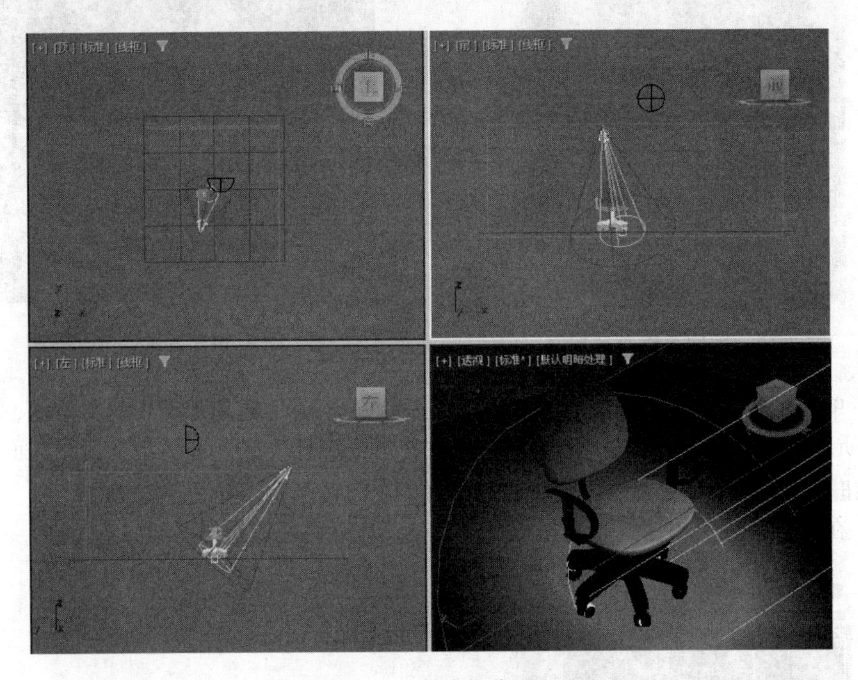

图 7-92　聚光灯位置

9）选择目标聚光灯，单击"修改"按钮，进入"修改"命令面板，在"常规参数"卷展栏中选中"阴影"前的"启用"复选框，打开灯光阴影。

10）展开"阴影参数"和"阴影贴图参数"卷展栏，分别在"阴影"和"采样范围"文本框中输入数值 0.6 和 10.0。

11）展开"聚光灯参数"卷展栏，设置参数如图 7-93 所示。聚光灯参数设置完成后，激活摄像机视图，进行快速渲染，效果如图 7-94 所示。

注意：虽然聚光灯也结合了光线追踪，但是渲染看起来没有什么效果，速度也非常快，这是因为光线追踪中默认设置的反弹值为 0，灯光没有任何反弹效果。如果想产生真正的光线追踪效果，必须增大反弹值，让光线有反弹的作用。

12）打开“高级照明”设置面板，展开“参数”卷展栏。在“反弹”文本框中输入数值 1，如图 7-95 所示。然后进行快速渲染，效果如图 7-96 所示。

13）在“反弹”文本框中输入数值 1，然后在场景中选中天光，单击“修改”按钮，进入“修改”命令面板，展开“天光参数”卷展栏，选中“启用”复选框，开启天光效果。同时，在“倍增”文本框中输入数值 0.7。

14）渲染摄像机视图，效果如图 7-97 所示。可以看出，渲染效果比前几次好，并且速度也很快。

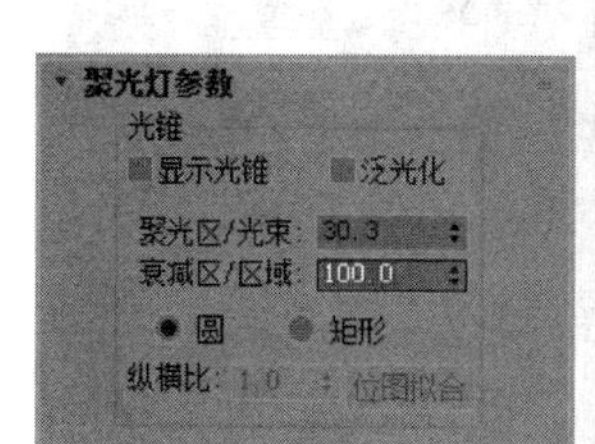

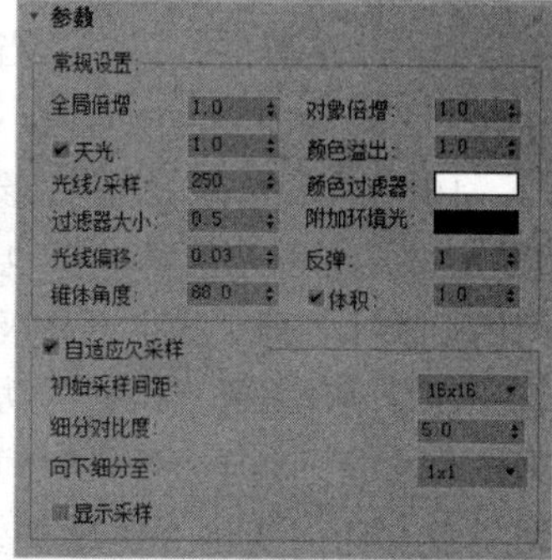

图 7-93　设置聚光灯参数　　图 7-94　聚光灯渲染效果　　图 7-95　设置反弹值为 1

图 7-96　加入反弹值后的渲染效果

图 7-97　结合天光的渲染效果

注意： 图 7-97 和图 7-96 相比，整个图都变亮了，图像开始有新的深度，暗部也有了光线的效果及色彩的变化，尤其在椅子的腿部和地板相接的部分，反弹效果很明显。这是因为增加了反弹值的作用。但每增加一个反弹值都会导致渲染的时间明显增加，而且会将周围模型带有的颜色也进行反弹，产生相互染色效果（此时可以减少光线追踪设置面板中的色彩溢出，通过颜色溢出项的数值来控制染色效果）。

所以，一般情况下使用光线追踪时，不鼓励完全借助模拟光，增加反弹值来达到真实效果。这时，可以设置反弹值为 0，然后再补充一个天光；也就是说，正面的光照完全依赖模拟光，而环境通过天光来实现，这样结合在一起使用能达到速度快、同样真实的效果。

15）按 F10 键，弹出“渲染设置”对话框，打开“光跟踪器”设置面板，调整其中的参数设置，如图 7-98 所示。在“参数”卷展栏中“光线 / 采样”的数值是为每个像素采样环境所投射光线的数目，数值越高渲染效果越好，但时间也会相应增加。如果设置较低的数值渲染草图来观察大致的效果，速度会加快很多，但渲染画面可能会出现一些噪波。为了减少和模糊由于投射的光线数目不足而产生的噪波，可以适当增加滤波器尺寸的值，即增加“过滤器大小”的数值。

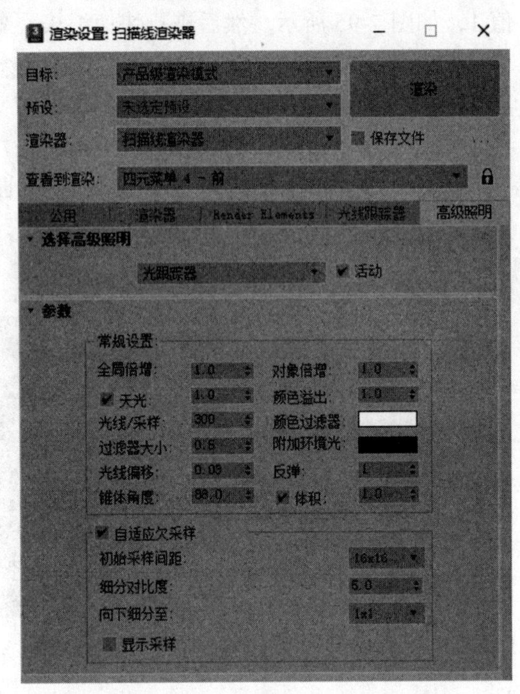

图 7-98 “光跟踪器”设置面板

16）对“光跟踪器”设置面板中的“显示采样”复选框的选择也很重要，它专门用于采样管理，提供更高级的采样精简计算，具有创建采样点网格的功能。如果不选中该复选框，会导致渲染时间增加，而渲染质量没有任何变化。展开“参数”卷展栏，选中“显示采样”复选框进行渲染，渲染出的图像将会在采样点处显示出红色的点，如图 7-99 所示。

注意： 在图 7-98 中，“初始采样间距”表示对图像进行初始采样时的网格间距，该间距是均匀的。“向下细分至”表示在检测到的边和高对比度区域处，初始网格被细分到这里所规定的程度，它的默认值 1×1 意味着在某些区域，所有的像素都可以被采样。如果要进行正式渲染，可以适当降低这两个选项的值，渲染效果会好一些，并且渲染速度也会相应增加。“细分对比度”也可以适当降低，这样就能对更多的有对比度差别的区域进行采样，这可以用于减少在天光中形成的虚阴影或反射光效中的噪波。读者可以调整这些参数试试渲染的效果。

17）取消选择“显示采样”复选框，仍然采用“光跟踪器”的默认值，在“材质编辑器”对话框中给场景中的物体加上相应的材质，激活摄像机视图，进行快速渲染，场景的渲染效果如图 7-100 所示（场景文件的设置可参考电子资料包中的“源文件\室内灯光\光线追踪\Light2.Max”文件）。

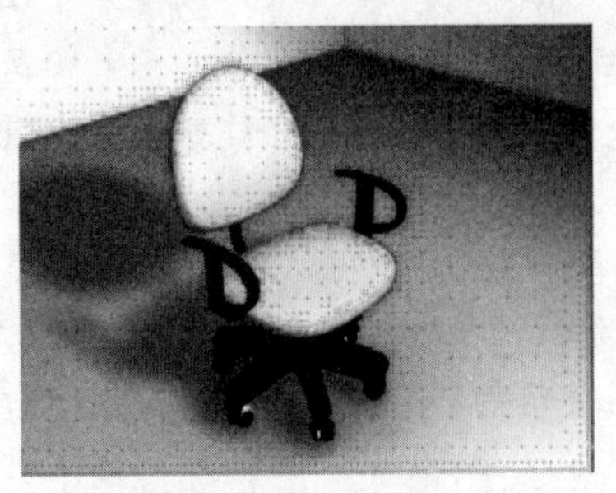

图 7-99 显示采样点

图 7-100 渲染效果

注意： 使用“光线追踪”能使渲染效果更加真实和生动。因此，要熟悉“光线追踪”的各项设置，这样才能配合 3ds Max 的渲染速度，平衡综合各项因素，渲染出高质量的作品。

7.3.4　光能传递实例

利用光能传递（Radiosity）渲染技术，可实现真实的物理光线照明渲染。下面就通过简单的场景例子，使用 IES Sun（物理阳光）和 IES Sky（天光）结合光能传递来演示室外照明的效果。

（电子资料包：动画演示 \ 第 7 章 \ 光能传递实例 .mp4）

1）选择菜单栏中的“文件”→“打开”命令，打开电子资料包中的“源文件 \ 第 7 章 \ 光能传递 \Radiosity1.Max”场景文件，如图 7-101 所示。

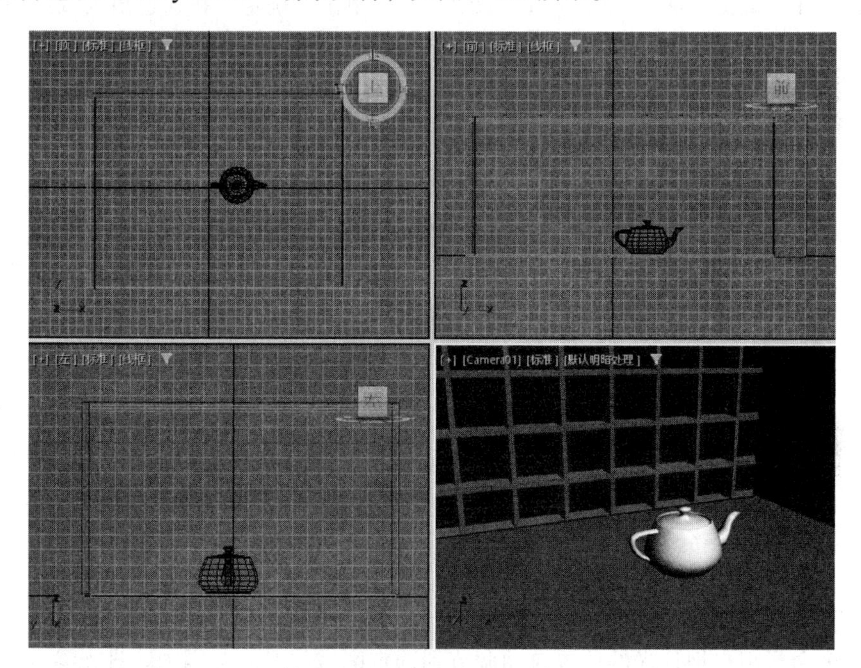

图 7-101　打开场景文件

注意： 光能传递一般情况下都结合光度学灯光的标准灯光、阳光或天光来使用。本实例将选择用室外的天空光和太阳光对室内进行照明，直接从系统中创建日光。日光整合了 IES 的阳光和天空光，可以通过位置坐标进行自动设定。

2）单击“创建”按钮 ，进入“创建”命令面板，然后单击“系统”按钮 ，在其“对象类型”卷展栏中单击“日光”按钮（见图 7-102），在左视图中创建一个日光，如图 7-103 所示。

3）确定场景中的日光被选中，按照当地的时间日期等进行自动设置。展开“控制参数”卷展栏，选择“日期、时间”和“位置”选项，然后单击“获取位置”按钮，弹出“地理位置”对话框。

Note

图 7-102　单击“日光”按钮

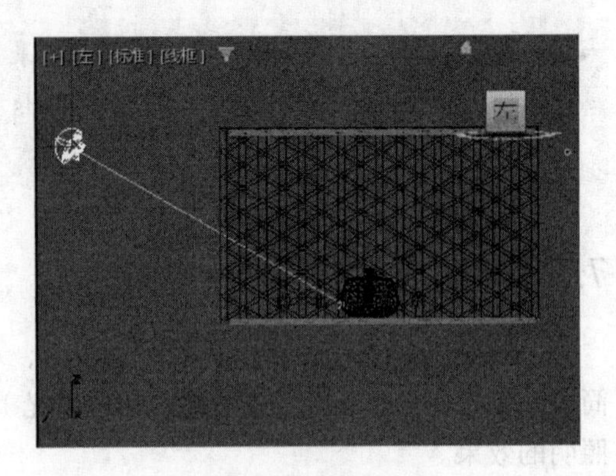

图 7-103　创建日光

4）在“地理位置”对话框中的“贴图”下拉列表中选择“亚洲”，在“城市”下拉列表中选择“Beijing,China”，如图 7-104 所示。然后单击“确定”按钮退出区域选择。

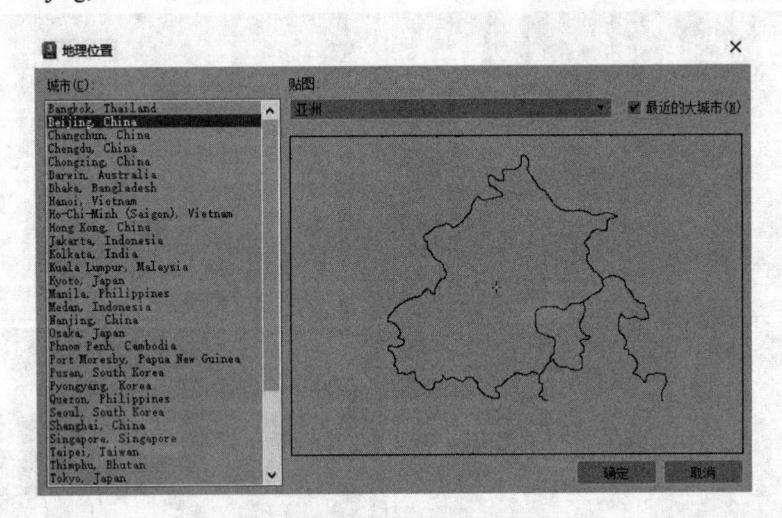

图 7-104　“地理位置”对话框

5）除此自动选项外，还可以设置时间选项的年、月、日、小时等来自动定位。这样，3ds Max 将会帮用户把日光的位置自动调节到选定区域的时间范围内。日光参数的设置如图 7-105 所示。

6）为了设置日光从窗户照射进室内的效果，继续调整日光的位置，设置日光的经纬度，如图 7-106 所示。

7）设置完毕后，激活摄像机视图进行快速渲染，日光照射效果如图 7-107 所示。

8）按 F10 键或者选择菜单栏中的“渲染”→“渲染设置”命令，打开“渲染设置”对话框，在“选择高级照明”卷展栏的下拉列表中选择“光能传递”选项，激活光能传递功能。

9）直接单击“光能传递处理参数”卷展栏中的“开始”按钮进行光能计算，它将根据当前场景模型的几何形状进行光能传递的分布，如图 7-108 所示。选中“交互工具”选项组中的“在视口中显示光能传递”复选框，即可直接在摄像机视图中看到光能传递的结果。

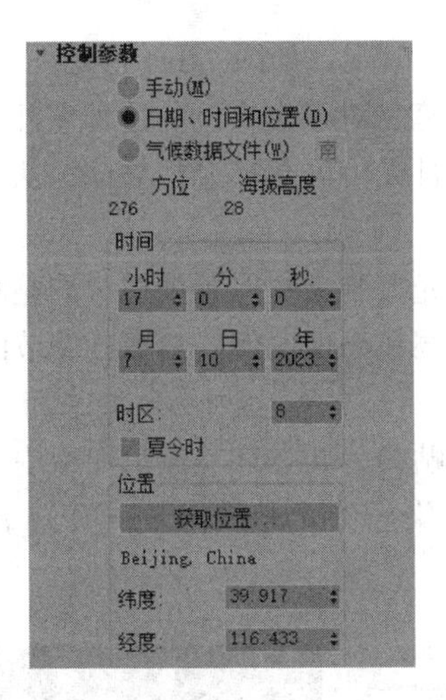

图 7-105　设置日光参数

图 7-106　设置经纬度

图 7-107　日光照射效果

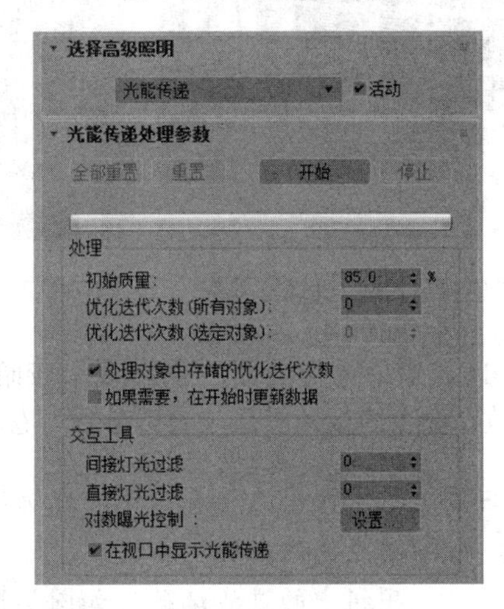

图 7-108　“光能传递处理参数”面板

10）激活摄像机视图，进行再次渲染，效果如图 7-109 所示。可以发现，曝光效果过强，需要对曝光控制进行调整。

11）单击“交互工具”选项组中的“对数曝光控制”右侧的“设置”按钮，打开“环境和效果”对话框，展开“曝光控制”卷展栏，在其曝光下拉列表中选择“对数曝光控制”选项，如图 7-110 所示。

图 7-109　光能传递效果

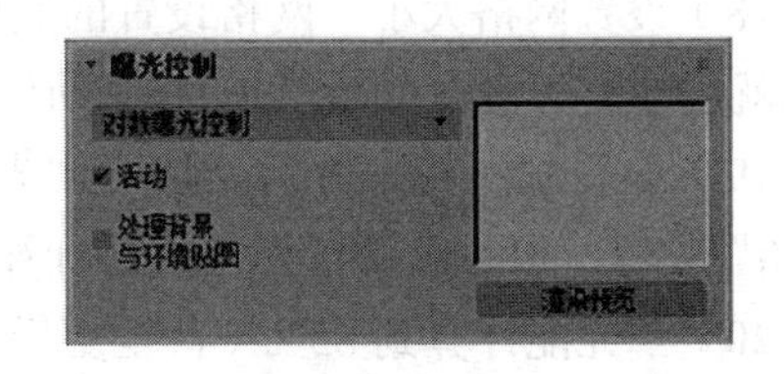

图 7-110　选择“对数曝光控制”选项

Note

12）调整曝光控制后，摄像机视图中的效果已大有改观，如图 7-111 所示。

13）单击“渲染预览”按钮，对曝光效果进行预览。对于本实例的这种室外光，应该选中“曝光控制”卷展栏中的“活动”复选框（表示日光将屏蔽掉遮挡物体，从窗户的窟窿中或透明物中向室内照明），如图 7-112 所示。

14）根据预览框中显示的渲染结果，在“对数曝光控制参数”卷展栏中调整曝光的参数。可以根据当前需要，调节亮度、对比度、中间色调和物理比例等参数，调节的效果能直接在预览框中显示。

15）调整曝光参数后，给场景地板赋予一个木质贴图，并在环境编辑面板中给场景加入 Hdr 的模拟背景（需要在 3ds Max 中装载 V-Ray 渲染插件才能使用 Hdr 项）。激活摄像机视图，进行快速渲染，效果如图 7-113 所示。

图 7-111　摄像机视图效果

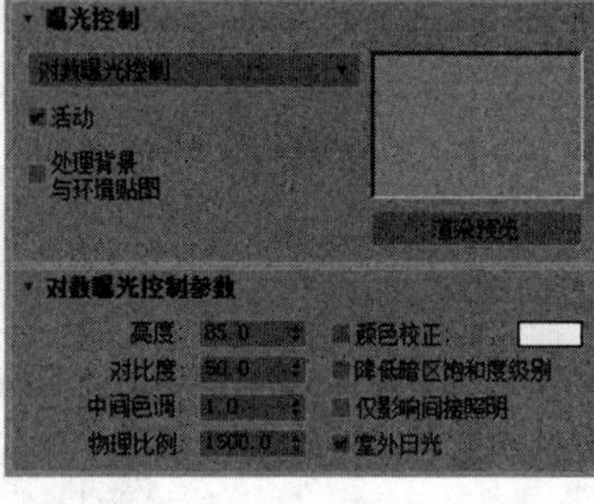

图 7-112　“曝光控制”卷展栏

图 7-113　渲染效果

16）如果觉得画面的投影效果较暗，可以选中日光，单击“修改”按钮，进入“修改”命令面板，展开“阴影参数”卷展栏，设置阴影的强度稍微低一些。

注意： 这里使用的是最快捷的光能传递效果，效果可能会不尽人意，有时会产生一些黑色的斑块。系统专门为此提供了一个过滤设置参数，即“交互工具”选项组中的过滤选项，如图 7-114 所示。如果要针对当前渲染效果进行模糊处理，辅助过滤掉一些黑斑，可将过滤的数值设置得高一些。但也不宜设置过高，否则整个渲染画面可能会变得灰暗一些。

如果还想提高画面品质，可以在进行光能计算前重置画面品质值。在“处理”选项组中提高“初始质量”数值（甚至可以设置到最高值 100%），然后单击“计算”选项组中的“重置”按钮，可重新开始计算分配。

17）观察图 7-113 所示的渲染效果，感到比较粗糙，没有什么细节的变化。这时，可采用系统提供的另一个更加精细的光能计算。展开“光能传递网格参数”卷展栏，选中“启用”复选框，即可使光能传递根据设定的网格重新对当前的场景进行细分。

18）设置网格大小。网格设置的数值越小，对场景的网格划分就越精细，渲染出的细节也就越多。网格设置如图 7-115 所示。

19）设置完网格划分后，展开“光能传递处理参数”卷展栏，单击“全部重置”和“开始”按钮，可重新设置网格进行计算。

20）当光能计算到 85%（甚至更低）左右时，即可单击“停止”按钮停止计算，观察网格效果。这时，在视图中已经可以看到场景中的物体都已经被分成精细的网格，并在摄

像机视图中直接可以看到光线已有了细节丰富的变化，如图 7-116 所示。

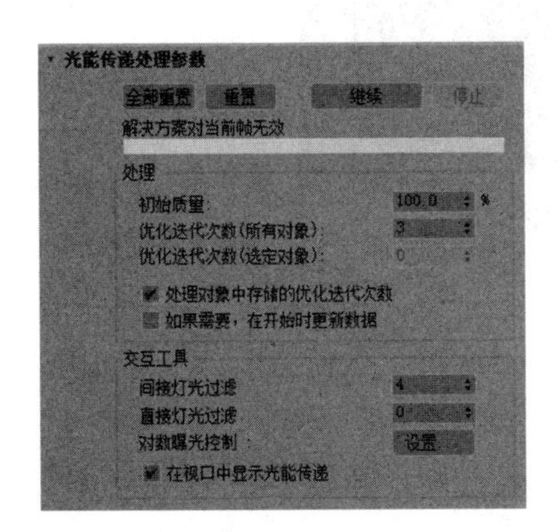

图 7-114　“光能传递处理参数”卷展栏

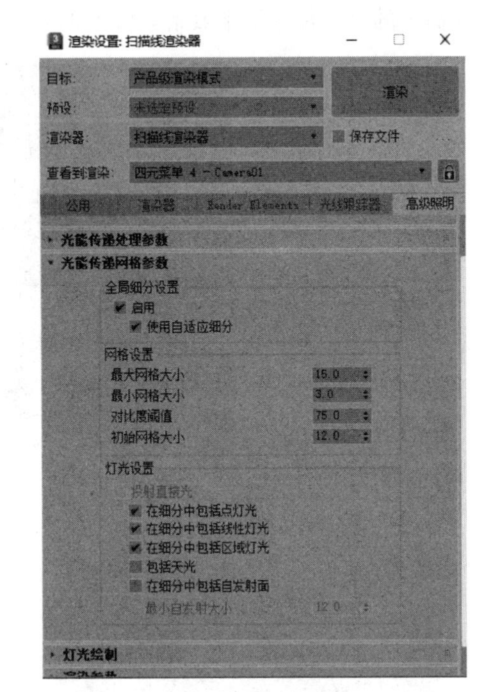

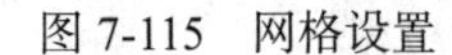

图 7-115　网格设置

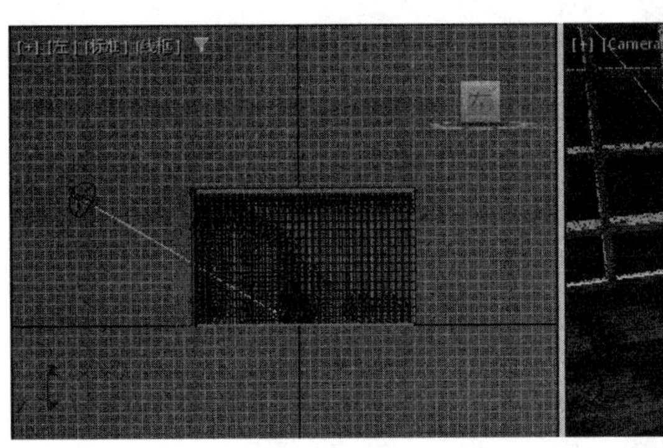

图 7-116　网格计算在场景中的效果

注意： 可以在摄像机视图中单击左上角的“默认明暗处理”字样，在弹出的快捷菜单中选择“线框覆盖”命令观察网格，效果如图 7-117 所示。

在场景中把每一个物体都统一设置成为同样的网格，其实并不合理。如果还想设置成更低的网格值，进行更细腻的渲染，那么对于场景中的茶壶来说网格就过于细了。这时，可以选中茶壶，右击，在弹出的快捷菜单中选择“对象属性”命令，打开“对象属性”对话框，在“对象细分属性”选项组中选中“细分”复选框，并在“网格设置”选项组的文本框中输入适当的数值，如图 7-118 所示。

Note

21）激活摄像机视图，按 F9 键进行快速渲染，效果如图 7-119 所示。此时画面已经比起简单的光能传递渲染效果丰富了很多，有了一定的明暗变化细节。

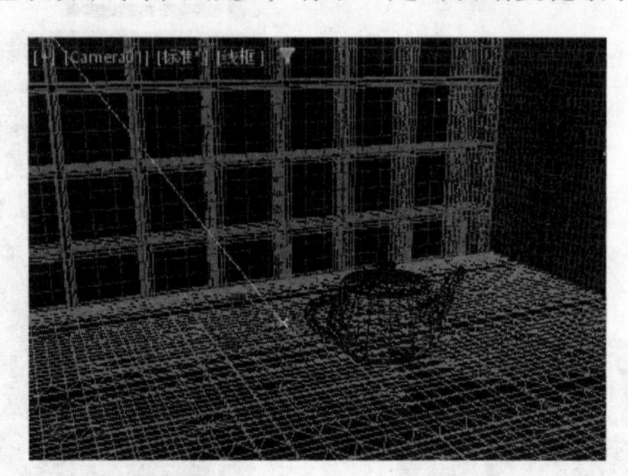

图 7-117　观察网格效果

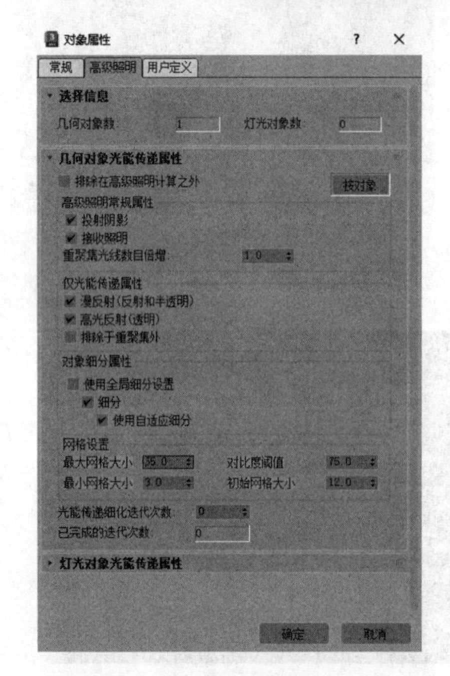

图 7-118　“对象属性”对话框

图 7-119　网格计算后的渲染效果

注意： 有时设定的某个材质会在光能传递中对整个场景产生染色效果。为了控制这种现象，可按 M 键打开“材质编辑器”对话框，在保留原有材质的基础上再设置一个高级灯光越界材质“高级照明覆盖”，如图 7-120 所示。

在“高级照明覆盖材质”卷展栏（见图 7-121）中，把“颜色渗出”的数值由默认的 1.0 调整到更低的值，可降低此材质对周围模型颜色的反弹率。“反射比”的数值默认设置为 1.0，表示对周围环境的反射度为 100%，而在自然界中这个设定肯定是不准确的，可以把它的参数值降低。

调整完材质的设置后，还需要对场景重新进行光能计算分配，最后渲染并观察渲染效果。

Note

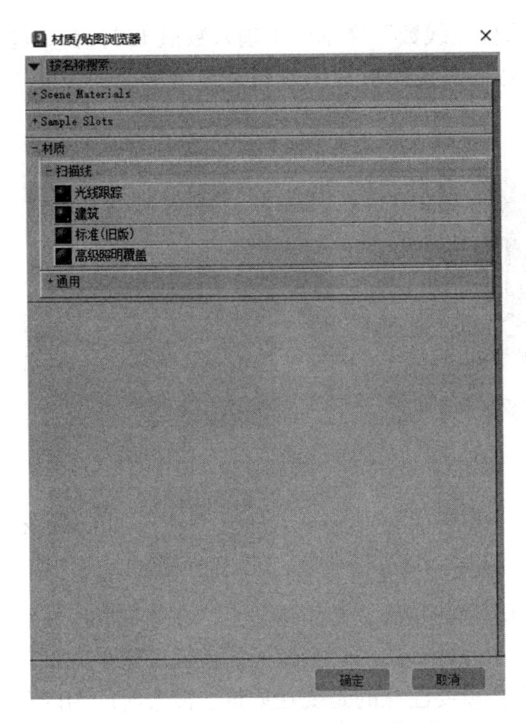

图 7-120 选择高级灯光越界材质

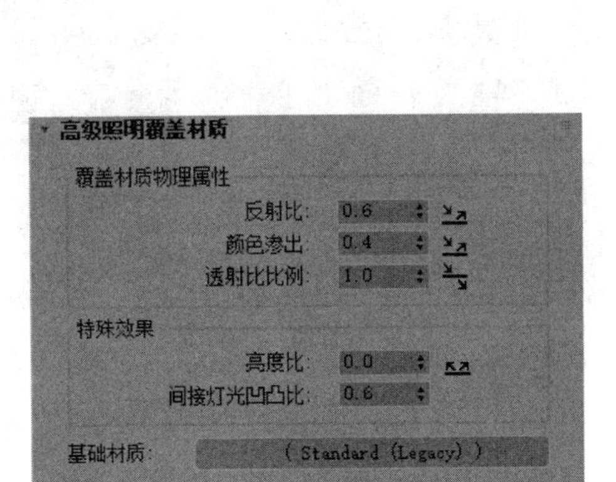

图 7-121 “高级照明覆盖材质”卷展栏

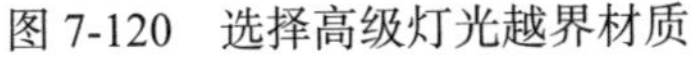

系统一共提供了 3 种光能计算的方法，第一种是完全依靠计算求解，第二种是通过细分网格计算，第三种为间接聚集照明算法，可得到更为精细的渲染结果，但渲染时间也会相对增加。这里选择的是间接聚集照明算法。

22）如果使用间接聚集照明算法，就需要重新调整光能传递设置值，一方面网格划分不需要那么细，可以把它的值调高；另一方面渲染品质这时就失去了原有的意义，可将其还原为默认值。然后单击“开始”按钮再进行光能传递的重新计算。

23）重置光能计算后，在“渲染参数”卷展栏中选中“重聚集间接照明”复选框，激活重聚集间接照明设置。

注意： 间接聚集照明的参数设置很少，一项为“每采样光线数”，其值越高，渲染品质就越高，画面的颗粒就越小；另一项为“过滤器半径”，其能对颗粒进行模糊处理，设定的值越大，模糊的效果就越明显。

24）间接照明的设置面板如图 7-122 所示。按照默认值渲染摄像机视图，渲染效果如图 7-123 所示。

注意： 使用间接照明算法时，如果场景中的模型带有凹凸贴图的材质，除了设置面板中主要的那两项参数外，在“材质编辑器”对话框中还有一个相关选项。如果在光线越界材质面板上把“间接灯光凹凸比”项的参数值调低，则能降低贴图的凹凸强度，减少不必要的一些黑斑。调节材质参数后，在光能传递面板中单击“开始”按钮可重新进行光能计算，再进行渲染观察。

Note

25）展开“渲染参数”卷展栏，在“每采样光线数”文本框中输入数值 120，在“过滤器半径（像素）”文本框中输入数值 4.0。然后对摄像机视图进行最终的渲染，效果如图 7-124 所示。

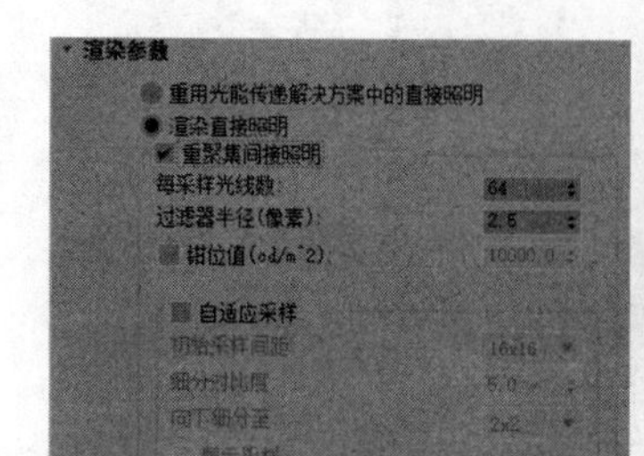

图 7-122　间接照明设置面板

图 7-123　渲染效果

图 7-124　最终渲染效果

光能传递实例到此就结束了。针对光能传递的 3 种算法的基本运用，本书提供了 3 个场景文件供参考，放置在电子资料包的“源文件 \ 第 7 章 \ 光能传递”中。

光能传递是依靠材质和表面属性以获得物理上的精确，基于这一点，在建模时应注意几何结构要尽可能的准确，并需要使用光度控制灯（普通的灯会使光能传递的效果大打折扣）以获得更加真实的结果。另外在设置方面，需要注意的是要在质量、渲染时间和内存使用之间找到一个平衡点。

7.3.5　光度学灯光室内照明实例

光度学灯光在系统中分为点光、面光、线光，它和普通灯光的不同之处在于它是按照物理学算法进行衰减照明的。下面通过简单的室内模型介绍光度学灯光的应用技巧，包括点光源、线光源和面光源的用法，Web 光域网文件的使用技巧以及它与光能传递的结合运用。

（电子资料包：动画演示 \ 第 7 章 \ 光度学灯光室内照明实例 .mp4）

1）选择菜单栏中的“文件”→“打开”命令，打开本书电子资料包中的“源文件 \ 第 7 章 \ 光度学灯光 \Photometric1.Max”场景文件，如图 7-125 所示（场景中加入了天空的环境贴图，室内的顶部吊灯和 3 个灯管均已在材质设定中编辑为自发光材质）。

2）单击“创建”按钮，进入“创建”命令面板，单击“灯光”按钮，在其下拉列表中选择“光度学”选项。在如图 7-126 所示的“对象类型”卷展栏中单击“目标灯光”按钮，在前视图中创建一个目标灯光，如图 7-127 所示。

3）选择刚创建的目标灯光，单击“修改”按钮，进入“修改”命令面板，展开“强度 / 颜色 / 衰减 /”卷展栏，在“颜色”的下拉列表中选择“荧光（日光）”选项，设置其他选项如图 7-128 所示。激活摄像机视图，进行快速渲染，效果如图 7-129 所示。

4）观察图 7-129 所示的渲染效果，感到光强度还是不够。按 F8 键或者选择“渲染”→“环境”命令，弹出“环境和效果”对话框，展开“曝光控制”卷展栏，在其下拉列表中选择“自动曝光控制”选项，如图 7-130 所示。

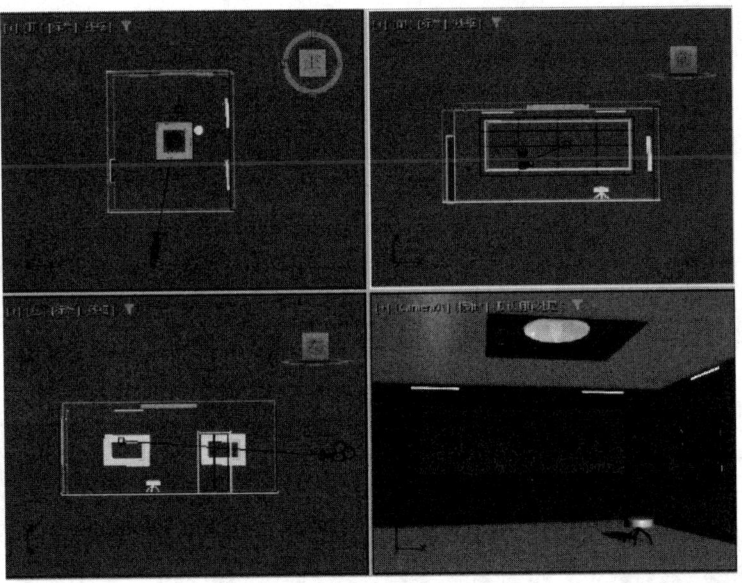

图 7-125 打开场景文件

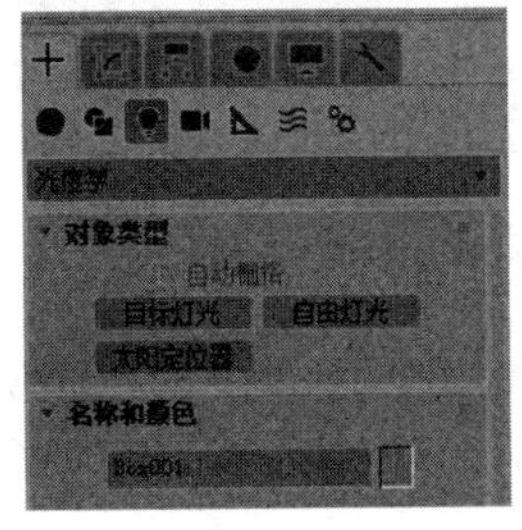

图 7-126 “对象类型”卷展栏

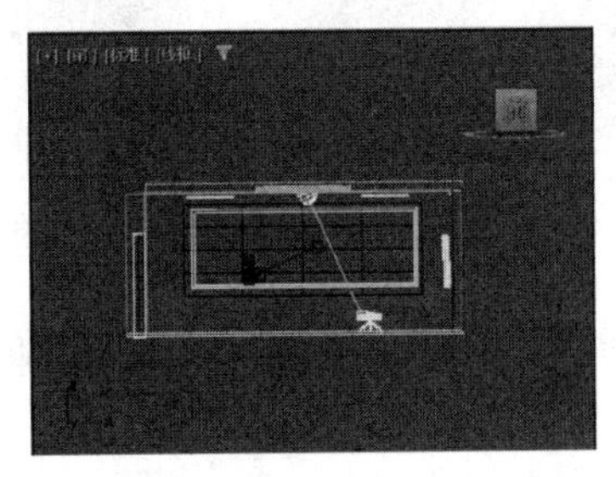

图 7-127 在前视图中创建目标灯光

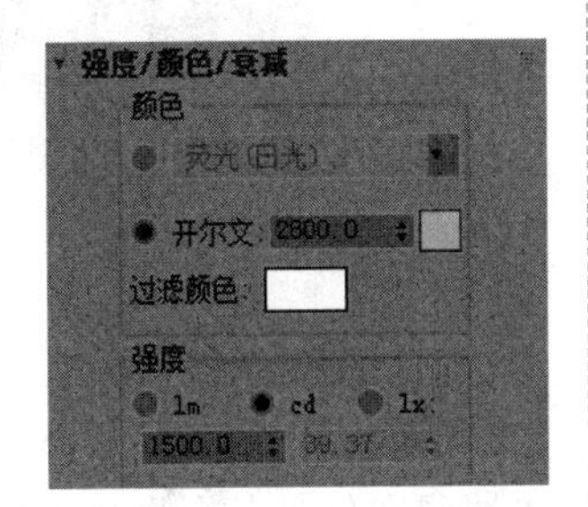

图 7-128 设置选项

图 7-129 渲染效果

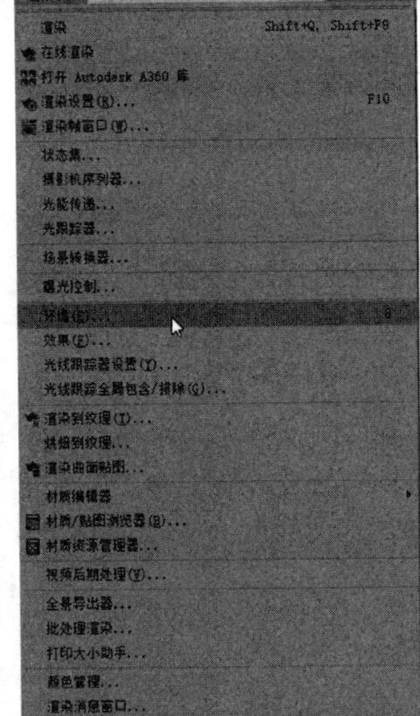

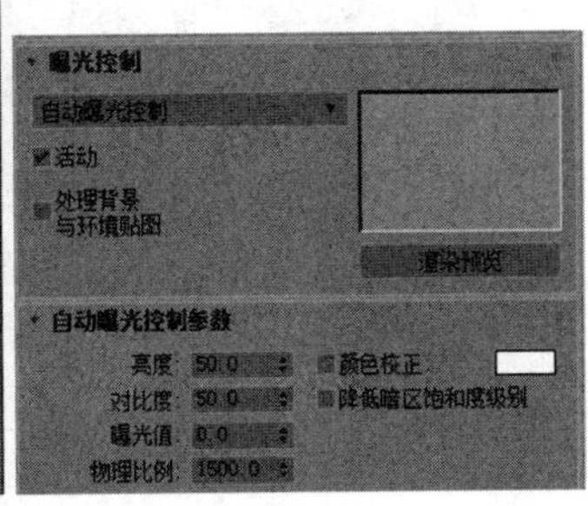

图 7-130 “曝光控制”卷展栏

Note

5）激活摄像机视图，然后单击“渲染预览”按钮进行渲染。根据渲染的预览图调整曝光控制选项，展开“自动曝光控制参数”卷展栏，在“亮度”文本框中输入50.0，使整个渲染画面变亮。再对摄像机视图进行渲染，效果如图7-131所示。

图7-131　调整亮度后的渲染效果

6）单击“创建”按钮，进入“创建”命令面板，单击“灯光”按钮，在其下拉列表中选择“光度学”类型。在场景中放置3个目标灯光，然后用主要工具栏中的旋转工具把线光源旋转到一个适当的角度，如图7-132所示。

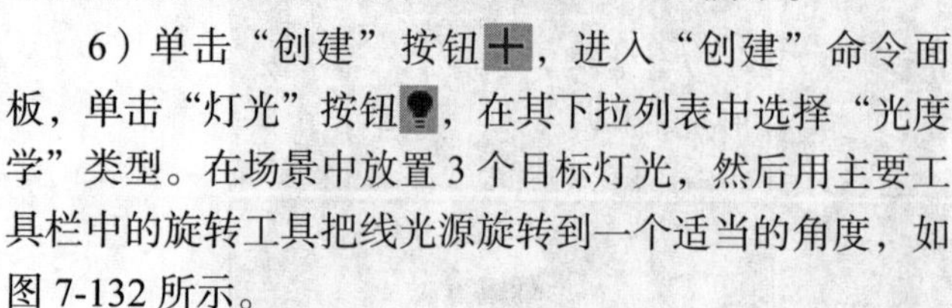

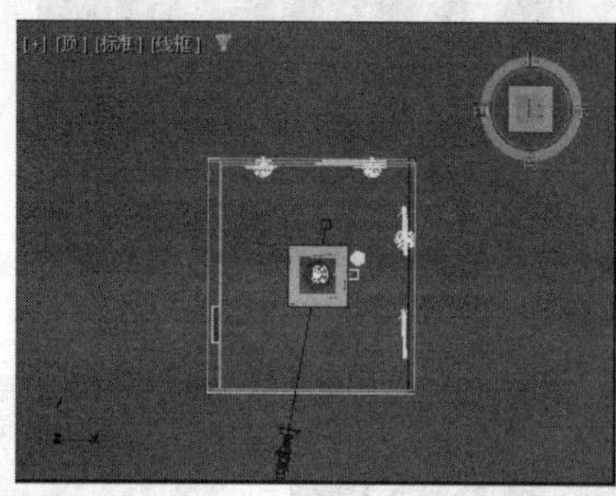

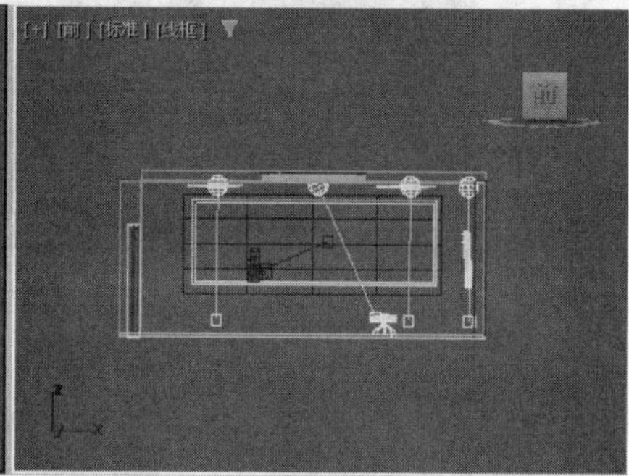

图7-132　旋转线光源到适当的角度

7）选择创建的灯光，单击“修改”按钮，进入“修改”命令面板，展开“常规参数”卷展栏，在“灯光分布（类型）”下拉列表中选择“光度学Web”（表示按照准备好的光域网来分布当前的光照）。

8）展开“分布（光度学Web）”卷展栏，单击“选择光度学文件”按钮，从电子资料包中选择“源文件\第7章\光度学灯光\hof1769.ies”光域网文件。展开“强度/颜色/衰减”卷展栏，在“强度”选项组的文本框中输入400.0，其余参数设置如图7-133所示（光域网hof1769.ies在光域网浏览器中，如图7-134所示）。

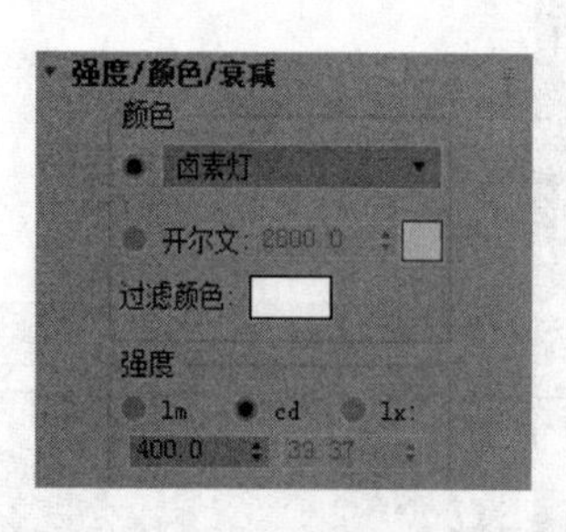

图7-133　线光源参数设置

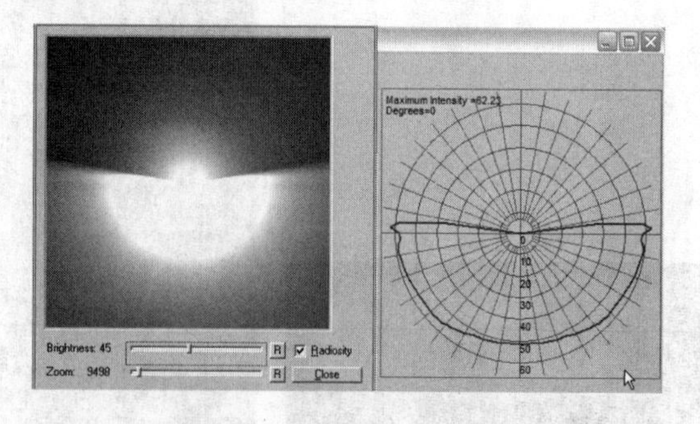

图7-134　hof1769.ies的照明

9）在场景中调节线光源的位置。在“分布（光度学Web）”卷展栏（见图7-135）中可通过旋转调节线光源的位置，使其和灯管相吻合。然后展开“图形/区域”卷展栏，在“长度”文本框中输入50.0。再次渲染摄像机视图，效果如图7-136所示。

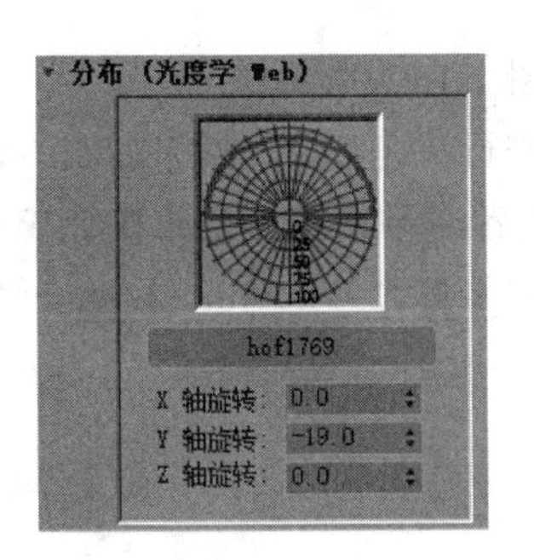

图 7-135　线光源属性参数

图 7-136　线光源渲染效果

10）利用上述方法，在如图 7-137 所示的位置创建一个点光源。

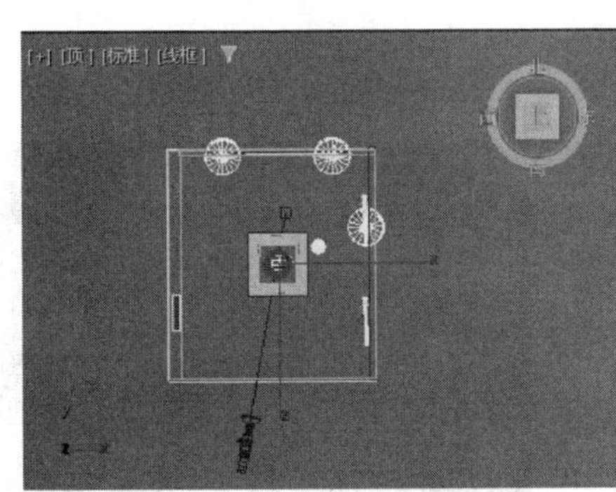

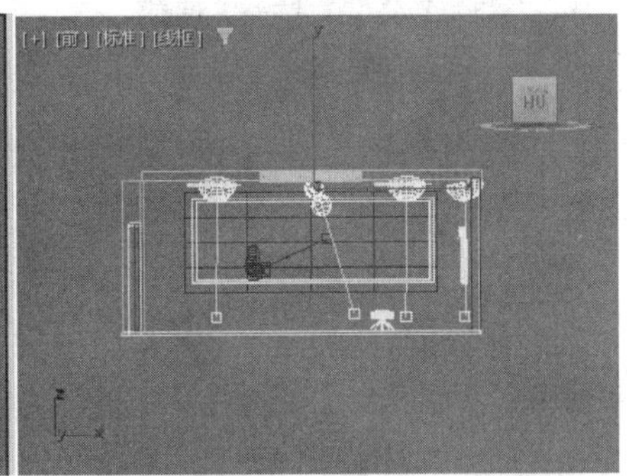

图 7-137　点光源位置

11）选中刚创建的点光源，单击“修改”按钮，进入“修改”命令面板，展开“强度 / 颜色 / 衰减”卷展栏，在“颜色”的下拉列表中选择“荧光（日光）”选项，设置“过滤颜色”为橘黄，在“强度”选项组的文本框中输入 2800.0，如图 7-138 所示。

12）激活摄像机视图，进行快速渲染，效果如图 7-139 所示。可以看出，室内的吊灯效果得到了很好的渲染。

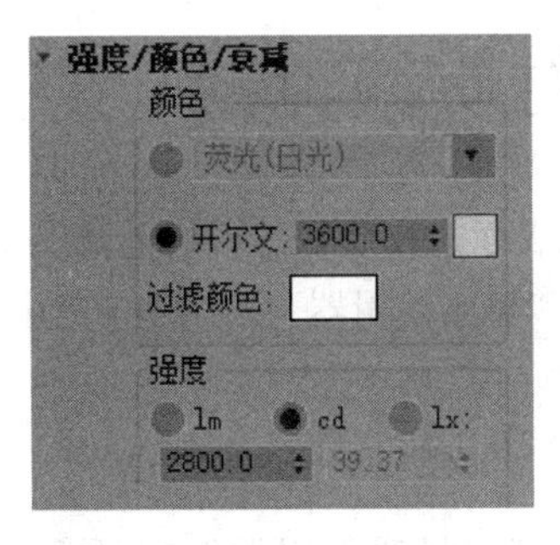

图 7-138　点光源设置参数

图 7-139　点光源渲染效果

13）按 F10 键，或者选择菜单栏中的“渲染”→“光能传递”命令，打开“渲染设置”对话框。

14）展开“光能传递处理参数”卷展栏，在“初始质量”文本框中输入 100.0，在“间接灯光过滤”文本框中输入 5。接着展开“光能传递网格参数”卷展栏，选中“启用”

复选框，在“最大网格大小”文本框中输入20.0，如图7-140所示。

15）设置完光能传递参数后，激活摄像机视图，进行快速渲染，效果如图7-141所示。观察渲染效果，如果不满意还可以继续调整参数，或者在曝光控制面板中调整效果（最后场景可参照电子资料包中的“源文件\第7章\光度学灯光\Photometric-complete.Max”文件）。

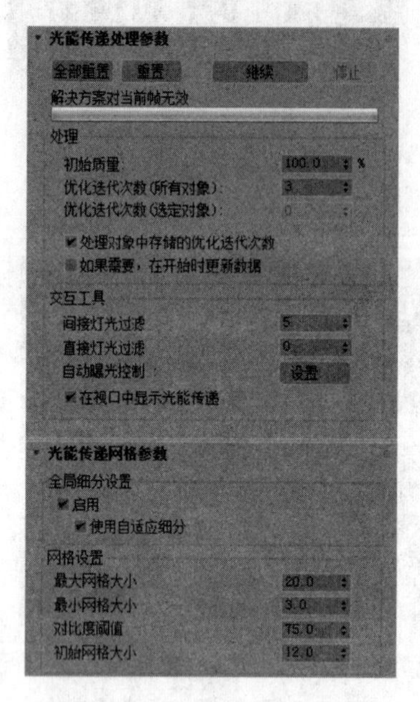

图7-140　设置光能传递参数

图7-141　渲染效果

光度学灯光依靠物理计算进行照明，自动衰减，如果能熟悉其属性及各项设置，则可以制作出满意的灯光渲染效果。需要注意的是，多个光度学灯光之间是互相抑制、互相影响的，所以不宜设置太多的光度学灯光。

7.4　3ds Max 2024材质编辑器

3ds Max 2024中的材质和贴图主要用于描述对象表面的物质状态，构造真实世界中自然物质表现的视觉表象。材质与贴图的编辑主要通过“材质编辑器”对话框来进行。

7.4.1　材质编辑器简介

单击主工具栏上的“材质编辑器”按钮，打开“材质编辑器”对话框（快捷键为M）。

“材质编辑器”对话框可分为4个功能区域，即材质样本窗口、样本控制工具栏、参数控制区和材质编辑工具栏。

1. 材质样本窗口

在“材质编辑器”对话框中，顶端的6个窗口为材质样本窗口。“材质编辑器”对话

框中共有 24 个材质样本窗口，系统一般默认为 6 个窗口，用鼠标拖拽右边或者下面的控制滑块，可以观察“材质编辑器”对话框中其他的材质样本窗口。每一个材质样本窗口代表一个材质，对某一个材质进行编辑时，必须先用鼠标激活该材质样本窗口，此时激活的材质样本窗口四边会有白色线框显示，如图 7-142 所示。若该材质已被赋予场景模型，则材质样本窗口四边同时还会有小三角形显示，说明该材质样本窗口为同步材质，当编辑同步材质时，场景中该材质的对象也会相应地被编辑。

用鼠标双击材质样本窗口，或者在材质样本窗口右击，从打开的快捷菜单中选择“放大”命令，可以打开一个浮动的样本窗口。拖动样本窗口的边角可以改变样本窗口的大小，它主要用于更直观地显示材质与贴图编辑过程。另外，可以通过选择图 7-143 所示的快捷菜单中的“3×2 示例窗”等选项来调节材质样本窗口显示的数量。若选择“5×3 示例窗”选项，材质样本窗口的数量会变成 15 个；若选择“6×4 示例窗”选项，材质样本窗口的数量会变成 24 个。需要注意的是，材质样本窗口的数量和场景中使用材质的数量没有直接的关系，即材质样本窗口的数量不会限制材质的数量。材质样本窗口只是显示材质的效果，材质被存储在场景文件中或材质库中。

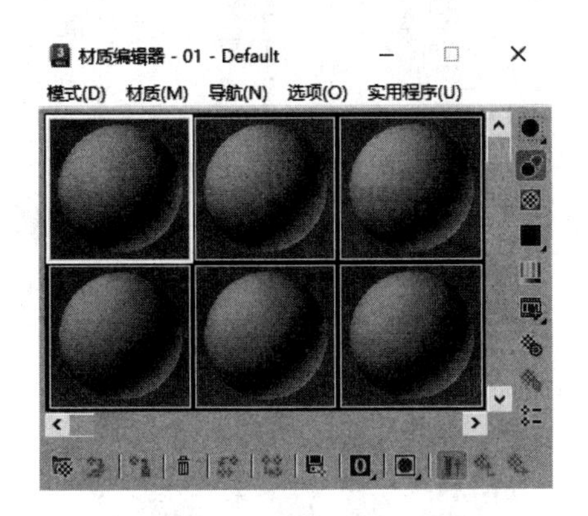

图 7-142　“材质编辑器”对话框

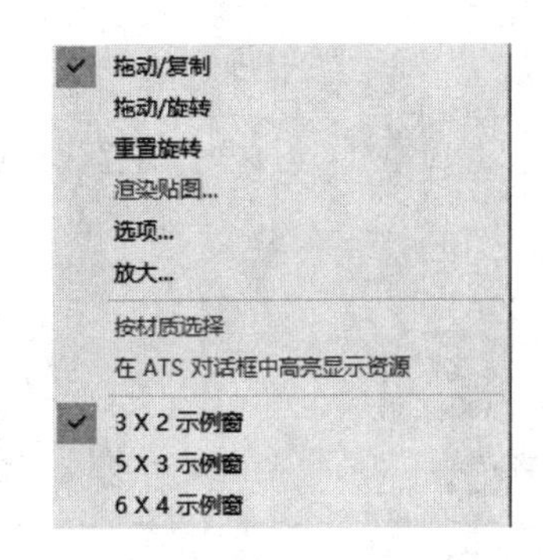

图 7-143　材质样本窗口快捷菜单

2. 样本控制工具栏

样本控制工具栏分布在材质样本窗口的右侧。利用这些工具栏中的按钮可控制材质样本窗口中材质的显示状态。

（1）“采样类型”按钮　单击该按钮，可以打开下拉列表，从中选择其他样本类型按钮，包括“球体”“圆柱体”“立方体”。在编辑样本材质时，应选择和场景中物体形状相似的样本类型，以便于观察材质的效果。

（2）“背光”按钮　激活背光功能，材质样本窗口中的实例球将出现背光效果；关闭该功能，背光效果消失。默认为激活状态，主要用于更好地预览材质的编辑效果。

（3）“背景”按钮　激活背景功能，为材质样本窗口增加一个彩色格子的背景。另外，在“材质编辑器选项”对话框的“自定义背景”项中，可以选择一个自定义的图像作为材质样本窗口背景。背景主要用于更好地预览透明材质、反射材质的编辑制作效果。

（4）“采样 UV 平铺”按钮　该工具主要用于测试材质样本窗口中材质表面 UV 方向的重复贴图阵列效果。此工具的设置只会改变材质样本窗口中材质的显示形态，对于实际的贴图并不产生影响。在其下拉列表中可以选择 4 种不同的阵列方式。

（5）“视频颜色检查”按钮 该工具主要用于自动检查材质表面色彩是否有超过视频限制的现象，主要应用于动画制作。

（6）“生成预览”按钮 该工具主要用于材质动画的预览。单击该按钮并按住不放，可打开下拉列表，其中有两个按钮可供切换，分别是播放预览和保存预览按钮。

（7）“材质/贴图导航器”按钮 单击该按钮，将打开“材质/贴图导航器”对话框，在其中可以控制如何在示例中显示材质和贴图。

（8）“按材质选择”按钮 单击该按钮，将打开“选择对象”对话框，并自动选择场景中赋有当前材质的模型，如图 7-144 所示。

（9）“选项”按钮 单击该按钮，将打开“材质编辑器选项”对话框，如图 7-145 所示。在该对话框中可对材质编辑器进行整体设置。其中的各选项介绍如下：

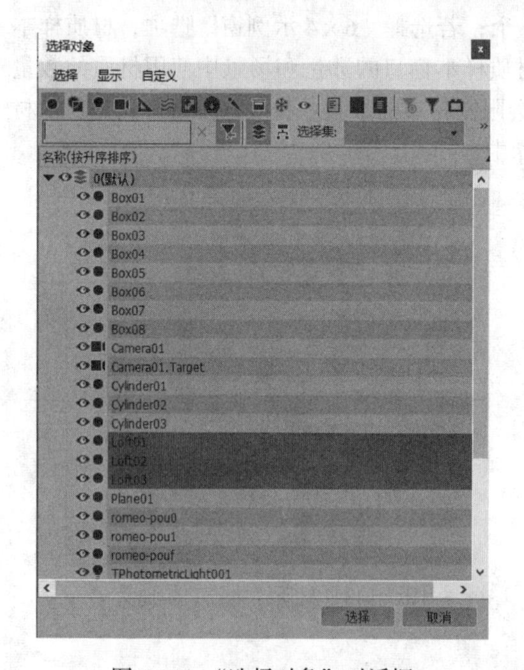

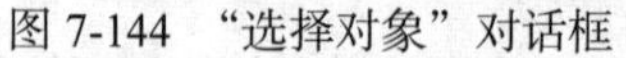
图 7-144 “选择对象”对话框

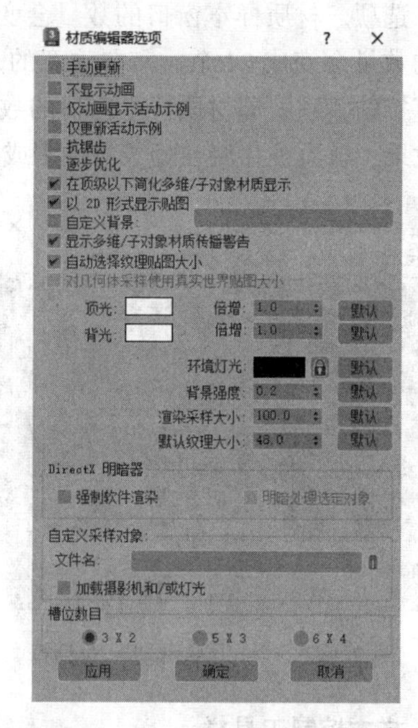

图 7-145 “材质编辑器选项”对话框

☑ 手动更新：选中该复选框，即表示关闭材质样本窗口的自动更新功能。

☑ 不显示动画：如果取消选中该复选框，场景中播放动画时，材质样本窗口的动画贴图也随之同时产生动画；否则，场景中播放动画时，材质样本窗口的动画贴图不更新显示。

☑ 仅动画显示活动示例：选中该复选框后，在场景中播放动画，仅当前激活的材质样本窗口的动画贴图随同动画。

☑ 仅更新活动示例：选中该复选框后，示例窗不加载或产生贴图，除非激活示例窗。这样可以在使用材质编辑器时节省时间，特别是在场景中使用大量带贴图材质时。默认设置为禁用状态。

☑ 抗锯齿：选中该复选框后，只有当前选择的材质样本窗口更新贴图，以节省材质编辑器的更新显示时间。

☑ 逐步优化：选中该复选框，能在材质样本窗口中显示更好的渲染效果。

Note

☑ 在顶级以下简化多维 / 子对象材质显示：选中该复选框，当材质具有多个层级时，材质样本窗口内仅显示当前层级的材质效果，只有回到材质顶级时，材质样本窗口才显示材质的最终效果；如果取消选中该复选框，则材质样本窗口显示的就是材质的最终效果。

☑ 以 2D 形式显示贴图：选中该复选框，材质样本窗口以二维模式显示贴图。

☑ 自定义背景：选中该复选框，并单击其右侧按钮，可以在打开的对话框中选择在计算机中准备好的背景图像。

☑ 显示多维 / 子对象材质传播警告：可以对实例化的 ADT（Advanced Dynamic Tabs）基于样式的对象应用多维 / 子对象材质时，切换警告对话框的显示。

☑ 自动选择纹理贴图大小：选中该复选框，可以使用纹理贴图，将其设置为“使用真实世界比例”的材质，来确保贴图在示例球中的正确显示。

材质编辑工具栏分布在材质样本窗口的下方。利用这些工具栏中的按钮可完成对材质的调用、存储、赋予场景对象材质等功能。其中的各按钮介绍如下：

☑ “获取材质”按钮：单击该按钮，可打开“材质 / 贴图浏览器”对话框，从中选择所需要的贴图和材质。

☑ “将材质放入场景”按钮：单击该按钮，可将材质样本窗口中编辑好的材质重新赋予场景中的对象，材质同时被修改为同步材质。

☑ “将材质指定给选定对象”按钮：单击该按钮，可将当前材质样本窗口中的材质赋予场景中被选择的对象，当前材质同时被修改为同步材质。

☑ “重置贴图 / 材质为默认设置”按钮：单击该按钮，可将当前材质样本窗口中的材质参数进行重新设定，清除对当前材质的所有编辑命令，恢复到系统的默认状态。

☑ “生成材质副本”按钮：单击该按钮，可将同步材质改为非同步材质。该按钮只有在当前材质为同步材质时才可使用。

☑ “使唯一”按钮：单击该按钮，可将当前材质样本窗口中的多维层级材质的子材质转换成一个独立的材质。

☑ “放入库”按钮：单击该按钮，将打开“放置到库”对话框，询问是否把整个材质 / 贴图存到库中，如图 7-146 所示。

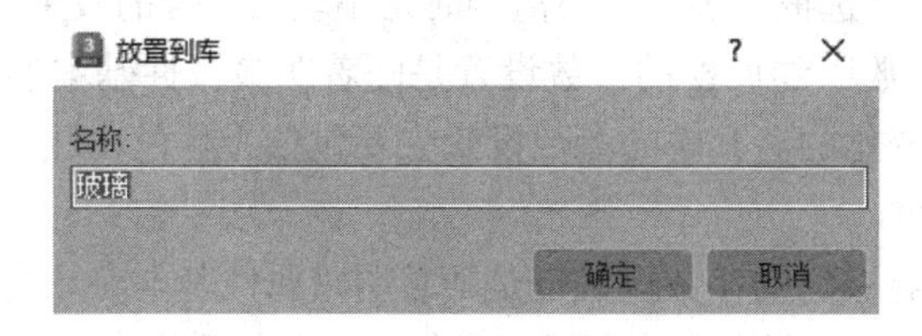

图 7-146　“放置到库”对话框

☑ “材质 ID 通道”按钮：用于描述和控制材质属性的不同信息层。通过为模型的不同部分分配不同的材质 ID，可以在一个模型上应用多种材质，从而实现更丰富的视觉效果。

☑ “视口中显示明暗处理材质”按钮：单击该按钮，可以在材质样本窗口中显示出

Note

材质的贴图效果。另外，如果场景中的对象没有被指定贴图坐标，激活该按钮的同时也会自动给对象指定贴图坐标。

☑ “显示最终效果”按钮：该按钮主要针对多维层材质的子材质和混合材质的分支材质来使用。单击该按钮，能在材质样本窗口中观察子材质编辑状态下材质的当前效果和最终效果，而不是默认的顶级材质的效果。

☑ “转到父对象”按钮：该按钮主要针对多维层的材质和贴图来使用。单击该按钮，可返回到上一级的父级材质的编辑状态。

☑ “转到下一个同级项”按钮：该按钮主要针对多维层的材质和贴图来使用。单击该按钮，能把当前材质转到同一级子材质的编辑上。

3. 参数控制区

在 3ds Max 2024 系统中，该部分是设置场景材质的主要区域。它由 7 个卷展栏组成，分别为“明暗器基本参数”卷展栏、“Blinn 基本参数”卷展栏、“扩展参数”卷展栏、“超级采样”卷展栏、“贴图”卷展栏、“动力学属性”卷展栏和“Mental ray 连接”卷展栏。用户可通过调整这些参数和贴图来模拟各种材质的视觉效果。

1）“从对象拾取材质”按钮。单击该按钮，再在场景视图中单击已经赋予材质的模型，可以把该模型的材质拾取到当前的材质样本窗口。该按钮右侧为材质名称的文本框，显示当前材质的名称，用户可以在该文本框中对材质重命名。

2）“标准”材质类型。单击该按钮，可在打开的对话框中选择材质和贴图的类型。在该按钮上显示的是当前层级材质和贴图类型。Standard 为系统默认标准材质类型。

3）在“明暗器基本参数”卷展栏的下拉列表中可以选择不同的材质渲染明暗属性，选定不同的明暗方式则呈现出不同的参数设置选项。在 3ds Max 2024 中提供了 8 种不同的明暗方式属性，分别为“各向异性”属性、“Blinn”属性、“金属”属性、“多层”属性、“Oren-Nayar-Blinn”属性、“Phong”属性、“Strauss”属性和“半透明明暗器”属性。

☑ 线框：选中该复选框，表示场景中的模型以网格线框方式渲染。

☑ 双面：选中该复选框，表示将材质指定到模型的正反两面。系统默认为渲染模型的外表面，但对于一些特殊的模型，需要看到内壁效果，就需要双面渲染。

☑ 面贴图：选中该复选框，表示材质将不赋予模型的整体，而是将材质指定给几何体的每一个表面。

☑ 面状：选中该复选框，表示材质渲染时是小块面拼合的效果。

4）“Blinn 基本参数”卷展栏的参数设置是随着明暗属性基本参数卷展栏中指定的不同的明暗属性参数而变化的。其中的参数设置主要包括光颜色属性、自发光属性、透明属性和受光强度等的设置。

5）“扩展参数”卷展栏的参数设置也是随着明暗属性基本参数卷展栏中指定的不同的明暗属性参数而变化的，这类参数主要是通过修改当前材质样本窗口的设置增大或减小。

6）“超级采样”卷展栏中的参数主要是抗锯齿，用于图像输出设置，可得到更好的渲染效果。

7）“贴图”卷展栏主要用于给材质指定贴图。对于不同的材质特性应采取相应的贴图。

3ds Max 2024 中的标准材质提供了如图 7-147 所示的 12 种贴图通道。要模拟材料的

真实质感，首先应确定将哪个贴图放在哪一个贴图通道中。同一张贴图放在不同的贴图通道中会使材质产生不同的显示效果。

8）“动力学属性”卷展栏中的参数用于指定对象运动时所表现出来的表面属性。该参数主要用于动画制作及设置动力学特性。

9）材质的“Mental ray 连接”卷展栏会出现在通过使用“首选项”对话框中的“mental ray”面板启用 mental ray 扩展时，此卷展栏用于将 mental ray 着色添加到标准材质。

4. 材质编辑工具栏

单击“材质类型”按钮，打开“材质 / 贴图浏览器”对话框，可以看到在 3ds Max 2024 中提供的贴图材质，如图 7-148 所示。

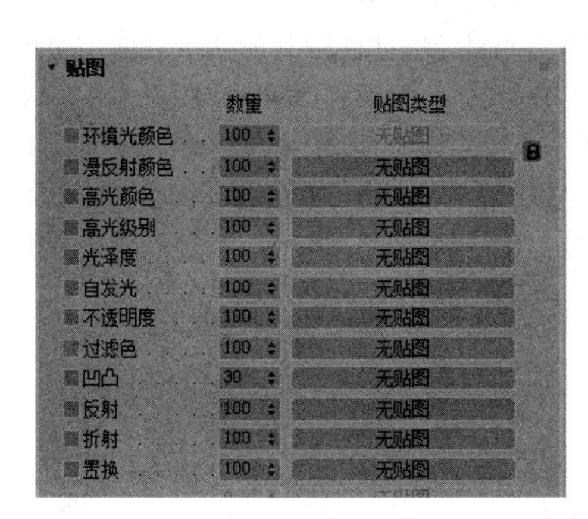

图 7-147 贴图通道

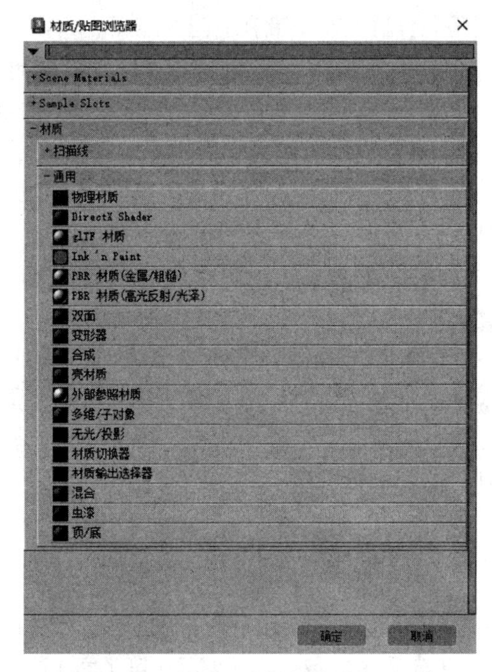

图 7-148 “材质 / 贴图浏览器”对话框

对于材质的选择，要根据场景中对象的具体情况而定，不同的材质类型有不同的特性。下面简要介绍几种主要材质。

（1）DirectX Shader 使用 DirectX 明暗处理。视口中的材质可以更精确地显现材质如何显示在其他应用程序中或其他硬件上，如游戏引擎。

（2）Ink'n Paint 允许材质被渲染成卡通的式样。这一特性通常被称为 Toon shader 卡通光影模式。在系统中，可以和任何材质与贴图配合使用。

（3）标准 是系统默认的传统材质类型，在 3D Studio 中它已经存在，对于一般的对象，使用标准材质即可得到比较优秀的效果。

（4）虫漆 叠加材质。将两种不同的材质通过一定的比例进行叠加，从而形成一种复合材质。

（5）顶 / 底 将两种不同的材质分别赋予一个对象的顶部和底部，使同一个对象具有两种不同的材质。在顶、底部材质的交界处可以调节产生浸润效果。

（6）多维 / 子对象 将多种材质分别指定给同一个对象的不同子对象，从而使一个对

Note

象具有多种材质。一般情况下需要和编辑修改器结合使用，在对象的“面”子对象级中分别为对象的面指定不同的材质 ID 号，然后根据 ID 号把子对象材质赋予不同的面。

（7）光线跟踪　不但具备标准材质的所有特性，还可以建立真实的反射和折射效果。但会导致渲染速度变慢。

（8）合成　先确定一种材质作为基础材质，然后再选择其他类型的材质与基本材质进行组合生成混合材质。

（9）混合　将两种不同的材质混合在一起，然后根据混合度的不同，控制两种材质在对象表面的显现程度。另外，还可以指定一幅图像作为混合材质的“遮罩”，然后以该图像自身的明暗程度决定两种不同材质的混合程度。在三维设计表现图的创作过程中，一般利用混合材质制作带有地花的地面。

（10）建筑　建筑材质的设置是物理属性，因此当与光度学灯光和光能传递一起使用时，能够提供最逼真的效果。借助这种功能组合，可以进行精确性很高的照明研究。

（11）壳材质　壳材质用于纹理烘焙。使用“渲染到纹理”烘焙材质时，将创建包含两种材质的壳材质，分别是在渲染中使用的原始材质和烘焙材质。烘焙材质是通过“渲染到纹理”保存到磁盘的位图。该材质可将“烘焙”附加到场景中的对象上。

（12）双面　用于为面片的两个表面赋予不同的材质，此时面片的两个表面均可见。此材质一般在无厚度的对象上使用。

（13）外部参照材质　外部参照材质能够在另一个场景文件中从外部参照某个应用于对象的材质。对于外部参照对象，材质驻留在单独的源文件中。可以仅在源文件中设置材质属性。当在源文件中改变材质属性然后保存时，在包含外部参照的主文件中，材质的外观可能会发生变化。

7.4.2　基本材质实例

下面通过典型的实例介绍材质的基本制作、调节方法以及材质的基本属性。

（电子资料包：动画演示 \ 第 7 章 \ 基本材质实例 .mp4）

1）选择菜单栏中的“文件”→“打开”命令，打开电子资料包中提供的“源文件 \ 第 7 章 \ 基本材质 \Kele.Max”场景文件，如图 7-149 所示。

2）按 M 键或者单击主工具栏上的“材质编辑器”按钮，打开“材质编辑器”对话框。在材质样本窗口中选择一个空白的材质球，再选中场景中的可乐罐，单击材质编辑工具栏上的“视口中显示明暗处理材质”按钮（或者是把材质球拖拽到可乐罐上），将材质赋予可乐罐。这时，材质样本窗口四周出现小三角形，表示此材质为同步材质。

3）在“材质编辑器”对话框中单击材质名称窗口右侧的“材质类型”按钮，打开“材质 / 贴图浏览器”对话框，在其中双击“多维 / 子对象”材质，如图 7-150 所示。此时打开“替换材质”对话框，如图 7-151 所示。在该对话框中选中“将旧材质保存为子材质”单选按钮，表示保留旧的材质。

4）选择保留旧的材质后，展开“多维 / 子对象基本参数”卷展栏，如图 7-152 所示。单击“设置数量”按钮，打开“设置材质数量”对话框，如图 7-153 所示。在“材质数量”文本框中输入数值 2，然后单击“确定”按钮，打开由两种材质组成的“多维 / 子对象材质”面板。

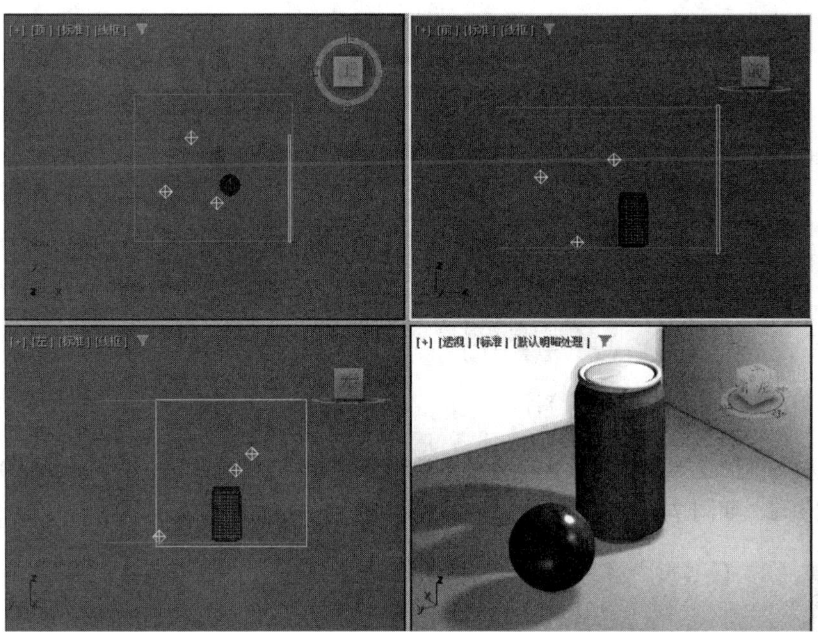

图 7-149　打开场景文件

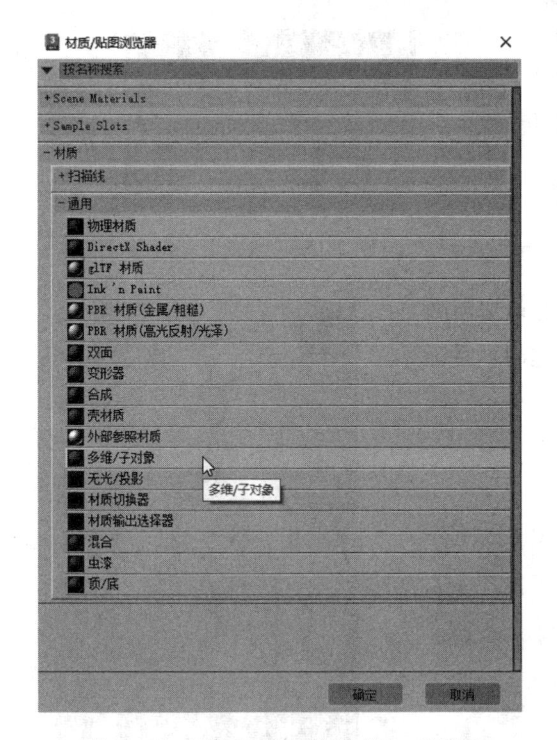

图 7-150　“材质 / 贴图浏览器”对话框

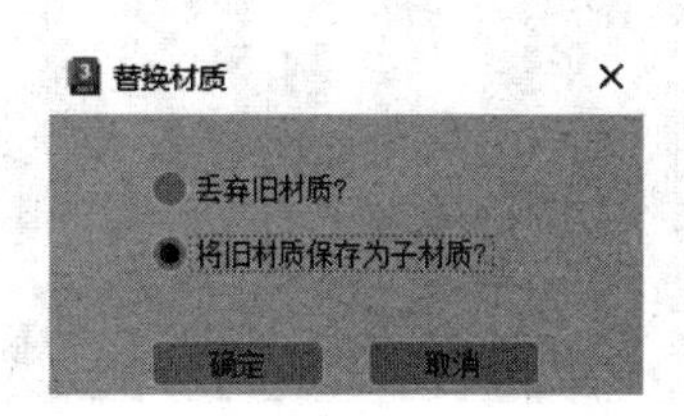

图 7-151　“替换材质”对话框

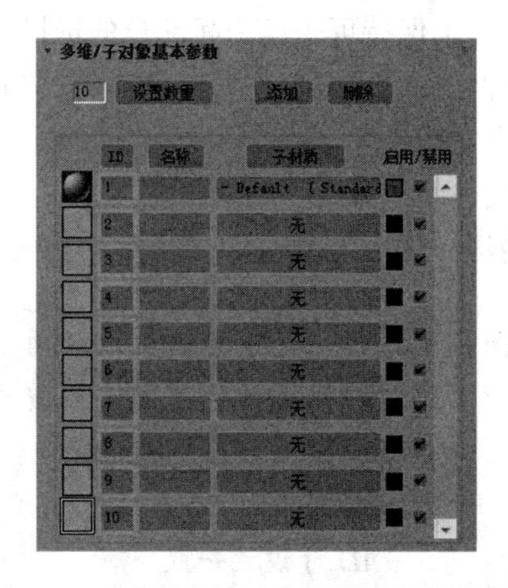

图 7-152　“多维 / 子对象基本参数”卷展栏

5）选择可乐罐，单击“修改”按钮，进入“修改”命令面板，在“修改器列表”下拉列表中选择“可编辑多边形”选项，在“可编辑多边形”中选择“多边形”选项，或者单击“多边形”按钮，如图 7-154 所示。然后在前视图中选择可乐罐的中间部分（红

色表示被选中），如图 7-155 所示。

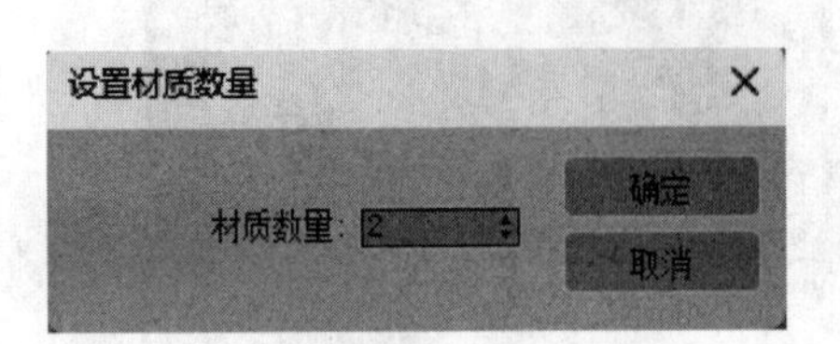

图 7-153 “设置材质数量”对话框

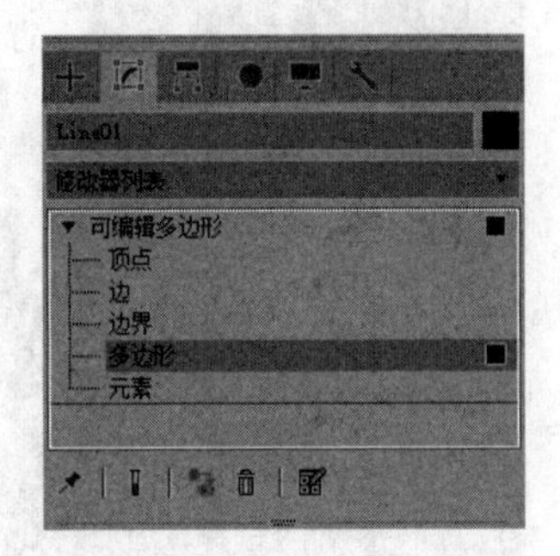

图 7-154 展开“修改”命令面板

6）进入“修改”命令面板，展开“多边形：材质 ID”卷展栏，在“设置 ID”文本框中输入数值 2，如图 7-156 所示。

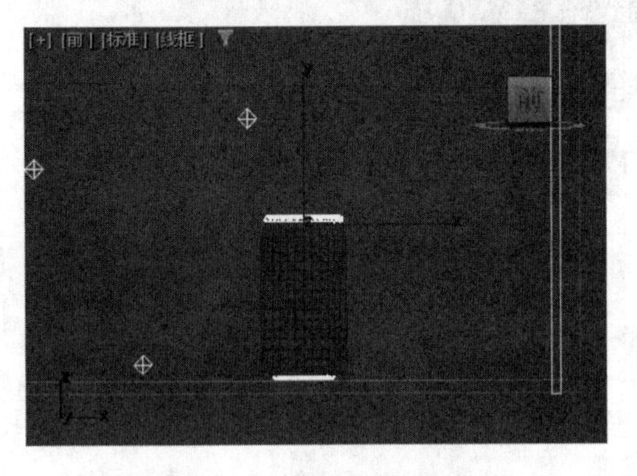

图 7-155 选中可乐罐中间部分

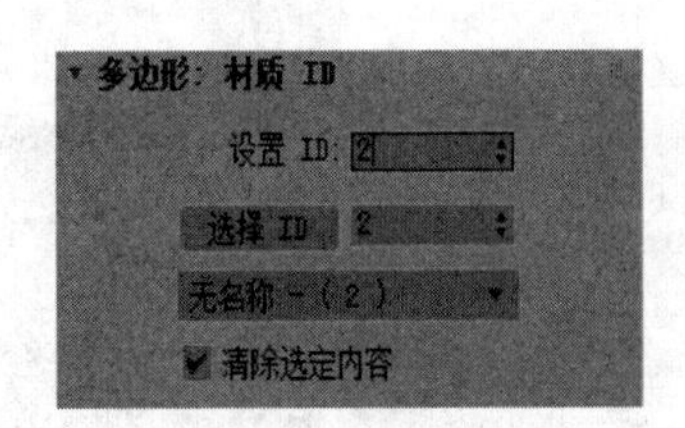

图 7-156 设置 ID 号

7）保持可乐罐中间部分的选择，选择菜单栏中的“编辑”→“反选”命令，如图 7-157 所示。这时，系统将自动选择可乐罐的其余部分，如图 7-158 所示。然后再次进入“修改”命令面板，展开“多边形：材质 ID”卷展栏，在“设置 ID”文本框中输入数值 2。

> **注意：** 因为可乐罐的材质分两个部分，所以需要设置两种不同的材质作为可乐罐的表面贴图。要注意的是，必须把可乐罐的表面 ID 号和“多重 / 子对象材质”的 ID 号设置一致。

8）回到“多维 / 子对象材质”面板，进入 ID 号为 1 的物体材质中，并命名子物体材质为“Kele1”。在 Kele1 的材质设定中，采用系统默认的明暗器基本参数。“Blinn 基本参数”设置如图 7-159 所示。

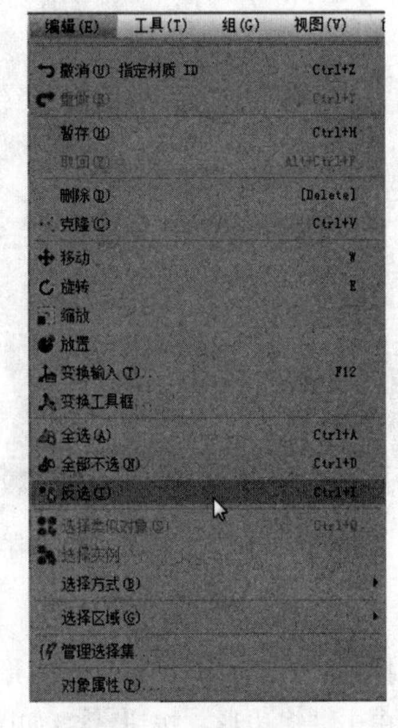

图 7-157 选择“反选”

Note

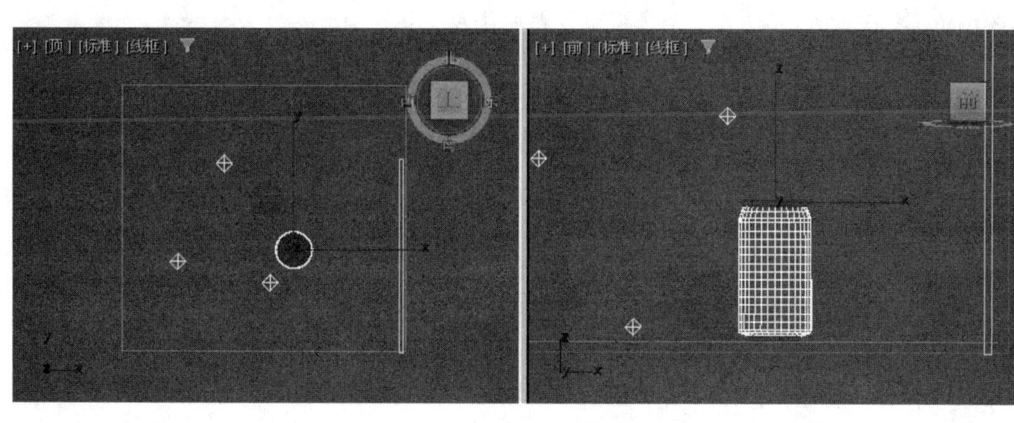

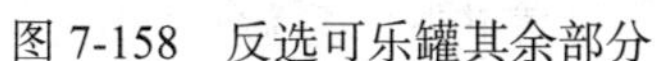

图 7-158　反选可乐罐其余部分

9）在“贴图”卷展栏中单击“漫反射颜色”通道右侧的“无贴图”按钮，在打开的“材质 / 贴图浏览器”对话框中选择“位图”选项，如图 7-160 所示。然后在弹出的“选择位图图像文件”对话框中选择电子资料包中的“源文件 \ 第 7 章 \ 基本材质 \ 可乐 .jpg”图像。

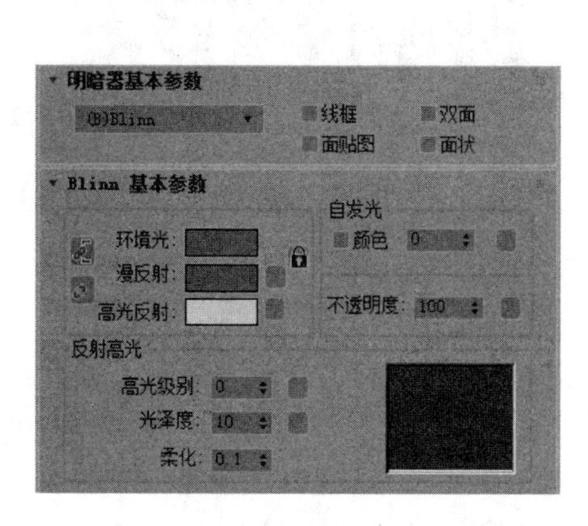

图 7-159　设置“Blinn 基本参数”

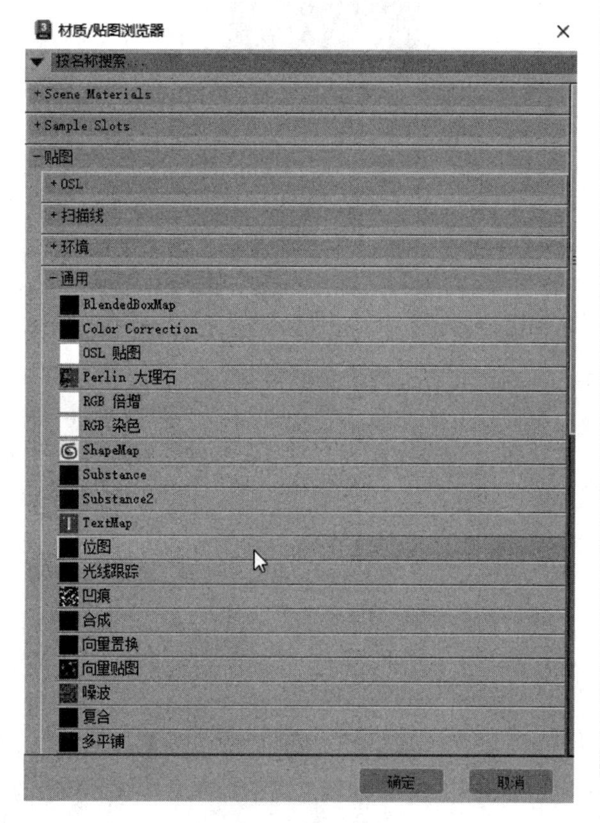

图 7-160　选择“位图”

10）展开“贴图”卷展栏，单击“反射”通道右侧的“无贴图”按钮，打开“材质/贴图浏览器”对话框，双击“光线跟踪”贴图类型，进入“光线跟踪”材质的编辑面板，采用系统的默认参数。

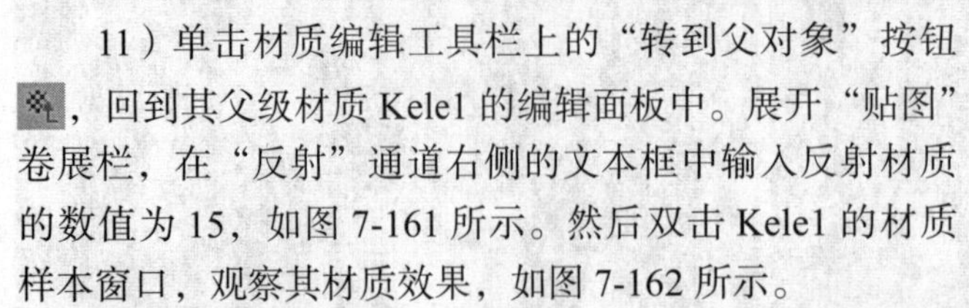
Note

11）单击材质编辑工具栏上的“转到父对象”按钮，回到其父级材质Kele1的编辑面板中。展开“贴图”卷展栏，在“反射”通道右侧的文本框中输入反射材质的数值为15，如图7-161所示。然后双击Kele1的材质样本窗口，观察其材质效果，如图7-162所示。

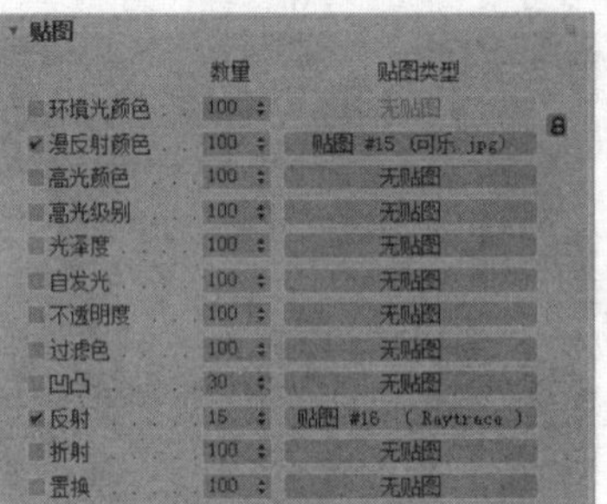

图7-161 贴图面板参数设置

12）在材质样本窗口中选择另外一个空白材质球，并重命名为“Kele2”。进行Kele2的材质设定，展开“明暗器基本参数”卷展栏，在“明暗器基本参数”下拉列表中选择“金属”的明暗方式，设置其基本参数和贴图通道分别如图7-163和图7-164所示，其余采用默认设置。

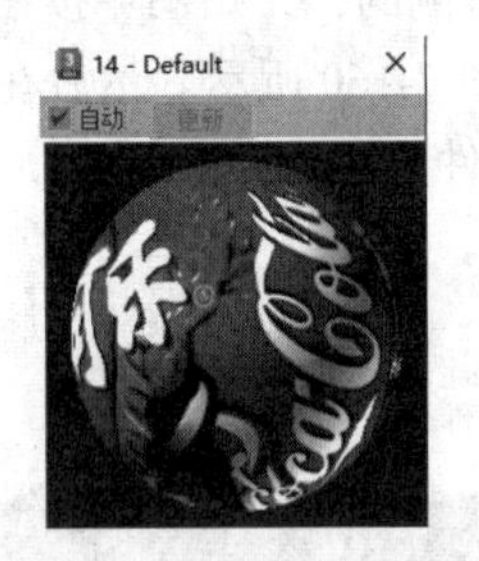

图7-162 Kele1材质效果

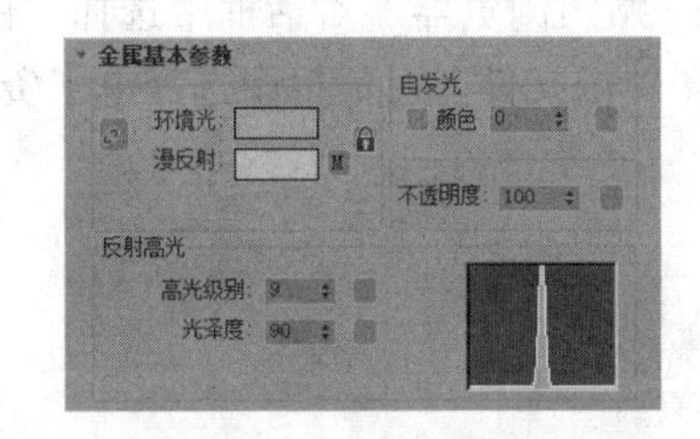

图7-163 Kele2基本参数设置

13）由于在渲染图中的可乐罐能看到可乐罐的内壁，所以应该把可乐罐设置为双面材质。在“材质编辑器”对话框中单击Kele1名称窗口右侧的“材质类型”按钮，在打开的“材质/贴图浏览器”对话框中双击选择“双面”材质，如图7-165所示。

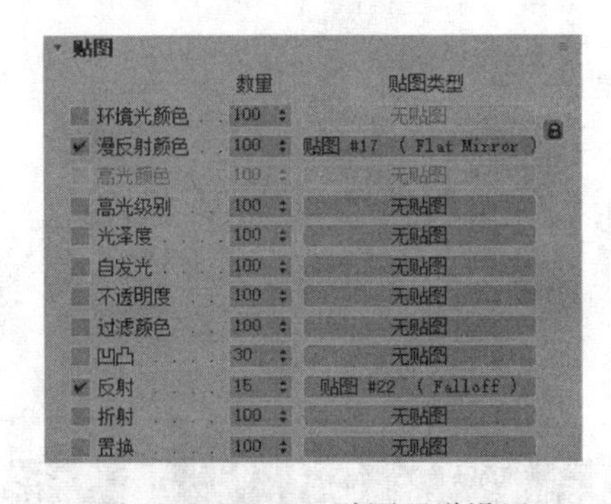

图7-164 Kele2贴图通道设置

14）在打开的“替换材质”对话框中选中“将旧材质保存为子材质”单选按钮，保留Kele1的材质。双面基本参数如图7-166所示，分为正面材质和背面材质。

15）把先前设定的Kele2材质从样本材质窗口用鼠标拖拽到“双面基本参数”卷展栏中“背面材质”后面的“材质类型”按钮上，表示作为双面材质的背面材质，也就是Kele1的内壁材质。在打开的对话框中选中“复制”方法，表示关联Kele2材质，如图7-167所示。

16）进入复制的Kele2材质编辑面板，为其重命名为“内壁”。进入“内壁”材质，展开“贴图”卷展栏。单击“漫反射颜色”通道的“衰减”贴图，把“衰减”基本参数设定中的白色颜色框的颜色调整为如图7-168所示的灰色，其余参数采用默认设置。

17）单击材质编辑工具栏上的“转到父对象”按钮，回到其顶级材质“多维/子

对象”编辑面板中，再把先前设定的 Kele2 材质从样本材质窗口用鼠标拖拽到“多维 / 子对象基本参数”卷展栏中 ID2 对应的按钮中，在打开的“实例（副本）材质”对话框中选择“实例”方法，表示关联 Kele2 材质。这时的“多维 / 子对象基本参数”卷展栏如图 7-169 所示。调节完设置后，双击多维 / 子对象材质的材质样本窗口，观察其材质效果，如图 7-170 所示。

图 7-165 选择“双面”材质

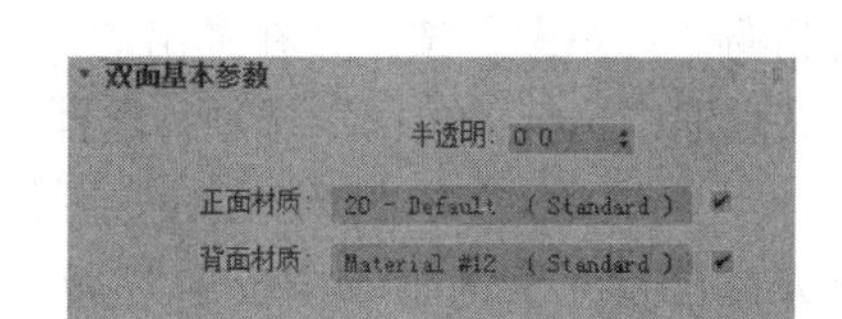

图 7-166 双面基本参数

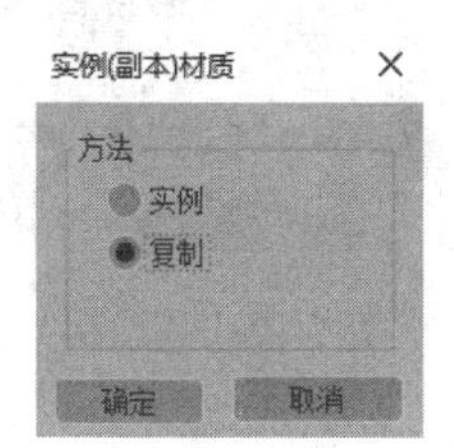

图 7-167 选择“复制”方法

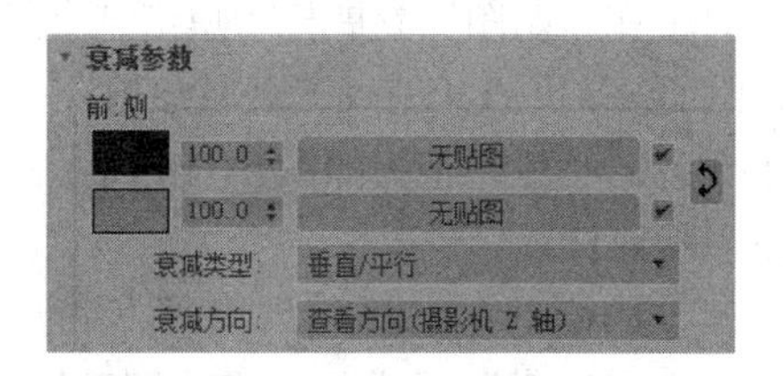

图 7-168 参数设置

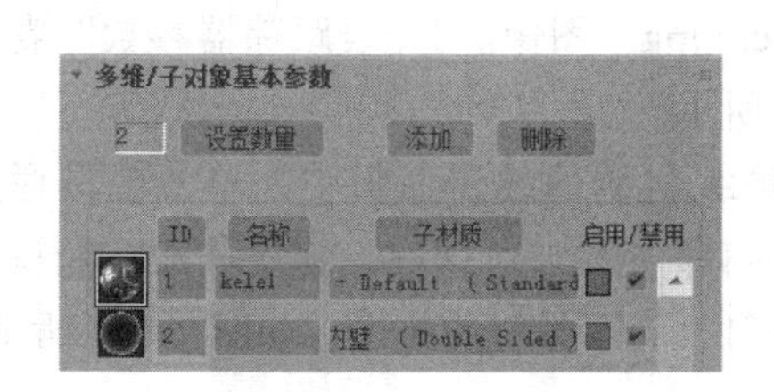

图 7-169 “多维 / 子对象基本参数”卷展栏

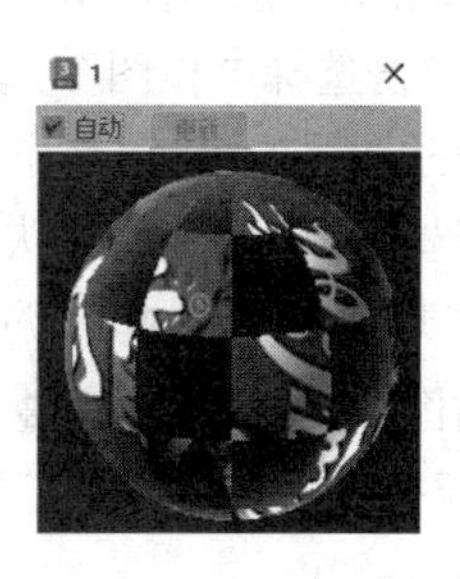

图 7-170 多维 / 子对象材质效果

18）单击“多维 / 子对象材质”工具栏上的“材质 / 贴图导航器”按钮，打开“材质 / 贴图导航器”对话框，观察“多维 / 子对象”的材质结构，如图 7-171 所示。可单击对话框中的任何层级的材质，直接进入该材质的编辑面板对其进行调整。

Note

19）在材质样本窗口中选择一个空白材质球，赋予场景中的球体，并给其重命名为“球”。球的各向异性基本参数设置如图 7-172 所示。

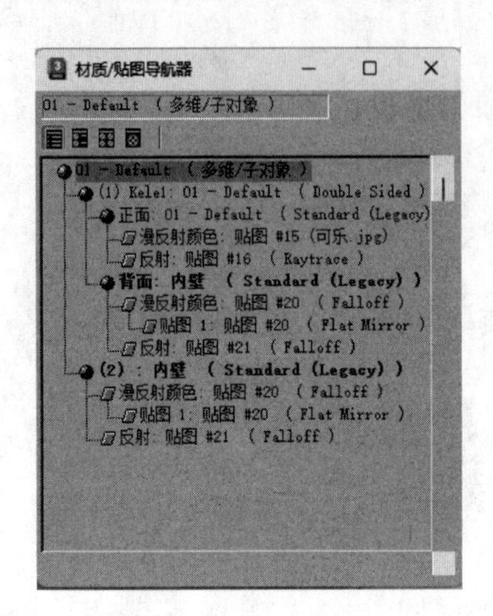

图 7-171 “多维 / 子对象”材质结构

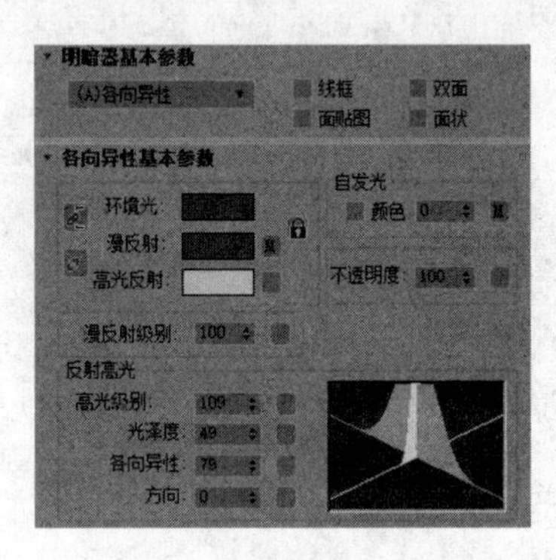

图 7-172 各向异性基本参数设置

20）展开“贴图”卷展栏，单击“漫反射颜色”通道右侧的“无贴图”按钮，在弹出的“材质 / 贴图浏览器”对话框中选择“位图”选项，选择电子资料包中的“源文件 \ 第 7 章 \ 基本材质 \1.jpg”图像。按照上述方法，为“自发光”通道和“反射”通道分别加载“衰减”和“光线跟踪”贴图，此时“贴图”卷展栏设置如图 7-173 所示。

图 7-173 “贴图”卷展栏设置

21）在“贴图”卷展栏中单击“自发光”通道中的“衰减”贴图按钮，进入“衰减参数”卷展栏，把白色颜色框中的颜色调整为如图 7-174 所示的灰色，其余参数采用默认设置。

22）回到球的材质编辑面板，展开“贴图”卷展栏，单击“反射”通道的“光线跟踪”贴图按钮，进入“光线跟踪器参数”卷展栏。在“背景”选项组中选择使用贴图方式，即单击“无”按钮，在打开的“材质 / 贴图浏览器”对话框中双击选择“位图”选项，然后在打开的“选择位图图像文件”对话框中选择电子资料包中的“源文件 \ 第 7 章 \ 基本材质 \Lakerem.jpg”图像。“光线跟踪器参数”卷展栏中的其余选项采用系统的默认设置，如图 7-175 所示。

23）“球”材质到此已编辑完毕，回到其顶级材质的编辑面板中，单击工具栏上的“材质 / 贴图导航器”按钮，打开“材质 / 贴图导航器”对话框，观察“球”的材质结构，如图 7-176 所示。双击“球”的材质样本窗口，观察其材质效果，如图 7-177 所示。

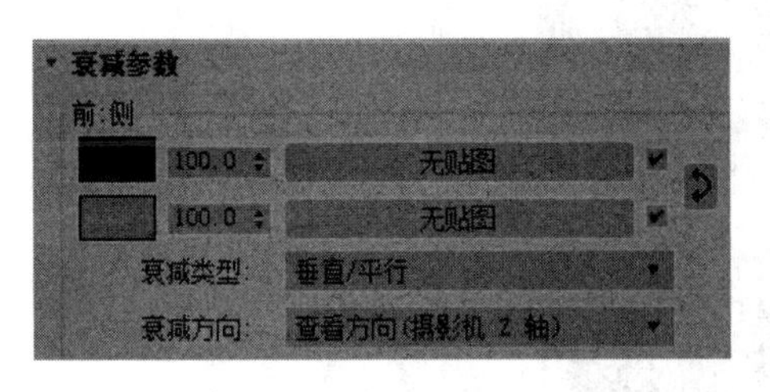

图 7-174 “衰减参数”设置

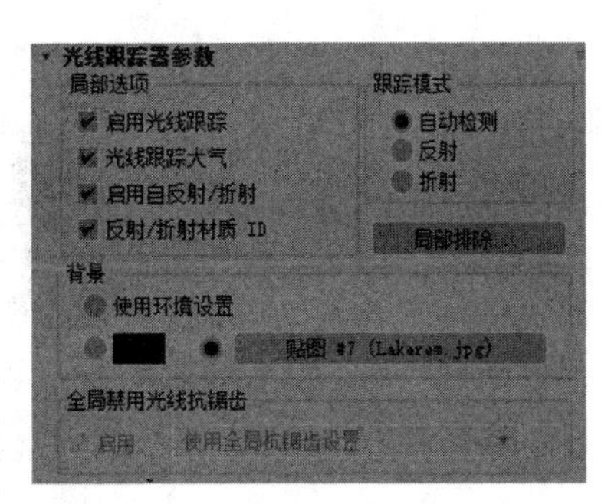

图 7-175 “光线跟踪器参数”设置

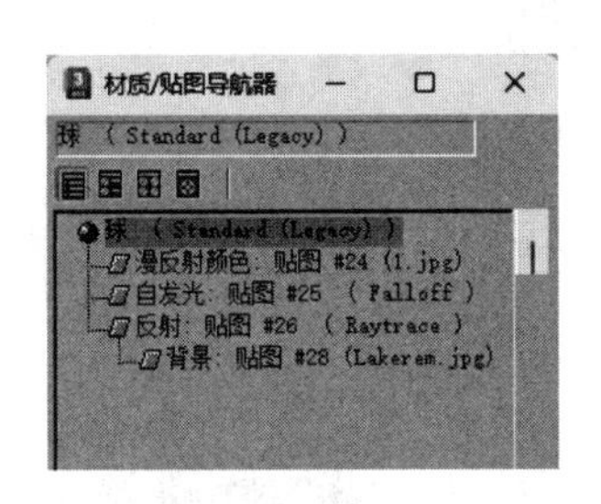

图 7-176 “球”的材质结构

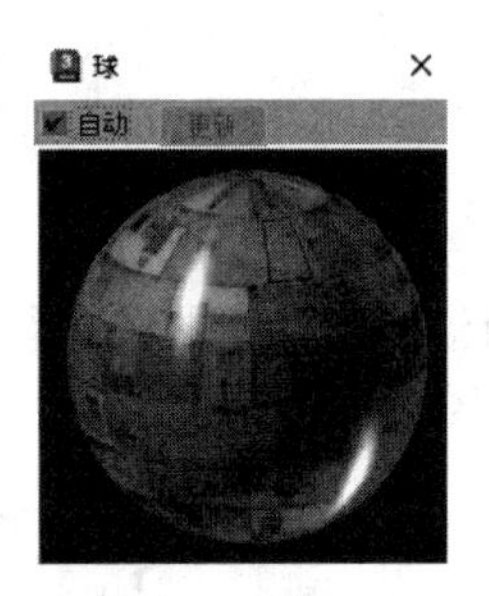

图 7-177 “球”的材质效果

24）在材质样本窗口中选择一个空白材质球，分别赋予场景中的地板和墙部，并给其重命名为“面片”。

25）设置“Blinn 基本参数”和贴图通道如图 7-178 和图 7-179 所示。

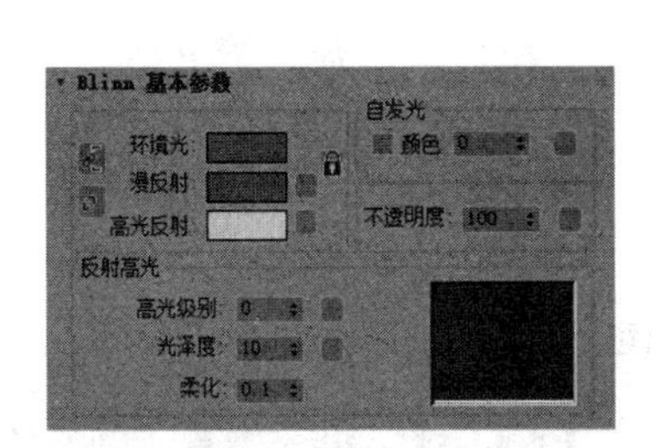

图 7-178 Blinn 基本参数设置

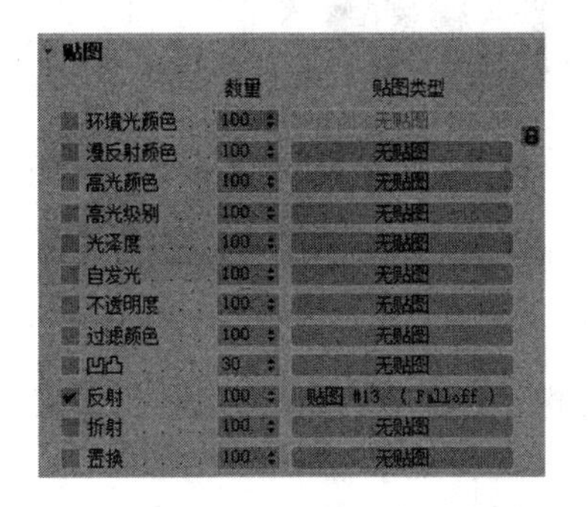

图 7-179 贴图通道设置

26）选中场景中的可乐罐，单击“修改”按钮，进入“修改”命令面板，在“修改器列表”下拉列表中选择“UVW 贴图”选项。在“参数”卷展栏中选择贴图方式为“柱形”，并在下方的“长度”“宽度”“高度”文本框中调整数值，如图 7-180 所示。调整的数值应该使贴图方式符合可乐罐的长、宽和高，如图 7-181 所示。

27）场景中各个模型的材质均已设置完毕，回到场景视图中。单击主工具栏中的“渲染设置”按钮，打开“渲染设置”对话框，在其中设定渲染图像的尺寸大小为 800 × 600 像素，其余选项采用系统默认设置。然后单击“确定”按钮，退出渲染场景编辑。

Note

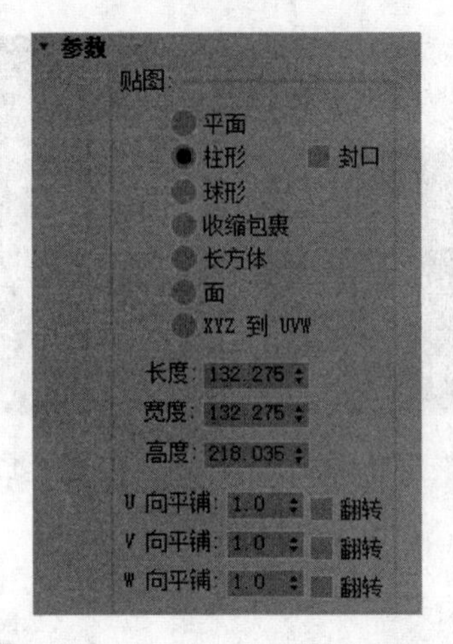

图 7-180　贴图参数设置

28）激活摄像机视图，进行渲染。单击主工具栏上的“渲染产品”按钮，最后的渲染效果如图 7-182 所示。

图 7-181　贴图方式符合可乐罐

图 7-182　最后渲染效果

7.4.3　混合材质制作

（电子资料包：动画演示 \ 第 7 章 \ 混合材质制作 .mp4）

1）选择菜单栏中的“文件”→“打开”命令，打开电子资料包中提供的“源文件 \ 第 7 章 \ 常见材质 \wc.Max”场景文件，渲染摄像机视图，效果如图 7-183 所示。

图 7-183　渲染摄像机视图效果

2）按 M 键或单击主工具栏上的“材质编辑器”按钮，打开“材质编辑器”对话框。在材质样本窗口中选择一个空白的材质球，将当前材质球命名为“面片”。再选中场景中的“地板”模型，并单击“将材质指定给选定对象”按钮，将材质赋予地板。

Note

3）在“材质编辑器”对话框中单击材质名称窗口右侧的“材质类型”按钮，在打开的“材质 / 贴图浏览器”对话框中双击选择“混合”材质，如图 7-184 所示。这时，打开“替换材质”对话框，选中“将旧材质保存为子材质？”单选按钮，表示保留旧的材质，如图 7-185 所示。

图 7-184　选择“混合”材质

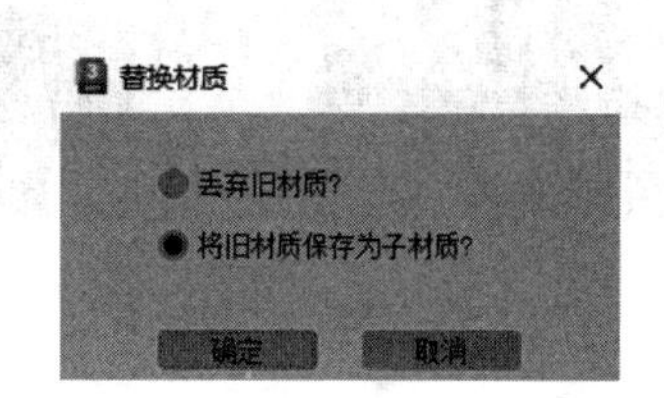

图 7-185　“替换材质”对话框

4）在“混合”材质面板中展开“混合基本参数”卷展栏，单击“材质”右侧的按钮，进入 1 号材质的控制面板，为材质指定贴图。展开“贴图”卷展栏，单击“漫反射颜色”通道右侧的“无贴图”按钮，在弹出的“材质 / 贴图浏览器”对话框中选择“位图”选项，打开电子资料包中提供的“源文件 \ 第 7 章 \ 常见材质 \ 地板 .jpg”贴图。进入“位图”材质编辑面板，展开“坐标”卷展栏，其 UV 重复值等设置采用默认参数。

5）给地板添加反射材质。单击“转到父对象”按钮，返回 1 号材质的“贴图”卷展栏中，单击“反射”通道右侧的“无贴图”按钮，在弹出的“材质 / 贴图浏览器”对话框中选择“光线跟踪”贴图类型，并在“反射”通道文本框中输入 20，如图 7-186 所示。

6）进入“光线跟踪类型”控制面板，展开“衰减”卷展栏，在“衰减类型”下拉列表中选择“线性”类型，如图 7-187 所示。

7）单击“转到父对象”按钮，返回到 1 号材质的编辑面板，设置地板材质的明暗器基本参数和 Blinn 基本参数，如图 7-188 所示。

8）单击“转到父对象”按钮，返回到“混合”材质编辑面板，单击材质 2 右侧按钮，进入 2 号材质的控制面板，在材质名称文本框中将材质命名为“纹理”。

9）展开“纹理”材质的“贴图”卷展栏，在“贴图”卷展栏中单击“漫反射颜色”

通道右侧的“无贴图”按钮，在弹出的“材质/贴图浏览器”对话框中选择“位图”选项，打开电子资料包中提供的“源文件\第7章\常见材质\tile50L.tif”贴图文件。

Note

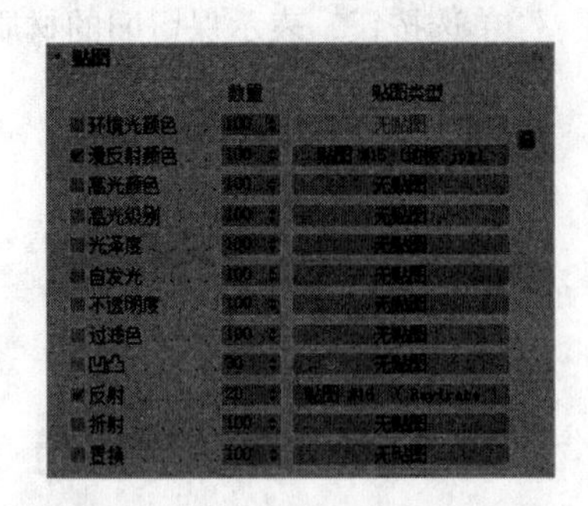

图7-186 “贴图”卷展栏设置

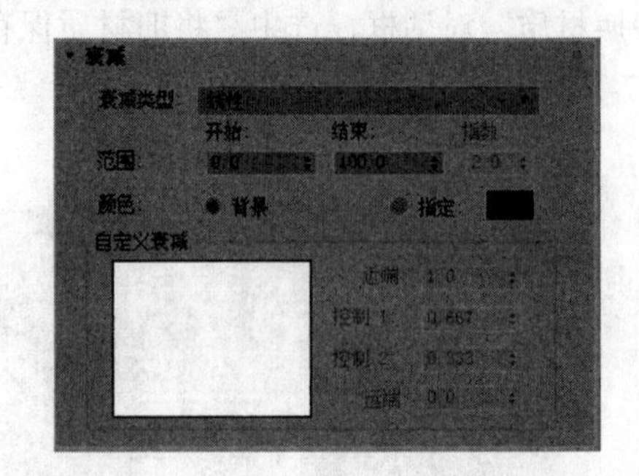

图7-187 选择“线性”衰减类型

10）进入“位图”编辑面板，展开“坐标”卷展栏，设置U、V值，如图7-189所示。

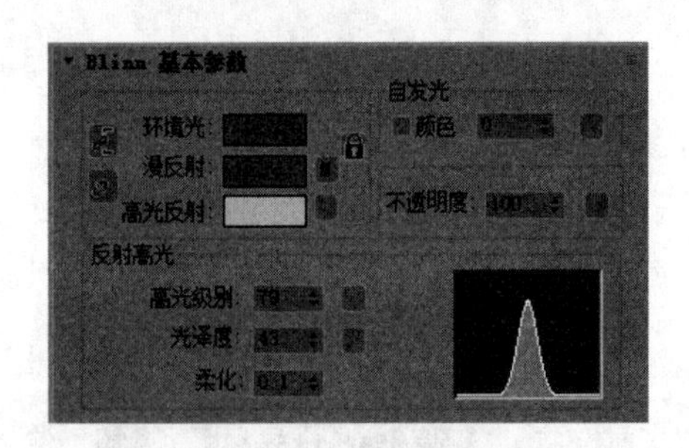

图7-188 设置参数

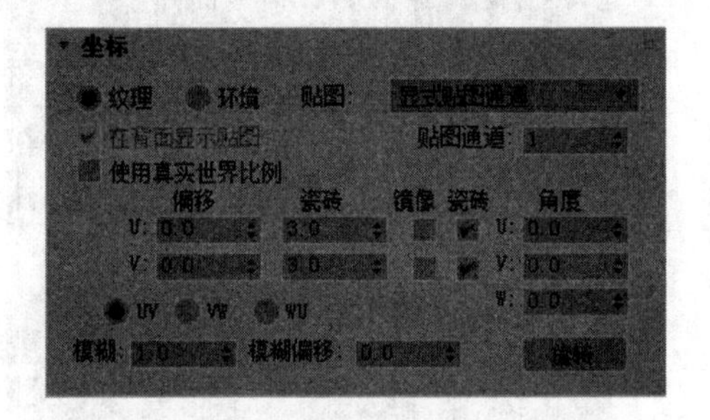

图7-189 设置位图的U、V值

11）单击“转到父对象”按钮，返回到“纹理”材质编辑面板，运用前面给地板材质添加反射的方法给纹理材质增加反射效果，设置反射衰减类型为“线性”，设置反射值为52，如图7-190所示。

12）设置“纹理”材质的明暗方式和Blinn基本参数，如图7-191所示。

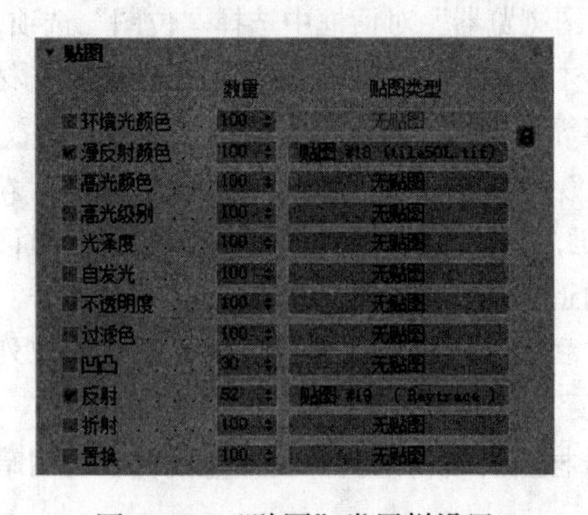

图7-190 “贴图”卷展栏设置

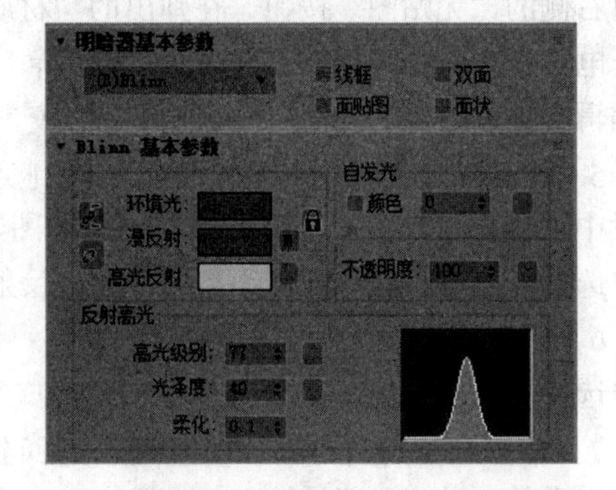

图7-191 明暗器基本参数和Blinn基本参数设置

13）单击“转到父对象”按钮，返回到“混合”材质编辑面板，发现在材质样本窗口中显示的只有地板的材质，不显示纹理材质。

Note

14）单击“材质 / 贴图导航器”按钮，打开“材质 / 贴图导航器”对话框，在材质贴图中选择纹理材质的“tile50L.tif”贴图，如图 7-192 所示。

15）选择贴图后按住鼠标不放，将其拖拽到“混合”材质编辑面板“遮罩”后面的“无贴图”按钮中。此时弹出“实例（副本）贴图”对话框，选择“实例”选项。这时，在材质样本窗口中已显示出纹理材质，效果如图 7-193 所示。

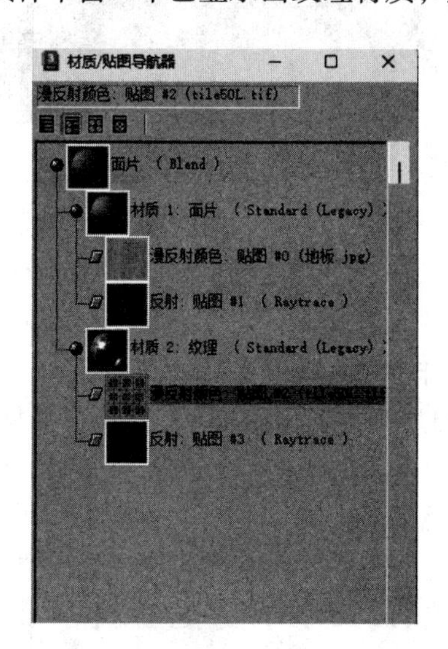

图 7-192　选择纹理材质的贴图

图 7-193　纹理材质效果

注意： 遮罩贴图的透明度数值决定了两个材质的显示效果，在纯黑的图案中显示 2 号材质，在纯白的图案中显示 1 号材质，介于黑白之间的图案时，将以两个材质同时混合显示。如果想得到清晰的效果，最好用 Photoshop CS 软件处理图片，再将图片保存为单个通道的图片。

16）为了使“面片”材质的纹理更加清晰，进入遮罩贴图编辑面板，展开“输出”卷展栏，如图 7-194 所示。选中“启用颜色贴图”复选框，激活输出编辑框，在编辑框中把直线的左侧头部向下拖动，越往下拖，贴图的颜色明度越暗，反之则明度越亮。如果选中“反转”复选框，还可以反转贴图的明暗图案。调整后的纹理效果如图 7-195 所示。此时纹理已经清晰了。

17）设置完“混合”材质，激活摄像机视图，进行快速渲染。场景渲染效果如图 7-196 所示。

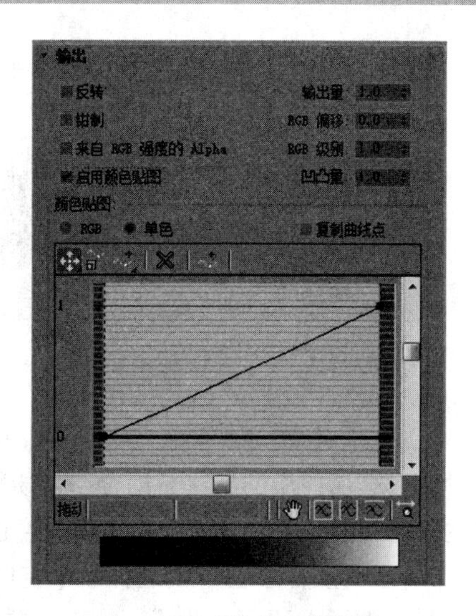

图 7-194　“输出”卷展栏

图 7-195　纹理效果

图 7-196　场景渲染效果

7.4.4　反射材质制作

（电子资料包：动画演示\第 7 章\反射材质制作 .mp4）

1）按 M 键，打开“材质编辑器”对话框，在材质样本窗口中选择一个空白的材质球，将当前材质球命名为“金属”。再选中场景中窗户的铁框和坐便器上方的金属架，单击材质编辑工具栏上的“将材质指定给选定对象”按钮，将材质赋予它们。

2）金属材质一般都有很强的高光和较小的反光范围，在明暗方式下拉列表中可以选择“各向异性”或“金属”两种方式，其中“金属”方式比较常用。这里选择“金属”方式，设置其基本参数如图 7-197 所示。

3）展开“贴图”卷展栏，单击“反射”通道右侧的“无贴图”按钮，打开“材质 / 贴图浏览器”对话框，在其中选择“光线跟踪”贴图类型，在“数量”文本框中输入 40，如图 7-198 所示。

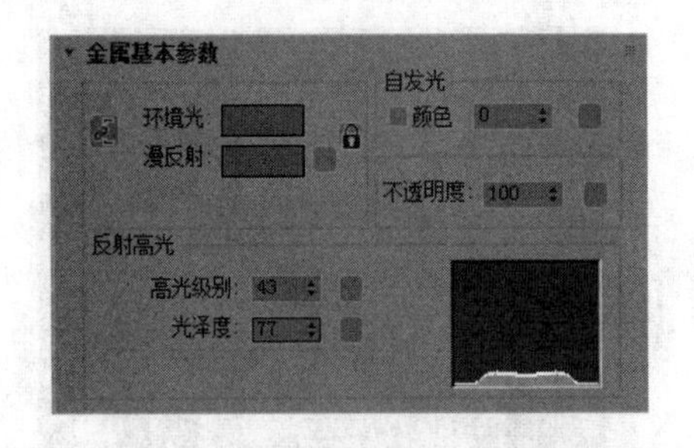

图 7-197　设置金属基本参数

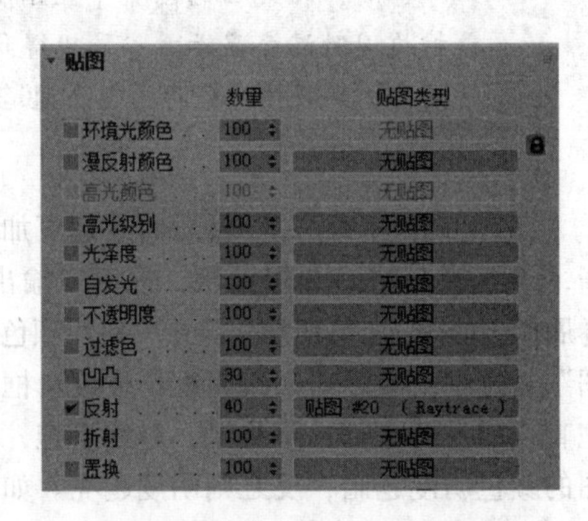

图 7-198　“贴图”卷展栏设置

4）金属材质至此基本上已设置完毕，金属材质的效果如图 7-199 所示。下面介绍另一种制作金属材质的方法，即金属材质贴图技巧，利用这种方法制作的金属材质比刚才制作的金属材质效果更好，而且渲染速度也更快一些。

5）在材质样本窗口中选择一个空白的材质球，将当前材质球命名为“金属 2”。再选中场景中架子上的两个瓶子等模型，单击材质编辑工具栏上的“将材质指定给选定对象”按钮，将材质赋予它们。“金属 2”的明暗方式和基本参数设置如图 7-200 所示。

图 7-199　金属材质效果

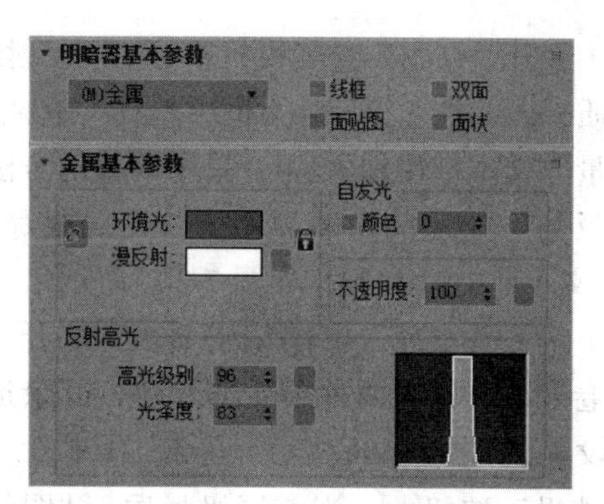

图 7-200　“金属 2”的明暗方式和基本参数设置

6）给金属材质增加反射效果。展开“贴图”卷展栏，选中“反射通道”复选框，在“数量”文本框中输入 95。单击右侧的“无贴图”按钮，打开“材质 / 贴图浏览器”对话框，在其中选择“位图”选项，打开电子资料包中提供的“源文件 \ 第 7 章 \ 常见材质 \ 反射 .bmp”贴图文件。

7）进入“位图”材质编辑面板，在“坐标”卷展栏中设置“贴图”方式及“模糊”参数如图 7-201 所示。

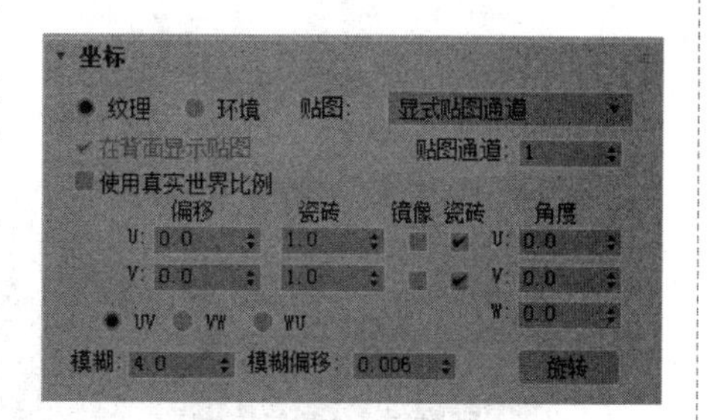

图 7-201　“坐标”卷展栏设置

8）单击“转到父对象”按钮，回到上一级材质控制面板，发现材质样本窗口中的材质球已经具有金属材质效果，如图 7-202 所示。

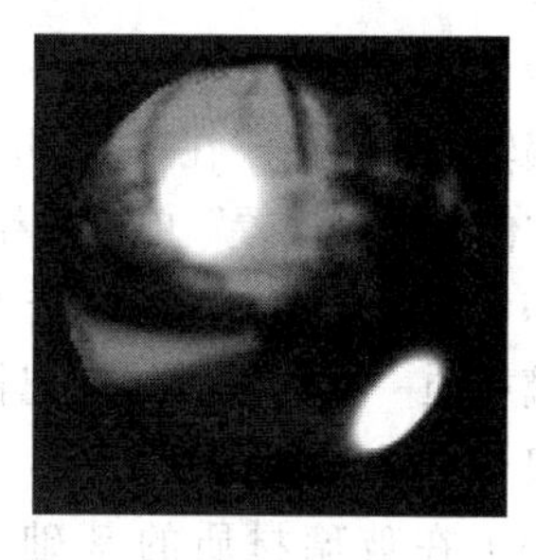

图 7-202　金属材质效果

9）在透视图中选中金属瓶进行细节缩放，然后快速渲染视图，效果如图 7-203 所示。

10）在材质样本窗口中选择一个空白的材质球，将当前材质球命名为“玻璃”。再选中场景中窗户的玻璃模型“矩形 5”和“矩形 6”，单击材质编辑工具栏上的“将材质指定给选定对象”按钮，将材质赋予它们。玻璃的明暗方式和 Blinn 基本参数设置如图 7-204 所示。注意，玻璃作为透明材质，“不透明度”数值设置为 40。

图 7-203　金属瓶渲染效果

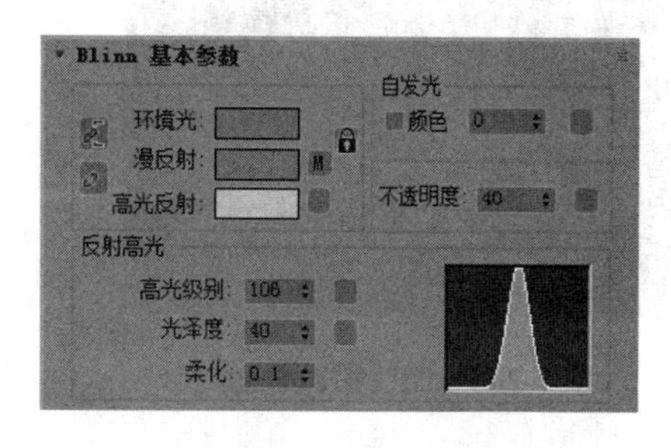

图 7-204　玻璃的明暗方式和 Blinn 基本参数设置

Note

11）展开“贴图”卷展栏，单击“漫反射颜色”通道右侧的“无贴图”按钮，在弹出的“材质/贴图浏览器”对话框中选择“衰减”，在其“数量”文本框中输入40。采用同样的方法，再设置“反射”通道的贴图类型为“光线跟踪”，在“数量”文本框中输入30，如图7-205所示。

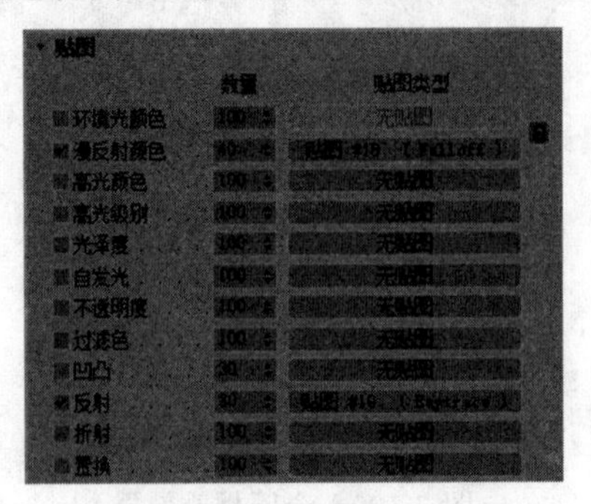

图7-205　“贴图”卷展栏设置

12）进入“衰减”贴图编辑面板，展开“衰减参数”卷展栏，调整两种渐变的颜色，其余选项采用默认设置，如图7-206所示。单击工具栏上的“显示最终结果”按钮，当前层级材质/贴图的效果如图7-207所示。

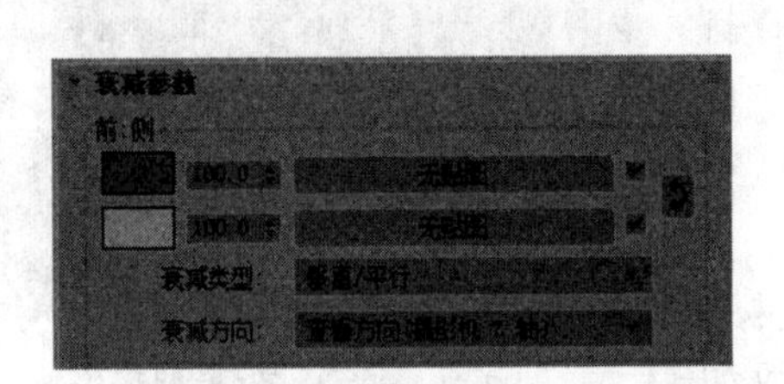

图7-206　“衰减参数”卷展栏设置

图7-207　材质/贴图效果

13）单击工具栏中的“转到下一个同级项”按钮，进入同层级材质“光线追踪”贴图的编辑面板。由于在本实例的室内图中，环境变化比较丰富，所以在“背景”选项组中选中“使用环境设置”单选按钮，如图7-208所示。

14）在材质样本窗口中选中“玻璃”材质并拖拽到另一个空白的材质球上，生成一个和玻璃材质一样的材质球。把新的材质球重命名为“绿色玻璃”，并把它赋予场景中金属瓶的架子模型。

15）在玻璃材质的基础上调节绿色玻璃材质，其明暗方式和基本参数设置如图7-209所示。

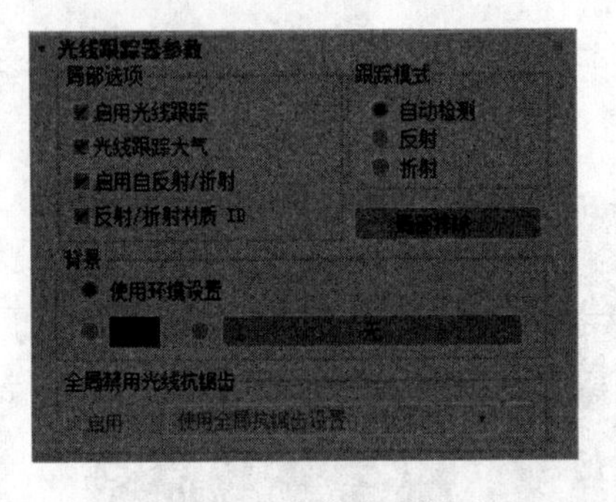

图7-208　光线追踪设置

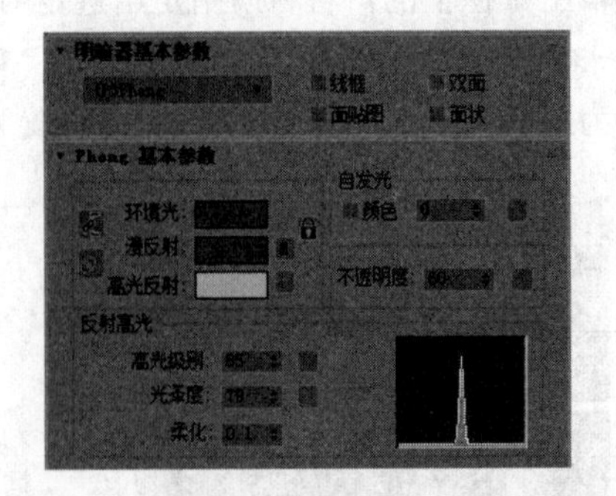

图7-209　玻璃的明暗方式和基本参数设置

16）进入绿色玻璃材质的“衰减”贴图编辑面板，展开“衰减参数”卷展栏，调整它

的两种渐变的颜色，其余选项采用默认设置，如图 7-210 所示。单击工具栏上的“显示最终结果”按钮，观察当前层级材质 / 贴图的效果，如图 7-211 所示。

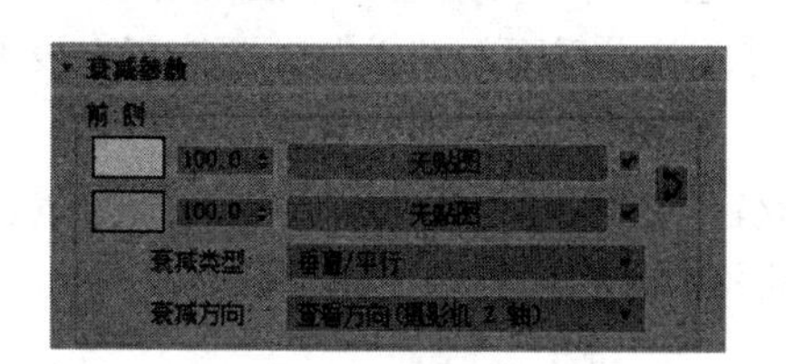

图 7-210　“衰减参数”卷展栏设置

图 7-211　材质 / 贴图效果

17）设置墙壁的瓷砖效果。在材质样本窗口中选择一个空白的材质球，选中场景中墙壁模型 Box01，单击材质编辑工具栏上的“将材质指定给选定对象”按钮，将材质赋予它，其明暗方式和 Blinn 基本参数设置如图 7-212 所示。

18）展开“贴图”卷展栏，选择“凹凸”通道，单击通道右侧的“无贴图”按钮，在弹出的“材质 / 贴图浏览器”对话框中选择“位图”选项，打开电子资料包中提供的“源文件 \ 第 7 章 \ 常见材质 \TI2R1024.JPG”贴图文件。

19）进入“位图”编辑面板，在“坐标”卷展栏中设置贴图的 U、V 值，选择“瓷砖”选项，如图 7-213 所示。

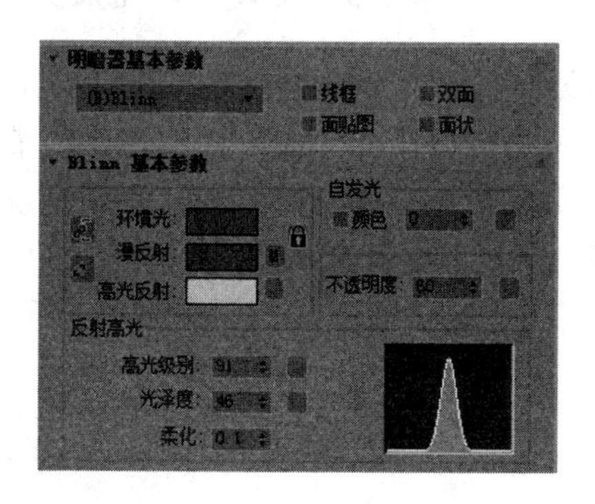

图 7-212　瓷砖的明暗方式和 Blinn 基本参数设置

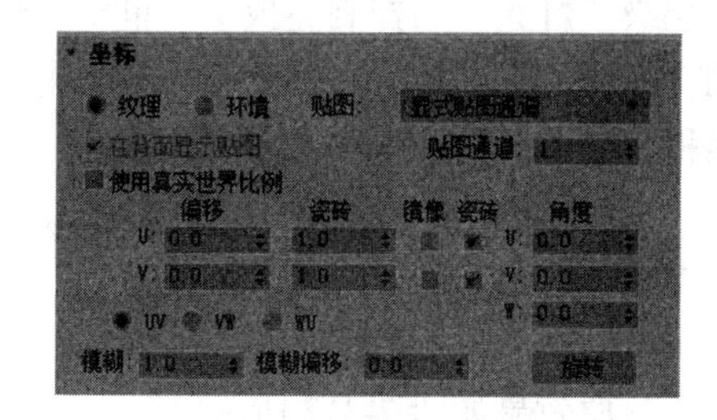

图 7-213　“坐标”卷展栏设置

20）单击“转到父对象”按钮，回到上一级材质控制面板，在瓷砖材质的“贴图”卷展栏中设置“反射”通道的贴图类型为“光线跟踪”，反射值为 20。

21）瓷砖材质至此已经设置完毕，在材质样本窗口中选中其材质拖拽到另一个空白的材质球上，生成一个和瓷砖材质一样的材质球。把新的材质球重命名为“坐”，并把它赋予场景中的坐便器模型。

22）在瓷砖材质的基础上调节“坐”材质，设置基本参数，其余选项采用默认设置。到这里整个场景的反射材质基本上已经设置完成，接下来制作自发光材质。

7.4.5　自发光材质和木质制作

（电子资料包：动画演示 \ 第 7 章 \ 自发光材质和木质制作）

1）在材质样本窗口中选择一个空白的材质球，将当前材质球命名为“灯光”。再选中场景中吊灯模型“球体 03”，单击材质编辑工具栏上的“将材质指定给选定对象”按钮 ，将材质赋予它。灯光的明暗方式和 Blinn 基本参数设置如图 7-214 所示。

2）单击“Blinn 基本参数”卷展栏“自发光”选项组中“颜色”选框后的空白按钮，或者是展开“贴图”卷展栏，选择“自发光”通道，单击后面的“无贴图”按钮，设置通道贴图为“衰减”，在数量文本框中输入 80。

3）展开“衰减参数”卷展栏，调整两种渐变的颜色，其余选项采用默认设置，如图 7-215 所示。这时，可以看到材质样本窗口中的材质球已有了自发光效果。

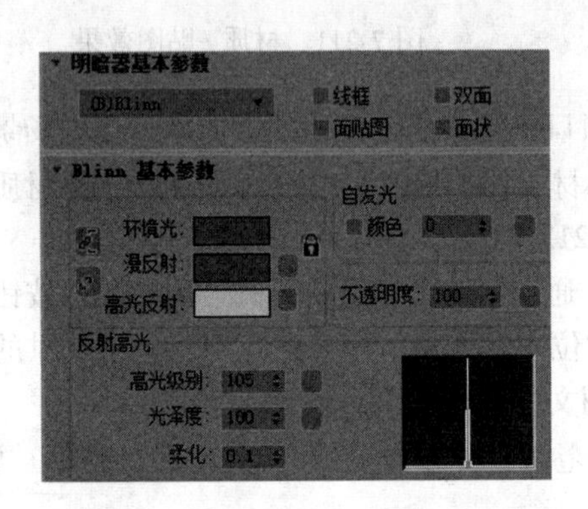

图 7-214　灯光的明暗方式和 Blinn 基本参数设置

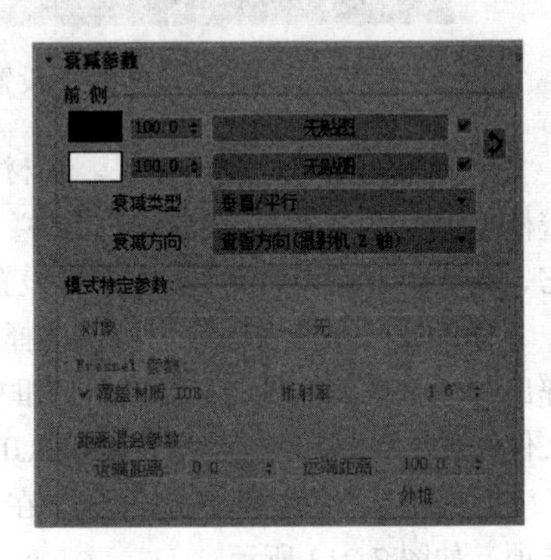

图 7-215　“衰减参数”卷展栏设置

4）由于场景中的灯光为光度学灯光，所以最好结合高级灯光优先材质运用。回到上一层级“灯光”的控制面板中，单击“灯光”名称窗口右侧的“材质类型”按钮，在打开的“材质 / 贴图浏览器”对话框中选择“高级照明覆盖”选项，在弹出的“替换材质”对话框中选中“将旧材质保存为子材质”单选按钮，表示保留旧的材质。

5）展开“高级照明覆盖材质”卷展栏，在“亮度比”文本框中输入 700.0，如图 7-216 所示。

6）自发光材质至此基本上已设置完毕。在材质样本窗口中双击“自发光”材质，自发光材质效果如图 7-217 所示。

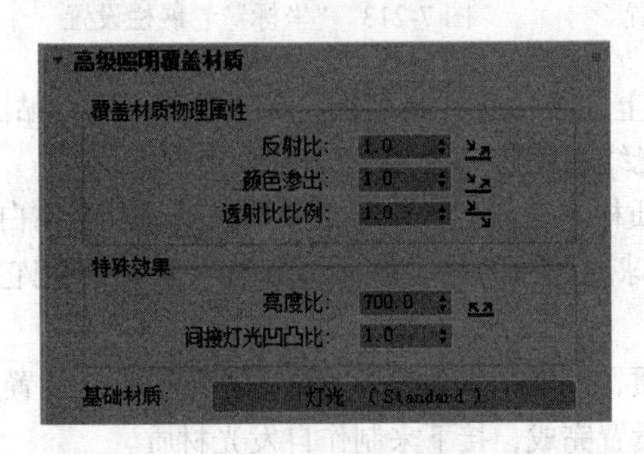

图 7-216　设置“亮度比”

图 7-217　自发光材质效果

7）调整场景中材质的效果。选择一个空白的材质球，制作一个木头质感的材质并赋予木凳及木架模型。其明暗方式和 Blinn 基本参数设置如图 7-218 所示。

8）展开“贴图”卷展栏，单击“漫反射颜色”通道右侧的“无贴图”按钮，在弹出的“材质 / 贴图浏览器”对话框中选择“位图”选项，打开电子资料包中提供的“源文件 \ 第 7 章 \ 常见材质 \Wood1.JPG”贴图。其余参数采用系统默认设置。

9）木纹材质至此基本上已设置完毕。在材质样本窗口中双击木纹材质，效果如图 7-219 所示。

10）激活摄像机视图，进行快速渲染，效果如图 7-220 所示。

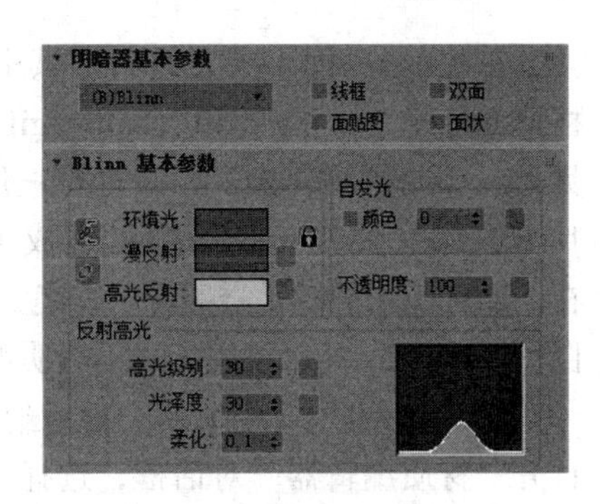

图 7-218　明暗方式和 Blinn 基本参数设置

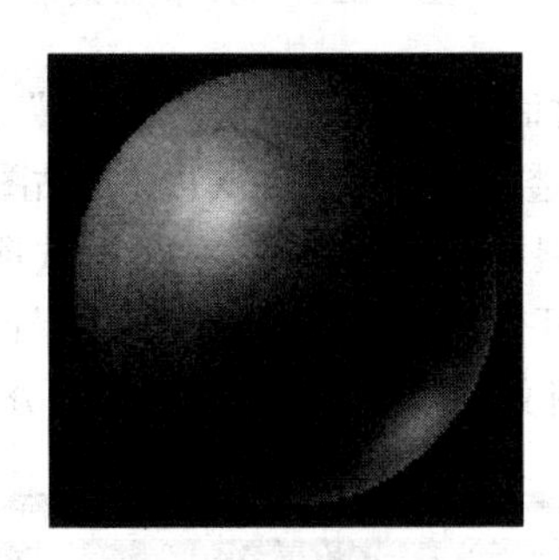

图 7-219　木纹材质效果

图 7-220　渲染效果

在室内效果图的制作中，经常会用到一些如金属材质、玻璃材质等类型的材质。对这些材质应用一定的技巧能渲染出较好的效果，并能保证一定的渲染速度。

7.5　贴图技术

贴图是继材质之后又一个增强物体质感和真实感的技术。对模型进行贴图处理，可以使其外表得到很大改观。

7.5.1　透明贴图处理

透明贴图是运用“透明”通道处理贴图的办法。该通道是根据贴图的图像或者程序贴图的灰度值来影响贴图的透明效果的。灰度值为白色时不透明，灰度值为黑色时全透明，灰度值为灰色时，根据数值显示半透明。下面通过实例介绍贴图的应用。

（电子资料包：动画演示 \ 第 7 章 \ 透明贴图处理 .mp4）

1）选择菜单栏中的“文件”→“打开”命令，打开电子资料包中提供的“源文件 \ 第 7 章 \ 贴图技术 \ 透明贴图 \ Opacity.Max”场景文件。此文件的基本材质和灯光已经设定完毕。使用光能传递系统渲染摄像机视图，场景渲染效果如图 7-221 所示。

2）给场景增加一个大窗户。这里用到的不是建模的方式，而是用材质制作窗户，实际上就是给所选定的物体赋予漫反射贴图和透明贴图。

Note

首先准备两张窗户的图片，其中一张是用户想要的窗户图片（只要是3ds Max支持的格式都可以，如jpg、tiff、bmp、gif、png、tga等），另外一张是如图7-222所示的同一张窗户的黑白图片（这需要在Photoshop中处理成黑白两色，因为在3ds Max中黑色是透明的，白色是不透明的）。黑白图片Window.jpg将用于“不透明度”通道贴图。

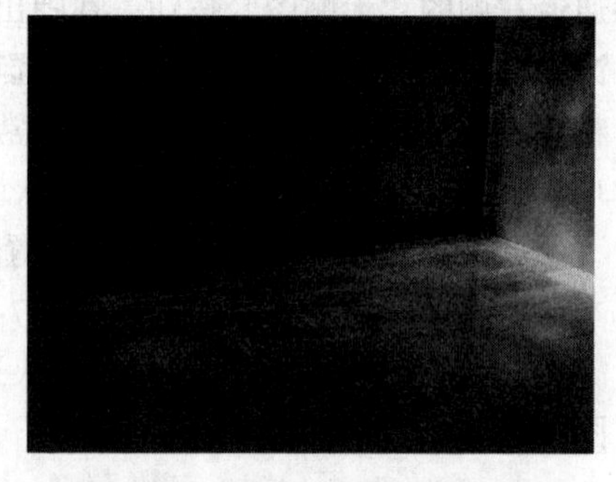

图7-221 场景渲染效果

3）单击主工具栏上的“材质编辑器”按钮，打开“材质编辑器”对话框，选择一个空白的材质球，将材质命名为“窗”。然后选中场景中的墙壁模型Box03，将窗材质赋予它。

4）在“贴图”卷展栏中单击“漫反射颜色”通道右侧的“无贴图”按钮，打开“材质/贴图浏览器”对话框，在其中选择“位图”选项，打开电子资料包中提供的“源文件\第7章\贴图技术\透明贴图\Window1.tif”贴图。

5）进入“位图”编辑面板，展开“位图参数”卷展栏，在“修剪/放置”选项组中选中“应用”复选框，然后单击“查看图像”按钮，打开位图文件的编辑区。用鼠标拖拽编辑区的选择框，使其大小如图7-223所示，表示此位图文件只应用选择框中的部分。

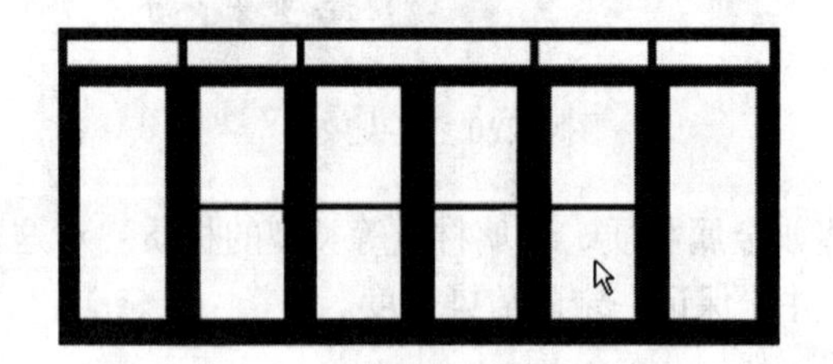

图7-222 窗户的黑白图片

图7-223 调整选择框大小

6）单击“转到父对象”按钮，回到上一级控制面板。渲染摄像机视图，发现指定窗户材质后并没有产生透明效果，如图7-224所示。

7）添加透明效果。展开“贴图”卷展栏，单击“不透明度”通道右侧的“无贴图”按钮，打开“材质/贴图浏览器”对话框，在其中选择“位图”选项，打开电子资料包中提供的“源文件\第7章\贴图技术\透明贴图\Window.jpg”贴图文件。然后按照步骤5）编辑图像的应用区域。

8）观察添加透明贴图后的效果。渲染摄像机视图，发现已经出现了透明效果，地板上已经可以反射出光线透过窗户的效果。但是认真观察发现，由于场景中设置的背景色为黑色，所以黑色的区域实际上才是透明的，如图7-225所示。

9）进入“位图”编辑面板，展开“输出”卷展栏，选中“反转”复选框，表示将位图的黑白颜色反转过来，如图7-226所示。

10）给场景加入背景。按F8键或者选择菜单栏中的“渲染”→“环境”命令，弹出“环境和效果”对话框，在“公用参数”卷展栏中选中“使用贴图”复选框，并单击“无”按钮，打开“材质/贴图浏览器”对话框，选择“位图”选项，打开电子资料包中提供的“源文件\第7章\贴图技术\透明贴图\LAKE_MT.jpg”贴图文件。

图 7-224　指定窗户材质后的渲染效果

图 7-225　添加透明贴图后的渲染效果

11）选择“环境和效果”对话框中的“材质贴图”按钮（就是之前的“无”按钮），把它拖拽到“材质编辑器”对话框中的一个空白材质样本窗口中，并选择“关联”的方式进行复制。然后在“材质编辑器”对话框中编辑背景贴图的参数，如图 7-227 所示。

图 7-226　选中“反转”复选框

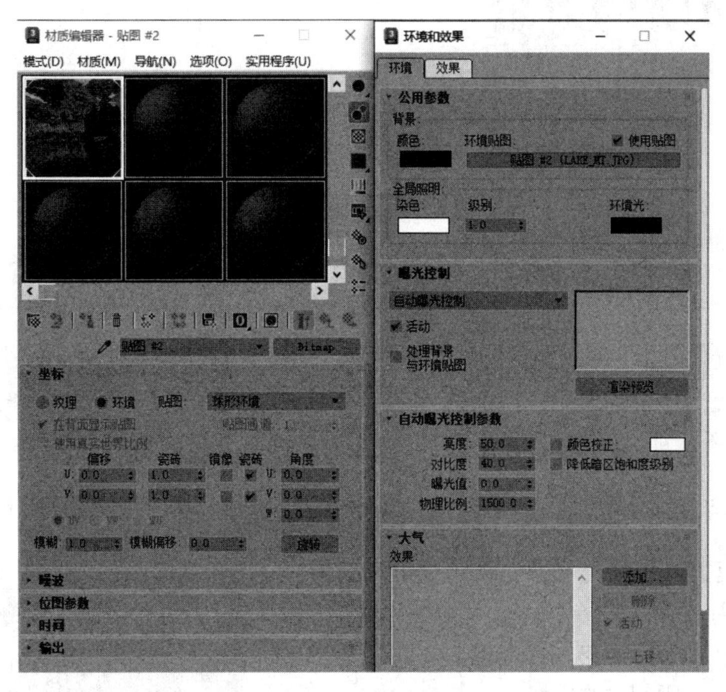

图 7-227　编辑背景贴图

12）单击“创建”按钮，进入“创建”命令面板，然后单击“系统”按钮，在其“对象类型”卷展栏中单击“日光”按钮，在场景中创建一个日光，产生室外日光照射效果，如图 7-228 所示。

13）选中日光，单击“运动”按钮，进入“运动”命令面板，设置日光的位置和方向，使它从窗外朝内照射，如图 7-229 所示。

14）切换到日光的“修改”命令面板，设置日光的阴影属性。在“常规参数”卷展栏

Note

中选择阴影类型为“光线跟踪阴影”（能产生透明的阴影效果）。然后展开“阴影参数”卷展栏，在“密度”文本框中输入 0.8，如图 7-230 所示。

图 7-228　创建日光照射效果

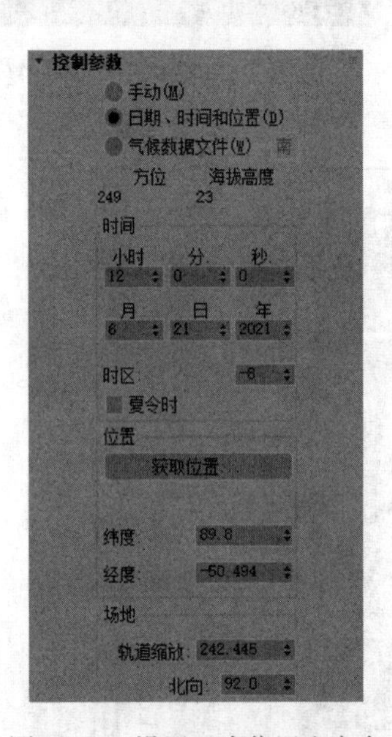

图 7-229　设置日光位置和方向

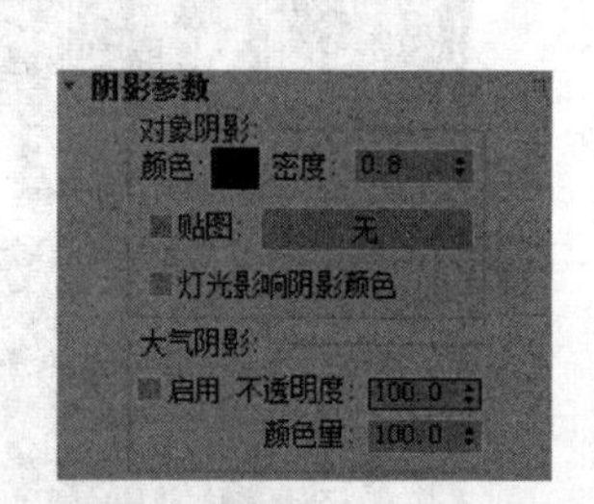

图 7-230　设置日光的阴影属性

15）给模拟窗户加上玻璃。创建一个和窗户一样大小的模型，和窗户重合在一起，并在“材质编辑器”对话框中选择一个空白材质球，重命名为“玻璃”，把材质赋予刚创建的模型。

16）编辑“玻璃”材质，其明暗方式和 Blinn 基本参数设置如图 7-231 所示。再展开“贴图”卷展栏，为“反射”通道添加数值为 40 的“光线跟踪”贴图类型，如图 7-232 所示，其余选项采用系统默认设置。

17）回到窗材质，在“明暗器基本参数”卷展栏中设置窗户材质为双面材质，如图 7-233 所示。

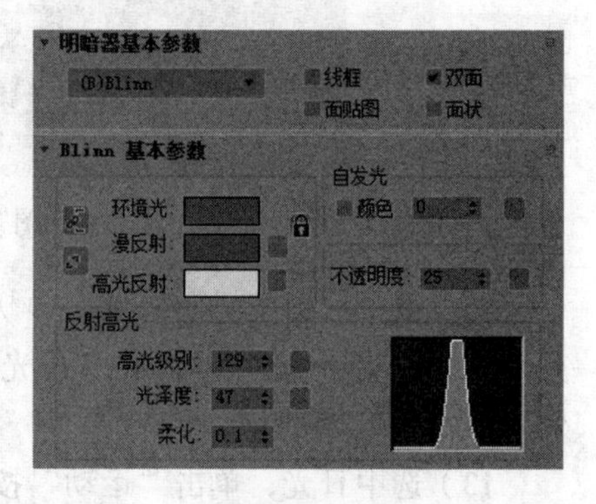

图 7-231　玻璃的明暗方式和 Blinn 基本参数设置

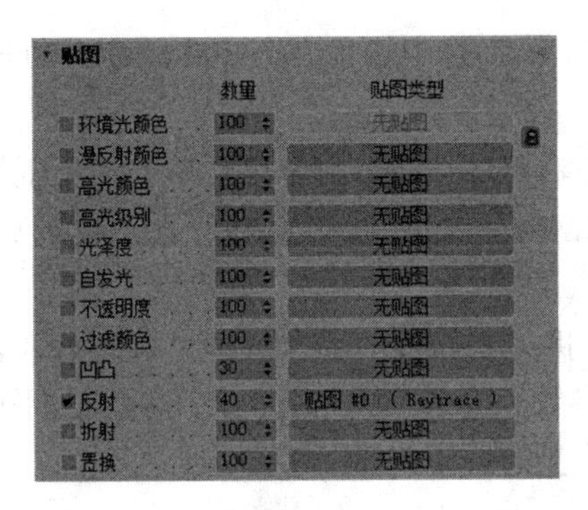

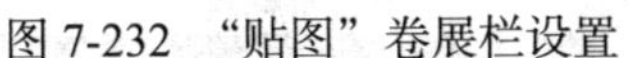
图 7-232 “贴图”卷展栏设置

图 7-233　设置窗户材质为双面材质

18）整体场景至此已经设置完毕，激活摄像机视图，进行快速渲染，效果如图 7-234 所示。

图 7-234　渲染效果

7.5.2　置换贴图实例

置换贴图是一个特殊的贴图通道，贴图产生的效果和凹凸贴图在视觉上相似。不同的是，凹凸贴图是通过明暗来模拟凹凸的纹理，产生视觉上虚幻的凹凸效果；而置换贴图是根据贴图的灰度值和精度在模型上进行真正的挤压或拉伸，产生新的几何体，改变模型的形状。

下面介绍如何使用“置换贴图”制作凹凸效果，来完成一个床垫表面凹凸材质的模拟。

（电子资料包：动画演示 \ 第 7 章 \ 置换贴图实例 .mp4）

1）选择菜单栏中的“文件”→“打开”命令，打开电子资料包中提供的“源文件 \ 第 7 章 \ 贴图技术 \ 置换贴图 \Displacement.Max”场景文件。此文件的基本材质和灯光已经设定完毕。快速渲染摄像机视图，场景渲染效果如图 7-235 所示。

图 7-235　场景渲染效果

2）为床垫设置材质。打开“材质编辑器”对话

Note

框，选择一个空白的材质球，将材质命名为“床”。然后选中场景中床垫模型 Obj_000001，将床材质赋予它。

3）展开“贴图”卷展栏，单击“置换”通道右侧的按钮，打开“材质 / 贴图浏览器”对话框，双击“位图”选项，打开电子资料包中提供的“源文件 \ 第 7 章 \ 贴图技术 \ 置换贴图 \bed-zt.jpg”贴图文件。

4）选定床垫模型，单击“修改”按钮，进入“修改”命令面板，在“修改器列表”下拉列表中选择“UVW 贴图”选项。在“参数”卷展栏中选择贴图方式为“平面”，如图 7-236 所示。调整贴图的长和宽，使其符合床垫的大小，如图 7-237 所示。

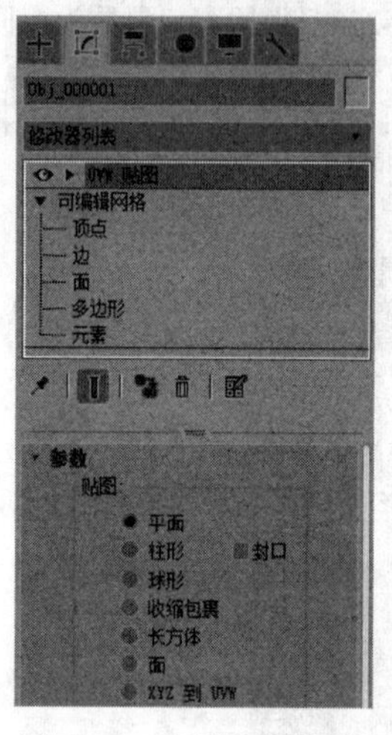

图 7-236 选择“平面”

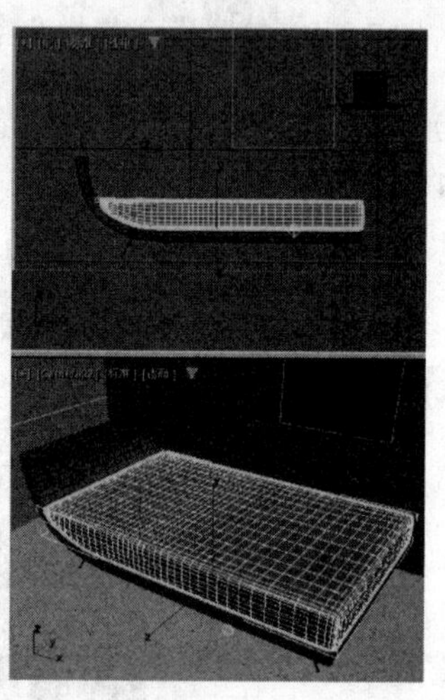
图 7-237 使贴图符合床垫大小

5）观察置换材质后的效果。渲染摄像机视图，发现模型已经发生了变化，置换贴图后的效果如图 7-238 所示。

6）从渲染效果来看，床垫的 6 个面都贴了图，而这里主要是为床垫的表面添加贴图，因此需要为模型表面设定不同的 ID 号，从而指定不同的贴图。

7）单击“修改”按钮，进入“修改”命令面板，然后在“可编辑网格”列表中选择“多边形”选项，如图 7-239 所示。

图 7-238 置换贴图后的效果

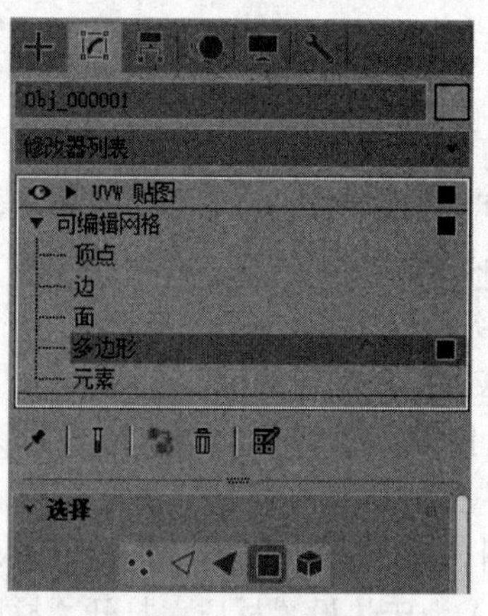

图 7-239 选择“多边形”选项

8）在视图中选择床垫模型的上表面，如图 7-240 所示。

9）展开“曲面属性”卷展栏，在材质 ID 号文本框中输入 1，如图 7-241 所示。然后选择菜单栏中的“编辑”→“反选”命令，反选子物体的表面，在材质 ID 号文本框中输入 2。

图 7-240　选择床垫模型上表面

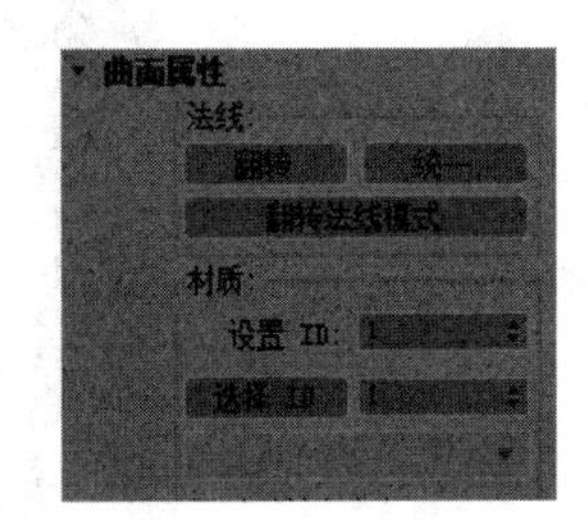

图 7-241　设置 ID 号

10）给床垫添加“多维 / 子对象”材质。单击“转到父对象”按钮，返回上一级床材质控制面板，单击材质名称窗口右侧的“材质类型”按钮，在“材质 / 贴图浏览器”对话框中双击“多维 / 子对象”材质，如图 7-242 所示。

11）打开“替换材质”对话框，选中“将旧材质保存为子材质”单选按钮，表示保留原有的材质。

12）在“多维 / 子对象”多重材质编辑面板中单击“设置数量”按钮，设置子物体层级数目为 2。

13）编辑“多维 / 子对象”的 1 号材质床。单击 1 号材质，进入床材质控制面板，展开“贴图”卷展栏，在“置换”后面的“数量”文本框中输入 25。

14）观察修改置换强度后的效果。渲染摄像机视图，发现置换贴图已经变得缓和，如图 7-243 所示。

15）提高置换精度。在“修改”命令面板上添加“置换近似”命令，在其“细分预设”选项组中选择“高”，即采用高级细分，如图 7-244 所示。

16）观察添加置换近似修改命令后的效果。渲染摄像机视图，发现设置细分预设后得到的置换近似效果更加细腻，如图 7-245 所示。

17）给床垫指定布纹贴图。在“贴图”卷展栏中单击“漫反射颜色”通道右侧的“无贴图”按钮，在弹出的“材质 / 贴图浏览器”对话框中双击选择“位图”选项，打开电子

资料包中提供的“源文件 \ 第 7 章 \ 贴图技术 \ 置换贴图 \258692-B036-embed.jpg”贴图。

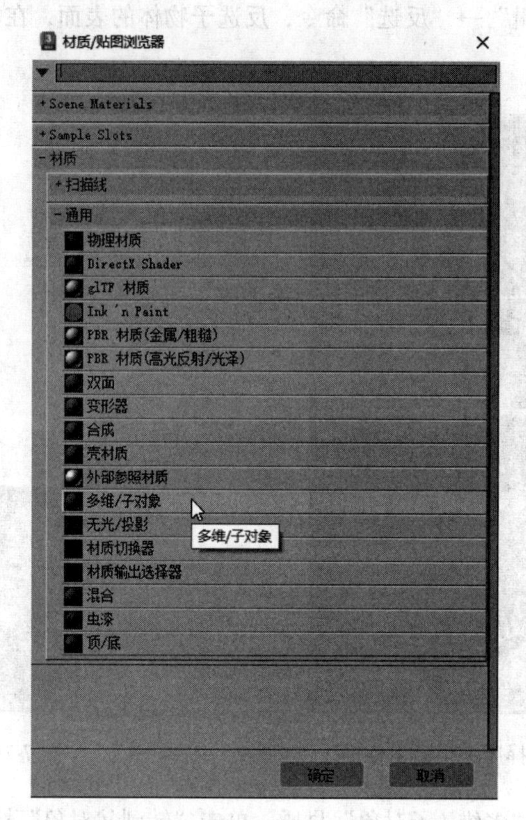

图 7-242　选择“多维 / 子对象”材质

图 7-243　修改置换强度后的效果

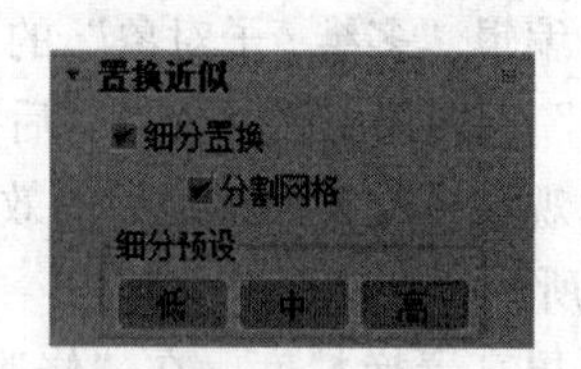

图 7-244　选择高级细分

18）进入“多维 / 子对象”的 2 号材质的编辑面板，给其漫反射通道添加同样的贴图。

19）设置床材质以及“多维 / 子对象”的 2 号材质的明暗方式和 Blinn 基本参数，如图 7-246 所示。

20）观察贴图后的效果。激活摄像机视图，进行快速渲染，效果如图 7-247 所示。

图 7-245　设置细分预设后的效果

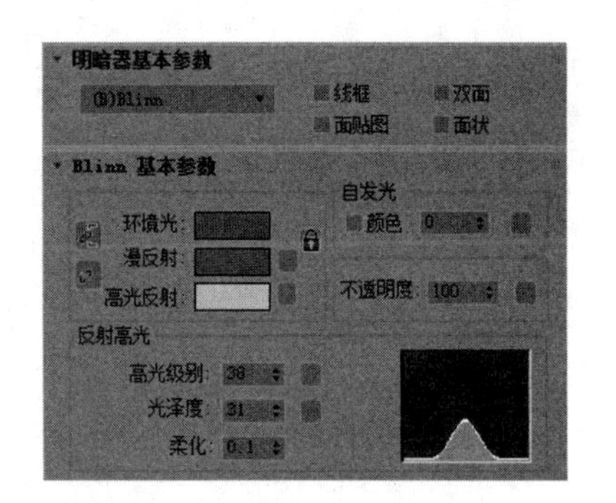

图 7-246　设置明暗方式和 Blinn 基本参数

图 7-247　渲染效果

注意： 由于置换贴图是对模型表面进行真正的凹凸修改，所以在对模型执行网格编辑类命令后，置换命令才会起作用。另外，它是作用于对象表面的每一个三角面，如果对象表面的网格编辑过于复杂，会在渲染时占用更多的内存资源，使渲染时间加长。

建立别墅立体模型

本章以别墅室内结构为例，讲解了建筑效果图制作流程中 3ds Max 立体模型的创建方法和步骤。通过了解别墅室内结构建模的方法和具体过程，读者可掌握在 AutoCAD 的基础上准确建模和一些建模的技巧。

- ☑ 建立别墅模型
- ☑ 建立客厅的立体模型
- ☑ 建立书房的立体模型
- ☑ 建立餐厅的立体模型
- ☑ 建立厨房的立体模型
- ☑ 建立主卧的立体模型
- ☑ 建立更衣室的立体模型
- ☑ 建立卫生间的立体模型

任务驱动 & 项目案例

Note

8.1　建立别墅模型

本节主要介绍了别墅立体模型的建立、模型材质和灯光的设置。建立别墅模型的主要思路是：先导入前面绘制的别墅首层平面图，进行必要的修改，建立别墅的基本墙面；再导入别墅各立面图以及屋顶平面图，然后根据这些图形生成别墅的立体模型。制作完成的别墅模型如图 8-1 所示。

图 8-1　别墅模型

（电子资料包：动画演示 \ 第 8 章 \ 建立别墅模型 .mp4）

8.1.1　导入文件并进行调整

1）选择菜单栏中的“自定义”→“单位设置”命令，在弹出的“单位设置”对话框中设置计量单位为“毫米”，如图 8-2 所示。

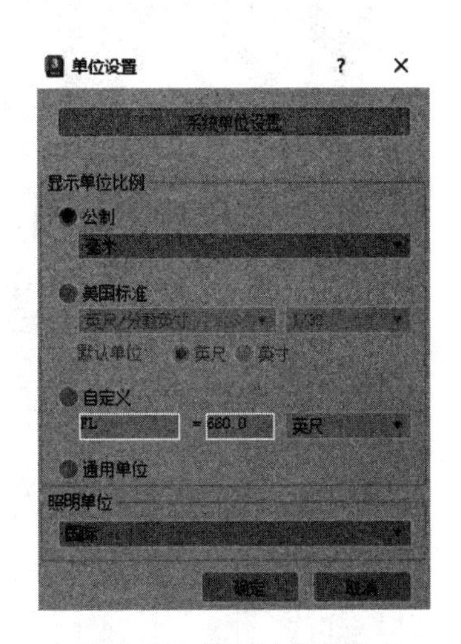

图 8-2　设置计量单位

2）选择菜单栏中的“文件”→“导入”→“导入”命令，在弹出的“选择要导入的文件”对话框的“文件类型”下拉列表中选择“所有文件（*.*）”选项，并选择电子资料包中的“源文件 \ 第 8 章 \ 别墅首层平面图 .dwg”文件，如图 8-3 所示。单击“打开”按钮。

3）在弹出的对话框的“层”和“几何体”选项卡中设置相关参数，如图 8-4 和图 8-5 所示。再单击“确定”按钮，把平面图导入 3ds Max 2024 中。

Note

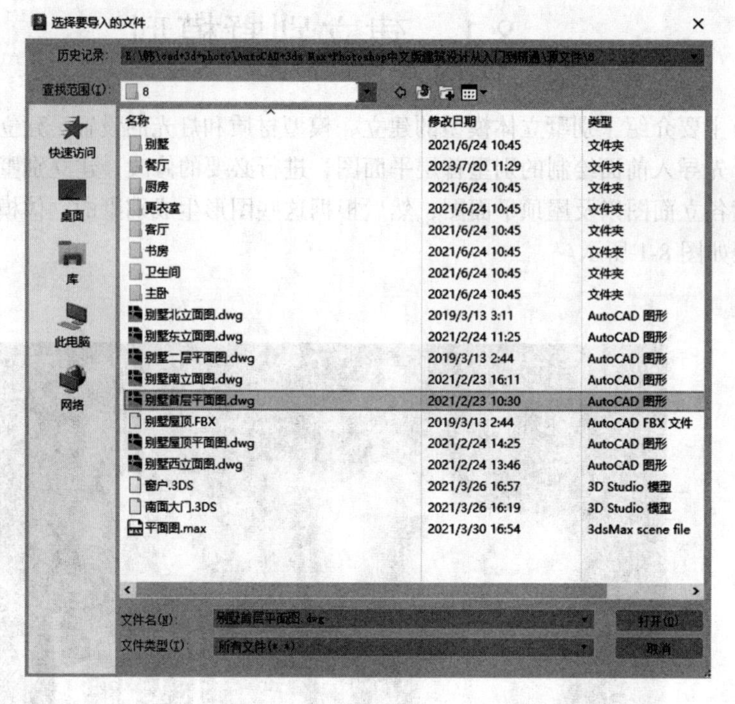

图 8-3　选择文件

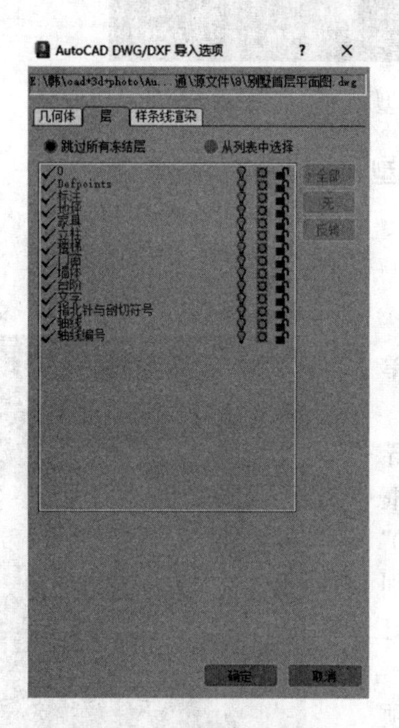

图 8-4　“层”选项卡

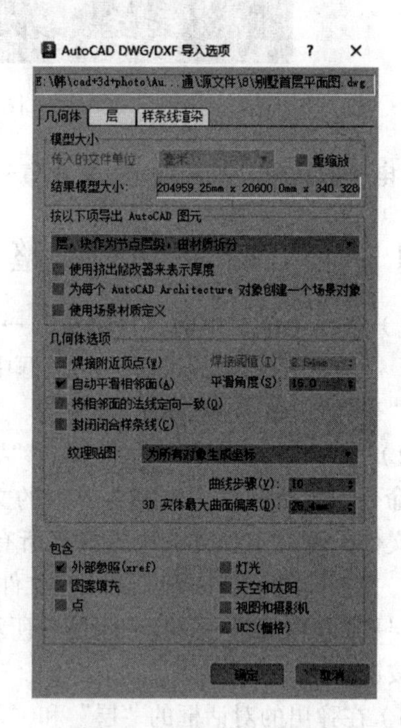

图 8-5　“几何体”选项卡

4）单击“视口导航控件”工具栏中的“缩放”按钮，对导入的平面图进行缩放，使其在视图中的大小如图 8-6 所示。然后在顶视图中选取平面图中的轴线及其编号，按 Delete 键将其删除，结果如图 8-7 所示。

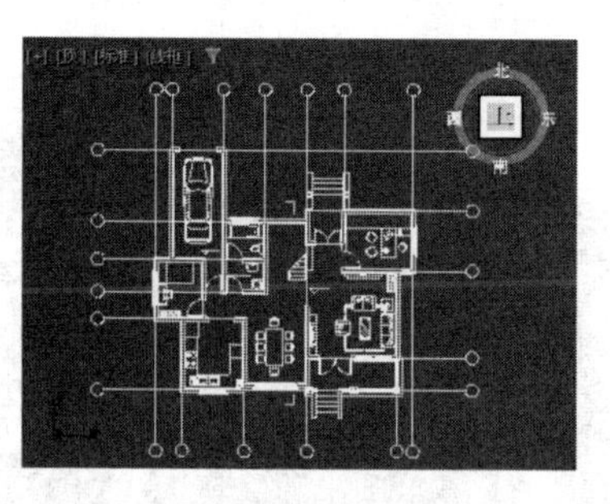

图 8-6　调整平面图的大小

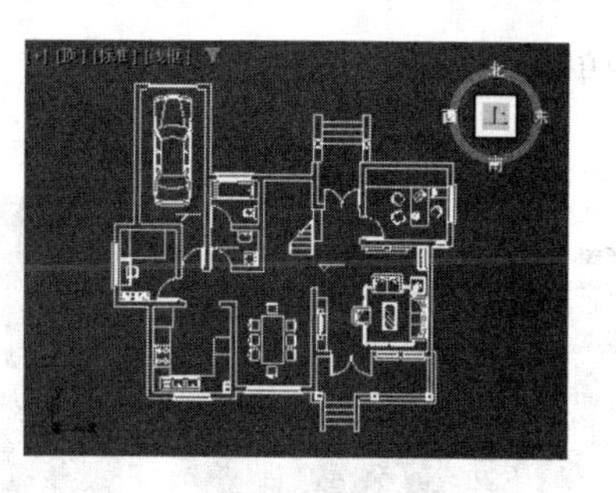

图 8-7　删除轴线及其编号

5）按 Ctrl+A 快捷键，选中平面图中所有的线条，选择“组”→“组”命令，在弹出的“组”对话框中为组命名，如图 8-8 所示。然后单击“确定”按钮，使平面图中的所有线条成组。

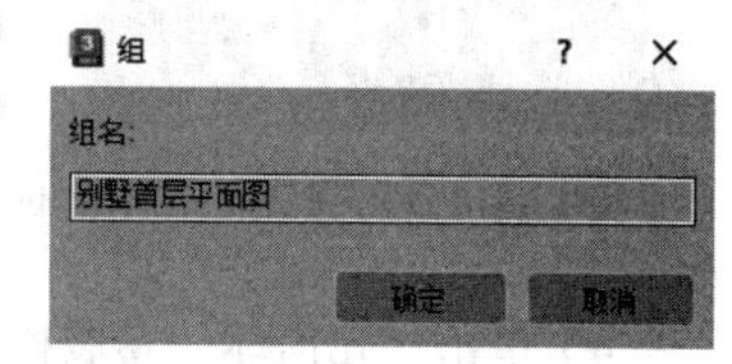

图 8-8　“组”对话框

6）为了利于在 3ds Max 2024 中准确建模，这里为成组后的平面图选择一种醒目的颜色。在“修改”命令面板中单击该组的颜色框，打开“对象颜色”对话框，如图 8-9 所示。在该对话框中选择适当的颜色，单击“确定”按钮退出对话框。这时，平面图中所有的线条颜色得到了统一，如图 8-10 所示。

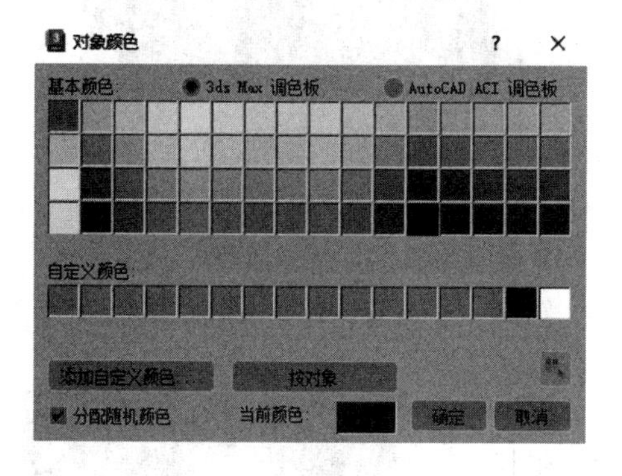

图 8-9　“对象颜色”对话框

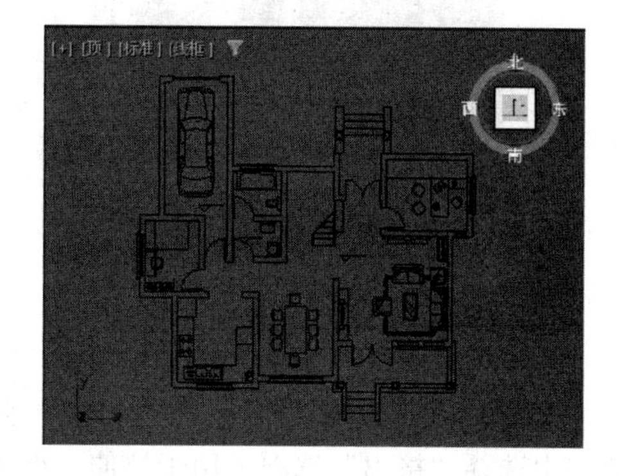

图 8-10　统一线条颜色后的平面图

8.1.2　建立别墅基本墙面

1）右击主工具栏中的“捕捉开关”按钮，在弹出的“栅格和捕捉设置”对话框中选中如图 8-11 所示的捕捉选项，然后关闭该对话框。

2）在顶视图中单击“创建”按钮，进入“创建”命令面板，然后单击“图形”按钮。在其“对象类型”卷展栏中列出了 13 种标准的二维图形的名称，如图 8-12 所示。单击其中的“线”按钮，捕捉平面图中的墙体边缘线，绘制一条连续的线条，如图 8-13 所示。

3）选择绘制的线条，单击“修改”按钮，进入“修改”命令面板，将其重命名为“墙”。然后在“Line”列表中选择“样条线”选项，如图 8-14 所示；或者在“选择”卷展

Note

栏中单击“样条线”按钮✓。

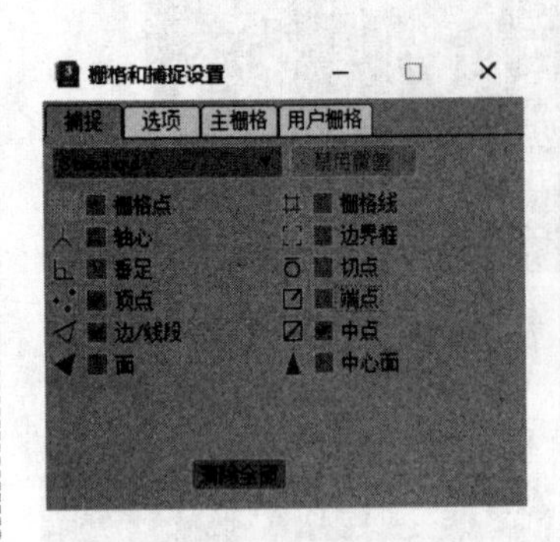

图 8-11　选择捕捉选项

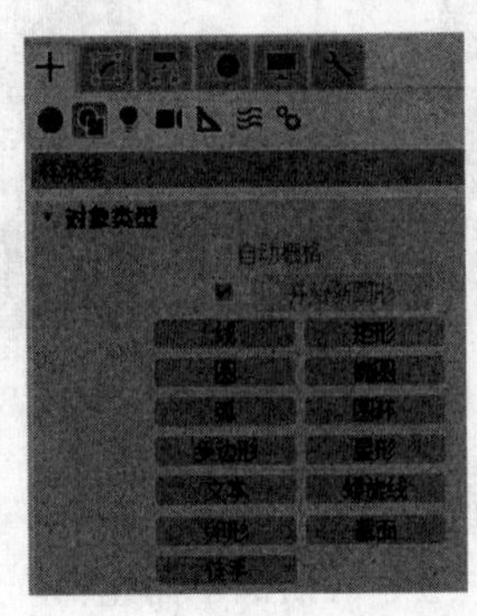

图 8-12　“对象类型”卷展栏

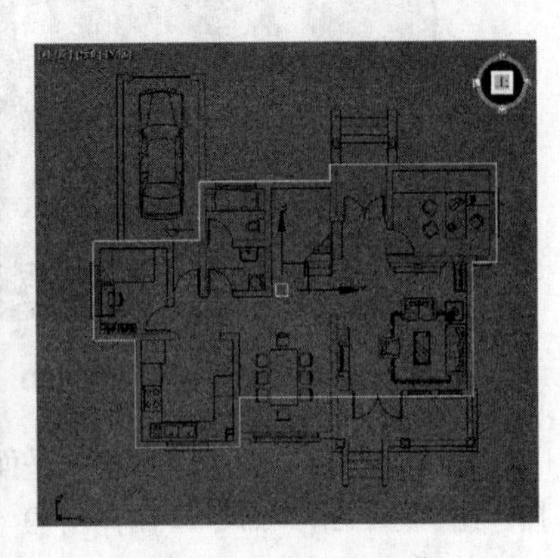

图 8-13　绘制线条

4）单击“几何体”卷展栏中的“轮廓”按钮，在“数量”文本框中输入 −250.0mm，然后按 Enter 键确定，使外墙线条成为闭合的双线，如图 8-15 所示。

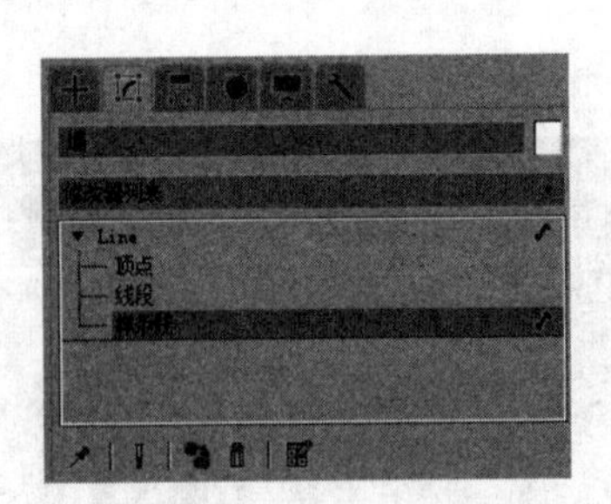

图 8-14　单击“样条线”按钮

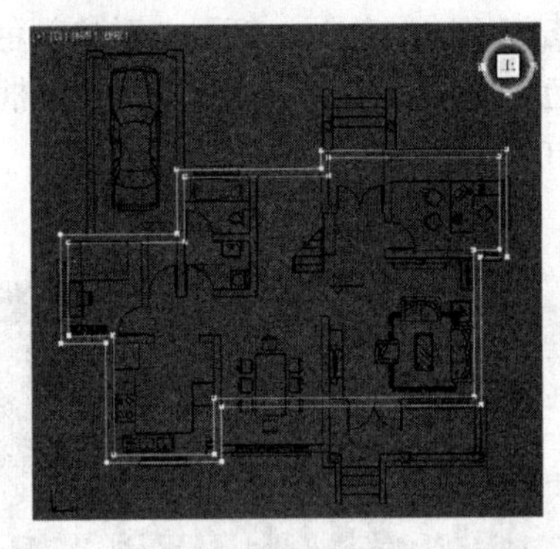

图 8-15　使外墙线条成为闭合的双线

5）在“修改”命令面板的“修改器列表”下拉列表框中选择“挤出”选项（用于拉伸二维线段），在其“参数”卷展栏的“数量”文本框中输入 6290mm，如图 8-16 所示。然后按 Enter 键确定。这时挤出的墙壁效果在左视图和透视图中如图 8-17 所示。

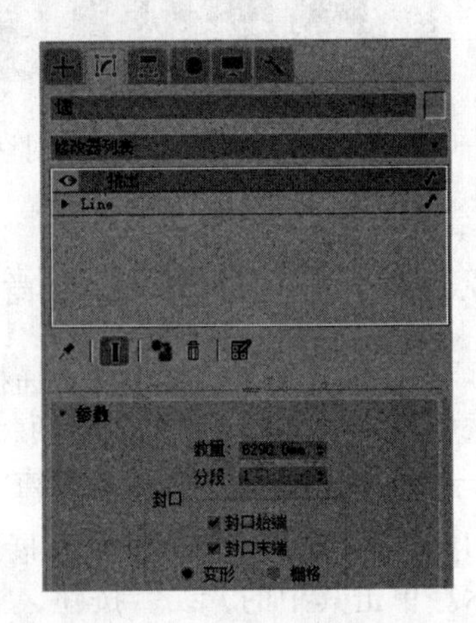

图 8-16　设置“挤出”参数

6）在视图中选择模型“墙”，右击，在弹出的快捷菜单中选择“冻结当前选择”命令，如图 8-18 所示。

7）在顶视图中单击“创建”按钮+，进入“创建”命令面板。单击“图形”按钮，在“对象类型”卷展栏中单击“线”按钮，然后捕捉平面图中的墙体边缘线，绘制一条连续的线条，如图 8-19 所示。

8）选择绘制的线条，进入“修改”命令面板，将其重命名为“Ground”。然后在“修改器列表”下拉列表框中选择“挤出”选项（用于拉伸二维线段），在其“参数”卷展栏的“数量”文本框中输入 −600.0mm，按 Enter 键确定。

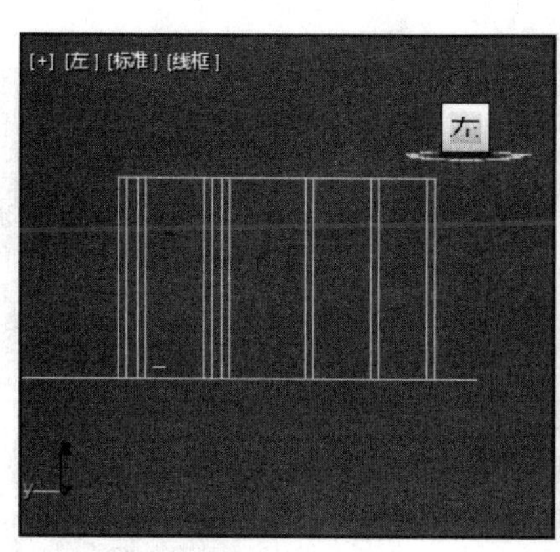

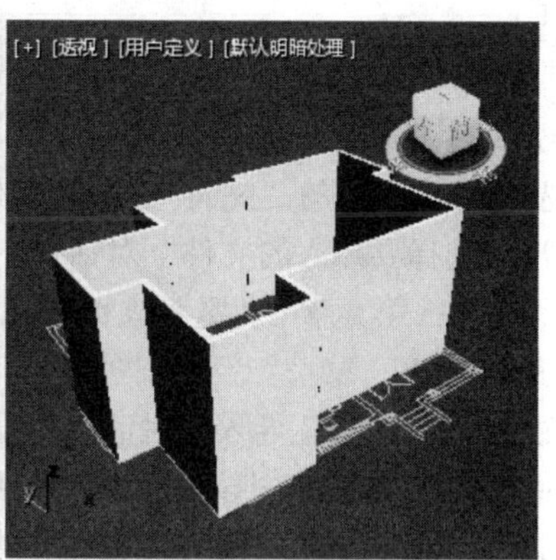

图 8-17　挤出的墙壁效果

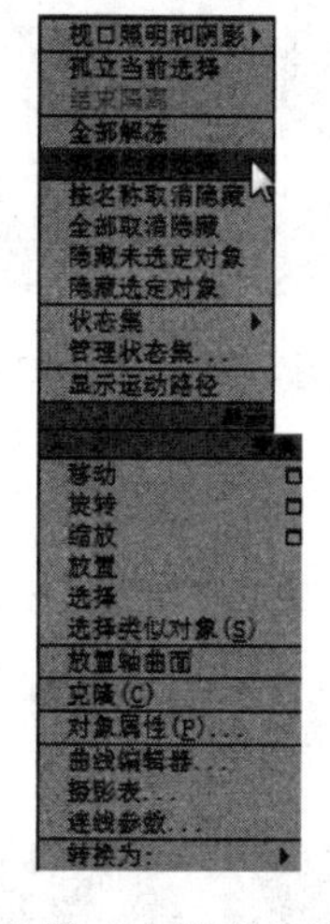

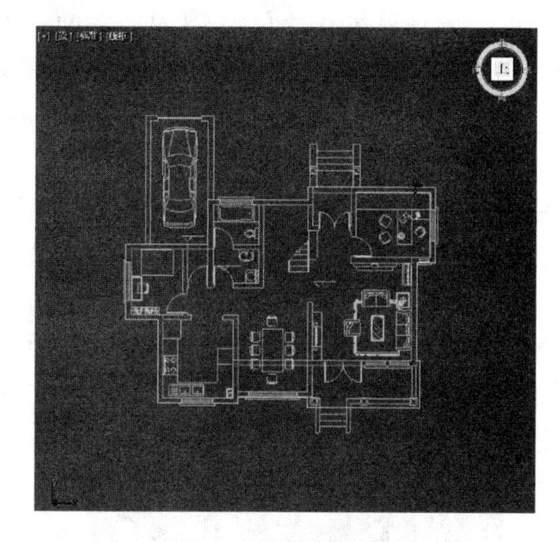

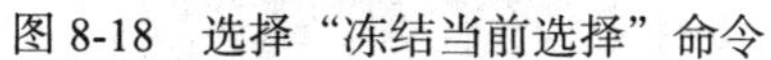
图 8-18　选择“冻结当前选择”命令

图 8-19　绘制线条

9）在视图中右击，在弹出的快捷菜单中选择“全部解冻”命令。此时，左视图和透视图中的地面效果如图 8-20 所示。

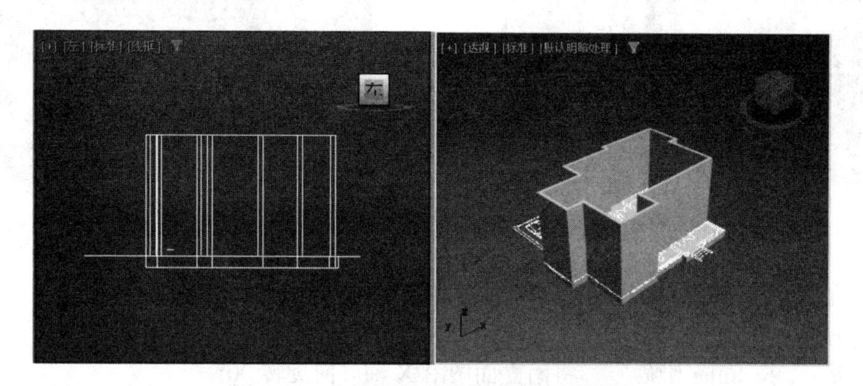

图 8-20　左视图和透视图中的地面效果

10）在视图中分别选择平面图和地面模型组，右击，在弹出的快捷菜单中选择“冻结当前选择”命令。

Note

8.1.3 建立别墅各个模型

1. 导入文件并进行调整

1）选择菜单栏中的“文件”→“导入”→“导入”命令，弹出“选择要导入的文件”对话框，选择电子资料包中的“源文件\第 8 章\别墅南立面图 .dwg”文件，再单击“打开”按钮。

2）在弹出的“DWG 导入”对话框中设置参数，在弹出的“AutoCAD DWG/DXF 导入选项”对话框中设置各选项如图 8-21 所示。再单击“确定”按钮，将 DWG 文件导入 3ds Max 中。

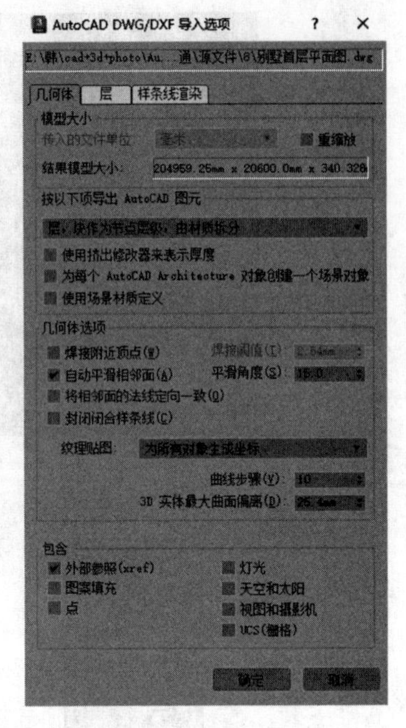

图 8-21 “AutoCAD DWG/DXF 导入选项”对话框

3）单击“视口导航控件”工具栏中的“缩放区域”按钮，在顶视图中框选刚导入的立面图，将其放大到整个视图。然后选取立面图中多余的轴线及其编号，按 Delete 键清除。这时，顶视图中的立面图如图 8-22 所示。

4）单击主工具栏中的“选择对象”按钮，在顶视图中框选立面图。然后选择菜单栏中的“组”→“组”命令，在弹出的“组”对话框中为组命名为“南”，单击“确定”按钮，使立面图中的所有线条成组。

5）选择南立面图，单击“修改”命令面板中该组的颜色框，打开“对象颜色”对话框，在该对话框中选择深红色，然后单击“确定”按钮退出对话框。这时，立面图中所有的线条颜色统一为深红色，如图 8-23 所示。

图 8-22 顶视图中的立面图

图 8-23 统一立面图中的线条颜色

6）在前视图中选择南立面图，单击主工具栏中的“选择并旋转”按钮，然后单击“提示行和状态栏控件”中的“绝对模式变换输入”按钮，在 X 文本框中输入 90，如图 8-24 所示。按 Enter 键确定，将南立面图沿 X 轴方向旋转 90°。

图 8-24 输入 X 轴旋转数值

7）在视图中调整别墅南立面图的位置，结果如图 8-25 所示。

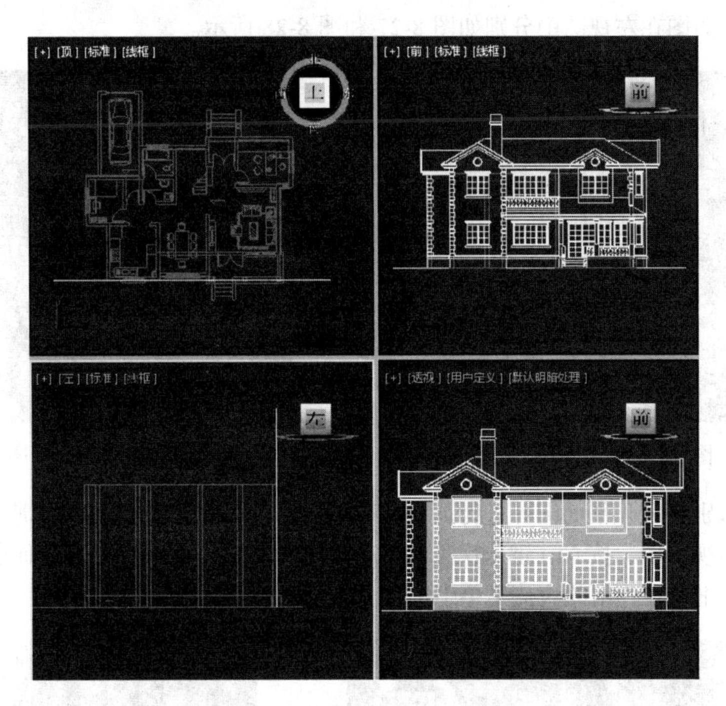

图 8-25　调整南立面图的位置

8）采用同样的方法，导入别墅北立面图，并使其成组，然后调整其颜色、角度和位置。北立面图在视图中的位置如图 8-26 所示。

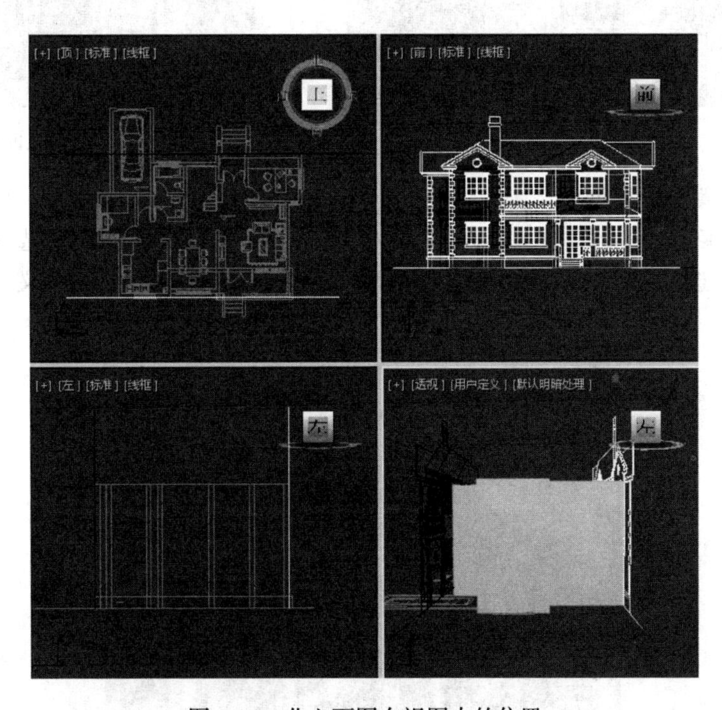

图 8-26　北立面图在视图中的位置

Note

9）采用同样的方法，导入别墅东立面图和别墅西立面图，并进行调整。调整后的东立面图和西立面图在左视图中分别如图 8-27 和图 8-28 所示。

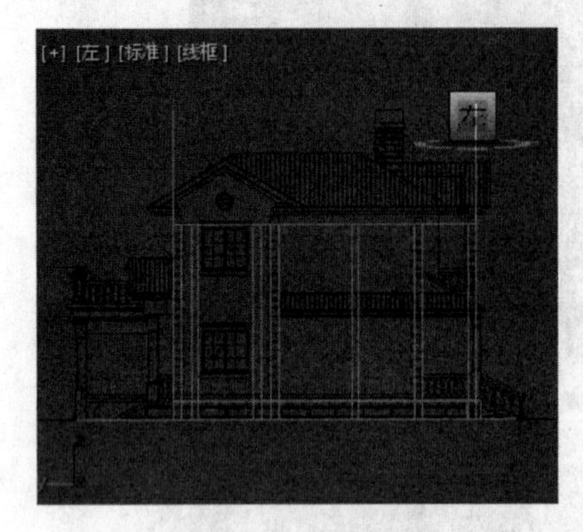

图 8-27　东立面图

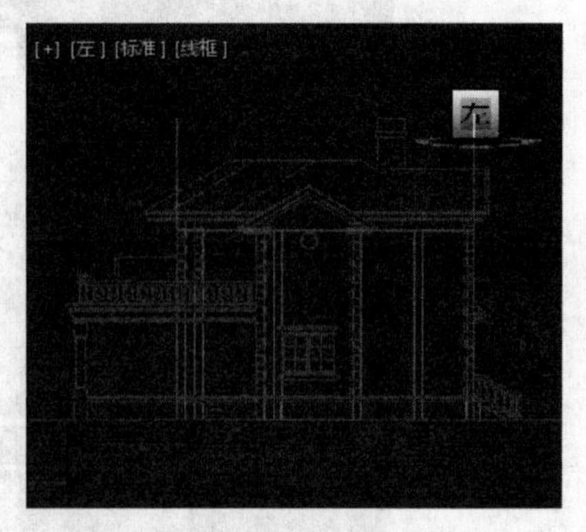

图 8-28　西立面图

10）导入别墅屋顶平面图并进行调整。调整后的屋顶平面图如图 8-29 所示。

11）在顶视图中，按 Ctrl 键依次选择别墅东立面图、西立面图和北立面图，如图 8-30 所示。然后右击，在弹出的快捷菜单中选择“冻结当前选择”命令。

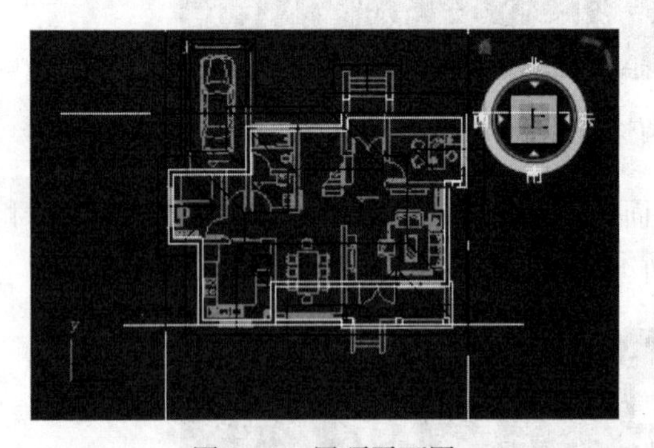

图 8-29　屋顶平面图

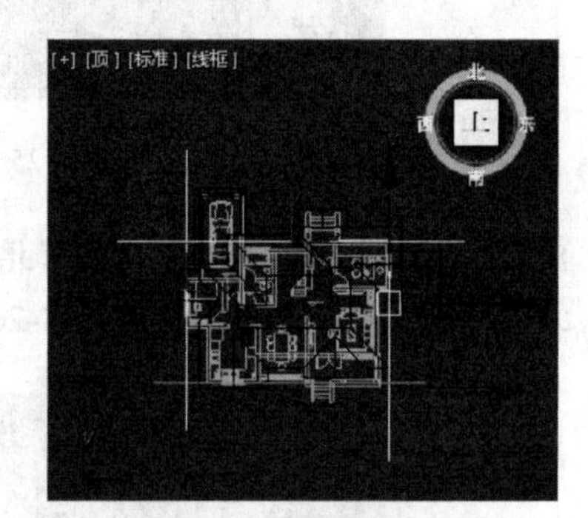

图 8-30　选择立面图

2. 导入别墅屋顶模型

1）选择菜单栏中的“文件”→“导入”→“导入”命令，弹出“选择要导入的文件”对话框，选择电子资料包中的“源文件 \ 第 8 章 \ 别墅屋顶 .3DS”文件并打开，如图 8-31 所示。

图 8-31　打开别墅屋顶文件

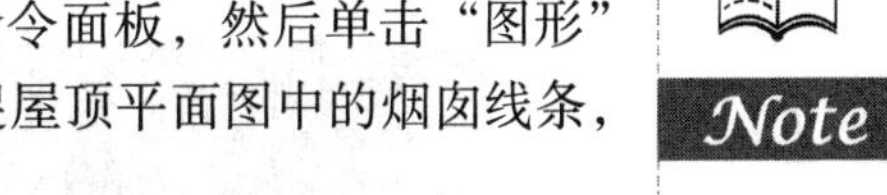

2）建立烟囱模型。在前视图中，单击“创建”按钮，进入“创建”命令面板，然后单击“图形”按钮，在其“对象类型”卷展栏中单击“线”按钮，捕捉立面图中的烟囱线条，绘制一条连续的线条，如图 8-32 所示。

3）在顶视图中，单击“创建”按钮，进入“创建”命令面板，然后单击“图形”按钮，在其“对象类型”卷展栏中单击“矩形”按钮，捕捉屋顶平面图中的烟囱线条，绘制一个矩形，如图 8-33 所示。

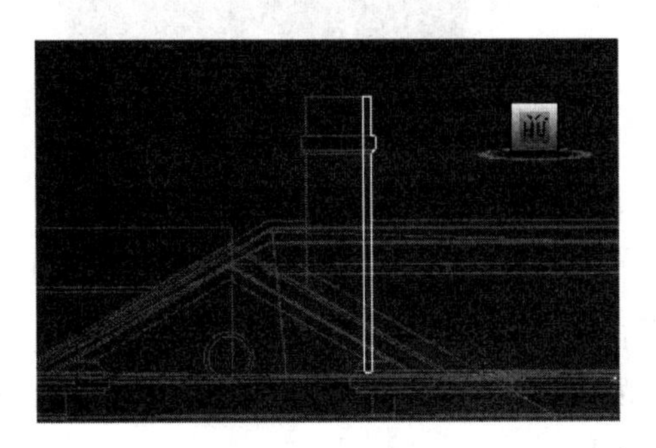

图 8-32　绘制线条

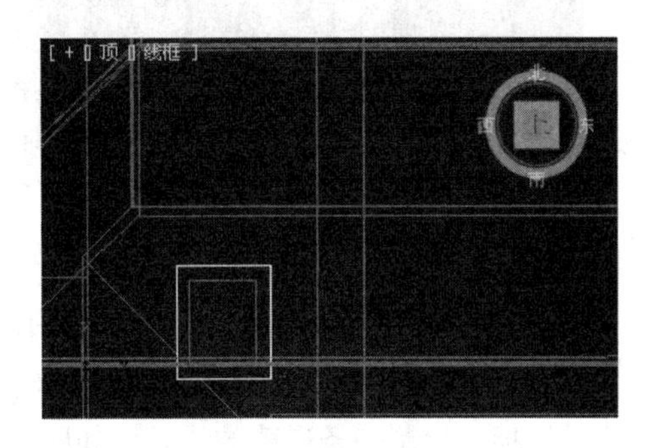

图 8-33　绘制矩形

4）选择刚绘制的矩形，单击“修改”按钮，进入“修改”命令面板，在“修改器列表”下拉列表中选择“倒角剖面”命令。然后在如图 8-34 所示的“经典”卷展栏中单击“拾取剖面”按钮，并在视图中拾取烟囱线条，创建烟囱模型。

5）选择透视图，按 F9 键进行快速渲染。此时别墅的效果如图 8-35 所示。

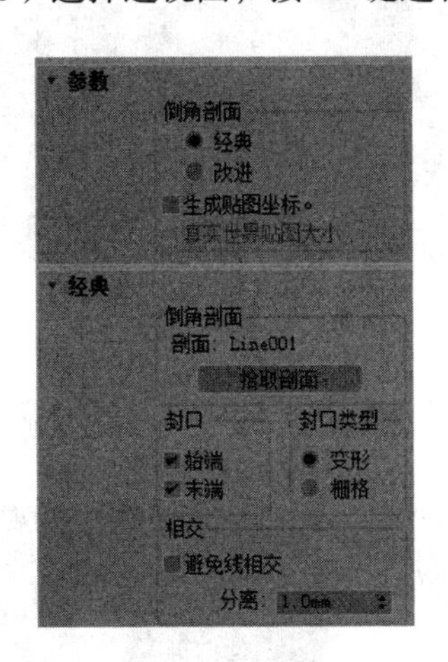

图 8-34　单击“拾取剖面”按钮

图 8-35　别墅的效果

6）建立完整的墙面。在前视图中，单击“创建”按钮，进入“创建”命令面板，然后单击“图形”按钮，在其“对象类型”卷展栏中单击“线”按钮，捕捉南立面图的屋檐，绘制一条连续的线条，如图 8-36 所示。然后单击“修改”按钮，进入“修改”命令面板，在“修改器列表”下拉列表中选择“挤出”选项，并在其“参数”卷展栏的“数量”文本框中输入 250.0mm，按 Enter 键确定，把线条挤出为模型，填补屋檐和墙面之间的空缺。

7）用同样的方法创建另外 3 个模型，填补屋檐和墙面之间的空缺。在顶视图中调

Note

整它们的位置，然后按Ctrl键依次选择刚创建的4个模型和墙面模型，选择菜单栏中的“组”→“组”命令，在弹出的“组”对话框中为组命名为“墙”，单击“确定”按钮。这时的墙面模型如图8-37所示。

图8-36 绘制线条

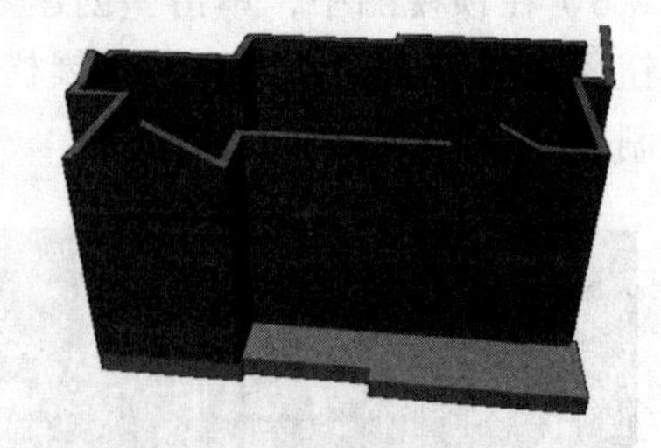

图8-37 墙面模型

8）创建一层的屋顶模型。在前视图中，单击“创建”按钮，进入“创建”命令面板，然后单击“图形”按钮，在其“对象类型”卷展栏中单击“线”按钮，捕捉南立面图中的屋檐，绘制一条连续的线条，如图8-38所示。

9）选择刚绘制的线条，单击“修改”按钮，进入“修改”命令面板，在“编辑样条线”列表中选择“顶点”选项，或者在“选择”卷展栏中单击“顶点”按钮，在左视图中根据别墅东立面图编辑节点，结果如图8-39所示。

图8-38 绘制线条

图8-39 编辑节点

10）选择该线条，单击“修改”按钮，进入“修改”命令面板，在“修改器列表”下拉列表框中选择“挤出”选项。在其“参数”卷展栏的“数量”文本框中输入-1100.0mm，按Enter键确定，把线条挤出为屋檐模型。用同样的方法建立别墅的屋顶模型，效果如图8-40所示。

图8-40 屋顶模型

3. 建立别墅栏杆模型

1）激活别墅平面图。在顶视图中，单击“创建”按钮，进入“创建”命令面板，然后单击“几何体”按钮，在其“对象类型”卷展栏中单击“长方体”按钮，设置长方体的高度为-10.0mm，捕捉平面图中的线条，创建一个长方体，如图8-41所示。

2）在左视图中，单击主工具栏中的“选择并移动”按钮，按住Shift键，选择刚创建的长方体并向上移动，弹出“克隆选项”对话框。在该对话框中选择“复制”选项，单击“确定”按钮退出对话框，复制出一个长方体。

3）激活别墅西立面图。选择刚复制的长方体，单击“修改”按钮，进入“修改”命令面板，在“参数”卷展栏的“高度”文本框中输入100.0mm，并按Enter键确定。然后在左视图中根据西立面图把长方体调整到适当的位置，如图8-42所示。

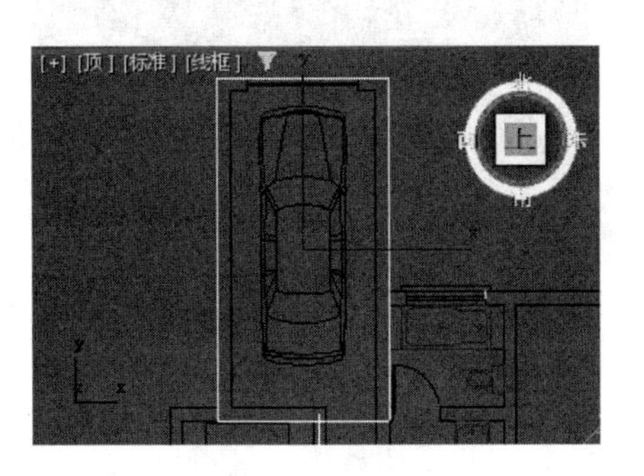

图8-41 创建长方体

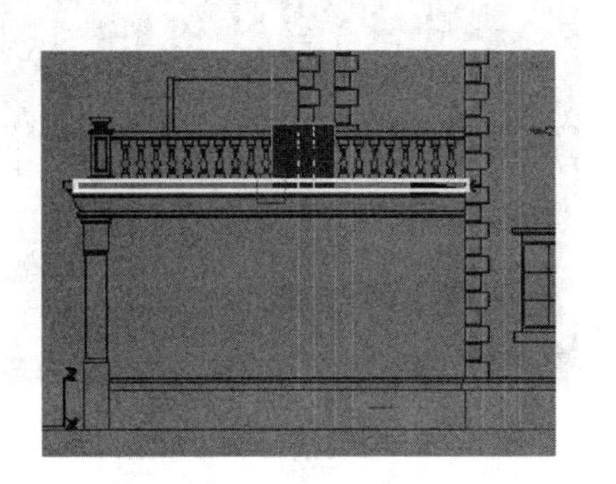

图8-42 调整长方体的位置

4）单击“创建”按钮，进入“创建”命令面板，然后单击“图形”按钮，在其“对象类型”卷展栏中单击“线”按钮，在“创建方法”卷展栏中选中如图8-43所示的选项。然后在左视图中捕捉西立面图，绘制一条连续的线条，如图8-44所示。

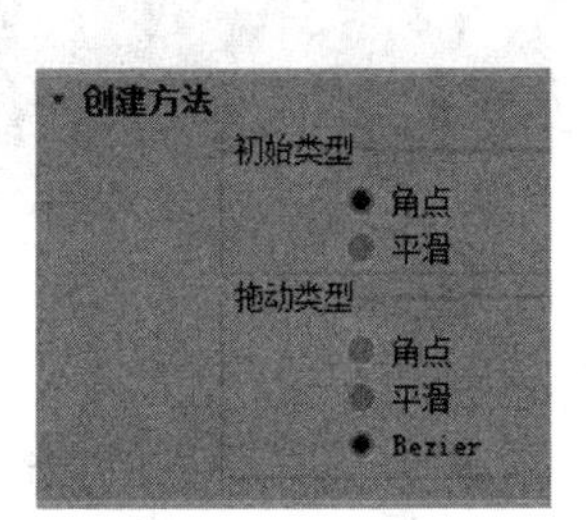

图8-43 设置创建方法

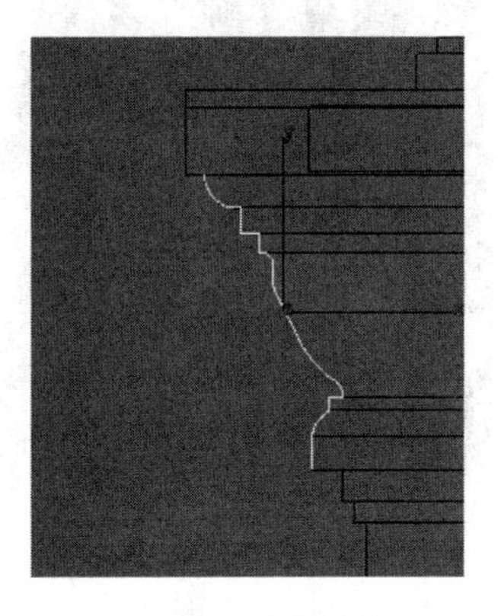

图8-44 绘制线条

注意： 当线条的创建方法设置为如图8-43所示的类型后，绘制弧线线条时，绘制节点并拖动鼠标，该节点则成为Bezier类型节点。

单击“修改”按钮，进入“修改”命令面板，在“编辑样条线”列表中选择“顶点”选项，进入点编辑模式。选择Bezier节点，节点上将出现控制手柄。可以通过移动手柄来调整弧线的走向，如图8-45所示。

5）单击“创建”按钮，进入“创建”命令面板，然后单击“图形”按钮，在其“对象类型”卷展栏中单击“矩形”按钮，在顶视图中捕捉别墅平面图，绘制一个矩形，如图8-46所示。

6）单击“创建”按钮，进入“创建”命令面板，然后单击“几何体”按钮，在其下拉列表中选择“复合对象”。选择刚绘制的矩形，在其“对象类型”卷展栏中单击“放样”按钮，如图8-47所示。在“创建方法”卷展栏中单击“获取图形”按钮，

Note

再在视图上单击刚绘制的曲线，将其放样为一个立体模型。此时，透视图的渲染效果如图 8-48 所示。

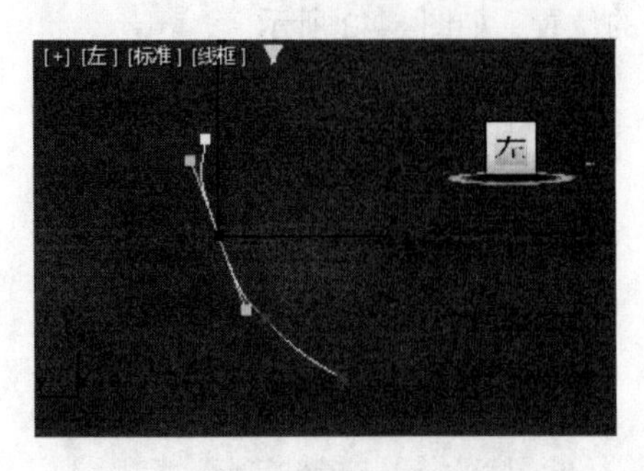

图 8-45　通过移动手柄调整弧线

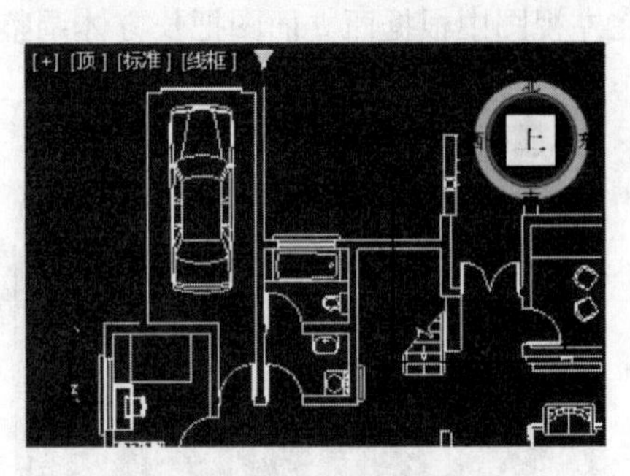

图 8-46　绘制矩形

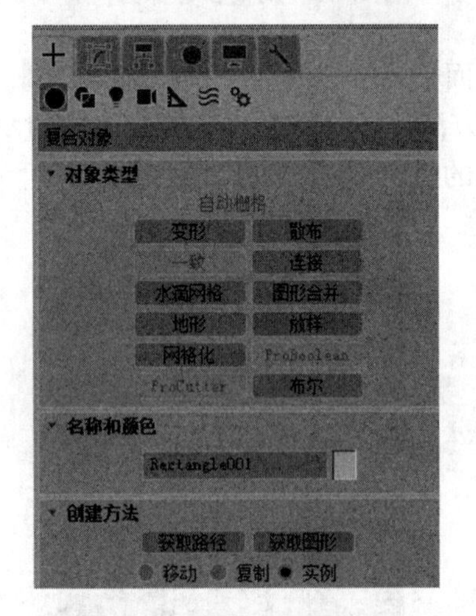

图 8-47　单击“放样”按钮

图 8-48　透视图渲染效果

7）在左视图中，单击“创建”按钮，进入“创建”命令面板，然后单击“图形”按钮，在其“对象类型”卷展栏中单击“线”按钮，捕捉西立面图中的栏杆柱，绘制一条连续的线条，如图 8-49 所示。

8）单击“创建”按钮，进入“创建”命令面板，然后单击“图形”按钮，在其“对象类型”卷展栏中单击“矩形”按钮，设置矩形的长度和宽度均为 400.0mm，在顶视图中绘制一个矩形。

9）单击“创建”按钮，进入“创建”命令面板，然后单击“几何体”按钮，在其下拉列表中选择“复合对象”。选择刚绘制的矩形，在其“对象类型”卷展栏中单击“放样”按钮，在“创建方法”卷展栏中单击“获取图形”按钮，再在视图上单击绘制的栏杆柱曲线，放样生成一个立体模型，结果如图 8-50 所示。

10）在左视图中，单击“创建”按钮，进入“创建”命令面板，然后单击“图形”按钮，在其“对象类型”卷展栏中单击“线”按钮，捕捉西立面图中的柱子线条，绘制一条连续的线条，如图 8-51 所示。

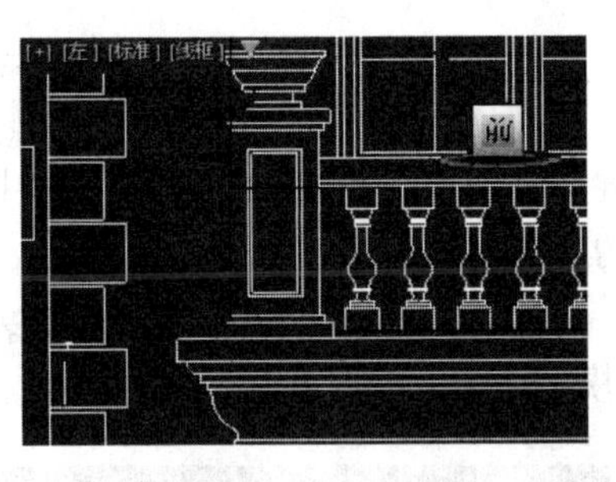

图 8-49　绘制线条

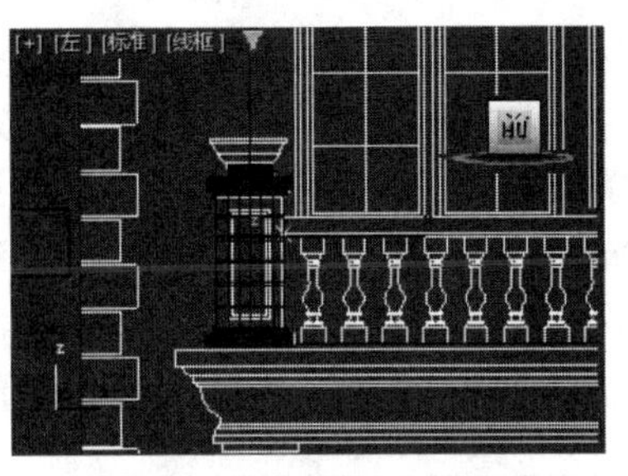

图 8-50　放样生成立体模型

11）选择刚绘制的线条，单击"修改"按钮，进入"修改"命令面板，在"修改器列表"的下拉列表中选择"车削"选项，把柱子线条旋转成为圆柱模型。选择该模型，在"修改"命令面板的"车削"列表中选择"轴"，然后单击主工具栏中的"选择并移动"按钮，通过在左视图中沿圆柱模型的 X 轴移动来调整圆柱的直径，使和西立面图中的圆柱线条相对应，如图 8-52 所示。

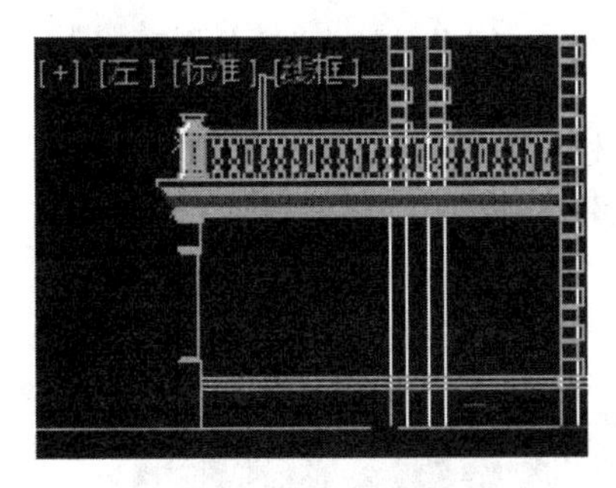

图 8-51　绘制线条

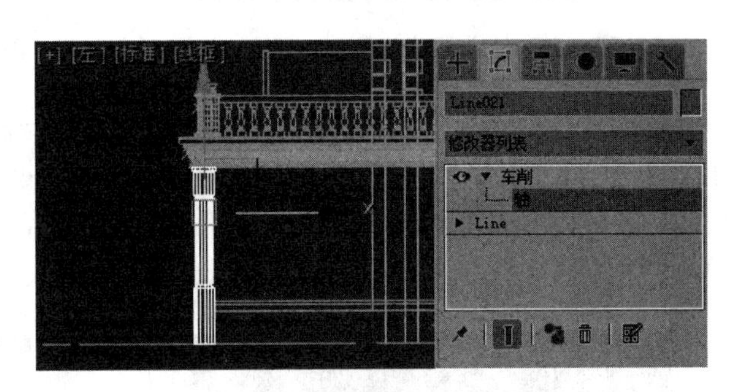

图 8-52　调整圆柱的直径

12）在前视图中单击主工具栏中的"选择并移动"按钮，同时按住 Shift 键，选择刚创建的圆柱模型向右移动，弹出"克隆选项"对话框。在该对话框中选择"实例"选项，单击"确定"按钮退出对话框，复制出一个圆柱模型，然后调整其位置如图 8-53 所示。

13）在左视图中，单击"创建"按钮，进入"创建"命令面板，然后单击"图形"按钮，在其"对象类型"卷展栏中单击"线"按钮，捕捉西立面图中柱头的线条，绘制一条连续的曲线，如图 8-54 所示。

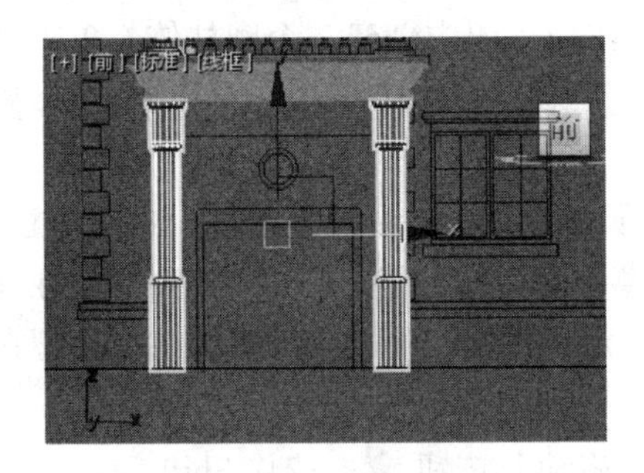

图 8-53　复制圆柱模型

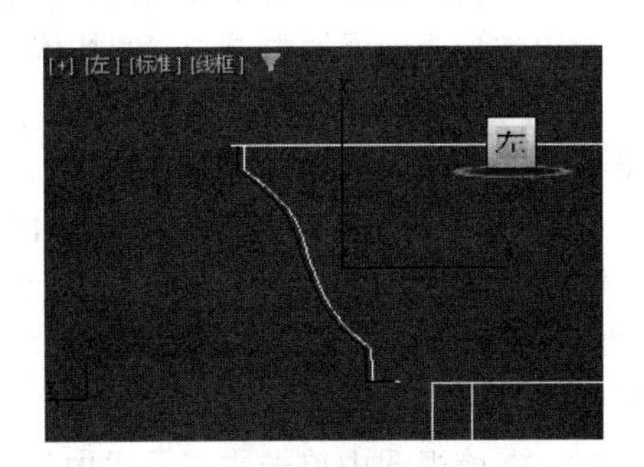

图 8-54　绘制曲线

Note

14）选择刚绘制的曲线，单击“修改”按钮，进入“修改”命令面板，在“编辑样条线”列表中选择“样条线”选项，或者在“选择”卷展栏中单击“样条线”按钮，进入线条编辑模式。单击“几何体”卷展栏中的“轮廓”按钮，在“数量”文本框中输入−30.0mm，然后按Enter键确定，使曲线成为闭合的双线，如图8-55所示。

15）选择曲线，单击“修改”按钮，进入“修改”命令面板，在“修改器列表”下拉列表中选择“车削”选项，把曲线旋转成为立体模型，结果如图8-56所示。

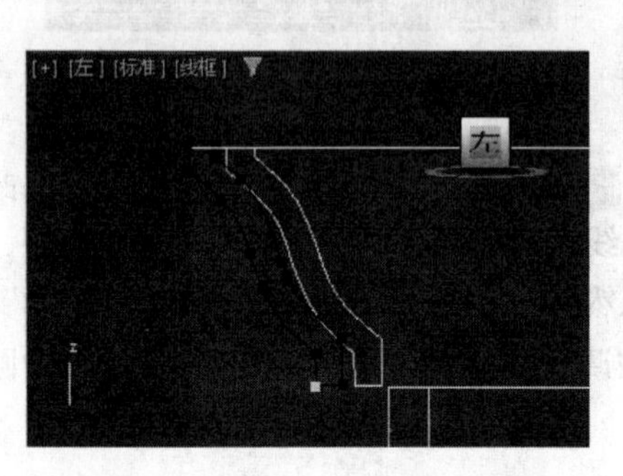

图8-55　使曲线成为闭合的双线

图8-56　把曲线旋转成为立体模型

16）选择该模型，单击“修改”按钮，进入“修改”命令面板，在“车削”列表框中选择“轴”。单击主工具栏中的“选择并移动”按钮，将模型在左视图中沿X轴向右移动，调整模型的宽度，如图8-57所示。

17）在“参数”卷展栏的“分段”文本框中输入30，如图8-58所示。

图8-57　调整模型的宽度

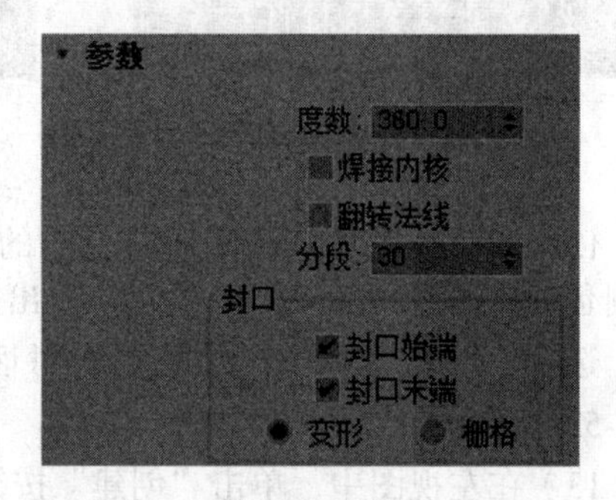

图8-58　设置“分段”参数

18）单击“创建”按钮，进入“创建”命令面板，然后单击“几何体”按钮，在其“对象类型”卷展栏中单击“圆柱体”按钮，在顶视图中创建一个圆柱体。单击“修改”按钮，进入“修改”命令面板，在其“参数”卷展栏中设置圆柱体的参数如图8-59所示。

19）移动刚创建的圆柱体，放置在圆柱头的顶部，为圆柱头模型封顶。然后按住Ctrl键，依次选择圆柱体、圆柱头和底柱模型，选择菜单栏中的“组”→“组”命令，在弹出的“组”对话框中将组命名为“房柱”，单击“确定”按钮，使模型成组。柱体模型在透视图中的效果如图8-60所示。

20）在前视图中单击主工具栏中的“选择并移动”按钮，按住Shift键，选择刚成组的柱体模型并将其向右移动，弹出“克隆选项”对话框。在该对话框中选择“实

例”选项，单击“确定”按钮退出对话框，复制出一个柱体模型，然后调整其位置如图 8-61 所示。

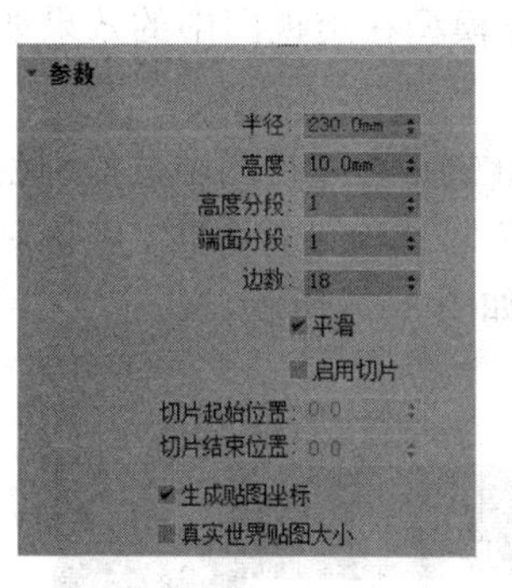

图 8-59 设置圆柱体参数

图 8-60 柱体模型

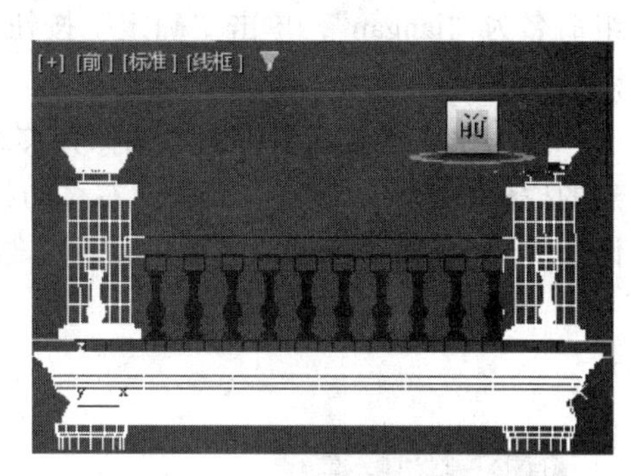

图 8-61 复制柱体模型

21）用制作柱体同样的方法制作栏杆条。单击“创建”按钮，进入“创建”命令面板，然后单击“图形”按钮，在其“对象类型”卷展栏中单击“线”按钮，根据立面图在左视图中绘制栏杆条曲线。单击“修改”按钮，进入“修改”命令面板，在“修改器列表”下拉列表中选择“车削”选项，把曲线旋转为栏杆条模型并进行调整，结果如图 8-62 所示。

22）单击“创建”按钮，进入“创建”命令面板，然后单击“几何体”按钮，在其“对象类型”卷展栏中单击“长方体”按钮，在左视图中捕捉西立面图中的栏杆条创建一个长方体，如图 8-63 所示。然后选择该长方体，单击“修改”按钮，进入“修改”命令面板，在“参数”卷展栏中设置长方体的参数如图 8-64 所示。

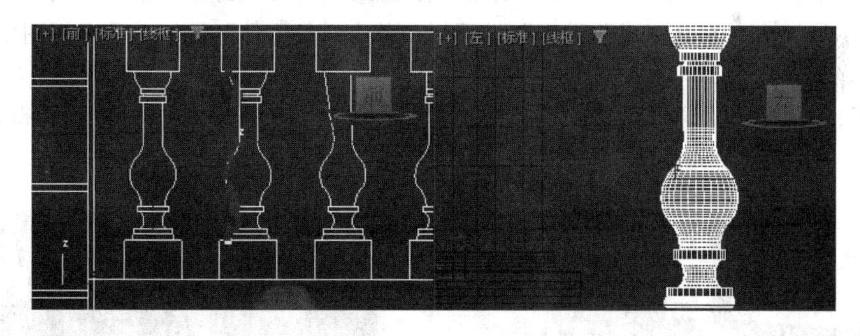

图 8-62 创建栏杆条模型

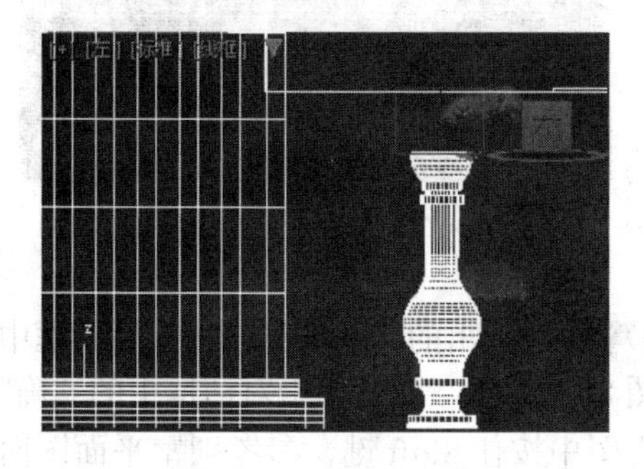

图 8-63 创建长方体

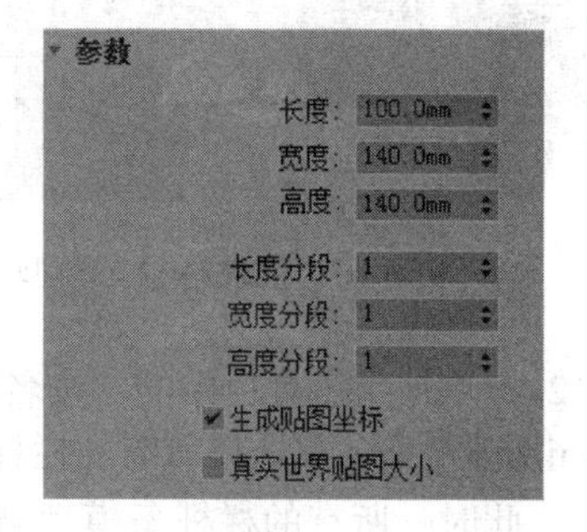

图 8-64 设置长方体参数

Note

23）使用同样的方法，创建栏杆底部的长方体。然后按住 Ctrl 键，依次选择栏杆条和刚创建的两个长方体，选择菜单栏中的“组”→“组”命令，在弹出的“组”对话框中将组命名为“langan”，单击“确定”按钮，使模型成组。栏杆条模型在透视图中的效果如图 8-65 所示。

24）单击主工具栏中的“选择并移动”按钮，按住 Shift 键，在左视图中选择刚创建的栏杆条模型，参考立面图向右移动到适当的位置，弹出“克隆选项”对话框。在该对话框中选中“实例”选项，并在“副本数”文本框中输入 21，如图 8-66 所示。

图 8-65　栏杆条模型

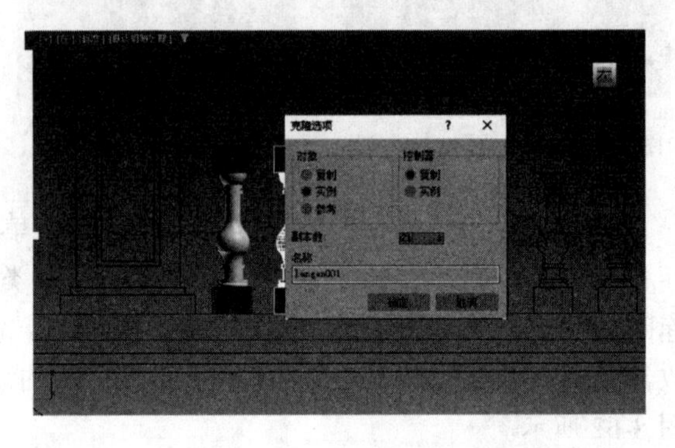

图 8-66　设置克隆选项

25）单击“克隆选项”对话框中的“确定”按钮，退出对话框。这时复制出另外 21 个栏杆条模型，并按一定的间距自动排列，如图 8-67 所示。

26）创建栏杆扶手模型。单击“创建”按钮，进入“创建”命令面板，然后单击“几何体”按钮，在其“对象类型”卷展栏中单击“长方体”按钮，在左视图中捕捉西立面图中的栏杆条创建一个长方体，如图 8-68 所示。单击“修改”按钮，进入“修改”命令面板，在“参数”卷展栏的“高度”文本框中输入 150.0mm，并按 Enter 键确定。

图 8-67　复制栏杆条模型

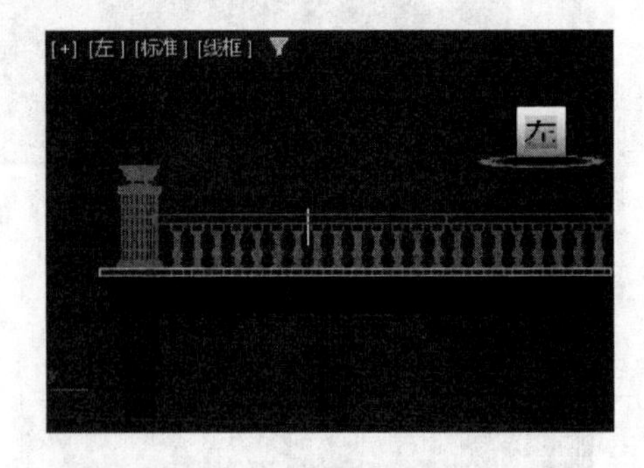

图 8-68　创建长方体

27）单击主工具栏中的“按名称选择”按钮，在弹出的“从场景选择”对话框中按住 Shift 键根据名称选择所有的栏杆条模型，如图 8-69 所示。然后单击对话框中的“确定”按钮。此时，所有的栏杆条模型被选中。在顶视图中按住 Shift 键，参考别墅平面图向右

移动栏杆条模型，并以“实例”的方式复制模型到适当的位置，如图 8-70 所示。

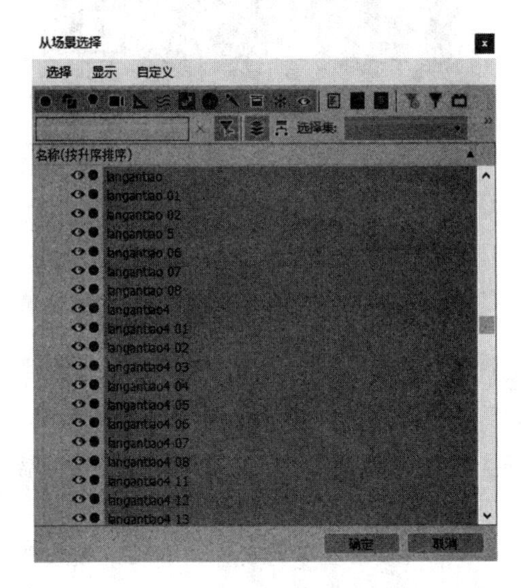

图 8-69　根据名称选择所有的栏杆条模型

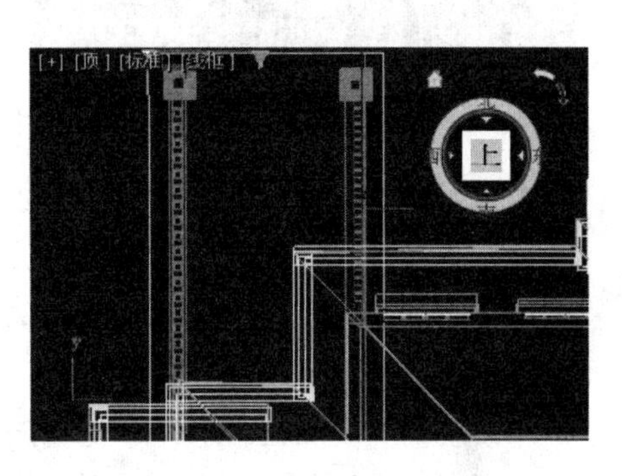

图 8-70　复制栏杆条模型到适当位置

28）在顶视图中，使用同样的方法选中半组栏杆条模型并以“实例”的方式进行复制，如图 8-71 所示。单击主工具栏中的“选择并旋转”按钮，再单击“状态栏”中的“偏移模式变换输入”按钮，并在 Z 轴的文本框中输入 90.0mm，如图 8-72 所示。然后按 Enter 键确定。此时，被选中的栏杆条模型沿着 Z 轴旋转了 90°。把旋转后的栏杆条模型调整到适当的位置，此时的顶视图如图 8-73 所示。

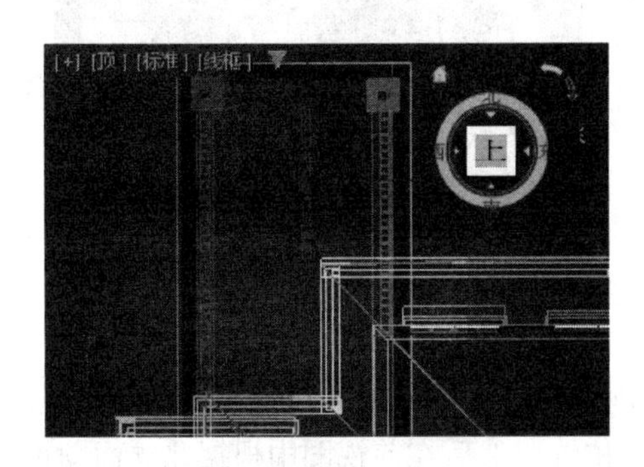

图 8-71　复制半组栏杆条模型

图 8-72　输入 Z 轴的旋转数值

29）使用同样的方法，对栏杆扶手模型以“复制”的方式进行复制、旋转并调整位置，如图 8-74 所示。然后单击主工具栏中的“选择并均匀缩放”按钮，选择复制的栏杆扶手模型，在顶视图中沿着 X 轴进行缩放，调整栏杆扶手模型的长度如图 8-75 所示。

图 8-73　调整栏杆条模型到适当的位置

Note

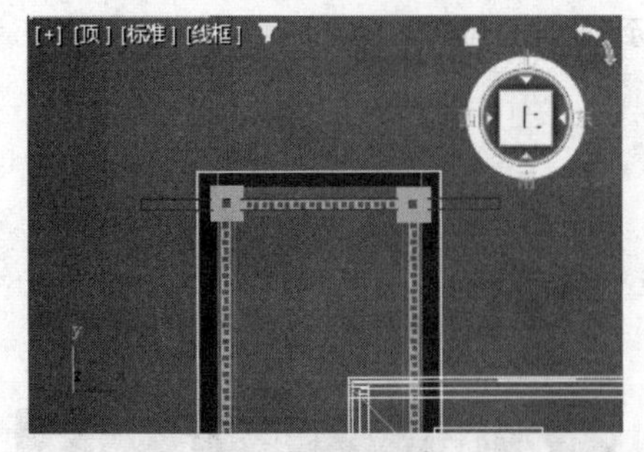

图 8-74　调整栏杆扶手模型的位置

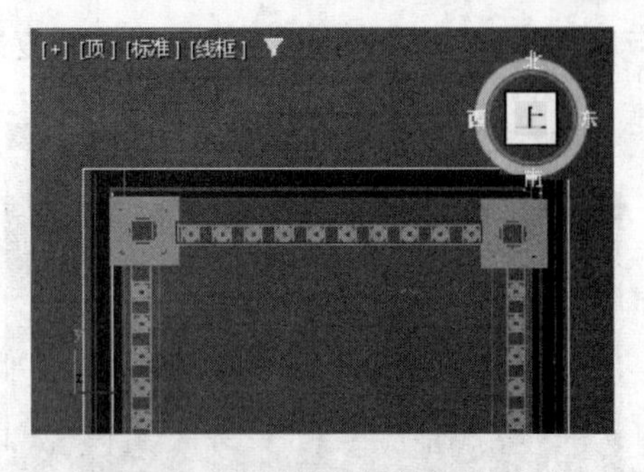

图 8-75　调整栏杆扶手模型的长度

注意： 单击主工具栏中的“选择并均匀缩放”按钮，在视图中选择需要进行缩放的模型后：

当光标放在缩放控制手柄的中间时，则控制手柄的 X 轴和 Y 轴都被激活并显示为黄色，拖动鼠标可对模型进行手动的均匀缩放，如图 8-76 所示。

当光标放在控制手柄的 X 轴上时，则 X 轴被激活显示为黄色，Y 轴未被激活显示为绿色。这时拖动鼠标可对模型进行 X 轴方向的手动缩放，调整模型的宽度，如图 8-77 所示。

同样，当光标放在控制手柄的 Y 轴上时，则 Y 轴被激活显示为黄色，拖动鼠标可对模型进行 Y 轴方向的手动缩放，调整模型的高度。

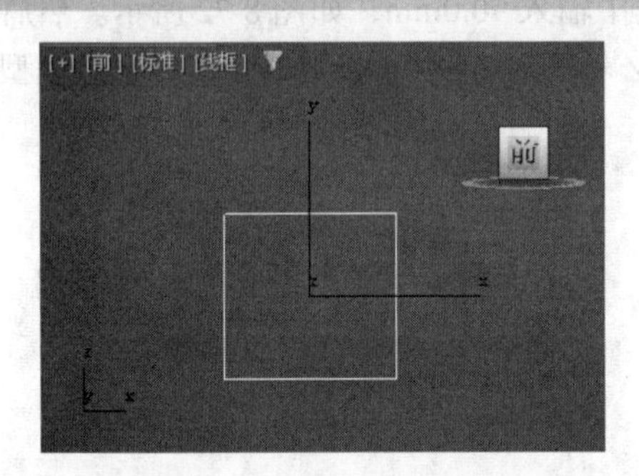

图 8-76　对模型进行均匀缩放

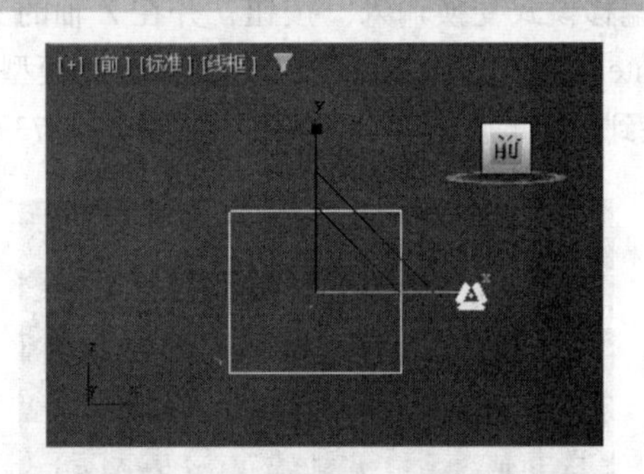

图 8-77　对模型沿 X 轴进行宽度缩放

30）激活东立面图。在左视图中选择两个圆柱模型，按住 Shift 键向右移动以“复制”的方式进行复制，并根据东立面图放置在适当的位置。然后在前视图中根据北立面图再次调整它们的位置，结果如图 8-78 所示。

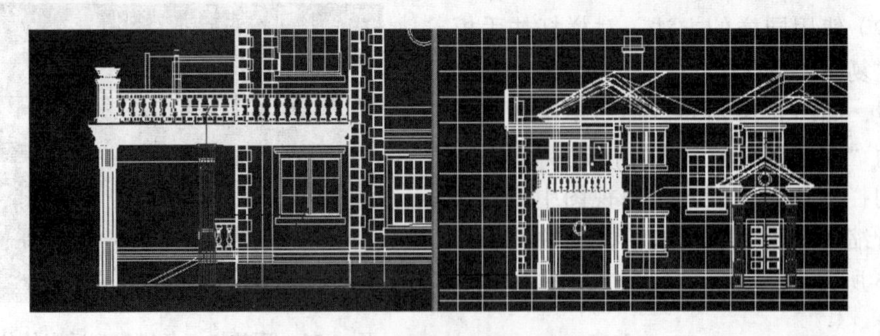

图 8-78　调整圆柱模型的位置

31）单击主工具栏中的“选择并均匀缩放”按钮，选择刚复制的圆柱模型，在左视图中根据立面图沿着 Y 轴进行缩放，调整圆柱模型的长度如图 8-79 所示。

图 8-79　调整圆柱模型的长度

32）激活南立面图。用同样的方法，以“复制”的方式复制两个圆柱模型到别墅的南面，位置如图 8-80 所示。

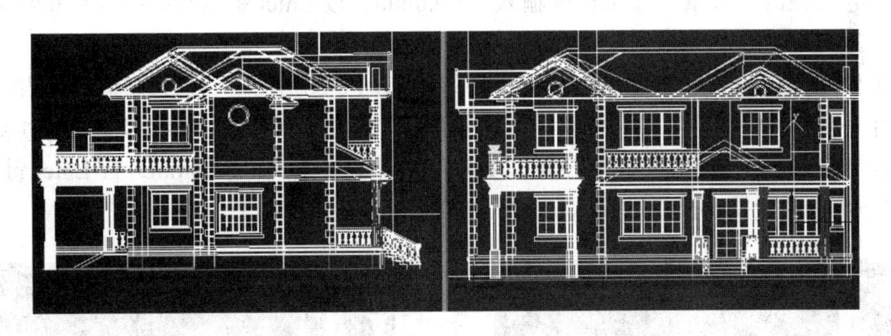

图 8-80　复制圆柱模型到别墅南面

33）复制栏杆模型。在左视图中选择栏杆条模型和栏杆扶手模型，以“复制”的方式进行复制，并根据东立面图放置在适当的位置。然后在前视图中根据北立面图再次调整它们的位置，如图 8-81 所示。另外，复制后的栏杆扶手模型可通过单击主工具栏中的“选择并均匀缩放”按钮进行长度的调整，直至和立面图中的栏杆扶手线条相对应。

图 8-81　复制栏杆模型到适当的位置

34）使用同样的方法，复制栏杆模型到别墅的南面。在左视图中选择栏杆条模型和栏杆扶手模型，以“复制”的方式进行复制，根据南立面图进行调整并放置在适当的位置。

Note

35）单击主工具栏中的“按名称选择”按钮，在弹出的“从场景选择”对话框中按住Shift键根据名称选择所有的栏杆条模型和栏杆扶手模型，单击对话框中的“确定”按钮。此时，视图中所有的栏杆模型都被选中，如图8-82所示。

图8-82 选择所有的栏杆模型

36）选择菜单栏中的“组”→“组”命令，在弹出的“组”对话框中将组命名为“栏杆”。然后单击“确定”按钮退出对话框，使所有的栏杆模型成组。

4. 建立别墅台阶模型

1）单击“创建”按钮，进入“创建”命令面板，然后单击“图形”按钮，在其“对象类型”卷展栏中单击“线”按钮，在左视图中捕捉东立面图右面的台阶线条，绘制一条曲线，如图8-83所示。选择刚绘制的曲线，单击“修改”按钮，进入“修改”命令面板，在“修改器列表”下拉列表中选择“挤出”选项，并在其“参数”卷展栏的“数量”文本框中输入1700.0mm，按Enter键确定，把曲线挤出为台阶模型。

2）使用同样的方法，绘制台阶扶手曲线，如图8-84所示。然后选择刚绘制的曲线，单击“修改”按钮，进入“修改”命令面板，在“修改器列表”的下拉列表中选择“挤出”选项，并在其“参数”卷展栏的“数量”文本框中输入200.0mm，按Enter键确定，把曲线挤出为台阶扶手模型。

图8-83 绘制台阶曲线

图8-84 绘制台阶扶手曲线

3）使用同样的方法，绘制如图8-85所示的曲线。然后选择该曲线，单击“修改”按钮，进入“修改”命令面板，在“修改器列表”下拉列表中选择“挤出”选项，并在其“参数”卷展栏的“数量”文本框中输入200.0mm，按Enter键确定，把曲线挤出为模型。

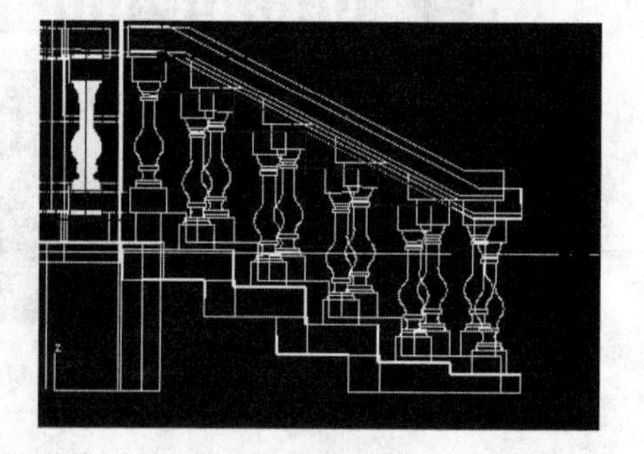
图8-85 绘制曲线

4）选择刚创建的模型，右击，在弹出的快捷菜单中选择“转换为”→“转换为可编辑网格”命令，然后单击“修改”按钮，进入“修改”命令面板，在“编辑几何体”卷展栏中单击“附加”按钮，如图8-86所示。在视图中选择台

阶扶手模型，把两个模型合为一个可编辑网格模型。

5）选择一个栏杆条模型，按住 Shift 键移动该模型，在弹出的“克隆选项”对话框中选中“实例”选项，单击“确定”按钮退出对话框。此时，复制出一个栏杆条模型，根据立面图把该模型移动到适当的位置，作为台阶的栏杆条。

Note

6）使用同样的方法，复制出另外 4 个栏杆条模型，并放置在适当的位置进行排列，结果如图 8-87 所示。

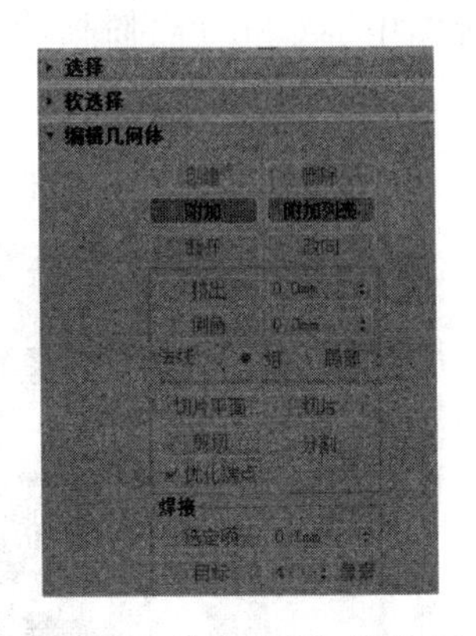

图 8-86　单击“附加”按钮

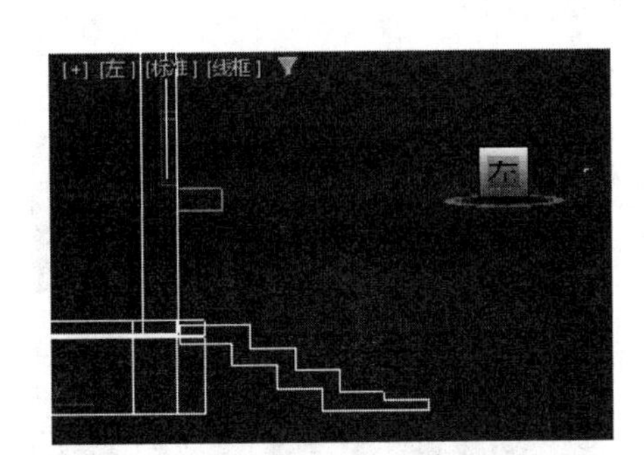

图 8-87　复制栏杆条模型并进行排列

7）按 Ctrl 键，在左视图中依次选择台阶扶手和 5 个台阶栏杆条模型，然后在顶视图中按住 Shift 键向右移动到适当的位置，复制出台阶右面的栏杆模型。此时，透视图中台阶和台阶栏杆的效果如图 8-88 所示。

8）在左视图中选择台阶模型，单击主工具栏中的“镜像”按钮，在弹出的“镜像：屏幕坐标”对话框中设置参数如图 8-89 所示，然后单击“确定”按钮退出对话框。这时，系统沿 X 轴方向镜像复制出一个台阶模型。选择该模型，在左视图中向左移动，根据东立面图放置到别墅北面相应的位置，如图 8-90 所示。

图 8-88　台阶和台阶栏杆效果

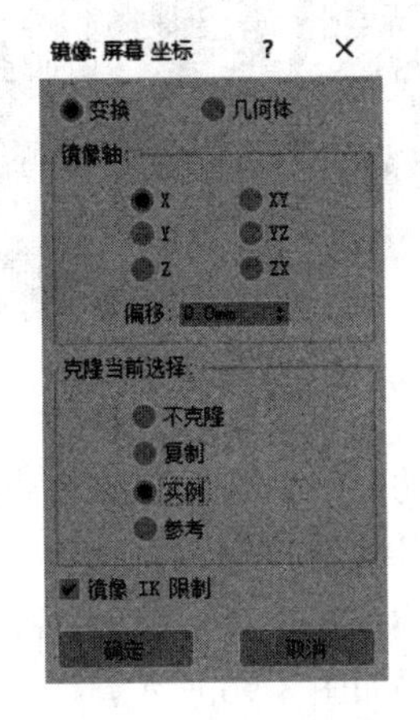

图 8-89　设置镜像参数

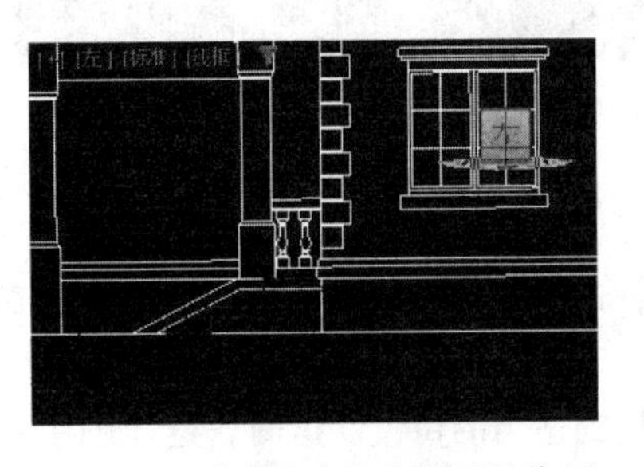

图 8-90　别墅北面台阶模型的位置

Note

9）单击“创建”按钮，进入“创建”命令面板，然后单击“图形”按钮，在其“对象类型”卷展栏中单击“线”按钮，在左视图中绘制如图 8-91 所示的曲线。然后选择该曲线，单击“修改”按钮，进入“修改”命令面板，在“修改器列表”下拉列表中选择“挤出”选项，并在其“参数”卷展栏的“数量”文本框中输入 350.0mm，按 Enter 键确定，把曲线挤出为模型。

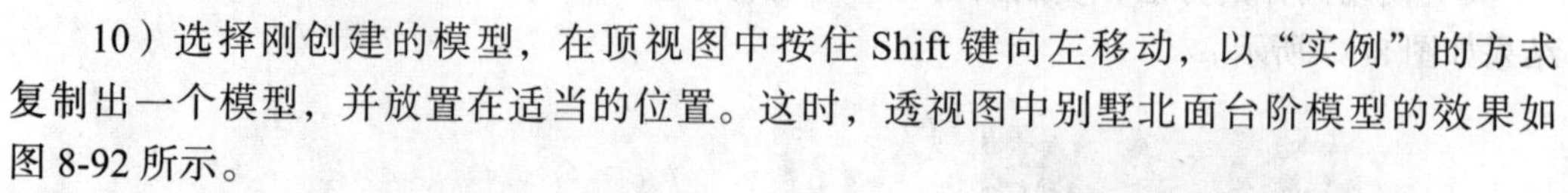

10）选择刚创建的模型，在顶视图中按住 Shift 键向左移动，以“实例”的方式复制出一个模型，并放置在适当的位置。这时，透视图中别墅北面台阶模型的效果如图 8-92 所示。

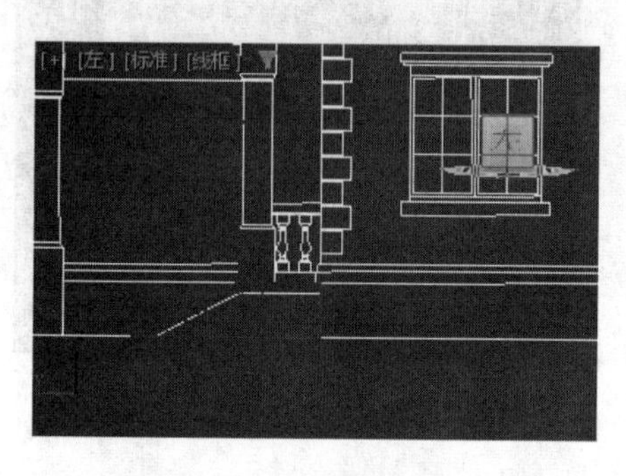

图 8-91　绘制曲线（一）

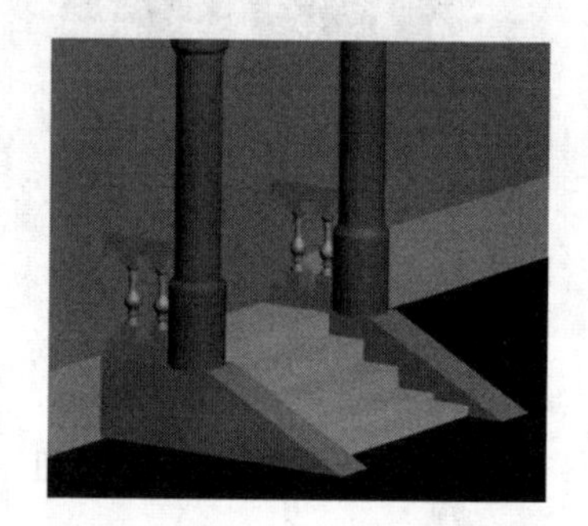

图 8-92　别墅北面台阶模型的效果

11）单击“创建”按钮，进入“创建”命令面板，然后单击“图形”按钮，在其“对象类型”卷展栏中单击“线”按钮，在前视图中绘制如图 8-93 所示的曲线。选择该曲线，单击“修改”按钮，进入“修改”命令面板，在“修改器列表”下拉列表中选择“挤出”选项，并在其“参数”卷展栏的“数量”文本框中输入 1000.0mm，按 Enter 键确定，把曲线挤出为模型。然后在左视图中调整模型到如图 8-94 所示的位置。

图 8-93　绘制曲线（二）

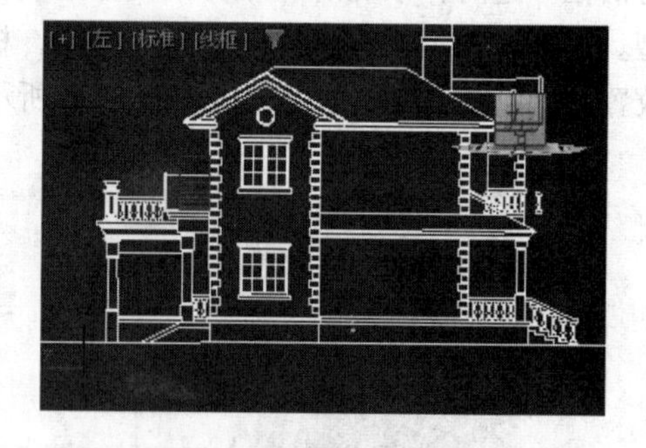

图 8-94　调整模型的位置

12）使用同样的方法，在前视图中绘制如图 8-95 所示的曲线。然后单击“修改”按钮，进入“修改”命令面板，在“修改器列表”下拉列表中选择“挤出”选项，并在其“参数”卷展栏的“数量”文本框中输入 200.0mm，然后将曲线挤出为模型，并在左视图中调整到适当的位置。这时，透视图中别墅北面入口处的效果如图 8-96 所示。

图 8-95　绘制曲线（三）

图 8-96　别墅北面入口处的效果

5. 建立别墅窗户模型

1）单击“创建”按钮，进入“创建”命令面板，然后单击“图形”按钮，在其“对象类型”卷展栏中单击“线”按钮，在前视图中绘制如图 8-97 所示的曲线。单击“修改”按钮，进入“修改”命令面板，在“修改器列表”下拉列表中选择“挤出”选项，并在其“参数”卷展栏的“数量”文本框中输入 600.0mm，然后将曲线挤出为模型，并在顶视图中把模型移动到如图 8-98 所示的位置。

图 8-97　绘制曲线

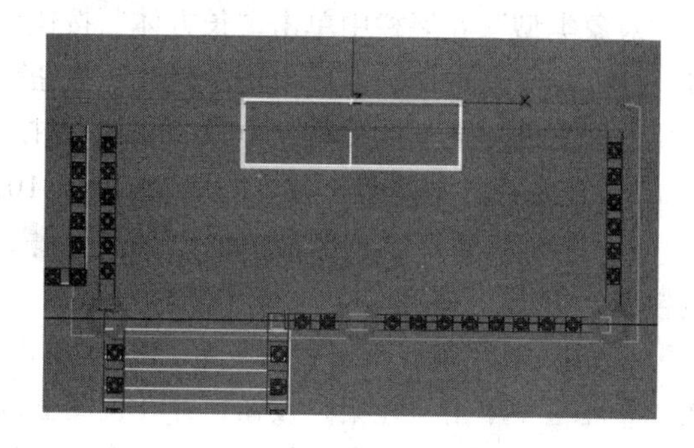

图 8-98　调整模型的位置

2）在左视图选择刚创建的模型，按住 Shift 键进行移动，以“复制”的方式复制出一个模型作为备用。然后右击步骤 1）中创建的模型，在弹出的快捷菜单中选择“转换为”→“转换为可编辑网格”命令。

3）单击“修改”按钮，进入“修改”命令面板，在“编辑几何体”卷展栏中单击“附加”按钮，如图 8-99 所示。然后在视图中选择别墅的墙壁模型，把两个模型合为一个可编辑网格模型。

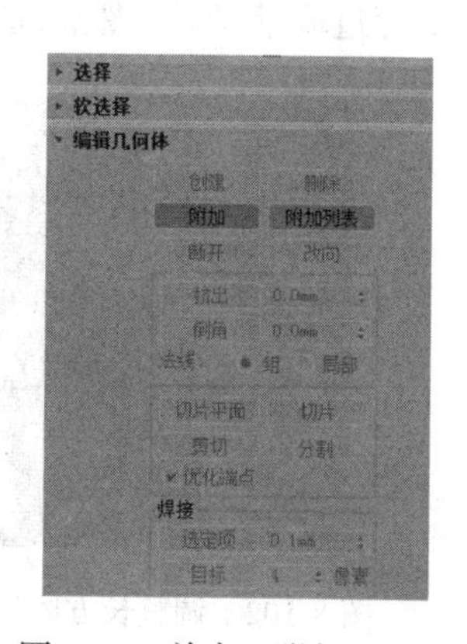

图 8-99　单击“附加”按钮

4）选择步骤 2）中复制的模型，右击，在弹出的快捷菜单中选择“转换为”→“转换为可编辑网格”命令。然后单击“修改”按钮，进入“修改”命令面板，在“编辑样条线”列表中选择“顶点”选项，或者在“选择”卷展栏中单击“顶点”按钮，进入编辑模式，在前视图中和左视图中编辑该模型的节点，调整模型形状如图 8-100 所示。

5）单击“创建”按钮，进入“创建”命令面板，单击“几何体”按钮，在其下

Note

拉列表中选择“复合对象”类型，如图 8-101 所示。在其“对象类型”卷展栏中单击“布尔”按钮，然后在“布尔参数”卷展栏中单击“添加运算对象”按钮，在“运算对象参数”卷展栏中单击“差集”按钮，并在视图上选取步骤 2）中复制的模型，将该模型在墙壁模型上挖去。

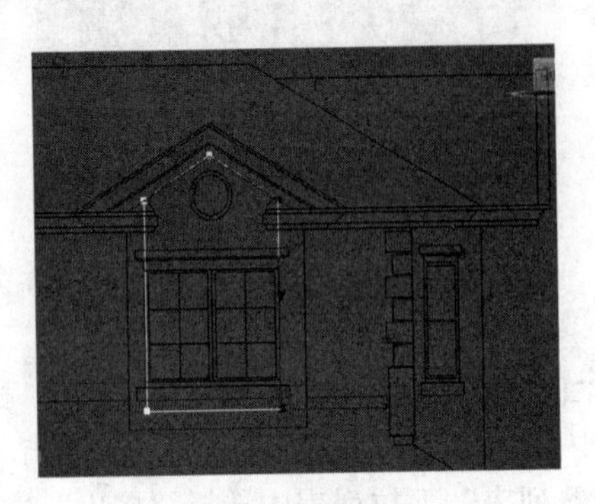

图 8-100　调整模型形状

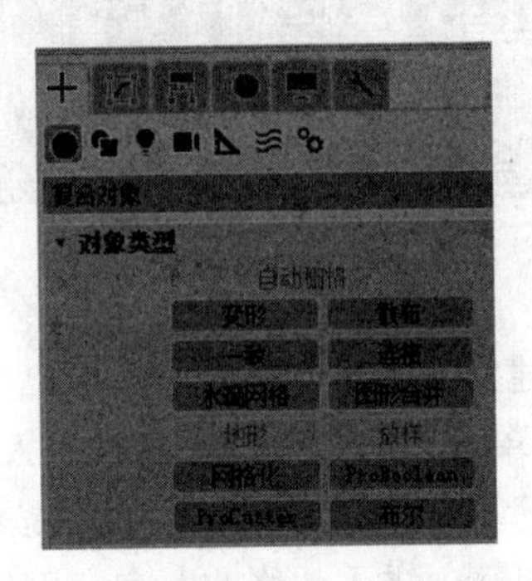

图 8-101　选择“复合对象”类型

6）单击“创建”按钮，进入“创建”命令面板，然后单击“几何体”按钮，在其“对象类型”卷展栏中单击“长方体”按钮，在前视图中捕捉南立面图中右面的窗户线条，建立一个长方体。然后单击“修改”按钮，进入“修改”命令面板，在“参数”卷展栏的“高度”文本框中输入 1000.0mm，并按 Enter 键确定。

7）在左视图中调整长方体的位置如图 8-102 所示，使长方体穿过墙壁模型。

8）选择墙壁模型，单击“创建”按钮，进入“创建”命令面板，单击“几何体”按钮，在其下拉列表中选择“复合对象”类型。在其“对象类型”卷展栏中单击“布尔”按钮，然后在“布尔参数”卷展栏中单击“添加运算对象”按钮，在“运算对象参数”卷展栏中单击“差集”按钮，并在视图上选取长方体，在墙壁模型上挖出窗洞。

9）使用同样的方法，分别捕捉 4 个立面图的窗户线条，创建长方体并调整其位置，使其穿过墙壁模型。然后选择墙壁模型，挖出窗洞。此时别墅的墙壁模型如图 8-103 所示。

图 8-102　调整长方体的位置

图 8-103　别墅的墙壁模型

10）建立窗户模型。在前视图中，单击“创建”按钮，进入“创建”命令面板，然后单击“几何体”按钮，在其“对象类型”卷展栏中单击“长方体”按钮，在前视图中捕捉南立面图中右面的窗台线条，创建一个长方体，然后单击“修改”按钮，进入“修改”命令面板，在其“参数”卷展栏的“高度”文本框中输入 150.0mm。

11）使用同样的方法，继续创建两个长方体，分别在其“参数”卷展栏的“高度”文本框中输入 80 和 300，并按 Enter 键确定。在左视图中调整 3 个长方体的位置，如图 8-104 所示。

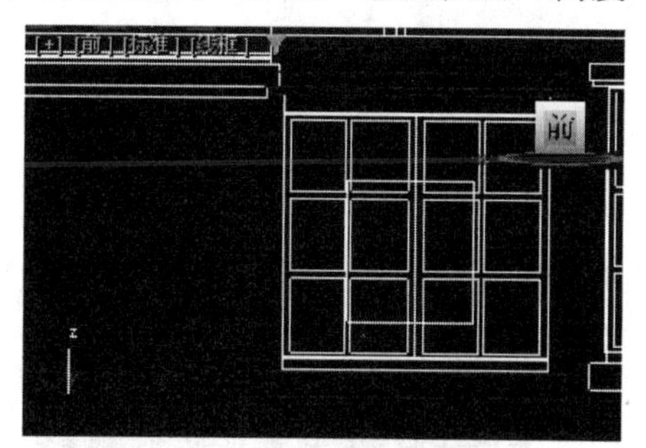

图 8-104 调整 3 个长方体的位置

12）按住 Ctrl 键，依次选择刚创建的 3 个长方体，单击“实用程序”按钮，在其“实用程序”卷展栏中单击“塌陷”按钮，然后在“塌陷”卷展栏中单击“塌陷选定对象”按钮，如图 8-105 所示。此时，3 个立方体被塌陷为一个网格类型的模型。

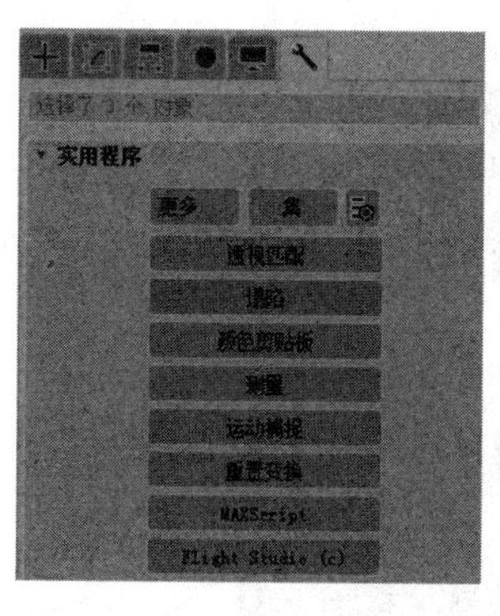

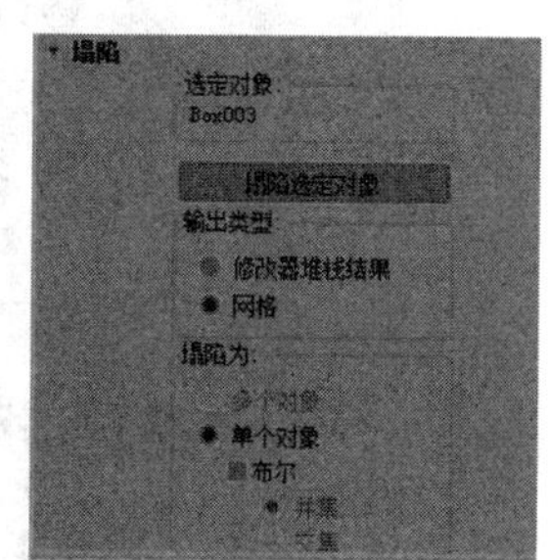

图 8-105 单击“塌陷选定对象”按钮

13）为刚塌陷的模型命名为“窗台”，如图 8-106 所示。

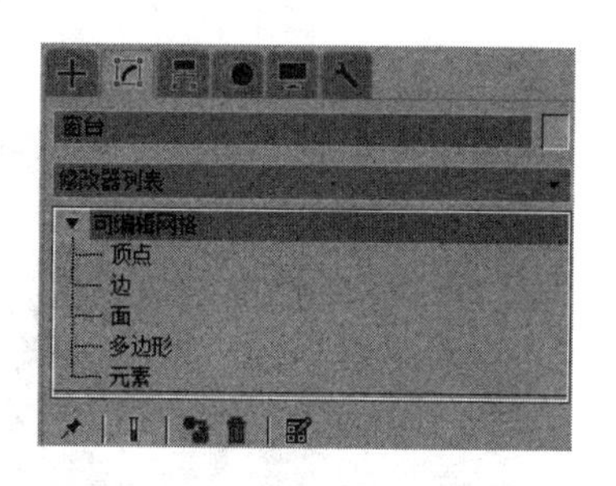

图 8-106 为模型命名

14）创建两个长方体，单击“修改”按钮，进入“修改”命令面板，在其“参数”卷展栏的“高度”文本框中输入 200.0mm。然后在左视图中调整这两个长方体的位置，如图 8-107 所示。按住 Ctrl 键，依次选择这两个长方体，单击“实用程序”按钮，在其“实用程序”卷展栏中单击“塌陷”按钮，把它们塌陷为一个网格类型模型，并在“修改”命令面板中将其命名为“窗台 2”。

15）创建窗框。单击“创建”按钮，进入“创建”命令面板，然后单击“图形”按钮，在其“对象类型”卷展栏中单击“矩形”按钮，在前视图中根据南立面图绘制矩形窗框，如图 8-108 所示。

16）选择矩形，单击“修改”按钮，进入“修改”命令面板，如图 8-109 所示，在“编辑样条线”列表中选择“样条线”选项，或者在“选择”卷展栏中单击“样条线”按钮，进入样条线编辑模式。

17）单击“几何体”卷展栏中的“轮廓”按钮，在“数量”文本框中输入 50.0mm，并按 Enter 键确定，使矩形成为闭合的双线，如图 8-110 所示。

18）确定刚绘制的矩形被选中，取消选中“创建”面板中的“开始新图形”复选框，

Note

在前视图中继续绘制矩形，如图 8-111 所示。

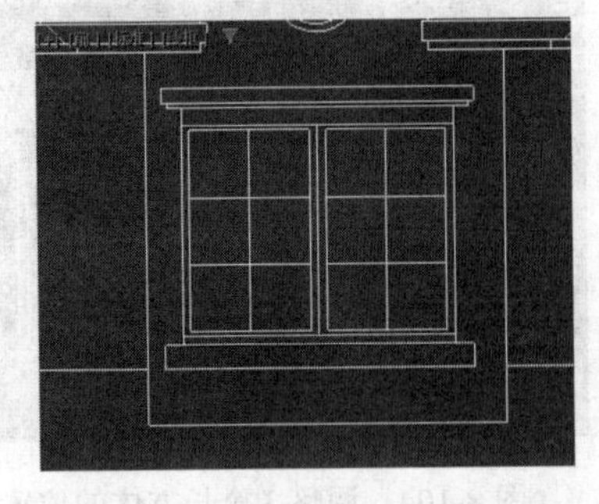
图 8-107　创建两个长方体并调整位置

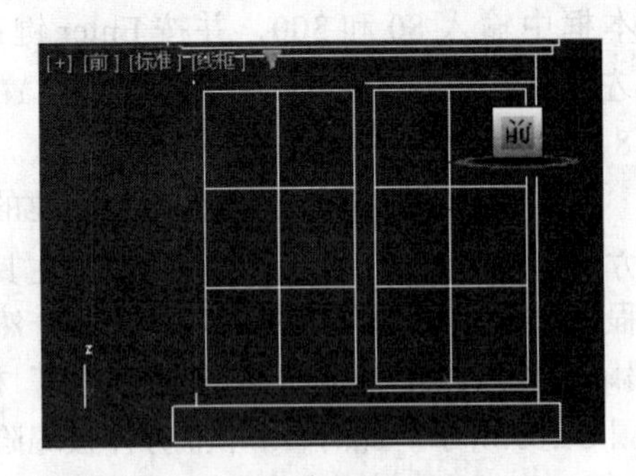
图 8-108　绘制矩形窗框

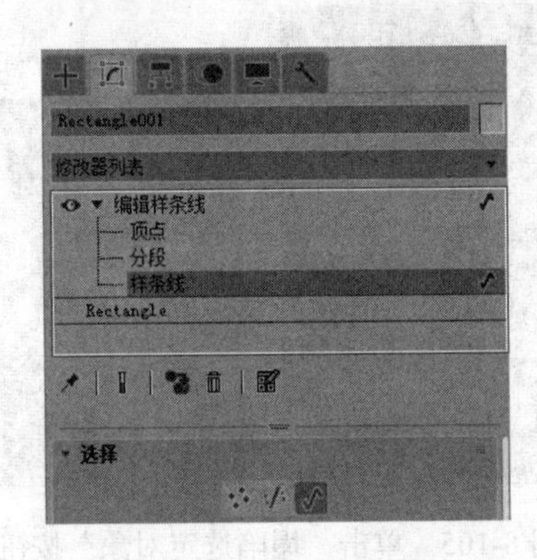

图 8-109　选择“样条线”选项

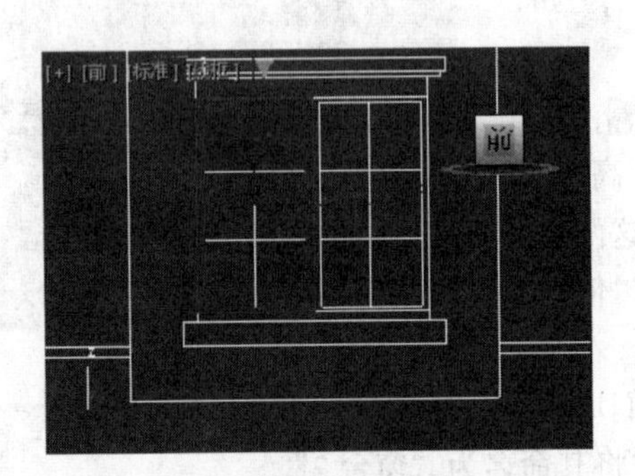
图 8-110　使矩形成为闭合的双线

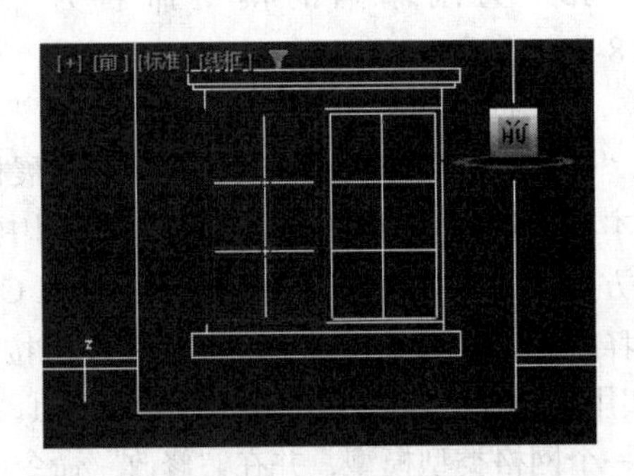
图 8-111　绘制矩形

注意： 窗框由多个矩形组成，当绘制完一个矩形时，需要在取消选中“创建”面板中的“开始新图形”复选框（见图 8-112）后再进行下一个矩形的绘制，这样可使绘制的矩形成组，并且在绘制的过程中可使窗框的矩形线段相交。

19）选择绘制的窗框矩形，单击“修改”按钮，进入“修改”命令面板，在“编辑样条线”列表中选择“样条线”选项，或者在“选择”卷展栏中单击“样条线”按钮，进入线编辑模式。然后单击“几何体”卷展栏中的“修剪”按钮，选择矩形相交部分的线段进行修剪，如图 8-113 所示。修剪后的窗框线条如图 8-114 所示。

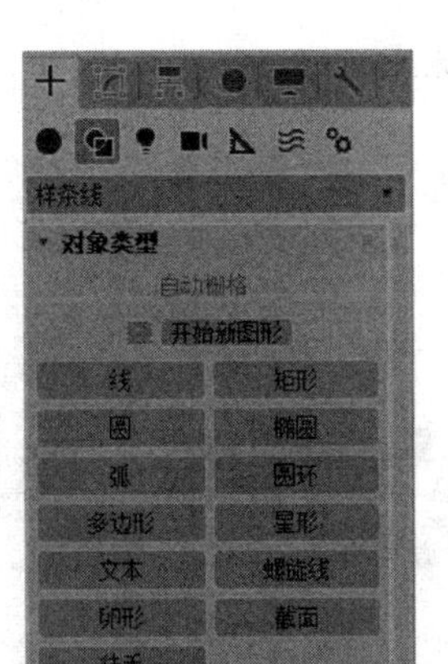

图 8-112　取消选中“开始新图形”复选框

图 8-113　修剪相交线段

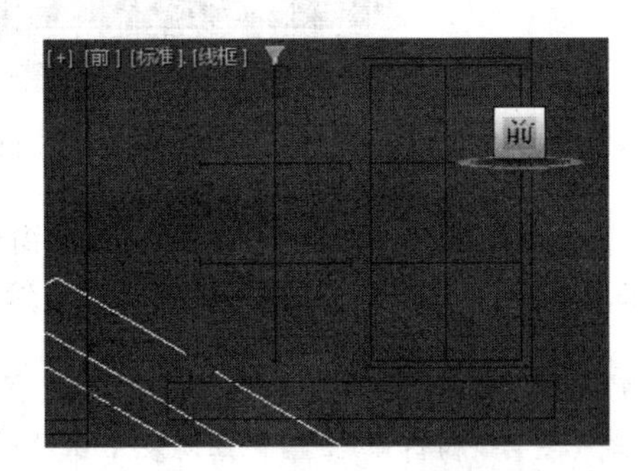

图 8-114　修剪后的窗框线条

20）修剪完相交的矩形线段后，在“选择”卷展栏中单击“顶点”按钮，进入点编辑模式。然后在前视图中框选矩形所有的点，单击“几何体”卷展栏中的“焊接”按钮，在文本框中输入 1.0，再单击“焊接”按钮，对这些点进行焊接。

21）退出窗框模型的点编辑模式，单击“修改”按钮，进入“修改”命令面板，在“修改器列表”下拉列表中选择“挤出”选项（用于拉伸二维线段），在其“参数”卷展栏的“数量”文本框中输入 100.0mm，把矩形挤出为窗户内框。

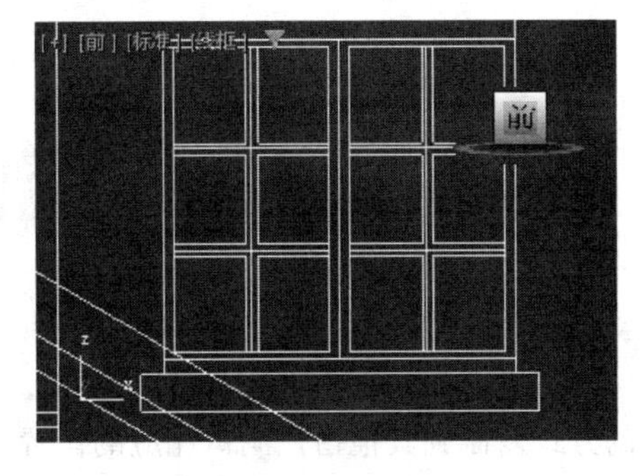

图 8-115　复制窗框

22）选择窗框，按住 Shift 键向右移动，复制一个窗框到如图 8-115 所示的位置。选择这两个窗框，单击“实用程序”按钮，在其“实用程序”卷展栏中单击“塌陷”按钮，把它们塌陷为一个网格类型模型，并在“修改”命令面板中将其命名为“窗框”。

23）制作窗玻璃。单击“创建”按钮，进入“创建”命令面板，然后单击“几何体”按钮，在其“对象类型”卷展栏中单击“长方体”按钮，捕捉窗框创建一个长方体，在左视图中把它放置于窗框中间。单击“修改”按钮，进入“修改”命令面板，在

Note

其“参数”卷展栏的“高度”文本框中输入0.01mm(见图8-116)，将其命名为“窗玻璃”。

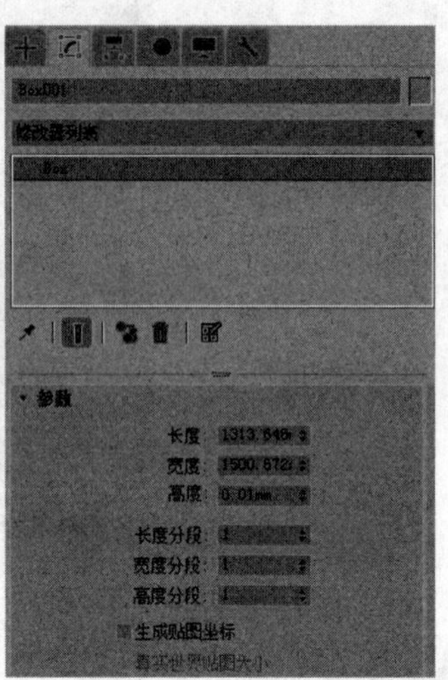

图8-116 设置参数

24）按住Ctrl键，依次选择窗台、窗框和窗玻璃模型，在主工具栏的“编辑命名”文本框中输入“窗户”，如图8-117所示。然后按Enter键确定。

注意：为模型编辑命名，在操作过程中可更加便于选择模型。如图8-118所示，在“编辑命名”下拉列表中选择“窗户”，就能选中初始设定的窗台、窗框和窗玻璃模型。

25）激活透视图，按Shift+Q键进行快速渲染，窗户模型效果如图8-119所示。

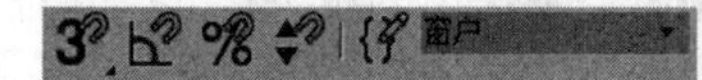

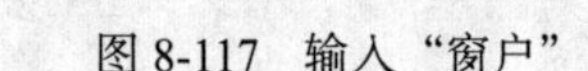

图8-117 输入“窗户”

图8-118 选择“窗户”

图8-119 窗户模型效果

26）选择窗户模型，参考立面图，以“实例”的方式复制到其他窗户洞口相应的位置。此时，透视图效果如图8-120所示。

27）参照南立面图，选择一个窗台模型，以“复制”的方式复制出一个窗台模型并将其放置到别墅南面中部的窗洞位置。然后选择该模型，单击“修改”按钮，进入“修改”命令面板，在“可编辑样条线”列表中选择“顶点”选项，或者在

图8-120 透视图效果

“选择”卷展栏中单击“顶点”按钮，进入顶点编辑模式。在前视图中编辑窗台模型的节点，使其和南立面图中部的窗户相对应，如图 8-121 所示。

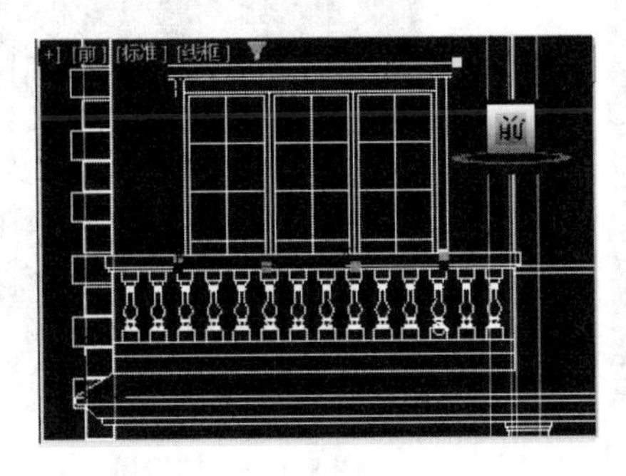

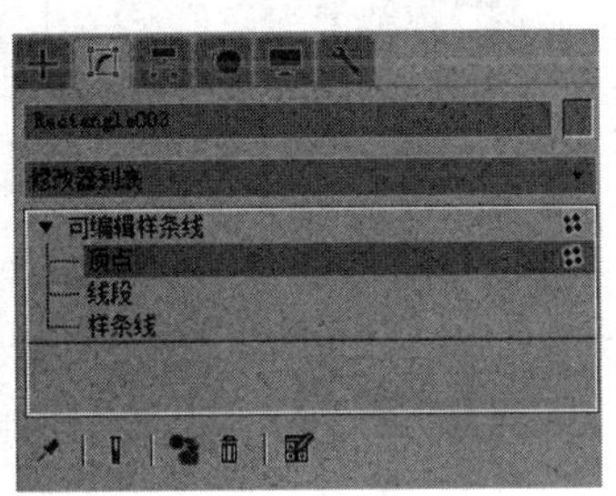

图 8-121　编辑窗台模型的节点

28）选择一个窗框模型，以“复制”的方式复制出一个窗框模型并将其放置到别墅南面中部的窗洞位置。选择该模型，单击“修改”按钮，进入“修改”命令面板，在“可编辑网格”列表中选择“元素”选项，或者在“选择”卷展栏中单击“元素”按钮，进入元素编辑模式，然后在前视图中选择如图 8-122 所示的窗框模型元素。

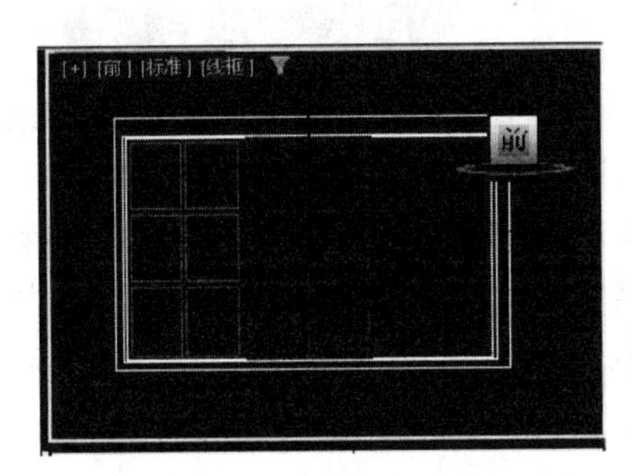

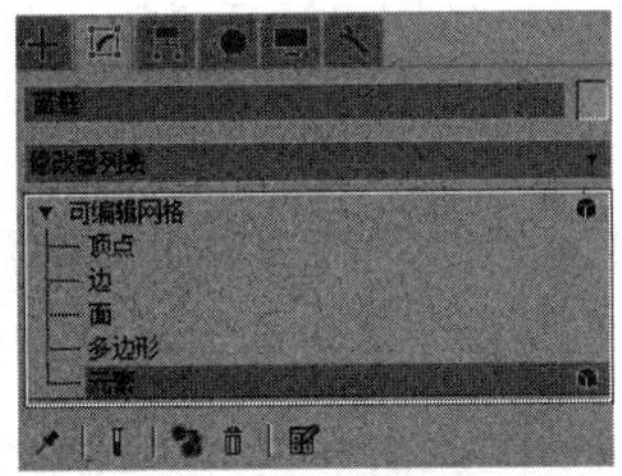

图 8-122　选择窗框模型的元素

29）按住 Shift 键向右拖动选中的窗框模型元素，复制出一个窗框模型元素，放在适当的位置。此时，弹出“克隆部分网格”对话框，如图 8-123 所示。选中“克隆到元素”单选按钮，单击“确定”按钮退出对话框。然后退出网格元素编辑模式。

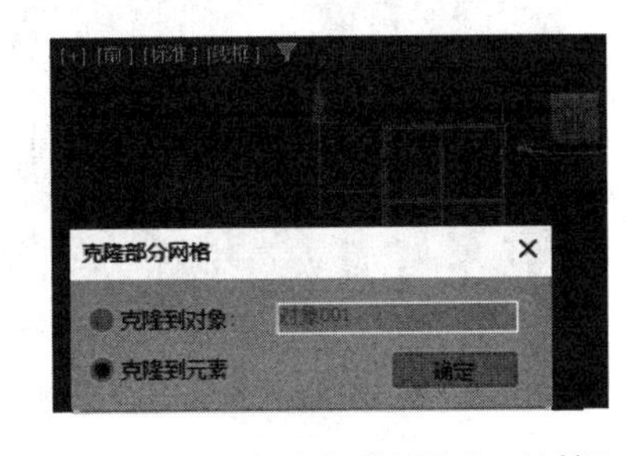

图 8-123　“克隆部分网格”对话框

30）使用与步骤 24）同样的方法，复制窗玻璃模型到别墅南面中部窗户中适当的位置，并进入“顶点”编辑模式调整模型的形状。

31）制作别墅南面右下角的窗框模型。选择别墅南面右上角的窗框模型，按住 Shift 键移动，复制出一个窗框模型，并放置在别墅南面右下角的窗洞位置。选择该模型，单击“修改”按钮，进入“修改”命令面板，在“可编辑网格”列表中选择“元素”选项，或者在“选择”卷展栏中单击“元素”按钮，进入元素编辑模式，然后在前视图中选择如图 8-124 所示的网格元素。

32）对选中的网格元素进行编辑，然后在“选择”卷展栏中单击“顶点”按钮，转换

Note

为点编辑模式，在前视图中编辑模型的节点，如图 8-125 所示。

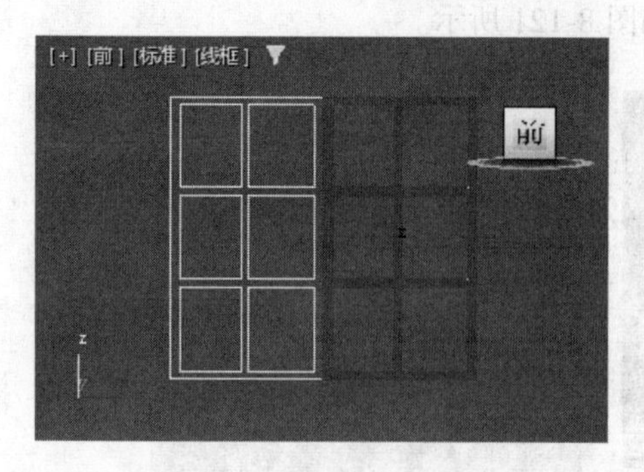

图 8-124　选择网格元素

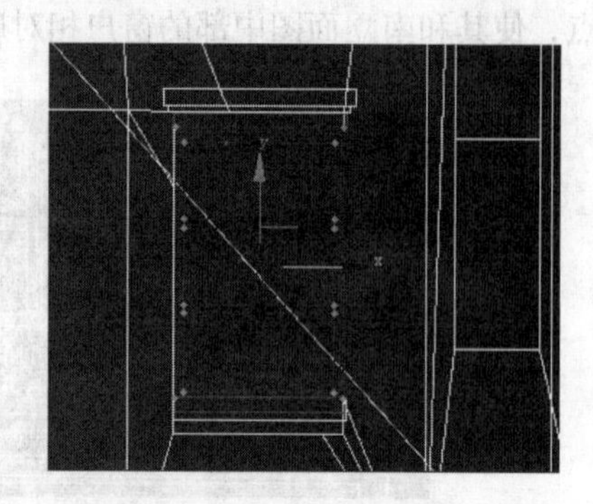

图 8-125　编辑模型的节点

33）在主工具栏的“编辑命名”下拉列表中选择“窗户”，然后在顶视图中选中一组窗户模型进行复制，并把复制的窗户模型放在旁边的任意位置上。

34）选择刚复制的一组窗户模型，单击主工具栏中的“选择并旋转”按钮，再单击 3ds Max 2024 操作界面底部的“偏移模式变换输入”按钮，在 Z 轴的文本框中输入 90.0（见图 8-126），按 Enter 键确定。此时，被选中的窗户模型沿着 Z 轴旋转了 90°。

图 8-126　设置旋转数值

35）参照东立面图，在左视图中把复制的窗户模型放置到适当的位置，然后复制出另外一组窗户模型，也放置在适当的位置。这时，别墅东面的窗户如图 8-127 所示。

36）复制窗户模型到别墅其他的窗洞位置，并进行位置和形状的调整。然后快速渲染透视图，别墅的窗户效果如图 8-128 所示。

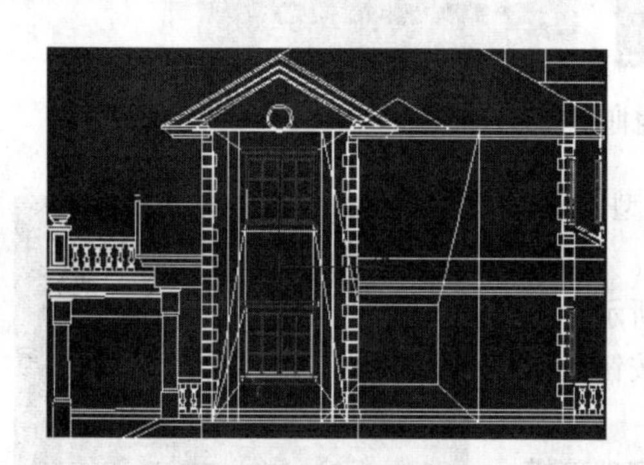

图 8-127　复制并放置别墅东面的窗户

图 8-128　别墅的窗户效果

6. 建立别墅门模型

1）制作别墅南面的大门。单击“创建”按钮，进入“创建”命令面板，然后单击“几何体”按钮，在其“对象类型”卷展栏中单击“长方体”按钮，捕捉南立面图门框创建一个长方体，如图 8-129 所示。然后单击“修改”按钮，进入“修改”命令面板，在其“参数”卷展栏的“高度”文本框中输入 300.0mm。

2）单击“创建”按钮，进入“创建”命令面板，然后单击“图形”按钮，在其“对象类型”卷展栏中单击“线”按钮，在前视图中捕捉南立面图中的门框，绘制门框线

条，如图 8-130 所示。

图 8-129　创建长方体

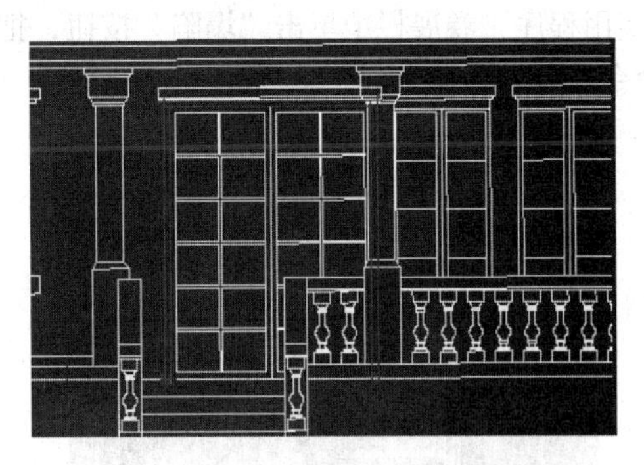

图 8-130　绘制门框线条

3）选择刚绘制的线条，单击“修改”按钮，进入“修改”命令面板，在“修改器列表”下拉列表中选择“挤出”选项，并在其“参数”卷展栏的“数量”文本框中输入 250.0mm，把线条挤出为门框模型。

4）绘制门的内框线条。单击“创建”按钮，进入“创建”命令面板，然后单击“图形”按钮，在其“对象类型”卷展栏中单击“线”按钮，在前视图中捕捉南立面图中相应的线条绘制如图 8-131 所示的曲线。然后选择该曲线，取消选中“开始新图形”复选框，单击“矩形”按钮，在前视图中绘制矩形门内框。

5）使用本节中制作窗户内框的方法，对绘制门框的相交线段进行修剪，并对修剪后的顶点进行焊接。然后单击“修改”按钮，进入“修改”命令面板，在“修改器列表”下拉列表中选择“挤出”选项，并在其“参数”卷展栏的“数量”文本框中输入 100.0mm，挤出门框模型，结果如图 8-132 所示。

图 8-131　绘制曲线

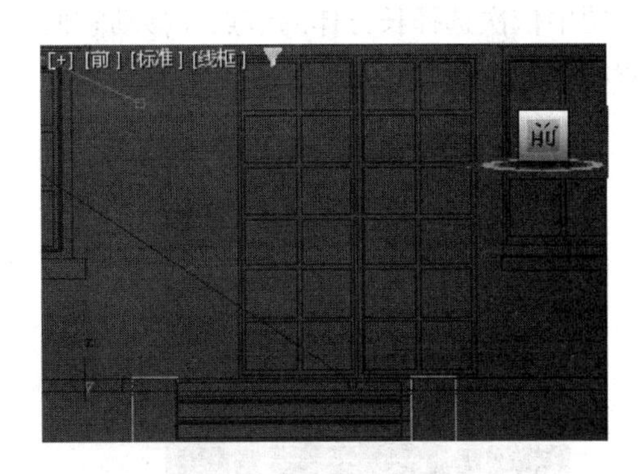

图 8-132　挤出门框模型

6）制作玻璃。单击“创建”按钮，进入“创建”命令面板，然后单击“几何体”按钮，在其“对象类型”卷展栏中单击“长方体”按钮，在前视图中捕捉窗框创建一个长方体，在左视图中把它放置于门框中间。然后在“修改”命令面板中设置其高度为 0.01mm，将其命名为“玻璃”。

7）在前视图中选择门框和玻璃，按住 Shift 键向右移动，复制一组门框和玻璃到如图 8-133 所示的位置。然后在顶视图中调整这两组门框的位置，如图 8-134 所示。选择两

Note

个门框，单击“创建”按钮，进入“创建”命令面板，单击“实用程序”按钮，在其“实用程序”卷展栏中单击“塌陷”按钮，把它们塌陷为一个网格类型模型，并在“修改”命令面板中将其命名为“门框”。

图 8-133　复制一组门框和玻璃

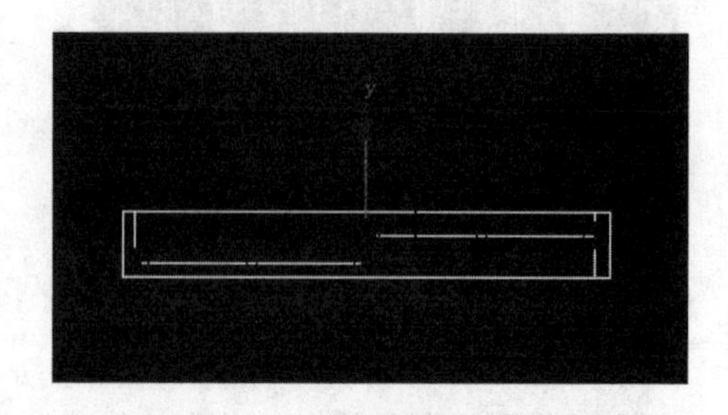

图 8-134　调整门框的位置

8）制作别墅北面的正门。单击“创建”按钮，进入“创建”面板，然后单击“几何体”按钮，在其“对象类型”卷展栏中单击“长方体”按钮，捕捉北立面图门框创建一个长方体，参数设置如图 8-135 所示。这时前视图中的长方体效果如图 8-136 所示。

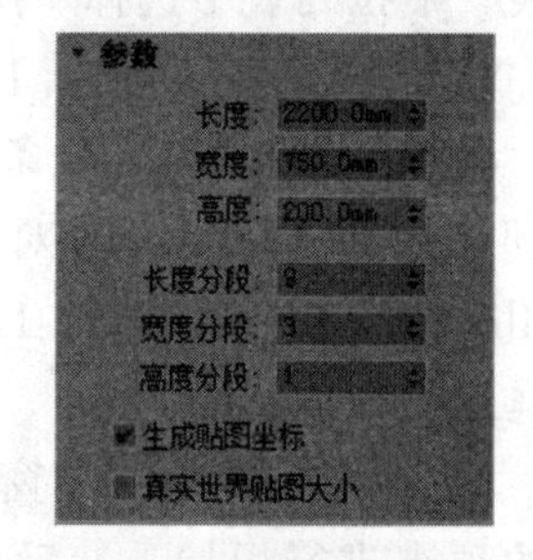

图 8-135　长方体参数设置

9）选择刚创建的长方体，右击，在弹出的快捷菜单中选择“转换为”→“转换为可编辑网格”命令。单击“修改”按钮，进入“修改”命令面板，在“可编辑网格”列表中选择“顶点”选项，或者在“选择”卷展栏中单击“顶点”按钮。然后在前视图中依次选择长方体的节点并移动它们的位置，使长方体线条和北立面图正门的线条位置相一致，如图 8-137 所示。

图 8-136　长方体效果

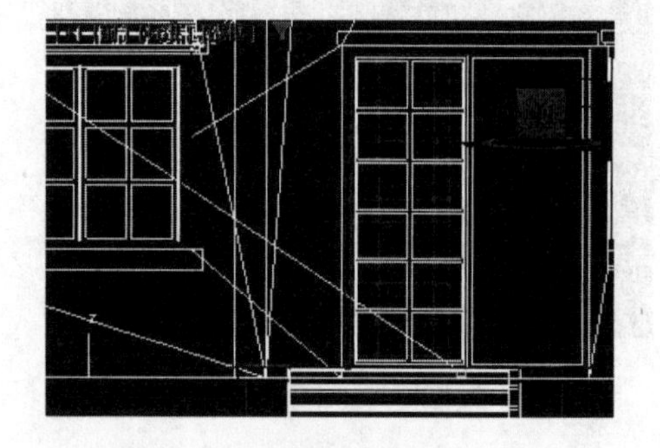

图 8-137　编辑长方体的节点

10）单击“修改”按钮，进入“修改”命令面板，在“可编辑网格”列表中选择“多边形”选项，或者在“选择”卷展栏中单击“多边形”按钮，按住 Ctrl 键依次选择如图 8-138 所示的面，被选中的面显示为红色。

11）单击“修改”按钮，进入“修改”命令面板，在“编辑几何体”卷展栏中选择“挤出”选项，并在其右侧文本框中输入 −40.0，如图 8-139 所示。然后按 Enter 键确定。

此时，长方体上被选中的面向内凹进 −40.0mm 的距离。

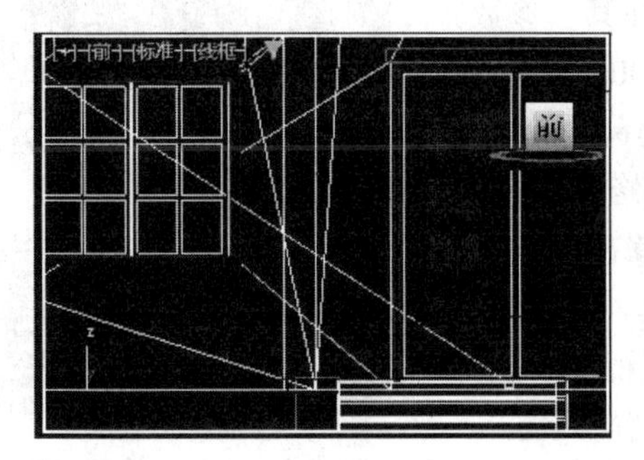

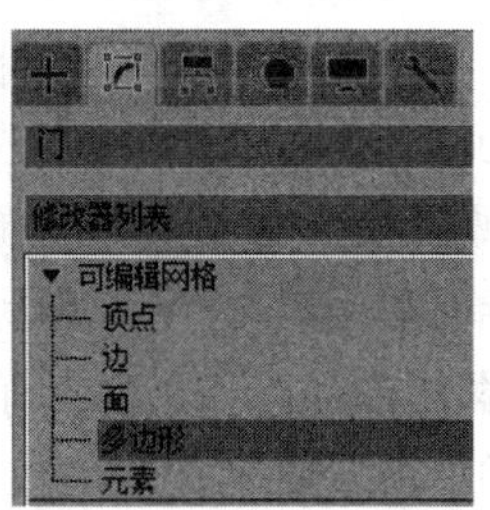

图 8-138　选择长方体的面

12）选择长方体，将其重命名为“门”。然后单击主工具栏中的“镜像”按钮，在弹出的“镜像：世界坐标”对话框中设置选项如图 8-140 所示，单击“确定”按钮退出对话框。在前视图中调整镜像生成的门模型的位置，如图 8-141 所示。

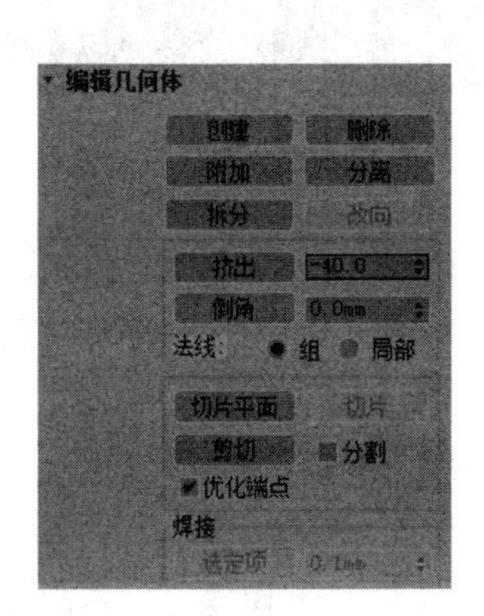

图 8-139　选择“挤出”选项

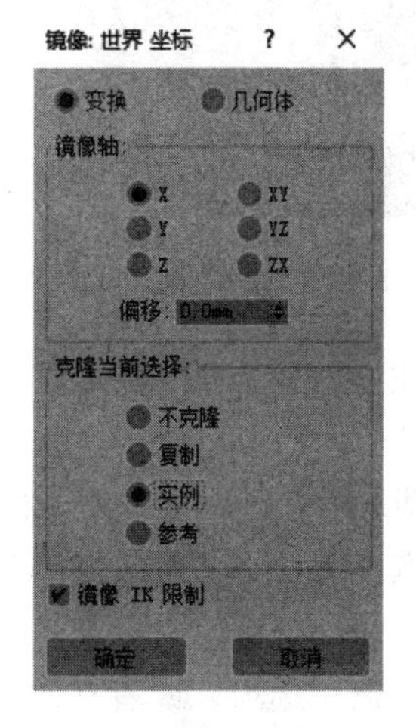

图 8-140　设置“镜像”选项

13）制作车库大门模型。单击“创建”按钮，进入“创建”命令面板，然后单击“图形”按钮，在其“对象类型”卷展栏中单击“线”按钮，在前视图中捕捉北立面图中相应的线条，绘制车库门框的线条，如图 8-142 所示。选择刚绘制的线条，单击“修改”按钮，进入“修改”命令面板，在“修改器列表”下拉列表中选择“挤出”选项，在其“参数”卷展栏的“数量”文本框中输入 250.0mm，然后按 Enter 键确定，将线条挤出为门框模型。

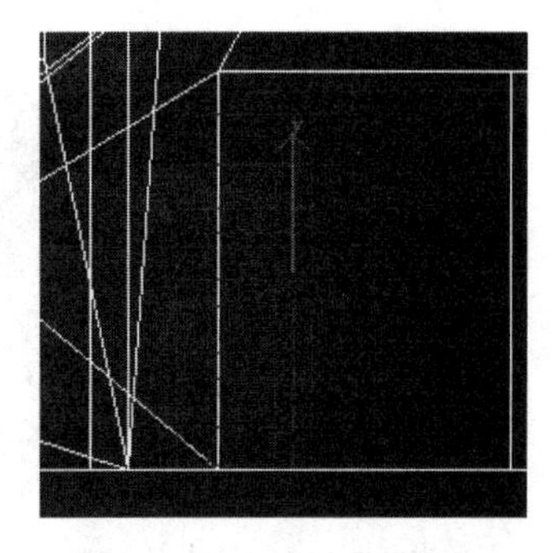

图 8-141　调整门模型的位置

14）单击“创建”按钮，进入“创建”命令面板，然后单击“图形”按钮，在其“对象类型”卷展栏中单击“线”按钮，在左视图中绘制

Note

如图 8-143 所示的曲线。单击"修改按钮 ，进入"修改"命令面板，在"修改器列表"下拉列表中选择"挤出"选项，并在其"参数"卷展栏的"数量"文本框中输入 2000.0mm，然后按 Enter 键确定，将曲线挤出为升降门模型。

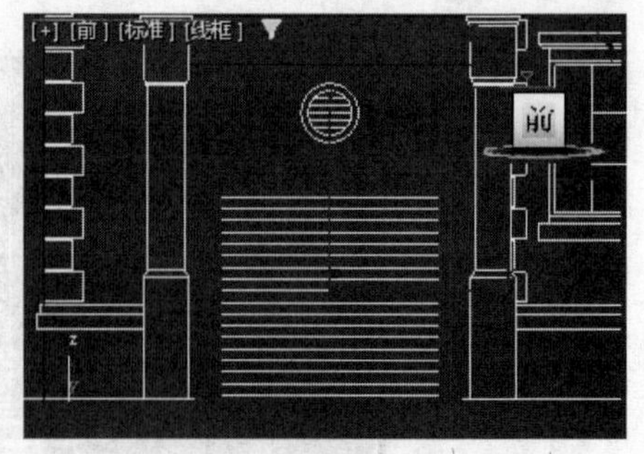

图 8-142　绘制车库门框线条

15）选择升降门模型，单击"修改"按钮 ，进入"修改"命令面板，在"修改器列表"下拉列表中选择"法线"选项，在其"参数"卷展栏中选中"翻转法线"。然后在前视图中把升降门模型调整到如图 8-144 所示的位置。

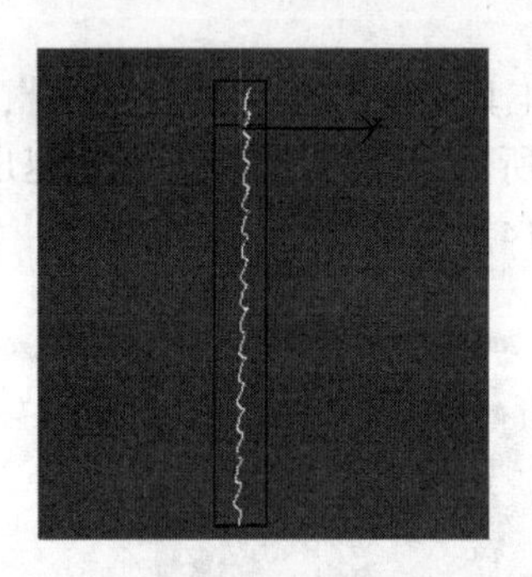

图 8-143　绘制曲线

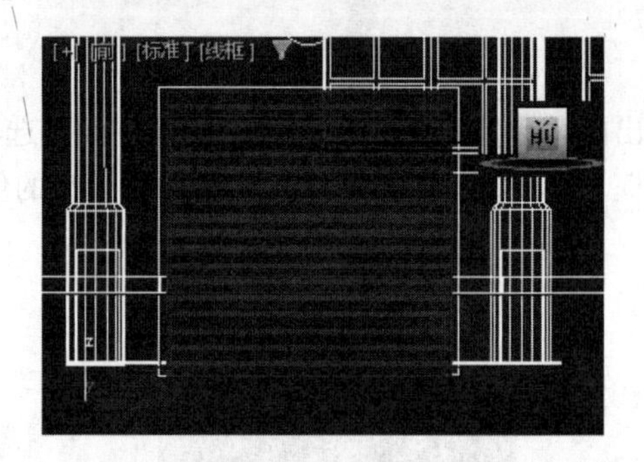

图 8-144　调整升降门模型的位置

16）建立别墅北面二层的门模型。单击"创建"按钮 ，进入"创建"命令面板，然后单击"几何体"按钮 ，在其"对象类型"卷展栏中单击"长方体"按钮，捕捉北立面图二层的门线条，创建长方体，长方体参数设置如图 8-145 所示。

17）选择刚创建的长方体，右击，在弹出的快捷菜单中选择"转换为"→"转换为可编辑网格"命令。单击"修改"按钮 ，进入"修改"命令面板，在"可编辑网格"列表中选择"顶点"选项，或者在"选择"卷展栏中单击"顶点"按钮 ，进入点编辑模式，编辑长方体的点如图 8-146 所示。

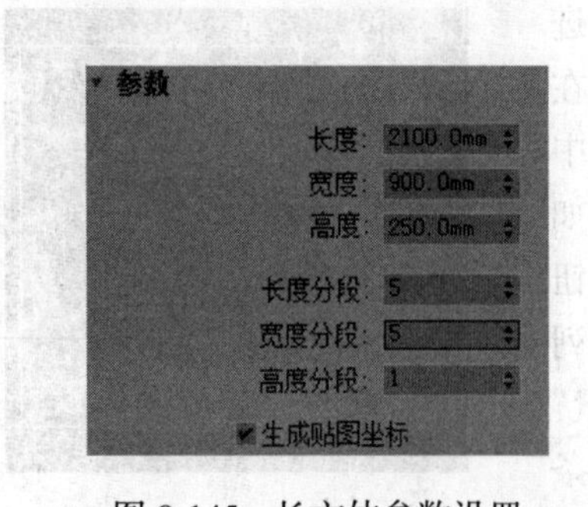

图 8-145　长方体参数设置

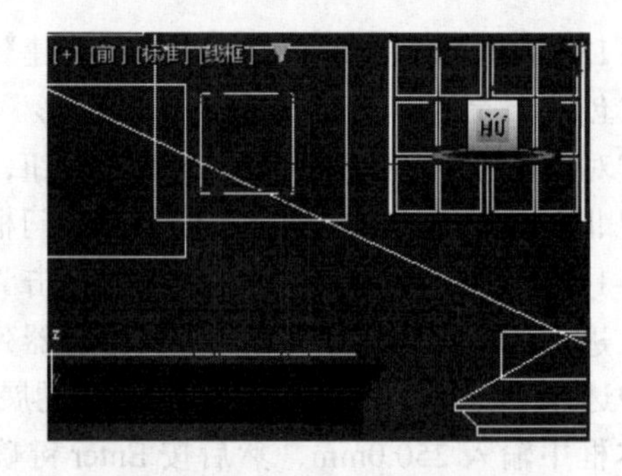

图 8-146　编辑长方体的点

18）在前视图左上角右击"[前]"，在弹出的快捷菜单中选择"后"命令，如图 8-147 所示。这时，前视图转换为后视图。

19）单击“修改”按钮，进入“修改”命令面板，在“可编辑网格”列表中选择“多边形”选项，或者在“选择”卷展栏中单击“多边形”按钮，按住 Ctrl 键依次选择如图 8-148 所示的面，被选中的面显示为红色。

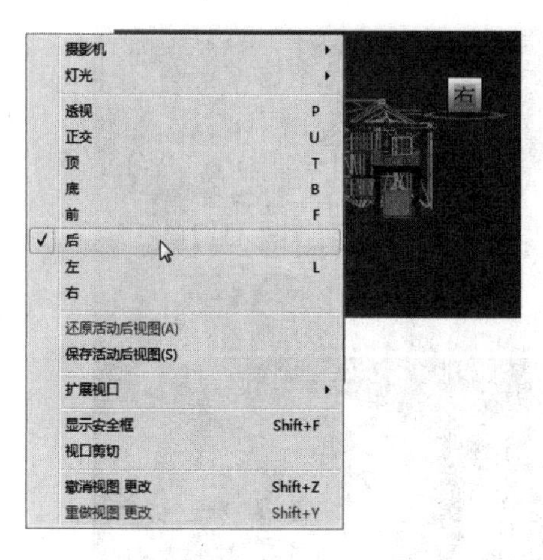

图 8-147　选择“后”命令

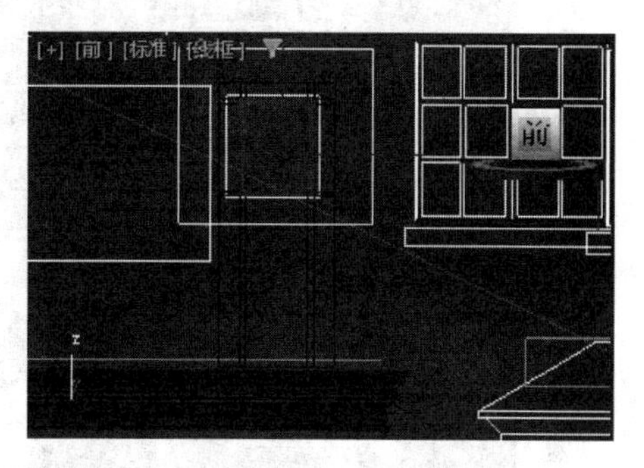

图 8-148　选择面

20）单击“修改”按钮，进入“修改”命令面板，在“编辑几何体”卷展栏中选择“挤出”选项，并在其右侧文本框中输入 40.0mm，然后按 Enter 键确定。这时，长方体被选中的面向外挤出 40.0mm 的距离。

21）在前视图中选择如图 8-149 所示的面，把选中的面删除。然后退出网格多边形编辑模式，并将编辑完的长方体重命名为“门 2”。

22）单击“创建”按钮，进入“创建”命令面板，然后单击“几何体”按钮，在其“对象类型”卷展栏中单击“长方体”按钮，在前视图中创建一个长方体作为门玻璃。然后在“修改”命令面板中设置长方体的高度为 0.01mm，重命名为“玻璃 2”，并把长方体放置在适当的位置。按 F9 键快速渲染透视图，此时别墅北面效果如图 8-150 所示。

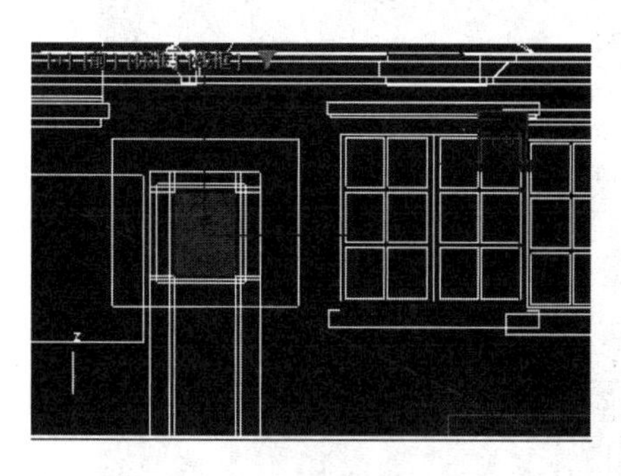

图 8-149　选择面

图 8-150　别墅北面效果

8.1.4　赋予模型材质

1）选择视图中所有的平面图和立面图，按 Delete 键删除。

2）创建摄像机。单击“创建”按钮，进入“创建”命令面板，然后单击“摄像机”

Note

按钮，在其“对象类型”卷展栏中单击“目标”按钮，在前视图中创建一台摄像机。

3）选择透视图，按下 C 键。这时，透视图转为 Camera01 摄像机视图。在其他视图中移动摄像机的位置，调整摄像机视图的视点角度，使摄像机视图如图 8-151 所示。

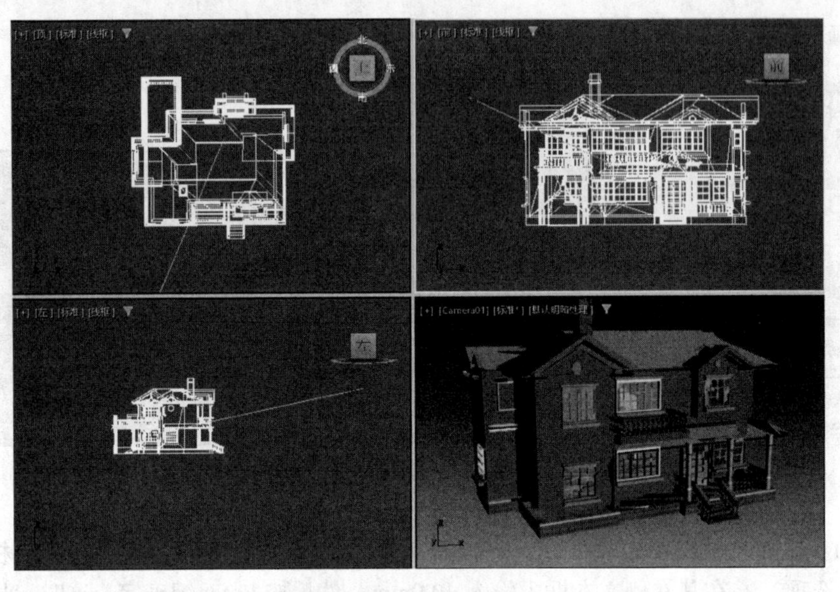

图 8-151　调整摄像机视图

4）在任意视图中选中墙壁模型，单击主工具栏上的“Slate 材质编辑器”按钮，打开“Slate 材质编辑器”对话框，如图 8-152 所示。在该对话框中选择“模式”下拉菜单中的“精简材质编辑器”选项，打开“材质编辑器”对话框，如图 8-153 所示。

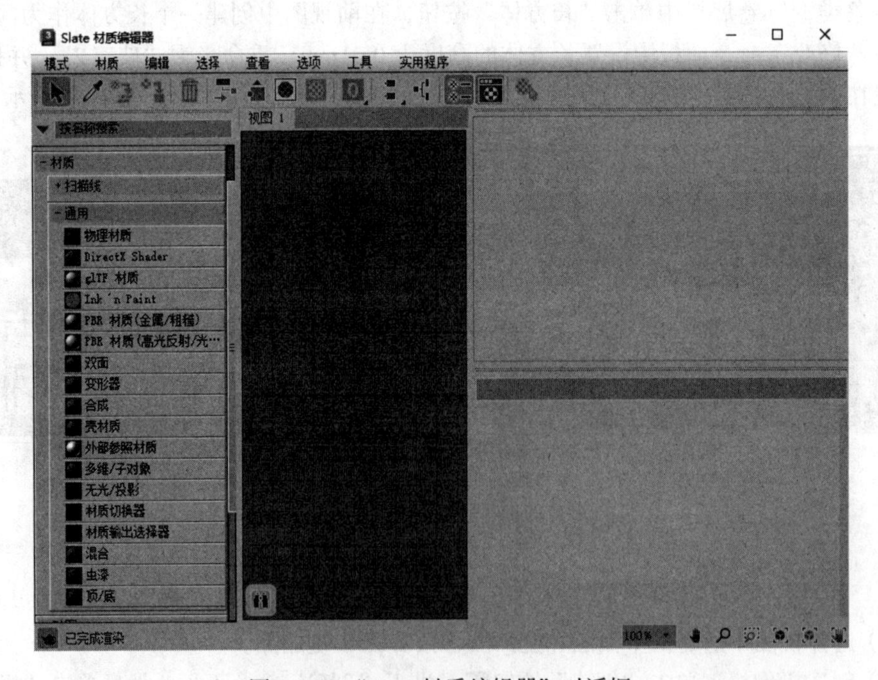

图 8-152　“Slate 材质编辑器”对话框

5）任意选择一个材质球，右击，在弹出的快捷菜单中选择“6×4 示例窗”，设置材质样本窗口如图 8-154 所示。

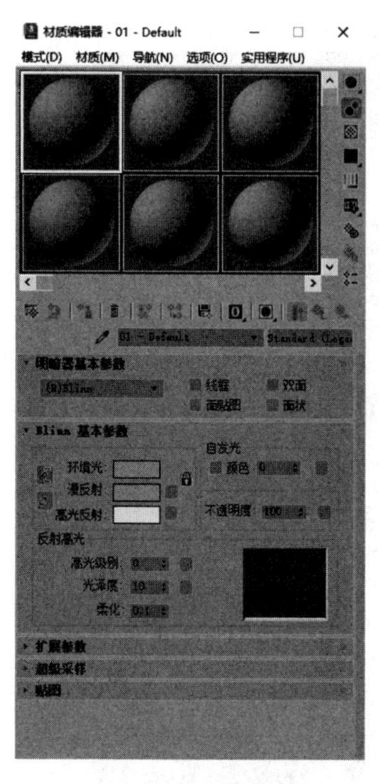

图 8-153　“材质编辑器”对话框

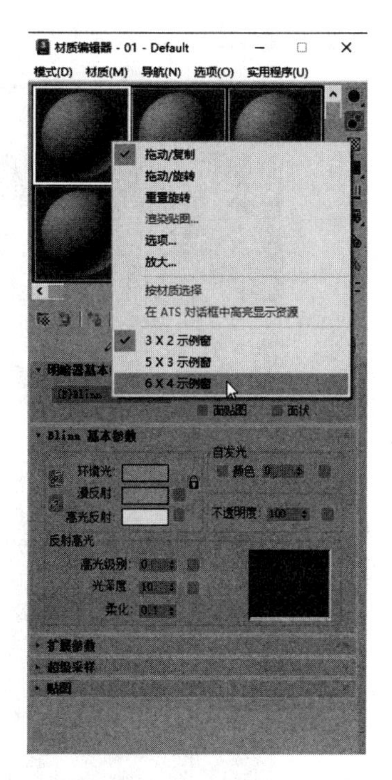

图 8-154　设置材质样本窗口

6）在任意视图中选择墙壁模型，在材质样本窗口中单击一个空白材质球，命名为“墙壁”，并单击“将材质指定给选定对象”按钮，把材质赋予墙壁。在“贴图”卷展栏中单击“漫反射颜色”通道“贴图类型”中的“无贴图”按钮，弹出“材质 / 贴图浏览器”对话框，选择“位图”选项，如图 8-155 所示。然后在弹出的选择框中双击打开电子资料包中提供的“源文件 \ 第 8 章 \ 别墅 \ 墙 .jpg”贴图。

7）选择一个新的材质球，命名为“地面”，并单击“将材质指定给选定对象”按钮，把材质赋予地面。然后给“地面”材质加载“漫反射颜色”通道贴图，在弹出的选择框中选择电子资料包中提供的“源文件 \ 第 8 章 \ 别墅 \ 花岗岩 .jpg”贴图。然后在“位图”面板的“坐标”卷展栏中选中“镜像”复选框，如图 8-156 所示。

8）选择烟囱模型，右击，在弹出的快捷菜单中选择“转换为”→“转换为可编辑网格”命令。单击“修改”按钮，进入“修改”命令面板，在“可编辑网格”列表中选择“多边形”选项，或者在“选择”卷展栏中单击“多边形”按钮，并在视图中框选如图 8-157 所示的部分烟囱模型，被选中的部分显示为红色。然后在“曲面属性”卷展栏的“材质”选项组中设置“选择 ID”参数为 2，如图 8-158 所示。

9）选择菜单栏中的“编辑”→“反选”命令，选中烟囱模型的其余部分，然后给此部分赋予材质的 ID 号为 1。

10）退出多边形编辑模式，在“材质编辑器”对话框中选择一个空白材质球，命名为“烟囱”，并把材质赋予烟囱模型。单击“材质编辑器”对话框中的“标准”材质类型，在

Note

弹出的“材质/贴图浏览器”对话框中选择“多维/子对象”选项。然后在弹出的“替换材质”对话框中如图8-159所示选中单选按钮，并单击“确定”按钮退出对话框。

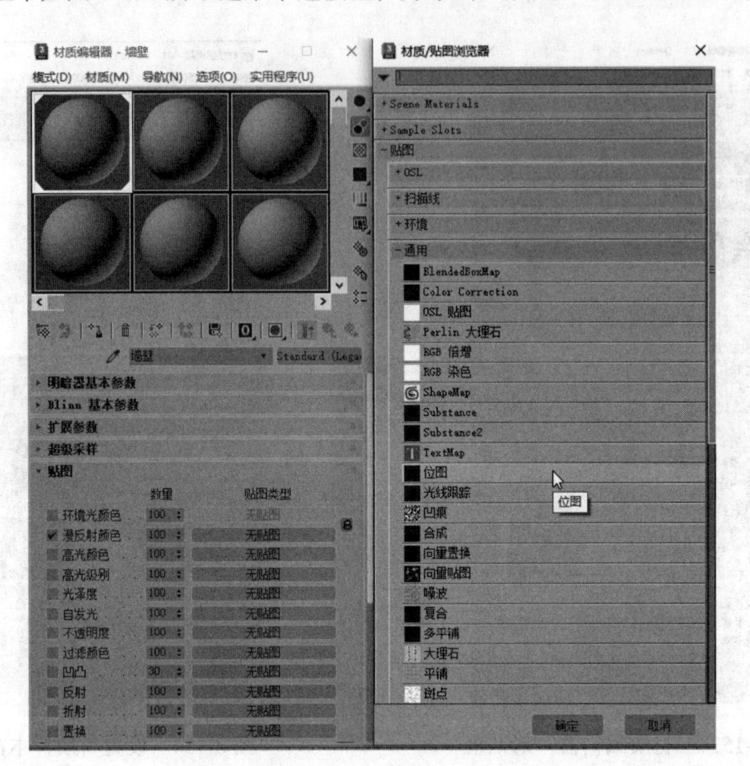

图8-155　选择“位图”选项

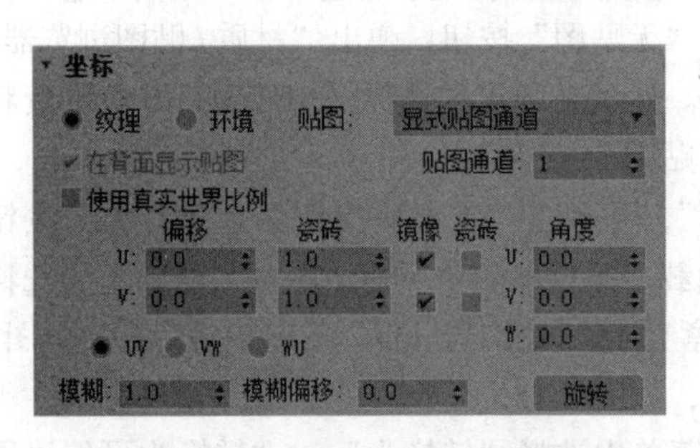

图8-156　选中“镜像”复选框

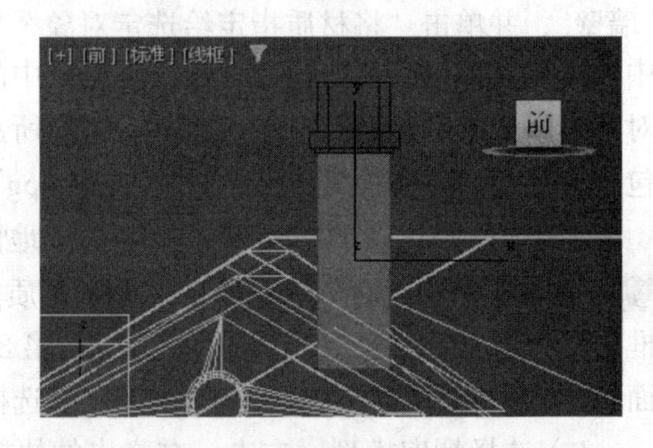

图8-157　框选部分烟囱模型

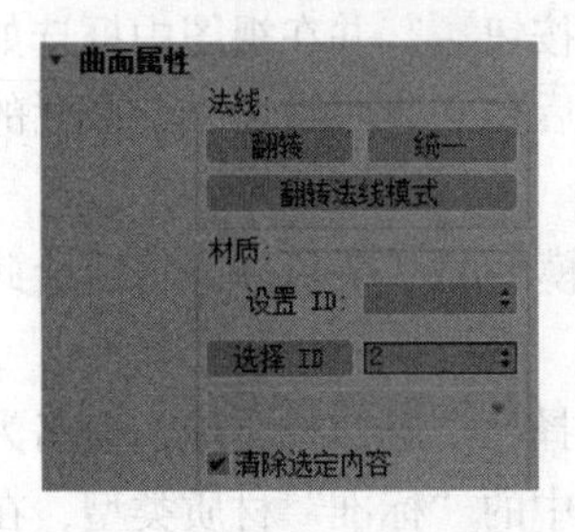

图8-158　设置“选择ID”参数

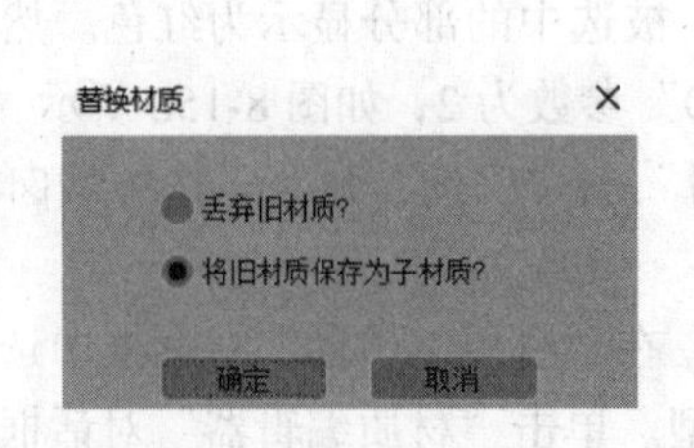

图8-159　“替换材质”对话框

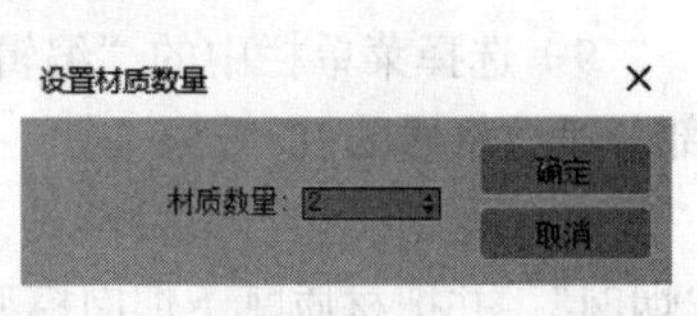

图8-160　“设置材质数量”对话框

11）在“多维 / 子对象基本参数”卷展栏中单击“设置数量”按钮，在弹出的“设置材质数量”对话框中设置“材质数量”为 2，如图 8-160 所示。

12）在“多维 / 子对象基本参数”卷展栏中“名称”按钮下的两个文本框中分别输入材质名称“烟囱 1”和“烟囱 2”，如图 8-161 所示。

13）分别单击“子材质”按钮下面的两个按钮，给“烟囱 1”和“烟囱 2”材质加载“标准”通道贴图，分别选择电子资料包中提供的“源文件 \ 材质 \ 别墅 \ 混凝土 .jpg”和“源文件 \ 第 8 章 \ 别墅 \ 石材 .tif”贴图。其中，“烟囱 1”的贴图参数采用默认设置。

14）进入“烟囱 2”的贴图参数设置面板。在“输出”卷展栏中选中“启用颜色贴图”复选框。然后向上移动贴图曲线显示窗中的两个节点，如图 8-162 所示。这时，材质贴图的色彩变亮。

15）在视图中选择烟囱模型，单击“修改”按钮，进入“修改”命令面板，在“修改器列表”下拉列表中选择“UVW 贴图”选项。然后选中“参数”卷展栏“贴图”选项组中的“长方体”选项，如图 8-163 所示。

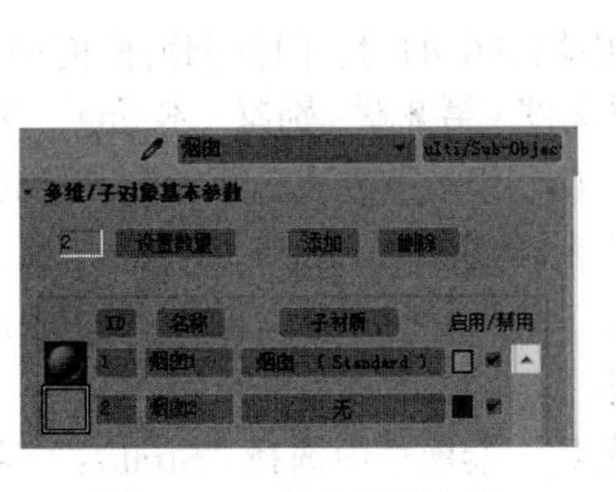

图 8-161　输入材质名称

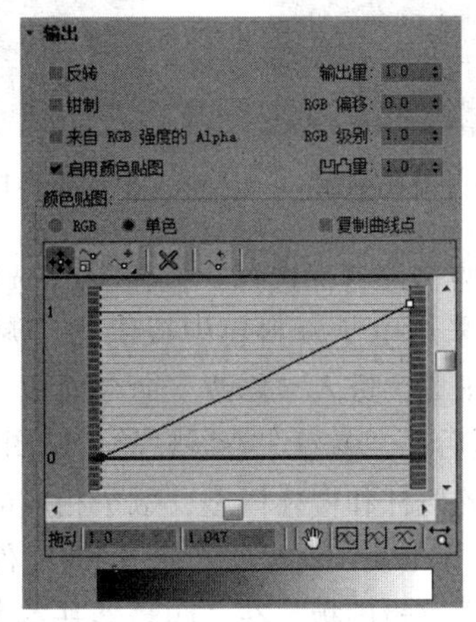

图 8-162　移动贴图曲线节点

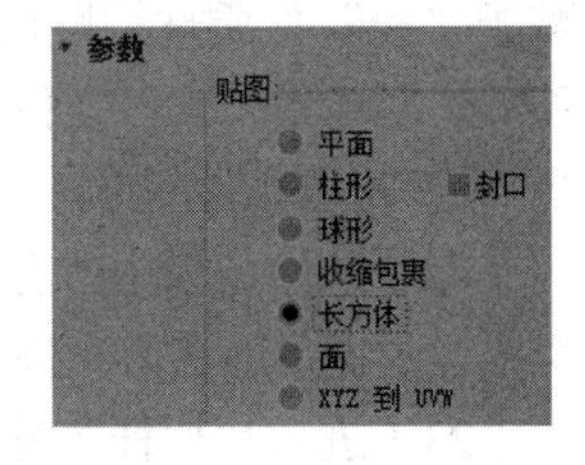

图 8-163　选择贴图方式

16）单击主工具栏中的“按名称选择”按钮，在弹出的“从场景中选择”对话框中根据名称选择所有的柱子模型，如图 8-164 所示。然后单击“确定”按钮。这时场景中所有的柱子都被选中。

17）选择一个新的材质球，命名为“柱”，单击“将材质指定给选定对象”按钮，把材质赋予场景中被选中的柱子模型。然后给“柱”材质加载“漫反射颜色”通道贴图，在弹出的选择框中选择电子资料包中的“源文件 \ 第 8 章 \ 别墅 \ 砂石 .jpg”贴图。

18）在“柱”材质的“贴图”卷展栏中单击“凹凸”通道“贴图类型”中的“无贴图”按钮，

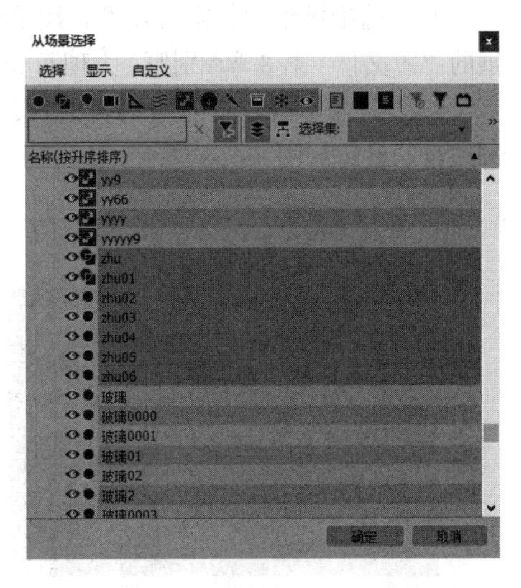

图 8-164　根据名称选择柱子模型

Note

在弹出的“材质 / 贴图浏览器”对话框中选择“细胞”选项。

19）在“细胞”贴图面板中单击“转到父对象”按钮，回到“柱”材质面板。在“贴图”卷展栏中为“凹凸”贴图设置“数量”为 10，如图 8-165 所示。

20）分别选择场景中的柱子，单击“修改”按钮，进入“修改”命令面板，在“修改器列表”下拉列表中选择“UVW 贴图”选项。然后在“参数”卷展栏的“贴图”选项组中选择“柱形”选项，在“对齐”选项组中选择“X”坐标，并单击“适配”按钮，如图 8-166 所示。

贴图

	数量	贴图类型
环境光颜色	100	无贴图
✔漫反射颜色	100	贴图 #5 (FLOOR001.JPG)
高光颜色	100	无贴图
高光级别	100	无贴图
光泽度	100	无贴图
自发光	100	无贴图
不透明度	100	无贴图
过滤颜色	100	无贴图
✔凹凸	10	贴图 #6 (Cellular)
反射	100	无贴图
折射	100	无贴图
置换	100	无贴图

图 8-165　设置“凹凸”贴图数量

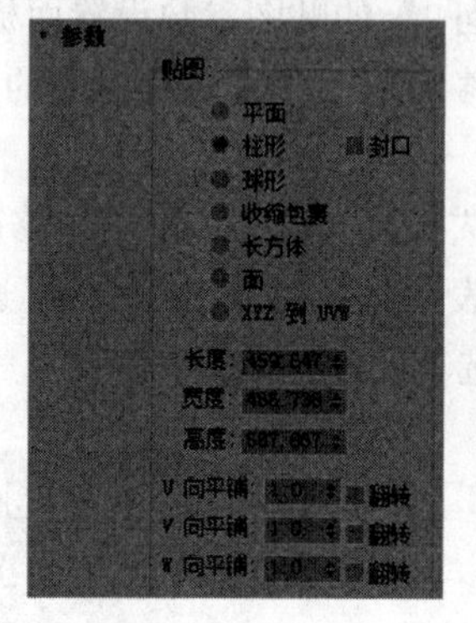

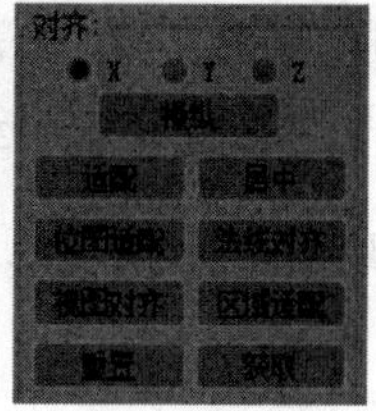

图 8-166　设置“UVW 贴图”参数

21）单击主工具栏中的“按名称选择”按钮，选中场景中的门、门框和窗框模型，赋予“木”材质球，贴图采用电子资料包中提供的“源文件 \ 第 8 章 \ 别墅 \ 木 .jpg”文件。然后单击“修改”按钮，进入“修改”命令面板，在“修改器列表”下拉列表中选择“UVW 贴图”选项。然后在“参数”卷展栏的“贴图”选项组中选择“长方体”选项。

22）选中场景中所有的栏杆和楼梯模型，赋予相应的“栏杆”材质球，贴图采用电子资料包中提供的“源文件 \ 第 8 章 \ 别墅 \ 栏杆 .jpg”文件。

23）进入“栏杆”材质编辑面板，在“明暗器基本参数”卷展栏中选择“Strauss”选项。然后在“Strauss 基本参数”卷展栏中设置栏杆的基本材质参数，如图 8-167 所示。

24）选中场景中的窗台模型，赋予相应的“窗台”材质球，贴图采用电子资料包中提供的“源文件 \ 第 8 章 \ 别墅 \ 大理石 .jpg”文件。

25）进入“窗台”材质编辑面板，在“Blinn 基本参数”卷展栏中设置“反射高光”选项组的参数如图 8-168 所示。

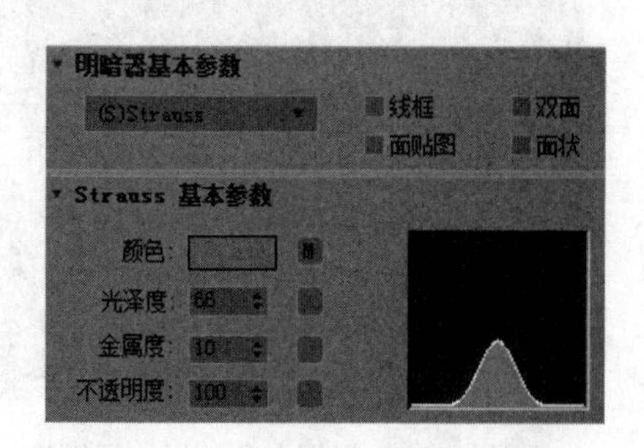

图 8-167　设置栏杆材质基本参数

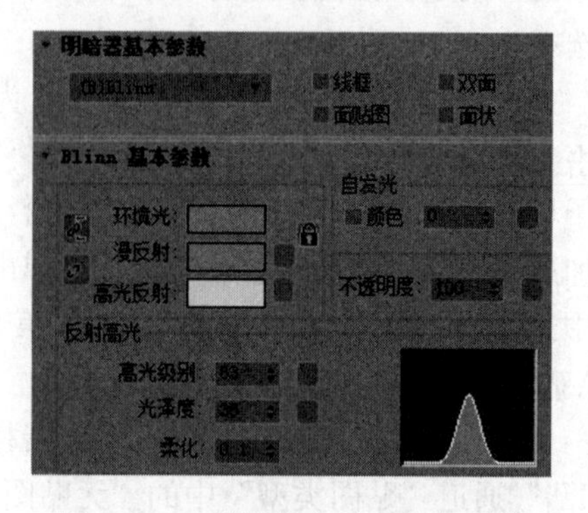

图 8-168　设置窗台材质基本参数

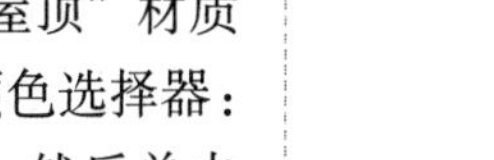

26）选中场景中的屋顶和屋檐条模型，赋予相应的“屋顶”材质球。在“屋顶”材质编辑面板中，单击“Blinn 基本参数”卷展栏中的“漫反射”颜色框，弹出“颜色选择器：漫反射颜色”对话框。在该对话框中设置屋顶的漫反射颜色如图 8-169 所示。然后单击“确定”按钮退出对话框。

27）在“屋顶”材质编辑面板的“Blinn 基本参数”卷展栏中调整“反射高光”选项组的参数如图 8-170 所示。

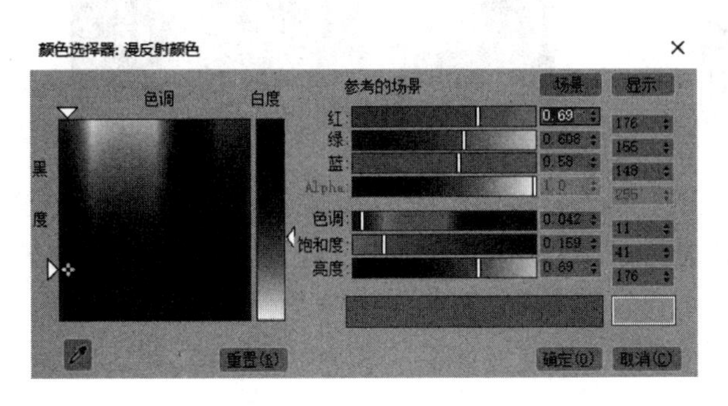

图 8-169　设置屋顶漫反射颜色

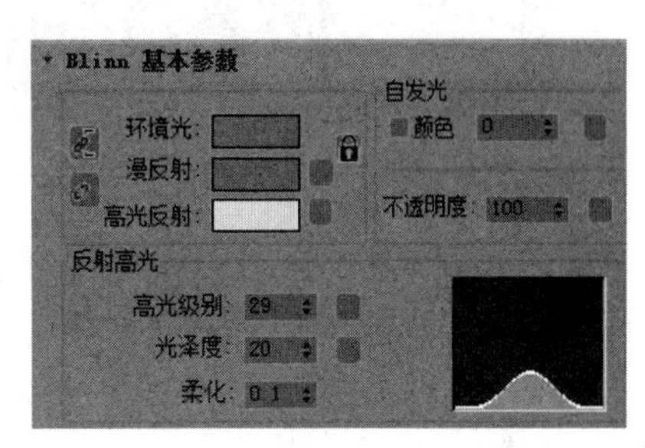

图 8-170　调整反射高光参数

28）选中场景中所有的玻璃模型，赋予相应的“玻璃”材质球。进入“玻璃”材质编辑面板，在“明暗器基本参数”的下拉列表中选择“各向异性”选项。

29）在材质编辑面板的“各向异性基本参数”卷展栏中设置各项参数，如图 8-171 所示。

30）在材质编辑面板的“贴图”卷展栏中，单击“反射”通道“贴图类型”中的“无贴图”按钮，在弹出的“材质 / 贴图浏览器”对话框中选择“位图”，贴图采用电子资料包中提供的“源文件 \ 第 8 章 \ 别墅 \ 风景 .jpg”文件。然后设置“反射”贴图的“数量”为 40，如图 8-172 所示。

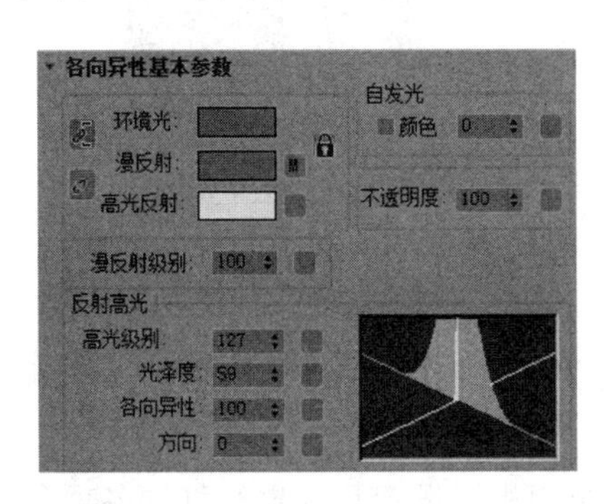

图 8-171　设置玻璃漫反射颜色

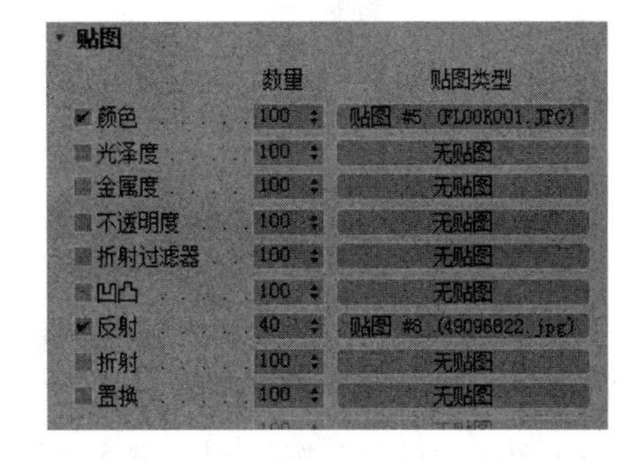

图 8-172　调整反射高光和不透明参数

31）进入“反射”贴图编辑面板，在“坐标”卷展栏的“模糊”文本框中设置贴图模糊数值如图 8-173 所示。

32）设置完成模型贴图后，单击“材质编辑器”对话框中的“视口中显示明暗处理材质”按钮，观察材质贴图在视图中的纹理效果是否正确。

33）激活摄像机视图，按 F9 键进行快速渲染，渲染效果如图 8-174 所示。

Note

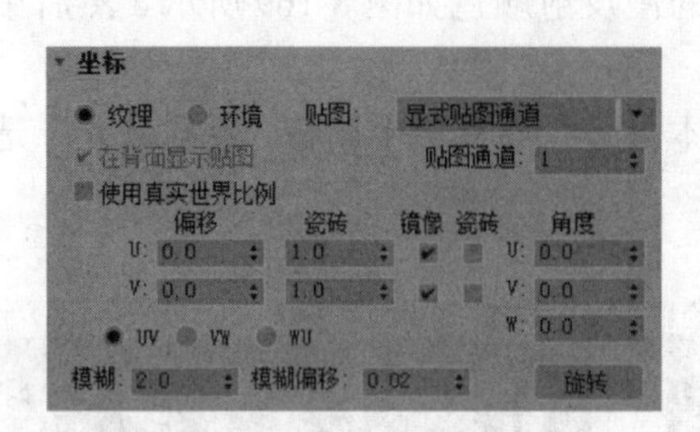

图 8-173　设置贴图模糊数值

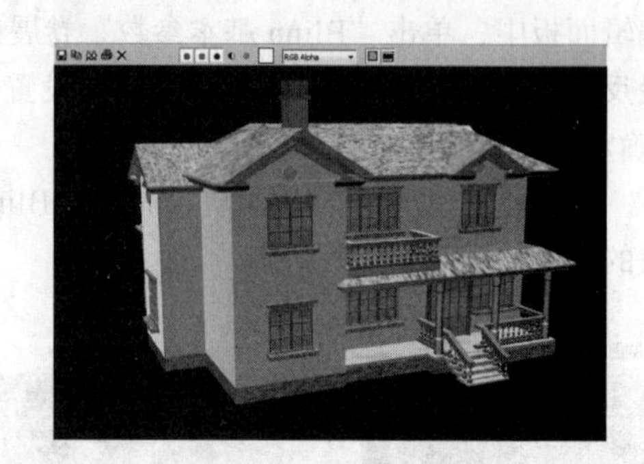

图 8-174　渲染效果

从渲染效果来看，整张图像显得比较灰暗，这是因为没有设置灯光的原因。下面为场景添加灯光，继续完善图像效果。

8.1.5　设置灯光

1）单击主工具栏中的“选择过滤器”，在其下拉菜单中选择“L-灯光”，如图 8-175 所示。这样，在场景中能针对性地选择灯光模型。单击“创建”按钮，进入“创建”命令面板，然后单击“灯光”按钮，在其“对象类型”卷展栏中单击“目标聚光灯”按钮，如图 8-176 所示。

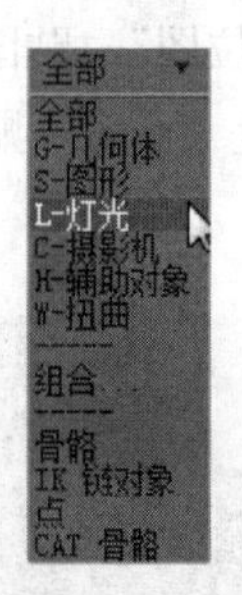

图 8-175　选择“L-灯光”

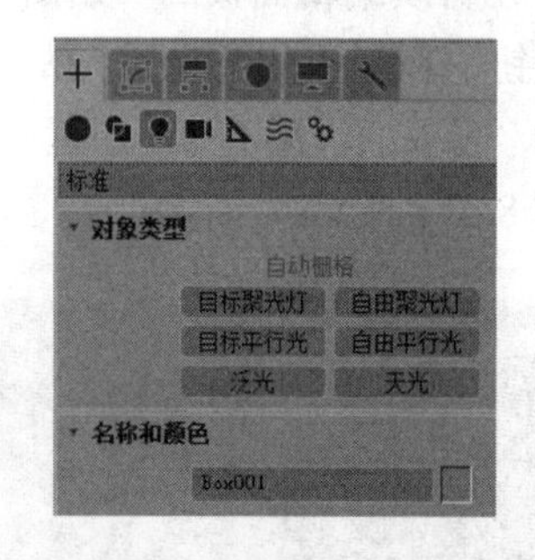

图 8-176　选择“目标聚光灯”

2）在视图上按住鼠标左键拖动创建一盏目标聚光灯，作为场景的主光源。然后调整灯光的位置，如图 8-177 所示。

3）单击“修改”按钮，进入“修改”命令面板，设置目标聚光灯的各项参数如图 8-178 所示。

4）快速渲染摄像机视图，设置主光源后的渲染效果如图 8-179 所示。从渲染效果图来看，场景已经有了阴影，但整体仍旧比较灰暗。下面为它创建辅助光源。

5）单击“创建”按钮，进入“创建”命令面板，然后单击“灯光”按钮，在其“对象类型”卷展栏中单击“泛光”按钮，在视图中创建一盏泛光作为场景的辅助光源。然后调整其在视图中的位置，如图 8-180 所示。

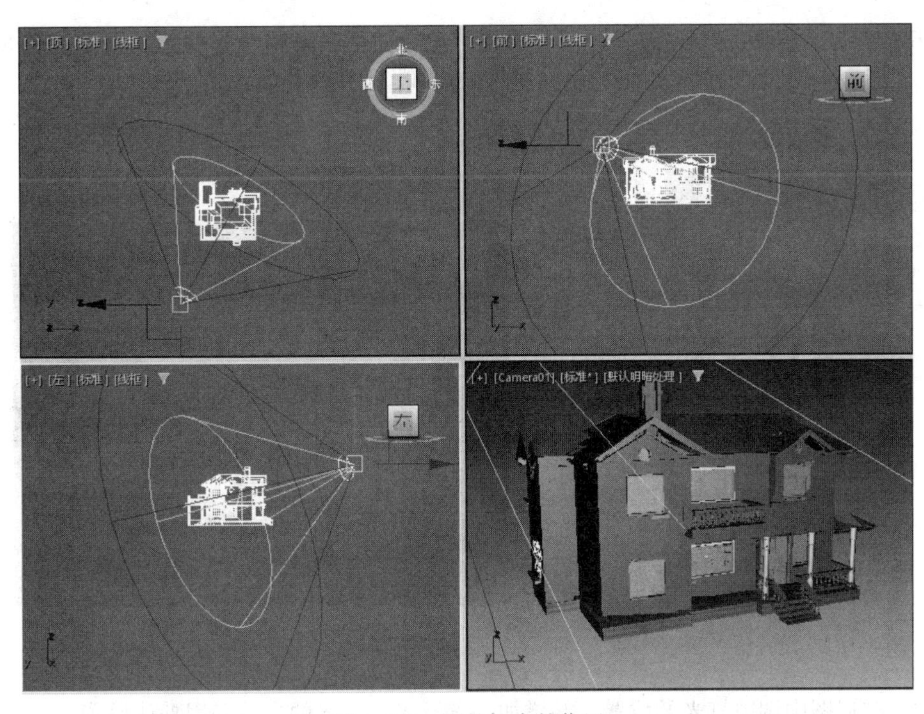

图 8-177　调整灯光的位置

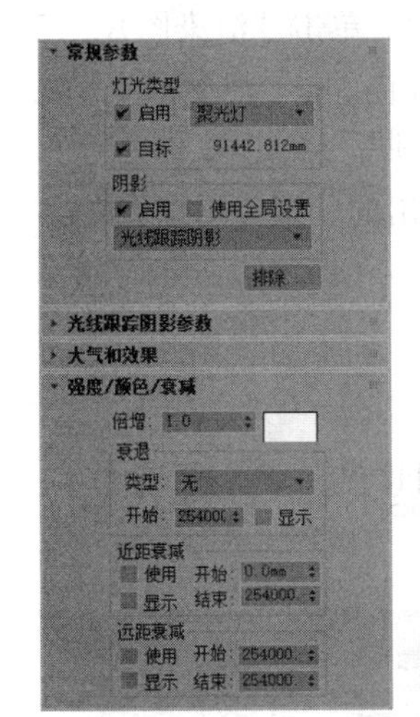

图 8-178　设置目标聚光灯各项参数

图 8-179　设置主光源后的渲染效果

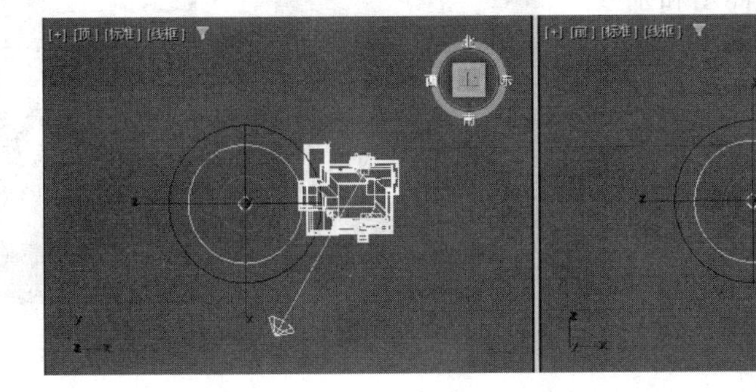

图 8-180　调整泛光的位置

Note

6）单击“修改”按钮，进入“修改”命令面板，设置泛光的各项参数如图 8-181 所示。快速渲染摄像机视图，别墅南面渲染效果如图 8-182 所示。

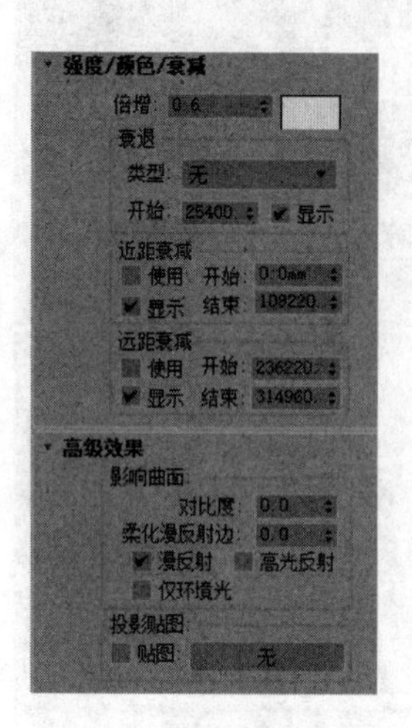

图 8-181　设置泛光参数

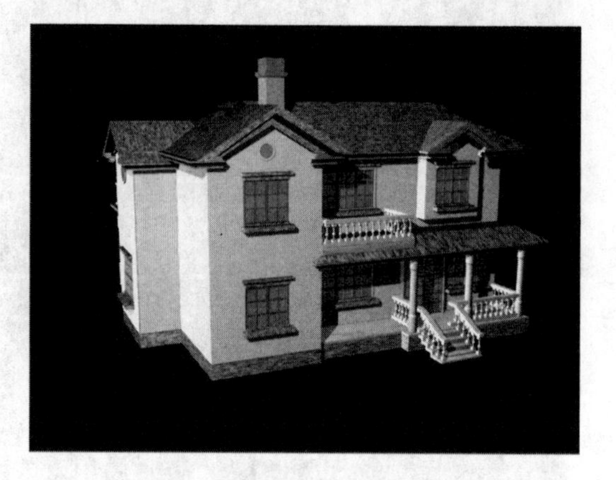

图 8-182　别墅南面渲染效果

7）在视图中调整灯光的位置，并增加一盏泛光。泛光的参数采用默认设置。

8）在顶视图中调整摄像机的位置，然后快速渲染摄像机视图。单击“渲染图片”工具栏上的“保存图像”按钮，把图片保存为文件名称为“别墅北面 .jpg”的文件。

9）选择菜单栏中的“文件”→“保存”命令，保存场景为“别墅 .max”文件。

10）单击“渲染帧”对话框中的“保存图像”按钮，在弹出的“浏览图像供输出”对话框的“保存类型”下拉列表中选择“jpg”格式，将“文件名”设置为“别墅”，单击“保存”按钮进行保存。

8.2　建立客厅的立体模型

本节主要介绍别墅客厅立体模型的具体制作过程和导入 V-Ray 渲染之前的准备工作。主要思路是：先导入在第 1 篇中绘制的别墅首层平面图和别墅南立面图，然后进行必要的调整，建立客厅模型，再给客厅模型添加家具和装饰画模型，最后添加灯光。客厅模型如图 8-183 所示。

（电子资料包：动画演示 \ 第 8 章 \ 建立客厅的立体模型 .mp4）

图 8-183　客厅模型

8.2.1　建模前的准备工作

1）运行 3ds Max 2024。

2）选择菜单栏中的“文件”→“打开”命令，在弹出的“打开文件”对话框中选择“源文件 \ 第 8 章 \ 别墅 \ 别墅 .max”文件，单击“打开”按钮，打开别墅模型的场景。

3）在前视图中选择别墅南面的一组大门模型，如图 8-184 所示。然后选择菜单栏中的“文件”→“导出”→“导出选定对象”命令，在弹出的“选择要导出的文件”对话框中为“保存类型”选择“3D Studio（*.3DS）”格式，将“文件名”设置为“南面大门”，单击“保存”按钮将文件保存。

4）在弹出的“将场景导出到 .3DS”对话框中选中“保持 MAX 的纹理坐标”，单击“确定”按钮将选中的大门模型导出。

5）用与步骤 3）、4）同样的方法，选中如图 8-185 所示的一组窗户模型，导出为“窗户 .3ds”文件。

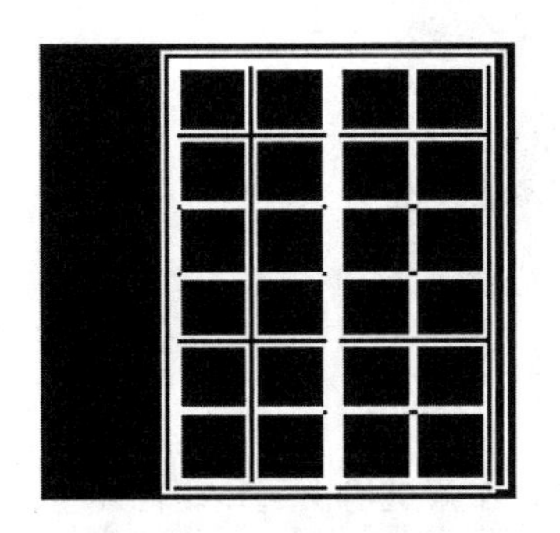

图 8-184　选择大门模型

图 8-185　选择窗户模型

6）使用同样的方法，分别选中场景中其他几组窗户和门模型，导出为 3DS 格式文件，以便在建立室内模型时直接调用。

7）选择菜单栏中的“文件”→“重置”命令，在弹出的询问“是否保存更改”对话框中单击“不保存”按钮。然后在弹出的询问“确实要重置吗”对话框中单击“是”按钮，把当前的场景进行重置。

8）选择菜单栏中的“自定义”→“单位设置”命令，在弹出的“单位设置”对话框中设置计量单位为“毫米”，如图 8-186 所示。

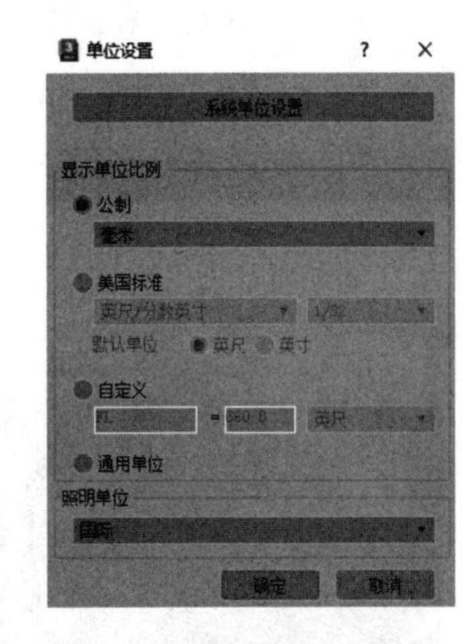

图 8-186　“单位设置”对话框

9）导入平面图文件。选择菜单栏中的“文件”→“导入”→“导入”命令，在弹出的“选择要导入的文件”对话框中选择电子资料包中的“源文件 \ 第 8 章 \ 别墅首层平面图 .dwg”文件，单击“打开”按钮，在弹出的对话框的“几何体”选项卡中设置导入选项，如图 8-187 所示。然后单击“确定”按钮把 DWG 文件导入 3ds Max 2024 中。

Note

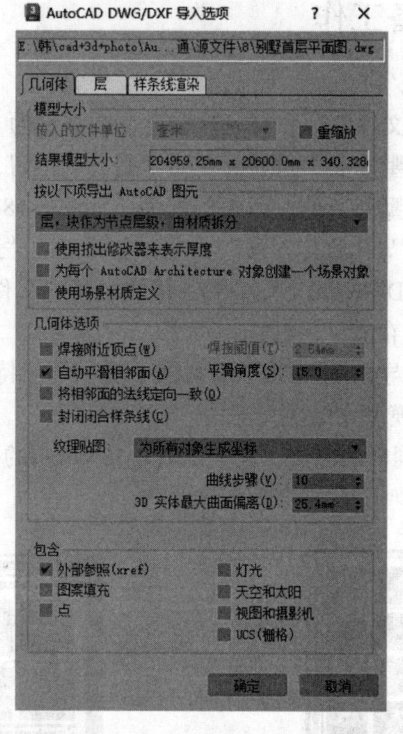

图 8-187　设置导入选项

✍ 技巧：为了更快捷和准确地选中大门模型，可先在前视图中选择其他模型，右击，在弹出的快捷菜单中选择“隐藏当前选择”命令，将其他模型进行隐藏。隐藏其他模型后，可在视图中对需要选中的这组大门模型进行框选。

10）在顶视图中选择平面图中如图 8-188 所示的辅助线条，按 Delete 键将其清除。然后按 Ctrl+A 快捷键选中平面图中所有的线条，选择菜单栏中的“组”→“组”命令，在弹出的“组”对话框中将组命名为“平面图”，单击“确定”按钮，使平面图成组。

11）单击“修改”按钮，进入“修改”命令面板，单击“平面图”组的颜色框，如图 8-189 所示。

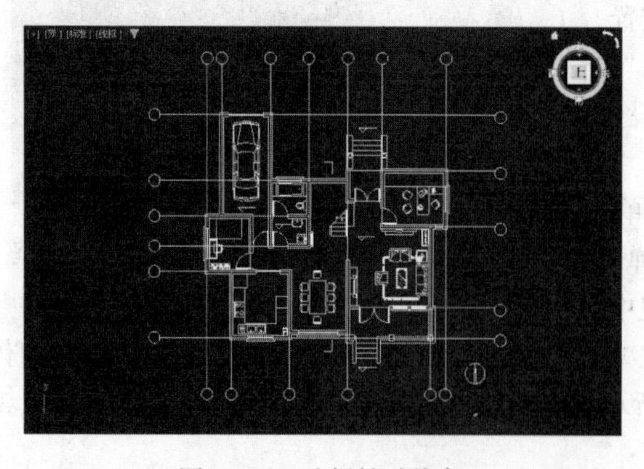

图 8-188　选择辅助线条

图 8-189　单击颜色框

12）在弹出的如图 8-190 所示的“对象颜色”对话框中选择一个比较深的颜色，单击“确定”按钮退出对话框。这时，别墅平面图各线条的色彩得到了统一，在顶视图中的效果如图 8-191 所示。

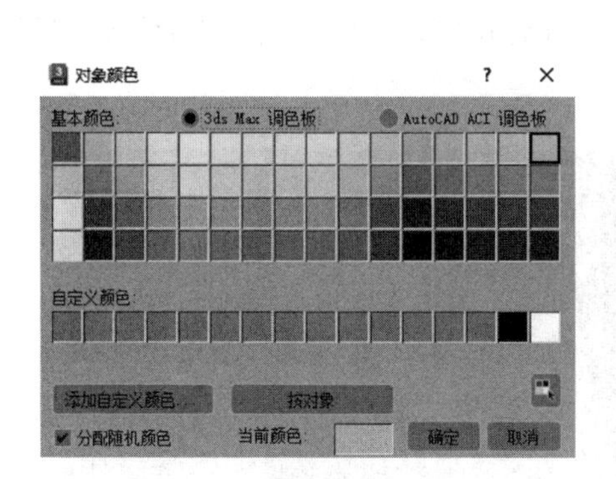

图 8-190　选择颜色

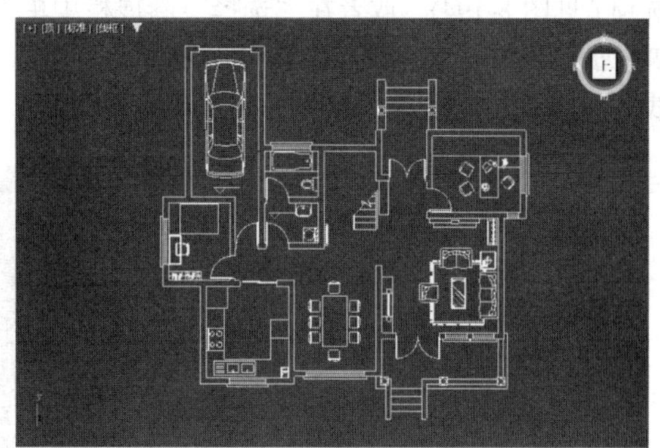

图 8-191　统一色彩后的平面图效果

13）用与步骤 6）~ 11）同样的方法导入“别墅南立面图 .dwg”文件，并进行成组、重命名和色彩设置。

14）选择导入的南立面图，右击，在弹出的快捷菜单中选择“隐藏选定对象”命令，将南立面图进行隐藏。

8.2.2　建立完整的客厅模型

1. 建立客厅的墙面

1）右击主工具栏中的“捕捉开关”按钮，在弹出的“栅格和捕捉设置”对话框中选中如图 8-192 所示的复选框，设置捕捉选项。然后关闭对话框并单击主工具栏中的“捕捉开关”按钮，激活捕捉状态。

2）在顶视图中单击“创建”按钮，进入“创建”命令面板，然后单击“图形”按钮，在其“对象类型”卷展栏中单击“线”按钮，捕捉别墅平面图的墙体边缘线，绘制一条连续的线条，如图 8-193 所示。

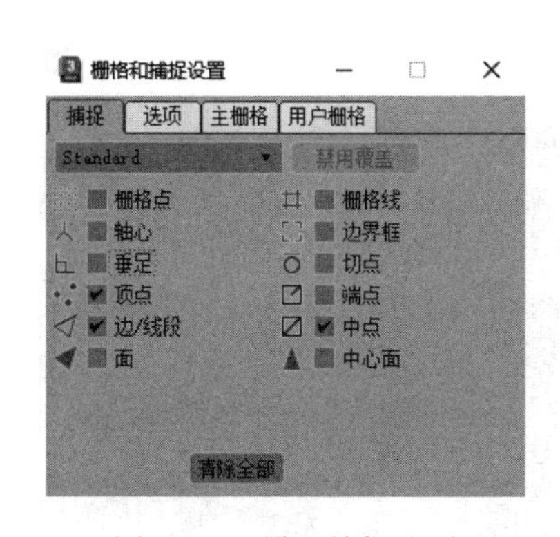

图 8-192　设置捕捉选项

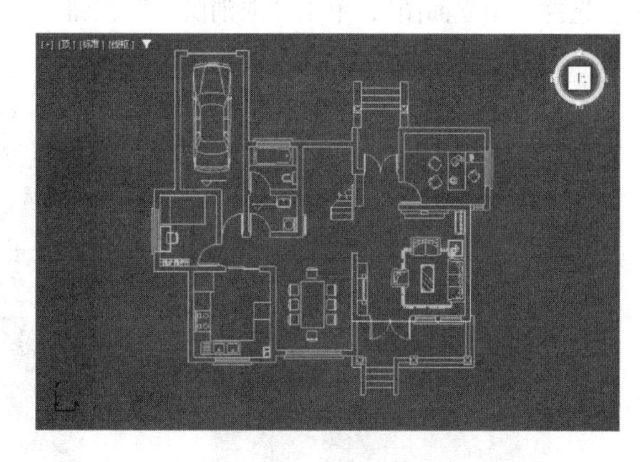

图 8-193　绘制墙体线条

Note

3）选择绘制的线条，单击“修改”按钮，进入“修改”命令面板，将它重命名为“墙体”。然后右击，在弹出的快捷菜单中选择“转换为”→“转换为可编辑样条曲线”命令。

4）单击“修改”按钮，进入“修改”命令面板，在 Line”列表中选择“样条线”选项 (见图 8-194)，或者在“选择”卷展栏中单击“样条线”按钮，在其“几何体”卷展栏的“轮廓”文本框中输入 250.0mm，然后按 Enter 键确定，使墙体线条成为闭合的双线，如图 8-195 所示。

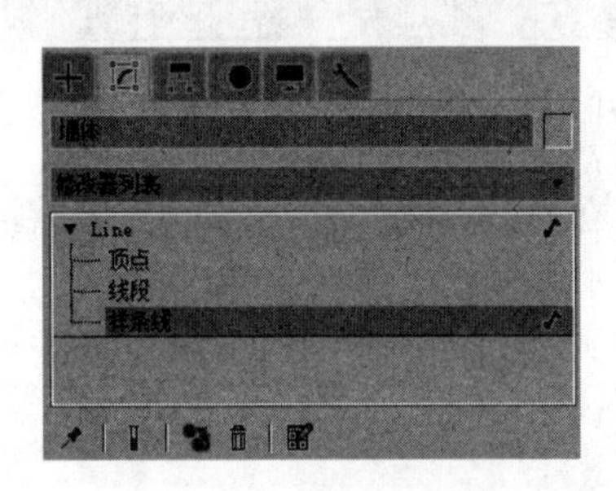

图 8-194　选择“样条线”

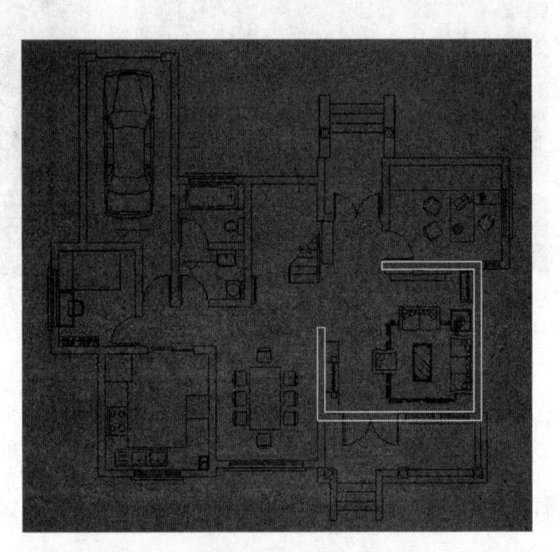

图 8-195　使墙体线条成为闭合的双线

5）选择刚编辑完的线条，单击“修改”按钮，进入“修改”命令面板，在“修改器列表”下拉列表中选择“挤出”选项，并在其“参数”卷展栏的“数量”文本框中输入 2940.0mm，然后按 Enter 键确定，把线条挤出为墙体模型。

6）选择别墅平面图，右击，在弹出的快捷菜单中选择“隐藏选定对象”命令，把平面图进行隐藏。

7）单击“显示”按钮，进入“显示”命令面板，在“隐藏”卷展栏中单击“按名称取消隐藏”按钮，如图 8-196 所示。在弹出的如图 8-197 所示的“取消隐藏对象”对话框中选择“南立面图”，单击“取消隐藏”按钮。

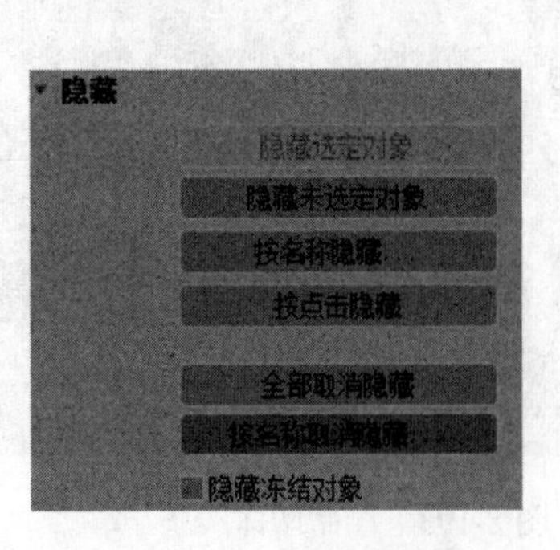

图 8-196　单击“按名称取消隐藏”按钮

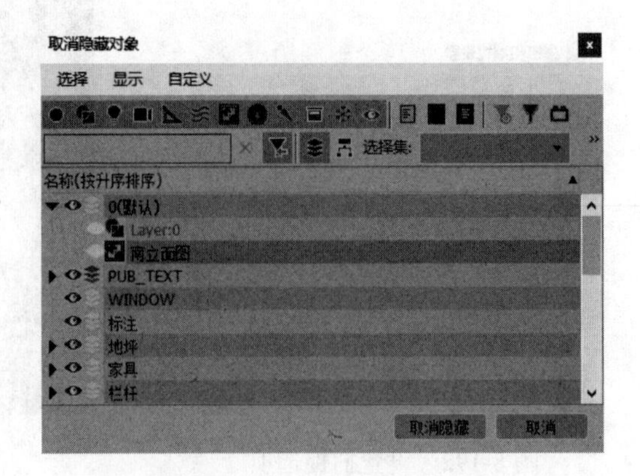

图 8-197　“取消隐藏对象”对话框

8）在前视图中选择南立面图。右击主工具栏中的“选择并旋转”按钮，在弹出的“旋转变换输入”对话框中输入如图 8-198 所示的数值。然后在前视图中移动南立面图，使其位置如图 8-199 所示。

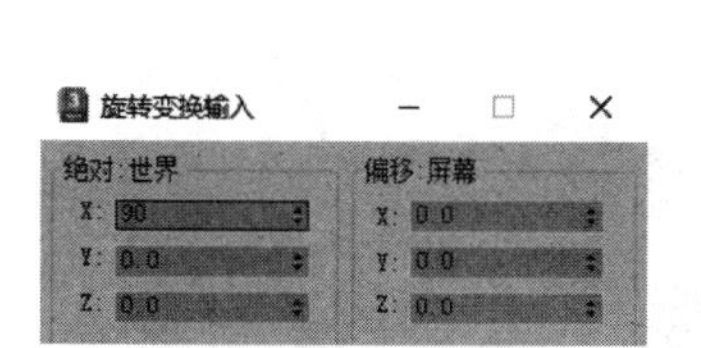

图 8-198　设置旋转参数

图 8-199　南立面图位置

9）单击“创建”按钮，进入“创建”命令面板，然后单击“几何体”按钮，在其“对象类型”卷展栏中单击“平面”按钮，在顶视图中拖动鼠标，创建客厅的地面，使其大小和在视图中的位置如图 8-200 所示。

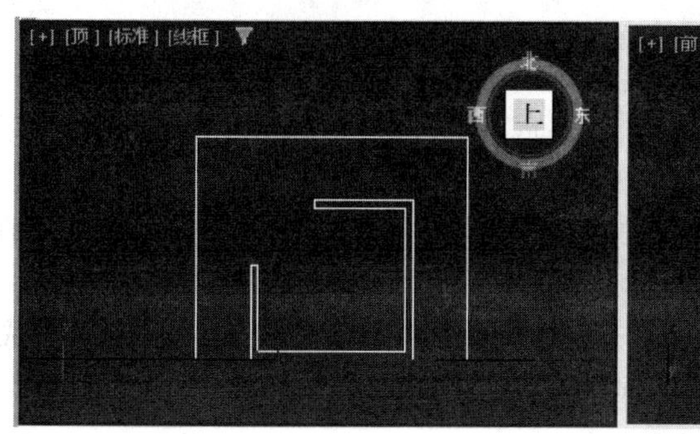

图 8-200　建立客厅的地面

10）制作客厅的门洞。单击“创建”按钮，进入“创建”命令面板，然后单击“几何体”按钮，在其“对象类型”卷展栏中单击“长方体”按钮，单击主工具栏中的“捕捉开关”按钮，捕捉南立面图门洞线条，创建一个长方体，并设置其高度大于客厅墙体的厚度而穿过墙体。它在视图中的位置如图 8-201 所示。

11）选择墙体模型，单击“创建”按钮，进入“创建”命令面板，单击“几何体”按钮，在其下拉列表中选择“复合对象”类型。在如图 8-202 所示的“对象类型”卷展栏中单击“布尔”按钮，然后在“布尔参数”卷展栏中单击“添加运算对象”按钮，在视图中拾取刚创建的长方体，在“运算对象参数”卷展栏中单击“差集”按钮，完成客厅门洞的制作。在透视图中客厅门洞的效果如图 8-203 所示。

Note

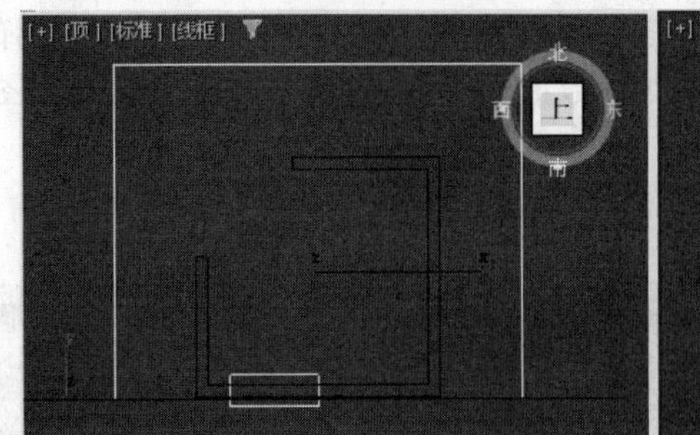

图 8-201 长方体的位置

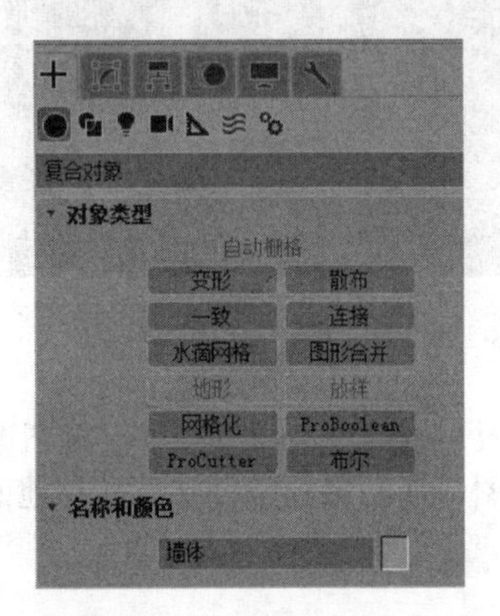

图 8-202 “对象类型”卷展栏

图 8-203 客厅门洞效果

12）制作窗户洞口。单击“创建”按钮，进入“创建”命令面板，然后单击“几何体”按钮，在其“对象类型”卷展栏中单击“长方体”按钮，再单击主工具栏中的“捕捉开关”按钮，捕捉南立面图窗户线条，创建一个长方体，设置其高度数值为1000.0mm。然后在顶视图中调整它的位置，使它穿过墙体。

13）选择刚创建的长方体，在顶视图中按住 Shift 键移动进行复制。在弹出的“克隆选项”对话框中选择“复制”方式，单击“确定”按钮退出对话框。在视图中调整两个长方体的位置，如图 8-204 所示。

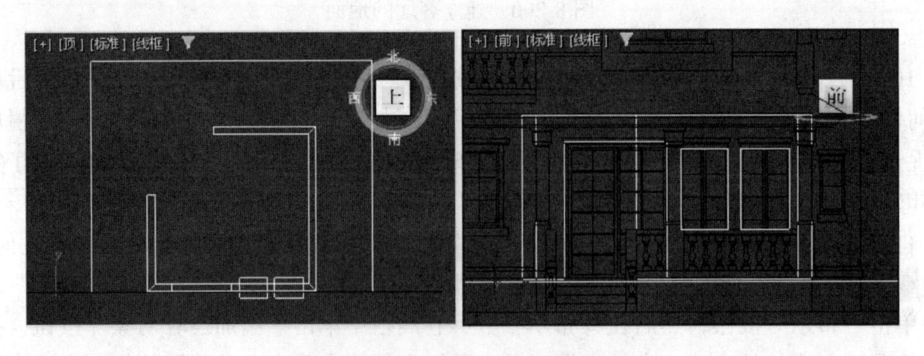

图 8-204 调整两个长方体的位置

14）采用与步骤 11）制作客厅门洞同样的方法制作出两个窗户的洞口。这时，透视图

中的墙体效果如图 8-205 所示。

15）导入门窗模型。选择菜单栏中的“文件”→“导入”→“导入”命令，在弹出的如图 8-206 所示的“选择要导入的文件”对话框中选择“南面大门 .3DS”文件，单击“打开”按钮。

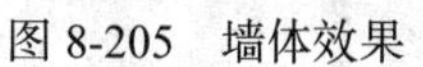
图 8-205　墙体效果

16）在弹出的“3DS 导入”对话框中设置选项如图 8-207 所示，然后单击“确定”按钮，导入大门模型。

17）框选刚导入的大门模型，选择菜单栏中的“组”→“组”命令，在弹出的“组”对话框中设置组名为“门”，如图 8-208 所示。然后单击“确定”按钮，退出对话框。

图 8-206　选择“南面大门 .3DS”文件

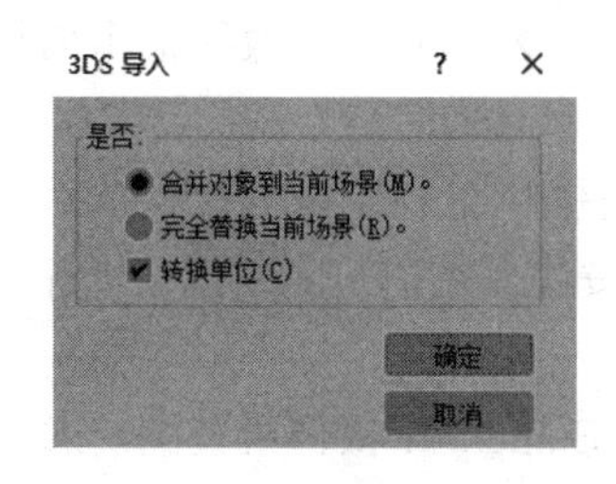

图 8-207　设置导入选项

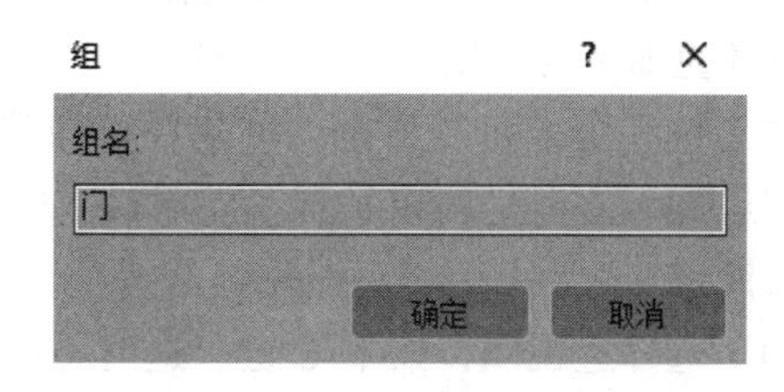

图 8-208　设置组名

18）选择门模型，单击主工具栏中的“选择并均匀缩放”按钮，在前视图中拖动鼠

Note

标对门模型进行均匀缩放，使其符合墙体的门洞大小，然后在顶视图中调整它的位置，结果如图 8-209 所示。然后选择菜单栏中的“组”→“解组”命令。

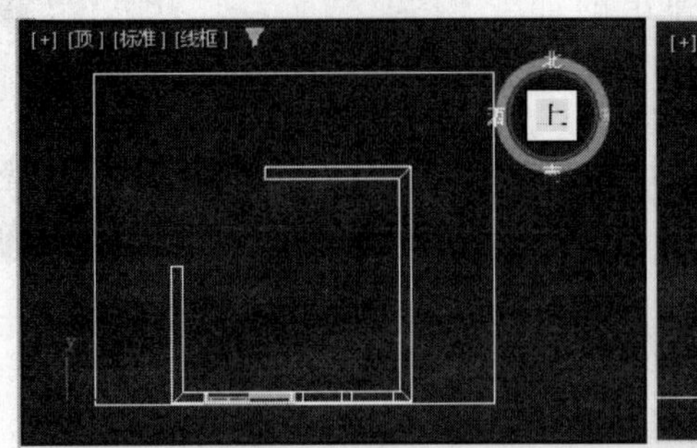

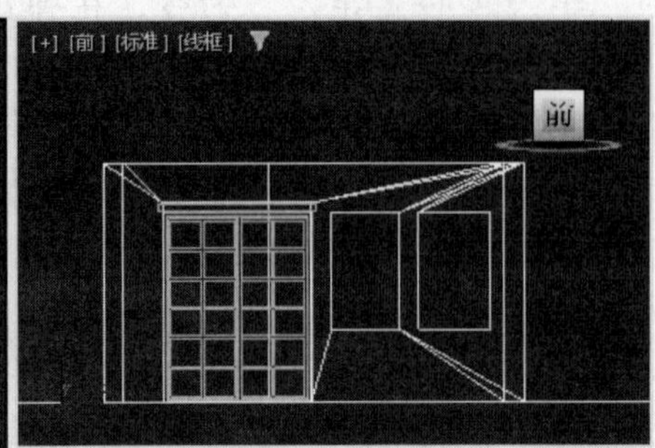

图 8-209　调整门模型的大小和位置

19）用与步骤 15）~ 18）同样的方法，导入“窗户 .3DS”文件，并在视图中调整其大小和位置，结果如图 8-210 所示。

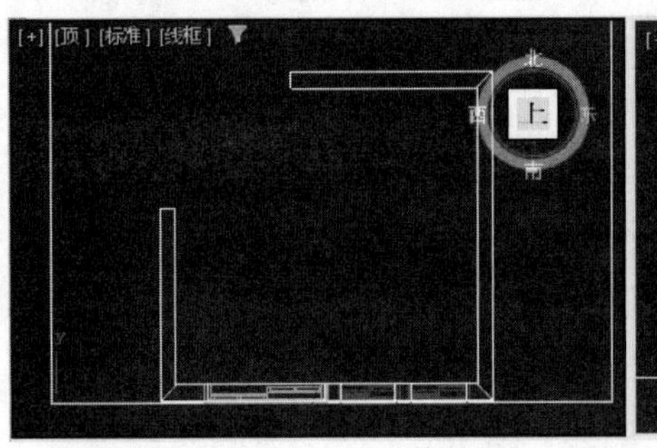

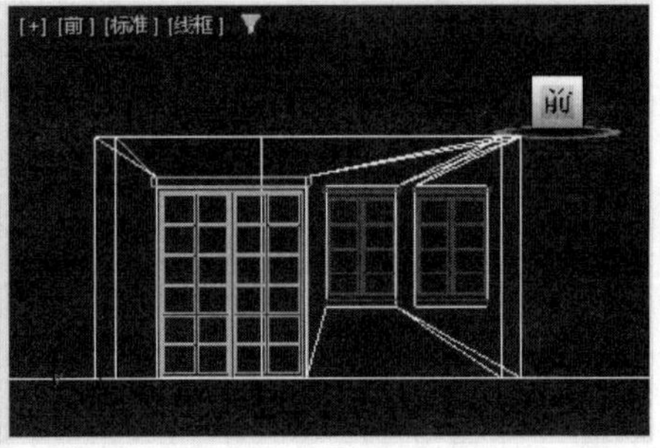

图 8-210　调整窗户模型的大小和位置

20）右击别墅南立面图，在弹出的快捷菜单中选择“隐藏选定对象”命令，将南立面图进行隐藏。

21）单击“创建”按钮，进入“创建”命令面板，然后单击“几何体”按钮，在其“对象类型”卷展栏中单击“长方体”按钮，在顶视图中拖动鼠标，创建一个和地面同等大小的长方体。然后单击“修改”按钮，进入“修改”命令面板，在其“参数”卷展栏的“数量”文本框中输入高度数值为 10.0mm。

22）在前视图中调整长方体的位置，如图 8-211 所示。然后在“修改”命令面板中将该长方体重命名为“顶”。

23）创建摄像机。单击“创建”按钮，进入“创建”命令面板，然后单击“摄像机”按钮，在其“对象类型”卷展栏中单击“目标”按钮，在顶视图中拖动鼠标，创建一台摄像机。

24）选择透视图，按下 C 键。这时，透视图转换为 Camera01 摄像机视图。通过在其他视图中移动摄像机的位置来调整摄像机视图的视点角度，使摄像机视图如图 8-212 所示。

25）选择墙体模型，右击，在弹出的快捷菜单中选择“转换为”→“转换为可编辑网格”命令。单击“修改”按钮，进入“修改”命令面板，在“可编辑网格”列表中选择

“顶点”选项，或者在“选择”卷展栏中单击“顶点”按钮，进入点编辑模式。

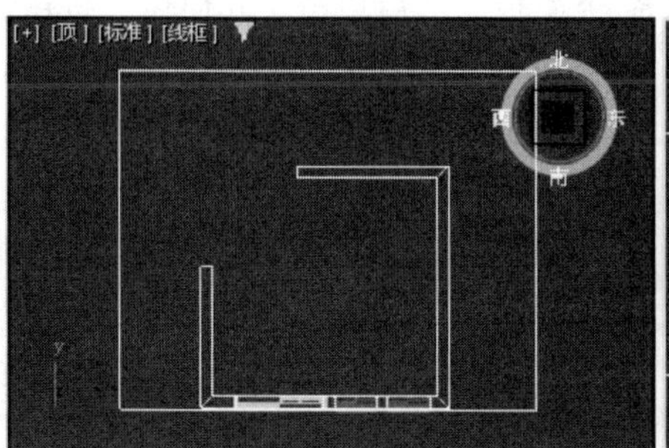

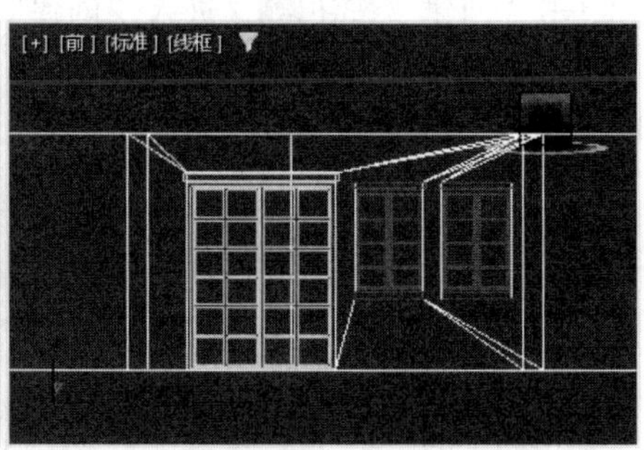

图 8-211　调整长方体的位置

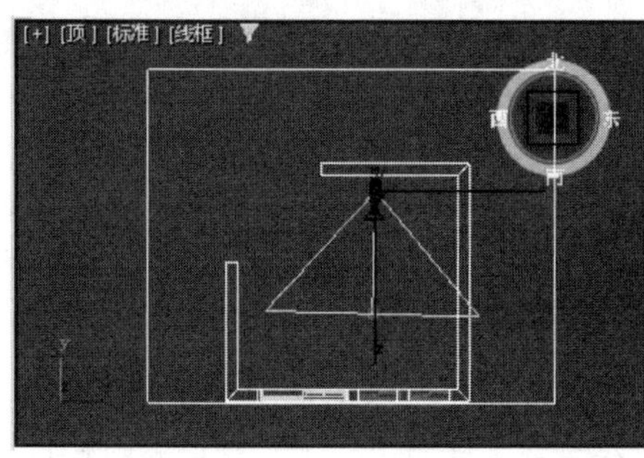

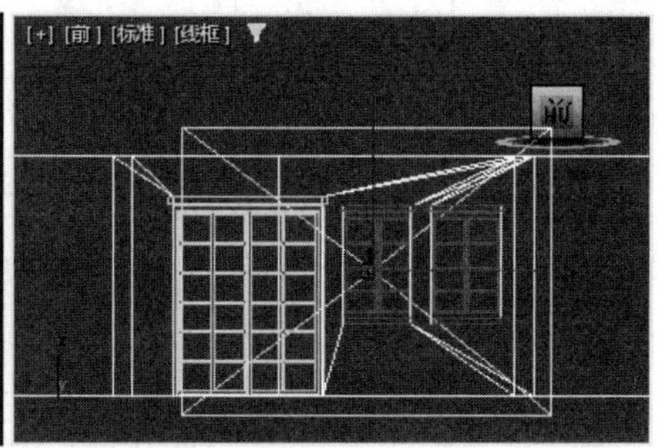

图 8-212　调整位置后的摄像机视图

26）在顶视图中选择墙体北面的两个节点，向右移动到如图 8-213 所示的位置。这样，使得摄像机视图的角度更加开阔。激活摄像机视图，按 F9 键进行快速渲染，效果如图 8-214 所示。

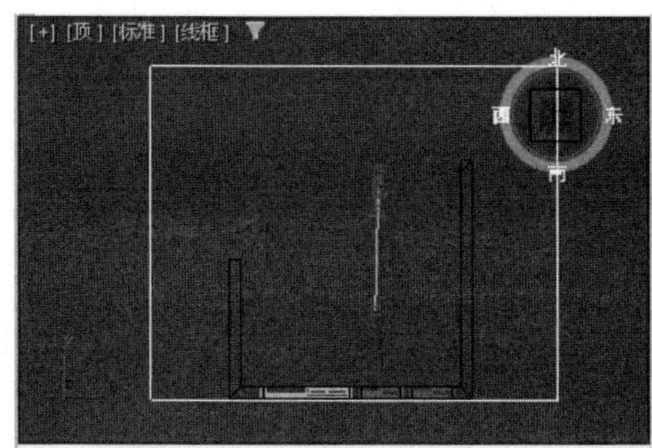

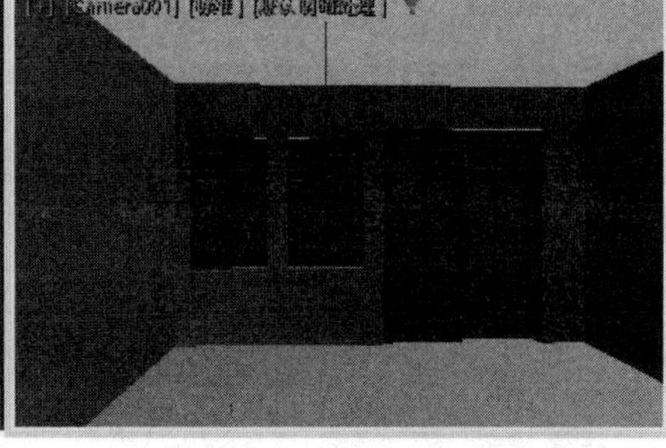

图 8-213　编辑墙体　　　　图 8-214　摄像机视图渲染效果

注意： 由于室内模型最后要导入 V-Ray 中进行渲染，因此在建立模型时需要尽可能地精简模型。将顶面模型的长方体高度设置为 0.0mm，这样长方体就只有一个面，可以避免在 V-Ray 中渲染看不到的面而影响渲染速度。

Note

2. 建立客厅室内模型

1）取消隐藏别墅平面图。

2）单击“创建”按钮，进入“创建”命令面板，然后单击“几何体”按钮，在其“对象类型”卷展栏中单击“平面”按钮，在顶视图中拖动鼠标，创建地毯模型，使其大小和在视图中的位置如图 8-215 所示。

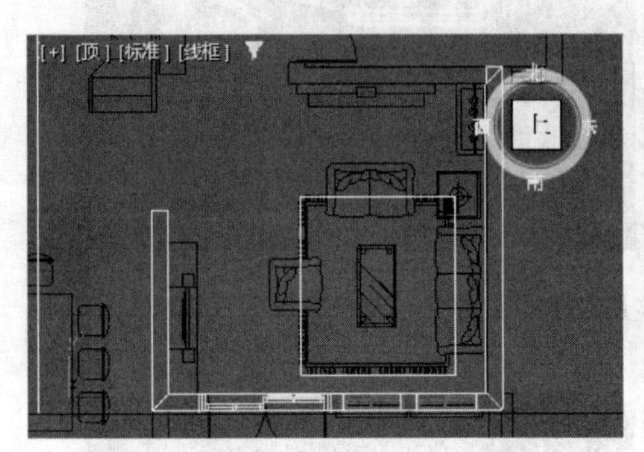

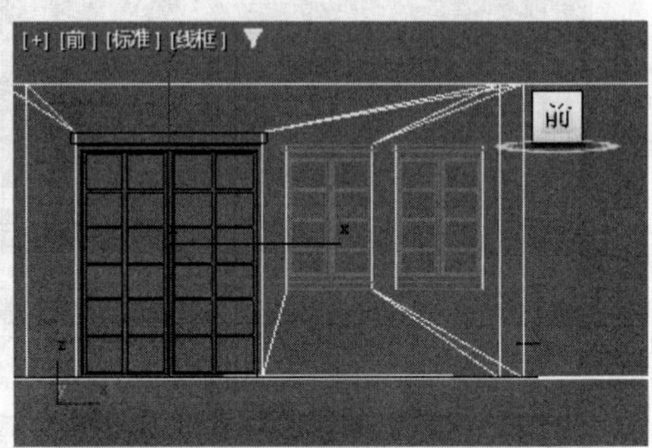

图 8-215　创建地毯模型

3）合并沙发模型。选择菜单栏中的“文件”→“导入”→“合并”命令，在弹出的“合并文件”对话框中选择“源文件\第 8 章\客厅\模型\长沙发 .max”文件，单击“打开”按钮。

4）在弹出的如图 8-216 所示的“合并 - 长沙发 .max”对话框中单击“全部”按钮，再单击“确定”按钮导入文件所有的模型。导入模型文件后，单击“视口导航控件”工具栏中的“所有视图最大化”按钮，使所有视图中的模型居中显示，这样就能很快找到视图中刚合并的模型并进行操作。

5）选择刚合并的沙发模型，右击主工具栏中的“选择并旋转”按钮，在弹出的“旋转变换输入”对话框中输入如图 8-217 所示的数值。

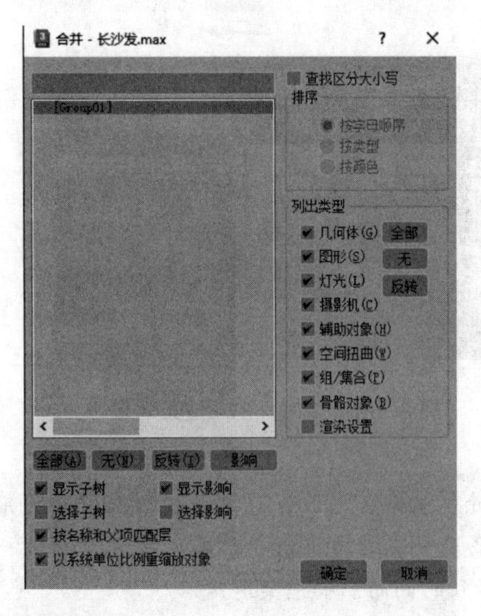

图 8-216　“合并 - 长沙发 .max”对话框

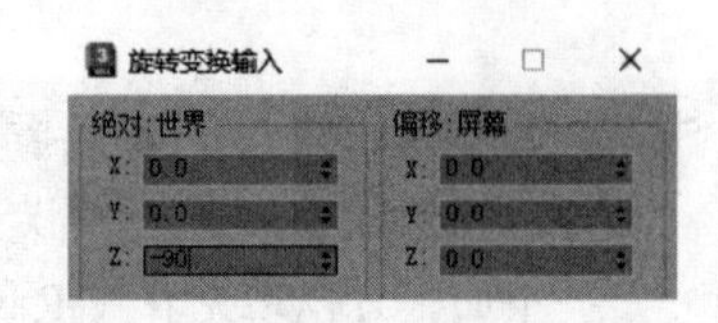

图 8-217　设置沙发的旋转参数

6）单击主工具栏中的“选择并均匀缩放”按钮，在顶视图上选择沙发模型并拖动鼠标进行均匀缩小，使其和平面图中的沙发线条相对应。

7）在视图中移动沙发模型到如图 8-218 所示的位置。

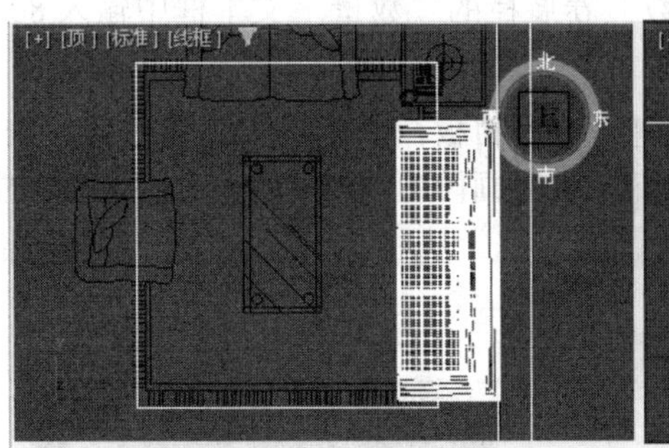

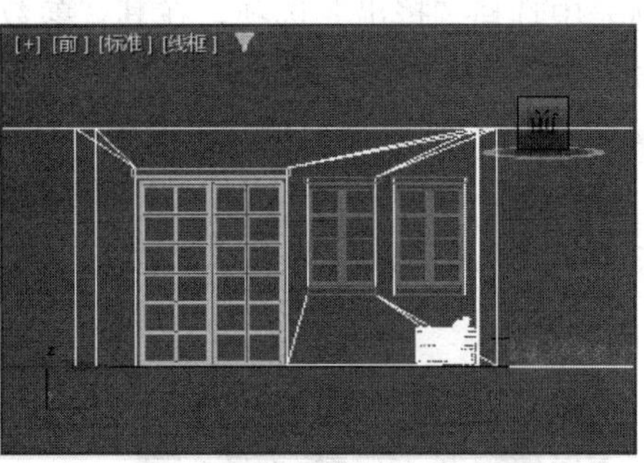

图 8-218　调整沙发模型的大小和位置

8）使用同样的方法，依次合并“源文件 \ 第 8 章 \ 客厅 \ 模型 \ 短沙发 .max”和“沙发 .max”文件，并单击主工具栏中的“选择并旋转”按钮、“选择并均匀缩放”按钮和“选择并移动”按钮，调整合并模型的大小和位置。3 个沙发在视图中的位置如图 8-219 所示。

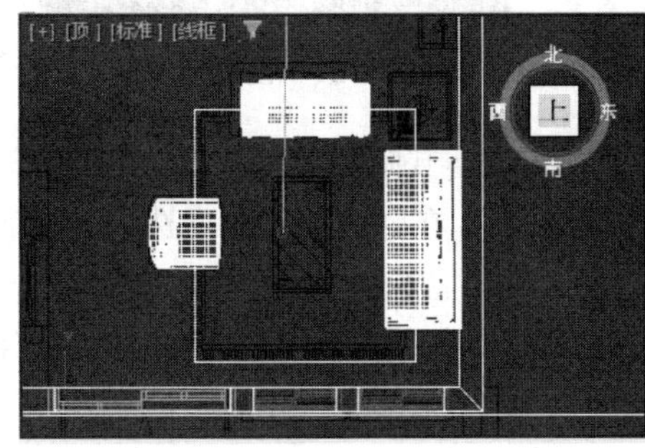

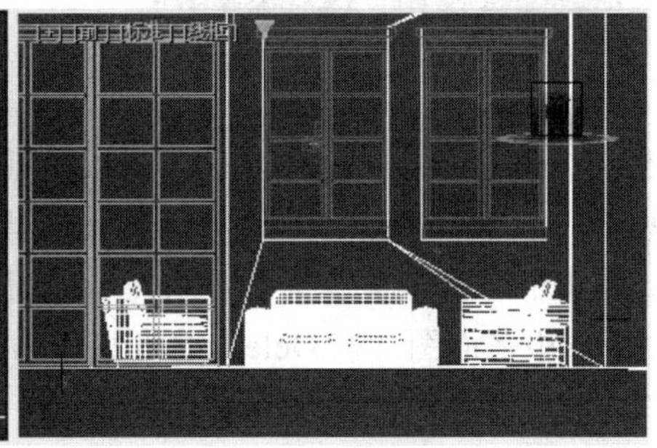

图 8-219　沙发的位置

9）使用同样的方法，依次合并“源文件 \ 第 8 章 \ 客厅 \ 模型 \ 电视柜 .max”“电视 .max”“桌子 .max”“茶几 .max”和“百叶窗帘 .max”文件，并参照平面图调整到适当的位置和大小。

10）为右面空白的墙壁添加装饰画。单击“创建”按钮，进入“创建”命令面板，然后单击“图形”按钮，在其“对象类型”卷展栏中单击“矩形”按钮，设置“长度”和“宽度”数值为 500.0mm，在左视图中绘制一个矩形。

11）右击，在弹出的快捷菜单中选择“转换为”→“转换为可编辑样条线”命令。单击“修改”按钮，进入“修改”命令面板，在“可编辑样条线”列表中选择“样条线”选项，或者在“选择”卷展栏中单击“样条线”按钮。在“几何体”卷展栏中单击“轮廓”按钮，在“数量”文本框中输入 30.0mm，按 Enter 键确定。

12）单击“修改”按钮，进入“修改”命令面板，在“可编辑样条线”列表中选择“顶点”选项，或者在“选择”卷展栏中单击“顶点”按钮，进入点编辑模式。在视

图中框选矩形所有的节点，在其“几何体”卷展栏的“圆角”文本框中输入80.0mm，按Enter键确定，对矩形进行圆角，结果如图8-220所示。

13）选择矩形，单击“修改”按钮，进入“修改”命令面板，在“修改器列表”下拉列表中选择“挤出”选项，在其“参数”卷展栏的“数量”文本框中输入80.0mm，并重命名为“画框”。

14）单击“创建”按钮，进入“创建”命令面板，然后单击“几何体”按钮，在其“对象类型”卷展栏中单击“平面”按钮，创建画模型，使其大小和在左视图中的位置如图8-221所示。然后单击“修改”按钮，进入“修改”命令面板，将其重命名为“画”。

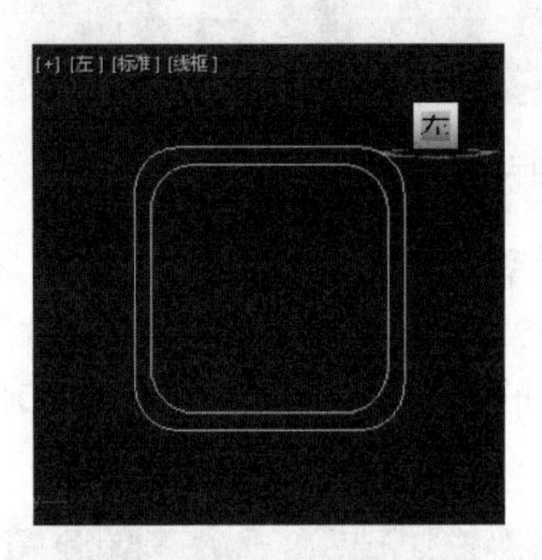

图8-220　对矩形进行圆角

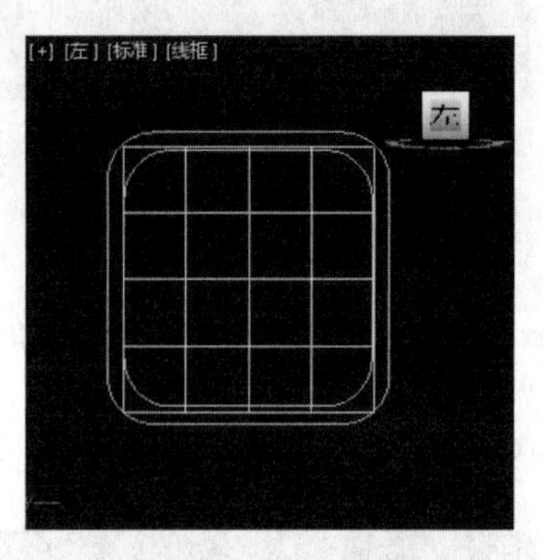

图8-221　创建画模型

15）选择画框和画模型，在顶视图中调整其位置，使其附在室内东面的墙壁上。然后在左视图中按住Shift键沿X轴方向移动模型进行复制，在弹出的“克隆选项”对话框中设置选项如图8-222所示，单击“确定”按钮进行复制。

16）选中平面图，按Delete键将其清除。激活摄像机视图，按F9键进行快速渲染，效果如图8-223所示。

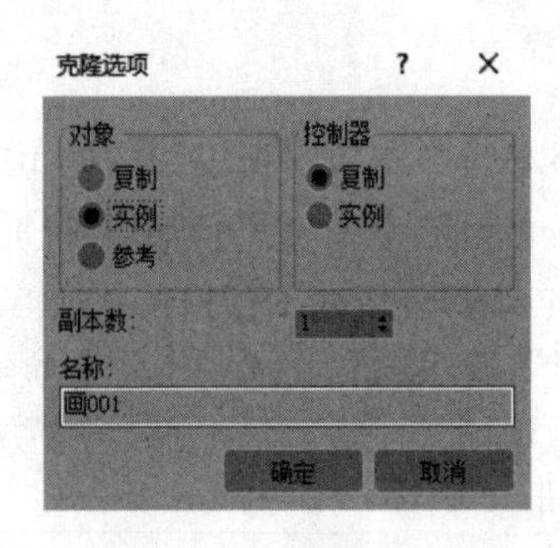

图8-222　设置克隆选项

图8-223　摄像机视图渲染效果

注意： 创建家具模型时应根据摄像机视图进行调整，如果是在摄像机以外的看不到的模型，可以不进行创建和导入，以节省操作时间，还可避免降低渲染速度。

8.2.3　添加灯光

1）在工具栏“选择过滤器”下拉列表中选择“L-灯光”，使在场景中能针对性地选择灯光模型。

2）单击“创建”按钮，进入“创建”命令面板，然后单击“灯光”按钮，在其“对象类型”卷展栏中单击“泛光”按钮，在顶视图中创建一盏泛光作为主要的室内照明灯。

3）选择泛光，单击“修改”按钮，进入“修改”命令面板，调整泛光的参数，在“强度/颜色/衰减”卷展栏中设置参数如图8-224所示。泛光在前视图中的位置如图8-225所示。

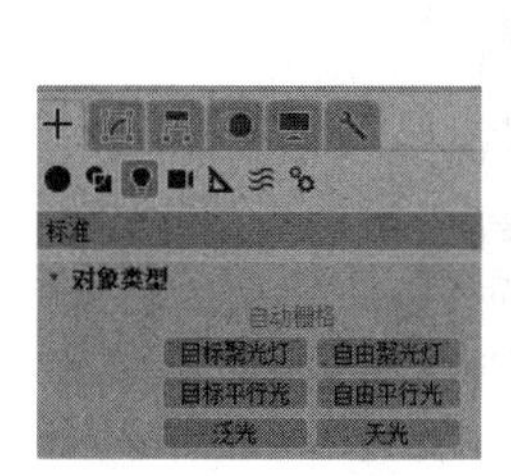

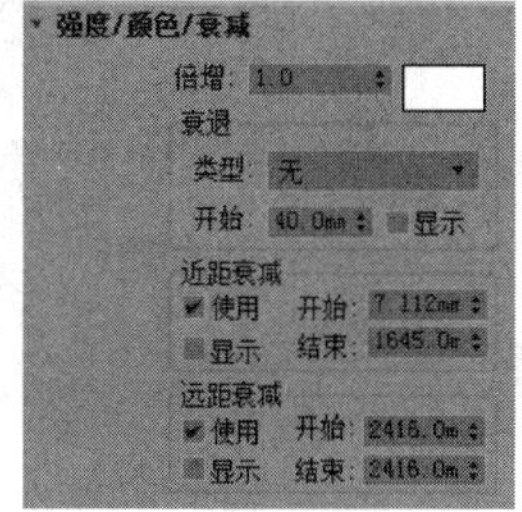

图8-224　设置创建的泛光的参数

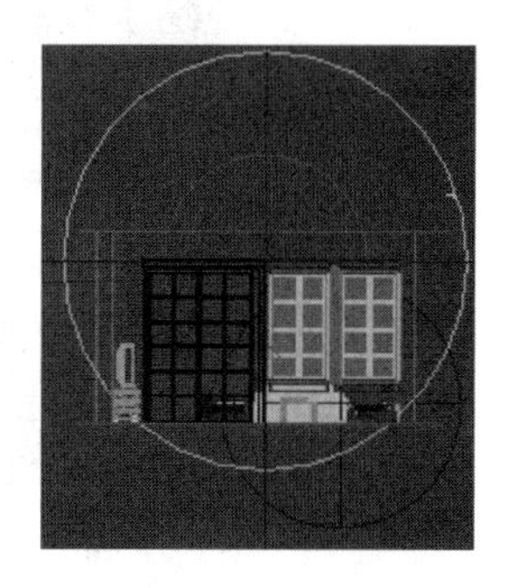

图8-225　泛光的位置

4）单击“创建”按钮，进入“创建”命令面板，然后单击“灯光”按钮，在其“对象类型”卷展栏中单击“泛光”按钮，在前视图中创建一个泛光作为辅助光源，如图8-226所示。单击“修改”按钮，进入“修改”命令面板，调整泛光的参数，如图8-227所示。

5）优化模型后，快速渲染摄像机视图。客厅渲染效果如图8-228所示。

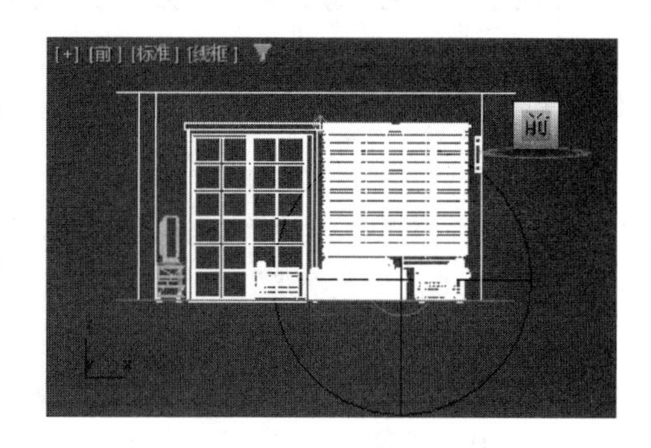

图8-226　创建辅助光源

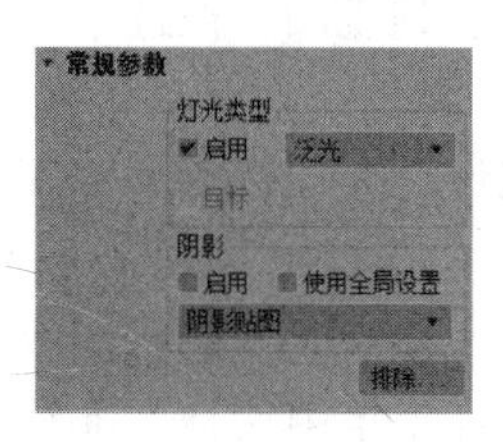

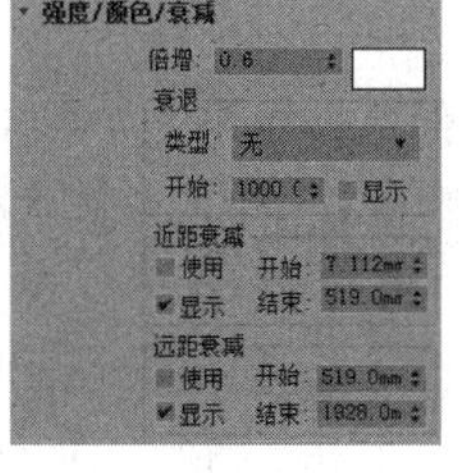

图8-227　调整泛光参数

图8-228　客厅渲染效果

Note

8.3 建立书房的立体模型

本节主要介绍别墅书房立体模型的具体制作过程及一些模型制作技巧。主要思路是：先导入前面绘制的别墅首层平面图和别墅东立面图，然后进行必要的调整，建立书房模型，再给书房模型添加家具等模型，最后添加灯光。书房模型如图 8-229 所示。

图 8-229 书房模型

（电子资料包：动画演示 \ 第 8 章 \ 建立书房的立体模型 .mp4）

8.3.1 导入文件并进行调整

1）运行 3ds Max 2024。

2）选择菜单栏中的“自定义”→“单位设置”命令，在弹出的“单位设置”对话框中设置计量单位为“毫米”。

3）选择菜单栏中的“文件”→“导入”→“导入”命令，在弹出的“选择要导入的文件”对话框中选择电子资料包中的“源文件 \ 第 8 章 \ 别墅首层平面图 .dwg”文件，再单击“打开”按钮。

4）在弹出的“导入选项”对话框的“层”选项卡和“几何体”选项卡中设置相关参数，然后单击“确定”按钮将 DWG 文件导入 3ds Max 中。

5）清除平面图中多余的注释，然后，选择平面图中所有的线条，选择菜单栏中的“组”→“组”命令使其成组，并将组命名为“平面图”。

6）单击“修改”按钮，进入“修改”命令面板，设置平面图的颜色统一为深色的线条。然后单击“视口导航控件”工具栏中的“缩放区域”按钮，在顶视图中框选平面图中的书房部分，使书房线条放大到整个视图以便进行操作，如图 8-230 所示。

7）用与步骤 3）~ 6）同样的方法导入“别墅东立面图 .dwg”文件，并进行成组、重命名和色彩设置。

8）右击主工具栏中的“选择并旋转”按钮，在弹出的“旋转变换输入”对话框中输入如图 8-231 所示的数值。然后选择东立面图，右击，在弹出的快捷菜单中选择“冻结

当前选择”命令。

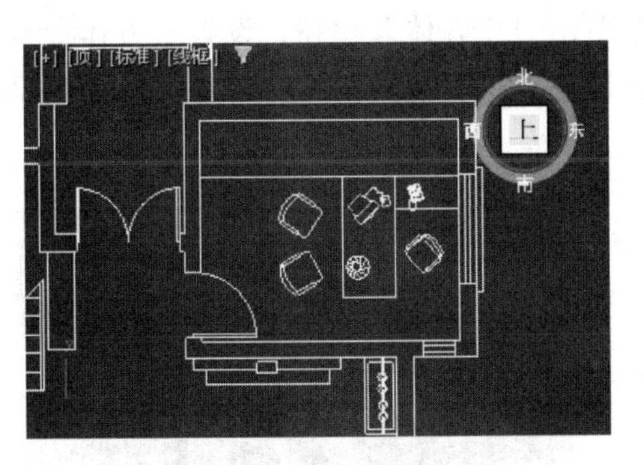

图 8-230　放大书房部分

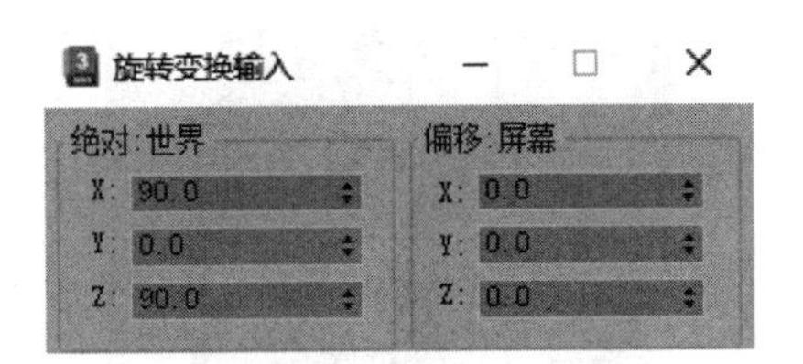

图 8-231　设置旋转参数

8.3.2　建立完整的书房模型

1. 建立书房的基本墙面

1）在顶视图中单击“创建”按钮，进入“创建”命令面板，然后单击“图形”按钮，在其“对象类型”卷展栏中单击“线”按钮，捕捉平面图的墙体边缘线，绘制一条连续的线条。

2）单击“修改”按钮，进入“修改”命令面板，在“可编辑样条线”列表中选择“样条线”选项，或者在“选择”卷展栏中单击“样条线”按钮，进入点编辑模式。在视图中框选矩形所有的节点，在其“几何体”卷展栏的“轮廓”文本框中输入 240.0mm，并按 Enter 键确定，使墙体线条成为闭合的双线，结果如图 8-232 所示。

3）单击“修改”按钮，进入“修改”命令面板，将闭合双线重命名为“Ground”，然后在“修改器列表”的下拉列表中选择“挤出”选项，在其“参数”卷展栏的“数量”文本框中输入 2940.0mm，把线条挤出为墙体。

4）右击，在弹出的快捷菜单中选择“全部解冻”命令，将东立面图解除冻结。然后调整东立面图的位置，使其在左视图中如图 8-233 所示。

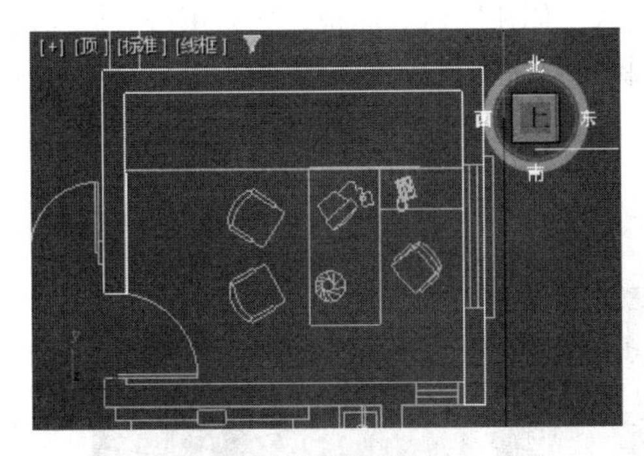

图 8-232　使墙体线条成为闭合的双线

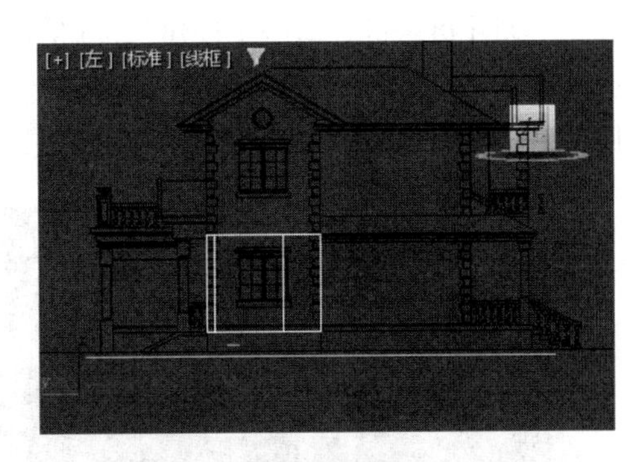

图 8-233　调整东立面图的位置

5）右击别墅平面图，在弹出的快捷菜单中选择“隐藏选定对象”命令，将平面图进行隐藏。

Note

6）创建地面和顶面。单击“创建”按钮，进入“创建”命令面板，然后单击“几何体”按钮，在其“对象类型”卷展栏中单击“长方体”按钮，设置长方体参数如图 8-234 所示，创建长方体。在顶视图中调整长方体的位置，如图 8-235 所示，并将其重命名为“地面”。

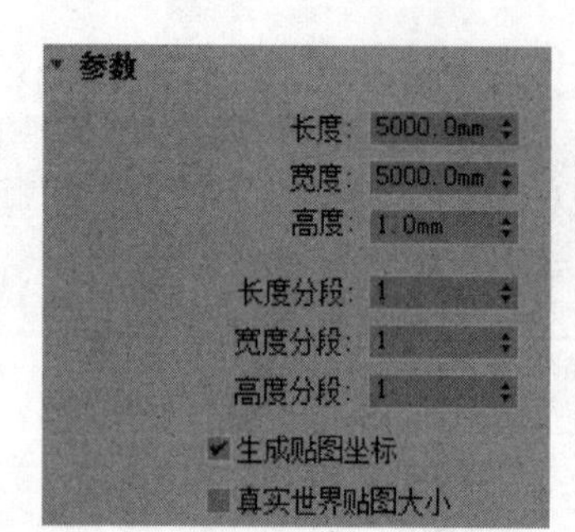

图 8-234　长方体参数

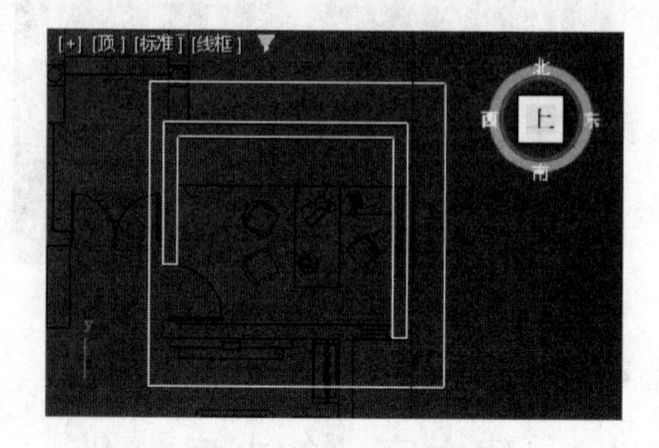

图 8-235　调整长方体的位置

7）在前视图中选择地面模型，按住 Shift 键向上移动，在弹出的如图 8-236 所示的“克隆选项”对话框中选择“复制”的方式，并将复制对象重命名为“顶”。然后在前视图中调整顶模型的位置，如图 8-237 所示。

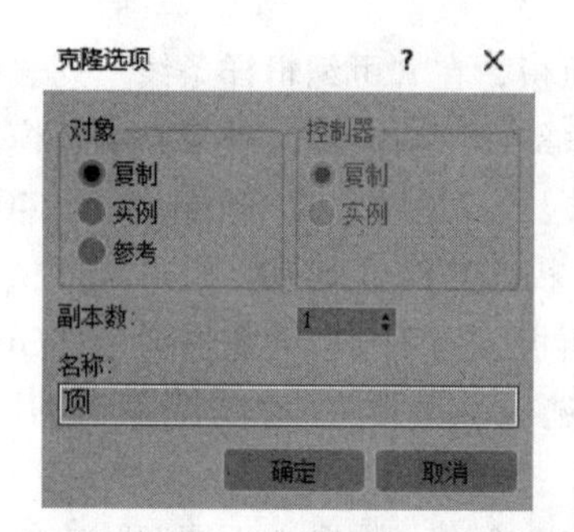

图 8-236　“克隆选项”对话框

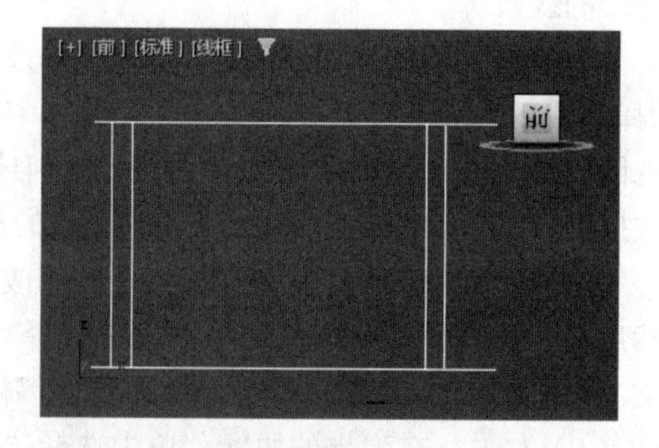

图 8-237　调整顶模型的位置

8）创建摄像机。单击“创建”按钮，进入“创建”命令面板，然后单击“摄像机”按钮，在其“对象类型”卷展栏中单击“目标”按钮，在视图中创建一台摄像机，摄像机的位置如图 8-238 所示。

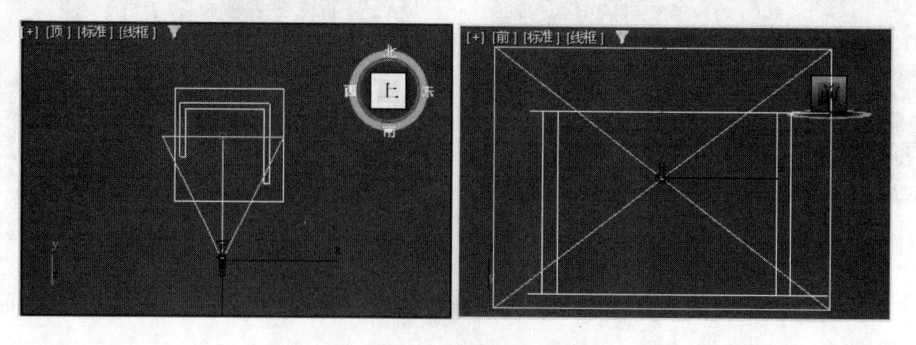

图 8-238　摄像机的位置

9）选择透视图，按 C 键。这时，透视图转换为 Camera01 摄像机视图。调整摄像机的位置，使摄像机视图如图 8-239 所示。

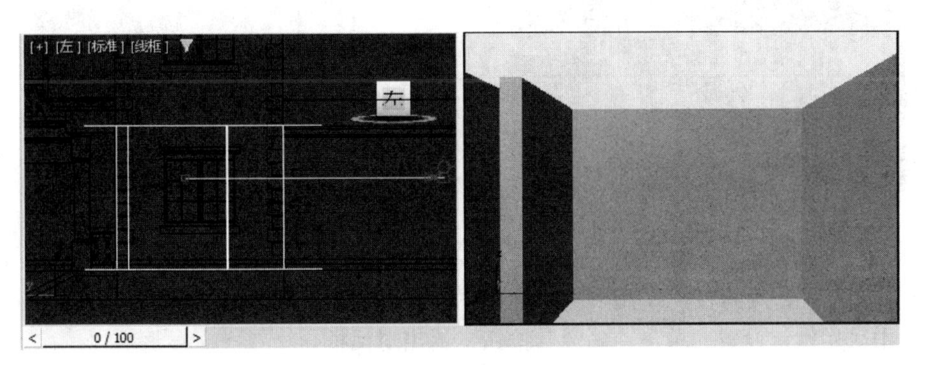

图 8-239　摄像机视图

2. 建立书房门窗模型

1）建立窗洞。单击“创建”按钮，进入“创建”命令面板，然后单击“几何体”按钮，在其“对象类型”卷展栏中单击“长方体”按钮，单击主工具栏中的“捕捉开关”按钮，捕捉东立面图的窗户线条，创建一个长方体。单击“修改”按钮，进入“修改”命令面板，在其“参数”卷展栏的“高度”文本框中输入 1000.0mm。然后在前视图中调整长方体的位置，如图 8-240 所示。

2）选择墙体模型。单击“创建”按钮，进入“创建”命令面板，单击“几何体”按钮，在其下拉列表中选择“复合对象”类型，在其“对象类型”卷展栏中单击“布尔”按钮。然后在“布尔参数”卷展栏中单击“添加运算对象”按钮，在视图上拾取刚创建的长方体，在“运算对象参数”卷展栏中单击“差集”按钮。这时，长方体被挖掉，左视图中的墙体模型如图 8-241 所示。

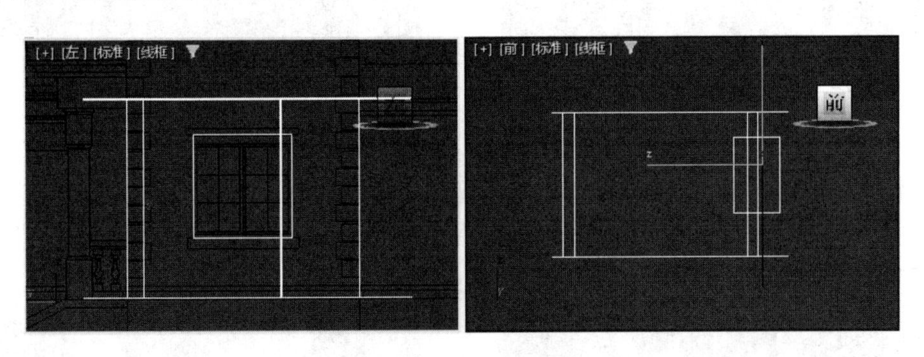

图 8-240　创建长方体并调整位置

3）导入窗户模型。选择菜单栏中的“文件”→“导入”→“导入”命令，在弹出的“选择要导入的文件”对话框中选择相应的“窗户 .3DS”模型（建立客厅模型时导出的别墅东面的“窗户 .3DS”模型），单击“打开”按钮。

4）在弹出的“3DS 导入”对话框中设置选项如图 8-242 所示，然后单击“确定”按钮，导入窗户模型。

Note

图 8-241　差集运算后的墙体模型

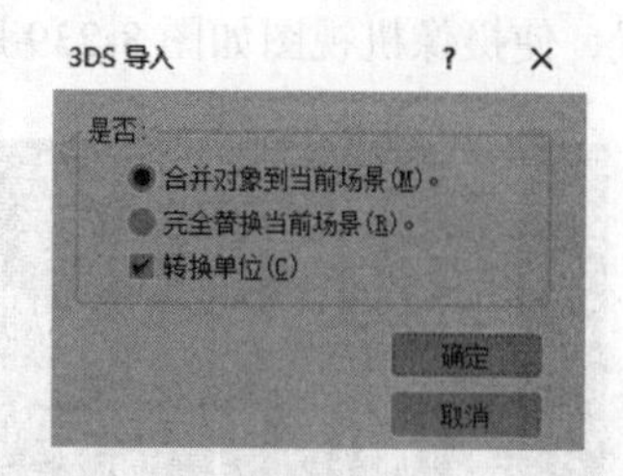

图 8-242　设置导入选项

5）框选刚导入的窗户模型，选择菜单栏中的“组”→“组”命令，在弹出的“组”对话框中采用默认设置。单击“确定”按钮，退出对话框。

6）选择窗户模型，单击主工具栏中的“选择并均匀缩放”按钮，在左视图中拖动鼠标对窗户模型进行均匀缩放，使其符合墙体的窗洞大小，如图 8-243 所示。

7）在前视图中调整窗户的位置，如图 8-244 所示。然后选择菜单栏中的“组”→“解组”命令。分别选中窗户的窗框和窗台模型，单击“修改”按钮，进入“修改”命令面板，在“可编辑样条线”列表中选择“顶点”选项，或者在“选择”卷展栏中单击“顶点”按钮，在视图上编辑各个模型的节点，使得窗户模型完全符合窗洞的大小。

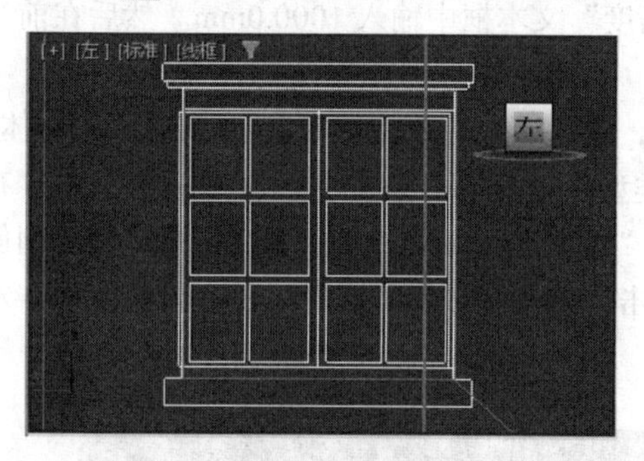

图 8-243　在左视图中缩放窗户模型

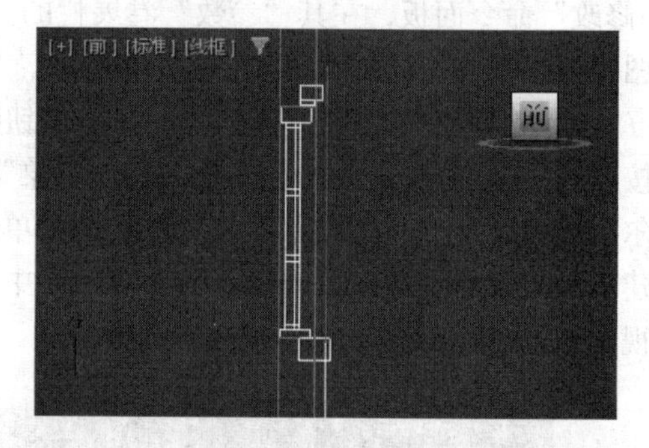

图 8-244　在前视图中调整窗户位置

8）建立门模型。单击“创建”按钮，进入“创建”命令面板，然后单击“几何体”按钮，单击“长方体”按钮，在顶视图中拖动鼠标创建一个长方体，单击“修改”按钮，进入“修改”命令面板，调整长方体的位置如图 8-245 所示。然后在左视图中调整长方体的位置，如图 8-246 所示。

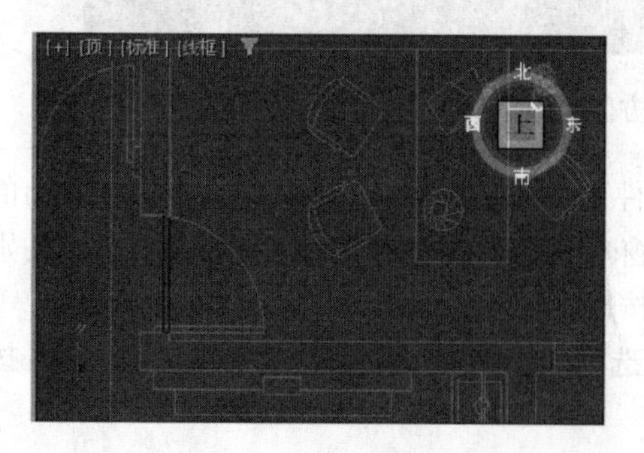

图 8-245　在顶视图中创建长方体

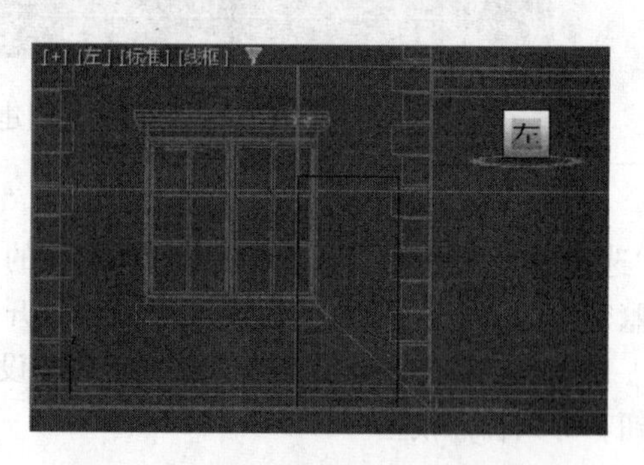

图 8-246　在左视图中调整长方体位置

Note

9）打开捕捉设置，在左视图中单击“创建”按钮，进入“创建”命令面板，然后单击“图形”按钮，在其“对象类型”卷展栏中单击“线”按钮，捕捉刚创建的长方体的边缘线，绘制一条连续的线条。

10）选择刚绘制的线条，单击“修改”按钮，进入“修改”命令面板，在“可编辑样条线”列表中选择“样条线”选项，或者在“选择”卷展栏中单击“样条线”按钮，进入样条线编辑模式。然后在“几何体”卷展栏中单击“轮廓”按钮，在其“数量”文本框中输入50.0mm，并按Enter键确定，使线条成为闭合的双线，如图8-247所示。

11）单击“修改”按钮，进入“修改”命令面板，在“修改器列表”下拉列表中选择“挤出”选项，并在其“参数”卷展栏的“数量”文本框中输入240.0mm，把线条挤出为门框模型，并在顶视图中调整到如图8-248所示的位置。

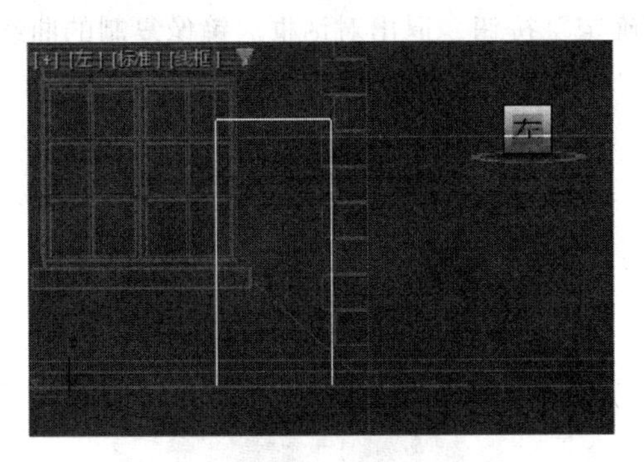

图8-247 使线条成为闭合的双线

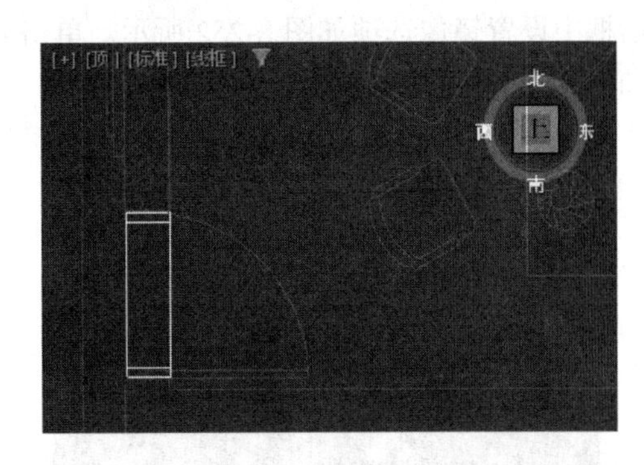

图8-248 挤出门框模型并调整位置

12）在左视图中单击“创建”按钮，进入“创建”命令面板，然后单击“图形”按钮，在其“对象类型”卷展栏中单击“矩形”按钮，绘制一个矩形。进入“修改”命令面板，在“参数”卷展栏的“长度”“宽度”文本框中分别输入200.0mm，在“角半径”文本框中输入30.0mm。然后复制出另外两个矩形，如图8-249所示。

13）继续绘制一个矩形，单击“修改”按钮，进入“修改”命令面板，在“参数”卷展栏的“长度”“宽度”和“角半径”文本框中分别输入750.0mm、100.0mm和30.0mm。

14）单击“创建”按钮，进入“创建”命令面板，然后单击“图形”按钮，在其“对象类型”卷展栏中单击“圆”按钮，绘制一个半径为70mm的圆形，并复制一个圆到如图8-250所示的位置。

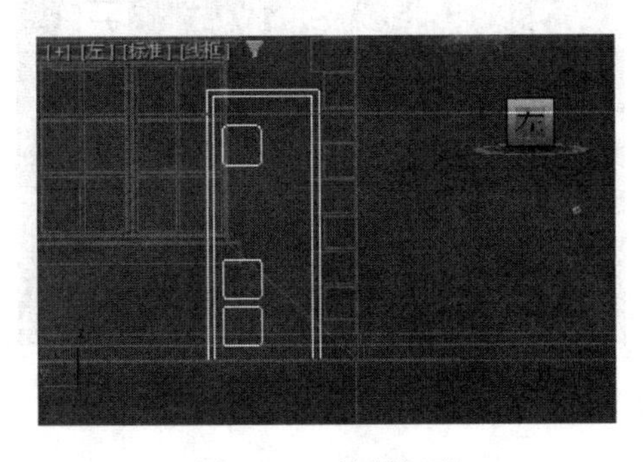

图8-249 绘制矩形

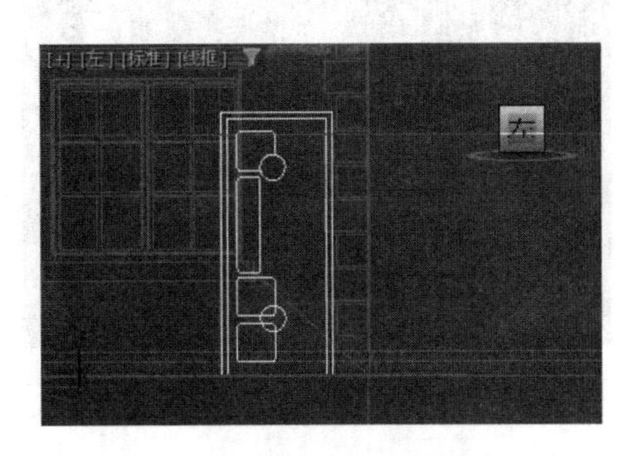

图8-250 绘制圆形

Note

15）选择一个刚创建的二维图形，右击，在弹出的快捷菜单中选择“转换为”→“转换为可编辑样条线”命令。在“几何体”卷展栏中单击“附加”按钮，在视图上依次拾取其他二维图形，把它们结合为一个物体。

16）单击“修改”按钮，进入“修改”命令面板，在“可编辑样条线”列表中选择“样条线”选项，或者在“选择”卷展栏中单击“样条线”按钮，然后在“几何体”卷展栏中单击“修剪”按钮，对多余的线段进行修剪，结果如图 8-251 所示。

17）单击“修改”按钮，进入“修改”命令面板，在“可编辑样条线”列表中选择“顶点”选项，或者在“选择”卷展栏中单击“顶点”按钮，在视图上框选曲线所有的点，在“几何体”卷展栏中单击“焊接”按钮，使曲线闭合。然后退出点编辑模式。

18）选择曲线，在主工具栏上单击“镜像”按钮，在弹出的“镜像 : 屏幕坐标”对话框中设置镜像选项如图 8-252 所示。单击“确定”按钮，退出对话框。镜像复制的曲线如图 8-253 所示。

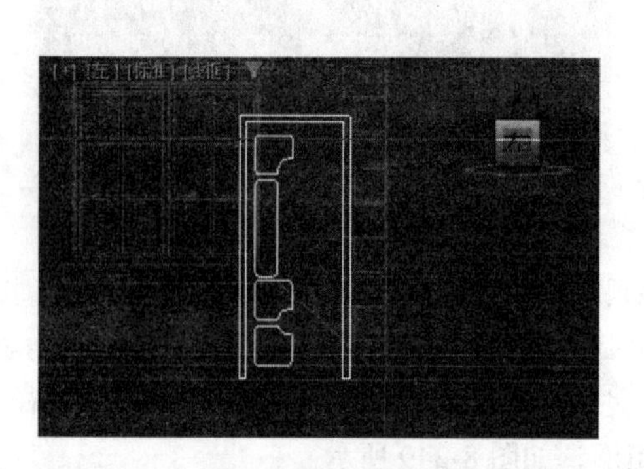

图 8-251　修剪多余的线段

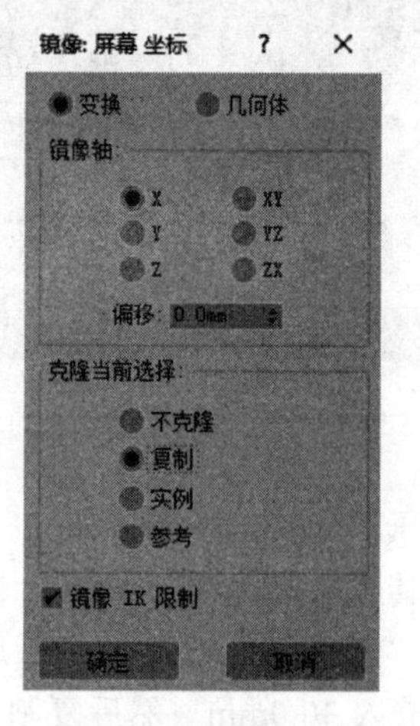

图 8-252　设置镜像选项

19）在左视图中单击“创建”按钮，进入“创建”命令面板，然后单击“图形”按钮，在其“对象类型”卷展栏中分别单击“矩形”按钮和“圆”按钮，在两曲线之间绘制一个适当大小的矩形和一个圆形，如图 8-254 所示。

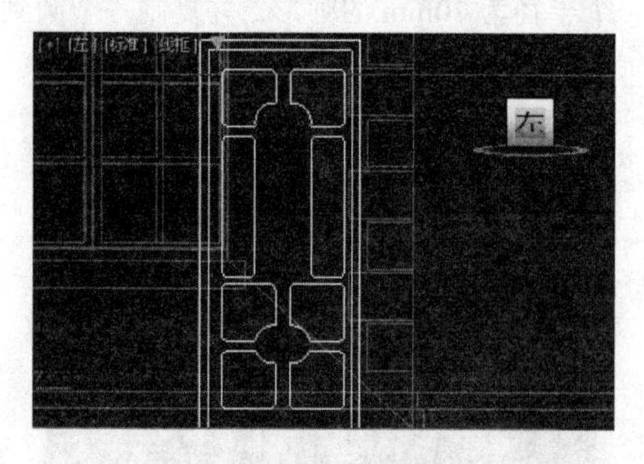

图 8-253　镜像复制曲线

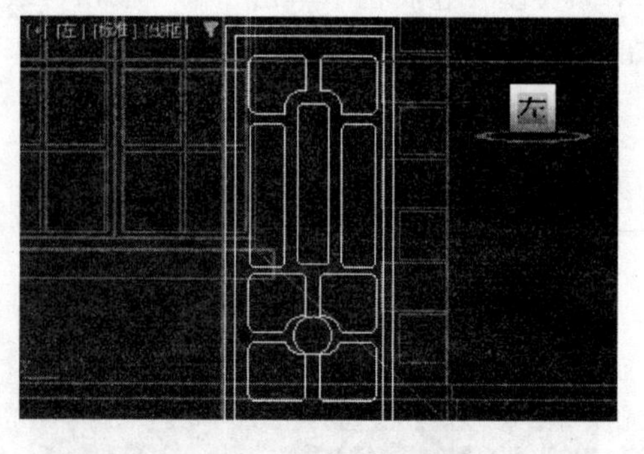

图 8-254　创建矩形和圆形

20）选择镜像前后所有的曲线，右击，在弹出的快捷菜单中选择“转换为”→“转换

为可编辑样条线”命令。在“几何体”卷展栏中单击“附加”按钮，在视图上依次拾取刚创建的矩形和圆形，把它们结合为一个整体。

21）选择刚结合为一个整体的曲线，单击“修改”按钮，进入“修改”命令面板，在“可编辑样条线”列表中选择“顶点”选项，或者在“选择”卷展栏中单击“顶点”按钮。选择点后右击，在弹出的快捷菜单中选择“Bezier”命令。此时，在该节点处出现控制手柄，通过移动控制手柄，可调整线段的走向和弧度。

22）退出点编辑模式。选择曲线，单击“修改”按钮，进入“修改”命令面板，在“修改器列表”下拉列表中选择“倒角”选项，并设置倒角参数，如图 8-255 所示。

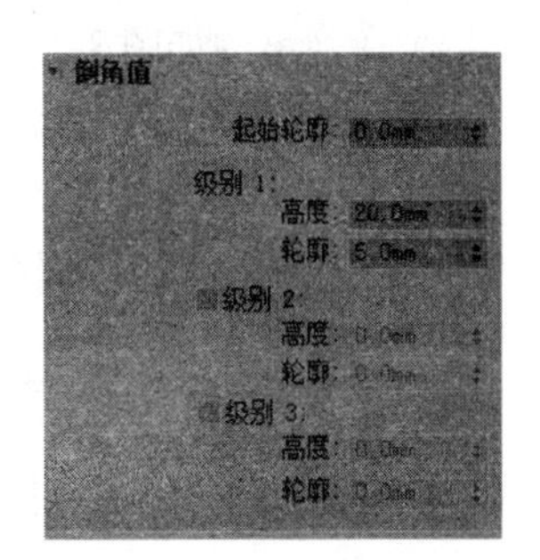

图 8-255　设置倒角参数

23）在前视图中调整倒角后的模型的位置，如图 8-256 所示。单击“实用程序”按钮，展开“实用程序”卷展栏，单击“塌陷”按钮。然后在视图上选择倒角后的模型和门模型，单击“塌陷选定对象”按钮，将两个模型塌陷为一个网格类模型。

24）选择门模型，在“修改”命令面板中将其重命名为“门”。此时，透视图中门的效果如图 8-257 所示。

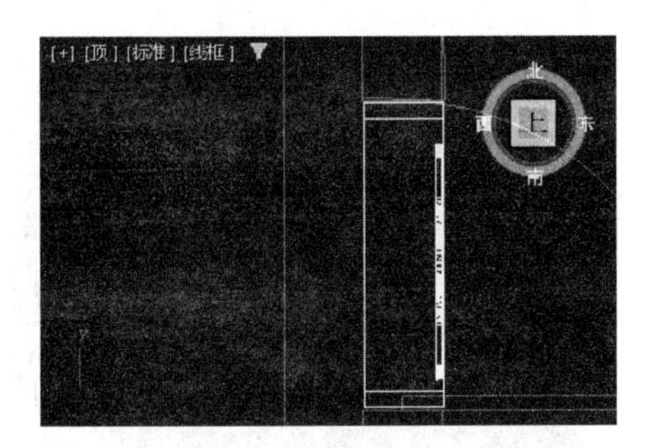

图 8-256　调整模型的位置

图 8-257　门的效果

25）单击“创建”按钮，进入“创建”命令面板，然后单击“几何体”按钮，在其“对象类型”卷展栏中单击“长方体”按钮，在左视图中拖动鼠标创建一个长方体。然后单击“修改”按钮，进入“修改”命令面板，在其“参数”卷展栏的“数量”文本框中分别输入“长度”“宽度”和“高度”数值为 900.0mm、1000.0mm 和 240.0mm。长方体在左视图和前视图中的位置如图 8-258 所示。

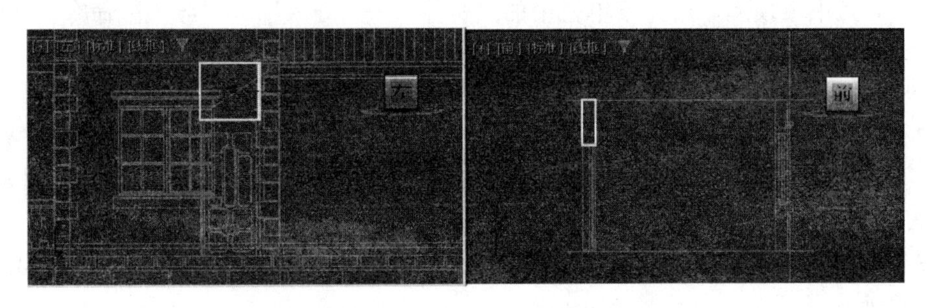

图 8-258　长方体在左视图和前视图中的位置

Note

26）在视图上选择刚创建的长方体和墙体模型，单击“实用程序”按钮，在“实用程序”卷展栏中单击“塌陷”按钮，将两个模型塌陷为一个网格类模型。

3. 导入和建立家具模型

1）合并书柜模型。选择菜单栏中的“文件”→“导入”→“合并”命令，在弹出的“合并文件”对话框中选择电子资料包中的“源文件\第8章\书房\模型\书柜.max”文件，单击“打开”按钮。

2）在弹出的如图8-259所示的“合并-书柜.max”对话框中取消选中“灯光”和“摄影机”复选框，单击“全部”按钮，再单击“确定”按钮退出对话框。

3）导入模型文件后，单击“视口导航控件”工具栏中的“所有视图最大化显示选定对象”按钮，使所有视图中的模型居中显示（这样便于很快找到视图中刚合并的模型并进行操作）。

4）单击主工具栏中的“选择并移动”按钮、“选择并均匀缩放”按钮和“选择并旋转”按钮，将书柜模型放在书房中相应的位置，摄像机视图如图8-260所示。

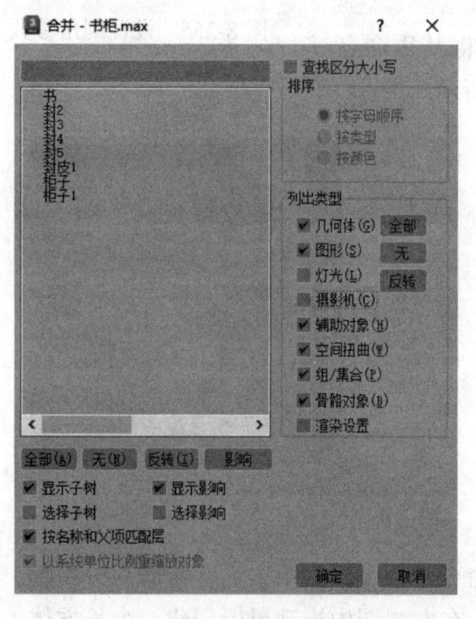

图8-259 “合并-书柜.max”对话框

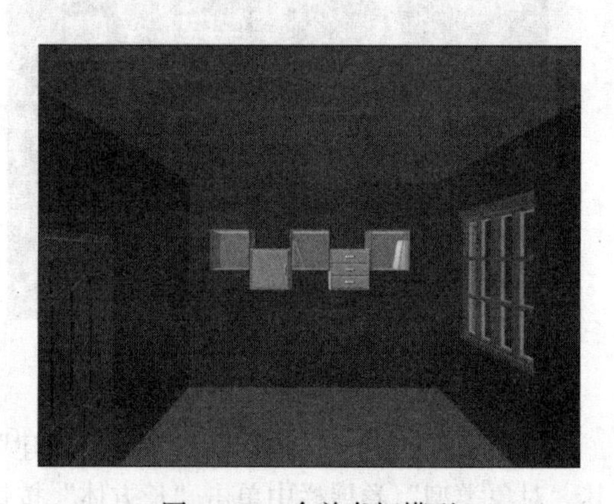

图8-260 合并书柜模型

5）使用与步骤1）~4）同样的方法，导入“源文件\3D\模型\百叶窗帘.max”文件，并调整百叶窗帘到适当的大小和位置。

6）导入书桌模型。选择菜单栏中的“文件”→“导入”→“导入”命令，在弹出的“选择要导入的文件”对话框中选择电子资料包中的“源文件\第8章\书房\模型\书桌.3DS”文件，单击“打开”按钮。

7）在弹出的“3DS导入”对话框中选择“合并对象到当前场景”选项，单击“确定”按钮，将模型导入场景，并通过“缩小”“旋转”和“移动”命令将其放置到如图8-261所示的位置。

8）用同样的方法导入“椅子.3DS”文件并调整大小和位置，前视图中的效果如图8-262所示。

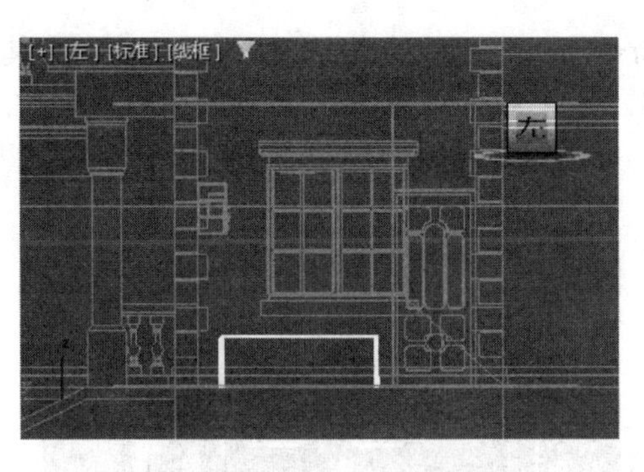

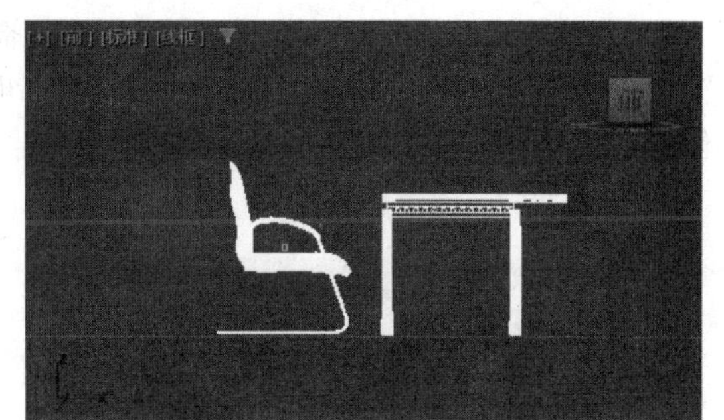

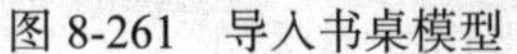

图 8-261　导入书桌模型　　　　图 8-262　导入椅子模型

9）在顶视图中选择椅子模型。右击主工具栏中的“选择并旋转”按钮，在弹出的“旋转变换输入”对话框中设置旋转数值如图 8-263 所示，然后关闭对话框。

10）在顶视图中选择椅子模型。单击主工具栏中的“镜像”按钮，以“实例”的方式镜像复制出另外两个椅子模型，结果如图 8-264 所示。

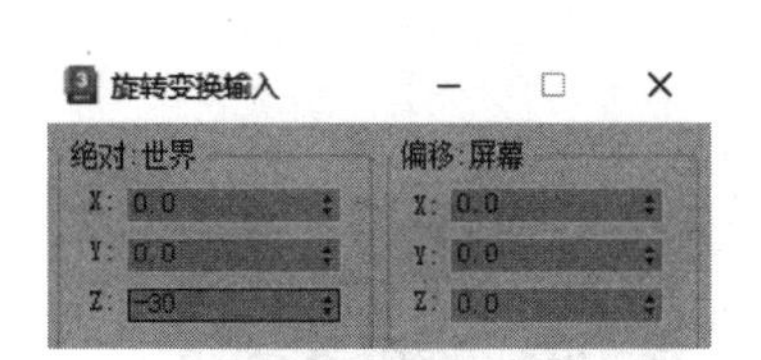

图 8-263　设置旋转数值

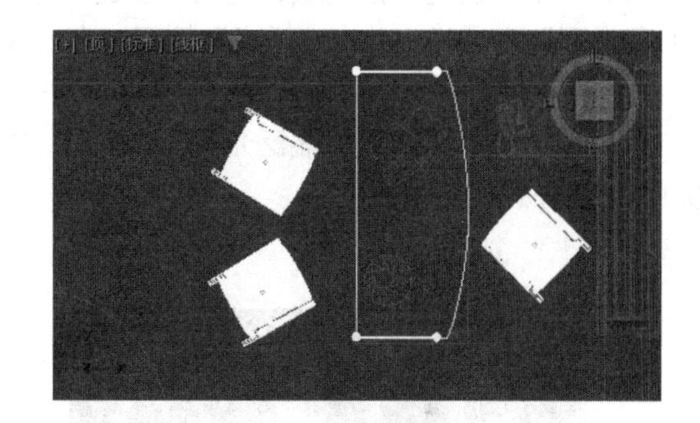

图 8-264　镜像复制椅子

11）导入“电脑 .3DS”“台灯 .3DS”“吊灯 .3DS”和“小桌 .3DS”文件，调整大小和位置后的视图效果如图 8-265 所示。

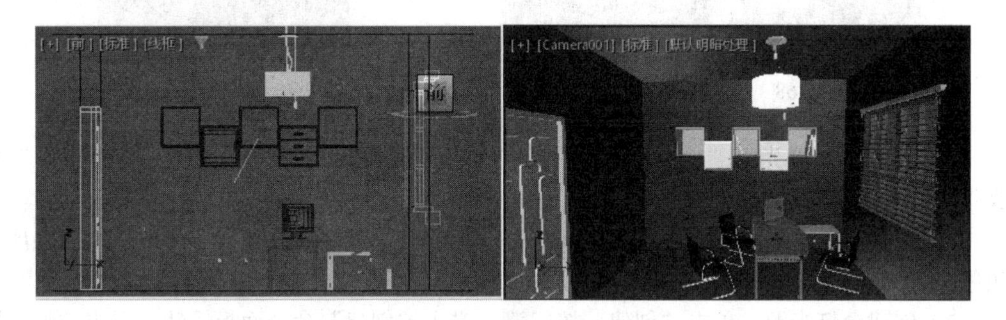

图 8-265　导入模型后的视图效果

8.3.3　添加灯光

1）在主工具栏的“选择过滤器”下拉列表中选择“L- 灯光”，使在场景中能针对性地选择灯光模型。

Note

2）单击“创建”按钮，进入“创建”命令面板，然后单击“灯光”按钮，在其“对象类型”卷展栏中单击“目标聚光灯”按钮，如图8-266所示。然后在前视图中单击，创建一盏聚光灯“Spot01”，如图8-267所示。

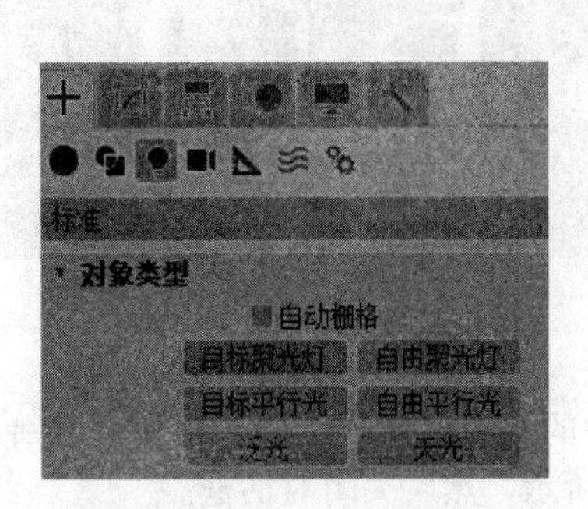

图8-266　单击“目标聚光灯”按钮

图8-267　创建聚光灯

3）单击“创建”按钮，进入“创建”命令面板，然后单击“灯光”按钮，在其“对象类型”卷展栏中单击“泛光”按钮，在前视图中单击，创建一盏泛光“Omni01”作为主光源，如图8-268所示。

4）在场景中再创建一盏泛光“Omni02”，作为书房的辅助光源，在顶视图中的位置如图8-269所示。

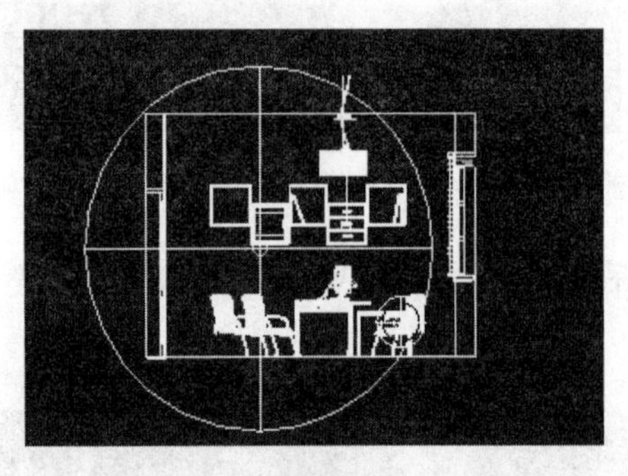

图8-268　创建泛光

图8-269　创建辅助泛光

5）分别选择聚光灯“Spot01”和泛光“Omni02”，单击“修改”按钮，进入“修改”命令面板，在“强度/颜色/衰减”卷展栏中设置“倍增”数值为0.4。

6）选择泛光“Omni01”，单击“修改”按钮，进入“修改”命令面板，在“强度/颜色/衰减”卷展栏中设置“倍增”数值为0.65。

7）创建台灯光源。单击“创建”按钮，进入“创建”命令面板，然后单击“灯光”按钮，在其“对象类型”卷展栏中单击“目标聚光灯”按钮，在前视图中创建一盏聚光灯“Spot02”。然后在“修改”命令面板的“强度/颜色/衰减”卷展栏中设置聚光灯的“倍增”数值为0.2。

8）检查场景中的模型文件，将导入的别墅平面图和立面图文件进行隐藏或删除。

9）快速渲染摄像机视图，书房渲染效果如图8-270所示。

图 8-270　书房渲染效果

8.4　建立餐厅的立体模型

本节主要介绍别墅餐厅的室内建模方法和基本的材质灯光设置。主要思路是：先导入在第 1 篇中绘制的别墅首层平面图和别墅南立面图，然后进行必要的调整，建立餐厅模型，再给餐厅模型添加家具、酒具和装饰画等模型，最后添加灯光。餐厅模型如图 8-271 所示。

图 8-271　餐厅模型

（电子资料包：动画演示 \ 第 8 章 \ 建立餐厅的立体模型 .mp4）

8.4.1　建立完整的餐厅模型

1. 建立餐厅的基本墙面

1）运行 3ds Max 2024。

2）选择菜单栏中的“自定义”→“单位设置”命令，在弹出的“单位设置”对话框中设置计量单位为“毫米”。

Note

3）选择菜单栏中的“文件”→“导入”→“导入”命令，在弹出的“选择要导入的文件”对话框中选择电子资料包中的“源文件\第8章\别墅首层平面图.dwg”文件，再单击“打开”按钮。

4）在弹出的“导入选项”对话框的“层”选项卡和“几何体”选项卡中设置相关参数，并把导入的计量单位和3ds Max的“传入的文件单位”设置为“毫米”。然后单击“确定”按钮，将DWG文件导入3ds Max中。

5）调整DWG文件，把标注、纹理等无用的注释清除。然后单击主工具栏中的“选择对象”按钮，框选平面图DWG文件，选择菜单栏中的“组”→“组”命令，进行成组、重命名和颜色设置。调整后的DWG文件在顶视图中的效果如图8-272所示。

6）存储备份文件。选择菜单栏中的“文件”→“另存为”命令，在弹出的“文件另存为”对话框中将文件命名为“平面图”，并单击“保存”按钮。这样，可使该文件在以后建立其他别墅室内模型时被随时调用。

7）单击“所有视图最大化显示”工具栏中的“缩放区域”按钮，框选平面图的餐厅部分，将其放大到整个视图以便进行操作，如图8-273所示。

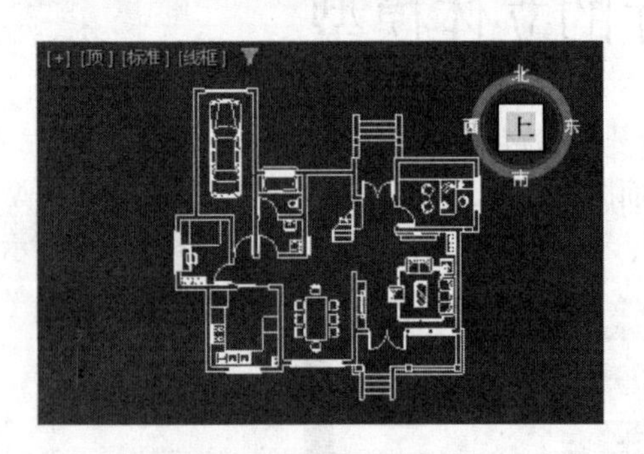

图8-272　调整后的DWG文件

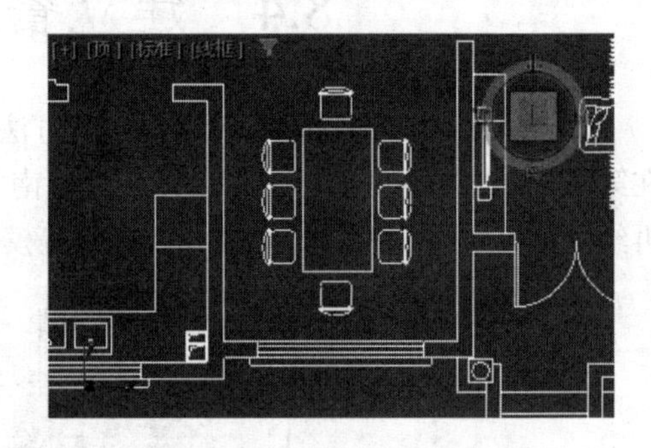

图8-273　放大餐厅平面图

8）打开捕捉设置，在顶视图中单击“创建”按钮，进入“创建”命令面板，然后单击“图形”按钮，在其“对象类型”卷展栏中单击“线”按钮，捕捉餐厅平面图的墙体边缘线，绘制一条连续的线条。

9）选择绘制的线条，单击“修改”按钮，进入“修改”命令面板，在“可编辑样条线”列表中选择“样条线”选项，或者在“选择”卷展栏中单击“样条线”按钮。然后单击“几何体”卷展栏中的“轮廓”按钮，在“数量”文本框中输入250.0mm，并按Enter键确定，使墙体线条成为闭合的双线，结果如图8-274所示。

10）单击“修改”按钮，进入“修改”命令面板，在“修改器列表”的下拉列表中选择“挤出”选项，并在其“参数”卷展栏的“数量”文本框中输入2940.0mm，把线条挤出为墙体。

11）建立顶面。单击“创建”按钮，进入“创建”命令面板，然后单击“几何体”按钮，在其“对象类型”卷展栏中单击“长方体”按钮，捕捉墙体边缘线，创建一个长方体。

12）在视图上选择刚创建的长方体，右击，在弹出的快捷菜单中选择“转换为”→“转换为可编辑网格”命令。单击“修改”按钮，进入“修改”命令面板，在

“可编辑网格”列表中选择“顶点”选项，或者在“选择”卷展栏中单击“顶点”按钮，在前视图中选择如图 8-275 所示的点，单击“编辑几何体”卷展栏中的“删除”按钮，把选中的点删除，使长方体成为单面，然后退出点编辑模式。

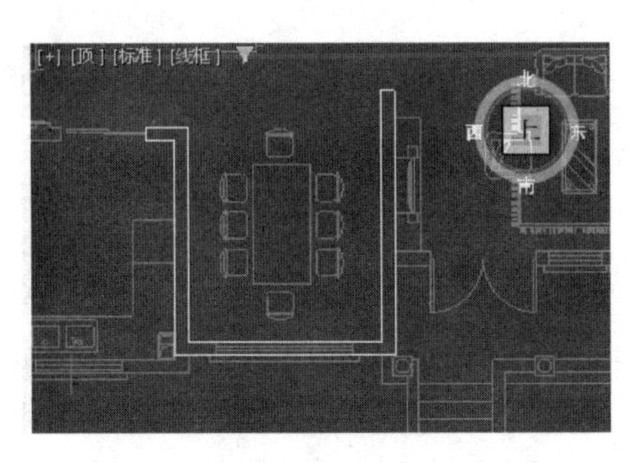

图 8-274　使墙体线条成为闭合的双线

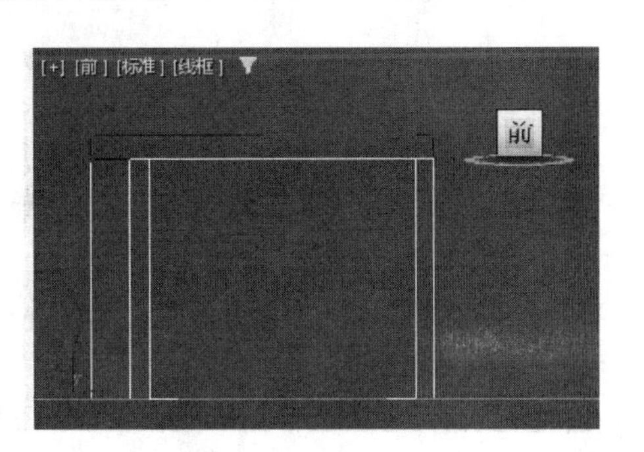

图 8-275　选择点

13）建立地面。单击“创建”按钮，进入“创建”命令面板，然后单击“几何体”按钮，在其“对象类型”卷展栏中单击“平面”按钮，捕捉墙体线条创建地面模型，并在前视图中调整到相应的位置。单击“修改”按钮，进入“修改”命令面板，在“参数”卷展栏的“长度分段”和“宽度分段”文本框中输入 1。

14）创建摄像机。单击“创建”按钮，进入“创建”命令面板，然后单击“摄影机”按钮，在其“对象类型”卷展栏中单击“目标”按钮，在顶视图中创建一台摄像机，如图 8-276a 所示。

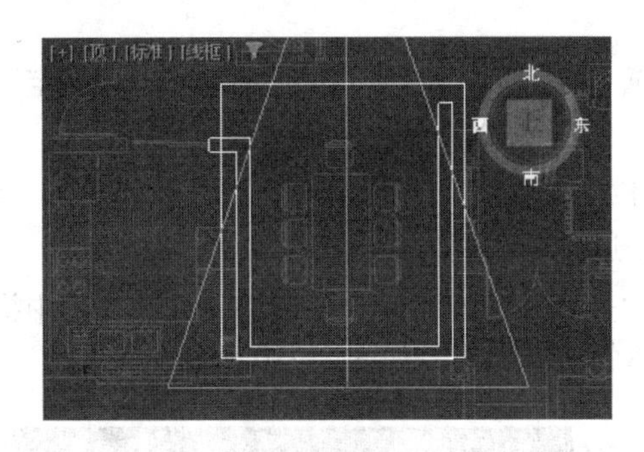

a）创建摄像机

b）摄像机视图效果

图 8-276　创建摄像机及其视图效果

15）选择透视图，按 C 键，这时透视图转换为 Camera01 摄像机视图。通过在其他视图中移动摄像机的位置来调整摄像机视图的视点角度，使摄像机视图效果如图 8-276b 所示。

16）选择场景中的平面图文件，按 Delete 键删除。

17）导入别墅南立面图。使用同样的方法，导入电子资料包中的“源文件\第 8 章\别墅南立面图 .dwg”文件，并进行成组、旋转和移动，使其位置如图 8-277 所示。

18）创建窗洞。单击“创建”按钮，进入“创建”命令面板，然后单击“几何体”按钮，在其“对象类型”卷展栏中单击“长方体”按钮，在前视图中捕捉立面图的窗户

Note

线条创建一个长方体。单击“修改”按钮，进入“修改”命令面板，在“参数”卷展栏的“高度”文本框中输入 1000.0mm。

19）在左视图中调整长方体的位置，使其穿过墙体模型，如图 8-278 所示。

图 8-277　南立面图的位置

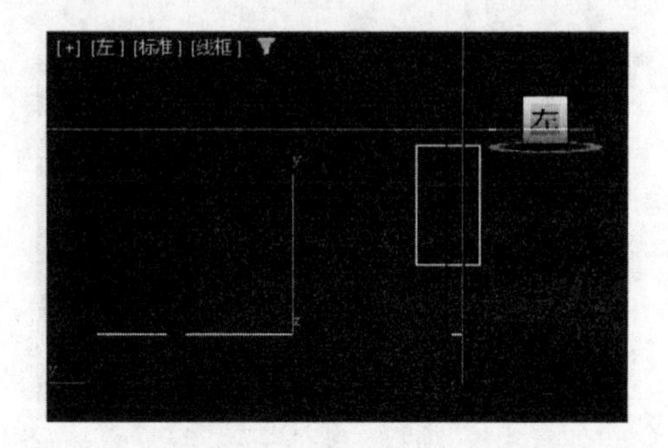

图 8-278　长方体的位置

20）选择墙体模型，单击“创建”按钮，进入“创建”命令面板，单击“几何体”按钮，在其下拉列表中选择“复合对象”类型，在其“对象类型”卷展栏中单击“布尔”按钮，然后在“布尔参数”卷展栏中单击“添加运算对象”按钮，在视图上拾取刚创建的长方体，在“运算对象参数”卷展栏中单击“差集”按钮。这时，在墙体上制作出一个长方体洞口作为窗洞。

21）导入窗户模型。选择菜单栏中的“文件”→“导入”→“导入”命令，在弹出的“选择要导入的文件”对话框中选择电子资料包中的“源文件\第 8 章\餐厅\模型\宽窗户 .3DS”模型，单击“打开”按钮。

22）在弹出的“3DS 导入”对话框中设置导入选项如图 8-279 所示，单击“确定”按钮，导入窗户模型。

23）框选刚导入的窗户模型，选择菜单栏中的“组”→“组”命令，在弹出的“组”对话框中采用默认设置。单击“确定”按钮，退出对话框。

24）选择窗户模型，单击主工具栏中的“选择并均匀缩放”按钮，在前视图中拖动鼠标对窗户模型进行均匀缩放，使其符合墙体的窗洞大小，如图 8-280 所示。

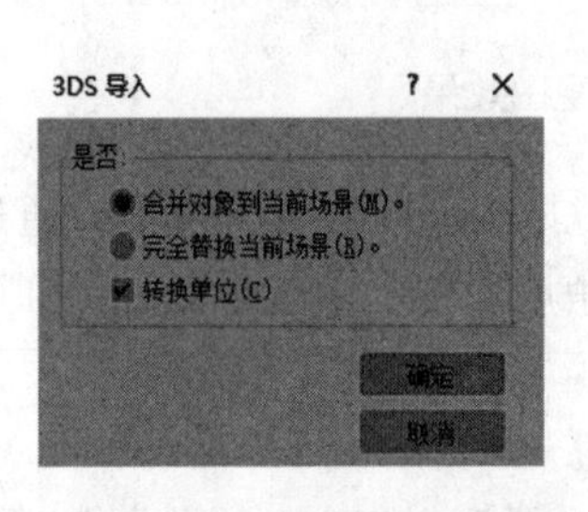

图 8-279　设置导入选项

图 8-280　调整窗户模型的大小

25）选择菜单栏中的“组”→“解组”命令，将导入的窗户模型进行解组。在左视图中分别选中窗户的窗框和窗台模型，单击“修改”按钮，进入“修改”命令面板，在

"可编辑网格"列表中选择"顶点"选项，或者在"选择"卷展栏中单击"顶点"按钮，在视图上编辑各个模型的节点。

26）在场景中选择南立面图，按 Delete 键删除。此时，透视图中餐厅的基本墙面模型效果如图 8-281 所示。

2. 建立餐厅顶棚模型

1）在前视图中单击"创建"按钮，进入"创建"命令面板，然后单击"图形"按钮，在其"对象类型"卷展栏中单击"线"按钮，绘制一条曲线，如图 8-282 所示。

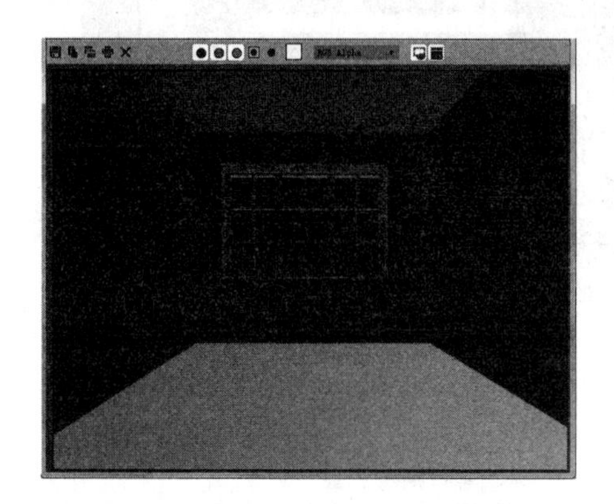

图 8-281　餐厅的基本墙面模型效果

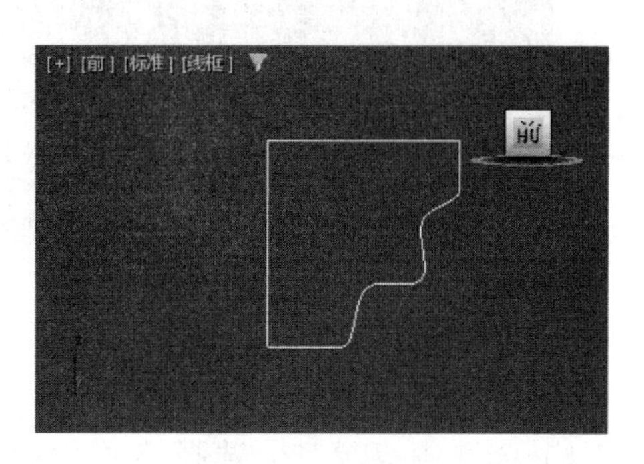

图 8-282　绘制曲线

2）单击"修改"按钮，进入"修改"命令面板，在"修改器列表"的下拉列表中选择"车削"选项，并在其"参数"卷展栏的"分段"文本框中输入4，如图8-283所示。这样，把曲线旋转成为 4 个面的模型。

3）单击"修改"按钮，进入"修改"命令面板，在"车削"列表中选择"轴"选项，在顶视图中把模型沿着 X 轴的正方向移动到适当的位置，如图 8-284 所示。再次选择"车削"列表中的"轴"选项，关闭轴编辑。

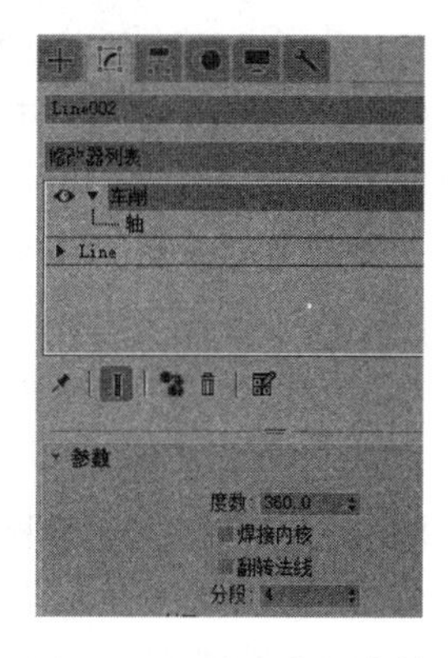

图 8-283　设置车削参数

4）右击主工具栏中的"选择并旋转"按钮，在弹出的"旋转变换输入"对话框中输入数值后关闭对话框，将模型沿 Z 轴旋转 45°，如图 8-285 所示。

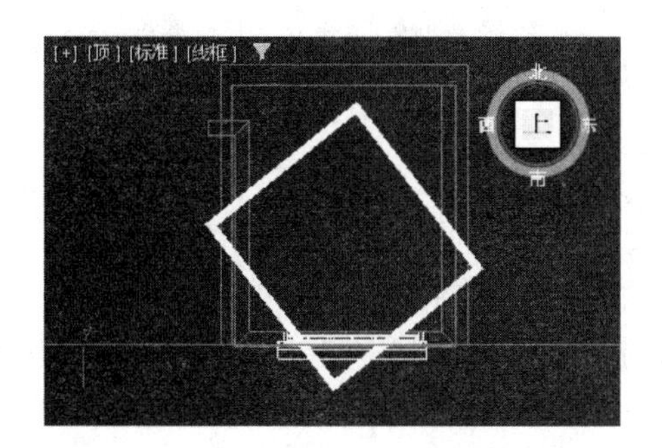

图 8-284　沿 X 轴正方向移动模型

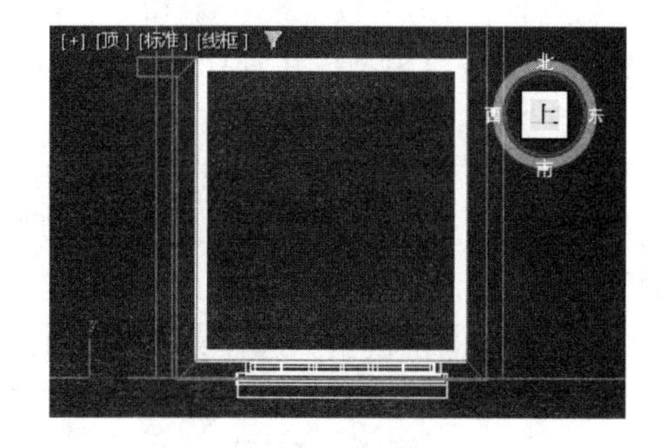

图 8-285　将模型旋转 45°

Note

5）在视图上选择刚创建的模型，右击，在弹出的快捷菜单中选择“转换为”→“转换为可编辑网格”命令，单击“修改”按钮，进入“修改”命令面板，在“可编辑网格”列表中选择“顶点”选项，或者在“选择”卷展栏中单击“顶点”按钮，进入点编辑模式。在视图上移动模型的节点，使模型的大小和顶面模型的大小一致。此时，前视图中餐厅顶棚模型如图 8-286 所示，左视图中餐厅顶棚模型如图 8-287 所示。

图 8-286　前视图中餐厅顶棚模型

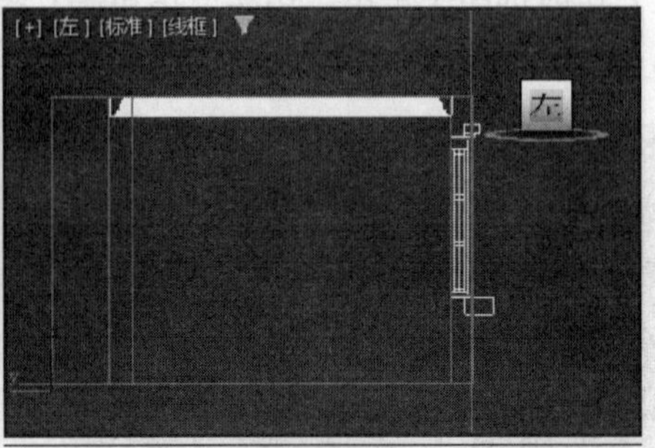

图 8-287　左视图中餐厅顶棚模型

3. 导入家具模型

1）合并餐桌模型。选择菜单栏中的“文件”→“导入”→“合并”命令，在弹出的“合并文件”对话框中选择电子资料包中的“源文件\第 8 章\餐厅\模型\开合餐桌 .max”文件，单击“打开”按钮。

2）在弹出的“合并 - 开合餐台 .max”对话框中单击“全部”按钮，如图 8-288 所示。再单击“确定”按钮，把餐桌模型合并到场景中。

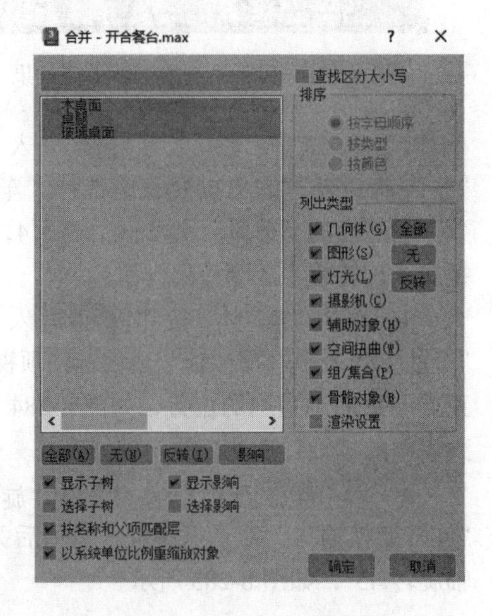

图 8-288　“合并 - 开合餐台 .max”对话框

3）合并模型文件后，单击“视口导航控件”中的“所有视图最大化显示”按钮，使所有视图中的模型居中显示（这样便于很快找到视图中刚合并的模型并进行操作）。

4）单击主工具栏中的“选择并移动”按钮、“选择并均匀缩放”按钮和“选择并旋转”按钮，把餐桌模型放在餐厅中相应的位置，如图 8-289 所示。

5）使用同样的方法，在电子资料包中选择“源文件\第 8 章\餐厅\模型\椅子 .max”文件，将其打开并合并到场景中后进行位置、大小和角度的调整，然后在顶视图中以“实例”的方式复制出另外 5 个椅子，并放置在适当的位置，结果如图 8-290 所示。

6）导入低柜模型。选择菜单栏中的“文件”→“导入”→“导入”命令，在弹出的“选择要导入的文件”对话框中选择电子资料包中的“源文件\第 8 章\餐厅\模型\柜子 .3DS”文件，单击“打开”按钮。

Note

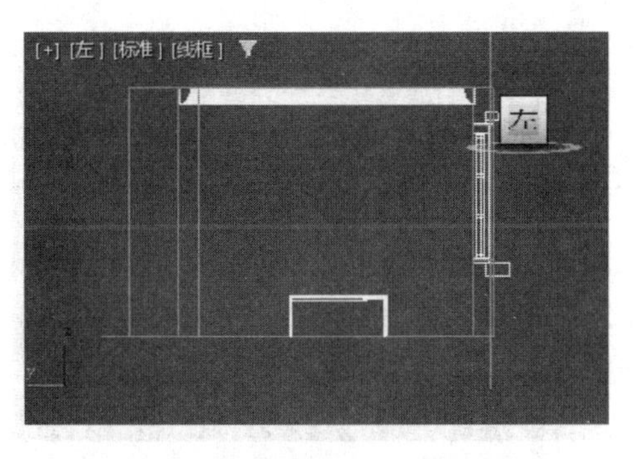

图 8-289　调整餐桌模型的位置

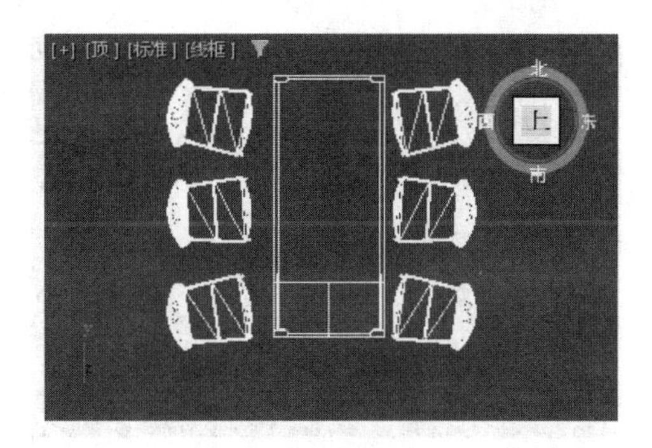

图 8-290　复制椅子

7）在弹出的“3DS 导入”对话框中选择“合并对象到当前场景”选项，单击“确定”按钮，将模型导入场景，并通过“缩小”“旋转”和“移动”命令把其放置在餐厅西面。然后以“实例”的方式复制出另外两个柜子，位置如图 8-291 所示。

8）导入“吊灯 .3DS”和“窗帘 .3DS”文件，并调整大小和位置。此时的透视图效果如图 8-292 所示。

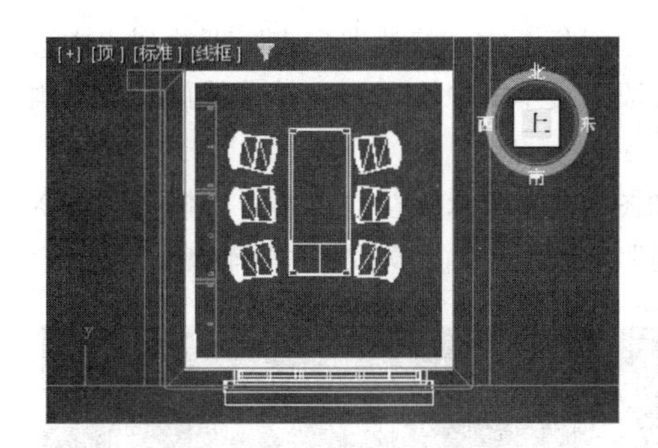

图 8-291　导入并复制柜子

图 8-292　透视图效果

4. 创建装饰模型

1）选择一个低柜模型，单击“修改”按钮，进入“修改”命令面板，在“可编辑多边形”列表中选择“元素”选项，或者在“选择”卷展栏中单击“元素”按钮，进入网格元素编辑模式。

2）在视图中选择如图 8-293 所示的网格元素，按住 Shift 键向上移动，在弹出的“克隆部分网格”对话框中选择“克隆到元素”选项，单击“确定”按钮。

3）调整克隆的网格元素的位置后，单击“修改”按钮，进入“修改”命令面板，在“可编辑多边形”列表中选择“顶点”选项，或者在“选择”卷展栏中单击“顶点”按钮，转换为点编辑模式。在前视图中移动柜子的节点，如图 8-294 所示。然后退出点编辑模式。

4）建立地毯模型。单击“创建”按钮，进入“创建”命令面板，然后单击“几何体”按钮，在其“对象类型”卷展栏中单击“平面”按钮，在顶视图中拖动鼠标创建地毯模型，地毯的大小和位置如图 8-295 所示。

Note

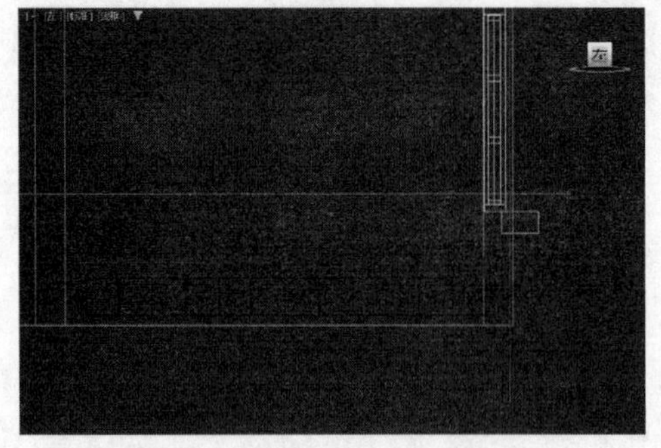

图 8-293　选择网格元素

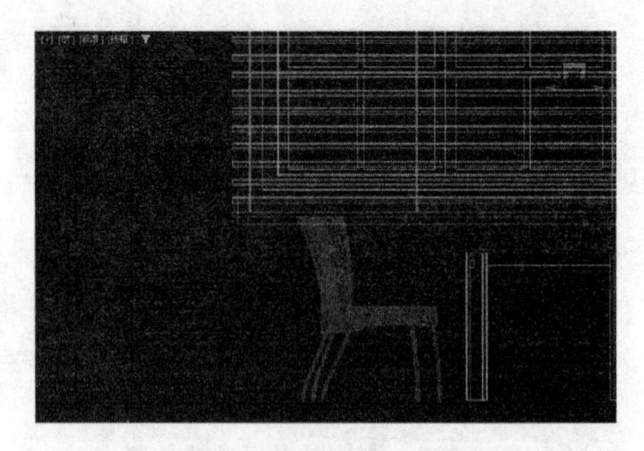

图 8-294　移动柜子节点

5）创建酒瓶模型。在前视图中单击“创建”按钮，进入“创建”命令面板，然后单击“图形”按钮，在其“对象类型”卷展栏中单击“线”按钮，绘制一条曲线。然后单击“修改”按钮，进入“修改”命令面板，在“可编辑样条线”列表中选择“样条线”选项，或者在“选择”卷展栏中单击“样条线”按钮，再单击“几何体”卷展栏中的“轮廓”按钮，在后面的文本框中输入 5.0mm，按 Enter 键确定，使曲线成为闭合的双线，如图 8-296 所示。

6）单击“修改”按钮，进入“修改”命令面板，在“修改器列表”下拉列表中选择“车削”选项，并在其“参数”卷展栏的“分段”文本框中输入 16，把曲线旋转成为酒瓶模型，如图 8-297 所示。

7）选择“车削”列表中的“轴”选项，如图 8-298 所示。在前视图中将模型沿着 X 轴的正方向移动到适当的位置，再次选择“车削”列表框“轴”选项，关闭轴编辑。

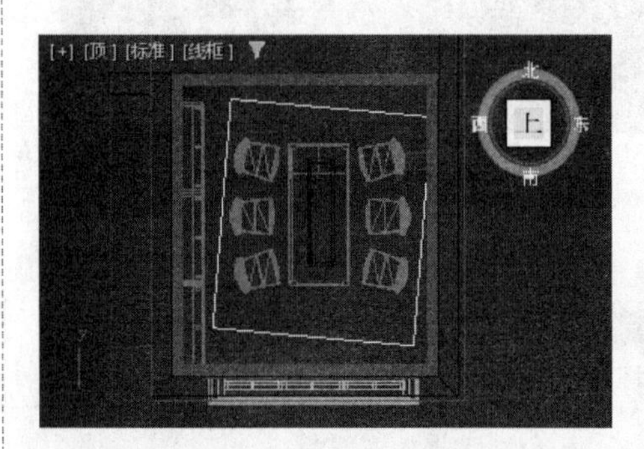

图 8-295　创建地毯模型

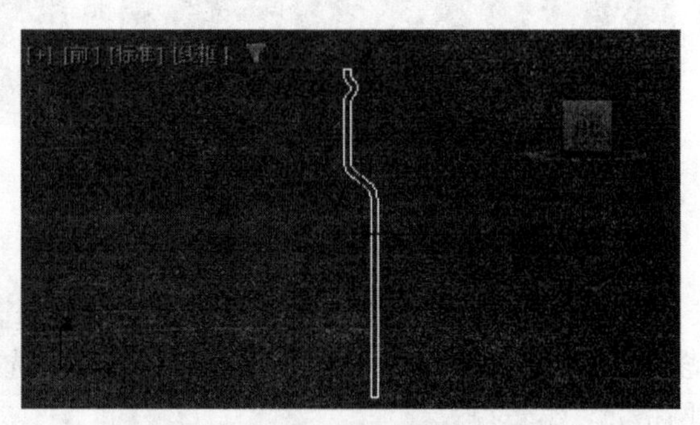

图 8-296　使曲线成为闭合的双线

图 8-297　把曲线旋转成为酒瓶模型

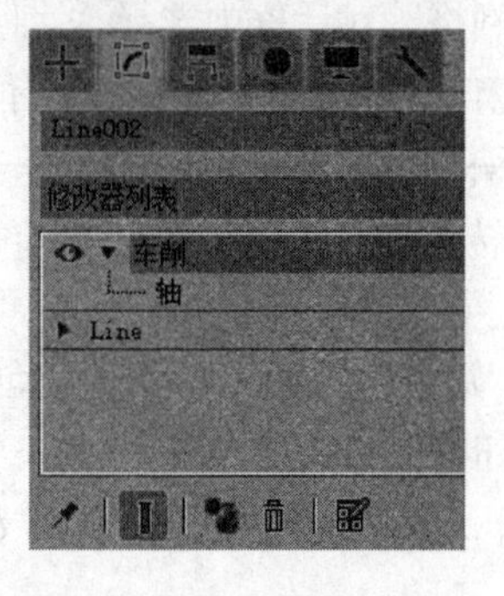

图 8-298　选择“车削”列表中的“轴”选项

8）创建高脚杯模型。在前视图中绘制如图 8-299 所示的曲线。然后单击“修改”按钮，进入“修改”命令面板，在“可编辑样条线”列表中选择“顶点”选项，或者在“选择”卷展栏中单击“顶点”按钮，对点进行编辑，修改曲线弧度。

9）选择曲线，单击“修改”按钮，进入“修改”命令面板，在“修改器列表”下拉列表中选择“车削”选项，将曲线旋转为 16 个面的高脚杯模型，然后选择“车削”列表中的“轴”选项，在前视图中将模型沿着 X 轴的正方向移动到适当的位置，结果如图 8-300 所示。然后关闭轴编辑。

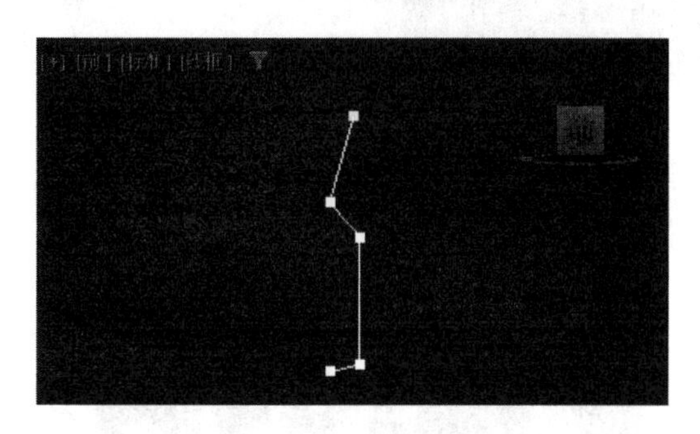

图 8-299　绘制曲线

图 8-300　把曲线旋转为高脚杯模型

10）采用与步骤 5）~ 7）同样的方法，创建餐厅其他餐具和装饰物模型，并调整到适当的位置，结果如图 8-301 所示。

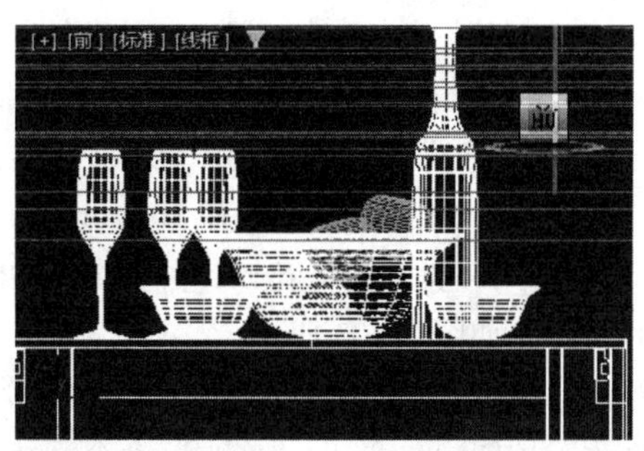

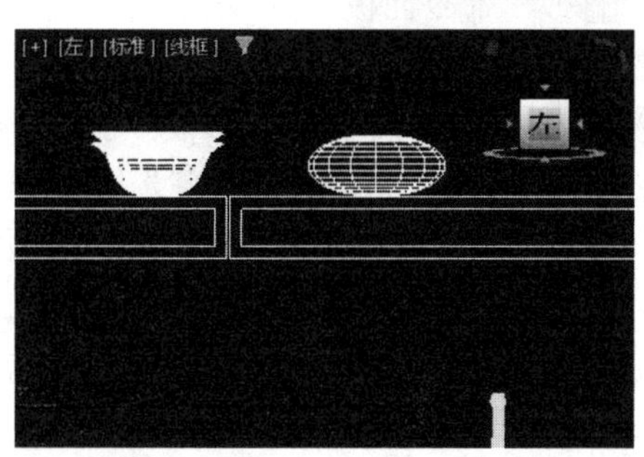

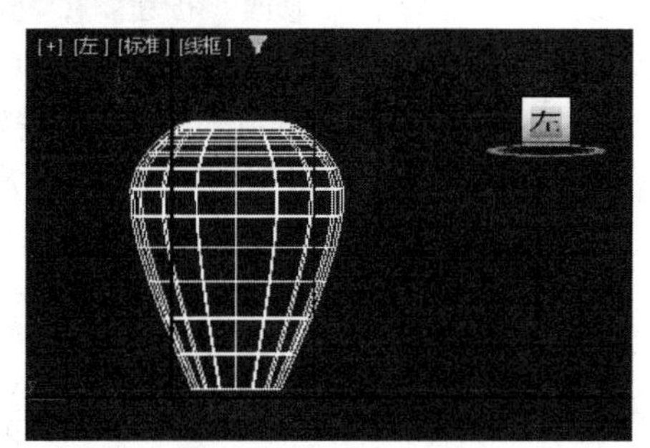

图 8-301　创建餐具和装饰物模型

11）创建一组苹果模型。在左视图中绘制曲线，单击“修改”按钮，进入“修改”命令面板，在“修改器列表”下拉列表中选择“车削”选项，旋转成苹果模型，然后以“实例”的方式复制出另外 3 个模型，并调整位置和角度，如图 8-302 所示。

Note

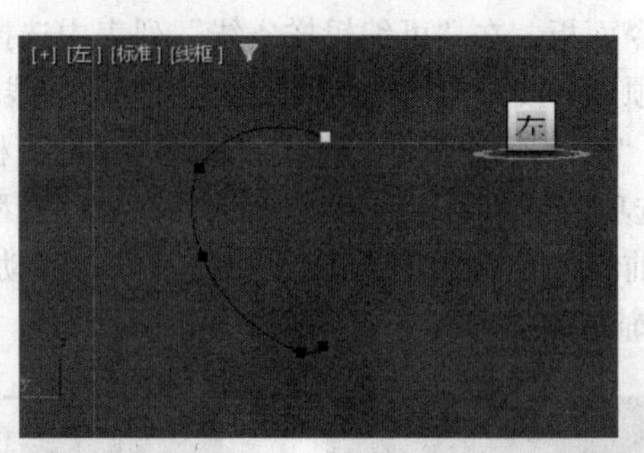

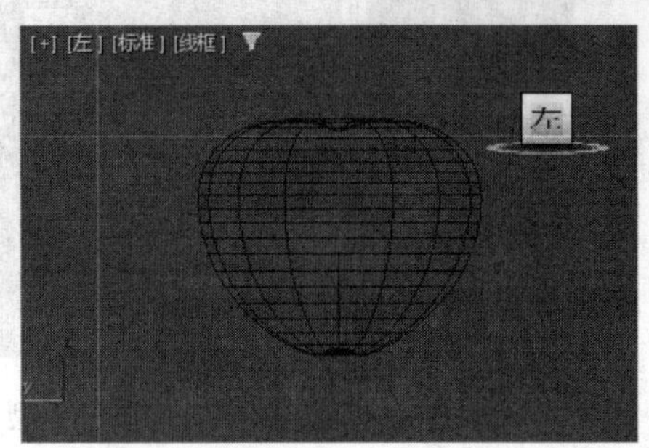

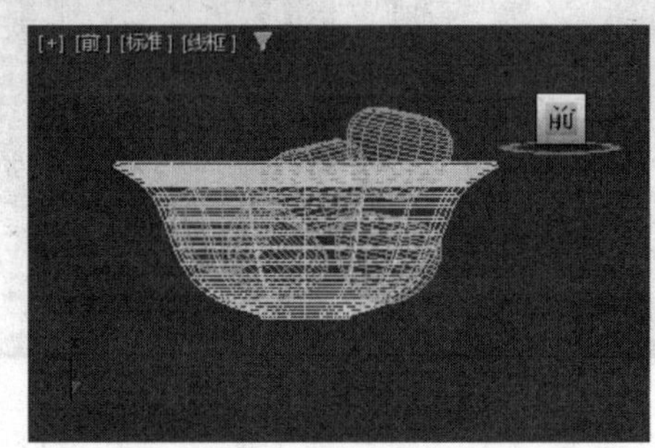

图 8-302　创建一组苹果模型

12）创建画框模型。单击“创建”按钮，进入“创建”命令面板。单击“图形”按钮，在其“对象类型”卷展栏中单击“矩形”按钮，在左视图中绘制一个矩形。然后单击“修改”按钮，进入“修改”命令面板，在“参数”卷展栏的“长度”“宽度”和“角半径”文本框中分别输入1000.0mm、700.0mm和30.0mm。

13）选择矩形，单击主工具栏中的“选择并均匀缩放”按钮，按住Shift键在视图上拖动鼠标复制一个缩小的矩形，如图8-303所示。

14）任意选择一个矩形，右击，在弹出的快捷菜单中选择“转换为”→“转换为可编辑样条线”命令。单击“修改”按钮，进入“修改”命令面板，在“几何体”卷展栏中单击“附加”按钮，再在视图中选取另一个矩形，把两个矩形结合为一个二维图形。

15）选择二维图形，单击“修改”按钮，进入“修改”命令面板，在“修改器列表”的下拉列表中选择“挤出”选项，并在其“参数”卷展栏的“数量”文本框中输入25.0mm，创建一个画框模型。在前视图中调整画框模型的位置，使位于餐厅东面的墙壁上。

16）创建装饰画模型。单击“几何体”按钮，在其“对象类型”卷展栏中单击“平面”按钮，在左视图中拖动鼠标创建一个平面作为装饰画模型。然后单击“修改”按钮，进入“修改”命令面板，在“参数”卷展栏的“长度”和“宽度”文本框内分别输入900.0mm和650.0mm。

17）选择装饰画模型，单击主工具栏中的“对齐”按钮，在场景中选取画框模型。这时，弹出“对齐当前选择”对话框，设置对齐选项如图8-304所示，单击“确定”按钮，把画框和装饰画模型中心对齐。

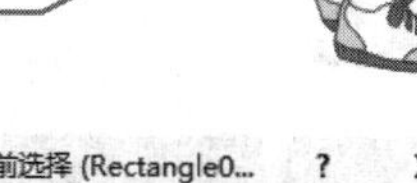

Note

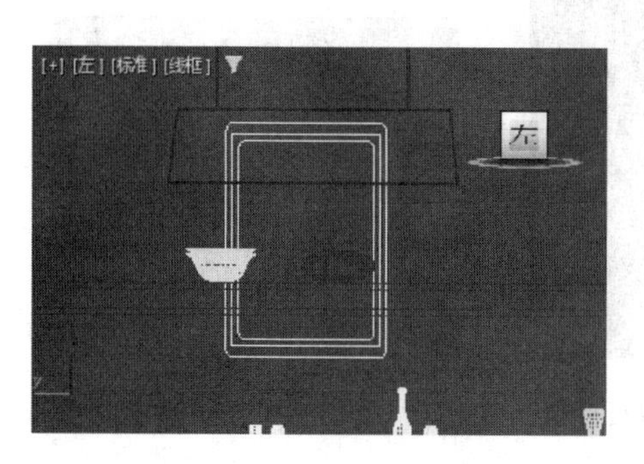

图 8-303　复制一个缩小的矩形

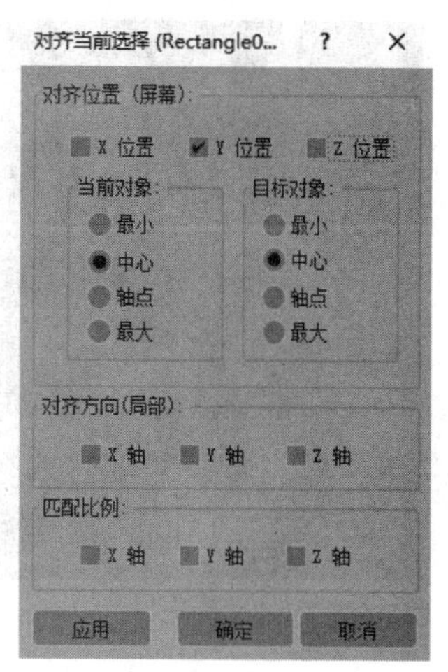

图 8-304　设置对齐选项

8.4.2　添加灯光

1）在工具栏的“选择过滤器”的下拉列表中选择“L- 灯光”，使在场景中能针对性地选择灯光模型。

2）单击“创建”按钮，进入“创建”命令面板，然后单击“灯光”按钮，在其“对象类型”卷展栏中单击“泛光”按钮，在前视图中创建一盏泛光“Omni01”作为主光源，如图 8-305 所示。

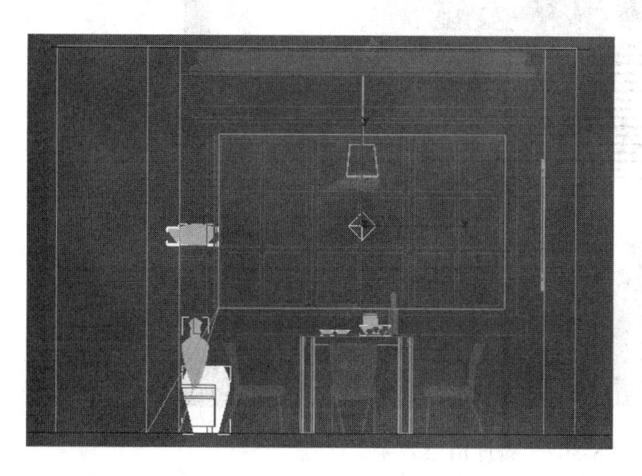

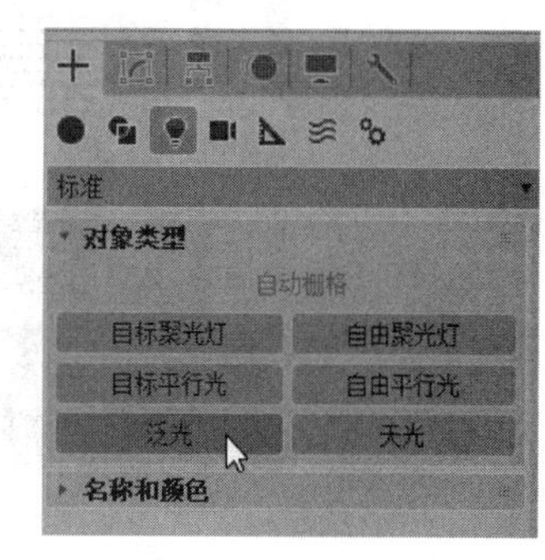

图 8-305　创建泛光

3）选择泛光“Omni01”，单击“修改”按钮，进入“修改”命令面板，在“强度 / 颜色 / 衰减”卷展栏中设置“倍增”数值为 0.8。

4）单击“创建”按钮，进入“创建”命令面板，然后单击“灯光”按钮，在下拉列表中选择“标准”，在其“对象类型”卷展栏中单击“目标聚光灯”按钮，在前视图中拖动鼠标创建一个目标聚光灯，如图 8-306 所示。单击“修改”按钮，进入“修改”命令面板，参数采用默认设置。

Note

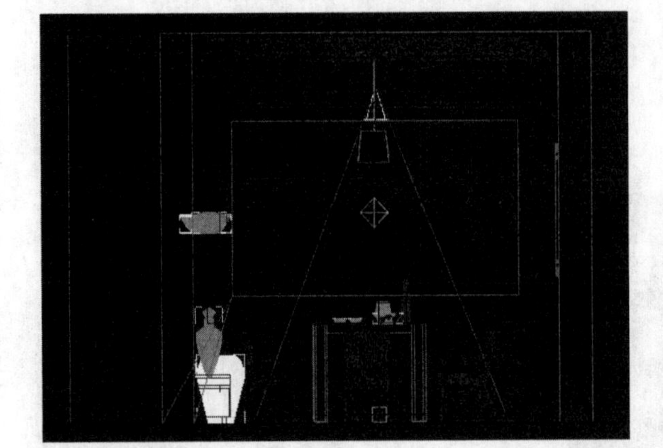
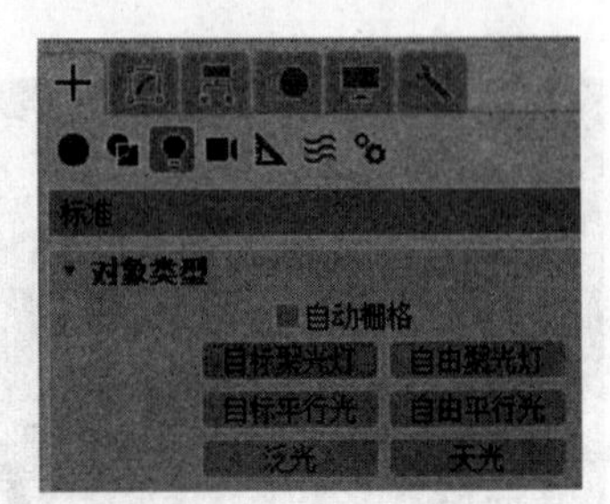

图 8-306　创建目标聚光灯

5）单击“创建”按钮，进入“创建”命令面板，然后单击“灯光”按钮，在其“对象类型”卷展栏中单击“泛光”按钮，在图形中创建泛光“Omni02”，作为餐厅的辅助光源，再单击“修改”按钮，进入“修改”命令面板，在“强度 / 颜色 / 衰减”卷展栏中设置“倍增”数值为 0.2。

6）优化模型。检查场景中的模型文件，把模型中看不到的网格面全部删除。

7）激活摄像机视图并进行快速渲染，餐厅渲染效果如图 8-307 所示。

图 8-307　餐厅渲染效果

8.5　建立厨房的立体模型

本节主要介绍创建别墅厨房立体模型的方法。主要思路是：先导入前面绘制的别墅首层平面图和别墅南立面图，然后进行必要的调整，建立厨房模型，再给厨房模型添加家具和厨具模型，最后添加灯光。建立的厨房模型如图 8-308 所示。

图 8-308　建立厨房模型

（电子资料包：动画演示 \ 第 8 章 \ 建立厨房的立体模型 .mp4）

8.5.1　建立厨房模型

1. 建立厨房的基本墙面

1）运行 3ds Max 2024。

2）选择菜单栏中的“文件”→“打开”命令，在弹出的“打开文件”对话框中选择电子资料包中的“源文件 \ 第 8 章 \ 别墅首层平面图 .max”文件，单击“打开”按钮。这样直接调用已存储的文件，可减少操作步骤。

3）进入“平面图 .max”文件的场景中，选择菜单栏中的文件→“另存为”命令，在弹出的“文件另存为”对话框中将文件命名为“厨房”，并单击“保存”按钮进行保存。

4）单击 3ds Max 2024 操作界面“视口导航控件”工具栏中的“缩放区域”按钮，在顶视图中框选平面图中的厨房部分，将厨房线条放大到整个视图以便进行操作，如图 8-309 所示。

5）打开捕捉设置，单击“创建”按钮，进入“创建”命令面板，然后单击“图形”按钮，在其“对象类型”卷展栏中单击“线”按钮，捕捉平面图中厨房的墙体外边缘线，绘制一条连续的线条，如图 8-310 所示。

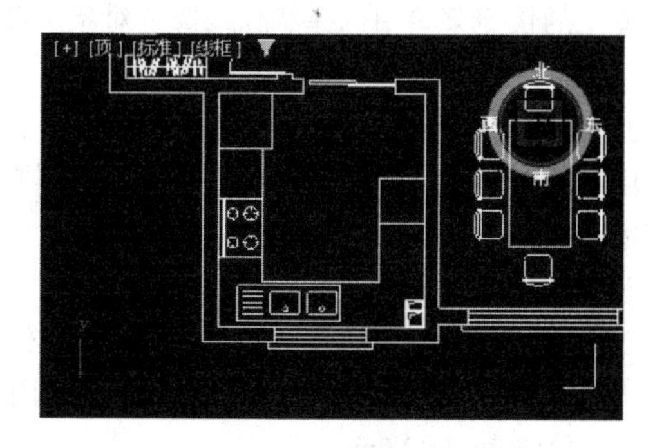

图 8-309　放大厨房部分

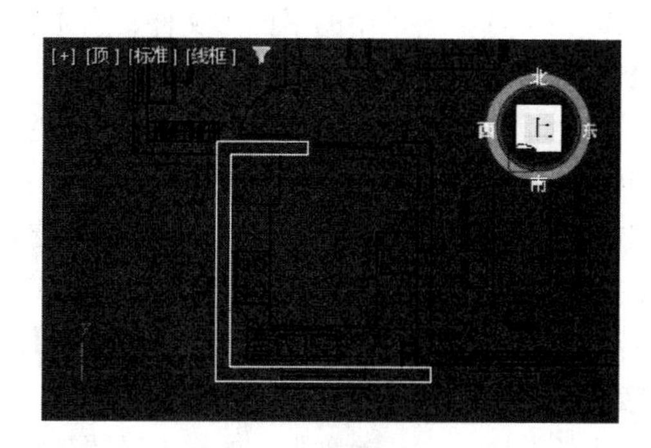

图 8-310　绘制墙体线条

6）单击“修改”按钮，进入“修改”命令面板，在“修改器列表”下拉列表中选择“挤出”选项，并在其“参数”卷展栏的“数量”文本框中输入2940.0mm，把线条挤出为墙体。

7）建立地面。单击“创建”按钮，进入“创建”命令面板，然后单击“几何体”按钮，在其“对象类型”卷展栏中单击“平面”按钮，捕捉墙体线条创建地面模型，如图8-311所示。在前视图中将地面模型调整到相应的位置。单击“修改”按钮，进入“修改”命令面板，在“参数”卷展栏的“长度分段”和“宽度分段”文本框中均输入1。

8）建立顶面。在前视图中按住Shift键单击地面模型，以“复制”的方式复制出一个平面。然后右击主工具栏中的“选择并移动”按钮，弹出“移动变换输入”对话框，在“偏移：屏幕”的“Y”文本框中输入2940，如图8-312所示，使得平面模型沿着Y轴向上移动2940.0mm。

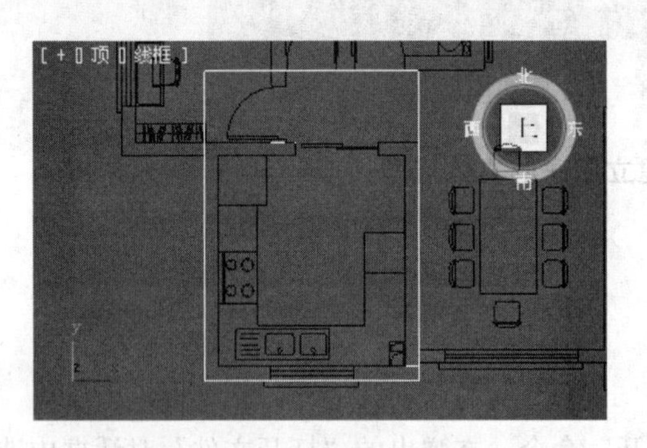

图8-311　创建地面模型

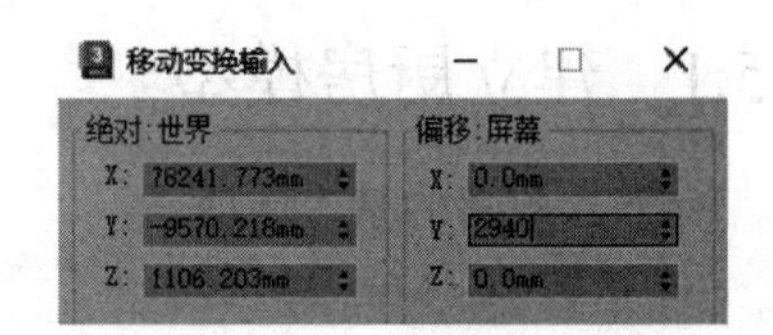

图8-312　设置偏移数值

9）选择刚偏移的平面，单击“修改”按钮，进入“修改”命令面板，将其重命名为“顶面”。然后，在“修改器列表”下拉列表中选择“法线”选项，在“参数”卷展栏中选中“翻转法线”。

10）创建摄像机。单击“创建”按钮，进入“创建”命令面板，然后单击“摄影机”按钮，在其“对象类型”卷展栏中单击“目标”按钮，在顶视图中拖动鼠标创建一台摄像机。

11）选择透视图，按下C键。这时，透视图转为Camera01摄像机视图。通过在其他视图中移动摄像机的位置来调整摄像机视图的视点角度，摄像机的位置和摄像机视图效果如图8-313所示。

12）选择场景中的平面图文件，右击，在弹出的快捷菜单中选择“隐藏选定对象”命令，对别墅平面图进行隐藏。

13）导入别墅南立面图。选择菜单栏中的“文件”→“导入”→“导入”命令，弹出“选择要导入的文件”对话框，选择并打开电子资料包中的“源文件\第8章\别墅南立面图.dwg”文件，然后进行成组、旋转和移动，在前视图中调整南立面图的位置如图8-314所示。

14）创建窗洞。单击“创建”按钮，进入“创建”命令面板，然后单击“几何体”按钮，在其“对象类型”卷展栏中单击“长方体”按钮，捕捉南立面图的窗户线条创建一个长方体，在“参数”卷展栏中设置“高度”的数值为1000.0mm。

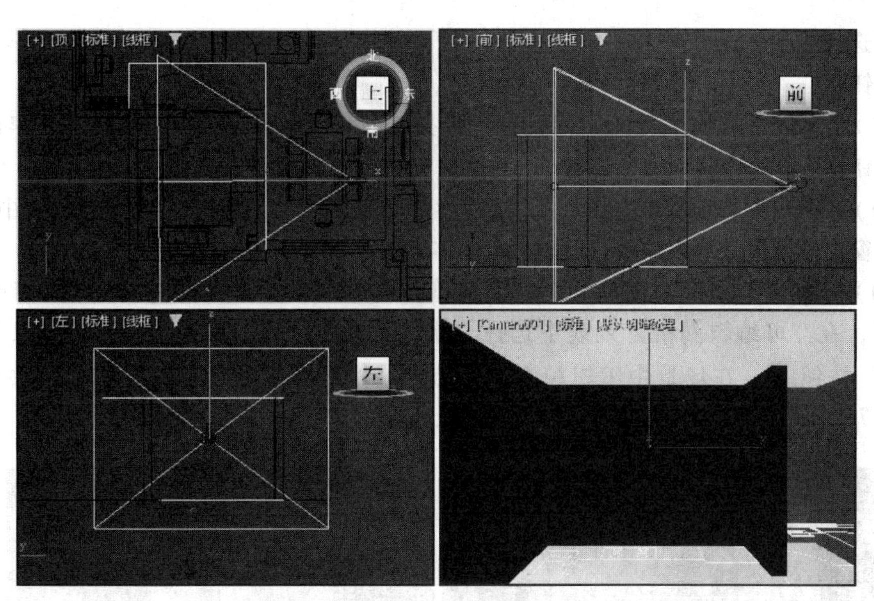

图 8-313 摄像机位置和摄像机视图效果

15）在顶视图中调整长方体的位置，使其穿过墙体模型，如图 8-315 所示。

图 8-314 南立面图的位置

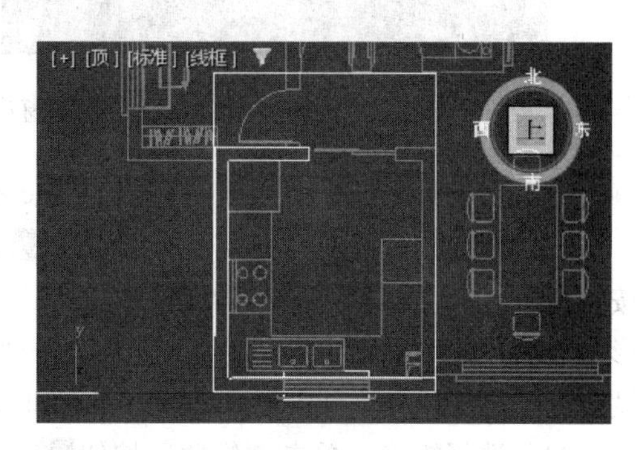

图 8-315 长方体的位置

16）单击“创建”按钮，进入“创建”命令面板，单击“几何体”按钮，在其下拉列表中选择“复合对象”类型。在其“对象类型”卷展栏中单击“布尔”按钮，然后选择墙体模型，在“布尔参数”卷展栏中单击“添加运算对象”按钮，在视图上拾取创建的长方体，在“运算对象参数”卷展栏中单击“差集”按钮，这时，在墙体上制作出一个长方体洞口作为窗洞，如图 8-316 所示。

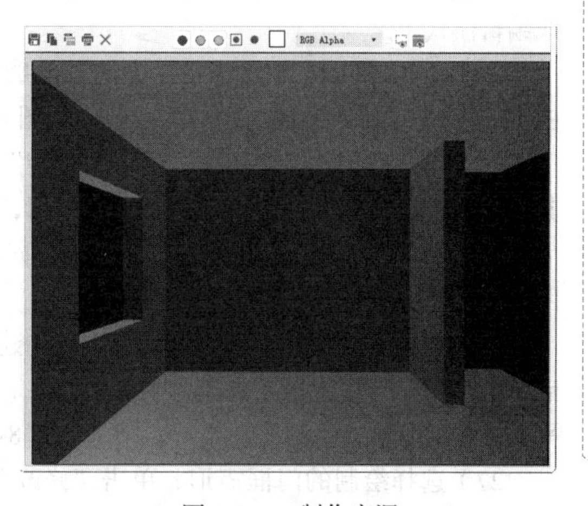

图 8-316 制作窗洞

17）导入窗户模型。选择菜单栏中的“文件”→“导入”→“导入”命令，在弹

Note

出的“选择要导入的文件”对话框中选择电子资料包中的“窗户.3DS”模型，单击“打开”按钮。

18）在弹出的“3DS导入”对话框中选择“合并对象到当前场景”选项，单击“确定”按钮，导入窗户模型。

19）选择窗户模型，单击主工具栏中的“选择并均匀缩放”按钮，在前视图中拖动鼠标对窗户模型进行均匀缩放，使其符合墙体上的窗洞大小。

20）分别选中窗户的窗框和窗玻璃模型，单击“修改”按钮，进入“修改”命令面板，在“可编辑网格”列表中选择“顶点”选项，或者在“选择”卷展栏中单击“顶点”按钮，在场景中编辑模型的节点，使得窗户模型完全符合窗洞的大小，如图8-317所示。

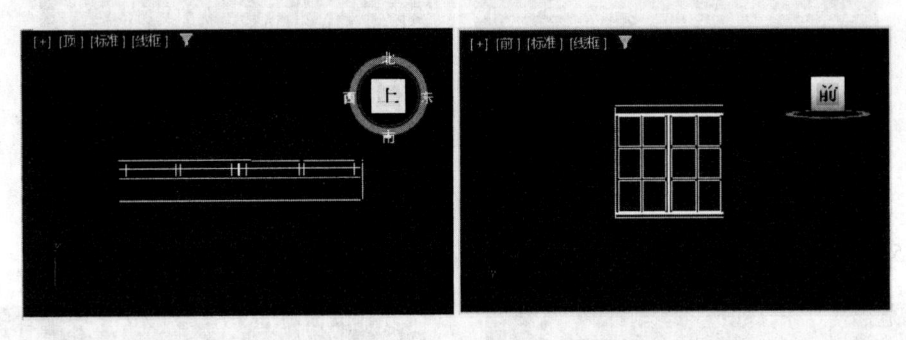

图8-317 使得窗户模型符合窗洞大小

21）在场景中选择南立面图，按Delete键删除。

22）建立门模型。单击“创建”按钮，进入“创建”命令面板，然后单击“图形”按钮，在其“对象类型”卷展栏中单击“矩形”按钮，在前视图中拖动鼠标绘制一个矩形。然后单击“修改”按钮，进入“修改”命令面板，分别在“参数”卷展栏的“长度”和“宽度”文本框中输入2200.0mm和800.0mm。

23）选择矩形，单击“修改”按钮，进入“修改”命令面板，在“可编辑样条线”列表中选择“样条线”选项，或者在“选择”卷展栏中单击“样条线”按钮，进入样条线编辑模式。

24）单击“几何体”卷展栏中的“轮廓”按钮，在其文本框中输入50.0mm，并按Enter键确定，使矩形成为闭合的双线，如图8-318所示。

25）单击“创建”按钮，进入“创建”命令面板，然后单击“几何体”按钮，在其“对象类型”卷展栏中单击“平面”按钮，在前视图中捕捉刚创建的矩形创建平面。然后在“参数”卷展栏的“长度分段”和“宽度分段”文本框中分别输入5和2，结果如图8-319所示。

26）选中刚绘制的矩形，取消选中“创建”命令面板中的“开始新图形”复选框，然后单击“图形”按钮，在其“对象类型”卷展栏中单击“矩形”按钮，在前视图中参考平面模型的分段，绘制门框矩形，结果如图8-320所示。

27）选择绘制的门框矩形，单击“修改”按钮，进入“修改”命令面板，在“可编辑样条线”列表中选择“样条线”选项，或者在“选择”卷展栏中单击“样条线”按钮

，进入线编辑模式。然后单击“几何体”卷展栏中的“修剪”按钮，对矩形相交部分的线段进行修剪。

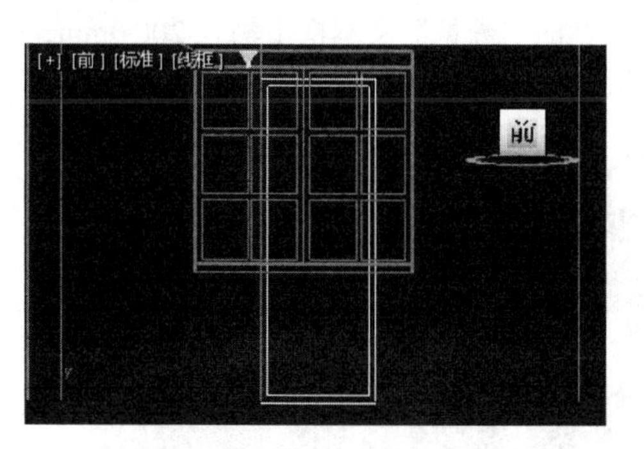

图 8-318　使矩形成为闭合的双线

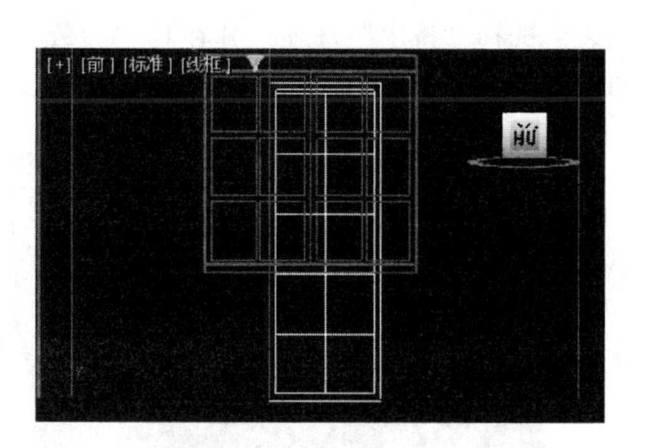

图 8-319　创建平面

28）修剪完相交的矩形线段后，单击“修改”按钮，进入“修改”命令面板，在“可编辑样条线”列表中选择“顶点”选项，或者在“选择”卷展栏中单击“顶点”按钮，进入点编辑模式。然后在前视图中框选矩形所有的点，单击“几何体”卷展栏中的“焊接”按钮，对这些点进行焊接。

29）退出点编辑模式。单击“修改”按钮，进入“修改”命令面板，在“修改器列表”下拉列表中选择“挤出”选项，并在其“参数”卷展栏的“数量”文本框中输入40.0mm，把矩形挤出为门框。

30）选择步骤25）中创建的平面，单击“修改”按钮，进入“修改”命令面板，在“参数”卷展栏的“长度分段”和“宽度分段”文本框中都输入1。然后在顶视图中把平面调整到门框中间的位置，作为门玻璃。

31）在顶视图中选择门框和门玻璃模型，按住Shift键向右移动，复制一组门并调整其位置如图8-321所示。

图 8-320　绘制门框矩形

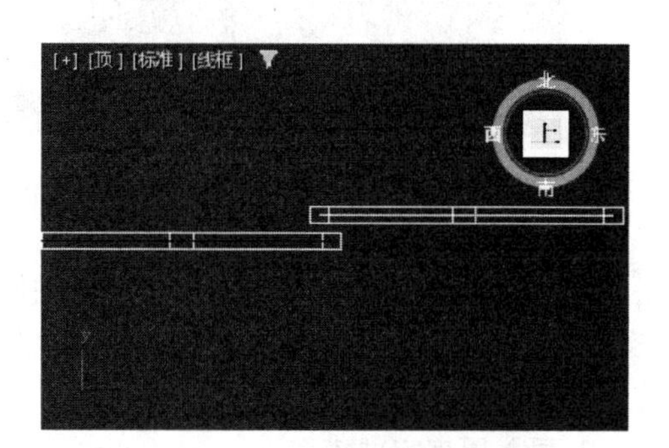

图 8-321　复制一组门并调整位置

32）选择两个门框模型，单击“实用程序”按钮，在“实用程序”卷展栏中单击“塌陷”按钮，然后在“塌陷”卷展栏中单击“塌陷选定对象”按钮，把它们塌陷为一个网格类模型，并将其重命名为“门框”。采用同样的方法，把两个门玻璃模型塌陷为一个网格类模型，并重命名为“门玻璃”。

33）创建外门框。单击“创建”按钮，进入“创建”命令面板，然后单击“图形”

Note

按钮，在其“对象类型”卷展栏中单击“线”按钮，在前视图中捕捉内门框模型的边缘线绘制曲线。然后单击“修改”按钮，进入“修改”命令面板，在“修改器列表”下拉列表中选择“挤出”选项，并在其“参数”卷展栏的“数量”文本框中输入 200.0mm，把曲线挤出为外门框。在顶视图中调整外门框的位置，如图 8-322 所示。

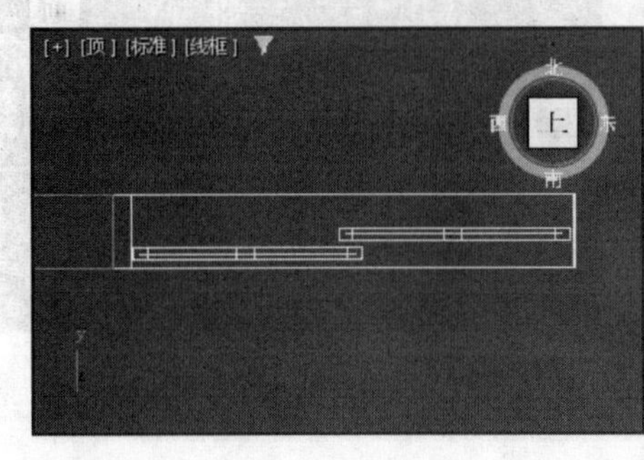

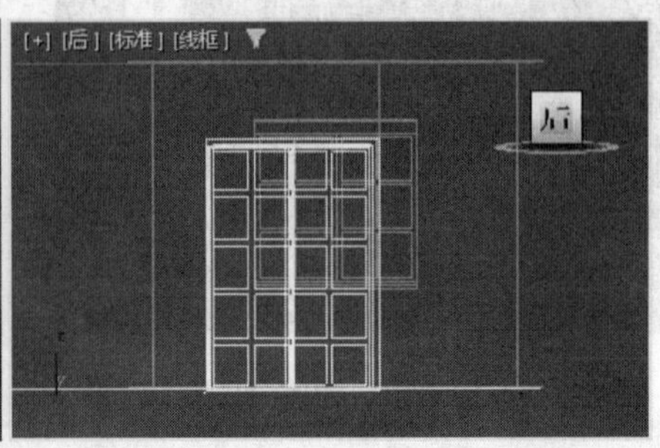

图 8-322　创建外门框并调整位置

34）单击“创建”按钮，进入“创建”命令面板，然后单击“图形”按钮，在其“对象类型”卷展栏中单击“线”按钮，在前视图中捕捉外门框模型的边缘线绘制曲线。然后单击“修改”按钮，进入“修改”命令面板，在“修改器列表”下拉列表中选择“挤出”选项，并在其“参数”卷展栏的“数量”文本框中输入 250.0mm，把曲线挤出为墙体模型，结果如图 8-323 所示。

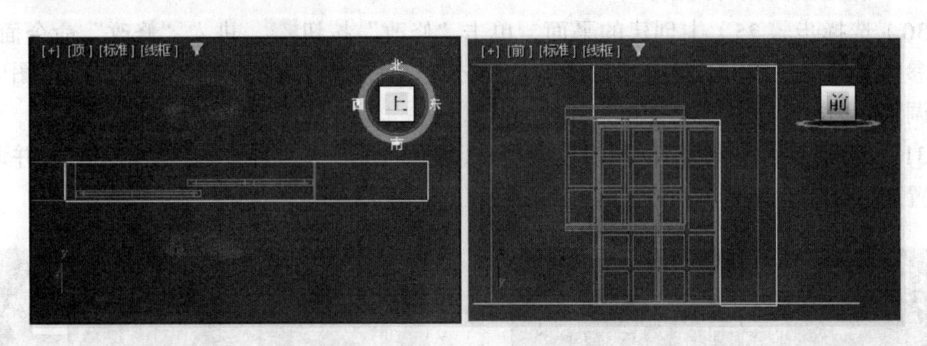

图 8-323　把曲线挤出为墙体模型

35）选择刚创建的墙体模型和创建的厨房墙体模型，单击“实用程序”按钮，在“实用程序”卷展栏中单击“塌陷”按钮，然后在“塌陷”卷展栏中单击“塌陷选定对象”按钮，把它们塌陷为一个网格类模型。

2. 导入厨房室内模型

1）合并窗帘模型。选择菜单栏中的“文件”→“导入”→“合并”命令，在弹出的“合并文件”对话框中选择电子资料包中的“源文件 \ 第 8 章 \ 厨房 \ 模型 \ 百叶窗帘 .max”文件，单击“打开”按钮。

2）在弹出的“合并 - 百叶窗 .max”对话框中单击“全部”按钮，再单击“确定”按钮导入窗帘模型。

3）导入模型文件后，单击“视口导航控件”中的“所有视图最大化显示”按钮，

Note

使所有视图最大化显示，便于选中模型。然后单击主工具栏中的“选择并移动”按钮、“选择并均匀缩放”按钮和“选择并旋转”按钮，把窗帘模型调整到和窗洞相适应的大小和位置。

4）导入组合桌模型。选择菜单栏中的“文件”→“导入”→“导入”命令，在弹出的“选择要导入的文件”对话框中选择电子资料包中的“源文件 \ 第 8 章 \ 厨房 \ 模型 \ 组合桌 .3DS”文件，单击“打开”按钮。

5）在弹出的“3DS 导入”对话框中选择“合并对象到当前场景”选项，单击“确定”按钮，把组合桌模型导入场景，然后单击主工具栏中的“选择并移动”按钮、“选择并均匀缩放”按钮和“选择并旋转”按钮，调整模型的大小，并把其放置到如图 8-324 所示的位置。

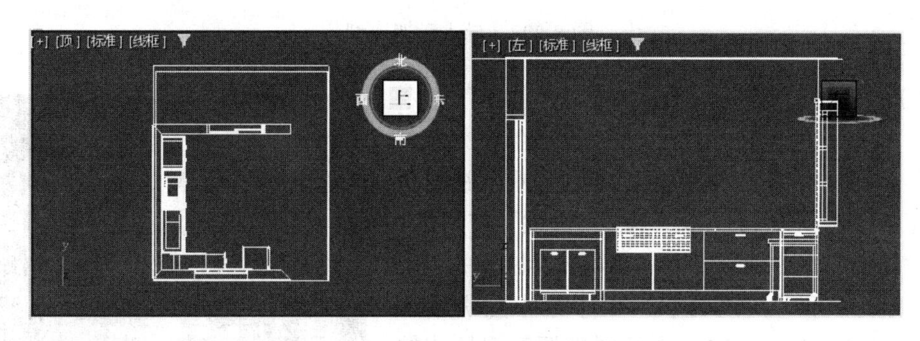

图 8-324　调整组合桌模型的大小和位置

6）用同样的方法导入“源文件 \ 第 8 章 \ 厨房 \ 餐桌 .3DS”文件，调整大小、角度和位置后，顶视图中的效果如图 8-325 所示。

7）导入“煤气灶 .3DS”文件，调整大小、角度和位置后，顶视图中的效果如图 8-326 所示。

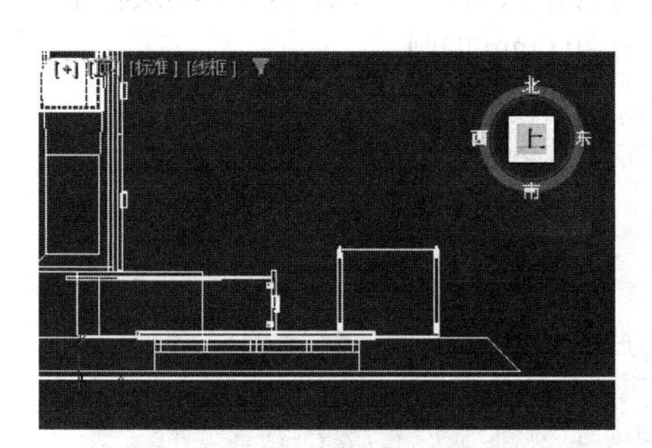

图 8-325　导入餐桌模型

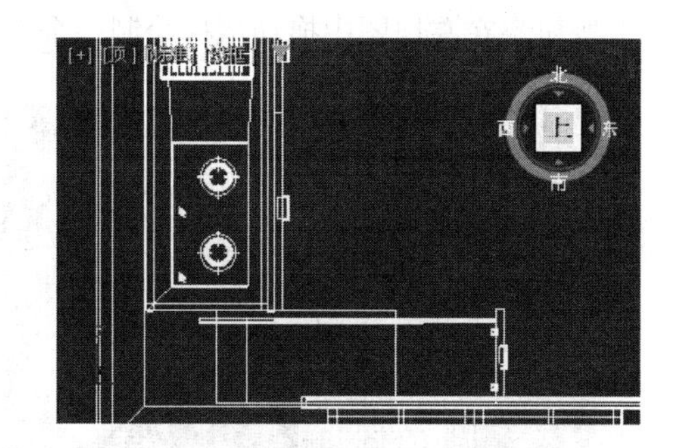

图 8-326　导入煤气灶模型

8）导入“盘架 .3DS”文件，调整大小、角度和位置后，左视图和前视图中的效果如图 8-327 所示。这时的摄像机视图效果如图 8-328 所示。

3. 创建厨房其余的模型

1）单击“创建”按钮，进入“创建”命令面板，单击“几何体”按钮，在其“对象类型”卷展栏中单击“长方体”按钮，在左视图中拖动鼠标创建一个长方体，作为物品架。单击“修改”按钮，进入“修改”命令面板，在“参数”卷展栏中依次设置

Note

“长度”“宽度”和“高度”的数值分别为 80.0mm、2500.0mm 和 500.0mm。在视图中调整长方体的位置，结果如图 8-329 所示。

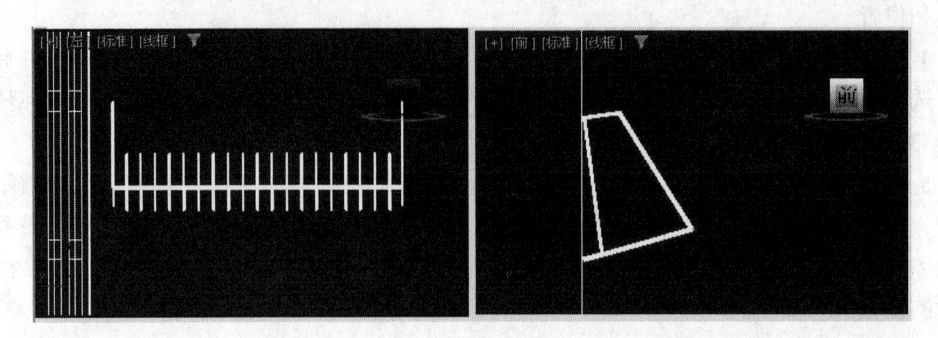

图 8-327　导入盘架模型

2）单击“创建”按钮，进入“创建”命令面板，然后单击“几何体”按钮，在其“对象类型”卷展栏中单击“圆柱体”按钮，在前视图中拖动鼠标创建一个圆柱体。单击“修改”按钮，进入“修改”命令面板，在“参数”卷展栏的“半径”“高度”和“高度分段”文本框中分别输入 20.0mm、2000.0mm 和 1。在视图中调整圆柱体的位置，结果如图 8-330 所示。

图 8-328　摄像机视图效果

3）单击“创建”按钮，进入“创建”命令面板，然后单击“图形”按钮，在其“对象类型”卷展栏中单击“线”按钮，在前视图中绘制如图 8-331 所示的曲线。然后单击“创建”按钮，进入“创建”命令面板，单击“图形”按钮，在其“对象类型”卷展栏中单击“圆”按钮，在左视图中拖动鼠标绘制一个半径为 20.0mm 的圆。

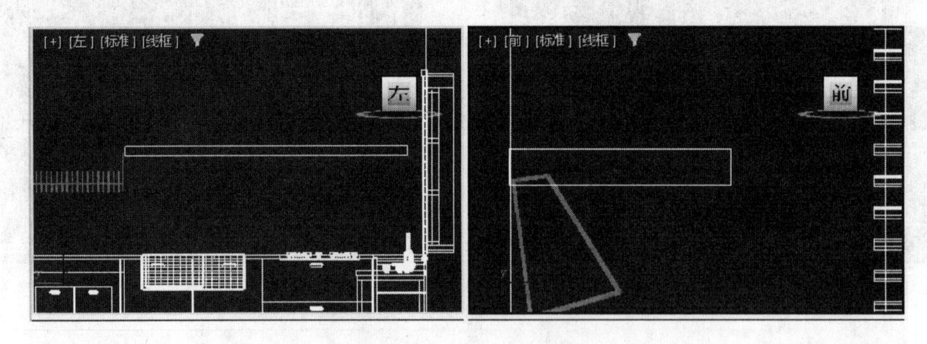

图 8-329　长方体位置

4）选择圆。单击“创建”按钮，进入“创建”命令面板，单击“几何体”按钮，在其下拉列表中选择“复合对象”类型，如图 8-332 所示。在其“对象类型”卷展栏中单击“放样”按钮，再单击“创建方法”卷展栏中的“获取路径”按钮。然后在左视图中拾取曲线，将圆放样成为曲线路径的模型，作为挂钩。

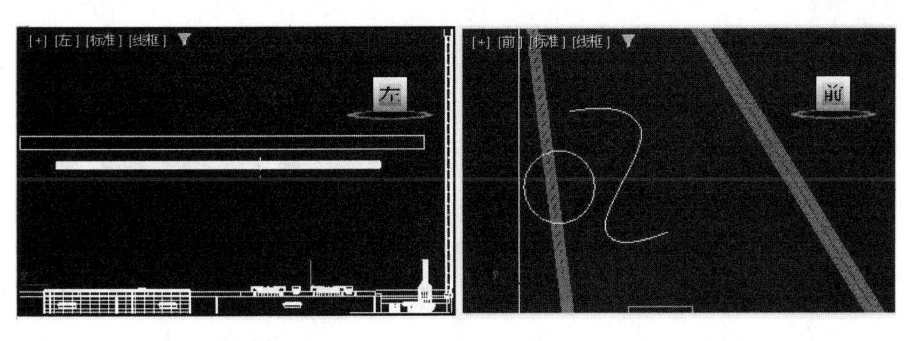

图 8-330　圆柱体位置　　　　图 8-331　绘制曲线

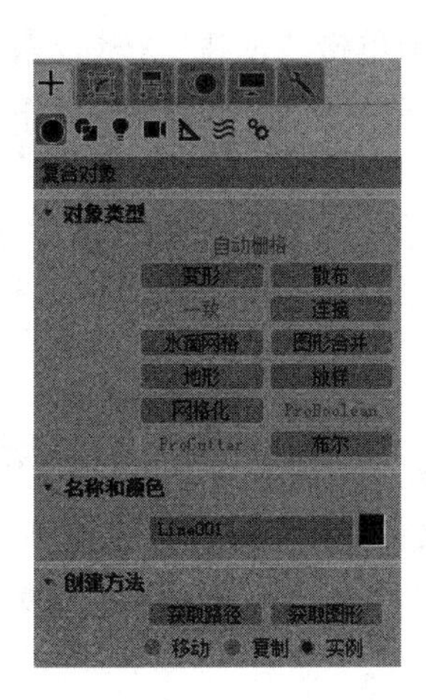

图 8-332　选择“复合对象”类型

5）选择放样后的挂钩模型，单击“变形”卷展栏中的“缩放”按钮，弹出“缩放变形”对话框。在该对话框中拖动缩放曲线的节点到如图 8-333 所示的位置，使模型的横截面缩小。

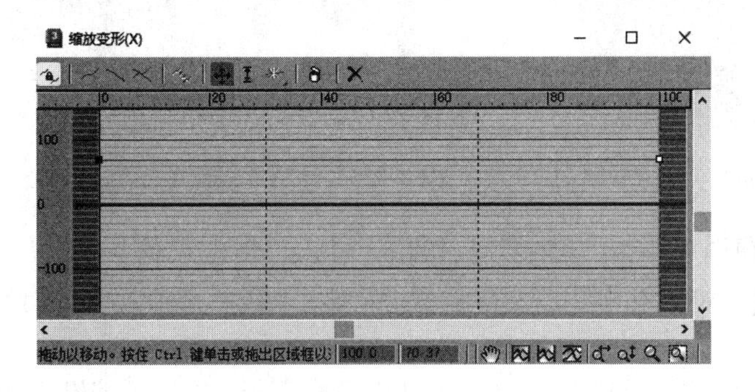

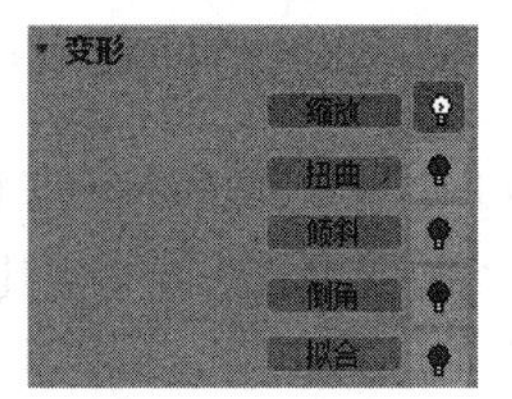

图 8-333　拖动缩放曲线的节点

6）在左视图和前视图中调整挂钩模型的位置，使其挂在步骤 2）创建的圆柱体上。然后以“实例”的方式复制出 8 个挂钩模型并进行排列，如图 8-334 所示。选择所有的挂钩模型和圆柱体，单击“实用程序”按钮🔧，然后单击“实用程序”卷展栏中的“塌陷”按钮，在“塌陷”卷展栏中单击“塌陷选定对象”按钮，把它们塌陷为一个网格类模型。

Note

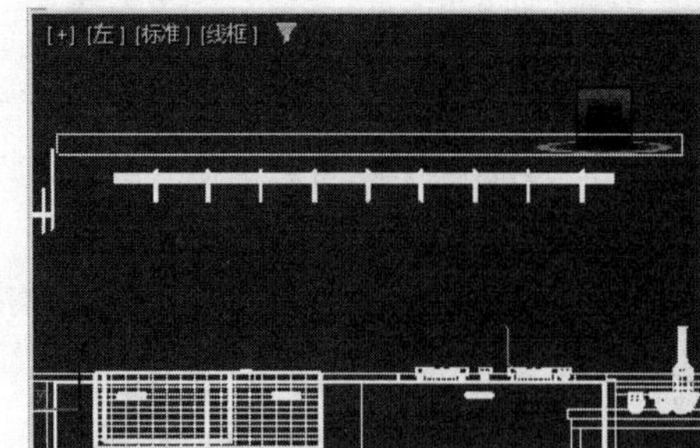
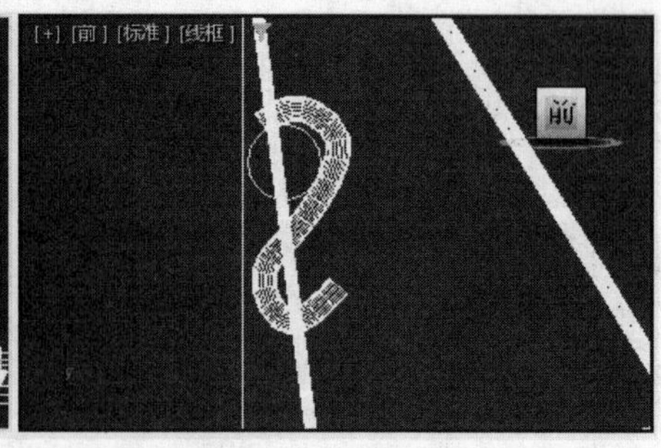

图 8-334　复制挂钩模型并进行排列

7）创建锅模型。在左视图中单击“创建”按钮，进入“创建”命令面板，然后单击“图形”按钮，在其“对象类型”卷展栏中单击“线”按钮，绘制一条曲线，如图 8-335 所示。然后单击“修改”按钮，进入“修改”命令面板，在“可编辑样条线”列表中选择“样条线”选项，或者在“选择”卷展栏中单击“样条线”按钮，再单击“几何体”卷展栏中的“轮廓”按钮，在后面的文本框中输入 5.0mm，按 Enter 键确定，把曲线修改为闭合的双线。

8）选择曲线，单击“修改”按钮，进入“修改”命令面板，在“修改器列表”下拉列表中选择“车削”选项，并在其“参数”卷展栏的“车削”文本框中输入数值，车削出锅模型。然后选择“修改”命令面板中“车削”列表中的“轴”选项，在左视图中把锅模型沿着 X 轴的正方向移动到适当的位置，如图 8-336 所示。再次选择“车削”列表中的“轴”选项，关闭轴编辑。

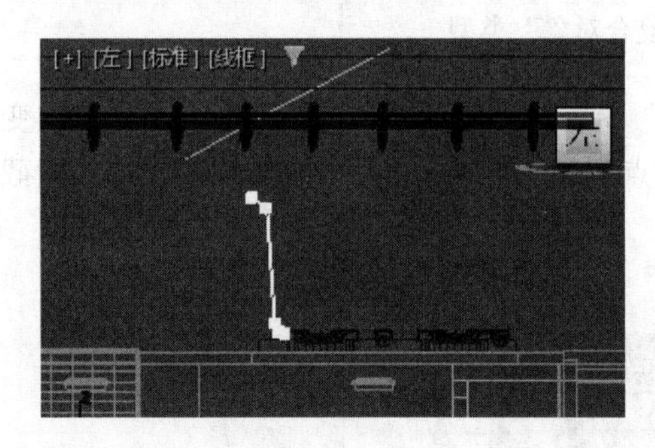

图 8-335　绘制曲线

图 8-336　车削出锅模型并调整位置

9）创建锅把手。在左视图中单击“创建”按钮，进入“创建”命令面板，然后单击“图形”按钮，在其“对象类型”卷展栏中单击“线”按钮，绘制一条曲线，如图 8-337 所示。

10）选择曲线，单击“修改”按钮，进入“修改”命令面板，在“可编辑样条线”列表中选择“顶点”选项，或者在“选择”卷展栏中单击“顶点”按钮，进入点编辑模式。在左视图中编辑曲线的节点，如图 8-338 所示，然后退出点编辑模式。

11）单击“创建”按钮，进入“创建”命令面板，然后单击“图形”按钮，在其“对象类型”卷展栏中单击“圆”按钮，在左视图中拖动鼠标绘制一个半径为 5.0mm 的圆。选择圆，在其下拉列表中选择“复合对象”类型。在其“对象类型”卷展栏中单击

"放样"按钮，再单击"创建方法"卷展栏中的"获取路径"按钮。然后在左视图中拾取曲线，把圆放样成为曲线路径的模型，作为锅把手。

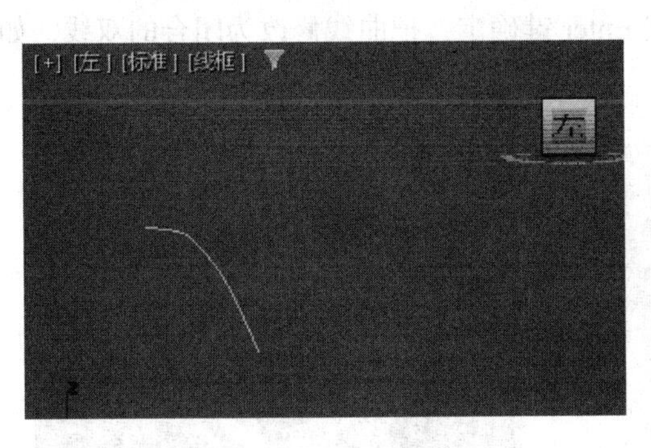

图 8-337　绘制曲线

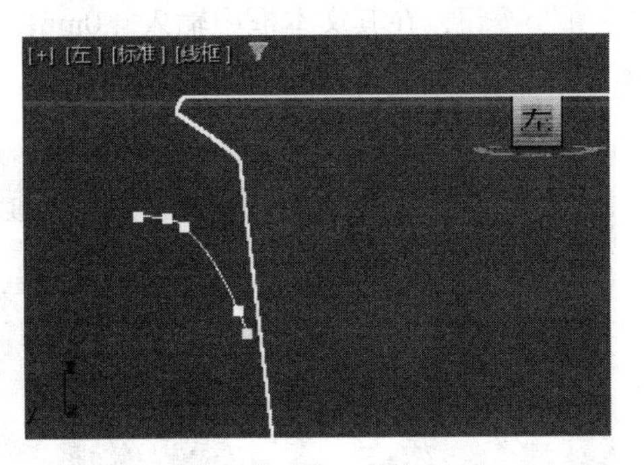

图 8-338　编辑曲线节点

12）在左视图中单击"创建"按钮，进入"创建"命令面板，然后单击"图形"按钮，在其"对象类型"卷展栏中单击"线"按钮，绘制一条曲线，如图 8-339 所示。选择曲线，采用和步骤 8）同样的方法，利用"车削"命令把曲线旋转成锅和把手之间的连接模型。

13）把锅把手调整到适当的位置，单击主工具栏中的"镜像"按钮，在弹出的"镜像：屏幕坐标"对话框中设置镜像选项如图 8-340 所示。单击"确定"按钮，进行镜像复制。然后把复制的模型调整到适当的位置，如图 8-341 所示。

图 8-339　绘制曲线

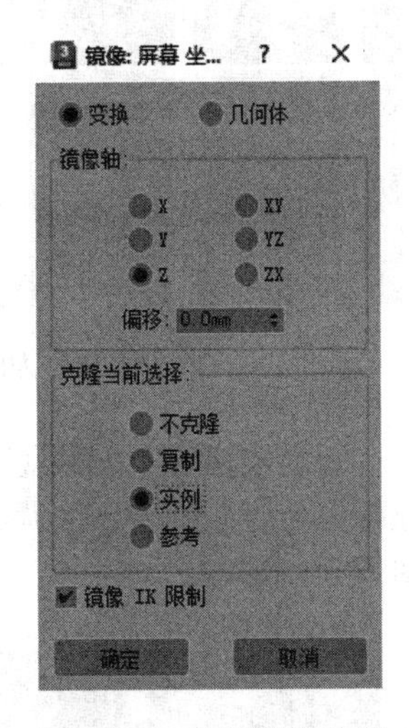

图 8-340　设置镜像选项

14）在顶视图中调整模型的位置，如图 8-342 所示。然后选择 4 个连接模型和锅模型，单击"实用程序"按钮，展开"实用程序"卷展栏，单击"塌陷"按钮，然后在"塌陷"卷展栏中单击"塌陷选定对象"按钮，把它们塌陷为一个网格类模型，并重命名为"锅"。

15）创建盘子。在左视图中单击"创建"按钮，进入"创建"命令面板，然后单击"图形"按钮，在其"对象类型"卷展栏中单击"线"按钮，绘制一条曲线。然后单

Note

击“修改”按钮，进入“修改”命令面板，在“可编辑样条线”列表中选择“样条线”选项，或者在“选择”卷展栏中单击“样条线”按钮，再单击“几何体”卷展栏中的“轮廓”按钮，在其文本框中输入4.0mm，按Enter键确定，把曲线修改为闭合的双线，如图8-343所示。

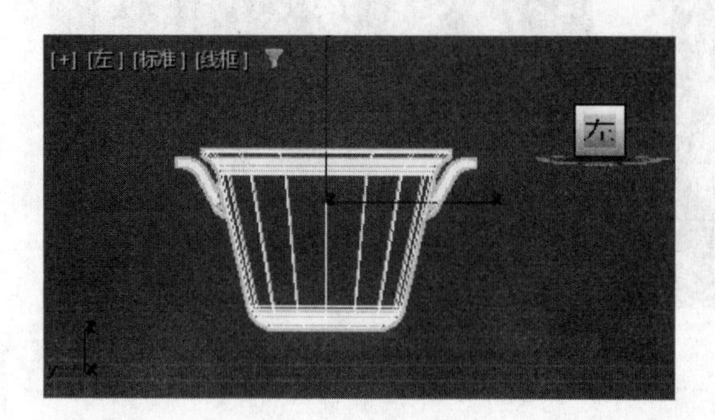

图8-341 调整模型位置

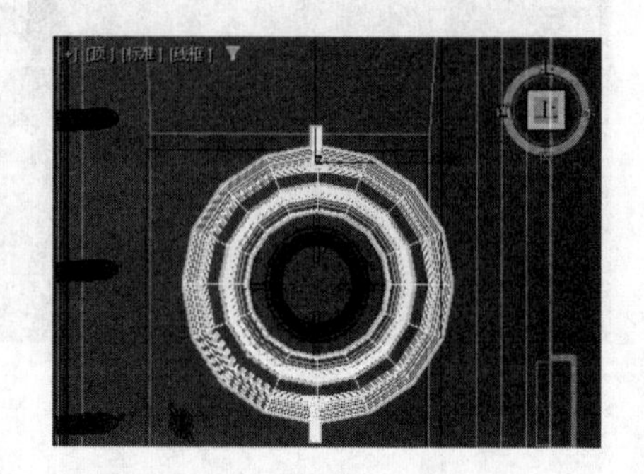

图8-342 调整模型的位置

16）选择曲线，采用和步骤8）同样的方法，单击“修改”按钮，进入“修改”命令面板，在“修改器列表”的下拉列表中选择“车削”选项，把曲线旋转成盘子模型，结果如图8-344所示。

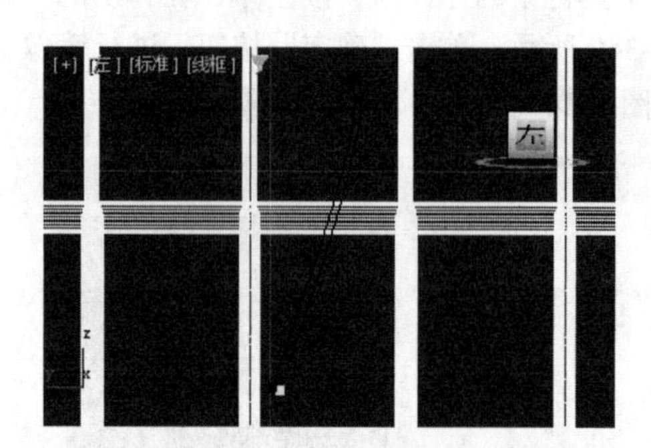

图8-343 把曲线修改为闭合的双线

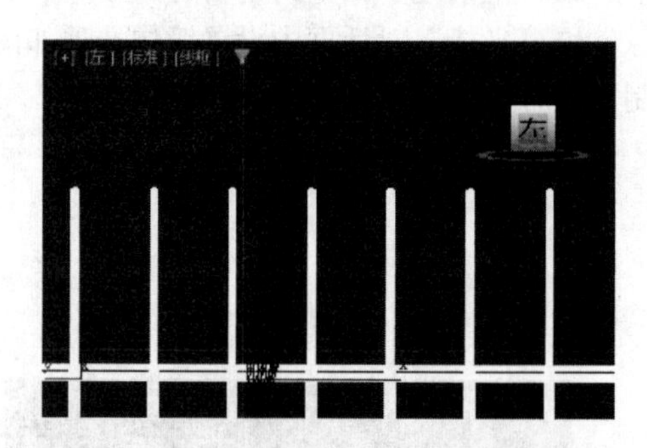

图8-344 把曲线旋转成盘子模型

17）在左视图中选择盘子模型，单击主工具栏中的“选择并旋转”按钮，沿Z轴拖动鼠标旋转盘子模型，并调整其位置到盘架模型上。然后复制若干盘子模型并调整位置，如图8-345所示。

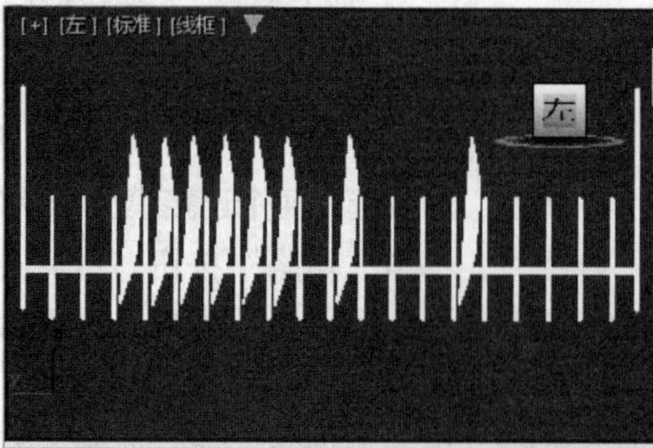

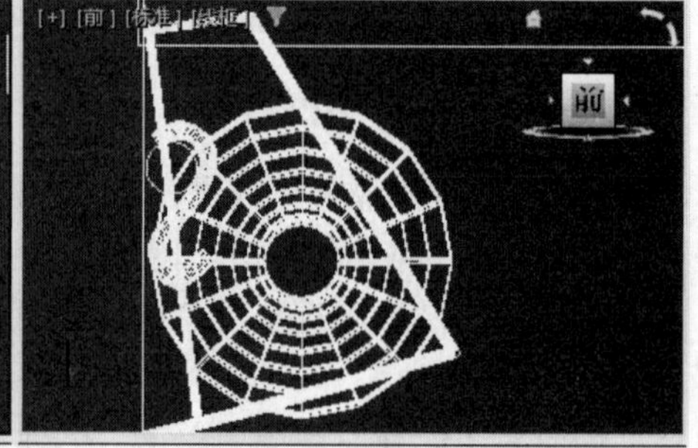

图8-345 复制盘子模型并调整位置

18）采用与制作盘子模型同样的方法，在场景中创建酒瓶、碗和杯子等模型，并调整到相应的位置，如图 8-346 所示。

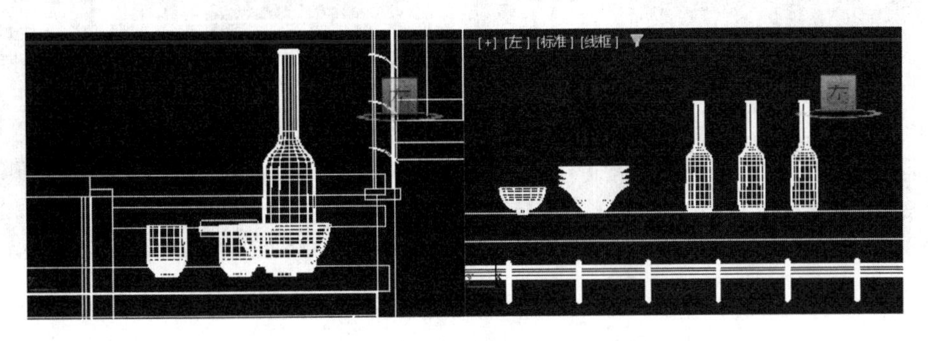

图 8-346　建立餐具模型并调整位置

19）在场景中创建苹果模型并复制若干个，调整角度后放在组合柜上适当的位置，如图 8-347 所示。这时透视图效果如图 8-348 所示。

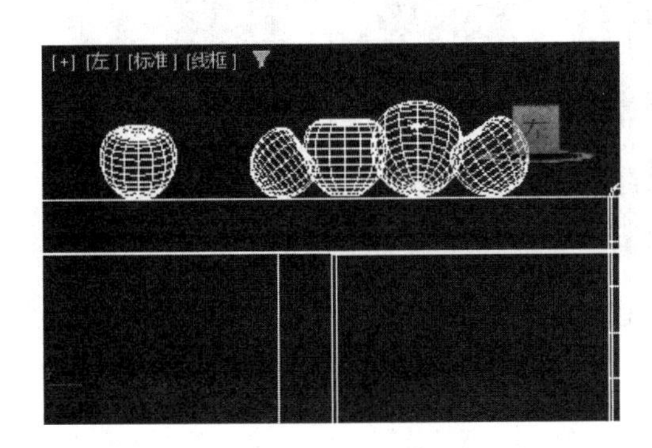

图 8-347　建立苹果模型并调整位置

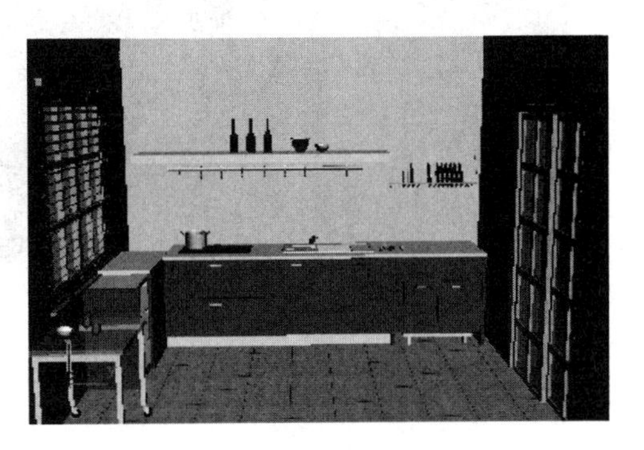

图 8-348　透视图效果

8.5.2　添加灯光

1）在工具栏的“选择过滤器”下拉列表中选择“L- 灯光”，以便在场景中能针对性地选择灯光模型。

2）单击“创建”按钮，进入“创建”命令面板，然后单击“灯光”按钮，在其“对象类型”卷展栏中单击“泛光”按钮，在顶视图中创建一盏泛光“Omni01”作为主光源，如图 8-349 所示。

3）在场景中创建一盏泛光“Omni02”，作为厨房的辅助光源，在视图中的位置如图 8-350 所示。

4）选中泛光“Omni02”，单击“修改”按钮，进入“修改”命令面板，在“强度 / 颜色 / 衰减”卷展栏的“倍增”文本框中输入数值 0.2。

5）快速渲染摄像机视图，厨房渲染效果如图 8-351 所示。

Note

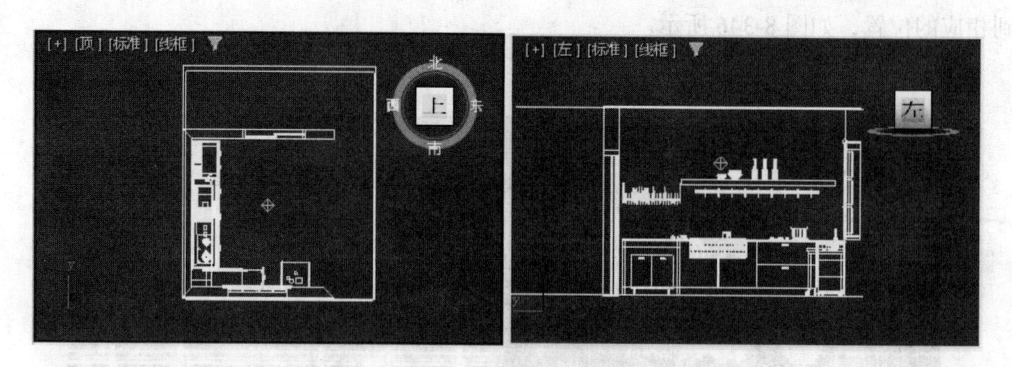

图 8-349　创建泛光

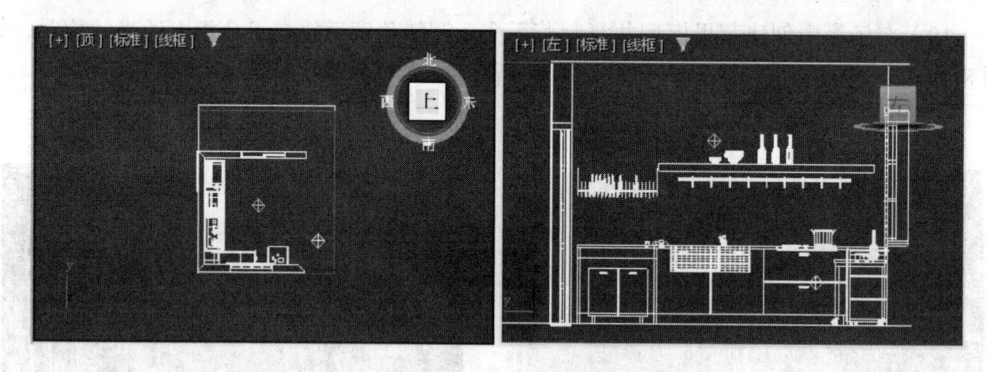

图 8-350　创建辅助光源

图 8-351　厨房渲染效果

8.6　建立主卧的立体模型

本节主要介绍创建别墅主卧立体模型的方法。主要思路是：先导入前面绘制的别墅二层平面图和别墅南立面图，然后进行必要的调整，建立主卧模型，再给主卧模型添加卧室灯和家具等模型，最后添加灯光。主卧模型如图 8-352 所示。

图 8-352　主卧模型

（电子资料包：动画演示 \ 第 8 章 \ 主卧模型 .mp4）

8.6.1　建立主卧模型

1. 导入文件并建立主卧的基本墙面

1）运行 3ds Max 2024。

2）选择菜单栏中的“自定义”→“单位设置”命令，在弹出的“单位设置”对话框中设置计量单位为“毫米”。

3）选择菜单栏中的“文件”→“导入”→“导入”命令，在弹出的“选择要导入的文件”对话框中选择电子资料包中的“源文件 \ 第 8 章 \ 别墅二层平面图 .dwg”文件，再单击“打开”按钮。

4）在弹出的对话框的“几何体”选项卡中设置导入选项，如图 8-353 所示。然后单击“确定”按钮，把 DWG 文件导入 3ds Max 2024 中。

5）按 Ctrl+A 快捷键全选平面图中的所有线条，选择菜单栏中的“组”→“组”命令使其成组，并将组命名为“平面图”。

6）设置平面图的颜色，使其统一为深色的线条。

7）用与步骤 3）~ 6）同样的方法导入“源文件 \ 第 8 章 \ 别墅南立面图 .dwg”文件，并进行成组、重命名和色彩设置。然后选择南立面图，右击，在弹出的快捷菜单中选择“冻结当前选择”命令。

8）单击“视口导航控件”工具栏中的“缩放区域”按钮，在顶视图中框选平面图

Note

中的主卧部分，使主卧部分放大到整个视图以便进行操作，如图 8-354 所示。

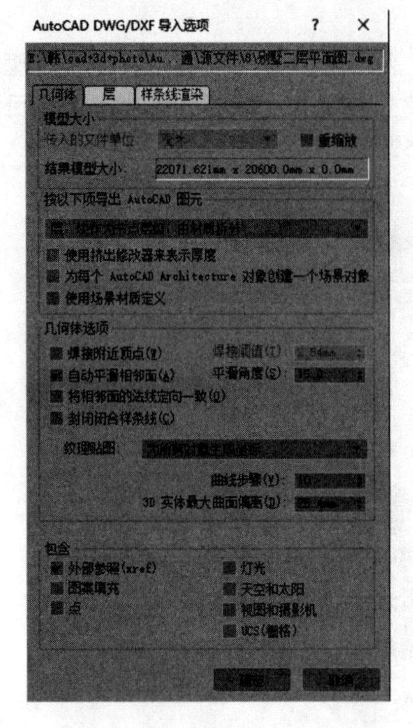

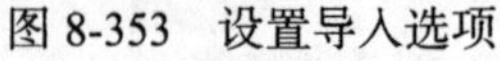
图 8-353　设置导入选项

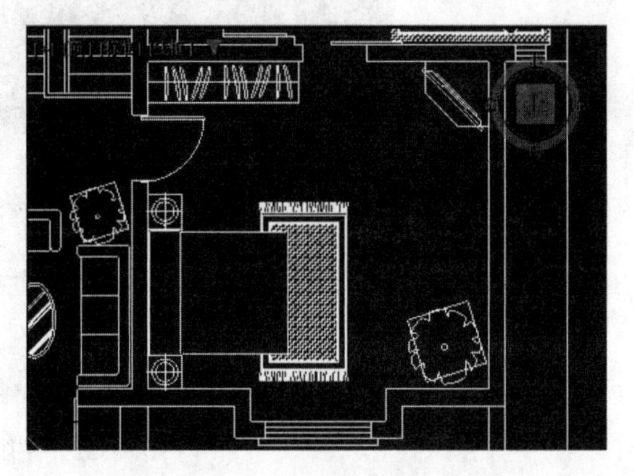
图 8-354　放大主卧部分到整个视图

9）打开捕捉设置，在顶视图中单击“创建”按钮 ，进入“创建”命令面板，然后单击“图形”按钮 ，在其“对象类型”卷展栏中单击“线”按钮，捕捉平面图主卧的墙体边缘线，绘制连续的曲线，如图 8-355 所示。

10）单击“修改”按钮 ，进入“修改”命令面板，在“修改器列表”下拉列表中选择“挤出”选项，并在其“参数”卷展栏的“数量”文本框中输入 3350.0mm，把线条挤出为墙体。

11）建立地面模型。单击“创建”按钮 ，进入“创建”命令面板，然后单击“几何体”按钮 ，在其“对象类型”卷展栏中单击“平面”按钮，捕捉墙体线条创建地面模型，如图 8-356 所示。在前视图中调整地面模型到适当的位置。单击“修改”按钮 ，进入“修改”命令面板，在“参数”卷展栏的“长度分段”和“宽度分段”文本框中均输入 1。

12）建立顶面模型。在前视图中按住 Shift 键单击地面模型，在弹出的“克隆选项”对话框中设置克隆的方式为“复制”并将克隆对象命名为“顶面”，如图 8-357 所示。单击“确定”按钮进行复制。

13）选择复制生成的顶面模型，右击“选择并移动”按钮 ，弹出“移动变换输入”对话框，在“偏移：屏幕”的“Y”文本框中输入 3350，如图 8-358 所示，使顶面模型沿着 Y 轴向上移动 3350.0mm。

14）选择刚偏移生成的顶面模型，单击“修改”按钮 ，进入“修改”命令面板，在“修改器列表”的下拉列表中选择“法线”选项，在“参数”卷展栏中选中“翻转法线”复选框。

Note

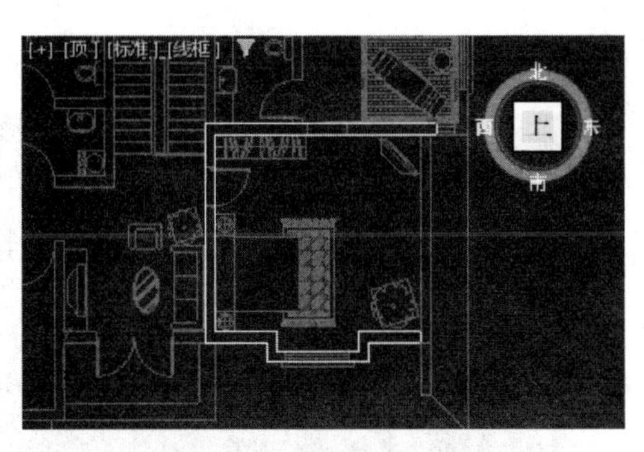

图 8-355　绘制墙体线条

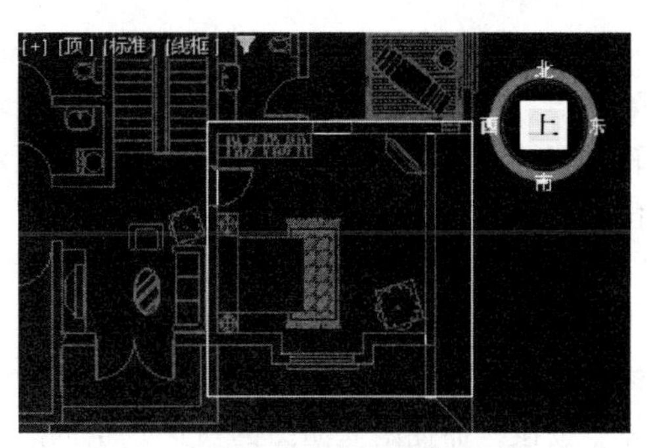

图 8-356　创建地面模型

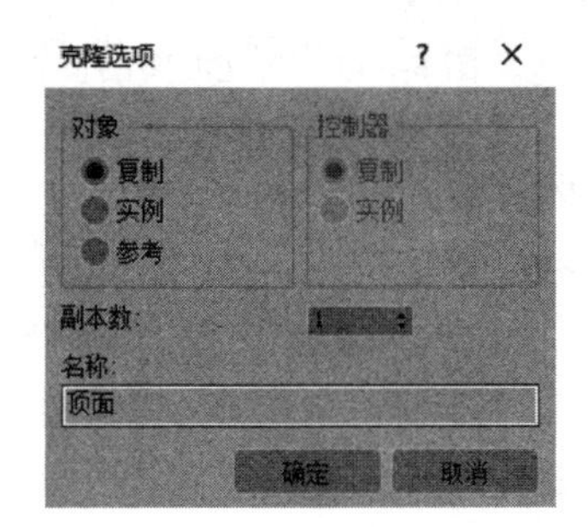

图 8-357　设置克隆选项

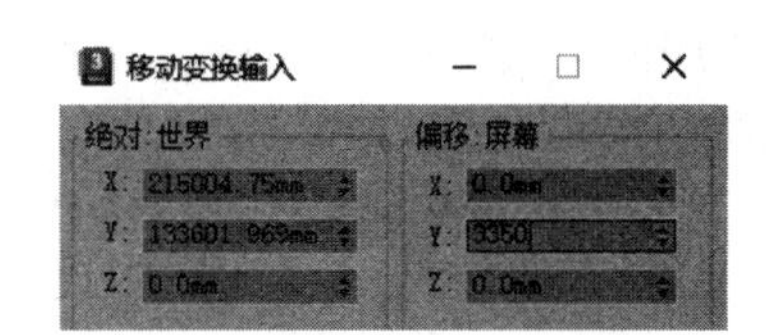

图 8-358　设置偏移数值

15）创建摄像机。单击“创建”按钮，进入“创建”命令面板，然后单击“摄影机”按钮，在其“对象类型”卷展栏中单击“目标”按钮，在顶视图中拖动鼠标创建一台摄像机。

16）选择透视图，按 C 键。这时，透视图转为 Camera01 摄像机视图。通过在其他视图中移动摄像机的位置来调整摄像机视图的视点角度，摄像机的位置和摄像机视图效果如图 8-359 所示。

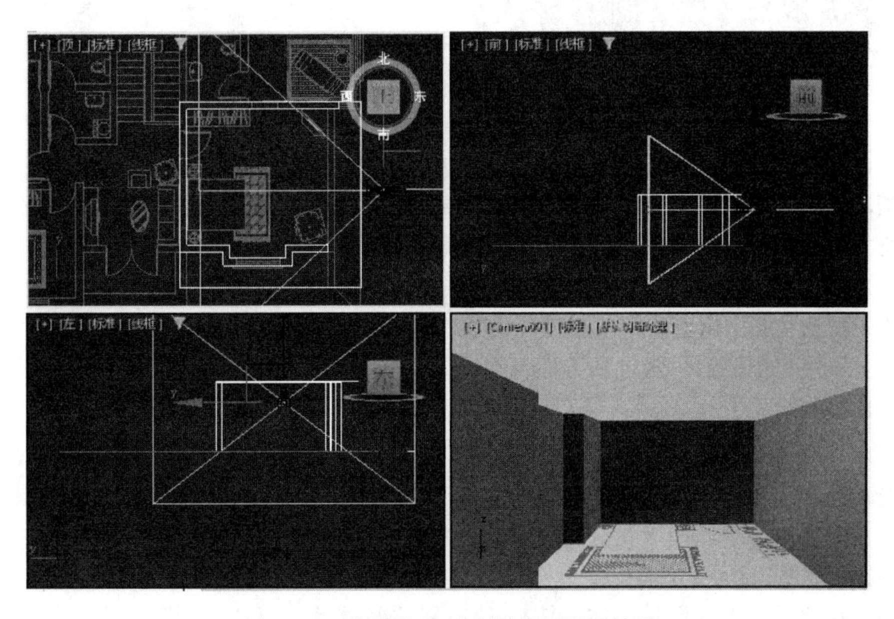

图 8-359　摄像机位置和摄像机视图效果

Note

17）在任意视图中右击，在弹出的快捷菜单中选择“全部解冻”命令，把南立面图解除冻结。然后在顶视图中把南立面图沿 X 轴旋转 90°，并在前视图中调整到如图 8-360 所示的位置。

图 8-360　南立面图的位置

18）创建窗洞。单击“创建”按钮，进入“创建”命令面板，然后单击“几何体”按钮，在其“对象类型”卷展栏中单击“长方体”按钮，捕捉南立面图的窗户线条创建一个长方体。单击“修改”按钮，进入“修改”命令面板，在“参数”卷展栏的“高度”本框中输入 1000.0mm。

19）在顶视图中调整长方体的位置，使其穿过墙体模型，如图 8-361 所示。

20）单击“创建”按钮，进入“创建”命令面板，单击“几何体”按钮，在其下拉列表中选择“复合对象”类型。选择墙体模型，在其“对象类型”卷展栏中单击“布尔”按钮，再单击“布尔参数”卷展栏中的“添加运算对象”按钮，在视图上拾取刚创建的长方体，单击“运算对象参数”卷展栏中的“差集”按钮。这时，在墙体上制作出一个长方体洞口作为窗洞，如图 8-362 所示。

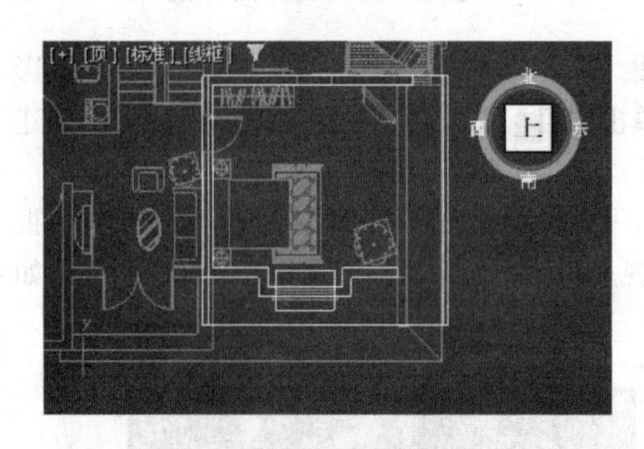

图 8-361　调整长方体的位置

图 8-362　制作窗洞

21）创建门洞。单击“创建”按钮，进入“创建”命令面板，然后单击“几何体”按钮，在其“对象类型”卷展栏中单击“长方体”按钮，捕捉平面图的门线条依次创建两个长方体。单击“修改”按钮，进入“修改”命令面板，在“参数”卷展栏的“宽度”和“高度”文本框中分别输入 1000.0mm 和 2500.0mm。

22）在顶视图中调整两个长方体的位置，使其穿过墙体模型，如图 8-363 所示。

23）采用和步骤 21）相同的方法，在墙体模型上制作出两个门洞。透视图中的门洞效果如图 8-364 所示。

24）建立顶棚。单击“创建”按钮，进入“创建”命令面板，然后单击“几何体”按钮，在其“对象类型”卷展栏中单击“长方体”按钮，在顶视图中拖动鼠标创建一个长方体。单击“修改”按钮，进入“修改”命令面板，在“参数”卷展栏的“长度”“宽度”和“高度”文本框中分别输入 600.0mm、4900.0mm 和 50.0mm。

25）在顶视图中选择长方体，按住 Shift 键进行移动，以“实例”的方式复制出一个

长方体，然后调整两个长方体的位置，如图 8-365 所示。

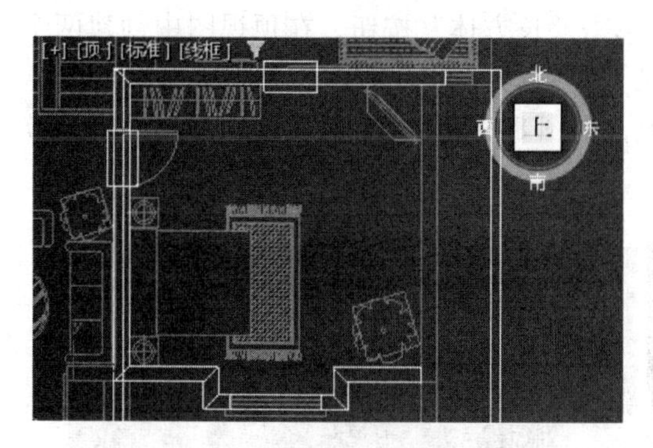

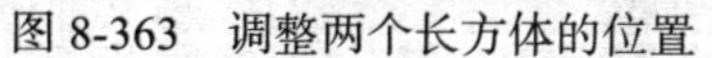

图 8-363　调整两个长方体的位置

图 8-364　门洞效果

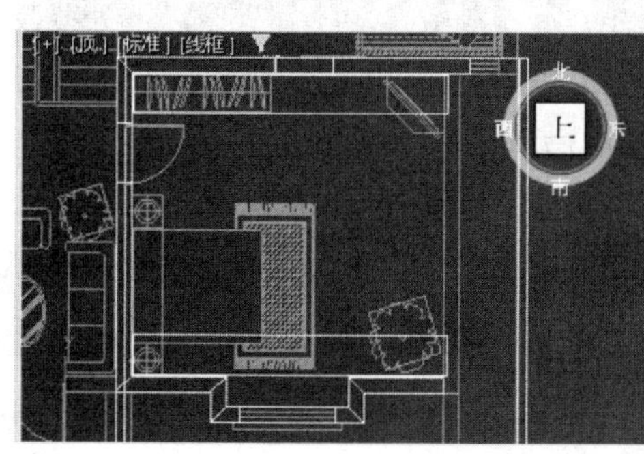

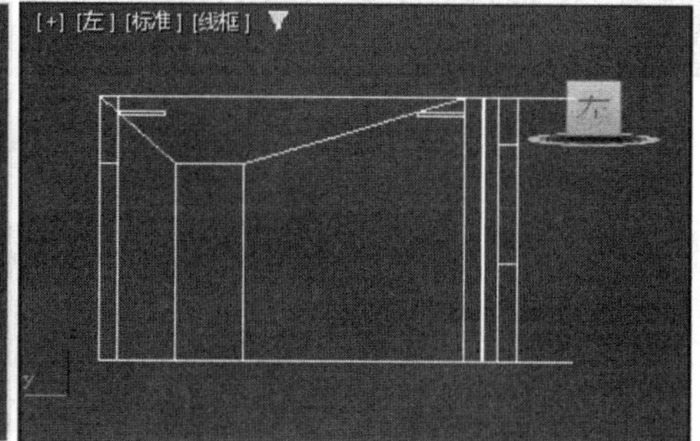

图 8-365　调整两个长方体的位置

26）单击“创建”按钮，进入“创建”命令面板，然后单击“几何体”按钮，在其“对象类型”卷展栏中单击“长方体”按钮，在顶视图中拖动鼠标创建一个长方体，在“参数”卷展栏的“长度”“宽度”和“高度”文本框中分别输入 4600.0mm、100.0mm 和 50.0mm。调整该长方体的位置，如图 8-366 所示。

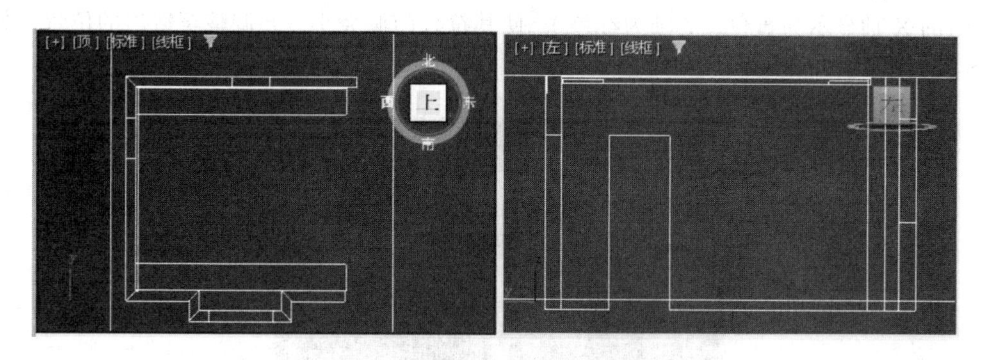

图 8-366　调整长方体的位置

27）选择刚创建的 3 个长方体，单击“创建”按钮，进入“创建”命令面板，然后单击“实用程序”按钮，在其“实用程序”卷展栏中单击“塌陷”按钮。然后在“塌陷”卷展栏中单击“塌陷选定对象”按钮，把它们塌陷为一个网格类模型，并重命名为“顶棚”。

Note

28）创建发光灯片。单击“创建”按钮＋，进入“创建”命令面板，然后单击“几何体”按钮●，在其“对象类型”卷展栏中单击“长方体”按钮，在顶视图中创建两个长方体，在“参数”卷展栏的“长度”“宽度”和“高度”文本框中分别输入 100.0mm、4800.0mm 和 0.0mm。调整两个长方体的位置，如图 8-367 所示。然后分别把这两个长方体重命名为“灯片”和“灯片 1”。

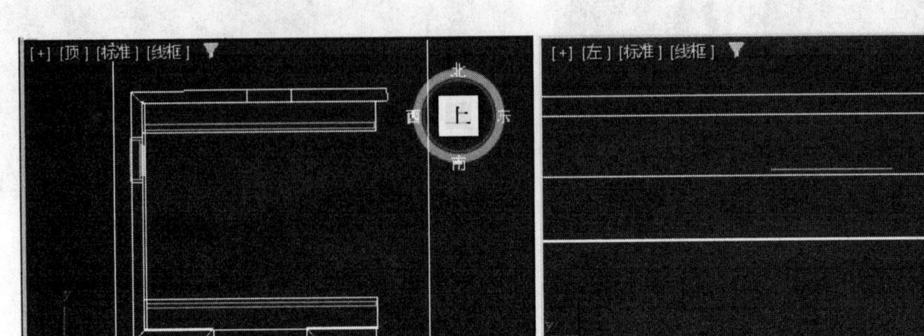

图 8-367　调整两个长方体的位置

注意： 由于创建的发光灯片是自发光模型，设置其高度为 0.0mm，可以减少场景中不必要的模型的面，提高操作速度和缩短渲染时间。

29）导入门模型。门模型的建立在前面已经详细讲解过，这里不再赘述，直接导入在其他场景中建立的门模型。选择菜单栏中的“文件”→“导入”→“导入”命令，在弹出的“选择要导入的文件”对话框中选择电子资料包中的“门 .3DS”模型，单击“打开”按钮。

30）在弹出的“3DS 导入”对话框中选择“合并对象到当前场景”选项，单击“确定”按钮，导入门模型。

31）选择门模型，单击主工具栏中的“选择并均匀缩放”按钮，沿 X 轴进行放大（这时的 X 轴显示为黄色，Y 轴为红色），使其符合门洞大小，并调整至适当的位置，如图 8-368 所示。

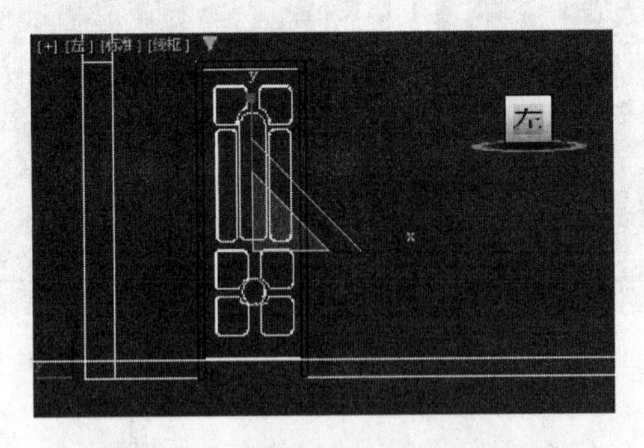

图 8-368　调整门模型大小和位置

32）选择导入的门框模型，再单击“修改”按钮，进入“修改”命令面板，在“可编辑网格”列表中选择“顶点”选项，或者在“选择”卷展栏中单击“顶点”按钮。在

左视图中选择如图 8-369 所示的门框节点进行移动，使其符合门洞的大小。然后退出点编辑模式。

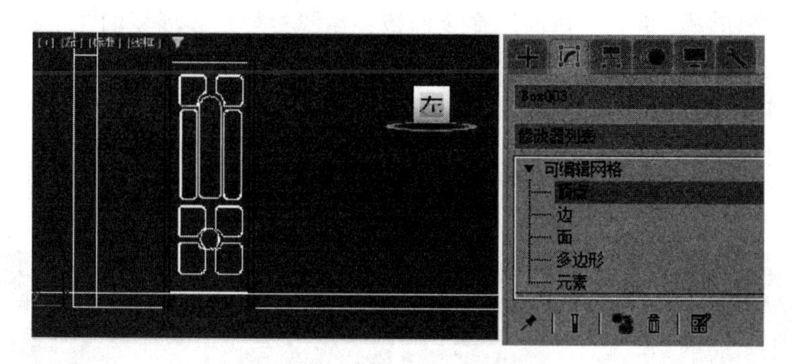

图 8-369　编辑门框节点

33）采用同样的方法，导入“门 1.3DS”文件，并在前视图中调整大小，然后放在如图 8-370 所示的位置。

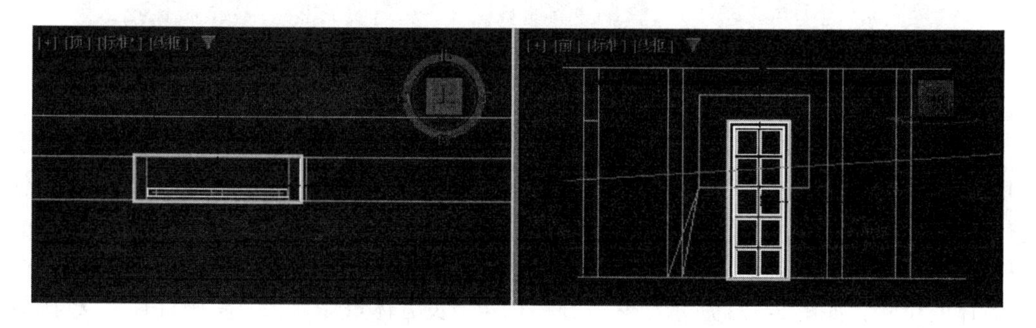

图 8-370　调整门的大小和位置

2. 创建主卧室内模型

1）单击“创建”按钮，进入“创建”命令面板，然后单击“几何体”按钮，在其“对象类型”卷展栏中单击“长方体”按钮，在左视图中拖动鼠标创建一个长方体作为壁画。单击“修改”按钮，进入“修改”命令面板，在“参数”卷展栏的“长度”“宽度”和“高度”文本框中分别输入 1500.0mm、1600.0mm 和 80.0mm。

2）在左视图和前视图中调整壁画模型的位置，如图 8-371 所示。

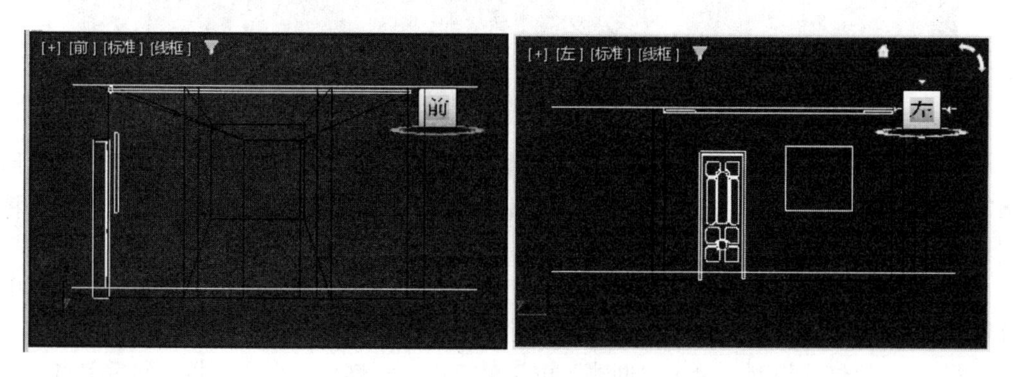

图 8-371　调整壁画模型的位置

Note

3）单击“创建”按钮，进入“创建”命令面板，单击“几何体”按钮，在其“对象类型”卷展栏中单击“圆柱体”按钮，在左视图中拖动鼠标创建一个圆柱体。然后单击“修改”按钮，进入“修改”命令面板，在“参数”卷展栏的“半径”“高度”和“高度分段”文本框中分别输入数值 50.0mm、200.0mm 和 1。

4）以“实例”的方式复制出另外 3 个圆柱体模型，并调整它们的位置，使其位于壁画的四角，如图 8-372 所示。然后把 4 个圆柱体模型塌陷为一个网格类模型，并重命名为“画钉”。

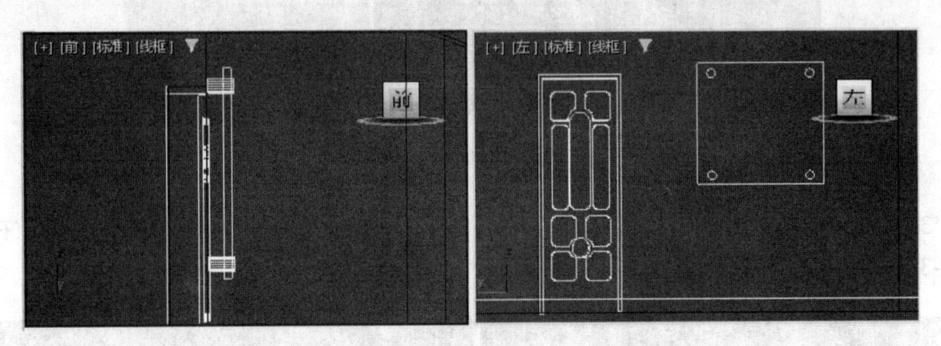

图 8-372　复制并调整圆柱体的位置

5）建立壁画的发光灯片。单击“创建”按钮，进入“创建”命令面板，然后单击“几何体”按钮，在其“对象类型”卷展栏中单击“长方体”按钮，依次在左视图中创建 4 个长方体，再单击“修改”按钮，进入“修改”命令面板，在“参数”卷展栏的“长度”“宽度”和“高度”文本框中分别输入 150.0mm、1300.0mm 和 0.0mm。调整 4 个长方体的位置，如图 8-373 所示。然后分别将 4 个长方体重命名为“壁画灯片”“壁画灯片 1”“壁画灯片 2”和“壁画灯片 3”。

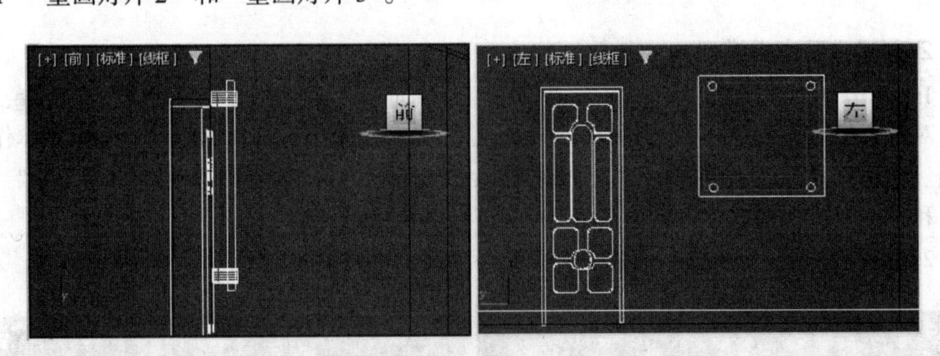

图 8-373　调整长方体的位置

6）建立筒灯模型。单击“创建”按钮，进入“创建”命令面板，然后单击“几何体”按钮，在其“对象类型”卷展栏中单击“圆环”按钮。进入“修改”命令面板，将圆环重命名为“筒灯”。

7）选择筒灯模型，在“参数”卷展栏的“半径 1”和“半径 2”的“数量”文本框中分别输入 60.0mm 和 10.0mm。在视图中调整筒灯模型到如图 8-374 所示的位置。

8）建立筒灯片模型。单击“创建”按钮，进入“创建”命令面板，然后单击“几

何体”按钮●，在其“对象类型”卷展栏中单击“圆柱体”按钮，在顶视图中拖动鼠标创建一个圆柱体。进入“修改”命令面板，将圆柱体重命名为“筒灯片”。

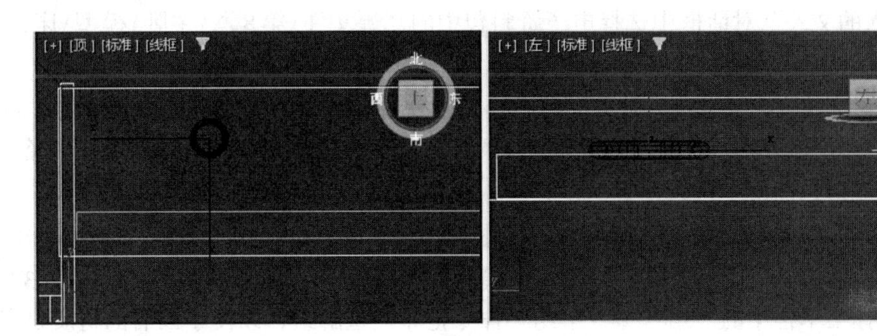

图 8-374　调整筒灯模型的位置

9）选择筒灯片模型，在“参数”卷展栏的“半径”“高度”和“高度分段”的“数量”文本框中分别输入 50.0mm、0.0mm 和 1。

10）选择筒灯片模型，在主工具栏中单击“对齐”按钮，在弹出的“对齐当前选择（筒灯）”对话框中设置对齐选项如图 8-375 所示。单击“确定”按钮，把筒灯片模型和筒灯模型中心对齐。

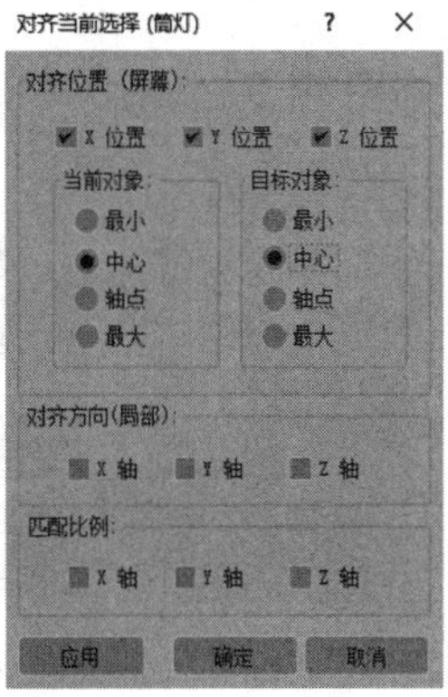

图 8-375　设置对齐选项

11）在顶视图中选择筒灯模型和筒灯片模型，按住 Shift 键进行移动，以“实例”的方式复制出若干组筒灯模型，然后排列成如图 8-376 所示的形状。

12）建立地毯模型。单击“创建”按钮＋，进入“创建”命令面板，然后单击“几何体”按钮●，在其“对象类型”卷展栏中单击“平面”按钮，在顶视图中拖动鼠标创建一个平面。单击“修改”按钮，进入“修改”命令面板，在“参数”卷展栏的“长度”“宽度”“长度分段”和“高度分段”文本框中分别输入 2500.0mm、1200.0mm、1 和 1。

13）选择平面，将其重命名为“地毯”，然后在视图中调整到如图 8-377 所示的位置。

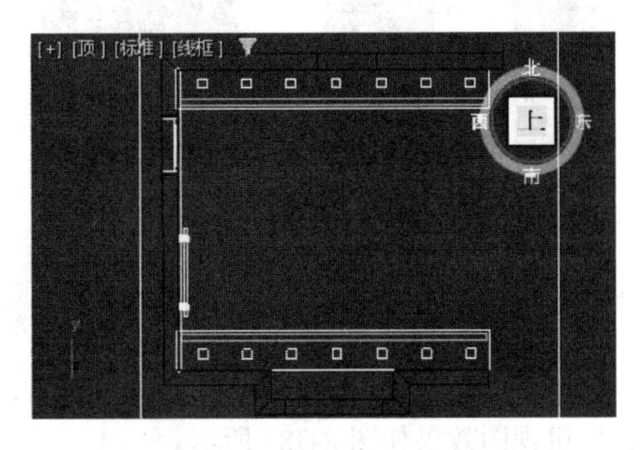

图 8-376　复制筒灯模型并进行排列

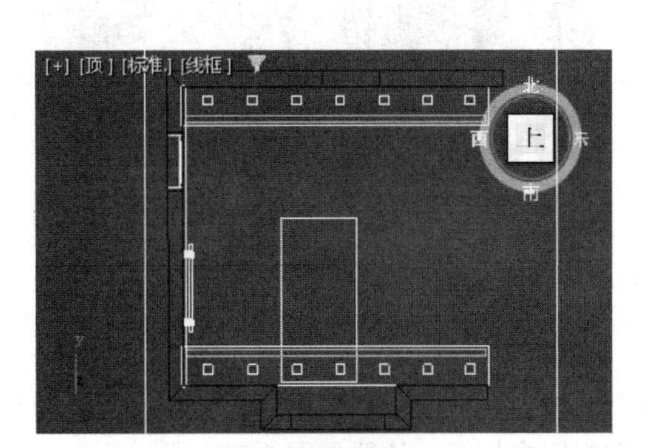

图 8-377　调整地毯模型的位置

Note

3. 导入主卧室内模型

1）导入床模型。选择菜单栏中的“文件”→“导入”→“导入”命令，在弹出的“选择要导入的文件”对话框中选择电子资料包中的“源文件\第 8 章\主卧\模型\床.3DS”文件，单击“打开”按钮。

2）在弹出的“3DS 导入”对话框中选择“合并对象到当前场景”选项，单击“确定”按钮，将模型导入场景。选择所有的模型文件，选择菜单栏中的“组”→“组”命令，把导入的模型成组，以便于进行位置的调整。

3）选择导入的床模型，使用主工具栏中的“选择并移动”按钮、“选择并均匀缩放”按钮和“选择并旋转”按钮把床模型调整到场景中相应的位置，如图 8-378 所示。然后选择菜单栏中的“组”→“解组”命令把床模型解组，以便于以后的材质设定。

4）用与步骤 1）~ 3）同样的方法导入“源文件\第 8 章\主卧\模型\窗帘.3DS”文件，然后调整窗帘的大小、角度和位置。前视图中窗帘的位置如图 8-379 所示。

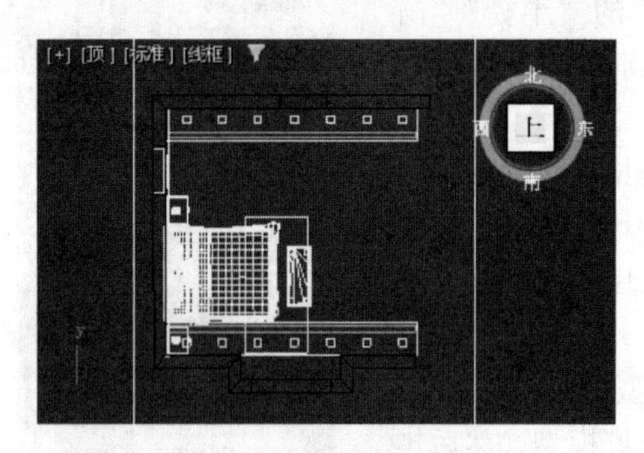

图 8-378　调整床模型的位置

图 8-379　窗帘的位置

5）导入“源文件\第 8 章\主卧\模型\花瓶.3DS”文件，调整大小、角度和位置后，左视图中花瓶的位置如图 8-380 所示。

6）导入“源文件\第 8 章\主卧\模型\椅子.3DS”文件，调整大小、角度和位置后，前视图中椅子的位置如图 8-381 所示。

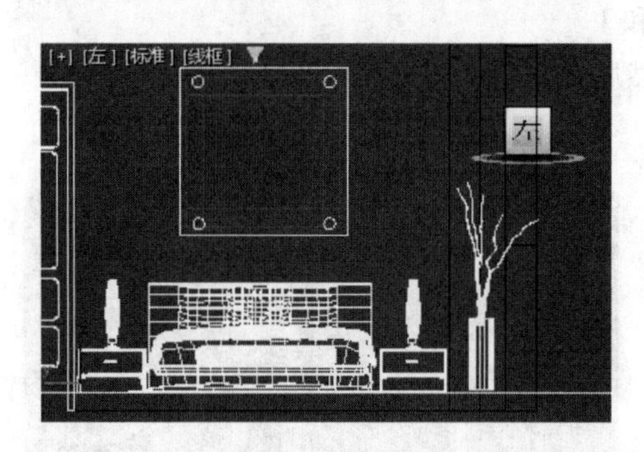

图 8-380　花瓶的位置

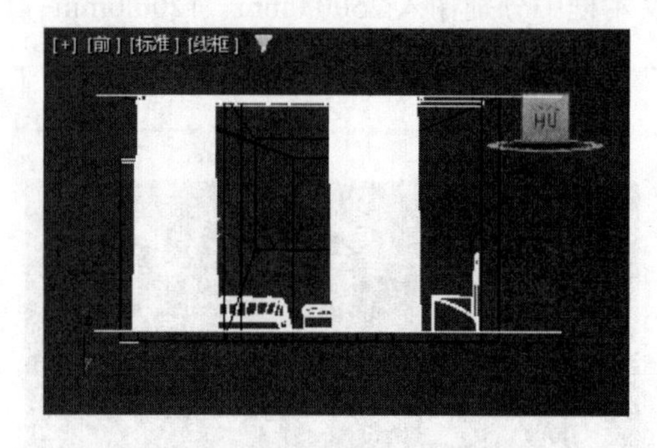

图 8-381　椅子的位置

7）导入“源文件\第 8 章\主卧\模型\柜子.3DS”文件，调整大小、角度和位置后，左视图中柜子的位置如图 8-382 所示。这时的摄像机视图效果如图 8-383 所示。

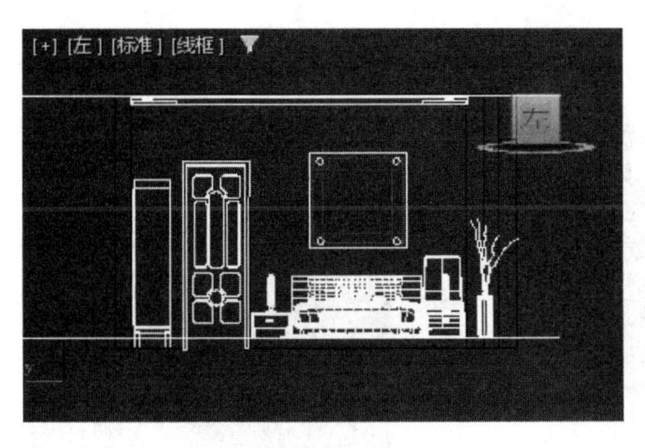

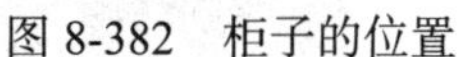
图 8-382　柜子的位置

图 8-383　摄像机视图效果

8.6.2　添加灯光

1）在工具栏的“选择过滤器”下拉列表中选择“L- 灯光”，以便在场景中能针对性地选择灯光模型。

2）单击“创建”按钮＋，进入“创建”命令面板，然后单击“灯光”按钮，在其“对象类型”卷展栏中单击“泛光”按钮，在顶视图中创建一盏泛光“Omni01”作为主光源，并在左视图中调整灯光的位置，如图 8-384 所示。

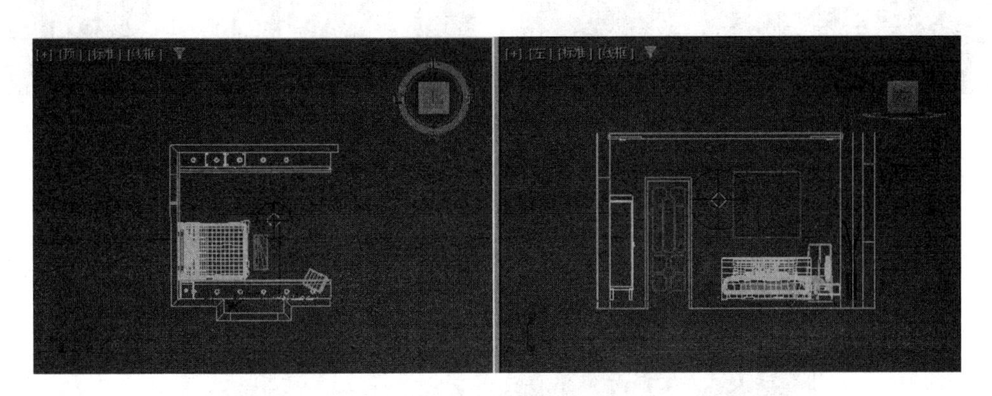

图 8-384　创建泛光并调整位置

3）单击“创建”按钮＋，进入“创建”命令面板，然后单击“灯光”按钮，在其“对象类型”卷展栏中单击“目标聚光灯”按钮，在左视图中拖动鼠标创建一个目标聚光灯“Spot01”，如图 8-385 所示。

4）选择目标聚光灯“Spot01”，在“强度 / 颜色 / 衰减”卷展栏中设置灯光参数，如图 8-386 所示。

5）选择聚光灯“Spot01”，以“实例”的方式复制若干个，然后放置到和场景中的筒灯模型相对应的位置。顶视图中目标聚光灯的位置如图 8-387 所示，前视图中目标聚光灯的位置如图 8-388 所示。

6）快速渲染摄像机视图，主卧渲染效果如图 8-389 所示。

Note

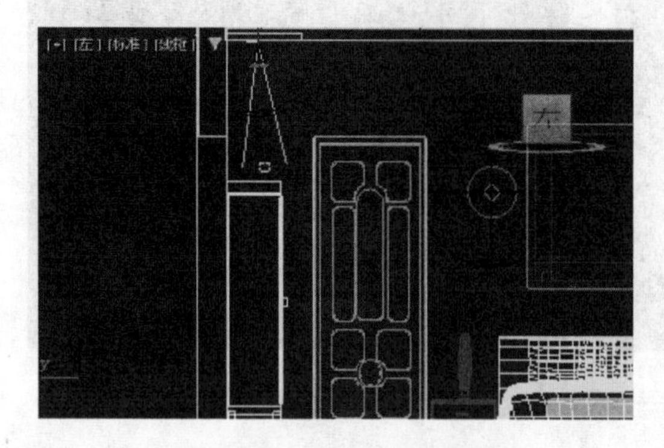

图 8-385 创建目标聚光灯

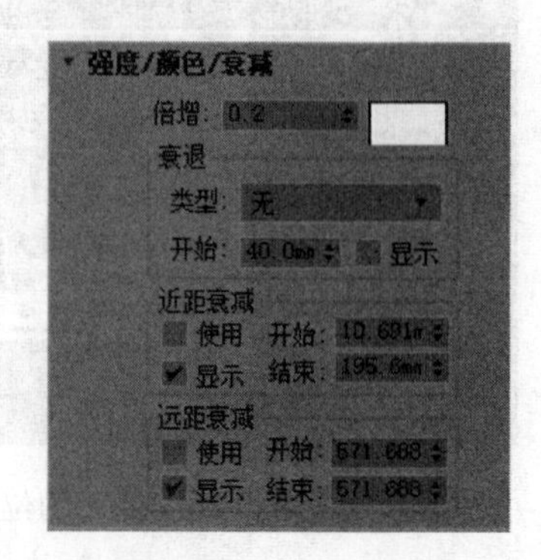

图 8-386 设置灯光参数

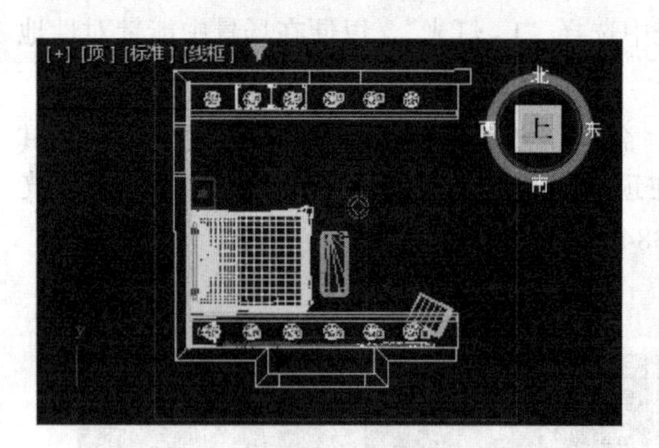

图 8-387 顶视图中目标聚光灯的位置

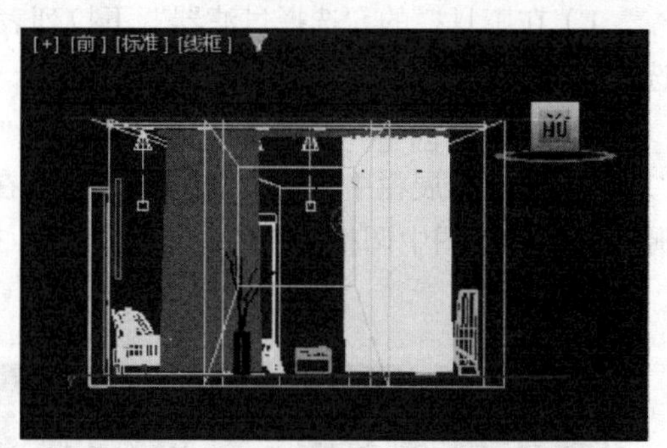

图 8-388 前视图中目标聚光灯的位置

图 8-389 主卧渲染效果

8.7 建立更衣室的立体模型

本节主要介绍创建别墅更衣室立体模型的方法。主要思路是：先导入在第 1 篇中绘制的别墅二层平面图和别墅南立面图，然后进行必要的调整，建立更衣室模型，再给更衣室模型添加地毯、筒灯和衣柜等模型，最后添加灯光。更衣室模型如图 8-390 所示。

图 8-390 更衣室模型

（电子资料包：动画演示 \ 第 8 章 \ 建立更衣室的立体模型 .mp4）

8.7.1 建立更衣室模型

1. 导入文件并建立更衣室的基本墙面

1）运行 3ds Max 2024。

2）选择菜单栏中的“自定义”→“单位设置”命令，在弹出的“单位设置”对话框中设置计量单位为“毫米”。

3）选择菜单栏中的“文件”→“导入”→“导入”命令，在弹出的“选择要导入的文件”对话框的“文件类型”下拉列表中选择“原有 AutoCAD(*.dwg)”选项，然后选择“源文件 \ 第 8 章 \ 别墅二层平面图 .dwg”文件，再单击“打开”按钮。

4）在弹出的“DWG 导入”对话框中选择“合并对象和当前场景”，并单击“确定”按钮，弹出“导入 AutoCAD DWG 文件”对话框。在该对话框中进行如图 8-391 所示的设置，然后单击“确定”按钮，把 DWG 文件导入场景中。

5）选择平面图文件中除了更衣室部分外多余的线条，按 Delete 键清除。然后按 Ctrl+A 快捷键全选所有的线条，选择菜单栏中的“组”→“组”命令使其成组，并将组命名为“平面图”。

6）设定平面图的颜色统一为深色的线条。

7）单击“视口导航控件”中的“缩放区域”按钮，在顶视图中框选平面图，使平面图放大到整个视图以便进行操作，如图 8-392 所示。

Note

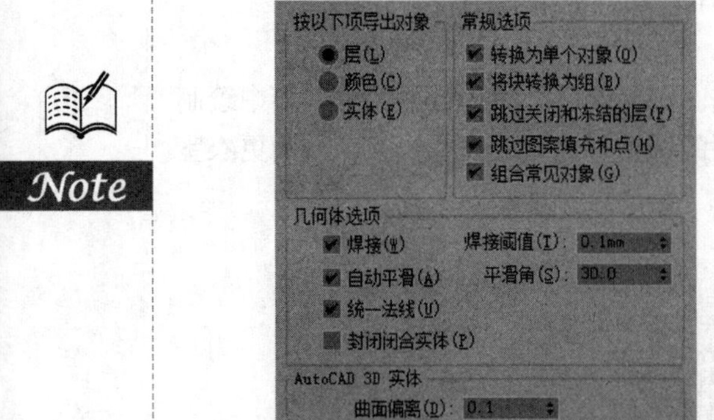

图 8-391　设置导入选项

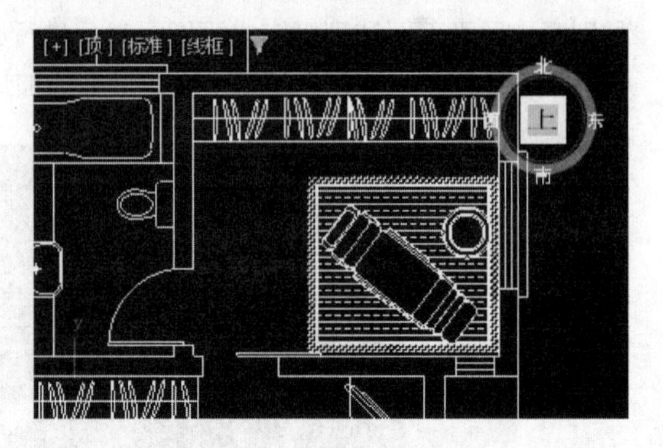

图 8-392　放大平面图到整个视图

8）启用捕捉设置，在顶视图中单击“创建”按钮，进入“创建”命令面板，然后单击“图形”按钮，在其“对象类型”卷展栏中单击“线”按钮，捕捉平面图中更衣室的墙体边缘线，绘制连续的曲线，如图 8-393 所示。

9）单击“修改”按钮，进入“修改”命令面板，在“修改器列表”下拉列表中选择“挤出”选项，并在其“参数”卷展栏的“数量”文本框中输入 3350.0mm，把线条挤出为墙体。

10）建立地面。单击“创建”按钮，进入“创建”命令面板，然后单击“几何体”按钮，在其“对象类型”卷展栏中单击“平面”按钮，捕捉墙体线条创建地面模型，如图 8-394 所示。在前视图中调整地面模型到相应的位置。在“参数”卷展栏的“长度分段”和“宽度分段”的“数量”文本框中均输入 1。

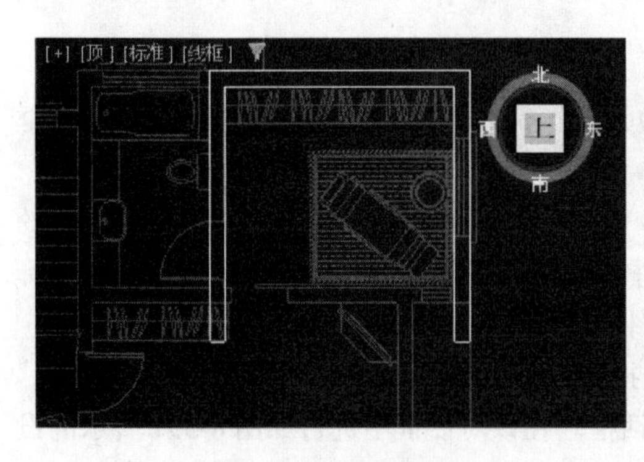

图 8-393　绘制曲线

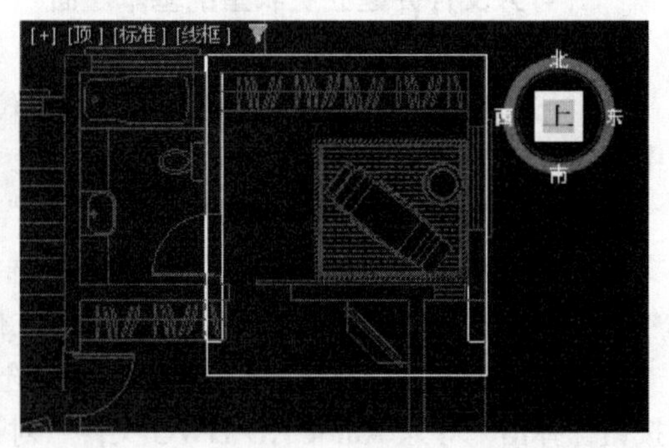

图 8-394　创建地面模型

11）采用与步骤 10）同样的方法，创建更衣室的顶面模型。然后在前视图中调整顶面模型的位置如图 8-395 所示。

12）选择顶面模型，单击“修改”按钮，进入“修改”命令面板，在“修改器列表”下拉列表中选择“法线”选项，在“参数”卷展栏中选中“翻转法线”复选框。

13）创建摄像机。单击“创建”按钮，进入“创建”命令面板，然后单击“摄像

机”按钮，在其“对象类型”卷展栏中单击“目标”按钮，在顶视图中拖动鼠标创建一台摄像机。

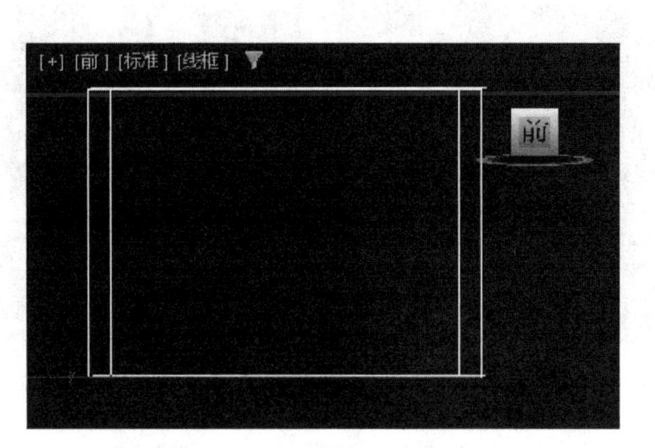

图 8-395　调整顶面模型的位置

14）按 C 键，激活透视图。这时，透视图转为 Camera01 摄像机视图。通过在其他视图中移动摄像机的位置来调整摄像机视图的视点角度，摄像机的位置和摄像机视图效果如图 8-396 所示。

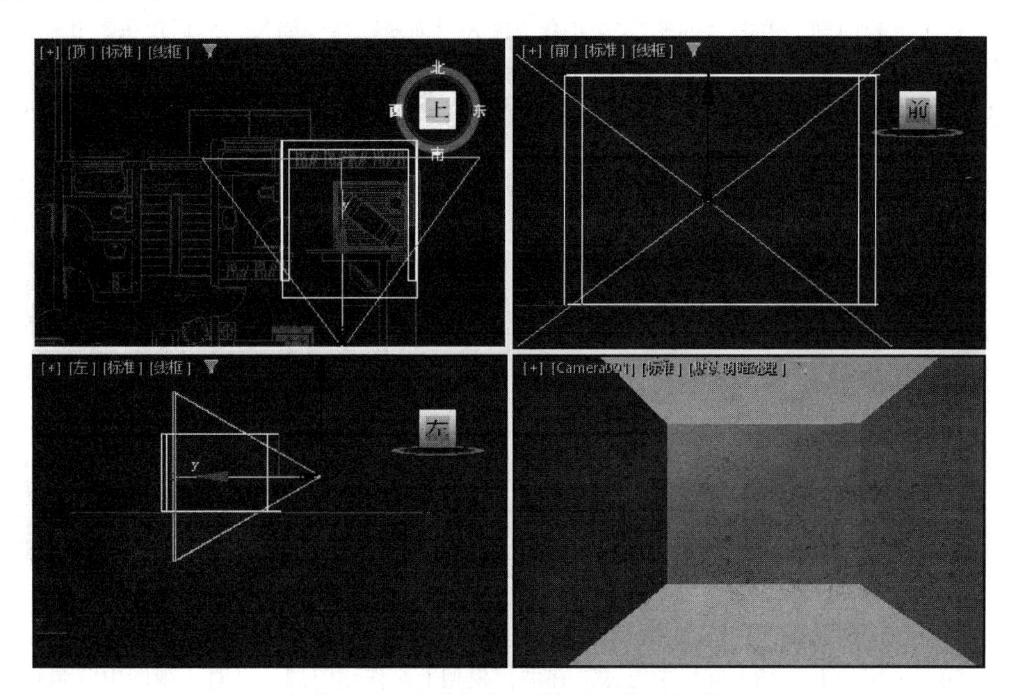

图 8-396　摄像机位置和摄像机视图效果

15）创建窗洞。单击“创建”按钮，进入“创建”命令面板，然后单击“几何体”按钮，在其“对象类型”卷展栏中单击“长方体”按钮，在左视图中创建一个长方体。然后进入“修改”命令面板，在“参数”卷展栏的“长度”“宽度”和“高度”文本框中分别输入 1550.0mm、1500.0mm 和 1000.0mm。

Note

16）在顶视图和左视图中调整长方体的位置，如图 8-397 所示。

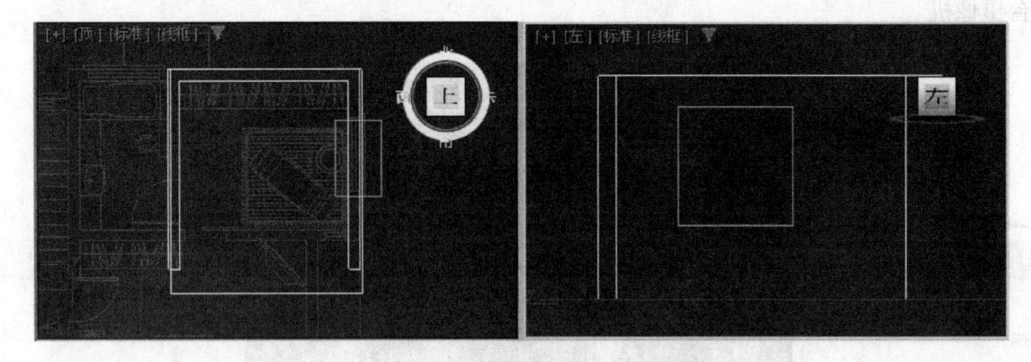

图 8-397　调整长方体的位置

17）选择墙体模型，单击“创建”按钮＋，进入“创建”命令面板，单击“几何体”按钮●，在其下拉列表中选择“复合对象”类型。在其“对象类型”卷展栏中单击“布尔”按钮，再单击“布尔参数”卷展栏中的“添加运算对象”按钮，在视图上拾取创建的长方体，单击“运算对象参数”卷展栏中的“差集”按钮。这时，在墙体上制作出一个长方体洞口作为窗洞。

18）创建门洞。单击“创建”按钮＋，进入“创建”命令面板，然后单击“几何体”按钮●，在其“对象类型”卷展栏中单击“长方体”按钮，创建一个长方体。然后单击“修改”按钮，进入“修改”命令面板，在“参数”卷展栏的“长度”“宽度”和“高度”文本框中分别输入 2500.0mm、900.0mm 和 1000.0mm。

19）在顶视图和左视图中调整长方体的位置，如图 8-398 所示。

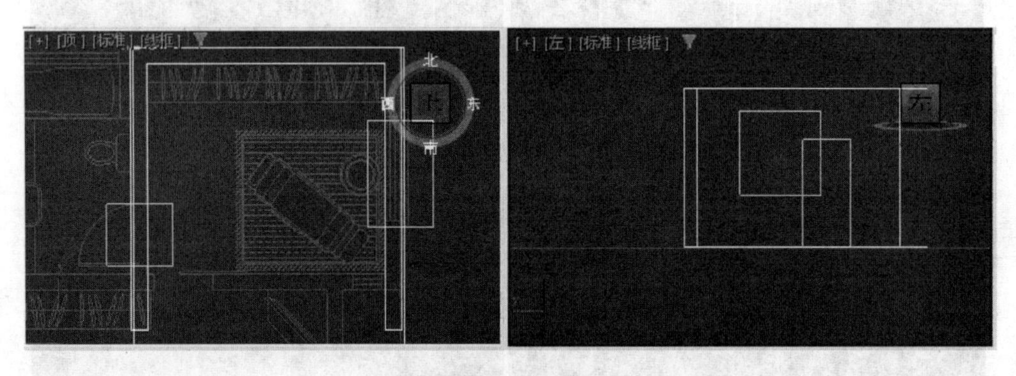

图 8-398　调整长方体的位置

20）采用和步骤 17）同样的方法，在墙体模型上制作出门洞。这时透视图中窗洞和门洞的效果如图 8-399 所示。

21）采用和步骤 18）同样的方法，单击“创建”按钮＋，进入“创建”命令面板，然后单击“几何体”按钮●，在其“对象类型”卷展栏中单击“长方体”按钮，在顶视图中创建一个长方体，再单击“修改”按钮，进入“修改”命令面板，在“参数”卷展栏的“长度”“宽度”和“高度”文本框中分别输入 4500.0mm、500.0mm 和 100.0mm，创建的长方体如图 8-400 所示。然后在前视图中调整长方体的位置，如图 8-401 所示。

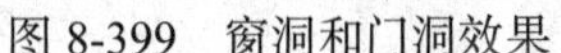

图 8-399　窗洞和门洞效果

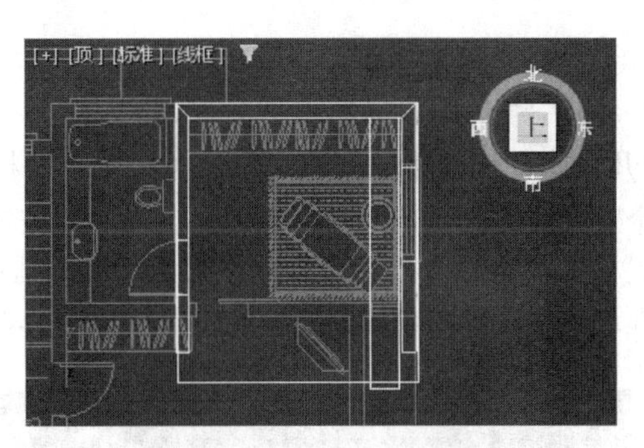

图 8-400　创建长方体

22）建立灯片模型。单击“创建”按钮，进入“创建”命令面板，然后单击“几何体”按钮，在其“对象类型”卷展栏中单击“长方体”按钮，在顶视图中创建一个长方体，再单击“修改”按钮，进入“修改”命令面板，在“参数”卷展栏的“长度”“宽度”和“高度”文本框中分别输入 4500.0mm、100.0mm 和 0.0mm，创建的长方体如图 8-402 所示。然后，将长方体重命名为“灯片”。

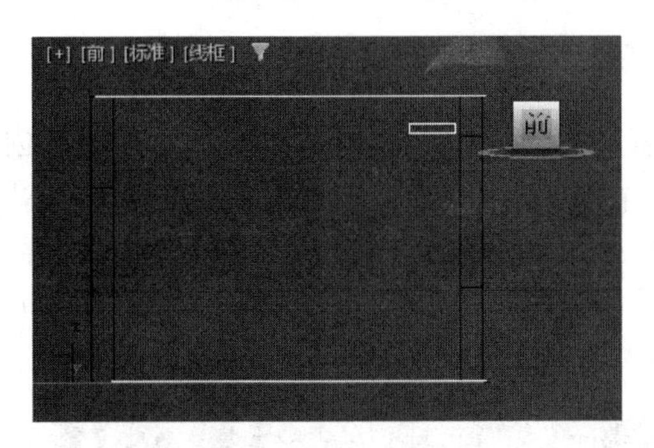

图 8-401　调整长方体的位置

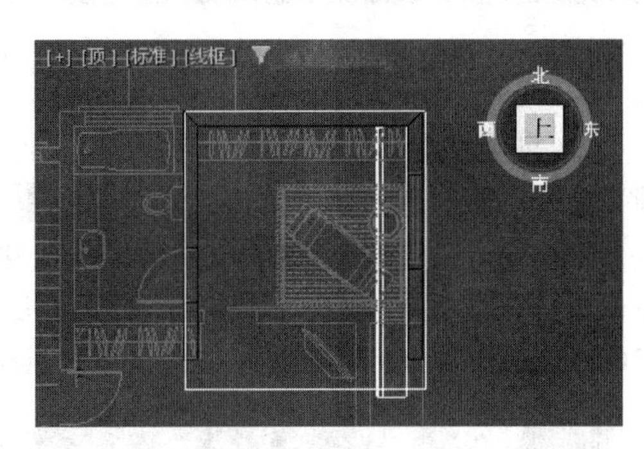

图 8-402　创建长方体

23）在前视图中选择灯片模型，单击主工具栏中的“对齐”按钮。然后选取在步骤 21）中所创建的长方体，在弹出的“对齐当前选择”对话框中设置对齐选项如图 8-403 所示，并单击“确定”按钮进行对齐。对齐后灯片模型的位置如图 8-404 所示。

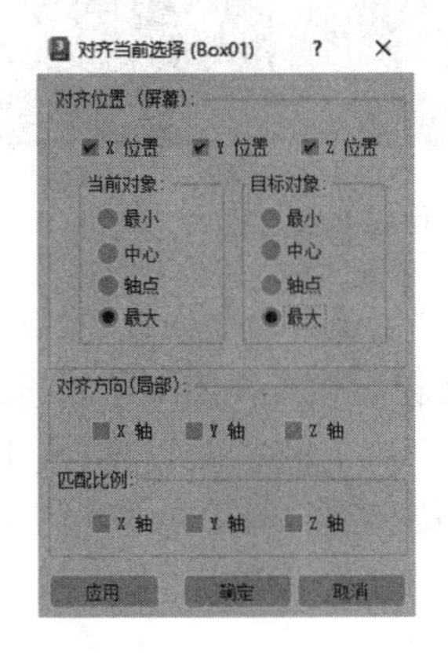

图 8-403　设置对齐选项

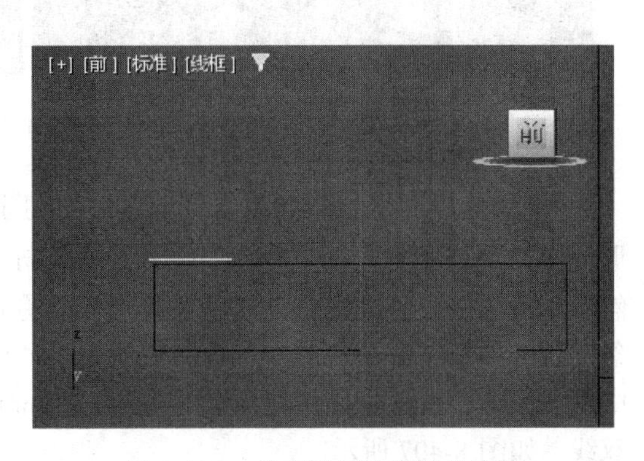

图 8-404　对齐后灯片模型的位置

Note

2. 创建更衣室室内模型

1）建立玻璃隔断模型。单击“创建”按钮➕，进入“创建”命令面板，然后单击“几何体”按钮●，在其“对象类型”卷展栏中单击“长方体”按钮，在前视图中创建一个长方体作为玻璃隔断，再单击“修改”按钮，进入“修改”命令面板，在“参数”卷展栏的“长度”“宽度”和“高度”文本框中分别输入3000.0mm、900.0mm和30.0mm。在场景中调整玻璃隔断模型的位置，如图8-405所示。

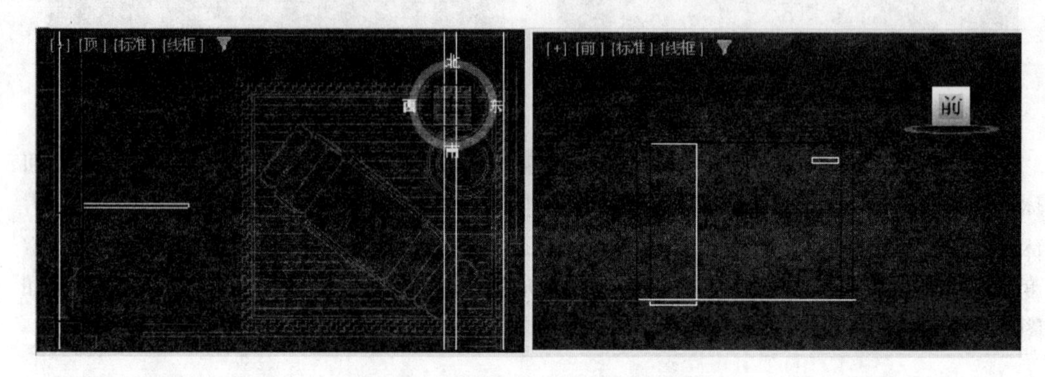

图8-405　调整玻璃隔断模型的位置

2）创建穿衣镜模型。采用与步骤1）同样的方法，单击“创建”按钮➕，进入“创建”命令面板，然后单击“几何体”按钮●，在其“对象类型”卷展栏中单击“长方体”按钮，在左视图中创建一个长方体作为穿衣镜，再单击“修改”按钮，进入“修改”命令面板，在“参数”卷展栏的“长度”“宽度”和“高度”文本框中分别输入3000.0mm、1200.0mm和30.0mm。在场景中调整穿衣镜模型的位置，如图8-406所示。

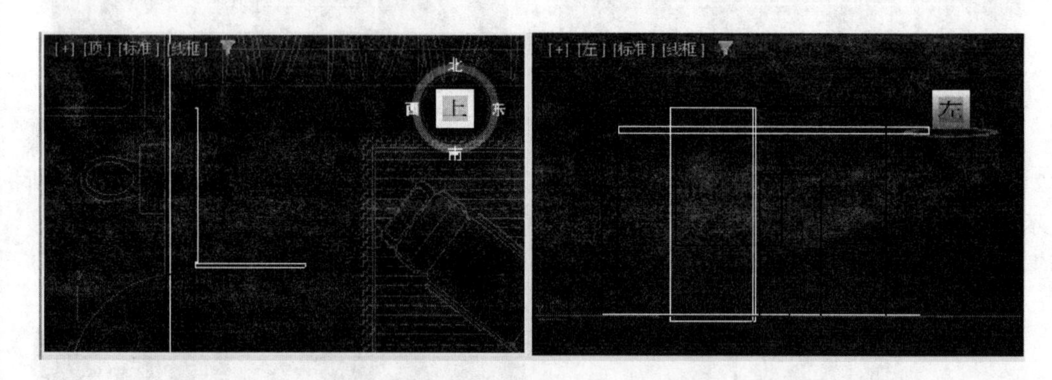

图8-406　调整穿衣镜模型的位置

3）建立隔断框模型。单击“创建”按钮➕，进入“创建”命令面板，然后单击“图形”按钮，在其“对象类型”卷展栏中单击“线”按钮，在顶视图中绘制连续的曲线。然后单击“修改”按钮，进入“修改”命令面板，在“可编辑样条线”列表中选择“样条线”选项，或者在“选择”卷展栏中单击“样条线”按钮，再单击“几何体”卷展栏中的“轮廓”按钮，在其文本框中输入−5.0mm，然后按Enter键确定，使曲线成为闭合的双线，如图8-407所示。

4）选择曲线，单击“修改”按钮，进入“修改”命令面板，在“修改器列表”下拉列表中选择“挤出”选项，并在其“参数”卷展栏的“数量”文本框中输入 3000.0mm，把曲线挤出为隔断框模型。然后在场景中调整隔断框模型的位置，如图 8-408 所示。

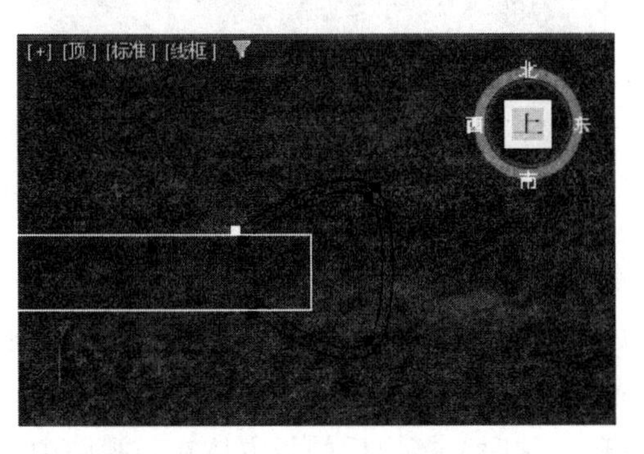

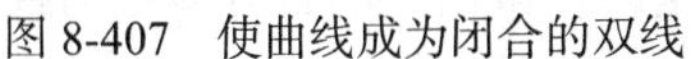
图 8-407 使曲线成为闭合的双线

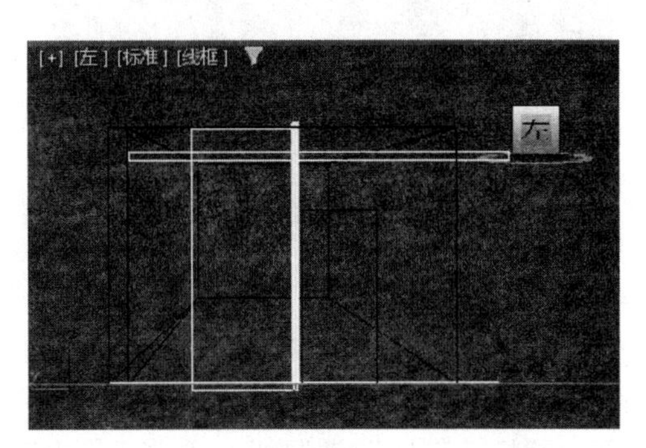

图 8-408 调整隔断框模型的位置

5）建立地毯模型。单击“创建”按钮，进入“创建”命令面板，然后单击“几何体”按钮，在其“对象类型”卷展栏中单击“平面”按钮，在顶视图中拖动鼠标创建一个平面。单击“修改”按钮，进入“修改”命令面板，在“参数”卷展栏的“长度”“宽度”“长度分段”和“高度分段”文本框中分别输入 2100.0mm、2200.0mm、1 和 1。

6）选择平面，重命名为“地毯”，然后在场景中调整地毯模型到如图 8-409 所示的位置。

7）创建门模型。启用捕捉设置，单击“几何体”按钮，在其“对象类型”卷展栏中单击“长方体”按钮，在左视图中拖动鼠标捕捉门洞边缘线创建一个长方体。在顶视图中调整长方体的位置，如图 8-410 所示。

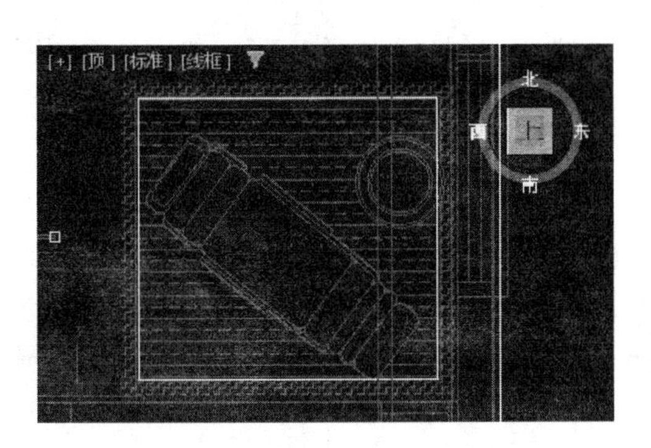

图 8-409 调整地毯模型的位置

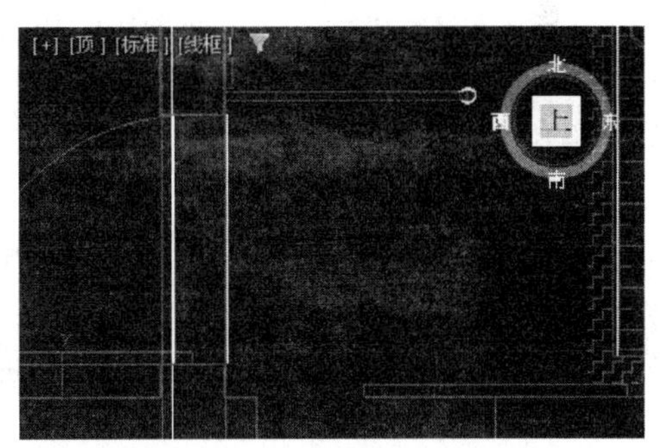

图 8-410 调整长方体的位置

8）选择刚创建的长方体，单击“修改”按钮，进入“修改”命令面板，在“参数”卷展栏的“长度分段”和“宽度分段”文本框中均输入 3，这时的长方体如图 8-411 所示。然后在场景中右击长方体，在弹出的快捷菜单中选择“转换为”→“转换为可编辑网格”命令。

9）单击“修改”按钮，进入“修改”命令面板，在“可编辑网格”列表中选择“顶点”选项，或者在“选择”卷展栏中单击“顶点”按钮，进入顶点编辑模式。然后在左视图中调整长方体的网格顶点，如图 8-412 所示。

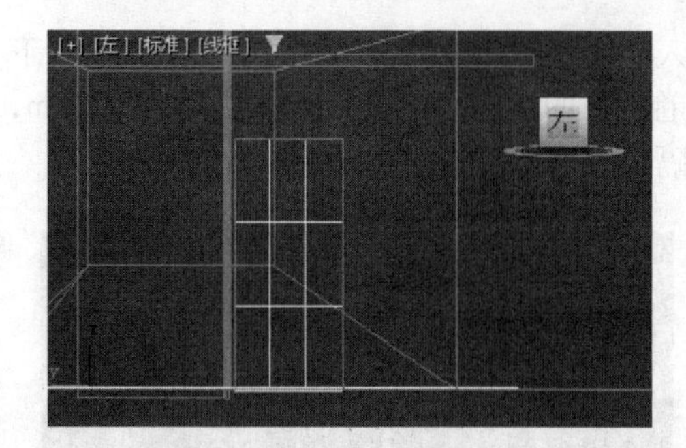

图 8-411　调整分段参数后的长方体

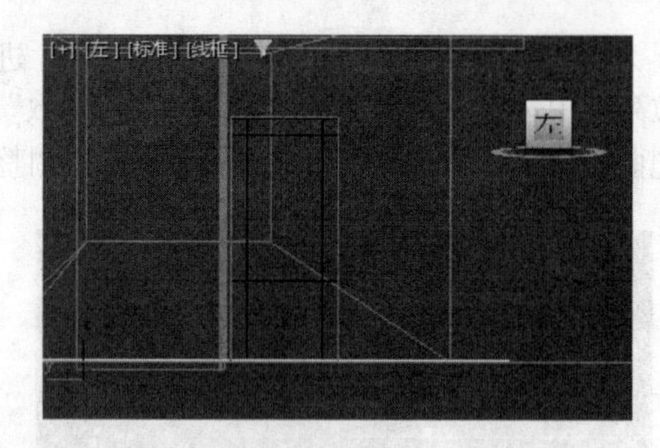

图 8-412　调整长方体的网格顶点

10）在左视图中按 R 键，把左视图转换为右视图。选中如图 8-413 所示的面，单击“修改”按钮，进入“修改”命令面板，在“可编辑网格”列表中选择“多边形”选项，展开“编辑几何体”卷展栏，单击“挤出”选项。这时，挤出后的长方体在前视图中如图 8-414 所示。把长方体重命名为“门”。

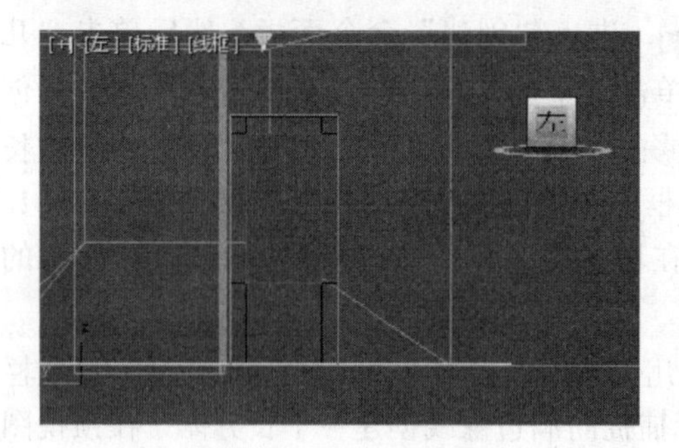

图 8-413　选择网格面

图 8-414　挤出后的长方体

11）创建门框模型。单击“创建”按钮，进入“创建”命令面板，然后单击“图形”按钮，在其“对象类型”卷展栏中单击“线”按钮，在右视图中绘制连续的曲线，如图 8-415 所示。

12）单击“修改”按钮，进入“修改”命令面板，在“可编辑样条线”列表中选择“顶点”选项，或者在“选择”卷展栏中单击“顶点”按钮。然后在场景中选择曲线最上方的两个顶点，单击“修改”按钮，进入“修改”命令面板，单击“几何体”卷展栏中的“圆角”按钮，在文本框中输入 40.0mm，按 Enter 键确定，把曲线的顶点转换为圆角，如图 8-416 所示。

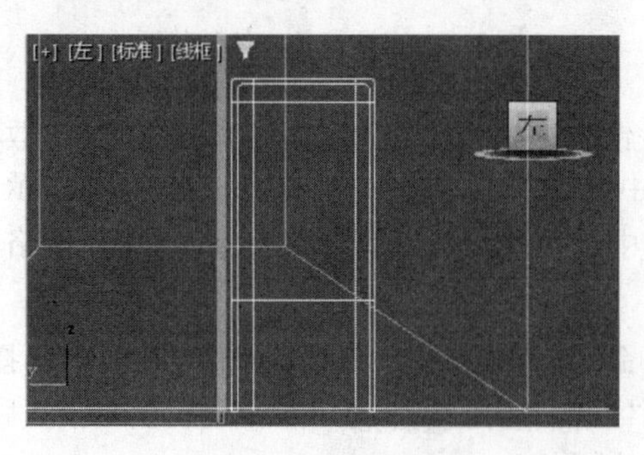

图 8-415　绘制曲线

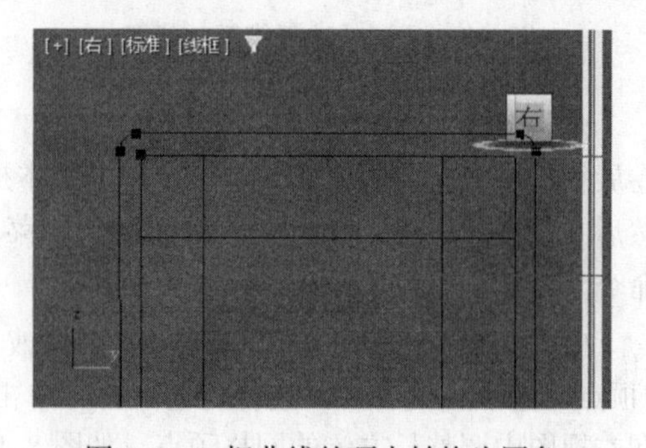

图 8-416　把曲线的顶点转换为圆角

13）选择曲线，单击“修改”按钮，进入“修改”命令面板，在“修改器列表”下拉列表中选择“挤出”选项，并在其“参数”卷展栏的“数量”文本框中输入 300.0mm，把曲线挤出为门框模型。然后在顶视图中调整门框模型的位置，如图 8-417 所示。

Note

14）建立筒灯模型。单击“创建”按钮，进入“创建”命令面板，然后单击“几何体”按钮，在其“对象类型”卷展栏中单击“圆环”按钮，在顶视图中拖动鼠标创建一个圆环，并重命名为“筒灯”。

15）选择筒灯模型，单击“修改”按钮，进入“修改”命令面板，在“参数”卷展栏的“半径 1”和“半径 2”文本框中分别输入数值 60.0mm 和 10.0mm。然后在场景中调整筒灯模型到如图 8-418 所示的位置。

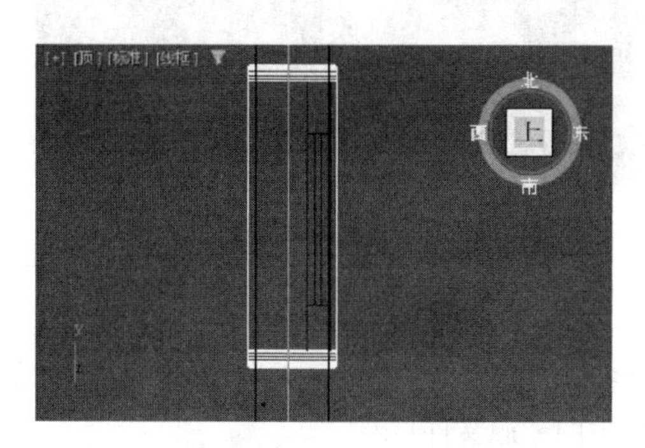

图 8-417　调整门框模型的位置

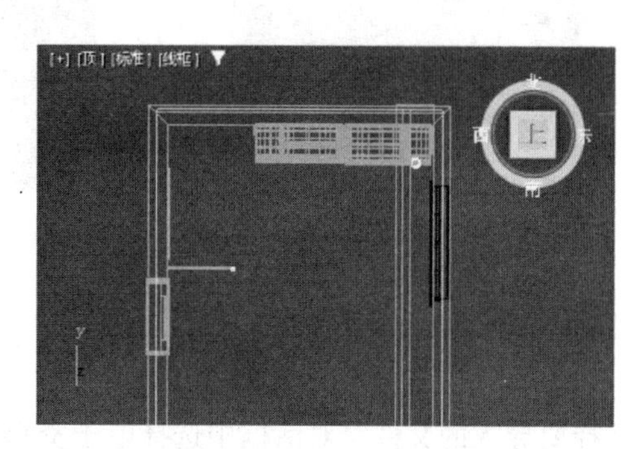

图 8-418　调整筒灯模型的位置

16）建立筒灯片。单击“创建”按钮，进入“创建”命令面板，然后单击“几何体”按钮，在其“对象类型”卷展栏中单击“圆柱体”按钮，在顶视图中拖动鼠标创建一个圆柱体，重命名为“筒灯片”。

17）选择筒灯片模型，在“参数”卷展栏的“半径”“高度”和“高度分段”文本框中分别输入 50.0mm、0.0mm 和 1。

18）选择筒灯片模型，在工具栏中单击“对齐”按钮，在弹出的“对齐当前选择”对话框中进行如图 8-419 所示的设置，单击“确定”按钮，将筒灯片模型和筒灯模型中心对齐。然后选择筒灯片模型和筒灯模型，在前视图中调整它们的位置，如图 8-420 所示。

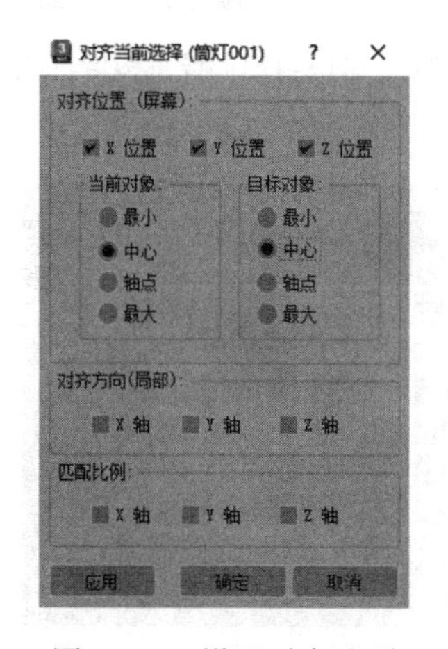

图 8-419　设置对齐选项

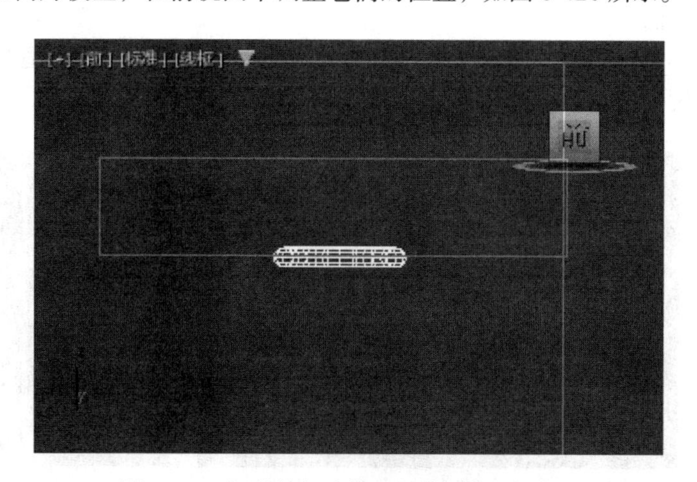

图 8-420　调整筒灯片模型和筒灯模型的位置

19）在顶视图中选择筒灯模型和筒灯片模型，按住 Shift 键向下移动一定距离，弹出“克隆选项”对话框，在该对话框中进行如图 8-421 所示的设置，单击“确定”按钮，复制出 4 组筒灯模型，如图 8-422 所示。

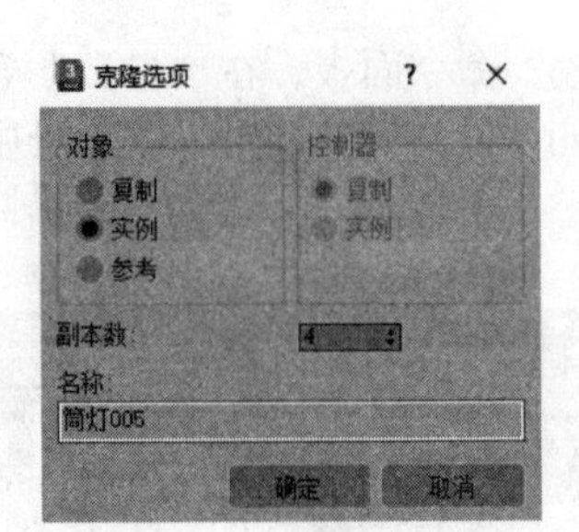

图 8-421　设置克隆选项

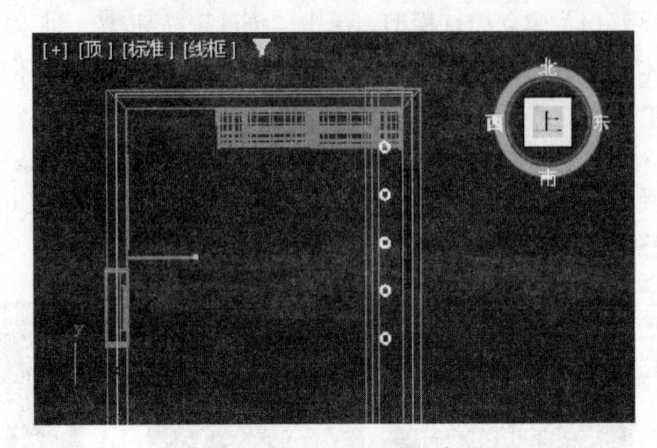

图 8-422　复制筒灯模型

3. 导入更衣室室内模型

1）导入衣柜模型。选择菜单栏中的“文件”→“导入”→“导入”命令，在弹出的“选择要导入的文件”对话框中选择电子资料包中的“源文件\第 8 章\更衣室模型\衣柜 .3DS”文件，单击“打开”按钮。

2）在弹出的“3DS 导入”对话框中选择“合并对象到当前场景”选项，单击“确定”按钮，将模型导入场景。

3）选择导入的衣柜模型，单击主工具栏中的“选择并移动”按钮和“选择并均匀缩放”按钮，调整导入的模型大小并放置到场景中相应的位置。

4）选择衣柜模型，单击主工具栏中的“镜像”按钮，在弹出的“镜像：屏幕坐标”对话框中设置沿 X 轴镜像复制选择的对象，如图 8-423 所示。然后单击“确定”按钮，退出该对话框。

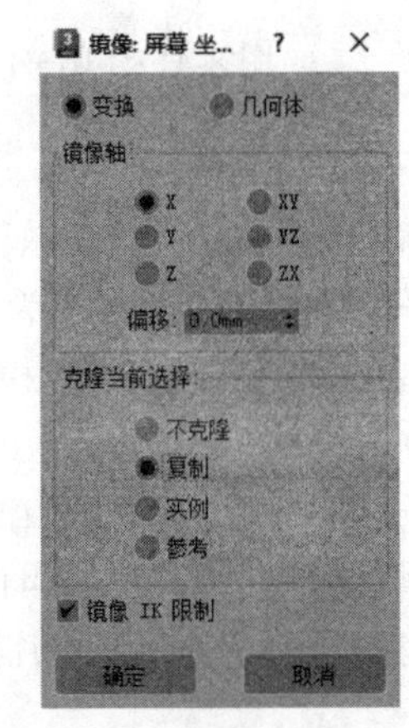

图 8-423　设置镜像选项

5）选择两个衣柜模型，在顶视图和前视图中调整到适当的位置，如图 8-424 所示。

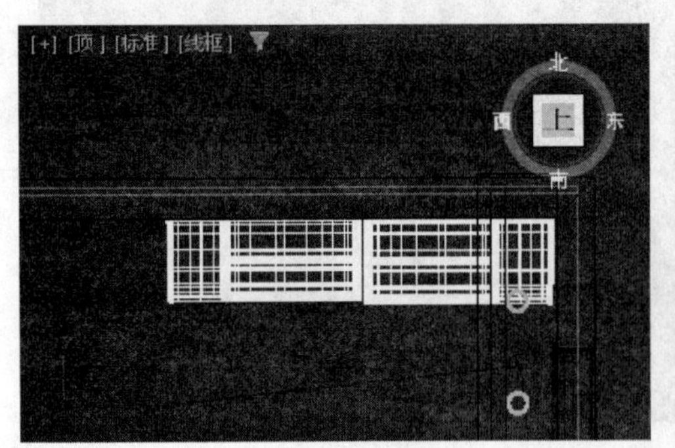

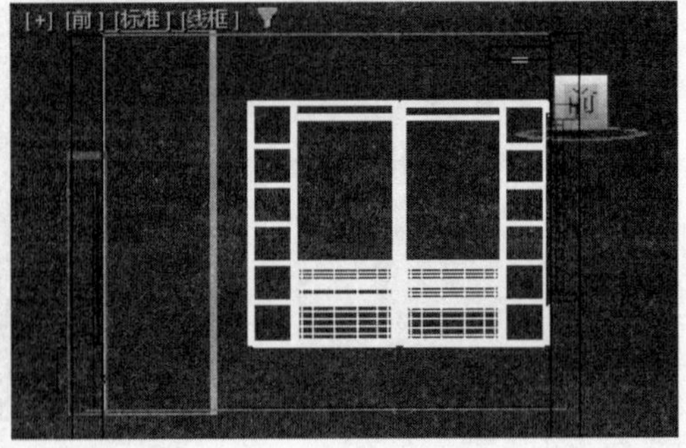

图 8-424　调整衣柜模型的位置

6）用与步骤 1)~3）同样的方法导入“衣柜 1.3DS”文件，调整大小、角度和位置后，前视图中的衣柜 1 如图 8-425 所示。

7）导入“源文件\第 8 章\更衣室\模型\沙发.3DS”文件，调整大小、角度和位置后，顶视图中的沙发如图 8-426 所示。

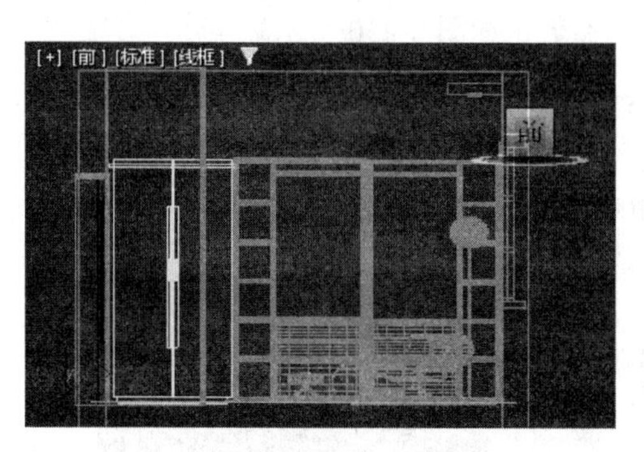

图 8-425　前视图中的衣柜 1

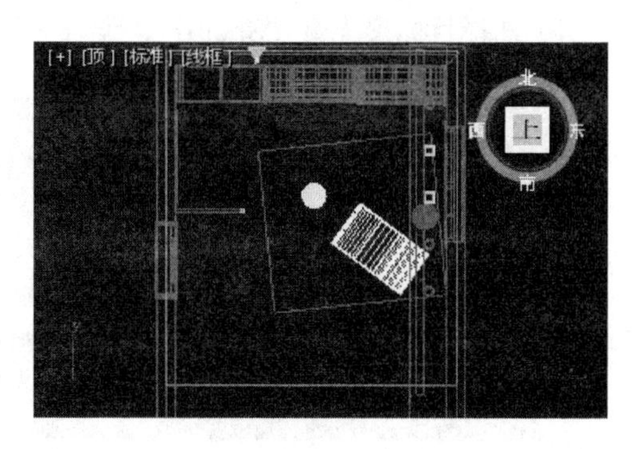

图 8-426　顶视图中的沙发

8）依次导入“源文件\第 8 章\更衣室\模型”中的“简易凳.3DS”“灯.3DS”“窗户.3DS”和“窗帘.3DS”文件，调整大小、角度和位置后，顶视图和透视图中导入模型后的效果如图 8-427 所示。

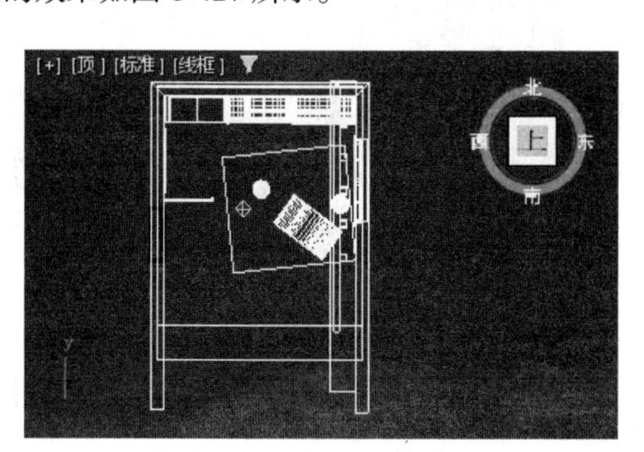

图 8-427　导入模型后的效果

9）选择场景中的门和门框模型，选择菜单栏中的“文件”→“导出”→“导出选定对象”命令，在弹出的“选择要导出的文件”对话框中设置模型的保存路径，将模型命名为“门”，并单击“保存”按钮，把模型导出在指定路径下的“源文件\3D\模型\门”文件中，以便在制作卫生间模型时方便调用。

10）选择平面图，按 Delete 键删除。

8.7.2　添加灯光

1）在工具栏的“选择过滤器”下拉列表中选择“L-灯光”，以便在场景中能针对性地选择灯光模型。

2）单击“创建”按钮，进入“创建”命令面板，然后单击“灯光”按钮，在其“对象类型”卷展栏中单击“泛光”按钮，在顶视图中创建一盏泛光“Omni01”作为主光

Note

源，并在前视图中调整泛灯的位置，如图 8-428 所示。

3）单击“创建”按钮＋，进入“创建”命令面板，然后单击“灯光”按钮，在其“对象类型”卷展栏中单击“目标聚光灯”按钮，在前视图中拖动鼠标创建一个目标聚光灯“Spot01”，如图 8-429 所示。

4）选择目标聚光灯“Spot01”，设置光源的参数，如图 8-430 所示。

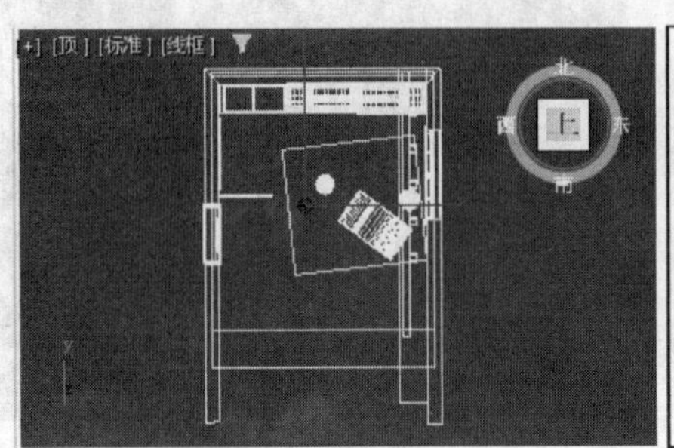

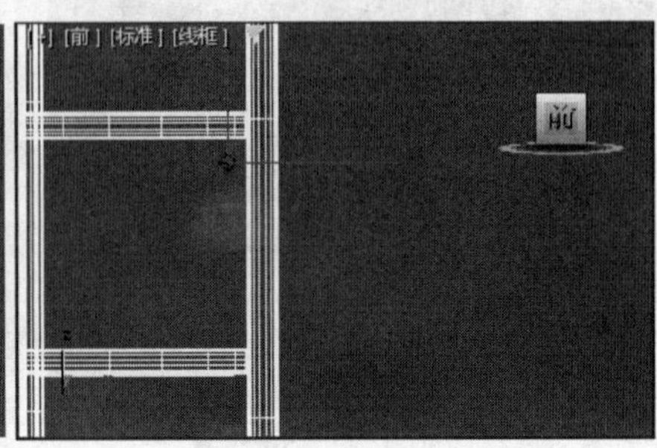

图 8-428　创建并调整泛光的位置

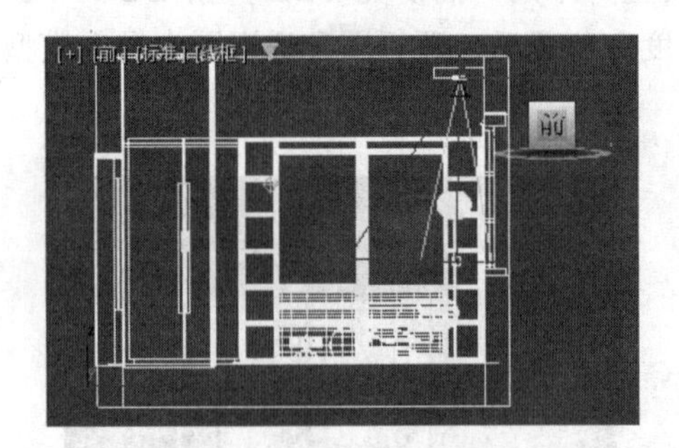

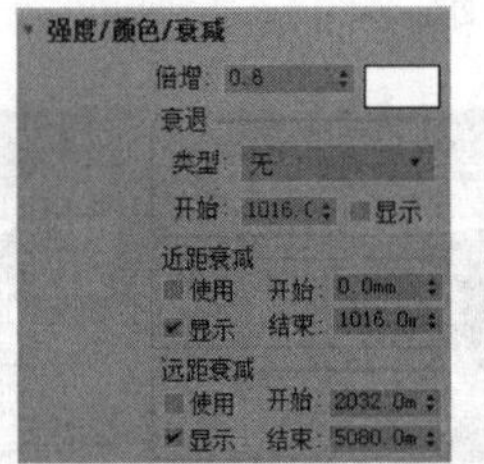

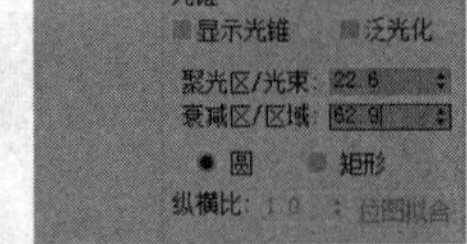

图 8-429　创建目标聚光灯　　　　图 8-430　设置光源参数

5）选择目标聚光灯“Spot01”，以“实例”的方式复制若干个，并放置到和场景中的筒灯模型相对应的位置。

6）快速渲染摄像机视图，更衣室渲染效果如图 8-431 所示。

图 8-431　更衣室渲染效果

8.8　建立卫生间的立体模型

本节主要介绍创建别墅卫生间立体模型的方法。主要思路是：先导入前面绘制的别墅二层平面图，然后进行必要的调整，建立卫生间模型，再给卫生间模型添加镜子、洗手台、洗手池和浴缸等模型，最后添加灯光。卫生间模型如图 8-432 所示。

图 8-432　卫生间模型

（电子资料包：动画演示 \ 第 8 章 \ 建立卫生间的立体模型 .mp4）

8.8.1　建立卫生间模型

1. 导入文件并建立卫生间的基本墙面

1）运行 3ds Max 2024。

2）选择菜单栏中的“自定义”→“单位设置”命令，在弹出的“单位设置”对话框中设置计量单位为“毫米”。

3）选择菜单栏中的文件→“导入”→“导入”命令，在弹出的“选择要导入的文件”对话框中选择电子资料包中的“源文件 \ 第 8 章 \ 别墅二层平面图 .dwg”文件，再单击“打开”按钮。

4）在弹出的“AutoCAD DWG/DXF 导入选项”对话框中设置导入选项，单击“确定”按钮，把 DWG 文件导入 3ds Max 2024 中。

5）在平面图中去除无关的线条，然后按 Ctrl+A 快捷键全选平面图的所有线条，选择菜单栏中的“组”→“组”命令使其成组，并将组命名为“平面图”。

6）设定平面图的颜色统一为深色的线条。

7）单击“视口导航控件”中的“缩放区域”按钮，在顶视图中框选平面图，使卫生间图形放大到整个视图以便进行操作，如图 8-433 所示。

Note

8）单击主工具栏中的“捕捉开关”按钮，启用捕捉设置。在顶视图中单击“创建”按钮，进入“创建”命令面板，然后单击“图形”按钮，在其“对象类型”卷展栏中单击“线”按钮，捕捉卫生间图形的墙体边缘线，绘制连续的曲线，如图 8-434 所示。

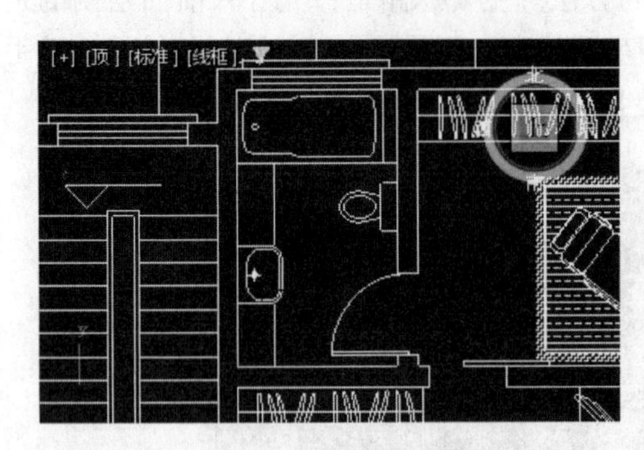

图 8-433　放大卫生间图形到整个视图

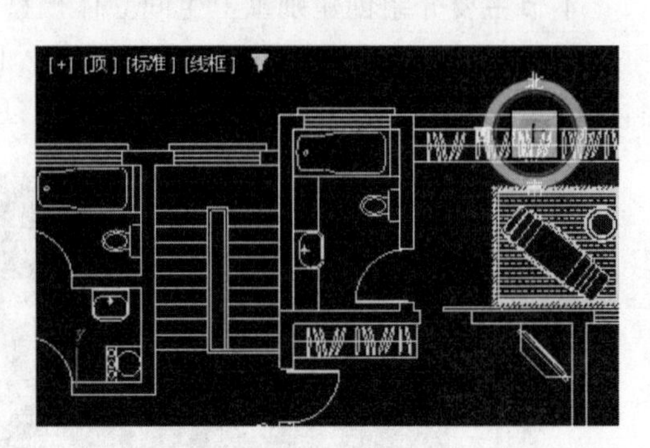

图 8-434　绘制曲线

9）单击“修改”按钮，进入“修改”命令面板，在“修改器列表”下拉列表中选择“挤出”选项，并在其“参数”卷展栏的“数量”文本框中输入 2940.0mm，把线条挤出为墙体。

10）建立地面模型。单击“创建”按钮，进入“创建”命令面板，然后单击“几何体”按钮，在其“对象类型”卷展栏中单击“平面”按钮，捕捉墙体边缘线创建地面模型。单击“修改”按钮，进入“修改”命令面板，在“参数”卷展栏的“长度分段”和“宽度分段”文本框中均输入 1。

11）建立顶面模型。使用与建立地面模型同样的方法创建顶面模型，然后在前视图中调整顶面模型的位置，如图 8-435 所示。

12）选择刚创建的顶面模型，单击“修改”按钮，进入“修改”命令面板，在“修改器列表”下拉列表中选择“法线”选项，在“参数”卷展栏中选中“翻转法线”复选框。

13）创建摄像机。单击“创建”按钮，进入“创建”命令面板，然后单击“摄像机”按钮，在其“对象类型”卷展栏中单击“目标”按钮，在顶视图中拖动鼠标创建一台摄像机。

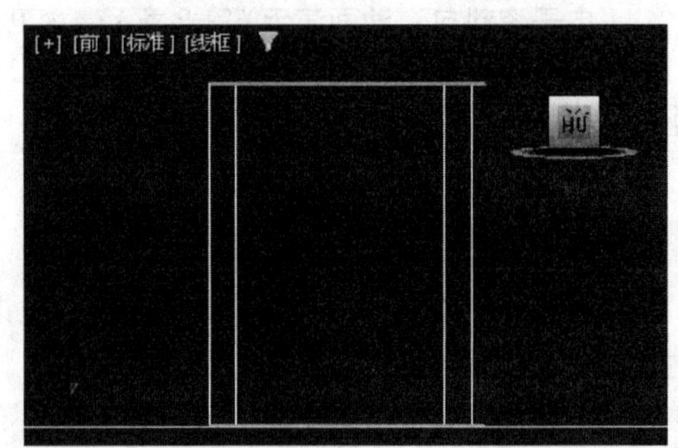

图 8-435　创建顶面模型并调整位置

14）选择透视图，按 C 键。这时，透视图转变为 Camera01 摄像机视图。通过在其他视图中移动摄像机的位置来调整摄像机视图的视点角度，摄像机的位置和摄像机视图效果如图 8-436 所示。

15）创建窗洞。单击“创建”按钮，进入“创建”命令面板，单击“几何体”按钮，在其“对象类型”卷展栏中单击“长方体”按钮，在前视图中创建一个长方体。单击“修改”按钮，进入“修改”命令面板，在“参数”卷展栏的“长度”“宽度”和“高度”文本框中分别输入 1550.mm、1500.0mm 和 1000.0mm。

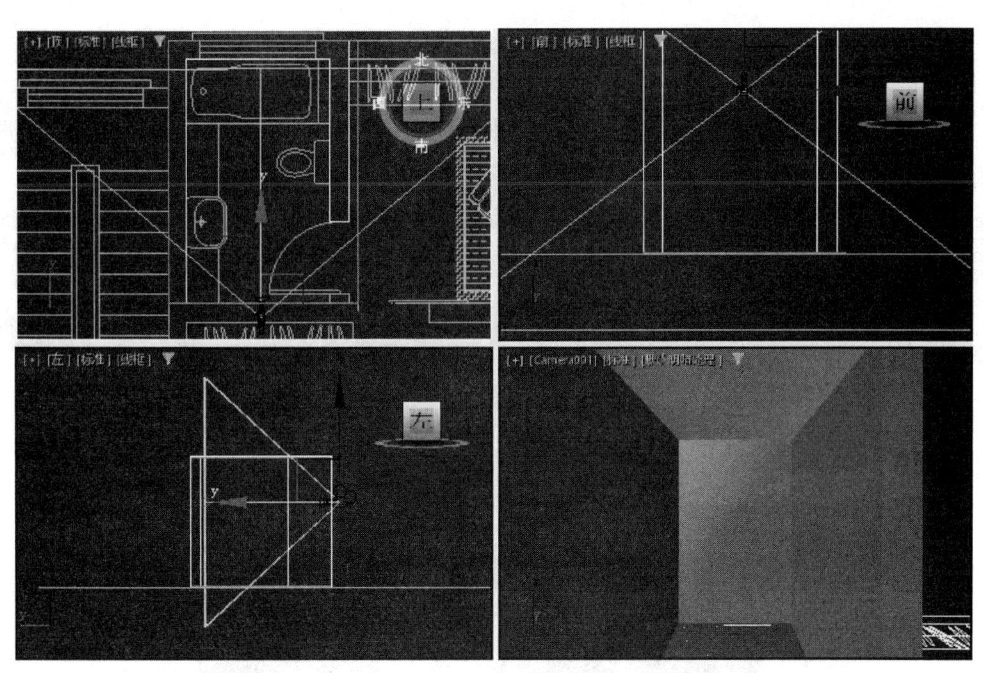

图 8-436　摄像机的位置和摄像机视图效果

16）在顶视图和前视图中调整长方体的位置，如图 8-437 所示。

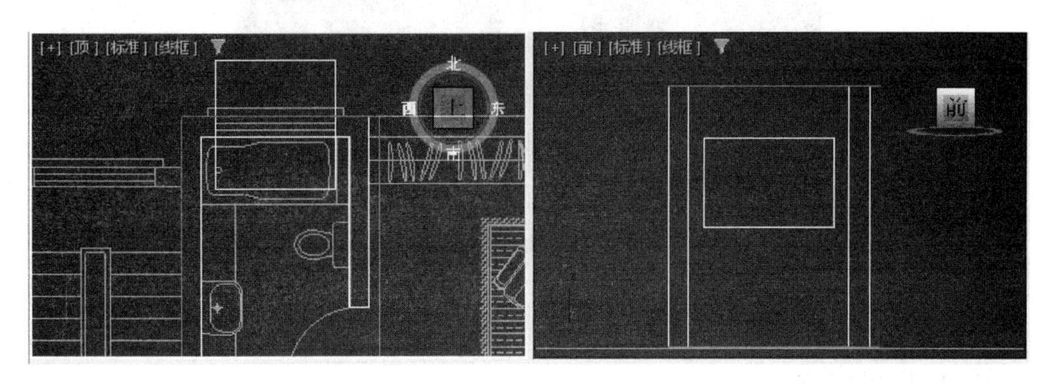

图 8-437　调整长方体的位置

17）选择墙体模型，单击“创建”按钮，进入“创建”命令面板，单击“几何体”按钮，在其下拉列表中选择“复合对象”类型。在其“对象类型”卷展栏中单击“布尔”按钮，单击“布尔参数”卷展栏中的“添加运算对象”按钮，在视图上拾取创建的长方体，单击“运算对象参数”卷展栏中的“差集”按钮。这时，在墙体上制作出一个长方体洞口作为窗洞。

18）创建门洞。使用与步骤 15）同样的方法，在左视图中创建一个长度、宽度和高度分别为 2000.mm、900.0mm 和 1000.0mm 的长方体。然后在场景中调整长方体的位置，如图 8-438 所示。

19）采用与步骤 17）同样的方法，在墙体模型上制作出门洞。这时的摄像机视图效果如图 8-439 所示。

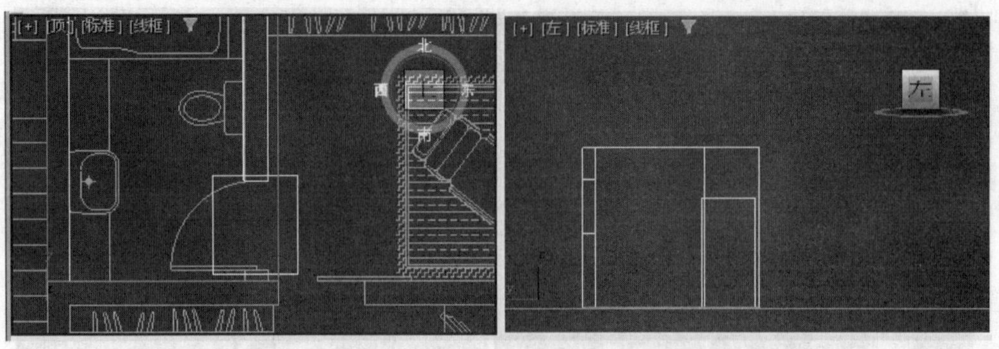

图 8-438　创建并调整长方体的位置

图 8-439　摄像机视图效果

2. 创建卫生间室内模型

1）创建镜子模型。单击“创建”按钮，进入“创建”命令面板，然后单击“几何体”按钮，在其“对象类型”卷展栏中单击“长方体”按钮，在左视图中创建一个长方体。在“参数”卷展栏的“长度”“宽度”和“高度”文本框中分别输入 1200.mm、1800.0mm 和 30.0mm。

2）将长方体重命名为“镜子”，并在场景中调整镜子模型到如图 8-440 所示的位置。

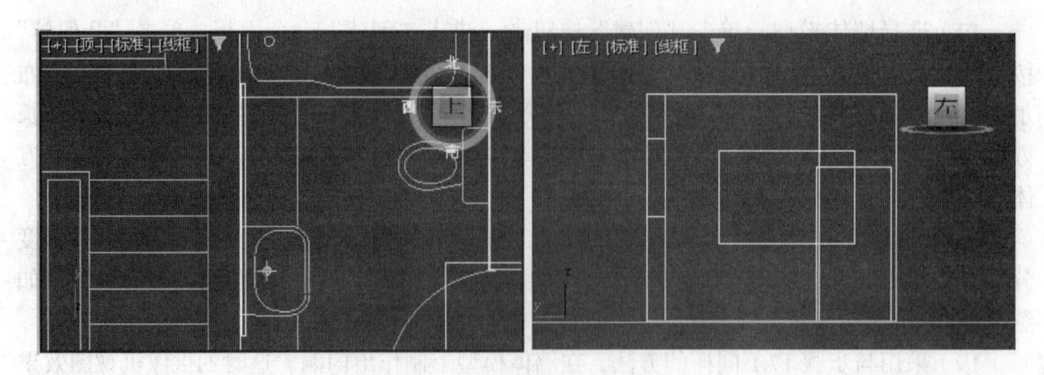

图 8-440　调整镜子模型的位置

Note

3）创建洗手台模型。单击“创建”按钮，进入“创建”命令面板，然后单击“几何体”按钮，在其“对象类型”卷展栏中单击“切角长方体”按钮，如图 8-441 所示。

4）单击主工具栏中的“捕捉开关”按钮，启用捕捉设置。在顶视图中捕捉卫生间图形中的洗手池线条，拖动鼠标创建一个长方体，如图 8-442 所示。然后调整长方体的参数，如图 8-443 所示。

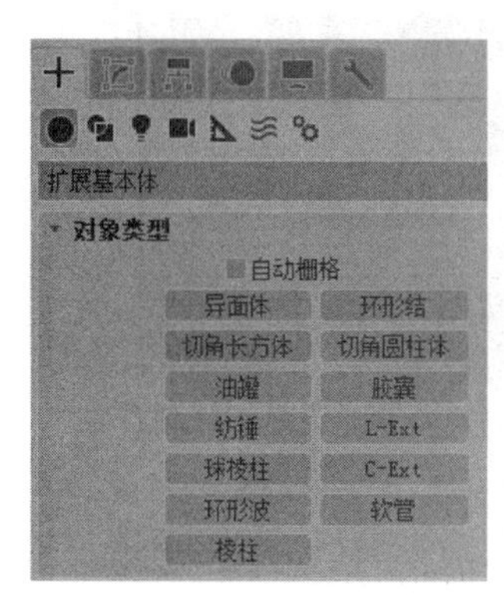

图 8-441 单击“切角长方体”按钮

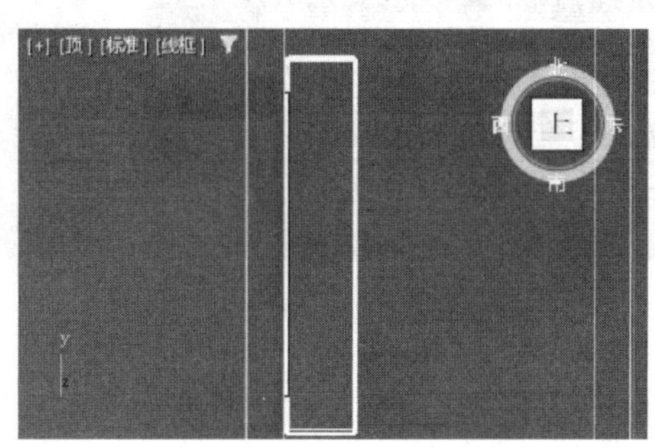

图 8-442 创建长方体

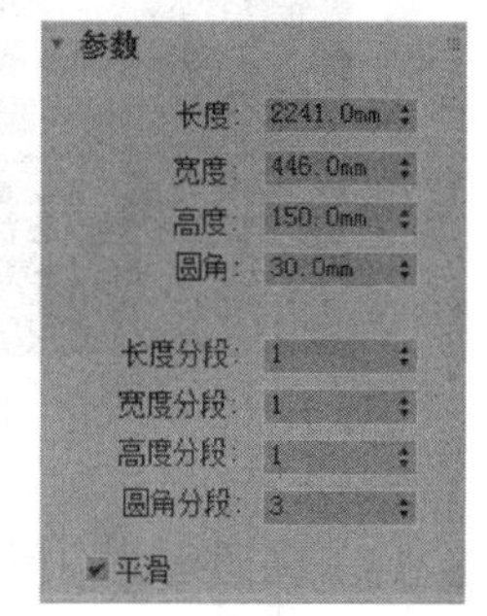

图 8-443 调整长方体参数

5）将长方体重命名为“洗手台”，并在左视图中调整洗手台模型的位置，如图 8-444 所示。

6）创建洗手池模型。单击“创建”按钮，进入“创建”命令面板，然后单击“图形”按钮，在其“对象类型”卷展栏中单击“线”按钮，在前视图中绘制连续的曲线。然后单击“修改”按钮，进入“修改”命令面板，在“可编辑样条线”列表中选择“样条线”选项，或者在“选择”卷展栏中单击“样条线”按钮，再单击“几何体”卷展栏中的“轮廓”按钮，在其文本框中输入 5.0mm，然后按 Enter 键确定，使曲线成为闭合的线条，如图 8-445 所示。

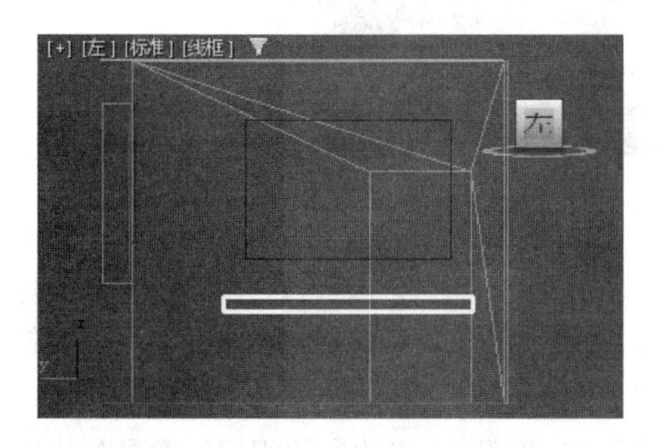

图 8-444 调整洗手台模型的位置

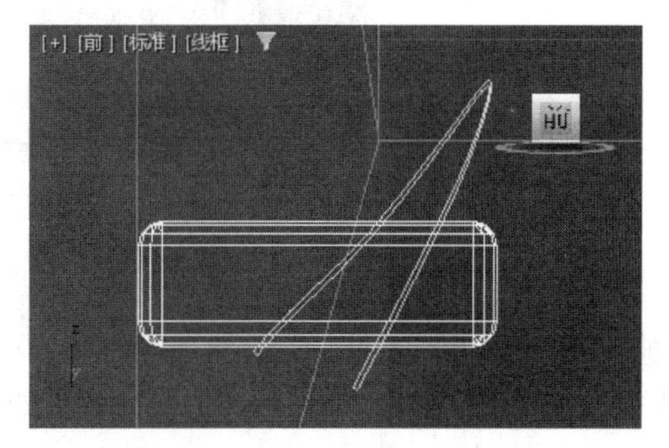

图 8-445 使曲线闭合

7）选择刚编辑的线条，单击“修改”按钮，进入“修改”命令面板，在“修改器列表”下拉列表中选择“车削”选项，把线条旋转成为立体模型。选择该模型，在“车削”列表中选择“轴”。然后单击主工具栏中的“选择并移动”按钮，在左视图中将模

Note

型沿 X 轴移动，从而调整模型的大小和形状，如图 8-446 所示。调整完成后，将模型重命名为“洗手池”。

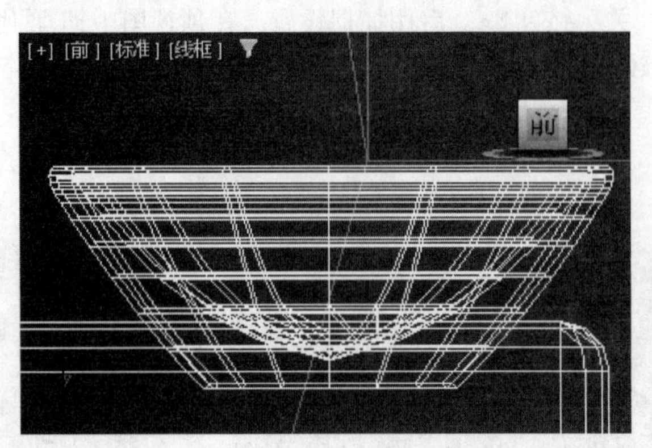

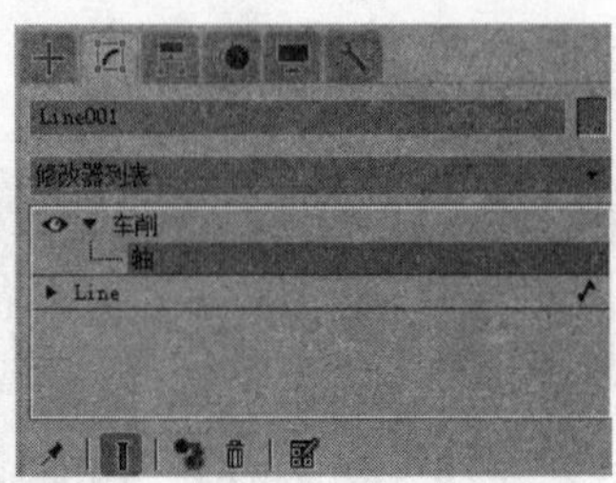

图 8-446　调整模型的大小和形状

8）创建水龙头模型。单击“创建”按钮，进入“创建”命令面板，然后单击“几何体”按钮，在其“对象类型”卷展栏中单击“圆柱体”按钮，在顶视图中创建一个圆柱体。单击“修改”按钮，进入“修改”命令面板，在“参数”卷展栏的“半径”“高度”和“高度分段”文本框中分别输入 10.0mm、150.0mm 和 1。

9）在顶视图中继续创建一个圆柱体，设置该圆柱体的半径、高度和高度分段分别为 10.0mm、100.0mm 和 14。在前视图中调整这两个圆柱体的位置，如图 8-447 所示。

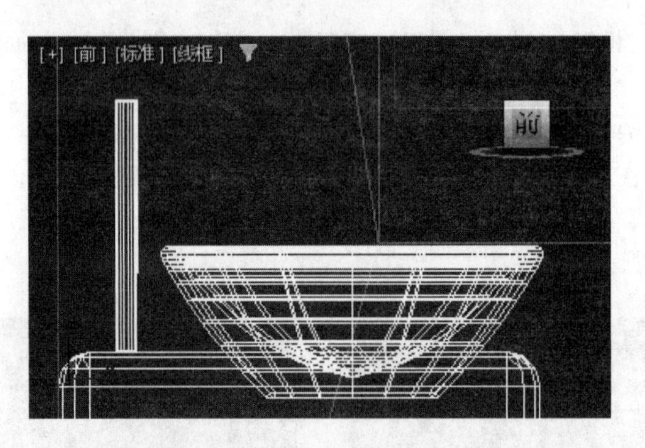

图 8-447　调整两个圆柱体的位置

10）选择步骤 9）创建的圆柱体，单击“修改”按钮，进入“修改”命令面板，在“修改器列表”下拉列表中选择“弯曲”选项，然后在“参数”卷展栏的“角度”文本框中输入 180.0。这时，圆柱体被弯曲，效果如图 8-448 所示。

11）选择这两个圆柱体，单击“实用程序”按钮，单击“实用程序”卷展栏中的“塌陷”按钮，然后在“塌陷”卷展栏中单击“塌陷选定对象”按钮，把这两个圆柱体塌陷为一个网格类型的模型，并将该模型重命名为“水管”。

12）创建管道。单击“创建”按钮，进入“创建”命令面板，然后单击“几何体”按钮，在其“对象类型”卷展栏中单击“圆柱体”按钮，在顶视图中创建一个圆柱体。

单击“修改”按钮，进入“修改”命令面板，在“参数”卷展栏的“半径”“高度”和“高度分段”文本框中分别输入 40.0mm、800.0mm 和 1。然后在前视图中调整圆柱体的位置，如图 8-449 所示。

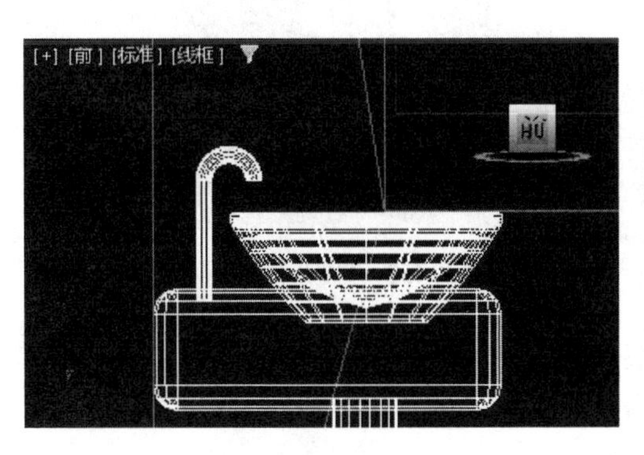

图 8-448　圆柱体弯曲效果

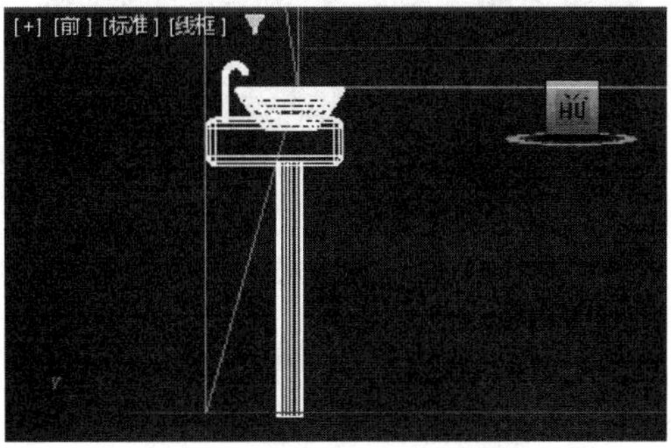

图 8-449　调整圆柱体的位置

13）将圆柱体重命名为“管道”。在左视图中调整管道、洗手池和水管模型的位置，并以“实例”的方式复制出一组模型，然后调整模型的位置如图 8-450 所示。

14）创建毛巾架模型。单击“创建”按钮，进入“创建”命令面板，然后单击“图形”按钮，在其“对象类型”卷展栏中单击“线”按钮，在顶视图中绘制一条连续的曲线，如图 8-451 所示。

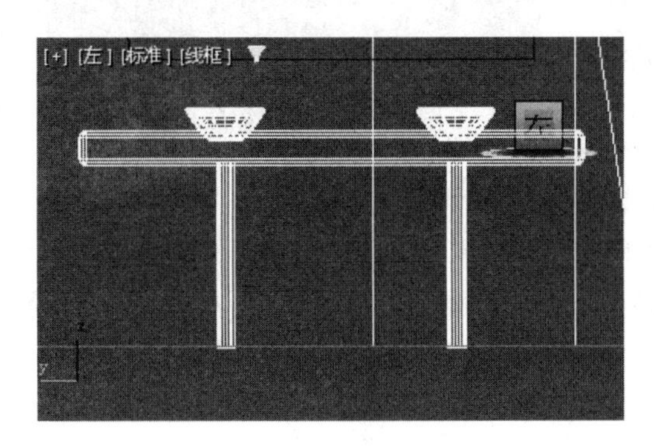

图 8-450　复制模型并调整位置

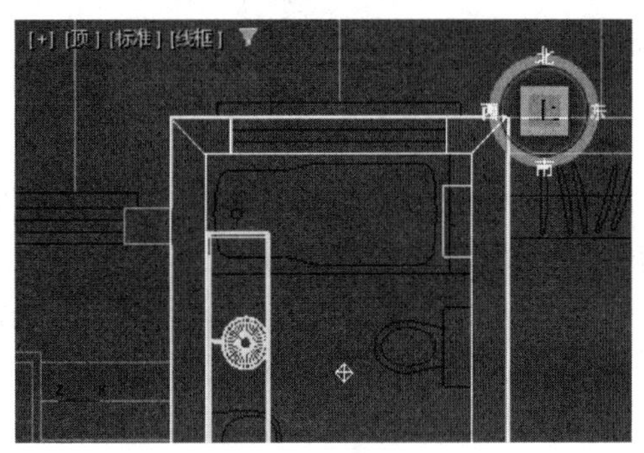

图 8-451　绘制曲线

15）单击“创建”按钮，进入“创建”命令面板，然后单击“图形”按钮，在其“对象类型”卷展栏中单击“圆”按钮，在左视图中拖动鼠标绘制一个半径为 20.0mm 的圆形。

16）选择曲线，单击“创建”按钮，进入“创建”命令面板，单击“几何体”按钮，在其下拉列表中选择“复合对象”类型。在其“对象类型”卷展栏中单击“放样”按钮，然后在“创建方法”卷展栏中单击“获取图形”按钮，再在左视图中选取刚绘制的圆形。这时，曲线被放样成立体模型，如图 8-452 所示。

17）选择刚放样生成的模型，单击“修改”面板“变形”卷展栏中的“缩放”按钮，如图 8-453 所示。在弹出的如图 8-454 所示的“缩放变形（X）”对话框中，拖动缩放线条到适当的位置。关闭该对话框，将模型重命名为“毛巾架”。

Note

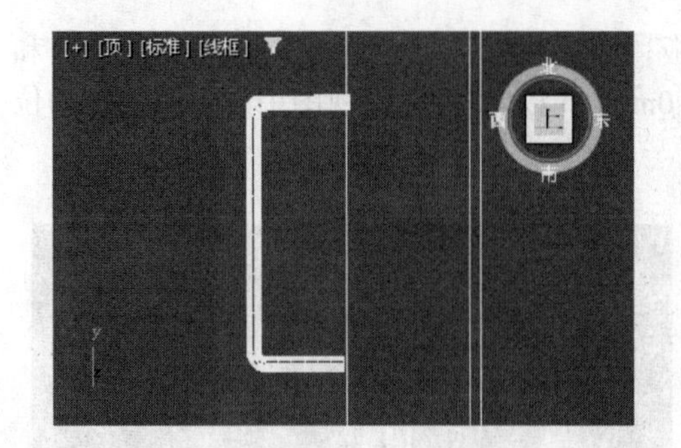

图 8-452　放样生成立体模型

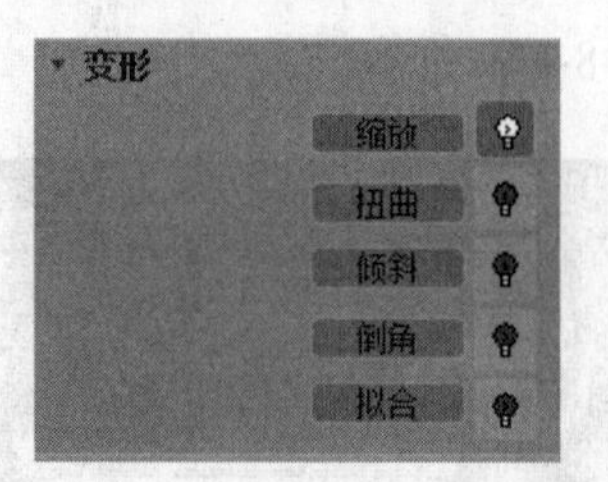

图 8-453　“变形”卷展栏

18）在顶视图中选择毛巾架模型，按住 Shift 键进行移动，以“复制”的方式复制出一个模型。调整刚复制的模型的位置，并单击主工具栏中的“选择并均匀缩放”按钮，对模型进行均匀缩放，如图 8-455 所示。

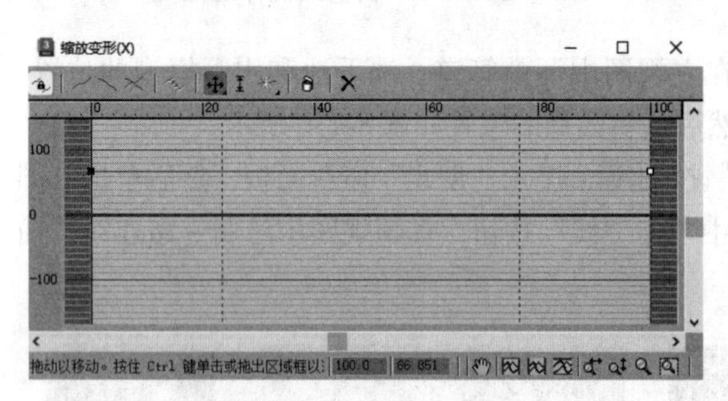

图 8-454　拖动缩放线条

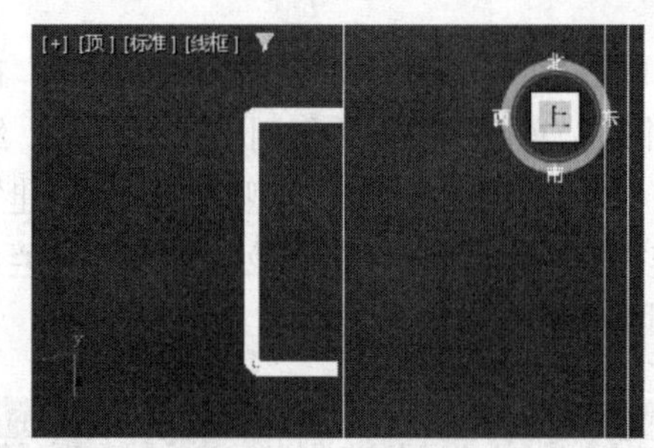

图 8-455　均匀缩放模型

19）创建卫生纸模型。单击“创建”按钮，进入“创建”命令面板，然后单击“几何体”按钮，在其“对象类型”卷展栏中单击“管状体”按钮，在前视图中创建一个管状体。单击“修改”按钮，进入“修改”命令面板，在“参数”卷展栏的“半径 1”“半径 2”“高度”和“高度分段”文本框中分别输入 10.0mm、40.0mm、140.0mm 和 1。

20）将管状体重命名为“卫生纸”。然后在顶视图中调整卫生纸模型的位置，如图 8-456 所示。

21）创建纸盒模型。单击“创建”按钮，进入“创建”命令面板，然后单击“图形”按钮，在其“对象类型”卷展栏中单击“圆”按钮，在前视图中绘制一个半径为 45.0mm 的圆形。然后在场景中选中圆形，右击，在弹出的快捷菜单中选择“转换为”→“转换为可编辑样条线”命令。

22）单击“修改”按钮，进入“修改”命令面板，在“可编辑样条线”列表中选择“线段”选项，或者在“选择”卷展栏中单击“线段”按钮，再在场景中选择如图 8-457 所示的线段，被选中的线段显示为红色，按 Delete 键将其删除。

23）单击“修改”按钮，进入“修改”命令面板，在“可编辑样条线”列表中选择“样条线”选项，或者在“选择”卷展栏中单击“样条线”按钮，再单击“几何体”卷展栏中的“轮廓”按钮，在文本框中输入 2.0mm，然后按 Enter 键确定，使线段成为闭合的线条，如图 8-458 所示。

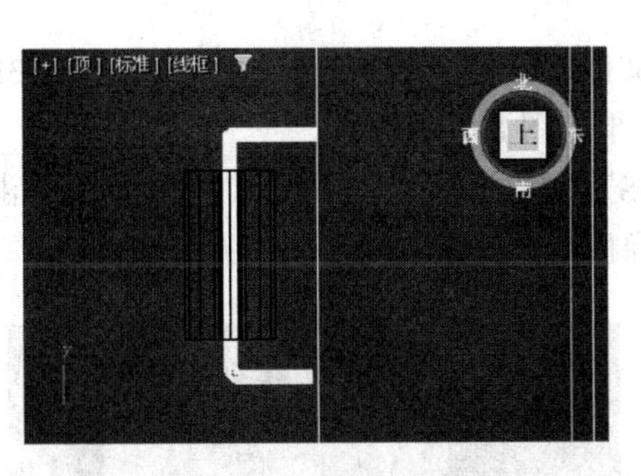

图 8-456 调整卫生纸模型的位置

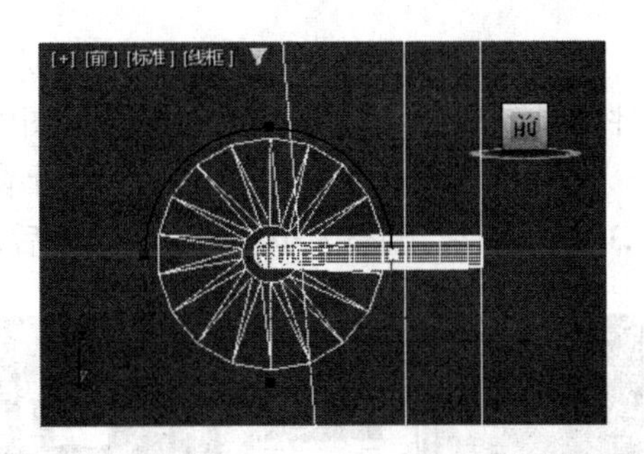

图 8-457 选择线段

24）选择刚编辑的线条，单击“修改”按钮，进入“修改”命令面板，在“修改器列表”下拉列表中选择“挤出”选项，并在其“参数”卷展栏的“数量”文本框中输入 140.0mm，把线条挤出为立体模型，并将该模型重命名为“纸盒”。

25）调整卫生间室内模型的位置，这时摄像机视图的效果如图 8-459 所示。

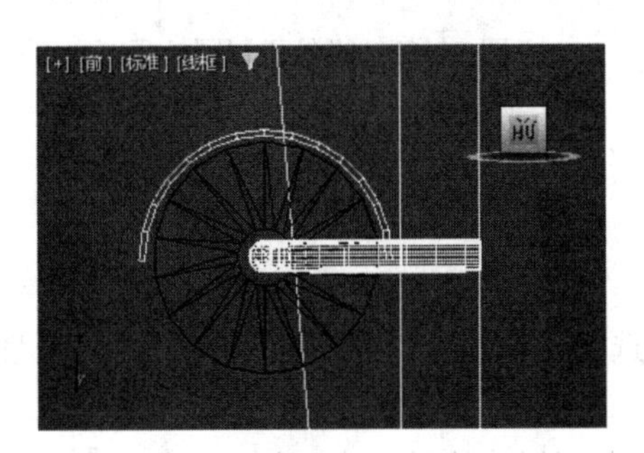

图 8-458 使线段成为闭合的线条

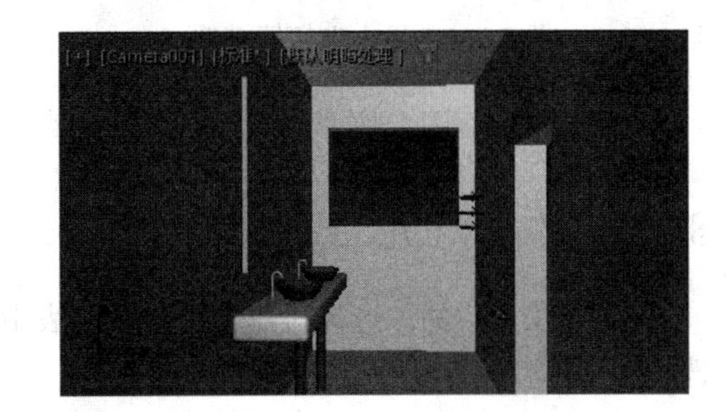

图 8-459 摄像机视图效果

3. 导入卫生间其他模型

1）导入浴缸模型。选择菜单栏中的“文件”→“导入”→“导入”命令，在弹出的“选择要导入的文件”对话框中选择电子资料包中的“源文件\第 8 章\卫生间\模型\浴缸 .3DS”文件，单击“打开”按钮。

2）在弹出的“3DS 导入”对话框中选择“合并对象到当前场景”选项，单击“确定”按钮，将浴缸模型导入场景。

3）使用主工具栏中的“选择并移动”按钮、“选择并均匀缩放”按钮和“选择并旋转”按钮，将浴缸模型调整到场景中相应的位置，如图 8-460 所示。

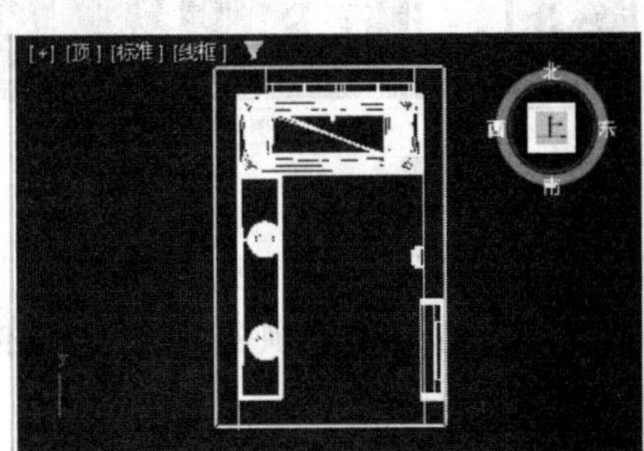

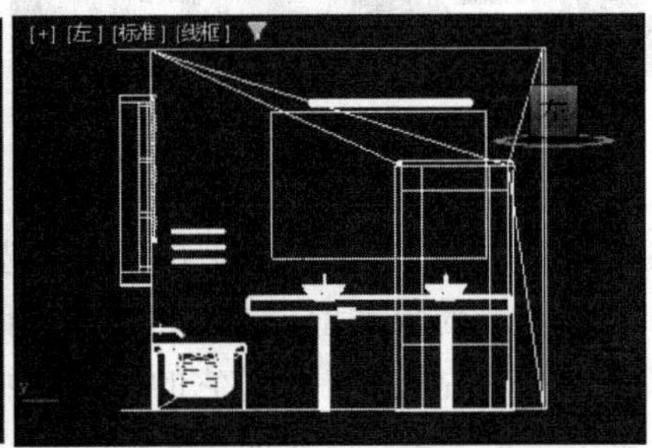

图 8-460 调整浴缸的位置

Note

4）用与步骤 1）~3）同样的方法导入“源文件\第 8 章\卫生间\模型\坐便器 .3DS”文件，调整大小、角度和位置后，顶视图中的效果如图 8-461 所示。

5）依次导入“窗户 .3DS”“百叶窗 .3DS”“镜前灯 .3DS”“门 .3DS”和“淋浴杆 .3DS”文件，调整大小、角度和位置后，摄像机视图效果如图 8-462 所示。

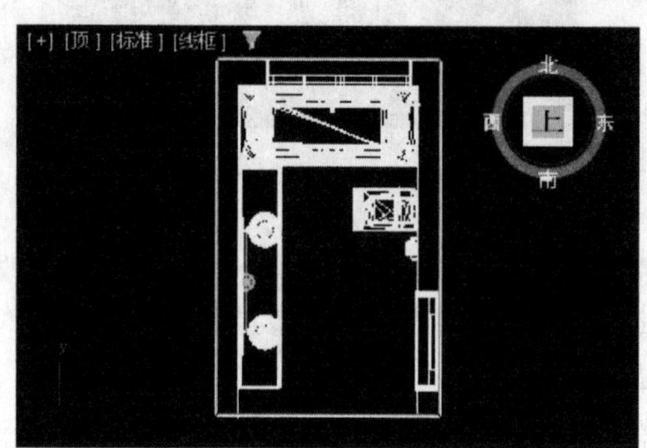

图 8-461　导入坐便器模型

图 8-462　摄像机视图效果

6）选择平面图，按 Delete 键删除。

8.8.2　添加灯光

1）在工具栏的“选择过滤器”下拉列表中选择“L- 灯光”，以便在场景中能针对性地选择灯光模型。

2）单击“创建”按钮，进入“创建”命令面板，然后单击“灯光”按钮，在其“对象类型”卷展栏中单击“泛光”按钮，在顶视图中创建一盏泛光“Omni01”作为主光源，并在左视图中调整泛灯的位置，如图 8-463 所示。

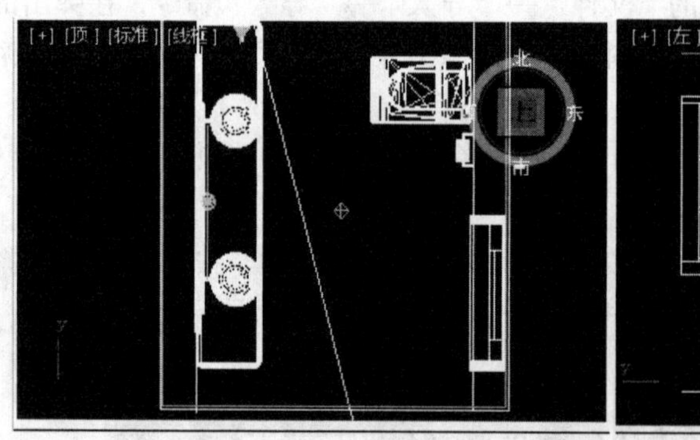

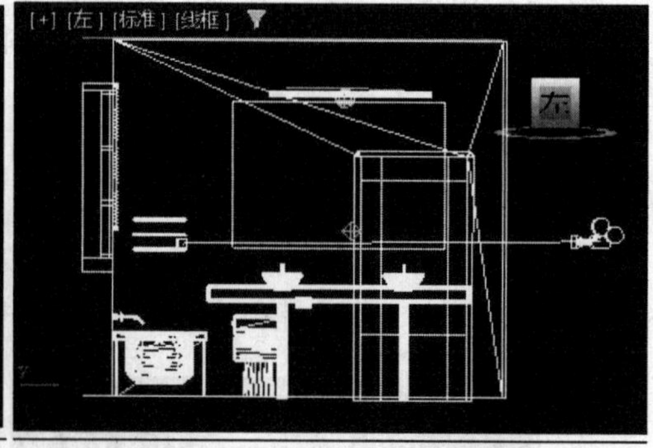

图 8-463　创建泛光并调整位置

3）在“创建”命令面板的下拉列表中选择“光度学”选项，进入“光度学”灯光创建面板。单击其“对象类型”卷展栏中的“目标灯光”按钮，在顶视图中拖动鼠标创建一个目标灯光，并在左视图中调整它的位置，如图 8-464 所示。

4）单击“光度学”灯光创建面板中的“目标灯光”按钮，在顶视图中拖动鼠标创建一个目标点光源“Point01”。然后在左视图中调整该点光源的位置，并以“实例”的方式

复制出另外两个点光源，如图 8-465 所示。

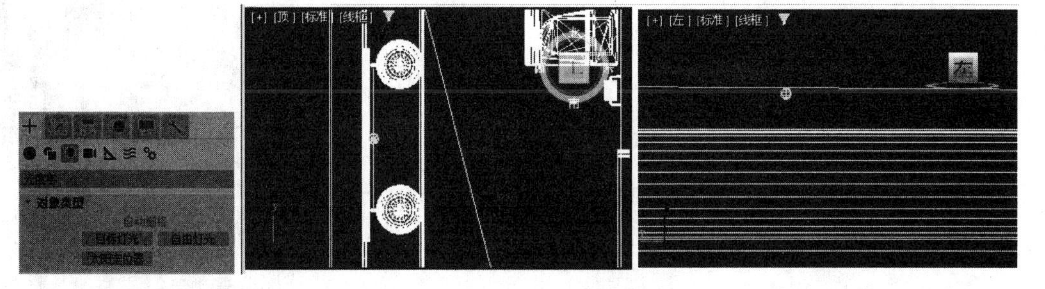

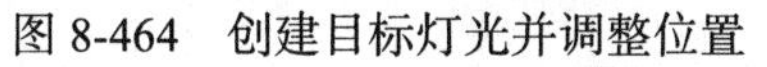

图 8-464　创建目标灯光并调整位置

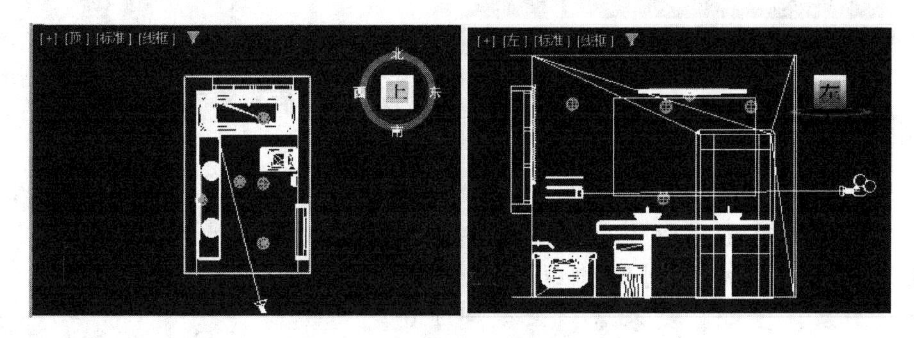

图 8-465　创建并复制目标点光源

5）选择目标点光源“Point01”，单击“修改”按钮，进入“修改”命令面板，在“强度 / 颜色 / 分布”卷展栏的“光源强度”文本框中输入 400.0mm。

6）快速渲染摄像机视图，卫生间渲染效果如图 8-466 所示。

图 8-466　卫生间渲染效果

▶▶第 3 篇

V-Ray 渲染篇

本篇首先简要介绍了 V-Ray 软件，然后介绍了对在第 2 篇中创建的别墅模型（包括客厅、书房、餐厅、厨房、主卧、更衣室、卫生间）进行渲染的方法。

V-Ray 简介

V-Ray 作为 3D 软件镶嵌的渲染插件，能够支持常用的几款 3D 动画制作软件。应用于 3ds Max 中进行计算机图形制作的插件种类繁多，其中比较常用也是大家感兴趣的就是有关图像渲染方面的插件。本章将针对 V-Ray 软件进行简单的讲解。

☑ V-Ray 的操作界面

☑ V-Ray 渲染器

☑ V-Ray 材质

任务驱动 & 项目案例

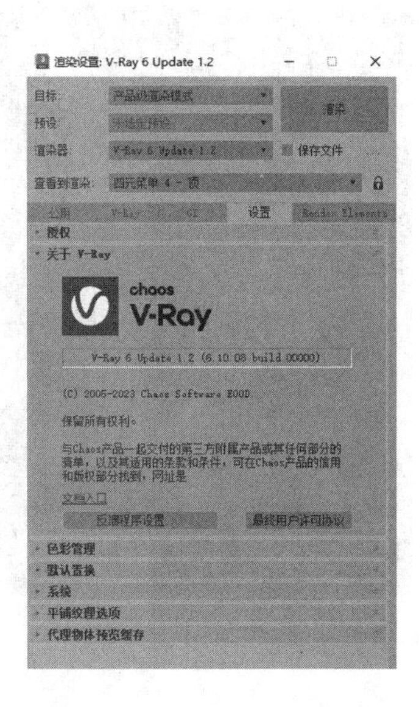

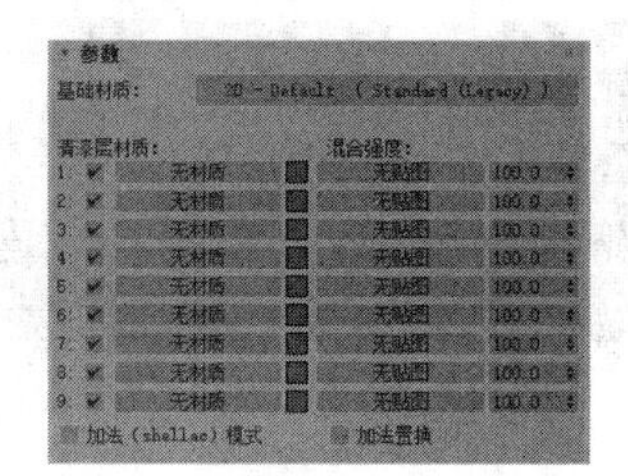

9.1 V-Ray 的操作界面

Note

V-Ray 的操作界面如图 9-1 所示。

在 V-Ray 6.10.08 的“V-Ray”选项卡中共有 9 个卷展栏，下面逐一进行讲解。

（1）“帧缓存”卷展栏（见图 9-2） 此卷展栏中为用户提供了多种功能，如可以根据效果图的大小自动选择尺寸或自定义尺寸，还提供了效果图的保存路径和两种渲染通道。

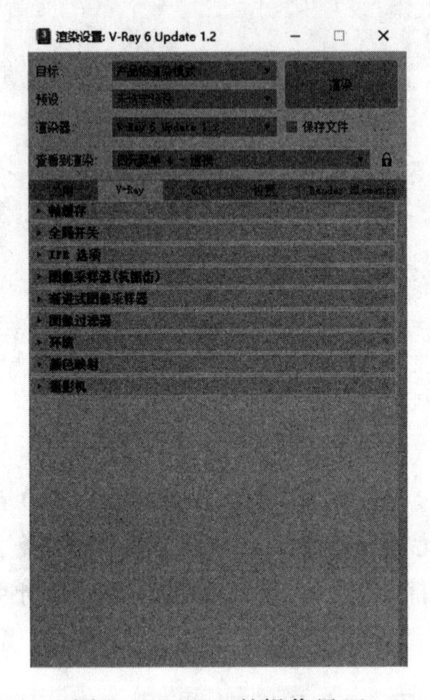

图 9-1 V-Ray 的操作界面

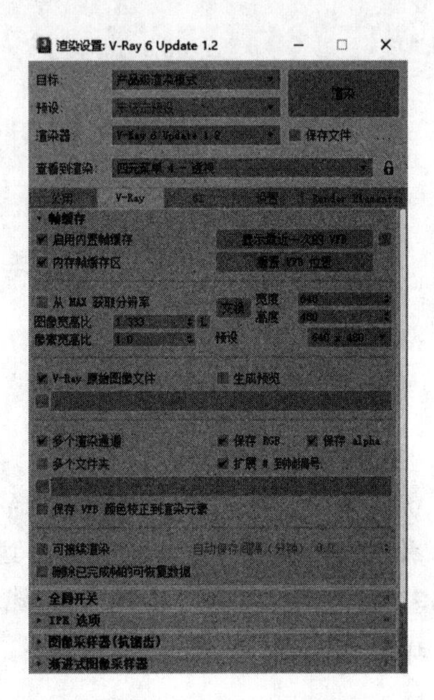

图 9-2 “帧缓存”卷展栏

（2）“全局开关”卷展栏（见图 9-3） 此卷展栏中为用户提供了两种模式，分别为默认模式和高级模式，可根据需求来设置渲染中的一系列参数。

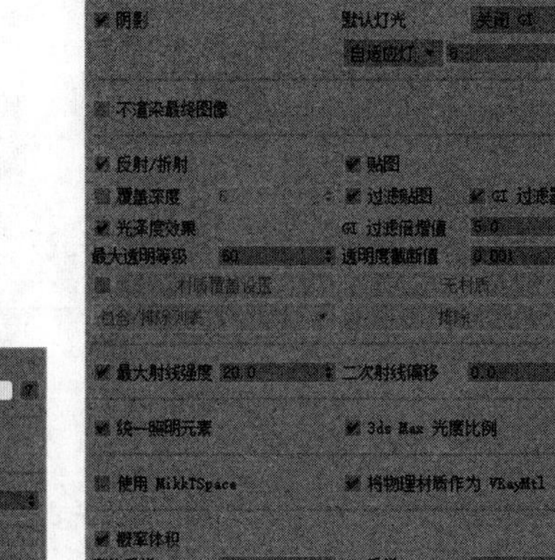

全局开关
置换 默认
灯光 隐藏灯光
覆盖深度 最大透明等级
材质覆盖设置 无材质
包含/排除列表 排除

图 9-3 “全局开关”卷展栏

（3）“IPR 选项”卷展栏（见图 9-4） 此卷展栏用于自动实时更新渲染图像，有助于修改和转换对象。

☑ “启用 IPR”：打开 VFB（虚拟帧缓冲区）并启动交互式渲染。

☑ “使分辨率适合 VFB”：启用后，在渲染期间手动调整 VFB 大小会更改 IPR 使用的渲染分辨率，使分辨率与新调整大小的窗口匹配。禁用时，即使调整了 VFB 大小，IPR 分辨率也会锁定到 Common 选项卡下设置的分辨率。

☑ “强制渐进式采样”：启用后，渐进式图像采样器始终用于 IPR 渲染。禁用时，IPR 使用“图像采样器（抗锯齿）”卷展栏中“类型”选项设置的图像采样器。

（4）“图像采样器（抗锯齿）”卷展栏（见图 9-5） 在此卷展栏中有两种图像采样器，分别是“渐进式”图像采样器和“小块式”图像采样器，主要应用于效果图的品质采样和消除锯齿。

图 9-4 “IPR 选项”卷展栏

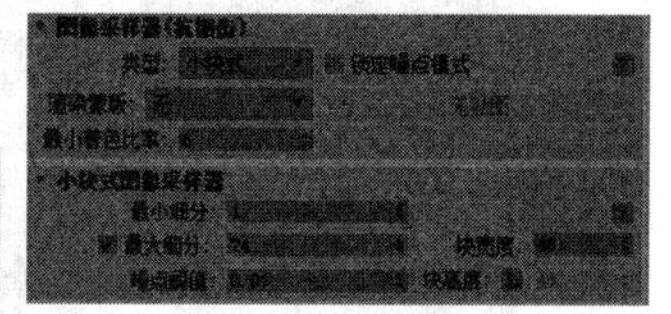

图 9-5 “图像采样器（抗锯齿）”卷展栏

“小块式”图像采样器使用矩形区域（称为“块”）渲染图像，而“渐进式”图像采样器一次处理整张图像。“小块式”图像采样器内存效率更高，更适合分布式渲染。“渐进式”图像采样器可以迅速得到整张图片的反馈，在指定时间内渲染整张图片，或者一直渲染到图片足够好为止。

（5）“渐进式图像采样器”卷展栏（见图 9-6） 它是用得最多的采样器，对于模糊和细节要求不太高的场景，它可以得到速度和质量的平衡。在室内效果图的制作中，这个采样器几乎可以适用于所有场景。

最小细分：控制着图像的每一个像素受到的采样数量的下限。实际的采样数量是细分值的平方。

最大细分：控制着图像的每一个像素受到的采样数量的上限。实际的采样数量是细分值的平方。

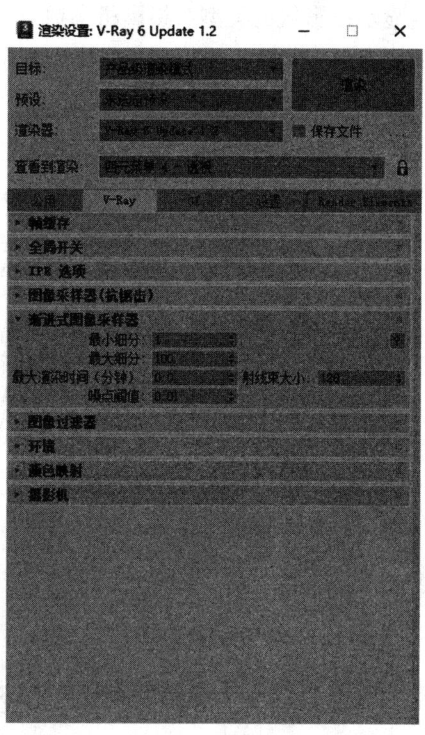

图 9-6 “渐进式图像采样器”卷展栏

（6）“图像过滤器”卷展栏（见图 9-7） 除了不支持平展类型外，支持所有 3ds Max 2024 中文版内置的图像过滤器。

（7）“环境”卷展栏（见图 9-8） 勾选“GI 环境”复选框，开启场景环境光，通过倍增器可以调节和控制场景光的颜色及亮度。

（8）“颜色映射”卷展栏（见图 9-9） 在此

Note

卷展栏中为用户提供了 7 种颜色曝光控制，可通过下面的明暗倍增器来调节效果图中的明暗数值。

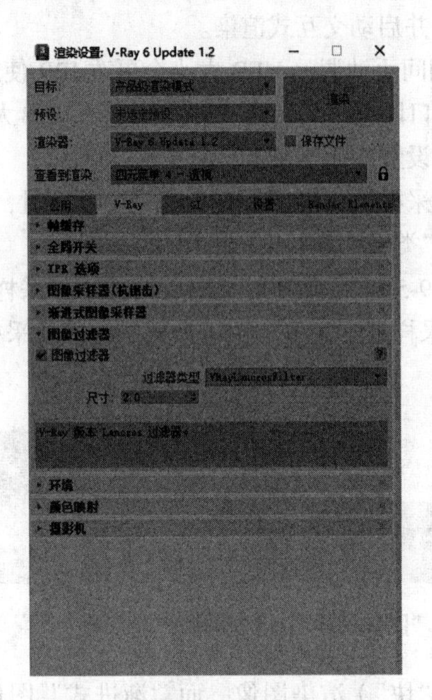

图 9-7 “图像过滤器”卷展栏

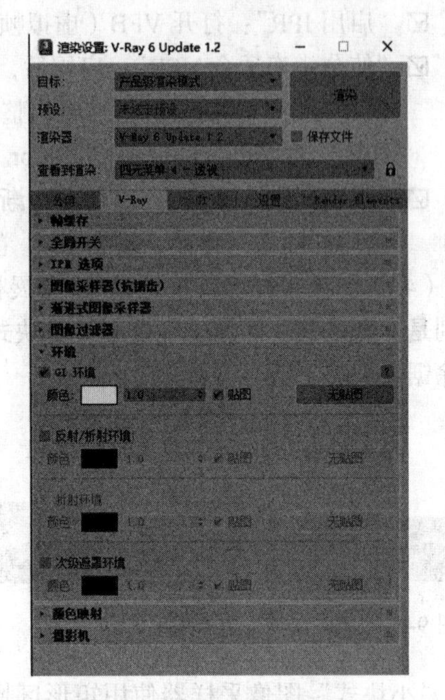

图 9-8 “环境”卷展栏

（9）“摄影机”卷展栏（见图 9-10） 在场景中设置摄影机后，在“摄影机”卷展栏中会显示摄影机的类型、摄影机参数及景深功能。它和真实摄影机一样为用户提供了专业的镜头参数，如可以对快门、光圈和焦距等数值进行调节。

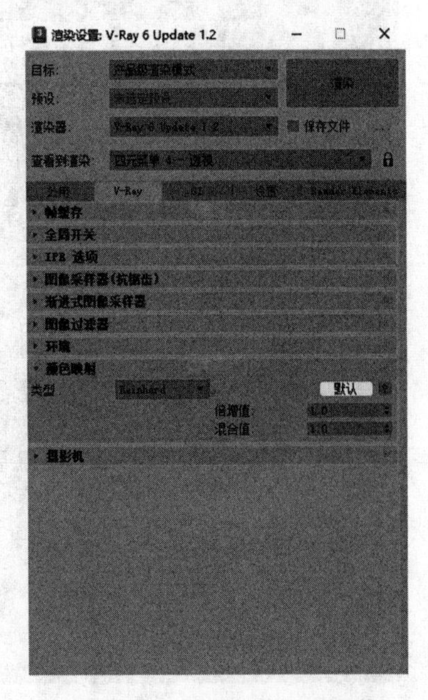

图 9-9 “颜色映射”卷展栏

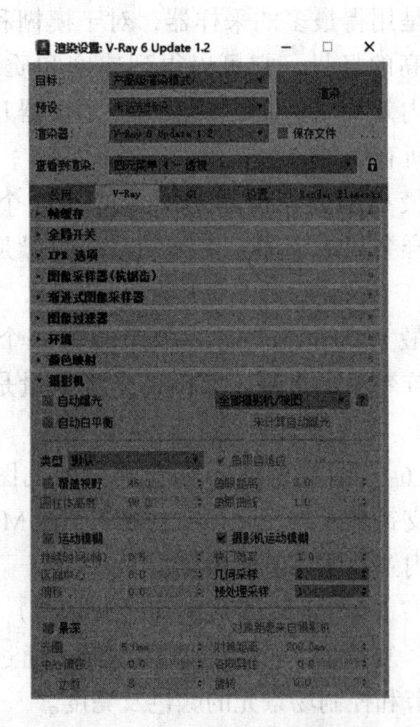

图 9-10 “摄影机”卷展栏

Note

9.2 V-Ray 渲染器

9.2.1 V-Ray 渲染器的特点

1）V-Ray 渲染器已达到照片级别和电影级别的渲染质量，像电影《指环王》中的某些场景就是利用它渲染的。

2）应用广泛。因为 V-Ray 支持 3ds Max、Maya、Sketchup、Rhino 等许多的三维软件，因此深受广大设计师的喜爱，也因此应用到了室内、室外、产品、景观设计表现及影视动画、建筑环游等诸多领域。

3）V-Ray 有很多的参数可供调节，用户可根据实际情况控制渲染的时间（渲染的速度），从而得出不同效果与质量的图片。

9.2.2 V-Ray 渲染器的灯光类型及特点

V-Ray 渲染器自带的灯光类型分为 5 种，即平面的、穹顶的、球体的、网格的和圆盘的。在 V-Ray 渲染器专用的材质和贴图配合使用时，效果会比使用 3ds Max 的灯光类型柔和、真实且阴影效果更为逼真，但也存在一些缺点，如使用 V-Ray 的全局照明系统时，如果渲染质量过低（或参数设置不当）会产生噪点和黑斑，且渲染的速度比 3ds Max 的灯光类型要慢一些。而 V-Ray Sun（V-Ray 阳光）与 V-Ray Sky（V-Ray 天光）或 V-Ray 的环境光一起使用时能模拟出自然环境的天空照明系统，并且操作简单，参数设置少，方便运用，但是没有办法控制其颜色变化和阴影类型等因素。

9.3 V-Ray 材质

V-Ray 材质如图 9-11 所示。

9.3.1 VRayMtl

VRayMtl（V-Ray 材质）是 V-Ray 渲染系统的专用材质。使用 VRayMt1 能在场景中得到较好和正确的照明（能量分布）、较快的渲染、较方便控制的反射和折射参数。在 VRayMtl 中能够应用不同的纹理贴图，较好地控制反射和折射，添加“凹凸贴图”和“位移贴图”，促使“直接 GI 计算”，对于材质的着色方式可以选择“毕奥定向反射分配函数”。“基础参数”卷展栏如图 9-12 所示。

☑ 漫反射（Diffuse）：物体的漫反射用来决定物体的表面颜色。单击右边的色块可以调整物体的颜色。单击右边的按钮可以选择不同的贴图类型。

☑ 粗糙度（Roughness）：数值越大，粗糙效果越明显。可以用该选项来模拟绒布的效果。

☑ 反射（Reflection）：这里的反射是靠颜色的灰度来控制，颜色越白则反射越亮，越

Note

黑则反射越弱；而这里选择的颜色则是反射出来的颜色，和反射的强度是分开来计算的。单击旁边的按钮■，可以使用贴图的灰度来控制反射的强弱。

☑ 光泽度（Glossiness）：控制反射的锐利程度。数值为 1.0，意味着完美的镜面反射；较低的数值会产生模糊的反射。

☑ 最大深度（Max depth）：定义反射能完成的最大次数。

☑ 菲涅耳反射（Fresnel reflection）：选中该选项后，反射强度会与物体的入射角度有关系。入射角度越小则反射越强烈，当垂直入射时反射强度最弱。

图 9-11 V-Ray 材质

图 9-12 “基础参数”卷展栏

9.3.2 VRayMtlWrapper

VRayMtlWrapper（V-Ray 材质包裹器）主要用于控制材质的全局光照、焦散和不可见。通过 VRayMtlWrapper 可以将标准材质转换为 V-Ray 渲染器支持的材质类型。一个材质在场景中过亮或色溢太多，嵌套这个材质，可以控制生成 / 接收 GI 的数值。“VRayMtl-Wrapper 参数”卷展栏如图 9-13 所示。其中的参数多数用于控制有自发光的材质和饱和度过高的材质。

☑ 基础材质（Base material）：用于设置嵌套。

☑ 生成 GI（Generate GI）：产生全局光及其强度。

☑ 接收 GI（Receive GI）：接收全局光及其强度。

☑ 生成焦散（Generate caustics）：设置材质产生焦散效果。

☑ 接收焦散（Receive caustics）：设置材质变成焦散接收器。

☑ 遮罩表面（Mask surface）：设置物体表面为具有阴影遮罩属性的材质，使该物体在渲染时不可见，但该物体仍出现在反射 / 折射中，并且仍然能产生间接照明。

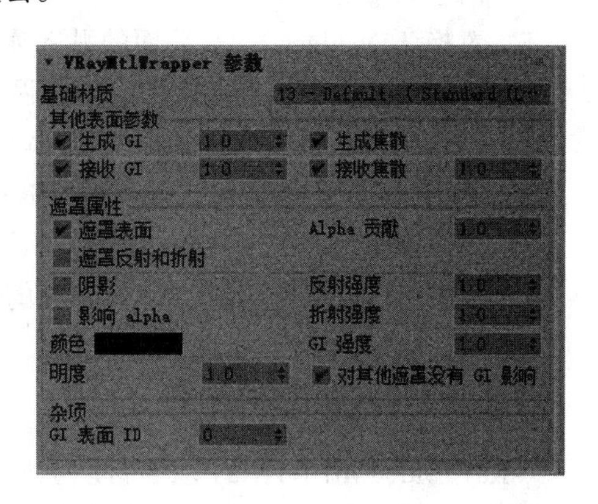

图 9-13 “VRayMtlWrapper 参数”卷展栏

☑ 阴影（Shadows）：用于控制遮罩物体是否接收直接光照产生的阴影效果。

☑ 影响 alpha（Affect alpha）：用于控制直接光照是否影响遮罩物体的 Alpha 通道。

☑ 颜色（Color）：控制被包裹材质的物体接收的阴影颜色。

☑ 明度（Brightness）：控制遮罩物体接收阴影的强度。

☑ 反射强度（Reflection amount）：控制遮罩物体的反射程度。

☑ 折射强度（Refraction amount）：控制遮罩物体的折射程度。

☑ GI 强度（GI amount）：控制遮罩物体接收间接照明的程度。

9.3.3 VRay LightMtl

VRay LightMtl（V-Ray 灯光材质）是一种自发光的材质，通过设置不同的倍增值，可以在场景中产生不同的明暗效果，可以用来做自发光的物件，如灯带、电视机屏幕和灯箱等。“灯光倍增值参数”卷展栏如图 9-14 所示。

☑ 颜色（Color）：指定材质的自发光颜色。

☑ 倍增（Multiplier）：指定颜色的乘数。指定倍增值后不会影响纹理贴图。

☑ 不透明度（Opacity）：用于指定贴图作为自发光。

☑ 背面发光（Emit light on back side）：用于设置材质是否两面都产生自发光。

☑ 补偿摄影机曝光（Compensate camera exposure）：选中该选项后，“VRay 灯光材质”产生的照明效果可以用于增强摄影机曝光。

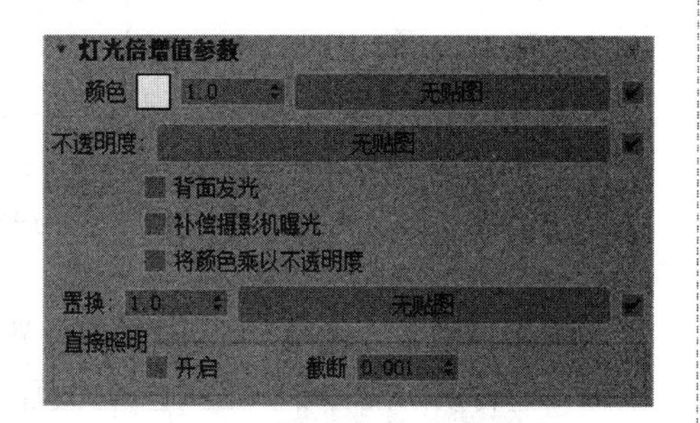

图 9-14 “灯光倍增值参数”卷展栏

☑ 将颜色乘以不透明度（Multiply color by opacity）：选中该选项后，同时通过下方的“置换”贴图通道加载黑白贴图，可以通过位图的灰度强弱来控制发光强度。

Note

白色为最强。

☑ 置换（Displace）：在后面的贴图通道中可以加载贴图来控制发光效果。调整文本框中的数值可以控制位图的发光强弱，数值越大，发光效果越强烈。

☑ 直接照明：该选项组用于控制“VRay 灯光材质”是否参与直接照明计算。

☑ 开启（On）：选中该选项后，“VRay 灯光材质”产生的光线仅参与直接照明计算，即只产生自身亮度及照明范围，不参与间接光照的计算。

☑ 截断（Cutoff）：用来指定光强度的阈值，低于该阈值将不计算直接照明。

9.3.4 VRay2SidedMtl

VRay2SidedMtl（V-Ray 双面材质）用于表现两面不一样的材质贴图效果，可以设置其双面相互渗透的透明度。“VRay2SidedMtl 参数”卷展栏如图 9-15 所示。这个材质非常简单易用。

☑ 正面材质（Front material）：用于设置物体前面的材质为任意材质类型。

☑ 背面材质（Back material）：用于设置物体背面的材质为任意材质类型。

☑ 半透明（Translucency）：设置两种以上材质的混合度。当颜色为黑色时会完全显示正面的漫反射颜色，当颜色为白色时会完全显示背面材质的漫反射颜色，也可以利用贴图通道来进行控制。

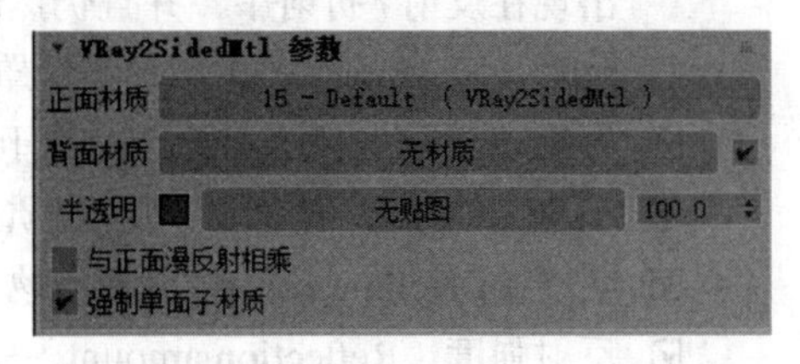

图 9-15 “VRay2SidedMtl 参数”卷展栏

9.3.5 VRayBlendMtl

VRayBlendMtl（V-Ray 混合材质）可以在曲面的单个面上将两种材质进行混合。混合具有可设置动画的混合量参数，该参数可以用来绘制材质变形功能曲线，以控制随时间混合两个材质的方式。VRayBlendMtl 的“参数”卷展栏如图 9-16 所示。

☑ 基础材质（Base material）：指定被混合的第一种材质。该材质为最基层材质。

☑ 清漆层材质（Coating material）：指定混合在一起的其他材质。该材质为基层材质上面的材质。

☑ 混合强度（Blend strength）：设置两种以上材质的混合度。当颜色为黑色时会完全显示基础材质的漫反射颜色，当颜色为白色时会完全显示镀膜材质的漫反射颜色，也可以利用贴图通道来进行控制。

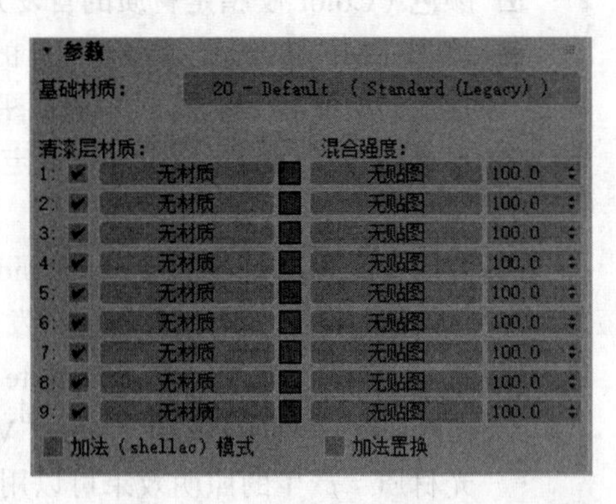

图 9-16 “参数”卷展栏

☑ 加法（shellac）模式（Additive（shellac）mode）：选中这个选项，“V-Ray 混合材质”将和 3ds Max 里的“虫漆”材质效果类似。一般情况下不勾选。

第10章 渲染别墅模型

本章以别墅室内结构为例，讲解了室内效果图制作流程中使用V-Ray进行模型渲染的方法和步骤。通过了解别墅室内结构渲染的具体过程，读者可掌握在V-Ray中设置材质和灯光、渲染模型的方法和技巧。

- ☑ 对客厅进行渲染
- ☑ 对书房进行渲染
- ☑ 对餐厅进行渲染
- ☑ 对厨房进行渲染
- ☑ 对主卧进行渲染
- ☑ 对更衣室进行渲染
- ☑ 对卫生间进行渲染

任务驱动 & 项目案例

10.1　对客厅进行渲染

Note

本节主要讲解使用 V-Ray 渲染别墅一层客厅的步骤和具体方法。主要思路是：先打开前面创建的“客厅”文件，然后指定 V-Ray 渲染器，赋予 V-Ray 材质，再渲染图形。客厅渲染效果如图 10-1 所示。

图 10-1　客厅渲染效果

（电子资料包：动画演示 \ 第 10 章 \ 对客厅进行渲染 .mp4）

10.1.1　指定 V-Ray 渲染器

1）启动 3ds Max 2024，选择菜单栏中的“文件”→“打开”命令，弹出“打开文件”对话框，打开“源文件 \ 第 10 章 \ 客厅”文件，结果如图 10-2 所示。

图 10-2　打开“客厅”文件

2）选择菜单栏中的“渲染”→“渲染设置”命令或按 F10 键，打开“渲染设置”对话框。

3）在“渲染设置”对话框中展开“指定渲染器”卷展栏，如图 10-3 所示。

4）在“选择渲染器”下拉列表

中选择“V-Ray 6 Update 1.2”渲染器，如图 10-4 所示。

5）完成渲染器的选择后，渲染器转换成“V-Ray 6 Update 1.2”渲染器，如图 10-5 所示。

图 10-3　“指定渲染器”卷展栏

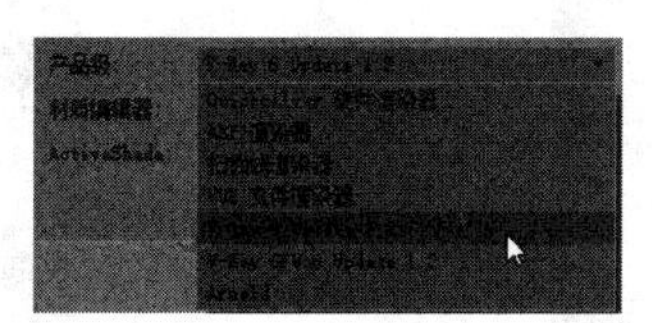

图 10-4　选择渲染器

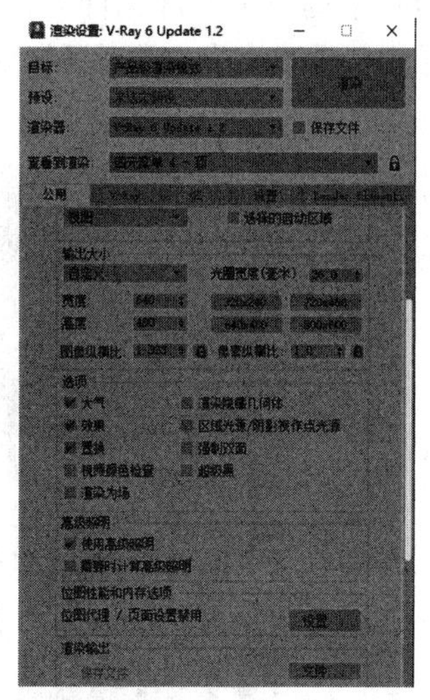

图 10-5　“渲染设置：V-Ray 6 Update 1.2”对话框

10.1.2　赋予客厅模型简单材质

1）在视图中选中墙面和墙顶模型，按 M 键或者单击主工具栏上的“材质编辑器”按钮，打开“Slate 材质编辑器”对话框，如图 10-6 所示。在“模式”下拉列表中选择“精简材质编辑器”选项，将“Slate 材质编辑器”对话框切换为精简“材质编辑器”对话框，如图 10-7 所示。

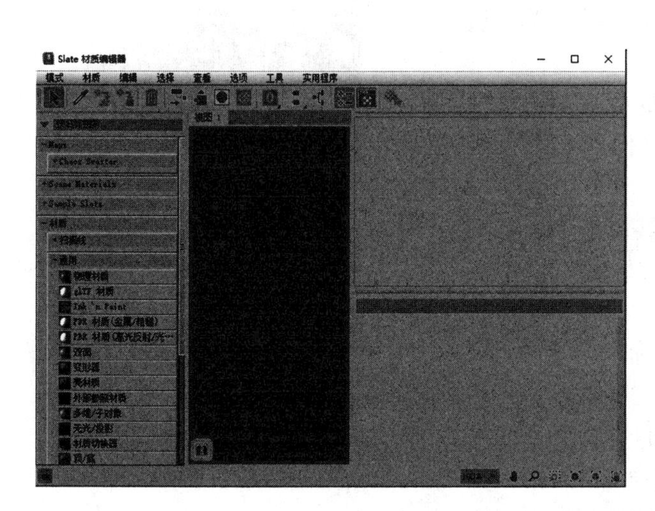

图 10-6　“Slate 材质编辑器”对话框

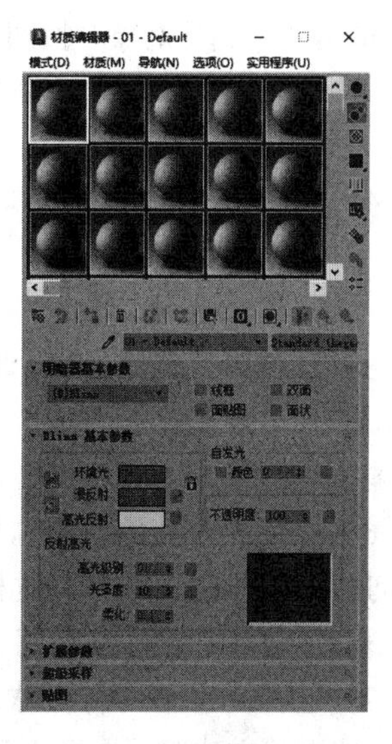

图 10-7　精简“材质编辑器”对话框

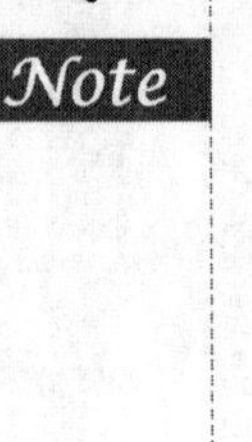

2）在材质样本窗口中单击一个空白材质球，再单击 Standard 按钮，弹出“材质/贴图浏览器”对话框，如图10-8所示。从该对话框中选择“VRayMtl”，将材质球设置为VRayMtl材质，并将材质命名为“墙面”。单击“漫反射”右侧的贴图通道，选择电子资料包中提供的“源文件\第10章\客厅\材质\墙.jpg”贴图文件，为墙面添加“位图”贴图。设置完成后的对话框如图10-9所示。

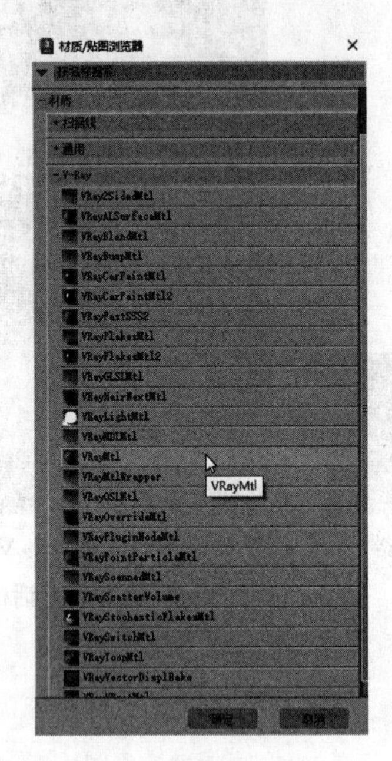

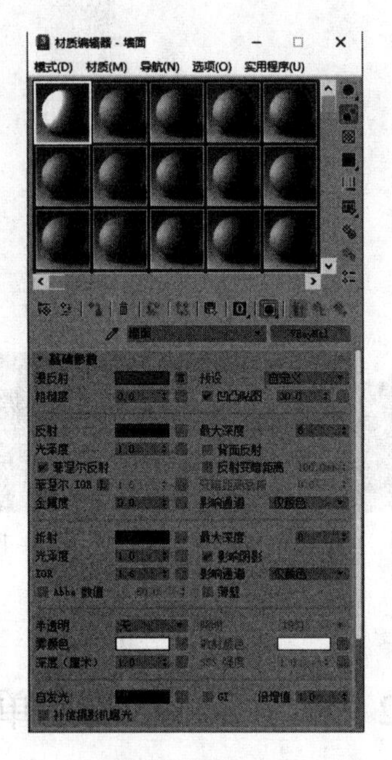

图10-8 “材质/贴图浏览器”对话框　　图10-9 “材质编辑器 - 墙面”对话框

3）选择一个新的材质球，将其设置为VRayMtl材质，然后重命名为“地板”。单击“漫反射”右侧的贴图通道，选择电子资料包中提供的“源文件\第10章\客厅\材质\地板.jpg”贴图文件，为地板添加“位图”贴图。设置完成后的对话框如图10-10所示。

单击“转到父对象”按钮，返回到VRayMtl材质面板，单击“反射”右侧的贴图通道，为材质添加一个“衰减”贴图。

4）选择一个新的材质球，重命名为“沙发布”，按上述方法赋予沙发布“源文件\第10章\客厅\材质\布.jpg”贴图。

5）选择一个新的材质球，重命名为“电视柜”，按上述方法赋予电视柜“源文件\第10章\客厅\材质\白枫.jpg”贴图。

6）选择一个新的材质球，重命名为“木质”，按上述方法赋予图形中木质材料“源文件\第10章\客厅\材质\樱桃木.jpg”贴图。

7）选择一个新的材质球，重命名为“门窗玻璃”，按上述方法赋予图形中门窗玻璃“源文件\第

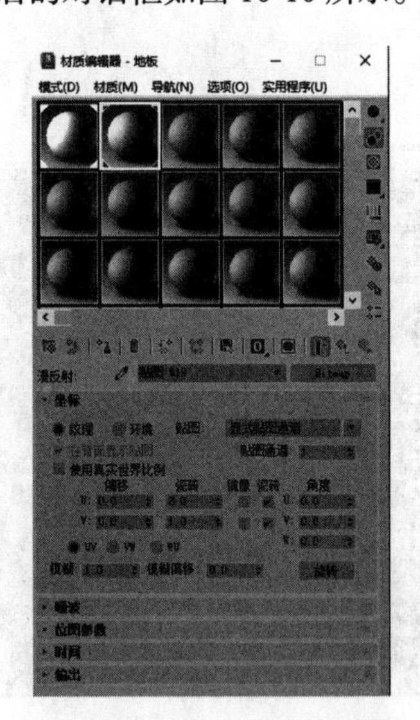

图10-10 “材质编辑器 - 地板”对话框

10 章 \ 客厅 \ 材质 \ 玻璃 .jpg” 贴图。

8）选择一个新的材质球，重命名为“茶几玻璃”，按上述方法赋予图形中茶几玻璃“源文件 \ 第 10 章 \ 客厅 \ 材质 \ 茶几玻璃 .jpg” 贴图。

9）完成图形中所有材质的设置和贴图后，在相应的材质编辑器对话框中单击“视口中显示明暗处理材质”按钮▣，显示贴图，观察材质贴图在视图中的纹理效果是否正确。

10.1.3 V-Ray 渲染

1）选择菜单栏中的“渲染”→“渲染设置”命令或按 F10 键，打开“渲染设置”对话框，选择“设置”选项卡，如图 10-11 所示。

2）展开“授权”卷展栏，其中显示出 V-Ray 的安装路径等信息，如图 10-12 所示。此卷展栏不需要过多关注。

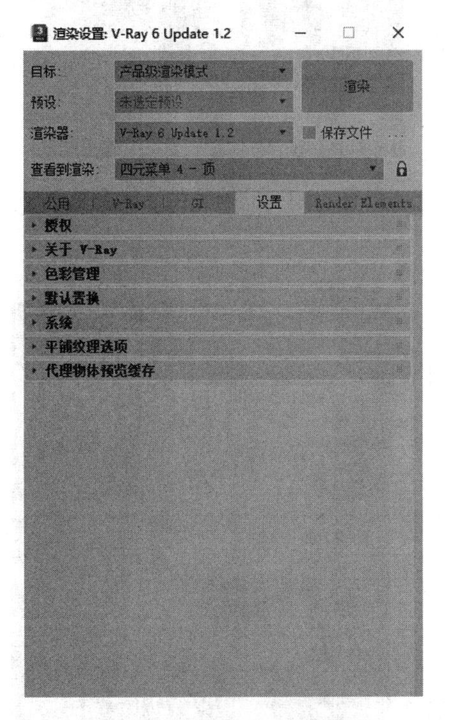

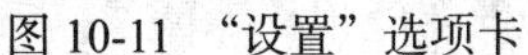

图 10-11 “设置”选项卡

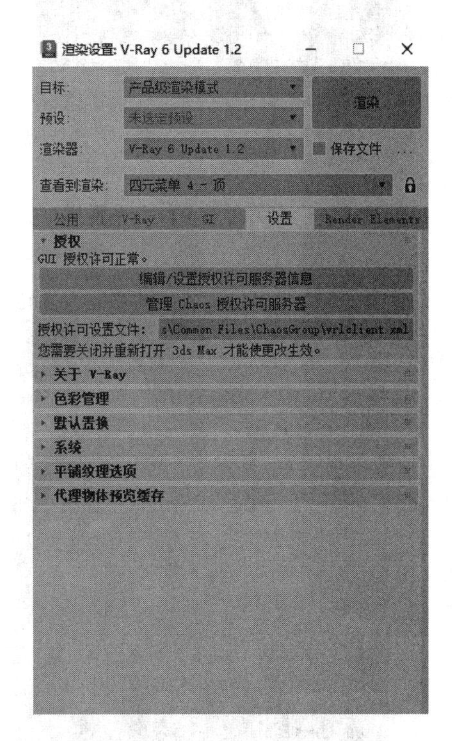

图 10-12 “授权”卷展栏

3）展开“关于 V-Ray”卷展栏，其中显示出 V-Ray 的版本，如图 10-13 所示。

4）选择“V-Ray”选项卡，在“帧缓存”卷展栏中设置较小的图像尺寸，如图 10-14 所示。

5）展开“全局开关”卷展栏，设置选项如图 10-15 所示。

6）展开“图像采样器（抗锯齿）”卷展栏，在“类型”下拉列表中选择“渐进式”选项，设置其他选项如图 10-16 所示。

7）展开“环境”卷展栏，勾选“GI 环境”复选框，打开全局光，在“倍增”文本框内输入 1.2，如图 10-17 所示。

Note

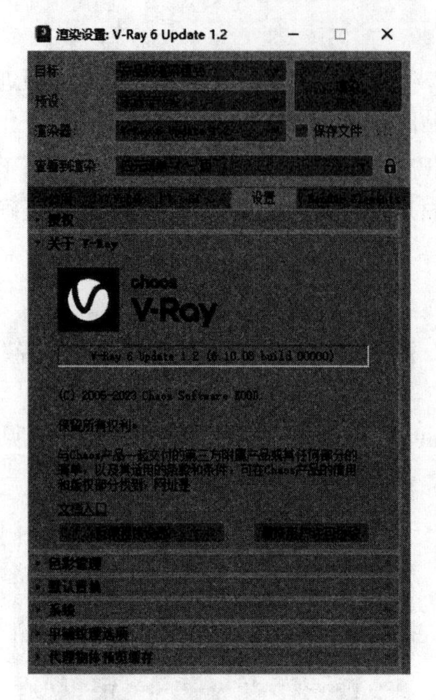

图 10-13 “关于 V-Ray”卷展栏

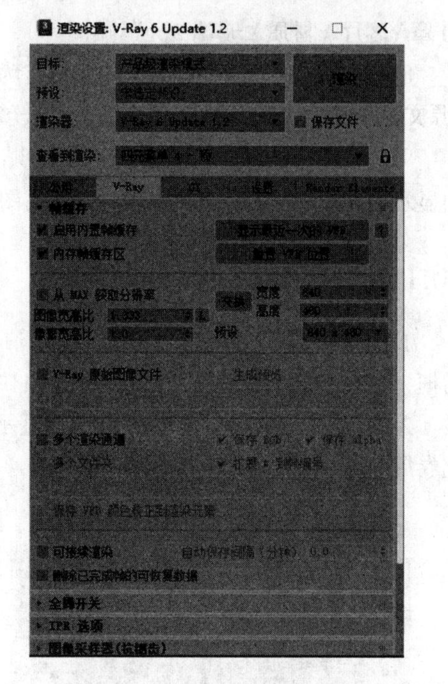

图 10-14 “帧缓存”卷展栏

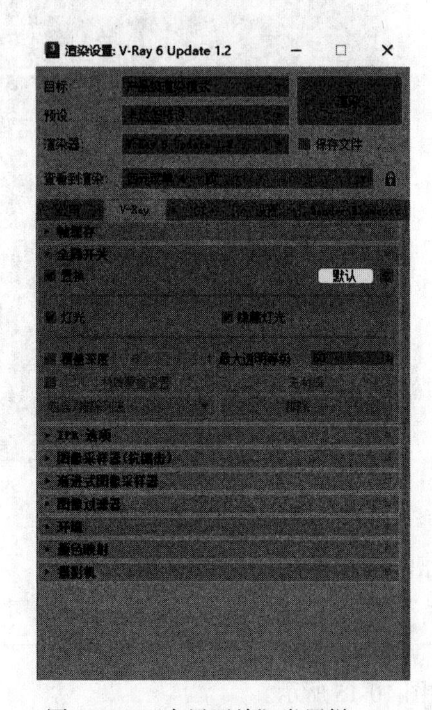

图 10-15 “全局开关”卷展栏

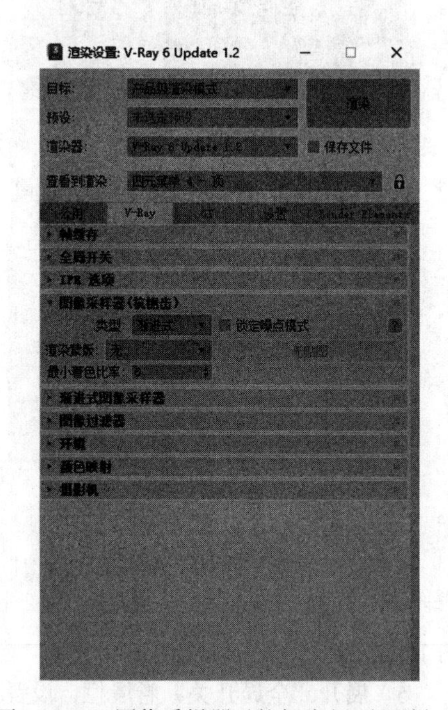

图 10-16 “图像采样器（抗锯齿）”卷展栏

8）展开“颜色映射”卷展栏，设置“类型”为“线性倍增”，在“暗部倍增值”和“亮度倍增值”文本框中分别输入 1.8 和 1.1，如图 10-18 所示。这两个数值可自由调节，主要用来控制暗部的明暗度，范围最好控制在 1.0 ~ 3.0 之间。

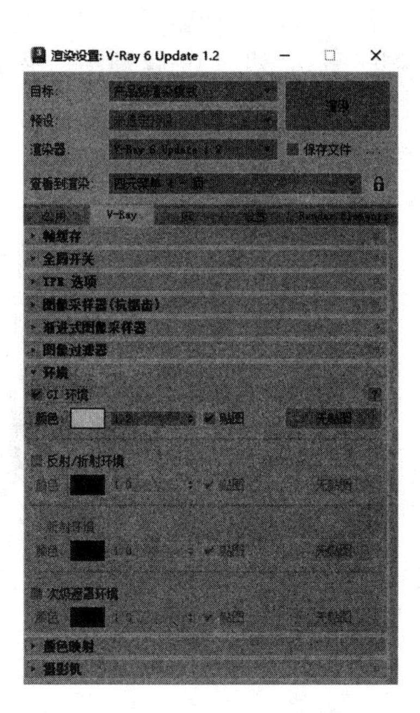

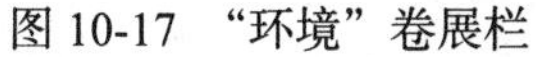

图 10-17 “环境”卷展栏

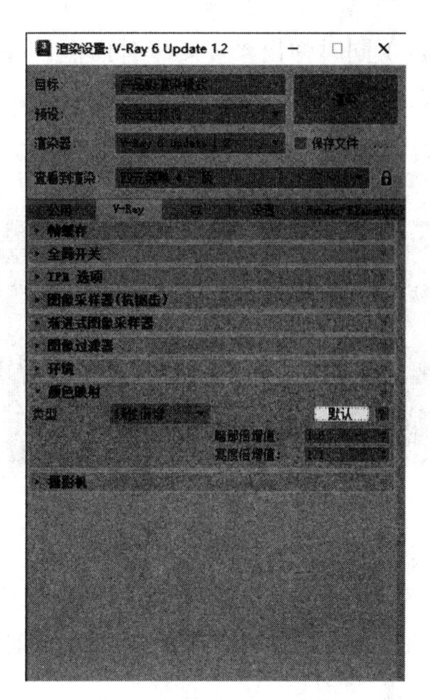

图 10-18 “颜色映射”卷展栏

9）选择“GI”选项卡，展开“全局照明”卷展栏，对该卷展栏进行设置，如图 10-19 所示。

10）展开“灯光缓存”卷展栏，对该卷展栏进行设置，如图 10-20 所示。

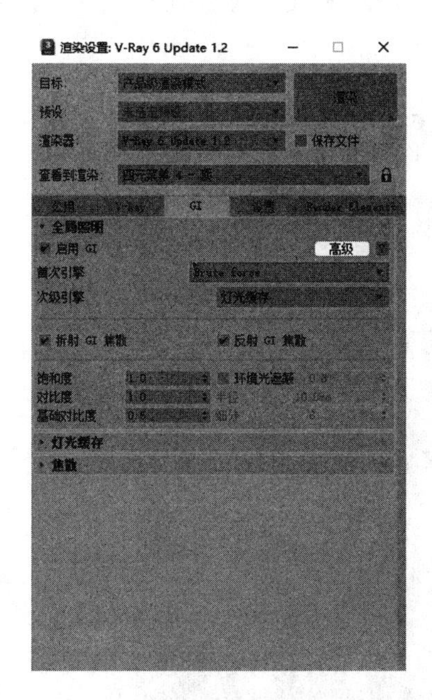

图 10-19 “全局照明”卷展栏

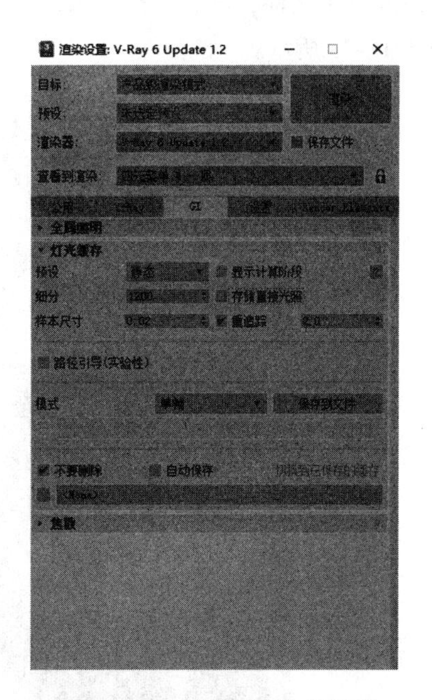

图 10-20 “灯光缓存”卷展栏

11）完成渲染参数设置后，单击渲染设置对话框中的“渲染”按钮，或按 Shift+Q 快捷键进行渲染。在渲染时会弹出“V-Ray Log”消息框，如果有错误会在其中提示，如图 10-21 所示。

Note

12）同时弹出“渲染”对话框，在其中显示渲染的进度，如图 10-22 所示。单击“取消”按钮，可以取消对场景的渲染。

图 10-21 “V-Ray Log”消息框

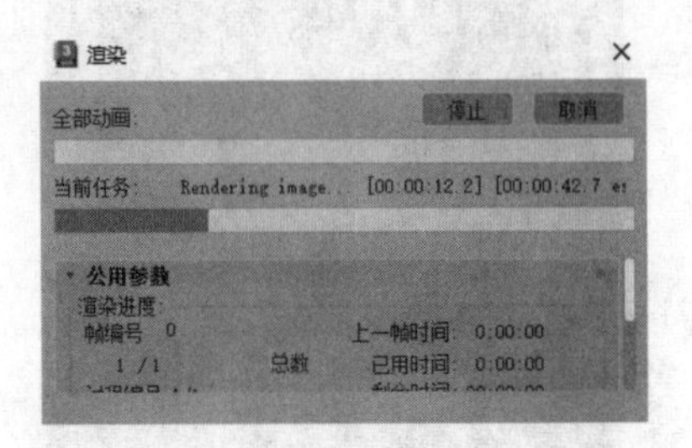

图 10-22 “渲染”对话框

13）在渲染完成后，可以观看渲染出来的效果，如图 10-1 所示。单击“渲染”对话框中的“保存当前通道”按钮，可对场景的渲染效果进行保存。

10.2 对书房进行渲染

本节主要介绍使用 V-Ray 对别墅的书房模型进行渲染的方法。主要思路是：先打开前面创建的书房文件，然后指定 V-Ray 渲染器，赋予 V-Ray 材质，再渲染图形。书房渲染效果如图 10-23 所示。

图 10-23 书房渲染效果

（电子资料包：动画演示 \ 第 10 章 \ 对书房进行渲染 .mp4）

10.2.1　指定 V-Ray 渲染器

1）启动 3ds Max 2024，选择菜单栏中的“文件”→“打开”命令，弹出“打开文件”对话框，打开“源文件 \ 第 10 章 \ 书房”文件。

2）利用 10. 1.1 节中讲述的方法将渲染器指定为 V-Ray 渲染器。

10.2.2　赋予 V-Ray 材质

1）在材质样本窗口中单击一个空白材质球，将其设置为 VRayMtl 材质，并将材质赋予“墙面”。

2）选择一个新的材质球，重命名为“玻璃”，按上面的方法赋予图形选中场景中的窗户玻璃和小桌桌面，贴图采用电子资料包中提供的“源文件 \ 第 10 章 \ 书房 \ 材质 \ 玻璃 .jpg”贴图文件。

3）选择一个新的材质球，重命名为“电脑屏幕”，按上述方法赋予图形中的电脑屏幕，贴图采用电子资料包中提供的“源文件 \ 第 10 章 \ 书房 \ 材质屏幕 .jpg”贴图文件。

4）选择一个新的材质球，重命名为“书”，按上述方法赋予图形中的图书封面，贴图采用电子资料包中提供的“源文件 \ 第 10 章 \ 书房 \ 材质 \ 画 1.jpg”贴图文件。

5）完成全部材质的设置和贴图后，在相应的材质编辑器对话框中单击“视口中显示明暗处理材质”按钮，显示贴图，观察材质贴图在视图中的纹理效果是否正确。

10.2.3　V-Ray 渲染

1）选择菜单栏中的“渲染”→“渲染设置”命令或按 F10 键，打开“渲染设置”对话框，选择“V-Ray”选项卡。

2）展开“帧缓存”卷展栏，选中“启用内置帧缓存”复选框，在“帧缓存”卷展栏中设置较小的图像尺寸，如图 10-24 所示。

3）展开“全局开关”卷展栏，选中“3ds Max 光度比例”复选框，设置参数如图 10-25 所示。

4）展开“图像采样器（抗锯齿）”卷展栏，在“类型”下拉列表中选择“渐进式”选项，设置其他选项如图 10-26 所示。

5）展开“颜色映射”卷展栏，在“类型”下拉列表中选择“强度指数”，再选中“影响背景”复选框，如图 10-27 所示。

6）展开“环境”卷展栏，选中“GI 环境”复选框，打开全局光，在“倍增”文本框中输入 1.2，如图 10-28 所示。

7）选择“GI”选项卡，展开“全局照明”卷展栏，对该卷展栏进行设置，如图 10-29 所示。

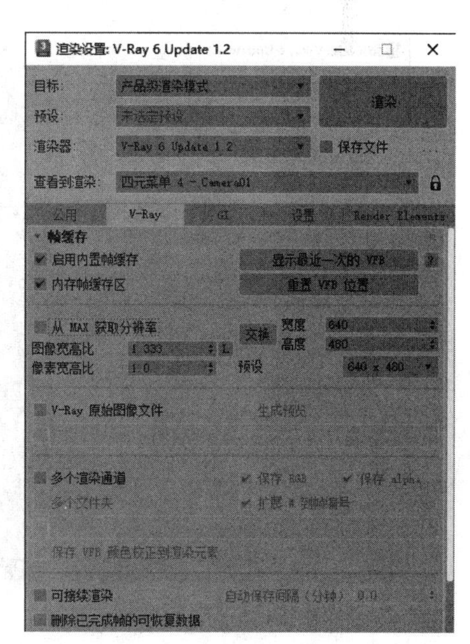

图 10-24　“帧缓存”卷展栏

Note

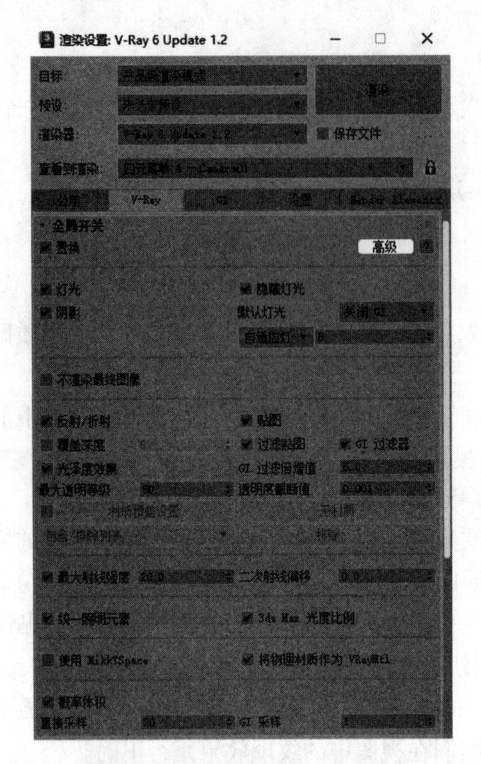

图 10-25 “全局开关”卷展栏

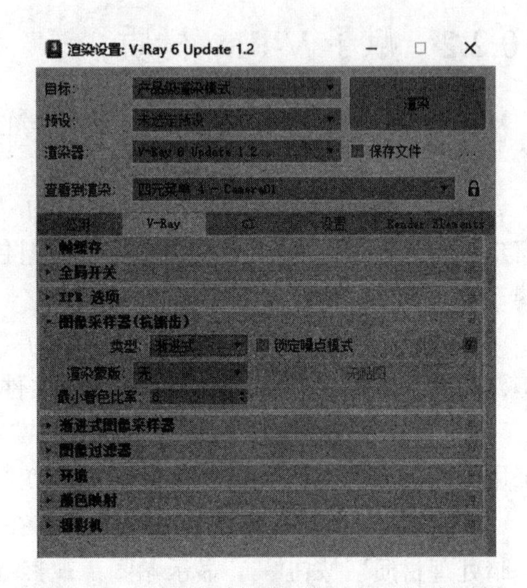

图 10-26 “图像采样器（抗锯齿）”卷展栏

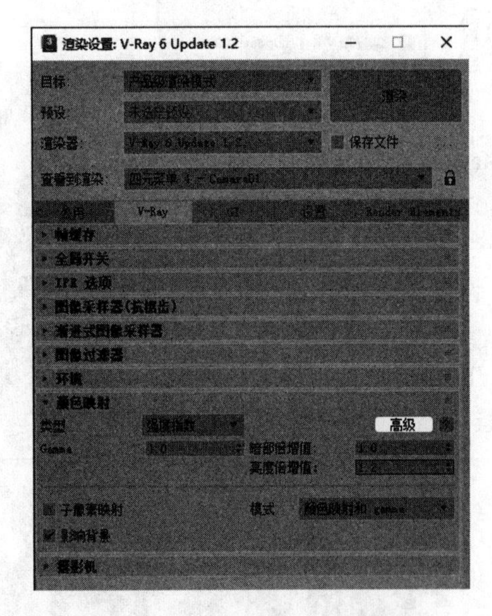

图 10-27 “颜色映射”卷展栏

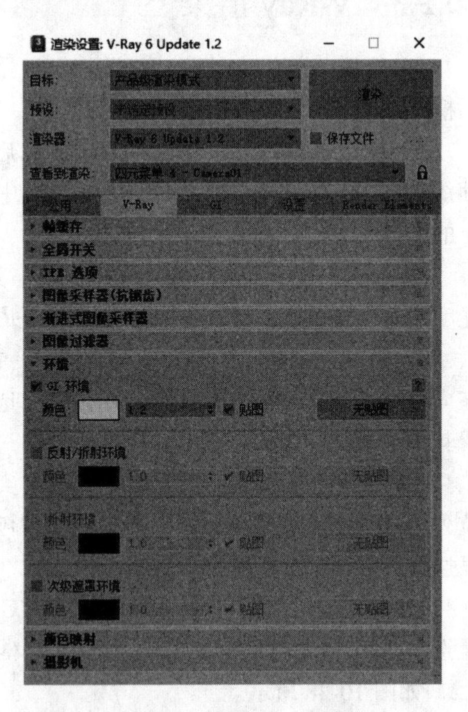

图 10-28 “环境”卷展栏

8）展开“灯光缓存”卷展栏，对该卷展栏进行设置，如图 10-30 所示。

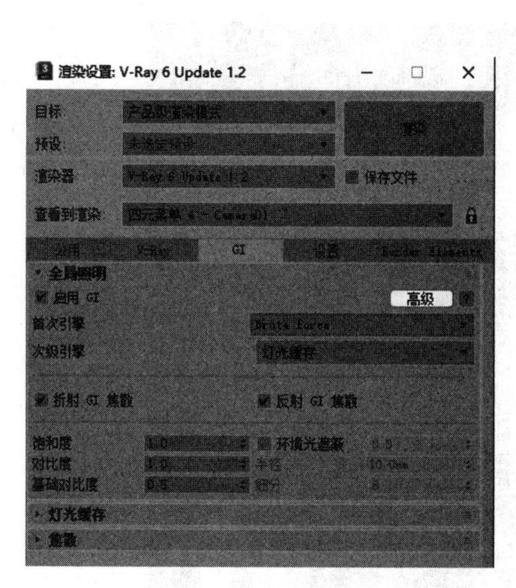

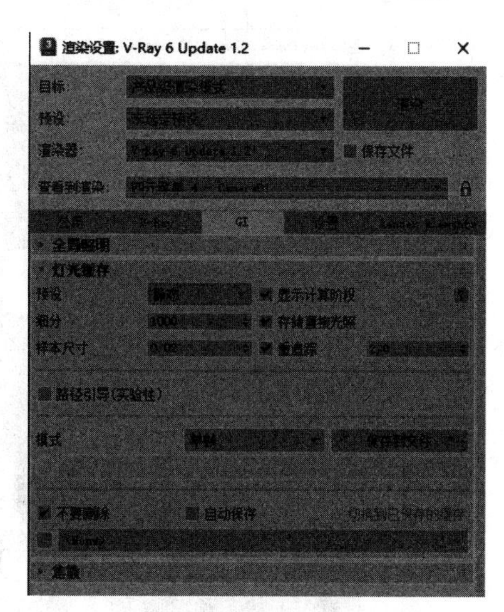

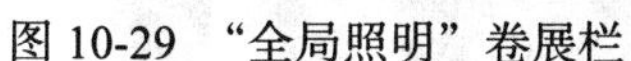

图 10-29　“全局照明”卷展栏　　　　图 10-30　“灯光缓存”卷展栏

9）完成渲染参数设置后，单击“渲染”按钮或按 Shift+Q 快捷键，进行渲染。在渲染时会弹出“V-Ray Log”消息框，如果有错误会在其中提示，如图 10-31 所示。

10）同时弹出“渲染”对话框，在其中显示渲染的进度，如图 10-32 所示。单击“取消”按钮，可以取消对场景的渲染。

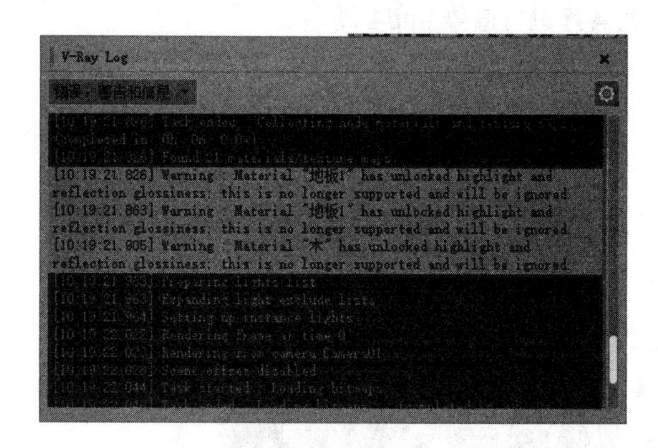

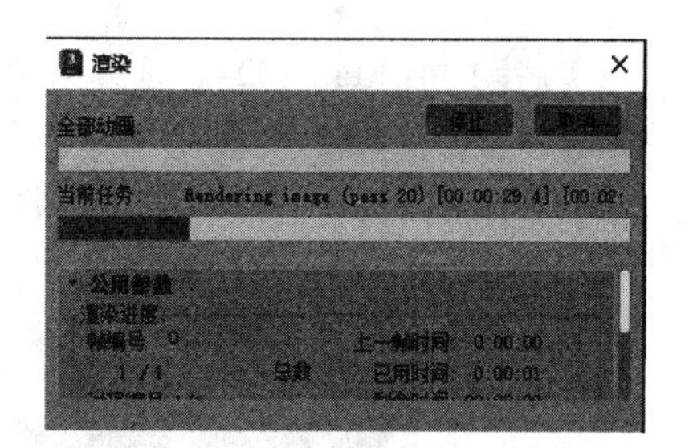

图 10-31　“V-Ray Log”消息框　　　　图 10-32　“渲染”对话框

11）在渲染完成后，可以观看渲染出来的效果，如图 10-23 所示。

单击“保存当前通道”按钮▣，可对场景的渲染效果进行保存。

10.3　对餐厅进行渲染

本节主要介绍使用 V-Ray 对别墅的餐厅模型进行渲染的方法。主要思路是：先打开前面创建的餐厅文件，然后指定 V-Ray 渲染器，赋予 V-Ray 材质，再渲染图形。餐厅渲染效果如图 10-33 所示。

Note

图 10-33　餐厅渲染效果

（电子资料包：动画演示 \ 第 10 章 \ 对餐厅进行渲染 .mp4）

10.3.1　指定 V-Ray 渲染器

1）启动 3ds Max 2024，选择菜单栏中的“文件”→“打开”命令，弹出“打开文件”对话框，打开“源文件 \ 第 10 章 \ 餐厅”文件，如图 10-34 所示。

2）利用 10.1.1 节中讲述的方法将渲染器指定为 V-Ray 渲染器。

图 10-34　打开“餐厅”文件

10.3.2　赋予模型简单材质

1）在材质样本窗口中单击一个空白材质球，将其设置为 VRayMtl 材质，并将材质命名为“墙面”。

2）选择一个新的材质球，重命名为“地板”，按照上面的方法赋予图形选中场景中的地板模型，贴图采用电子资料包中提供的“源文件 \ 第 10 章 \ 餐厅 \ 材质 \ 地板 .jpg”贴图文件。

3）选择一个新的材质球，重命名为“玻璃”，按照上面的方法赋予图形选中场景中的窗户玻璃和餐桌桌面，贴图采用电子资料包中提供的“源文件 \ 第 10 章 \ 餐厅 \ 材质玻璃 .jpg”贴图文件。

4）选择一个新的材质球，重命名为“木”，按照上面的方法赋予图形中的“柜子”，贴图采用电子资料包中提供的“源文件 \ 第 10 章 \ 餐厅 \ 材质 \ 樱桃木 .jpg”贴图文件。

5）完成图形中所有材质的设置和贴图后，在相应的材质编辑器对话框中单击“视口中显示明暗处理材质”按钮，显示贴图，观察材质贴图在视图中的纹理效果是否正确。

6）编辑完材质后，关闭“材质编辑器”对话框。在进行光能传递和渲染操作中可以根据画面的效果再继续调整材质的设置。

10.3.3　V-Ray 渲染

1）指定渲染器后，展开“渲染设置”对话框“V-Ray”选项卡中的“帧缓存”卷展栏，选中“启用内置帧缓存”复选框后会激活一些对场景进行渲染的选项，如图 10-35 所示。这些选项也可以通过“公用”选项卡来进行调节，所以在这里不需要进行太多的设置。

2）展开“全局开关”卷展栏，取消“灯光”“隐藏灯光”“阴影”复选框的勾选，其他参数设置如图 10-36 所示。取消后系统将自动关闭场景中的默认灯光，只显示全局光。

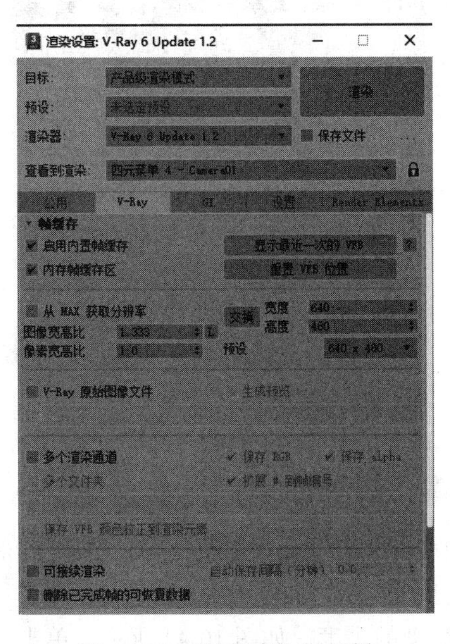

图 10-35　“帧缓存”卷展栏

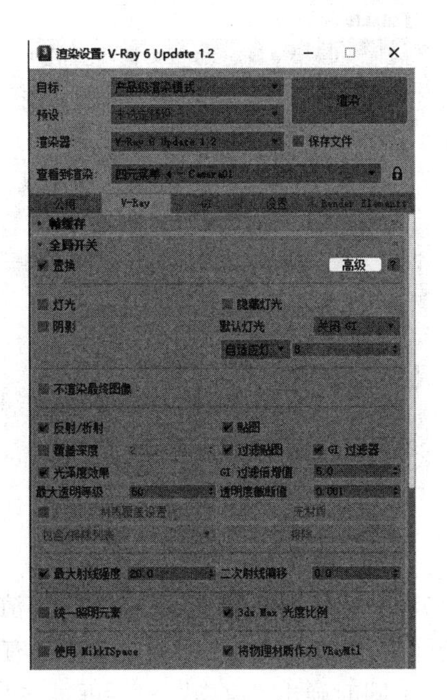

图 10-36　“全局开关”卷展栏

Note

3）展开“图像采样器（抗锯齿）”卷展栏，设置抗锯齿参数，如图 10-37 所示。

4）展开“颜色映射”卷展栏，在“类型”下拉列表中选择“强度指数”，然后在“暗部倍增值”和“亮度倍增值”文本框中都输入 1.0，其他参数设置如图 10-38 所示。

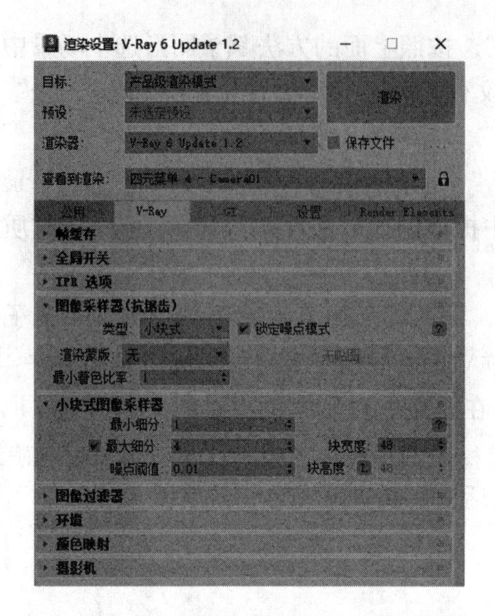

图 10-37 “图像采样器（抗锯齿）”卷展栏

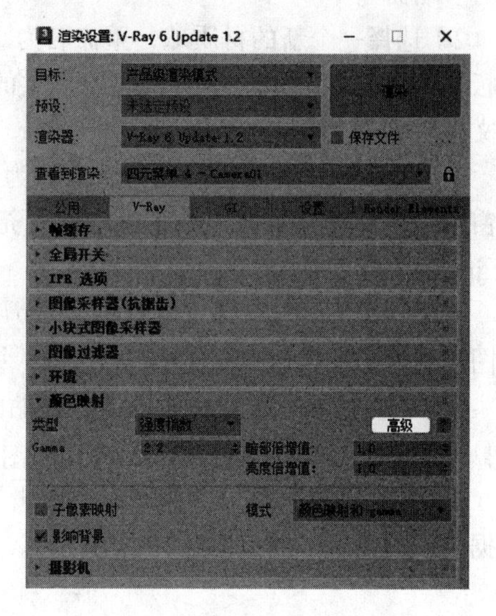

图 10-38 “颜色映射”卷展栏

5）选择“GI”选项卡，展开“全局照明”卷展栏，对该卷展栏进行设置，如图 10-39 所示。

6）展开“灯光缓存”卷展栏，在其中设置参数，如图 10-40 所示。

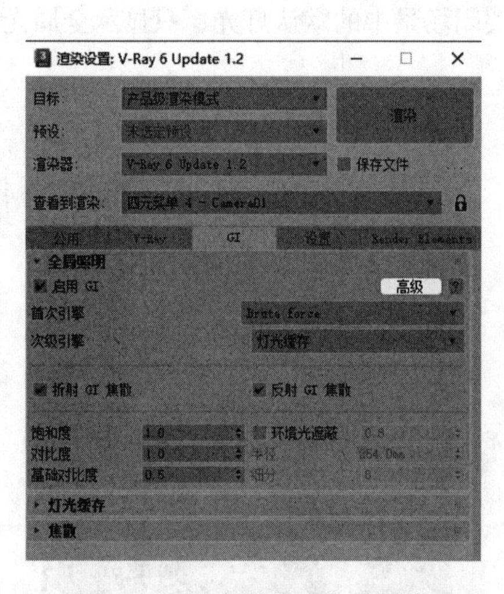

图 10-39 “全局照明”卷展栏

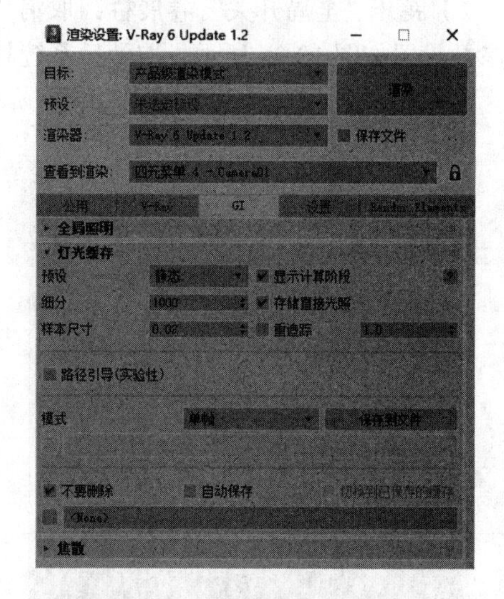

图 10-40 “灯光缓存”卷展栏

7）完成渲染参数设置后，单击“渲染”按钮或按 Shift+Q 快捷键，进行渲染。在渲染时会弹出“V-Ray Log”消息框，如果有错误会在其中提示，如图 10-41 所示。

8）同时弹出“渲染”对话框，在其中显示渲染的进度，如图 10-42 所示。单击“取

消”按钮，可以取消对场景的渲染。

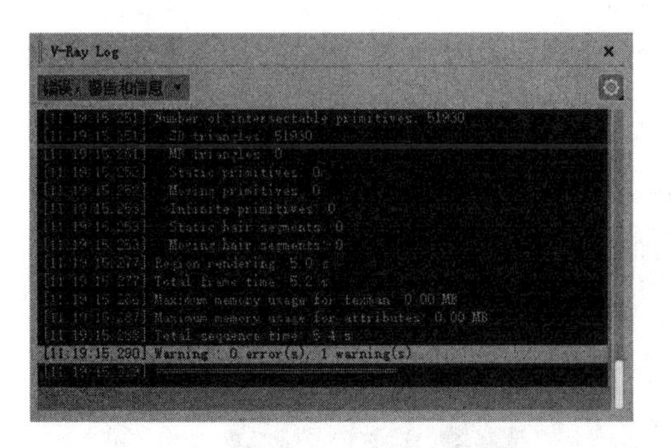

图 10-41　“V-Ray Log”消息框

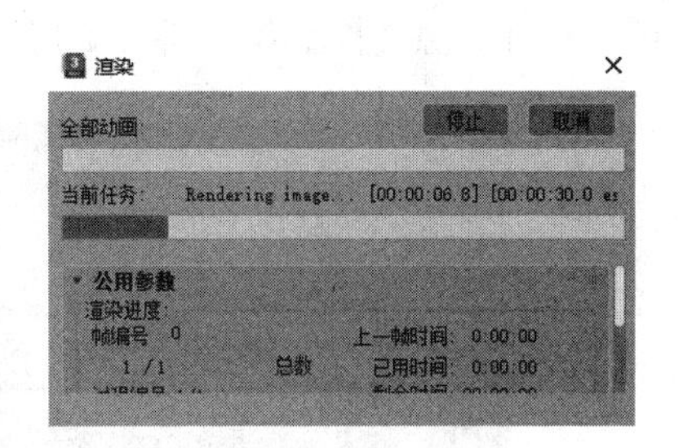

图 10-42　“渲染”对话框

9）在渲染完成后，可以观看渲染出来的效果，如图 10-33 所示。单击“渲染”对话框中的“保存当前通道”按钮，可对场景的渲染效果进行保存。

10.4　对厨房进行渲染

本节主要介绍使用 V-Ray 对别墅的厨房模型进行渲染的方法。主要思路是：先打开前面创建的厨房文件，然后指定 V-Ray 渲染器，赋予 V-Ray 材质，再渲染图形。厨房渲染效果如图 10-43 所示。

图 10-43　厨房渲染效果

（电子资料包：动画演示 \ 第 10 章 \ 对厨房进行渲染 .mp4）

Note

10.4.1 指定 V-Ray 渲染器

1）启动 3ds Max 2024，选择菜单栏中的“文件”→“打开”命令，弹出“打开文件”对话框，打开“源文件 \ 第 10 章 \ 厨房”文件，如图 10-44 所示。

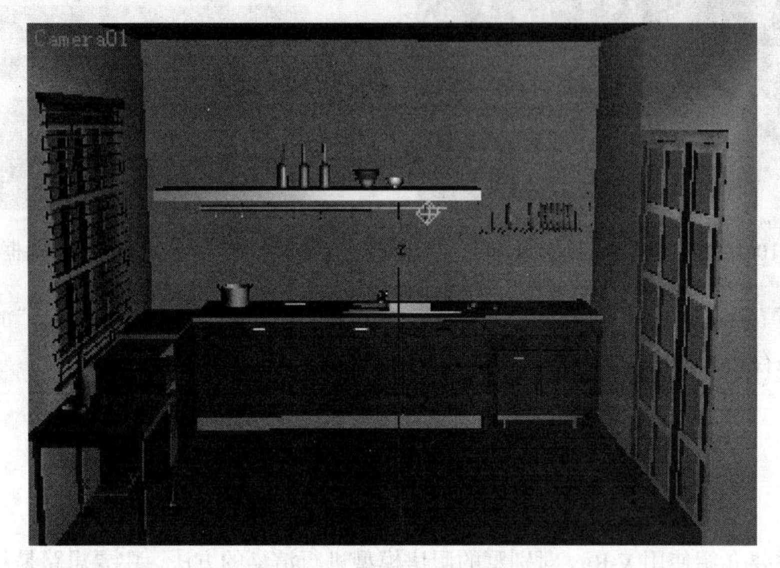

图 10-44　打开“厨房”文件

2）利用 10.1.1 节中讲述的方法将渲染器指定为 V-Ray 渲染器。

10.4.2 赋予 V-Ray 材质

1）在材质样本窗口中单击一个空白材质球，将其设置为 VRayMtl 材质，并将其命名为“墙面”。

2）选择一个新的材质球，重命名为“木框”，按照前面的方法赋予图形选中场景中的窗户框和门框模型，贴图采用电子资料包中提供的“源文件 \ 第 10 章 \ 厨房 \ 材质 \ 木 .jpg”贴图文件。

3）选择一个新的材质球，重命名为“地砖”，按照前面的方法赋予图形中的“地砖”，贴图采用电子资料包中提供的“源文件 \ 第 10 章 \ 厨房 \ 材质 \ 地砖 .jpg”贴图文件。

4）编辑完全部材质后，关闭“材质编辑器”对话框。在进行光能传递和渲染操作中可以根据画面的效果再继续调整材质的设置。

10.4.3 V-Ray 渲染

1）指定渲染器后，展开“渲染设置”对话框“V-Ray”选项卡中的“帧缓存”卷展栏，勾选“启用内置帧缓存”复选框后会激活一些对场景进行渲染的选项，这里不需要进行太多的设置，如图 10-45 所示。

2）展开“全局开关”卷展栏，选中“灯光”“隐藏灯光”“阴影”复选框，设置参数如图 10-46 所示。

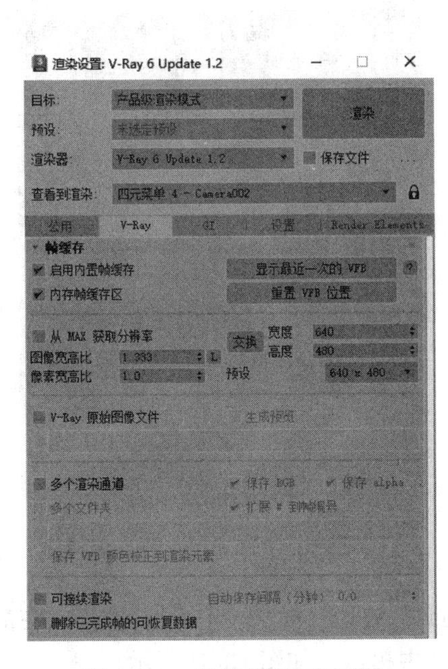

图 10-45　“帧缓存”卷展栏

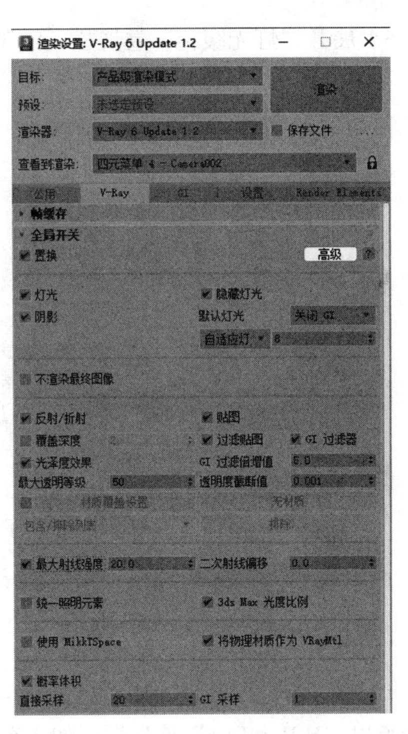

图 10-46　“全局开关”卷展栏

3）展开“图像采样器（抗锯齿）”卷展栏，设置抗锯齿参数，如图 10-47 所示。

4）展开“颜色映射”卷展栏，在“类型”选择下拉列表中选择“强度指数”，然后在“暗部倍增值”和“亮度倍增值”文本框中都输入 1.0，如图 10-48 所示。

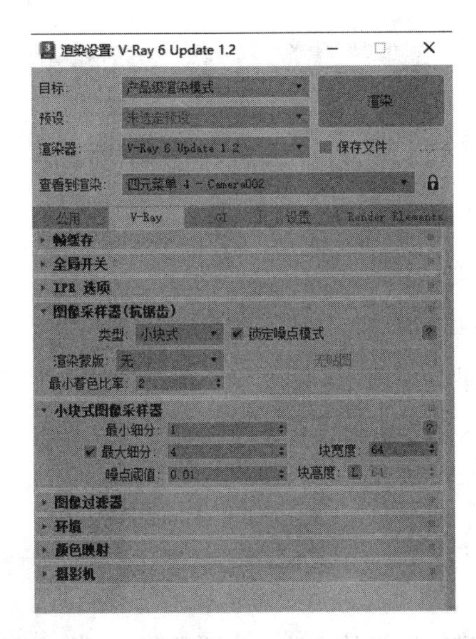

图 10-47　“图像采样器（抗锯齿）”卷展栏

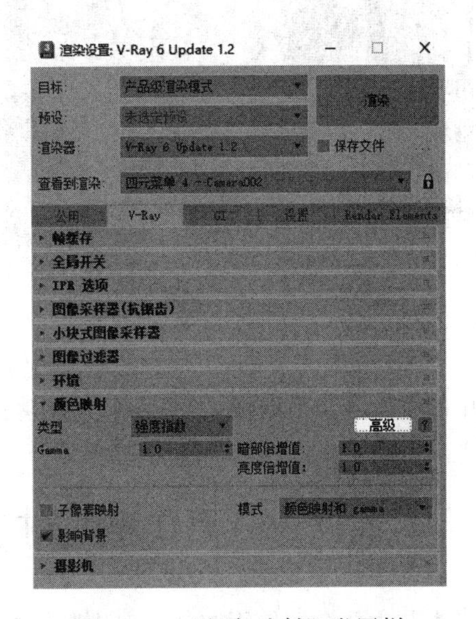

图 10-48　“颜色映射”卷展栏

5）选择“GI”选项卡，展开“全局照明”卷展栏，对该卷展栏进行设置，如图 10-49 所示。

Note

6）展开“灯光缓存”卷展栏，对该卷展栏进行设置，如图 10-50 所示。

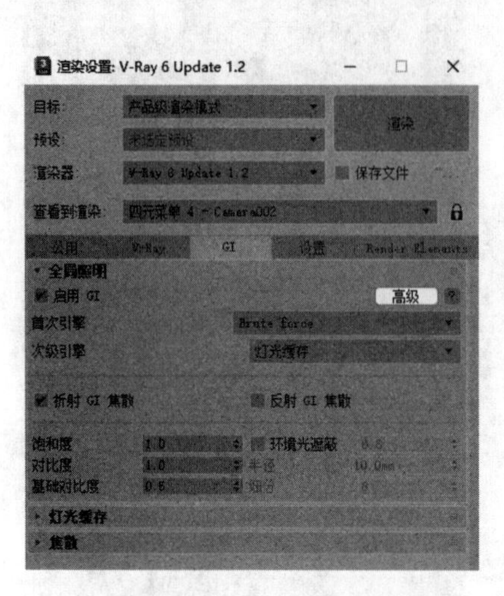

图 10-49 “全局照明”卷展栏

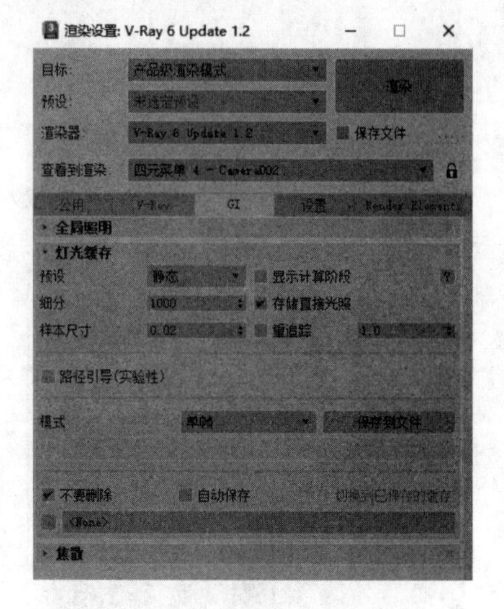

图 10-50 “灯光缓存”卷展栏

7）完成渲染参数设置后，单击“渲染”按钮或按 Shift+Q 快捷键，进行渲染。在渲染时会弹出“V-Ray Log”消息框，如果有错误会在其中提示，如图 10-51 所示。

8）同时弹出“渲染”对话框，在其中显示渲染的进度，如图 10-52 所示。单击“取消”按钮，可以取消对场景的渲染。

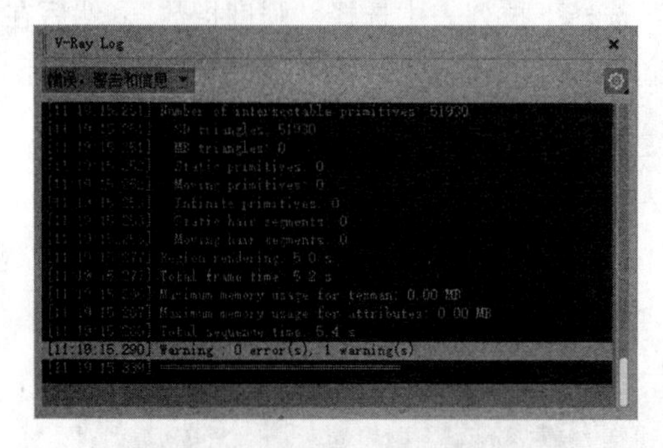

图 10-51 “V-Ray Log”消息框

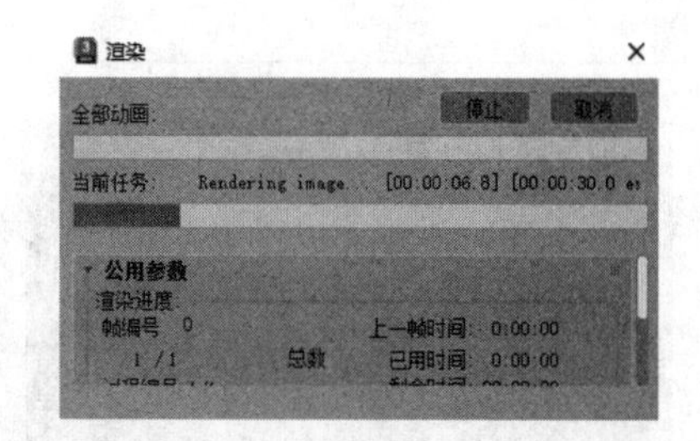

图 10-52 “渲染”对话框

9）在渲染完成后，可以观看渲染出来的效果，如图 10-43 所示。单击“渲染”对话框中的“保存当前通道”按钮，可对场景的渲染效果进行保存。

10.5 对主卧进行渲染

本节主要介绍使用 V-Ray 对别墅的主卧模型进行渲染的方法。主要思路是：先打开前面创建的主卧文件，然后指定 V-Ray 渲染器，赋予 V-Ray 材质，再渲染图形。主卧渲染效果如图 10-53 所示。

图 10-53　主卧渲染效果

（电子资料包：动画演示 \ 第 10 章 \ 对主卧进行渲染 .mp4）

10.5.1　指定 V-Ray 渲染器

1）启动 3ds Max 2024，选择菜单栏中的“文件”→“打开”命令，弹出“打开文件”对话框，打开“源文件 \ 第 10 章 \ 主卧”文件，如图 10-54 所示。

2）利用 10.1.1 节中讲述的方法将渲染器指定为 V-Ray 渲染器。

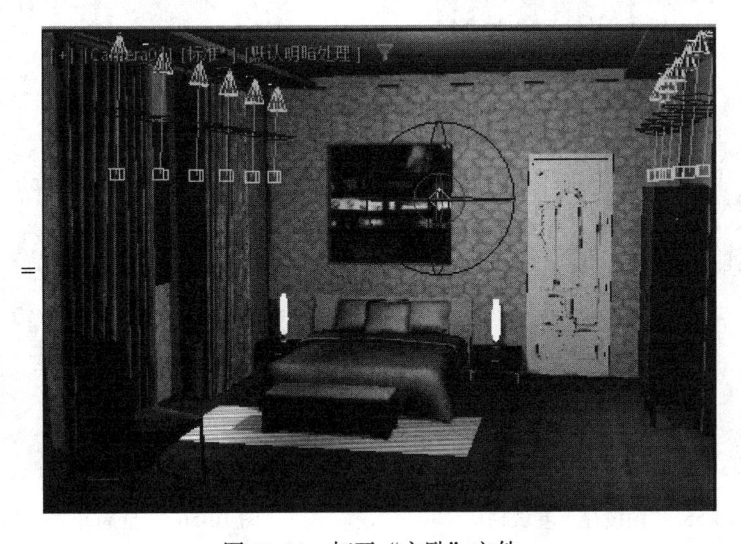

图 10-54　打开“主卧”文件

10.5.2　赋予 V-Ray 材质

1）在材质样本窗口中单击一个空白材质球，将其设置为 VRayMtl 材质，并将材质命名为“墙面”。

2）选择一个新的材质球，重命名为“玻璃”，按前面的方法赋予图形选中场景中的门玻璃模型，贴图采用电子资料包中提供的“源文件 \ 第 10 章 \ 主卧 \ 材质 \ 玻璃 .jpg”贴图文件。

3）选择一个新的材质球，重命名为“床单”，按前面的方法赋予图形中的“床单”，贴图采用电子资料包中提供的“源文件 \ 第 10 章 \ 主卧 \ 材质 \ 床单 .jpg”贴图文件。

4）按前面的方法将“木”材质球赋予图形中的“衣柜”和“床头柜”，贴图采用电子资料包中提供的“源文件 \ 第 10 章 \ 主卧 \ 材质 \ 樱桃木 −3.jpg”贴图文件。

5）按前面相同的方法将“地板”材质球赋予图形中的“地面”，贴图采用电子资料包中提供的“源文件 \ 第 10 章 \ 主卧 \ 材质 \ 地板 .jpg”贴图文件。

6）设置完全部材质和贴图后，在相应的材质编辑器对话框中单击“视口中显示明暗处理材质”按钮，显示贴图，观察材质贴图在视图中的纹理效果是否正确。

7）编辑完材质后，关闭“材质编辑器”对话框。在进行光能传递和渲染操作中可以根据画面的效果继续调整材质的设置。

10.5.3　V-Ray 渲染

1）指定渲染器后，展开“渲染设置”对话框“V-Ray”选项卡中的“帧缓存”卷展栏，选中“启用内置帧缓存”复选框后会激活一些对场景进行渲染的选项，这里不需要进行太多的设置，如图 10-55 所示。

2）展开“全局开关”卷展栏，设置参数如图 10-56 所示。

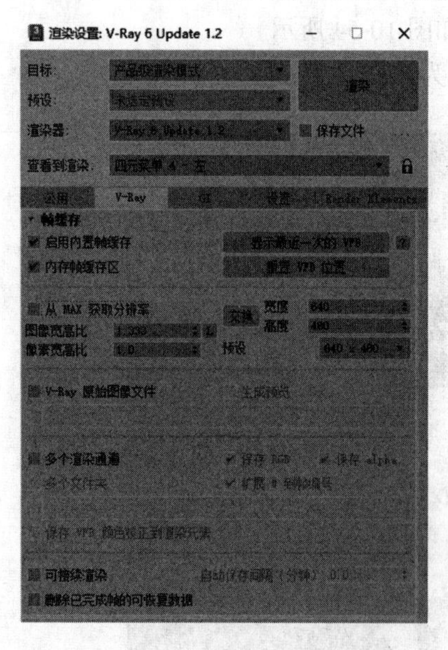

图 10-55 “帧缓存”卷展栏

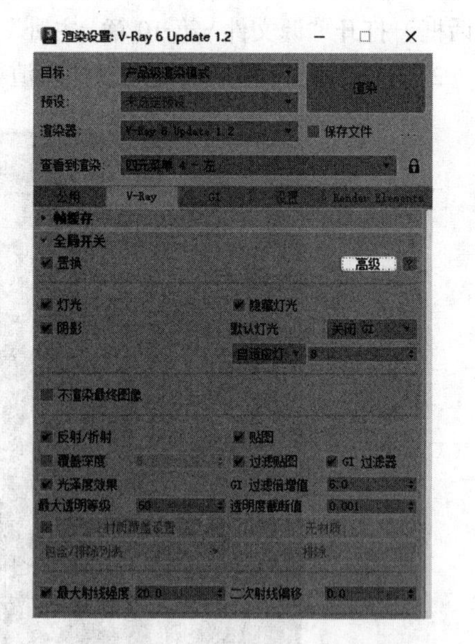

图 10-56 “全局开关”卷展栏

3）展开“图像采样器（抗锯齿）”卷展栏，设置参数如图 10-57 所示。

4）展开“颜色映射”卷展栏，在“类型”下拉列表中选择“线性倍增”，然后在“暗部倍增值”文本框中输入 0.8，在“亮度倍增值”文本框中输入 1.0，设置其他选项如图 10-58 所示。

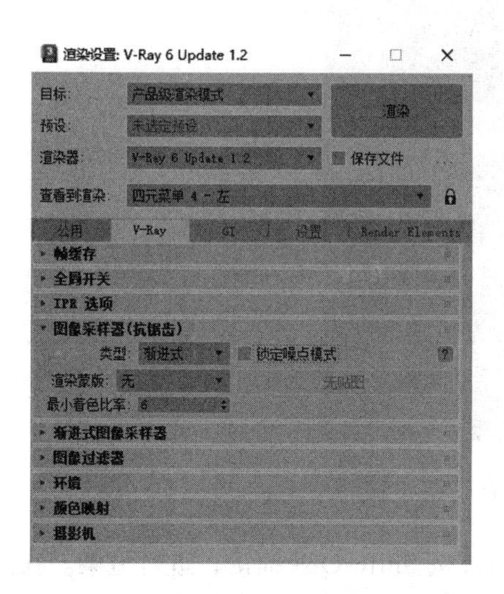

图 10-57　“图像采样器（抗锯齿）”卷展栏

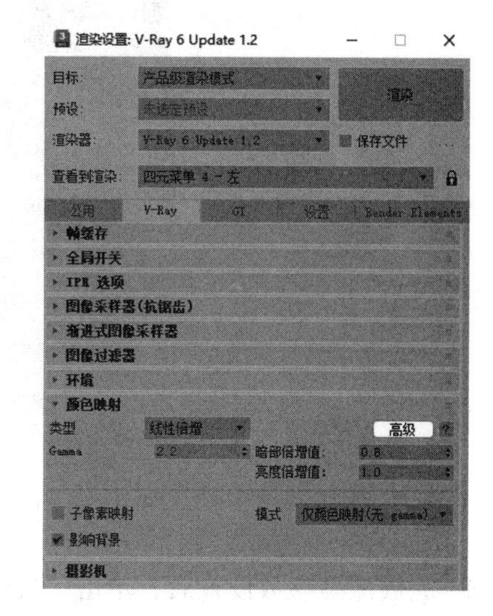

图 10-58　“颜色映射”卷展栏

5）展开“环境”卷展栏，选中“GI 环境”复选框，打开全局光，在“倍增”文本框中输入 1.2，如图 10-59 所示。

6）选择“GI”选项卡，展开“全局照明”卷展栏，对该卷展栏进行设置，如图 10-60 所示。

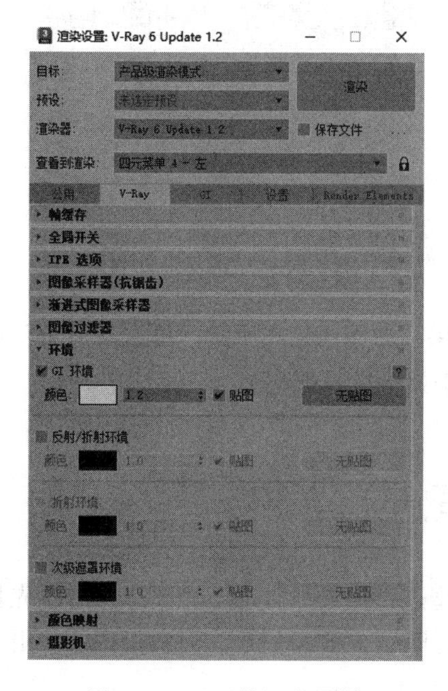

图 10-59　“环境”卷展栏

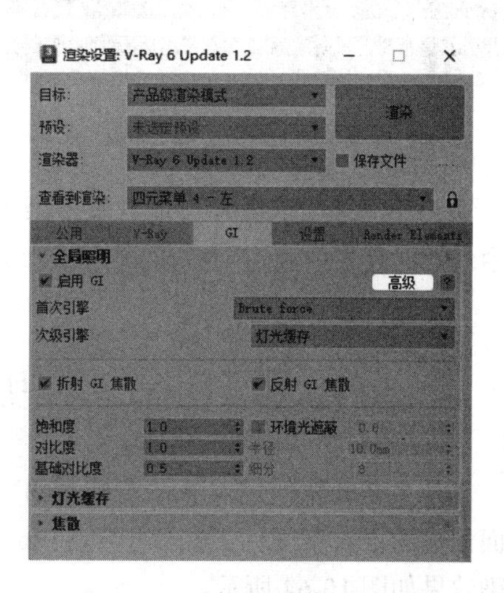

图 10-60　“全局照明”卷展栏

Note

7）展开“灯光缓存”卷展栏，对该卷展栏进行设置，如图 10-61 所示。

图 10-61　“灯光缓存”卷展栏

8）完成渲染参数设置后，单击“渲染”按钮或按 Shift+Q 快捷键，进行渲染。在渲染时会弹出“V-Ray Log”消息框，如果有错误会在其中提示，如图 10-62 所示。

9）同时弹出“渲染”对话框，在其中显示渲染的进度，如图 10-63 所示。单击“取消”按钮，可以取消对场景的渲染。

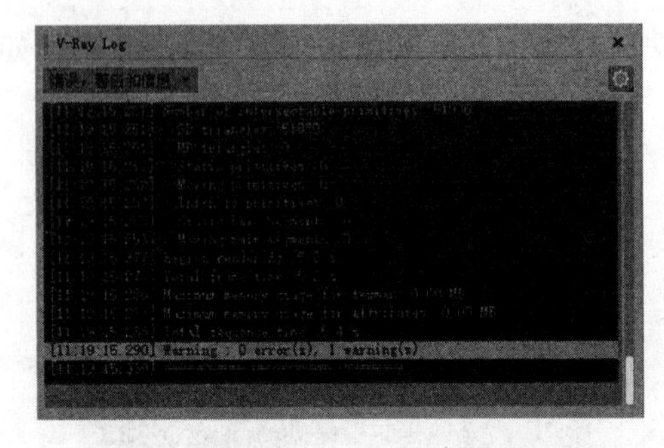

图 10-62　“V-Ray Log”消息框

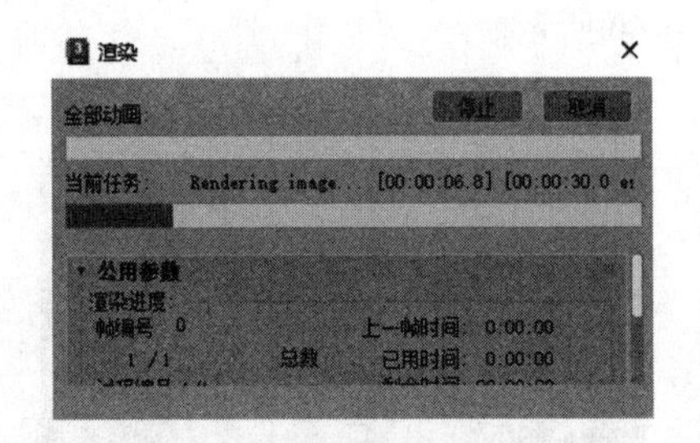

图 10-63　“渲染”对话框

10）在渲染完成后，可以观看渲染出来的效果，如图 10-53 所示。单击“渲染”对话框中的“保存当前通道”按钮，可对场景的渲染效果进行保存。

10.6　对更衣室进行渲染

本节主要介绍使用 V-Ray 对别墅的更衣室模型进行渲染的方法。主要思路是：先打开前面创建的更衣室文件，然后指定 V-Ray 渲染器，赋予 V-Ray 材质，再渲染图形。更衣室渲染效果如图 10-64 所示。

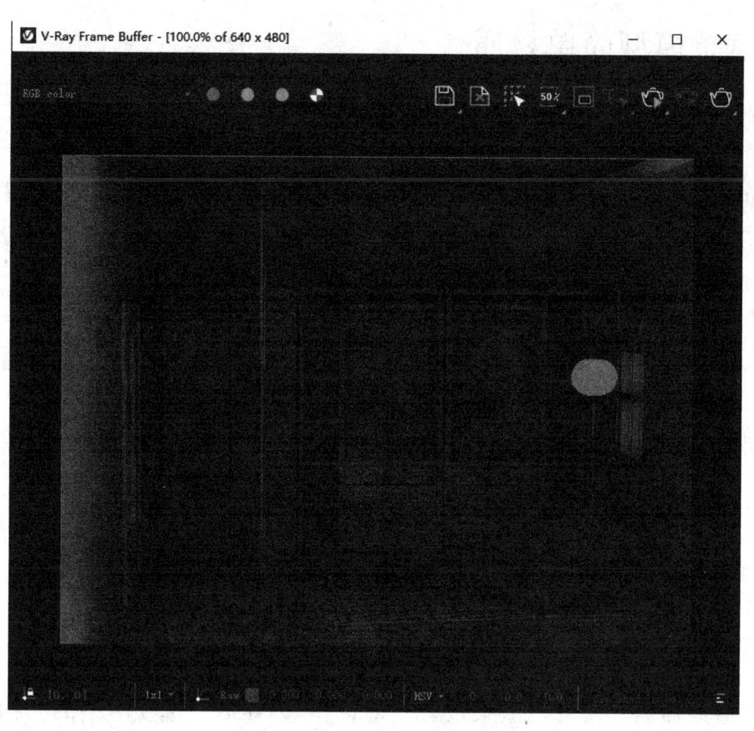

图 10-64　更衣室渲染效果

（电子资料包：动画演示 \ 第 10 章 \ 对更衣室进行渲染 .mp4）

10.6.1　指定 V-Ray 渲染器

1）启动 3ds Max 2024，选择菜单栏中的"文件"→"打开"命令，弹出"打开文件"对话框，打开"源文件 \ 第 10 章 \ 更衣室"文件，如图 10-65 所示。

图 10-65　打开"更衣室"文件

2）利用 10.1.1 节中讲述的方法将渲染器指定为 V-Ray 渲染器。

Note

10.6.2 赋予模型简单材质

1）在材质样本窗口中单击一个空白材质球，将其设置为 VRayMtl 材质，并将材质命名为“墙面”。

2）选择一个新的材质球，重命名为“玻璃”，按同样的方法赋予图形选中场景中的窗户玻璃，贴图采用电子资料包中提供的“源文件 \ 第 10 章 \ 更衣室 \ 材质 \ 玻璃 .jpg”贴图文件。

3）选择一个新的材质球，重命名为“木”，按同样的方法赋予图形中的“柜子”“门框”“窗框”，贴图采用电子资料包中提供的“源文件 \ 第 10 章 \ 更衣室 \ 材质 \ 木 .jpg”贴图文件。

4）按同样的方法将“地面”材质球赋予图形中的“地面”模型，贴图采用电子资料包中提供的“源文件 \ 第 10 章 \ 更衣室 \ 材质 \ 地面 .jpg”贴图文件。

5）设置完全部材质和贴图后，在相应的材质编辑器对话框中单击“视口中显示明暗处理材质”按钮，显示贴图，观察材质贴图在视图中的纹理效果是否正确。

10.6.3 V-Ray 渲染

1）指定渲染器后，展开“渲染设置”对话框“V-Ray”选项卡中的“帧缓存”卷展栏，选中“启用内置帧缓存”复选框后会激活一些对场景进行渲染的选项，如图 10-66 所示。这些选项也可以通过“公用”选项卡来进行调节，所以在这里不需要进行太多的设置。

2）展开“全局开关”卷展栏，设置参数如图 10-67 所示。

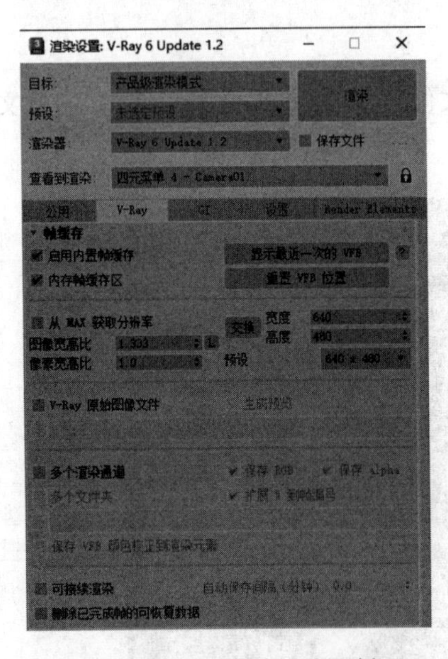

图 10-66 “帧缓存”卷展栏

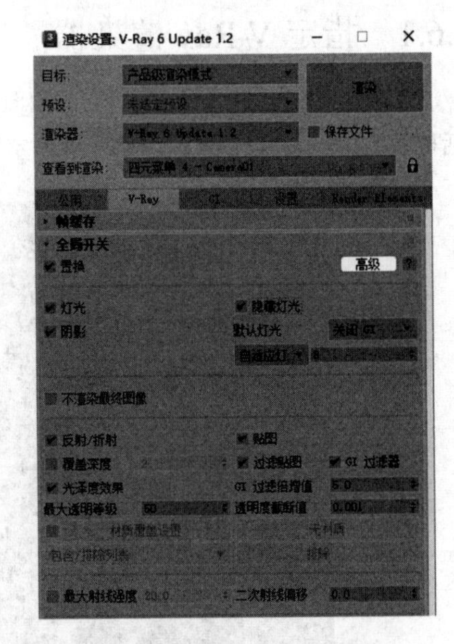

图 10-67 “全局开关”卷展栏

3）展开“图像采样器（抗锯齿）”卷展栏，设置参数如图 10-68 所示。

4）展开“颜色映射”卷展栏，在“类型”下拉列表中选择“强度指数”，然后在“暗

部倍增值”文本框中输入0.8，在“亮度倍增值”文本框中输入1.0，如图10-69所示。

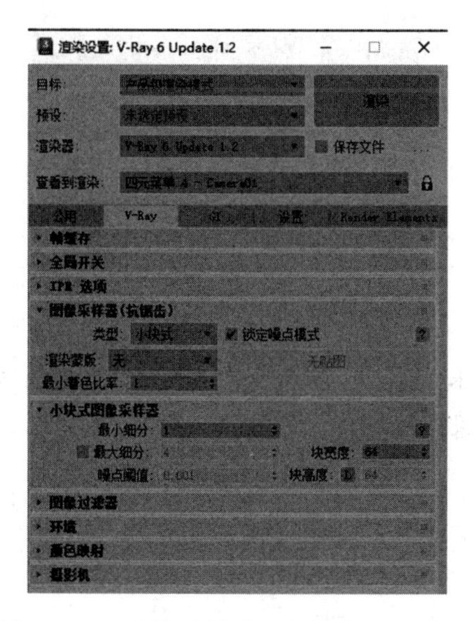

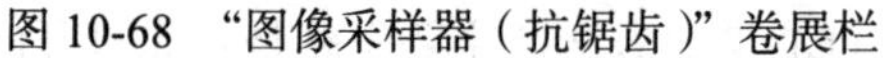

图10-68 “图像采样器（抗锯齿）”卷展栏

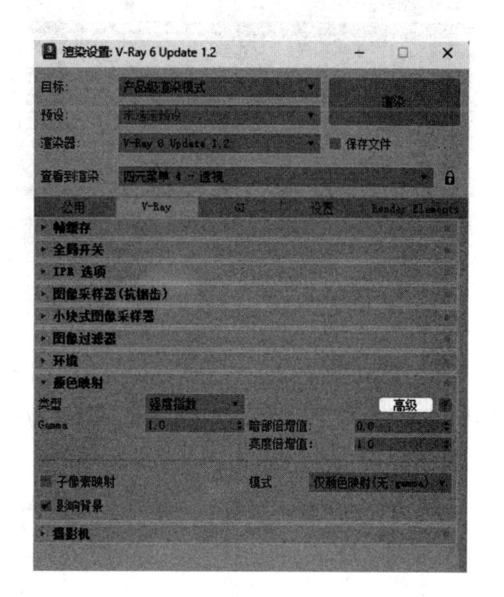

图10-69 “颜色映射”卷展栏

5）选择“GI”选项卡，展开“全局照明”卷展栏，对该卷展栏进行设置，如图10-70所示。

6）展开“灯光缓存”卷展栏，对该卷展栏进行设置，如图10-71所示。

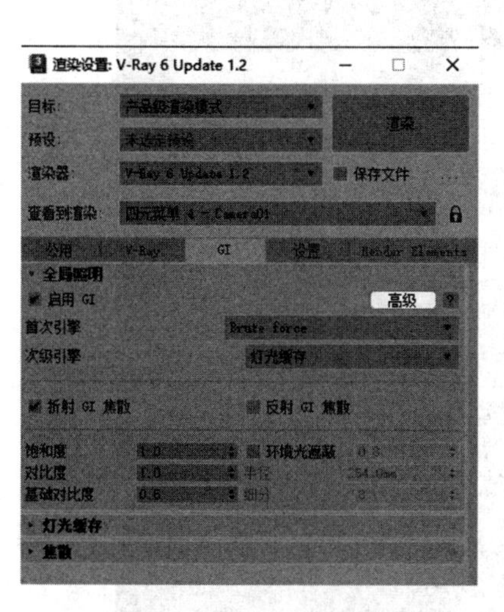

图10-70 “全局照明”卷展栏

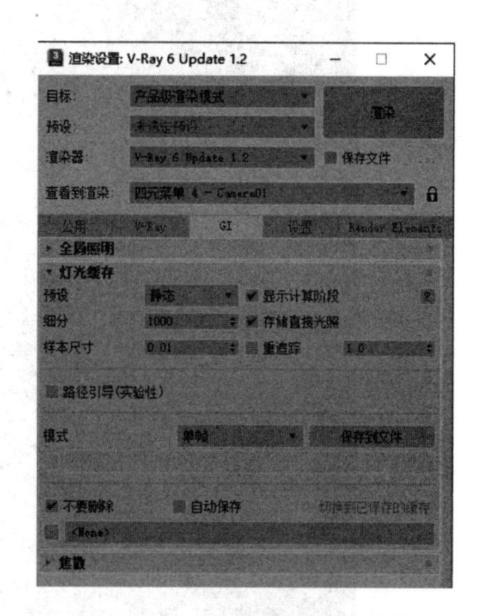

图10-71 “灯光缓存”卷展栏

7）完成渲染参数设置后，单击“渲染”按钮或按Shift+Q快捷键，进行渲染。在渲染时会弹出“V-Ray Log”消息框，如果有错误会在其中提示，如图10-72所示。

8）同时弹出“渲染”对话框，在其中显示渲染的进度，如图10-73所示。单击“取消”按钮，可以取消对场景的渲染。

Note

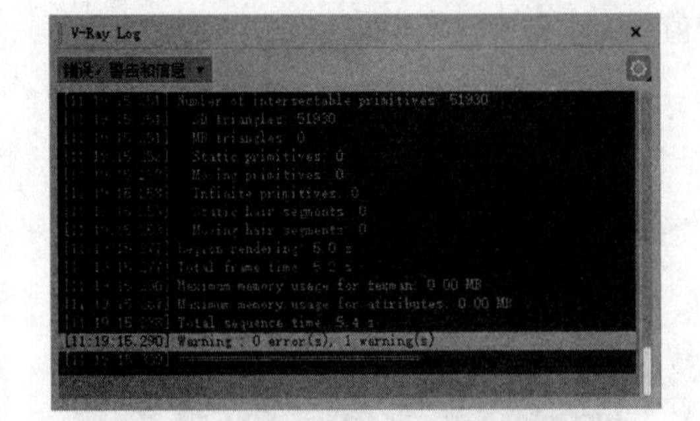

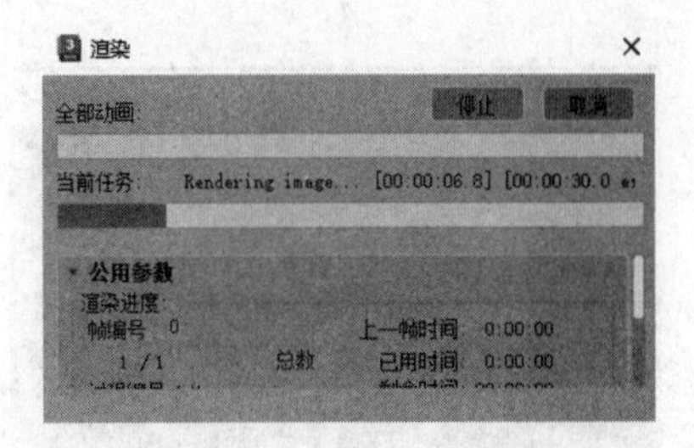

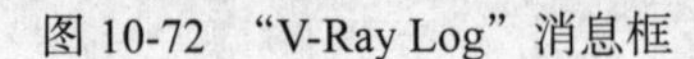

图 10-72 “V-Ray Log”消息框

图 10-73 “渲染”对话框

9）在渲染完成后，可以观看渲染出来的效果，如图 10-64 所示。单击“渲染”对话框中的“保存当前通道”按钮，可对场景的渲染效果进行保存。

10.7 对卫生间进行渲染

本节介绍使用 V-Ray 对别墅的卫生间模型进行渲染的方法。主要思路是：先打开前面创建的卫生间文件，然后指定 V-Ray 渲染器，赋予 V-Ray 材质，再渲染图形。卫生间渲染效果如图 10-74 所示。

图 10-74 卫生间渲染效果

（电子资料包：动画演示 \ 第 10 章 \ 对卫生间进行渲染 .mp4）

Note

10.7.1　指定 V-Ray 渲染器

1）启动 3ds Max 2024，选择菜单栏中的“文件”→“打开”命令，弹出“打开文件”对话框，打开“源文件 \ 第 10 章 \ 卫生间”文件，如图 10-75 所示。

图 10-75　打开“卫生间”文件

2）利用 10.1.1 节中讲述的方法将渲染器指定为 V-Ray 渲染器。

10.7.2　赋予 V-Ray 材质

1）单击主工具栏中的“材质编辑器”按钮或按 M 键，打开“材质编辑器”对话框。

2）在材质样本窗口中单击一个空白材质球，将其设置为 VRayMtl 材质，并将材质命名为“墙面”。

3）选择一个新的材质球，重命名为“地面”，按同样的方法赋予图形选中场景中的地面模型，贴图采用电子资料包中提供的“源文件 \ 第 10 章 \ 卫生间 \ 材质 \ 地面 .jpg”贴图文件。

4）选择一个新的材质球，重命名为“玻璃”，按同样的方法赋予图形选中场景中的门玻璃模型，贴图采用电子资料包中提供的“源文件 \ 第 10 章 \ 卫生间 \ 材质 \ 玻璃 .jpg”贴图文件。

5）选择一个新的材质球，重命名为“木”，按同样的方法赋予图形中的“门及窗框”，贴图采用电子资料包中提供的“源文件 \ 第 10 章 \ 卫生间 \ 材质 \ 门 .jpg”贴图文件。

6）设置完全部材质和贴图后，在相应的材质编辑器对话框中单击“视口中显示明暗处理材质”按钮，显示贴图，观察材质贴图在视图中的纹理效果是否正确。

7）编辑完材质后，关闭“材质编辑器”对话框。在进行光能传递和渲染操作中可以根据画面的效果再继续调整材质的设置。

10.7.3　V-Ray 渲染

1）指定渲染器后，在“渲染设置”对话框“V-Ray”选项卡的“帧缓存”卷展栏中会激活一些对场景进行渲染的选项，如图 10-76 所示。这些选项也可以通过“公用”选项卡来进行调节，所以在这里不需要进行太多的设置。

Note

2）展开“全局开关”卷展栏，选中“灯光”“阴影”复选框，设置参数如图10-77所示。

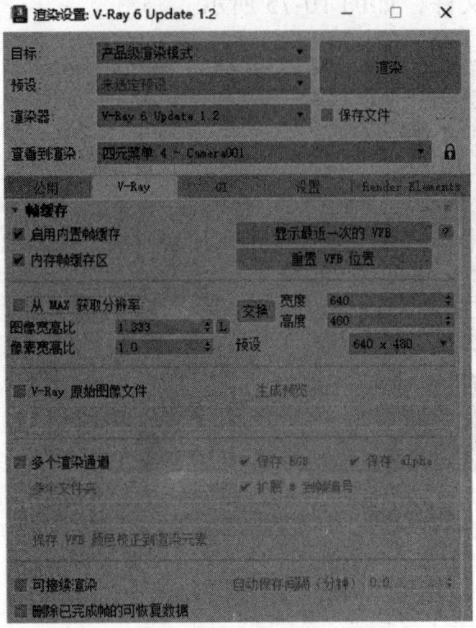

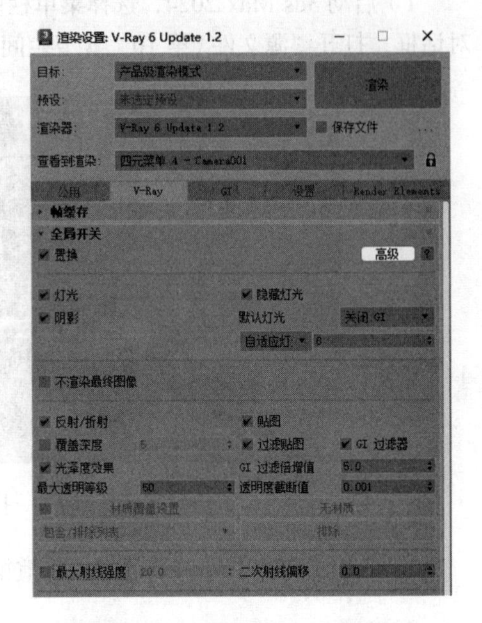

图10-76 “帧缓存”卷展栏

图10-77 “全局开关”卷展栏

3）展开“图像采样器（抗锯齿）”卷展栏，设置参数如图10-78所示。

4）展开“颜色映射”卷展栏，在“类型”下拉列表中选择“指数”，然后在“亮度倍增值”文本框中输入1.2，如图10-79所示。

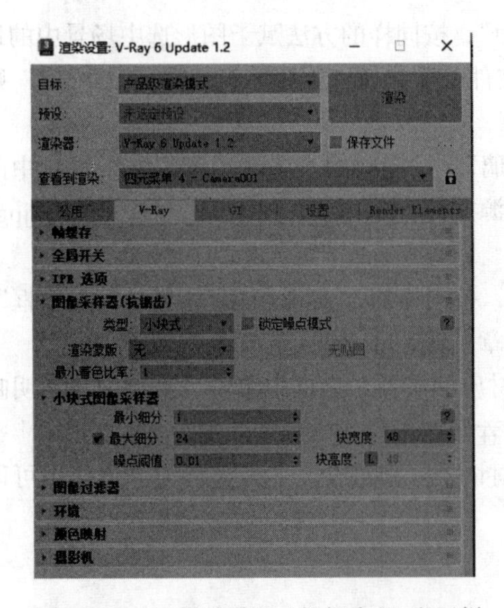

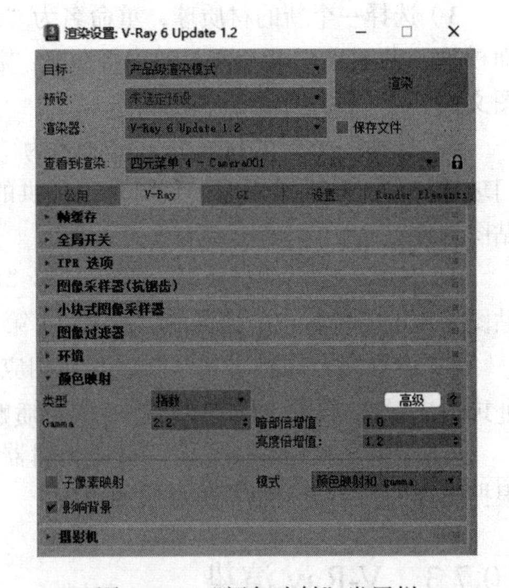

图10-78 “图像采样器（抗锯齿）”卷展栏

图10-79 “颜色映射”卷展栏

5）选择“GI”选项卡，展开“全局照明”卷展栏，对该卷展栏进行设置，如图10-80所示。

6）展开“灯光缓存”卷展栏，对该卷展栏进行设置，如图 10-81 所示。

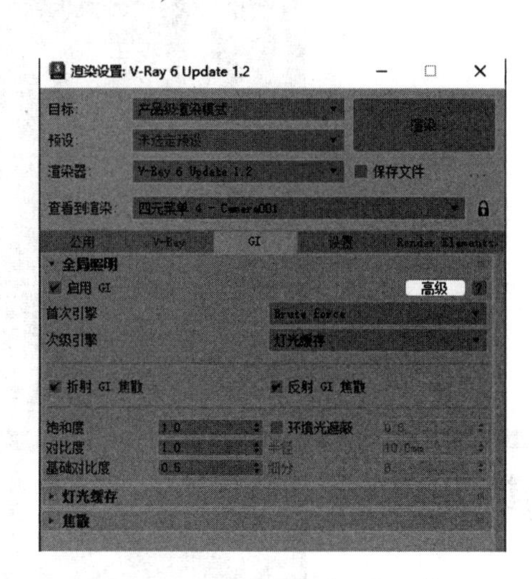

图 10-80　“全局照明”卷展栏

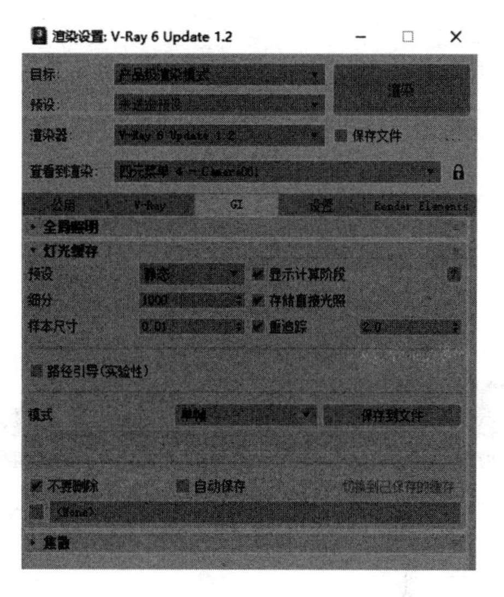

图 10-81　“灯光缓存”卷展栏

7）完成渲染参数设置后，单击“渲染设置”对话框中的“渲染”按钮或按 Shift+Q 快捷键，进行渲染。在渲染时会弹出“V-Ray Log”消息框，如果有错误会在其中提示，如图 10-82 所示。

8）同时弹出“渲染”对话框，在其中显示渲染的进度，如图 10-83 所示。单击“取消”按钮，可以取消对场景的渲染。

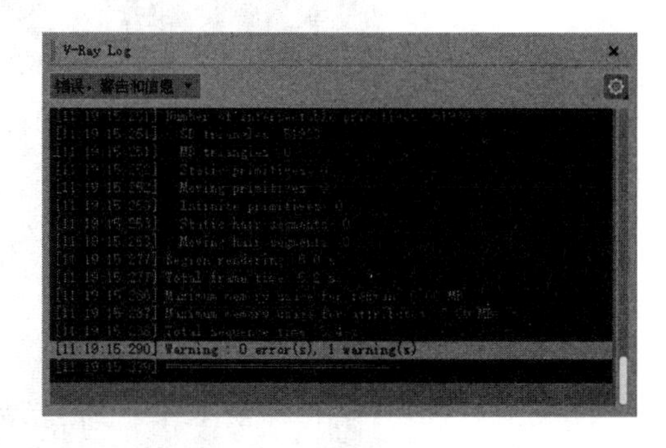

图 10-82　“V-Ray Log”消息框

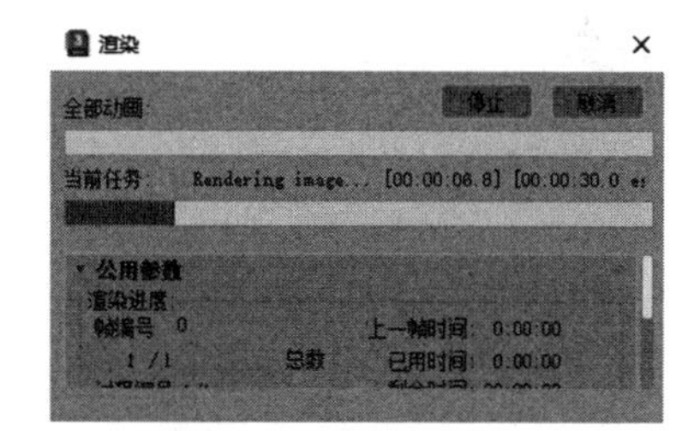

图 10-83　“渲染”对话框

9）在渲染完成后，可以观看渲染出来的效果，如图 10-74 所示。单击“渲染”对话框中的“保存当前通道”按钮，可对场景的效果进行保存。

▶▶第 4 篇

Photoshop 后期处理篇

本篇首先介绍了 Photoshop 2024 软件的基础知识，然后介绍了对在第 3 篇中创建的别墅及别墅室内结构（包括客厅、书房、餐厅、厨房、主卧、更衣室和卫生间）的渲染效果图进行后期处理的方法。

第11章

Photoshop 2024 入门

Photoshop 是 Adobe 公司于 1990 年推出的集图像制作、处理、合成等为一体的图像处理软件，它具有强大的功能及操作灵活的特点，在商业广告、印刷行业等领域得到了广泛的应用，尤其是随着版本的不断升级，功能更加齐全和完善，为图像设计创作人员提供了更广阔的空间。本书将以 Photoshop 2024 版本为例进行讲解。

在室内外效果图的设计制作中，综合运用 Photoshop 和三维软件，可使图像效果得到进一步的完善和提高。

- ☑ Photoshop 2024 简介
- ☑ Photoshop 2024 的基本操作
- ☑ Photoshop 2024 的颜色运用

任务驱动 & 项目案例

11.1 Photoshop 2024 简介

Note

11.1.1 Photoshop 2024 主要界面介绍

1. Photoshop 2024 的工作界面简介

☑ 菜单栏：显示 Photoshop 2024 菜单命令。包括“文件”“编辑”“图像”“图层”“文字”“选择”“滤镜”“3D”“视图”“增效工具”“窗口”和“帮助”12 个菜单。

☑ 选项栏：是一个关联调板，它提供对应的工具或命令的各种选项。

☑ 工具栏：显示 Photoshop 2024 中的常用工具。单击每个工具的图标即可使用该工具，右击每个工具的图标或按住图标不动，稍后可显示该系列的工具。

☑ 图像窗口：用来显示图像。窗口上方显示图像的名称、大小比例和色彩模式，右上角显示“最小化”“最大化”和“关闭”3 个按钮。

☑ 上下文任务栏：是一个浮动菜单，显示工作流程中最相关的后续步骤。例如，当选择了一个对象时，上下文任务栏会显示在画布上，并根据潜在的下一步骤提供更多策划选项，如选择并遮住、羽化、反转、创建调整图层或填充选区。

☑ 状态栏：显示当前打开图像的信息和当前操作的提示信息。

☑ 控制面板：列出 Photoshop 2024 操作的功能设置和参数设置。

选择菜单栏中的“文件”→“打开”命令，打开一幅图像，出现一个图像窗口。Photoshop 2024 的工作界面如图 11-1 所示。

图 11-1 Photoshop 2024 的工作界面

2. 主菜单栏的组成及使用

Photoshop 2024 菜单栏一共包括 12 个主菜单，选择相应的菜单即可弹出菜单命令，从中可以选取要使用的命令，如图 11-2 所示。

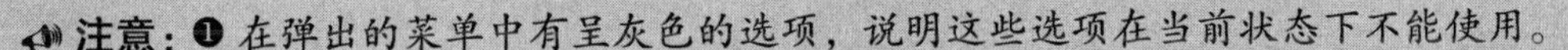

注意：❶ 在弹出的菜单中有呈灰色的选项，说明这些选项在当前状态下不能使用。

❷ 子菜单后跟“…”符号，表示选择该菜单将出现一个对话框。

❸ 子菜单后跟一个黑三角符号，说明这个菜单下还有子菜单。

❹ 子菜单后跟的组合键是打开该菜单的快捷键，直接按下快捷键即可执行命令。

3. 工具箱构造

Photoshop 2024 的所有图像编辑工具都存放在工具箱中，如图 11-3 所示。

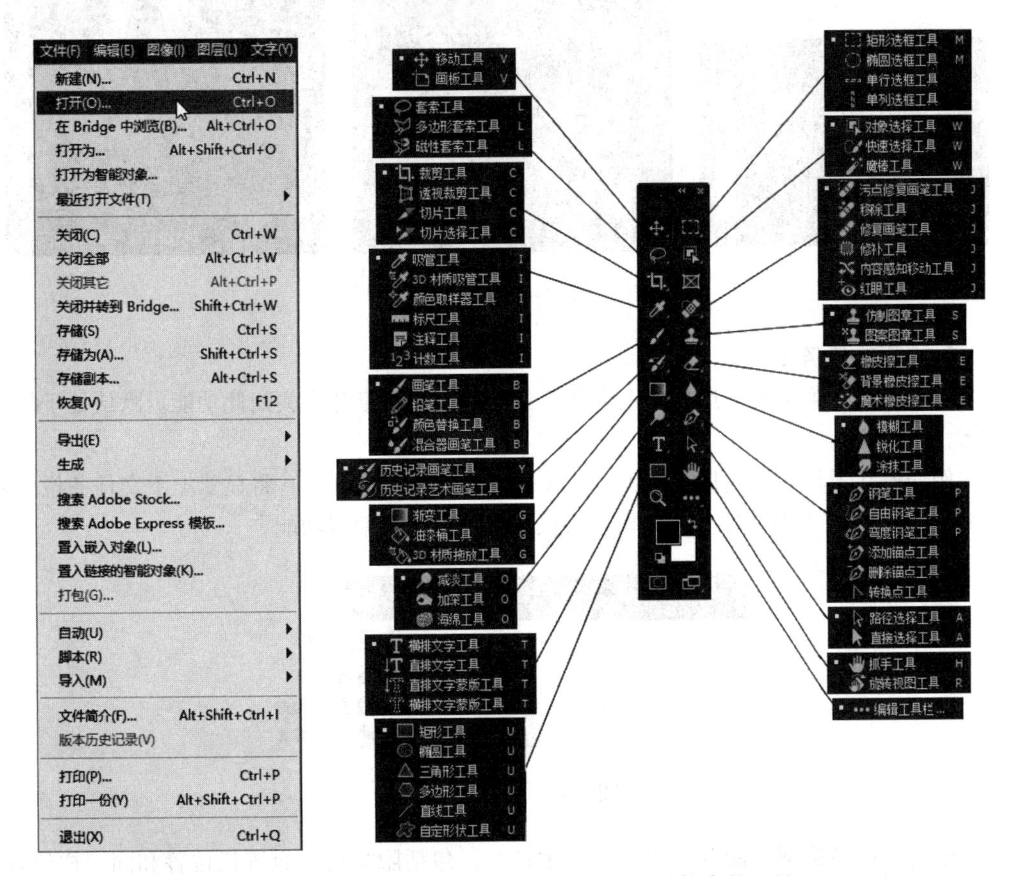

图 11-2 Photoshop 2024 菜单命令　　　　图 11-3 工具箱中的工具

在 Photoshop 2024 的工具箱中，有些工具图标右下角有一个黑三角，表示此工具下还有一些隐藏工具。当单击并保持不动或者右击这些工具图标时，在这个工具图标旁会弹出它的隐藏工具，把鼠标指针移到工具上放开鼠标即可选取隐藏工具，如图 11-4 所示。在选定某个工具后，在工具箱上方的选项栏中将显示该工具对应的属性设置，如图 11-5 所示。

图 11-4 选择隐藏工具

图 11-5 选项栏

Note

4. 控制面板

位于 Photoshop 2024 工作界面右边的 10 个浮动面板是控制面板，它们的作用是显示当前的一些图像信息并控制当前的操作方式。控制面板如图 11-6 所示。

各控制面板在操作过程中各有所用。例如，在“图层”选项卡中对所选择的图层进行编辑，不会影响到其他图层。

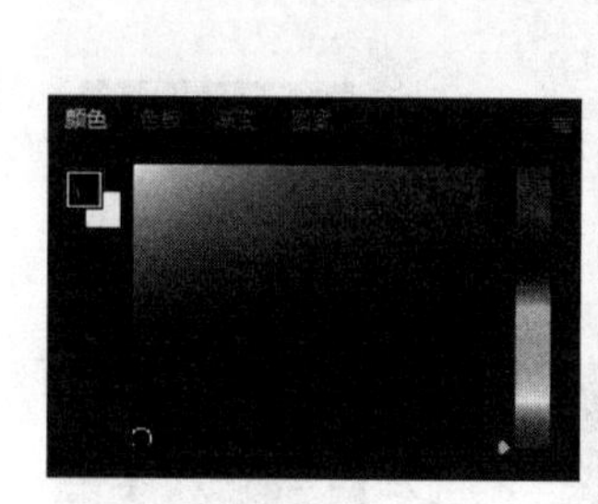

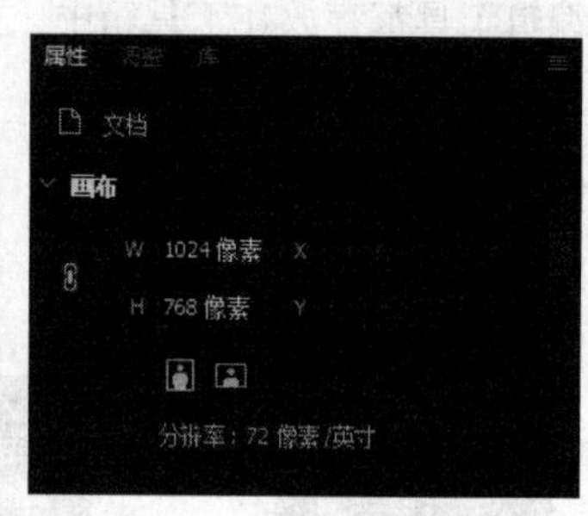

图 11-6 控制面板

5. 上下文任务栏

在“窗口”菜单栏中选择“上下文任务栏”选项可打开或关闭此功能。默认处于打开状态。

例如，在工具栏中选择文字工具并在画布上绘制文本框时，将显示上下文任务栏，如图 11-7 所示。在上下文任务栏中可以直接调用更多文本编辑功能。

图 11-7 上下文任务栏

单击“更多选项”图标…可显示其他命令，包括隐藏栏、重置栏位置和固定栏位置。这些操作可应用于所有上下文任务栏，因此已固定的栏将保持固定，供工作流程中未来的栏使用；隐藏栏将保持所有栏隐藏状态，直到重新打开为止。

6. 状态栏

Photoshop 2024 工作界面的最底部是状态栏。状态栏的作用是显示当前打开图像的信息和当前操作的提示信息。单击状态栏中的三角形图标，会弹出一个子菜单，选择该菜单上的命令，在状态栏上会显示出相应的信息，如图 11-8 所示。

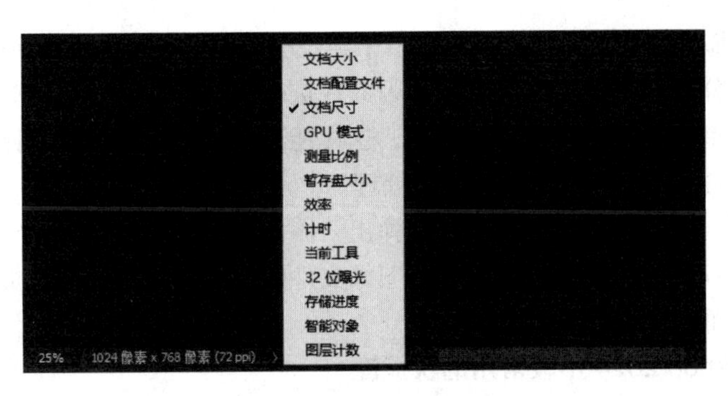

图 11-8　状态栏信息显示

注意： 图 11-8 中左下角显示的数字 25% 是指 Photoshop 2024 中屏幕视图的大小。改变这个数值能改变屏幕视图的大小，但不能改变图像文件的像素大小。例如，以 100% 的比例来查看图像，并不意味着所看到的视图中的图像为打印尺寸大小，它只是表示图像文件中的每个像素都在屏幕中以 1 像素出现。

7. 帮助菜单

Photoshop 2024 中的“帮助”菜单有查询及索引功能，它可以有效地帮助用户掌握 Photoshop 2024 的基本使用方法。通过“帮助”下拉菜单可以进入 Photoshop 2024 的帮助主题、技术支持等。

11.1.2　Photoshop 2024 的优化和重要快捷键

为了提高在 Photoshop 2024 中图像处理的速度和效率，需要优化 Photoshop 2024 的性能和使用一些常用的快捷键。

1. 优化 Photoshop 2024 性能的方法

1）清理剪贴板和其他缓存数据。在图像处理过程中，完成复制粘贴的操作后，复制的图像仍然会保留在剪贴板上，占用一定的内存。同时，在“历史记录”中也会保留大量的数据，以方便用户使用“撤销”命令。所以，清理不需要使用的剪贴板内容和历史记录是很好的释放内存的方法。

选择“编辑”→“清理”命令，即可清除剪贴板或历史记录中的数据。

2）不使用剪贴板进行文件复制。复制和粘贴命令如果使用较多会使剪贴板占用内存而降低 Photoshop 2024 的运行速度。对此，可以采取一些不使用剪贴板而直接进行复制的方法。

☑ 在同一个图像文件中复制选区，按 Ctrl+J 快捷键，就不会在剪贴板上保留复制的图像。

☑ 复制一个图层的内容时，可以单击“图层”选项卡上的“创建新图层”按钮，这样就在“图层”选项卡上自动生成一个复制图层。

☑ 从一个图像文件中复制选区到另一个图像文件时，可以单击工具栏中的“移动工具”按钮，把选区拖到另一个图像文件中。如果要把复制的选区置于要粘贴的图像中心位置，可在停止拖动前按住 Shift 键。

Note

3）在低分辨率下进行草图的处理。由于在低分辨率下制作的矢量图形和图层样式可以直接拖放到高分辨率图像中继续使用，因此在进行较复杂的图像处理时，可以先在降低图像文件的分辨率状态下进行草图的处理，这样能减少用于生成操作和比较操作的处理时间，然后对正稿再采用高分辨率进行图像处理。

选择“图像”→“图像大小”命令，弹出“图像大小”对话框，在“分辨率”文本框中输入需要的分辨率值。更改分辨率后，图像文件的尺寸不会改变，但文件的大小会随着分辨率值的改变而改变。

2. 在 Photoshop 2024 中较常用的快捷键

（1）隐藏 / 显示调板　为了避免 Photoshop 2024 的视图和控制面板凌乱拥挤，影响观察图像效果，可以按 Tab 键隐藏所有调板。如果再次按下 Tab 键则会重新显示所有调板。如果按 Shift+Tab 快捷键则打开或关闭除了工具箱以外的所有调板。

（2）基本工具　在工具箱中的作图工具中使用最频繁的是“移动工具”和“选框工具”，它们的快捷键分别为 V 和 M。

（3）变形工具　按 Ctrl+T 快捷键相当于执行“编辑”→“自由变换”命令。如果需要进一步的局部变形，可在保持自由变形工具编辑状态下再次按 Ctrl+T 快捷键。按 Shift+Ctrl+T 组合键则是再次自动变形。

（4）多次使用滤镜　使用了一次滤镜后，如果觉得没有获得预期的效果，可以按 Ctrl+F 快捷键再次使用和上一次同样设置的滤镜。如果想再次使用同样的滤镜，但需要修改这个滤镜相应的设置，可以按 Ctrl+Alt+F 组合键。

（5）复制粘贴　按 Ctrl+C 快捷键相当于执行“编辑”→“复制”命令，按 Ctrl+V 快捷键则是对复制的图像进行粘贴。需要注意的是，Ctrl+C 快捷键复制的是选区内当前激活图层的图像，如果希望复制选区内所有图层的合并图像，则需要按 Shift+Ctrl+C 组合键。

（6）撤销操作　对当前的操作效果不满意时，可按 Ctrl+Z 快捷键撤销操作。再次按下 Ctrl+Z 快捷键则会重做。如果需要逐步撤销多步操作，而不是仅撤销一步，则按 Ctrl+Alt+Z 组合键。

（7）存储文件　按 Ctrl+S 快捷键为存储文件；按 Shift+Ctrl+S 组合键可打开“存储为”对话框，将当前文件保存为另一个格式或名称。

（8）颜色填充　给一个选区或图层填充前景色，可按 Alt+Delete 快捷键；填充背景色，则按 Ctrl+Delete 快捷键。如果编辑的图像为透明背景，只填充图像中的不透明像素，使透明的背景保持不变，可以在组合快捷键中添加 Shift 键。这样，透明背景仍然保持不变，但图像中的颜色则会被前景色或背景色所取代。

（9）画笔尺寸　使用工具箱中的“画笔工具”和“铅笔工具”时，括号键“[”和“]”可分别用来减小和增大绘图时所用到的画笔尺寸。

（10）选取　使用工具箱中的“快速选择工具”、“套索工具”或“选框工具”时，在选取选区的同时按 Shift 键，能继续添加选取对象。反之，要减去当前选取的一些选区时，则在选取的同时按 Alt 键。如果要选择当前选区和新添加选区的相交区域，可在选取的同时按 Alt 键和 Shift 键。

（11）前景色和背景色　如果要使前景色和背景色变为默认的黑色和白色，则按 D 键。如果按下 X 键，则能使前景色和背景色的颜色进行交换。

11.2　Photoshop 2024 的基本操作

11.2.1　图像文件的管理

1. 图像文件的新建和保存

Photoshop 2024 文件的新建与保存命令全都在“文件”菜单中。选择“文件”→“新建”命令，弹出“新建文档”对话框，如图 11-9 所示。在该对话框中可以任意设定图像文件的大小、分辨率和背景信息。单击“创建”按钮，即可获得一个新的图像文件。

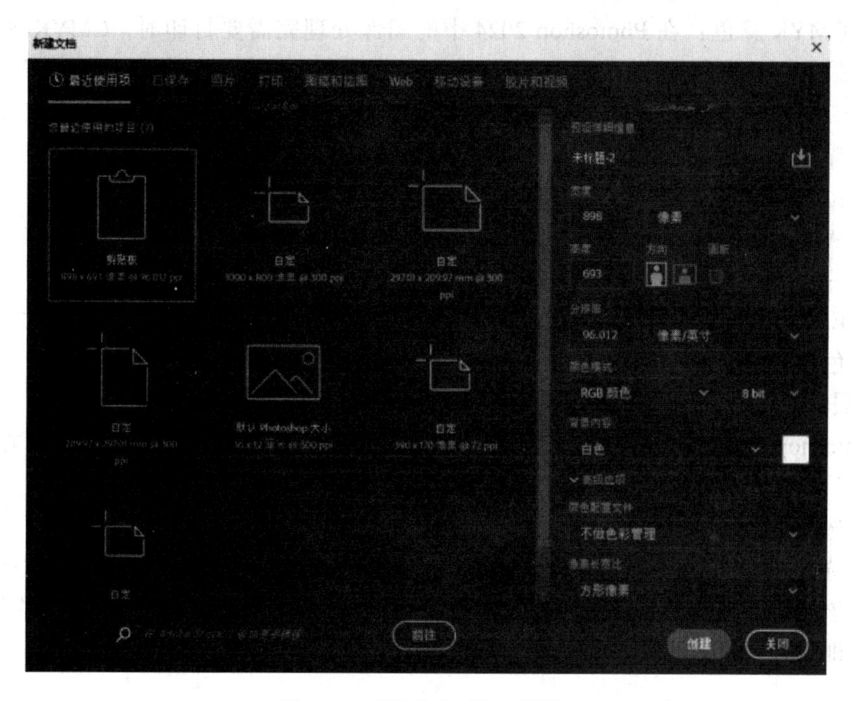

图 11-9　“新建文档”对话框

“新建文档”对话框中的主要选项如下。

☑ 名称：在此文本框中填写的文字为图像文件保存的文件名称。

☑ 宽度 / 高度：如果不想使用系统预设的图像尺寸，可以在文本框中输入图像文件需要的高和宽的尺寸。在第 2 个选择框的下拉列表中是图像尺寸的度量单位。

☑ 分辨率：分辨率是和图像相关的一个重要概念，多用于表现图像的清晰度。分辨率越高，表示图像品质越好，越能表现出更多的细节，文件也越大。

☑ 颜色模式：在模式的下拉菜单中提供了 5 种色彩模式和相应的色彩通道数值。色彩通道数值越大，图像色彩越丰富，同时图像文件也会相应变大。

☑ 背景内容：在其下拉列表中提供了 5 种背景色，分别为白色、黑色、背景色、透明和其他。

在系统的默认情况下创建的图像文件为白色背景。如果选择透明色，则创建的是一张没有颜色的图像。选择背景色则会生成一个 Photoshop 2024 工具箱中所设置的背景色为背

景的图像文件。

2. 色彩模式的选择

色彩模式是 Photoshop 2024 以颜色为基础，用于打印和显示图像文件的方式。在创建图像文件时可以采用的色彩模式有以下 5 种，选择不同的模式会生成不同的色域。

☑ RGB 颜色：RGB 表示的颜色为红、绿、蓝 3 原色，每种颜色在 RGB 色彩模式中都有 256 种阶调值。在所有的色彩模式中，RGB 色彩模式有最多的功能和较好的灵活性，是应用最广泛的色彩模式。因为 RGB 色彩模式拥有较宽的色域，所以 Photoshop 2024 所有的工具和命令都能在这个色彩模式下工作，而其他色彩模式则受到了不同的限制。

☑ CMYK 颜色：在 Photoshop 2024 中的图像处理完需要打印时，CMYK 颜色则是最常用的打印模式。CMYK 颜色主要是指青色、洋红、黑色和黄色。需要转换到 CMYK 色彩模式打印时，可以选择“编辑”→“颜色设置”进行编辑或者直接选择“图像”→“模式”→“CMYK 颜色”。

☑ 位图：位图模式只有黑色、白色两种颜色。

☑ 灰度：灰度模式下只有亮度值，没有色相和饱和度数据，它生成的图像和黑白照片一样。该模式经常用于表现质感或是复古风格的图像。

☑ Lab 颜色：Lab 模式是 Photoshop 2024 所提供的色彩模式中色域范围最大、可显示色彩变化最多的模式，也最接近人类眼睛所能感知的色彩表现范围。

3. 图像文件的保存

Photoshop 2024 有存储和存储为两种保存模式。当执行“存储为”命令后，在弹出的“存储为”对话框中可以设定文件的类型、名称和存储路径等内容。

☑ 选择“文件”→“存储”命令，即可直接完成对文件的保存。

☑ 选择“文件”→“存储为”命令，弹出如图 11-10 所示的“存储为”对话框，在该对话框中可以编辑图像的存储名称和选择图像的存储格式。单击“保存”按钮，即可将图像文件保存。

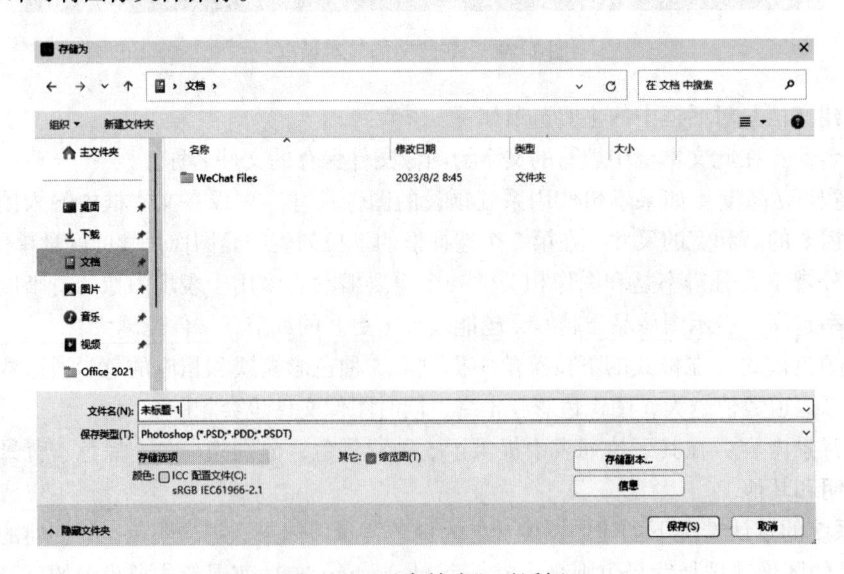

图 11-10 “存储为”对话框

11.2.2　图像文件的视图控制

Photoshop 2024 中有许多关于视图控制的命令，在图像处理的过程中使用这些命令，会给图像编辑带来极大的方便并提高工作效率。

1. 图像的放大和缩小

Photoshop 2024 有 4 种视图缩放的操作方法，分别是使用“视图”菜单命令、使用“缩放工具”、使用控制面板中的导航器和使用“抓手工具”。

1）使用“视图”菜单命令的操作方法是：

☑ 选择菜单栏中的“视图”→“放大 / 缩小”命令，图像会自动放大一半或缩小。

☑ 选择菜单栏中的“视图”→“按屏幕大小缩放”命令，可将图像在 Photoshop 2024 中以最合适的比例显示。

☑ 选择菜单栏中的“视图”→“打印尺寸”命令，会使图像以实际打印的尺寸显示。

2）使用“缩放工具”编辑图像的方法是：

☑ 单击工具箱中的“缩放工具”按钮，在 Photoshop 2024 的选项栏中会出现相应的选项，单击选项栏中的“放大”按钮或“缩小”按钮，在图像上单击，可以使图像放大一倍或缩小一半。选项栏中还有实际像素、适合屏幕、填充屏幕和打印尺寸等按钮，直接单击其中的按钮，即可实现对视图大小的控制。

☑ 单击工具箱中的“缩放工具”按钮，然后直接在图像上单击，即可使图像放大一倍。如果需要缩小图像，配合 Alt 键在图像中单击，即可将图像缩小一半。

3）使用导航器控制图像大小的方法是：左右拖动如图 11-11 所示的“导航器”控制面板下方的滑块时，图像会随着滑块的左右移动而进行相应的缩放。

图 11-11　“导航器”控制面板

4）使用“抓手工具”进行图像编辑的操作方法是：

☑ 单击工具箱中的“抓手工具”按钮，这时选项栏上会出现“100%”“适合屏幕”和“填充屏幕”按钮，直接单击其中的按钮，即可实现对视图大小的控制。

Note

☑ 单击工具箱中的“抓手工具”按钮，在图像上右击，在弹出的快捷菜单中选择所需要的视图显示命令。

☑ 当视图大小为超出满画布显示的尺寸时，可以使用“抓手工具”上下左右拖动图像来观察图像局部效果。

2. 图像定位

在图像编辑时，经常要确定一个图像的位置，而只靠人的眼睛来判断图像位置的准确与否是很难的。为此，Photoshop 2024 专门提供了“标尺”“参考线”和“网格”3 个功能，这给图像的定位带来了极大的方便。

（1）显示标尺　选择菜单栏中的“视图”→“标尺”命令，或按 Ctrl+R 快捷键，即可在图像窗口的上边和左边显示标尺，如图 11-12 所示。

图 11-12　显示标尺

（2）显示参考线　显示了标尺后，用鼠标向图像中心拖动标尺，即可出现相应的参考线。如果需要精确地定位标尺的位置，选择菜单栏中的“视图”→“新建参考线”命令，在弹出的“新参考线”对话框中选择需要的参考线取向并输入参考线离光标的距离，即可在图像上出现相应的参考线。将鼠标放在参考线上，还能左右或上下移动。

如果想固定参考线，可选择菜单栏中的“视图”→“锁定参考线”命令；如果想删除参考线，则选择菜单栏中的“视图”→“清除参考线”命令。

（3）显示网格　定位图像最精确的方法是“网格”。选择菜单栏中的“视图”→“显示”→“网格”命令，即可在图像上显示网格，如图 11-13 所示。如果需要清除网格，取消选择菜单栏中的“视图”→“显示”→“网格”命令即可。

3. 图像的变形

图像变形在处理图像时会经常用到。图像变形包括图像的缩放、旋转、斜切、扭曲和透视。图像变形命令可应用到每个选区、图层中。

“缩放”命令可将图像选区部分的大小进行改变；“旋转”命令可将图像向各个角度旋转，改变图像的方向；“斜切”命令是把图像倾斜；“扭曲”命令能将图像沿不同的方向拉伸，使图像扭曲变形；“透视”命令可以使图像产生透视的效果。

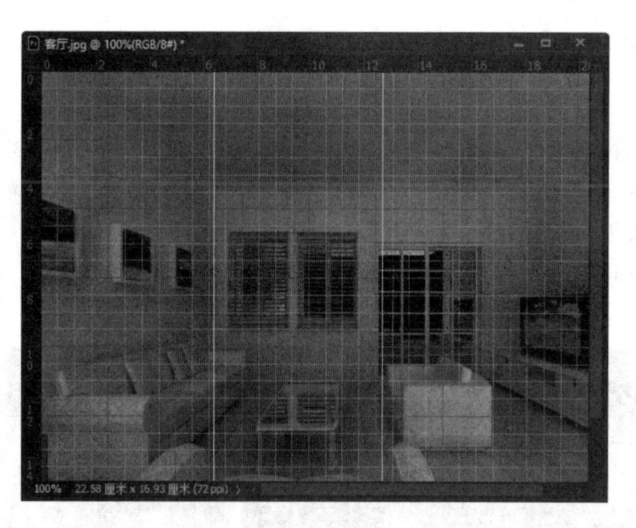

图 11-13　在图像上显示网格

这些命令都在菜单栏的“编辑”→“变换”的子菜单中。用工具箱中的选取工具（包括“快速选择工具”、“套索工具”或“选框工具”）在图像上选定需要变形的区域后，选择菜单栏中的“编辑”→“变换”子菜单中的变形命令，在图像上的所选区域就会出现一个变形编辑边框。单击并拖动边框上的图柄能预览图像变形效果，如图 11-14 所示。此时按 Enter 键能完成变形效果的应用。如果在按 Enter 键之前按下 Esc 键，则能将变形命令取消。

另外，这些命令只能应用于图层中不透明的图像选区、路径和“快速蒙版”模式中的蒙版。

4. 图像的排列和查看

当在 Photoshop 2024 中打开多个图像窗口时，可以使用“窗口”菜单中的命令来按需要排列图像窗口。

选择菜单栏中的“窗口”→“排列”→“层叠”命令，可将图像窗口层叠显示，如图 11-15 所示。

图 11-14　图像变形效果

图 11-15　图像窗口层叠显示

选择菜单栏中的“窗口”→“排列”→“平铺”命令，可将图像以并列的形式显示，如图 11-16 所示。

Note

注意：❶ 要取消选取工具选择的图像变形选区，可按 Ctrl+D 快捷键。

❷ 要按比例缩放对象，可在使用缩放命令的同时按住 Shift 键。

❸ 如果要一次应用几种效果，可在图像选区内右击，在弹出的快捷菜单中选择相应的命令。

图 11-16　图像窗口平铺显示

11.3　Photoshop 2024 的颜色运用

Photoshop 2024 有着强大的选择、混合、应用和调整色彩的功能。本节将详细讲解色彩选择工具的使用以及色彩的调整，并用简单实例来具体讲解对色彩进行操作的方法。

11.3.1　选择颜色

在使用 Photoshop 2024 处理数码图像文件时，选择颜色的方法是非常重要的，它决定着图像处理质量的好坏。Photoshop 2024 为用户选择色彩提供了很多方法，包括使用拾色

器、吸管工具和色板等，用户可根据自己的需要进行选择及应用。

1. 使用拾色器

单击工具箱中或控制面板中色板的“前景色 / 背景色”按钮，弹出如图 11-17 所示的“拾色器（前景色）”对话框，用户可以在该对话框中进行颜色的选择。拾色器是 Photoshop 2024 中最常用的标准选色环境，在 HSB、RGB、CMYK、Lab 等色彩模式下都可以用它来进行颜色选择。

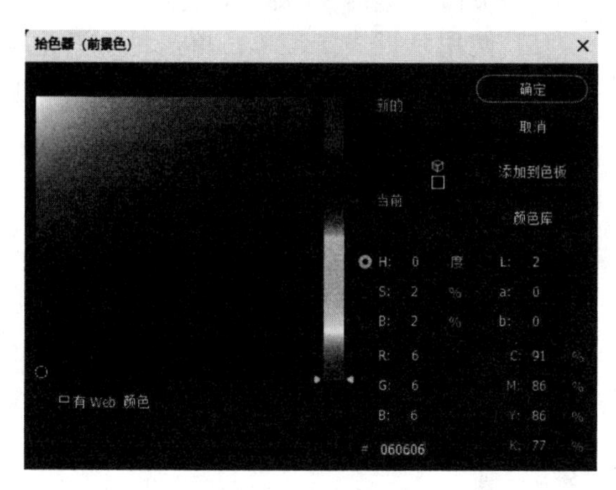

图 11-17　“拾色器（前景色）”对话框

1）使用拾色器选择颜色的方法如下：

☑ 使用色域：在拾色器左方大片的颜色区域叫作色域。将鼠标指针移到色域内时，鼠标指针会变成圆形的图标，拖动这个颜色图标可在色域内选择所需要的颜色。

☑ 使用色杆：在拾色器中色域的右方有一条长方形的色彩区域，叫作色杆。拖动色杆两边的滑块能选择颜色区域。当色杆的颜色发生变化时，色域中的颜色也会相应发生变化，形成以在色杆中选取的颜色为中心的一个色彩范围，从而能在色域中进一步更准确地选取颜色。

☑ 色杆右上方的矩形区域显示了两个色彩，上方的色彩表示在色域中选取的当前色彩，下方的色彩表示在色域中上一次所选择的色彩。

☑ 使用数值文本框：拾色器提供了 4 种色彩模式来选择颜色，分别是 HSB、RGB、CMYK 和 Lab 模式，可以根据需要进行选择。在相应的文本框中输入色彩数值，能得到精确的颜色。

2）使用“颜色库”对话框选择颜色的方法如下：

☑ 激活预定义颜色：激活预定义颜色可通过打开“颜色库”对话框来实现。在“拾色器（前景色）”对话框中单击“颜色库”按钮，将弹出“颜色库”对话框，如图 11-18 所示。“颜色库”对话框中显示的颜色是 Photoshop 2024 系统预先定义的颜色。对话框右方的数据表示的是颜色的信息。

☑ 选择颜色：“颜色库”对话框中的“色库”下拉列表中有多种预设的颜色库。选择需要的色库后，色杆和色域上将会出现色库相应的颜色，这时可以滑动色杆上的滑块和单击色域中的颜色块来选择颜色。

2. 使用色板

选择菜单栏中的“窗口”→“色板”命令，即可显示色板。在色板中可以任意选择由 Photoshop 2024 所设定的色块，将之设定为前景色或背景色。使用色板选择颜色的方法如下：

☑ 挑选颜色：将鼠标指针移到所需要的色彩方格范围内单击选择颜色。

☑ 加入新颜色：选择色板中尚未储存色彩的方格，鼠标指针将变成“吸管”图标。单击色板右下角的“创建新色板”图标，将弹出“色板名称”对话框。在对话

框的文本框中输入新颜色的名称，单击“确定”按钮，即可将当前设定的前景色存放到色板的新方格内，并可随时调用。

☑ 删除色板中的颜色：选择色板中需要删除的色彩方格，拖放到色板右下角的“垃圾桶”按钮上即可将其删除。

☑ 使用色板快捷菜单：单击色板右上角的按钮，将会弹出色板快捷菜单，如图 11-19 所示。单击即可选择并使用色板快捷菜单中的命令。

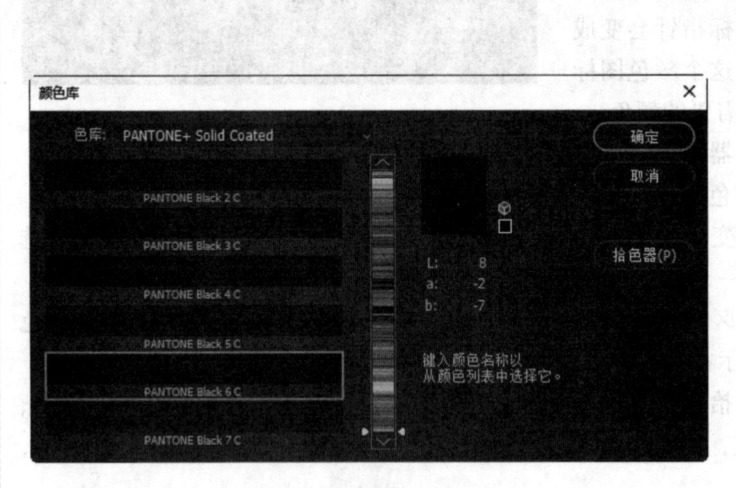

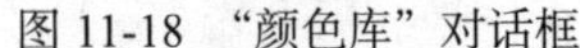

图 11-18 “颜色库”对话框

图 11-19 色板快捷菜单

3. 使用“颜色”调板

“颜色”调板的功能类似于绘画时使用的调色板。选择菜单栏中的“窗口”→“颜色”命令或按 F6 键，即可显示“颜色”调板，如图 11-20 所示。

使用“颜色”调板选择颜色的方法如下：

☑ 设定前景色 / 背景色：单击“颜色”调板左上角的“前景色 / 背景色”按钮，再单击选择“颜色”调板下方颜色色域中的颜色，即可将选中的颜色设置为前景色或背景色。

☑ 使用调色滑杆：“颜色”调板上的颜色和所属的色彩模式有关，可以通过移动滑块来选择滑杆上的颜色。图 11-20 所示的“颜色”调板上的色彩滑块属于 RGB 模式，如果想选择其他色彩模式的色彩滑块，可单击“颜色”调板右上角的按钮，在弹出的如图 11-21 所示的颜色调板快捷菜单中选择其他色彩模式的色彩滑块。

☑ 设置数值文本框：可以在滑块后面的文本框中输入色彩参数值，获得精确的颜色。

☑ 利用颜色色域：“颜色”调板下方为颜色色域，其中显示了图像所使用色彩模式下的所有颜色，可以直接从中选取所需颜色来使用。

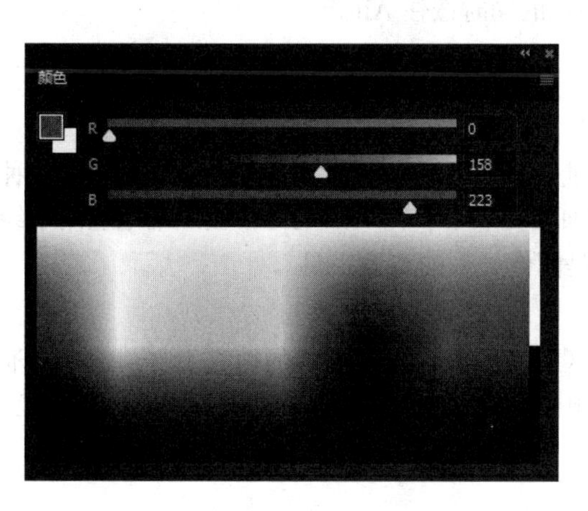

图 11-20　“颜色”调板

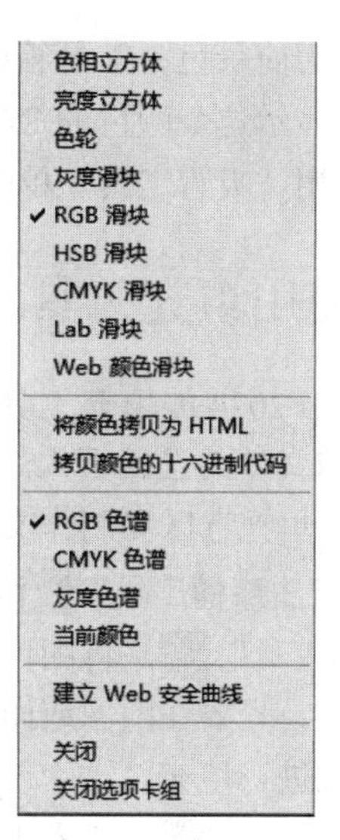

图 11-21　颜色调板快捷菜单

4. 使用吸管工具

除了用拾色器、色板和“颜色”调板来选择颜色外，吸管工具也常常使用，主要是用于选取现有颜色。

使用吸管工具选择颜色的方法如下：

☑ 选择采样单位：单击工具箱中的“吸管工具”按钮，Photoshop 2024 选项栏上会显示出吸管工具编辑栏。打开“取样大小”下拉列表，如图 11-22 所示。其中，“取样点”表示以一个像素点作为采样单位，“3×3 平均”表示以 3×3 的像素区域作为采样单位，“5×5 平均”表示以 5×5 的像素区域作为采样单位。

☑ 使用“信息”调板：按 F8 键，打开控制面板中的“信息”调板，如图 11-23 所示。选中“吸管工具”后，鼠标指针在图像文件上会变成吸管图标。在图像上移动鼠标指针时，“信息”调板上用于显示鼠标指针所在点的颜色和位置信息的数据也会相应地发生变化，可以根据这些数据准确地选择颜色。

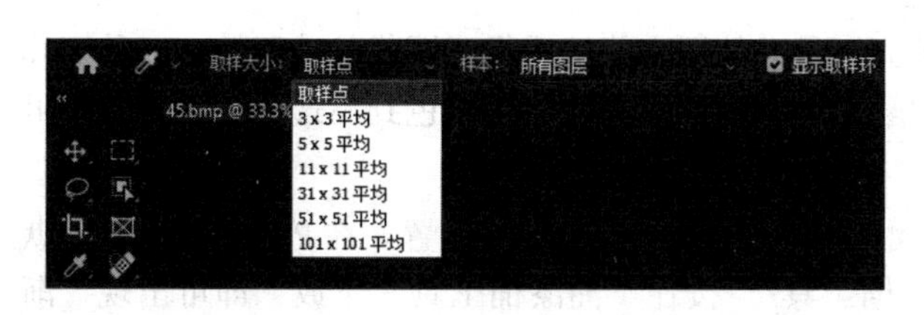

图 11-22　“取样大小”下拉列表

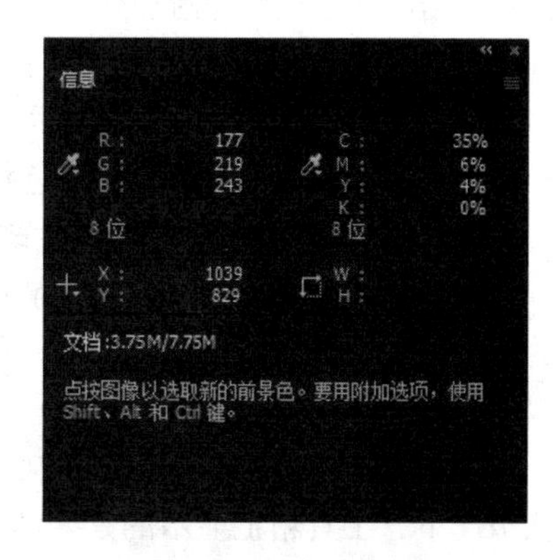

图 11-23　“信息”调板

☑ 单击图像选择颜色：用“吸管工具”单击图像上的任意一点，即可选择该点的颜

色作为前景色，工具箱中的前景色图标的颜色也会随之改变。同时，“信息”调板上会显示这个颜色的 RGB 参数值和 CMYK 参数值。如果要选择颜色作为背景色，可在用“吸管工具”单击图像选择颜色的同时按住 Alt 键。

Note

11.3.2 使用填充工具

Photoshop 2024 的填充工具主要包括“油漆桶工具”和“渐变工具”。这两种工具能对图像文件的选区填入选定颜色、添加渐变效果和花纹图案等，被广泛地应用于绘制图像背景、填充选区和制作文字效果上，是图像处理的有力工具。

1. 使用“油漆桶工具”填充颜色

“油漆桶工具”是将图像或图像的选区填充以前景色或图案的填充工具。选择“油漆桶工具”后，只要在图像或图像的选区上单击，Photoshop 2024 就能根据设定好的颜色、容差值和模式进行填充。

“油漆桶工具”的具体使用方法如下：

1）在工具箱中选择“油漆桶工具”后，在 Photoshop 2024 的选项栏上会显示出“油漆桶工具”选项，如图 11-24 所示。

图 11-24 “油漆桶工具”选项

2）在选项栏上的第 1 项为填充方式的选项，可以在下拉列表中选择“前景”或“图案”。填充前景色是指使用设定的当前前景色来对所选择的图像区域进行填充，填充图案是指使用 Photoshop 2024 系统内设置的图案对所选择的图像区域进行填充。选择“图案”选项后，“图案”选项将被激活，可在“图案”下拉列表中选择需要的图案。

3）除了使用 Photoshop 2024 系统预置的图案进行填充外，还可以选择菜单栏中的“编辑”→“定义图案”命令，使用用户自己定义的图案进行填充。

4）选项栏上的第 3 项为填充模式，可以在其下拉列表中选择 Photoshop 2024 提供的模式，给图像填充增加附加效果。

5）在“不透明度”选项的下拉列表中可以选择填充需要的透明度。

6）设定容差选项的参数值后，在填充时 Photoshop 2024 会根据这个参数值的大小来扩大或缩小以单击点为中心的填色范围。

2. 使用“渐变工具”填充颜色

“渐变工具”是一种特殊的填充工具，使用它能给图像或图像的选区填充一种连续的颜色。这种连续的颜色包括从一种颜色到另一种颜色和从透明色到不透明色等方式，可根据需要灵活选择并运用。

“渐变工具”在工具箱中和“油漆桶工具”处于同一位置。在 Photoshop 2024 默认情况下，工具箱上显示的是“油漆桶工具”。按住“油漆桶工具”不放，即可出现“渐变工具”的图标。选择“渐变工具”后，在 Photoshop 2024 选项栏上会显示出“渐变工具”的工具条。

单击渐变工具条上“渐变”显示框的下拉菜单按钮，会显示出 Photoshop 2024 系统预

置的 12 个渐变组，选择任意一个组中的色彩渐变方格，可以直接使用这种效果来填充图像或图像选区，如图 11-25 所示。

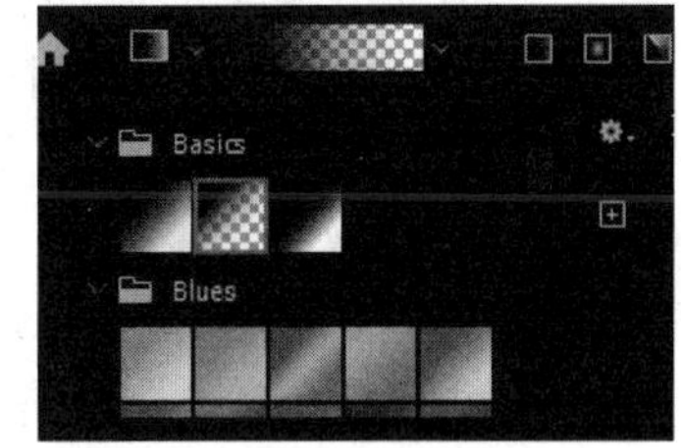

图 11-25 渐变工具条

如果需要自定义渐变的色彩，可在工具条“渐变”显示框的下拉菜单中单击按钮，弹出如图 11-26 所示的快捷菜单，选择“新建渐变预设”命令，弹出“渐变编辑器”对话框，使用 Photoshop 2024 预置的渐变效果来直接进行编辑，如图 11-27 所示。

工具条上还提供了 5 种渐变形状模式，包括线性渐变模式、径向渐变模式、角度渐变模式、对称渐变模式和菱形渐变模式，可以根据图像效果的需要选择任意一种形状模式，再进行颜色的编辑。

图 11-26 快捷菜单

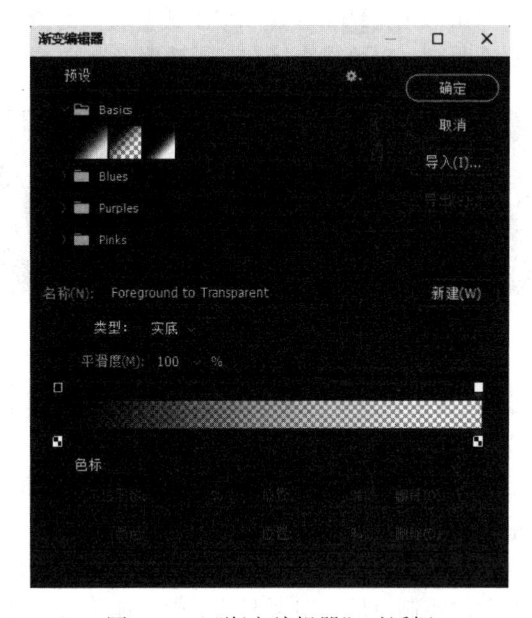

图 11-27 “渐变编辑器”对话框

（1）使用渐变编辑器

☑ 新建渐变效果：从预置的预览框中选择一种渐变效果，改变它的设置，就能在它的基础上建立一种新的渐变效果。编辑完新的渐变效果后，单击“新建”按钮，可把新的渐变效果添加到当前显示的预置框中。

☑ 删除建立的渐变效果：右击要删除的渐变效果，如图 11-28 所示的弹出快捷菜单，选择“删除渐变”命令，即可将其删除。

☑ 重命名：双击预置框中的渐变效果，在名称的文本框中输入新名称即可。

☑ 使用渐变色带：在渐变编辑器下方的长方形的颜色显示框称为渐变色带。渐变色带上方的控制点表示颜色的透明度，下方的控制点表示颜色。当单击任何一个控制点时，会有一个小的菱形图标出现在单击的控制点和距离

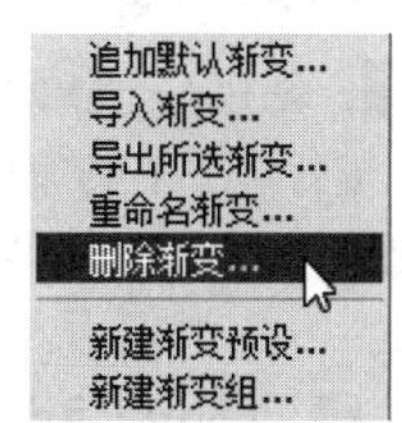

图 11-28 快捷菜单

它最近的控制点之间，这个菱形代表着每一对颜色或不透明度之间过渡的中心点。拖动控制点就能改变渐变的颜色或透明度效果。单击渐变色带的空白处还能增加颜色或透明度的控制点，并移动控制点使渐变模式变得更富于变化。

Note

☑ 渐变的平滑度设置：提高“平滑度”选项的参数，能使渐变得到更加柔和的过渡。

（2）创建实底渐变

❶ 在“渐变编辑器”对话框的“类型”下拉列表中选择“实底”。

❷ 选择渐变颜色：单击渐变色带下方的任意控制点，在“色标”选项组的“颜色”显示框中会显示该控制点的颜色，如图 11-29 所示。单击“颜色”显示框中的颜色，在弹出的“拾色器”对话框中可进行渐变色彩的选择。

❸ 选择渐变透明度：单击渐变色带上方的任意控制点，在“色标”选项组的“不透明度”文本框中会显示该控制点的不透明度，如图 11-30 所示。单击“不透明度”文本框右侧的三角形按钮，会显示“不透明度”的滑杆。可通过移动滑杆上的滑块来调节控制点的不透明度，也可以直接在“不透明度”文本框中输入相应的参数。

图 11-29　控制点的颜色

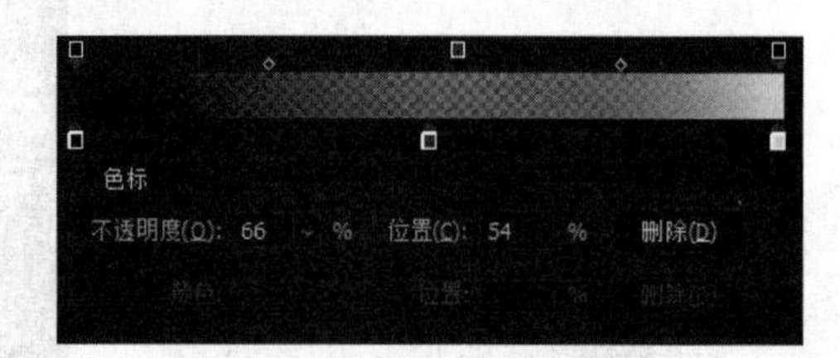

图 11-30　控制点的不透明度

❹ 设置控制点的位置：设置好控制点的不透明度和颜色后，就能在渐变色带上左右移动控制点来调节该控制点的位置。除此之外，还能在设置控制点的颜色和不透明度时，在“位置”文本框中输入相应的参数来设置该控制点在透明色带上的位置。

❺ 增加和删除控制点：单击渐变色带的空白处就能增加颜色或不透明度的控制点；如果需要删除某控制点，选择该控制点，单击“色标”选项组中的“删除”按钮，或者选择要删除的控制点后，向渐变色带中心拖动该控制点，即可将多余的控制点删除。

（3）制作渐变效果

❶ 选择菜单栏中的“文件”→“打开”命令，打开一个图像文件。

❷ 单击工具箱中的“渐变工具”按钮，然后单击选项栏中的渐变显示框，在弹出的“渐变编辑器”对话框中编辑实底渐变效果，结果如图 11-31 所示。

❸ 设置完渐变效果后，单击“新建”按钮，把新设置的渐变效果添加到当前显示的预置框中。然后单击“确定”按钮，关闭“渐变编辑器”对话框。

❹ 按 F7 键，打开“图层”选项卡。然后单击“图层”选项卡中的“创建新图层”按钮，创建一个新的图层，并确定该图层被选中，处于激活状态。

❺ 单击工具箱中的“渐变工具”按钮，此时选项栏上的渐变显示框上显示的是刚设置好的渐变效果。单击选项栏上的“径向渐变”按钮，选择径向渐变的模式。

❻ 在图像上用渐变工具拉出一条编辑线，确定渐变在图像中的方向，如图 11-32 所示。

❼ 拉完编辑线后，在图像上立刻呈现出创建的渐变效果，如图 11-33 所示。

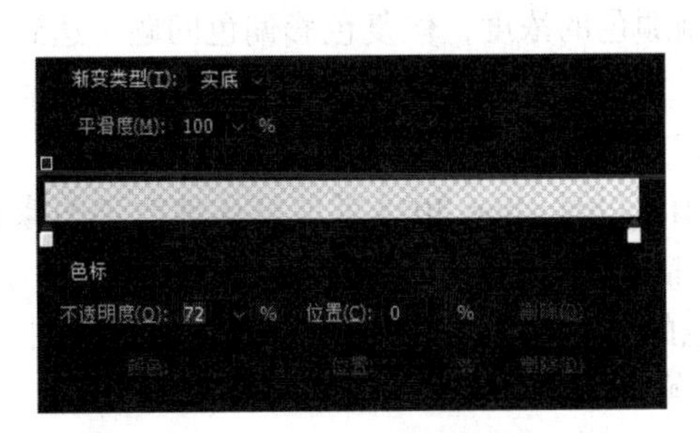

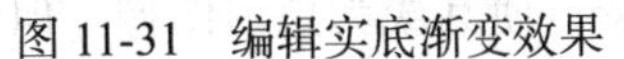

图 11-31　编辑实底渐变效果

图 11-32　确定渐变在图像中的方向

❽ 返回到“图层”选项卡，在渐变图层上调节该图层的不透明度，如图 11-34 所示，使背景图层更清晰。

图 11-33　创建的渐变效果

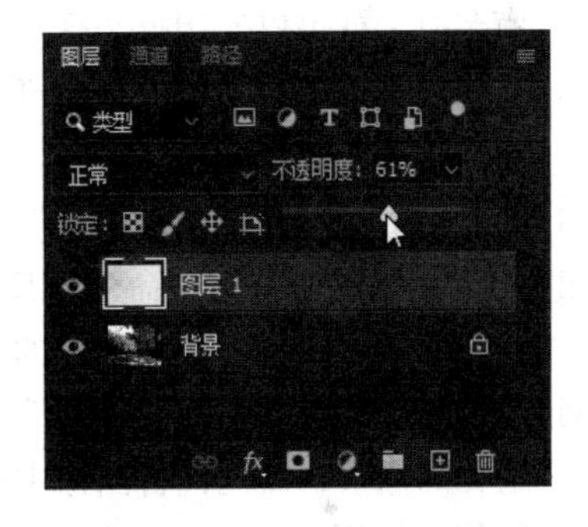

图 11-34　调节图层的不透明度

11.3.3　快速调整图像的颜色和色调

1. 颜色和色调调整选项的使用

在 Photoshop 2024 菜单栏的“图像”菜单和“图像 / 调整”子菜单中有很多关于图像颜色和色调调整的命令。下面介绍最常用的命令。

- ☑ 色阶：色阶指图像中颜色的亮度范围。“色阶”对话框中的色阶分布图表示颜色在图像中亮度的分配。通过设置“色阶”对话框中的选项能使图像的色阶趋于平滑和和谐。
- ☑ 自动色调：选择菜单栏中的“图像”→“自动色调”命令，Photoshop 2024 就会自动调整整体图像的色彩分布。
- ☑ 自动亮度 / 对比度：选择菜单栏中的“图像”→“调整”→“亮度 / 对比度”命令，在打开的对话框中选择自动，Photoshop 2024 就会自动调整整体图像的色调对比度，而不会影响到颜色。
- ☑ 曲线：“曲线”命令可以调节图像中 0 ~ 255 的各色阶的变化，拖动“曲线”对话框中的曲线能灵活地调整色调和图像的色彩特效。

Note

☑ 色彩平衡：使用“色彩平衡”命令可以从高光、中间调和阴影 3 部分来调节图像的色彩，并通过色彩之间的关联来控制颜色的浓度，修复色彩偏色问题，达到平衡的效果。

☑ 亮度 / 对比度：选择菜单栏中的“图像”→“调整”→“亮度 / 对比度”命令，在打开的对话框中调节亮度值和对比度值，Photoshop 2024 就能整体地改善图像的色调，一次性调节图像的所有像素，包括高光、中间调和暗调。

☑ 色相 / 饱和度：调整色相是指调整颜色的名称类别，调整饱和度则使颜色更中性或更艳丽。颜色饱和度越高，颜色就越鲜艳。

☑ 去色：使用“去色”命令能删除图像中的色彩，使其成为黑白图像。但在文件中仍保留颜色空间，以满足还原色彩的需要。

☑ 替换颜色：使用“替换颜色”命令能改变图像中某个特定范围内色彩的色相和饱和度。可以通过颜色采样制作选区，然后再改变选区的色相、饱和度和亮度。

☑ 可选颜色：该命令比较适用于 CMYK 色彩模式，它能增加或减少青色、洋红、黄色和黑色油墨的百分数。当执行“打印”命令，打印机提示需要增加一定百分比原色时，就可以使用这个命令。

☑ 通道混合器：该命令适用于调整图像的单一颜色通道，或将彩色图像转换为黑白图像。

☑ 渐变映射：使用“渐变映射”命令能使设置的渐变色彩代替图像中的色调。

☑ 反相：使用“反相”命令能反转图像的颜色和色调，生成类似于照相底片的颠倒色彩的效果，将图像中所有的颜色都变成其补色。

☑ 色调均化：使用“色调均化”命令能重新调整图像的亮度值，用白色代替图像中最亮的像素，黑色代替图像中最暗的像素，从而使图像呈现更均匀的亮度值。

☑ 阈值：使用“阈值”命令制作一些高反差的图像，能把图像中的每个像素都转换为黑色或白色。其中，阈值色阶控制着图像色调的黑白分界位置。

☑ 色调分离：使用“色调分离”命令能指定图像中的色阶数目，将图像中的颜色归并为有限的几种色彩从而简化图像。

☑ 变化：使用“变化”命令能进行广泛的色彩调整，包括阴影、高光、饱和度、中间调的色相和亮度调整，并通过比较预览和变化后的效果进行效果的选择。

2. 调整图像的颜色和色调

1）选择菜单栏中的“文件”→“打开”命令，弹出“打开文件”对话框，打开“源文件\第 11 章\1.jpg”图像文件。

2）按 F7 键，打开“图层”选项卡，单击“创建新的填充或调整图层”按钮◙，在弹出的菜单中选择“色阶”命令。

3）选择“色阶”命令后，Photoshop 2024 会在“属性”面板中显示“色阶”属性，如图 11-35 所示。这时，会发现“色阶”属性面板中的色阶分布偏向暗调部分，说明图像整体色彩表现偏暗。

4）单击“色阶”属性面板中的“自动”按钮，使 Photoshop 2024 对图像进行自动色阶调节。自动调节色阶后，会发现图像的整体亮度已经变得明亮和谐，但整体颜色却偏黄，如图 11-36 所示。显然，“自动”命令调整了整体色调，但却对图像的颜色产生了不符

合需要的影响。

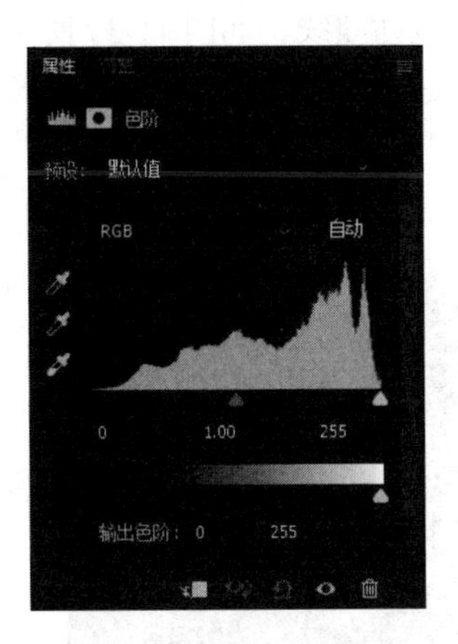

图 11-35　“色阶”属性面板

图 11-36　自动调节色阶后的图像

5）激活“图层”选项卡自动生成的“色阶 1”图层，把该图层的“图层模式”由系统默认的“正常”改为“变亮”，如图 11-37 所示。这样，“自动”命令将只会调整图像的色调而不会影响颜色。

注意： 使用“图像”→“调整”→“色阶”命令通常会改变图像的全部色调，而使用“图层”→“新建调整图层”→“色阶”命令，就能在自动生成的新图层中进行自动色阶的调整，而不会影响到原始图像。

6）现在需要进一步调整图像的整体色调。选择菜单栏中的“图像”→“调整”→“色彩平衡”命令或按 Ctrl+B 快捷键，打开“色彩平衡”对话框进行图像的色相调整。

7）在“色彩平衡”对话框中选择“阴影”选项进行图像暗色调的调整，向蓝色方向拖动“黄色—蓝色”滑杆上的滑块来减少图像中的黄色像素。同时，在调整的过程中可以观察图像调整的预览效果。调整图像设置后的“色彩平衡”对话框如图 11-38 所示。确定色彩调整效果后，单击对话框中的“确定”按钮退出色彩平衡的编辑。这时，可以看到图像不再有黄色的偏色，色彩比较和谐。

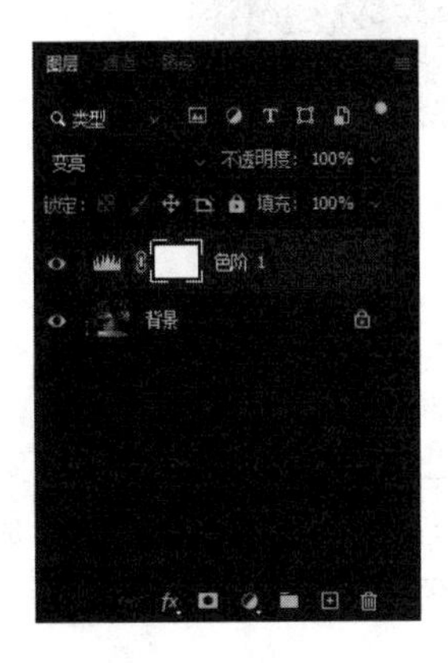

图 11-37　改变图层模式

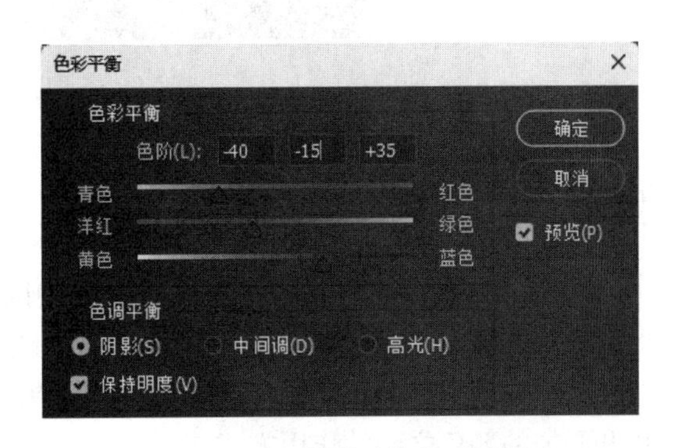

图 11-38　“色彩平衡”对话框

Note

8）选择菜单栏中的“图像”→“调整”→“曲线”命令或按Ctrl+M快捷键，打开“曲线”对话框进行图像的亮度调整。在对话框中往上拖动曲线，如图11-39所示。通过预览确定图像的亮度效果后，单击对话框中的“确定”按钮退出曲线的编辑。图像调整效果如图11-40所示。

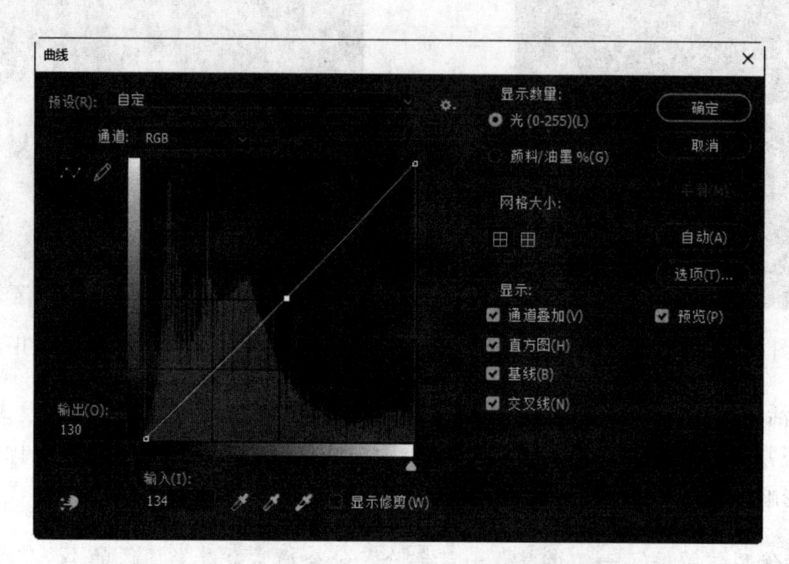

图11-39　拖动曲线

图11-40　图像调整效果

11.3.4　重新着色控制

在图像处理中，经常会有些图像的某些区域需要进行重新着色，这时就要用到图层的混合模式。图层的混合模式控制当前图层的颜色和下层图层的颜色之间的合成效果。在“正常”模式下，添加的颜色会完全覆盖原始图像的颜色像素，但应用混合模式能改变颜色和添加的颜色之间的作用方式。

Note

按 F7 键打开“图层”选项卡，在“模式”下拉菜单中共提供了 27 种图层混合模式，如图 11-41 所示。

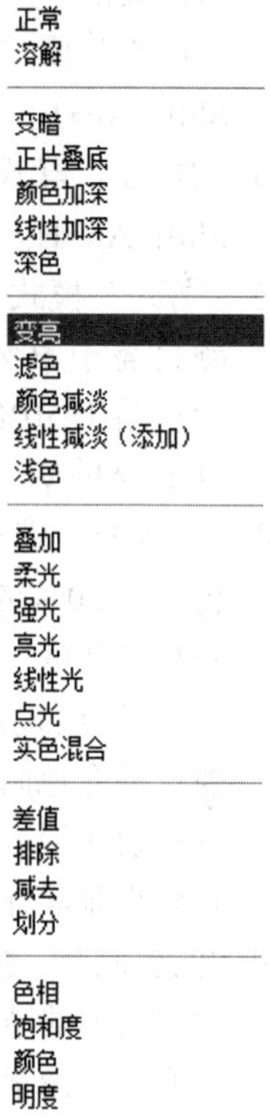

正常
溶解

变暗
正片叠底
颜色加深
线性加深
深色

变亮
滤色
颜色减淡
线性减淡（添加）
浅色

叠加
柔光
强光
亮光
线性光
点光
实色混合

差值
排除
减去
划分

色相
饱和度
颜色
明度

图 11-41　图层的混合模式

☑ “正常”模式：图层模式处于“正常”模式时，图层的颜色是正常化的，不会和它下面的图层进行色彩的相互作用。组合键为 Shift+Alt+N。

☑ “溶解”模式：在图层的不透明度值为 100% 时，“溶解”模式和“正常”模式的效果是一样的。减少图层的不透明度值，“溶解”模式会使图像产生许多像溶解效果般的扩散点。不透明度值越低，图像的溶解扩散点就越稀疏，越能看得到下层图层的图像。组合键为 Shift+Alt+I。

☑ “变暗”模式：使用“变暗”模式后，Photoshop 2024 系统会自动比较出图像通道中最暗的通道，并从中选择这个通道使图像变暗。组合键为 Shift+Alt+K。

☑ “正片叠底”模式：该模式可使当前图层和下层图层如同两张幻灯片重叠在一起，能同时显示出两个图层的图像，但颜色较暗。组合键为 Shift+Alt+M。

☑ “颜色加深”模式：该模式和“颜色减淡”模式会增加下层的图像对比度，并通过色相和饱和度来强化颜色。“颜色加深”模式会在这个过程中加深图像的颜色。

☑ “线性加深”模式：该模式根据在每个通道中的色彩信息和基本色彩的暗度，通过减少亮度来表现混合色彩。与白色像素混合则不会有变化。组合键为 Shift+Alt+A。

☑ “深色”模式：通过计算混合色与基色的所有通道的数值，选择数值较小的作为结果色。

☑ “变亮”模式：和“变暗”模式相反，Photoshop 2024 系统会选择图像通道中最亮的通道使图像变亮。组合键为 Shift+Alt+G。

☑ “滤色”模式：查看每个通道的颜色信息，并将混合色的互补色与基色进行正片叠底，结果色总是较亮的颜色。用黑色过滤时颜色保持不变。用白色过滤将产生白色。此效果类似于多个摄影幻灯片在彼此之上投影。

☑ “颜色减淡”模式：和“颜色加深”模式一样，只是“颜色减淡”模式在增加下层图像的对比度时，使图像颜色变亮。组合键为 Shift+Alt+D。

☑ “线性减淡（添加）”模式：查看每个通道中的颜色信息，并通过增加亮度使基色变亮以反映混合色。与黑色混合则不发生变化。

☑ “浅色”模式：比较混合色和基色的所有通道值的总和并显示值较大的颜色。“浅色”模式不会生成第三种颜色（可以通过与“变亮”模式混合获得），因为它将从基色和混合色中选取最大的通道值来创建结果色。

- ☑ “叠加”模式：使用该模式除了保留基本颜色的高亮和阴影颜色不会被替换外，还可使其他颜色混合起来表现原始图像颜色的亮度或暗度。组合键为 Shift+Alt+O。
- ☑ “柔光”模式：该模式使下层图像产生透明、柔光的画面效果。组合键为 Shift+Alt+F。
- ☑ “强光”模式：该模式使下层图像产生透明、强光的画面效果。组合键为 Shift+Alt+H。
- ☑ “亮光”模式：该模式根据混合的颜色来增加或减少图像的对比度。如果混合颜色亮于 50% 的灰度，图像就会通过减少对比度使整体色调变亮；如果混合颜色暗于 50% 的灰度，图像就会通过变暗来增加图像色调的对比度。组合键为 Shift+Alt+V。
- ☑ “线性光”模式：该模式根据混合的颜色来增加或减少图像的亮度。如果混合颜色亮于 50% 的灰度，图像就会通过增加亮度使整体色调变亮；如果混合颜色暗于 50% 的灰度，图像就会通过减少亮度来使图像变暗。组合键为 Shift+Alt+J。
- ☑ “点光”模式：根据混合色替换颜色。如果混合色（光源）比 50% 灰色亮，则替换比混合色暗的像素，而不改变比混合色亮的像素；如果混合色比 50% 灰色暗，则替换比混合色亮的像素，而比混合色暗的像素保持不变。这对于向图像添加特殊效果非常有用。
- ☑ “实色混合”模式：将混合颜色的红色、绿色和蓝色通道值添加到基色的 RGB 值。如果通道的结果总和大于或等于 255，则值为 255；如果小于 255，则值为 0。因此，所有混合像素的红色、绿色和蓝色通道值要么是 0，要么是 255。这会将所有像素更改为原色，即红色、绿色、蓝色、青色、黄色、洋红、白色或黑色。
- ☑ “差值”模式：该模式会比较上下两个图层的图像颜色，形成图像的互补色效果。同时，如果像素之间没有差别值，会使该图像上显示的像素呈现出黑色。组合键为 Shift+Alt+E。
- ☑ “排除”模式：和“差值”模式的功能是一样的，但会使图像的颜色更为柔和，整体为灰色调。组合键为 Shift+Alt+X。
- ☑ “减去”模式：“减去”模式是指从目标通道中相应的像素上减去源通道中的像素值。
- ☑ “划分”模式：基色分割混合色，颜色对比度较强。在“划分”模式下，如果混合色与基色相同则结果色为白色，如果混合色为白色则结果色为基色不变，如果混合色为黑色则结果色为白色。
- ☑ “色相”模式：使用该模式会改变图像的颜色而不改变亮度和其他数值。组合键为 Shift+Alt+U。
- ☑ “饱和度”模式：使用该模式将增加图像整体的饱和度，使图像色调更明亮。组合键为 Shift+Alt+T。
- ☑ “颜色”模式：该模式使用图像基本颜色的亮度和混合颜色的饱和度、色相生成一个新的颜色，适用于灰色调和单色的图像。组合键为 Shift+Alt+C。
- ☑ “明度”模式：用基色的色相和饱和度以及混合色的明亮度创建结果色。此模式创建与“颜色”模式相反的效果。组合键为 Shift+Alt+Y。

下面以实例说明如何使用图层混合模式进行重新着色。

1）选择菜单栏中的“文件”→“打开”命令，打开电子资料包中的“源文件\第 11 章\2.jpg”文件。

2）右击工具箱中的“套索工具”按钮，在弹出的隐藏菜单中选择“磁性套索工具”。使用“磁性套索工具”选取图像上的坐垫，如图 11-42 所示。

3）按 F7 键，打开“图层”选项卡。然后单击“图层”选项卡中的“创建新的填充或调整图层”按钮，在弹出的菜单中选择“纯色”。

4）在弹出的“拾色器”对话框中选择选区的颜色。

5）“拾色器（前景色）”对话框中单击“颜色库”按钮，打开“颜色库”对话框。在“色库”下拉列表中选择“PANTONE+Solid Coated”，然后在颜色选框中选择颜色“PANTONE 1815 C”，如图 11-43 所示。

图 11-42　选择坐垫

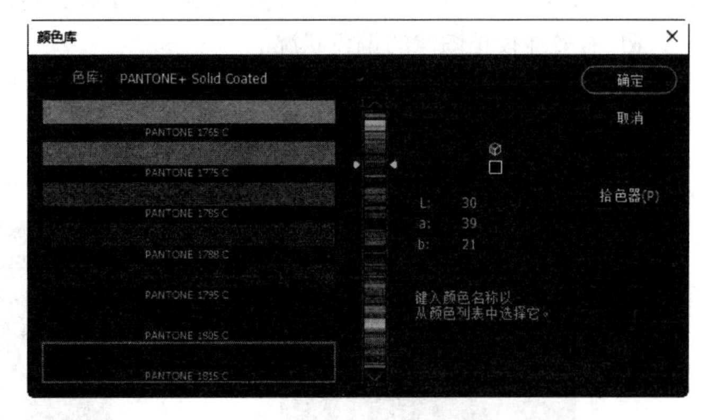

图 11-43　选择颜色

6）单击“确定”按钮，退出“颜色库”对话框。这时图像上坐垫的颜色已经变成了刚才选择的颜色，但坐垫的亮度、饱和度等都没有变化，如图 11-44 所示。

7）此时在“图层”选项卡上会自动增加一个蒙版图层。可以在这个图层上进一步修改色彩效果，而不会影响到原始的背景图层，如图 11-45 所示。如果对重新着色效果不满意，还可以直接把这个图层拖到“图层”选项卡的“删除图层”按钮上将其删除。

图 11-44　改变坐垫颜色

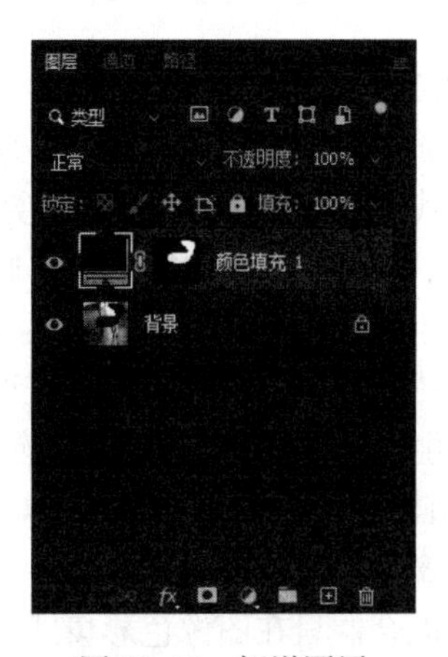

图 11-45　新增图层

Note

11.3.5 通道颜色混合

1. 通道

通道是 Photoshop 2024 提供给用户的一种观察图像色彩信息和存储手段，它能以单一颜色信息记录图像的形式。一幅图像可通过多个通道来体现色彩信息。同时，Photoshop 2024 色彩模式的不同决定了不同的颜色通道。例如，RGB 色彩模式分为 3 个通道，分别表示红色（R）、绿色（G）、蓝色（B）3 种颜色信息。

选择“窗口”→“通道”命令，打开“通道”选项卡，如图 11-46 所示。可以使用图像的其中一个通道进行单独操作，观察通道所表示的色彩信息，并改变该通道的特性。

2. 通道混合器

选择菜单栏中的“图像”→“调整”→“通道混合器”命令，打开“通道混合器”对话框，如图 11-47 所示。通过“通道混合器”对话框，可以完成以下操作：

☑ 有效地校正图像的偏色状况。

☑ 从每个颜色通道选取不同的百分比创建高品质的灰度图像。

☑ 创建高品质的带色调彩色图像。

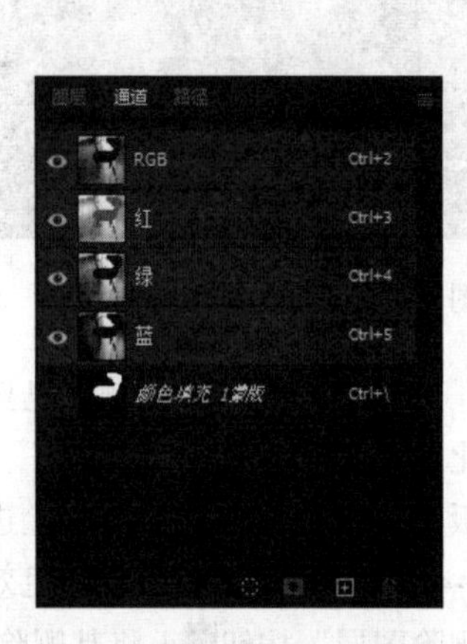

图 11-46 “通道”选项卡

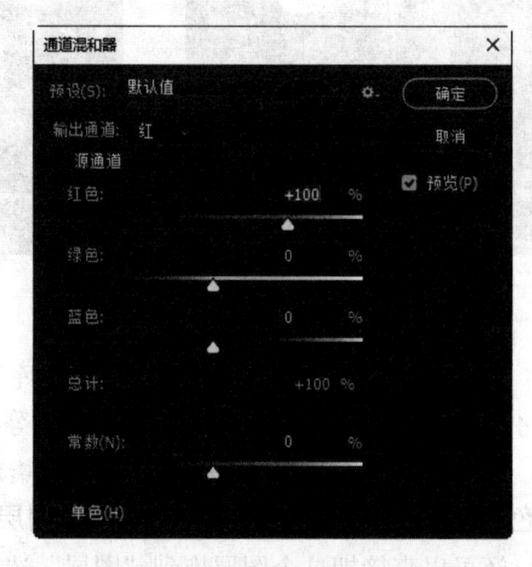

图 11-47 “通道混合器”对话框

3. 通道混合器的使用

（1）通道混合器的工作原理　选定图像的其中一个通道作为输出通道，然后根据该通道信息及其他通道信息进行加减计算，达到调节图像的目的。

（2）通道混合器的功能　输出通道可以是图像的任意一个通道，源通道则根据图像色彩模式的不同而变化，色彩模式为 RGB 时源通道为 R、G、B，色彩模式为 CMYK 时源通道为 C、M、Y、K。假设以绿色通道为当前选择通道，则在图像中操作的结果只在绿色通道中发生作用，因此绿色通道为输出通道。

“通道混合器”对话框中的“常数”是指该通道的信息直接增加或减少颜色量最大值的百分比。

通道混合器只在图像色彩模式为 RGB、CMYK 时才起作用，在图像色彩模式为 LAB 或其他模式时不能进行操作。

Note

4. 使用通道混合器制作灰度图像实例

1）在 Photoshop 2024 中选择菜单栏中的“文件”→“打开”命令，弹出“打开文件”对话框，打开电子资料包中的“源文件\第 11 章\餐厅.JPG”图像文件。

2）选择菜单栏中的“窗口”→“通道”命令，打开“通道”选项卡。在“通道”选项卡中分别选择红、绿和蓝 3 个通道来观察图像中各个颜色的情况，如图 11-48 ~ 图 11-50 所示。从比较这 3 个通道的颜色来看，由于图像中右面的墙壁和地面的红色成分较多，所以红色通道中的右面墙壁和地面较为明亮；在绿色通道中窗户和带窗户的墙壁较为明亮，而且有丰富的细节；而由于图像中蓝色成分较少，所以蓝色通道很暗，并且比较模糊。

图 11-48　红色通道

图 11-49　绿色通道

3）在“通道”选项卡中选择 RGB 通道，回到彩色视图。为了便于以后对图像的进一步修改和调整，按 F7 键打开“图层”选项卡，在使用图层下调整通道颜色。

4）单击“图层”选项卡中的“创建新的填充或调整图层”按钮，在弹出的菜单中选择“通道混合器”命令，如图 11-51 所示。这样，Photoshop 2024 会在背景图层上建立“通道混合器”调整图层，而对于背景图层则毫无影响。

5）在弹出的“通道混合器”属性面板中选中“单色”复选框，如图 11-52 所示。这时，“输出通道”中的选项自动变成了“灰色”，图像也由彩色变为灰度图像。

图 11-50　蓝色通道

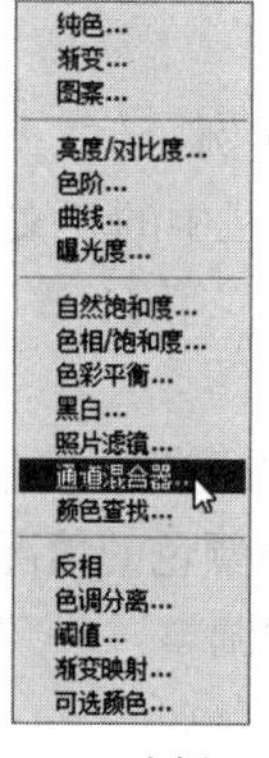

图 11-51　选择“通道混合器”命令

图 11-52　“通道混合器”属性面板

Note

> **注意：** 在默认情况下，通道混合器的源通道中红色通道值为100%，绿色通道和蓝色通道值均为0%。所以，在输出通道转为灰色通道时，绿色通道和蓝色通道被忽略，而红色通道则全部输出到灰色通道。在图像窗口的预览中可以看到，得到的效果实际上与在“通道”选项卡中只选择红色通道是一样的。

6）根据图像预览效果，需要调整各个通道的输出比例，来得到最理想的灰度图像效果。另外，为了调整的图像效果不出现过暗或者过亮，3个通道的比例之和应保持在100%左右。调整各个通道的比例，如图11-53所示。

7）这时，图像的灰度效果如图11-54所示。如果需要继续进一步地对图像的灰度效果进行修改，在“图层”选项卡上单击“通道混合器”图层，就会再次弹出“通道混合器”属性面板，可以在其中继续进行修改。

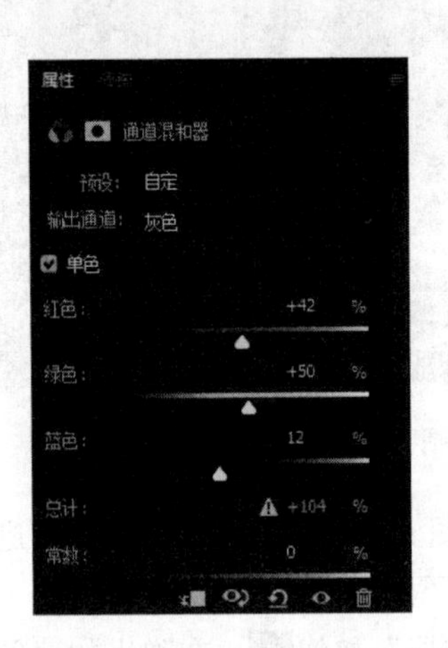

图11-53　调整各个通道的比例

图11-54　灰度图像效果

8）通过通道混合器调整后的图像仍然是RGB色彩模式。选中“图层”选项卡上的“通道混合器”图层，按Ctrl+E快捷键，将调整图层和背景图层进行合并。然后选择菜单栏中的“图像”→“模式”→“灰度”命令，在弹出的“是否要扔掉颜色信息”对话框中单击“确定”按钮。这样，图像文件就转换为真正的灰度图像，“通道”选项卡中也只有灰色通道了。

5. 使用通道混合器调整图像色调实例

1）在Photoshop 2024中选择菜单栏中的“文件”→“打开”命令，弹出“打开文件”对话框，打开电子资料包中的“源文件\第11章\走廊.JPG”图像文件。这时可以看到图像整体色调偏红，颜色较暗。

2）选择菜单栏中的“窗口”→“通道”命令，打开“通道”选项卡，如图11-55所示。在“通道”选项卡中观察各个通道颜色的情况，可以看到绿色和蓝色通道比较暗。

3）选择菜单栏中的“图像”→“调整”→“通道混合器”命令，在弹出的菜单中选择“通道混合器”命令。

4）在打开的“通道混合器”对话框中设置“输出通道”为“绿”，并设置参数如图11-56所示，单击“确定”按钮。

5）再次打开“通道混合器”对话框，设置参数如图 11-57 所示。

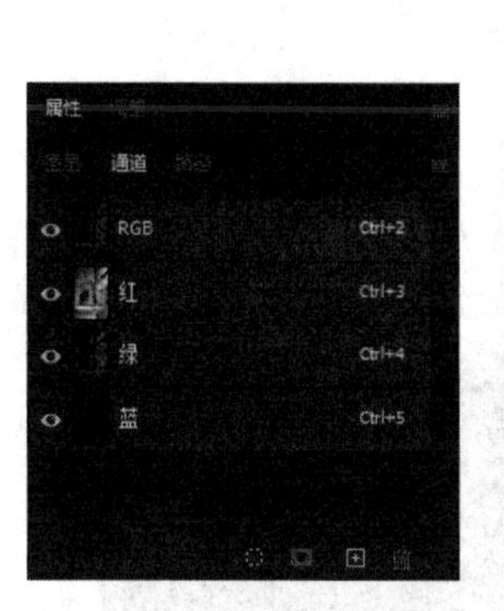

图 11-55　“通道”选项卡

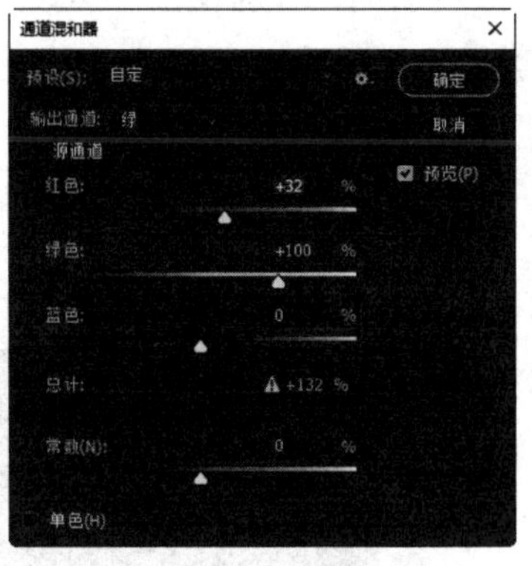

图 11-56　设置参数 1

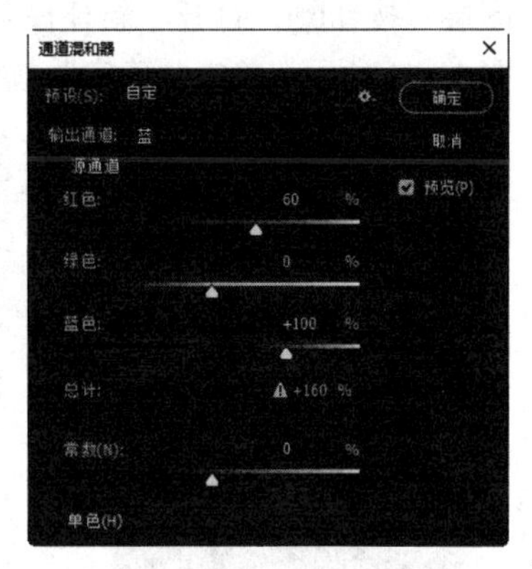

图 11-57　设置参数 2

6）在“图层”选项卡上选择背景图层，按 Ctrl+M 快捷键，打开“曲线”对话框，调整曲线如图 11-58 所示，单击“确定”按钮。这时，图像色调效果如图 11-59 所示。

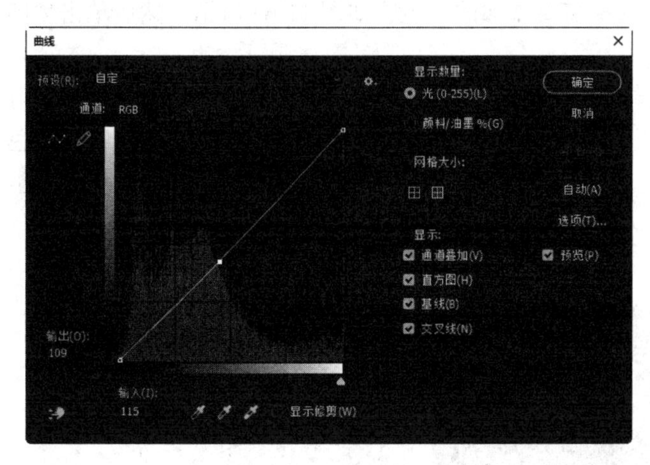

图 11-58　调整曲线

图 11-59　图像色调效果

11.3.6　黑白图像上色

以前拍摄的照片都是黑白的，为其上色需要使用颜料和染料来完成。如今，为黑白照片上色在电脑上就可以进行，尤其在 Photoshop 2024 中，为每种颜色创建了一个单独的图层，可以很灵活地控制每种颜色和黑白照片的相互作用过程。这样，就可以随心所欲地为黑白照片上色和修改，创造出让人耳目一新的效果。

下面以实例来讲解如何为黑白图像上色。

1）在 Photoshop 2024 中选择“文件”→“打开”命令，弹出“打开文件”对话框，打开电子资料包中的“源文件\第 11 章\灯具 .JPG”图像文件，如图 11-60 所示。然后选择菜单栏中的“图像”→“模式”→“RGB 颜色”命令，把图像由灰度模式转换为可上色的色彩模式。

Note

2）按 F7 键打开“图层”选项卡，按住 Alt 键单击“图层”选项卡底部的“创建新图层”按钮，打开“新建图层”对话框，分别设置“模式”和“不透明度”的参数如图 11-61 所示，单击“确定”按钮。

图 11-60　打开图像文件

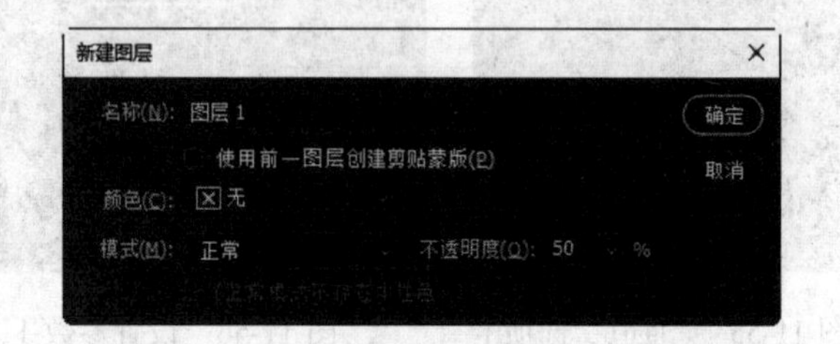

图 11-61　设置“新建图层”对话框中的参数

3）为刚创建的图层添加颜色。单击工具箱中的“前景色设置工具”按钮，在弹出的“拾色器（前景色）”对话框中选择需要添加的颜色，如图 11-62 所示。然后单击“确定”按钮。

4）单击工具箱中的“画笔工具”按钮，在选项栏上设定画笔大小，在图像上进行描绘。如果需要修改描绘的效果，可以使用工具箱中的“橡皮擦工具”将描绘的颜色擦除。描绘完成后，单击“图层”选项卡上背景图层前面的“指示图层可视性”按钮，关闭背景图层。这时，在图层 2 上进行的描绘如图 11-63 所示。

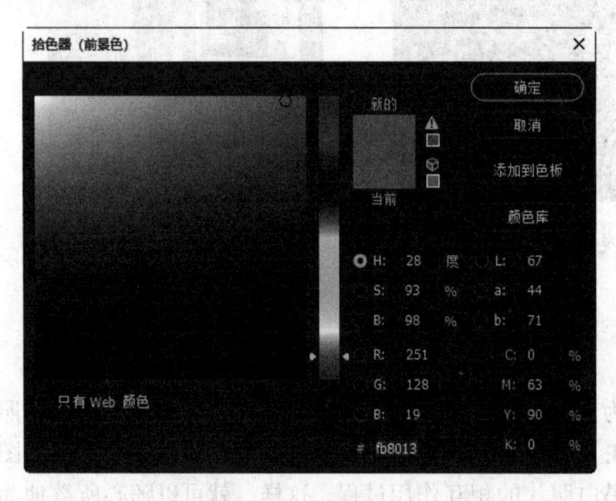

图 11-62　选择颜色

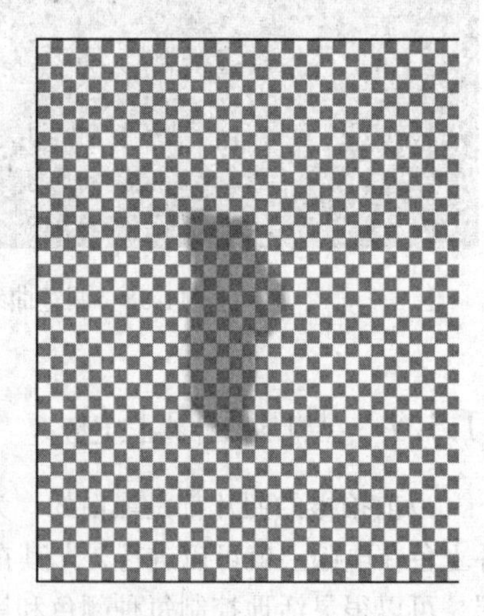

图 11-63　在图层 2 上进行的描绘

5）重新打开背景图层，上色后的图像效果如图 11-64 所示。用同样的方法，为每一个需要添加的颜色单独设置一个图层进行上色。这样，当某一个图层上的颜色不合适时，就可以通过调节该图层的“不透明度”或“模式”，比较容易地调整画面效果。

6）选择菜单栏中的“图层”→“新建”→“组”命令，弹出“新建组”对话框，设置参数如图 11-65 所示，单击“确定”按钮。这样就可以通过编辑图层组来改变图层组中

所有图层的属性。另外，还可以单独编辑图层组中的每一个图层。

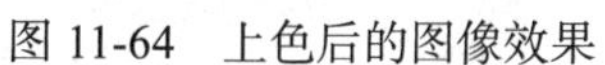

图 11-64　上色后的图像效果

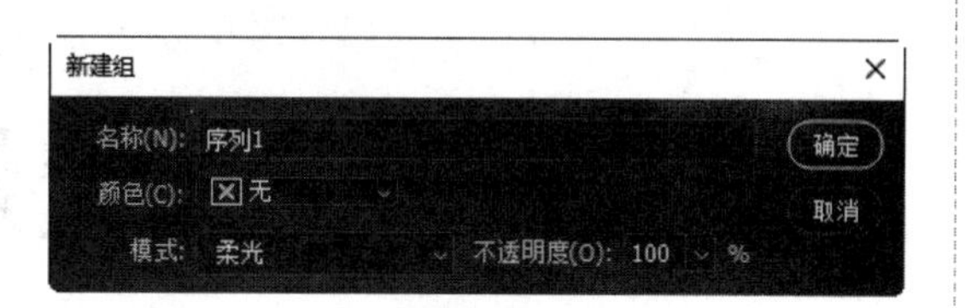

图 11-65　“新建组”对话框

7）在“图层”选项卡上调整图层的位置，如图 11-66 所示。根据画面效果，通过编辑图层的“不透明度”或“模式”来调整画面的颜色效果。最后的图像效果如图 11-67 所示。

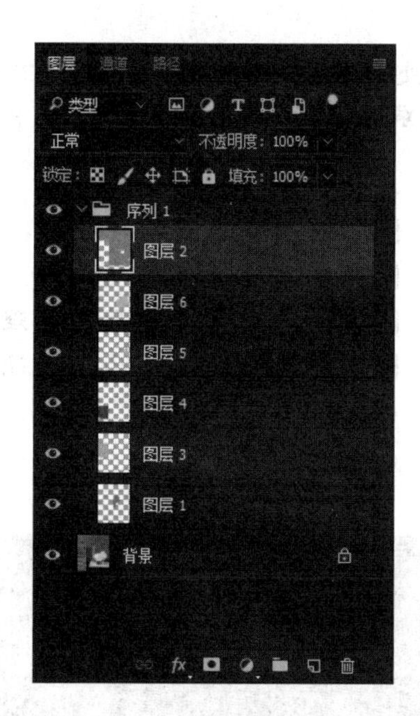

图 11-66　调整图层位置

图 11-67　图像效果

第12章

别墅效果图后期处理

本章通过对别墅室内效果图的图像处理，如使用 Photoshop 进行图像的合并、变形、选择和调整色彩等，讲解了室内效果图制作流程中使用 Photoshop 进行后期处理的方法和步骤。

- ☑ 对别墅进行后期处理
- ☑ 别客厅进行后期处理
- ☑ 对书房进行后期处理
- ☑ 对餐厅进行后期处理
- ☑ 对厨房进行后期处理
- ☑ 对主卧进行后期处理
- ☑ 对更衣室进行后期处理
- ☑ 对卫生间进行后期处理

任务驱动 & 项目案例

Note

12.1　对别墅进行后期处理

本节主要介绍别墅的渲染图像在 Photoshop 中进行后期处理的方法和技巧。主要思路是：先打开“源文件 \ 第 12 章 \ 别墅 \ 别墅南面 .tif”文件，然后添加环境贴图，调整效果图的整体效果，最后保存结果文件。别墅整体后期处理效果如图 12-1 所示。

图 12-1　别墅整体后期处理效果

（电子资料包：动画演示 \ 第 12 章 \ 对别墅进行后期处理 .mp4）

12.1.1　添加环境贴图

1）运行 Photoshop 2024。

2）选择菜单栏中的“文件”→“打开”命令，弹出“打开文件”对话框，打开别墅渲染效果图文件“源文件 \ 第 12 章 \ 别墅 \ 别墅南面 .tif”。

3）单击工具箱中的“魔棒工具”按钮，在图像的黑色背景上单击，然后选择菜单栏中的“选择”→“反选”命令，选取别墅图像，如图 12-2 所示。

图 12-2　选取别墅图像

4）选择菜单栏中的“文件”→“新建”命令，弹出“新建文档”对话框，设置参数如图 12-3 所示，单击“创建”按钮。这样，在 Photoshop 中新建了一

Note

个透明背景的高分辨率图像文件。

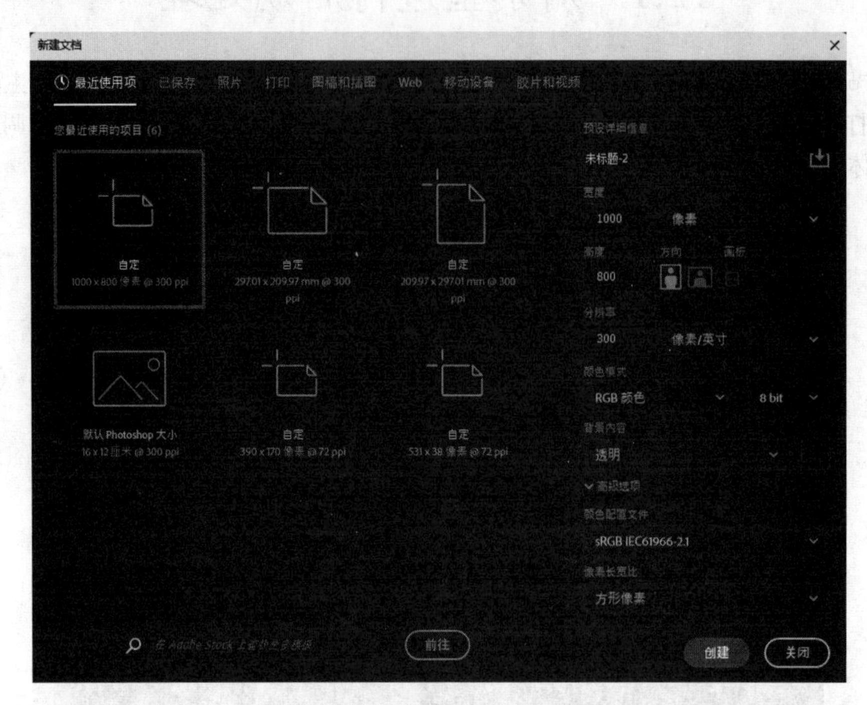

图 12-3 “新建文档”对话框

5）选择菜单栏中的“窗口”→“排列”→“平铺”命令，使两个图像文件排列在 Photoshop 的工作界面中。然后单击“移动工具”按钮，把步骤 2）中打开的“别墅南面 .tif ”图像文件中所选中的别墅图像拖到新建的透明图像中，如图 12-4 所示。

图 12-4 把别墅图像拖到新建的图像中

6）关闭“别墅南面 .tif ”图像文件。选择菜单栏中的“视图”→“按屏幕大小缩放”命令，把图像文件放大到整个视图。

7）按 Ctrl+T 快捷键对别墅图像进行自由变换，通过鼠标拖放自由变换手柄来调整别墅图像的大小，如图 12-5 所示。然后按 Enter 键确定。

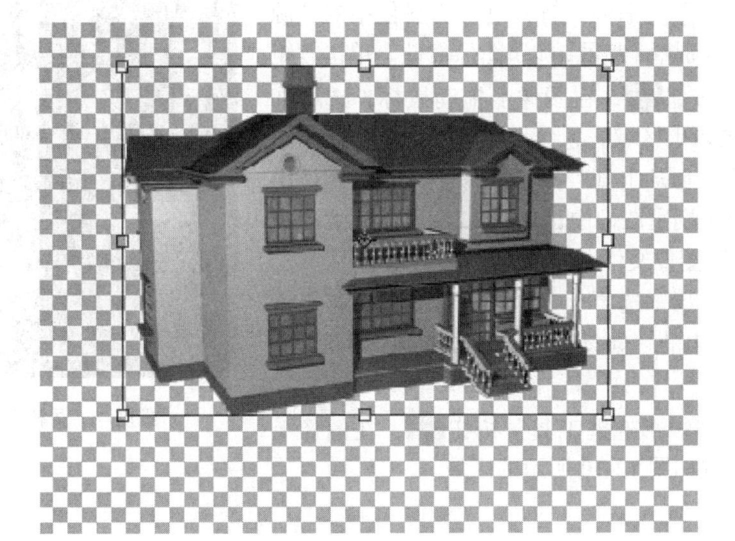

图 12-5　调整别墅图像的大小

8）选择菜单栏中的“文件”→“打开”命令，弹出“打开文件”对话框，打开电子资料包中的“源文件 \ 第 12 章 \ 别墅 \ 别墅草地 .jpg”图像文件。

9）选择菜单栏中的“选择”→“全部”命令，选取整个草地图像。然后单击“移动工具”按钮，把选中的草地图像拖到别墅图像中，如图 12-6 所示。

图 12-6　把草地图像拖到别墅图像中

10）选择菜单栏中的“窗口”→“图层”命令，打开“图层”选项卡。在“图层”选项卡中可以看到 Photoshop 2024 自动加载了一个图层 2，其中包含了刚拖入的草地图像。

在“图层”选项卡中调整图层顺序，把图层 2 拖到图层 1 的下方，如图 12-7 所示。

11）选择菜单栏中的“文件”→“打开”命令，弹出“打开文件”对话框，打开电子资料包中的“源文件\第 12 章\别墅\背景 .jpg”图像文件。单击“矩形选框工具”按钮，在图像上拖动鼠标，选取如图 12-8 所示的矩形区域。

12）单击“移动工具”按钮，把在背景图像中选中的区域拖到别墅图像中，如图 12-9 所示。然后关闭“背景 .jpg”图像文件。

13）在“图层”选项卡中单击“图层 3”，再单击“图层”选项卡中的“创建新图层”按钮，在图层 3 上创建图层 4。

14）单击“矩形选框工具”按钮，在图像上拖动鼠标，选取如图 12-10 所示的区域。

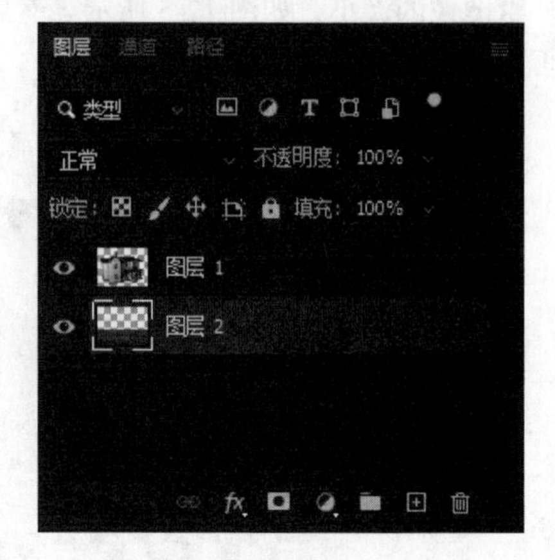

图 12-7 调整图层顺序

图 12-8 选择矩形区域

图 12-9 把背景图像拖到别墅图像中

图 12-10 选择区域

15）单击“油漆桶工具”按钮，然后再单击“设置前景色”按钮，在弹出的“拾色器（前景色）”对话框中选择如图 12-11 所示的颜色，单击“确定”按钮。

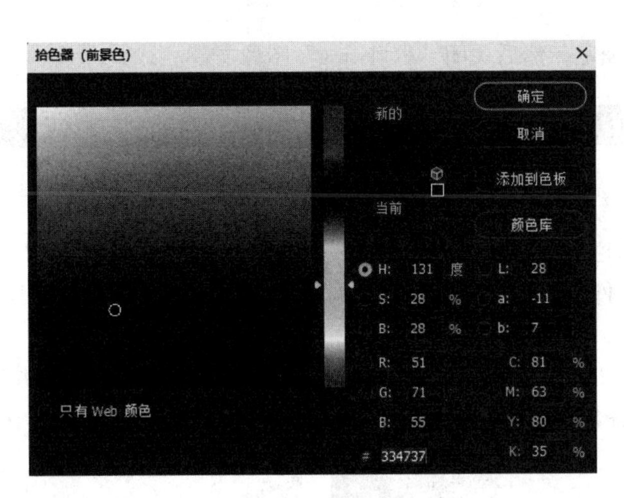

图 12-11 选择颜色

16）在框选的区域中单击，为该区域填充颜色。然后在“图层”选项卡中设置图层 4 的不透明度，如图 12-12 所示。

17）按 Ctrl+T 快捷键，使框选的区域周围出现自由变换手柄。然后按住 Ctrl+T 快捷键并通过鼠标拖放自由变换手柄来调整框选区域的形状，如图 12-13 所示。调整完成后，按 Enter 键确定。

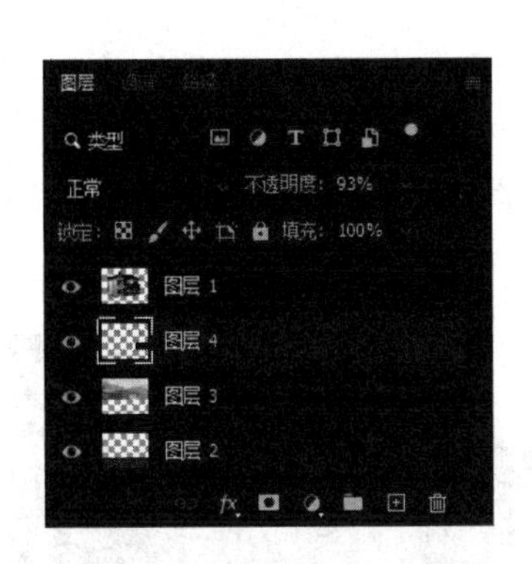

图 12-12 设置图层 4 的不透明度

图 12-13 调整框选区域的形状

18）按 Ctrl+D 快捷键，取消对选区的选择。然后选择菜单栏中的“文件”→“打开”命令，弹出“打开文件”对话框，打开电子资料包中的“源文件\第 12 章\别墅\枫叶.jpg”图像文件。

19）单击“魔棒工具”按钮，在枫叶图像的白色背景上单击，然后选择菜单栏中的“选择”→“反选”命令，选取枫叶图像。

20）单击“移动工具”按钮，把选中的枫叶图像拖到别墅图像中。然后按 Ctrl+T 快捷键，在 Photoshop 的选项栏中单击“保持长宽比”按钮，并分别在“W”和“H”文本框中输入如图 12-14 所示的数值。这时，枫叶图像在图像中的大小和位置如图 12-15

所示。按 Enter 键确定，然后关闭“枫叶 .jpg”图像文件。

图 12-14　设置数值

Note

21）选择菜单栏中的“文件”→“打开”命令，弹出“打开文件”对话框，打开电子资料包中的“源文件 \ 第 12 章 \ 别墅 \ 树丛 .jpg”图像文件。然后采用与第 19）步同样的方法选取树丛图像。

22）采用与第 20）步同样的方法，把树丛图像拖到别墅图像中，并调整图像的大小和位置，使调整后的树丛图像的长宽比为原始图像的 30%，结果如图 12-16 所示。

图 12-15　调整枫叶图像的大小和位置

图 12-16　调整树丛图像的大小和位置

23）采用同样的方法，合并“树丛 1.jpg”图像文件，并调整树丛 1 图像的大小和位置，如图 12-17 所示。

24）采用与第 12）步同样的方法，合并“池塘 .jpg”图像文件，并调整图像的大小和位置，如图 12-18 所示。

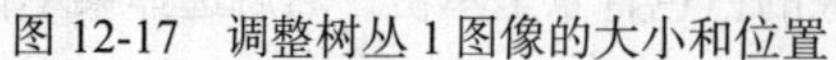

图 12-17　调整树丛 1 图像的大小和位置

图 12-18　调整池塘图像的大小和位置

25）选择菜单栏中的“图像”→“调整”→“色彩平衡”命令，在弹出的“色彩平衡”对话框中设置选项如图 12-19 所示。然后单击“确定”按钮。

26）选择图像中的树丛图像，右击，在弹出的快捷菜单中选择“图层 6”，如图 12-20

所示。激活图层 6，使图层 6 在“图层”选项卡中处于被选取状态。

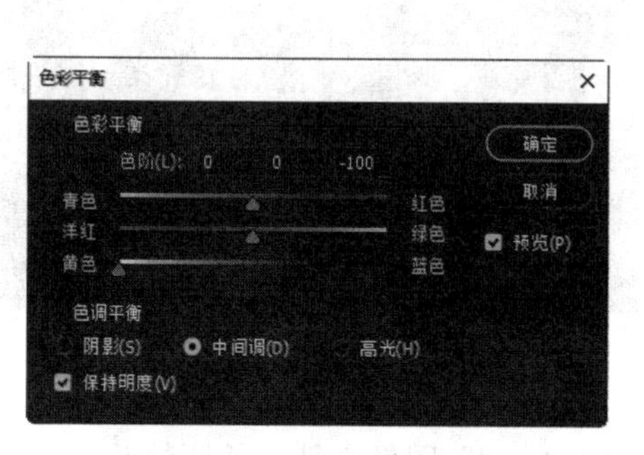

图 12-19　设置色彩平衡选项

图 12-20　选择“图层 6”

27）按 Ctrl+B 快捷键，打开“色彩平衡”对话框，设置图层 6 的色彩如图 12-21 所示。然后单击“确定”按钮。

28）在“图层”选项卡中选择图层 1。此时，在“图层”选项卡中，后面并入的贴图图像的图层都自动位于图层 1 的下面。

29）选择菜单栏中的“文件”→“打开”命令，弹出“打开文件”对话框，打开电子资料包中的“源文件 \ 第 12 章 \ 别墅 \ 小树 .psd”图像文件。由于该图像的背景为透明色，因此需要单击“移动工具”按钮，把小树图像拖到别墅图像中，并调整其大小和位置，如图 12-22 所示。然后关闭“小树 .psd”图像文件。

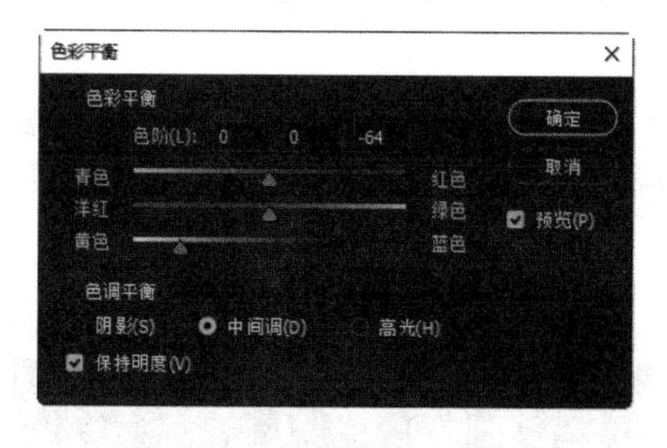

图 12-21　设置图层 6 的色彩

图 12-22　调整小树图像的大小和位置

30）选择小树图像，按住 Alt 键拖动鼠标，复制出一个新的小树图像。然后按 Ctrl+T 快捷键，调整新图像的大小和位置，如图 12-23 所示。

31）按 Ctrl+B 快捷键，打开“色彩平衡”对话框，设置刚复制的小树图像的色彩如图 12-24 所示。然后单击“确定”按钮。

图 12-23　复制并调整小树图像的大小和位置

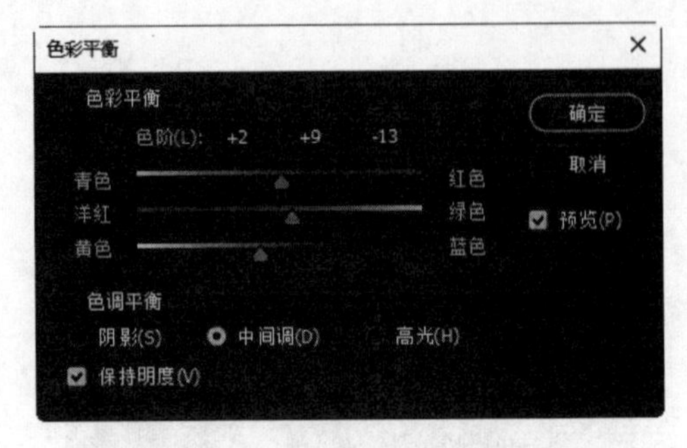

图 12-24　设置小树图像的色彩

32）采用和第 29）步同样的方法，合并“灌木 1.psd”图像文件，并调整并入的灌木图像的大小和位置，如图 12-25 所示。然后关闭“灌木 1.psd”图像文件。

33）按 Ctrl+B 快捷键，打开“色彩平衡”对话框，设置灌木图像的色彩如图 12-26 所示。然后单击“确定”按钮。

图 12-25　合并并调整灌木图像的大小和位置

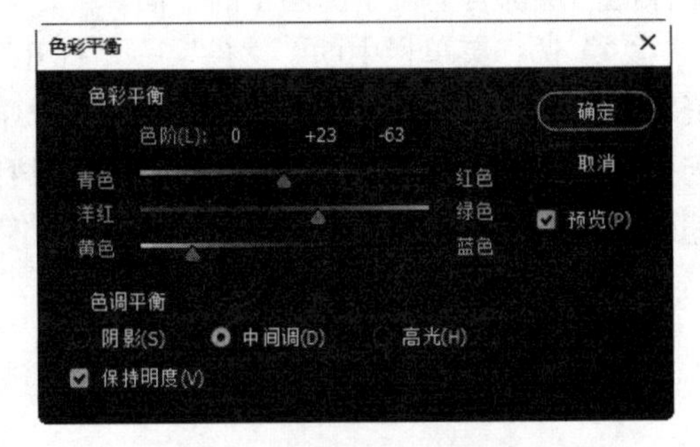

图 12-26　设置灌木图像的色彩

34）在“图层”选项卡中选择灌木图像所在的图层，为图层重命名为“灌木”，如图 12-27 所示。然后单击“确定”按钮。

35）在“图层”选项卡中选择“灌木”图层，右击，在弹出的快捷菜单中选择“复制图层”命令，在弹出的“复制图层”对话框中设置选项如图 12-28 所示。然后单击“确定”按钮。

图 12-27　重命名图层

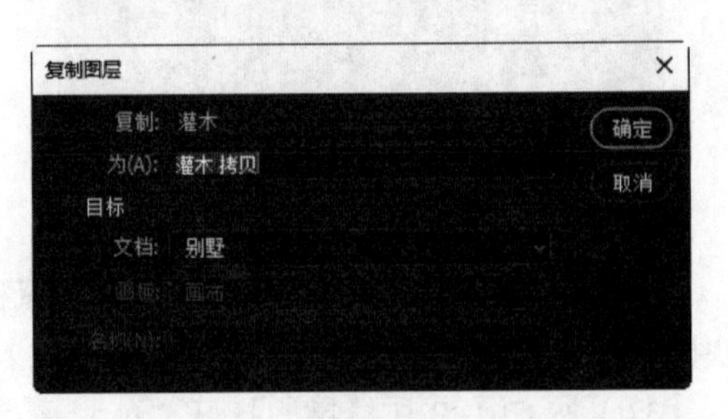

图 12-28　“复制图层”对话框

36）此时“图层”选项卡中的图层顺序如图 12-29 所示，“灌木拷贝”图层位于“灌木”图层的上面。选择“灌木”图层，然后选择菜单栏中的“图像”→“调整”→“亮度 / 对比度”命令，在弹出的“亮度 / 对比度”对话框中设置选项如图 12-30 所示。然后单击“确定”按钮。

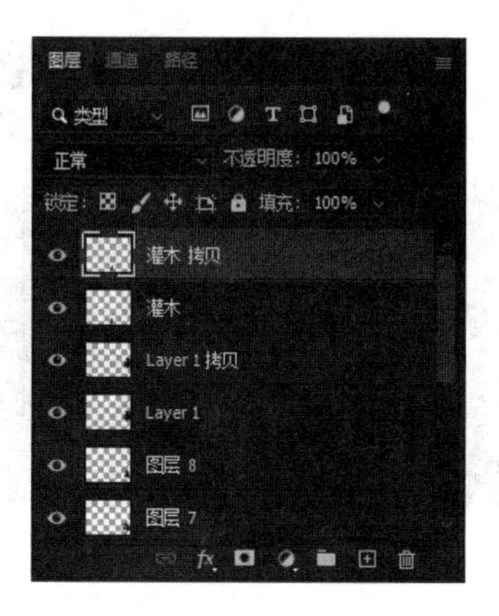

图 12-29　图层顺序

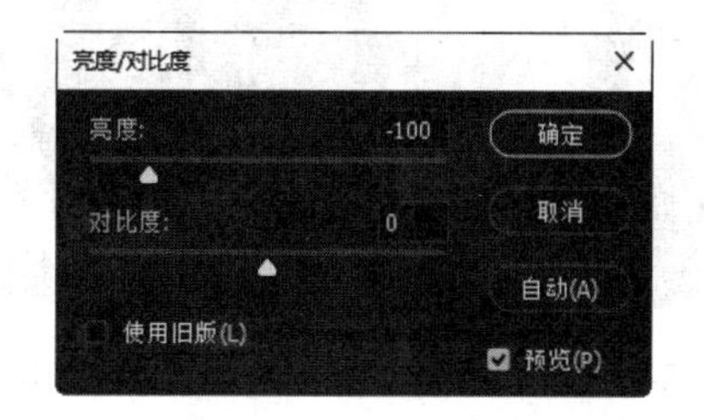

图 12-30　设置亮度 / 对比度

37）在“图层”选项卡中设置“灌木”图层的不透明度，如图 12-31 所示。选择菜单栏中的“编辑”→“变换”→“斜切”命令，在视图中通过拖动斜切手柄来调整灌木图像的形状，结果如图 12-32 所示。然后按 Enter 键确定。

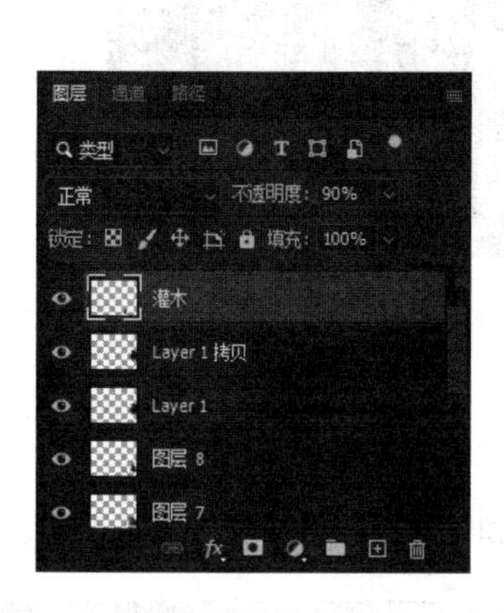

图 12-31　设置“灌木”图层的不透明度

图 12-32　调整灌木图像的形状

38）选择菜单栏中的“滤镜”→“模糊”→“进一步模糊”命令，把斜切后的灌木图像进行模糊处理。这样，灌木的阴影就制作完成了。

39）在“图层”选项卡中选择“灌木拷贝”图层，按 Ctrl+E 快捷键向下合并图层，把“灌木拷贝”图层和“灌木”图层合并为一个图层。

40）在视图中选择灌木图像，按住 Alt 键进行移动，复制出另外 3 个灌木图像，并调整它们的大小和位置，如图 12-33 所示。

41）合并“灌木 .jpg”图像文件，调整灌木图像的大小和位置，如图 12-34 所示。选择菜单栏中的“图像”→“调整”→“亮度 / 对比度”命令，在弹出的“亮度 / 对比度”

对话框中设置选项如图 12-35 所示。然后单击“确定”按钮。

Note

42）采用与第35）~ 39）步同样的方法，为这个灌木图像制作阴影，并合并该“灌木”图层和阴影图层。然后按住 Alt 键移动灌木图像，复制出一个图像放在如图 12-36 所示的位置。

图 12-33　复制并调整灌木图像的大小和位置

图 12-34　合并并调整灌木图像的大小和位置

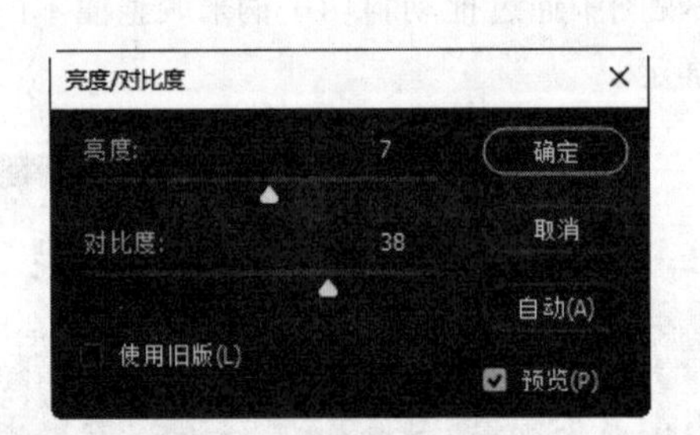

图 12-35　设置亮度 / 对比度

图 12-36　复制灌木图像

43）合并“灌木 2.jpg”和“小树 2.jpg”图像文件，调整图像的大小和位置，并制作阴影，结果如图 12-37 所示。

44）合并“小路 .jpg”图像文件，调整图像的大小和位置，结果如图 12-38 所示。

图 12-37　合并灌木和小树图像

图 12-38　合并小路图像

45）单击“橡皮擦工具”按钮，在视图中拖动鼠标，擦除小路图像的局部，使其和别墅图像的台阶相接，如图12-39所示。

46）合并“大树.jpg”图像文件，调整图像的大小和位置，并制作阴影，结果如图12-40所示。

图12-39　使小路和台阶相接

图12-40　合并大树图像

47）合并“小叶.jpg”图像文件，调整图像的大小和位置，并制作阴影。选择菜单栏中的“编辑”→“变换”→“透视”命令，在视图中通过拖动透视手柄调整图像的形状，结果如图12-41所示。然后按Enter键确定。

48）合并“飞鸟.jpg”和“半棵树.psd”图像文件，调整图像的大小和位置。添加环境贴图后的别墅图像效果如图12-42所示。

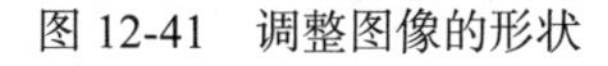

图12-41　调整图像的形状

图12-42　别墅图像效果

12.1.2　调整效果图整体效果

1）打开“图层”选项卡，选择菜单栏中的“图层”→“合并可见图层”命令。这时，“图层”选项卡中所有的图层合并为一个“Layer1”图层，如图12-43所示。

2）按 Ctrl+L 快捷键，打开“色阶”对话框，拖动对话框中的滑块设置色阶参数，如图 12-44 所示。然后单击“确定”按钮。

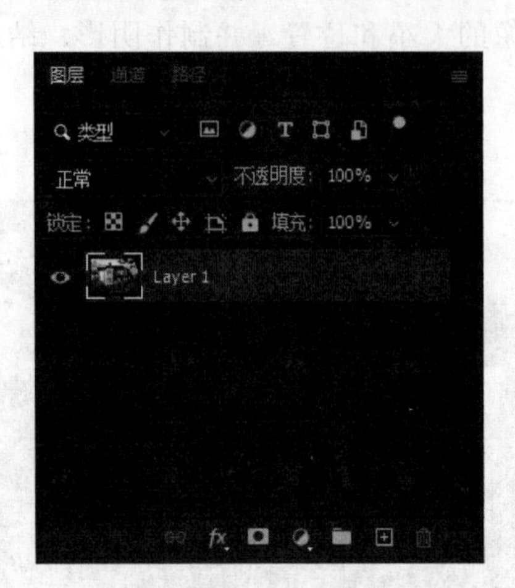

图 12-43　合并图层

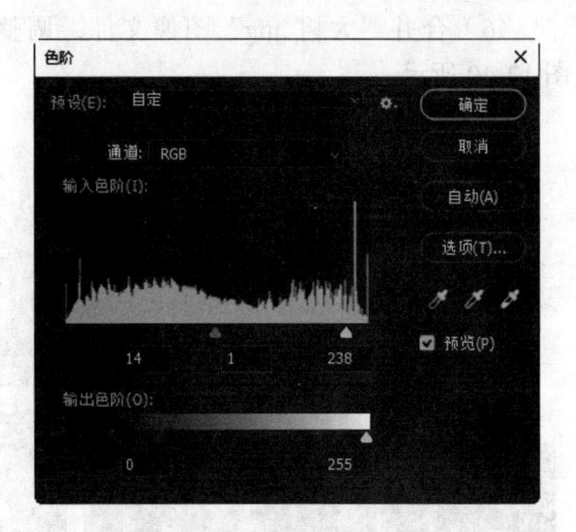

图 12-44　“色阶”对话框

3）选择菜单栏中的“图像”→“自动色调”命令，系统会自动调整整体图像的色彩分布。然后按 Ctrl+B 快捷键，打开“色彩平衡”对话框。在该对话框中通过拖动滑块来设置画面的色彩，如图 12-45 所示。然后单击“确定”按钮。

4）选择菜单栏中的“滤镜”→“锐化”→“USM 锐化”命令，弹出“USM 锐化”对话框，设置参数如图 12-46 所示。这样，整体画面效果将变得更加明晰。

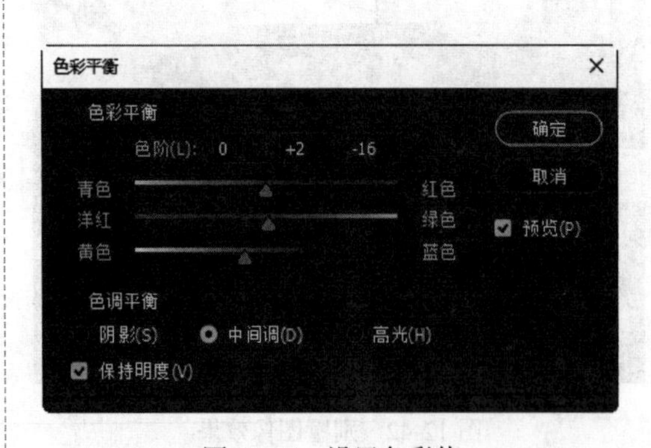

图 12-45　设置色彩值

图 12-46　“USM 锐化”对话框

5）根据画面效果还可以继续进行整体的调整。别墅后期处理的效果如图 12-47 所示。选择菜单栏中的“文件”→“存储为”命令，在弹出的如图 12-48 所示的“存储为”对话框中输入文件名和选择存储路径，设置存储类型为“.psd”，单击“保存”按钮完成图像文件的保存。

Note

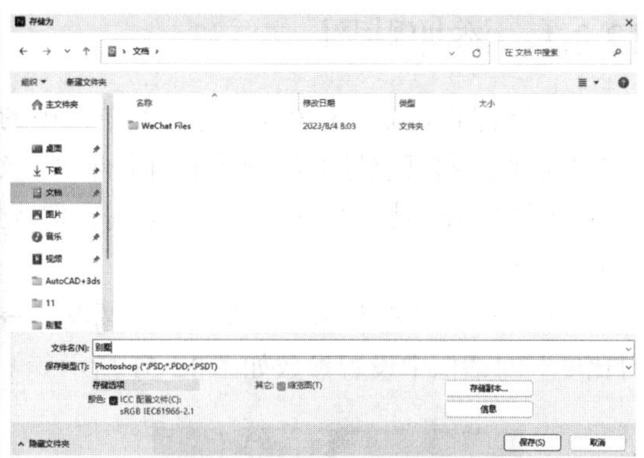

图 12-47　别墅后期处理效果

图 12-48　“存储为”对话框

12.2　对客厅进行后期处理

本节主要介绍别墅客厅的渲染图像在 Photoshop 中进行后期处理的方法和技巧。主要思路是：先打开前面创建的客厅文件，然后添加贴图，调整效果图的整体效果，最后保存结果文件。客厅后期处理效果如图 12-49 所示。

图 12-49　客厅后期处理效果

（电子资料包：动画演示 \ 第 12 章 \ 对客厅进行后期处理 .mp4）

Note

12.2.1　添加贴图

1）运行 Photoshop 2024。选择菜单栏中的“文件”→“打开”命令，弹出“打开文件”对话框，打开客厅的渲染效果图文件“源文件\第 12 章\客厅\客厅.jpg”。

2）按住 Alt 键，在背景图层上双击，把背景图层转换为图层 0，并重命名为“客厅”，如图 12-50 所示。

3）选择菜单栏中的“图像”→“调整”→“亮度/对比度”命令，在弹出的“亮度/对比度”对话框中设置参数如图 12-51 所示。

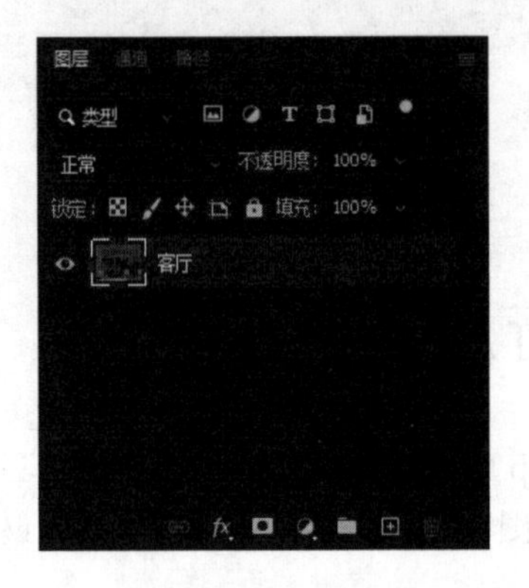

图 12-50　重命名图层

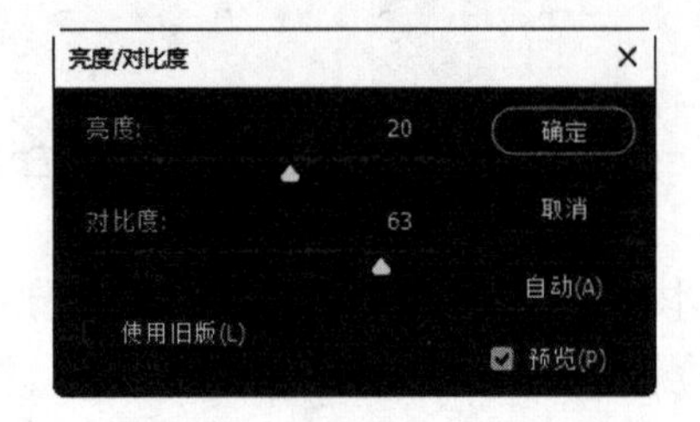

图 12-51　“亮度/对比度”对话框

4）选择菜单栏中的“图像”→“调整”→“曲线”命令，在弹出的“曲线”对话框中设置参数如图 12-52 所示。

5）选择菜单栏中的“图像”→“调整”→“色彩平衡”命令，在弹出的“色彩平衡”对话框中设置参数如图 12-53 所示。

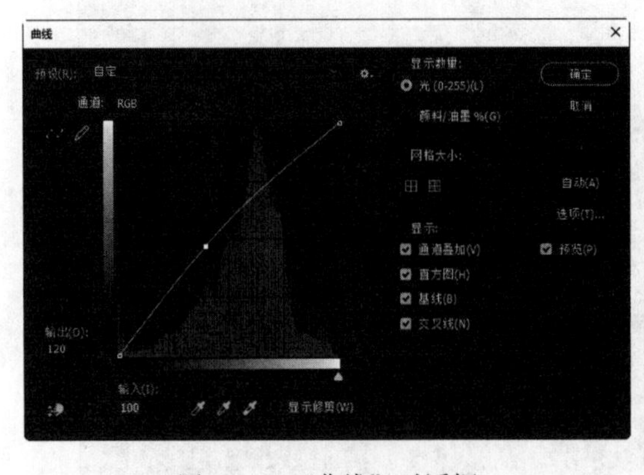

图 12-52　“曲线”对话框

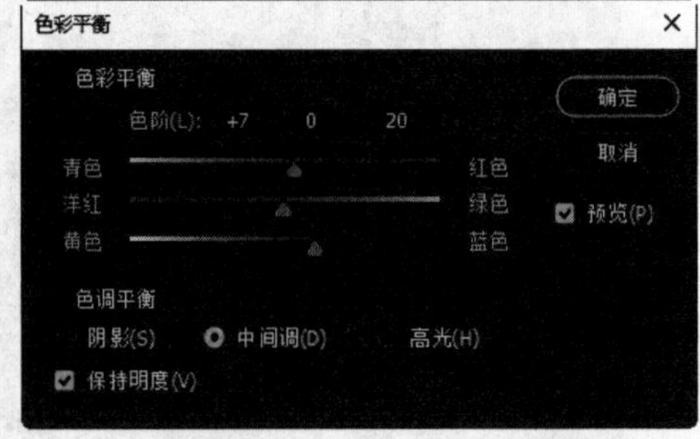

图 12-53　“色彩平衡”对话框

6）选择菜单栏中的“文件”→“打开”命令，弹出“打开文件”对话框，打开电子资料包中的“源文件\第 12 章\客厅\花.psd”文件。然后单击“移动工具”按钮，把花图像拖到客厅图像中。按 Ctrl+T 快捷键，花图像四周出现自由变换手柄，如图 12-54 所示。

7）通过鼠标拖动自由变换手柄调整花图像的大小，并按 Enter 键确定，然后把花图像

放在茶几上，如图 12-55 所示。

图 12-54 自由变换手柄

图 12-55 调整花图像的大小和位置

8）制作花的投影。在“图层”选项卡中选择“花”图层，右击，在弹出的快捷菜单中选择“复制图层”命令，在弹出的“复制图层”对话框中采用默认设置，然后单击“确定”按钮，复制出一个“花拷贝”图层，如图 12-56 所示。

9）在“图层”选项卡中选择“花”图层，按 Ctrl+T 快捷键。此时“花”图像四周出现自由变换手柄。然后在画面中右击，在弹出的快捷菜单中选择“垂直翻转”命令，并按 Enter 键确定。调整垂直翻转后的图像的位置，结果如图 12-57 所示。

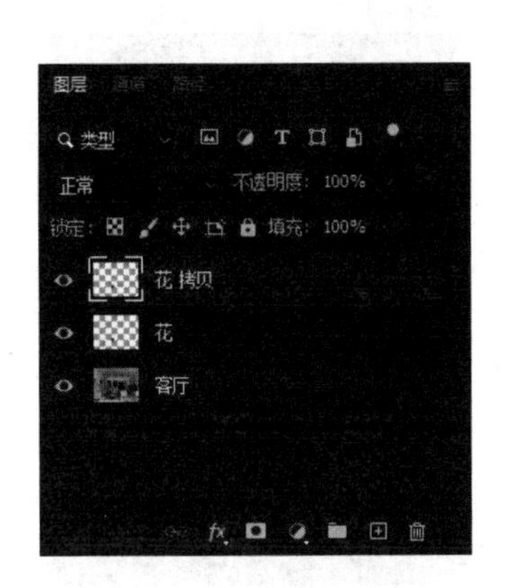

图 12-56 复制图层

图 12-57 垂直翻转图像

10）在“图层”选项卡上把该图层的“不透明度”数值设置为 46%，结果如图 12-58 所示。然后选择“花拷贝”图层，按 Ctrl+E 快捷键向下合并图层，使“花拷贝”图层和“花”图层合并为一个图层。

11）单击“橡皮擦工具”按钮，在视图中拖动鼠标，擦除露出茶几的花图像，结果如图 12-59 所示。

12）在“图层”选项卡中选择“花”图层，按 Ctrl+E 快捷键向下合并图层，将所有图层合并为一个图层。

13）选择合并后的图层，双击该图层名称，重命名为“客厅”。

Note

图 12-58　设置不透明度后的图像效果

图 12-59　擦除多余的图像

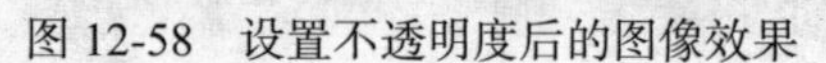

12.2.2　调整效果图整体效果

1）单击客厅图层，按 Ctrl+L 快捷键，打开“色阶”对话框。拖动对话框中的滑块设置画面的色阶参数，如图 12-60 所示。然后单击“确定”按钮。

2）按 Ctrl+D 快捷键，取消对选区的选择。选择菜单栏中的“滤镜”→“锐化”→“USM 锐化”命令，在弹出的“USM 锐化”对话框中设置参数如图 12-61 所示。这样，整体画面效果将变得更加明晰。

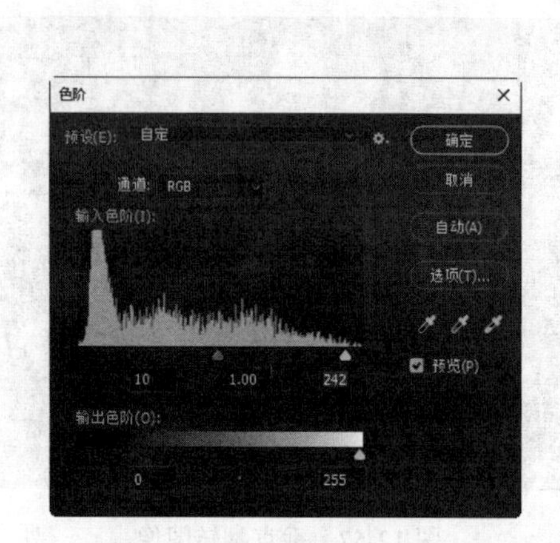

图 12-60　设置色阶参数

图 12-61　设置参数

3）选择菜单栏中的“文件”→“存储”命令，将调整后的图像保存在相应的路径下。

12.3　对书房进行后期处理

本节主要介绍别墅书房的渲染图像在 Photoshop 中进行后期处理的方法和技巧。主要思路是：先打开前面创建的书房文件，然后添加贴图，调整效果图的整体效果，最后保存结果文件。书房后期处理效果如图 12-62 所示。

图 12-62　书房后期处理效果

（电子资料包：动画演示 \ 第 12 章 \ 对书房进行后期处理 .mp4）

12.3.1　添加贴图

1）运行 Photoshop 2024。选择菜单栏中的“文件”→“打开”命令，弹出“打开文件”对话框，打开书房的渲染效果图文件“源文件 \ 第 12 章 \ 书房 \ 书房 .jpg”。

2）按住 Alt 键，在背景图层上双击，把背景图层转换为图层 0，并重命名为“书房”，如图 12-63 所示。

3）选择菜单栏中的“文件”→“打开”命令，弹出“打开文件”对话框，打开电子资料包中的“植物 .psd”文件。然后单击“移动工具”按钮，把植物图像拖动到书房图像中。

4）按 Ctrl+T 快捷键，植物图像四周出现自由变换手柄，拖动该手柄调整植物图像的大小，如图 12-64 所示。然后按 Enter 键确定。

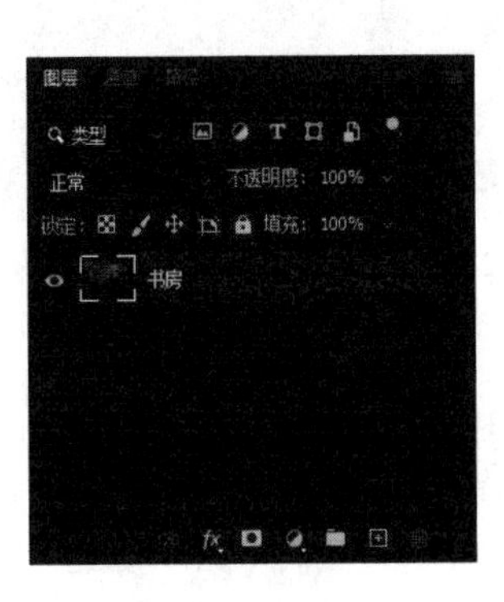

图 12-63　重命名图层

图 12-64　调整植物图像的大小

Note

5）按 Ctrl+L 快捷键，打开“色阶”对话框，拖动滑块设置植物的色阶参数，如图 12-65 所示。单击“确定”按钮，退出“色阶”对话框。

6）制作植物的投影。在“图层”选项卡中选择“植物”图层，右击，在弹出的快捷菜单中选择“复制图层”命令，在弹出的“复制图层”对话框中采用默认设置，单击“确定”按钮。这时，在“植物”图层上复制出一个“植物 拷贝”图层，如图 12-66 所示。

7）选择“植物”图层，选择菜单栏中的“图像”→“调整”→“亮度/对比度”命令，在弹出的“亮度/对比度”对话框中设置选项如图 12-67 所示，然后单击“确定”按钮。

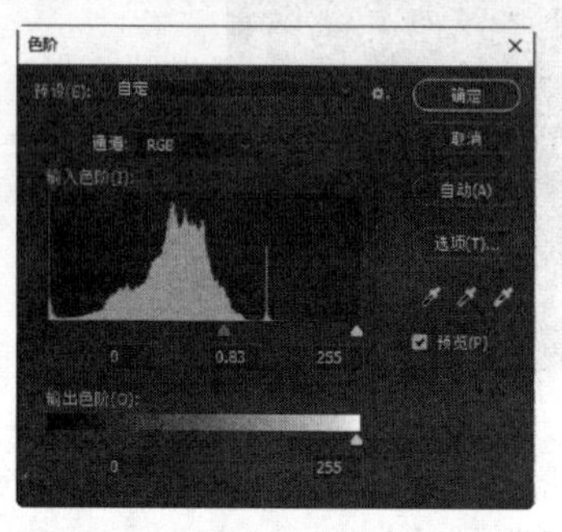
图 12-65　设置植物的色阶参数

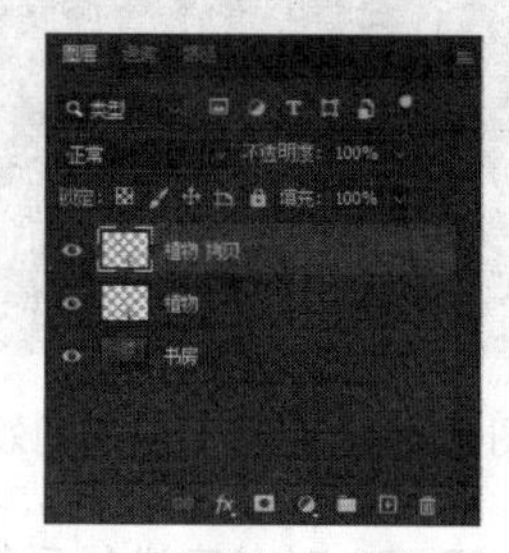
图 12-66　复制出“植物 拷贝”图层

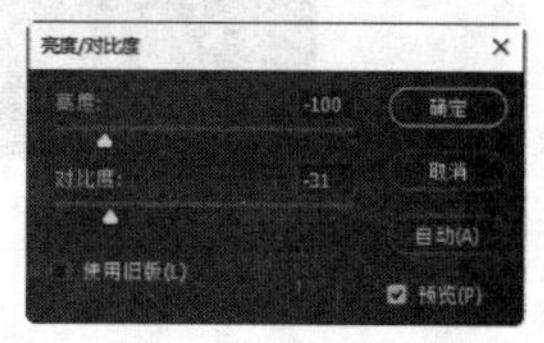
图 12-67　设置植物亮度和对比度

8）采用与第 6）步同样的方法，复制出“植物 拷贝 2”图层。选择“植物 拷贝 2”图层，选择菜单栏中的“编辑”→“变换”→“垂直翻转”命令，然后调整翻转的图像到如图 12-68 所示的位置，按 Enter 键确定。

9）选择菜单栏中的“图像”→“调整”→“亮度/对比度”命令，在弹出的“亮度/对比度”对话框中设置选项如图 12-69 所示，然后单击“确定”按钮。

10）按 Ctrl+B 快捷键，打开“色彩平衡”对话框，设置翻转的植物图像的色彩，如图 12-70 所示。然后单击“确定”按钮。

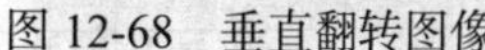
图 12-68　垂直翻转图像

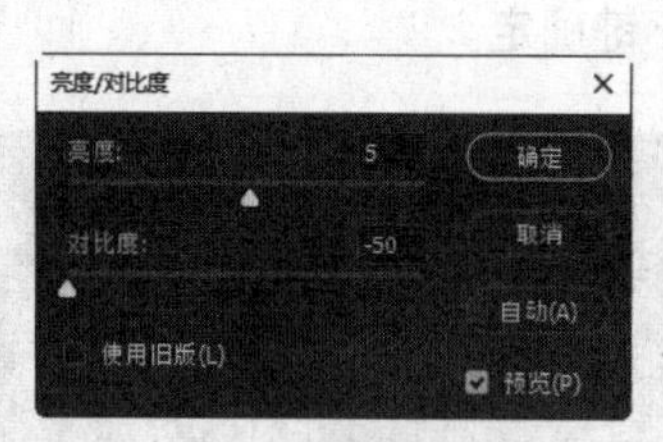
图 12-69　设置植物亮度和对比度

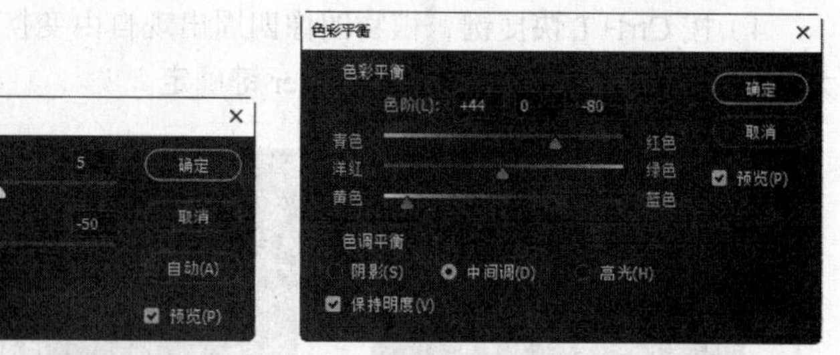
图 12-70　设置翻转的植物图像的色彩

11）设置“植物 拷贝 2”图层的“不透明度”数值为 40%，如图 12-71 所示。

12）选择“植物 拷贝 2”图层，选择菜单栏中的“滤镜”→“模糊”→“高斯模糊”命令，在弹出的“高斯模糊”对话框中设置参数如图 12-72 所示，然后单击“确定”按钮。

13）单击“橡皮擦工具”按钮，在画面中拖动鼠标，擦除植物图像中应被椅子图

像遮挡的部分，结果如图 12-73 所示。

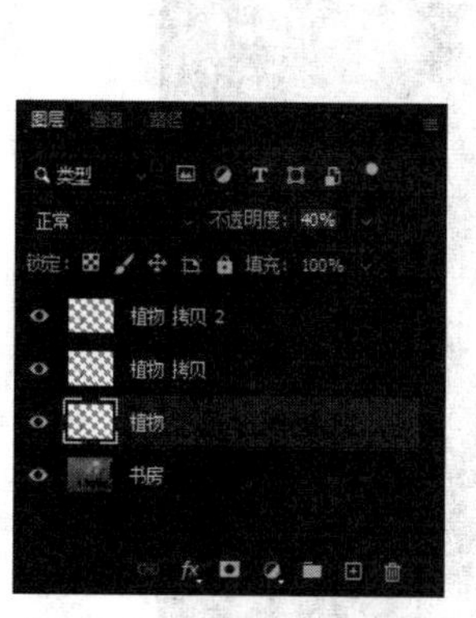

图 12-71　设置不透明度

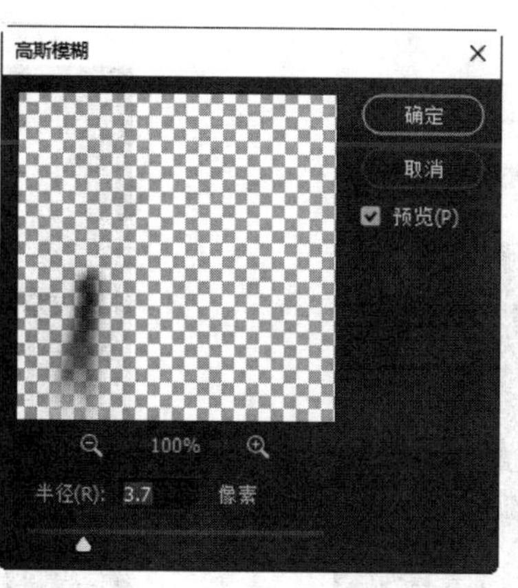

图 12-72　设置高斯模糊参数

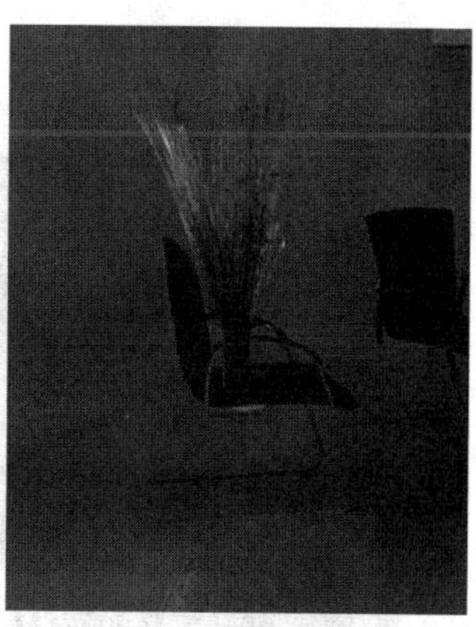

图 12-73　擦除植物图像多余部分

14）选择“植物 拷贝 2”图层，按三下 Ctrl+E 快捷键向下合并图层，使“植物 拷贝 2”图层、“植物 拷贝”图层、“植物”图层和“书房”图层合并为一个图层。

12.3.2　调整效果图整体效果

1）按 Ctrl+M 快捷键，在弹出的“曲线”对话框中向上拖动曲线，提高图像整体的亮度，如图 12-74 所示。然后单击“确定”按钮。

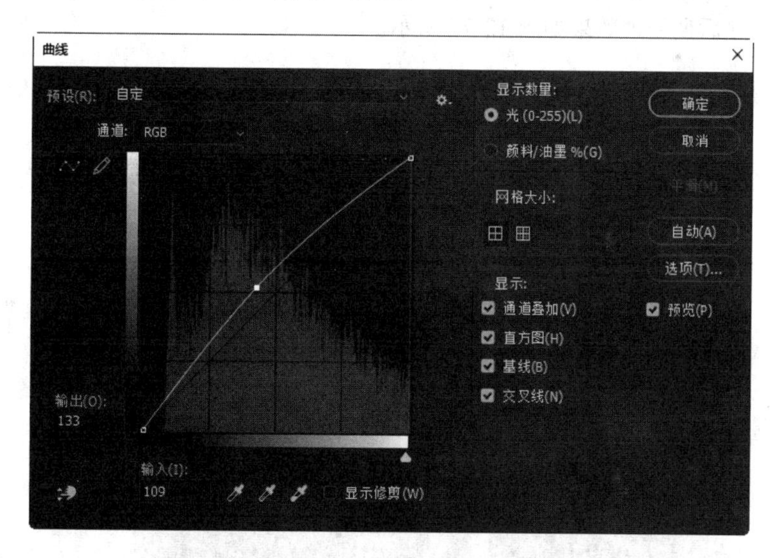

图 12-74　提高图像整体的亮度

2）按 Ctrl+L 快捷键，打开“色阶”对话框，拖动滑块设置选区的色阶参数，如图 12-75 所示。然后单击“确定”按钮。

3）选择菜单栏中的“滤镜”→“锐化”→“USM 锐化”命令，弹出“USM 锐化”对话框，设置参数如图 12-76 所示。这样，整体画面效果将变得更加明晰。

Note

4）选择菜单栏中的“文件”→“存储”命令，把调整后的图像保存在相应路径下。

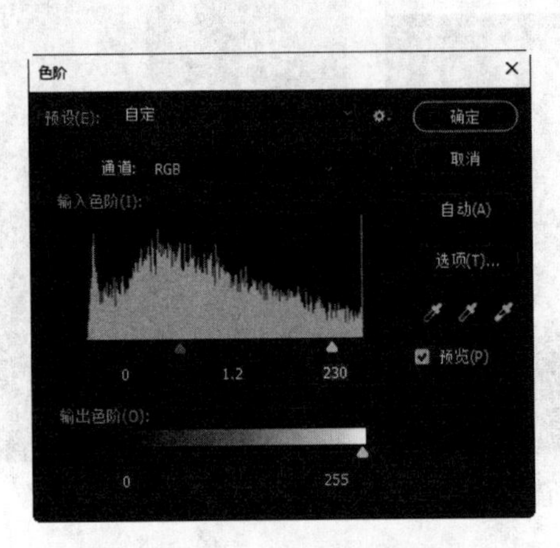

图 12-75　设置选区的色阶参数

图 12-76　设置参数

12.4　对餐厅进行后期处理

本节主要介绍别墅餐厅的渲染图像在 Photoshop 中进行后期处理的方法和技巧。主要思路是：先打开前面创建的餐厅文件，然后添加贴图，调整效果图的整体效果，最后保存结果文件。餐厅后期处理效果如图 12-77 所示。

图 12-77　餐厅后期处理效果

（电子资料包：动画演示 \ 第 12 章 \ 对餐厅进行后期处理 .mp4）

12.4.1　添加贴图

1）运行 Photoshop 2024。选择菜单栏中的“文件”→“打开”命令，弹出“打开文件”对话框，打开餐厅的渲染效果图文件“源文件 \ 第 12 章 \ 餐厅 \ 餐厅 .jpg”。

2）按住 Alt 键，在背景图层上双击，把背景图层转换为图层 0，并重命名为“餐厅”，如图 12-78 所示。

3）选择菜单栏中的“文件”→“打开”命令，弹出“打开文件”对话框，打开电子资料包中的“源文件 \ 第 12 章 \ 餐厅 \ 植物 .psd”文件，如图 12-79 所示。

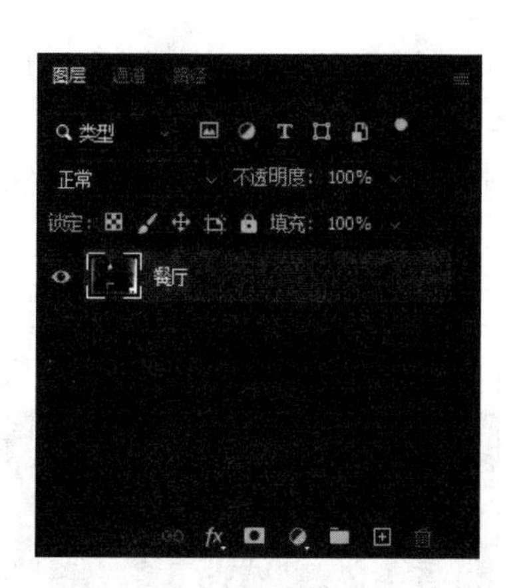

图 12-78　重命名图层

图 12-79　打开植物图像文件

4）单击“移动工具”按钮，把植物图像拖到餐厅图像中。按 Ctrl+T 快捷键，对植物图像按比例进行缩放，如图 12-80 所示。然后按 Enter 键确定。

5）按 Ctrl+B 快捷键，打开“色彩平衡”对话框，通过拖动对话框中的滑块来设置植物图像的色彩，如图 12-81 所示。然后单击“确定”按钮。

图 12-80　缩放植物图像

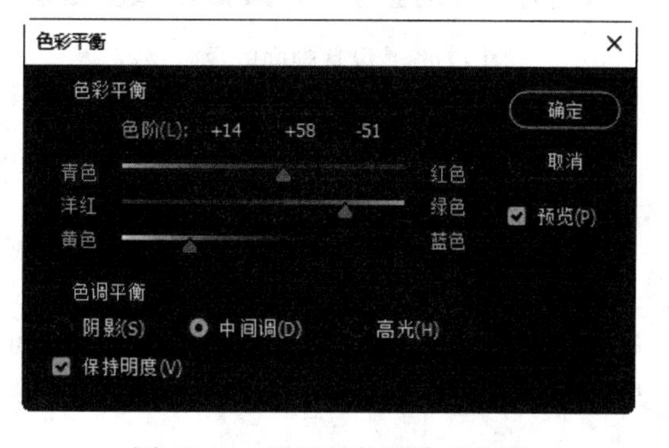

图 12-81　设置植物图像的色彩

Note

12.4.2 调整效果图整体效果

1）选择“餐厅”图层，按Ctrl+L快捷键，打开“色阶”对话框。拖动对话框中的滑块设置画面的色阶参数，如图12-82所示。然后单击“确定”按钮，退出“色阶”对话框。

2）选择菜单栏中的“图像”→“调整”→“亮度/对比度”命令，在弹出的“亮度/对比度”对话框中设置选项，单击“确定”按钮。

3）选择菜单栏中的“图像”→“自动颜色”命令，使Photoshop自动调整画面的色调。

4）单击工具栏中的“模糊工具”按钮，然后在选项栏中设置画笔大小，对渲染时出现的阴影锯齿的边缘进行模糊处理。

5）选择菜单栏中的“滤镜”→“锐化”→“USM锐化”命令，在弹出的“USM锐化”对话框中设置参数如图12-83所示。这样，整体画面效果将变得更加明晰。

6）选择菜单栏中的“文件”→“存储”命令，把调整后的图像保存在相应的路径下。

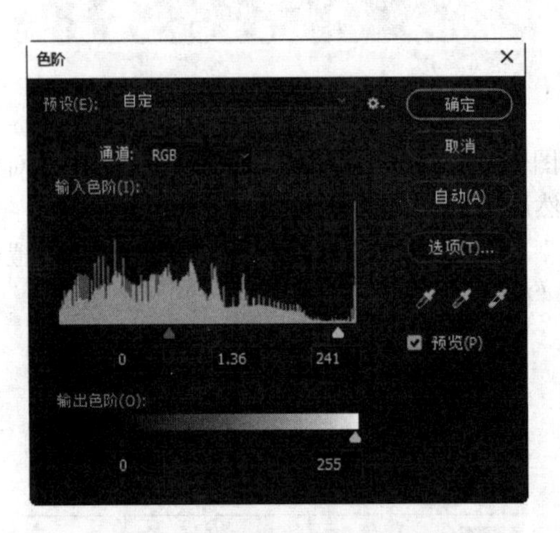

图12-82 设置画面的色阶参数

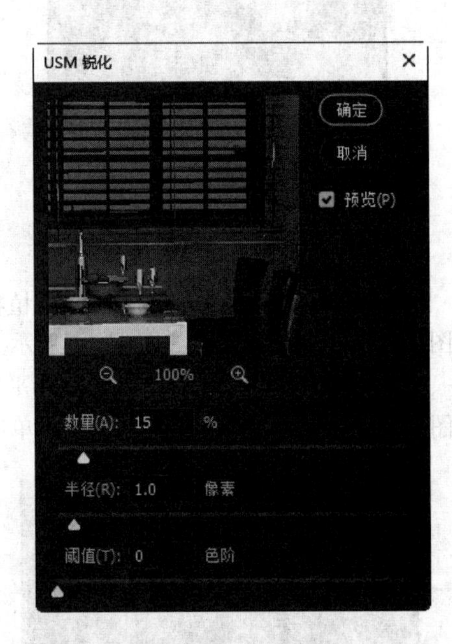

图12-83 设置参数

12.5 对厨房进行后期处理

本节主要介绍别墅厨房的渲染图像在Photoshop中进行后期处理的方法和技巧。主要思路是：先打开前面创建的厨房文件，然后调整效果图的整体效果。厨房后期处理效果如图12-84所示。

（电子资料包：动画演示\第12章\对厨房进行后期处理.mp4）

1）运行 Photoshop 2024。选择菜单栏中的“文件”→“打开”命令，弹出“打开文件”对话框，打开厨房的渲染效果图文件“源文件 \ 第 12 章 \ 厨房 \ 厨房 .jpg”。

图 12-84　厨房后期处理效果

2）选择橱柜，选择菜单栏中的“图像”→“调整”→“亮度 / 对比度”命令，在弹出的“亮度 / 对比度”对话框中设置选项如图 12-85 所示。然后单击“确定”按钮，并按 Ctrl+D 快捷键取消对选区的选择。

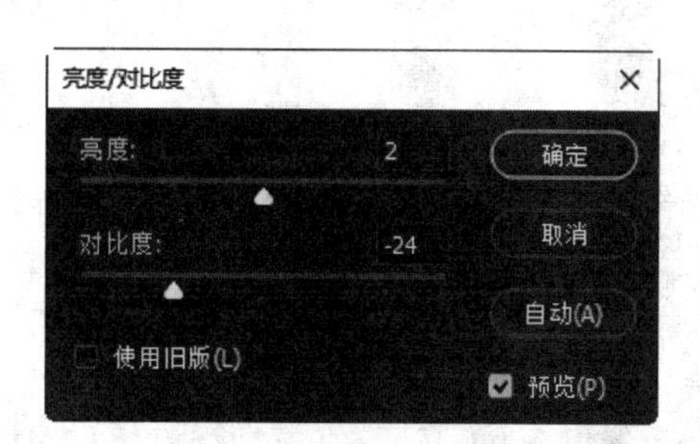

图 12-85　设置橱柜的亮度 / 对比度

3）选择门玻璃，按 Ctrl+B 快捷键，打开“色彩平衡”对话框，拖动滑块设置玻璃的色彩，如图 12-86 所示。然后单击“确定”按钮，并按 Ctrl+D 快捷键取消对选区的选择。

4）根据画面效果选择其他图块，调整其色彩、亮度、饱和度和对比度。

5）选择菜单栏中的“滤镜”→“锐化”→“USM 锐化”命令，弹出“USM 锐化”对话框，设置参数如图 12-87 所示。这样，整体画面效果将变得更加明晰。制作完成的厨房后期处理效果图如图 12-84 所示。

Note

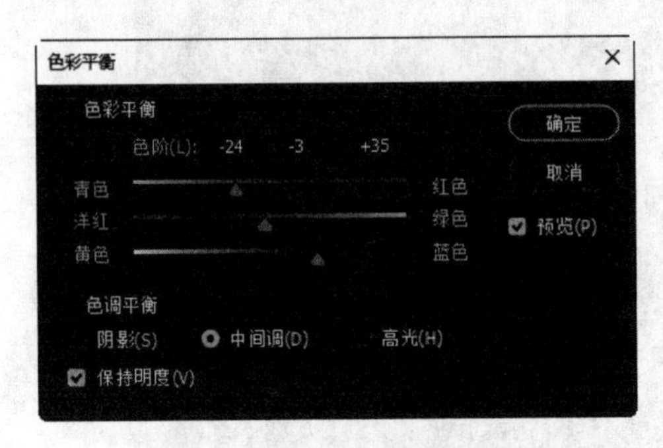

图 12-86 设置玻璃的色彩

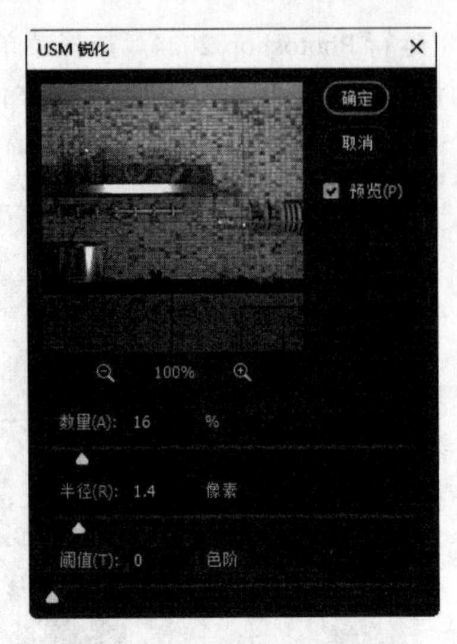

图 12-87 设置参数

12.6 对主卧进行后期处理

本节主要介绍别墅主卧的渲染图像在 Photoshop 中进行后期处理的方法和技巧。主要思路是：先打开前面创建的主卧文件，然后添加贴图，调整效果图的整体效果，最后保存结果文件。主卧后期处理效果如图 12-88 所示。

图 12-88 主卧后期处理效果

（电子资料包：动画演示 \ 第 12 章 \ 对主卧进行后期处理 .mp4）

12.6.1　添加贴图

1）运行 Photoshop 2024。选择菜单栏中的“文件”→“打开”命令，弹出“打开文件”对话框，打开主卧的渲染效果图文件“源文件 \ 第 12 章 \ 主卧 \ 主卧 .jpg”。

2）按住 Alt 键，在背景图层上双击，把背景图层转换为图层 0，并重命名为“主卧”，如图 12-89 所示。

3）选择菜单栏中的“文件”→“打开”命令，弹出“打开文件”对话框，打开电子资料包中的“源文件 \ 第 12 章 \ 主卧 \ 植物 .psd”文件，如图 12-90 所示。

图 12-89　重命名图层　　　　图 12-90　打开植物图像文件

4）单击“移动工具”按钮，把植物图像拖动到主卧图像中。按 Ctrl+T 快捷键，对植物图像按比例进行缩放，如图 12-91 所示。然后按 Enter 键确定。

5）按 Ctrl+U 快捷键，打开“色相 / 饱和度”对话框，通过拖动对话框中的滑块来设置植物图像的色相、饱和度和明度，如图 12-92 所示。然后单击“确定”按钮。

图 12-91　缩放植物图像

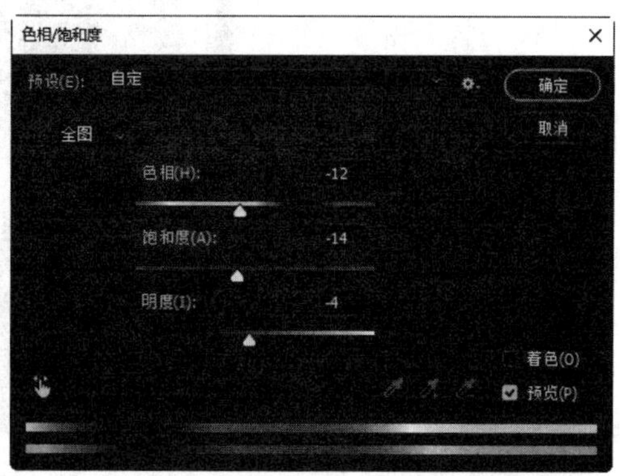

图 12-92　设置植物图像的色相、饱和度和明度

Note

12.6.2　调整效果图整体效果

1）选择“主卧”图层，按 Ctrl+L 快捷键，打开“色阶”对话框。拖动对话框中的滑块设置画面的色阶参数，如图 12-93 所示。然后单击“确定”按钮，退出“色阶”对话框。

2）选择菜单栏中的“图像”→“调整”→“色彩平衡”命令，在弹出的如图 12-94 所示的“色彩平衡”对话框中设置参数，使 Photoshop 自动调整画面的色彩。

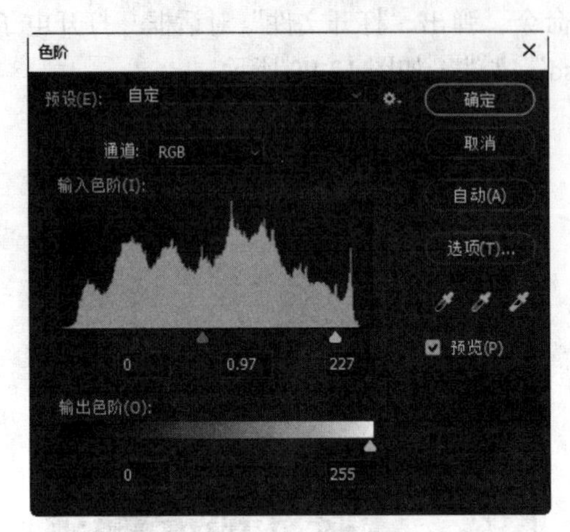

图 12-93　设置画面的色阶参数

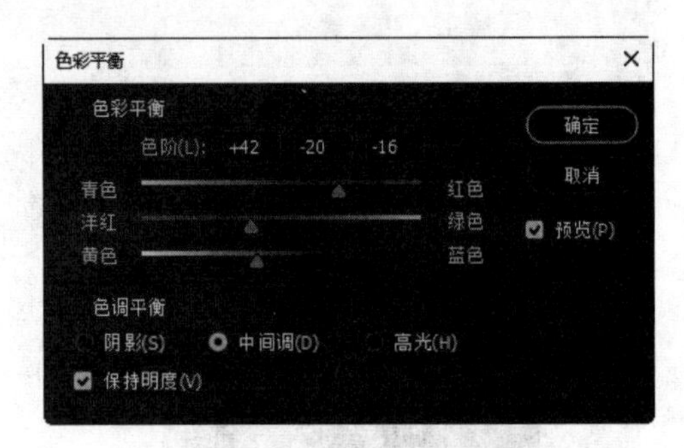

图 12-94　“色彩平衡”对话框

3）选择菜单栏中的“滤镜”→“锐化”→“USM 锐化”命令，在弹出的“USM 锐化”对话框中设置参数如图 12-95 所示，结果如图 12-88 所示。这样，整体画面效果将变得更加明晰。

4）选择菜单栏中的“文件”→“存储”命令，把调整后的图像保存在相应的路径下。

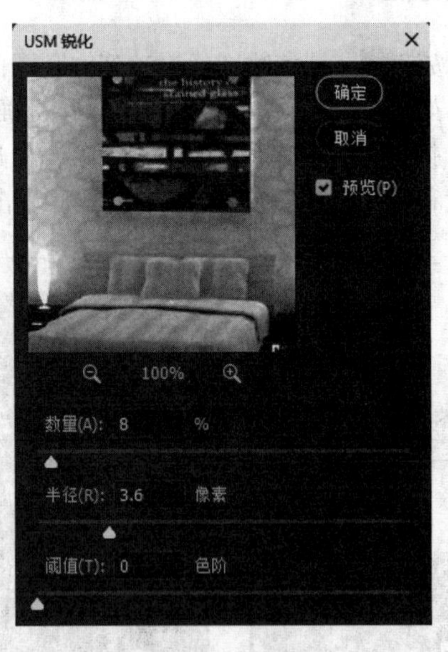

图 12-95　设置参数

12.7　对更衣室进行后期处理

本节主要介绍别墅更衣室的渲染图像在 Photoshop 中进行后期处理的方法和技巧。主要思路是：先打开前面创建的更衣室文件，然后添加贴图，调整效果图的整体效果，最后保存结果文件。更衣室后期处理效果如图 12-96 所示。

图 12-96　更衣室后期处理效果

（电子资料包：动画演示 \ 第 12 章 \ 对更衣室进行后期处理 .mp4）

12.7.1　添加贴图

1）运行 Photoshop 2024。选择菜单栏中的“文件”→“打开”命令，弹出“打开文件”对话框，打开更衣室的渲染效果图文件“源文件 \ 第 12 章 \ 更衣室 \ 更衣室 .jpg”。

2）按住 Alt 键，在背景图层上双击，把背景图层转换为图层0，并重命名为“更衣室”，如图12-97所示。

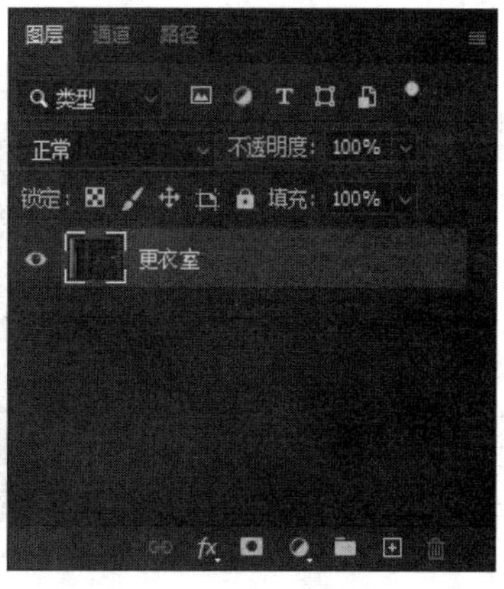

图 12-97　重命名图层

3）选择菜单栏中的“文件”→“打开”命令，弹出“打开文件”对话框，打开电子资料包中的“源文件 \ 第 12 章 \ 更衣室 \ 衣服 .jpg”文件。单击“魔棒工具”按钮，在图像的深色背景上单击，选择图像的深色区域，然后选择菜单栏中的“选择”→“反选”命令，选取图像中的衣服图像，如图 12-98 所示。

4）单击“移动工具”按钮，把选中的衣服图像拖动到更衣室图像中，并放置到如图 12-99 所示的位置。

Note

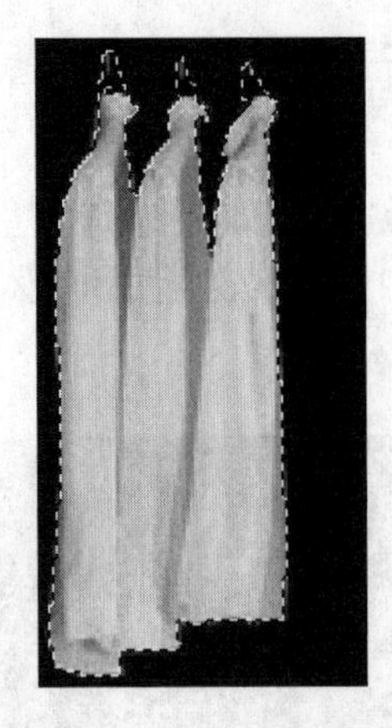

图 12-98　选择衣服图像

图 12-99　调整衣服的位置

5）制作衣服的阴影。在“图层”选项卡中选择“衣服”图层并右击，在弹出的快捷菜单中选择“复制图层”命令，在弹出的“复制图层”对话框中设置选项如图 12-100 所示。然后单击“确定”按钮。

6）在“图层”选项卡中把“阴影”图层拖动到“衣服”图层的下面，然后设置“阴影”图层的“不透明度”数值为 58%，如图 12-101 所示。

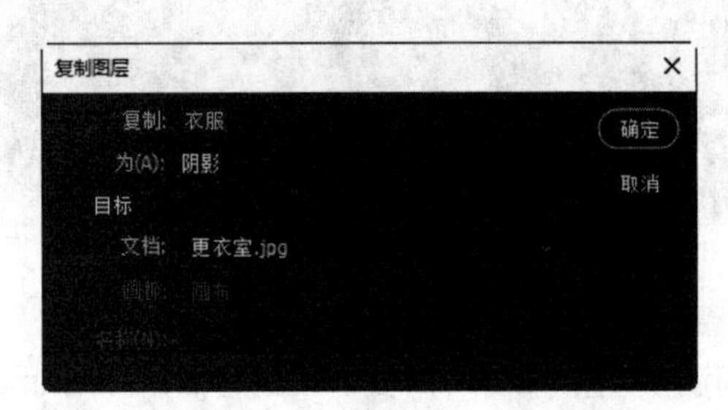

图 12-100　“复制图层”对话框

7）选择“阴影”图层，选择菜单栏中的“图像”→“调整”→“亮度 / 对比度”命令，在弹出的“亮度 / 对比度”对话框中设置选项如图 12-102 所示。然后单击“确定”按钮。

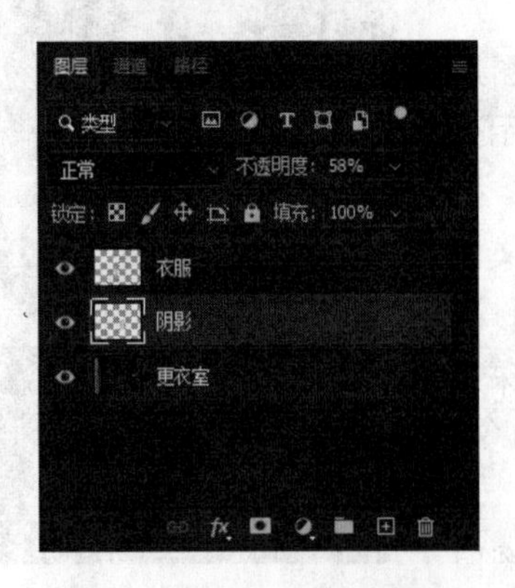

图 12-101　设置不透明度

图 12-102　设置阴影的亮度和对比度

8）使用“移动工具”调整阴影图形的位置，使其在视图中如图 12-103 所示。

9）选择菜单栏中的“滤镜”→“模糊”→“高斯模糊”命令，在弹出的“高斯模糊”对话框中设置模糊参数如图 12-104 所示，再单击“确定”按钮。这样，衣服的阴影就制作完成了。

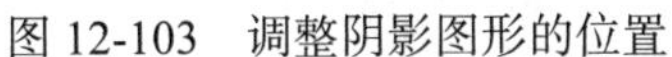

图 12-103　调整阴影图形的位置

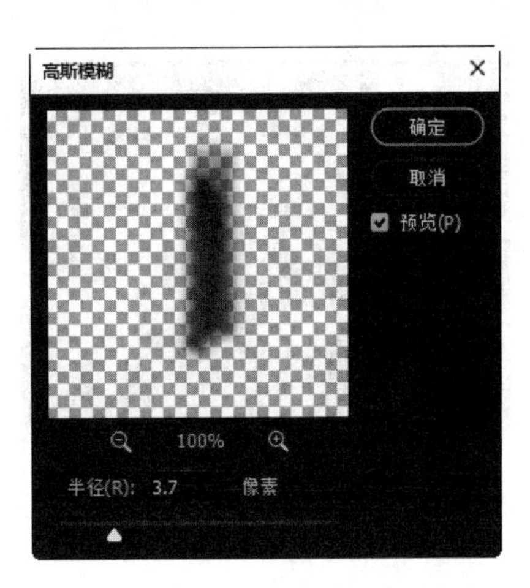

图 12-104　设置模糊参数

10）在“图层”选项卡中选择“衣服”图层，按 Ctrl+E 快捷键向下合并图层，把“衣服”图层和“阴影”图层合并为一个图层。

11）在视图中选择衣服图像，按住 Alt 键进行移动，复制出一组衣服图像，并调整它的位置，如图 12-105 所示。

12）选择菜单栏中的“文件”→“打开”命令，弹出“打开文件”对话框，打开电子资料包中的“源文件\第 12 章\更衣室\衣服 1.psd”图像文件，如图 12-106 所示。

图 12-105　复制衣服图像

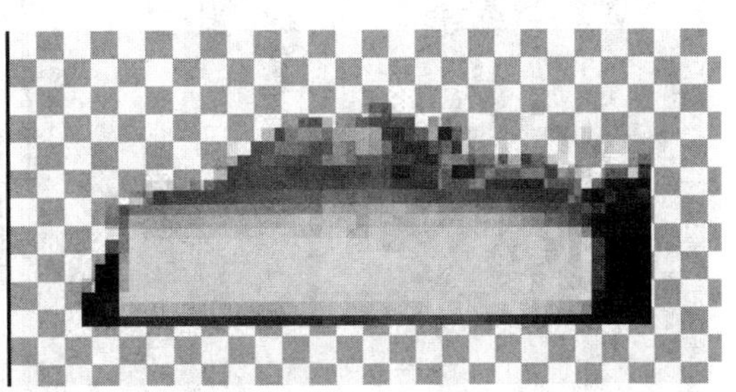

图 12-106　打开图像文件

13）使用“移动工具”把衣服图像拖动到更衣室图像中，并放置在适当的位置，然后关闭“衣服 1.psd”图像文件。

14）选择刚拖入的衣服图像，按住 Alt 键进行移动，复制出另外两个衣服图像，并调整它们的位置，如图 12-107 所示。

15）使用 Alt 键移动图像进行复制时，Photoshop 会自动生成新的图层。在“图层”

选项卡中选择最上面的图层，按 Ctrl+E 快捷键向下合并图层，把所有的衣服图层合并为一个图层。

16）按 Ctrl+B 快捷键，打开“色彩平衡”对话框，通过拖动对话框中的滑块来设置衣服的色彩，如图 12-108 所示。然后单击“确定”按钮。

图 12-107　调整衣服的位置

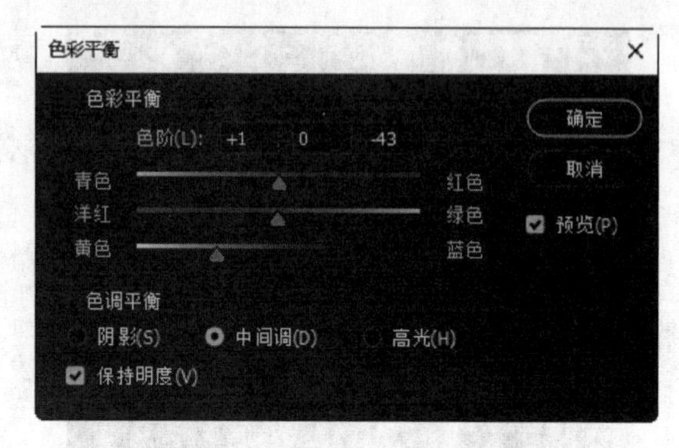

图 12-108　设置衣服的色彩

12.7.2　调整效果图整体效果

1）选择“更衣室”图层，按 Ctrl+L 快捷键，打开“色阶”对话框。拖动对话框中的滑块设置画面的色阶参数，如图 12-109 所示。然后单击“确定”按钮，退出“色阶”对话框。

2）返回“更衣室”图层，按 Ctrl+B 快捷键，打开“色彩平衡”对话框，拖动滑块设置色彩，如图 12-110 所示。

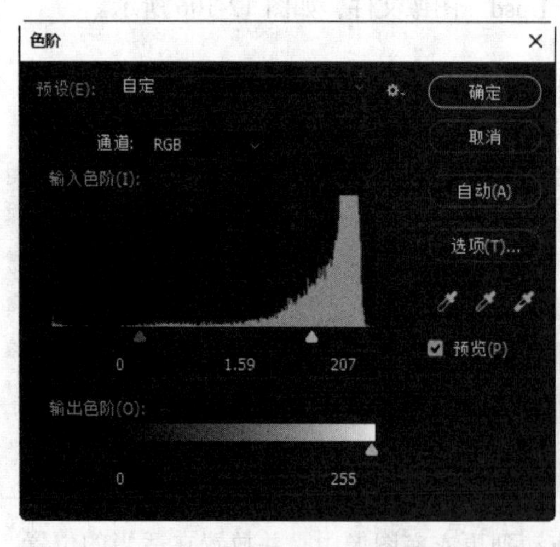

图 12-109　设置画面的色阶参数

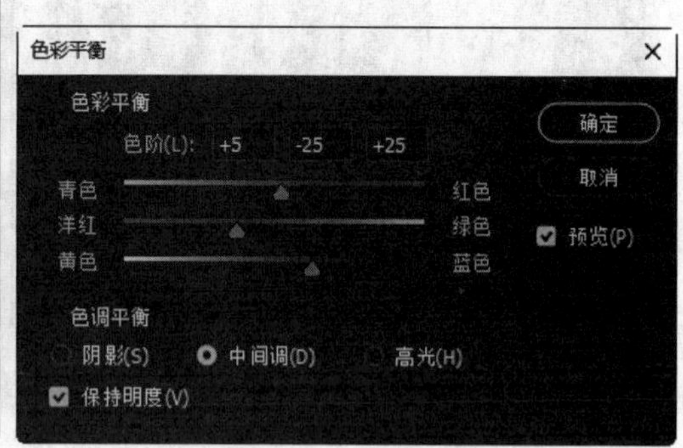

图 12-110　设置色彩

3）选择菜单栏中的“滤镜”→“锐化”→“USM 锐化”命令，弹出“USM 锐化”对话框，设置参数如图 12-111 所示。这样，整体画面效果将变得更加明晰。

4）选择菜单栏中的“文件”→“存储”命令，把调整后的图像保存在相应的路径下。

图 12-111 设置参数

12.8 对卫生间进行后期处理

本节主要介绍别墅卫生间的渲染图像在 Photoshop 中进行后期处理的方法和技巧。主要思路是：先打开前面创建的卫生间文件，然后调整效果图的整体效果，最后保存结果文件。卫生间后期处理效果如图 12-112 所示。

图 12-112 卫生间后期处理效果

（电子资料包：动画演示 \ 第 12 章 \ 对卫生间进行后期处理 .mp4）

Note

1）运行 Photoshop 2024。选择菜单栏中的“文件”→“打开”命令，弹出“打开文件”对话框，打开卫生间的渲染效果图文件“源文件\第12章\卫生间\卫生间.jpg”。

2）使“卫生间”图像处于激活状态。

3）按住Alt键，在背景图层上双击，把背景图层转换为图层0，并重命名为“卫生间”，如图12-113所示。

4）选择“卫生间”图层，按Ctrl+L快捷键，打开“色阶”对话框。拖动对话框中的滑块设置画面的色阶参数，如图12-114所示。然后单击“确定”按钮，退出“色阶”对话框。

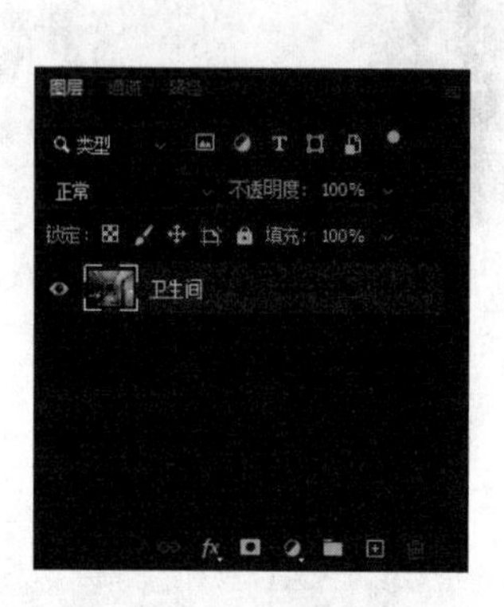

图12-113　重命名图层

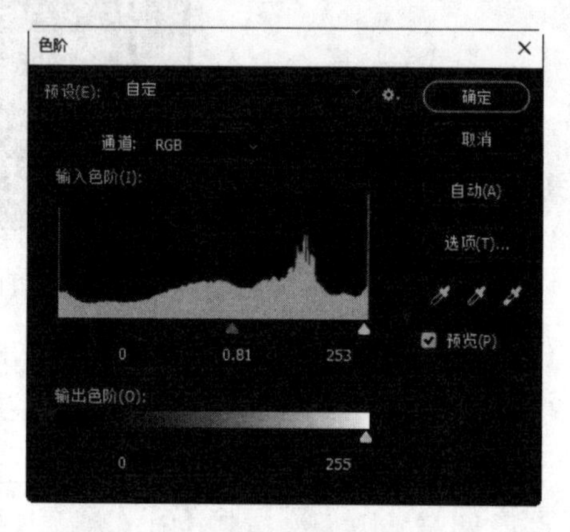

图12-114　设置画面的色阶参数

5）返回“卫生间”图层，选择菜单栏中的“图像”→“调整”→“亮度/对比度”命令，在弹出的“亮度/对比度”对话框中设置选项如图12-115所示。

6）选择菜单栏中的“滤镜”→“锐化”→“USM锐化”命令，在弹出的“USM锐化”对话框中设置参数如图12-116所示。这样，整体画面效果将变得更加明晰。

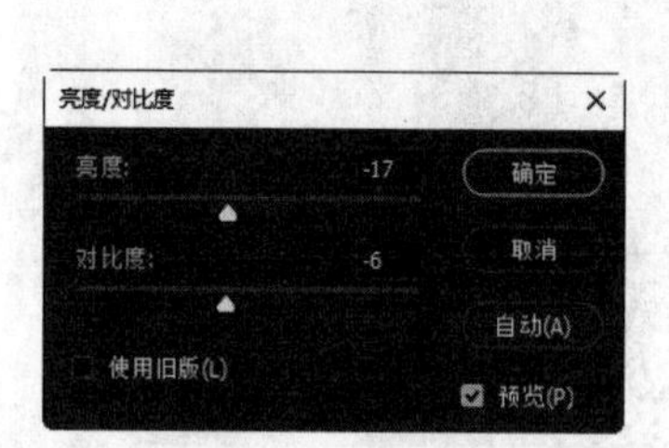

图12-115　设置亮度和对比度

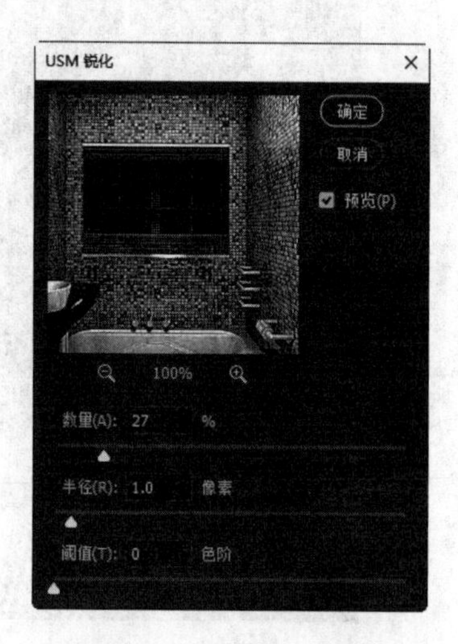

图12-116　设置参数

7）选择菜单栏中的“文件”→“存储”命令，把调整后的图像保存在相应的路径下。